国家科学技术学术著作出版基金
NFAPST

中国家畜家禽寄生虫名录

（第二版）

黄 兵／主编

中国农业科学技术出版社

图书在版编目（CIP）数据

中国家畜家禽寄生虫名录／黄兵主编．—2版．—北京：
中国农业科学技术出版社，2014. 11
ISBN 978 – 7 – 5116 – 1675 – 3

Ⅰ. ①中…　Ⅱ. ①黄…　Ⅲ. ①畜禽 – 寄生虫 – 中国 –
名录　Ⅳ. ①S852. 7 – 62

中国版本图书馆 CIP 数据核字（2014）第 113845 号

责任编辑	闫庆健　鲁卫泉
责任校对	贾晓红

出 版 者	中国农业科学技术出版社
	北京市中关村南大街 12 号　邮编：100081
电　　话	(010)82106632(编辑室)　　(010)82109704(发行部)
	(010)82109709(读者服务部)
传　　真	(010)82106625
网　　址	http://www.castp.cn
经 销 者	各地新华书店
印 刷 者	北京科信印刷有限公司
开　　本	787mm×1 092mm　1/16
印　　张	57
字　　数	1429 千字
版　　次	2014 年 11 月第 2 版　2014 年 11 月第 2 次印刷
定　　价	160. 00 元

国家科学技术学术著作出版基金
上海市闵行区高层次人才科研项目　资助出版

献　　给
中国农业科学院上海兽医研究所
建所 50 周年纪念

《中国家畜家禽寄生虫名录》
（第二版）编写人员

主　编　黄　兵

副主编　董　辉　韩红玉

编写人员（以姓氏笔画为序）

　　　　门启斐　王自文　王艳歌　王　晔　朱顺海　朱雪龙

　　　　李　莎　李榴佳　李　聪　吴有陵　周　杰　赵其平

　　　　姜连连　黄　兵　阎晓菲　梁思婷　董　辉　韩红玉

　　　　舒凡帆　翟　顼　薛　璞

审　校　沈　杰　黄　兵　董　辉

编写人员单位

　　　　中国农业科学院上海兽医研究所

　　　　农业部动物寄生虫学重点实验室

序　言

在《中国家畜家禽寄生虫名录》尚未出现之前，如果有人问兽医寄生虫学科技人员"中国家畜家禽有多少种寄生虫？"，往往得不到有把握的回答。

《中国家畜家禽寄生虫名录》由大量的中国境内家畜家禽寄生虫调查报告和新种鉴定报告中的虫种名、地理分布、宿主动物名称和寄生部位等按寄生虫分类系统归纳编写而成，读者可以依靠该书迅速了解到中国家畜家禽寄生虫的种、属、科、目、纲、门的数量、地理分布状况等寄生虫相关的基本情况。因此，《中国家畜家禽寄生虫名录》是制定我国畜禽寄生虫病防制规划所需的基础资料，也为动物学增添了基础资料，对我国动物学的研究发展也有参考作用。同时，家畜寄生虫中有许多种类也寄生于人体，引起人畜共患病。近几十年来，人们又不断发现有些本来只寄生在家畜的寄生虫种却在人体中得以生长发育，导致新的人体寄生虫病。因此，《中国家畜家禽寄生虫名录》也对人体寄生虫病的诊断、防制具有参考价值。

随着我国畜禽寄生虫调查研究工作的发展，不断会发现已出版的名录中没有收录的虫种；已收录进名录的虫种，有些也会被确定相互为同物异名；同时，在已出版的名录中，宿主动物仅包括传统的家畜家禽。随着动物养殖业的发展，家畜家禽的种类也会不断增加，有些野生哺乳动物（如狐狸等皮毛兽）已养殖了几十年，有些鸟类（如孔雀等野生鸟类）也有不少地方在饲养，这些饲养的野生动物都为人们提供了食品和衣、用等原材料，将由野生变家养家殖发展为家畜家禽。因此，每相隔一定年代，需对已出版的名录作补充修订。《中国家畜家禽寄生虫名录》（第二版）正体现了近十年来畜禽寄生虫调查研究的进展，适用于今后寄生虫学科技工作。期望若干年后，再有更新的补充修订名录第三版本或新编的名录出现。

沈杰

2013 年 9 月 12 日

前　　言

由沈杰、黄兵主编的《中国家畜家禽寄生虫名录》(第一版),于2004年5月由中国农业科学技术出版社出版,为大家了解我国家畜家禽寄生虫的种类与分布情况提供了方便,为政府部门制定畜禽寄生虫病防治策略提供了依据。从该书编撰完成至今已过10年,这期间国内进行了较多的畜禽寄生虫区系调查,发表了相关调查文章,加上当时网络查询资料受到较大限制,遗漏了一些已报道的种类与地理分布。我们根据近10年收集、整理的国内外报道我国畜禽寄生虫的文献,并检索、查阅2002年以前的相关文献,对《中国家畜家禽寄生虫名录》(第一版)进行了全面补充、调整与更正,形成了《中国家畜家禽寄生虫名录》(第二版),主要调整工作如下。

1. 保留第一版的主要分类系统。按照棘头虫的新分类系统,删除了"棘头虫纲",将"原棘头虫目"和"古棘头虫目"更改为"原棘头虫纲"和"古棘头虫纲",其下分别设置"少棘吻目"和"多形目",棘头虫的科及以下设置不变。"弓形虫属"仍归于"住肉孢子虫科"中,但给予说明已有学者将其归入"弓形虫科"。

2. 保留第一版中8个门的排列顺序,即以肉足鞭毛门、顶器复合门、微孢子虫门、纤毛虫门、扁形动物门、线形动物门、棘头动物门、节肢动物门为序。门以下各分类阶元,则以英文字母为序重新编排,按新的顺序编写了虫种所属的纲、目、科、属、种编号。

3. 进一步规范了宿主与地理分布的排序。除特别说明外,宿主均按骆驼、马、驴、骡、黄牛、水牛、奶牛、牦牛、犏牛、绵羊、山羊、猪、犬、猫、兔、鸡、鸭、鹅为序。地理分布原按区域排序,调整为按各省市区的汉语拼音为序重新编排,以使排序更趋于统一、合理,方便查找。

4. 本版收录的全部门、纲、目、科、属、种的英(拉丁)文名称、命名人、命名年,均在Google(谷歌)网上进行了比对,若出现2种以上情况,则以使用频率多而较新的为准。对第一版中未能记载少数目、科、属、种名的定名人和定名年的信息,全部补充完整。部分国内命名的新种,主要从中国知网下载原文进行校对。极少数无资料比对的虫种,则保留原样。发现错误或为同物异名的种类,给予更正。虫种命名人多于3人,列出前3人的姓氏,3人以内的全部列出。

5. "第二部分各种宿主寄生虫种名"和"第三部分各省市区寄生虫种名"收录的虫种,按原虫、绦虫、吸虫、线虫、节肢动物为序排列,并保持与"第一部分中国家畜家禽寄生虫名录"一致的顺序与科属种编号。为方便查找,列出了虫种名称的全部信息,且属名的拉丁文均为全拼。

6. 参考文献以作者姓名的汉语拼音或英文字母为序排列,相同作者的文献则以发表时间的先后为序。对列出的文献清单进行了校对，按统一格式编制，删除了第一版中极少量无法校对的文献，在第一版基础上增加了 200 多篇文献。

7. 将"中文种名索引"与"英文种名索引"改成了"中文索引"与"英文索引"，收录了第一部分中出现的所有虫种及所属门、纲、目、科、属的中文名称与英（拉丁）文名称，包括同物异名。

8. 第二版收录的寄生虫种类共计 2 397 种，隶属于 8 门、13 纲、32 目、127 科、450 属，比第一版增加了 1 纲、1 科、26 属、228 种，这些虫种的地理分布增加了近 2 000 处。

由于《名录》的编辑是一个渐进和不断完善的工作，虽然我们尽可能避免出错，但鉴于编者的精力和能力，本书中还可能存在收录不全、拼写不准、同物异名等问题，热忱欢迎读者发现后及时指出，以便在编辑下一版本时更正。

本书第一版的主编沈杰教授，虽年事已高，但仍十分关心第二版的编辑工作，在我们编写过程中提出了建设性指导意见，并审阅了初稿，为本书撰写了序言，特此致谢！

黄 兵

2014 年 1 月

《中国家畜家禽寄生虫名录》
（第一版）编写人员

主　编　沈　杰　黄　兵

副主编　廖党金　李国清

编　委　田广孚　秦建华　沈永林　郭媛华　王春仁　张继亮

　　　　　段嘉树　周　杰　杨年合

编写人员（以姓氏笔画为序）

　　　　　王春仁　王淑如　毛光琼　田广孚　田文霞　史夏云

　　　　　刘文道　孙维东　刘学英　肖淑敏　沈　杰　沈永林

　　　　　李国清　余炉善　杨年合　杨光友　陈红铃　张继亮

　　　　　张学斌　周　杰　姚宝安　席　耐　段嘉树　郭媛华

　　　　　秦建华　钱德兴　黄　兵　彭立斌　谢德华　蔡进忠

　　　　　廖党金

致　谢　在本书编写过程中，受到周源昌、张毅强、杨继宗、常正山、何国声等先生提供资料或协助，编写人员在编写各省名录时，曾得到相应省、市有关同行专家的协助。为此，特向帮助与支持过本书编写的各位专家表示衷心感谢！

《中国家畜家禽寄生虫名录》
（第一版）编写说明

寄生虫病是家畜家禽的一大类重要疫病。由于寄生虫的侵袭使我国和世界畜牧业年年遭受严重损失，而许多人畜共患寄生虫病还可危害人类。要防治寄生虫病，必需要掌握寄生虫相。我国在近一个世纪以来，特别是新中国成立后半个多世纪中，许多兽医学和寄生虫学科技工作者对各地的寄生虫作了区系调查，形成了许多调查报告，但都分散在各种书刊或学术交流文献中，尚无一份全面系统的"名录"。为掌握我国家畜家禽寄生虫的种类和分布状况，中国农业科学院上海家畜寄生虫病研究所组织了全国不同地区的30余位兽医寄生虫学科技工作者分别收集资料，汇编出《中国家畜家禽寄生虫名录》。本书概括介绍了我国普通家畜家禽的各种寄生虫，较全面地反映了各种寄生虫在全国的地理分布状况，以便于读者对我国家畜家禽寄生虫全貌的了解，为寄生虫学的深入研究提供基础资料，也为制订畜禽寄生虫病和人畜共患寄生虫病的防治规划提供依据。寄生虫是动物界的组成部分，因此本书也充实了我国动物学和生物学的基础资料，有利于生物学科的发展，同时还可用以进行国际学术交流。

本书的编写主要按赵辉元主编《畜禽寄生虫与防制学》一书的寄生虫分类系统进行，即原虫主要按 Levine（1985）的分类系统，吸虫和绦虫主要参照 La Rue（1957）和 Yamaguti（1971）的分类系统，线虫主要按 Yamaguti（1961）的分类系统，棘头虫按 Meyer（1931）的分类系统，节肢动物主要按 Krantz（1978）、金大雄（1996）、陈天铎（1996）、李贵真（1996）、刘德山（1996）等的分类系统。少数科以下的分类，则按更为合理的分类方法作了改进，如盅口科线虫按孔繁瑶（2002）的修订意见进行分类。

本书中的寄生宿主和寄生部位按原始资料综合确定，如对牛类和羊类宿主，在叙述同一种寄生虫的宿主时，凡有文献具体提出水牛、黄牛或绵羊、山羊的，按具体名称收录，没有具体名称的，则按统称牛或羊收录；寄生部位，则按各文献记载进行综合。根据查到的资料，对各"变种"分类地位进行不同处理，多数"变种"按"种"同等地位编排，少数"变种"（主要是"疥螨"和"痒螨"）因原文作者明确提到不是独立种，则按"亚种"一级分类地位编入，不列入种统计。由于编写人员能查到的资料有限，少数目、科、属、种名的定名人姓名和定名年未能查到，待查到后再设法补上。因昆虫纲双翅目的丽蝇科、麻蝇科、蝇科、花蝇科、虻科、蚊科、蠓科、蚋科、毛蛉科等科中的多数寄生虫尚未查到具体的宿主种名，仅少数明确为鸡、鸭、鹅、马、牛、犬等宿主种名，这部分寄生虫未列入分宿主寄生虫种名中。本书的种名索引，分别按属名的汉语拼音和拉丁文字母为序排列，其后的编号为科、属、种编号，该编号与第一部分的虫种编号一致。

本书中的所有寄生虫种名都是从文献综合而来，并尽可能使用较权威的资料进行校对，但由于各人所引用的分类系统资料不尽相同，而这些分类系统也并非都经过权威性专家统一认定，加上对有些寄生虫种的分类地位至今仍存在不同看法，因而在本书中可能存在同物异名和种名的拼写、命名人、命名时间与有关文献不一致。同时，由于本书的编写工作量大，鉴于编者的精力和水平限制，书中还有许多不足和不妥之处，甚至存在错误，欢迎读者随时提出修正意见。若发现遗漏或查出新的虫种，望能指出，以便使《中国家畜家禽寄生虫名录》更加完善。

本名录中涉及的新疆维吾尔自治区、内蒙古自治区、宁夏回族自治区、广西壮族自治区、西藏自治区，一律简称为新疆、内蒙古、宁夏、广西、西藏。

编　者
2003 年 10 月

目　　录

2

5

6

8

10

12

第二部分　各种宿主寄生虫种名　Part II　Species of Parasites in Different Hosts

第一部分
中国家畜家禽寄生虫名录

Part I
A List of Parasites for Livestock and Poultry in China

中国地域辽阔、家养畜禽多，侵袭畜禽的寄生虫也多。中国地处亚热带和温带，一半左右地区位于古北界，另一半位于东洋界，有大面积的沿海平原和湖泊、河流，也有众多的高山和丘陵地区，不同地区气候差别很大，这些环境有利于不同种类寄生虫的生存。为了提供中国家畜家禽寄生虫种类的全面情况，我们收集了近一个世纪以来人们对畜禽寄生虫区系调查的资料，归纳成《中国家畜家禽寄生虫名录》。本书收录了骆驼、马、驴、骡、黄牛、水牛、奶牛、牦牛、犏牛、绵羊、山羊、猪、犬、猫、兔、鸡、鸭、鹅等18种普通家畜家禽的寄生虫，共计 2 397种，隶属于 8 门、13 纲、32 目、127 科、450 属，按动物学分类系统进行编排，各种寄生虫均列出科属种编号、中文名和拉丁文学名、宿主名称、寄生部位和分布地区（按省级行政区划，香港、澳门特别行政区记载的种类列入广东省）。

本书收录寄生虫的门纲目科简表
Phylum，Class，Order，Family of Parasites in the Book

原虫　Protozoon

Ⅰ　肉足鞭毛门　Sarcomastigophora Honigberg et Balamuth，1963

　Ⅰ-1　叶足纲　Lobosasida Carpenter，1861

1

VI-8-16　膨结目　Dioctophymidea Yamaguti，1961

　51　膨结科　Dioctophymidae Railliet，1915

VI-8-17　丝虫目　Filariidea Yamaguti，1961

　52　双瓣线科　Dipetalonematidae Wehr，1935

　53　丝虫科　Filariidae Claus，1885

　54　蟠尾科　Onchoceridae Chaband et Anderson，1959

　55　丝状科　Setariidae Skrjabin et Schikhobalowa，1945

VI-8-18　尖尾目　Oxyuridea Weinland，1858

　56　异刺科　Heterakidae Railliet et Henry，1912

　57　尖尾科　Oxyuridae Cobbold，1864

VI-8-19　嗜子宫目　Philometridea Yamaguti，1961

　58　龙线科　Dracunculidae Leiper，1912

VI-8-20　杆形目　Rhabdiasidea Railliet，1916

　59　杆形科　Rhabdiasidae Railliet，1915

　60　类圆科　Strongyloididae Chitwood et McIntosh，1934

VI-8-21　旋尾目　Spiruridea Diesing，1861

　61　锐形科　Acuariidae Seurat，1913

　62　颚口科　Gnathostomidae Railliet，1895

　63　筒线科　Gongylonematidae Sobolev，1949

　64　柔线科　Habronematidae Ivaschkin，1961

　65　泡翼科　Physalopteridae（Railliet，1893）Leiper，1908

　66　奇口科　Rictulariidae Railliet，1916

　67　旋尾科　Spiruridae Oerley，1885

　68　四棱科　Tetrameridae Travassos，1924

　69　吸吮科　Thelaziidae Railliet，1916

VI-8-22　圆形目　Strongylidea Diesing，1851

　70　裂口科　Amidostomatidae Baylis et Daubney，1926

　71　钩口科　Ancylostomatidae Looss，1905

　72　夏柏特科　Chabertidae Lichtenfels，1980

　73　盅口科　Cyathostomidae Yamaguti，1961

　74　网尾科　Dictyocaulidae Skrjabin，1941

　75　后圆科　Metastrongylidae Leiper，1908

　76　盘头科　Ollulanidae Skrjabin et Schikhobalova，1952

　77　原圆科　Protostrongylidae Leiper，1926

　78　伪达科　Pseudaliidae Railliet，1916

　79　冠尾科　Stephanuridae Travassos et Vogelsang，1933

　80　圆形科　Strongylidae Baird，1853

　81　比翼科　Syngamidae Leiper，1912

　82　毛圆科　Trichostrongylidae Leiper，1912

4

原虫 Protozoon

I 肉足鞭毛门 Sarcomastigophora Honigberg et Balamuth，1963

I -1 叶足纲 Lobosasida Carpenter，1861

I -1-1 阿米巴目 Amoebida Ehrenberg，1830

1 内阿米巴科 Entamoebidae Calkins，1926

1.1 内蜒阿米巴属 *Endolimax* Kuenen et Swellengrebel，1917

1.1.1 微小内蜒阿米巴虫 *Endolimax nana*（Wenyon et O'connor，1917）Brug，1918

宿主与寄生部位：猪。肠道。

地理分布：北京。

1.2 内阿米巴属 *Entamoeba* Casagrandi et Barbagallo，1895

1.2.1 结肠内阿米巴虫 *Entamoeba coli*（Grassi，1879）Casagrandi et Barbagallo，1895

宿主与寄生部位：猪。结肠。

地理分布：北京、上海。

1.2.2 溶组织内阿米巴虫 *Entamoeba histolytica* Schaudinn，1903

宿主与寄生部位：猪、犬。大肠、肝。

地理分布：江西、辽宁、上海。

1.2.3 波氏内阿米巴虫 *Entamoeba polecki* Prowazek，1912

宿主与寄生部位：猪。肠道。

地理分布：北京、上海。

1.3 嗜碘阿米巴属 *Iodamoeba* Dobell，1919

1.3.1 布氏嗜碘阿米巴虫 *Iodamoeba buetschlii*（von Prowazek，1912）Dobell，1919

同物异名：*Iodamoeba kueneni*（Brug，1921），猪嗜碘阿米巴虫（*Iodamoeba suis* O'connor）。

宿主与寄生部位：猪。结肠。

地理分布：安徽、北京、江苏。

Ⅰ-2 动物鞭毛虫纲 Zoomastigophora Calkins，1909

Ⅰ-2-2 双滴虫目 Diplomonadida Wenyon，1926

2 六鞭原虫科 Hexamitidae Kent，1880

2.1 贾第属 *Giardia* Kunstler，1882

2.1.1 蓝氏贾第鞭毛虫 *Giardia lamblia* Stiles，1915

宿主与寄生部位：马、牛、犬、猫、兔。小肠、大肠。

地理分布：北京、重庆、甘肃、广东、贵州、河北、河南、黑龙江、湖北、江苏、辽宁、宁夏、青海、山东、山西、陕西、上海、四川、台湾、天津、云南、浙江。

Ⅰ-2-3 动基体目 Kinetoplastida Honigberg，1963

3 锥虫科 Trypanosomatidae Dolfein，1901

3.1 利什曼属 *Leishmania* Ross，1903

3.1.1 杜氏利什曼原虫 *Leishmania donovani*（Laveran et Mesnil，1903）Ross，1903

宿主与寄生部位：犬。网状内皮系统、血液、皮肤、巨噬细胞、肝、脾、淋巴结、骨髓。

地理分布：安徽、北京、重庆、甘肃、河北、河南、湖北、江苏、辽宁、内蒙古、宁夏、青海、山东、山西、陕西、四川、新疆。

3.2 锥虫属 *Trypanosoma* Gruby，1843

3.2.1 马媾疫锥虫 *Trypanosoma equiperdum* Doflein，1901

宿主与寄生部位：马、驴、骡。生殖器官。

地理分布：安徽、北京、甘肃、贵州、河北、河南、黑龙江、湖南、吉林、江苏、辽宁、内蒙古、宁夏、青海、山东、山西、陕西、天津、新疆、云南。

3.2.2 伊氏锥虫 *Trypanosoma evansi*（Steel，1885）Balbiani，l888

宿主与寄生部位：骆驼、马、驴、骡、黄牛、水牛、奶牛、羊、猪、犬。血液、各组织器官。

地理分布：安徽、北京、重庆、福建、广东、广西、贵州、海南、河北、河南、湖北、湖南、江苏、江西、内蒙古、宁夏、山东、上海、四川、台湾、天津、新疆、云南、浙江。

3.2.3 鸡锥虫 *Trypanosoma gallinarum* Bruce，Hammerton，Bateman，*et al.*，1911

同物异名：禽锥虫（*Trypanosoma avium* Danilewsky，1885）。

宿主与寄生部位：鸡。血液。

地理分布：云南。

3.2.4 泰氏锥虫 *Trypanosoma theileri* Laveran，1902

宿主与寄生部位：黄牛、水牛、奶牛。血液、淋巴液、淋巴结。

地理分布：安徽、甘肃、吉林、江苏、陕西、上海。

Ⅰ-2-4 毛滴虫目 Trichomonadida Kirby，1947

4 单尾滴虫科 Monocercomonadidae Kirby，1947

4.1 组织滴虫属 *Histomonas* Tyzzer，1920

4.1.1 火鸡组织滴虫 *Histomonas meleagridis* Tyzzer，1920

宿主与寄生部位：鸡。盲肠、肝。

地理分布：安徽、北京、福建、甘肃、广东、广西、贵州、河北、河南、黑龙江、湖南、吉林、江苏、江西、辽宁、内蒙古、宁夏、青海、山东、山西、陕西、四川、天津、新疆、浙江。

5 毛滴虫科 Trichomonadidae Wenyon，1926

5.1 四毛滴虫属 *Tetratrichomonas* Parisi，1910

5.1.1 鸭四毛滴虫 *Tetratrichomonas anatis* Kotlán，1923

同物异名：鸭毛滴虫（*Trichomonas anatis*（Kotlán）Grassé，1926）。

宿主与寄生部位：鸭。肠道。

地理分布：江苏。

5.2 毛滴虫属 *Trichomonas* Donné，1836

5.2.1 猫毛滴虫 *Trichomonas felis* da Cunha et Muniz，1922

宿主与寄生部位：犬。肠道。

地理分布：山东。

5.2.2 鸡毛滴虫 *Trichomonas gallinae*（Rivolta，1878）Stabler，1938

宿主与寄生部位：鸡。盲肠。

地理分布：广东、新疆。

5.3 三毛滴虫属 *Tritrichomonas* Kofoid，1920

5.3.1 胎儿三毛滴虫 *Tritrichomonas foetus*（Riedmüller，1928）Wenrich et Emmerson，1933

宿主与寄生部位：黄牛、奶牛。生殖腔、胎儿胃、体腔、胎盘、胎液。

地理分布：安徽、河北、黑龙江、江苏、江西、上海、天津、云南。

5.3.2 猪三毛滴虫 *Tritrichomonas suis* Gruby et Delafond，1843

同物异名：猪毛滴虫（*Trichomonas suis* Davaine，1877）。

宿主与寄生部位：猪。胃、肠道。

地理分布：江苏、江西。

II 顶器复合门 Apicomplexa Levine，1970

II-3 孢子虫纲 Sporozoasida Leukart，1879

II-3-5 真球虫目 Eucoccidiorida Léger et Duboscq，1910

6 隐孢子虫科 Cryptosporidiidae Léger，1911

6.1 隐孢子虫属 *Cryptosporidium* Tyzzer，1907

6.1.1 安氏隐孢子虫 *Cryptosporidium andersoni* Lindsay，Upton，Owens，*et al.*，2000

宿主与寄生部位：牛、绵羊、山羊。皱胃。

地理分布：安徽、重庆、广西、河南、黑龙江、吉林、江苏、陕西、上海。

6.1.2 贝氏隐孢子虫 *Cryptosporidium baileyi* Current，Upton et Haynes，1986

宿主与寄生部位：鸡、鸭、鹅。盲肠、法氏囊、泄殖腔、呼吸道。

地理分布：安徽、北京、福建、广东、河北、河南、湖南、江苏、山东、上海、天津、新疆、浙江。

6.1.3 牛隐孢子虫 *Cryptosporidium bovis* Fayer，Santín et Xiao，2005

宿主与寄生部位：牛、绵羊、兔。小肠。

地理分布：重庆、河南、黑龙江、吉林、上海。

6.1.4 犬隐孢子虫 *Cryptosporidium canis* Fayer，Trout，Xiao，*et al.*，2001

宿主与寄生部位：犬。小肠。

地理分布：河南、上海、四川。

6.1.5 兔隐孢子虫 *Cryptosporidium cuniculus* Inman et Takeuchi，1979

宿主与寄生部位：兔。小肠。

地理分布：河南。

6.1.6 人隐孢子虫 *Cryptosporidium hominis* Morgan-Ryan，Fall，Ward，*et al.*，2002

宿主与寄生部位：牛。小肠。

地理分布：河南。

6.1.7 火鸡隐孢子虫 *Cryptosporidium meleagridis* Slavin，1955

同物异名：禽隐孢子虫。

宿主与寄生部位：鸡。各系统器官。

地理分布：安徽、河南、吉林。

6.1.8 鼠隐孢子虫 *Cryptosporidium muris* Tyzzer，1907

宿主与寄生部位：黄牛、水牛、奶牛、牦牛、猪、犬。胃、小肠、大肠。

地理分布：安徽、北京、广东、河北、河南、湖南、江苏、青海、山东、陕西、上海、四川、天津、云南、浙江。

6.1.9 微小隐孢子虫 *Cryptosporidium parvum* Tyzzer，1912

宿主与寄生部位：黄牛、水牛、奶牛、牦牛、绵羊、山羊、猪、犬、猫、兔。小肠、大肠。

地理分布：安徽、北京、重庆、河北、河南、黑龙江、湖南、吉林、江苏、内蒙古、青海、陕西、上海、天津、云南。

6.1.10 芮氏隐孢子虫 *Cryptosporidium ryanae* Fayer，Santín et Trout，2008
宿主与寄生部位：奶牛、牦牛。小肠。
地理分布：重庆、河南、黑龙江、吉林、青海。

6.1.11 猪隐孢子虫 *Cryptosporidium suis* Ryan，Monis，Enemark，*et al.*，2004
宿主与寄生部位：猪。小肠、大肠。
地理分布：重庆、河南、山东、上海，浙江。

6.1.12 广泛隐孢子虫 *Cryptosporidium ubiquitum* Fayer，Santín，Macarisin，2010
宿主与寄生部位：绵羊、山羊。小肠。
地理分布：河南、四川。

6.1.13 肖氏隐孢子虫 *Cryptosporidium xiaoi* Fayer et Santín，2009
宿主与寄生部位：山羊。小肠。
地理分布：河南。

7 艾美耳科 **Eimeriidae Minchin，1903**

7.1 环孢子虫属 *Cyclospora* Schneider，1881
（国内报道来自家畜家禽的环孢子虫，仅指明来源宿主，未确定虫体种类）
宿主与寄生部位：牛、犬、鸭。肠道。
地理分布：广东

7.2 艾美耳属 *Eimeria* Schneider，1875

7.2.1 阿布氏艾美耳球虫 *Eimeria abramovi* Svanbaev et Rakhmatullina，1967
宿主与寄生部位：鸭。小肠。
地理分布：安徽、重庆、广东、上海、云南、新疆。

7.2.2 堆型艾美耳球虫 *Eimeria acervulina* Tyzzer，1929
宿主与寄生部位：鸡。小肠前段。
地理分布：安徽、北京、重庆、福建、甘肃、广东、广西、贵州、海南、河北、河南、黑龙江、湖北、湖南、吉林、江苏、江西、辽宁、内蒙古、宁夏、青海、山东、山西、陕西、上海、四川、台湾、天津、新疆、云南、浙江。

7.2.3 阿沙塔艾美耳球虫 *Eimeria ahsata* Honess，1942
宿主与寄生部位：绵羊、山羊。小肠。
地理分布：安徽、北京、福建、甘肃、河北、河南、黑龙江、吉林、江苏、辽宁、内蒙古、宁夏、青海、山东、山西、陕西、四川、天津、新疆、云南。

7.2.4 阿拉巴马艾美耳球虫 *Eimeria alabamensis* Christensen，1941
宿主与寄生部位：黄牛、水牛、奶牛、牦牛。肠道。
地理分布：安徽、广东、广西、贵州、河南、江苏、内蒙古、青海、陕西、上海、云南。

7.2.5 艾丽艾美耳球虫 *Eimeria alijevi* Musaev，1970
宿主与寄生部位：绵羊、山羊。小肠、大肠。
地理分布：安徽、北京、重庆、广西、贵州、河北、黑龙江、江苏、天津、云南。

7.2.6　鸭艾美耳球虫　*Eimeria anatis* Scholtyseck，1955

宿主与寄生部位：鸭。小肠。

地理分布：重庆、上海、四川、新疆、云南、浙江。

7.2.7　鹅艾美耳球虫　*Eimeria anseris* Kotlán，1932

宿主与寄生部位：鹅。肠道。

地理分布：安徽、江苏。

7.2.8　阿普艾美耳球虫　*Eimeria apsheronica* Musaev，1970

同物异名：非球形艾美耳球虫。

宿主与寄生部位：绵羊、山羊。小肠。

地理分布：安徽、北京、重庆、广西、贵州、河北、江苏、天津、云南。

7.2.9　阿洛艾美耳球虫　*Eimeria arloingi*（Marotel，1905）Martin，1909

宿主与寄生部位：绵羊、山羊。小肠、大肠。

地理分布：安徽、北京、重庆、福建、甘肃、广西、贵州、河北、河南、黑龙江、吉林、江苏、江西、辽宁、内蒙古、宁夏、青海、山东、山西、陕西、四川、天津、新疆、云南、浙江。

7.2.10　奥博艾美耳球虫　*Eimeria auburnensis* Christensen et Porter，1939

同物异名：孟买艾美耳球虫（*Eimeria bombayansis* Rao et Hiregaudar，1930），伊氏艾美耳球虫（*Eimeria ildefonsoi* Torres et Ramos，1939）。

宿主与寄生部位：黄牛、水牛、奶牛、牦牛。小肠、结肠。

地理分布：安徽、广西、甘肃、贵州、河北、河南、湖南、江苏、内蒙古、青海、陕西、上海、四川、天津、云南、浙江。

7.2.11　潜鸭艾美耳球虫　*Eimeria aythyae* Farr，1965

宿主与寄生部位：鸭。小肠。

地理分布：云南。

7.2.12　双峰驼艾美耳球虫　*Eimeria bactriani* Levine et Ivens，1970

宿主与寄生部位：骆驼。回肠。

地理分布：内蒙古。

7.2.13　巴库艾美耳球虫　*Eimeria bakuensis* Musaev，1970

同物异名：绵羊艾美耳球虫（*Eimeria ovina* Levine et Ivens，1970）。

宿主与寄生部位：绵羊。小肠。

地理分布：安徽、北京、甘肃、河北、河南、黑龙江、吉林、辽宁、青海、山东、陕西、天津、新疆、云南。

7.2.14　巴雷氏艾美耳球虫　*Eimeria bareillyi* Gill，Chhabra et Lall，1963

宿主与寄生部位：水牛。肠道。

地理分布：安徽、广西、江西。

7.2.15　巴塔氏艾美耳球虫　*Eimeria battakhi* Dubey et Pande，1963

宿主与寄生部位：鸭。小肠。

地理分布：安徽、福建、江苏、上海、云南。

7.2.16　牛艾美耳球虫　*Eimeria bovis*（Züblin，1908）Fiebiger，1912

同物异名：斯氏艾美耳球虫（*Eimeria smithi* Yakimoff et Galouzo，1927）。

宿主与寄生部位：黄牛、水牛、奶牛、牦牛。小肠、结肠、盲肠、直肠。

地理分布：安徽、北京、福建、甘肃、广东、广西、贵州、河北、河南、黑龙江、湖南、吉林、江苏、江西、内蒙古、宁夏、青海、陕西、上海、四川、天津、云南、浙江。

7.2.17　黑雁艾美耳球虫　*Eimeria brantae* Levine，1953

宿主与寄生部位：鸭。肠道。

地理分布：安徽、江苏。

7.2.18　巴西利亚艾美耳球虫　*Eimeria brasiliensis* Torres et Ramos，1939

同物异名：奥氏艾美耳球虫（*Eimeria orlovi* Basanova，1952）。

宿主与寄生部位：黄牛、水牛、奶牛、牦牛。小肠、结肠。

地理分布：安徽、甘肃、广西、贵州、河北、河南、湖南、江苏、内蒙古、青海、上海、四川、天津、云南。

7.2.19　布氏艾美耳球虫　*Eimeria brunetti* Levine，1942

宿主与寄生部位：鸡。小肠后段、直肠。

地理分布：安徽、重庆、福建、甘肃、广东、广西、贵州、河南、黑龙江、吉林、江苏、内蒙古、青海、四川、台湾、新疆、云南、浙江。

7.2.20　鹊鸭艾美耳球虫　*Eimeria bucephalae* Christiansen et Madsen，1948

宿主与寄生部位：鸭。肠道。

地理分布：安徽、江苏。

7.2.21　布基农艾美耳球虫　*Eimeria bukidnonensis* Tubangui，1931

同物异名：巴克朗艾美耳球虫。

宿主与寄生部位：黄牛、水牛、奶牛、牦牛。小肠、结肠。

地理分布：安徽、甘肃、广西、河南、江苏、内蒙古、青海。

7.2.22　驼艾美耳球虫　*Eimeria cameli*（Henry et Masson，1932）Reichenow，1952

宿主与寄生部位：骆驼。小肠。

地理分布：内蒙古。

7.2.23　加拿大艾美耳球虫　*Eimeria canadensis* Bruce，1921

宿主与寄生部位：黄牛、水牛、奶牛、牦牛。小肠、结肠。

地理分布：安徽、甘肃、广西、贵州、河南、湖南、江苏、内蒙古、青海、陕西、四川、云南。

7.2.24　山羊艾美耳球虫　*Eimeria caprina* Lima，1979

宿主与寄生部位：绵羊、山羊。肠道。

地理分布：安徽、北京、重庆、福建、广西、贵州、河北、河南、黑龙江、江苏、江西、青海、山西、陕西、四川、天津、云南、浙江。

7.2.25　羊艾美耳球虫　*Eimeria caprovina* Lima，1980

宿主与寄生部位：绵羊、山羊。肠道。

地理分布：安徽、重庆、广西、贵州、河南、江苏、云南。

7.2.26　哈萨克斯坦艾美耳球虫　*Eimeria casahstanica* Zigankoff，1950

宿主与寄生部位：骆驼。肠道。

地理分布：内蒙古。

7.2.27 蠕孢艾美耳球虫 *Eimeria cerdonis* Vetterling，1965

宿主与寄生部位：猪。肠道。

地理分布：北京、河北、湖南、江苏、陕西、天津、浙江。

7.2.28 克里氏艾美耳球虫 *Eimeria christenseni* Levine，Ivens et Fritz，1962

宿主与寄生部位：绵羊、山羊。小肠。

地理分布：安徽、北京、重庆、福建、广西、贵州、河北、江苏、江西、青海、山西、陕西、四川、天津、云南、浙江。

7.2.29 克拉氏艾美耳球虫 *Eimeria clarkei* Hanson，Levine et Ivens，1957

宿主与寄生部位：鹅。小肠。

地理分布：广东。

7.2.30 盲肠艾美耳球虫 *Eimeria coecicola* Cheissin，1947

宿主与寄生部位：兔。回肠、盲肠。

地理分布：安徽、北京、重庆、福建、甘肃、广西、河北、河南、湖南、吉林、江苏、江西、辽宁、内蒙古、宁夏、山东、山西、陕西、上海、四川、天津、西藏、新疆、云南、浙江。

7.2.31 槌状艾美耳球虫 *Eimeria crandallis* Honess，1942

宿主与寄生部位：绵羊、山羊。小肠。

地理分布：安徽、北京、福建、河北、河南、江苏、辽宁、宁夏、青海、山西、天津、新疆、云南。

7.2.32 圆柱状艾美耳球虫 *Eimeria cylindrica* Wilson，1931

宿主与寄生部位：黄牛、水牛、奶牛、牦牛。小肠、结肠。

地理分布：安徽、广西、贵州、河南、江苏、内蒙古、青海、陕西、上海、四川、云南。

7.2.33 丹氏艾美耳球虫 *Eimeria danailovi* Gräfner，Graubmann et Betke，1965

宿主与寄生部位：鸭。小肠。

地理分布：上海。

7.2.34 蒂氏艾美耳球虫 *Eimeria debliecki* Douwes，1921

宿主与寄生部位：猪。小肠前段、结肠、盲肠。

地理分布：安徽、北京、重庆、福建、甘肃、广东、广西、贵州、河北、河南、黑龙江、湖北、湖南、江苏、江西、辽宁、内蒙古、青海、山东、陕西、四川、天津、云南、浙江。

7.2.35 单峰驼艾美耳球虫 *Eimeria dromedarii* Yakimoff et Matschoulsky，1939

宿主与寄生部位：骆驼。小肠。

地理分布：内蒙古。

7.2.36 椭圆艾美耳球虫 *Eimeria ellipsoidalis* Becker et Frye，1929

宿主与寄生部位：黄牛、水牛、奶牛、牦牛。小肠、结肠。

地理分布：安徽、北京、广东、广西、贵州、河北、河南、湖南、江苏、内蒙古、青海、陕西、上海、四川、天津、云南、浙江。

7.2.37　长形艾美耳球虫　*Eimeria elongata* Marotel et Guilhon，1941

　　宿主与寄生部位：兔。小肠。

　　地理分布：安徽、河北、江苏、宁夏、山东、天津、云南、浙江。

7.2.38　微小艾美耳球虫　*Eimeria exigua* Yakimoff，1934

　　宿主与寄生部位：兔。小肠。

　　地理分布：安徽、北京、重庆、福建、甘肃、广西、河北、河南、江苏、江西、辽宁、内蒙古、宁夏、青海、山东、山西、陕西、上海、四川、新疆、云南、浙江。

7.2.39　法氏艾美耳球虫　*Eimeria farrae* Hanson，Levine et Ivens，1957

　　同物异名：*Eimeria farri*（Hanson，Levine et Ivens，1957）。

　　宿主与寄生部位：鹅。肠道。

　　地理分布：安徽、江苏。

7.2.40　福氏艾美耳球虫　*Eimeria faurei*（Moussu et Marotel，1902）Martin，1909

　　同物异名：*Coccidium* sp.（Moussu et Marotel，1901），*Coccidium faurei*（Moussu et Marotel，1902），*Coccidium caprae*（Jaeger，1921），*Coccidium ovis*（Jaeger，1921），爱缪拉艾美耳球虫（*Eimeria aemula* Yakimoff，1931）。

　　宿主与寄生部位：绵羊、山羊。小肠、大肠。

　　地理分布：安徽、北京、重庆、福建、甘肃、河北、河南、黑龙江、吉林、辽宁、江苏、内蒙古、宁夏、青海、山西、陕西、四川、天津、新疆、云南。

7.2.41　黄色艾美耳球虫　*Eimeria flavescens* Marotel et Guilhon，1941

　　宿主与寄生部位：兔。结肠、盲肠。

　　地理分布：安徽、北京、福建、甘肃、河北、河南、宁夏、陕西、西藏、新疆、云南、浙江。

7.2.42　棕黄艾美耳球虫　*Eimeria fulva* Farr，1953

　　宿主与寄生部位：鹅。肠道。

　　地理分布：安徽、广东、江苏。

7.2.43　格氏艾美耳球虫　*Eimeria gilruthi*（Chatton，1910）Reichenow et Carini，1937

　　宿主与寄生部位：绵羊。皱胃壁。

　　地理分布：甘肃。

7.2.44　贡氏艾美耳球虫　*Eimeria gonzalezi* Bazalar et Guerrero，1970

　　宿主与寄生部位：绵羊、山羊。小肠。

　　地理分布：河南、吉林、辽宁、山东、云南。

7.2.45　颗粒艾美耳球虫　*Eimeria granulosa* Christensen，1938

　　宿主与寄生部位：绵羊、山羊。小肠。

　　地理分布：安徽、北京、重庆、福建、河北、河南、黑龙江、吉林、江苏、内蒙古、宁夏、青海、山东、山西、陕西、四川、天津、新疆、云南。

7.2.46　盖氏艾美耳球虫　*Eimeria guevarai* Romero，Rodriguez et Lizcano Herrera，1971

　　宿主与寄生部位：猪。肠道。

　　地理分布：内蒙古。

7.2.47　固原艾美耳球虫　*Eimeria guyuanensis* Xiao，1992

宿主与寄生部位：羊。肠道。

地理分布：宁夏。

7.2.48 哈氏艾美耳球虫 *Eimeria hagani* Levine，1938

宿主与寄生部位：鸡。小肠前段。

地理分布：安徽、北京、重庆、福建、甘肃、广东、广西、海南、河南、湖北、湖南、江苏、江西、辽宁、内蒙古、青海、山东、山西、陕西、四川、台湾、新疆、云南、浙江。

7.2.49 赫氏艾美耳球虫 *Eimeria hermani* Farr，1953

宿主与寄生部位：鹅。肠道。

地理分布：安徽、广东、江苏。

7.2.50 家山羊艾美耳球虫 *Eimeria hirci* Chevalier，1966

宿主与寄生部位：山羊。肠道。

地理分布：安徽、北京、广西、贵州、河北、江苏、天津、云南。

7.2.51 伊利诺斯艾美耳球虫 *Eimeria illinoisensis* Levine et Ivens，1967

宿主与寄生部位：黄牛、水牛、牦牛。肠道。

地理分布：云南、青海。

7.2.52 肠艾美耳球虫 *Eimeria intestinalis* Cheissin，1948

宿主与寄生部位：兔。小肠、大肠。

地理分布：安徽、北京、重庆、福建、甘肃、广东、广西、河北、河南、江苏、江西、辽宁、内蒙古、宁夏、青海、山东、山西、陕西、上海、四川、天津、西藏、新疆、云南、浙江。

7.2.53 错乱艾美耳球虫 *Eimeria intricata* Spiegl，1925

宿主与寄生部位：绵羊、山羊。小肠、大肠。

地理分布：安徽、北京、福建、甘肃、河北、河南、吉林、内蒙古、宁夏、青海、陕西、四川、天津、新疆、云南。

7.2.54 无残艾美耳球虫 *Eimeria irresidua* Kessel et Jankiewicz，1931

宿主与寄生部位：兔。小肠。

地理分布：安徽、北京、重庆、福建、甘肃、广西、河北、河南、湖北、湖南、吉林、江苏、江西、辽宁、内蒙古、宁夏、青海、山东、山西、陕西、上海、四川、天津、西藏、新疆、云南、浙江。

7.2.55 吉兰泰艾美耳球虫 *Eimeria jilantaii* Wei et Wang，1984

宿主与寄生部位：骆驼。肠道。

地理分布：内蒙古。

7.2.56 约奇艾美耳球虫 *Eimeria jolchijevi* Musaev，1970

宿主与寄生部位：山羊。肠道。

地理分布：安徽、北京、重庆、广西、贵州、河北、江苏、天津、云南。

7.2.57 柯恰尔氏艾美耳球虫 *Eimeria kocharli* Musaev，1970

宿主与寄生部位：山羊。肠道。

地理分布：江苏。

7.2.58　柯特兰氏艾美耳球虫　*Eimeria kotlani* Gräfner et Graubmann，1964

　　宿主与寄生部位：鹅。小肠、大肠。

　　地理分布：安徽、广东。

7.2.59　克氏艾美耳球虫　*Eimeria krylovi* Svanbaev et Rakhmatullina，1967

　　宿主与寄生部位：鸭。肠道。

　　地理分布：安徽、江苏。

7.2.60　广西艾美耳球虫　*Eimeria kwangsiensis* Liao，Xu，Hou，*et al.*，1986

　　宿主与寄生部位：黄牛、奶牛。肠道。

　　地理分布：安徽、广西、陕西。

7.2.61　兔艾美耳球虫　*Eimeria leporis* Nieschulz，1923

　　宿主与寄生部位：兔。肠道。

　　地理分布：北京、甘肃、河北、吉林、江西、宁夏、山西、新疆。

7.2.62　鲁氏艾美耳球虫　*Eimeria leuckarti*（Flesch，1883）Reichenow，1940

　　宿主与寄生部位：马。小肠。

　　地理分布：内蒙古。

7.2.63　大型艾美耳球虫　*Eimeria magna* Pérard，1925

　　宿主与寄生部位：兔。小肠中后段，盲肠。

　　地理分布：安徽、北京、重庆、福建、甘肃、广东、广西、河北、河南、黑龙江、湖北、湖南、吉林、江苏、江西、辽宁、内蒙古、宁夏、青海、山东、山西、陕西、上海、四川、天津、西藏、新疆、云南、浙江。

7.2.64　大唇艾美耳球虫　*Eimeria magnalabia* Levine，1951

　　宿主与寄生部位：鹅。肠道。

　　地理分布：安徽、广东。

7.2.65　马尔西卡艾美耳球虫　*Eimeria marsica* Restani，1971

　　同物异名：袋形艾美耳球虫。

　　宿主与寄生部位：绵羊、山羊。小肠。

　　地理分布：安徽、河南、辽宁、山东、陕西。

7.2.66　马氏艾美耳球虫　*Eimeria matsubayashii* Tsunoda，1952

　　同物异名：松林艾美耳球虫。

　　宿主与寄生部位：兔。回肠。

　　地理分布：安徽、北京、重庆、福建、甘肃、河北、河南、江苏、江西、内蒙古、宁夏、山西、陕西、西藏、浙江。

7.2.67　巨型艾美耳球虫　*Eimeria maxima* Tyzzer，1929

　　宿主与寄生部位：鸡。小肠中段。

　　地理分布：安徽、北京、重庆、福建、甘肃、广东、广西、贵州、海南、河北、河南、黑龙江、湖南、吉林、江苏、江西、辽宁、内蒙古、宁夏、青海、山东、山西、陕西、上海、四川、台湾、天津、新疆、云南、浙江。

7.2.68　中型艾美耳球虫　*Eimeria media* Kessel，1929

　　宿主与寄生部位：兔。小肠。

16

地理分布：安徽、北京、重庆、福建、甘肃、广东、广西、河北、河南、黑龙江、湖北、吉林、江苏、江西、辽宁、内蒙古、青海、山东、山西、陕西、上海、四川、天津、西藏、新疆、云南、浙江。

7.2.69　和缓艾美耳球虫　*Eimeria mitis* Tyzzer，1929

宿主与寄生部位：鸡。小肠前段。

地理分布：安徽、北京、重庆、福建、甘肃、广东、广西、海南、河北、河南、黑龙江、湖南、吉林、江苏、江西、辽宁、内蒙古、宁夏、青海、山东、山西、陕西、四川、台湾、天津、新疆、云南、浙江。

7.2.70　变位艾美耳球虫　*Eimeria mivati* Edgar et Siebold，l964

宿主与寄生部位：鸡。小肠。

地理分布：安徽、重庆、福建、甘肃、广东、广西、贵州、河北、湖南、江苏、江西、内蒙古、宁夏、上海、四川、台湾、天津、云南。

7.2.71　纳格浦尔艾美耳球虫　*Eimeria nagpurensis* Gill et Ray，1960

宿主与寄生部位：兔。肠道。

地理分布：安徽、甘肃、河北、河南、江苏、内蒙古、宁夏、山东、陕西、西藏。

7.2.72　毒害艾美耳球虫　*Eimeria necatrix* Johnson，1930

宿主与寄生部位：鸡。小肠中段。

地理分布：安徽、北京、重庆、福建、甘肃、广东、广西、贵州、海南、河北、河南、黑龙江、湖北、湖南、吉林、江苏、江西、辽宁、内蒙古、宁夏、山东、山西、陕西、上海、四川、天津、新疆、云南、浙江。

7.2.73　新蒂氏艾美耳球虫　*Eimeria neodebliecki* Vetterling，1965

宿主与寄生部位：猪。小肠。

地理分布：安徽、重庆、河南、湖南、江苏、江西、内蒙古、青海、山东、陕西、四川、云南、浙江。

7.2.74　新兔艾美耳球虫　*Eimeria neoleporis* Carvalho，1942

宿主与寄生部位：兔。大肠、小肠后段。

地理分布：安徽、北京、重庆、福建、甘肃、河北、河南、吉林、江苏、江西、内蒙古、宁夏、山西、西藏、云南。

7.2.75　尼氏艾美耳球虫　*Eimeria ninakohlyakimovae* Yakimoff et Rastegaieff，1930

宿主与寄生部位：绵羊、山羊。小肠后段、结肠、盲肠。

地理分布：安徽、北京、重庆、福建、甘肃、广西、贵州、河北、河南、江苏、辽宁、内蒙古、宁夏、青海、山西、陕西、四川、天津、新疆、云南、浙江。

7.2.76　有害艾美耳球虫　*Eimeria nocens* Kotlán，1933

宿主与寄生部位：鹅。肠道。

地理分布：安徽、广东、江苏、浙江。

7.2.77　秋沙鸭艾美耳球虫　*Eimeria nyroca* Svanbaev et Rakhmatullina，1967

宿主与寄生部位：鸭。肠道。

地理分布：安徽、江苏。

7.2.78　卵状艾美耳球虫　*Eimeria oodeus* Hu et Yan，1990

宿主与寄生部位：绵羊。肠道。

地理分布：新疆。

7.2.79　穴兔艾美耳球虫　*Eimeria oryctolagi* Ray et Banik，1965

宿主与寄生部位：兔。肠道。

地理分布：河北。

7.2.80　类绵羊艾美耳球虫　*Eimeria ovinoidalis* McDougald，1979

宿主与寄生部位：绵羊。小肠、大肠。

地理分布：安徽、北京、河北、河南、辽宁、内蒙古、山东、天津、新疆、云南。

7.2.81　厚膜艾美耳球虫　*Eimeria pachmenia* Hu et Yan，1990

宿主与寄生部位：绵羊。肠道。

地理分布：新疆。

7.2.82　小型艾美耳球虫　*Eimeria parva* Kotlán，Mócsy et Vajda，1929

同物异名：嘎氏艾美耳球虫（*Eimeria galouzoi* Yakimoff et Rastegaieff，1930），*Eimeria nana*（Yakimoff，1933），苍白艾美耳球虫（*Eimeria pallida* Christensen，1938）。

宿主与寄生部位：绵羊、山羊。小肠、结肠、盲肠。

地理分布：安徽、北京、重庆、福建、广西、甘肃、河北、河南、黑龙江、吉林、江苏、辽宁、内蒙古、宁夏、青海、山东、山西、陕西、四川、天津、新疆、云南。

7.2.83　匹拉迪艾美耳球虫　*Eimeria pellerdyi* Prasad，1960

宿主与寄生部位：骆驼。肠道。

地理分布：内蒙古。

7.2.84　皮利他艾美耳球虫　*Eimeria pellita* Supperer，1952

同物异名：复膜艾美耳球虫，粗膜艾美耳球虫。

宿主与寄生部位：黄牛、水牛、奶牛、牦牛。肠道。

地理分布：安徽、广西、贵州、河北、江苏、内蒙古、青海、陕西、上海、四川、天津。

7.2.85　穿孔艾美耳球虫　*Eimeria perforans*（Leuckart，1879）Sluiter et Swellengrebel，1912

宿主与寄生部位：兔。小肠、盲肠。

地理分布：安徽、北京、重庆、福建、甘肃、广东、广西、河北、河南、黑龙江、湖北、湖南、吉林、江苏、江西、辽宁、内蒙古、宁夏、青海、山东、山西、陕西、上海、四川、天津、西藏、新疆、云南、浙江。

7.2.86　极细艾美耳球虫　*Eimeria perminuta* Henry，1931

宿主与寄生部位：猪。小肠。

地理分布：安徽、北京、重庆、广西、河北、河南、湖南、江苏、江西、内蒙古、青海、陕西、四川、天津、云南、浙江。

7.2.87　梨形艾美耳球虫　*Eimeria piriformis* Kotlán et Pospesch，1934

宿主与寄生部位：兔。空肠、回肠、大肠。

地理分布：安徽、北京、重庆、福建、甘肃、广东、广西、河北、河南、湖北、湖南、吉林、江苏、江西、辽宁、内蒙古、宁夏、青海、山东、山西、陕西、上海、四川、天津、西藏、新疆、云南、浙江。

7.2.88 光滑艾美耳球虫 *Eimeria polita* Pellérdy，1949

宿主与寄生部位：猪。空肠、回肠。

地理分布：安徽、重庆、广西、河南、江苏、江西、四川、云南、浙江。

7.2.89 豚艾美耳球虫 *Eimeria porci* Vetterling，1965

同物异名：种猪艾美耳球虫。

宿主与寄生部位：猪。空肠下段、回肠。

地理分布：安徽、北京、重庆、广西、河北、河南、湖南、江苏、青海、陕西、四川、天津、云南。

7.2.90 早熟艾美耳球虫 *Eimeria praecox* Johnson，1930

宿主与寄生部位：鸡。小肠前段。

地理分布：安徽、北京、重庆、福建、甘肃、广东、广西、海南、河北、河南、黑龙江、湖南、吉林、江苏、江西、辽宁、内蒙古、宁夏、青海、山西、陕西、上海、四川、台湾、天津、新疆、云南、浙江。

7.2.91 斑点艾美耳球虫 *Eimeria punctata* Landers，1955

宿主与寄生部位：绵羊、山羊。肠道。

地理分布：安徽、河南、江苏、陕西、云南。

7.2.92 拉贾斯坦艾美耳球虫 *Eimeria rajasthani* Dubey et Pande，1963

宿主与寄生部位：骆驼。肠道。

地理分布：内蒙古。

7.2.93 罗马尼亚艾美耳球虫 *Eimeria romaniae* Donciu，1961

宿主与寄生部位：猪。小肠。

地理分布：内蒙古。

7.2.94 萨塔姆艾美耳球虫 *Eimeria saitamae* Inoue，1967

宿主与寄生部位：鸭。肠道。

地理分布：安徽、江苏、上海。

7.2.95 粗糙艾美耳球虫 *Eimeria scabra* Henry，1931

宿主与寄生部位：猪。小肠、结肠、盲肠。

地理分布：安徽、北京、重庆、广东、广西、贵州、河北、河南、湖北、湖南、江苏、江西、辽宁、内蒙古、青海、山东、陕西、四川、天津、云南、浙江。

7.2.96 沙赫达艾美耳球虫 *Eimeria schachdagica* Musaev, Surkova, Jelchiev *et al.*，1966

宿主与寄生部位：鸭。肠道。

地理分布：安徽、重庆、江苏、上海。

7.2.97 母猪艾美耳球虫 *Eimeria scrofae* Galli-Valerio，1935

宿主与寄生部位：猪。肠道。

地理分布：福建、四川。

7.2.98 雕斑艾美耳球虫 *Eimeria sculpta* Madsen，1938

宿主与寄生部位：兔。肠道。

地理分布：甘肃、河南。

7.2.99 顺义艾美耳球虫 *Eimeria shunyiensis* Wang, Shu et Ling，1990

宿主与寄生部位：山羊。肠道。

地理分布：北京。

7.2.100　绒鸭艾美耳球虫　*Eimeria somateriae* Christiansen，1952

宿主与寄生部位：鸭。肾。

地理分布：安徽、江苏。

7.2.101　有刺艾美耳球虫　*Eimeria spinosa* Henry，1931

宿主与寄生部位：猪。空肠、回肠。

地理分布：安徽、北京、重庆、福建、河北、河南、湖北、湖南、江苏、天津、云南。

7.2.102　斯氏艾美耳球虫　*Eimeria stiedai*（Lindemann，1865）Kisskalt et Hartmann，1907

宿主与寄生部位：兔。肝脏、胆管。

地理分布：安徽、北京、重庆、福建、甘肃、广东、广西、河北、河南、黑龙江、湖北、湖南、吉林、江苏、江西、辽宁、内蒙古、宁夏、青海、山东、山西、陕西、上海、四川、天津、西藏、新疆、云南、浙江。

7.2.103　多斑艾美耳球虫　*Eimeria stigmosa* Klimes，1963

宿主与寄生部位：鹅。小肠。

地理分布：安徽、广东、江苏、浙江。

7.2.104　亚球形艾美耳球虫　*Eimeria subspherica* Christensen，1941

宿主与寄生部位：黄牛、水牛、奶牛、牦牛。小肠、大肠。

地理分布：安徽、重庆、广东、广西、贵州、河北、河南、江苏、内蒙古、青海、陕西、上海、四川、天津、云南、浙江。

7.2.105　猪艾美耳球虫　*Eimeria suis* Nöller，1921

宿主与寄生部位：猪。小肠。

地理分布：安徽、北京、重庆、福建、广东、广西、贵州、河北、河南、湖南、江苏、江西、陕西、四川、天津、云南、浙江。

7.2.106　四川艾美耳球虫　*Eimeria szechuanensis* Wu，Jiang et Hu，1980

宿主与寄生部位：猪。肠道。

地理分布：重庆、江苏、四川。

7.2.107　柔嫩艾美耳球虫　*Eimeria tenella*（Railliet et Lucet，1891）Fantham，1909

宿主与寄生部位：鸡。盲肠。

地理分布：安徽、北京、重庆、福建、甘肃、广东、广西、贵州、海南、河北、河南、黑龙江、湖北、湖南、吉林、江苏、江西、辽宁、内蒙古、宁夏、青海、山东、山西、陕西、上海、四川、台湾、天津、新疆、云南、浙江。

7.2.108　截形艾美耳球虫　*Eimeria truncata*（Railliet et Lucet，1891）Wasielewski，1904

宿主与寄生部位：鹅。肾。

地理分布：安徽、江苏。

7.2.109　威布里吉艾美耳球虫　*Eimeria weybridgensis* Norton，Joyner et Catchpole，1974

宿主与寄生部位：绵羊、山羊。小肠。

地理分布：北京、河北、河南、辽宁、宁夏、青海、山东、陕西、天津、新疆、

20

云南。

7.2.110 乌兰艾美耳球虫 *Eimeria wulanensis* Wei et Wang，1984
宿主与寄生部位：骆驼。肠道。
地理分布：内蒙古。

7.2.111 怀俄明艾美耳球虫 *Eimeria wyomingensis* Huizinga et Winger，1942
宿主与寄生部位：黄牛、水牛、奶牛、牦牛。肠道。
地理分布：安徽、广西、贵州、河南、江苏、内蒙古、青海、上海、四川。

7.2.112 杨陵艾美耳球虫 *Eimeria yanglingensis* Zhang，Yu，Feng，*et al.*，1994
宿主与寄生部位：猪。肠道。
地理分布：江西、陕西。

7.2.113 云南艾美耳球虫 *Eimeria yunnanensis* Zuo et Chen，1984
宿主与寄生部位：黄牛、水牛、牦牛。肠道。
地理分布：云南。

7.2.114 邱氏艾美耳球虫 *Eimeria züernii*（Rivolta，1878）Martin，1909
宿主与寄生部位：黄牛、水牛、奶牛、牦牛。小肠、大肠。
地理分布：安徽、北京、甘肃、广东、广西、贵州、河北、河南、黑龙江、湖南、吉林、江苏、江西、辽宁、内蒙古、宁夏、青海、陕西、上海、四川、天津、云南、浙江。

7.3 等孢属 *Isospora* Schneider，1881

7.3.1 阿克赛等孢球虫 *Isospora aksaica* Bazanova，1952
宿主与寄生部位：奶牛。肠道。
地理分布：内蒙古。

7.3.2 阿拉木图等孢球虫 *Isospora almataensis* Paichuk，1951
宿主与寄生部位：猪。肠道。
地理分布：重庆、江苏、内蒙古、四川。

7.3.3 鹅等孢球虫 *Isospora anseris* Skene，Remmler et Fernando，1981
宿主与寄生部位：鹅。肠道。
地理分布：江苏。

7.3.4 伯氏等孢球虫 *Isospora burrowsi* Trayser et Todd，1978
宿主与寄生部位：犬。肠道。
地理分布：河南。

7.3.5 犬等孢球虫 *Isospora canis* Nemeseri，1959
宿主与寄生部位：犬。小肠后1/3段。
地理分布：北京、广东、广西、河北、湖南、江苏、辽宁、天津、云南。

7.3.6 猫等孢球虫 *Isospora felis* Wenyon，1923
宿主与寄生部位：猫。肠道。
地理分布：广东、河北、江苏、天津、云南。

7.3.7 鸡等孢球虫 *Isospora gallinae* Scholtyseck，1954
宿主与寄生部位：鸡。肠道。
地理分布：福建、内蒙古、宁夏、云南。

7.3.8 大孔等孢球虫 *Isospora gigantmicropyle* Lin，Wang，Yu，*et al.*，1983
　　宿主与寄生部位：兔。肠道。
　　地理分布：江苏。

7.3.9 拉氏等孢球虫 *Isospora lacazei* Labbe，1893
　　（此为鸟类球虫，有多篇文献记载检出于相关畜禽粪便，故列于此。）
　　宿主与寄生部位：鸭、鸡、猪。肠道。
　　地理分布：安徽、甘肃、江苏、云南。

7.3.10 鸳鸯等孢球虫 *Isospora mandari* Bhatia，Chauhan，Arora，*et al.*，1971
　　宿主与寄生部位：鸭。肠道。
　　地理分布：安徽、福建、江苏、上海。

7.3.11 俄亥俄等孢球虫 *Isospora ohioensis* Dubey，1975
　　宿主与寄生部位：犬。小肠、结肠、盲肠。
　　地理分布：北京、河北、河南、湖南、上海、天津、云南。

7.3.12 芮氏等孢球虫 *Isospora rivolta*（Grassi，1879）Wenyon，1923
　　宿主与寄生部位：猫。肠道。
　　地理分布：安徽、河北、江苏、江西、天津、云南。

7.3.13 猪等孢球虫 *Isospora suis* Biester et Murray，1934
　　宿主与寄生部位：猪。小肠。
　　地理分布：安徽、重庆、福建、广东、广西、贵州、河北、黑龙江、湖南、江苏、江西、辽宁、内蒙古、山东、陕西、四川、天津、云南、浙江。

7.3.14 狐等孢球虫 *Isospora vulipina* Nieschulz et Bos，1933
　　宿主与寄生部位：犬。肠道。
　　地理分布：江苏。

7.4 泰泽属 *Tyzzeria* Allen，1936

7.4.1 艾氏泰泽球虫 *Tyzzeria alleni* Chakravarty et Basu，1947
　　宿主与寄生部位：鸭。肠道。
　　地理分布：安徽、江苏。

7.4.2 鹅泰泽球虫 *Tyzzeria anseris* Nieschulz，1947
　　宿主与寄生部位：鹅。肠道。
　　地理分布：安徽。

7.4.3 棉凫泰泽球虫 *Tyzzeria chenicusae* Ray et Sarkar，1967
　　宿主与寄生部位：鸭。肠道。
　　地理分布：江苏。

7.4.4 稍小泰泽球虫 *Tyzzeria parvula*（Kotlan，1933）Klimes，1963
　　宿主与寄生部位：鹅。肠道。
　　地理分布：安徽、广东、江苏、浙江。

7.4.5 佩氏泰泽球虫 *Tyzzeria pellerdyi* Bhatia et Pande，1966
　　宿主与寄生部位：鸭。肠道。
　　地理分布：安徽、江苏。

7.4.6 毁灭泰泽球虫 *Tyzzeria perniciosa* Allen，1936

宿主与寄生部位：鸭。小肠

地理分布：安徽、北京、重庆、福建、广东、河北、河南、湖南、江苏、江西、宁夏、四川、天津、新疆、云南。

7.5 温扬属 *Wenyonella* Hoare，1933

7.5.1 鸭温扬球虫 *Wenyonella anatis* Pande，Bhatia et Srivastava，1965

宿主与寄生部位：鸭。肠道。

地理分布：重庆、江苏、上海、新疆、云南。

7.5.2 盖氏温扬球虫 *Wenyonella gagari* Sarkar et Ray，1968

宿主与寄生部位：鸭。肠道。

地理分布：江苏。

7.5.3 佩氏温扬球虫 *Wenyonella pellerdyi* Bhatia et Pande，1966

宿主与寄生部位：鸭。肠道。

地理分布：安徽、福建、江苏、上海。

7.5.4 菲莱氏温扬球虫 *Wenyonella philiplevinei* Leibovitz，1968

宿主与寄生部位：鸭。小肠、盲肠、直肠。

地理分布：安徽、北京、重庆、福建、广东、河北、湖南、江苏、江西、宁夏、上海、四川、天津、新疆、云南。

8 住白细胞虫科 Leucocytozoidae Fallis et Bennett，1961

8.1 住白细胞虫属 *Leucocytozoon* Danilevsky，1890

8.1.1 卡氏住白细胞虫 *Leucocytozoon caulleryii* Mathis et Léger，1909

宿主与寄生部位：鸡。白细胞。

地理分布：北京、重庆、福建、广东、广西、贵州、海南、河北、河南、湖北、湖南、吉林、江苏、江西、辽宁、陕西、上海、四川、台湾、天津、云南。

8.1.2 沙氏住白细胞虫 *Leucocytozoon sabrazesi* Mathis et Léger，1910

宿主与寄生部位：鸡、鸭。白细胞。

地理分布：安徽、福建、广东、广西、贵州、海南、湖北、湖南、江苏、江西、宁夏、山西、上海、四川、台湾、云南、浙江。

8.1.3 西氏住白细胞虫 *Leucocytozoon simondi* Mathis et Léger，1910

宿主与寄生部位：鹅。白细胞。

地理分布：安徽。

9 疟原虫科 Plasmodiidae Mesnil，1903

9.1 疟原虫属 *Plasmodium* Marchiafava et Celli，1885

9.1.1 鸡疟原虫 *Plasmodium gallinaceum* Brumpt，1935

宿主与寄生部位：鸡。血液。

地理分布：广东、江苏。

10 住肉孢子虫科 Sarcocystidae Poche，1913

10.1 贝诺孢子虫属 *Besnoitia* Henry，1913

10.1.1 贝氏贝诺孢子虫 *Besnoitia besnoiti*（Marotel，1912）Henry，1913

宿主与寄生部位：黄牛、山羊。皮下。

地理分布：北京、河北、黑龙江、吉林、内蒙古、新疆。

10.2 新孢子虫属 *Neospora* Dubey，Carpenter，Speer，*et al.*，1988

10.2.1 犬新孢子虫 *Neospora caninum* Dubey，Carpenter，Speer，*et al.*，1988

（除在北京、吉林的奶牛中分离培养出虫体外，其余均为血清学或 PCR 检测阳性）

宿主与寄生部位：黄牛、奶牛、牦牛、绵羊、山羊（中间宿主，终末宿主为犬）。脑。

地理分布：北京、广东、广西、河北、河南、黑龙江、吉林、内蒙古、青海、山东、山西、上海、四川、天津、新疆。

10.3 住肉孢子虫属 *Sarcocystis* Lankester，1882

10.3.1 公羊犬住肉孢子虫 *Sarcocystis arieticanis* Heydorn，1985

宿主与寄生部位：绵羊。横纹肌。

地理分布：北京、河南、青海、新疆。

10.3.2 马住肉孢子虫 *Sarcocystis bertrami* Dolflein，1901

宿主与寄生部位：马。肌肉。

地理分布：吉林、内蒙古、宁夏。

10.3.3 骆驼住肉孢子虫 *Sarcocystis cameli* Mason，1910

宿主与寄生部位：骆驼。膈肌、心肌、横纹肌、舌、食道。

地理分布：内蒙古。

10.3.4 山羊犬住肉孢子虫 *Sarcocystis capracanis* Fischer，1979

宿主与寄生部位：山羊（中间宿主，终末宿主为犬）。横纹肌。

地理分布：北京、广西、云南。

10.3.5 枯氏住肉孢子虫 *Sarcocystis cruzi*（Hasselmann，1923）Wenyon，1926

同物异名：牛犬住肉孢子虫（*Sarcocystis bovicanis* Heydorn，Gestrich，Mehlhorn，*et al.*，1975）。

宿主与寄生部位：黄牛、水牛（中间宿主，终末宿主为犬）。心肌、横纹肌、食道。

地理分布：北京、广西、贵州、湖南、江西、辽宁、新疆、云南。

10.3.6 兔住肉孢子虫 *Sarcocystis cuniculi* Brumpt，1913

宿主与寄生部位：兔。横纹肌。

地理分布：河北。

10.3.7 囊状住肉孢子虫 *Sarcocystis cystiformis* Wang，Wei，Wang，*et al.*，1989

宿主与寄生部位：绵羊。舌肌。

地理分布：青海。

10.3.8 梭形住肉孢子虫 *Sarcocystis fusiformis*（Railliet，1897）Bernard et Bauche，1912

同物异名：牛住肉孢子虫。

宿主与寄生部位：黄牛、水牛（中间宿主，终末宿主为猫）。食道肌、横纹肌、心肌。

地理分布：安徽、重庆、福建、广东、广西、贵州、海南、河北、河南、黑龙江、湖北、湖南、吉林、江苏、江西、内蒙古、山东、陕西、四川、天津、云南、浙江。

10.3.9 巨型住肉孢子虫 *Sarcocystis gigantea*（Railliet，1886）Ashford，1977

同物异名：绵羊猫住肉孢子虫（*Sarcocystis ovifelis* Heydorn，Gestrich，Mehlhorn，*et al.*，1975）。

宿主与寄生部位：绵羊（中间宿主，终末宿主为猫）。横纹肌、食道。

地理分布：北京、青海、新疆。

10.3.10 家山羊犬住肉孢子虫 *Sarcocystis hircicanis* Heydorn et Unterholzner，1983

宿主与寄生部位：山羊（中间宿主，终末宿主为犬）。横纹肌、食道壁肌。

地理分布：云南。

10.3.11 多毛住肉孢子虫 *Sarcocystis hirsuta* Moulé，1888

同物异名：牛猫住肉孢子虫（*Sarcocystis bovifelis* Heydorn，Gestrich，Mehlhorn，*et al.*，1975）。

宿主与寄生部位：黄牛、水牛（中间宿主，终末宿主为猫）。横纹肌。

地理分布：北京、福建、广西、贵州、云南。

10.3.12 人住肉孢子虫 *Sarcocystis hominis*（Railliet et Lucet，1891）Dubey，1976

同物异名：牛人住肉孢子虫（*Sarcocystis bovihominis* Heydorn，Gestrich，Mehlhorn，*et al.*，1975）。

宿主与寄生部位：黄牛、水牛（中间宿主，终末宿主为人、猕猴）。横纹肌。

地理分布：广西、云南。

10.3.13 莱氏住肉孢子虫 *Sarcocystis levinei* Dissanaike et Kan，1978

宿主与寄生部位：黄牛、水牛（中间宿主，终末宿主为犬）。横纹肌、食道肌。

地理分布：湖北、湖南、江苏、四川、云南。

10.3.14 微小住肉孢子虫 *Sarcocystis microps* Wang，Wei，Wang，*et al.*，1988

宿主与寄生部位：绵羊。心肌。

地理分布：青海、新疆。

10.3.15 米氏住肉孢子虫 *Sarcocystis miescheriana*（Kühn，1865）Labbé，1899

同物异名：猪犬住肉孢子虫（*Sarcocystis suicanis* Erber，1977）。

宿主与寄生部位：猪（中间宿主，终末宿主为犬、狼）。舌肌、膈肌、骨骼肌、心肌。

地理分布：安徽、北京、重庆、福建、甘肃、广东、广西、河北、黑龙江、湖北、吉林、江苏、辽宁、宁夏、山东、上海、四川、天津、云南。

10.3.16 绵羊犬住肉孢子虫 *Sarcocystis ovicanis* Heydorn，Gestrich，Melhorn，*et al.*，1975

同物异名：脆弱住肉孢子虫（*Sarcocystis tenella*（Railliet，1886）Moulé，1886）。

宿主与寄生部位：绵羊、山羊（中间宿主，终末宿主为犬）。横纹肌、膈肌、食道。

地理分布：北京、甘肃、广西、贵州、河北、河南、黑龙江、湖南、宁夏、青海、山西、陕西、四川、天津、新疆、云南。

10.3.17 牦牛住肉孢子虫 *Sarcocystis poephagi* Wei，Zhang，Dong，*et al.*，1985

宿主与寄生部位：牦牛。膈肌、横纹肌、心肌、食道。

地理分布：甘肃、青海。

10.3.18 牦牛犬住肉孢子虫 *Sarcocystis poephagicanis* Wei，Zhang，Dong，*et al.*，1985

宿主与寄生部位：牦牛。心肌、食道、横纹肌。

地理分布：甘肃、青海。

10.3.19　中华住肉孢子虫　*Sarcocystis sinensis* Zuo，Zhang et Yie，1990

宿主与寄生部位：水牛（中间宿主）。食道壁肌肉。

地理分布：云南。

10.3.20　猪人住肉孢子虫　*Sarcocystis suihominis* Tadros et Laarman，1976

宿主与寄生部位：猪（中间宿主，终末宿主为人、猕猴）。横纹肌。

地理分布：北京、江西、云南。

10.4　弓形虫属　*Toxoplasma* Nicolle et Manceaux，1909

［根据 Dubey（2010），弓形虫属隶属于弓形虫科（Toxoplasmatidae Biocca，1956）］

10.4.1　龚地弓形虫　*Toxoplasma gondii*（Nicolle et Manceaux，1908）Nicolle et Manceaux，1909

宿主与寄生部位：马、驴、黄牛、水牛、绵羊、山羊、猪、犬、兔、鸡、鸭、鹅（中间宿主，终宿主为猫）。横纹肌、眼、脑、实质脏器、唾液、血液、体腔液、淋巴结。

地理分布：安徽、北京、重庆、福建、甘肃、广东、广西、贵州、海南、河北、河南、黑龙江、湖北、湖南、吉林、江苏、江西、辽宁、内蒙古、宁夏、青海、山东、山西、陕西、上海、四川、台湾、天津、新疆、云南、浙江。

Ⅱ-3-6　梨形虫目　Piroplasmida Wenyon，1926

同物异名：Piroplasmorida（Wenyon，1926）。

11　巴贝斯科　Babesiidae Poche，1913

11.1　巴贝斯属　*Babesia* Starcovici，1893

11.1.1　双芽巴贝斯虫　*Babesia bigemina* Smith et Kiborne，1893

宿主与寄生部位：黄牛、水牛、奶牛、牦牛。红细胞。

地理分布：安徽、重庆、福建、甘肃、广东、广西、贵州、河北、河南、湖北、湖南、江苏、江西、辽宁、山东、陕西、四川、天津、西藏、新疆、云南、浙江。

11.1.2　牛巴贝斯虫　*Babesia bovis*（Babes，1888）Starcovici，1893

宿主与寄生部位：黄牛、水牛、奶牛。红细胞。

地理分布：安徽、福建、贵州、河北、河南、湖北、湖南、江苏、江西、辽宁、宁夏、陕西、四川、天津、西藏、新疆、云南、浙江。

11.1.3　驽巴贝斯虫　*Babesia caballi* Nuttall et Strickland，1910

宿主与寄生部位：马、骡。红细胞。

地理分布：甘肃、河北、河南、黑龙江、吉林、辽宁、内蒙古、宁夏、青海、山西、陕西、天津、新疆、云南。

11.1.4　犬巴贝斯虫　*Babesia canis* Piana et Galli-Valerio，1895

宿主与寄生部位：犬。红细胞。

地理分布：安徽、江苏、陕西、云南。

11.1.5　吉氏巴贝斯虫　*Babesia gibson* Patton，1910

宿主与寄生部位：犬。红细胞。

地理分布：河南、湖北、江苏。

11.1.6　大巴贝斯虫　*Babesia major* Sergent，Donatien，Parrot，*et al.*，1926

宿主与寄生部位：牛。红细胞。

地理分布：辽宁。

11.1.7　莫氏巴贝斯虫　*Babesia motasi* Wenyon，1926

宿主与寄生部位：绵羊、山羊。红细胞。

地理分布：甘肃、河南、四川、西藏。

11.1.8　东方巴贝斯虫　*Babesia orientalis* Liu et Zhao，1997

宿主与寄生部位：水牛。红细胞。

地理分布：安徽、湖北、湖南、江苏、江西。

11.1.9　卵形巴贝斯虫　*Babesia ovata* Minami et Ishihara，1980

宿主与寄生部位：黄牛。红细胞。

地理分布：甘肃、河南。

11.1.10　羊巴贝斯虫　*Babesia ovis*（Babes，1892）Starcovici，1893

宿主与寄生部位：绵羊、山羊。红细胞。

地理分布：甘肃、河南、新疆、云南。

11.1.11　柏氏巴贝斯虫　*Babesia perroncitoi* Cerruti，1939

宿主与寄生部位：猪。红细胞。

地理分布：内蒙古。

11.1.12　陶氏巴贝斯虫　*Babesia trautmanni* Knuth et du Toit，1921

宿主与寄生部位：猪。红细胞。

地理分布：云南。

12　泰勒科　**Theileriidae du Toit，1918**

12.1　泰勒属　*Theileria* **Bettencourt，Franca et Borges，1907**

12.1.1　环形泰勒虫　*Theileria annulata*（Dschunkowsky et Luhs，1904）Wenyon，1926

宿主与寄生部位：黄牛、牦牛。红细胞、网状内皮系统。

地理分布：重庆、福建、甘肃、广东、河北、河南、黑龙江、湖北、湖南、吉林、江西、内蒙古、宁夏、山东、山西、陕西、四川、天津、新疆、云南、浙江。

12.1.2　马泰勒虫　*Theileria equi* Mehlhorn et Schein，1998

同物异名：马巴贝斯虫（*Babesia equi* Laveran，1901）。

宿主与寄生部位：马、驴、骡。红细胞。

地理分布：安徽、甘肃、广东、贵州、河北、河南、黑龙江、吉林、辽宁、内蒙古、宁夏、青海、山东、陕西、天津、新疆、云南。

12.1.3　山羊泰勒虫　*Theileria hirci* Dschunkowsky et Urodschevich，1924

宿主与寄生部位：绵羊、山羊。红细胞。

地理分布：甘肃、海南、河南、辽宁、内蒙古、宁夏、青海。

12.1.4　吕氏泰勒虫　*Theileria lüwenshuni* Yin，2002

宿主与寄生部位：绵羊、山羊。红细胞、网状内皮系统。

地理分布：甘肃。

12.1.5 突变泰勒虫 *Theileria mutans*（Theiler，1906）Franca，1909

宿主与寄生部位：黄牛。红细胞。

地理分布：贵州。

12.1.6 绵羊泰勒虫 *Theileria ovis* Rodhain，1916

宿主与寄生部位：绵羊、山羊。红细胞、淋巴细胞。

地理分布：甘肃、宁夏、山西、四川。

12.1.7 瑟氏泰勒虫 *Theileria sergenti* Yakimoff et Dekhtereff，1930

宿主与寄生部位：黄牛、水牛、奶牛、牦牛、羊。红细胞、网状内皮系统。

地理分布：甘肃、贵州、河北、河南、湖南、吉林、辽宁、宁夏、青海、天津、云南。

12.1.8 中华泰勒虫 *Theileria sinensis* Bai，Liu，Yin，*et al.*，2002

宿主与寄生部位：黄牛。红细胞、网状内皮系统。

地理分布：甘肃。

12.1.9 尤氏泰勒虫 *Theileria uilenbergi* Yin，2002

宿主与寄生部位：绵羊、山羊。红细胞、网状内皮系统。

地理分布：甘肃。

Ⅲ 微孢子虫门 **Microspora Sprague，1977**

Ⅲ-4 微孢子虫纲 Microsporea Delphy，1963

Ⅲ-4-7 微孢子虫目 Microsporida Balbiani，1882

13 微粒子虫科 Nosematidae Labbe，1899

13.1 脑原虫属 *Encephalitozoon* Levaditi，Nicolau et Schoen，1923

13.1.1 兔脑原虫 *Encephalitozoon cuniculi* Levaditi，Nicolau et Schoen，1923

宿主与寄生部位：兔、犬。脑、肾及其他脏器。

地理分布：湖南。

Ⅳ 纤毛虫门 **Ciliophora Doffein，1901**

Ⅳ-5 动基裂纲 Kinetofragminophorea de Puytorac，Batisse，Bohatier，*et al.*，1974

Ⅳ-5-8 毛口目 Trichostomatida Bütschli，1889

14 小袋科 Balantidiidae Reichenow in Doflein et Reichenow，1929

14.1 小袋虫属 *Balantidium* Claparède et Lachmann，1858

14.1.1 结肠小袋虫 *Balantidium coli*（Malmsten，1857）Stein，1862

宿主与寄生部位：骆驼、牦牛、猪。大肠。

地理分布：安徽、北京、重庆、福建、甘肃、广东、广西、贵州、海南、河北、河南、黑龙江、湖北、湖南、吉林、江苏、江西、辽宁、内蒙古、青海、山东、山西、陕西、四川、台湾、天津、新疆、云南、浙江。

14.1.2 猪小袋虫 *Balantidium suis* McDonald，1922

宿主与寄生部位：猪。结肠。

地理分布：贵州。

A1 边虫科 Anaplasmataceae Philip，1957

A1.1 边虫属 *Anaplasma* Theiler，1910

边虫，又名无浆体、乏浆体，不属原生动物，属立克次体类生物，但我国兽医寄生虫学工作者，长期将其列入研究防治对象，为便于读者查阅，附于原虫后。

A1.1.1 边缘边虫 *Anaplasma marginale* Theiler，1910

宿主与寄生部位：黄牛、水牛。红细胞。

地理分布：北京、广东、贵州、河南、湖北、吉林、江西、上海、新疆、云南。

A1.1.2 羊边虫 *Anaplasma ovis* Lestoguard，1924

宿主与寄生部位：绵羊、山羊。红细胞。

地理分布：甘肃、辽宁、内蒙古、宁夏、新疆。

蠕虫　　Helminth

V　扁形动物门 Platyhelminthes Claus，1880

V-6　绦虫纲 Cestoda〔Rudolphi，1808〕Fuhrmann，1931

V-6-9　圆叶目 Cyclophyllidea van Beneden in Braun，1900

15 裸头科 Anoplocephalidae Cholodkovsky，1902

15.1 裸头属 *Anoplocephala* Blanchard，1848

15.1.1 大裸头绦虫 *Anoplocephala magna*（Abildgaard，1789）Sprengel，1905

宿主与寄生部位：马、驴、骡。小肠，偶见于胃或大肠。

地理分布：安徽、重庆、甘肃、广西、贵州、河北、河南、黑龙江、湖北、湖南、吉林、江苏、辽宁、内蒙古、宁夏、青海、山东、山西、陕西、四川、天津、新疆、云南。

15.1.2 叶状裸头绦虫 *Anoplocephala perfoliata*（Goeze，1782）Blanchard，1848

宿主与寄生部位：马、驴、骡。小肠、结肠、盲肠。

地理分布：安徽、重庆、甘肃、广西、贵州、河北、河南、黑龙江、湖北、湖南、吉林、江苏、辽宁、内蒙古、宁夏、青海、山东、山西、陕西、四川、台湾、天津、新疆、云南。

15.2 无卵黄腺属 *Avitellina* Gough，1911

15.2.1 中点无卵黄腺绦虫 *Avitellina centripunctata* Rivolta，1874

宿主与寄生部位：骆驼、黄牛、水牛、牦牛、绵羊、山羊。小肠。

地理分布：安徽、重庆、甘肃、广西、贵州、河北、湖北、湖南、吉林、江苏、江西、辽宁、内蒙古、宁夏、青海、山东、山西、陕西、四川、天津、西藏、新疆、云南、浙江。

15.2.2　巨囊无卵黄腺绦虫　*Avitellina magavesiculata* Yang，Qian，Chen，*et al.*，1977

　　宿主与寄生部位：绵羊。小肠。

　　地理分布：甘肃、青海。

15.2.3　微小无卵黄腺绦虫　*Avitellina minuta* Yang，Qian，Chen，*et al.*，1977

　　宿主与寄生部位：牦牛、绵羊、山羊。小肠。

　　地理分布：甘肃、贵州、青海、四川、云南。

15.2.4　塔提无卵黄腺绦虫　*Avitellina tatia* Bhalerao，1936

　　宿主与寄生部位：绵羊、山羊。小肠。

　　地理分布：甘肃、青海、西藏。

15.3　彩带属　*Cittotaenia* Riehm，1881

15.3.1　齿状彩带绦虫　*Cittotaenia denticulata* Rudolphi，1804

　　宿主与寄生部位：兔。肠道。

　　地理分布：贵州、江苏。

15.3.2　梳形彩带绦虫　*Cittotaenia pectinata* Goeze，1782

　　宿主与寄生部位：兔。肠道。

　　地理分布：甘肃、江苏。

15.4　莫尼茨属　*Moniezia* Blanchard，1891

15.4.1　白色莫尼茨绦虫　*Moniezia alba*（Perroncito，1879）Blanchard，1891

　　宿主与寄生部位：水牛、牦牛、绵羊、山羊。小肠。

　　地理分布：贵州、西藏、云南。

15.4.2　贝氏莫尼茨绦虫　*Moniezia benedeni*（Moniez，1879）Blanchard，1891

　　宿主与寄生部位：黄牛、水牛、牦牛、绵羊、山羊、猪。小肠。

　　地理分布：安徽、北京、重庆、福建、甘肃、广东、广西、贵州、海南、河北、河南、黑龙江、湖北、湖南、吉林、江苏、江西、辽宁、内蒙古、宁夏、青海、山东、山西、陕西、上海、四川、台湾、天津、西藏、新疆、云南、浙江。

15.4.3　双节间腺莫尼茨绦虫　*Moniezia biinterrogologlands* Huang et Xie，1993

　　宿主与寄生部位：黄牛、山羊。小肠。

　　地理分布：云南。

15.4.4　扩展莫尼茨绦虫　*Moniezia expansa*（Rudolphi，1810）Blanchard，1891

　　宿主与寄生部位：骆驼、黄牛、水牛、牦牛、犏牛、绵羊、山羊。小肠。

　　地理分布：安徽、北京、重庆、福建、甘肃、广东、广西、贵州、海南、河北、河南、黑龙江、湖北、湖南、吉林、江苏、江西、辽宁、内蒙古、宁夏、青海、山东、山西、陕西、上海、四川、天津、西藏、新疆、云南、浙江。

15.5　莫斯属　*Mosgovoyia* Spassky，1951

15.5.1　梳栉状莫斯绦虫　*Mosgovoyia pectinata*（Goeze，1782）Spassky，1951

　　宿主与寄生部位：兔。小肠。

　　地理分布：安徽、甘肃、河南、青海、山东、陕西、四川、新疆。

15.6　副裸头属　*Paranoplocephala* Lühe，1910

15.6.1　侏儒副裸头绦虫　*Paranoplocephala mamillana*（Mehlis，1831）Baer，1927

宿主与寄生部位：马、驴、骡。小肠、胃。

地理分布：重庆、甘肃、贵州、河北、黑龙江、吉林、山东、四川、台湾、天津、新疆。

15.7　斯泰勒属　*Stilesia* Railliet，1893

15.7.1　球状点斯泰勒绦虫　*Stilesia globipunctata*（Rivolta，1874）Railliet，1893

宿主与寄生部位：牛、山羊。小肠。

地理分布：重庆、四川、台湾。

15.7.2　条状斯泰勒绦虫　*Stilesia vittata* Railliet，1896

宿主与寄生部位：水牛。小肠。

地理分布：安徽。

15.8　曲子宫属　*Thysaniezia* Skrjabin，1926

同物异名：*Helictometra*（Baer，1927）。

15.8.1　盖氏曲子宫绦虫　*Thysaniezia giardi* Moniez，1879

宿主与寄生部位：黄牛、水牛、牦牛、绵羊、山羊。小肠。

地理分布：安徽、重庆、甘肃、贵州、河北、河南、黑龙江、湖北、吉林、江苏、江西、辽宁、内蒙古、宁夏、青海、山东、山西、陕西、上海、四川、天津、西藏、新疆、云南、浙江。

15.8.2　羊曲子宫绦虫　*Thysaniezia ovilla* Rivolta，1878

宿主与寄生部位：黄牛、绵羊、山羊。小肠。

地理分布：安徽、贵州、河南、湖北、江苏、江西、上海、云南、浙江。

16　戴维科　Davaineidae Fuhrmann，1907

16.1　卡杜属　*Cotugnia* Diamare，1893

同物异名：对殖属，杯首属。

16.1.1　双性孔卡杜绦虫　*Cotugnia digonopora* Pasquale，1890

同物异名：复对殖绦虫。

宿主与寄生部位：鸡、鸭。小肠。

地理分布：福建、广东、海南、台湾。

16.1.2　台湾卡杜绦虫　*Cotugnia taiwanensis* Yamaguti，1935

宿主与寄生部位：鸡、鸭。肠道。

地理分布：贵州、台湾。

16.2　戴维属　*Davainea* Blanchard et Railliet，1891

16.2.1　安德烈戴维绦虫　*Davainea andrei* Fuhrmann，1933

宿主与寄生部位：鸡、鸭。小肠。

地理分布：安徽、贵州。

16.2.2　火鸡戴维绦虫　*Davainea meleagridis* Jones，1936

宿主与寄生部位：鸡。小肠。

地理分布：云南。

16.2.3　原节戴维绦虫　*Davainea proglottina*（Davaine，1860）Blanchard，1891

宿主与寄生部位：鸡、鸭。小肠。

地理分布：安徽、重庆、福建、甘肃、广东、贵州、海南、河北、河南、湖北、吉林、江苏、江西、辽宁、山东、陕西、四川、天津、新疆、云南、浙江。

16.3 瑞利属 *Raillietina* Fuhrmann，1920

16.3.1 西里伯瑞利绦虫 *Raillietina celebensis*（Janicki，1902）Fuhrmann，1920

宿主与寄生部位：犬。小肠。

地理分布：贵州、云南。

16.3.2 椎体瑞利绦虫 *Raillietina centuri* Rigney，1943

宿主与寄生部位：鸡、鸭。小肠。

地理分布：广西、贵州。

16.3.3 有轮瑞利绦虫 *Raillietina cesticillus* Molin，1858

宿主与寄生部位：鸡、鸭、鹅。小肠。

地理分布：安徽、北京、重庆、福建、甘肃、广东、广西、贵州、河北、河南、黑龙江、湖北、湖南、吉林、江苏、江西、辽宁、宁夏、青海、山东、山西、陕西、上海、四川、天津、西藏、新疆、云南、浙江。

16.3.4 棘盘瑞利绦虫 *Raillietina echinobothrida* Megnin，1881

宿主与寄生部位：鸡、鸭、鹅。小肠。

地理分布：安徽、北京、重庆、福建、甘肃、广东、广西、贵州、海南、河北、河南、黑龙江、湖北、湖南、吉林、江苏、江西、辽宁、内蒙古、宁夏、青海、山东、山西、陕西、上海、四川、天津、西藏、新疆、云南、浙江。

16.3.5 乔治瑞利绦虫 *Raillietina georgiensis* Reid et Nugara，1961

宿主与寄生部位：鸡。小肠。

地理分布：广东、贵州。

16.3.6 大珠鸡瑞利绦虫 *Raillietina magninumida* Jones，1930

宿主与寄生部位：鸡。小肠。

地理分布：广东、海南、新疆、浙江。

16.3.7 小钩瑞利绦虫 *Raillietina parviuncinata* Meggitt et Saw，1924

宿主与寄生部位：鸭。小肠。

地理分布：福建、江苏。

16.3.8 穿孔瑞利绦虫 *Raillietina penetrans* Baczynska，1914

宿主与寄生部位：鸡。小肠。

地理分布：福建。

16.3.9 多沟瑞利绦虫 *Raillietina pluriuneinata* Baer，1925

宿主与寄生部位：鸡。小肠。

地理分布：广西。

16.3.10 兰氏瑞利绦虫 *Raillietina ransomi* William，1931

宿主与寄生部位：鸡、鸭。小肠。

地理分布：广东、贵州、新疆、云南。

16.3.11 山东瑞利绦虫 *Raillietina shantungensis* Winfield et Chang，1936

宿主与寄生部位：鸡。小肠。

地理分布：山东。

16.3.12　四角瑞利绦虫　*Raillietina tetragona* Molin，1858

宿主与寄生部位：鸡、鸭、鹅。小肠。

地理分布：安徽、重庆、福建、甘肃、广东、广西、贵州、海南、河北、河南、黑龙江、湖北、湖南、吉林、江苏、江西、辽宁、内蒙古、宁夏、青海、山东、山西、陕西、上海、四川、台湾、天津、西藏、新疆、云南、浙江。

16.3.13　似四角瑞利绦虫　*Raillietina tetragonoides* Baer，1925

宿主与寄生部位：鸡、小肠。

地理分布：福建。

16.3.14　尿胆瑞利绦虫　*Raillietina urogalli* Modeer，1790

宿主与寄生部位：鸡。小肠。

地理分布：广西。

16.3.15　威廉瑞利绦虫　*Raillietina williamsi* Fuhrmann，1932

宿主与寄生部位：鸡。小肠。

地理分布：广东、贵州。

17　囊宫科　Dilepididae（Railliet et Henry，1909）Lincicome，1939

同物异名：双壳科。

17.1　变带属　*Amoebotaenia* Cohn，1900

17.1.1　楔形变带绦虫　*Amoebotaenia cuneata* von Linstow，1872

同物异名：*Amoebotaenia sphenoides*（Railliet，1892）。

宿主与寄生部位：鸡、鸭。小肠。

地理分布：安徽、重庆、福建、甘肃、广东、贵州、海南、河南、黑龙江、湖北、湖南、江苏、江西、宁夏、陕西、四川、台湾、新疆、云南、浙江。

17.1.2　福氏变带绦虫　*Amoebotaenia fuhrmanni* Tseng，1932

宿主与寄生部位：鸡。小肠。

地理分布：北京、江苏。

17.1.3　少睾变带绦虫　*Amoebotaenia oligorchis* Yamaguti，1935

宿主与寄生部位：鸡。小肠。

地理分布：安徽、重庆、福建、广东、湖南、宁夏、陕西、四川。

17.1.4　北京变带绦虫　*Amoebotaenia pekinensis* Tseng，1932

宿主与寄生部位：鸡。小肠。

地理分布：湖南。

17.1.5　有刺变带绦虫　*Amoebotaenia spinosa* Yamaguti，1956

宿主与寄生部位：鸡。小肠。

地理分布：重庆、福建、四川。

17.1.6　热带变带绦虫　*Amoebotaenia tropica* Hüsi，1956

宿主与寄生部位：鸡。小肠。

地理分布：安徽。

17.2 漏带属 *Choanotaenia* Railliet，1896

17.2.1 带状漏带绦虫 *Choanotaenia cingulifera* Krabbe，1869

宿主与寄生部位：鸡。小肠。

地理分布：贵州。

17.2.2 漏斗漏带绦虫 *Choanotaenia infundibulum* Bloch，1779

宿主与寄生部位：鸡、鸭。小肠。

地理分布：安徽、北京、重庆、福建、甘肃、广东、广西、海南、河北、湖北、江苏、内蒙古、宁夏、陕西、四川、天津、新疆、云南、浙江。

17.2.3 小型漏带绦虫 *Choanotaenia parvus* Lu，Li et Liao，1989

宿主与寄生部位：鸡。小肠。

地理分布：安徽。

17.3 双殖孔属 *Diplopylidium* Beddard，1913

17.3.1 诺氏双殖孔绦虫 *Diplopylidium nolleri*（Skrjabin，1924）Meggitt，1927

宿主与寄生部位：犬、猫。小肠。

地理分布：重庆、福建、广东、贵州、四川。

17.4 复殖孔属 *Dipylidium* Leuckart，1863

17.4.1 犬复孔绦虫 *Dipylidium caninum*（Linnaeus，1758）Leuckart，1863

宿主与寄生部位：犬、猫。小肠。

地理分布：安徽、北京、重庆、福建、甘肃、广东、广西、贵州、海南、河北、河南、黑龙江、湖北、湖南、吉林、江苏、江西、辽宁、内蒙古、宁夏、陕西、上海、四川、台湾、天津、西藏、新疆、云南、浙江。

17.5 不等缘属 *Imparmargo* Davidson，Doster et Prestwood，1974

17.5.1 贝氏不等缘绦虫 *Imparmargo baileyi* Davidson，Doster et Prestwood，1974

宿主与寄生部位：鸡。小肠。

地理分布：云南。

17.6 菱吻属 *Unciunia* Skrjabin，1914

同物异名：异带属（*Anomotaenia* Cohn，1900）。

17.6.1 纤毛菱吻绦虫 *Unciunia ciliata*（Fuhrmann，1913）Metevosyan，1963

同物异名：纤毛异带绦虫（*Anomotaenia ciliata* Fuhrmann，1913）。

宿主与寄生部位：鸡、鸭。小肠。

地理分布：安徽、重庆、福建、海南、宁夏、四川、浙江。

18 双阴科 Diploposthidae Poche，1926

18.1 双阴属 *Diploposthe* Jacobi，1896

18.1.1 光滑双阴绦虫 *Diploposthe laevis*（Bloch，1782）Jacobi，1897

宿主与寄生部位：鸭、鹅。肠道。

地理分布：北京、河北、江苏、山东。

19 膜壳科 Hymenolepididae（Ariola，1899）Railliet et Henry，1909

19.1 幼壳属 *Abortilepis* Yamaguti，1959

19.1.1 败育幼壳绦虫 *Abortilepis abortiva*（von Linstow，1904）Yamaguti，1959

宿主与寄生部位：鸭。肠道。

地理分布：黑龙江。

19.2 单睾属 *Aploparaksis* Clerc，1903

19.2.1 有蔓单睾绦虫 *Aploparaksis cirrosa* Krabbe，1869

宿主与寄生部位：鹅。小肠。

地理分布：安徽。

19.2.2 福建单睾绦虫 *Aploparaksis fukinensis* Lin，1959

宿主与寄生部位：鸡、鸭、鹅。小肠。

地理分布：安徽、重庆、福建、广东、广西、贵州、海南、河南、四川、云南、浙江。

19.2.3 叉棘单睾绦虫 *Aploparaksis furcigera* Rudolphi，1819

宿主与寄生部位：鸡、鸭、鹅。小肠。

地理分布：安徽、福建、广东、广西、贵州、海南、湖南、江西、新疆、浙江。

19.2.4 秧鸡单睾绦虫 *Aploparaksis porzana* Dubinina，1953

宿主与寄生部位：鸡、鸭、鹅。小肠。

地理分布：安徽、重庆、福建、广东、广西、河南、云南、浙江。

19.3 腔带属 *Cloacotaenia* Wolffhügel，1938

19.3.1 大头腔带绦虫 *Cloacotaenia megalops* Nitzsch in Creplin，1829

宿主与寄生部位：鸡、鸭、鹅。小肠、直肠、泄殖腔、法氏囊。

地理分布：安徽、北京、重庆、广东、贵州、海南、湖南、江苏、宁夏、台湾、浙江。

19.4 双盔带属 *Dicranotaenia* Railliet，1892

19.4.1 相似双盔带绦虫 *Dicranotaenia aequabilis*（Rudolphi，1810）López-Neyra，1942

宿主与寄生部位：鸭。小肠。

地理分布：贵州。

19.4.2 冠状双盔带绦虫 *Dicranotaenia coronula*（Dujardin，1845）Railliet，1892

同物异名：冠形膜壳绦虫（*Hymenolepis coronula* Dujardin，1845）。

宿主与寄生部位：鸭、鹅、鸡。小肠、盲肠。

地理分布：安徽、重庆、福建、广东、广西、贵州、河南、黑龙江、湖南、江苏、江西、宁夏、陕西、四川、台湾、新疆、云南、浙江。

19.4.3 内翻双盔带绦虫 *Dicranotaenia introversa* Mayhew，1925

宿主与寄生部位：鸭。小肠。

地理分布：湖南、黑龙江。

19.4.4 假冠双盔带绦虫 *Dicranotaenia pseudocoronula* Mathevossian，1945

宿主与寄生部位：鸭。小肠。

地理分布：江苏。

19.4.5 白眉鸭双盔带绦虫 *Dicranotaenia querquedula* Fuhrmann，1921

宿主与寄生部位：鸭。小肠。

地理分布：湖南。

19.4.6 单双盔带绦虫 *Dicranotaenia simplex* （Fuhrmann，1906）López-Neyra，1942

宿主与寄生部位：鸭。小肠。

地理分布：湖北、湖南。

19.5 类双壳属 *Dilepidoides* Spasskii et Spasskaya，1954

19.5.1 包氏类双壳绦虫 *Dilepidoides bauchei* Joyeux，1924

宿主与寄生部位：鸡。小肠。

地理分布：福建。

19.6 双睾属 *Diorchis* Clerc，1903

19.6.1 美洲双睾绦虫 *Diorchis americanus* Ransom，1909

宿主与寄生部位：鸡、鸭、鹅。小肠。

地理分布：广西。

19.6.2 鸭双睾绦虫 *Diorchis anatina* Ling，1959

宿主与寄生部位：鸭、鹅。小肠。

地理分布：安徽、重庆、福建、广东、广西、贵州、河南、湖南、江苏、四川、云南、浙江。

19.6.3 球双睾绦虫 *Diorchis bulbodes* Mayhew，1929

宿主与寄生部位：鸭。小肠。

地理分布：重庆、广东。

19.6.4 淡黄双睾绦虫 *Diorchis flavescens* （Kreff，1873）Johnston，1912

宿主与寄生部位：鸭。小肠。

地理分布：湖南。

19.6.5 台湾双睾绦虫 *Diorchis formosensis* Sugimoto，1934

宿主与寄生部位：鸭、鹅。小肠。

地理分布：湖南、台湾。

19.6.6 膨大双睾绦虫 *Diorchis inflata* Rudolphi，1819

宿主与寄生部位：鸭。小肠。

地理分布：重庆、四川。

19.6.7 秋沙鸭双睾绦虫 *Diorchis nyrocae* Yamaguti，1935

宿主与寄生部位：鸭、鹅、鸡。小肠。

地理分布：安徽、重庆、广东、河南、黑龙江、云南。

19.6.8 西伯利亚双睾绦虫 *Diorchis sibiricus* （Dujardin，1845）Railliet，1892

宿主与寄生部位：鸭。小肠。

地理分布：江苏。

19.6.9 斯氏双睾绦虫 *Diorchis skarbilowitschi* Schachtachtinskaja，1960

宿主与寄生部位：鸭。小肠。

地理分布：湖南。

19.6.10 幼芽双睾绦虫 *Diorchis sobolevi* Spasskaya，1950

宿主与寄生部位：鸭。小肠。

地理分布：湖南。

19.6.11 斯梯氏双睾绦虫 *Diorchis stefanskii* Czaplinski，1956
宿主与寄生部位：鸭、鹅。小肠。
地理分布：安徽、重庆、福建、黑龙江、江苏、江西。

19.7 剑带属 *Drepanidotaenia* **Railliet，1892**

19.7.1 矛形剑带绦虫 *Drepanidotaenia lanceolata* Bloch，1782
宿主与寄生部位：鸡、鸭、鹅。小肠。
地理分布：安徽、重庆、福建、广东、广西、贵州、海南、河北、河南、黑龙江、湖北、湖南、吉林、江苏、江西、内蒙古、青海、山东、上海、四川、台湾、天津、新疆、云南、浙江。

19.7.2 普氏剑带绦虫 *Drepanidotaenia przewalskii* Skrjabin，1914
宿主与寄生部位：鸡、鸭、鹅。小肠。
地理分布：安徽、重庆、福建、广东、广西、贵州、黑龙江、江苏、江西、四川、云南、浙江。

19.7.3 瓦氏剑带绦虫 *Drepanidotaenia watsoni* Prestwood et Reid，1966
宿主与寄生部位：鹅。小肠。
地理分布：广东。

19.8 棘叶属 *Echinocotyle* **Blanchard，1891**

19.8.1 罗斯棘叶绦虫 *Echinocotyle rosseteri* Blanchard，1891
宿主与寄生部位：鸡。小肠。
地理分布：广东。

19.9 棘壳属 *Echinolepis* **Spasskii et Spasskaya，1954**

19.9.1 致疡棘壳绦虫 *Echinolepis carioca*（Magalhaes，1898）Spasskii et Spasskaya，1954
宿主与寄生部位：鸡、鸭。小肠。
地理分布：安徽、甘肃、广东、海南、黑龙江、四川、云南、浙江。

19.10 縫缘属 *Fimbriaria* **Froelich，1802**

同物异名：皱缘属。

19.10.1 黑龙江縫缘绦虫 *Fimbriaria amurensis* Kotellnikou，1960
宿主与寄生部位：鸭。小肠。
地理分布：黑龙江。

19.10.2 片形縫缘绦虫 *Fimbriaria fasciolaris* Pallas，1781
宿主与寄生部位：鸡、鸭、鹅。小肠。
地理分布：安徽、重庆、福建、广东、广西、贵州、海南、河南、湖北、湖南、江苏、江西、宁夏、陕西、四川、台湾、新疆、云南、浙江。

19.11 西壳属 *Hispaniolepis* **López-Neyra，1942**

19.11.1 西顺西壳绦虫 *Hispaniolepis tetracis* Cholodkowsky，1906
宿主与寄生部位：鸡。小肠。
地理分布：宁夏。

19.12 膜壳属 *Hymenolepis* **Weinland，1858**

19.12.1 八钩膜壳绦虫 *Hymenolepis actoversa* Spassky et Spasskaja，1954

宿主与寄生部位：鸭。小肠。

地理分布：黑龙江、浙江。

19.12.2　鸭膜壳绦虫　*Hymenolepis anatina* Krabbe，1869

同物异名：鸭棘叶绦虫（*Echinocotyle anatina*（Krabbe，1869）Blanchard，1891），鸭剑壳绦虫（*Drepanidolepis anatina*（Krabbe，1869）Spassky，1963）。

宿主与寄生部位：鸡、鸭。小肠。

地理分布：安徽、重庆、广西、河南、江苏、江西、台湾、四川、云南。

19.12.3　角额膜壳绦虫　*Hymenolepis angularostris* Sugimoto，1934

宿主与寄生部位：鸭、鹅。小肠。

地理分布：安徽、贵州、台湾。

19.12.4　鹅膜壳绦虫　*Hymenolepis anseris* Skrjabin et Matevosyan，1942

宿主与寄生部位：鹅。小肠。

地理分布：安徽。

19.12.5　包成膜壳绦虫　*Hymenolepis bauchei* Joyeux，1924

宿主与寄生部位：鸡。小肠。

地理分布：福建。

19.12.6　分枝膜壳绦虫　*Hymenolepis cantaniana* Polonio，1860

宿主与寄生部位：鸡、鸭。小肠。

地理分布：贵州、江苏、宁夏、四川、新疆、云南、浙江。

19.12.7　鸡膜壳绦虫　*Hymenolepis carioca* Magalhaes，1898

同物异名：腐败膜壳绦虫，线样膜壳绦虫。

宿主与寄生部位：鸡、鸭、鹅。小肠。

地理分布：安徽、重庆、河南、黑龙江、江苏、四川、浙江。

19.12.8　窄膜壳绦虫　*Hymenolepis compressa*（Linton，1892）Fuhrmann，1906

同物异名：压扁膜壳绦虫，缩短膜壳绦虫。

宿主与寄生部位：鸭、鹅。小肠。

地理分布：河南、贵州、江苏、江西、浙江。

19.12.9　长膜壳绦虫　*Hymenolepis diminuta* Rudolphi，1819

宿主与寄生部位：犬。小肠。

地理分布：云南、广东。

19.12.10　束膜壳绦虫　*Hymenolepis fasciculata* Ransom，1909

宿主与寄生部位：鹅。小肠。

地理分布：江苏。

19.12.11　格兰膜壳绦虫　*Hymenolepis giranensis* Sugimoto，1934

宿主与寄生部位：鸭。小肠。

地理分布：重庆、贵州、四川、台湾。

19.12.12　纤细膜壳绦虫　*Hymenolepis gracilis*（Zeder，1803）Cohn，1901

宿主与寄生部位：鸡、鸭、鹅。小肠。

地理分布：重庆、贵州、河北、黑龙江、江苏、宁夏、陕西、上海、四川、浙江。

19.12.13　小膜壳绦虫　*Hymenolepis parvula* Kowalewski，1904

　　宿主与寄生部位：鸭、鹅。小肠。

　　地理分布：安徽、重庆、广东、广西、贵州、海南、江苏、江西、四川、新疆、云南、浙江。

19.12.14　普氏膜壳绦虫　*Hymenolepis przewalskii* Skrjabin，1914

　　宿主与寄生部位：鸭、鹅。小肠。

　　地理分布：江苏、浙江。

19.12.15　刺毛膜壳绦虫　*Hymenolepis setigera* Foelich，1789

　　宿主与寄生部位：鸭。小肠。

　　地理分布：河北、江苏、天津、四川。

19.12.16　三睾膜壳绦虫　*Hymenolepis tristesticulata* Fuhrmann，1907

　　宿主与寄生部位：鸡。小肠。

　　地理分布：江苏。

19.12.17　美丽膜壳绦虫　*Hymenolepis venusta*（Rosseter，1897）López-Neyra，1942

　　同物异名：威尼膜壳绦虫。

　　宿主与寄生部位：鸡、鸭、鹅。小肠。

　　地理分布：重庆、福建、贵州、江苏、江西、四川、云南、浙江。

19.13　膜钩属　*Hymenosphenacanthus* López-Neyra，1958

19.13.1　纤小膜钩绦虫　*Hymenosphenacanthus exiguus* Yoshida，1910

　　宿主与寄生部位：鸡、鸭。小肠。

　　地理分布：福建、广东、广西、湖南、江苏、江西、台湾、浙江。

19.13.2　片形膜钩绦虫　*Hymenosphenacanthus fasciculata* Ransom，1909

　　宿主与寄生部位：鹅。小肠。

　　地理分布：重庆、福建、江苏、四川。

19.14　梅休属　*Mayhewia* Yamaguti，1956

19.14.1　乌鸦梅休绦虫　*Mayhewia coroi*（Mayhew，1925）Yamaguti，1956

　　宿主与寄生部位：鸭。小肠。

　　地理分布：安徽。

19.14.2　蛇形梅休绦虫　*Mayhewia serpentulus*（Schrank，1788）Yamaguti，1956

　　宿主与寄生部位：鸭。小肠。

　　地理分布：安徽。

19.15　微吻属　*Microsomacanthus* López-Neyra，1942

　　同物异名：小体棘属。

19.15.1　幼体微吻绦虫　*Microsomacanthus abortiva*（von Linstow，1904）López-Neyra，1942

　　同物异名：幼体膜壳绦虫（*Hymenolepis abortiva* von Linstow，1904）。

　　宿主与寄生部位：鸭。小肠。

　　地理分布：黑龙江。

19.15.2　线样微吻绦虫　*Microsomacanthus carioca* Magalhaes，1898

　　宿主与寄生部位：鸡、鸭。小肠。

地理分布：宁夏、四川、云南。

19.15.3　领襟微吻绦虫　*Microsomacanthus collaris* Batsch，1788
　　宿主与寄生部位：鸡、鸭、鹅。小肠。
　　地理分布：安徽、福建、广西、四川、云南、浙江。

19.15.4　狭窄微吻绦虫　*Microsomacanthus compressa*（Linton，1892）López-Neyra，1942
　　宿主与寄生部位：鸭、鹅。小肠。
　　地理分布：安徽、重庆、福建、广东、广西、贵州、河南、湖南、江苏、江西、四川、台湾、云南、浙江。

19.15.5　鸭微吻绦虫　*Microsomacanthus corvi* Mayhew，1925
　　宿主与寄生部位：鸭。小肠。
　　地理分布：安徽。

19.15.6　福氏微吻绦虫　*Microsomacanthus fausti* Tseng-Sheng，1932
　　宿主与寄生部位：鸭、鹅。小肠。
　　地理分布：重庆、湖南、四川。

19.15.7　彩鹬微吻绦虫　*Microsomacanthus fola* Meggitt，1933
　　宿主与寄生部位：鸭。小肠。
　　地理分布：云南。

19.15.8　台湾微吻绦虫　*Microsomacanthus formosa*（Dubinina，1953）Yamaguti，1959
　　宿主与寄生部位：鸭。肠道。
　　地理分布：台湾。

19.15.9　微小微吻绦虫　*Microsomacanthus microps* Diesing，1850
　　宿主与寄生部位：鸡。小肠。
　　地理分布：安徽、宁夏。

19.15.10　小体微吻绦虫　*Microsomacanthus microsoma* Creplin，1829
　　同物异名：微吻微吻绦虫。
　　宿主与寄生部位：鸭。小肠。
　　地理分布：黑龙江、湖南、四川。

19.15.11　副狭窄微吻绦虫　*Microsomacanthus paracompressa*（Czaplinski，1956）Spasskaja et Spassky，1961
　　宿主与寄生部位：鸭、鹅。小肠。
　　地理分布：安徽、福建、广西、贵州、河南、江苏、江西、宁夏、云南、浙江。

19.15.12　副小体微吻绦虫　*Microsomacanthus paramicrosoma* Gasowska，1931
　　同物异名：微粒膜壳绦虫（*Hymenolepis microsoma* Cohn，1901），副小体膜壳绦虫（*Hymenolepis paramicrosoma* Gasowska，1931）。
　　宿主与寄生部位：鸡、鸭、鹅。小肠。
　　地理分布：安徽、重庆、福建、广西、贵州、湖南、江苏、宁夏、四川、云南、浙江。

19.15.13　蛇形微吻绦虫　*Microsomacanthus serpentulus* Schrank，1788
　　宿主与寄生部位：鸡。小肠。

40

地理分布：安徽、宁夏。

19.16　粘壳属　*Myxolepis* Spassky，1959

19.16.1　领襟粘壳绦虫　*Myxolepis collaris*（Batsch，1786）Spassky，1959

宿主与寄生部位：鸭。小肠。

地理分布：安徽、重庆、广东、湖南、江西、台湾。

19.17　那壳属　*Nadejdolepis* Spasskii et Spasskaya，1954

19.17.1　狭那壳绦虫　*Nadejdolepis compressa* Linton，1892

宿主与寄生部位：鸭、鹅。小肠。

地理分布：安徽、福建、河南、宁夏、云南。

19.17.2　长囊那壳绦虫　*Nadejdolepis longicirrosa* Fuhrmann，1906

宿主与寄生部位：鸭、鹅。小肠。

地理分布：宁夏、云南。

19.18　伪裸头属　*Pseudanoplocephala* Baylis，1927

19.18.1　柯氏伪裸头绦虫　*Pseudanoplocephala crawfordi* Baylis，1927

同物异名：日本伪裸头绦虫（*Pseudanoplocephala nipponensis* Hatsushika, Shimizu, Kawakami, *et al.*，1978），盛氏许壳绦虫（*Hsuolepis shengi* Yang, Zhan et Chen，1957），陕西许壳绦虫（*Hsuolepis shensiensis* Liang et Chang，1963）。

宿主与寄生部位：猪。小肠。

地理分布：安徽、重庆、福建、甘肃、广东、广西、贵州、河南、湖北、湖南、江苏、辽宁、宁夏、山东、山西、陕西、上海、四川、云南。

19.19　网宫属　*Retinometra* Spassky，1955

19.19.1　弱小网宫绦虫　*Retinometra exiguus*（Yashida，1910）Spassky，1955

同物异名：微小膜壳绦虫（*Hymenolepis exigua* Yashida，1910）。

宿主与寄生部位：鸡。小肠。

地理分布：福建、湖南、吉林、江苏、山东、陕西、台湾、浙江。

19.19.2　格兰网宫绦虫　*Retinometra giranensis*（Sugimoto，1934）Spassky，1963

宿主与寄生部位：鸭。小肠。

地理分布：重庆、贵州、湖南、四川、台湾。

19.19.3　长茎网宫绦虫　*Retinometra longicirrosa*（Fuhrmann，1906）Spassky，1963

宿主与寄生部位：鸭。肠道。

地理分布：福建、广东、广西、海南、台湾。

19.19.4　美彩网宫绦虫　*Retinometra venusta*（Rosseter，1897）Spassky，1955

宿主与寄生部位：鸡、鸭、鹅。小肠。

地理分布：安徽、重庆、福建、广东、贵州、江西、四川、云南、浙江。

19.20　啮壳属　*Rodentolepis* Spasskii，1954

19.20.1　矮小啮壳绦虫　*Rodentolepis nana*（Siebold，1852）Spasskii，1954

同物异名：短膜壳绦虫（*Hymenolepis nana*（Siebold，1852）Blanchard，1891）。

宿主与寄生部位：犬、鸡。小肠、直肠、盲肠。

地理分布：重庆、黑龙江。

19.21　幼钩属　*Sobolevicanthus* Spasskii et Spasskaya，1954

19.21.1　杜撰幼钩绦虫　*Sobolevicanthus dafilae* Polk，1942

　　宿主与寄生部位：鸭。小肠。

　　地理分布：云南。

19.21.2　丝形幼钩绦虫　*Sobolevicanthus filumferens*（Brock，1942）Yamaguti，1959

　　宿主与寄生部位：鸭、鹅。小肠。

　　地理分布：安徽、贵州、云南。

19.21.3　采幼钩绦虫　*Sobolevicanthus fragilis* Krabbe，1869

　　宿主与寄生部位：鸭、鹅。肠道。

　　地理分布：福建。

19.21.4　纤细幼钩绦虫　*Sobolevicanthus gracilis* Zeder，1803

　　宿主与寄生部位：鸡、鸭、鹅。小肠。

　　地理分布：安徽、重庆、福建、广东、广西、贵州、湖南、江苏、江西、宁夏、四川、台湾、新疆、云南、浙江。

19.21.5　鞭毛形幼钩绦虫　*Sobolevicanthus mastigopraedita* Polk，1942

　　宿主与寄生部位：鸭。小肠。

　　地理分布：云南。

19.21.6　八幼钩绦虫　*Sobolevicanthus octacantha* Krabbe，1869

　　宿主与寄生部位：鸡、鸭。小肠。

　　地理分布：安徽、福建、江苏、江西、宁夏、云南、浙江。

19.22　隐壳属　*Staphylepis* Spassky et Oschmarin，1954

　　同物异名：隐孔属，葡壳属。

19.22.1　坎塔尼亚隐壳绦虫　*Staphylepis cantaniana* Polonio，1860

　　宿主与寄生部位：鸡、鸭。小肠。

　　地理分布：安徽、重庆、福建、广东、广西、海南、湖南、四川。

19.22.2　达菲隐壳绦虫　*Staphylepis dafilae* Polk，1924

　　宿主与寄生部位：鸭。小肠。

　　地理分布：安徽、云南。

19.22.3　朴实隐壳绦虫　*Staphylepis rustica* Meggitt，1926

　　宿主与寄生部位：鸡、鸭。小肠。

　　地理分布：广西、云南。

19.23　柴壳属　*Tschertkovilepis* Spasskii et Spasskaya，1954

19.23.1　刚刺柴壳绦虫　*Tschertkovilepis setigera* Froelich，1789

　　宿主与寄生部位：鸡、鸭、鹅。小肠。

　　地理分布：安徽、重庆、福建、广东、广西、湖北、湖南、江苏、江西、宁夏、上海、四川、云南、浙江。

19.24　变壳属　*Variolepis* Spasskii et Spasskaya，1954

19.24.1　变异变壳绦虫　*Variolepis variabilis* Mayhew，1925

　　宿主与寄生部位：鸡、鸭、鹅。小肠。

地理分布：广西。

20　中殖孔科　Mesocestoididae Perrier，1897

同物异名：中带科。

20.1　中殖孔属　*Mesocestoides* Vaillant，1863

20.1.1　线形中殖孔绦虫　*Mesocestoides lineatus*（Goeze，1782）Railliet，1893

宿主与寄生部位：犬、猫。小肠。

地理分布：北京、福建、甘肃、贵州、河南、黑龙江、湖南、吉林、江苏、宁夏、陕西、四川、西藏、新疆、浙江。

21　带科　Taeniidae Ludwing，1886

21.1　棘球属　*Echinococcus* Rudolphi，1801

21.1.1　细粒棘球绦虫　*Echinococcus granulosus*（Batsch，1786）Rudolphi，1805

宿主与寄生部位：犬、猫。小肠。

地理分布：安徽、北京、重庆、福建、甘肃、广东、广西、贵州、黑龙江、湖南、吉林、江苏、江西、辽宁、内蒙古、宁夏、山西、陕西、上海、四川、西藏、新疆、云南、浙江。

21.1.1.1　细粒棘球蚴　*Echinococcus cysticus* Huber，1891

同物异名：兽形棘球蚴（*Echinococcus veterinarum* Huber，1891）。

宿主与寄生部位：骆驼、马、黄牛、水牛、牦牛、绵羊、山羊、猪。肝、肺。

地理分布：安徽、重庆、福建、甘肃、广东、广西、贵州、河北、河南、黑龙江、湖北、湖南、吉林、江苏、江西、辽宁、内蒙古、宁夏、青海、山东、山西、四川、天津、西藏、新疆、云南、浙江。

21.1.2　多房棘球绦虫　*Echinococcus multilocularis* Leuckart，1863

宿主与寄生部位：犬、猫。小肠。

地理分布：重庆、甘肃、内蒙古、宁夏、青海、四川、西藏、新疆。

21.1.2.1　多房棘球蚴　*Echinococcus multilocularis*（larva）

宿主与寄生部位：牛、猪。内脏。

地理分布：内蒙古、新疆。

21.1.3　单房棘球蚴　*Echinococcus unilocularis* Rudolphi，1801

宿主与寄生部位：牛、羊、猪。内脏。

地理分布：宁夏。

21.2　泡尾属　*Hydatigera* Lamarck，1816

21.2.1　肥头泡尾绦虫　*Hydatigera faciaefomis* Batsch，1786

宿主与寄生部位：猫。小肠。

地理分布：广东。

21.2.2　宽颈泡尾绦虫　*Hydatigera laticollis* Rudolphi，1801

宿主与寄生部位：犬。小肠。

地理分布：河北、上海、天津。

21.2.3　带状泡尾绦虫　*Hydatigera taeniaeformis*（Batsch，1786）Lamarck，1816

同物异名：肥颈带绦虫，粗颈绦虫，带状带绦虫（*Taenia taeniaeformis* Batsch，

1786）。

宿主与寄生部位：犬、猫。小肠。

地理分布：安徽、北京、重庆、福建、广东、广西、贵州、河北、河南、黑龙江、湖北、江苏、江西、辽宁、内蒙古、宁夏、陕西、上海、四川、台湾、天津、西藏、新疆、浙江。

21.2.3.1　带状链尾蚴　*Strobilocercus fasciolaris* Rudolphi，1808

宿主与寄生部位：兔。内脏。

地理分布：宁夏。

21.3　多头属　*Multiceps* Goeze，1782

21.3.1　格氏多头绦虫　*Multiceps gaigeri* Hall，1916

宿主与寄生部位：犬。小肠。

地理分布：重庆、四川。

21.3.2　多头多头绦虫　*Multiceps multiceps*（Leske，1780）Hall，1910

同物异名：多头带绦虫（*Taenia multiceps* Leske，1780）。

宿主与寄生部位：犬、猫。小肠。

地理分布：北京、重庆、福建、甘肃、广西、贵州、黑龙江、湖北、湖南、吉林、江苏、江西、辽宁、内蒙古、宁夏、青海、山东、山西、陕西、四川、西藏、新疆、云南、浙江。

21.3.2.1　脑多头蚴　*Coenurus cerebralis* Batsch，1786

宿主与寄生部位：骆驼、马、黄牛、水牛、牦牛、绵羊、山羊、猪、兔。脑、脊髓、肌肉。

地理分布：安徽、北京、重庆、福建、甘肃、广西、贵州、海南、河南、黑龙江、湖北、湖南、吉林、江苏、辽宁、内蒙古、宁夏、青海、山东、山西、陕西、四川、西藏、新疆、云南、浙江。

21.3.3　塞状多头绦虫　*Multiceps packi* Chistenson，1929

宿主与寄生部位：犬。小肠。

地理分布：贵州、西藏。

21.3.4　链状多头绦虫　*Multiceps serialis*（Gervals，1847）Stiles et Stevenson，1905

宿主与寄生部位：犬。小肠。

地理分布：贵州。

21.3.4.1　链状多头蚴　*Coenurus serialis* Gervals，1847

宿主与寄生部位：兔。肌肉、结缔组织、胸腔、腹腔、心、脑、眼球。

地理分布：安徽、福建、贵州、陕西。

21.3.5　斯氏多头绦虫　*Multiceps skrjabini* Popov，1937

宿主与寄生部位：犬。小肠。

地理分布：陕西、四川、西藏、新疆。

21.3.5.1　斯氏多头蚴　*Coenurus skrjabini* Popov，1937

宿主与寄生部位：羊、兔。肌肉、皮下、胸腔。

地理分布：福建、广西、贵州、河南、湖北、江苏、辽宁、内蒙古、山东、陕西、四川、西藏、新疆、云南、浙江。

21.4 带属 *Taenia* Linnaeus，1758

21.4.1 泡状带绦虫 *Taenia hydatigena* Pallas，1766

宿主与寄生部位：犬、猫。小肠。

地理分布：安徽、北京、重庆、福建、甘肃、广东、广西、贵州、海南、河北、河南、黑龙江、湖北、湖南、吉林、江苏、江西、辽宁、内蒙古、宁夏、山西、陕西、上海、四川、天津、西藏、新疆、云南、浙江。

21.4.1.1 细颈囊尾蚴 *Cysticercus tenuicollis* Rudolphi，1810

宿主与寄生部位：骆驼、马、黄牛、水牛、牦牛、绵羊、山羊、猪、兔、鸡、鸭。胃、肠系膜、网膜、肝、胸腔。

地理分布：安徽、北京、重庆、福建、甘肃、广东、广西、贵州、海南、河北、河南、黑龙江、湖北、湖南、吉林、江苏、江西、辽宁、内蒙古、宁夏、青海、山东、山西、陕西、上海、四川、天津、西藏、新疆、云南、浙江。

21.4.2 羊带绦虫 *Taenia ovis* Cobbold，1869

宿主与寄生部位：犬、猫。小肠。

地理分布：甘肃、贵州、辽宁、新疆。

21.4.2.1 羊囊尾蚴 *Cysticercus ovis* Maddox，1873

宿主与寄生部位：绵羊。肌肉。

地理分布：甘肃、黑龙江、辽宁、青海、山西、新疆。

21.4.3 豆状带绦虫 *Taenia pisiformis* Bloch，1780

宿主与寄生部位：犬、猫。小肠。

地理分布：安徽、北京、重庆、福建、甘肃、广东、广西、贵州、河北、黑龙江、吉林、江苏、江西、辽宁、宁夏、山东、山西、陕西、上海、四川、天津、新疆、云南、浙江。

21.4.3.1 豆状囊尾蚴 *Cysticercus pisiformis* Bloch，1780

宿主与寄生部位：兔。肠系膜、网膜、肝，有时于肺。

地理分布：安徽、重庆、福建、甘肃、广东、广西、贵州、海南、河南、黑龙江、湖北、吉林、江苏、江西、辽宁、宁夏、青海、山东、山西、陕西、上海、四川、西藏、新疆、云南、浙江。

21.4.4 齿形囊尾蚴 *Cysticercus serratus* Koe-bevle，1861

［成虫为锯齿带绦虫（*Taenia serrata* Goeze，1782），寄生于犬］

宿主与寄生部位：兔。肠系膜、肝。

地理分布：福建、河南。

21.4.5 猪囊尾蚴 *Cysticercus cellulosae* Gmelin，1790

［成虫为猪带绦虫、有钩带绦虫、链状带绦虫（*Taenia solium* Linnaeus，1758），寄生于人的小肠］

宿主与寄生部位：猪，偶尔寄生于犬。皮下、肌肉、脑、肾、心、舌、肝、肺、眼、口腔黏膜。

地理分布：安徽、北京、重庆、福建、甘肃、广东、广西、贵州、海南、河北、河南、黑龙江、湖北、湖南、吉林、江苏、江西、辽宁、内蒙古、宁夏、青海、山东、山西、陕西、上海、四川、天津、西藏、新疆、云南、浙江。

21.5 带吻属 *Taeniarhynchus* Weinland，1858

21.5.1 牛囊尾蚴 *Cysticercus bovis* Cobbold，1866

［成虫为牛带吻绦虫（*Taeniarhynchus saginatus*（Goeze，1782）Weinland，1858），又名：牛带绦虫、无钩带绦虫、肥胖带绦虫（*Taenia saginata* Goeze，1782），寄生于人的小肠］

宿主与寄生部位：牛、黄牛、牦牛、山羊、猪。肌肉、心、肺、皮下，其中猪寄生于肝、大网膜及肠系膜。

地理分布：安徽、重庆、福建、甘肃、广西、贵州、河北、黑龙江、湖南、吉林、江苏、江西、辽宁、内蒙古、宁夏、青海、山东、上海、四川、台湾、天津、西藏、新疆、云南。

V -6-10 假叶目 Pseudophyllidea Carus，1863

22 双槽头科 Dibothriocephalidae Lühe，1902

同物异名：裂头科（Diphyllobothriidae Lühe，1910）。

22.1 双槽头属 *Dibothriocephalus* Lühe，1899

22.1.1 心形双槽头绦虫 *Dibothriocephalus cordatus* Leuckart，1863

同物异名：心形裂头绦虫（*Diphyllobothrium cordatum*（Leuckart，1863）Gedoelst，1949）。

宿主与寄生部位：犬。小肠。

地理分布：台湾。

22.1.2 狄西双槽头绦虫 *Dibothriocephalus decipiens*（Diesing，1850）Gedoelst，1911

同物异名：狄西裂头绦虫（*Diphyllobothrium decipiens* Diesing，1850）。

宿主与寄生部位：犬、猫。小肠。

地理分布：福建。

22.1.3 伏氏双槽头绦虫 *Dibothriocephalus houghtoni* Faust，Camphell et Kellogg，1929

同物异名：伏氏裂头绦虫（*Diphyllobothrium houghtoni* Faust，Camphell et Kellogg，1929），伏氏迭宫绦虫（*Spirometra houghtoni* Faust，Camphell et Kellogg，1929）。

宿主与寄生部位：犬、猫。小肠。

地理分布：福建、湖北。

22.1.4 阔节双槽头绦虫 *Dibothriocephalus latus* Linnaeus，1758

同物异名：阔节裂头绦虫（*Diphyllobothrium latum*（Linnaeus，1758）Lühe，1910）。

宿主与寄生部位：犬、猫。小肠。

地理分布：安徽、福建、广东、广西、贵州、黑龙江、湖北、湖南、吉林、江苏、辽宁、上海、四川、台湾、新疆、云南、浙江。

22.1.5 蛙双槽头绦虫 *Dibothriocephalus ranarum*（Gastaldi，1854）Meggitt，1925

同物异名：拉那舌状绦虫（*Ligula ranarum* Gastaldi，1854），拉那迭宫绦虫（*Spirometra ranarum* Meggitt，1925）。

宿主与寄生部位：犬、猫。小肠。

地理分布：北京、福建、广东。

22.2 舌状属 *Ligula* Bloch，1782

22.2.1 肠舌状绦虫 *Ligula intestinalis* Linnaeus，1758

宿主与寄生部位：鸭。肠道。

地理分布：台湾。

22.3 旋宫属 *Spirometra* Mueller，1937

22.3.1 孟氏旋宫绦虫 *Spirometra mansoni* Joyeux et Houdemer，1928

同物异名：曼氏迭宫绦虫、孟氏裂头绦虫（*Diphyllobothrium mansoni*（Cobbold，1882）Joyeux，1927）。

宿主与寄生部位：猪、犬、猫。小肠。

地理分布：安徽、北京、重庆、福建、广东、广西、贵州、河北、河南、黑龙江、湖北、湖南、江苏、江西、辽宁、山东、陕西、上海、四川、台湾、天津、新疆、云南、浙江。

22.3.1.1 孟氏裂头蚴 *Sparganum mansoni* Joyeux，1928

同物异名：曼氏裂头蚴。

宿主与寄生部位：猪、鸡、鸭。背肌、腹肌、皮下脂肪。

地理分布：安徽、重庆、广东、广西、贵州、河南、黑龙江、湖北、湖南、江苏、辽宁、台湾、云南。

V-7 吸虫纲 Trematoda Rudolphi，1808

V-7-11 棘口目 Echinostomida La Rue，1957

同物异名：Fasclolatoidea（Szidat，1936）。

23 棘口科 Echinostomatidae Looss，1899

23.1 棘隙属 *Echinochasmus* Dietz，1909

23.1.1 枪头棘隙吸虫 *Echinochasmus beleocephalus* Dietz，1909

宿主与寄生部位：犬、猫、鸡、鸭。小肠、直肠。

地理分布：安徽、北京、重庆、福建、黑龙江、湖南、江西、上海、四川、浙江。

23.1.2 长形棘隙吸虫 *Echinochasmus elongatus* Miki，1923

宿主与寄生部位：犬、猫。肠道。

地理分布：福建、广东、浙江。

23.1.3 异形棘隙吸虫 *Echinochasmus herteroidcus* Zhou et Wang，1987

宿主与寄生部位：犬。小肠。

地理分布：江西。

23.1.4 日本棘隙吸虫 *Echinochasmus japonicus* Tanabe，1926

宿主与寄生部位：犬、猫、鸡、鸭、鹅。小肠。

地理分布：安徽、北京、重庆、福建、广东、广西、黑龙江、湖南、吉林、江苏、江西、上海、四川、台湾、浙江。

23.1.5 藐小棘隙吸虫 *Echinochasmus liliputanus* Looss，1896

宿主与寄生部位：犬、猫、鸡、鸭。肠道。

地理分布：安徽、福建、湖南、江西、浙江。

23.1.6　巨棘隙吸虫　*Echinochasmus megacanthus* Wang，1959

　　宿主与寄生部位：犬。小肠。

　　地理分布：广东。

23.1.7　微盘棘隙吸虫　*Echinochasmus microdisus* Zhou et Wang，1987

　　宿主与寄生部位：犬。小肠。

　　地理分布：江西。

23.1.8　小腺棘隙吸虫　*Echinochasmus minivitellus* Zhou et Wang，1987

　　宿主与寄生部位：犬。小肠。

　　地理分布：江西。

23.1.9　变棘隙吸虫　*Echinochasmus mirabilis* Wang，1959

　　宿主与寄生部位：犬。肠道。

　　地理分布：广东、海南。

23.1.10　叶形棘隙吸虫　*Echinochasmus perfoliatus*（Ratz，1908）Gedoelst，1911

　　同物异名：抱茎棘隙吸虫。

　　宿主与寄生部位：猪、犬、猫、鸡。小肠。

　　地理分布：安徽、北京、重庆、福建、广东、河北、河南、黑龙江、湖北、吉林、江苏、江西、上海、四川、浙江。

23.1.11　裂睾棘隙吸虫　*Echinochasmus schizorchis* Zhou et Wang，1987

　　宿主与寄生部位：犬。小肠。

　　地理分布：江西。

23.1.12　球睾棘隙吸虫　*Echinochasmus sphaerochis* Zhou et Wang，1987

　　宿主与寄生部位：犬。小肠。

　　地理分布：江西。

23.1.13　截形棘隙吸虫　*Echinochasmus truncatum* Wang，1976

　　宿主与寄生部位：犬。肠道。

　　地理分布：福建、广东。

23.2　棘缘属　*Echinoparyphium* Dietz，1909

23.2.1　棒状棘缘吸虫　*Echinoparyphium baculus*（Diesing，1850）Lühe，1909

　　同物异名：棒状棘口吸虫（*Echinostoma baculus*（Diesing，1850）Stossich，1892），有刺棘口吸虫（*Echinostoma echinatum* Muhing，1898）。

　　宿主与寄生部位：鸭。小肠。

　　地理分布：安徽、福建、台湾。

23.2.2　刀形棘缘吸虫　*Echinoparyphium bioccalerouxi* Dollfus，1953

　　宿主与寄生部位：鸡。肠道。

　　地理分布：广东。

23.2.3　中国棘缘吸虫　*Echinoparyphium chinensis* Ku，Li et Zhu，1964

　　宿主与寄生部位：鸭。肠道。

　　地理分布：重庆、广东、四川、云南、浙江。

23.2.4　带状棘缘吸虫　*Echinoparyphium cinctum* Rudolphi，1802

宿主与寄生部位：鸡、鸭。肠道。

地理分布：安徽、福建、广东。

23.2.5　美丽棘缘吸虫　*Echinoparyphium elegans* Looss，1899

宿主与寄生部位：鸭。肠道。

地理分布：广东。

23.2.6　鸡棘缘吸虫　*Echinoparyphium gallinarum* Wang，1976

宿主与寄生部位：鸡。小肠。

地理分布：安徽、福建、广东、贵州、江西、浙江。

23.2.7　赣江棘缘吸虫　*Echinoparyphium ganjiangensis* Wang，1985

宿主与寄生部位：鸭。直肠。

地理分布：江西。

23.2.8　洪都棘缘吸虫　*Echinoparyphium hongduensis* Wang，1985

宿主与寄生部位：鹅。直肠。

地理分布：江西。

23.2.9　柯氏棘缘吸虫　*Echinoparyphium koidzumii* Tsuchimochi，1924

宿主与寄生部位：鸭。盲肠。

地理分布：江西。

23.2.10　隆回棘缘吸虫　*Echinoparyphium longhuiense* Ye et Cheng，1994

宿主与寄生部位：鸭。小肠。

地理分布：湖南。

23.2.11　小睾棘缘吸虫　*Echinoparyphium microrchis* Ku，Pan，Chiu，*et al.*，1973

宿主与寄生部位：鸭。小肠、盲肠。

地理分布：云南。

23.2.12　微小棘缘吸虫　*Echinoparyphium minor*（Hsu，1936）Skrjabin et Baschkirova，1956

宿主与寄生部位：鸡、鸭。小肠。

地理分布：广西、江苏。

23.2.13　南昌棘缘吸虫　*Echinoparyphium nanchangensis* Wang，1985

宿主与寄生部位：鹅。直肠。

地理分布：江西。

23.2.14　圆睾棘缘吸虫　*Echinoparyphium nordiana* Baschirova，1941

宿主与寄生部位：鸡、鸭、鹅。小肠。

地理分布：重庆、福建、广东、黑龙江、江西、四川、云南。

23.2.15　曲领棘缘吸虫　*Echinoparyphium recurvatum*（Linstow，1873）Lühe，1909

宿主与寄生部位：犬、兔、鸡、鸭、鹅。小肠、盲肠、直肠。

地理分布：安徽、重庆、福建、广东、广西、贵州、河南、黑龙江、湖南、江苏、江西、宁夏、陕西、上海、四川、台湾、新疆、云南、浙江。

23.2.16　凹睾棘缘吸虫　*Echinoparyphium syrdariense* Burdelev，1937

宿主与寄生部位：鸡。肠道。

地理分布：江西。

23.2.17　台北棘缘吸虫　*Echinoparyphium taipeiense* Fischthal et Kuntz，1976
　　宿主与寄生部位：鸡。肠道。
　　地理分布：台湾。

23.2.18　西西伯利亚棘缘吸虫　*Echinoparyphium westsibiricum* Issaitschikoff，1924
　　宿主与寄生部位：鸡、鸭。肠道。
　　地理分布：安徽、北京、福建、广东、江西。

23.2.19　湘中棘缘吸虫　*Echinoparyphium xiangzhongense* Ye et Cheng，1994
　　宿主与寄生部位：鸭。小肠。
　　地理分布：湖南。

23.3　棘口属　*Echinostoma* Rudolphi，1809

23.3.1　黑龙江棘口吸虫　*Echinostoma amurzetica* Petrochenko et Egorova，1961
　　宿主与寄生部位：鹅。肠道。
　　地理分布：黑龙江。

23.3.2　狭睾棘口吸虫　*Echinostoma angustitestis* Wang，1977
　　宿主与寄生部位：犬。肠道。
　　地理分布：福建、贵州。

23.3.3　豆雁棘口吸虫　*Echinostoma anseris* Yamaguti，1939
　　宿主与寄生部位：鸡、鸭、鹅。肠道。
　　地理分布：贵州、湖南、江苏、四川、新疆、云南、浙江。

23.3.4　班氏棘口吸虫　*Echinostoma bancrofti* Johntson，1928
　　宿主与寄生部位：鸭。肠道。
　　地理分布：江西。

23.3.5　坎比棘口吸虫　*Echinostoma campi* Ono，1930
　　宿主与寄生部位：犬。肠道。
　　地理分布：吉林、辽宁。

23.3.6　裂隙棘口吸虫　*Echinostoma chasma* Lal，1939
　　宿主与寄生部位：鸭。小肠。
　　地理分布：江苏。

23.3.7　移睾棘口吸虫　*Echinostoma cinetorchis* Ando et Ozaki，1923
　　宿主与寄生部位：犬、鸡、鹅。肠道。
　　地理分布：重庆、福建、湖南、吉林、江苏、上海、四川、台湾。

23.3.8　连合棘口吸虫　*Echinostoma coalitum* Barher et Beaver，1915
　　宿主与寄生部位：鸭。肠道。
　　地理分布：福建。

23.3.9　大带棘口吸虫　*Echinostoma discinctum* Dietz，1909
　　宿主与寄生部位：鸭。肠道。
　　地理分布：福建、云南。

23.3.10　杭州棘口吸虫　*Echinostoma hangzhouensis* Zhang，Pan et Chen，1986

宿主与寄生部位：鸭。肠道。

地理分布：浙江。

23.3.11　圆圃棘口吸虫　*Echinostoma hortense* Asada，1926

宿主与寄生部位：犬、猪。小肠。

地理分布：福建、黑龙江、湖南、吉林、江苏、上海、四川、浙江。

23.3.12　林杜棘口吸虫　*Echinostoma lindoensis* Sandground et Bonne，1940

宿主与寄生部位：鸡、鸭、鹅。小肠。

地理分布：重庆、江苏、四川、新疆、浙江。

23.3.13　巨睾棘口吸虫　*Echinostoma macrorchis* Ando et Ozaki，1923

宿主与寄生部位：犬。肠道。

地理分布：吉林、江苏。

23.3.14　罗棘口吸虫　*Echinostoma melis*（Schrank，1788）Dietz，1909

宿主与寄生部位：猪。小肠。

地理分布：安徽、湖北。

23.3.15　宫川棘口吸虫　*Echinostoma miyagawai* Ishii，1932

宿主与寄生部位：羊、犬、兔、鸡、鸭、鹅。小肠、盲肠、直肠。

地理分布：安徽、重庆、福建、广东、广西、贵州、海南、河北、河南、黑龙江、湖北、湖南、吉林、江苏、江西、宁夏、山东、陕西、上海、四川、新疆、云南、浙江。

23.3.16　鼠棘口吸虫　*Echinostoma murinum* Tubangui，1931

宿主与寄生部位：犬、鸡、鸭。小肠。

地理分布：福建、江苏。

23.3.17　圆睾棘口吸虫　*Echinostoma nordiana* Baschirova，1941

宿主与寄生部位：鸡、鸭、鹅。肠道。

地理分布：重庆、福建、广东、江西、四川、云南。

23.3.18　红口棘口吸虫　*Echinostoma operosum* Dietz，1909

宿主与寄生部位：鸡、鹅。肠道。

地理分布：安徽、四川、云南。

23.3.19　接睾棘口吸虫　*Echinostoma paraulum* Dietz，1909

宿主与寄生部位：鸡、鸭、鹅。小肠。

地理分布：安徽、北京、重庆、福建、广东、广西、贵州、海南、河南、湖北、湖南、江苏、江西、宁夏、山东、陕西、上海、四川、新疆、云南、浙江。

23.3.20　北京棘口吸虫　*Echinostoma pekinensis* Ku，1937

宿主与寄生部位：鸡、鸭、鹅。小肠。

地理分布：安徽、重庆、广东、贵州、湖南、江苏、江西、四川、云南、浙江。

23.3.21　草地棘口吸虫　*Echinostoma pratense* Ono，1933

宿主与寄生部位：犬。肠道。

地理分布：台湾。

23.3.22　卷棘口吸虫　*Echinostoma revolutum*（Fröhlich，1802）Looss，1899

宿主与寄生部位：鸡、鸭、鹅。小肠、盲肠、直肠。

地理分布：安徽、重庆、福建、甘肃、广东、广西、贵州、海南、河北、河南、黑龙江、湖北、湖南、吉林、江苏、江西、辽宁、内蒙古、宁夏、山东、陕西、上海、四川、台湾、天津、新疆、云南、浙江。

23.3.23　强壮棘口吸虫　*Echinostoma robustum* Yamaguti，1935
宿主与寄生部位：鸡、鸭、鹅。小肠、盲肠。
地理分布：安徽、重庆、福建、广东、广西、贵州、海南、湖北、湖南、江苏、江西、四川、台湾、新疆、云南、浙江。

23.3.24　小鸭棘口吸虫　*Echinostoma rufinae* Kurova，1927
宿主与寄生部位：鸡、鸭、鹅。肠道。
地理分布：安徽、重庆、福建、四川、云南。

23.3.25　史氏棘口吸虫　*Echinostoma stromi* Baschkirova，1946
宿主与寄生部位：鸡、鸭、鹅。肠道。
地理分布：安徽、重庆、广东、广西、四川、云南、浙江。

23.3.26　特氏棘口吸虫　*Echinostoma travassosi* Skrjabin，1924
宿主与寄生部位：鸭、鹅。肠道。
地理分布：内蒙古。

23.3.27　肥胖棘口吸虫　*Echinostoma uitalica* Gagarin，1954
宿主与寄生部位：鸡、鸭。肠道。
地理分布：云南。

23.4　外隙属　*Episthmium* Lühe，1909

23.4.1　犬外隙吸虫　*Episthmium canium*（Verma，1935）Yamaguti，1958
宿主与寄生部位：犬。肠道。
地理分布：广东、海南。

23.5　真缘属　*Euparyphium* Dietz，1909

23.5.1　伊族真缘吸虫　*Euparyphium ilocanum*（Garrison，1908）Tubangu et Pasco，1933
同物异名：伊族棘口吸虫（*Echinostoma ilocanum*（Garrison，1908）Odhner，1911）。
宿主与寄生部位：犬。小肠。
地理分布：广东、江苏、上海、云南。

23.5.2　隐真缘吸虫　*Euparyphium inerme* Fuhrmann，1904
宿主与寄生部位：鹅。肠道。
地理分布：江苏。

23.5.3　獾真缘吸虫　*Euparyphium melis*（Schrank，1788）Dietz，1909
宿主与寄生部位：犬、猫。小肠。
地理分布：黑龙江。

23.5.4　鼠真缘吸虫　*Euparyphium murinum* Tubangui，1931
宿主与寄生部位：犬、鸡、鹅。肠道。
地理分布：福建、广东、河南、江苏。

23.6　低颈属　*Hypoderaeum* Dietz，1909

23.6.1　似锥低颈吸虫　*Hypoderaeum conoideum*（Bloch，1782）Dietz，1909

宿主与寄生部位：鸡、鸭、鹅。小肠中下部，偶见于盲肠。

地理分布：安徽、北京、重庆、福建、广东、广西、贵州、河南、黑龙江、湖北、湖南、江苏、江西、内蒙古、宁夏、陕西、上海、四川、台湾、新疆、云南、浙江。

23.6.2 格氏低颈吸虫 *Hypoderaeum gnedini* Baschkirova，1941

同物异名：接睾低颈吸虫。

宿主与寄生部位：鸭、鹅。肠道。

地理分布：广东、黑龙江、江西、云南。

23.6.3 滨鹬低颈吸虫 *Hypoderaeum vigi* Baschkirova，1941

同物异名：瓣睾低颈吸虫。

宿主与寄生部位：鸭。肠道。

地理分布：重庆、福建、广东、江西、四川、云南。

23.7 似颈属 *Isthmiophora* Lühe，1909

23.7.1 獾似颈吸虫 *Isthmiophora melis* Schrank，1788

宿主与寄生部位：猪。小肠。

地理分布：北京、黑龙江、湖北、台湾。

23.8 新棘缘属 *Neoacanthoparyphium* Yamaguti，1958

23.8.1 舌形新棘缘吸虫 *Neoacanthoparyphium linguiformis* Kogame，1935

宿主与寄生部位：犬。肠道。

地理分布：黑龙江、吉林、辽宁。

23.9 缘口属 *Paryphostomum* Dietz，1909

23.9.1 白洋淀缘口吸虫 *Paryphostomum baiyangdienensis* Ku，Pan，Chiu，*et al.*，1973

宿主与寄生部位：鹅。小肠。

地理分布：安徽。

23.9.2 辐射缘口吸虫 *Paryphostomum radiatum* Dujardin，1845

宿主与寄生部位：鸭、鹅。肠道。

地理分布：内蒙古。

23.10 冠缝属 *Patagifer* Dietz，1909

23.10.1 二叶冠缝吸虫 *Patagifer bilobus*（Rudolphi，1819）Dietz，1909

宿主与寄生部位：鸭、鹅。肠道。

地理分布：内蒙古。

23.10.2 少棘冠缝吸虫 *Patagifer parvispinosus* Yamaguti，1933

宿主与寄生部位：鸭。肠道。

地理分布：福建。

23.11 钉形属 *Pegosomum* Ratz，1903

同物异名：坚体属。

23.11.1 彼氏钉形吸虫 *Pegosomum petrovi* Kurashvili，1949

宿主与寄生部位：鸭、鹅。肠道。

地理分布：内蒙古。

23.11.2 有棘钉形吸虫 *Pegosomum spiniferum* Ratz，1903

宿主与寄生部位：鸭、鹅。肠道。

地理分布：内蒙古。

23.12　锥棘属　*Petasiger* Dietz，1909

23.12.1　长茎锥棘吸虫　*Petasiger longicirratus* Ku，1938

宿主与寄生部位：鸭。小肠。

地理分布：安徽。

23.12.2　光洁锥棘吸虫　*Petasiger nitidus* Linton，1928

宿主：鸭。肠道。

地理分布：安徽、福建、广东、江苏。

23.13　冠孔属　*Stephanoprora* Odhner，1902

同物异名：中睪属（*Mesorchis* Dietz，1909）。

23.13.1　伪棘冠孔吸虫　*Stephanoprora pseudoechinatus*（Olsson，1876）Dietz，1909

宿主与寄生部位：鸭。肠道。

地理分布：北京、福建、广东、河北。

24　片形科　Fasciolidae Railliet，1895

24.1　片形属　*Fasciola* Linnaeus，1758

24.1.1　大片形吸虫　*Fasciola gigantica* Cobbold，1856

宿主与寄生部位：骆驼、马、驴、骡、黄牛、水牛、奶牛、牦牛、绵羊、山羊、猪、兔。胆管、胆囊。

地理分布：安徽、重庆、福建、甘肃、广东、广西、贵州、海南、河北、河南、湖北、湖南、吉林、江苏、江西、辽宁、内蒙古、宁夏、青海、山东、山西、陕西、四川、天津、西藏、新疆、云南、浙江。

24.1.2　肝片形吸虫　*Fasciola hepatica* Linnaeus，1758

宿主与寄生部位：骆驼、马、驴、骡、黄牛、水牛、奶牛、牦牛、犏牛、绵羊、山羊、猪、猫、兔。胆管、胆囊。

地理分布：安徽、重庆、福建、甘肃、广东、广西、贵州、海南、河北、河南、黑龙江、湖北、湖南、吉林、江苏、江西、辽宁、内蒙古、宁夏、青海、山东、山西、陕西、上海、四川、台湾、天津、西藏、新疆、云南、浙江。

24.2　姜片属　*Fasciolopsis* Looss，1899

24.2.1　布氏姜片吸虫　*Fasciolopsis buski*（Lankester，1857）Odhner，1902

宿主与寄生部位：绵羊、猪、犬、兔。小肠。

地理分布：安徽、北京、重庆、福建、甘肃、广东、广西、贵州、海南、河北、河南、湖北、湖南、江苏、江西、辽宁、山东、陕西、上海、四川、台湾、天津、新疆、云南、浙江。

25　腹袋科　Gastrothylacidae Stiles et Goldberger，1910

25.1　长妙属　*Carmyerius* Stiles et Goldberger，1910

25.1.1　水牛长妙吸虫　*Carmyerius bubalis* Innes，1912

宿主与寄生部位：黄牛、水牛、羊。瘤胃。

地理分布：安徽、重庆、福建、广东、广西、贵州、河南、云南、浙江。

25.1.2　宽大长妙吸虫　*Carmyerius spatiosus*（Brandes，1898）Stiles et Goldberger，1910

宿主与寄生部位：黄牛、水牛、绵羊。瘤胃。

地理分布：福建、广东、广西、江西、四川、云南、浙江。

25.1.3　纤细长妙吸虫　*Carmyerius synethes* Fischoeder，1901

宿主与寄生部位：黄牛、水牛、山羊、羊。瘤胃。

地理分布：安徽、重庆、福建、广东、贵州、湖南、江西、四川、云南、浙江。

25.2　菲策属　*Fischoederius* Stiles et Goldberger，1910

25.2.1　水牛菲策吸虫　*Fischoederius bubalis* Yang，Pan，Zhang，*et al.*，1991

宿主与寄生部位：黄牛、水牛。瘤胃。

地理分布：安徽、浙江。

25.2.2　锡兰菲策吸虫　*Fischoederius ceylonensis* Stiles et Goldborger，1910

宿主与寄生部位：黄牛、水牛、牦牛、羊。瘤胃。

地理分布：安徽、重庆、福建、广东、广西、贵州、河南、江西、四川、云南、浙江。

25.2.3　浙江菲策吸虫　*Fischoederius chekangensis* Zhang，Yang，Jin，*et al.*，1985

宿主与寄生部位：黄牛。瘤胃。

地理分布：浙江。

25.2.4　柯氏菲策吸虫　*Fischoederius cobboldi* Poirier，1883

宿主与寄生部位：黄牛、水牛。瘤胃。

地理分布：福建、广西、贵州、河南、江西、四川、台湾、云南、浙江。

25.2.5　狭窄菲策吸虫　*Fischoederius compressus* Wang，1979

宿主与寄生部位：黄牛、水牛、山羊。瘤胃。

地理分布：安徽、重庆、广西、贵州、江苏、四川、浙江。

25.2.6　兔菲策吸虫　*Fischoederius cuniculi* Zhang，Yang，Pan，*et al.*，1986

宿主与寄生部位：兔。盲肠。

地理分布：浙江。

25.2.7　长菲策吸虫　*Fischoederius elongatus*（Poirier，1883）Stiles et Goldberger，1910

宿主与寄生部位：黄牛、水牛、奶牛、牦牛、绵羊、山羊。瘤胃、网胃。

地理分布：安徽、重庆、福建、广东、广西、贵州、海南、河北、河南、湖北、湖南、吉林、江苏、江西、山东、陕西、上海、四川、台湾、云南、浙江。

25.2.8　扁宽菲策吸虫　*Fischoederius explanatus* Wang et Jiang，1982

宿主与寄生部位：黄牛、水牛。瘤胃。

地理分布：重庆、四川。

25.2.9　菲策菲策吸虫　*Fischoederius fischoederi* Stiles et Goldberger，1910

宿主与寄生部位：黄牛、水牛、山羊。瘤胃。

地理分布：重庆、福建、广东、贵州、江西、四川、云南。

25.2.10　日本菲策吸虫　*Fischoederius japonicus* Fukui，1922

宿主与寄生部位：黄牛、水牛、山羊、羊。瘤胃。

地理分布：重庆、福建、广东、广西、贵州、河南、江西、青海、陕西、四川、台湾、云南、浙江。

25.2.11 嘉兴菲策吸虫 *Fischoederius kahingensis* Zhang，Yang，Jin，*et al.*，1985
宿主与寄生部位：牛、绵羊、羊。瘤胃。
地理分布：浙江。

25.2.12 巨睾菲策吸虫 *Fischoederius macrorchis* Zhang，Yang，Jin，*et al.*，1985
宿主与寄生部位：水牛、牛。瘤胃。
地理分布：浙江。

25.2.13 圆睾菲策吸虫 *Fischoederius norclianus* Zhang，Yang，Jin，*et al.*，1985
宿主与寄生部位：黄牛。瘤胃。
地理分布：浙江。

25.2.14 卵形菲策吸虫 *Fischoederius ovatus* Wang，1977
宿主与寄生部位：黄牛、水牛、绵羊、山羊。瘤胃。
地理分布：安徽、重庆、福建、广东、广西、贵州、河南、江西、宁夏、陕西、四川、云南、浙江。

25.2.15 羊菲策吸虫 *Fischoederius ovis* Zhang et Yang，1986
宿主与寄生部位：绵羊。瘤胃。
地理分布：浙江。

25.2.16 波阳菲策吸虫 *Fischoederius poyangensis* Wang，1979
宿主与寄生部位：黄牛、水牛、羊。瘤胃。
地理分布：安徽、福建、广东、广西、贵州、江西、云南、浙江。

25.2.17 泰国菲策吸虫 *Fischoederius siamensis* Stiles et Goldberger，1910
宿主与寄生部位：黄牛、水牛、山羊、羊。瘤胃。
地理分布：安徽、重庆、广东、广西、四川、云南、浙江。

25.2.18 四川菲策吸虫 *Fischoederius sichuanensis* Wang et Jiang，1982
宿主与寄生部位：黄牛、水牛、山羊。瘤胃。
地理分布：重庆、四川。

25.2.19 云南菲策吸虫 *Fischoederius yunnanensis* Huang，1979
宿主与寄生部位：黄牛、水牛。瘤胃。
地理分布：云南。

25.3 腹袋属 *Gastrothylax* Poirier，1883

25.3.1 巴中腹袋吸虫 *Gastrothylax bazhongensis* Wang et Jiang，1982
宿主与寄生部位：黄牛。瘤胃。
地理分布：重庆、四川。

25.3.2 中华腹袋吸虫 *Gastrothylax chinensis* Wang，1979
宿主与寄生部位：黄牛、水牛、羊。瘤胃。
地理分布：安徽、广东、广西、贵州、江西、四川、云南、浙江。

25.3.3 荷包腹袋吸虫 *Gastrothylax crumenifer*（Creplin，1847）Otto，1896
宿主与寄生部位：黄牛、水牛、牦牛、绵羊、山羊。瘤胃。
地理分布：安徽、重庆、福建、广东、广西、贵州、海南、河南、湖南、江苏、江西、青海、陕西、四川、台湾、云南、浙江。

25.3.4　腺状腹袋吸虫　*Gastrothylax glandiformis* Yamaguti，1939

　　　宿主与寄生部位：黄牛、水牛、山羊、羊。瘤胃。

　　　地理分布：安徽、重庆、福建、广西、贵州、河南、陕西、四川、台湾、云南、浙江。

25.3.5　球状腹袋吸虫　*Gastrothylax globoformis* Wang，1977

　　　宿主与寄生部位：黄牛、水牛、山羊、羊。瘤胃。

　　　地理分布：安徽、重庆、福建、广西、贵州、江西、四川、云南、浙江。

25.3.6　巨盘腹袋吸虫　*Gastrothylax magnadiscus* Wang，Zhou，Qian，*et al.*，1994

　　　宿主与寄生部位：水牛。瘤胃。

　　　地理分布：贵州。

26　背孔科　**Notocotylidae Lühe，1909**

26.1　下殖属　*Catatropis* Odhner，1905

　　　同物异名：下弯属。

26.1.1　中华下殖吸虫　*Catatropis chinensis* Lai，Sha，Zhang，*et al.*，1984

　　　宿主与寄生部位：鸡、鸭。盲肠、直肠。

　　　地理分布：重庆、四川。

26.1.2　印度下殖吸虫　*Catatropis indica* Srivastava，1935

　　　宿主与寄生部位：鸡、鸭、鹅。小肠、盲肠。

　　　地理分布：安徽、重庆、四川。

26.1.3　多疣下殖吸虫　*Catatropis verrucosa*（Frolich，1789）Odhner，1905

　　　宿主与寄生部位：鸡、鸭、鹅。小肠、盲肠。

　　　地理分布：重庆、江西、山东、陕西、四川、浙江。

26.2　背孔属　*Notocotylus* Diesing，1839

26.2.1　埃及背孔吸虫　*Notocotylus aegyptiacus* Odhner，1905

　　　宿主与寄生部位：鹅。盲肠。

　　　地理分布：安徽。

26.2.2　纤细背孔吸虫　*Notocotylus attenuatus*（Rudolphi，1809）Kossack，1911

　　　宿主与寄生部位：鸡、鸭、鹅。小肠、盲肠、直肠、泄殖腔。

　　　地理分布：安徽、北京、重庆、福建、广东、广西、贵州、河南、黑龙江、湖北、湖南、吉林、江苏、江西、宁夏、山东、陕西、上海、四川、台湾、天津、新疆、云南、浙江。

26.2.3　巴氏背孔吸虫　*Notocotylus babai* Bhalerao，1935

　　　宿主与寄生部位：鸭。盲肠。

　　　地理分布：安徽、重庆、四川。

26.2.4　雪白背孔吸虫　*Notocotylus chions* Baylis，1928

　　　同物异名：嘴鸥背孔吸虫。

　　　宿主与寄生部位：鸡、鹅、鸭。小肠、盲肠。

　　　地理分布：安徽、广东、江苏、江西。

26.2.5　塞纳背孔吸虫　*Notocotylus ephemera*（Nitzsch，1807）Harwood，1939
　　宿主与寄生部位：鸭、鹅。肠道。
　　地理分布：贵州、江西。

26.2.6　囊凸背孔吸虫　*Notocotylus gibbus*（Mehlis，1846）Kossack，1911
　　宿主与寄生部位：鸡、鹅。肠道。
　　地理分布：贵州、浙江。

26.2.7　徐氏背孔吸虫　*Notocotylus hsui* Shen et Lung，1965
　　宿主与寄生部位：鸭、鹅。盲肠。
　　地理分布：安徽、广东、江西。

26.2.8　鳞叠背孔吸虫　*Notocotylus imbricatus* Looss，1893
　　同物异名：鸭背孔吸虫（*Notocotylus anatis* Ku，1937）。
　　宿主与寄生部位：鸡、鸭、鹅。小肠、盲肠、泄殖腔。
　　地理分布：安徽、北京、重庆、福建、广东、广西、湖南、江苏、江西、四川、新疆、浙江。

26.2.9　肠背孔吸虫　*Notocotylus intestinalis* Tubangui，1932
　　宿主与寄生部位：鸡、鸭、鹅。盲肠。
　　地理分布：安徽、福建、广东、湖南、江苏、江西、四川、云南、浙江。

26.2.10　莲花背孔吸虫　*Notocotylus lianhuaensis* Li，1988
　　宿主与寄生部位：鹅。小肠。
　　地理分布：江西。

26.2.11　线样背孔吸虫　*Notocotylus linearis* Szidat，1936
　　宿主与寄生部位：鸭、鹅。盲肠。
　　地理分布：安徽、江西、云南、浙江。

26.2.12　勒克瑙背孔吸虫　*Notocotylus lucknowenensis*（Lai，1935）Ruiz，1946
　　宿主与寄生部位：鸡、鸭。肠道。
　　地理分布：贵州。

26.2.13　大卵圆背孔吸虫　*Notocotylus magniovatus* Yamaguti，1934
　　宿主与寄生部位：鸭、鹅。盲肠。
　　地理分布：安徽、贵州、江西。

26.2.14　马米背孔吸虫　*Notocotylus mamii* Hsu，1954
　　宿主与寄生部位：兔。肠道。
　　地理分布：广东。

26.2.15　舟形背孔吸虫　*Notocotylus naviformis* Tubangui，1932
　　宿主与寄生部位：鸡、鸭、鹅。盲肠。
　　地理分布：安徽、重庆、贵州、四川。

26.2.16　小卵圆背孔吸虫　*Notocotylus parviovatus* Yamaguti，1934
　　同物异名：东方背孔吸虫（*Notocotylus orientalis* Ku，1937）。
　　宿主与寄生部位：鹅。盲肠、直肠。
　　地理分布：安徽、北京、福建、广东、湖南、江西、内蒙古、浙江。

26.2.17　多腺背孔吸虫　*Notocotylus polylecithus* Li，1992

　　宿主与寄生部位：鹅。肠道。

　　地理分布：江西。

26.2.18　波氏背孔吸虫　*Notocotylus porzanae* Harwood，1939

　　宿主与寄生部位：鸭。盲肠。

　　地理分布：广东。

26.2.19　秧鸡背孔吸虫　*Notocotylus ralli* Baylis，1936

　　宿主与寄生部位：鹅。盲肠、直肠。

　　地理分布：江苏、江西。

26.2.20　西纳背孔吸虫　*Notocotylus seineti* Fuhrmann，1919

　　同物异名：塞氏背孔吸虫。

　　宿主与寄生部位：鸭。盲肠。

　　地理分布：安徽。

26.2.21　斯氏背孔吸虫　*Notocotylus skrjabini* Ablasov，1953

　　宿主与寄生部位：鸭。肠道。

　　地理分布：贵州。

26.2.22　锥实螺背孔吸虫　*Notocotylus stagnicolae* Herber，1942

　　同物异名：沼泽背孔吸虫。

　　宿主与寄生部位：鸡、鸭、鹅。盲肠。

　　地理分布：安徽、广东、贵州、江苏。

26.2.23　曾氏背孔吸虫　*Notocotylus thienemanni* Szidat et Szidat，1933

　　同物异名：喜氏背孔吸虫，西（纳曼）氏背孔吸虫。

　　宿主与寄生部位：鹅。肠道。

　　地理分布：江西。

26.2.24　乌尔斑背孔吸虫　*Notocotylus urbanensis*（Cort，1914）Harrah，1922

　　宿主与寄生部位：鸭、鹅。肠道。

　　地理分布：江西。

26.3　列叶属　*Ogmocotyle* Skrjabin et Schulz，1933

　　同物异名：槽盘属，舟形属，*Cymbiforma*（Yamaguti，1933）。

26.3.1　印度列叶吸虫　*Ogmocotyle indica*（Bhalerao，1942）Ruiz，1946

　　宿主与寄生部位：黄牛、水牛、绵羊、山羊。皱胃、小肠。

　　地理分布：重庆、甘肃、广东、广西、贵州、湖南、陕西、四川、西藏、云南、浙江。

26.3.2　羚羊列叶吸虫　*Ogmocotyle pygargi* Skrjabin et Schulz，1933

　　宿主与寄生部位：黄牛、绵羊、山羊。小肠。

　　地理分布：重庆、福建、甘肃、贵州、湖南、江西、四川、云南、浙江。

26.3.3　鹿列叶吸虫　*Ogmocotyle sikae* Yamaguti，1933

　　宿主与寄生部位：黄牛、绵羊、山羊。小肠。

　　地理分布：福建、甘肃、贵州、黑龙江、陕西、四川、云南、浙江。

26.4 同口属 *Paramonostomum* Lühe，1909

26.4.1 鹊鸭同口吸虫 *Paramonostomum bucephalae* Yamaguti，1935

宿主与寄生部位：鸡、鸭。盲肠。

地理分布：贵州、黑龙江。

26.4.2 卵形同口吸虫 *Paramonostomum ovatum* Hsu，1935

宿主与寄生部位：鸭、鹅。盲肠。

地理分布：广西、江苏。

26.4.3 拟槽状同口吸虫 *Paramonostomum pseudalveatum* Price，1931

宿主与寄生部位：鹅。小肠。

地理分布：浙江。

27 同盘科 **Paramphistomatidae Fischoeder，1901**

27.1 杯殖属 *Calicophoron* Nasmark，1937

27.1.1 杯殖杯殖吸虫 *Calicophoron calicophorum*（Fischoeder，1901）Nasmark，1937

宿主与寄生部位：黄牛、水牛、牦牛、绵羊、山羊。瘤胃。

地理分布：安徽、重庆、福建、广东、广西、贵州、湖北、湖南、江西、山东、四川、新疆、云南、浙江。

27.1.2 陈氏杯殖吸虫 *Calicophoron cheni* Wang，1964

宿主与寄生部位：黄牛。瘤胃。

地理分布：广西。

27.1.3 叶氏杯殖吸虫 *Calicophoron erschowi* Davydova，1959

宿主与寄生部位：黄牛、羊。瘤胃。

地理分布：河南、陕西。

27.1.4 纺锤杯殖吸虫 *Calicophoron fusum* Wang et Xia，1977

宿主与寄生部位：黄牛、水牛、牦牛、绵羊、山羊。瘤胃。

地理分布：广东、广西、四川、云南。

27.1.5 江岛杯殖吸虫 *Calicophoron ijimai* Nasmark，1937

宿主与寄生部位：黄牛、水牛、山羊。瘤胃。

地理分布：广东、广西、贵州、河南、云南。

27.1.6 绵羊杯殖吸虫 *Calicophoron ovillum* Wang et Liu，1977

宿主与寄生部位：黄牛、水牛、绵羊、山羊。瘤胃。

地理分布：安徽、广西、湖北、吉林、四川、云南。

27.1.7 斯氏杯殖吸虫 *Calicophoron skrjabini* Popowa，1937

宿主与寄生部位：黄牛、水牛、牦牛、山羊、羊。瘤胃。

地理分布：安徽、广东、广西、湖北、四川、云南、浙江。

27.1.8 吴城杯殖吸虫 *Calicophoron wuchengensis* Wang，1979

宿主与寄生部位：黄牛、水牛、山羊。瘤胃。

地理分布：广西、贵州、江西、云南、浙江。

27.1.9 吴氏杯殖吸虫 *Calicophoron wukuangi* Wang，1964

宿主与寄生部位：水牛。瘤胃。

地理分布：江西。

27.1.10 浙江杯殖吸虫 *Calicophoron zhejiangensis* Wang，1979

宿主与寄生部位：黄牛、水牛、山羊。瘤胃。

地理分布：重庆、广西、贵州、湖南、四川、浙江。

27.2 锡叶属 *Ceylonocotyle* **Nasmark，1937**

27.2.1 短肠锡叶吸虫 *Ceylonocotyle brevicaeca* Wang，1966

宿主与寄生部位：水牛。瘤胃。

地理分布：重庆、广东、广西、贵州、四川、浙江。

27.2.2 陈氏锡叶吸虫 *Ceylonocotyle cheni* Wang，1966

宿主与寄生部位：黄牛、水牛、山羊、羊。瘤胃。

地理分布：安徽、重庆、福建、广东、广西、贵州、江西、青海、四川、云南、浙江。

27.2.3 双叉肠锡叶吸虫 *Ceylonocotyle dicranocoelium*（Fischoeder，1901）Nasmark，1937

宿主与寄生部位：黄牛、水牛、绵羊、山羊。瘤胃。

地理分布：安徽、重庆、福建、广东、广西、贵州、河南、湖南、江西、青海、陕西、四川、云南、浙江。

27.2.4 长肠锡叶吸虫 *Ceylonocotyle longicoelium* Wang，1977

宿主与寄生部位：黄牛、水牛、山羊。瘤胃。

地理分布：重庆、福建、广东、贵州、四川、云南、浙江。

27.2.5 直肠锡叶吸虫 *Ceylonocotyle orthocoelium* Fischoeder，1901

宿主与寄生部位：黄牛、水牛、山羊。瘤胃。

地理分布：重庆、河北、福建、广东、贵州、江苏、上海、四川、云南、浙江。

27.2.6 副链肠锡叶吸虫 *Ceylonocotyle parastreptocoelium* Wang，1959

宿主与寄生部位：黄牛、水牛、绵羊、山羊。瘤胃。

地理分布：重庆、福建、广东、广西、贵州、河南、江西、陕西、四川、云南、浙江。

27.2.7 侧肠锡叶吸虫 *Ceylonocotyle scoliocoelium*（Fischoeder，1904）Nasmark，1937

宿主与寄生部位：黄牛、水牛、绵羊、山羊。瘤胃。

地理分布：安徽、重庆、福建、广东、广西、贵州、河南、陕西、四川、云南、浙江。

27.2.8 弯肠锡叶吸虫 *Ceylonocotyle sinuocoelium* Wang，1959

宿主与寄生部位：黄牛、水牛、绵羊、山羊。瘤胃。

地理分布：安徽、重庆、福建、广东、广西、贵州、四川、云南、浙江。

27.2.9 链肠锡叶吸虫 *Ceylonocotyle streptocoelium*（Fischoeder，1901）Nasmark，1937

宿主与寄生部位：黄牛、水牛、牦牛、绵羊、山羊。瘤胃。

地理分布：安徽、重庆、福建、广东、广西、贵州、河南、江西、四川、云南、浙江。

27.3 盘腔属 *Chenocoelium* **Wang，1966**

27.3.1 江西盘腔吸虫 *Chenocoelium kiangxiensis* Wang，1966

宿主与寄生部位：黄牛、水牛、山羊。瘤胃。

地理分布：安徽、广西、江西、浙江。

27.3.2　直肠盘腔吸虫　*Chenocoelium orthocoelium* Fischoeder，1901

宿主与寄生部位：黄牛、水牛、山羊。瘤胃。

地理分布：福建、广东、广西、贵州、江苏、上海、云南、浙江。

27.4　殖盘属　*Cotylophoron* Stiles et Goldberger，1910

27.4.1　殖盘殖盘吸虫　*Cotylophoron cotylophorum*（Fischoeder，1901）Stiles et Goldber-ger，1910

宿主与寄生部位：骆驼、黄牛、水牛、牦牛、绵羊、山羊。瘤胃。

地理分布：安徽、重庆、福建、甘肃、广东、广西、贵州、河南、黑龙江、湖北、吉林、江苏、江西、辽宁、宁夏、青海、陕西、四川、新疆、云南、浙江。

27.4.2　小殖盘吸虫　*Cotylophoron fulleborni* Nasmark，1937

宿主与寄生部位：黄牛、水牛、山羊、羊。瘤胃。

地理分布：重庆、福建、贵州、河北、上海、四川。

27.4.3　华云殖盘吸虫　*Cotylophoron huayuni* Wang，Li，Peng，*et al.*，1996

宿主与寄生部位：黄牛。瘤胃。

地理分布：云南

27.4.4　印度殖盘吸虫　*Cotylophoron indicus* Stiles et Goldberger，1910

宿主与寄生部位：黄牛、水牛、牦牛、绵羊、山羊。瘤胃。

地理分布：安徽、重庆、福建、广东、广西、贵州、河南、湖北、湖南、江苏、江西、青海、陕西、四川、云南、浙江。

27.4.5　广东殖盘吸虫　*Cotylophoron kwantungensis* Wang，1979

宿主与寄生部位：黄牛、水牛、山羊、羊。瘤胃。

地理分布：广东、广西、贵州、浙江。

27.4.6　直肠殖盘吸虫　*Cotylophoron orthocoelium* Fischoeder，1901

宿主与寄生部位：黄牛、水牛、山羊。瘤胃。

地理分布：广西。

27.4.7　湘江殖盘吸虫　*Cotylophoron shangkiangensis* Wang，1979

宿主与寄生部位：黄牛、水牛、山羊。瘤胃。

地理分布：重庆、广西、贵州、湖南、四川、云南、浙江。

27.4.8　弯肠殖盘吸虫　*Cotylophoron sinuointestinum* Wang et Qi，1977

宿主与寄生部位：黄牛、水牛、绵羊、山羊。瘤胃。

地理分布：安徽、重庆、广西、贵州、四川、新疆、云南、浙江。

27.5　拟腹盘属　*Gastrodiscoides* Leiper，1913

27.5.1　人拟腹盘吸虫　*Gastrodiscoides hominis*（Lewis et McConnell，1876）Leiper，1913

宿主与寄生部位：猪。结肠、盲肠。

地理分布：安徽、江苏。

27.6　腹盘属　*Gastrodiscus* Leuckart，1877

27.6.1　埃及腹盘吸虫　*Gastrodiscus aegyptiacus*（Cobbold，1876）Railliet，1893

宿主与寄生部位：马、驴、骡、猪。结肠。

地理分布：河北、江苏、天津。

27.6.2 偏腹盘吸虫 *Gastrodiscus secundus* Looss，1907

宿主与寄生部位：马。结肠、盲肠。

地理分布：云南。

27.7 巨盘属 *Gigantocotyle* Nasmark，1937

27.7.1 异叶巨盘吸虫 *Gigantocotyle anisocotyle* Fukui，1920

宿主与寄生部位：水牛。瘤胃、皱胃。

地理分布：云南。

27.7.2 深叶巨盘吸虫 *Gigantocotyle bathycotyle*（Fischoeder，1901）Nasmark，1937

宿主与寄生部位：黄牛、水牛。皱胃、胆管。

地理分布：广东、广西、贵州、云南、浙江。

27.7.3 扩展巨盘吸虫 *Gigantocotyle explanatum*（Creplin，1847）Nasmark，1937

宿主与寄生部位：黄牛、水牛、绵羊。皱胃、胆管。

地理分布：福建、广东、广西、湖南、云南。

27.7.4 台湾巨盘吸虫 *Gigantocotyle formosanum* Fukui，1929

宿主与寄生部位：黄牛、水牛、绵羊、山羊。皱胃。

地理分布：安徽、重庆、福建、广东、广西、贵州、河南、湖南、江西、陕西、四川、台湾、云南、浙江。

27.7.5 南湖巨盘吸虫 *Gigantocotyle nanhuense* Zhang，Yang，Jin，*et al*.，1985

宿主与寄生部位：黄牛、水牛、绵羊、山羊。皱胃。

地理分布：浙江。

27.7.6 泰国巨盘吸虫 *Gigantocotyle siamense* Stiles et Goldberger，1910

宿主与寄生部位：黄牛、水牛、山羊。皱胃、胆管、胆囊。

地理分布：安徽、广东、广西、贵州、云南。

27.7.7 温州巨盘吸虫 *Gigantocotyle wenzhouense* Zhang，Pan，Chen，*et al*.，1988

宿主与寄生部位：水牛。皱胃。

地理分布：广东、浙江。

27.8 平腹属 *Homalogaster* Poirier，1883

27.8.1 野牛平腹吸虫 *Homalogaster paloniae* Poirier，1883

宿主与寄生部位：黄牛、水牛、绵羊、山羊。结肠、盲肠。

地理分布：安徽、重庆、福建、甘肃、广东、广西、贵州、海南、河北、河南、湖北、湖南、江苏、江西、陕西、上海、四川、台湾、云南、浙江。

27.9 长咽属 *Longipharynx* Huang，Xie，Li，*et al*.，1988

27.9.1 陇川长咽吸虫 *Longipharynx longchuansis* Huang，Xie，Li，*et al*.，1988

宿主与寄生部位：水牛。瘤胃。

地理分布：云南。

27.10 巨咽属 *Macropharynx* Nasmark，1937

27.10.1 中华巨咽吸虫 *Macropharynx chinensis* Wang，1959

宿主与寄生部位：黄牛、水牛、羊。瘤胃。

地理分布：福建、广西、贵州、河南、云南。

27.10.2　徐氏巨咽吸虫　*Macropharynx hsui* Wang，1966

宿主与寄生部位：黄牛、水牛。瘤胃。

地理分布：福建、贵州、江西。

27.10.3　苏丹巨咽吸虫　*Macropharynx sudanensis* Nasmark，1937

宿主与寄生部位：水牛。瘤胃。

地理分布：贵州。

27.11　同盘属　*Paramphistomum* Fischoeder，1900

27.11.1　吸沟同盘吸虫　*Paramphistomum bothriophoron* Braun，1892

宿主与寄生部位：黄牛、水牛、绵羊。瘤胃。

地理分布：重庆、广西、贵州、湖南、四川、云南。

27.11.2　鹿同盘吸虫　*Paramphistomum cervi* Zeder，1790

宿主与寄生部位：黄牛、水牛、奶牛、牦牛、犏牛、绵羊、山羊。瘤胃、皱胃、小肠、胆管、胆囊。

地理分布：安徽、重庆、福建、甘肃、广东、广西、贵州、海南、河北、河南、黑龙江、湖北、湖南、吉林、江苏、江西、辽宁、内蒙古、宁夏、青海、山东、山西、陕西、上海、四川、台湾、天津、西藏、新疆、云南、浙江。

27.11.3　后藤同盘吸虫　*Paramphistomum gotoi* Fukui，1922

宿主与寄生部位：黄牛、水牛、绵羊、山羊。瘤胃。

地理分布：安徽、重庆、福建、广西、贵州、河南、湖南、吉林、江西、辽宁、青海、陕西、四川、云南、浙江。

27.11.4　细同盘吸虫　*Paramphistomum gracile* Fischoeder，1901

宿主与寄生部位：黄牛、水牛、牦牛、绵羊、山羊。瘤胃。

地理分布：安徽、重庆、福建、广西、贵州、四川、云南。

27.11.5　市川同盘吸虫　*Paramphistomum ichikawai* Fukui，1922

宿主与寄生部位：黄牛、水牛、绵羊、山羊。瘤胃。

地理分布：重庆、广东、广西、贵州、吉林、陕西、四川、台湾、云南、浙江。

27.11.6　雷氏同盘吸虫　*Paramphistomum leydeni* Nasmark，1937

宿主与寄生部位：黄牛、水牛、牦牛。瘤胃。

地理分布：安徽、贵州、云南。

27.11.7　平睾同盘吸虫　*Paramphistomum liorchis* Fischoeder，1901

宿主与寄生部位：黄牛。瘤胃。

地理分布：安徽。

27.11.8　似小盘同盘吸虫　*Paramphistomum microbothrioides* Price et MacIntosh，1944

宿主与寄生部位：黄牛、水牛、山羊。瘤胃。

地理分布：安徽、广东、四川、云南。

27.11.9　小盘同盘吸虫　*Paramphistomum microbothrium* Fischoeder，1901

宿主与寄生部位：黄牛、水牛、山羊。瘤胃。

地理分布：重庆、福建、广西、贵州、四川、云南、浙江。

27.11.10　直肠同盘吸虫　*Paramphistomum orthocoelium* Fischoeder，1901

宿主与寄生部位：黄牛、水牛、山羊。瘤胃。

地理分布：贵州、浙江。

27.11.11　原羚同盘吸虫　*Paramphistomum procaprum* Wang，1979

宿主与寄生部位：黄牛、水牛、牦牛、山羊。瘤胃。

地理分布：安徽、广西、贵州、西藏。

27.11.12　拟犬同盘吸虫　*Paramphistomum pseudocuonum* Wang，1979

宿主与寄生部位：犬。肠道。

地理分布：重庆、四川。

27.11.13　斯氏同盘吸虫　*Paramphistomum skrjabini* Popowa，1937

宿主与寄生部位：水牛、牦牛。瘤胃。

地理分布：广东、西藏。

27.12　假盘属　*Pseudodiscus* Sonsino，1895

27.12.1　柯氏假盘吸虫　*Pseudodiscus collinsi*（Cobbold，1875）Stiles et Goldberger，1910

宿主与寄生部位：马。结肠、盲肠。

地理分布：贵州、湖南、云南。

27.13　合叶属　*Zygocotyle* Stunkard，1917

27.13.1　新月形合叶吸虫　*Zygocotyle lunata* Diesing，1836

宿主与寄生部位：鸭、鹅。盲肠。

地理分布：黑龙江。

28　嗜眼科　Philophthalmidae Travassos，1918

28.1　嗜眼属　*Philophthalmus* Looss，1899

28.1.1　安徽嗜眼吸虫　*Philophthalmus anhweiensis* Li，1965

宿主与寄生部位：鸭、鹅。眼瞬膜、结膜囊。

地理分布：安徽、广东、广西、浙江。

28.1.2　鹅嗜眼吸虫　*Philophthalmus anseri* Hsu，1982

宿主与寄生部位：鸡、鸭、鹅。眼结膜囊。

地理分布：广东、江苏、云南。

28.1.3　涉禽嗜眼吸虫　*Philophthalmus gralli* Mathis et Léger，1910

同物异名：鸭嗜眼吸虫（*Philophthalmus anatimus* Sugimoto，1928），中华嗜眼吸虫（*Philophthalmus sinensis* Hsu et Chow，1938），麻雀嗜眼吸虫（*Philophthalmus occularae* Wu，1938）。

宿主与寄生部位：鸡、鸭、鹅。眼瞬膜、结膜囊。

地理分布：福建、广东、广西、湖南、江苏、江西、台湾、云南、浙江。

28.1.4　广东嗜眼吸虫　*Philophthalmus guangdongnensis* Hsu，1982

宿主与寄生部位：鹅、鸭。眼瞬膜、结膜囊。

地理分布：浙江、广东。

28.1.5　翡翠嗜眼吸虫　*Philophthalmus halcyoni* Baugh，1962

宿主与寄生部位：鸭。眼瞬膜、结膜囊。

地理分布：广东。

28.1.6　赫根嗜眼吸虫　*Philophthalmus hegeneri* Penner et Fried，1963

宿主与寄生部位：鸭。眼结膜囊。

地理分布：广东。

28.1.7　霍夫嗜眼吸虫　*Philophthalmus hovorkai* Busa，1956

宿主与寄生部位：鸭、鹅。眼瞬膜、结膜囊。

地理分布：湖南、广东。

28.1.8　华南嗜眼吸虫　*Philophthalmus hwananensis* Hsu，1982

宿主与寄生部位：鸡、鸭。眼瞬膜、结膜囊。

地理分布：广东。

28.1.9　印度嗜眼吸虫　*Philophthalmus indicus* Jaiswal et Singh，1954

宿主与寄生部位：鸭。眼瞬膜、结膜囊。

地理分布：广东。

28.1.10　肠嗜眼吸虫　*Philophthalmus intestinalis* Hsu，1982

宿主与寄生部位：鸭。小肠。

地理分布：广东。

28.1.11　勒克瑙嗜眼吸虫　*Philophthalmus lucknowensis* Baugh，1962

宿主与寄生部位：鸭。眼瞬膜、结膜囊。

地理分布：广东。

28.1.12　小型嗜眼吸虫 *Philophthalmus minutus* Hsu，1982

宿主与寄生部位：鸭。眼结膜囊。

地理分布：广东。

28.1.13　米氏嗜眼吸虫　*Philophthalmus mirzai* Jaiswal et Singh，1954

宿主与寄生部位：鸭、鹅。眼瞬膜、结膜囊。

地理分布：广东。

28.1.14　穆拉斯嗜眼吸虫 *Philophthalmus muraschkinzewi* Tretiakova，1946

宿主与寄生部位：鸭。眼瞬膜、结膜囊。

地理分布：广东。

28.1.15　小鸮嗜眼吸虫 *Philophthalmus nocturnus* Looss，1907

宿主与寄生部位：鸡、鸭、鹅。眼瞬膜、结膜囊。

地理分布：安徽、广东。

28.1.16　潜鸭嗜眼吸虫　*Philophthalmus nyrocae* Yamaguti，1934

宿主与寄生部位：鸭。眼瞬膜、结膜囊。

地理分布：广东、湖南。

28.1.17　普罗比嗜眼吸虫　*Philophthalmus problematicus* Tubangui，1932

宿主与寄生部位：鸡、鸭。眼瞬膜、结膜囊。

地理分布：广东、江苏、江西。

28.1.18　梨形嗜眼吸虫　*Philophthalmus pyriformis* Hsu，1982

宿主与寄生部位：鸭。眼结膜囊。

地理分布：广东。

28.1.19 利萨嗜眼吸虫 *Philophthalmus rizalensis* Tubangui，1932

宿主与寄生部位：鸭。眼瞬膜、结膜囊。

地理分布：广东、湖南。

29 光口科 Psilostomidae Looss，1900

29.1 光隙属 *Psilochasmus* Lühe，1909

29.1.1 印度光隙吸虫 *Psilochasmus indicus* Gupta，1958

宿主与寄生部位：鸭。小肠。

地理分布：福建。

29.1.2 长刺光隙吸虫 *Psilochasmus longicirratus* Skrjabin，1913

宿主与寄生部位：鸡、鸭、鹅。小肠。

地理分布：安徽、北京、重庆、福建、广东、广西、贵州、河北、湖南、江苏、江西、陕西、上海、四川、台湾、云南、浙江。

29.1.3 尖尾光隙吸虫 *Psilochasmus oxyurus*（Creplin，1825）Lühe，1909

宿主与寄生部位：鸡、鸭。小肠。

地理分布：安徽、北京、重庆、福建、贵州、湖南、江苏、江西、宁夏、上海、四川。

29.1.4 括约肌咽光隙吸虫 *Psilochasmus sphincteropharynx* Oshmarin，1971

宿主与寄生部位：鸭。小肠。

地理分布：福建、湖南、上海。

29.2 光睾属 *Psilorchis* Thapar et Lal，1935

29.2.1 家鸭光睾吸虫 *Psilorchis anatinus* Tang，1988

宿主与寄生部位：鸭。肠道。

地理分布：上海。

29.2.2 长食道光睾吸虫 *Psilorchis longoesophagus* Bai，Liu et Chen，1980

宿主与寄生部位：鸭。小肠。

地理分布：安徽、吉林。

29.2.3 大囊光睾吸虫 *Psilorchis saccovoluminosus* Bai，Liu et Chen，1980

宿主与寄生部位：鸭、鹅。肠道。

地理分布：安徽、重庆、福建、广东、吉林、江西、四川、云南、浙江。

29.2.4 浙江光睾吸虫 *Psilorchis zhejiangensis* Pan et Zhang，1989

宿主与寄生部位：鸭。小肠。

地理分布：浙江。

29.2.5 斑嘴鸭光睾吸虫 *Psilorchis zonorhynchae* Bai，Liu et Chen，1980

宿主与寄生部位：鸭、鹅。小肠。

地理分布：安徽、重庆、福建、贵州、吉林、江西、上海、云南、浙江。

29.3 光孔属 *Psilotrema* Odhner，1913

29.3.1 尖吻光孔吸虫 *Psilotrema acutirostris* Oshmarin，1963

宿主与寄生部位：鸭。小肠。

地理分布：江西。

29.3.2　短光孔吸虫　*Psilotrema brevis* Oschmarin，1963

宿主与寄生部位：鸭。小肠。

地理分布：福建、江西。

29.3.3　福建光孔吸虫　*Psilotrema fukienensis* Lin et Chen，1978

宿主与寄生部位：鸡、鸭。小肠中下段。

地理分布：福建、江西。

29.3.4　似光孔吸虫　*Psilotrema simillimum*（Mühling，1898）Odhner，1913

宿主与寄生部位：鸡、鸭、鹅。小肠。

地理分布：福建、湖南、江苏、江西、陕西。

29.3.5　有刺光孔吸虫　*Psilotrema spiculigerum*（Mühling，1898）Odhner，1913

宿主与寄生部位：鸭、鹅。小肠。

地理分布：河南、黑龙江、江西。

29.3.6　洞庭光孔吸虫　*Psilotrema tungtingensis* Ceng et Ye，1993

宿主与寄生部位：鸭。小肠。

地理分布：湖南。

29.4　球孔属　*Sphaeridiotrema* Odhner，1913

29.4.1　球形球孔吸虫　*Sphaeridiotrema globulus*（Rudolphi，1814）Odhner，1913

宿主与寄生部位：鸡、鸭、鹅。小肠。

地理分布：安徽、重庆、福建、河北、江苏、江西、四川、浙江。

29.4.2　单睾球孔吸虫　*Sphaeridiotrema monorchis* Lin et Chen，1983

宿主与寄生部位：鸡、鸭。小肠。

地理分布：福建。

V-7-12　后睾目　Opisthorchiida La Rue，1957

30　异形科　Heterophyidae Odhner，1914

30.1　离茎属　*Apophallus* Lühe，1909

30.1.1　顿河离茎吸虫　*Apophallus donicus*（Skrjabin et Lindtrop，1919）Price，1931

宿主与寄生部位：犬。肠道。

地理分布：广东。

30.2　棘带属　*Centrocestus* Looss，1899

30.2.1　尖刺棘带吸虫　*Centrocestus cuspidatus*（Looss，1896）Looss，1899

宿主与寄生部位：犬。肠道。

地理分布：台湾。

30.2.2　台湾棘带吸虫　*Centrocestus formosanus*（Nishigori，1924）Price，1932

同物异名：犬棘带吸虫（*Centrocestus caninus*（Leiper，1913）Yamaguti，1958）。

宿主与寄生部位：犬、猫。小肠。

地理分布：福建、广东、台湾。

30.3 隐叶属 *Cryptocotyle* Lühe，1899

30.3.1 凹形隐叶吸虫 *Cryptocotyle concavum*（Creplin，1825）Fischoeder，1903

宿主与寄生部位：鸡、鸭。小肠。

地理分布：安徽、重庆、福建、河南、湖南、江苏、江西、陕西、四川、浙江。

30.3.2 东方隐叶吸虫 *Cryptocotyle orientalis* Lühe，1899

宿主与寄生部位：鸡、鸭。小肠。

地理分布：安徽、四川。

30.4 右殖属 *Dexiogonimus* Witenberg，1929

30.4.1 西里右殖吸虫 *Dexiogonimus ciureanus* Witenberg，1929

宿主与寄生部位：犬、猫。肠道。

地理分布：江西。

30.5 单睾属 *Haplorchis* Looss，1899

30.5.1 钩棘单睾吸虫 *Haplorchis pumilio* Looss，1896

同物异名：矮小单睾吸虫。

宿主与寄生部位：犬、猫、兔。肠道。

地理分布：福建、广东、台湾。

30.5.2 扇棘单睾吸虫 *Haplorchis taichui*（Nishigori，1924）Chen，1936

同物异名：台中单睾孔吸虫（*Monorchotrema taichui* Nishigori，1924）。

宿主与寄生部位：犬、猫。肠道。

地理分布：台湾。

30.5.3 横川单睾吸虫 *Haplorchis yokogawai*（Katsuta，1932）Chen，1936

同物异名：多棘单睾吸虫，横川单睾孔吸虫（*Monorchotrema yokogawai* Katsuta，1932）。

宿主与寄生部位：犬、猫。肠道。

地理分布：台湾。

30.6 异形属 *Heterophyes* Cobbold，1886

30.6.1 植圆异形吸虫 *Heterophyes elliptica* Yokogawa，1913

宿主与寄生部位：犬。肠道。

地理分布：广东、台湾。

30.6.2 异形异形吸虫 *Heterophyes heterophyes*（von Siebold，1852）Stiles et Hassal，1900

宿主与寄生部位：猪、犬、猫。小肠。

地理分布：北京、福建、吉林、上海、台湾。

30.6.3 桂田异形吸虫 *Heterophyes katsuradai* Ozaki et Asada，1926

宿主与寄生部位：犬。小肠。

地理分布：黑龙江。

30.6.4 有害异形吸虫 *Heterophyes nocens* Onji et Nishio，1915

宿主与寄生部位：犬。小肠。

地理分布：北京、吉林。

30.7　后殖属　*Metagonimus* Katsurada，1913

30.7.1　横川后殖吸虫　*Metagonimus yokogawai* Katsurada，1912

宿主与寄生部位：猪、犬、猫、鹅。小肠。

地理分布：北京、福建、广东、黑龙江、湖南、吉林、江苏、江西、辽宁、上海、四川、台湾、浙江。

30.8　原角囊属　*Procerovum* Onji et Nishio，1924

30.8.1　陈氏原角囊吸虫　*Procerovum cheni* Hsu，1950

宿主与寄生部位：鸡、鸭。肠道。

地理分布：广东。

30.9　臀形属　*Pygidiopsis* Looss，1901

30.9.1　根塔臀形吸虫　*Pygidiopsis genata* Looss，1907

宿主与寄生部位：犬。肠道。

地理分布：广东、台湾。

30.9.2　茎突臀形吸虫　*Pygidiopsis phalacrocoracis* Yamaguti，1939

宿主与寄生部位：犬。肠道。

地理分布：广东。

30.9.3　前肠臀形吸虫　*Pygidiopsis summa* Onji et Nishio，1916

宿主与寄生部位：犬。肠道。

地理分布：北京、吉林。

30.10　星隙属　*Stellantchasmus* Onji et Nishio，1915

30.10.1　台湾星隙吸虫　*Stellantchasmus formosanus* Katsuta，1931

宿主与寄生部位：犬、猫。肠道。

地理分布：台湾。

30.10.2　假囊星隙吸虫　*Stellantchasmus pseudocirratus*（Witenberg，1929）Yamaguti，1958

同物异名：*Stellantchasmus amplicaecalis*（Katsuta，1932）。

宿主与寄生部位：犬、猫。肠道。

地理分布：台湾。

30.11　斑皮属　*Stictodora* Looss，1899

30.11.1　马尼拉斑皮吸虫　*Stictodora manilensis* Africa et Garcia，1935

同物异名：海南斑皮吸虫（*Stictodora hainanensis* Kobayasi，1942）。

宿主与寄生部位：犬。肠道。

地理分布：广东、海南。

31　后睾科　Opisthorchiidae Braun，1901

31.1　对体属　*Amphimerus* Barker，1911

31.1.1　鸭对体吸虫　*Amphimerus anatis* Yamaguti，1933

宿主与寄生部位：鸡、鸭、鹅。胆管、肠道。

地理分布：安徽、重庆、福建、广东、广西、贵州、河北、河南、黑龙江、湖北、湖南、吉林、江苏、江西、辽宁、宁夏、陕西、上海、四川、新疆、云南、浙江。

31.1.2 长对体吸虫 *Amphimerus elongatus* Gower，1938

宿主与寄生部位：鸡、鸭。胆管、肠道。

地理分布：重庆、江苏、四川。

31.2 支囊属 *Cladocystis* Poche，1926

31.2.1 广利支囊吸虫 *Cladocystis kwangleensis* Chen et Lin，1987

宿主与寄生部位：鸭。胆管。

地理分布：广东。

31.3 枝睾属 *Clonorchis* Looss，1907

31.3.1 中华枝睾吸虫 *Clonorchis sinensis*（Cobbolb，1875）Looss，1907

宿主与寄生部位：猪、犬、猫、兔、鸭。胆管、胆囊。

地理分布：安徽、北京、重庆、福建、甘肃、广东、广西、贵州、海南、河北、河南、黑龙江、湖北、湖南、吉林、江苏、江西、辽宁、山东、陕西、上海、四川、台湾、天津、云南、浙江。

31.4 真对体属 *Euamphimerus* Yamaguti，1941

31.4.1 天鹅真对体吸虫 *Euamphimerus cygnoides* Ogata，1942

宿主与寄生部位：鸡。肠道。

地理分布：江西。

31.5 次睾属 *Metorchis* Looss，1899

31.5.1 鸭次睾吸虫 *Metorchis anatinus* Chen et Lin，1983

宿主与寄生部位：鸭。胆囊。

地理分布：广东。

31.5.2 猫次睾吸虫 *Metorchis felis* Hsu，1934

宿主与寄生部位：犬、猫。胆管、胆囊。

地理分布：上海。

31.5.3 东方次睾吸虫 *Metorchis orientalis* Tanabe，1921

宿主与寄生部位：犬、猫、鸡、鸭、鹅。胆管、胆囊。

地理分布：安徽、北京、重庆、福建、广东、广西、贵州、河南、黑龙江、湖北、湖南、吉林、江苏、江西、辽宁、宁夏、山东、陕西、上海、四川、台湾、天津、新疆、浙江。

31.5.4 企鹅次睾吸虫 *Metorchis pinguinicola* Skrjabin，1913

宿主与寄生部位：鸭。胆管、胆囊。

地理分布：江西。

31.5.5 肇庆次睾吸虫 *Metorchis shaochingnensis* Zhang et Chen，1985

宿主与寄生部位：鸭。胆管。

地理分布：广东。

31.5.6 台湾次睾吸虫 *Metorchis taiwanensis* Morishita et Tsuchimochi，1925

宿主与寄生部位：鸡、鸭、鹅。胆管、胆囊。

地理分布：安徽、重庆、福建、广东、广西、湖南、江苏、江西、宁夏、陕西、上海、四川、台湾、新疆、浙江。

31.5.7 黄体次睾吸虫 *Metorchis xanthosomus*（Creplin，1841）Braun，1902

宿主与寄生部位：鸡、鸭。胆管、胆囊。

地理分布：北京、福建、广东、广西、江苏、江西、云南。

31.6 微口属 *Microtrema* Kobayashi，1915

31.6.1 截形微口吸虫 *Microtrema truncatum* Kobayashi，1915

宿主与寄生部位：猪、犬、猫。胆管、胆囊。

地理分布：安徽、重庆、湖南、江西、上海、四川、台湾、云南。

31.7 后睾属 *Opisthorchis* Blanchard，1895

31.7.1 鸭后睾吸虫 *Opisthorchis anatinus* Wang，1975

宿主与寄生部位：鸡、鸭、鹅。胆管、胆囊。

地理分布：安徽、福建、广东、广西、贵州、江苏、四川、云南。

31.7.2 广州后睾吸虫 *Opisthorchis cantonensis* Chen，1980

同物异名：广东后睾吸虫。

宿主与寄生部位：鸭。胆管。

地理分布：广东。

31.7.3 猫后睾吸虫 *Opisthorchis felineus* Blanchard，1895

宿主与寄生部位：猫。胆管、胆囊。

地理分布：北京、江苏、辽宁、宁夏。

31.7.4 长后睾吸虫 *Opisthorchis longissimum* Linstow，1883

宿主与寄生部位：鸭、鹅。肠道。

地理分布：内蒙古。

31.7.5 似后睾吸虫 *Opisthorchis simulans* Looss，1896

宿主与寄生部位：鸡、鸭、鹅。胆管。

地理分布：贵州、江西、陕西。

31.7.6 细颈后睾吸虫 *Opisthorchis tenuicollis* Rudolphi，1819

宿主与寄生部位：犬、猫、鸭、鸡。胆管。

地理分布：福建、广东、广西、贵州、四川、浙江。

V-7-13 斜睾目 Plagiorchiida La Rue，1957

32 双腔科 Dicrocoeliidae Odhner，1910

32.1 双腔属 *Dicrocoelium* Dujardin，1845

32.1.1 中华双腔吸虫 *Dicrocoelium chinensis* Tang et Tang，1978

宿主与寄生部位：黄牛、水牛、牦牛、绵羊、山羊、兔。胆管、胆囊。

地理分布：重庆、福建、甘肃、广东、河北、黑龙江、吉林、辽宁、内蒙古、宁夏、青海、山西、四川、天津、西藏、新疆、云南、浙江。

32.1.2 枝双腔吸虫 *Dicrocoelium dendriticum*（Rudolphi，1819）Looss，1899

宿主与寄生部位：黄牛、绵羊。胆管。

地理分布：黑龙江、青海。

32.1.3 主人双腔吸虫 *Dicrocoelium hospes* Looss，1907

宿主与寄生部位：黄牛、羊。胆管。

地理分布：青海。

32.1.4 矛形双腔吸虫 *Dicrocoelium lanceatum* Stiles et Hassall，1896

宿主与寄生部位：马、驴、骡、黄牛、水牛、牦牛、犏牛、绵羊、山羊、猪、兔。胆管、胆囊。

地理分布：安徽、重庆、福建、甘肃、广东、广西、贵州、河北、河南、黑龙江、吉林、江苏、辽宁、内蒙古、宁夏、青海、山东、山西、陕西、四川、天津、西藏、新疆、云南、浙江。

32.1.5 东方双腔吸虫 *Dicrocoelium orientalis* Sudarikov et Ryjikov，1951

宿主与寄生部位：黄牛、牦牛、绵羊、山羊、兔。胆管、胆囊。

地理分布：重庆、甘肃、内蒙古、宁夏、山西、陕西、四川、西藏、新疆、云南。

32.1.6 扁体双腔吸虫 *Dicrocoelium platynosomum* Tang，Tang，Qi，*et al.*，1981

宿主与寄生部位：黄牛、绵羊、山羊。胆管、胆囊。

地理分布：贵州、宁夏、青海、陕西、四川、西藏、新疆。

32.2 阔盘属 *Eurytrema* Looss，1907

32.2.1 枝睾阔盘吸虫 *Eurytrema cladorchis* Chin，Li et Wei，1965

宿主与寄生部位：黄牛、水牛、牦牛、绵羊、山羊。胰管。

地理分布：安徽、重庆、福建、甘肃、广东、广西、贵州、河北、河南、湖南、江西、四川、天津、云南、浙江。

32.2.2 腔阔盘吸虫 *Eurytrema coelomaticum*（Giard et Billet，1892）Looss，1907

宿主与寄生部位：骆驼、黄牛、水牛、牦牛、绵羊、山羊。胰管。

地理分布：安徽、重庆、福建、甘肃、广东、广西、贵州、海南、河北、河南、黑龙江、湖北、湖南、吉林、江苏、江西、内蒙古、陕西、四川、台湾、天津、云南、浙江。

32.2.3 福建阔盘吸虫 *Eurytrema fukienensis* Tang et Tang，1978

宿主与寄生部位：水牛、山羊。胰管。

地理分布：福建、贵州。

32.2.4 河麂阔盘吸虫 *Eurytrema hydropotes* Tang et Tang，1975

宿主与寄生部位：牛。胰管。

地理分布：贵州、广东。

32.2.5 微小阔盘吸虫 *Eurytrema minutum* Zhang，1982

宿主与寄生部位：山羊。胰管。

地理分布：陕西。

32.2.6 羊阔盘吸虫 *Eurytrema ovis* Tubangui，1925

宿主与寄生部位：山羊。胰管。

地理分布：福建、陕西。

32.2.7 胰阔盘吸虫 *Eurytrema pancreaticum*（Janson，1889）Looss，1907

宿主与寄生部位：骆驼、黄牛、水牛、牦牛、绵羊、山羊、猪、兔。胰管。

地理分布：安徽、重庆、福建、甘肃、广东、广西、贵州、海南、河北、河南、黑龙江、湖北、湖南、吉林、江苏、江西、内蒙古、宁夏、青海、山东、陕西、上海、四川、台湾、天津、新疆、云南、浙江。

32.2.8　圆睾阔盘吸虫　*Eurytrema sphaeriorchis* Tang，Lin et Lin，1978
　　　宿主与寄生部位：黄牛、山羊。胰管。
　　　地理分布：福建、陕西、四川。

32.3　扁体属　*Platynosomum* Looss，1907

32.3.1　山羊扁体吸虫　*Platynosomum capranum* Ku，1957
　　　宿主与寄生部位：黄牛、绵羊、山羊。胆管、胆囊。
　　　地理分布：重庆、贵州、陕西、四川、云南。

32.3.2　西安扁体吸虫　*Platynosomum xianensis* Zhang，1991
　　　宿主与寄生部位：绵羊。胆管、胆囊。
　　　地理分布：陕西。

33　真杯科　Eucotylidae Skrjabin，1924

33.1　真杯属　*Eucotyle* Cohn，1904

33.1.1　白洋淀真杯吸虫　*Eucotyle baiyangdienensis* Li，Zhu et Gu，1973
　　　宿主与寄生部位：鸭。肾、输尿管。
　　　地理分布：河北、天津、浙江。

33.1.2　波氏真杯吸虫　*Eucotyle popowi* Skrjabin et Evranova，1942
　　　宿主与寄生部位：鸭。肾、输尿管。
　　　地理分布：黑龙江。

33.1.3　扎氏真杯吸虫　*Eucotyle zakharovi* Skrjabin，1920
　　　宿主与寄生部位：鸭。肠道。
　　　地理分布：黑龙江、浙江。

33.2　顿水属　*Tanaisia* Skrjabin，1924

33.2.1　勃氏顿水吸虫　*Tanaisia bragai* Santos，1934
　　　同物异名：勃氏副顿水吸虫（*Paratanaisia bragai*（Santos，1934）Freitas，1959）。
　　　宿主与寄生部位：鸡。肾。
　　　地理分布：云南。

34　枝腺科　Lecithodendriidae Odhner，1911

34.1　刺囊属　*Acanthatrium* Faust，1919

34.1.1　阿氏刺囊吸虫　*Acanthatrium alicatai* Macy，1940
　　　宿主与寄生部位：猫。小肠。
　　　地理分布：江西。

34.2　前腺属　*Prosthodendrium* Dollfus，1931

34.2.1　卢氏前腺吸虫　*Prosthodendrium lucifugi* Macy，1937
　　　宿主与寄生部位：猫。小肠。
　　　地理分布：江西。

35　中肠科　Mesocoeliidae Dollfus，1929

35.1　中肠属　*Mesocoelium* Odhner，1910

35.1.1　犬中肠吸虫　*Mesocoelium canis* Wang et Zhou，1992
　　　宿主与寄生部位：犬。肠道。

地理分布：江西。

36 微茎科 Microphallidae Travassos，1920

36.1 肉茎属 *Carneophallus* Cable et kuns，1951

36.1.1 伪叶肉茎吸虫 *Carneophallus pseudogonotyla*（Chen，1944）Cable et Kuns，1951

宿主与寄生部位：鸭。小肠。

地理分布：广东。

36.2 马蹄属 *Maritrema* Nicoll，1907

36.2.1 亚帆马蹄吸虫微小亚种 *Maritrema afonassjewi minor* Chen，1957

宿主与寄生部位：鸭。肠道。

地理分布：广东。

36.2.2 吉林马蹄吸虫 *Maritrema jilinensis* Liu，Li et Chen，1988

宿主与寄生部位：鸭。小肠。

地理分布：吉林。

36.3 似蹄属 *Maritreminoides* Rankin，1939

36.3.1 马坝似蹄吸虫 *Maritreminoides mapaensis* Chen，1957

宿主与寄生部位：鸭。小肠。

地理分布：广东。

36.4 微茎属 *Microphallus* Ward，1901

36.4.1 长肠微茎吸虫 *Microphallus longicaecus* Chen，1956

宿主与寄生部位：鸭。小肠。

地理分布：广东。

36.4.2 微小微茎吸虫 *Microphallus minus* Ochi，1928

同物异名：叶尖洞穴吸虫（*Spelotrema yahowui* Yamaguti，1971）。

宿主与寄生部位：猫。小肠。

地理分布：上海。

36.5 新马蹄属 *Neomaritrema* Tsai，1963

36.5.1 中华新马蹄吸虫 *Neomaritrema sinensis* Tsai，1962

宿主与寄生部位：鸭。小肠。

地理分布：广东。

36.6 假拉属 *Pseudolevinseniella* Tsai，1955

36.6.1 陈氏假拉吸虫 *Pseudolevinseniella cheni* Tsai，1955

宿主与寄生部位：鸭。肠道。

地理分布：广东。

37 并殖科 Paragonimidae Dollfus，1939

37.1 正并殖属 *Euparagonimus* Chen，1962

37.1.1 三平正并殖吸虫 *Euparagonimus cenocopiosus* Chen，1962

宿主与寄生部位：犬、猫（人工感染）。肺。

地理分布：福建、广东、江西。

37.2 狸殖属 *Pagumogonimus* Chen，1963

37.2.1 陈氏狸殖吸虫 *Pagumogonimus cheni*（Hu，1963）Chen，1964

宿主与寄生部位：犬、猫。肺。

地理分布：福建、四川、云南。

37.2.2 丰宫狸殖吸虫 *Pagumogonimus proliferus*（Hsia et Chen，1964）Chen，1965

宿主与寄生部位：猫。肺。

地理分布：云南。

37.2.3 斯氏狸殖吸虫 *Pagumogonimus skrjabini*（Chen，1959）Chen，1963

同物异名：斯氏并殖吸虫（*Paragonimus skrjabini* Chen，1959）；四川并殖吸虫（*Paragonimus szechuanensis* Chung et T'sao，1962）。

宿主与寄生部位：犬、猫。肺。

地理分布：重庆、福建、广东、广西、贵州、河南、湖北、湖南、江西、陕西、四川、云南、浙江。

37.3 并殖属 *Paragonimus* Braun，1899

37.3.1 扁囊并殖吸虫 *Paragonimus asymmetricus* Chen，1977

宿主与寄生部位：犬。肺。

地理分布：安徽、福建、广东。

37.3.2 歧囊并殖吸虫 *Paragonimus divergens* Liu，Luo，Gu，*et al.*，1980

宿主与寄生部位：犬。肺。

地理分布：四川。

37.3.3 福建并殖吸虫 *Paragonimus fukienensis* Tang et Tang，1962

宿主与寄生部位：兔。肺。

地理分布：福建。

37.3.4 异盘并殖吸虫 *Paragonimus heterotremus* Chen et Hsia，1964

宿主与寄生部位：犬。肺。

地理分布：云南。

37.3.5 会同并殖吸虫 *Paragonimus hueitungensis* Chung，Ho，Tsao，*et al.*，1975

宿主与寄生部位：犬、猫。肺。

地理分布：湖南。

37.3.6 怡乐村并殖吸虫 *Paragonimus iloktsuenensis* Chen，1940

宿主与寄生部位：猪、犬。肺。

地理分布：广东、河北、辽宁、上海、台湾、天津。

37.3.7 巨睾并殖吸虫 *Paragonimus macrorchis* Chen，1962

宿主与寄生部位：猫。肺。

地理分布：福建。

37.3.8 勐腊并殖吸虫 *Paragonimus menglaensis* Chung，Ho，Cheng，*et al.*，1964

宿主与寄生部位：犬、猫。肺。

地理分布：云南。

37.3.9 小睾并殖吸虫 *Paragonimus microrchis* Hsia，Chou et Chung，1978

宿主与寄生部位：犬、猫。肺。

地理分布：云南。

37.3.10 闽清并殖吸虫 *Paragonimus mingingensis* Li et Cheng，1983

宿主与寄生部位：猫。肺。

地理分布：福建。

37.3.11 大平并殖吸虫 *Paragonimus ohirai* Miyazaki，1939

同物异名：太平并殖吸虫。

宿主与寄生部位：猪、犬、猫。肺。

地理分布：广东、河北、辽宁、上海、台湾、天津。

37.3.12 沈氏并殖吸虫 *Paragonimus sheni* Shan，Lin，Li，*et al.*，2009

宿主与寄生部位：犬。肺（原文未记载具体寄生部位）。

地理分布：福建。

37.3.13 团山并殖吸虫 *Paragonimus tuanshanensis* Chung，Ho，Cheng，*et al.*，1964

宿主与寄生部位：犬。肺。

地理分布：云南。

37.3.14 卫氏并殖吸虫 *Paragonimus westermani*（Kerbert，1878）Braun，1899

宿主与寄生部位：猪、犬、猫。肺。

地理分布：安徽、重庆、福建、河北、黑龙江、湖北、湖南、吉林、江苏、江西、辽宁、上海、四川、台湾、天津、新疆、云南、浙江。

37.3.15 伊春卫氏并殖吸虫 *Paragonimus westermani ichunensis* Chung，Hsu et Kao，1978

宿主与寄生部位：犬、猫。肺。

地理分布：黑龙江。

37.3.16 云南并殖吸虫 *Paragonimus yunnanensis* Ho，Chung，Zhen，*et al.*，1959

宿主与寄生部位：猪。肺。

地理分布：云南。

38 斜睾科 Plagiorchiidae Lühe，1901

38.1 斜睾属 *Plagiorchis* Lühe，1899

38.1.1 马氏斜睾吸虫 *Plagiorchis massino* Petrov et Tikhonov，1927

宿主与寄生部位：犬。小肠。

地理分布：上海。

38.1.2 鼠斜睾吸虫 *Plagiorchis muris* Tanabe，1922

宿主与寄生部位：犬。小肠。

地理分布：吉林。

39 前殖科 Prosthogonimidae Nicoll，1924

39.1 前殖属 *Prosthogonimus* Lühe，1899

39.1.1 鸭前殖吸虫 *Prosthogonimus anatinus* Markow，1903

宿主与寄生部位：鸡、鸭、鹅。法氏囊、输卵管。

地理分布：安徽、重庆、福建、广东、广西、贵州、海南、河南、湖南、江苏、江西、宁夏、四川、台湾、新疆、云南、浙江。

39.1.2　布氏前殖吸虫　*Prosthogonimus brauni* Skrjabin，1919

　　宿主与寄生部位：鸡、鸭。法氏囊、输卵管。

　　地理分布：江西、浙江。

39.1.3　广州前殖吸虫　*Prosthogonimus cantonensis* Lin，Wang et Chen，1988

　　同物异名：广东前殖吸虫。

　　宿主与寄生部位：鸭。法氏囊。

　　地理分布：广东。

39.1.4　楔形前殖吸虫　*Prosthogonimus cuneatus* Braun，1901

　　宿主与寄生部位：鸡、鸭、鹅。法氏囊、输卵管、直肠。

　　地理分布：安徽、重庆、福建、甘肃、广东、广西、贵州、海南、河北、河南、黑龙江、湖北、湖南、江苏、江西、辽宁、陕西、四川、台湾、天津、新疆、云南、浙江。

39.1.5　窦氏前殖吸虫　*Prosthogonimus dogieli* Skrjabin，1916

　　宿主与寄生部位：鸡。法氏囊、输卵管。

　　地理分布：广东、四川、台湾。

39.1.6　鸡前殖吸虫　*Prosthogonimus gracilis* Skrjabin et Baskakov，1941

　　宿主与寄生部位：鸡。法氏囊。

　　地理分布：江西。

39.1.7　霍鲁前殖吸虫　*Prosthogonimus horiuchii* Morishita et Tsuchimochi，1925

　　同物异名：掘内前殖吸虫。

　　宿主与寄生部位：鸡、鸭。法氏囊。

　　地理分布：广东、江西、浙江。

39.1.8　印度前殖吸虫　*Prosthogonimus indicus* Srivastava，1938

　　宿主与寄生部位：鸭。法氏囊。

　　地理分布：广东。

39.1.9　日本前殖吸虫　*Prosthogonimus japonicus* Braun，1901

　　宿主与寄生部位：鸡、鸭、鹅。法氏囊、输卵管。

　　地理分布：北京、重庆、广东、湖南、江苏、江西、辽宁、陕西、四川、台湾、浙江。

39.1.10　卡氏前殖吸虫　*Prosthogonimus karausiaki* Layman，1926

　　宿主与寄生部位：鸭、鹅。法氏囊、输卵管、泄殖腔。

　　地理分布：浙江、广东。

39.1.11　李氏前殖吸虫　*Prosthogonimus leei* Hsu，1935

　　宿主与寄生部位：鸭。输卵管。

　　地理分布：浙江。

39.1.12　巨腹盘前殖吸虫　*Prosthogonimus macroacetabulus* Chauhan，1940

　　宿主与寄生部位：鸡。输卵管。

　　地理分布：四川。

39.1.13　巨睾前殖吸虫　*Prosthogonimus macrorchis* Macy，1934

　　宿主与寄生部位：鸡。法氏囊、输卵管。

地理分布：广东、江苏。

39.1.14 宁波前殖吸虫 *Prosthogonimus ninboensis* Zhang，Pan，Yang，*et al.*，1988
宿主与寄生部位：鸭。法氏囊、输卵管（原文未记载具体寄生部位）。
地理分布：浙江。

39.1.15 东方前殖吸虫 *Prosthogonimus orientalis* Yamaguti，1933
宿主与寄生部位：鸭。法氏囊。
地理分布：广东、江西。

39.1.16 卵圆前殖吸虫 *Prosthogonimus ovatus* Lühe，1899
宿主与寄生部位：鸡、鸭、鹅。法氏囊、输卵管。
地理分布：安徽、重庆、福建、广东、贵州、湖北、湖南、江苏、江西、辽宁、四川、台湾、新疆。

39.1.17 透明前殖吸虫 *Prosthogonimus pellucidus* Braun，1901
宿主与寄生部位：鸡、鸭、鹅。法氏囊、输卵管、直肠。
地理分布：安徽、重庆、福建、广东、广西、贵州、河北、河南、黑龙江、湖北、湖南、江苏、江西、山东、陕西、上海、四川、天津、云南、浙江。

39.1.18 鲁氏前殖吸虫 *Prosthogonimus rudolphii* Skrjabin，1919
宿主与寄生部位：鸡、鸭。法氏囊、输卵管、直肠。
地理分布：安徽、重庆、福建、广东、广西、江苏、陕西、四川、新疆、云南、浙江。

39.1.19 中华前殖吸虫 *Prosthogonimus sinensis* Ku，1941
宿主与寄生部位：鸡、鸭。输卵管、泄殖腔。
地理分布：浙江、广东。

39.1.20 斯氏前殖吸虫 *Prosthogonimus skrjabini* Zakharov，1920
宿主与寄生部位：鸡、鸭。法氏囊、输卵管。
地理分布：广东、海南、江西、浙江。

39.1.21 稀宫前殖吸虫 *Prosthogonimus spaniometraus* Zhang，Pan，Yang，*et al.*，1988
宿主与寄生部位：鸭。法氏囊、输卵管（原文未记载具体寄生部位）。
地理分布：浙江。

39.1.22 卵黄前殖吸虫 *Prosthogonimus vitellatus* Nicoll，1915
宿主与寄生部位：鸡。输卵管。
地理分布：四川。

39.2 裂睾属 *Schistogonimus* Lühe，1909

39.2.1 稀有裂睾吸虫 *Schistogonimus rarus*（Braun，1901）Lühe，1909
宿主与寄生部位：鸭。肠道、法氏囊。
地理分布：黑龙江。

V-7-14 枭形目 Strigeida La Rue，1926

40 短咽科 Brachylaimidae Joyeux et Foley，1930

40.1 短咽属 *Brachylaima* Dujardin，1843

40.1.1 普通短咽吸虫 *Brachylaima commutatum* Diesing，1858

同物异名：普通后口吸虫（*Postharmostomum commutatus*（Diesing, 1858）MacIntosh, 1934）。

　　宿主与寄生部位：鸡。盲肠。

　　地理分布：福建、江苏、台湾。

40.1.2　叶睾短咽吸虫　*Brachylaima horizawai* Osaki, 1925

　　宿主与寄生部位：鸡。盲肠。

　　地理分布：广西。

40.2　后口属　*Postharmostomum* Witenberg, 1923

40.2.1　越南后口吸虫　*Postharmostomum annamense* Railliet, 1924

　　宿主与寄生部位：鸡。盲肠。

　　地理分布：湖南、上海。

40.2.2　鸡后口吸虫　*Postharmostomum gallinum* Witenberg, 1923

　　宿主与寄生部位：鸡、鸭、鹅。盲肠。

　　地理分布：安徽、北京、重庆、福建、广东、广西、贵州、河南、湖北、湖南、江苏、山东、山西、陕西、上海、四川、台湾、浙江。

40.2.3　夏威夷后口吸虫　*Postharmostomum hawaiiensis* Guberlet, 1928

　　宿主与寄生部位：鸡。盲肠。

　　地理分布：北京、山东。

40.3　斯孔属　*Skrjabinotrema* Orloff, Erschoff et Badanin, 1934

40.3.1　羊斯孔吸虫　*Skrjabinotrema ovis* Orloff, Erschoff et Badanin, 1934

　　宿主与寄生部位：黄牛、牦牛、绵羊、山羊。小肠。

　　地理分布：重庆、甘肃、河北、江西、内蒙古、青海、陕西、四川、西藏、新疆。

41　杯叶科　Cyathocotylidae Poche, 1926

41.1　杯叶属　*Cyathocotyle* Muhling, 1896

41.1.1　盲肠杯叶吸虫　*Cyathocotyle caecumalis* Lin, Jiang, Wu, *et al.*, 2011

　　宿主与寄生部位：鸭。盲肠，少数直肠。

　　地理分布：福建。

41.1.2　崇夔杯叶吸虫　*Cyathocotyle chungkee* Tang, 1941

　　宿主与寄生部位：鸭。小肠。

　　地理分布：福建、江西。

41.1.3　纺锤杯叶吸虫　*Cyathocotyle fusa* Ishii et Matsuoka, 1935

　　宿主与寄生部位：鸡、鸭。小肠、盲肠。

　　地理分布：江苏、黑龙江、浙江。

41.1.4　印度杯叶吸虫　*Cyathocotyle indica* Mehra, 1943

　　宿主与寄生部位：鸭。小肠。

　　地理分布：江西。

41.1.5　鲁氏杯叶吸虫　*Cyathocotyle lutzi*（Faust et Tang, 1938）Tschertkova, 1959

　　宿主与寄生部位：鸡。肠道。

　　地理分布：福建。

41.1.6 东方杯叶吸虫 *Cyathocotyle orientalis* Faust，1922
宿主与寄生部位：鸡、鸭。小肠、盲肠。
地理分布：安徽、重庆、福建、广东、湖南、江苏、江西、陕西、上海、四川、
浙江。

41.1.7 普鲁氏杯叶吸虫 *Cyathocotyle prussica* Muhling，1896
宿主与寄生部位：鸭、鹅。小肠。
地理分布：江西、浙江。

41.1.8 塞氏杯叶吸虫 *Cyathocotyle szidatiana* Faust et Tang，1938
宿主与寄生部位：鸭。小肠。
地理分布：江西。

41.2 全冠属 *Holostephanus* Szidat，1936

41.2.1 库宁全冠吸虫 *Holostephanus curonensis* Szidat，1933
宿主与寄生部位：鸭。小肠。
地理分布：江西。

41.2.2 柳氏全冠吸虫 *Holostephanus lutzi* Faust et Tang，1936
宿主与寄生部位：鸡。小肠。
地理分布：福建。

41.2.3 日本全冠吸虫 *Holostephanus nipponicus* Yamaguti，1939
宿主与寄生部位：鸭。小肠、盲肠。
地理分布：江苏、江西、浙江。

41.3 前冠属 *Prosostephanus* Lutz，1935

41.3.1 英德前冠吸虫 *Prosostephanus industrius*（Tubangui，1922）Lutz，1935
同物异名：英德中冠吸虫（*Mesostephanus industrius* Lutz，1935）。
宿主与寄生部位：犬。肠道。
地理分布：江苏、上海、浙江。

42 环腔科 Cyclocoelidae（Stossich，1902）Kossack，1911

42.1 环腔属 *Cyclocoelum* Brandes，1892

42.1.1 巨睾环腔吸虫 *Cyclocoelum macrorchis* Harrah，1922
宿主与寄生部位：鸭、鹅。胸腔、气囊。
地理分布：内蒙古。

42.1.2 小口环腔吸虫 *Cyclocoelum microstomum*（Creplin，1829）Kossack，1911
宿主与寄生部位：鸭、鹅。胸腔、气囊。
地理分布：福建。

42.1.3 多变环腔吸虫 *Cyclocoelum mutabile* Zeder，1800
宿主与寄生部位：鸭。鼻腔、气囊、胸腔。
地理分布：福建、广东、江西。

42.1.4 伪小口环腔吸虫 *Cyclocoelum pseudomicrostomum* Harrah，1922
宿主与寄生部位：鸭。胸腔。
地理分布：福建。

42.2 平体属 *Hyptiasmus* Kossack，1911

同物异名：下隙属。

42.2.1 成都平体吸虫 *Hyptiasmus chenduensis* Zhang，Chen，Yang，*et al.*，1985
宿主与寄生部位：鸭、鹅。鼻腔、鼻窦。
地理分布：重庆、四川。

42.2.2 光滑平体吸虫 *Hyptiasmus laevigatus* Kossack，1911
宿主与寄生部位：鸭、鹅。鼻腔、鼻窦。
地理分布：云南、浙江。

42.2.3 四川平体吸虫 *Hyptiasmus sichuanensis* Zhang，Chen，Yang，*et al.*，1985
宿主与寄生部位：鸭、鹅。鼻腔。
地理分布：安徽、重庆、四川。

42.2.4 谢氏平体吸虫 *Hyptiasmus theodori* Witenberg，1928
宿主与寄生部位：鸭、鹅。鼻腔、鼻窦。
地理分布：重庆、宁夏、四川、云南、浙江。

42.3 噬眼属 *Ophthalmophagus* Stossich，1902

42.3.1 马氏噬眼吸虫 *Ophthalmophagus magalhaesi* Travassos，1921
宿主与寄生部位：鸭、鹅。鼻腔、鼻泪管、额窦。
地理分布：安徽、重庆、福建、广东、宁夏、四川、云南、浙江。

42.3.2 鼻噬眼吸虫 *Ophthalmophagus nasicola* Witenberg，1923
宿主与寄生部位：鸭、鹅。鼻腔、鼻窦、额窦。
地理分布：重庆、四川、云南。

42.4 前平体属 *Prohyptiasmus* Witenberg，1923

同物异名：原背属，原下隙属。

42.4.1 强壮前平体吸虫 *Prohyptiasmus robustus*（Stossich，1902）Witenberg，1923
宿主与寄生部位：鸭、鹅。鼻腔。
地理分布：广西、贵州、四川、云南。

42.5 斯兹达属 *Szidatitrema* Yamaguti，1971

42.5.1 中国斯兹达吸虫 *Szidatitrema sinica* Zhang，Yang et Li，1987
宿主与寄生部位：鹅。鼻腔。
地理分布：四川。

42.6 连腺属 *Uvitellina* Witenberg，1926

42.6.1 伪连腺吸虫 *Uvitellina pseudocotylea* Witenberg，1923
宿主与寄生部位：鸭、鹅。肠道。
地理分布：内蒙古。

43 双穴科 Diplostomatidae Poirier，1886

43.1 翼状属 *Alaria* Schrand，1788

43.1.1 有翼翼状吸虫 *Alaria alata* Goeze，1782
宿主与寄生部位：犬、猫。小肠。
地理分布：北京、黑龙江、湖南、吉林、江西、内蒙古。

43.2 咽口属 *Pharyngostomum* Ciurea, 1922

43.2.1 心形咽口吸虫 *Pharyngostomum cordatum* (Diesing, 1850) Ciurea, 1922

同物异名: *Hemislomum cordatum* Diesing, 1850。

宿主与寄生部位: 犬、猫。小肠、咽。

地理分布: 安徽、重庆、福建、贵州、江苏、江西、上海、四川、浙江。

44 彩蚴科 *Leucochlorididae* Dollfus, 1934

44.1 彩蚴属 *Leucochloridium* Carus, 1835

44.1.1 鸟彩蚴吸虫 *Leucochloridium muscularae* Wu, 1938

同物异名: 多肌彩蚴吸虫。

宿主与寄生部位: 鸭、鹅。肠道。

地理分布: 内蒙古。

45 分体科 *Schistosomatidae* Poche, 1907

45.1 枝毕属 *Dendritobilharzia* Skrjabin et Zakharow, 1920

45.1.1 鸭枝毕吸虫 *Dendritobilharzia anatinarum* Cheatum, 1941

宿主与寄生部位: 鸭。门静脉。

地理分布: 江西。

45.2 东毕属 *Orientobilharzia* Dutt et Srivastava, 1955

45.2.1 彭氏东毕吸虫 *Orientobilharzia bomfordi* (Montgomery, 1906) Dutt et Srivastava, 1955

宿主与寄生部位: 黄牛、绵羊、山羊。肠系膜静脉、门静脉。

地理分布: 重庆、甘肃、贵州、吉林、内蒙古、宁夏、青海、陕西、四川、西藏、新疆。

45.2.2 土耳其斯坦东毕吸虫 *Orientobilharzia turkestanica* (Skrjabin, 1913) Dutt et Srivastavaa, 1955

同物异名: 程氏东毕吸虫 (*Orientobilharzia cheni* Hsu et Yang, 1957)。

宿主与寄生部位: 骆驼、马、驴、骡、黄牛、水牛、绵羊、山羊、猪、猫、兔。门静脉、肠系膜静脉。

地理分布: 重庆、福建、甘肃、广东、广西、贵州、河北、黑龙江、湖北、湖南、吉林、江苏、江西、辽宁、内蒙古、宁夏、青海、山西、陕西、四川、西藏、新疆、云南、浙江。

45.3 分体属 *Schistosoma* Weinland, 1858

45.3.1 牛分体吸虫 *Schistosoma bovis* Sonsino, 1876

同物异名: 牛血吸虫。

宿主与寄生部位: 黄牛、水牛。门静脉、肠系膜静脉。

地理分布: 云南。

45.3.2 日本分体吸虫 *Schistosoma japonicum* Katsurada, 1904

同物异名: 日本血吸虫。

宿主与寄生部位: 马、驴、黄牛、水牛、奶牛、绵羊、山羊、猪、犬、猫、兔。门静脉、肠系膜静脉。

地理分布: 安徽、重庆、福建、广东、广西、湖北、湖南、江苏、江西、上海、四川、台湾、云南、浙江。

45.4　毛毕属　*Trichobilharzia* Skrjabin et Zakharow，1920

45.4.1　集安毛毕吸虫　*Trichobilharzia jianensis* Liu，Chen，Jin，*et al.*，1977

　　宿主与寄生部位：鸭。门静脉、肠系膜静脉。

　　地理分布：江苏、吉林、陕西、浙江。

45.4.2　眼点毛毕吸虫　*Trichobilharzia ocellata*（La Valette，1855）Brumpt，1931

　　宿主与寄生部位：鸭。门静脉、肠系膜静脉。

　　地理分布：福建、黑龙江。

45.4.3　包氏毛毕吸虫　*Trichobilharzia paoi*（K'ung，Wang et Chen，1960）Tang et
　　　　 Tang，1962

　　宿主与寄生部位：鸭、鹅。门静脉、肠系膜静脉。

　　地理分布：重庆、福建、广东、广西、黑龙江、湖南、吉林、江苏、江西、四川、新
疆、浙江。

45.4.4　白眉鸭毛毕吸虫　*Trichobilharzia physellae*（Talbot，1936）Momullen et Beaver，1945

　　同物异名：瓶螺毛毕吸虫。

　　宿主与寄生部位：鸭。门静脉、肠系膜静脉。

　　地理分布：福建、黑龙江。

45.4.5　平南毛毕吸虫　*Trichobilharzia pingnana* Cai，Mo et Cai，1985

　　宿主与寄生部位：鸭。门静脉、肠系膜静脉。

　　地理分布：广西。

45.4.6　横川毛毕吸虫　*Trichobilharzia yokogawai* Oiso，1927

　　宿主与寄生部位：鸭。肠系膜静脉。

　　地理分布：台湾。

46　枭形科　Strigeidae Railliet，1919

46.1　异幻属　*Apatemon* Szidat，1928

46.1.1　圆头异幻吸虫　*Apatemon globiceps* Dubois，1937

　　宿主与寄生部位：鸡、鸭。小肠。

　　地理分布：重庆、广东、广西、四川。

46.1.2　优美异幻吸虫　*Apatemon gracilis*（Rudolphi，1819）Szidat，1928

　　宿主与寄生部位：鸡、鸭、鹅。小肠。

　　地理分布：安徽、重庆、福建、广东、广西、贵州、湖南、江苏、江西、宁夏、陕
西、四川、新疆、云南、浙江。

46.1.3　日本异幻吸虫　*Apatemon japonicus* Ishii，1934

　　宿主与寄生部位：鸭。小肠。

　　地理分布：四川。

46.1.4　小异幻吸虫　*Apatemon minor* Yamaguti，1933

　　宿主与寄生部位：鸡、鸭、鹅。小肠。

　　地理分布：安徽、重庆、广东、广西、湖南、江西、宁夏、陕西、四川、云南。

46.1.5　透明异幻吸虫　*Apatemon pellucidus* Yamaguti，1933

宿主与寄生部位：鸭。小肠。

地理分布：湖南、江西。

46.2 缺咽属 *Apharyngostrigea* Ciurea，1927

46.2.1 角状缺咽吸虫 *Apharyngostrigea cornu*（Zeder，1800）Ciurea，1927

宿主与寄生部位：鸭。小肠。

地理分布：安徽。

46.3 杯尾属 *Cotylurus* Szidat，1928

46.3.1 角杯尾吸虫 *Cotylurus cornutus*（Rudolphi，1808）Szidat，1928

宿主与寄生部位：鸡、鸭、鹅。小肠。

地理分布：安徽、重庆、福建、广东、广西、贵州、河南、湖南、江苏、江西、宁夏、陕西、四川、云南、浙江。

46.3.2 扇形杯尾吸虫 *Cotylurus flabelliformis*（Faust，1917）Van Haitsma，1931

宿主与寄生部位：鸭。肠道。

地理分布：江苏、四川。

46.3.3 日本杯尾吸虫 *Cotylurus japonicus* Ishii，1932

宿主与寄生部位：鸡、鸭、鹅。小肠。

地理分布：重庆、湖南、四川。

46.3.4 平头杯尾吸虫 *Cotylurus platycephalus* Creplin，1825

宿主与寄生部位：鸭。肠道。

地理分布：江苏。

46.4 拟枭形属 *Pseudostrigea* Yamaguti，1933

46.4.1 家鸭拟枭形吸虫 *Pseudostrigea anatis* Ku，Wu，Yen，*et al.*，1964

宿主与寄生部位：鸭。小肠。

地理分布：安徽、河南、湖北、江苏、浙江。

46.4.2 隼拟枭形吸虫 *Pseudostrigea buteonis* Yamaguti，1933

宿主与寄生部位：鸭。小肠。

地理分布：四川。

46.4.3 波阳拟枭形吸虫 *Pseudostrigea poyangensis* Wang et Zhou，1986

宿主与寄生部位：鸭。小肠。

地理分布：江西。

46.5 枭形属 *Strigea* Abildgaard，1790

46.5.1 枭形枭形吸虫 *Strigea strigis*（Schrank，1788）Abildgaard，1790

宿主与寄生部位：鸭。小肠。

地理分布：安徽。

47 盲腔科 Typhlocoelidae Harrah，1922

47.1 嗜气管属 *Tracheophilus* Skrjabin，1913

47.1.1 舟形嗜气管吸虫 *Tracheophilus cymbius*（Diesing，1850）Skrjabin，1913

同物异名：鸭嗜气管吸虫。

宿主与寄生部位：鸡、鸭、鹅。鼻腔、气管、支气管、气囊。

地理分布：安徽、重庆、福建、广东、广西、贵州、河南、湖北、湖南、吉林、江苏、江西、宁夏、陕西、四川、台湾、天津、新疆、云南、浙江。

47.1.2　肝嗜气管吸虫　*Tracheophilus hepaticus* Sugimoto，1919

宿主与寄生部位：鸭。胆囊。

地理分布：台湾。

47.1.3　西氏嗜气管吸虫　*Tracheophilus sisowi* Skrjabin，1913

宿主与寄生部位：鸡、鸭、鹅。气管、支气管。

地理分布：安徽、贵州、江苏、云南。

47.2　盲腔属　*Typhlocoelum* Stossich，1902

47.2.1　胡瓜形盲腔吸虫 *Typhlocoelum cucumerinum*（Rudolphi，1809）Stossich，1902

宿主与寄生部位：鸭。气管、支气管。

地理分布：广东、台湾。

VI　线形动物门　Nemathelminthes Schneider，1873

VI-8　线形纲　Nematoda Rudolphi，1808

VI-8-15　蛔目　Ascarididea Yamaguti，1961

48　蛔虫科　Ascarididae Blanchard，1849

同物异名：Ascarididae（Baird，1853），Ascaridae（Cobbold，1862），Askaridae（Schneidemuehl，1896）。

48.1　蛔属　*Ascaris* Linnaeus，1758

48.1.1　似蚓蛔虫　*Ascaris lumbricoides* Linnaeus，1758

宿主与寄生部位：黄牛、猪、犬。小肠。

地理分布：福建、广东、河北、湖南、上海、台湾、天津、云南、浙江。

48.1.2　羊蛔虫　*Ascaris ovis* Rudolphi，1819

宿主与寄生部位：绵羊、山羊、猪。小肠。

地理分布：福建、甘肃、河南、江西、山东、陕西、四川、台湾、云南。

48.1.3　圆形蛔虫　*Ascaris strongylina*（Rudolphi，1819）Alicata et McIntosh，1933

宿主与寄生部位：猪。小肠。

地理分布：贵州。

48.1.4　猪蛔虫　*Ascaris suum* Goeze，1782

宿主与寄生部位：猪。胃、小肠、胆囊。

地理分布：安徽、北京、重庆、福建、甘肃、广东、广西、贵州、海南、河北、河南、黑龙江、湖北、湖南、吉林、江苏、江西、辽宁、内蒙古、宁夏、青海、山东、山西、陕西、上海、四川、台湾、天津、西藏、新疆、云南、浙江。

48.2　新蛔属　*Neoascaris* Travassos，1927

48.2.1　犊新蛔虫　*Neoascaris vitulorum*（Goeze，1782）Travassos，1927

同物异名：犊弓首蛔虫（*Toxocara vitulorum* Goeze，1782）。

宿主与寄生部位：黄牛、水牛、牦牛。小肠。

地理分布：安徽、重庆、福建、广东、广西、贵州、河北、河南、黑龙江、湖北、湖南、江苏、江西、辽宁、内蒙古、青海、山东、陕西、四川、台湾、天津、新疆、云南、浙江。

48.3 副蛔属 *Parascaris* Yorke et Maplestone，1926

48.3.1 马副蛔虫 *Parascaris equorum*（Goeze，1782）Yorke and Maplestone，1926

宿主与寄生部位：马、驴。胃、小肠。

地理分布：安徽、北京、重庆、福建、甘肃、广西、贵州、河北、河南、黑龙江、湖北、湖南、吉林、江苏、江西、辽宁、内蒙古、宁夏、青海、山东、山西、陕西、上海、四川、台湾、天津、新疆、云南。

48.4 弓蛔属 *Toxascaris* Leiper，1907

48.4.1 狮弓蛔虫 *Toxascaris leonina*（Linstow，1902）Leiper，1907

宿主与寄生部位：犬、猫。胃、小肠。

地理分布：安徽、北京、重庆、福建、甘肃、广东、广西、贵州、河北、黑龙江、吉林、江苏、江西、宁夏、上海、四川、台湾、天津、新疆、云南。

49 禽蛔科 Ascaridiidae Skrjabin et Mosgovoy，1953

49.1 禽蛔属 *Ascaridia* Dujardin，1845

49.1.1 鸭禽蛔虫 *Ascaridia anatis* Chen，1990

宿主与寄生部位：鸭。小肠。

地理分布：广东。

49.1.2 鹅禽蛔虫 *Ascaridia anseris* Schwartz，1925

宿主与寄生部位：鹅。小肠。

地理分布：安徽、广东。

49.1.3 鸽禽蛔虫 *Ascaridia columbae*（Gmelin，1790）Travassos，1913

宿主与寄生部位：鸡。小肠。

地理分布：安徽、福建、甘肃、广东、广西、江苏、江西、台湾、云南。

49.1.4 鸡禽蛔虫 *Ascaridia galli*（Schrank，1788）Freeborn，1923

宿主与寄生部位：鸡、鸭、鹅。小肠、盲肠。

地理分布：安徽、北京、重庆、福建、甘肃、广东、广西、贵州、海南、河北、河南、黑龙江、湖北、湖南、吉林、江苏、江西、辽宁、内蒙古、宁夏、青海、山东、山西、陕西、上海、四川、台湾、天津、西藏、新疆、云南、浙江。

50 弓首科 Toxocaridae Hartwich，1954

50.1 弓首属 *Toxocara* Stiles，1905

50.1.1 犬弓首蛔虫 *Toxocara canis*（Werner，1782）Stiles，1905

宿主与寄生部位：犬、猫。胃、小肠。

地理分布：安徽、北京、重庆、福建、甘肃、广东、广西、贵州、海南、河北、河南、黑龙江、湖北、湖南、吉林、江苏、江西、辽宁、内蒙古、宁夏、山东、陕西、上海、四川、台湾、天津、西藏、新疆、云南、浙江。

50.1.2 猫弓首蛔虫 *Toxocara cati* Schrank，1788

同物异名：上唇弓首蛔虫（*Toxocara mystax* Zeder，1800）。

宿主与寄生部位：猫。胃、小肠。

地理分布：安徽、北京、重庆、福建、甘肃、广东、广西、贵州、河北、河南、黑龙江、湖南、江苏、江西、陕西、上海、四川、台湾、天津、新疆、云南、浙江。

VI-8-16　膨结目　Dioctophymidea Yamaguti，1961

51　膨结科　Dioctophymidae Railliet，1915

51.1　膨结属　*Dioctophyma* Collet-Meygret，1802

51.1.1　肾膨结线虫　*Dioctophyma renale*（Goeze，1782）Stiles，1901

宿主与寄生部位：马、牛、猪、犬、猫。胸腔、肺、心包膜、腹腔、肾盂、子宫、卵巢、膀胱。

地理分布：贵州、河南、黑龙江、吉林、江苏、四川、新疆、浙江。

51.2　胃瘤属　*Eustrongylides* Jagerskiold，1909

51.2.1　切形胃瘤线虫　*Eustrongylides excisus* Jagerskiold，1909

宿主与寄生部位：鸡、鸭。腺胃。

地理分布：湖南、云南、浙江。

51.2.2　切形胃瘤线虫厦门变种　*Eustrongylides excisus* var. *amoyensis* Hoeppli，Hsu et Wu，1929

宿主与寄生部位：鸭。腺胃壁。

地理分布：福建、湖南、浙江。

51.2.3　秋沙胃瘤线虫　*Eustrongylides mergorum* Rudolphi，1809

宿主与寄生部位：鸭。腺胃。

地理分布：贵州、四川、云南。

51.3　棘首属　*Hystrichis* Dujardin，1845

51.3.1　三色棘首线虫　*Hystrichis tricolor* Dujardin，1845

宿主与寄生部位：鸡、鸭。嗉囊、腺胃。

地理分布；安徽、台湾、云南。

VI-8-17　丝虫目　Filariidea Yamaguti，1961

52　双瓣线科　Dipetalonematidae Wehr，1935

52.1　布鲁氏属　*Brugia* Buckley，1960

52.1.1　马来布鲁氏线虫　*Brugia malayi*（Brug，1927）Buckley，1960

宿主与寄生部位：犬、猫。淋巴系统。

地理分布：湖南。

52.2　双瓣属　*Dipetalonema* Diesing，1861

同物异名：盖头属。

52.2.1　伊氏双瓣线虫　*Dipetalonema evansi* Lewis，1882

宿主与寄生部位：骆驼。肺动脉、右心房、肠系膜淋巴结。

地理分布：内蒙古、宁夏。

52.3　恶丝属　*Dirofilaria* Railliet et Henry，1911

52.3.1　犬恶丝虫　*Dirofilaria immitis*（Leidy，1856）Railliet et Henry，1911

同物异名：粗丝虫（*Filaria immitis* Leidy，1856）。

宿主与寄生部位：马、犬、猫。心、肺、肝、气管。

地理分布：安徽、北京、重庆、福建、甘肃、广东、广西、贵州、河北、黑龙江、湖北、湖南、吉林、江苏、江西、辽宁、内蒙古、山东、山西、陕西、上海、四川、台湾、天津、新疆、云南、浙江。

52.3.2 匐形恶丝虫 *Dirofilaria repens* Railliet et Henry，1911

宿主与寄生部位：犬。皮下结缔组织。

地理分布：黑龙江。

52.4 小筛属 *Micipsella* Seurat，1921

52.4.1 努米小筛线虫 *Micipsella numidica*（Seurat，1917）Seurat，1921

宿主与寄生部位：兔。腹腔。

地理分布：宁夏。

52.5 浆膜丝属 *Serofilaria* Wu et Yun，1979

52.5.1 猪浆膜丝虫 *Serofilaria suis* Wu et Yun，1979

宿主与寄生部位：猪。心外膜、肝、胆囊、膈肌、胃、子宫、肋膈膜、腹膜、肺动脉基部等外浆膜淋巴管内。

地理分布：安徽、北京、重庆、福建、广西、河南、湖北、湖南、江苏、江西、山东、陕西、四川、浙江。

52.6 辛格属 *Singhfilaria* Anderson et Prestwood，1969

52.6.1 海氏辛格丝虫 *Singhfilaria hayesi* Anderson et Prestwood，1969

宿主与寄生部位：鸡。食道和嗉囊区皮下组织。

地理分布：重庆、广东、海南、四川、云南。

52.6.2 云南辛格丝虫 *Singhfilaria yinnansis* Xei，Huang，Li，*et al.*，1993

宿主与寄生部位：鸡。食道、嗉囊、气管周围皮下组织。

地理分布：云南。

53 丝虫科 Filariidae Claus，1885

53.1 丝虫属 *Filaria* Mueller，1787

53.1.1 谢氏丝虫 *Filaria seguini*（Mathis et Leger，1909）Neveu-Lemaire，1912

宿主与寄生部位：鸡。血液。

地理分布：台湾。

53.2 副丝属 *Parafilaria* Yorke et Maplestone，1926

53.2.1 牛副丝虫 *Parafilaria bovicola* Tubangui，1934

宿主与寄生部位：黄牛、水牛。皮下结缔组织。

地理分布：安徽、福建、甘肃、广西、河北、河南、湖北、湖南、江苏、江西、山东、天津。

53.2.2 多乳突副丝虫 *Parafilaria mltipapillosa*（Condamine et Drouilly，1878）Yorke et
Maplestone，1926

宿主与寄生部位：马、驴、骡。鬐甲、颈、背腹部的皮下组织及肌间结缔组织。

地理分布：安徽、福建、甘肃、贵州、河北、河南、黑龙江、湖北、湖南、吉林、江苏、辽宁、内蒙古、青海、山东、天津、新疆、云南。

54　蟠尾科　Onchoceridae Chaband et Anderson，1959

54.1　油脂属　*Elaeophora* Railliet et Henry，1912

54.1.1　零陵油脂线虫　*Elaeophora linglingense* Cheng，1982

宿主与寄生部位：黄牛。主动脉弓内壁。

地理分布：广东、广西、海南、湖南。

54.1.2　布氏油脂线虫　*Elaeophora poeli* Vryburg，1897

宿主与寄生部位：牛。主动脉弓内壁。

地理分布：广东、山东。

54.2　蟠尾属　*Onchocerca* Diesing，1841

同物异名：盘尾属（*Oncocerca* Creplin，1864）。

54.2.1　圈形蟠尾线虫　*Onchocerca armillata* Railliet et Henry，1909

宿主与寄生部位：黄牛、水牛、牦牛。胸主动脉内膜。

地理分布：重庆、广西、湖北、湖南、江苏、宁夏、山东、上海、四川、云南、浙江。

54.2.2　颈蟠尾线虫　*Onchocerca cervicalis* Railliet et Henry，1910

宿主与寄生部位：马、驴、骡。项韧带、鬐甲、肌腱、肌肉。

地理分布：吉林、江苏、青海、新疆。

54.2.3　福丝蟠尾线虫　*Onchocerca fasciata* Railliet et Henry，1910

宿主与寄生部位：骆驼。皮下组织和肌腱、颈部韧带。

地理分布：内蒙古、甘肃。

54.2.4　吉氏蟠尾线虫　*Onchocerca gibsoni* Cleland et Johnston，1910

宿主与寄生部位：黄牛、水牛。肌腱、韧带、肌肉。

地理分布：江苏、浙江。

54.2.5　喉瘤蟠尾线虫　*Onchocerca gutturosa* Neumann，1910

宿主与寄生部位：黄牛。项韧带内侧。

地理分布：湖南。

54.2.6　网状蟠尾线虫　*Onchocerca reticulata* Diesing，1841

宿主与寄生部位：骆驼、马、驴。屈肌腱、前肢球节、悬韧带。

地理分布：内蒙古、新疆。

55　丝状科　Setariidae Skrjabin et Schikhobalowa，1945

55.1　丝状属　*Setaria* Viborg，1795

55.1.1　贝氏丝状线虫　*Setaria bernardi* Railliet et Henry，1911

宿主与寄生部位：猪。腹腔。

地理分布：安徽、福建、广西、贵州、江西、四川、台湾、云南。

55.1.2　牛丝状线虫　*Setaria bovis* Klenin，1940

宿主与寄生部位：牛。腹腔。

地理分布：贵州、河南、湖南、江苏、江西、陕西。

55.1.3　盲肠丝状线虫　*Setaria caelum* Linstow，1904

宿主与寄生部位：黄牛、羊。腹腔。

地理分布：重庆、河南、黑龙江、吉林、江苏、山东、陕西、四川。

55.1.4　鹿丝状线虫　*Setaria cervi* Rudolphi，1819

宿主与寄生部位：牛、羊。腹腔。

地理分布：福建、河北、河南、江苏、山东、四川、天津、新疆。

55.1.5　刚果丝状线虫　*Setaria congolensis* Railliet et Henry，1911

宿主与寄生部位：猪。腹腔。

地理分布：云南。

55.1.6　指形丝状线虫　*Setaria digitata* Linstow，1906

宿主与寄生部位：黄牛、水牛、牦牛。腹腔。幼虫于马脊髓、脑、眼前房及羊的脊髓、脑。

地理分布：安徽、重庆、福建、甘肃、广东、广西、贵州、河北、河南、黑龙江、湖北、湖南、吉林、江苏、江西、辽宁、山东、陕西、四川、台湾、天津、新疆、云南、浙江。

55.1.7　马丝状线虫　*Setaria equina*（Abildgaard，1789）Viborg，1795

宿主与寄生部位：马、驴、骡。腹腔、胸腔。

地理分布：安徽、重庆、福建、甘肃、广西、贵州、河北、河南、黑龙江、湖北、湖南、吉林、江苏、江西、辽宁、内蒙古、宁夏、青海、山西、陕西、四川、台湾、天津、新疆、云南。

55.1.8　叶氏丝状线虫　*Setaria erschovi* Wu，Yen et Shen，1959

宿主与寄生部位：黄牛。腹腔。

地理分布：辽宁。

55.1.9　唇乳突丝状线虫　*Setaria labiatopapillosa* Alessandrini，1838

宿主与寄生部位：水牛、绵羊，偶见于马、驴、骡、黄牛、牦牛。腹腔。

地理分布：安徽、重庆、甘肃、广东、广西、贵州、海南、河北、河南、黑龙江、湖北、湖南、吉林、江苏、江西、辽宁、内蒙古、宁夏、山东、山西、陕西、上海、四川、台湾、天津、新疆、云南、浙江。

55.1.10　黎氏丝状线虫　*Setaria leichungwingi* Chen，1937

宿主与寄生部位：水牛。腹腔。

地理分布：广东、广西、湖南、江西。

55.1.11　马歇尔丝状线虫　*Setaria marshalli* Boulenger，1921

宿主与寄生部位：马、牛、羊。腹腔。

地理分布：广西、黑龙江、湖南、吉林、江苏。

VI-8-18　尖尾目　Oxyuridea Weinland，1858

56　异刺科　Heterakidae Railliet et Henry，1912

56.1　同刺属　*Ganguleterakis* Lane，1914

56.1.1　短刺同刺线虫　*Ganguleterakis brevispiculum* Gendre，1911

宿主与寄生部位：鸡、鸭。盲肠。

地理分布：黑龙江、湖南、吉林。

56.1.2　异形同刺线虫　*Ganguleterakis dispar*（Schrank，1790）Dujardin，1845

同物异名：异形异刺线虫（*Heterakis dispar* Schrank，1790）。

宿主与寄生部位：鸡、鸭、鹅。肠道。

地理分布：安徽、重庆、福建、广东、贵州、黑龙江、江苏、江西、宁夏、四川、台湾、新疆、浙江。

56.2　异刺属　*Heterakis* Dujardin，1845

56.2.1　贝拉异刺线虫　*Heterakis beramporia* Lane，1914

宿主与寄生部位：鸡、鸭、鹅。盲肠。

地理分布：重庆、福建、甘肃、广东、广西、贵州、湖北、江苏、江西、宁夏、陕西、四川、台湾、云南、浙江。

56.2.2　鸟异刺线虫　*Heterakis bonasae* Cram，1927

宿主与寄生部位：鸡。盲肠。

地理分布：江苏。

56.2.3　短尾异刺线虫　*Heterakis caudebrevis* Popova，1949

宿主与寄生部位：鸡。盲肠。

地理分布：湖南、江苏、宁夏、新疆。

56.2.4　鸡异刺线虫　*Heterakis gallinarum*（Schrank，1788）Freeborn，1923

宿主与寄生部位：鸡、鸭、鹅。结肠、盲肠。

地理分布：安徽、北京、重庆、福建、甘肃、广东、广西、贵州、河北、河南、黑龙江、湖北、湖南、吉林、江苏、江西、辽宁、内蒙古、宁夏、青海、山东、山西、陕西、上海、四川、台湾、天津、新疆、云南、浙江。

56.2.5　合肥异刺线虫　*Heterakis hefeiensis* Lu，Li et Liao，1989

宿主与寄生部位：鸡。盲肠。

地理分布：安徽。

56.2.6　印度异刺线虫　*Heterakis indica* Maplestone，1932

宿主与寄生部位：鸡、鸭。盲肠。

地理分布：安徽、重庆、广西、贵州、河南、湖南、江苏、辽宁、陕西、四川、云南、浙江。

56.2.7　岭南异刺线虫 *Heterakis lingnanensis* Li，1933

宿主与寄生部位：鸡。肠道。

地理分布：湖南、江苏。

56.2.8　火鸡异刺线虫　*Heterakis meleagris* Hsü，1957

宿主与寄生部位：鸡。盲肠。

地理分布：安徽、广东、湖南。

56.2.9　巴氏异刺线虫　*Heterakis parisi* Blanc，1913

宿主与寄生部位：鸡、鹅。盲肠。

地理分布：广东、浙江。

56.2.10　小异刺线虫　*Heterakis parva* Maplestone，1931

同物异名：玲珑异刺线虫。

宿主与寄生部位：鸡。盲肠。

地理分布：江苏、山东、陕西。

56.2.11　满陀异刺线虫　*Heterakis putaustralis* Lane，1914

同物异名：南方异刺线虫。

宿主与寄生部位：鸡、鹅。盲肠。

地理分布：重庆、贵州、湖北、宁夏、四川。

56.2.12　颜氏异刺线虫　*Heterakis yani* Hsu，1960

宿主与寄生部位：鸡、鸭。盲肠。

地理分布：河南、江苏、宁夏。

57　尖尾科　Oxyuridae Cobbold，1864

57.1　尖尾属　*Oxyuris* Rudolphi，1803

57.1.1　马尖尾线虫　*Oxyuris equi*（Schrank，1788）Rudolphi，1803

同物异名：马蛲虫。

宿主与寄生部位：马、驴、骡。大肠。

地理分布：安徽、重庆、福建、甘肃、广西、贵州、河北、河南、黑龙江、湖北、湖南、吉林、江苏、江西、辽宁、内蒙古、宁夏、青海、山东、山西、陕西、四川、台湾、天津、西藏、新疆、云南。

57.2　栓尾属　*Passalurus* Dujadin，1845

57.2.1　疑似栓尾线虫　*Passalurus ambiguus* Rudolphi，1819

同物异名：兔栓尾线虫，兔蛲虫，兔盲肠虫。

宿主与寄生部位：兔。结肠、盲肠。

地理分布：重庆、福建、甘肃、贵州、河北、河南、黑龙江、湖北、湖南、江苏、辽宁、内蒙古、宁夏、山东、陕西、四川、天津、云南、浙江。

57.2.2　不等刺栓尾线虫　*Passalurus assimilis* Wu，1933

同物异名：似栓尾线虫。

宿主与寄生部位：兔。盲肠。

地理分布：重庆、河南、江苏、宁夏、四川、浙江。

57.2.3　无环栓尾线虫　*Passalurus nonannulatus* Skinker，1931

宿主与寄生部位：兔。结肠、盲肠。

地理分布：宁夏。

57.3　普氏属　*Probstmayria* Ransom，1907

57.3.1　胎生普氏线虫　*Probstmayria vivipara*（Probstmayr，1865）Ransom，1907

宿主与寄生部位：马、驴、骡。结肠、盲肠、直肠。

地理分布：重庆、福建、贵州、吉林、江苏、内蒙古、山东、陕西、四川、新疆、云南。

57.4　斯氏属　*Skrjabinema* Wereschtchagin，1926

57.4.1　绵羊斯氏线虫　*Skrjabinema ovis*（Skrjabin，1915）Wereschtchagin，1926

宿主与寄生部位：黄牛、牛、绵羊、山羊。大肠。

地理分布：安徽、重庆、福建、甘肃、广西、贵州、河南、黑龙江、湖北、吉林、江苏、江西、辽宁、内蒙古、宁夏、青海、山东、山西、陕西、四川、西藏、新疆、云南、浙江。

57.5　管状属　*Syphacia* Seurat，1916

57.5.1　隐匿管状线虫　*Syphacia obvelata*（Rudolphi，1802）Seurat，1916

同物异名：鼠管状线虫。

宿主与寄生部位：猫、小肠。

地理分布：北京。

VI-8-19　嗜子宫目　Philometridea Yamaguti，1961

58　龙线科　Dracunculidae Leiper，1912

58.1　鸟龙属　*Avioserpens* Wehr et Chitwood，1934

同物异名：鸟蛇属。

58.1.1　四川鸟龙线虫　*Avioserpens sichuanensis* Li，*et al.*，1964

宿主与寄生部位：鸡、鸭。腭下、颈部、腹部、腿部等处皮下结缔组织。

地理分布：重庆、四川。

58.1.2　台湾鸟龙线虫　*Avioserpens taiwana* Sugimoto，1934

宿主与寄生部位：鸭。皮下组织。

地理分布：安徽、重庆、福建、广东、广西、贵州、江苏、江西、四川、台湾、云南、浙江。

58.2　龙线属　*Dracunculus* Reichard，1759

58.2.1　麦地那龙线虫　*Dracunculus medinensis* Linmaeus，1758

宿主与寄生部位：马、驴、牛、犬、猫。结缔组织、肌肉。

地理分布：安徽、北京、广东、河南、江苏。

VI-8-20　杆形目　Rhabdiasidea Railliet，1916

59　杆形科　Rhabdiasidae Railliet，1915

59.1　杆形属　*Rhabditella* Cobb，1929

59.1.1　艾氏杆形线虫　*Rhabditella axei*（Cobbold，1884）Chitwood，1933

宿主与寄生部位：兔。结肠、盲肠。

地理分布：湖南。

60　类圆科　Strongyloididae Chitwood et McIntosh，1934

60.1　类圆属　*Strongyloides* Grassi，1879

60.1.1　鸡类圆线虫　*Strongyloides avium* Cram，1929

宿主与寄生部位：鸡。小肠、盲肠。

地理分布：广东、江苏、浙江。

60.1.2　福氏类圆线虫　*Strongyloides fuelleborni* von Linstow，1905

宿主与寄生部位：犬。小肠。

地理分布：台湾、广西。

60.1.3　乳突类圆线虫　*Strongyloides papillosus*（Wedl，1856）Ransom，1911

宿主与寄生部位：骆驼、黄牛、水牛、牦牛、绵羊、山羊、猪、兔。小肠黏膜内。

地理分布：安徽、北京、重庆、福建、甘肃、广东、广西、贵州、河北、河南、黑龙江、湖北、湖南、江苏、江西、内蒙古、宁夏、青海、山东、山西、陕西、上海、四川、

94

台湾、天津、新疆、云南、浙江。

60.1.4　兰氏类圆线虫　*Strongyloides ransomi* Schwartz et Alicata，1930

　　宿主与寄生部位：猪。小肠黏膜内。

　　地理分布：安徽、北京、重庆、福建、广西、贵州、河北、河南、黑龙江、湖北、湖南、吉林、江苏、江西、辽宁、四川、天津、浙江。

60.1.5　粪类圆线虫　*Strongyloides stercoralis*（Bavay，1876）Stiles et Hassall，1902

　　同物异名：肠类圆线虫（*Strongyloides intestinalis*（Bavay，1876）Grassi，1879）。

　　宿主与寄生部位：猪、犬、猫。小肠。

　　地理分布：安徽、福建、甘肃、广东、广西、海南、河北、湖北、湖南、江苏、上海、四川、台湾、天津、浙江。

60.1.6　猪类圆线虫　*Strongyloides suis*（Lutz，1894）Linstow，1905

　　宿主与寄生部位：猪、犬。小肠黏膜内。

　　地理分布：福建、甘肃、江苏、江西、台湾、云南、浙江。

60.1.7　韦氏类圆线虫　*Strongyloides westeri* Ihle，1917

　　宿主与寄生部位：马、驴、骡、山羊。十二指肠黏膜内。

　　地理分布：北京、福建、河北、黑龙江、江苏、新疆。

VI-8-21　旋尾目　Spiruridea Diesing，1861

61　锐形科　Acuariidae Seurat，1913

　　同物异名：华首科。

61.1　锐形属　Acuaria Bremser，1811

　　同物异名：旋唇属（*Cheilospirura* Diesing，1861）。

61.1.1　鸡锐形线虫　*Acuaria gallinae* Hsu，1959

　　宿主与寄生部位：鸡。腺胃、肌胃。

　　地理分布：贵州、山东。

61.1.2　钩状锐形线虫　*Acuaria hamulosa* Diesing，1851

　　宿主与寄生部位：鸡、鸭。肌胃角质膜。

　　地理分布：安徽、北京、重庆、福建、甘肃、广东、广西、贵州、河北、河南、黑龙江、湖北、湖南、吉林、江苏、江西、辽宁、宁夏、青海、山东、山西、陕西、上海、四川、台湾、天津、云南、浙江。

61.1.3　旋锐形线虫　*Acuaria spiralis*（Molin，1858）Railliet，Henry et Sisott，1912

　　宿主与寄生部位：鸡。腺胃、嗉囊。

　　地理分布：福建、河北、江苏、辽宁、宁夏、山东、四川、天津、新疆。

61.2　咽饰带属　Dispharynx Railliet，Henry et Sisoff，1912

　　同物异名：分咽属。

61.2.1　长鼻咽饰带线虫　*Dispharynx nasuta*（Rudolphi，1819）Railliet，Henry et Sisoff，1912

　　同物异名：鸡咽饰带线虫（*Dispharynx galli* Hsu，1959），螺旋咽饰带线虫（*Dispharynx spiralis* Molin，1858）。

　　宿主与寄生部位：鸡。食道、嗉囊、腺胃、肌胃、小肠。

　　地理分布：安徽、北京、重庆、福建、甘肃、广东、广西、贵州、海南、河南、黑龙江、湖北、湖南、吉林、江苏、江西、辽宁、内蒙古、宁夏、山东、山西、陕西、上海、四川、台湾、天津、新疆、云南、浙江。

61.3 棘结属 *Echinuria* Soboviev，1912

61.3.1 钩状棘结线虫 *Echinuria uncinata*（Rudolphi，1819）Soboview，1912

宿主与寄生部位：鸡、鸭、鹅。腺胃。

地理分布：安徽、福建、甘肃、广东、海南、黑龙江、吉林、江苏、宁夏、台湾、云南。

61.4 副柔属 *Parabronema* Baylis，1921

61.4.1 斯氏副柔线虫 *Parabronema skrjabini* Rassowska，1924

宿主与寄生部位：骆驼、黄牛、绵羊、山羊。皱胃、小肠、盲肠。

地理分布：北京、甘肃、河南、内蒙古、宁夏、山东、山西、陕西、西藏、新疆、云南。

61.5 副锐形属 *Paracuria* Rao，1951

61.5.1 台湾副锐形线虫 *Paracuria formosensis* Sugimoto，1930

宿主与寄生部位：鸭。肌胃角质膜。

地理分布：福建、广西、台湾。

61.6 裂弧饰属 *Schistogendra* Chabaud et Rousselot，1956

61.6.1 寡乳突裂弧饰线虫 *Schistogendra oligopapillata* Zhang et An，2002

宿主与寄生部位：鸭。肌胃。

地理分布：江苏。

61.7 束首属 *Streptocara* Railliet，Henry et Sisoff，1912

同物异名：扭头属。

61.7.1 厚尾束首线虫 *Streptocara crassicauda* Creplin，1829

宿主与寄生部位：鸡、鸭。肌胃角质膜。

地理分布：安徽、重庆、福建、广东、广西、贵州、海南、湖南、江苏、江西、四川、台湾、新疆、浙江。

61.7.2 梯状束首线虫 *Streptocara pectinifera* Neumann，1900

宿主与寄生部位：鸡、鸭。肌胃角质膜。

地理分布：安徽、福建、江苏、云南。

62 颚口科 Gnathostomidae Railliet，1895

62.1 颚口属 *Gnathostoma* Owen，1836

62.1.1 陶氏颚口线虫 *Gnathostoma doloresi* Tubangui，1925

宿主与寄生部位：猪。胃。

地理分布：重庆、福建、广东、广西、湖南、四川、台湾、云南。

62.1.2 刚刺颚口线虫 *Gnathostoma hispidum* Fedtchenko，1872

宿主与寄生部位：猪，偶见于牛。胃。

地理分布：安徽、重庆、福建、广东、广西、贵州、河北、河南、湖北、湖南、湖南、江苏、江西、山东、上海、四川、台湾、新疆、云南、浙江。

62.1.3 棘颚口线虫 *Gnathostoma spinigerum* Owen，1836

宿主与寄生部位：猪、犬、猫。食道、胃。

地理分布：北京、福建、广东、河北、湖北、湖南、江苏、江西、上海、四川、台湾、天津、新疆、浙江。

63　筒线科　Gongylonematidae Sobolev，1949

63.1　筒线属　*Gongylonema* Molin，1857

63.1.1　嗉囊筒线虫　*Gongylonema ingluvicola* Ransom，1904

宿主与寄生部位：鸡、鸭。嗉囊、食道。

地理分布：安徽、福建、广东、广西、海南、河南、江苏、四川、台湾、云南。

63.1.2　新成筒线虫　*Gongylonema neoplasticum* Fibiger et Ditlevsen，1914

宿主与寄生部位：兔。口腔、食道、胃。

地理分布：福建、四川、台湾。

63.1.3　美丽筒线虫　*Gongylonema pulchrum* Molin，1857

宿主与寄生部位：黄牛、水牛、牦牛、犏牛、绵羊、山羊、猪，偶见于骆驼、马、驴、骡、犬、兔。食道黏膜。

地理分布：北京、重庆、甘肃、广西、海南、河北、河南、湖北、湖南、吉林、江苏、江西、辽宁、内蒙古、宁夏、青海、山东、山西、陕西、四川、天津、西藏、新疆、云南、浙江。

63.1.4　多瘤筒线虫　*Gongylonema verrucosum* Giles，1892

宿主与寄生部位：黄牛、牦牛、绵羊、山羊。瘤胃。

地理分布：甘肃、河南、台湾、西藏、新疆。

64　柔线科　Habronematidae Ivaschkin，1961

64.1　德拉斯属　*Drascheia* Chitwood et Wehr，1934

64.1.1　大口德拉斯线虫　*Drascheia megastoma* Rudolphi，1819

宿主与寄生部位：马、驴、骡。胃黏膜（幼虫在伤口内）。

地理分布：安徽、北京、福建、甘肃、广西、贵州、河南、黑龙江、湖北、湖南、吉林、江苏、辽宁、山东、山西、陕西、四川、台湾、新疆、云南。

64.2　柔线属　*Habronema* Diesing，1861

64.2.1　小口柔线虫　*Habronema microstoma* Schneider，1866

宿主与寄生部位：马、驴、骡。胃、胃黏膜。

地理分布：安徽、北京、重庆、福建、甘肃、广西、贵州、河南、黑龙江、湖南、吉林、江苏、内蒙古、山东、山西、陕西、四川、台湾、新疆、云南。

64.2.2　蝇柔线虫　*Habronema muscae* Carter，1861

宿主与寄生部位：马、驴、骡。胃黏膜（幼虫在伤口内）

地理分布：安徽、北京、重庆、福建、甘肃、广西、贵州、河南、黑龙江、湖北、湖南、吉林、江苏、辽宁、内蒙古、山东、山西、陕西、四川、台湾、西藏、新疆、云南。

65　泡翼科　Physalopteridae（Railliet，1893）Leiper，1908

65.1　泡翼属　*Physaloptera* Rudolphi，1819

65.1.1　普拉泡翼线虫　*Physaloptera praeputialis* Linstow，1889

宿主与寄生部位：犬、猫。胃、肠道。

地理分布：安徽、福建、贵州、河北、河南、黑龙江、江西、上海、四川、浙江。

66　奇口科　Rictulariidae Railliet，1916

66.1　奇口属　*Rictularia* Froelich，1802

66.1.1　长沙奇口线虫　*Rictularia changshaensis* Cheng，1990

宿主与寄生部位：猫。胃。

地理分布：湖南。

67　旋尾科　Spiruridae Oerley，1885

67.1　蛔状属　*Ascarops* Beneden，1873

同物异名：螺咽属。

67.1.1　有齿蛔状线虫　*Ascarops dentata* Linstow，1904

宿主与寄生部位：山羊、猪、猫。胃、小肠。

地理分布：安徽、重庆、福建、广东、广西、贵州、海南、河北、河南、湖北、湖南、江苏、江西、宁夏、青海、山西、陕西、上海、四川、天津、云南、浙江。

67.1.2　圆形蛔状线虫　*Ascarops strongylina* Rudolphi，1819

宿主与寄生部位：猪，偶见于驴、牛、羊、兔。胃、小肠。

地理分布：安徽、重庆、福建、甘肃、广东、广西、贵州、海南、河北、河南、黑龙江、湖北、湖南、吉林、江苏、江西、辽宁、内蒙古、宁夏、青海、山东、山西、陕西、四川、台湾、天津、西藏、新疆、云南、浙江。

67.2　泡首属　*Physocephalus* Diesing，1861

67.2.1　六翼泡首线虫　*Physocephalus sexalatus* Molin，1860

宿主与寄生部位：马、驴、骡、猪。胃。

地理分布：安徽、重庆、福建、甘肃、广东、广西、贵州、海南、河北、河南、黑龙江、湖北、湖南、吉林、江苏、江西、辽宁、内蒙古、青海、山东、山西、陕西、四川、台湾、天津、新疆、云南、浙江。

67.3　西蒙属　*Simondsia* Cobbold，1864

67.3.1　奇异西蒙线虫　*Simondsia paradoxa* Cobbold，1864

宿主与寄生部位：驴、猪。胃。

地理分布：甘肃、广西、湖北、江苏、江西、陕西、上海、台湾、云南。

67.4　旋尾属　*Spirocerca* Railliet et Henry，1911

67.4.1　狼旋尾线虫　*Spirocerca lupi*（Rudolphi，1809）Railliet et Henry，1911

同物异名：血红旋尾线虫（*Spirocerca sanguinolenta* Rudolphi，1809）。

宿主与寄生部位：犬，偶见于驴、山羊、猪。食道、胃。

地理分布：北京、福建、甘肃、广东、广西、贵州、河北、河南、河南、湖北、湖南、江苏、江西、辽宁、陕西、上海、四川、台湾、天津、新疆、云南、浙江。

68　四棱科　Tetrameridae Travassos，1924

68.1　四棱属　*Tetrameres* Creplin，1846

68.1.1　美洲四棱线虫　*Tetrameres americana* Cram，1927

宿主与寄生部位：鸡、鸭。腺胃。

地理分布：重庆、广东、广西、海南、河南、江苏。

68.1.2 克氏四棱线虫 *Tetrameres crami* Swales，1933

宿主与寄生部位：鸡、鸭。腺胃。

地理分布：广西、湖南、宁夏。

68.1.3 分棘四棱线虫 *Tetrameres fissispina* Diesing，1861

宿主与寄生部位：鸡、鸭、鹅。腺胃。

地理分布：安徽、重庆、福建、甘肃、广东、广西、贵州、海南、河南、湖北、湖南、江苏、江西、宁夏、青海、陕西、上海、四川、台湾、新疆、云南、浙江。

68.1.4 黑根四棱线虫 *Tetrameres hagenbecki* Travassos et Vogelsang，1930

宿主与寄生部位：鸡、鸭。腺胃。

地理分布：北京、广西、江苏、天津、云南。

68.1.5 莱氏四棱线虫 *Tetrameres ryjikovi* Chuan，1961

宿主与寄生部位：鸡、鸭、鹅。腺胃。

地理分布：黑龙江。

69 吸吮科 Thelaziidae Railliet，1916

69.1 尖旋属 *Oxyspirura* Drasche，1897

69.1.1 孟氏尖旋线虫 *Oxyspirura mansoni* （Cobbold，1879）Ransom，1904

宿主与寄生部位：鸡、鸭。眼结膜。

地理分布：福建、广东、广西、海南、台湾、云南。

69.2 吸吮属 *Thelazia* Bose，1819

69.2.1 短刺吸吮线虫 *Thelazia brevispiculum* Yang et Wei，1957

宿主与寄生部位：黄牛。第三眼睑、结膜囊内。

地理分布：甘肃、陕西。

69.2.2 丽幼吸吮线虫 *Thelazia callipaeda* Railliet et Henry，1910

同物异名：结膜吸吮线虫，*Filaria circumocularis* （Ward，1918）。

宿主与寄生部位：马、犬、猫。眼结膜囊、泪管。

地理分布：安徽、北京、重庆、福建、贵州、河北、河南、湖北、湖南、江苏、辽宁、山东、四川、浙江。

69.2.3 棒状吸吮线虫 *Thelazia ferulata* Wu，Yen，Shen，*et al.*，1965

宿主与寄生部位：黄牛、水牛。第三眼睑、结膜囊。

地理分布：安徽、广西、河南、山东、陕西。

69.2.4 大口吸吮线虫 *Thelazia gulosa* Railliet et Henry，1910

宿主与寄生部位：黄牛、水牛、牦牛。第三眼睑、结膜囊。

地理分布：甘肃、广东、贵州、河南、湖南、辽宁、内蒙古、陕西、浙江。

69.2.5 许氏吸吮线虫 *Thelazia hsui* Yang et Wei，1957

宿主与寄生部位：黄牛。第三眼睑。

地理分布：甘肃、河南、山东、陕西。

69.2.6 甘肃吸吮线虫 *Thelazia kansuensis* Yang et Wei，1957

宿主与寄生部位：黄牛、水牛。眼结膜囊、第三眼睑。

地理分布：安徽、甘肃、河北、河南、湖北、江苏、陕西、上海、天津、云南、浙江。

69.2.7　泪管吸吮线虫　*Thelazia lacrymalis* Gurlt，1831

宿主与寄生部位：马、驴、骡、黄牛、牛。泪管、眼结膜囊、第三眼睑。

地理分布：福建、甘肃、贵州、河南、黑龙江、吉林、陕西、西藏、新疆。

69.2.8　乳突吸吮线虫　*Thelazia papillosa* Molin，1860

宿主与寄生部位：黄牛。眼结膜囊。

地理分布：江苏。

69.2.9　罗氏吸吮线虫　*Thelazia rhodesi* Desmarest，1827

宿主与寄生部位：马、黄牛、水牛、绵羊、山羊。第三眼睑、结膜囊、泪管。

地理分布：安徽、重庆、福建、甘肃、广东、广西、贵州、河北、河南、黑龙江、湖北、湖南、吉林、江苏、江西、辽宁、内蒙古、宁夏、山东、陕西、上海、四川、台湾、天津、西藏、新疆、云南、浙江。

69.2.10　斯氏吸吮线虫　*Thelazia skrjabini* Erschow，1928

宿主与寄生部位：黄牛、水牛。眼结膜囊。

地理分布：广东。

VI-8-22　圆形目　Strongylidea Diesing，1851

70　裂口科　Amidostomatidae Baylis et Daubney，1926

70.1　裂口属　Amidostomum Railliet et Henry，1909

70.1.1　锐形裂口线虫　*Amidostomum acutum*（Lundahl，1848）Seurat，1918

宿主与寄生部位：鸭。肌胃角质膜。

地理分布：安徽、重庆、福建、广东、广西、湖南、江苏、江西、四川、台湾、浙江。

70.1.2　小鸭裂口线虫　*Amidostomum anatinum* Sugimoto，1928

宿主与寄生部位：鸭。肌胃角质膜下。

地理分布：台湾。

70.1.3　鹅裂口线虫　*Amidostomum anseris* Zeder，1800

宿主与寄生部位：鸡、鸭、鹅。肌胃角质层。

地理分布：安徽、重庆、福建、甘肃、广东、广西、贵州、海南、河南、黑龙江、湖北、湖南、江苏、江西、内蒙古、山东、四川、新疆、云南、浙江。

70.1.4　鸭裂口线虫　*Amidostomum boschadis* Petrow et Fedjuschin，1949

宿主与寄生部位：鸭、鹅。肌胃。

地理分布：福建、贵州、江苏、内蒙古、宁夏、陕西、四川、浙江。

70.1.5　斯氏裂口线虫　*Amidostomum skrjabini* Boulenger，1926

宿主与寄生部位：鸭。肌胃角质膜下。

地理分布：河北、江苏、台湾。

70.2　瓣口属　Epomidiostomum Skrjabin，1915

70.2.1　鸭瓣口线虫　*Epomidiostomum anatinum* Skrjabin，1915

宿主与寄生部位：鸡、鸭、鹅。肌胃角质膜。

地理分布：安徽、重庆、福建、广东、贵州、湖北、湖南、江苏、山东、陕西、四川、台湾、云南、浙江。

70.2.2 砂囊瓣口线虫 *Epomidiostomum petalum* Yen et Wu，1959

宿主与寄生部位：鸭。肌胃角质膜。

地理分布：安徽、重庆、福建、甘肃、广西、贵州、湖南、内蒙古、陕西。

70.2.3 斯氏瓣口线虫 *Epomidiostomum skrjabini* Petrow，1926

宿主与寄生部位：鸭。肌胃角质膜下。

地理分布：河北、山东。

70.2.4 钩刺瓣口线虫 *Epomidiostomum uncinatum*（Lundahl，1848）Seurat，1918

宿主与寄生部位：鸭、鹅。肌胃角质膜。

地理分布：福建、广西、陕西、四川、台湾。

70.2.5 中卫瓣口线虫 *Epomidiostomum zhongweiense* Li，Zhou et Li，1987

宿主与寄生部位：鸭。肌胃。

地理分布：宁夏。

71 钩口科 Ancylostomatidae Looss，1905

71.1 钩口属 *Ancylostoma* Dubini，1843

71.1.1 巴西钩口线虫 *Ancylostoma braziliense* Gómez de Faria，1910

宿主与寄生部位：犬、猫。小肠。

地理分布：安徽、北京、重庆、福建、甘肃、广东、贵州、江西、四川、台湾。

71.1.2 犬钩口线虫 *Ancylostoma caninum*（Ercolani，1859）Hall，1913

宿主与寄生部位：猪、犬、猫。小肠。

地理分布：安徽、北京、重庆、福建、甘肃、广东、广西、贵州、海南、河北、河南、黑龙江、湖北、湖南、吉林、江苏、江西、辽宁、宁夏、山东、陕西、上海、四川、台湾、天津、西藏、新疆、云南、浙江。

71.1.3 锡兰钩口线虫 *Ancylostoma ceylanicum* Looss，1911

宿主与寄生部位：犬、猫。小肠。

地理分布：重庆、福建、贵州、江苏、四川、台湾、云南、浙江。

71.1.4 十二指肠钩口线虫 *Ancylostoma duodenale*（Dubini，1843）Creplin，1845

宿主与寄生部位：猪、犬。小肠。

地理分布：安徽、北京、重庆、福建、甘肃、广东、广西、海南、河北、河南、黑龙江、湖北、湖南、吉林、江苏、江西、辽宁、宁夏、山东、山西、陕西、上海、四川、台湾、天津、云南、浙江。

71.1.5 管形钩口线虫 *Ancylostoma tubaeforme*（Zeder，1800）Creplin，1845

宿主与寄生部位：猫。小肠。

地理分布：贵州、黑龙江。

71.2 仰口属 *Bunostomum* Railliet，1902

71.2.1 牛仰口线虫 *Bunostomum phlebotomum*（Railliet，1900）Railliet，1902

宿主与寄生部位：黄牛、水牛、奶牛、牦牛、绵羊、山羊。小肠、大肠。

地理分布：安徽、北京、重庆、福建、甘肃、广东、广西、贵州、河北、河南、黑龙江、湖北、湖南、吉林、江苏、江西、内蒙古、宁夏、青海、山东、山西、陕西、四川、台湾、天津、西藏、新疆、云南、浙江。

71.2.2　羊仰口线虫　*Bunostomum trigonocephalum*（Rudolphi，1808）Railliet，1902
　　　　宿主与寄生部位：黄牛、水牛、牦牛、绵羊、山羊。小肠、大肠。
　　　　地理分布：安徽、北京、重庆、福建、甘肃、广东、广西、贵州、海南、河北、河南、黑龙江、湖北、湖南、吉林、江苏、江西、辽宁、内蒙古、宁夏、青海、山东、山西、陕西、上海、四川、台湾、天津、西藏、新疆、云南、浙江。

71.3　盖吉尔属　*Gaigeria* **Railliet et Henry，1910**

71.3.1　厚瘤盖吉尔线虫　*Gaigeria pachyscelis* Railliet et Henry，1910
　　　　宿主与寄生部位：绵羊、山羊。小肠。
　　　　地理分布：甘肃、贵州、新疆。

71.4　球首属　*Globocephalus* **Molin，1861**

71.4.1　康氏球首线虫　*Globocephalus connorfilii* Alessandrini，1909
　　　　宿主与寄生部位：猪。小肠。
　　　　地理分布：重庆、湖北、吉林、四川、云南。

71.4.2　长钩球首线虫　*Globocephalus longemucronatus* Molin，1861
　　　　宿主与寄生部位：猪。小肠。
　　　　地理分布：广东、广西、海南、湖南、江西。

71.4.3　沙姆球首线虫　*Globocephalus samoensis* Lane，1922
　　　　宿主与寄生部位：猪。小肠。
　　　　地理分布：重庆、福建、上海、四川。

71.4.4　四川球首线虫　*Globocephalus sichuanensis* Wu et Ma，1984
　　　　宿主与寄生部位：猪。小肠。
　　　　地理分布：四川。

71.4.5　锥尾球首线虫　*Globocephalus urosubulatus* Alessandrini，1909
　　　　宿主与寄生部位：猪。小肠。
　　　　地理分布：安徽、重庆、福建、广东、广西、海南、河南、湖南、江苏、四川、云南、浙江。

71.5　板口属　*Necator* **Stiles，1903**

71.5.1　美洲板口线虫　*Necator americanus*（Stiles，1902）Stiles，1903
　　　　宿主与寄生部位：犬。十二指肠。
　　　　地理分布：安徽、重庆、甘肃、湖南、四川。

71.5.2　猪板口线虫　*Necator suillus* Ackert et Payne，1922
　　　　宿主与寄生部位：猪。小肠。
　　　　地理分布：甘肃。

71.6　钩刺属　*Uncinaria* **Fröhlich，1789**

　　　　同物异名：弯口属。

71.6.1　沙蒙钩刺线虫　*Uncinaria samoensis* Lane，1922
　　　　宿主与寄生部位：猪。小肠。
　　　　地理分布：福建、广东、广西、上海、四川、云南。

71.6.2　狭头钩刺线虫　*Uncinaria stenocphala*（Railliet，1884）Railliet，1885

宿主与寄生部位：猪、犬、猫。小肠，偶见于大肠。

地理分布：安徽、重庆、福建、甘肃、广东、贵州、吉林、四川、新疆、云南。

72　夏柏特科　Chabertidae Lichtenfels，1980

72.1　旷口属　*Agriostomum* Railliet，1902

72.1.1　弗氏旷口线虫　*Agriostomum vryburgi* Railliet，1902

宿主与寄生部位：牛、羊。小肠。

地理分布：重庆、福建、甘肃、贵州、湖北、湖南、江苏、宁夏、陕西、四川、云南。

72.2　鲍吉属　*Bourgelatia* Railliet，Henry et Bauche，1919

72.2.1　双管鲍吉线虫　*Bourgelatia diducta* Railliet，Henry et Bauche，1919

宿主与寄生部位：猪、兔。结肠、盲肠。

地理分布：安徽、重庆、福建、广东、广西、贵州、海南、河南、湖北、湖南、江苏、四川、云南、浙江。

72.3　夏柏特属　*Chabertia* Railliet et Henry，1909

72.3.1　牛夏柏特线虫　*Chabertia bovis* Chen，1956

宿主与寄生部位：牦牛、犏牛。结肠。

地理分布：甘肃。

72.3.2　叶氏夏柏特线虫　*Chabertia erschowi* Hsiung et K'ung，1956

宿主与寄生部位：骆驼、黄牛、水牛、牦牛、绵羊、山羊。结肠、盲肠。

地理分布：重庆、甘肃、广西、贵州、河北、河南、江苏、江西、内蒙古、宁夏、青海、山西、陕西、上海、四川、天津、西藏、新疆、云南。

72.3.3　羊夏柏特线虫　*Chabertia ovina*（Fabricius，1788）Raillet et Henry，1909

宿主与寄生部位：骆驼、黄牛、水牛、牦牛、犏牛、绵羊、山羊。结肠、盲肠。

地理分布：安徽、重庆、福建、甘肃、贵州、河北、河南、黑龙江、湖南、吉林、江苏、江西、辽宁、内蒙古、宁夏、青海、山西、陕西、上海、四川、台湾、天津、西藏、新疆、云南、浙江。

72.3.4　陕西夏柏特线虫　*Chabertia shanxiensis* Zhang，1985

宿主与寄生部位：黄牛、牦牛。大肠。

地理分布：青海、陕西。

72.4　食道口属　*Oesophagostomum* Molin，1861

同物异名：结节虫属。

72.4.1　尖尾食道口线虫　*Oesophagostomum aculeatum* Linstow，1879

宿主与寄生部位：羊。大肠。

地理分布：河北、江苏、上海、天津。

72.4.2　粗纹食道口线虫　*Oesophagostomum asperum* Railliet et Henry，1913

宿主与寄生部位：黄牛、水牛、牦牛、绵羊、山羊。结肠、盲肠。

地理分布：安徽、北京、重庆、福建、甘肃、广东、广西、贵州、海南、河北、河南、黑龙江、湖北、湖南、吉林、江苏、江西、辽宁、内蒙古、宁夏、青海、山西、陕西、上海、四川、天津、西藏、新疆、云南、浙江。

72.4.3　短尾食道口线虫　*Oesophagostomum brevicaudum* Schwartz et Alicata，1930
　　宿主与寄生部位：猪。大肠。
　　地理分布：重庆、甘肃、广东、贵州、海南、河南、湖北、湖南、江西、辽宁、四川、浙江。

72.4.4　哥伦比亚食道口线虫　*Oesophagostomum columbianum*（Curtice，1890）Stossich，1899
　　宿主与寄生部位：黄牛、水牛、牦牛、绵羊、山羊。结肠、盲肠。
　　地理分布：安徽、北京、重庆、福建、甘肃、广东、广西、贵州、海南、河北、河南、黑龙江、湖北、湖南、吉林、江苏、江西、辽宁、内蒙古、宁夏、青海、山西、陕西、上海、四川、台湾、天津、西藏、新疆、云南、浙江。

72.4.5　有齿食道口线虫　*Oesophagostomum dentatum*（Rudolphi，1803）Molin，1861
　　宿主与寄生部位：猪。大肠。
　　地理分布：安徽、北京、重庆、福建、甘肃、广东、广西、贵州、河北、河南、黑龙江、湖北、湖南、吉林、江苏、江西、辽宁、内蒙古、宁夏、青海、山西、陕西、上海、四川、天津、云南、浙江。

72.4.6　佐治亚食道口线虫　*Oesophagostomum georgianum* Schwarty et Alicata，1930
　　宿主与寄生部位：猪。大肠。
　　地理分布：福建、甘肃、贵州、江苏、江西。

72.4.7　湖北食道口线虫　*Oesophagostomum hupensis* Jiang，Zhang et K'ung，1979
　　宿主与寄生部位：绵羊、山羊。大肠。
　　地理分布：重庆、广西、湖北、四川、云南。

72.4.8　甘肃食道口线虫　*Oesophagostomum kansuensis* Hsiung et K'ung，1955
　　宿主与寄生部位：黄牛、牦牛、绵羊、山羊。大肠。
　　地理分布：安徽、重庆、甘肃、贵州、海南、河南、湖南、江西、宁夏、青海、山西、四川、西藏、新疆、云南、浙江。

72.4.9　长尾食道口线虫　*Oesophagostomum longicaudum* Goodey，1925
　　宿主与寄生部位：猪。大肠。
　　地理分布：安徽、北京、重庆、福建、甘肃、广东、广西、贵州、河南、黑龙江、湖北、湖南、吉林、江苏、江西、辽宁、内蒙古、宁夏、山西、陕西、四川、新疆、云南、浙江。

72.4.10　辐射食道口线虫　*Oesophagostomum radiatum*（Rudolphi，1803）Railliet，1898
　　宿主与寄生部位：黄牛、水牛、牦牛、绵羊、山羊。结肠、盲肠。
　　地理分布：安徽、北京、重庆、福建、甘肃、广东、广西、贵州、河北、河南、黑龙江、湖北、湖南、吉林、江苏、江西、辽宁、内蒙古、宁夏、青海、陕西、上海、四川、台湾、天津、西藏、新疆、云南、浙江。

72.4.11　粗食道口线虫　*Oesophagostomum robustus* Popov，1927
　　宿主与寄生部位：马。大肠。
　　地理分布：重庆、贵州。

104

72.4.12 新疆食道口线虫 *Oesophagostomum sinkiangensis* Hu，1990

宿主与寄生部位：绵羊。大肠。

地理分布：新疆。

72.4.13 微管食道口线虫 *Oesophagostomum venulosum* Rudolphi，1809

宿主与寄生部位：骆驼、牛、绵羊、山羊。大肠。

地理分布：重庆、福建、甘肃、广东、广西、贵州、河北、河南、吉林、江苏、江西、内蒙古、宁夏、山西、陕西、上海、四川、台湾、天津、西藏、云南、浙江。

72.4.14 华氏食道口线虫 *Oesophagostomum watanabei* Yamaguti，1961

宿主与寄生部位：猪。大肠。

地理分布：安徽、重庆、福建、广东、广西、海南、河南、湖北、四川、云南、浙江。

73 盅口科 Cyathostomidae Yamaguti，1961

同物异名：毛线科（Trichonematidae Witenberg，1925）。

73.1 马线虫属 *Caballonema* Abuladze，1937

同物异名：中华圆形属（*Sinostrongylus* Hsiung et Chao，1949）。

73.1.1 长囊马线虫 *Caballonema longicapsulatum* Abuladze，1937

同物异名：长伞中华圆形线虫（*Sinostrongylus longibursatus* Hsiung et Chao，1949）。

宿主与寄生部位：马。大肠。

地理分布：安徽、重庆、广西、黑龙江、江苏、内蒙古、山东、山西、陕西、新疆。

73.2 冠环属 *Coronocyclus* Hartwich，1986

73.2.1 冠状冠环线虫 *Coronocyclus coronatus*（Looss，1900）Hartwich，1986

同物异名：冠状盅口线虫（*Cyathostomum coronatum* Looss，1900）。

宿主与寄生部位：马、驴、骡。结肠、盲肠。

地理分布：安徽、北京、重庆、福建、甘肃、广西、贵州、河南、黑龙江、吉林、江苏、内蒙古、宁夏、青海、陕西、四川、西藏、新疆、云南。

73.2.2 大唇片冠环线虫 *Coronocyclus labiatus*（Looss，1902）Hartwich，1986

同物异名：唇片盅口线虫（*Cyathostomum labiatum*（Looss，1902）McIntosh，1933）。

宿主与寄生部位：马、驴、骡。结肠、盲肠。

地理分布：安徽、北京、重庆、甘肃、广西、贵州、河南、黑龙江、吉林、江苏、内蒙古、宁夏、青海、山西、陕西、四川、西藏、新疆、云南。

73.2.3 大唇片冠环线虫指形变种 *Coronocyclus labiatus* var. *digititatus*（Ihle，1921）Hartwich，1986

同物异名：唇片盅口线虫指形变种（*Cyathostomum labiatum* var. *digititatum*（Ihle，1921）McIntosh，1933）。

宿主与寄生部位：驴。结肠。

地理分布：北京、江苏、山西。

73.2.4 小唇片冠环线虫 *Coronocyclus labratus*（Looss，1902）Hartwich，1986

同物异名：小唇片盅口线虫（*Cyathostomum labratum* Looss，1900）。

宿主与寄生部位：马、驴、骡。结肠、盲肠。

地理分布：安徽、北京、重庆、甘肃、广西、贵州、河南、黑龙江、吉林、江苏、内蒙古、宁夏、青海、山西、陕西、四川、西藏、新疆、云南。

73.2.5　箭状冠环线虫 *Coronocyclus sagittatus*（Kotlán，1920）Hartwich，1986

同物异名：矢状盅口线虫（*Cyathostomum sagittatum*（Kotlán，1920）McIntosh，1951）。

宿主与寄生部位：马、驴、骡。结肠、盲肠。

地理分布：重庆、甘肃、贵州、黑龙江、吉林、内蒙古、宁夏、青海、陕西、四川、新疆。

73.3　盅口属　*Cyathostomum*（Molin，1861）Hartwich，1986

73.3.1　卡提盅口线虫 *Cyathostomum catinatum* Looss，1900

同物异名：碗状盅口线虫。

宿主与寄生部位：马、驴、骡。结肠、盲肠。

地理分布：安徽、福建、甘肃、广西、贵州、河南、黑龙江、吉林、江苏、内蒙古、宁夏、青海、山西、陕西、四川、西藏、新疆、云南。

73.3.2　卡提盅口线虫伪卡提变种　*Cyathostomum catinatum* var. *pseudocatinatum* Yorke et Macfie，1919

宿主与寄生部位：马、驴、骡。结肠、盲肠。

地理分布：北京、江苏。

73.3.3　华丽盅口线虫　*Cyathostomum ornatum* Kotlán，1919

宿主与寄生部位：马、驴、骡。结肠、盲肠。

地理分布：甘肃、宁夏、新疆。

73.3.4　碟状盅口线虫　*Cyathostomum pateratum*（Yorke et Macfie，1919）K'ung，1964

同物异名：圆饰盅口线虫，碟状环口线虫（*Cylicostomum pateratum* Yorke and Macfie，1919），碟状双冠线虫，碟状环齿线虫（*Cylicodontophorus pateratus*（Yorke et Macfie，1919）Erschow，1939）。

宿主与寄生部位：马、驴、骡。结肠、盲肠。

地理分布：安徽、北京、重庆、甘肃、广西、贵州、黑龙江、吉林、江苏、内蒙古、宁夏、青海、山西、陕西、四川、西藏、新疆、云南。

73.3.5　碟状盅口线虫熊氏变种　*Cyathostomum pateratum* var. *hsiungi* K'ung et Yang，1963

宿主与寄生部位：马、驴、骡。结肠、盲肠。

地理分布：重庆、黑龙江、青海、四川。

73.3.6　亚冠盅口线虫　*Cyathostomum subcoronatum* Yamaguti，1943

宿主与寄生部位：马、驴。结肠、盲肠。

地理分布：甘肃、贵州、黑龙江、吉林、四川、西藏、新疆。

73.3.7　四刺盅口线虫　*Cyathostomum tetracanthum*（Mehlis，1831）Molin，1861（sensu Looss，1900）

同物异名：四隅盅口线虫，埃及盅口线虫（*Cyathostomum aegyptiacum* Railliet，1923）。

宿主与寄生部位：马、驴、骡。结肠、盲肠。

地理分布：安徽、北京、重庆、甘肃、河南、吉林、江苏、内蒙古、宁夏、青海、山东、陕西、四川、台湾、西藏、新疆。

73.4 杯环属 *Cylicocyclus*（Ihle，1922）Erschow，1939

73.4.1 安地斯杯环线虫 *Cylicocyclus adersi*（Boulenger，1920）Erschow，1939

宿主与寄生部位：马、驴、骡。结肠、盲肠。

地理分布：重庆、甘肃、河南、江苏、内蒙古、宁夏、青海、陕西、四川、新疆、云南。

73.4.2 阿氏杯环线虫 *Cylicocyclus ashworthi*（Le Roux，1924）McIntosh，1933

宿主与寄生部位：马。结肠、盲肠。

地理分布：黑龙江、内蒙古、青海。

73.4.3 耳状杯环线虫 *Cylicocyclus auriculatus*（Looss，1900）Erschow，1939

宿主与寄生部位：马、驴、骡。结肠、盲肠。

地理分布：北京、重庆、甘肃、河北、河南、江苏、辽宁、内蒙古、宁夏、青海、山西、陕西、四川、天津、西藏、新疆、云南。

73.4.4 短囊杯环线虫 *Cylicocyclus brevicapsulatus*（Ihle，1920）Erschow，1939

宿主与寄生部位：马、驴、骡。结肠、盲肠。

地理分布：北京、重庆、甘肃、贵州、吉林、江苏、内蒙古、宁夏、青海、山东、陕西、四川、台湾、西藏、新疆、云南。

73.4.5 长形杯环线虫 *Cylicocyclus elongatus*（Looss，1900）Chaves，1930

宿主与寄生部位：马、驴、骡。结肠、盲肠。

地理分布：重庆、甘肃、广西、贵州、河南、黑龙江、吉林、江苏、内蒙古、宁夏、青海、陕西、四川、西藏、新疆、云南。

73.4.6 似辐首杯环线虫 *Cylicocyclus gyalocephaloides*（Ortlepp，1938）Popova，1952

宿主与寄生部位：马。大肠。

地理分布：新疆。

73.4.7 显形杯环线虫 *Cylicocyclus insigne*（Boulenger，1917）Chaves，1930

同物异名：隐匿杯环线虫

宿主与寄生部位：马、驴、骡。结肠、盲肠。

地理分布：北京、重庆、福建、甘肃、广西、贵州、河南、黑龙江、吉林、宁夏、青海、陕西、四川、西藏、新疆、云南。

73.4.8 细口杯环线虫 *Cylicocyclus leptostomum*（Kotlán，1920）Chaves，1930

同物异名：细口杯齿线虫（*Cylicotetrapedon leptostomum*（Kotlán，1920）K'ung，1964），细口舒毛线虫（*Schulzitrichonema leptostomum*（Kotlán，1920）Erschow，1943）。

宿主与寄生部位：马、驴、骡。结肠、盲肠。

地理分布：北京、甘肃、广西、贵州、河南、黑龙江、吉林、江苏、内蒙古、宁夏、青海、山西、陕西、四川、西藏、新疆、云南。

73.4.9 南宁杯环线虫 *Cylicocyclus nanningensis* Zhang et Zhang，1991

宿主与寄生部位：马、骡。结肠、盲肠。

地理分布：广西。

73.4.10 鼻状杯环线虫 *Cylicocyclus nassatus*（Looss，1900）Chaves，1930

宿主与寄生部位：马、驴、骡。结肠、盲肠。

地理分布：福建、甘肃、广西、贵州、河南、黑龙江、吉林、江苏、内蒙古、宁夏、青海、山西、陕西、四川、西藏、新疆。

73.4.11　鼻状杯环线虫小型变种　*Cylicocyclus nassatus* var. *parvum*（Yorke et Macfie, 1918）Chaves，1930

宿主与寄生部位：骡。结肠、盲肠。

地理分布：贵州、山西、四川。

73.4.12　锯状杯环线虫　*Cylicocyclus prionodes* Kotlán，1921

宿主与寄生部位：马。结肠、盲肠。

地理分布：青海。

73.4.13　辐射杯环线虫　*Cylicocyclus radiatus*（Looss，1900）Chaves，1930

宿主与寄生部位：马、驴、骡。结肠、盲肠。

地理分布：安徽、北京、甘肃、广西、贵州、河南、黑龙江、吉林、江苏、内蒙古、宁夏、青海、山东、山西、陕西、四川、西藏、新疆、云南。

73.4.14　天山杯环线虫　*Cylicocyclus tianshangensis* Qi，Cai et Li，1984

宿主与寄生部位：马、驴、骡。结肠、盲肠。

地理分布：重庆、宁夏、西藏、新疆。

73.4.15　三枝杯环线虫　*Cylicocyclus triramosus*（Yorke et Macfie，1920）Chaves，1930

宿主与寄生部位：马。大肠。

地理分布：陕西、新疆。

73.4.16　外射杯环线虫　*Cylicocyclus ultrajectinus*（Ihle，1920）Erschow，1939

宿主与寄生部位：马、驴、骡。结肠、盲肠。

地理分布：北京、福建、甘肃、广西、贵州、河南、黑龙江、吉林、江苏、内蒙古、宁夏、青海、陕西、四川、西藏、新疆。

73.4.17　乌鲁木齐杯环线虫　*Cylicocyclus urumuchiensis* Qi，Cai et Li，1984

宿主与寄生部位：马、驴、骡。结肠、盲肠。

地理分布：宁夏、四川、新疆。

73.4.18　志丹杯环线虫　*Cylicocyclus zhidanensis* Zhang et Li，1981

宿主与寄生部位：马、驴、骡。结肠、盲肠。

地理分布：宁夏、陕西。

73.5　环齿属　*Cylicodontophorus* Ihle，1922

同物异名：双冠属。

73.5.1　双冠环齿线虫　*Cylicodontophorus bicoronatus*（Looss，1900）Cram，1924

宿主与寄生部位：马、驴、骡。结肠、盲肠。

地理分布：北京、重庆、福建、甘肃、广西、贵州、河南、黑龙江、吉林、江苏、江西、内蒙古、宁夏、青海、山东、山西、陕西、四川、西藏、新疆、云南。

73.6　杯冠属　*Cylicostephanus* Ihle，1922

73.6.1　偏位杯冠线虫　*Cylicostephanus asymmetricus*（Theiler，1923）Cram，1925

同物异名：偏位舒毛线虫（*Schulzitrichonema asymmetricum*（Theiler，1923）Erschow，1943），不对称杯齿线虫（*Cylicotetrapedon asymmetricum* Ihle，1925）。

宿主与寄生部位：马、驴、骡。结肠、盲肠。

地理分布：甘肃、广西、黑龙江、吉林、内蒙古、宁夏、青海、陕西、四川、西藏、新疆。

73.6.2　双冠杯冠线虫　*Cylicostephanus bicoronatus* K'ung et Yang，1977

同物异名：双冠斯齿线虫（*Skrjabinodentus bicoronatus*）。

宿主与寄生部位：马、驴、骡。结肠、盲肠。

地理分布：湖北。

73.6.3　小杯杯冠线虫　*Cylicostephanus calicatus*（Looss，1900）Cram，1924

宿主与寄生部位：马、驴、骡。结肠、盲肠。

地理分布：安徽、重庆、甘肃、广西、贵州、黑龙江、湖南、吉林、江苏、江西、内蒙古、宁夏、青海、山西、陕西、西藏、新疆、云南。

73.6.4　高氏杯冠线虫　*Cylicostephanus goldi*（Boulenger，1917）Lichtenfels，1975

同物异名：高氏舒毛线虫（*Schulzitrichonema goldi*（Boulenger，1917）Erschow，1943），高氏杯齿线虫（*Cylicotetrapedon goldi* Boulenger，1917）。

宿主与寄生部位：马、驴、骡。结肠、盲肠。

地理分布：安徽、北京、甘肃、广西、贵州、河南、黑龙江、吉林、江苏、内蒙古、宁夏、青海、山西、陕西、四川、西藏、新疆、云南。

73.6.5　杂种杯冠线虫　*Cylicostephanus hybridus*（Kotlán，1920）Cram，1924

同物异名：间生杯冠线虫。

宿主与寄生部位：马、驴、骡。结肠、盲肠。

地理分布：甘肃、贵州、黑龙江、吉林、内蒙古、宁夏、青海、四川、西藏、新疆、云南。

73.6.6　长伞杯冠线虫　*Cylicostephanus longibursatus*（Yorke et Macfie，1918）Cram，1924

宿主与寄生部位：马、驴、骡。大肠。

地理分布：北京、重庆、甘肃、广西、贵州、河南、黑龙江、吉林、江苏、江西、辽宁、内蒙古、宁夏、青海、山西、陕西、四川、西藏、新疆、云南。

73.6.7　微小杯冠线虫　*Cylicostephanus minutus*（Yorke et Macfie，1918）Cram，1924

宿主与寄生部位：马、驴、骡。结肠、盲肠。

地理分布：北京、甘肃、广西、贵州、河南、黑龙江、吉林、江苏、内蒙古、宁夏、青海、陕西、四川、西藏、新疆。

73.6.8　曾氏杯冠线虫　*Cylicostephanus tsengi*（K'ung et Yang，1963）Lichtenfels，1975

宿主与寄生部位：马、驴、骡。结肠、盲肠。

地理分布：安徽、北京、甘肃、广西、贵州、河南、黑龙江、吉林、江苏、内蒙古、宁夏、青海、山西、陕西、四川、西藏、新疆、云南。

73.7　柱咽属　*Cylindropharynx* Leiper，1911

73.7.1　长尾柱咽线虫　*Cylindropharynx longicauda* Leiper，1911

宿主与寄生部位：马。大肠。

地理分布：黑龙江、青海。

73.8 辐首属 *Gyalocephalus* Looss，1900

73.8.1 头似辐首线虫 *Gyalocephalus capitatus* Looss，1900

同物异名：马辐首线虫（*Gyalocephalus equi* Yorke et Macfie，1918）。

宿主与寄生部位：马、驴、骡。结肠、盲肠。

地理分布：重庆、甘肃、广西、贵州、河南、黑龙江、吉林、内蒙古、宁夏、青海、陕西、四川、西藏、新疆、云南。

73.9 熊氏属 *Hsiungia* K'ung et Yang，1964

73.9.1 北京熊氏线虫 *Hsiungia pekingensis*（K'ung et Yang，1964）Dvojnos et Kharchenko，1988

同物异名：北京杯环线虫（*Cylicocyclus pekingensis* K'ung et Yang，1964）。

宿主与寄生部位：马、驴、骡。结肠、盲肠。

地理分布：北京、宁夏、青海、新疆。

73.10 副杯口属 *Parapoteriostomum* Hartwich，1986

73.10.1 真臂副杯口线虫 *Parapoteriostomum euproctus*（Boulenger，1917）Hartwich，1986

同物异名：丽尾双冠线虫、奥普环齿线虫（*Cylicodontophorus euproctus*（Boulenger，1917）Cram，1924）。

宿主与寄生部位：马、驴、骡。结肠、盲肠。

地理分布：北京、重庆、甘肃、广西、贵州、黑龙江、吉林、内蒙古、宁夏、青海、山西、陕西、四川、西藏、新疆、云南。

73.10.2 麦氏副杯口线虫 *Parapoteriostomum mettami*（Leiper，1913）Hartwich，1986

同物异名：麦氏环齿线虫（*Cylicodontophorus mettami*（Leiper，1913）Foster，1936）。

宿主与寄生部位：马、骡。结肠、盲肠。

地理分布：甘肃、贵州、黑龙江、内蒙古、青海、四川。

73.10.3 蒙古副杯口线虫 *Parapoteriostomum mongolica*（Tshoijo，1958）Lichtenfels，Kharchenko et Krecek，1998

同物异名：蒙古环齿线虫（*Cylicodontophorus mongolica* Tshoijo，1958）。

宿主与寄生部位：马、驴。结肠、盲肠。

地理分布：宁夏、陕西。

73.10.4 舒氏副杯口线虫 *Parapoteriostomum schuermanni*（Ortlepp，1962）Hartwich，1986

同物异名：舒氏环齿线虫（*Cylicodontophorus schuermanni* Ortlepp，1962）。

宿主与寄生部位：马。结肠、盲肠。

地理分布：青海。

73.10.5 中卫副杯口线虫 *Parapoteriostomum zhongweiensis*（Li et Li，1993）Zhang et K'ung，2002

同物异名：中卫环齿线虫（*Cylicodontophorus zhongweiensis* Li et Li，1993）

宿主与寄生部位：马、驴、骡。大肠。

地理分布：宁夏。

73.11 彼德洛夫属 *Petrovinema* Erschow，1943

73.11.1 杯状彼德洛夫线虫 *Petrovinema poculatum*（Looss，1900）Erschow，1943

同物异名：杯状杯冠线虫（*Cylicostephanus poculatum*（Looss，1900）Lichtenfels，1975）。

宿主与寄生部位：马、驴、骡。结肠、盲肠。

地理分布：安徽、北京、甘肃、广西、贵州、河南、黑龙江、吉林、江苏、辽宁、内蒙古、宁夏、陕西、四川、西藏、云南。

73.11.2　斯氏彼德洛夫线虫　*Petrovinema skrjabini*（Erschow，1930）Erschow，1943

同物异名：斯氏杯冠线虫（*Cylicostephanus skrjabini*（Erschow，1930）Lichtenfels，1975）。

宿主与寄生部位：马、驴。结肠、盲肠。

地理分布：安徽、甘肃、河南、黑龙江、吉林、江苏、宁夏、青海、四川、新疆、云南。

73.12　杯口属　*Poteriostomum* Quiel，1919

同物异名：六齿口属（*Hexodontostomum* Ihle，1920）。

73.12.1　不等齿杯口线虫　*Poteriostomum imparidentatum* Quiel，1919

同物异名：异齿盆口线虫。

宿主与寄生部位：马、驴、骡。结肠、盲肠。

地理分布：北京、重庆、福建、广西、贵州、河南、黑龙江、吉林、内蒙古、宁夏、青海、陕西、四川、西藏、新疆、云南。

73.12.2　拉氏杯口线虫　*Poteriostomum ratzii*（Kotlán，1919）Ihle，1920

同物异名：拉氏盆口线虫。

宿主与寄生部位：马、驴、骡。结肠、盲肠。

地理分布：北京、福建、甘肃、广西、贵州、黑龙江、吉林、内蒙古、宁夏、青海、陕西、四川、新疆、云南。

73.12.3　斯氏杯口线虫　*Poteriostomum skrjabini* Erschow，1939

同物异名：斯氏盆口线虫。

宿主与寄生部位：马、驴、骡。结肠、盲肠。

地理分布：河南、黑龙江、吉林、宁夏、青海、四川、西藏、新疆。

73.13　斯齿属　*Skrjabinodentus* Tshoijo，1957

73.13.1　卡拉干斯齿线虫　*Skrjabinodentus caragandicus* Tshoijo，1957

同物异名：青坡杯冠线虫（*Cylicostephanus caragandicus*（Funikova，1939）K'ung，1980）。

宿主与寄生部位：马、驴。大肠。

地理分布：内蒙古、陕西、新疆。

73.13.2　陶氏斯齿线虫　*Skrjabinodentus tshoijoi* Dvojnos et Kharchenko，1986

宿主与寄生部位：马。大肠。

地理分布：青海。

74　网尾科　Dictyocaulidae Skrjabin，1941

74.1　网尾属　*Dictyocaulus* Railliet et Henry，1907

74.1.1　安氏网尾线虫　*Dictyocaulus arnfieldi*（Cobbold，1884）Railliet et Henry，1907

宿主与寄生部位：马、驴、牛。气管、支气管。

地理分布：安徽、北京、重庆、贵州、河北、河南、黑龙江、湖北、湖南、吉林、江苏、辽宁、内蒙古、宁夏、青海、山东、陕西、上海、四川、天津、西藏、新疆、云南、浙江。

74.1.2　骆驼网尾线虫　*Dictyocaulus cameli* Boev，1951

宿主与寄生部位：骆驼。支气管。

地理分布：安徽、辽宁、内蒙古、宁夏、新疆。

74.1.3　鹿网尾线虫　*Dictyocaulus eckerti* Skrjabin，1931

宿主与寄生部位：绵羊、山羊。气管、支气管。

地理分布：重庆、河南、湖南、宁夏、陕西、四川、新疆、云南。

74.1.4　丝状网尾线虫　*Dictyocaulus filaria*（Rudolphi，1809）Railliet et Henry，1907

宿主与寄生部位：骆驼、黄牛、水牛、牦牛、绵羊、山羊。气管、支气管。

地理分布：安徽、北京、重庆、甘肃、广东、广西、贵州、海南、河北、河南、黑龙江、湖北、湖南、吉林、江苏、江西、辽宁、内蒙古、宁夏、青海、山东、山西、陕西、上海、四川、台湾、天津、西藏、新疆、云南、浙江。

74.1.5　卡氏网尾线虫　*Dictyocaulus khawi* Hsü，1935

宿主与寄生部位：牦牛。气管、支气管。

地理分布：青海。

74.1.6　胎生网尾线虫　*Dictyocaulus viviparus*（Bloch，1782）Railliet et Henry，1907

宿主与寄生部位：骆驼、马、驴、黄牛、水牛、奶牛、牦牛、犏牛、绵羊、山羊。气管、支气管。

地理分布：安徽、北京、重庆、福建、甘肃、广东、广西、贵州、海南、河北、河南、黑龙江、湖北、湖南、吉林、江苏、江西、辽宁、内蒙古、宁夏、青海、山西、陕西、四川、台湾、西藏、新疆、云南、浙江。

75　后圆科　Metastrongylidae Leiper，1908

75.1　后圆属　*Metastrongylus* Molin，1861

75.1.1　猪后圆线虫　*Metastrongylus apri*（Gmelin，1790）Vostokov，1905

同物异名：长刺后圆线虫（*Metastrongylus elongatus*（Dujardin，1845）Railliet et Henry，1911）。

宿主与寄生部位：猪。气管、支气管、细支气管。

地理分布：安徽、重庆、福建、甘肃、广东、广西、贵州、河北、河南、黑龙江、湖北、湖南、吉林、江苏、江西、辽宁、内蒙古、宁夏、青海、山西、陕西、上海、四川、天津、西藏、新疆、云南、浙江。

75.1.2　复阴后圆线虫　*Metastrongylus pudendotectus* Wostokow，1905

宿主与寄生部位：猪。气管、支气管、细支气管。

地理分布：安徽、重庆、甘肃、广东、贵州、海南、河南、黑龙江、湖北、湖南、吉林、江苏、江西、辽宁、宁夏、青海、山东、山西、陕西、上海、四川、新疆、云南、浙江。

75.1.3　萨氏后圆线虫　*Metastrongylus salmi* Gedoelst，1923

宿主与寄生部位：猪。气管、支气管、细支气管。

地理分布：安徽、重庆、广东、海南、湖南、吉林、辽宁、陕西、四川、新疆。

76 盘头科 Ollulanidae Skrjabin et Schikhobalova，1952

76.1 盘头属 *Ollulanus* Leuckart，1865

76.1.1 三尖盘头线虫 *Ollulanus tricuspis* Leuckart，1865

宿主与寄生部位：猪、猫。肺、横膈膜、肾。

地理分布：台湾。

77 原圆科 Protostrongylidae Leiper，1926

77.1 齿体属 *Crenosoma* Molin，1861

77.1.1 狐齿体线虫 *Crenosoma vulpis* Dujardin，1845

宿主与寄生部位：犬。肺。

地理分布：福建。

77.2 囊尾属 *Cystocaulus* Schulz，Orleff et Kutass，1933

77.2.1 有鞘囊尾线虫 *Cystocaulus ocreatus* Railliet et Henry，1907

同物异名：黑色囊尾线虫（*Cystocaulus nigrescens* Jerke，1911）。

宿主与寄生部位：绵羊、山羊。支气管、肺组织、肺黏膜。

地理分布：甘肃、四川、西藏、新疆。

77.3 不等刺属 *Imparispiculus* Luo，Duo et Chen，1988

77.3.1 久治不等刺线虫 *Imparispiculus jiuzhiensis* Luo，Duo et Chen，1988

宿主与寄生部位：高原兔。细支气管。

地理分布：青海。

77.4 原圆属 *Protostrongylus* Kamensky，1905

77.4.1 凯氏原圆线虫 *Protostrongylus cameroni* Schulz et Boev，1940

宿主与寄生部位：绵羊。支气管、细支气管。

地理分布：甘肃。

77.4.2 达氏原圆线虫 *Protostrongylus davtiani* Savina，1940

宿主与寄生部位：绵羊、山羊、水牛。支气管、细支气管。

地理分布：贵州、宁夏、四川、新疆。

77.4.3 霍氏原圆线虫 *Protostrongylus hobmaieri*（Schulz，Orloff et Kutass，1933）Cameron，1934

宿主与寄生部位：黄牛、牦牛、绵羊、山羊。气管、支气管、细支气管。

地理分布：安徽、北京、甘肃、广东、贵州、海南、河北、河南、黑龙江、湖北、湖南、吉林、江苏、江西、内蒙古、宁夏、青海、山西、陕西、上海、四川、天津、西藏、新疆、云南。

77.4.4 赖氏原圆线虫 *Protostrongylus raillieti*（Schulz，Orloff et Kutass，1933）Cameron，1934

宿主与寄生部位：绵羊、山羊。支气管、细支气管。

地理分布：安徽、北京、甘肃、广东、贵州、湖北、江苏、内蒙古、宁夏、青海、山西、上海、四川、西藏、新疆。

77.4.5 淡红原圆线虫 *Protostrongylus rufescens*（Leuckart，1865）Kamensky，1905

113

同物异名：柯氏原圆线虫（*Protostrongylus kochi* Schulz，Orloff et Kutass，1933）。

宿主与寄生部位：绵羊、山羊、猪。支气管、细支气管。

地理分布：安徽、北京、甘肃、贵州、黑龙江、湖北、湖南、江苏、江西、内蒙古、宁夏、青海、山西、上海、四川、西藏、新疆、云南、浙江。

77.4.6 斯氏原圆线虫 *Protostrongylus skrjabini*（Boev，1936）Dikmans，1945

宿主与寄生部位：绵羊、山羊。细支气管。

地理分布：安徽、北京、甘肃、河北、湖北、江苏、上海、四川、天津、西藏、新疆、浙江。

77.5 刺尾属 *Spiculocaulus* Schulz，Orloff et Kutass，1933

77.5.1 邝氏刺尾线虫 *Spiculocaulus kwongi*（Wu et Liu，1943）Dougherty et Goble，1946

同物异名：邝氏原圆线虫（*Protostrongylus kwongi* Wu et Liu，1943）。

宿主与寄生部位：绵羊、山羊。支气管、细支气管。

地理分布：安徽、北京、重庆、甘肃、广东、贵州、河北、湖北、江苏、内蒙古、宁夏、青海、上海、天津、西藏、新疆、浙江。

77.5.2 劳氏刺尾线虫 *Spiculocaulus leuckarti* Schulz，Orloff et Kutass，1933

宿主与寄生部位：绵羊、山羊。支气管。

地理分布：贵州、宁夏、新疆。

77.5.3 奥氏刺尾线虫 *Spiculocaulus orloffi* Boev et Murzina，1948

宿主与寄生部位：绵羊。支气管。

地理分布：新疆。

77.5.4 中卫刺尾线虫 *Spiculocaulus zhongweiensis* Li，Li et Zhou，1985

宿主与寄生部位：绵羊、山羊。支气管。

地理分布：宁夏。

77.6 变圆属 *Varestrongylus* Bhalerao，1932

同物异名：歧尾属（*Bicaulus* Schulz et Boev，1940）。

77.6.1 肺变圆线虫 *Varestrongylus pneumonicus* Bhalerao，1932

宿主与寄生部位：黄牛、牦牛、绵羊、山羊。支气管、细支气管、肺泡。

地理分布：重庆、青海、四川。

77.6.2 青海变圆线虫 *Varestrongylus qinghaiensis* Liu，1984

宿主与寄生部位：绵羊。细支气管、肺泡。

地理分布：青海。

77.6.3 舒氏变圆线虫 *Varestrongylus schulzi* Boev et Wolf，1938

宿主与寄生部位：绵羊、山羊。支气管、细支气管、肺泡。

地理分布：安徽、北京、甘肃、贵州、河北、湖北、湖南、江苏、青海、陕西、上海、四川、天津、西藏、新疆、云南、浙江。

77.6.4 西南变圆线虫 *Varestrongylus xinanensis* Wu et Yan，1961

宿主与寄生部位：绵羊、山羊。支气管、细支气管、肺泡。

地理分布：贵州、四川、云南。

114

78 伪达科 Pseudaliidae Railliet，1916

78.1 缪勒属 *Muellerius* Cameron，1927

78.1.1 毛细缪勒线虫 *Muellerius minutissimus*（Megnin，1878）Dougherty et Goble，1946

同物异名：毛样缪勒线虫（*Muellerius capillaris* Muller，1889）。

宿主与寄生部位：牦牛、绵羊、山羊。支气管、细支气管、毛细支气管、肺泡、肺实质、胸膜结缔组织。

地理分布：甘肃、贵州、河北、河南、湖南、内蒙古、宁夏、青海、天津、西藏、新疆、云南。

79 冠尾科 Stephanuridae Travassos et Vogelsang，1933

79.1 冠尾属 *Stephanurus* Diesing，1839

79.1.1 有齿冠尾线虫 *Stephanurus dentatus* Diesing，1839

宿主与寄生部位：猪。肾盂、输尿管壁、肾周围脂肪。

地理分布：安徽、北京、福建、甘肃、广东、广西、贵州、海南、河南、黑龙江、湖北、湖南、吉林、江苏、江西、辽宁、宁夏、山东、山西、陕西、四川、台湾、西藏、云南、浙江。

79.1.2 猪冠尾线虫 *Stephanurus suis* Xu，1980

宿主与寄生部位：猪。肾盂、输尿管。

地理分布：广东。

80 圆形科 Strongylidae Baird，1853

80.1 阿尔夫属 *Alfortia* Railliet，1923

80.1.1 无齿阿尔夫线虫 *Alfortia edentatus*（Looss，1900）Skrjabin，1933

同物异名：无齿圆形线虫（*Strongylus edentatus*（Looss，1900）Skrjabin，1933）

宿主与寄生部位：马、驴、骡。结肠、盲肠、直肠。

地理分布：安徽、北京、重庆、福建、甘肃、广西、贵州、河北、河南、黑龙江、湖北、湖南、吉林、江苏、江西、辽宁、内蒙古、宁夏、青海、山东、山西、陕西、四川、台湾、天津、西藏、新疆、云南。

80.2 双齿属 *Bidentostomum* Tshoijo，1957

80.2.1 伊氏双齿线虫 *Bidentostomum ivaschkini* Tshoijo，1957

宿主与寄生部位：马。结肠、盲肠。

地理分布：甘肃、贵州、黑龙江、吉林、内蒙古、宁夏、青海、陕西、四川、新疆。

80.3 盆口属 *Craterostomum* Boulenger，1920

同物异名：喷口属。

80.3.1 尖尾盆口线虫 *Craterostomum acuticaudatum*（Kotlán，1919）Boulenger，1920

同物异名：多冠盆口线虫（*Craterostomum mucronatum*（Ihle，1920）Erschow，1933）。

宿主与寄生部位：马、驴、骡。结肠、盲肠。

地理分布：北京、甘肃、贵州、黑龙江、吉林、内蒙古、宁夏、青海、陕西、四川、新疆、云南。

80.4 戴拉风属 *Delafondia* Railliet，1923

80.4.1 普通戴拉风线虫 *Delafondia vulgaris*（Looss，1900）Skrjabin，1933

同物异名：普通圆形线虫（*Strongylus vulgaris* Looss，1900）

宿主与寄生部位：马、驴、骡。结肠、盲肠。

地理分布：安徽、北京、重庆、福建、甘肃、广西、贵州、河北、河南、黑龙江、湖北、湖南、吉林、江苏、江西、辽宁、内蒙古、宁夏、青海、山东、山西、陕西、四川、台湾、天津、西藏、新疆、云南。

80.5　食道齿属　*Oesophagodontus* Railliet et Henry，1902

80.5.1　粗食道齿线虫　*Oesophagodontus robustus*（Giles，1892）Railliet et Henry，1902

宿主与寄生部位：马、驴、骡。结肠、盲肠。

地理分布：重庆、福建、甘肃、广西、贵州、河南、黑龙江、吉林、内蒙古、宁夏、青海、陕西、四川、新疆、云南。

80.6　圆形属　*Strongylus* Mueller，1780

80.6.1　马圆形线虫　*Strongylus equinus* Mueller，1780

宿主与寄生部位：马、驴、骡。结肠、盲肠。

地理分布：安徽、北京、重庆、福建、甘肃、广西、贵州、河北、河南、河南、黑龙江、湖北、湖南、吉林、江苏、江西、辽宁、内蒙古、宁夏、青海、山东、山西、陕西、四川、台湾、天津、西藏、新疆、云南。

80.7　三齿属　*Triodontophorus* Looss，1902

80.7.1　短尾三齿线虫　*Triodontophorus brevicauda* Boulenger，1916

宿主与寄生部位：马、驴、骡。结肠、盲肠。

地理分布：安徽、北京、重庆、福建、甘肃、广西、贵州、河南、黑龙江、湖南、吉林、江苏、内蒙古、宁夏、青海、山东、陕西、四川、西藏、新疆、云南。

80.7.2　小三齿线虫　*Triodontophorus minor* Looss，1900

宿主与寄生部位：马、驴、骡。结肠、盲肠。

地理分布：北京、重庆、甘肃、广西、贵州、黑龙江、吉林、江苏、内蒙古、宁夏、青海、山东、山西、陕西、四川、台湾、新疆、云南。

80.7.3　日本三齿线虫　*Triodontophorus nipponicus* Yamaguti，1943

同物异名：熊氏三齿线虫（*Triodontophorus hsiungi* K'ung，1958）。

宿主与寄生部位：马、驴、骡。结肠、盲肠。

地理分布：北京、重庆、福建、甘肃、广西、贵州、河南、黑龙江、吉林、江苏、内蒙古、宁夏、青海、山西、陕西、四川、西藏、新疆、云南。

80.7.4　波氏三齿线虫　*Triodontophorus popowi* Erschow，1931

宿主与寄生部位：马、驴。结肠、盲肠。

地理分布：陕西、新疆。

80.7.5　锯齿三齿线虫　*Triodontophorus serratus*（Looss，1900）Looss，1902

宿主与寄生部位：马、驴、骡。结肠、盲肠。

地理分布：安徽、北京、重庆、福建、甘肃、广西、贵州、河北、河南、黑龙江、湖北、湖南、吉林、江苏、辽宁、内蒙古、宁夏、青海、山东、陕西、四川、台湾、天津、西藏、新疆、云南。

80.7.6　细颈三齿线虫　*Triodontophorus tenuicollis* Boulenger，1916

116

宿主与寄生部位：马、驴、骡。结肠、盲肠。

地理分布：安徽、甘肃、广西、贵州、河北、河南、黑龙江、湖北、吉林、内蒙古、宁夏、青海、陕西、四川、台湾、天津、西藏、新疆、云南。

81　比翼科　Syngamidae Leiper，1912

81.1　兽比翼属　*Mammomonogamus* Ryzhikov，1948

81.1.1　耳兽比翼线虫　*Mammomonogamus auris*（Faust et Tang，1934）Ryzhikov，1948

宿主与寄生部位：猫。中耳。

地理分布：重庆、福建、上海、四川、云南。

81.1.2　喉兽比翼线虫　*Mammomonogamus laryngeus* Railliet，1899

宿主与寄生部位：黄牛、水牛。气管。

地理分布：贵州、四川、云南。

81.2　比翼属　*Syngamus* von Siebold，1836

81.2.1　斯氏比翼线虫　*Syngamus skrjabinomorpha* Ryzhikov，1949

宿主与寄生部位：鸡、鸭。气管。

地理分布：贵州、四川。

81.2.2　气管比翼线虫　*Syngamus trachea* von Siebold，1836

宿主与寄生部位：鸡、鸭、鹅。气管。

地理分布：安徽、重庆、福建、广东、贵州、海南、河南、江西、辽宁、四川。

82　毛圆科　Trichostrongylidae Leiper，1912

82.1　苇线虫属　*Ashworthius* Le Roux，1930

82.1.1　兔苇线虫　*Ashworthius leporis* Yen，1961

宿主与寄生部位：兔。胃。

地理分布：重庆、贵州、吉林、宁夏、四川、浙江。

82.2　古柏属　*Cooperia* Ransom，1907

82.2.1　野牛古柏线虫　*Cooperia bisonis* Cran，1925

宿主与寄生部位：骆驼、黄牛、绵羊。小肠。

地理分布：甘肃、内蒙古、青海、西藏、新疆。

82.2.2　库氏古柏线虫　*Cooperia curticei*（Giles，1892）Ransom，1907

宿主与寄生部位：水牛、绵羊、山羊。小肠。

地理分布：贵州、台湾。

82.2.3　叶氏古柏线虫　*Cooperia erschowi* Wu，1958

宿主与寄生部位：黄牛、水牛、绵羊、山羊。皱胃、小肠、胰脏。

地理分布：北京、重庆、甘肃、广东、广西、贵州、河北、河南、湖北、湖南、吉林、江西、辽宁、内蒙古、山东、陕西、四川、天津、新疆、云南、浙江。

82.2.4　凡尔丁西古柏线虫　*Cooperia fieldingi* Baylis，1929

宿主与寄生部位：黄牛、水牛。小肠。

地理分布：甘肃、宁夏。

82.2.5　和田古柏线虫　*Cooperia hetianensis* Wu，1966

宿主与寄生部位：骆驼、黄牛、牦牛。小肠。

地理分布：青海、西藏、新疆、云南。

82.2.6　黑山古柏线虫　*Cooperia hranktahensis* Wu，1965

宿主与寄生部位：牦牛。小肠。

地理分布：青海、西藏、新疆。

82.2.7　甘肃古柏线虫　*Cooperia kansuensis* Zhu et Zhang，1962

宿主与寄生部位：骆驼、黄牛、牦牛、羊。小肠。

地理分布：甘肃、宁夏、青海、新疆。

82.2.8　兰州古柏线虫　*Cooperia lanchowensis* Shen，Tung et Chow，1964

宿主与寄生部位：骆驼、黄牛、牦牛、羊。小肠。

地理分布：重庆、甘肃、河南、内蒙古、宁夏、陕西、四川。

82.2.9　等侧古柏线虫　*Cooperia laterouniformis* Chen，1937

宿主与寄生部位：黄牛、牛、羊。小肠。

地理分布：北京、福建、甘肃、广东、广西、贵州、河南、黑龙江、湖北、湖南、江西、辽宁、内蒙古、宁夏、山东、陕西、四川、西藏、新疆、云南、浙江。

82.2.10　麦氏古柏线虫　*Cooperia mcmasteri* Gordon，1932

宿主与寄生部位：骆驼、黄牛。小肠。

地理分布：内蒙古。

82.2.11　肿孔古柏线虫　*Cooperia oncophora*（Railliet，1898）Ransom，1907

宿主与寄生部位：黄牛、牦牛、绵羊、山羊。皱胃、小肠。

地理分布：甘肃、内蒙古、宁夏、青海、陕西、四川、西藏、新疆。

82.2.12　栉状古柏线虫　*Cooperia pectinata* Ransom，1907

宿主与寄生部位：骆驼、黄牛、水牛、牦牛、羊。皱胃、小肠、胰脏。

地理分布：北京、重庆、福建、甘肃、广东、广西、贵州、海南、河南、黑龙江、湖北、辽宁、内蒙古、宁夏、青海、陕西、四川、西藏、新疆、云南、浙江。

82.2.13　点状古柏线虫　*Cooperia punctata*（Linstow，1906）Ransom，1907

宿主与寄生部位：黄牛、水牛、羊。皱胃、小肠、胰脏。

地理分布：北京、福建、甘肃、广东、广西、贵州、河南、黑龙江、湖南、吉林、辽宁、内蒙古、陕西、上海、四川、新疆、云南、浙江。

82.2.14　匙形古柏线虫　*Cooperia spatulata* Baylis，1938

宿主与寄生部位：黄牛、绵羊。小肠。

地理分布：甘肃、广西、青海。

82.2.15　天祝古柏线虫　*Cooperia tianzhuensis* Zhu，Zhao et Liu，1987

宿主与寄生部位：牦牛。小肠。

地理分布：甘肃、青海。

82.2.16　珠纳古柏线虫　*Cooperia zurnabada* Antipin，1931

宿主与寄生部位：骆驼、黄牛、牦牛。皱胃、小肠。

地理分布：甘肃、内蒙古、宁夏、青海、四川、西藏、新疆。

82.3　血矛属　*Haemonchus* Cobbold，1898

82.3.1　贝氏血矛线虫　*Haemonchus bedfordi* Le Roux，1929

宿主与寄生部位：牛、绵羊、山羊。皱胃。

地理分布：甘肃、内蒙古、宁夏、陕西。

82.3.2　捻转血矛线虫　*Haemonchus contortus*（Rudolphi，1803）Cobbold，1898

宿主与寄生部位：骆驼、黄牛、水牛、牦牛、绵羊、山羊、猪。真胃、小肠。

地理分布：安徽、北京、重庆、福建、甘肃、广东、广西、贵州、海南、河北、河南、黑龙江、湖北、湖南、吉林、江苏、江西、辽宁、内蒙古、宁夏、青海、山西、陕西、上海、四川、天津、西藏、新疆、云南、浙江。

82.3.3　长柄血矛线虫　*Haemonchus longistipe* Railliet et Henry，1909

宿主与寄生部位：骆驼、牛、绵羊、山羊。皱胃。

地理分布：甘肃、广西、贵州、海南、宁夏、陕西、西藏、新疆。

82.3.4　新月状血矛线虫　*Haemonchus lunatus* Travassos，1914

宿主与寄生部位：水牛、山羊。皱胃。

地理分布：贵州。

82.3.5　柏氏血矛线虫　*Haemonchus placei* Place，1893

宿主与寄生部位：绵羊。皱胃。

地理分布：河南、青海。

82.3.6　似血矛线虫　*Haemonchus similis* Travassos，1914

宿主与寄生部位：黄牛、水牛、绵羊、山羊。皱胃。

地理分布：安徽、重庆、福建、甘肃、广东、广西、贵州、河北、河南、黑龙江、湖北、湖南、吉林、江西、辽宁、内蒙古、宁夏、陕西、四川、西藏、新疆、云南、浙江。

82.4　猪圆属　*Hyostrongylus* Hall，1921

82.4.1　红色猪圆线虫　*Hyostrongylus rebidus*（Hassall et Stiles，1892）Hall，1921

宿主与寄生部位：山羊、猪。真胃、小肠。

地理分布：重庆、福建、甘肃、广东、广西、贵州、海南、湖北、江苏、江西、陕西、四川、云南、浙江。

82.5　马歇尔属　*Marshallagia* Orloff，1933

82.5.1　短尾马歇尔线虫　*Marshallagia brevicauda* Hu et Jiang，1984

宿主与寄生部位：绵羊、山羊。皱胃、肠道。

地理分布：西藏、新疆。

82.5.2　粗刺马歇尔线虫　*Marshallagia grossospiculum* Li，Yin et K'ung，1987

宿主与寄生部位：绵羊。皱胃。

地理分布：甘肃。

82.5.3　许氏马歇尔线虫　*Marshallagia hsui* Qi et Li，1963

宿主与寄生部位：绵羊、山羊。皱胃、肠道。

地理分布；甘肃、西藏、新疆。

82.5.4　拉萨马歇尔线虫　*Marshallagia lasaensis* Li et K'ung，1965

宿主与寄生部位：绵羊。皱胃、肠道。

地理分布：西藏。

82.5.5　马氏马歇尔线虫　*Marshallagia marshalli* Ransom，1907

宿主与寄生部位：黄牛、绵羊、山羊。皱胃、小肠。

地理分布：甘肃、海南、河南、江西、内蒙古、宁夏、青海、陕西、四川、西藏、新疆。

82.5.6　蒙古马歇尔线虫　*Marshallagia mongolica* Schumakovitch，1938

宿主与寄生部位：骆驼、黄牛、牦牛、绵羊、山羊。皱胃、小肠。

地理分布：安徽、北京、甘肃、广东、广西、海南、河北、河南、湖北、吉林、辽宁、内蒙古、宁夏、青海、山西、陕西、四川、西藏、新疆、云南、浙江。

82.5.7　东方马歇尔线虫　*Marshallagia orientalis* Bhalerao，1932

宿主与寄生部位：绵羊、山羊。皱胃、肠道。

地理分布：甘肃、内蒙古、宁夏、青海、西藏、新疆。

82.5.8　希氏马歇尔线虫　*Marshallagia schikhobalovi* Altaev，1953

宿主与寄生部位：绵羊。皱胃。

地理分布：甘肃、新疆。

82.5.9　新疆马歇尔线虫　*Marshallagia sinkiangensis* Wu et Shen，1960

宿主与寄生部位：绵羊、山羊。皱胃。

地理分布：宁夏、新疆。

82.5.10　塔里木马歇尔线虫　*Marshallagia tarimanus* Qi，Li et Li，1963

宿主与寄生部位：绵羊、山羊。皱胃。

地理分布：宁夏、西藏、新疆。

82.5.11　天山马歇尔线虫　*Marshallagia tianshanus* Ge，Sha，Ha，*et al.*，1983

宿主与寄生部位：骆驼、绵羊、山羊。皱胃。

地理分布：新疆。

82.6　长刺属　*Mecistocirrus* Railliet et Henry，1912

82.6.1　指形长刺线虫　*Mecistocirrus digitatus*（Linstow，1906）Railliet et Henry，1912

宿主与寄生部位：黄牛、水牛、奶牛、牦牛、绵羊、山羊、猪。真胃、小肠。

地理分布：安徽、北京、重庆、福建、甘肃、广东、广西、贵州、海南、河北、河南、黑龙江、湖北、湖南、吉林、江苏、江西、辽宁、内蒙古、宁夏、山东、山西、陕西、上海、四川、台湾、天津、西藏、新疆、云南、浙江。

82.7　似细颈属　*Nematodirella* Yorke et Maplestone，1926

82.7.1　骆驼似细颈线虫　*Nematodirella cameli*（Rajewskaja et Badanin，1933）Travassos，1937

宿主与寄生部位：骆驼、绵羊。小肠。

地理分布：甘肃、内蒙古、青海、新疆。

82.7.2　单峰驼似细颈线虫　*Nematodirella dromedarii* May，1920

宿主与寄生部位：骆驼。小肠。

地理分布：甘肃。

82.7.3　瞪羚似细颈线虫　*Nematodirella gazelli*（Sokolova，1948）Ivaschkin，1954

宿主与寄生部位：绵羊、山羊。小肠。

地理分布：西藏、新疆。

82.7.4　长刺似细颈线虫　*Nematodirella longispiculata* Hsu et Wei，1950

宿主与寄生部位：骆驼、黄牛、绵羊、山羊。小肠。

地理分布：内蒙古、宁夏、青海、山西、四川、西藏、新疆。

82.7.5　最长刺似细颈线虫　*Nematodirella longissimespiculata* Romanovitsch，1915

宿主与寄生部位：骆驼、绵羊、山羊。小肠。

地理分布：甘肃、内蒙古、宁夏、青海、新疆。

82.8　细颈属　*Nematodirus* Ransom，1907

82.8.1　畸形细颈线虫　*Nematodirus abnormalis* May，1920

宿主与寄生部位：绵羊、山羊。皱胃、小肠。

地理分布：河南、辽宁、内蒙古、宁夏、青海、山东、山西、陕西、西藏、新疆。

82.8.2　阿尔卡细颈线虫　*Nematodirus archari* Sokolova，1948

宿主与寄生部位：绵羊。小肠。

地理分布：宁夏、四川、新疆。

82.8.3　亚利桑那细颈线虫　*Nematodirus arizonensis* Dikmans，1937

宿主与寄生部位：兔。小肠。

地理分布：宁夏。

82.8.4　牛细颈线虫　*Nematodirus bovis* Wu，1980

宿主与寄生部位：黄牛。小肠。

地理分布：新疆。

82.8.5　达氏细颈线虫　*Nematodirus davtiani* Grigorian，1949

宿主与寄生部位：绵羊、山羊。皱胃、小肠。

地理分布：甘肃、内蒙古、宁夏、青海、西藏、新疆。

82.8.6　多吉细颈线虫　*Nematodirus dogieli* Sokolova，1948

宿主与寄生部位：黄牛、绵羊。小肠。

地理分布：甘肃、宁夏、新疆。

82.8.7　单峰驼细颈线虫　*Nematodirus dromedarii* May，1920

宿主与寄生部位：骆驼。小肠。

地理分布：甘肃、内蒙古。

82.8.8　尖交合刺细颈线虫　*Nematodirus filicollis*（Rudolphi，1802）Ransom，1907

宿主与寄生部位：骆驼、黄牛、水牛、牦牛、绵羊、山羊。皱胃、小肠。

地理分布：北京、甘肃、广东、河北、河南、湖北、湖南、江苏、江西、辽宁、内蒙
古、宁夏、青海、山东、陕西、上海、四川、台湾、天津、西藏、新疆、云南。

82.8.9　海尔维第细颈线虫　*Nematodirus helvetianus* May，1920

宿主与寄生部位：骆驼、黄牛、绵羊、山羊。小肠。

地理分布：重庆、宁夏、青海、陕西、四川、西藏、新疆。

82.8.10　许氏细颈线虫　*Nematodirus hsui* Liang，Ma et Lin，1958

宿主与寄生部位：牛、绵羊、山羊。小肠。

地理分布：安徽、甘肃、内蒙古、宁夏、青海、陕西、西藏、云南。

82.8.11　长刺细颈线虫　*Nematodirus longispicularis* Hsu et Wei，1950

宿主与寄生部位：绵羊。小肠。

地理分布：河南、西藏、新疆。

82.8.12　毛里塔尼亚细颈线虫　*Nematodirus mauritanicus* Maupas et Seurat，1912
　　宿主与寄生部位：骆驼、绵羊。小肠。
　　地理分布：甘肃、新疆。

82.8.13　奥利春细颈线虫　*Nematodirus oriatianus* Rajerskaja，1929
　　宿主与寄生部位：骆驼、黄牛、牦牛、水牛、绵羊、山羊。小肠。
　　地理分布：安徽、北京、甘肃、广东、河南、黑龙江、吉林、江苏、内蒙古、宁夏、青海、山东、山西、陕西、上海、四川、西藏、新疆、云南。

82.8.14　钝刺细颈线虫　*Nematodirus spathiger*（Railliet，1896）Railliet et Henry，1909
　　宿主与寄生部位：骆驼、黄牛、绵羊、山羊。小肠。
　　地理分布：安徽、甘肃、贵州、河南、吉林、内蒙古、宁夏、青海、山西、陕西、西藏、新疆。

82.9　剑形属　*Obeliscoides* Graybill，1924
　　同物异名：柱头属（*Oblisdlides*）。

82.9.1　穴兔剑形线虫　*Obeliscoides cuniculi*（Graybill，1923）Graybill，1924
　　宿主与寄生部位：兔。胃。
　　地理分布：甘肃。

82.9.2　特氏剑形线虫　*Obeliscoides travassosi* Liu et Wu，1941
　　宿主与寄生部位：兔。胃。
　　地理分布：安徽、湖北、江苏、四川。

82.10　鸟圆属　*Ornithostrongylus* Travassos，1914

82.10.1　四射鸟圆线虫　*Ornithostrongylus quadriradiatus*（Stevenson，1904）Travassos，1914
　　宿主与寄生部位：鸡。小肠。
　　地理分布：福建、江苏、台湾。

82.11　奥斯特属　*Ostertagia* Ransom，1907

82.11.1　野山羊奥斯特线虫　*Ostertagia aegagri* Grigorian，1949
　　宿主与寄生部位：绵羊。皱胃。
　　地理分布：新疆。

82.11.2　安提平奥斯特线虫　*Ostertagia antipini* Matschulsky，1950
　　宿主与寄生部位：绵羊。皱胃。
　　地理分布：新疆。

82.11.3　北方奥斯特线虫　*Ostertagia arctica* Mitzkewitsch，1929
　　宿主与寄生部位：绵羊。皱胃。
　　地理分布：新疆。

82.11.4　绵羊奥斯特线虫　*Ostertagia argunica* Rudakov in Skrjabin et Orloff，1934
　　宿主与寄生部位：山羊、水牛。皱胃、小肠。
　　地理分布：贵州。

82.11.5　布里亚特奥斯特线虫　*Ostertagia buriatica* Konstantinova，1934
　　宿主与寄生部位：骆驼、黄牛、绵羊、山羊。皱胃、小肠。

地理分布：甘肃、贵州、河南、内蒙古、宁夏、青海、陕西、四川、西藏、新疆。

82.11.6　普通奥斯特线虫　*Ostertagia circumcincta*（Stadelmann，1894）Ransom，1907

宿主与寄生部位：骆驼、黄牛、水牛、牦牛、绵羊、山羊。皱胃、小肠。

地理分布：安徽、重庆、甘肃、广东、广西、贵州、河北、河南、黑龙江、湖北、湖南、吉林、江苏、江西、辽宁、内蒙古、宁夏、青海、山东、山西、陕西、四川、天津、西藏、新疆、云南、浙江。

82.11.7　达呼尔奥斯特线虫　*Ostertagia dahurica* Orloff，Belowa et Gnedina，1931

宿主与寄生部位：骆驼、黄牛、牦牛、绵羊、山羊。皱胃、小肠。

地理分布：北京、甘肃、内蒙古、宁夏、青海、山西、陕西、西藏、新疆。

82.11.8　达氏奥斯特线虫　*Ostertagia davtiani* Grigoryan，1951

宿主与寄生部位：绵羊。皱胃。

地理分布：黑龙江、宁夏、青海、陕西、新疆。

82.11.9　叶氏奥斯特线虫　*Ostertagia erschowi* Hsu et Liang，1957

宿主与寄生部位：水牛、绵羊、山羊。皱胃。

地理分布：甘肃、河南、内蒙古、宁夏、青海、新疆。

82.11.10　甘肃奥斯特线虫　*Ostertagia gansuensis* Chen，1981

宿主与寄生部位：绵羊。皱胃。

地理分布：甘肃、青海、新疆。

82.11.11　格氏奥斯特线虫　*Ostertagia gruehneri* Skrjabin，1929

宿主与寄生部位：绵羊。皱胃。

地理分布：贵州。

82.11.12　钩状奥斯特线虫　*Ostertagia hamata* Monning，1932

宿主与寄生部位：绵羊。皱胃。

地理分布：贵州。

82.11.13　异刺奥斯特线虫　*Ostertagia heterospiculagia* Hsu，Hu et Huang，1958

宿主与寄生部位：绵羊、山羊。皱胃。

地理分布：甘肃、河南、内蒙古、陕西、西藏、新疆。

82.11.14　熊氏奥斯特线虫　*Ostertagia hsiungi* Hsu，Ling et Liang，1957

宿主与寄生部位：绵羊、山羊。皱胃。

地理分布：甘肃、内蒙古、宁夏、青海、新疆。

82.11.15　科尔奇奥斯特线虫　*Ostertagia kolchida* Popova，1937

宿主与寄生部位：黄牛、水牛。皱胃。

地理分布：贵州。

82.11.16　琴形奥斯特线虫　*Ostertagia lyrata* Sjoberg，1926

宿主与寄生部位：黄牛、水牛、牦牛、绵羊。皱胃。

地理分布：甘肃、贵州。

82.11.17　念青唐古拉奥斯特线虫　*Ostertagia niangingtangulaensis* K'ung et Li，1965

宿主与寄生部位：绵羊。皱胃。

地理分布：青海、西藏。

82.11.18　西方奥斯特线虫　*Ostertagia occidentalis* Ransom，1907

宿主与寄生部位：绵羊、山羊。皱胃、小肠。

地理分布：甘肃、广西、贵州、江西、宁夏、青海、西藏、新疆。

82.11.19　阿洛夫奥斯特线虫　*Ostertagia orloffi* Sankin，1930

宿主与寄生部位：骆驼、牛、绵羊、山羊。皱胃、小肠。

地理分布：甘肃、贵州、河北、江苏、辽宁、内蒙古、宁夏、青海、陕西、上海、四川、天津、西藏、新疆。

82.11.20　奥氏奥斯特线虫　*Ostertagia ostertagi*（Stiles，1892）Ransom，1907

宿主与寄生部位：骆驼、黄牛、水牛、牦牛、绵羊、山羊。皱胃、小肠。

地理分布：北京、重庆、福建、甘肃、广东、贵州、海南、河北、河南、黑龙江、吉林、江西、内蒙古、宁夏、青海、山东、山西、陕西、四川、西藏、新疆、云南。

82.11.21　彼氏奥斯特线虫　*Ostertagia petrovi* Puschmenkov，1937

宿主与寄生部位：绵羊。皱胃。

地理分布：新疆。

82.11.22　短肋奥斯特线虫　*Ostertagia shortdorsalray* Huang et Xie，1990

宿主与寄生部位：山羊。皱胃。

地理分布：云南。

82.11.23　中华奥斯特线虫　*Ostertagia sinensis* K'ung et Xue，1966

宿主与寄生部位：绵羊、山羊。皱胃。

地理分布：西藏。

82.11.24　斯氏奥斯特线虫　*Ostertagia skrjabini* Shen，Wu et Yen，1959

宿主与寄生部位：黄牛、绵羊、山羊。皱胃、小肠。

地理分布：北京、重庆、甘肃、广西、贵州、湖北、湖南、吉林、江苏、江西、内蒙古、宁夏、青海、山东、山西、陕西、四川、西藏、新疆、云南、浙江。

82.11.25　三歧奥斯特线虫　*Ostertagia trifida* Guille，Marotel et Panisset，1911

宿主与寄生部位：绵羊。皱胃。

地理分布：重庆、甘肃、青海、新疆。

82.11.26　三叉奥斯特线虫　*Ostertagia trifurcata* Ransom，1907

宿主与寄生部位：骆驼、黄牛、牦牛、绵羊、山羊。皱胃、小肠。

地理分布：甘肃、广西、贵州、河南、湖南、江西、内蒙古、宁夏、青海、山西、陕西、四川、西藏、新疆、云南、浙江。

82.11.27　伏尔加奥斯特线虫　*Ostertagia volgaensis* Tomskich，1938

宿主与寄生部位：绵羊、山羊。

地理分布：贵州、西藏、新疆。

82.11.28　吴兴奥斯特线虫　*Ostertagia wuxingensis* Ling，1958

宿主与寄生部位：绵羊、山羊、牛。皱胃、小肠。

地理分布：安徽、北京、福建、甘肃、广西、贵州、河南、湖北、吉林、江苏、宁夏、山东、山西、陕西、四川、云南、浙江。

82.11.29　西藏奥斯特线虫　*Ostertagia xizangensis* Xue et K'ung，1963

宿主与寄生部位：绵羊、山羊。皱胃。

地理分布：西藏、云南。

82.12　副古柏属　*Paracooperia* Travassos，1935

82.12.1　结节副古柏线虫　*Paracooperia nodulosa* Schwartz，1929

宿主与寄生部位：黄牛、水牛。小肠。

地理分布：广西。

82.12.2　四川副古柏线虫　*Paracooperia sichuanensis* Jiang，Guan，Yan，*et al.*，1988

宿主与寄生部位：水牛。皱胃、小肠。

地理分布：四川。

82.13　斯纳属　*Skrjabinagia*（Kassimov，1942）Altaev，1952

82.13.1　水牛斯纳线虫　*Skrjabinagia bubalis* Jiang，Guan，Yan，*et al.*，1988

宿主与寄生部位：水牛。皱胃、小肠。

地理分布：重庆、四川。

82.13.2　指刺斯纳线虫　*Skrjabinagia dactylospicula* Wu，Yin et Shen，1965

宿主与寄生部位：黄牛、山羊。皱胃、小肠。

地理分布：重庆、贵州、四川。

82.13.3　四川斯纳线虫　*Skrjabinagia sichuanensis* Jiang，Guan，Yan，*et al.*，1988

宿主与寄生部位：黄牛、水牛。皱胃、小肠。

地理分布：重庆、四川。

82.14　背板属　*Teladorsagia* Andreeva et Satubaldin，1954

82.14.1　达氏背板线虫　*Teladorsagia davtiani* Andreeva et Satubaldin，1954

宿主与寄生部位：骆驼、绵羊、山羊。皱胃。

地理分布：甘肃、内蒙古、新疆。

82.15　毛圆属　*Trichostrongylus* Looss，1905

82.15.1　鹅毛圆线虫　*Trichostrongylus anseris* Wang，1979

宿主与寄生部位：鹅。盲肠。

地理分布：安徽、福建。

82.15.2　艾氏毛圆线虫　*Trichostrongylus axei*（Cobbold，1879）Railliet et Henry，1909

宿主与寄生部位：马、驴、黄牛、牦牛、水牛、绵羊、山羊。皱胃、小肠。

地理分布：北京、重庆、福建、甘肃、广东、广西、贵州、海南、河南、黑龙江、湖北、湖南、吉林、江苏、江西、辽宁、内蒙古、宁夏、青海、山东、陕西、上海、四川、西藏、新疆、云南、浙江。

82.15.3　山羊毛圆线虫　*Trichostrongylus capricola* Ransom，1907

宿主与寄生部位：绵羊、山羊。皱胃、小肠。

地理分布：贵州、宁夏、新疆。

82.15.4　鹿毛圆线虫　*Trichostrongylus cervarius* Leiper et Clapham，1938

宿主与寄生部位：牦牛、绵羊、山羊。小肠。

地理分布：甘肃、贵州、西藏。

82.15.5　蛇形毛圆线虫　*Trichostrongylus colubriformis*（Giles，1892）Looss，1905

宿主与寄生部位：骆驼、驴、牛、绵羊、山羊、猪、兔。皱胃、小肠、胰。

地理分布：安徽、北京、重庆、福建、甘肃、广东、广西、贵州、海南、河南、黑龙江、湖北、湖南、吉林、江苏、江西、辽宁、内蒙古、宁夏、青海、山东、山西、陕西、上海、四川、台湾、西藏、新疆、云南、浙江。

82.15.6 镰形毛圆线虫 *Trichostrongylus falculatus* Ransom，1911

宿主与寄生部位：山羊。皱胃。

地理分布：福建。

82.15.7 钩状毛圆线虫 *Trichostrongylus hamatus* Daubney，1933

宿主与寄生部位：绵羊。盲肠。

地理分布：新疆。

82.15.8 长刺毛圆线虫 *Trichostrongylus longispicularis* Gordon，1933

宿主与寄生部位：绵羊。皱胃、小肠。

地理分布：贵州、新疆。

82.15.9 东方毛圆线虫 *Trichostrongylus orientalis* Jimbo，1914

宿主与寄生部位：骆驼、牛、绵羊。皱胃、小肠。

地理分布：北京、福建、甘肃、广东、贵州、湖北、青海、山西、四川、台湾。

82.15.10 彼得毛圆线虫 *Trichostrongylus pietersei* Le Roux，1932

宿主与寄生部位：绵羊、山羊。皱胃、小肠。

地理分布：贵州、新疆。

82.15.11 枪形毛圆线虫 *Trichostrongylus probolurus*（Railliet，1896）Looss，1905

宿主与寄生部位：骆驼、牛、绵羊、山羊。皱胃、小肠。

地理分布：安徽、北京、重庆、甘肃、贵州、黑龙江、内蒙古、宁夏、青海、陕西、四川、西藏、新疆、云南、浙江。

82.15.12 祁连毛圆线虫 *Trichostrongylus qilianensis* Luo et Wu，1990

宿主与寄生部位：岩羊。小肠。

地理分布：青海。

82.15.13 青海毛圆线虫 *Trichostrongylus qinghaiensis* Liang，Lu，Han，*et al.*，1987

宿主与寄生部位：绵羊、牦牛。皱胃、小肠。

地理分布：青海。

82.15.14 斯氏毛圆线虫 *Trichostrongylus skrjabini* Kalantarian，1928

宿主与寄生部位：绵羊、山羊。小肠。

地理分布：贵州、西藏、新疆。

82.15.15 纤细毛圆线虫 *Trichostrongylus tenuis*（Mehlis，1846）Railliet et Henry，1909

宿主与寄生部位：羊、鹅。小肠、盲肠。

地理分布：安徽、重庆、四川、浙江。

82.15.16 透明毛圆线虫 *Trichostrongylus vitrinus* Looss，1905

宿主与寄生部位：绵羊、山羊。小肠。

地理分布：贵州、西藏。

VI-8-23 鞭虫目 Trichuridea Yamaguti, 1961

　　同物异名：毛首目（Trichocephalidea Skrjabin et Schunz, 1928），毛尾目。

83　毛细科 Capillariidae Neveu-Lemaire, 1936

83.1 毛细属 *Capillaria* Zeder, 1800

83.1.1　嗜气管毛细线虫 *Capillaria aerophila* Creplin, 1839

　　宿主与寄生部位：犬。气管、支气管。

　　地理分布：江苏。

83.1.2　环形毛细线虫 *Capillaria annulata*（Molin, 1858）López-Neyra, 1946

　　宿主与寄生部位：鸡、鸭。食道、嗉囊壁。

　　地理分布：重庆、广东、贵州、四川、云南。

83.1.3　鹅毛细线虫 *Capillaria anseris* Madsen, 1945

　　宿主与寄生部位：鹅。小肠。

　　地理分布：安徽、重庆、福建、广东、海南、江西、四川、新疆、浙江。

83.1.4　双瓣毛细线虫 *Capillaria bilobata* Bhalerao, 1933

　　宿主与寄生部位：黄牛、水牛、牦牛、绵羊、山羊。皱胃、小肠。

　　地理分布：重庆、福建、广东、广西、贵州、湖南、青海、陕西、四川、浙江。

83.1.5　牛毛细线虫 *Capillaria bovis* Schangder, 1906

　　同物异名：长颈毛细线虫（*Capillaria longicollis* Rudolphi, 1819）。

　　宿主与寄生部位：黄牛、水牛、牦牛、绵羊、山羊。皱胃、小肠。

　　地理分布：重庆、福建、甘肃、广西、江苏、江西、青海、陕西、四川、新疆、浙江。

83.1.6　膨尾毛细线虫 *Capillaria caudinflata*（Molin, 1858）Travassos, 1915

　　同物异名：有伞毛细线虫（*Capillaria bursata* Freitas et Almeida, 1934）。

　　宿主与寄生部位：鸡、鸭、鹅。肌胃、小肠。

　　地理分布：安徽、北京、重庆、福建、甘肃、广东、广西、贵州、河北、湖南、江苏、江西、宁夏、山东、陕西、四川、台湾、云南、浙江。

83.1.7　猫毛细线虫 *Capillaria felis* Diesing, 1851

　　宿主与寄生部位：猫。胃、肠道。

　　地理分布：福建。

83.1.8　肝毛细线虫 *Capillaria hepatica*（Bancroft, 1893）Travassos, 1915

　　宿主与寄生部位：兔、犬。肝。

　　地理分布：吉林、江苏、宁夏。

83.1.9　长柄毛细线虫 *Capillaria longipes* Ransen, 1911

　　宿主与寄生部位：山羊。小肠。

　　地理分布：海南、浙江。

83.1.10　大叶毛细线虫 *Capillaria megrelica* Rodonaja, 1947

　　宿主与寄生部位：山羊。小肠。

　　地理分布：江苏。

83.1.11　封闭毛细线虫 *Capillaria obsignata* Madsen, 1945

　　同物异名：鸽毛细线虫（*Capillaria columbae* Rudolphi, 1819）。

宿主与寄生部位：鸡、鸭、鹅。小肠。

地理分布：安徽、重庆、福建、甘肃、广东、广西、河北、江苏、江西、辽宁、青海、山西、陕西、上海、四川、台湾、天津、新疆、云南、浙江。

83.2　优鞘属　*Eucoleus* Dujardin，1845

同物异名：真鸟属。

83.2.1　环纹优鞘线虫　*Eucoleus annulatum*（Molin，1858）López-Neyra，1946

宿主与寄生部位：鸡、鸭。食道、嗉囊、小肠。

地理分布：安徽、重庆、福建、甘肃、广东、广西、贵州、河北、河南、湖北、湖南、江苏、江西、山东、陕西、四川、台湾、天津、云南、浙江。

83.2.2　捻转优鞘线虫　*Eucoleus contorta* Creplin，1839

宿主与寄生部位：鸭。食道。

地理分布：安徽。

83.3　肝居属　*Hepaticola* Hall，1916

83.3.1　肝脏肝居线虫　*Hepaticola hepatica*（Bancroft，1893）Hall，1916

宿主与寄生部位：犬、兔。肝。

地理分布：重庆、吉林、四川、台湾。

83.4　纤形属　*Thominx* Dujardin，1845

同物异名：绳状属。

83.4.1　鸭纤形线虫　*Thominx anatis* Schrank，1790

同物异名：鸭毛细线虫（*Capillaria anatis*（Schrank，1790）Travassos，1915）。

宿主与寄生部位：鸡、鸭、鹅。小肠、盲肠。

地理分布：重庆、广东、广西、贵州、海南、湖南、江苏、山东、陕西、四川、浙江。

83.4.2　领襟纤形线虫　*Thominx collaris* Linstow，1873

宿主与寄生部位：鸡。小肠、盲肠。

地理分布：陕西、台湾、浙江。

83.4.3　捻转纤形线虫　*Thominx contorta*（Creplin，1839）Travassos，1915

同物异名：捻转毛细线虫（*Capillaria contorta*（Creplin，1839）Travassos，1915）。

宿主与寄生部位：鸡、鸭、鹅。口腔、食道、嗉囊、胃、小肠。

地理分布：安徽、重庆、福建、广东、广西、贵州、河南、湖北、江苏、江西、陕西、四川、台湾、新疆、云南、浙江。

83.4.4　鸡纤形线虫　*Thominx gallinae* Cheng，1982

宿主与寄生部位：鸡。小肠、盲肠。

地理分布：广东、贵州、湖南、浙江。

83.4.5　雉纤形线虫　*Thominx phasianina* Kotlán，1940

宿主与寄生部位：鸡。盲肠。

地理分布：陕西。

84　毛形科　Trichinellidae Ward，1907

84.1　毛形属　*Trichinella* Railliet，1895

84.1.1　本地毛形线虫　*Trichinella native* Britov et Boev，1972

宿主与寄生部位：犬、猫。小肠（幼虫于横纹肌中）。

地理分布：甘肃、河北、河南、黑龙江、吉林、辽宁、内蒙古、天津、新疆。

84.1.2　旋毛形线虫　*Trichinella spiralis*（Owen，1835）Railliet，1895

宿主与寄生部位：牛、羊、猪、兔。小肠（幼虫于横纹肌中）。

地理分布：安徽、北京、重庆、福建、甘肃、广东、广西、贵州、河北、河南、黑龙江、湖北、吉林、江苏、江西、辽宁、宁夏、青海、山东、山西、陕西、上海、四川、西藏、新疆、云南、浙江。

85　鞭虫科　Trichuridae Railliet，1915

同物异名：毛首科（Trichocephalidae Baird，1853），毛体科（Trichosomidae Leiper，1912）。

85.1　鞭虫属　*Trichuris* Roederer，1761

同物异名：毛首属（*Trichocephalus* Schrank，1788），鞭虫属（*Mastigodes* Zeder，1800）。

85.1.1　同色鞭虫　*Trichuris concolor* Burdelev，1951

宿主与寄生部位：黄牛、水牛、牦牛、绵羊、山羊。盲肠。

地理分布：重庆、广西、贵州、河南、湖南、江苏、青海、山东、四川、西藏、云南。

85.1.2　无色鞭虫　*Trichuris discolor* Linstow，1906

宿主与寄生部位：黄牛、水牛、绵羊、山羊。盲肠。

地理分布：贵州、山东、陕西。

85.1.3　瞪羚鞭虫　*Trichuris gazellae* Gebauer，1933

宿主与寄生部位：骆驼、黄牛、牦牛、绵羊、山羊。大肠、盲肠。

地理分布：北京、甘肃、贵州、河北、河南、湖南、内蒙古、宁夏、青海、山东、山西、陕西、四川、西藏、云南。

85.1.4　球鞘鞭虫　*Trichuris globulosa* Linstow，1901

宿主与寄生部位：骆驼、黄牛、水牛、牦牛、绵羊、山羊、猪。结肠、盲肠。

地理分布：安徽、重庆、甘肃、广西、贵州、河北、河南、湖北、湖南、江苏、江西、内蒙古、宁夏、青海、山东、山西、陕西、上海、四川、天津、西藏、新疆、云南、浙江。

85.1.5　印度鞭虫　*Trichuris indicus* Sarwar，1946

宿主与寄生部位：绵羊、黄牛。盲肠。

地理分布：甘肃、宁夏、青海、陕西、西藏。

85.1.6　兰氏鞭虫　*Trichuris lani* Artjuch，1948

宿主与寄生部位：骆驼、黄牛、水牛、牦牛、犏牛、绵羊、山羊、猪。结肠、盲肠。

地理分布：重庆、甘肃、广东、广西、贵州、海南、河南、黑龙江、湖南、吉林、辽宁、内蒙古、宁夏、青海、山东、山西、陕西、四川、西藏、新疆、云南、浙江。

85.1.7　兔鞭虫　*Trichuris leporis* Froelich，1789

宿主与寄生部位：兔。结肠、盲肠。

地理分布：甘肃、贵州、河南、宁夏。

85.1.8　长刺鞭虫　*Trichuris longispiculus* Artjuch，1948

宿主与寄生部位：黄牛、牦牛、绵羊、山羊。结肠、盲肠。

地理分布：重庆、甘肃、贵州、河南、湖南、青海、山东、山西、四川、西藏、新疆、云南、浙江。

85.1.9　绵羊鞭虫　*Trichuris ovina* Sarwar，1945

宿主与寄生部位：绵羊、山羊。直肠。

地理分布：四川。

85.1.10　羊鞭虫　*Trichuris ovis* Abilgaard，1795

宿主与寄生部位：骆驼、黄牛、水牛、牦牛、绵羊、山羊、猪、犬。结肠、盲肠。

地理分布：安徽、北京、重庆、福建、甘肃、广东、广西、贵州、河北、河南、黑龙江、湖北、湖南、吉林、江苏、江西、辽宁、宁夏、青海、山东、山西、陕西、上海、四川、台湾、天津、西藏、新疆、云南、浙江。

85.1.11　斯氏鞭虫　*Trichuris skrjabini* Baskakov，1924

宿主与寄生部位：骆驼、黄牛、牦牛、绵羊、山羊。结肠、盲肠、直肠。

地理分布：甘肃、贵州、辽宁、青海、陕西、四川、西藏、新疆、云南。

85.1.12　猪鞭虫　*Trichuris suis* Schrank，1788

宿主与寄生部位：猪。结肠、盲肠。

地理分布：安徽、北京、重庆、福建、甘肃、广东、广西、贵州、海南、河南、黑龙江、湖北、湖南、吉林、江苏、江西、辽宁、内蒙古、宁夏、青海、山东、山西、陕西、上海、四川、台湾、西藏、新疆、云南、浙江。

85.1.13　棉尾兔鞭虫　*Trichuris sylvilagi* Tiner，1950

宿主与寄生部位：兔。结肠、盲肠。

地理分布：贵州、宁夏。

85.1.14　鞭形鞭虫　*Trichuris trichura* Linnaeus，1771

宿主与寄生部位：猪。结肠、盲肠。

地理分布：上海、四川。

85.1.15　狐鞭虫　*Trichuris vulpis* Froelich，1789

宿主与寄生部位：犬。结肠、盲肠。

地理分布：福建、广西、河北、河南、吉林、上海、台湾、天津。

85.1.16　武威鞭虫　*Trichuris wuweiensis* Yang et Chen，1978

宿主与寄生部位：牦牛、绵羊。盲肠。

地理分布：北京、甘肃、湖南、辽宁、宁夏、青海、新疆。

VII　棘头动物门　**Acanthocephala Rudolphi，1808**

同物异名：Acanthocephales（Rudolphi，1808）。

VII-9　原棘头虫纲　**Archiacanthocephala Meyer，1931**

VII-9-24　少棘吻目　**Oligacanthorhynchida Petrochenko，1956**

86　少棘吻科　**Oligacanthorhynchidae Southwell et Macfie，1925**

86.1　巨吻属　*Macracanthorhynchus* Travassos，1917

86.1.1　蛭形巨吻棘头虫　*Macracanthorhynchus hirudinaceus*（Pallas，1781）Travassos，1917

同物异名：猪巨吻棘头虫，*Taenia haeruca*（Pallas，1776），*Echinorhynchus hirudinacea*

（Pallas，1781），*Gigantorhynchus hirundinaceus*（Pallas，1781），*Echinorhynchus gigas*（Block，1782），*Macracanthorhynchus gigas*（Block，1782）。

宿主与寄生部位：猪、羊。小肠。

地理分布：安徽、北京、重庆、福建、甘肃、广东、广西、贵州、海南、河北、河南、黑龙江、湖北、湖南、吉林、江苏、江西、辽宁、内蒙古、山东、山西、陕西、上海、四川、台湾、天津、西藏、新疆、云南、浙江。

86.2 钩吻属 *Oncicola* Travassos，1916

86.2.1 犬钩吻棘头虫 *Oncicola canis*（Kaupp，1909）Hall et Wigdor，1918

同物异名：犬棘吻棘头虫（*Echinorhynchus canis* Kaupp，1909）。

宿主与寄生部位：犬。小肠。

地理分布：河南。

86.2.2 新疆钩吻棘头虫 *Oncicola sinkienensis* Feng et Ding，1987

宿主与寄生部位：犬。小肠。

地理分布：新疆。

86.3 前睾属 *Prosthenorchis* Travassos，1915

86.3.1 中华前睾棘头虫 *Prosthenorchis sinicus* Hu，1990

宿主与寄生部位：犬。小肠。

地理分布：新疆。

VII-10 古棘头虫纲 Palaecanthocephala Meyer，1931

VII-10-25 多形目 Polymorphida Petrochenko，1956

87 多形科 Polymorphidae Meyer，1931

87.1 细颈属 *Filicollis* Lühe，1911

87.1.1 鸭细颈棘头虫 *Filicollis anatis* Schrank，1788

宿主与寄生部位：鸭、鹅。小肠。

地理分布：重庆、广西、贵州、江苏、江西、四川。

87.2 多形属 *Polymorphus* Lühe，1911

87.2.1 腊肠状多形棘头虫 *Polymorphus botulus* Van Cleave，1916

宿主与寄生部位：鸭。小肠。

地理分布：福建、广东、陕西。

87.2.2 重庆多形棘头虫 *Polymorphus chongqingensis* Liu，Zhang et Zhang，1990

宿主与寄生部位：鸭。小肠。

地理分布：重庆。

87.2.3 双扩多形棘头虫 *Polymorphus diploinflatus* Lundström，1942

宿主与寄生部位：鸭。小肠。

地理分布：广西、新疆。

87.2.4 台湾多形棘头虫 *Polymorphus formosus* Schmidt et Kuntz，1967

宿主与寄生部位：鸭。小肠。

地理分布：重庆、湖南、台湾。

87.2.5 大多形棘头虫 *Polymorphus magnus* Skrjabin，1913

宿主与寄生部位：鸡、鸭、鹅。小肠，偶见大肠。

地理分布：重庆、福建、广东、广西、贵州、河南、湖北、湖南、江西、辽宁、新疆、云南。

87.2.6　小多形棘头虫　*Polymorphus minutus* Zeder，1800

同物异名：鸭多形棘头虫（*Polymorphus boschadis* Schrank，1788）。

宿主与寄生部位：鸭、鹅。小肠，偶见大肠。

地理分布：安徽、重庆、广西、贵州、江苏、江西、辽宁、陕西、四川、台湾。

87.2.7　四川多形棘头虫　*Polymorphus sichuanensis* Wang et Zhang，1987

宿主与寄生部位：鸭。肠。

地理分布：四川。

A2　蛭类 Leech

环节动物门下有蛭类动物，也吸食畜禽血液，实际上也是畜禽体表寄生虫，但兽医寄生虫学科技工作者在进行寄生虫区系调查时，往往未将此类动物列入调查范围，为便于读者能较全面地了解家畜家禽寄生虫情况，故将主要几种蛭类附列于蠕虫之后。

A2.1　鼻蛭　*Dinobdella ferox* Blanchard，1896

宿主与寄生部位：马、牛。口腔、鼻腔、咽喉、阴道。

地理分布：贵州、云南。

A2.2　日本山蛭　*Haemadipsa japonica* Whitman，1886

宿主与寄生部位：家畜。皮肤。

地理分布：四川、台湾、云南。

A2.3　日本医蛭　*Hirudo nipponia* Whitman，1886

宿主与寄生部位：家畜。皮肤。

地理分布：安徽、广东、河北、黑龙江、湖北、湖南、吉林、江苏、江西、辽宁、内蒙古、山东、台湾、浙江。

A2.4　湖北牛蛭　*Poecilobdella hubeiensis* Yang，1980

宿主与寄生部位：家畜。皮肤、尿道、阴道。

地理分布：安徽、广东、广西、湖北、湖南、江苏、江西、上海、浙江。

A2.5　整嵌晶蛭　*Theromyzon tessuiatum* Muller，1774

宿主与寄生部位：鸭、鹅。口腔、鼻腔。

地理分布：黑龙江、吉林、辽宁。

节肢动物　Arthropod

VIII　节肢动物门　Arthropoda Sieboldet et Stannius，1845

VIII-11　蛛形纲　Arachnida Lamarck，1815

VIII-11-26　真螨目　Acariformes Krantz，1978

88　肉食螨科　Cheyletidae Leach，1814

88.1　姬螯螨属　*Cheyletiella* Canestrini，1885

88.1.1　兔皮姬螯螨　*Cheyletiella parasitivorax* Megnin，1878

宿主与寄生部位：兔。体表。

地理分布：重庆、江苏、四川。

88.2　羽管螨属　*Syringophilus* Heller，1880

88.2.1　双梳羽管螨　*Syringophilus bipectinatus* Heller，1880

宿主与寄生部位：鸡、鸭、鹅。羽管。

地理分布：重庆、福建、甘肃、广东、广西、贵州、海南、河北、湖北、湖南、江苏、江西、青海、陕西、上海、四川、新疆。

89　胞螨科　Cytoditidae Oudemans，1908

89.1　胞螨属　*Cytodites* Megnin，1879

89.1.1　气囊胞螨　*Cytodites nudus* Vizioli，1870

同物异名：寡毛鸡螨。

宿主与寄生部位：鸡。腹腔、皮下结缔组织及肌膜之间、气管、支气管、气囊及与呼吸道相通的骨腔。

地理分布：河北、天津、新疆。

90　蠕形螨科　Demodicidae Nicolet，1855

90.1　蠕形螨属　*Demodex* Owen，1843

90.1.1　牛蠕形螨　*Demodex bovis* Stiles，1892

宿主与寄生部位：黄牛。毛囊，少于皮脂腺。

地理分布：重庆、甘肃、广西、贵州、黑龙江、宁夏、四川、新疆、浙江。

90.1.2　犬蠕形螨　*Demodex canis* Leydig，1859

宿主与寄生部位：犬。毛囊，少于皮脂腺。

地理分布：安徽、重庆、甘肃、广东、广西、河北、黑龙江、吉林、江苏、江西、辽宁、宁夏、陕西、上海、四川、天津、新疆、云南、浙江。

90.1.3　山羊蠕形螨　*Demodex caprae* Railliet，1895

宿主与寄生部位：山羊。毛囊，少于皮脂腺。

地理分布：安徽、重庆、福建、甘肃、广西、贵州、河南、湖北、湖南、江苏、陕西、上海、四川、云南。

90.1.4 绵羊蠕形螨 *Demodex ovis* Railliet，1895

宿主与寄生部位：绵羊。毛囊，少于皮脂腺。

地理分布：宁夏、四川、新疆。

90.1.5 猪蠕形螨 *Demodex phylloides* Czokor，1858

宿主与寄生部位：猪。毛囊，少于皮脂腺。

地理分布：安徽、北京、重庆、甘肃、广东、广西、贵州、河北、湖南、江苏、宁夏、青海、山西、四川、天津、新疆。

91 皮膜螨科 **Laminosioptidae Vitzhum，1931**

同物异名：鸡雏螨科。

91.1 皮膜螨属 *Laminosioptes* **Megnin，1880**

91.1.1 禽皮膜螨 *Laminosioptes cysticola* Vizioli，1870

宿主与寄生部位：鸡、鸭、鹅。肌间结缔组织与肌膜间，腹腔各脏器表面及腹膜、肺、皮下。

地理分布：河北、江苏、新疆。

92 牦螨科 **Listrophoridae Canestrini，1892**

同物异名：鬈螨科。

92.1 牦螨属 *Listrophorus* **Pagenstecher，1861**

92.1.1 囊凸牦螨 *Listrophorus gibbus* Pagenstecher，1861

同物异名：兔毛囊螨。

宿主与寄生部位：兔。臀部、毛根处毛上。

地理分布：北京、江苏。

93 痒螨科 **Psoroptidae Canestrini，1892**

93.1 足螨属 *Chorioptes* **Gervais et van Beneden，1859**

93.1.1 牛足螨 *Chorioptes bovis* Hering，1845

宿主与寄生部位：黄牛、水牛。尾根、肛门附近、蹄部皮肤。

地理分布：安徽、贵州、河北、宁夏、陕西、上海、天津、浙江。

93.1.1.1 山羊足螨 *Chorioptes bovis* var. *caprae* Gervais et van Beneden，1859

宿主与寄生部位：山羊。颈部、耳及尾根部皮肤。

地理分布：陕西。

93.1.1.2 兔足螨 *Chorioptes bovis* var. *cuniculi*

宿主与寄生部位：兔。外耳道、皮肤。

地理分布：安徽、贵州、湖南、江西、宁夏、山东、陕西、浙江。

93.1.1.3 骆驼足螨 *Chorioptes bovis* var. *dromedarii*

宿主与寄生部位：骆驼。皮肤。

地理分布：宁夏。

93.1.1.4 马足螨 *Chorioptes bovis* var. *equi*

宿主与寄生部位：马。四肢球节部皮肤。

地理分布：宁夏、陕西。

93.1.1.5 鸡足螨 *Chorioptes bovis* var. *gallinae*

宿主与寄生部位：鸡。皮肤。

地理分布：河南。

93.1.1.6 绵羊足螨 *Chorioptes bovis* var. *ovis*

宿主与寄生部位：绵羊。蹄部及腿外侧皮肤。

地理分布：陕西。

93.2 耳痒螨属 *Otodectes* Canestrini，1894

93.2.1 犬耳痒螨 *Otodectes cynotis* Hering，1838

宿主与寄生部位：犬、猫。外耳道皮肤表面。

地理分布：河南、黑龙江、吉林、江苏、辽宁、陕西、四川、新疆、云南。

93.2.1.1 犬耳痒螨犬变种 *Otodectes cynotis* var. *canis*

宿主与寄生部位：犬。外耳道皮肤表面。

地理分布：黑龙江、江苏、辽宁、陕西、四川。

93.2.1.2 犬耳痒螨猫变种 *Otodectes cynotis* var. *cati*

宿主与寄生部位：猫。外耳道皮肤表面。

地理分布：江苏、陕西。

93.3 痒螨属 *Psoroptes* Gervais，1841

93.3.1 马痒螨 *Psoroptes equi* Hering，1838

宿主与寄生部位：马、驴、骡。体表。

地理分布：安徽、重庆、甘肃、河北、河南、黑龙江、吉林、江苏、辽宁、内蒙古、宁夏、青海、陕西、四川、天津、新疆、云南。

93.3.1.1 牛痒螨 *Psoroptes equi* var. *bovis* Gerlach，1857

宿主与寄生部位：黄牛、牦牛。体表。

地理分布：安徽、福建、甘肃、广东、广西、贵州、河南、黑龙江、湖北、湖南、吉林、江苏、江西、辽宁、内蒙古、宁夏、青海、山东、山西、陕西、四川、西藏、新疆、云南。

93.3.1.2 山羊痒螨 *Psoroptes equi* var. *caprae* Hering，1838

宿主与寄生部位：山羊。体表。

地理分布：重庆、贵州、河南、江西、宁夏、青海、山西、陕西、四川。

93.3.1.3 兔痒螨 *Psoroptes equi* var. *cuniculi* Delafond，1859

宿主与寄生部位：兔。体表、外耳道。

地理分布：安徽、北京、重庆、甘肃、广西、河北、河南、黑龙江、湖北、湖南、吉林、江苏、江西、辽宁、宁夏、青海、山东、山西、陕西、上海、四川、天津、新疆、浙江。

93.3.1.4 水牛痒螨 *Psoroptes equi* var. *natalensis* Hirst，1919

同物异名：纳塔痒螨。

宿主与寄生部位：水牛。体表。

地理分布：安徽、重庆、广西、贵州、湖北、江苏、江西、山东、陕西、四川、西藏、云南、浙江。

93.3.1.5　绵羊痒螨　*Psoroptes equi* var. *ovis* Hering，1838

　　宿主与寄生部位：绵羊。体表。

　　地理分布：安徽、北京、重庆、福建、甘肃、贵州、河南、黑龙江、湖北、吉林、江苏、江西、辽宁、内蒙古、宁夏、青海、山东、山西、陕西、四川、西藏、新疆、云南。

94　鼻刺螨科　**Rhinonyssidae Trouessart，1895**

94.1　鼻刺螨属　*Rhinonyssus* **Trouessart，1884**

94.1.1　鼻鼻刺螨　*Rhinonyssus rhinolethrum* Trouessart，1895

　　宿主与寄生部位：鹅。鼻腔。

　　地理分布：安徽。

95　疥螨科　**Sarcoptidae Trouessart，1892**

95.1　膝螨属　*Cnemidocoptes* **Furstenberg，1870**

95.1.1　鸡膝螨　*Cnemidocoptes gallinae* Railliet，1887

　　宿主与寄生部位：鸡。羽基部周围及羽干。

　　地理分布：安徽、重庆、福建、甘肃、广西、贵州、湖北、吉林、江苏、辽宁、宁夏、山东、山西、四川、新疆、云南、浙江。

95.1.2　突变膝螨　*Cnemidocoptes mutans* Robin，1860

　　宿主与寄生部位：鸡。脚趾及腿无羽毛处皮肤。

　　地理分布：安徽、重庆、福建、甘肃、广东、广西、贵州、河北、河南、黑龙江、湖北、湖南、江苏、江西、宁夏、山西、四川、天津、新疆、云南、浙江。

95.2　背肛螨属　*Notoedres* **Railliet，1893**

95.2.1　猫背肛螨　*Notoedres cati* Hering，1838

　　宿主与寄生部位：猫。面、鼻、耳、颈部皮肤。

　　地理分布：北京、甘肃、河南、新疆。

95.2.1.1　兔背肛螨　*Notoedres cati* var. *cuniculi* Gerlach，1857

　　宿主与寄生部位：兔。头、鼻、口、耳部皮肤，也可延至生殖器。

　　地理分布：安徽、重庆、甘肃、广西、贵州、河北、河南、黑龙江、湖北、湖南、江苏、辽宁、宁夏、山东、陕西、四川、天津、新疆、浙江。

95.3　疥螨属　*Sarcoptes* **Latreille，1802**

95.3.1　人疥螨　*Sarcoptes scabiei* De Geer，1778

95.3.1.1　牛疥螨　*Sarcoptes scabiei* var. *bovis* Cameron，1924

　　宿主与寄生部位：黄牛、水牛、牦牛、犏牛。皮肤。

　　地理分布：重庆、福建、甘肃、广东、广西、贵州、河北、河南、黑龙江、湖北、吉林、江苏、江西、辽宁、青海、山东、陕西、上海、四川、天津、新疆、云南、浙江。

95.3.1.2　水牛疥螨　*Sarcoptes scabiei* var. *bubalis* Chakrabarti，Chatterjee，Chakrabarti，*et al.*，1981

　　宿主与寄生部位：水牛。皮肤。

　　地理分布：安徽。

95.3.1.3　犬疥螨　*Sarcoptes scabiei* var. *canis* Gerlach，1857

宿主与寄生部位：犬。皮肤。

地理分布：北京、重庆、福建、甘肃、广西、河南、江苏、江西、辽宁、陕西、四川、新疆、浙江。

95.3.1.4　山羊疥螨　*Sarcoptes scabiei* var. *caprae*

宿主与寄生部位：山羊。皮肤。

地理分布：重庆、福建、甘肃、广东、广西、贵州、河南、湖北、湖南、江苏、江西、辽宁、内蒙古、宁夏、青海、山西、陕西、四川、西藏、新疆、云南。

95.3.1.5　兔疥螨　*Sarcoptes scabiei* var. *cuniculi*

宿主与寄生部位：兔。皮肤。

地理分布：安徽、北京、重庆、福建、甘肃、广东、广西、贵州、河南、黑龙江、湖南、吉林、江苏、内蒙古、宁夏、山西、陕西、四川、新疆、云南。

95.3.1.6　骆驼疥螨　*Sarcoptes scabiei* var. *cameli*

宿主与寄生部位：骆驼。皮肤。

地理分布：江西、内蒙古、宁夏、陕西。

95.3.1.7　马疥螨　*Sarcoptes scabiei* var. *equi*

宿主与寄生部位：马、驴、骡。皮肤。

地理分布：安徽、重庆、福建、甘肃、广西、贵州、河南、吉林、江苏、江西、辽宁、内蒙古、宁夏、青海、陕西、四川、新疆、云南。

95.3.1.8　绵羊疥螨　*Sarcoptes scabiei* var. *ovis* Mégnin，1880

宿主与寄生部位：绵羊。皮肤。

地理分布：安徽、重庆、甘肃、贵州、河南、黑龙江、吉林、江西、辽宁、宁夏、青海、山西、陕西、四川、西藏、新疆、云南。

95.3.1.9　猪疥螨　*Sarcoptes scabiei* var. *suis* Gerlach，1857

宿主与寄生部位：猪。皮肤。

地理分布：安徽、北京、重庆、福建、甘肃、广东、广西、贵州、海南、河北、河南、黑龙江、湖北、湖南、吉林、江苏、江西、辽宁、内蒙古、宁夏、青海、山东、山西、陕西、上海、四川、台湾、天津、西藏、新疆、云南、浙江。

95.3.1.10　狐疥螨　*Sarcoptes scabiei* var. *vulpis*

宿主与寄生部位：牛。皮肤。

地理分布：黑龙江。

96　恙螨科　Trombiculidae Ewing，1944

96.1　纤恙螨属　*Leptotrombidium* Nagayo，Miyagawa，Mitamura，*et al.*，1916

96.1.1　地理纤恙螨　*Leptotrombidium deliense* Walch，1922

宿主与寄生部位：鸡。体表。

地理分布：福建、广东、广西、贵州、江苏、上海、四川、台湾、西藏、云南、浙江。

96.2　新棒螨属　*Neoschoengastia* Hirst，1921

96.2.1　鸡新棒螨　*Neoschoengastia gallinarum* Hatori，1920

宿主与寄生部位：鸡、鸭、鹅。皮肤。

地理分布：安徽、重庆、福建、广东、广西、河北、河南、湖北、江苏、江西、辽宁、上海、台湾、天津、浙江。

96.3　螯齿螨属　*Odontacarus* Ewing，1929

96.3.1　巨螯齿螨　*Odontacarus majesticus* Chen et Hsu，1945

宿主与寄生部位：猫。体表。

地理分布：安徽、福建、广西、湖北、湖南、江苏、江西、山东、上海、四川、浙江。

96.4　恙螨属　*Trombicula* Berlese，1905

96.4.1　红恙螨　*Trombicula akamushi* Brumpt，1910

宿主与寄生部位：犬。体表。

地理分布：台湾。

VIII-11-27　寄形目　Parasitiformes Krantz，1978

97　软蜱科　Argasidae Canestrini，1890

97.1　锐缘蜱属　*Argas* Latreille，1796

97.1.1　波斯锐缘蜱　*Argas persicus* Oken，1818

宿主与寄生部位：骆驼、牛、羊、猪、鸡、鹅。体表。

地理分布：安徽、北京、福建、甘肃、河北、河南、黑龙江、吉林、江苏、江西、辽宁、内蒙古、宁夏、青海、山东、山西、陕西、上海、四川、台湾、天津、新疆。

97.1.2　翘缘锐缘蜱　*Argas reflexus* Fabricius，1794

宿主与寄生部位：鸡。体表。

地理分布：北京、甘肃、河北、辽宁、内蒙古、宁夏、山东、陕西、新疆。

97.1.3　普通锐缘蜱　*Argas vulgaris* Filippova，1961

宿主与寄生部位：鸡。体表。

地理分布：新疆。

97.2　钝缘蜱属　*Ornithodorus* Koch，1844

97.2.1　拉合尔钝缘蜱　*Ornithodorus lahorensis* Neumann，1908

宿主与寄生部位：骆驼、马、驴、黄牛、绵羊、山羊、犬、鸡。体表。

地理分布：甘肃、青海、西藏、新疆。

97.2.2　乳突钝缘蜱　*Ornithodorus papillipes* Birula，1895

宿主与寄生部位：绵羊、山羊、犬、兔。体表。

地理分布：青海、山西、新疆。

97.2.3　特突钝缘蜱　*Ornithodorus tartakovskyi* Olenev，1931

宿主与寄生部位：绵羊、山羊。体表。

地理分布：甘肃、西藏、新疆。

98　皮刺螨科　Dermanyssidae Kolenati，1859

98.1　皮刺螨属　*Dermanyssus* Duges，1834

98.1.1　鸡皮刺螨　*Dermanyssus gallinae* De Geer，1778

宿主与寄生部位：鸡、鹅。体表。

地理分布：安徽、重庆、福建、甘肃、广东、广西、贵州、河北、河南、黑龙江、湖北、湖南、吉林、江苏、江西、辽宁、宁夏、山东、陕西、四川、天津、新疆、云南、浙江。

98.2 禽刺螨属 ***Ornithonyssus* Sambon，1928**

98.2.1 柏氏禽刺螨 *Ornithonyssus bacoti* Hirst，1913

宿主与寄生部位：兔。体表。

地理分布：宁夏。

98.2.2 囊禽刺螨 *Ornithonyssus bursa* Berlese，1888

宿主与寄生部位：鸡。体表。

地理分布：新疆、云南。

98.2.3 林禽刺螨 *Ornithonyssus sylviarum* Canestrini et Fanzago，1877

宿主与寄生部位：鸡。体表。

地理分布：新疆。

99 硬蜱科 Ixodidae Murray，1877

99.1 花蜱属 ***Amblyomma* Koch，1844**

99.1.1 爪哇花蜱 *Amblyomma javanense* Supino，1897

宿主与寄生部位：水牛。皮肤。

地理分布：福建、广东、海南、云南、浙江。

99.1.2 龟形花蜱 *Amblyomma testudinarium* Koch，1844

同物异名：铜色花蜱（*Amblyomma cyprium* Neumann，1899）。

宿主与寄生部位：马、驴、黄牛、水牛、山羊、猪、犬。体表。

地理分布：福建、广东、海南、台湾、云南、浙江。

99.2 牛蜱属 ***Boophilus* Curtice，1891**

99.2.1 微小牛蜱 *Boophilus microplus* Canestrini，1887

同物异名：南方牛蜱（*Boophilus australis* Fuller，1889），突尾牛蜱（*Boophilus cauda-tus* Neumann，1897），中华牛蜱（*Boophilus sinensis* Minning，1934）。

宿主与寄生部位：马、驴、黄牛、水牛、奶牛、牦牛、绵羊、山羊、猪、犬、猫。体表。

地理分布：安徽、重庆、福建、甘肃、广东、广西、贵州、海南、河北、河南、湖北、湖南、江苏、江西、辽宁、山东、山西、陕西、上海、四川、台湾、天津、西藏、新疆、云南、浙江。

99.3 革蜱属 ***Dermacentor* Koch，1844**

99.3.1 阿坝革蜱 *Dermacentor abaensis* Teng，1963

宿主与寄生部位：马、牦牛、犏牛、绵羊。体表。

地理分布：甘肃、青海、四川、西藏。

99.3.2 金泽革蜱 *Dermacentor auratus* Supino，1897

宿主与寄生部位：水牛、猪、犬。体表。

地理分布：福建、广东、海南、江西、台湾、云南、浙江。

99.3.3 朝鲜革蜱 *Dermacentor coreus* Itagaki，Noda et Yamaguchi，1944

宿主与寄生部位：马、羊、犬、兔。体表。

地理分布：甘肃、黑龙江、吉林。

99.3.4　西藏革蜱　*Dermacentor everestianus* Hirst，1926

同物异名：比氏革蜱（*Dermacentor birulai* Olenev，1927）。

宿主与寄生部位：马、犏牛、绵羊、犬。体表。

地理分布：西藏。

99.3.5　边缘革蜱　*Dermacentor marginatus* Sulzer，1776

宿主与寄生部位：骆驼、马、驴、黄牛、牦牛、绵羊、山羊。体表。

地理分布：甘肃、吉林、内蒙古、山西、陕西、西藏、新疆。

99.3.6　银盾革蜱　*Dermacentor niveus* Neumann，1897

宿主与寄生部位：骆驼、马、牛、绵羊、山羊。体表。

地理分布：甘肃、内蒙古、西藏、新疆。

99.3.7　草原革蜱　*Dermacentor nuttalli* Olenev，1928

宿主与寄生部位：骆驼、马、驴、黄牛、牦牛、犏牛、绵羊、山羊、犬、兔。体表。

地理分布：安徽、北京、甘肃、河北、黑龙江、吉林、辽宁、内蒙古、宁夏、青海、陕西、天津、西藏、新疆。

99.3.8　胫距革蜱　*Dermacentor pavlovskyi* Olenev，1927

宿主与寄生部位：牛、绵羊、山羊。体表。

地理分布：新疆。

99.3.9　网纹革蜱　*Dermacentor reticulatus* Fabricius，1794

宿主与寄生部位：骆驼、马、驴、黄牛、水牛、绵羊、山羊、猪、犬。体表。

地理分布：内蒙古、山西、陕西、新疆。

99.3.10　森林革蜱　*Dermacentor silvarum* Olenev，1931

宿主与寄生部位：骆驼、马、黄牛、绵羊、山羊、猪、犬、兔。体表。

地理分布：北京、甘肃、河北、黑龙江、吉林、辽宁、内蒙古、宁夏、青海、山西、陕西、天津、新疆。

99.3.11　中华革蜱　*Dermacentor sinicus* Schulze，1932

宿主与寄生部位：骆驼、马、骡、黄牛、绵羊、山羊、犬、兔。体表。

地理分布：北京、甘肃、贵州、河北、黑龙江、吉林、辽宁、内蒙古、宁夏、山东、山西、新疆。

99.4　血蜱属　*Haemaphysalis* Koch，1844

99.4.1　长须血蜱　*Haemaphysalis aponommoides* Warburton，1913

宿主与寄生部位：马、黄牛、水牛、牦牛、绵羊、山羊、犬。体表。

地理分布：福建、甘肃、云南。

99.4.2　缅甸血蜱　*Haemaphysalis birmaniae* Supino，1897

宿主与寄生部位：水牛、牦牛。体表。

地理分布：广西、台湾、云南。

99.4.3　二棘血蜱　*Haemaphysalis bispinosa* Neumann，1897

宿主与寄生部位：马、驴、黄牛、水牛、绵羊、山羊、猪、犬、猫、鸡、鹅。体表。

地理分布；安徽、北京、重庆、福建、甘肃、贵州、湖北、湖南、江苏、江西、山东、山西、四川、新疆、云南、浙江。

99.4.4　铃头血蜱　*Haemaphysalis campanulata* Warburton，1908

宿主与寄生部位：骆驼、马、驴、牛、犬、猫、兔。体表。

地理分布：北京、重庆、贵州、河北、黑龙江、湖北、江苏、辽宁、内蒙古、宁夏、山东、山西、四川。

99.4.5　侧刺血蜱　*Haemaphysalis canestrinii* Supino，1897

同物异名：坎氏血蜱。

宿主与寄生部位：犬。体表。

地理分布：台湾、云南。

99.4.6　嗜群血蜱　*Haemaphysalis concinna* Koch，1844

宿主与寄生部位：马、黄牛、犏牛、绵羊、山羊、犬。体表。

地理分布：安徽、甘肃、黑龙江、吉林、辽宁、内蒙古、宁夏、山西、新疆。

99.4.7　具角血蜱　*Haemaphysalis cornigera* Neumann，1897

同物异名：台湾具角血蜱（*Haemaphysalis cornigera taiwana* Sugimoto，1936）。

宿主与寄生部位：黄牛、水牛、犬。体表。

地理分布：福建、广东、广西、海南、台湾、云南。

99.4.8　短垫血蜱　*Haemaphysalis erinacei* Pavesi，1844

宿主与寄生部位：牛、绵羊。体表。

地理分布：宁夏、新疆。

99.4.9　褐黄血蜱　*Haemaphysalis flava* Neumann，1897

宿主与寄生部位：马、黄牛、绵羊、猪、犬。体表。

地理分布：甘肃、贵州、湖北、江苏、四川、台湾。

99.4.10　台湾血蜱　*Haemaphysalis formosensis* Neumann，1913

宿主与寄生部位：水牛、犬。皮肤。

地理分布：福建、广东、海南、河南、台湾。

99.4.11　豪猪血蜱　*Haemaphysalis hystricis* Supino，1897

同物异名：西山血蜱（*Haemaphysalis nishiyamai* Sugimoto，1935）。

宿主与寄生部位：黄牛、水牛、犬、绵羊。体表。

地理分布：福建、甘肃、广东、贵州、海南、湖北、湖南、江苏、山东、台湾、云南。

99.4.12　缺角血蜱　*Haemaphysalis inermis* Birula，1895

宿主与寄生部位：黄牛、水牛、山羊。体表。

地理分布：甘肃、贵州、四川。

99.4.13　日本血蜱　*Haemaphysalis japonica* Warburton，1908

宿主与寄生部位：马、驴、黄牛、牦牛、犏牛、绵羊、山羊。体表。

地理分布：甘肃、河北、黑龙江、吉林、辽宁、内蒙古、宁夏、青海、山西、陕西、四川。

99.4.14　日本血蜱岛氏亚种　*Haemaphysalis japonica douglasi* Nuttall et Warburton，1915

宿主与寄生部位：牛、羊。体表。

地理分布：黑龙江、吉林、内蒙古、宁夏。

99.4.15　长角血蜱 *Haemaphysalis longicornis* Neumann，1901

　　宿主与寄生部位：马、驴、黄牛、水牛、绵羊、山羊、猪、犬。体表。

　　地理分布：安徽、北京、福建、甘肃、贵州、河北、河南、黑龙江、湖北、湖南、吉林、江苏、江西、辽宁、山东、山西、陕西、上海、四川、台湾、天津、云南、浙江。

99.4.16　日岛血蜱 *Haemaphysalis mageshimaensis* Saito et Hoogstraal，1973

　　宿主与寄生部位：黄牛、水牛、山羊。体表。

　　地理分布：安徽、福建、广东、台湾。

99.4.17　猛突血蜱 *Haemaphysalis montgomeryi* Nuttall，1912

　　宿主与寄生部位：马、驴、黄牛、水牛、绵羊、山羊。体表。

　　地理分布：贵州、四川、西藏、云南。

99.4.18　嗜麝血蜱 *Haemaphysalis moschisuga* Teng，1980

　　宿主与寄生部位：黄牛、牦牛。体表。

　　地理分布：甘肃、青海、四川、西藏、云南。

99.4.19　努米底亚血蜱 *Haemaphysalis numidiana* Neumann，1897

　　宿主与寄生部位：牛。体表。

　　地理分布：宁夏。

99.4.20　刻点血蜱 *Haemaphysalis punctata* Canestrini et Fanzago，1877

　　宿主与寄生部位：骆驼、马、黄牛、牛、绵羊、羊。体表。

　　地理分布：甘肃、新疆。

99.4.21　青海血蜱 *Haemaphysalis qinghaiensis* Teng，1980

　　宿主与寄生部位：马、驴、骡、黄牛、牦牛、绵羊、山羊、兔。体表。

　　地理分布：甘肃、宁夏、青海、四川、云南。

99.4.22　中华血蜱 *Haemaphysalis sinensis* Zhang，1981

　　宿主与寄生部位：黄牛、山羊。体表。

　　地理分布：湖北、陕西。

99.4.23　距刺血蜱 *Haemaphysalis spinigera* Neumann，1897

　　宿主与寄生部位：牦牛。体表。

　　地理分布：云南。

99.4.24　有沟血蜱 *Haemaphysalis sulcata* Canestrini et Fanzago，1878

　　宿主与寄生部位：绵羊、山羊。体表。

　　地理分布：甘肃、新疆。

99.4.25　西藏血蜱 *Haemaphysalis tibetensis* Hoogstraal，1965

　　宿主与寄生部位：绵羊、牦牛、犬。体表。

　　地理分布：青海。

99.4.26　草原血蜱 *Haemaphysalis verticalis* Itagaki，Noda et Yamaguchi，1944

　　宿主与寄生部位：黄牛、羊、犬、兔。体表。

　　地理分布：甘肃、河北、黑龙江、吉林、辽宁、内蒙古、宁夏、山西、陕西。

99.4.27　越南血蜱 *Haemaphysalis vietnamensis* Hoogstraal et Wilson，1966

宿主与寄生部位：黄牛。体表。

地理分布：福建、贵州、湖南、四川、云南。

99.4.28　汶川血蜱　*Haemaphysalis warburtoni* Nuttall, 1912

宿主与寄生部位：马、驴、牦牛、绵羊。体表。

地理分布：重庆、四川、西藏、新疆。

99.4.29　微型血蜱　*Haemaphysalis wellingtoni* Nuttall et Warburton, 1908

宿主与寄生部位：水牛、犬、鸡。体表。

地理分布：广东、海南、云南。

99.4.30　新疆血蜱　*Haemaphysalis xinjiangensis* Teng, 1980

同物异名：丹氏血蜱（*Haemaphysalis danieli* Cerný et Hoogstraal, 1977）。

宿主与寄生部位：绵羊、山羊、北山羊。体表。

地理分布：青海、新疆。

99.4.31　越原血蜱　*Haemaphysalis yeni* Toumanoff, 1944

宿主与寄生部位：犬。体表。

地理分布：福建、甘肃、海南、湖南。

99.5　璃眼蜱属　*Hyalomma* Koch, 1844

99.5.1　小亚璃眼蜱　*Hyalomma anatolicum* Koch, 1844

宿主与寄生部位：骆驼、马、黄牛、绵羊。体表。

地理分布：甘肃、山西、新疆。

99.5.2　亚洲璃眼蜱　*Hyalomma asiaticum* Schulze et Schlottke, 1929

宿主与寄生部位：骆驼、马、驴、骡、黄牛、绵羊、山羊、猪、犬、猫、兔。体表。

地理分布：甘肃、河北、吉林、内蒙古、宁夏、青海、陕西、天津、新疆。

99.5.3　亚洲璃眼蜱卡氏亚种　*Hyalomma asiaticum kozlovi* Olenev, 1931

宿主与寄生部位：骆驼、马、驴、牛、绵羊、山羊、猪。体表。

地理分布：甘肃、贵州、河北、河南、黑龙江、吉林、辽宁、内蒙古、宁夏、青海、山东、山西、陕西、新疆。

99.5.4　残缘璃眼蜱　*Hyalomma detritum* Schulze, 1919

宿主与寄生部位：骆驼、马、驴、骡、黄牛、牦牛、绵羊、山羊、猪、犬。体表。

地理分布：安徽、北京、甘肃、贵州、河北、河南、黑龙江、湖北、吉林、江苏、辽宁、内蒙古、宁夏、山东、山西、陕西、四川、天津、西藏、新疆、云南。

99.5.5　嗜驼璃眼蜱　*Hyalomma dromedarii* Koch, 1844

宿主与寄生部位：骆驼、马、牛、绵羊、山羊。体表。

地理分布：甘肃、内蒙古、新疆。

99.5.6　边缘璃眼蜱　*Hyalomma marginatum* Koch, 1844

宿主与寄生部位：黄牛、绵羊、山羊。体表。

地理分布：重庆、广东、吉林、宁夏、新疆。

99.5.7　边缘璃眼蜱印度亚种　*Hyalomma marginatum indosinensis* Toumanoff, 1944

宿主与寄生部位：黄牛、水牛。体表。

地理分布：海南。

99.5.8　边缘璃眼蜱伊氏亚种　*Hyalomma marginatum isaaci* Sharif，1928

宿主与寄生部位：黄牛、犏牛、山羊。体表。

地理分布：四川、云南。

99.5.9　灰色璃眼蜱　*Hyalomma plumbeum*（Panzer，1795）Vlasov，1940

宿主与寄生部位：骆驼、马、牛、羊。体表。

地理分布：新疆。

99.5.10　麻点璃眼蜱　*Hyalomma rufipes* Koch，1844

宿主与寄生部位：骆驼、马、牛、绵羊、山羊。体表。

地理分布：甘肃、内蒙古、宁夏、山西、新疆。

99.5.11　盾糙璃眼蜱　*Hyalomma scupense* Schulze，1918

宿主与寄生部位：骆驼、马、驴、牛、绵羊。体表。

地理分布：甘肃、河南、辽宁、内蒙古、山西、新疆。

99.6　硬蜱属　*Ixodes* Leatreille，1795

99.6.1　锐跗硬蜱　*Ixodes acutitarsus* Karsch，1880

宿主与寄生部位：驴、黄牛、水牛、犏牛、山羊、犬。体表。

地理分布：甘肃、湖北、台湾、西藏、云南。

99.6.2　嗜鸟硬蜱　*Ixodes arboricola* Schulze et Schlottke，1929

宿主与寄生部位：鸡。体表。

地理分布：甘肃、内蒙古、青海、西藏、新疆。

99.6.3　草原硬蜱　*Ixodes crenulatus* Koch，1844

宿主与寄生部位：马、犬、兔。体表。

地理分布：甘肃、黑龙江、吉林、辽宁、内蒙古、宁夏、青海、山东、四川、西藏、新疆。

99.6.4　粒形硬蜱　*Ixodes granulatus* Supino，1897

宿主与寄生部位：黄牛。体表。

地理分布：福建、甘肃、广东、贵州、海南、湖北、四川、台湾、西藏、云南、浙江。

99.6.5　克什米尔硬蜱　*Ixodes kashmiricus* Pomerantzev，1948

宿主与寄生部位：犏牛。体表。

地理分布：西藏。

99.6.6　拟蓖硬蜱　*Ixodes nuttallianus* Schulze，1930

宿主与寄生部位：马、驴、黄牛、牦牛、犏牛、绵羊、山羊、猪、犬。体表。

地理分布：甘肃、四川、西藏、新疆。

99.6.7　卵形硬蜱　*Ixodes ovatus* Neumann，1899

同物异名：台湾硬蜱（*Ixodes taiwanensis* Sugimoto，1936），新竹硬蜱（*Ixodes shinchikuensis* Sugimoto，1937；*Ixodes shinckikuensis* Luh et Woo，1950）。

宿主与寄生部位：马、驴、黄牛、奶牛、牦牛、犏牛、绵羊、山羊、猪、犬。体表。

地理分布：安徽、福建、甘肃、广西、贵州、湖北、宁夏、青海、陕西、四川、台湾、西藏、云南。

144

99.6.8 全沟硬蜱 *Ixodes persulcatus* Schulze，1930

宿主与寄生部位：骆驼、马、骡、黄牛、绵羊、山羊、猪、犬、兔。体表。

地理分布：北京、甘肃、河北、黑龙江、吉林、江苏、江西、辽宁、内蒙古、宁夏、山西、陕西、天津、西藏、新疆。

99.6.9 钝跗硬蜱 *Ixodes pomerantzevi* Serdyukova，1941

宿主与寄生部位：羊。体表。

地理分布：甘肃、辽宁、山西。

99.6.10 篦子硬蜱 *Ixodes ricinus* Linnaeus，1758

宿主与寄生部位：黄牛、山羊、犬。体表。

地理分布：吉林、台湾、浙江。

99.6.11 中华硬蜱 *Ixodes sinensis* Teng，1977

宿主与寄生部位：黄牛、绵羊、山羊、猫。体表。

地理分布：安徽、福建、甘肃、贵州、湖南、江西、陕西、云南、浙江。

99.6.12 长蝠硬蜱 *Ixodes vespertilionis* Koch，1844

宿主与寄生部位：牛、羊。体表。

地理分布：福建、贵州、江苏、辽宁、内蒙古、山西、四川、台湾、云南。

99.7 扇头蜱属 *Rhipicephalus* Koch，1844

99.7.1 囊形扇头蜱 *Rhipicephalus bursa* Canestrini et Fanzago，1877

宿主与寄生部位：马、驴、骡、黄牛、水牛、绵羊、山羊、猪、犬。体表。

地理分布：甘肃、广东、海南、新疆、云南、浙江。

99.7.2 镰形扇头蜱 *Rhipicephalus haemaphysaloides* Supino，1897

宿主与寄生部位：黄牛、水牛、绵羊、山羊、猪、犬。体表。

地理分布：安徽、福建、广东、广西、贵州、海南、河南、湖北、湖南、江苏、江西、四川、台湾、西藏、云南、浙江。

99.7.3 短小扇头蜱 *Rhipicephalus pumilio* Schulze，1935

宿主与寄生部位：骆驼、驴、牛、绵羊、山羊、猪、犬、兔。体表。

地理分布：甘肃、内蒙古、新疆。

99.7.4 罗赛扇头蜱 *Rhipicephalus rossicus* Jakimov et Kohl-Jakimova，1911

同物异名：俄罗斯扇头蜱。

宿主与寄生部位：黄牛、犬。体表。

地理分布：新疆。

99.7.5 血红扇头蜱 *Rhipicephalus sanguineus* Latreille，1806

宿主与寄生部位：骆驼、马、驴、骡、黄牛、水牛、绵羊、山羊、猪、犬、猫、兔。体表。

地理分布：安徽、北京、福建、甘肃、广东、广西、贵州、海南、河北、河南、湖北、江苏、江西、辽宁、宁夏、山东、山西、陕西、上海、四川、台湾、天津、西藏、新疆、云南、浙江。

99.7.6 图兰扇头蜱 *Rhipicephalus turanicus* Pomerantzev，1940

宿主与寄生部位：骆驼、马、驴、骡、黄牛、绵羊、山羊、猪、犬、猫。体表。

地理分布：甘肃、陕西、新疆。

VIII-12 昆虫纲 Insecta Linnaeus，1758

VIII-12-28 虱目 Anoplura Leach，1815

100 血虱科 Haematopinidae Enderlein，1904

100.1 血虱属 *Haematopinus* Leach，1915

100.1.1 驴血虱 *Haematopinus asini* Linnaeus，1758

同物异名：黑头虱（*Pediculus macrocephalus* Burmeister，1838），马血虱（*Haematopinus equi* Simmonds，1865）。

宿主与寄生部位：马、驴、骡。体表。

地理分布：安徽、重庆、福建、甘肃、广西、贵州、河北、河南、黑龙江、湖北、吉林、江苏、江西、内蒙古、宁夏、青海、陕西、四川、天津、新疆、云南。

100.1.2 阔胸血虱 *Haematopinus eurysternus* Denny，1842

同物异名：牛血虱。

宿主与寄生部位：黄牛、水牛、牦牛。体表。

地理分布：安徽、重庆、福建、甘肃、广东、广西、贵州、海南、河北、河南、湖南、吉林、江苏、江西、辽宁、宁夏、青海、山东、陕西、四川、天津、西藏、新疆、云南、浙江。

100.1.3 山羊血虱 *Haematopinus pedalis* Osborn，1896

宿主与寄生部位：山羊。体表。

地理分布：安徽。

100.1.4 四孔血虱 *Haematopinus quadripertusus* Fahrenholz，1916

宿主与寄生部位：黄牛。体表。

地理分布：贵州、台湾、新疆。

100.1.5 猪血虱 *Haematopinus suis* Linnaeus，1758

宿主与寄生部位：猪。体表。

地理分布：安徽、北京、重庆、福建、甘肃、广东、广西、贵州、海南、河北、河南、黑龙江、湖北、湖南、吉林、江苏、江西、辽宁、内蒙古、宁夏、青海、山东、山西、陕西、上海、四川、台湾、天津、西藏、新疆、云南、浙江。

100.1.6 瘤突血虱 *Haematopinus tuberculatus* Burmeister，1839

同物异名：水牛血虱。

宿主与寄生部位：黄牛、水牛。体表。

地理分布：安徽、重庆、广东、广西、贵州、海南、河南、湖北、湖南、江苏、江西、陕西、上海、四川、云南、浙江。

100.2 嗜血虱属 *Haemodipsus* Enderlein，1904

同物异名：血渴虱属。

100.2.1 兔嗜血虱 *Haemodipsus ventricosus* Denny，1842

宿主与寄生部位：兔。体表。

地理分布：辽宁、宁夏。

101 颚虱科 Linognathidae Ferris，1951

101.1 颚虱属 *Linognathus* Enderlein，1905

101.1.1 非洲颚虱 *Linognathus africanus* Kellogg et Paine，1911
宿主与寄生部位：骆驼、绵羊、山羊。体表。
地理分布：甘肃、内蒙古、陕西、新疆、云南、浙江。

101.1.2 绵羊颚虱 *Linognathus ovillus* Neumann，1907
宿主与寄生部位：绵羊。体表。
地理分布：安徽、重庆、甘肃、贵州、河北、湖北、江苏、江西、内蒙古、宁夏、青海、四川、天津、西藏、新疆、云南。

101.1.3 足颚虱 *Linognathus pedalis* Osborn，1896
宿主与寄生部位：绵羊。体表（腿下部）。
地理分布：甘肃、贵州、江西、宁夏、青海、陕西、新疆。

101.1.4 棘颚虱 *Linognathus setosus* von Olfers，1816
同物异名：犬颚虱。
宿主与寄生部位：犬。体表（头部）。
地理分布：安徽、福建、贵州、黑龙江、吉林、江苏、江西、四川、云南。

101.1.5 狭颚虱 *Linognathus stenopsis* Burmeister，1838
同物异名：山羊颚虱。
宿主与寄生部位：黄牛、牦牛、绵羊、山羊。体表。
地理分布：安徽、重庆、福建、甘肃、广西、贵州、河北、河南、黑龙江、江苏、江西、内蒙古、宁夏、青海、山东、陕西、四川、天津、西藏、新疆、云南、浙江。

101.1.6 牛颚虱 *Linognathus vituli* Linnaeus，1758
宿主与寄生部位：黄牛、水牛、牦牛。体表。
地理分布：安徽、重庆、福建、甘肃、广东、广西、贵州、河北、河南、黑龙江、湖北、吉林、江苏、江西、内蒙古、宁夏、青海、陕西、四川、天津、西藏、新疆、云南、浙江。

101.2 管虱属 *Solenopotes* Enderlein，1904

101.2.1 侧管管虱 *Solenopotes capillatus* Enderlein，1904
同物异名：牛管虱。
宿主与寄生部位：黄牛。体表。
地理分布：重庆、甘肃、贵州、湖南、内蒙古、陕西。

102 马虱科 Ratemiidae Kim et Ludwing，1978

102.1 马虱属 *Ratemia* Fahrenholz，1916

102.1.1 亚洲马虱 *Ratemia asiatica* Chin，1981
宿主与寄生部位：马。体表。
地理分布：新疆。

VIII-12-29 双翅目 Diptera Linnaeus，1758

103 花蝇科 Anthomyiidae Schnabl et Dziedzicki，1911
本科各属虫种的宿主与寄生部位，均为家畜的体表或伤口处。

147

103.1　粪种蝇属　*Adia* Robineau-Desvoidy，1830

103.1.1　粪种蝇　*Adia cinerella* Fallen，1825

地理分布：安徽、北京、福建、甘肃、广东、贵州、河北、河南、黑龙江、湖北、湖南、吉林、江苏、辽宁、内蒙古、宁夏、青海、山东、山西、陕西、上海、四川、台湾、天津、新疆、云南、浙江。

103.2　花蝇属　*Anthomyia* Meigen，1803

103.2.1　横带花蝇　*Anthomyia illocata* Walker，1856

地理分布：安徽、北京、福建、甘肃、广东、广西、河北、河南、湖北、吉林、江苏、辽宁、内蒙古、山东、陕西、上海、四川、台湾、浙江。

104　丽蝇科　Calliphoridae Brauer，1889

本科各属虫种的宿主与寄生部位，除标明外，均为家畜的体表或伤口处。

104.1　裸金蝇属　*Achoetandrus* Bezzi，1927

104.1.1　绯颜裸金蝇　*Achoetandrus rufifacies* Macquart，1843

宿主与寄生部位：绵羊。伤口。

地理分布：安徽、福建、广东、广西、海南、河南、江苏、江西、台湾、云南、浙江。

104.2　丽蝇属　*Calliphora* Robineau-Desvoidy，1830

同物异名：阿丽蝇属（*Aldrichina* Townsend，1934）。

104.2.1　叉尾丽蝇（蛆）　*Calliphora calliphoroides* Rohdendorf，1931

地理分布：安徽、黑龙江、山西。

104.2.2　青海丽蝇　*Calliphora chinghaiensis* Van et Ma，1978

地理分布：青海。

104.2.3　巨尾丽蝇（蛆）　*Calliphora grahami* Aldrich，1930

地理分布：安徽、福建、甘肃、广东、广西、贵州、海南、河北、河南、黑龙江、湖北、湖南、吉林、江苏、江西、辽宁、内蒙古、宁夏、青海、山东、山西、陕西、四川、台湾、天津、西藏、云南、浙江。

104.2.4　宽丽蝇（蛆）　*Calliphora lata* Coquillett，1898

同物异名：日本丽蝇。

地理分布：甘肃、河北、黑龙江、吉林、辽宁、内蒙古、宁夏、陕西、四川、台湾、西藏。

104.2.5　新月阿丽蝇（蛆）　*Calliphora menechma* Séguy，1934

同物异名：新月拟粉蝇（*Polleniopsis menechma* Séguy，1934），新月陪丽蝇（*Bellardia menechma* Séguy，1934）。

地理分布：甘肃。

104.2.6　祁连丽蝇　*Calliphora rohdendorfi* Grunin，1970

地理分布：甘肃、青海。

104.2.7　天山丽蝇（蛆）　*Calliphora tianshanica* Rohdendorf，1962

地理分布：新疆。

104.2.8　乌拉尔丽蝇（蛆）　*Calliphora uralensis* Villeneuve，1922

地理分布：甘肃、宁夏、新疆。

104.2.9 红头丽蝇（蛆） *Calliphora vicina* Robineau-Desvoidy，1830

地理分布：福建、甘肃、广西、贵州、河北、河南、黑龙江、湖北、湖南、吉林、江苏、江西、辽宁、内蒙古、宁夏、青海、山东、山西、陕西、四川、天津、西藏、新疆、云南。

104.2.10 反吐丽蝇（蛆） *Calliphora vomitoria* Linnaeus，1758

地理分布：安徽、福建、甘肃、广东、广西、贵州、河南、黑龙江、湖北、湖南、江苏、江西、宁夏、山西、上海、四川、台湾、新疆、云南、浙江。

104.2.11 柴达木丽蝇（蛆） *Calliphora zaidamensis* Fan，1965

地理分布：宁夏、青海、新疆。

104.3 金蝇属 *Chrysomya* Robineau-Desvoidy，1830

104.3.1 白氏金蝇（蛆） *Chrysomya bezziana* Villeneuve，1914

同物异名：蛆症金蝇。

宿主与寄生部位：羊、牛、猪。体表。

地理分布：福建、甘肃、广东、广西、贵州、海南、台湾、西藏、云南。

104.3.2 星岛金蝇 *Chrysomya chani* Kurahashi，1979

地理分布：广西、海南、云南。

104.3.3 安定金蝇 *Chrysomya defixa* Walker，1856

地理分布：广西。

104.3.4 大头金蝇（蛆） *Chrysomya megacephala* Fabricius，1794

地理分布：安徽、重庆、福建、甘肃、广东、广西、贵州、海南、河北、河南、黑龙江、湖北、湖南、吉林、江苏、江西、辽宁、内蒙古、宁夏、山东、山西、陕西、上海、四川、台湾、天津、西藏、云南、浙江。

104.3.5 广额金蝇 *Chrysomya phaonis* Seguy，1928

地理分布：重庆、甘肃、广西、贵州、河北、河南、湖北、江苏、江西、内蒙古、宁夏、青海、山西、陕西、四川、西藏、云南。

104.3.6 肥躯金蝇 *Chrysomya pinguis* Walker，1858

地理分布：安徽、北京、福建、甘肃、广东、广西、贵州、海南、河北、河南、湖北、湖南、江苏、江西、辽宁、内蒙古、宁夏、山东、山西、陕西、上海、四川、台湾、西藏、云南、浙江。

104.4 蓝蝇属 *Cynomya* Robineau-Desvoidy，1830

104.4.1 尸蓝蝇（蛆） *Cynomya mortuorum* Linnaeus，1758

地理分布：甘肃、黑龙江、内蒙古、宁夏、山西、新疆。

104.5 依蝇属 *Idiella* Brauer et Bergenstamm，1889

104.5.1 黑边依蝇（蛆） *Idiella divisa* Walker，1861

地理分布：宁夏。

104.5.2 华依蝇（蛆） *Idiella mandarina* Wiedemann，1830

地理分布：广西。

104.5.3 三色依蝇（蛆） *Idiella tripartita* Bigot，1874

宿主与寄生部位：猪。体表。

地理分布：安徽、重庆、福建、甘肃、广东、广西、贵州、河北、湖北、湖南、江苏、江西、宁夏、山东、陕西、上海、四川、天津、云南、浙江。

104.6 绿蝇属 *Lucilia* Cassini，1817

104.6.1 壶绿蝇（蛆） *Lucilia ampullacea* Villeneuve，1922

地理分布：甘肃、黑龙江、宁夏。

104.6.2 南岭绿蝇（蛆） *Lucilia bazini* Seguy，1934

地理分布：福建、甘肃、广东、广西、贵州、海南、河南、湖北、湖南、江苏、江西、宁夏、陕西、上海、四川、台湾、云南、浙江。

104.6.3 蟾蜍绿蝇 *Lucilia bufonivora* Moniez，1876

地理分布：甘肃、新疆。

104.6.4 叉叶绿蝇（蛆） *Lucilia caesar* Linnaeus，1758

地理分布：甘肃、黑龙江、吉林、辽宁、内蒙古、宁夏、新疆。

104.6.5 秦氏绿蝇 *Lucilia chini* Fan，1965

地理分布：甘肃、宁夏。

104.6.6 铜绿蝇（蛆） *Lucilia cuprina* Wiedemann，1830

地理分布：安徽、福建、甘肃、广东、广西、贵州、海南、河北、河南、黑龙江、湖北、湖南、江苏、江西、辽宁、内蒙古、宁夏、山东、山西、上海、四川、台湾、天津、西藏、云南、浙江。

104.6.7 海南绿蝇（蛆） *Lucilia hainanensis* Fan，1965

地理分布：广东、广西、海南、宁夏、四川、台湾。

104.6.8 亮绿蝇（蛆） *Lucilia illustris* Meigen，1826

地理分布：安徽、北京、甘肃、广西、贵州、河北、河南、黑龙江、湖北、湖南、吉林、江苏、江西、辽宁、内蒙古、宁夏、山东、山西、陕西、上海、四川、新疆、浙江。

104.6.9 巴浦绿蝇（蛆） *Lucilia papuensis* Macquart，1842

地理分布：安徽、福建、甘肃、广东、广西、贵州、河南、湖北、江苏、江西、宁夏、陕西、上海、四川、台湾、云南、浙江。

104.6.10 毛腹绿蝇（蛆） *Lucilia pilosiventris* Kramer，1910

地理分布：甘肃、黑龙江、宁夏、山西、新疆。

104.6.11 紫绿蝇（蛆） *Lucilia porphyrina* Walker，1856

地理分布：重庆、福建、甘肃、广东、广西、贵州、河南、黑龙江、湖北、湖南、江苏、江西、宁夏、山东、陕西、上海、四川、台湾、云南、浙江。

104.6.12 长叶绿蝇 *Lucilia regalis* Meigen，1826

地理分布：甘肃、宁夏。

104.6.13 丝光绿蝇（蛆） *Lucilia sericata* Meigen，1826

地理分布：安徽、重庆、福建、甘肃、广东、广西、贵州、海南、河北、河南、黑龙江、湖北、湖南、吉林、江苏、江西、辽宁、内蒙古、宁夏、青海、山东、山西、陕西、上海、四川、台湾、天津、西藏、新疆、云南、浙江。

104.6.14 山西绿蝇 *Lucilia shansiensis* Fan，1965

地理分布：甘肃、宁夏。

104.6.15　沈阳绿蝇　*Lucilia shenyangensis* Fan，1965

地理分布：北京、甘肃、河北、河南、黑龙江、辽宁、宁夏、山东、陕西、四川。

104.6.16　林绿蝇　*Lucilia silvarum* Meigen，1826

地理分布：甘肃、宁夏、新疆。

104.7　伏蝇属　*Phormia* Robineau-Desvoidy，1830

104.7.1　花伏蝇（蛆）　*Phormia regina* Meigen，1826

地理分布：甘肃、河北、河南、黑龙江、吉林、江苏、辽宁、内蒙古、宁夏、山东、山西、陕西、新疆。

104.8　原丽蝇属　*Protocalliphora* Hough，1899

104.8.1　天蓝原丽蝇（蛆）　*Protocalliphora azurea* Fallen，1816

地理分布：甘肃、宁夏、新疆。

104.8.2　深蓝原丽蝇（蛆）　*Protocalliphora caerulea* Robineau-Desvoidy，1830

地理分布：黑龙江。

104.9　原伏蝇属　*Protophormia* Townsend，1908

104.9.1　新陆原伏蝇（蛆）　*Protophormia terraenovae* Robineau-Desvoidy，1830

地理分布；北京、甘肃、河北、河南、黑龙江、吉林、江苏、辽宁、内蒙古、宁夏、青海、西藏、新疆。

104.10　叉丽蝇属　*Triceratopyga* Rohdendorf，1931

104.10.1　叉丽蝇　*Triceratopyga calliphoroides* Rohdendorf，1931

地理分布：安徽、北京、甘肃、河北、河南、黑龙江、吉林、江苏、辽宁、内蒙古、宁夏、青海、山东、陕西、四川、天津、云南、浙江。

105　蠓科　Ceratopogonidae Mallocah，1917

本科各属虫种的宿主与寄生部位，均为家畜、家禽的体表。

105.1　裸蠓属　*Atrichopogon* Kieffer，1906

105.1.1　多刺裸蠓　*Atrichopogon snetus* Yu et Qi，1990

地理分布：甘肃。

105.2　库蠓属　*Culicoides* Latreille，1809

105.2.1　琉球库蠓　*Culicoides actoni* Smith，1929

地理分布：安徽、福建、广东、广西、海南、黑龙江、湖北、江苏、江西、山东、陕西、四川、台湾、西藏、云南。

105.2.2　浅色库蠓　*Culicoides albicans* Winnertz，1852

地理分布：黑龙江、吉林、辽宁。

105.2.3　白带库蠓　*Culicoides albifascia* Tokunaga，1937

地理分布：四川、台湾、西藏、云南。

105.2.4　阿里山库蠓　*Culicoides alishanensis* Chen，1988

地理分布：台湾。

105.2.5　奄美库蠓　*Culicoides amamiensis* Tokunaga，1937

地理分布：福建、广东、广西、四川、台湾、西藏、云南。

105.2.6 嗜蚊库蠓 *Culicoides anophelis* Edwards，1922

地理分布：福建、广东、广西、海南、四川、台湾、云南。

105.2.7 荒草库蠓 *Culicoides arakawae* Arakawa，1910

同物异名：荒川库蠓，哮库蠓，鸡库蠓。

宿主与寄生部位：山羊、鸡、鸭、鹅。体表。

地理分布：安徽、重庆、福建、广东、广西、贵州、海南、河北、河南、湖北、湖南、吉林、江苏、江西、辽宁、山东、山西、陕西、上海、四川、台湾、天津、云南、浙江。

105.2.8 犹豫库蠓 *Culicoides arcuatus* Winnertz，1852

地理分布：台湾。

105.2.9 黑脉库蠓 *Culicoides aterinervis* Tokunaga，1937

地理分布：福建、广东、吉林、台湾、西藏、云南。

105.2.10 巴沙库蠓 *Culicoides baisasi* Wirth et Hubert，1959

地理分布：海南、西藏、云南。

105.2.11 短须库蠓 *Culicoides brevipalpis* Delfinado，1961

地理分布：海南、台湾。

105.2.12 短跗库蠓 *Culicoides brevitarsis* Kieffer，1917

地理分布：海南、台湾。

105.2.13 野牛库蠓 *Culicoides bubalus* Delfinado，1961

地理分布：台湾。

105.2.14 沟栖库蠓 *Culicoides charadraeus* Arnaud，1956

地理分布：台湾。

105.2.15 成都库蠓 *Culicoides chengduensis* Zhou et Lee，1984

地理分布：四川。

105.2.16 锦库蠓 *Culicoides cheni* Kitaoka et Tanaka，1985

地理分布：台湾。

105.2.17 环斑库蠓 *Culicoides circumscriptus* Kieffer，1918

地理分布：重庆、福建、甘肃、广东、广西、海南、河北、河南、黑龙江、湖北、吉林、江苏、辽宁、内蒙古、宁夏、青海、山东、山西、陕西、四川、天津、西藏、新疆、云南、浙江。

105.2.18 棒须库蠓 *Culicoides clavipalpis* Mukerji，1931

地理分布：重庆、海南、四川、台湾。

105.2.19 开裂库蠓 *Culicoides cleaves* Liu，1995

地理分布：海南。

105.2.20 连阳库蠓 *Culicoides continualis* Qu et Liu，1982

地理分布：云南。

105.2.21 角突库蠓 *Culicoides corniculus* Liu et Chu，1981

地理分布：云南。

105.2.22 多空库蠓 *Culicoides cylindratus* Kitaoka，1980

地理分布：台湾。

105.2.23 齿形库蠓 *Culicoides dentiformis* McDonald et Lu，1972

地理分布：台湾。

105.2.24 沙生库蠓 *Culicoides desertorum* Gutsevich，1959

地理分布：甘肃、辽宁、内蒙古、宁夏、新疆。

105.2.25 显著库蠓 *Culicoides distinctus* Sen et Das Gupta，1959

地理分布：台湾、西藏。

105.2.26 变色库蠓 *Culicoides dubius* Arnaud，1956

地理分布：台湾。

105.2.27 指突库蠓 *Culicoides duodenarius* Kieffer，1921

同物异名：肠形库蠓。

地理分布：福建、广东、广西、海南、四川、台湾、云南。

105.2.28 粗大库蠓 *Culicoides effusus* Delfinodo，1961

地理分布：台湾。

105.2.29 暗背库蠓 *Culicoides elbeli* Wirth et Hubert，1959

地理分布：云南。

105.2.30 长斑库蠓 *Culicoides elongatus* Chu et Lin，1978

地理分布：福建、云南。

105.2.31 端斑库蠓 *Culicoides erairai* Kono et Takahashi，1940

宿主与寄生部位：黄牛、水牛、山羊。体表。

地理分布：福建、广东、广西、河北、河南、黑龙江、湖北、吉林、江西、辽宁、内蒙古、宁夏、山西、陕西、四川、台湾、天津、云南、浙江。

105.2.32 单带库蠓 *Culicoides fascipennis* Staeger，1839

地理分布：四川。

105.2.33 黄胸库蠓 *Culicoides flavescens* Macfie，1937

同物异名：金库蠓。

地理分布：福建、广东、广西、海南、西藏、云南。

105.2.34 黄肩库蠓 *Culicoides flaviscutatus* Wirth et Hubert，1959

地理分布：海南。

105.2.35 黄胫库蠓 *Culicoides flavitibialis* Kitaoka et Tanaka，1985

地理分布：台湾、云南。

105.2.36 涉库蠓 *Culicoides fordae* Wirth et Hubert，1989

地理分布：台湾。

105.2.37 海栖库蠓 *Culicoides fretensis* Wang et Yu，1990

地理分布：海南。

105.2.38 福建库蠓 *Culicoides fukienensis* Chen et Tsai，1962

地理分布：海南、上海。

105.2.39 金胸库蠓 *Culicoides fulvithorax* Austen，1912

地理分布：贵州。

105.2.40　林岛库蠓　*Culicoides gaponus* Yu，1982
地理分布：海南。

105.2.41　大室库蠓　*Culicoides gemellus* Macfie，1934
地理分布：广东、海南、四川、台湾、云南。

105.2.42　李库蠓　*Culicoides gentilis* Macfie，1934
地理分布：云南。

105.2.43　宗库蠓　*Culicoides gentiloides* Kitaoka et Tanaka，1985
地理分布：台湾。

105.2.44　吉氏库蠓　*Culicoides gewertzi* Causey，1938
地理分布：海南。

105.2.45　渐灰库蠓　*Culicoides grisescens* Edwards，1939
地理分布：黑龙江、吉林、辽宁、内蒙古、宁夏、山东、四川、西藏、新疆。

105.2.46　滴斑库蠓　*Culicoides guttifer* de Meijere，1907
地理分布：广东。

105.2.47　海南库蠓　*Culicoides hainanensis* Lee，1975
地理分布：海南、台湾。

105.2.48　赫氏库蠓　*Culicoides hegneri* Causey，1938
地理分布：海南。

105.2.49　淡黄库蠓　*Culicoides helveticus* Callot，Kremer et Deduit，1962
地理分布：黑龙江。

105.2.50　横断山库蠓　*Culicoides hengduanshanensis* Lee，1984
地理分布：云南。

105.2.51　凹库蠓　*Culicoides holcus* Lee，1980
地理分布：云南。

105.2.52　原野库蠓　*Culicoides homotomus* Kieffer，1921
同物异名：同体库蠓。
宿主与寄生部位：马、黄牛、水牛、绵羊、山羊。体表。
地理分布：安徽、福建、甘肃、广东、广西、贵州、海南、河北、河南、黑龙江、湖北、湖南、吉林、江苏、江西、辽宁、内蒙古、宁夏、青海、山东、山西、陕西、上海、四川、台湾、天津、西藏、新疆、云南、浙江。

105.2.53　华荧库蠓　*Culicoides huayingensis* Zhou et Lee，1984
地理分布：重庆。

105.2.54　霍飞库蠓　*Culicoides huffi* Causey，1938
地理分布：福建、广东、广西、海南、江苏、四川、台湾、西藏。

105.2.55　屏东库蠓　*Culicoides hui* Wirth et Hubert，1961
地理分布：台湾、云南。

105.2.56　肩宏库蠓　*Culicoides humeralis* Okada，1941
地理分布：福建、广东、广西、海南、黑龙江、湖北、吉林、山东、台湾、西藏、云南。

154

105.2.57　残肢库蠓　*Culicoides imicola* Kieffer，1913
　　地理分布：海南。

105.2.58　印度库蠓　*Culicoides indianus* Macfie，1932
　　地理分布：广东、海南、云南。

105.2.59　无害库蠓　*Culicoides innoxius* Sen et Das Gupta，1959
　　地理分布：海南。

105.2.60　标库蠓　*Culicoides insignipennis* Macfie，1937
　　地理分布：台湾、云南。

105.2.61　强库蠓　*Culicoides iphthimus* Zhou et Lee，1984
　　地理分布：四川。

105.2.62　加库蠓　*Culicoides jacobsoni* Macfie，1934
　　地理分布：广东、广西、海南、台湾、西藏、云南。

105.2.63　大和库蠓　*Culicoides japonicus* Arnaud，1956
　　地理分布：辽宁、四川、云南。

105.2.64　尖峰库蠓　*Culicoides jianfenglingensis* Liu，1995
　　地理分布：海南。

105.2.65　克彭库蠓　*Culicoides kepongensis* Wirth et Hubert，1989
　　地理分布：台湾。

105.2.66　舟库蠓　*Culicoides kibunensis* Tokunaga，1937
　　地理分布：福建、河北、黑龙江、吉林、江苏、辽宁、内蒙古、山东、陕西、四川、西藏、新疆。

105.2.67　洋岛库蠓　Culicoides *kinabaluensis* Wirth et Hubert，1989
　　地理分布：海南。

105.2.68　沽山库蠓　*Culicoides kusaiensis* Tokunaga，1940
　　地理分布：海南、台湾。

105.2.69　婪库蠓　*Culicoides laimargus* Zhou et Lee，1984
　　地理分布：贵州、四川。

105.2.70　兰屿库蠓　*Culicoides lanyuensis* Kitaoka et Tanaka，1985
　　地理分布：台湾。

105.2.71　连库蠓　*Culicoides lieni* Chen，1979
　　地理分布：台湾。

105.2.72　陵水库蠓　*Culicoides lingshuiensis* Lee，1975
　　地理分布：海南、云南。

105.2.73　线库蠓　*Culicoides lini* Kitaoka et Tanaka，1985
　　地理分布：台湾、云南。

105.2.74　倦库蠓　*Culicoides liui* Wirth et Hubert，1961
　　地理分布：台湾。

105.2.75　近缘库蠓　*Culicoides liukueiensis* Kitaoka et Tanaka，1985
　　地理分布：台湾。

105.2.76　长囊库蠓　*Culicoides longiporus* Chu et Liu，1978
　　地理分布：云南。

105.2.77　隆林库蠓　*Culicoides longlinensis* Yu，1982
　　地理分布：广西。

105.2.78　吕氏库蠓　*Culicoides lulianchengi* Chen，1983
　　地理分布：台湾。

105.2.79　龙溪库蠓　*Culicoides lungchiensis* Chen et Tsai，1962
　　地理分布：福建、四川、台湾、云南。

105.2.80　棕胸库蠓　*Culicoides macfiei* Cansey，1938
　　地理分布：广东、云南。

105.2.81　多斑库蠓　*Culicoides maculatus* Shiraki，1913
　　宿主与寄生部位：黄牛、水牛、绵羊、山羊。体表。
　　地理分布：安徽、福建、广东、广西、海南、湖北、台湾、云南。

105.2.82　马来库蠓　*Culicoides malayae* Macfie，1937
　　地理分布：福建、广西、海南、台湾、云南。

105.2.83　东北库蠓　*Culicoides manchuriensis* Tokunaga，1941
　　地理分布：甘肃、黑龙江、吉林、辽宁、内蒙古、宁夏、山东、新疆。

105.2.84　蛮耗库蠓　*Culicoides manhauensis* Yu，1982
　　地理分布：四川。

105.2.85　端白库蠓　*Culicoides matsuzawai* Tokunaga，1950
　　同物异名：明边库蠓。
　　地理分布：安徽、福建、广东、广西、江西、台湾、云南。

105.2.86　三保库蠓　*Culicoides mihensis* Arnaud，1956
　　同物异名：北京库蠓（*Culicoides morisitai* Tokunaga，1940）。
　　地理分布：安徽、福建、甘肃、广东、海南、河北、河南、湖北、江苏、辽宁、内蒙古、宁夏、山东、山西、陕西、上海、四川、台湾、天津、新疆、云南、浙江。

105.2.87　微小库蠓　*Culicoides minutissimus* Zetterstedt，1855
　　地理分布：四川。

105.2.88　蒙古库蠓　*Culicoides mongolensis* Yao，1964
　　地理分布：甘肃、内蒙古。

105.2.89　日本库蠓　*Culicoides nipponensis* Tokunaga，1955
　　地理分布：安徽、福建、广东、广西、海南、河北、河南、黑龙江、湖北、湖南、吉林、江苏、江西、辽宁、青海、山东、陕西、上海、四川、台湾、天津、西藏、云南、浙江。

105.2.90　裸须库蠓　*Culicoides nudipalpis* Delfinado，1961
　　地理分布：海南。

105.2.91　不显库蠓　*Culicoides obsoletus* Meigen，1818
　　地理分布：重庆、福建、甘肃、黑龙江、吉林、辽宁、内蒙古、山东、山西、四川、西藏、新疆、云南。

156

105.2.92　恶敌库蠓　*Culicoides odibilis* Austen，1921

地理分布：福建、甘肃、黑龙江、吉林、辽宁、山东、陕西、四川、西藏、新疆、浙江。

105.2.93　大熊库蠓　*Culicoides okumensis* Arnaud，1956

地理分布：安徽、福建、广东、广西、海南、四川、台湾、云南。

105.2.94　山栖库蠓　*Culicoides orestes* Wirth et Hubert，1989

地理分布：海南。

105.2.95　东方库蠓　*Culicoides orientalis* Macfie，1932

地理分布：福建、海南、台湾、西藏、云南。

105.2.96　尖喙库蠓　*Culicoides oxystoma* Kieffer，1910

同物异名：亚洲库蠓，虚库蠓，舒氏库蠓（*Culicoides schultzei* Enderlein，1908）。

宿主与寄生部位：马、黄牛、山羊。体表。

地理分布：安徽、福建、广东、广西、贵州、海南、河北、河南、黑龙江、湖北、湖南、吉林、江苏、江西、辽宁、内蒙古、宁夏、山东、山西、陕西、上海、四川、台湾、天津、西藏、云南、浙江。

105.2.97　巴涝库蠓　*Culicoides palauensis* Tokunaga，1959

地理分布：海南、云南。

105.2.98　细须库蠓　*Culicoides palpifer* Das Gupta et Ghosh，1956

地理分布：福建、广东、广西、海南、台湾、西藏、云南。

105.2.99　趋黄库蠓　*Culicoides paraflavescens* Wirth et Hubert，1959

地理分布：福建、广东、广西、海南、台湾、云南。

105.2.100　褐肩库蠓　*Culicoides parahumeralis* Wirth et Hubert，1989

地理分布：海南。

105.2.101　牧库蠓　*Culicoides pastus* Kitaoka，1980

地理分布：四川、云南。

105.2.102　帛琉库蠓　*Culicoides peliliouensis* Tokunaga，1936

地理分布：海南、台湾。

105.2.103　异域库蠓　*Culicoides peregrinus* Kieffer，1910

地理分布：福建、广东、广西、海南、河北、河南、黑龙江、湖北、湖南、吉林、江苏、江西、辽宁、内蒙古、四川、台湾、云南。

105.2.104　边缘库蠓　*Culicoides pictimargo* Tokunaga et Shogaki，1959

地理分布：甘肃、四川。

105.2.105　灰黑库蠓　*Culicoides pulicaris* Linnaeus，1758

地理分布：安徽、福建、甘肃、广东、广西、贵州、河北、河南、黑龙江、湖北、湖南、吉林、江苏、江西、辽宁、内蒙古、宁夏、山东、陕西、四川、台湾、天津、西藏、新疆、云南、浙江。

105.2.106　刺螫库蠓　*Culicoides punctatus* Meigen，1804

同物异名：孔库蠓。

地理分布：福建、甘肃、河北、黑龙江、湖北、吉林、辽宁、内蒙古、宁夏、山东、陕西、新疆、云南、浙江。

105. 2. 107 曲囊库蠓 *Culicoides puncticollis* Becker，1903
同物异名：刺库蠓。
地理分布：甘肃、湖北、辽宁、内蒙古、宁夏、青海、山东、新疆。

105. 2. 108 犍为库蠓 *Culicoides qianweiensis* Yu，1982
地理分布：广西、四川。

105. 2. 109 里氏库蠓 *Culicoides riethi* Kieffer，1914
同物异名：雾斑库蠓。
地理分布：福建、甘肃、黑龙江、湖北、吉林、江苏、辽宁、内蒙古、宁夏、山东、陕西、四川、新疆。

105. 2. 110 盐库蠓 *Culicoides salinarius* Kieffer，1914
地理分布：甘肃。

105. 2. 111 迟缓库蠓 *Culicoides segnis* Campbell et Pelham-Clinton，1960
地理分布：重庆、四川、新疆。

105. 2. 112 肖特库蠓 *Culicoides shortti* Smith et Swaminath，1932
地理分布：海南。

105. 2. 113 志贺库蠓 *Culicoides sigaensis* Tokunaga，1937
地理分布：安徽、广东、广西、黑龙江、湖北、吉林、江西、辽宁、四川、西藏、云南。

105. 2. 114 苏岛库蠓 *Culicoides sumatrae* Macfie，1934
地理分布：海南、四川。

105. 2. 115 疑库蠓 *Culicoides suspectus* Zhou et Lee，1984
地理分布：四川、云南。

105. 2. 116 石岛库蠓 *Culicoides toshiokai* Kitaoka，1975
地理分布：海南、台湾、云南。

105. 2. 117 三黑库蠓 *Culicoides tritenuifasciatus* Tokunaga，1959
地理分布：海南、西藏。

105. 2. 118 卷曲库蠓 *Culicoides turanicus* Gutsevich et Smatov，1971
地理分布：新疆。

105. 2. 119 多毛库蠓 *Culicoides verbosus* Tokunaga，1937
同物异名：赘神库蠓。
地理分布：福建、海南、河北、内蒙古、台湾。

105. 2. 120 武夷库蠓 *Culicoides wuyiensis* Chen，1981
地理分布：福建、四川、云南。

105. 3　蠛蠓属 *Lasiohelea* Kieffer，1921
同物异名：拉蠓属。

105. 3. 1 刻斑蠛蠓 *Lasiohelea caelomacula* Liu，Ge et Liu，1996
地理分布：海南。

105. 3. 2 卡罗林蠛蠓 *Lasiohelea carolinensis* Tokunaga，1940

158

地理分布：广西。

105.3.3 儋县蠛蠓 *Lasiohelea danxianensis* Yu et Liu，1982

地理分布：安徽、福建、广西、海南、湖北、江苏、江西、台湾、云南、浙江。

105.3.4 吊罗蠛蠓 *Lasiohelea diaoluoensis* Yu et Liu，1982

地理分布：海南。

105.3.5 扩散蠛蠓 *Lasiohelea divergena* Yu et Wen，1982

地理分布：甘肃、广西、江苏、四川、云南。

105.3.6 峨嵋蠛蠓 *Lasiohelea emeishana* Yu et Liu，1982

地理分布：海南、四川、台湾。

105.3.7 广西蠛蠓 *Lasiohelea guangxiensis* Lee，1975

地理分布：广西。

105.3.8 低飞蠛蠓 *Lasiohelea humilavolita* Yu et Liu，1982

地理分布：安徽、重庆、福建、甘肃、广东、广西、贵州、海南、河南、湖北、江苏、江西、四川、台湾、西藏、云南、浙江。

105.3.9 长角蠛蠓 *Lasiohelea longicornis* Tokunaga，1940

地理分布：福建、海南、湖南、四川。

105.3.10 混杂蠛蠓 *Lasiohelea mixta* Yu et Liu，1982

地理分布：福建、广东、广西、海南、云南、浙江。

105.3.11 南方蠛蠓 *Lasiohelea notialis* Yu et Liu，1982

地理分布：安徽、福建、甘肃、广东、广西、贵州、江苏、江西、山东、上海、四川、台湾、西藏、云南、浙江。

105.3.12 贫齿蠛蠓 *Lasiohelea paucidentis* Lien，1991

地理分布：海南。

105.3.13 趋光蠛蠓 *Lasiohelea phototropia* Yu et Zhang，1982

地理分布：福建、广东、广西、贵州、海南、河南、湖北、湖南、江苏、江西、四川、台湾、云南、浙江。

105.3.14 台湾蠛蠓 *Lasiohelea taiwana* Shiraki，1913

宿主与寄生部位：马、驴、黄牛、水牛、山羊。体表。

地理分布：安徽、福建、甘肃、广东、广西、贵州、海南、河南、湖北、湖南、江苏、江西、山东、山西、陕西、四川、台湾、云南、浙江。

105.3.15 钩茎蠛蠓 *Lasiohelea uncusipenis* Yu et Zhang，1982

地理分布：福建、广东、海南、江西、四川、云南。

105.3.16 带茎蠛蠓 *Lasiohelea zonaphalla* Yu et Liu，1982

地理分布：福建、甘肃、台湾、浙江。

105.4 细蠓属 *Leptoconops* Skuse，1889

同物异名：勒蠓属。

105.4.1 疲竭细蠓 *Leptoconops bezzii* Noe，1905

地理分布：内蒙古。

105.4.2 二齿细蠓 *Leptoconops bidentatus* Gutsevich，1960

地理分布：甘肃、内蒙古、宁夏、青海、新疆。

105.4.3 双镰细蠓 *Leptoconops binisicula* Yu et Liu，1988
地理分布：甘肃、宁夏、新疆。

105.4.4 北方细蠓 *Leptoconops borealis* Gutsevich，1945
地理分布：甘肃、河北、内蒙古、宁夏、青海、陕西、新疆。

105.4.5 中华细蠓 *Leptoconops chinensis* Sun，1968
地理分布：福建。

105.4.6 海峡细蠓 *Leptoconops fretus* Yu et Zhan，1990
地理分布：广东、广西、海南。

105.4.7 古寨细蠓 *Leptoconops kerteszi* Kieffer，1908
地理分布：内蒙古。

105.4.8 明背细蠓 *Leptoconops lucidus* Gutsevich，1964
地理分布：甘肃、内蒙古、宁夏、新疆。

105.4.9 溪岸细蠓 *Leptoconops riparius* Yu et Liu，1990
地理分布：甘肃。

105.4.10 西藏细蠓 *Leptoconops tibetensis* Lee，1979
地理分布：西藏。

105.4.11 牙龙细蠓 *Leptoconops yalongensis* Yu et Wang，1988
地理分布：海南。

105.4.12 郧县细蠓 *Leptoconops yunhsienensis* Yu，1963
地理分布：湖北、四川、云南。

106 蚊科 **Culicidae Stephens，1829**

本科各属虫种的宿主与寄生部位，除标明外，均为家畜、家禽的体表。

106.1 伊蚊属 *Aedes* **Meigen，1818**

106.1.1 埃及伊蚊 *Aedes aegypti* Linnaeus，1762
宿主与寄生部位：主要为马、犬。体表。
地理分布：广东、广西、海南、陕西、台湾。

106.1.2 侧白伊蚊 *Aedes albolateralis* Theobald，1908
地理分布：安徽、福建、广东、广西、贵州、海南、江苏、江西、四川、台湾、西藏、云南。

106.1.3 白线伊蚊 *Aedes albolineatus* Theobald，1904
地理分布：福建、广东、海南、四川、台湾。

106.1.4 白纹伊蚊 *Aedes albopictus* Skuse，1894
宿主与寄生部位：马、驴、黄牛、水牛、猪、犬、猫、鸡。体表。
地理分布：安徽、北京、重庆、福建、广东、广西、贵州、海南、河北、河南、湖北、湖南、江苏、江西、辽宁、山东、山西、陕西、上海、四川、台湾、天津、西藏、云南、浙江。

106.1.5 圆斑伊蚊 *Aedes annandalei* Theobald，1910
地理分布：安徽、福建、广西、贵州、台湾、西藏、云南、浙江。

160

106.1.6　刺管伊蚊　*Aedes caecus* Theobald, 1901

　　地理分布：安徽、广东、广西、贵州、海南、四川、云南、浙江。

106.1.7　里海伊蚊　*Aedes caspius* Pallas, 1771

　　地理分布：甘肃、内蒙古、宁夏、青海、新疆。

106.1.8　仁川伊蚊　*Aedes chemulpoensis* Yamada, 1921

　　地理分布：安徽、北京、甘肃、河北、河南、湖北、湖南、吉林、江苏、辽宁、山东、山西、陕西、上海、四川、云南、浙江。

106.1.9　普通伊蚊　*Aedes communis* De Geer, 1776

　　地理分布：黑龙江、吉林、辽宁、内蒙古、四川、新疆。

106.1.10　黑海伊蚊　*Aedes cyprius* Ludlow, 1920

　　地理分布：黑龙江、吉林、内蒙古。

106.1.11　屑皮伊蚊　*Aedes detritus* Haliday, 1833

　　地理分布：青海、新疆。

106.1.12　背点伊蚊　*Aedes dorsalis* Meigen, 1830

　　宿主与寄生部位：主要为马、牛、犬。体表。

　　地理分布：安徽、甘肃、河北、河南、黑龙江、吉林、江苏、辽宁、内蒙古、宁夏、青海、山东、山西、陕西、台湾、新疆、浙江。

106.1.13　棘刺伊蚊　*Aedes elsiae* Barraud, 1923

　　地理分布：安徽、福建、广西、贵州、海南、河南、湖南、江西、山西、陕西、四川、台湾、西藏、云南、浙江。

106.1.14　刺痛伊蚊　*Aedes excrucians* Walker, 1856

　　地理分布：黑龙江、吉林、内蒙古、宁夏。

106.1.15　冯氏伊蚊　*Aedes fengi* Edwards, 1935

　　地理分布：安徽、福建、广西、贵州、湖南、江西、四川、台湾、浙江。

106.1.16　黄色伊蚊　*Aedes flavescens* Müller, 1764

　　地理分布：黑龙江、吉林、辽宁、内蒙古、宁夏、青海、新疆。

106.1.17　黄背伊蚊　*Aedes flavidorsalis* Luh et Lee, 1975

　　地理分布：甘肃、内蒙古、宁夏、青海、新疆。

106.1.18　台湾伊蚊　*Aedes formosensis* Yamada, 1921

　　地理分布：安徽、福建、广东、广西、贵州、海南、湖北、四川、台湾、西藏、云南。

106.1.19　哈维伊蚊　*Aedes harveyi* Barraud, 1923

　　地理分布：安徽、福建、广东、广西、台湾、西藏、云南。

106.1.20　双棘伊蚊　*Aedes hatorii* Yamada, 1921

　　同物异名：羽鸟伊蚊。

　　地理分布：安徽、福建、甘肃、广西、贵州、河南、湖北、吉林、江西、辽宁、山西、四川、台湾、浙江。

106.1.21　日本伊蚊　*Aedes japonicus* Theobald, 1901

　　地理分布：安徽、福建、广东、广西、贵州、海南、河北、河南、湖北、湖南、江西、山西、陕西、四川、台湾、云南、浙江。

106.1.22 朝鲜伊蚊 *Aedes koreicus* Edwards，1917

地理分布：北京、甘肃、广东、贵州、河北、河南、黑龙江、湖北、吉林、辽宁、内蒙古、宁夏、山东、山西、陕西、四川。

106.1.23 拉萨伊蚊 *Aedes lasaensis* Meng，1962

地理分布：四川、西藏。

106.1.24 白黑伊蚊 *Aedes leucomelas* Meigen，1804

地理分布：黑龙江、吉林、新疆。

106.1.25 窄翅伊蚊 *Aedes lineatopennis* Ludlow，1905

地理分布：安徽、福建、甘肃、广东、广西、海南、湖北、辽宁、四川、台湾、西藏、云南。

106.1.26 乳点伊蚊 *Aedes macfarlanei* Edwards，1914

地理分布：福建、甘肃、广东、广西、河南、四川、云南。

106.1.27 中线伊蚊 *Aedes mediolineatus* Theobald，1901

地理分布：安徽、广东、广西、海南、云南。

106.1.28 长柄伊蚊 *Aedes mercurator* Dyar，1920

地理分布：黑龙江、吉林、辽宁、宁夏。

106.1.29 白雪伊蚊 *Aedes niveus* Eichwald，1837

地理分布：安徽、福建、广西、河北、河南、湖北、湖南、江苏、辽宁、山西、浙江。

106.1.30 伪白纹伊蚊 *Aedes pseudalbopictus* Borel，1928

地理分布：安徽、福建、广东、广西、贵州、海南、湖南、江苏、江西、四川、云南、浙江。

106.1.31 黑头伊蚊 *Aedes pullatus* Coquillett，1904

地理分布：甘肃、黑龙江、吉林、辽宁、内蒙古、新疆。

106.1.32 刺螯伊蚊 *Aedes punctor* Kirby，1837

地理分布：重庆、黑龙江、吉林、辽宁、内蒙古、四川。

106.1.33 露西伊蚊 *Aedes rossicus* Dolbeskin，Gorickaja et Mitrofanova，1930

地理分布：新疆。

106.1.34 盾纹伊蚊 *Aedes scutellaris* Walker，1859

地理分布：安徽。

106.1.35 汉城伊蚊 *Aedes seoulensis* Yamada，1921

地理分布：北京、河北、湖北、辽宁、山东、山西、四川。

106.1.36 短板伊蚊 *Aedes stimulans* Walker，1848

地理分布：甘肃。

106.1.37 东乡伊蚊 *Aedes togoi* Theobald，1907

同物异名：海滨伊蚊。

宿主与寄生部位：主要为马、牛、犬。体表。

地理分布：安徽、北京、福建、甘肃、广东、海南、河北、江苏、辽宁、山东、上海、台湾、浙江。

106.1.38 北部伊蚊 *Aedes tonkinensis* Galliard et Ngu，1947

地理分布：广西。

106.1.39 刺扰伊蚊 *Aedes vexans* Meigen，1830

宿主与寄生部位：马、驴、黄牛、水牛。体表。

地理分布：安徽、重庆、福建、甘肃、广东、广西、贵州、海南、河南、黑龙江、湖北、湖南、江苏、江西、内蒙古、宁夏、山东、山西、上海、四川、台湾、西藏、云南、浙江。

106.1.40 警觉伊蚊 *Aedes vigilax* Skuse，1889

地理分布：广东、广西、海南、四川、台湾。

106.1.41 白点伊蚊 *Aedes vittatus* Bigot，1861

地理分布：广西、贵州、海南、四川、云南。

106.2 按蚊属 *Anopheles* Meigen，1818

106.2.1 乌头按蚊 *Anopheles aconitus* Doenitz，1912

地理分布：广东、广西、贵州、海南、云南、浙江。

106.2.2 艾氏按蚊 *Anopheles aitkenii* James，1903

地理分布：安徽、福建、广东、广西、贵州、海南、湖南、江西、四川、台湾、云南、浙江。

106.2.3 环纹按蚊 *Anopheles annularis* van der Wulp，1884

地理分布：重庆、福建、广东、广西、贵州、海南、四川、台湾、云南。

106.2.4 嗜人按蚊 *Anopheles anthropophagus* Xu et Feng，1975

宿主与寄生部位：主要为牛。体表。

地理分布：安徽、重庆、福建、广东、广西、贵州、海南、湖北、湖南、江苏、江西、上海、四川、台湾、云南、浙江。

106.2.5 须喙按蚊 *Anopheles barbirostris* van der Wulp，1884

地理分布：安徽、重庆、广东、广西、贵州、海南、四川、云南、浙江。

106.2.6 孟加拉按蚊 *Anopheles bengalensis* Puri，1930

地理分布：安徽、福建、广东、广西、贵州、台湾、云南。

106.2.7 带棒按蚊 *Anopheles claviger* Meigen，1804

地理分布：新疆。

106.2.8 库态按蚊 *Anopheles culicifacies* Giles，1901

地理分布：广东、广西、贵州、海南、四川、云南。

106.2.9 大劣按蚊 *Anopheles dirus* Peyton et Harrison，1979

地理分布：广西、海南、云南。

106.2.10 溪流按蚊 *Anopheles fluviatilis* James，1902

地理分布：安徽、重庆、福建、广东、广西、贵州、海南、湖北、江西、四川、台湾、云南、浙江。

106.2.11 傅氏按蚊 *Anopheles freyi* Meng，1957

地理分布：四川。

106.2.12　巨型按蚊贝氏亚种　*Anopheles gigas baileyi* Edwards，1929

地理分布：安徽、广西、贵州、河南、湖南、四川、台湾、西藏、云南。

106.2.13　赫坎按蚊　*Anopheles hyrcanus* Pallas，1771

地理分布：甘肃、新疆。

106.2.14　无定按蚊　*Anopheles indefinitus* Ludlow，1904

地理分布：广东、广西、台湾、云南。

106.2.15　花岛按蚊　*Anopheles insulaeflorum* Swellengrebel et Swellengrebel de Graaf，1920

地理分布：安徽、广东、台湾、云南。

106.2.16　杰普尔按蚊日月潭亚种　*Anopheles jeyporiensis candidiensis* Koidzumi，1924

宿主与寄生部位：主要为牛。体表。

地理分布：安徽、重庆、福建、广东、广西、贵州、海南、湖北、湖南、江西、四川、台湾、西藏、云南、浙江。

106.2.17　江苏按蚊　*Anopheles kiangsuensis* Xu et Feng，1975

地理分布：广西、贵州、江苏、江西。

106.2.18　寇氏按蚊　*Anopheles kochi* Donitz，1901

同物异名：腹簇按蚊。

地理分布：广东、广西、贵州、海南、四川、台湾、云南。

106.2.19　朝鲜按蚊　*Anopheles koreicus* Yamada et Watanabe，1918

地理分布：安徽、重庆、河南、四川、浙江。

106.2.20　贵阳按蚊　*Anopheles kweiyangensis* Yao et Wu，1944

地理分布：安徽、重庆、福建、广西、贵州、河南、湖北、湖南、江西、四川、云南、浙江。

106.2.21　雷氏按蚊嗜人亚种　*Anopheles lesteri anthropophagus* Xu et Feng，1975

同物异名：窄卵按蚊嗜人亚种。

地理分布：安徽、重庆、福建、广东、广西、贵州、湖北、湖南、江苏、江西、云南、浙江。

106.2.22　凉山按蚊　*Anopheles liangshanensis* Kang，Tan et Cao，1984

地理分布：重庆、四川。

106.2.23　林氏按蚊　*Anopheles lindesayi* Giles，1900

地理分布：安徽、重庆、福建、甘肃、广西、贵州、河北、湖北、江苏、辽宁、山东、山西、四川、云南。

106.2.24　多斑按蚊　*Anopheles maculatus* Theobald，1901

地理分布：安徽、重庆、福建、广东、广西、贵州、海南、河南、湖北、湖南、江西、四川、台湾、西藏、云南、浙江。

106.2.25　米赛按蚊　*Anopheles messeae* Falleroni，1926

地理分布：黑龙江、内蒙古、吉林、辽宁、新疆。

106.2.26　微小按蚊　*Anopheles minimus* Theobald，1901

宿主与寄生部位：主要为黄牛、水牛。体表。

地理分布：安徽、重庆、福建、广东、广西、贵州、海南、河南、湖北、湖南、江苏、江西、上海、四川、台湾、西藏、云南、浙江。

106.2.27 最黑按蚊 *Anopheles nigerrimus* Giles，1900

同物异名：*Anopheles bentleyi*（Bentley，1902），*Anopheles indiensis*（Theobald，1901），*Anopheles venhuisi*（Bonne-Wepster，1951），*Anopheles williamsoni*（Baisas et Hu，1936），*Myzorhynchus minutus*（Theobald，1903）。

地理分布：安徽、福建、广西、贵州、江西、云南。

106.2.28 帕氏按蚊 *Anopheles pattoni* Christophers，1926

地理分布：北京、重庆、甘肃、贵州、河北、河南、湖北、湖南、江苏、辽宁、宁夏、山东、山西、陕西、四川、云南。

106.2.29 菲律宾按蚊 *Anopheles philippinensis* Ludlow，1902

地理分布：广东、广西、贵州、海南、四川、云南。

106.2.30 莎氏按蚊 *Anopheles sacharovi* Favre，1903

地理分布：新疆。

106.2.31 类须喙按蚊 *Anopheles sarbumbrosus* Strickland et Chowdhury，1927

同物异名：须荫按蚊。

地理分布：安徽、广东、台湾。

106.2.32 中华按蚊 *Anopheles sinensis* Wiedemann，1828

宿主与寄生部位：主要为马、驴、黄牛、水牛、羊、猪、犬。体表。

地理分布：安徽、北京、重庆、福建、甘肃、广东、广西、贵州、海南、河北、河南、黑龙江、湖北、湖南、吉林、江苏、江西、辽宁、内蒙古、宁夏、山东、山西、陕西、上海、四川、台湾、天津、西藏、云南、浙江。

106.2.33 类中华按蚊 *Anopheles sineroides* Yamada，1924

地理分布：安徽、吉林、辽宁、浙江。

106.2.34 美彩按蚊 *Anopheles splendidus* Koidzumi，1920

地理分布：福建、广东、广西、贵州、海南、江西、四川、台湾、云南。

106.2.35 斯氏按蚊 *Anopheles stephensi* Liston，1901

地理分布：福建、广西、贵州、海南、四川、西藏、云南。

106.2.36 浅色按蚊 *Anopheles subpictus* Grassi，1899

地理分布：重庆、福建、广东、广西、贵州、海南、云南。

106.2.37 棋斑按蚊 *Anopheles tessellatus* Theobald，1901

地理分布：福建、广东、广西、贵州、海南、湖南、四川、台湾、云南。

106.2.38 迷走按蚊 *Anopheles vagus* Donitz，1902

地理分布：广东、广西、贵州、海南、台湾、云南。

106.2.39 瓦容按蚊 *Anopheles varuna* Iyengar，1924

地理分布：安徽、福建、广东、广西、海南、云南、浙江。

106.2.40 八代按蚊 *Anopheles yatsushiroensis* Miyazaki，1951

地理分布：北京、重庆、贵州、河北、河南、黑龙江、湖北、吉林、江苏、辽宁、内蒙古、山东、陕西、四川、云南、浙江。

106.3 阿蚊属 *Armigeres* Theobald，1901

106.3.1 金线阿蚊 *Armigeres aureolineatus* Leicester，1908
地理分布：安徽、广东、云南。

106.3.2 达勒姆阿蚊 *Armigeres durhami* Edwards，1917
地理分布：安徽、福建、广西、海南、湖北、湖南、云南。

106.3.3 马来阿蚊 *Armigeres malayi* Theobald，1901
地理分布：安徽、广东、广西、湖南、云南、浙江。

106.3.4 骚扰阿蚊 *Armigeres subalbatus* Coquillett，1898
宿主与寄生部位：主要为黄牛、水牛、奶牛、鸡。体表。
地理分布：安徽、重庆、福建、甘肃、广东、广西、贵州、海南、河北、河南、湖北、湖南、江苏、江西、山东、山西、陕西、上海、四川、台湾、天津、西藏、云南、浙江。

106.4 库蚊属 *Culex* Linnaeus，1758

106.4.1 麻翅库蚊 *Culex bitaeniorhynchus* Giles，1901
同物异名：二带喙库蚊。
宿主与寄生部位：主要为马、牛、羊、猪、犬、鸭。体表。
地理分布：安徽、北京、重庆、福建、甘肃、广东、广西、贵州、海南、河北、河南、黑龙江、湖北、湖南、吉林、江苏、江西、辽宁、宁夏、山东、山西、上海、四川、台湾、西藏、新疆、云南、浙江。

106.4.2 短须库蚊 *Culex brevipalpis* Giles，1902
地理分布：安徽、福建、甘肃、广东、广西、贵州、海南、湖南、江西、四川、台湾、云南、浙江。

106.4.3 致倦库蚊 *Culex fatigans* Wiedemann，1828
宿主与寄生部位：主要为马、驴、牛、羊、猪、犬、鸡、鸭、鹅。体表。
地理分布：安徽、重庆、福建、甘肃、广东、广西、贵州、海南、河北、湖北、湖南、江苏、江西、宁夏、陕西、上海、四川、台湾、天津、西藏、云南、浙江。

106.4.4 叶片库蚊 *Culex foliatus* Brug，1932
地理分布：福建、广东、广西、贵州、海南、湖北、湖南、四川、云南、浙江。

106.4.5 褐尾库蚊 *Culex fuscanus* Wiedemann，1820
地理分布：安徽、重庆、福建、甘肃、广东、广西、贵州、海南、河北、河南、湖北、湖南、江苏、江西、宁夏、山东、山西、上海、四川、台湾、云南、浙江。

106.4.6 棕头库蚊 *Culex fuscocephalus* Theobald，1907
地理分布：安徽、重庆、福建、甘肃、广东、广西、贵州、海南、湖北、湖南、江苏、江西、山东、山西、四川、台湾、西藏、新疆、云南。

106.4.7 白雪库蚊 *Culex gelidus* Theobald，1901
地理分布：重庆、福建、广东、广西、贵州、海南、湖北、湖南、四川、台湾、云南、浙江。

106.4.8 贪食库蚊 *Culex halifaxia* Theobald，1903
地理分布：安徽、重庆、福建、甘肃、广东、广西、贵州、海南、河北、河南、湖北、湖南、江苏、江西、宁夏、山东、山西、上海、四川、台湾、西藏、云南、浙江。

106.4.9　林氏库蚊　*Culex hayashii* Yamada，1917

同物异名：暗脂库蚊。

地理分布：安徽、北京、福建、甘肃、广西、贵州、河北、河南、湖南、吉林、江苏、江西、辽宁、山东、四川、台湾、云南、浙江。

106.4.10　兴隆库蚊　*Culex hinglungensis* Chu，1957

地理分布：广东。

106.4.11　黄氏库蚊　*Culex huangae* Meng，1958

地理分布：重庆、贵州、四川、西藏、云南。

106.4.12　幼小库蚊　*Culex infantulus* Edwards，1922

地理分布：安徽、重庆、福建、甘肃、广东、广西、贵州、海南、河南、湖北、湖南、江苏、江西、四川、台湾、云南、浙江。

106.4.13　吉氏库蚊　*Culex jacksoni* Edwards，1934

同物异名：棕盾库蚊。

地理分布：安徽、福建、甘肃、广东、贵州、河北、河南、湖北、湖南、吉林、江苏、辽宁、山东、山西、四川、云南、浙江。

106.4.14　马来库蚊　*Culex malayi* Leicester，1908

地理分布：安徽、重庆、福建、甘肃、广东、广西、贵州、海南、河南、湖北、湖南、江苏、江西、山东、山西、上海、四川、台湾、云南、浙江。

106.4.15　拟态库蚊　*Culex mimeticus* Noe，1899

同物异名：斑翅库蚊。

地理分布：安徽、重庆、福建、甘肃、广东、广西、贵州、海南、河北、河南、黑龙江、湖北、湖南、吉林、江苏、江西、辽宁、宁夏、山东、山西、上海、四川、台湾、西藏、云南、浙江。

106.4.16　小斑翅库蚊　*Culex mimulus* Edwards，1915

同物异名：小拟态库蚊。

地理分布：安徽、福建、甘肃、广东、广西、贵州、海南、河南、湖北、湖南、江苏、江西、辽宁、山东、山西、陕西、上海、四川、台湾、西藏、云南、浙江。

106.4.17　最小库蚊　*Culex minutissimus* Theobald，1907

地理分布：安徽、福建、广东、广西、贵州、云南、浙江。

106.4.18　凶小库蚊　*Culex modestus* Ficalbi，1889

地理分布：安徽、甘肃、广东、河北、河南、黑龙江、湖南、吉林、江苏、辽宁、内蒙古、宁夏、青海、山东、山西、上海、西藏、新疆、浙江。

106.4.19　黑点库蚊　*Culex nigropunctatus* Edwards，1926

地理分布：安徽、广东、广西、贵州、海南、河南、湖南、西藏、云南。

106.4.20　冲绳库蚊　*Culex okinawae* Bohart，1953

地理分布：台湾。

106.4.21　东方库蚊　*Culex orientalis* Edwards，1921

地理分布：安徽、上海。

106.4.22 白胸库蚊 *Culex pallidothorax* Theobald，1905

地理分布：安徽、重庆、福建、甘肃、广东、广西、贵州、海南、河南、湖北、湖南、江苏、江西、山东、山西、上海、四川、台湾、云南、浙江。

106.4.23 尖音库蚊 *Culex pipiens* Linnaeus，1758

地理分布：安徽、新疆。

106.4.24 尖音库蚊淡色亚种 *Culex pipiens pallens* Coquillett，1898

宿主与寄生部位：主要为马、驴、牛、羊、猪、犬、猫、鸡。体表。

地理分布：安徽、福建、甘肃、海南、河北、河南、黑龙江、湖北、湖南、吉林、江苏、辽宁、内蒙古、宁夏、山东、山西、陕西、上海、四川、天津、浙江。

106.4.25 伪杂鳞库蚊 *Culex pseudovishnui* Colless，1957

地理分布：安徽、重庆、福建、甘肃、广东、广西、贵州、海南、河北、河南、湖北、湖南、吉林、江苏、江西、辽宁、宁夏、山东、山西、上海、四川、台湾、西藏、云南、浙江。

106.4.26 白顶库蚊 *Culex shebbearei* Barraud，1924

同物异名：薛氏库蚊。

地理分布：安徽、福建、广东、广西、贵州、湖北、湖南、江苏、江西、四川、西藏、云南、浙江。

106.4.27 中华库蚊 *Culex sinensis* Theobald，1903

地理分布：安徽、重庆、福建、甘肃、广东、广西、贵州、海南、河北、河南、湖北、湖南、吉林、江苏、江西、宁夏、山东、山西、上海、四川、台湾、天津、云南、浙江。

106.4.28 海滨库蚊 *Culex sitiens* Wiedemann，1828

地理分布：安徽、福建、广东、广西、海南、江苏、宁夏、山东、台湾、浙江。

106.4.29 惊骇库蚊 *Culex territans* Walker，1856

地理分布：甘肃、河北、新疆。

106.4.30 纹腿库蚊 *Culex theileri* Theobald，1903

同物异名：希氏库蚊。

宿主与寄生部位：马、黄牛、水牛。体表。

地理分布：安徽、福建、广西、贵州、湖北、湖南、山东、四川、云南、浙江。

106.4.31 三带喙库蚊 *Culex tritaeniorhynchus* Giles，1901

宿主与寄生部位：主要寄生于马、驴、牛、羊、猪。体表。

地理分布：安徽、北京、重庆、福建、甘肃、广东、广西、贵州、海南、河北、河南、黑龙江、湖北、湖南、吉林、江苏、江西、辽宁、内蒙古、宁夏、山东、山西、上海、四川、台湾、天津、云南、浙江。

106.4.32 迷走库蚊 *Culex vagans* Wiedemann，1828

宿主与寄生部位：主要为犬、鸡、鸭、鹅。体表。

地理分布：安徽、北京、重庆、福建、甘肃、广东、广西、贵州、海南、河北、河南、黑龙江、湖北、湖南、吉林、江苏、江西、辽宁、内蒙古、宁夏、山东、山西、陕西、上海、四川、台湾、西藏、云南、浙江。

168

106.4.33 杂鳞库蚊 *Culex vishnui* Theobald，1901

　　地理分布：湖北、山西。

106.4.34 惠氏库蚊 *Culex whitmorei* Giles，1904

　　同物异名：白霜库蚊。

　　地理分布：安徽、重庆、福建、广东、广西、贵州、海南、河南、湖北、湖南、吉林、江苏、江西、辽宁、山东、山西、四川、台湾、西藏、云南、浙江。

106.5 脉毛蚊属 *Culiseta* Felt，1904

106.5.1 阿拉斯加脉毛蚊 *Culiseta alaskaensis* Ludlow，1906

　　地理分布：河北、黑龙江、吉林、辽宁、内蒙古、宁夏、青海、新疆。

106.5.2 环跗脉毛蚊 *Culiseta annulata* Schrank，1776

　　地理分布：新疆。

106.5.3 黑须脉毛蚊 *Culiseta bergrothi* Edwards，1921

　　地理分布：黑龙江、吉林、辽宁、内蒙古。

106.5.4 大叶脉毛蚊 *Culiseta megaloba* Luh，Chao et Xu，1974

　　地理分布：宁夏。

106.5.5 银带脉毛蚊 *Culiseta niveitaeniata* Theobald，1907

　　地理分布：甘肃、贵州、河北、湖南、山东、陕西、四川、台湾、西藏、云南。

106.5.6 褐翅脉毛蚊 *Culiseta ochroptera* Peus，1935

　　地理分布：黑龙江、吉林、宁夏。

106.6 钩蚊属 *Malaya* Leicester，1908

106.6.1 肘喙钩蚊 *Malaya genurostris* Leicester，1908

　　地理分布：福建、广东、广西、海南、湖南、台湾、西藏、云南。

106.7 曼蚊属 *Manssonia* Blanchard，1901

106.7.1 环跗曼蚊 *Manssonia richiardii* Ficalbi，1889

　　地理分布：宁夏、新疆。

106.7.2 常型曼蚊 *Manssonia uniformis* Theobald，1901

　　地理分布：安徽、重庆、福建、甘肃、广东、广西、贵州、海南、河北、河南、湖北、湖南、江苏、江西、宁夏、青海、山东、山西、陕西、上海、四川、台湾、西藏、云南、浙江。

106.8 直脚蚊属 *Orthopodomyia* Theobald，1904

106.8.1 类按直脚蚊 *Orthopodomyia anopheloides* Giles，1903

　　地理分布：安徽、福建、广东、广西、贵州、海南、河南、湖北、湖南、江苏、江西、陕西、四川、台湾、云南、浙江。

106.9 杵蚊属 *Tripteriodes* Giles，1904

106.9.1 竹生杵蚊 *Tripteriodes bambusa* Yamada，1917

　　地理分布：安徽、福建、广东、广西、贵州、海南、河南、湖北、湖南、吉林、江西、辽宁、四川、台湾、浙江。

106.10 蓝带蚊属 *Uranotaenia* Lynch Arribalzaga，1891

106.10.1 安氏蓝带蚊 *Uranotaenia annandalei* Barraud，1926

地理分布：安徽、福建、广东、贵州、四川、台湾、云南。

106.10.2　巨型蓝带蚊　*Uranotaenia maxima* Leicester，1908

地理分布：安徽、福建、广东、贵州、浙江。

106.10.3　新湖蓝带蚊　*Uranotaenia novobscura* Barraud，1934

地理分布：安徽、福建、广东、广西、贵州、河南、湖北、湖南、江西、四川、台湾、西藏、云南、浙江。

106.10.4　长爪蓝带蚊　*Uranotaenia unguiculata* Edwards，1913

地理分布：新疆。

107　胃蝇科　**Gasterophilidae Bezzi et Stein，1907**

107.1　胃蝇属　*Gasterophilus* **Leach，1817**

107.1.1　红尾胃蝇（蛆）　*Gasterophilus haemorrhoidalis* Linnaeus，1758

同物异名：痔胃蝇。

宿主与寄生部位：马、驴、骡。胃、十二指肠。

地理分布：安徽、重庆、福建、甘肃、广西、贵州、河北、黑龙江、湖北、吉林、江苏、江西、辽宁、内蒙古、宁夏、青海、山西、陕西、四川、天津、西藏、新疆、云南。

107.1.2　小胃蝇（蛆）　*Gasterophilus inermis* Brauer，1858

同物异名：无刺胃蝇。

宿主与寄生部位：马、驴。胃、肠道。

地理分布：黑龙江、内蒙古、宁夏、山西、新疆。

107.1.3　肠胃蝇（蛆）　*Gasterophilus intestinalis* De Geer，1776

宿主与寄生部位：马、驴、骡、犬。胃、十二指肠。

地理分布：安徽、重庆、福建、甘肃、广西、贵州、河北、河南、黑龙江、湖北、吉林、江苏、江西、辽宁、内蒙古、宁夏、青海、山东、山西、陕西、四川、天津、西藏、新疆、云南。

107.1.4　黑角胃蝇（蛆）　*Gasterophilus nigricornis* Loew，1863

宿主与寄生部位：马、驴。十二指肠。

地理分布：内蒙古。

107.1.5　黑腹胃蝇（蛆）　*Gasterophilus pecorum* Fabricius，1794

同物异名：兽胃蝇。

宿主与寄生部位：马、驴、骡，偶见于牛、兔。胃、十二指肠。

地理分布：安徽、重庆、福建、甘肃、广西、贵州、河北、河南、黑龙江、吉林、江苏、江西、辽宁、内蒙古、宁夏、青海、山东、山西、陕西、四川、天津、西藏、新疆。

107.1.6　烦扰胃蝇（蛆）　*Gasterophilus veterinus* Clark，1797

同物异名：喉胃蝇，鼻胃蝇（*Gasterophilus nasalis* Linnaeus，1758）。

宿主与寄生部位：马、驴、骡。胃、肠道。

地理分布：安徽、重庆、福建、甘肃、广西、河北、黑龙江、吉林、江苏、江西、宁夏、青海、山西、四川、天津、西藏、新疆。

108　虱蝇科　Hippoboscidae Linne，1761

108.1　虱蝇属　*Hippobosca* Linnaeus，1758

108.1.1　犬虱蝇　*Hippobosca capensis* Olfers，1816

同物异名：好望角虱蝇，费西龙虱蝇（*Hippobosca francilloni* Leach，1818）。

宿主与寄生部位：犬、猫。体表。

地理分布：福建、甘肃、广东、广西、海南、河北、湖北、湖南、江苏、江西、辽宁、内蒙古、宁夏、山东、山西、陕西、台湾、天津、新疆、浙江。

108.1.2　马虱蝇　*Hippobosca equina* Linnaeus，1758

宿主与寄生部位：马、驴、牛、犬、猫。体表。

地理分布：河北、江西、陕西、四川、天津、新疆。

108.1.3　牛虱蝇　*Hippobosca rufipes* Olfers，1816

宿主与寄生部位：黄牛。体表。

地理分布：福建、陕西、新疆。

108.2　蜱蝇属　*Melophagus* Latreille，1802

108.2.1　羊蜱蝇　*Melophagus ovinus* Linnaeus，1758

宿主与寄生部位：绵羊、山羊、犬。体表。

地理分布：重庆、甘肃、河北、黑龙江、吉林、内蒙古、宁夏、青海、山西、陕西、四川、天津、西藏。

109　皮蝇科　Hypodermatidae（Rondani，1856）Townsend，1916

109.1　皮蝇属　*Hypoderma* Latreille，1818

109.1.1　牛皮蝇（蛆）　*Hypoderma bovis* De Geer，1776

宿主与寄生部位：黄牛、水牛、牦牛，偶见于马、驴、绵羊、山羊。皮下。

地理分布：安徽、甘肃、广东、广西、贵州、河北、河南、黑龙江、湖北、湖南、吉林、江苏、江西、辽宁、内蒙古、宁夏、青海、山东、山西、陕西、四川、天津、西藏、新疆、云南、浙江。

109.1.2　纹皮蝇（蛆）　*Hypoderma lineatum* De Villers，1789

宿主与寄生部位：黄牛、水牛、牦牛，偶见于马、绵羊。皮下。

地理分布：甘肃、贵州、河北、黑龙江、湖北、吉林、江苏、江西、辽宁、内蒙古、宁夏、青海、山西、陕西、四川、天津、西藏、新疆、云南。

109.1.3　中华皮蝇（蛆）　*Hypoderma sinense* Pleske，1926

宿主与寄生部位：牦牛。皮下。

地理分布：甘肃、青海、四川、西藏。

110　蝇科　Muscidae Latreille，1802

本科各属虫种的宿主与寄生部位，除标明外，均为家畜的体表。

110.1　毛蝇属　*Dasyphora* Robineau-Desvoidy，1830

110.1.1　绿俗毛蝇　*Dasyphora apicotaeniata* Ni，1982

地理分布：新疆。

110.1.2　亚洲毛蝇　*Dasyphora asiatica* Zimin，1947

地理分布：甘肃、河北、内蒙古、宁夏、青海、山西、天津、新疆。

110.1.3　会理毛蝇　*Dasyphora huiliensis* Ni，1982

地理分布：甘肃、辽宁、宁夏、山西、陕西、四川、西藏、云南。

110.1.4　拟变色毛蝇　*Dasyphora paraversicolor* Zimin，1951

地理分布：甘肃、宁夏、青海、西藏、新疆。

110.1.5　赛伦毛蝇　*Dasyphora serena* Zimin，1951

地理分布：甘肃。

110.1.6　三齿毛蝇　*Dasyphora trichosterna* Zimin，1951

地理分布：宁夏、新疆。

110.2　厕蝇属　*Fannia* Robineau-Desvoidy，1830

110.2.1　夏厕蝇　*Fannia canicularis* Linnaeus，1761

宿主与寄生部位：家畜。耳、泌尿生殖系统、胃、肠道。

地理分布：甘肃、河北、河南、黑龙江、吉林、江苏、辽宁、内蒙古、宁夏、青海、山东、山西、四川、西藏、新疆。

110.2.2　巨尾厕蝇　*Fannia glaucescens* Zetterstedt，1845

地理分布：甘肃、黑龙江、内蒙古、宁夏、青海、山西、新疆。

110.2.3　截尾厕蝇　*Fannia incisurata* Zetterstedt，1838

地理分布：甘肃、河北、黑龙江、吉林、辽宁、新疆。

110.2.4　宜宾厕蝇　*Fannia ipinensis* Chillcott，1961

地理分布：四川。

110.2.5　溪口厕蝇　*Fannia kikowensis* Ouchi，1938

地理分布：江苏、浙江。

110.2.6　白纹厕蝇　*Fannia leucosticta* Meigen，1826

地理分布：甘肃、广东、河北、河南、黑龙江、江苏、辽宁、内蒙古、山西、台湾、新疆、浙江。

110.2.7　六盘山厕蝇　*Fannia liupanshanensis* Zhao，Ma，Han，*et al.*，1985

地理分布：宁夏。

110.2.8　毛踝厕蝇　*Fannia manicata* Meigen，1826

地理分布：黑龙江、内蒙古、宁夏、山西、西藏。

110.2.9　元厕蝇　*Fannia prisca* Stein，1918

地理分布：安徽、福建、甘肃、广东、广西、贵州、河北、河南、黑龙江、湖南、吉林、江苏、江西、辽宁、宁夏、山东、山西、陕西、四川、台湾、云南、浙江。

110.2.10　瘤胫厕蝇　*Fannia scalaris* Fabricius，1794

宿主与寄生部位：家畜。耳、泌尿生殖系统、胃、肠道。

地理分布：北京、福建、甘肃、广东、广西、贵州、河北、河南、黑龙江、湖南、吉林、江苏、江西、辽宁、内蒙古、宁夏、青海、山东、山西、陕西、上海、四川、台湾、新疆、云南、浙江。

110.2.11　肖瘤胫厕蝇　*Fannia subscalaris* Zimin，1946

地理分布：内蒙古、新疆。

172

110.3　纹蝇属　*Graphomya* Robineau-Desvoidy，1830

110.3.1　斑纹蝇　*Graphomya maculata* Scopoli，1763

地理分布：甘肃、内蒙古。

110.3.2　绯胫纹蝇　*Graphomya rufitibia* Stein，1918

地理分布：甘肃。

110.4　齿股蝇属　*Hydrotaea* Robineau-Desvoidy，1830

110.4.1　刺足齿股蝇　*Hydrotaea armipes* Fallen，1825

地理分布：甘肃、新疆。

110.4.2　栉足齿股蝇　*Hydrotaea cinerea* Robineau-Desvoidy，1830

地理分布：甘肃。

110.4.3　常齿股蝇　*Hydrotaea dentipes* Fabricius，1805

地理分布：甘肃、河北、黑龙江、吉林、江苏、辽宁、内蒙古、宁夏、青海、山东、山西、上海、西藏、新疆。

110.4.4　钩刺齿股蝇　*Hydrotaea harpagospinosa* Ni，1982

地理分布：新疆。

110.4.5　隐齿股蝇　*Hydrotaea occulta* Meigen，1826

地理分布；甘肃、河北、河南、辽宁、宁夏、青海、山西、陕西、台湾、新疆。

110.4.6　小齿股蝇　*Hydrotaea parva* Meade，1889

地理分布：新疆。

110.4.7　曲胫齿股蝇　*Hydrotaea scambus* Zetterstedt，1838

地理分布：甘肃、河北、辽宁、内蒙古、山西。

110.5　溜蝇属　*Lispe* Latreille，1796

110.5.1　双条溜蝇　*Lispe bivittata* Stein，1909

地理分布；宁夏。

110.5.2　吸溜蝇　*Lispe consanguinea* Loew，1858

地理分布：宁夏。

110.5.3　长条溜蝇　*Lispe longicollis* Meigen，1826

地理分布：安徽、宁夏。

110.5.4　东方溜蝇　*Lispe orientalis* Wiedemann，1824

地理分布：安徽、甘肃、宁夏。

110.5.5　天目溜蝇　*Lispe quaerens* Villeneuve，1936

地理分布：甘肃、宁夏。

110.5.6　螯溜蝇　*Lispe tentaculata* Degeer，1776

地理分布；甘肃、宁夏。

110.6　墨蝇属　*Mesembrina* Meigen，1826

110.6.1　迷墨蝇　*Mesembrina decipiens* Loew，1873

地理分布：宁夏。

110.6.2　介墨蝇　*Mesembrina intermedia* Zetterstedt，1849

地理分布；新疆。

110.6.3　南墨蝇　*Mesembrina meridiana* Linnaeus，1758

地理分布：甘肃、宁夏、新疆。

110.6.4　蜂墨蝇　*Mesembrina mystacea* Linnaeus，1758

地理分布：新疆。

110.7　莫蝇属　*Morellia* Robineau-Desvoidy，1830

110.7.1　曲胫莫蝇　*Morellia aenescens* Robineau-Desvoidy，1830

地理分布：甘肃、黑龙江、内蒙古、陕西、新疆。

110.7.2　济洲莫蝇　*Morellia asetosa* Baranov，1925

地理分布；黑龙江、吉林、江苏、辽宁、内蒙古、山东、新疆。

110.7.3　林莫蝇　*Morellia hortorum* Fallen，1817

地理分布：甘肃、河北、黑龙江、内蒙古、宁夏、青海、山西、四川、新疆。

110.7.4　简莫蝇　*Morellia simplex* Loew，1857

地理分布：新疆。

110.8　家蝇属　*Musca* Linnaeus，1758

110.8.1　肖秋家蝇　*Musca amita* Hennig，1964

地理分布：河北、黑龙江、吉林、辽宁、内蒙古、宁夏、青海、山东、山西、天津、新疆。

110.8.2　秋家蝇　*Musca autumnalis* De Geer，1776

宿主与寄生部位：牛。鼻、眼。

地理分布：甘肃、河北、宁夏、青海、山西、新疆。

110.8.3　北栖家蝇　*Musca bezzii* Patton et Cragg，1913

地理分布：安徽、北京、甘肃、广东、贵州、海南、河北、河南、黑龙江、湖北、湖南、吉林、江苏、辽宁、内蒙古、山东、山西、陕西、上海、四川、台湾、西藏、云南、浙江。

110.8.4　逐畜家蝇　*Musca conducens* Walker，1859

地理分布：安徽、重庆、福建、甘肃、广东、广西、贵州、海南、河北、河南、湖北、湖南、吉林、江苏、江西、辽宁、内蒙古、宁夏、山东、山西、陕西、上海、四川、台湾、西藏、云南、浙江。

110.8.5　突额家蝇　*Musca convexifrons* Thomson，1868

地理分布：福建、广东、广西、海南、河北、河南、湖北、湖南、江苏、江西、山东、陕西、四川、台湾、天津、云南、浙江。

110.8.6　肥喙家蝇　*Musca crassirostris* Stein，1903

地理分布：福建、甘肃、广东、广西、海南、湖北、江苏、四川、台湾、云南。

110.8.7　家蝇　*Musca domestica* Linnaeus，1758

地理分布：安徽、福建、甘肃、广东、广西、河南、湖北、湖南、江苏、江西、内蒙古、宁夏、四川、新疆、云南、浙江。

110.8.8　黑边家蝇　*Musca hervei* Villeneuve，1922

地理分布：安徽、福建、甘肃、广西、贵州、河北、河南、湖北、湖南、吉林、江苏、江西、辽宁、内蒙古、宁夏、山东、山西、陕西、四川、西藏、云南、浙江。

110.8.9　毛瓣家蝇　*Musca inferior* Stein，1909

地理分布：广东、广西、海南、台湾、云南。

110.8.10　孕幼家蝇　*Musca larvipara* Portschinsky，1910

地理分布：甘肃、内蒙古、宁夏、陕西、新疆。

110.8.11　亮家蝇　*Musca lucens* Villeneuve，1922

地理分布：海南、宁夏、四川。

110.8.12　中亚家蝇　*Musca osiris* Wiedemann，1830

地理分布：新疆。

110.8.13　毛提家蝇　*Musca pilifacies* Emden，1965

地理分布：甘肃、广东、辽宁、宁夏、陕西、四川、台湾、西藏、云南。

110.8.14　市家蝇　*Musca sorbens* Wiedemann，1830

地理分布：安徽、福建、甘肃、广东、海南、河北、河南、湖南、江苏、江西、辽宁、内蒙古、宁夏、山东、山西、陕西、四川、台湾、新疆、云南、浙江。

110.8.15　骚扰家蝇　*Musca tempestiva* Fallen，1817

地理分布：甘肃、河北、河南、黑龙江、湖北、湖南、吉林、江苏、辽宁、内蒙古、宁夏、青海、山东、山西、陕西、四川、新疆、云南。

110.8.16　黄腹家蝇　*Musca ventrosa* Wiedemann，1830

地理分布；北京、福建、甘肃、广东、广西、贵州、海南、河北、河南、湖北、湖南、江苏、宁夏、山东、山西、陕西、四川、台湾、天津、云南、浙江。

110.8.17　舍家蝇　*Musca vicina* Macquart，1851

地理分布：安徽、甘肃、广西、河北、河南、宁夏、山西、天津。

110.8.18　透翅家蝇　*Musca vitripennis* Meigen，1826

地理分布：甘肃、宁夏、山西、新疆。

110.9　腐蝇属　*Muscina* Robineau-Desvoidy，1830

110.9.1　肖腐蝇　*Muscina assimilis* Fallen，1823

地理分布：甘肃、河北、黑龙江、吉林、辽宁、内蒙古、宁夏、山西、新疆。

110.9.2　日本腐蝇　*Muscina japonica* Shinonaga，1974

地理分布：河北、河南、吉林、辽宁、宁夏。

110.9.3　厩腐蝇　*Muscina stabulans* Fallen，1817

地理分布：安徽、北京、福建、甘肃、河北、河南、黑龙江、湖北、吉林、江苏、辽宁、内蒙古、宁夏、青海、山东、山西、陕西、上海、四川、天津、西藏、新疆、云南、浙江。

110.10　黑蝇属　*Ophyra* Robineau-Desvoidy，1830

110.10.1　开普黑蝇　*Ophyra capensis* Wiedemann，1818s

地理分布：新疆。

110.10.2　斑遮黑蝇　*Ophyra chalcogaster* Wiedemann，1824

地理分布：安徽、福建、甘肃、广东、广西、海南、河北、河南、湖北、湖南、吉林、江苏、江西、辽宁、宁夏、山东、山西、四川、台湾、云南、浙江。

110.10.3　银眉黑蝇　*Ophyra leucostoma* Wiedemann，1817

地理分布：安徽、福建、甘肃、河北、河南、黑龙江、吉林、江苏、江西、辽宁、内蒙古、宁夏、山东、山西、陕西、四川、新疆、浙江。

110.10.4　暗黑黑蝇　*Ophyra nigra* Wiedemann，1830

地理分布：甘肃、广东、广西、河北、河南、黑龙江、湖北、吉林、江苏、辽宁、山东、山西、四川、台湾、云南、浙江。

110.10.5　暗额黑蝇　*Ophyra obscurifrons* Sabrosky，1949

地理分布：福建、河北、河南、江苏、辽宁、宁夏、山东、四川、云南、浙江。

110.10.6　拟斑遮黑蝇　*Ophyra okazakii* Kano et Shinonaga，1971

地理分布；宁夏。

110.11　翠蝇属　*Orthellia* Robineau-Desvoidy，1863

110.11.1　绿翠蝇　*Orthellia caesarion* Meigen，1826

地理分布：甘肃、黑龙江、吉林、内蒙古、宁夏、青海、四川、西藏、新疆、云南。

110.11.2　紫翠蝇　*Orthellia chalybea* Wiedemann，1830

地理分布：安徽、福建、甘肃、广东、广西、贵州、河南、湖北、湖南、江苏、江西、宁夏、山东、陕西、四川、台湾、西藏、云南、浙江。

110.11.3　蓝翠蝇　*Orthellia coerulea* Wiedemann，1819

地理分布：安徽、甘肃、宁夏。

110.11.4　印度翠蝇　*Orthellia indica* Robineau-Desvoidy，1830

地理分布：福建、广东、广西、贵州、海南、湖南、江苏、江西、宁夏、山西、陕西、四川、台湾、云南、浙江。

110.11.5　大洋翠蝇　*Orthellia pacifica* Zimin，1951

地理分布：甘肃、黑龙江、吉林、辽宁、内蒙古、宁夏、山西。

110.11.6　翠额翠蝇　*Orthellia viridifrons* Macquart，1843

地理分布：宁夏。

110.12　直脉蝇属　*Polietes* Rondani，1866

110.12.1　白线直脉蝇　*Polietes albolineata* Fallen，1823

地理分布：内蒙古、新疆。

110.12.2　四条直脉蝇　*Polietes lardaria* Fabricius，1781

地理分布：甘肃、宁夏。

110.13　碧蝇属　*Pyrellia* Robineau-Desvoidy，1830

110.13.1　粉背碧蝇　*Pyrellia aenea* Zetterstedt，1845

地理分布：新疆。

110.13.2　马粪碧蝇　*Pyrellia cadaverina* Linnaeus，1758

地理分布：甘肃、河北、黑龙江、吉林、辽宁、内蒙古、宁夏、青海、山西、西藏、新疆。

110.14　鼻蝇属　*Rhinia* Robineau-Desvoidy，1830

110.14.1　异色鼻蝇（蛆）　*Rhinia discolor* Fabricius，1794

宿主与寄生部位：猪。皮肤。

地理分布：甘肃、湖南。

111 狂蝇科 Oestridae Leach，1856

111.1 头狂蝇属 *Cephalopina* Strand，1928
同物异名：喉蝇属。

111.1.1 驼头狂蝇 *Cephalopina titillator* Clark，1816
宿主与寄生部位：骆驼。鼻窦、鼻咽腔。
地理分布：甘肃、河北、内蒙古、宁夏、新疆。

111.2 狂蝇属 *Oestrus* Linnaeus，1758

111.2.1 羊狂蝇（蛆） *Oestrus ovis* Linnaeus，1758
宿主与寄生部位：绵羊、山羊、骆驼。鼻腔、鼻窦、额窦、上额窦、颅腔、角窦、眼。
地理分布：安徽、北京、重庆、甘肃、广东、广西、贵州、海南、河北、河南、黑龙江、湖北、湖南、吉林、江苏、江西、辽宁、内蒙古、宁夏、青海、山东、山西、陕西、四川、天津、西藏、新疆、云南。

111.3 鼻狂蝇属 *Rhinoestrus* Brauer，1886

111.3.1 阔额鼻狂蝇（蛆） *Rhinoestrus latifrons* Gan，1947
同物异名：马鼻狂蝇。
宿主与寄生部位：马。鼻腔、咽、舌根部、脑、眼。
地理分布：甘肃、河北、江苏、内蒙古、新疆。

111.3.2 紫鼻狂蝇（蛆） *Rhinoestrus purpureus* Brauer，1858
宿主与寄生部位：马、驴、骡。鼻腔、鼻窦、额窦，偶见于结膜囊、咽。
地理分布：甘肃、河北、江苏、内蒙古、新疆。

111.3.3 少刺鼻狂蝇（蛆） *Rhinoestrus usbekistanicus* Gan，1947
宿主与寄生部位：马、驴。鼻腔、额窦。
地理分布：内蒙古。

112 酪蝇科 Piophilidae Macquart，1835

112.1 酪蝇属 *Piophila* Fallen，1810

112.1.1 乳酪蝇 *Piophila casei* Linnaeus，1758
宿主与寄生部位：猪。体表。
地理分布：甘肃、山西、陕西。

113 毛蛉科 Psychodidae Bigot，1854
本科各属虫种的宿主与寄生部位，除标明外，均为家畜或家禽的体表。

113.1 秦蛉属 *Chinius* Leng，1987

113.1.1 筠连秦蛉 *Chinius junlianensis* Leng，1987
地理分布：广东、广西、贵州、四川。

113.2 格蛉属 *Grassomyia* Theodor，1958

113.2.1 印地格蛉 *Grassomyia indica* Theodor，1931
地理分布：安徽、广东、海南、台湾。

113.3 异蛉属 *Idiophlebotomus* Quate et Fairchild，1961

113.3.1 长铗异蛉 *Idiophlebotomus longiforceps* Wang，Ku et Yuan，1974

地理分布：广西、贵州、湖南、云南。

113.4 白蛉属 *Phlebotomus* Rondani et Berte，1840

113.4.1 亚历山大白蛉 *Phlebotomus alexandri* Sinton，1928

地理分布：甘肃、内蒙古、新疆。

113.4.2 安氏白蛉 *Phlebotomus andrejevi* Shakirzyanova，1953

地理分布：甘肃、内蒙古、新疆。

113.4.3 中华白蛉 *Phlebotomus chinensis* Newstead，1916

宿主与寄生部位：犬。体表。

地理分布：安徽、北京、重庆、甘肃、广东、贵州、海南、河北、河南、湖北、湖南、吉林、江苏、辽宁、内蒙古、宁夏、青海、山东、山西、陕西、上海、四川、天津、新疆、云南、浙江。

113.4.4 何氏白蛉 *Phlebotomus hoepplii* Tang et Maa，1945

地理分布：福建、广东。

113.4.5 江苏白蛉 *Phlebotomus kiangsuensis* Yao et Wu，1938

地理分布：安徽、重庆、广东、广西、贵州、河南、湖北、江苏、辽宁、山东、陕西、四川、台湾、云南、浙江。

113.4.6 歌乐山白蛉 *Phlebotomus koloshanensis* Yao et Wu，1946

地理分布：甘肃。

113.4.7 硕大白蛉 *Phlebotomus major* Annadale，1910

地理分布：甘肃、新疆。

113.4.8 蒙古白蛉 *Phlebotomus mongolensis* Sinton，1928

地理分布：安徽、北京、甘肃、河北、河南、湖北、江苏、辽宁、内蒙古、宁夏、青海、山东、山西、陕西、天津、新疆、浙江。

113.4.9 四川白蛉 *Phlebotomus sichuanensis* Leng et Yin，1983

地理分布：重庆、四川、西藏、云南。

113.4.10 施氏白蛉 *Phlebotomus stantoni* Newstead，1914

地理分布：福建、广东、广西、海南、陕西、四川、云南。

113.4.11 土门白蛉 *Phlebotomus tumenensis* Wang et Chang，1963

地理分布：广东、广西、贵州、湖南、四川、云南。

113.4.12 云胜白蛉 *Phlebotomus yunshengensis* Leng et Lewis，1987

地理分布：广西、贵州、四川、云南。

113.5 司蛉属 *Sergentomyia* Franca et Parrot，1920

113.5.1 安徽司蛉 *Sergentomyia anhuiensis* Ge et Leng，1990

地理分布：安徽、广西、湖北、江西、浙江。

113.5.2 贝氏司蛉 *Sergentomyia bailyi* Sinton，1931

地理分布：广东、海南、四川、云南。

113.5.3 鲍氏司蛉 *Sergentomyia barraudi* Sinton，1929

地理分布：安徽、重庆、福建、广东、广西、贵州、海南、湖北、湖南、江苏、江西、陕西、四川、台湾、云南、浙江。

178

113.5.4　平原司蛉　*Sergentomyia campester*（Sinton，1931）Leng，1980
地理分布：广东、海南、四川、云南。

113.5.5　方亮司蛉　*Sergentomyia fanglianensis* Leng，1964
地理分布：海南。

113.5.6　富平司蛉　*Sergentomyia fupingensis* Wu，1954
地理分布：陕西。

113.5.7　应氏司蛉　*Sergentomyia iyengari* Sinton，1933
地理分布：广东、海南、云南。

113.5.8　嘉积司蛉　*Sergentomyia kachekensis* Yao et Wu，1940
地理分布：广东。

113.5.9　许氏司蛉　*Sergentomyia khawi* Raynal，1936
地理分布：北京、甘肃、贵州、河北、河南、辽宁、山东、山西、陕西、天津、云南。

113.5.10　歌乐山司蛉　*Sergentomyia koloshanensis* Yao et Wu，1946
地理分布：重庆、甘肃、广西、贵州、湖北、四川、云南。

113.5.11　广西司蛉　*Sergentomyia kwangsiensis* Yao et Wu，1941
地理分布：广东、广西、海南。

113.5.12　马来司蛉　*Sergentomyia malayensis* Theodor，1938
同物异名：海南司蛉（*Sergentomyia hainanensis* Yao et Wu，1938）
地理分布：安徽、广东、海南、台湾。

113.5.13　微小司蛉新疆亚种　*Sergentomyia minutus sinkiangensis* Ting et Ho，1962
地理分布：甘肃、新疆。

113.5.14　南京司蛉　*Sergentomyia nankingensis* Ho，Tan et Wu，1954
地理分布：安徽、湖北、江苏、陕西。

113.5.15　蒲氏司蛉　*Sergentomyia pooi* Yao et Wu，1941
地理分布：广西。

113.5.16　泉州司蛉　*Sergentomyia quanzhouensis* Leng et Zhang，1985
地理分布：福建。

113.5.17　鳞胸司蛉　*Sergentomyia squamipleuris* Newstead，1912
地理分布：安徽、广东、河南、台湾。

113.5.18　鳞喙司蛉　*Sergentomyia squamirostris* Newstead，1923
地理分布：安徽、北京、甘肃、河北、河南、湖北、江苏、江西、辽宁、青海、山东、山西、陕西、上海、四川、天津、浙江。

113.5.19　孙氏司蛉　*Sergentomyia suni* Wu，1954
地理分布：山西、陕西、四川。

113.5.20　武夷山司蛉　*Sergentomyia wuyishanensis* Leng et Zhang，1985
地理分布：福建。

113.5.21　伊氏司蛉　*Sergentomyia yini* Leng et Lin，1991
地理分布：重庆、福建、四川。

114　麻蝇科　**Sarcophagidae Macquart，1834**

同物异名：肉蝇科。

本科各属虫种的宿主与寄生部位，除标明外，均为家畜的伤口。

114.1　黑麻蝇属　*Bellieria* **Robineau-Desvoidy，1863**

同物异名：*Helicophagella*（Enderlein，1928）。

114.1.1　斑黑麻蝇（蛆）　*Bellieria maculata* Meigen，1835

地理分布：宁夏、新疆。

114.1.2　尾黑麻蝇（蛆）　*Bellieria melanura* Meigen，1826

地理分布：安徽、甘肃、河南、宁夏、新疆。

114.2　粪麻蝇属　*Bercaea* **Robineau-Desvoidy，1863**

114.2.1　红尾粪麻蝇（蛆）　*Bercaea haemorrhoidalis* Fallen，1816

宿主与寄生部位：羊。伤口。

地理分布：甘肃、广西、河北、河南、湖南、江苏、内蒙古、宁夏、青海、山东、山西、陕西、上海、四川、西藏、新疆、云南。

114.3　别麻蝇属　*Boettcherisca* **Rohdendorf，1937**

114.3.1　赭尾别麻蝇（蛆）　*Boettcherisca peregrina* Robineau-Desvoidy，1830

同物异名：赭尾麻蝇（*Sarcophaga peregrina* Robineau-Desvoidy，1830），褐尾麻蝇（*Sarcophaga fuscicauda* Böttcher，1912）。

地理分布：安徽、福建、甘肃、广东、广西、贵州、海南、河北、河南、黑龙江、湖北、湖南、吉林、江苏、江西、辽宁、内蒙古、宁夏、山东、山西、四川、台湾、西藏、云南、浙江。

114.4　欧麻蝇属　*Heteronychia* **Brauer et Bergenstamm，1889**

114.4.1　贺兰山欧麻蝇　*Heteronychia helanshanensis* Han，Zhao et Ye，1985

地理分布：宁夏。

114.4.2　细纽欧麻蝇　*Heteronychia shnitnikovi* Rohdendorf，1937

地理分布：新疆。

114.5　亚麻蝇属　*Parasarcophaga* **Johnston et Tiegs，1921**

114.5.1　埃及亚麻蝇　*Parasarcophaga aegyptica* Salem，1935

地理分布：甘肃、新疆。

114.5.2　锚形亚麻蝇　*Parasarcophaga anchoriformis* Fan，1964

地理分布：安徽。

114.5.3　华北亚麻蝇　*Parasarcophaga angarosinica* Rohdendorf，1937

地理分布：甘肃、河北、河南、黑龙江、吉林、江苏、辽宁、青海、山东、陕西。

114.5.4　兴隆亚麻蝇　*Parasarcophaga hinglungensis* Fan，1964

地理分布：宁夏。

114.5.5　达乌利亚麻蝇　*Parasarcophaga daurica* Grunin，1964

地理分布：吉林、辽宁。

114.5.6　巨亚麻蝇　*Parasarcophaga gigas* Thomas，1949

地理分布：安徽、河南、黑龙江、湖北、江苏、辽宁、四川、云南、浙江。

114.5.7　贪食亚麻蝇　*Parasarcophaga harpax* Pandelle，1896

地理分布：甘肃、新疆。

114.5.8　黄山亚麻蝇　*Parasarcophaga huangshanensis* Fan，1964

地理分布：安徽、浙江。

114.5.9　蝗尸亚麻蝇　*Parasarcophaga jacobsoni* Rohdendorf，1937

地理分布：甘肃、河北、黑龙江、吉林、辽宁、内蒙古、宁夏、青海、山东、山西、陕西、四川、西藏、新疆。

114.5.10　三鬃亚麻蝇　*Parasarcophaga kirgizica* Rohdendorf，1969

地理分布：新疆。

114.5.11　巨耳亚麻蝇　*Parasarcophaga macroauriculata* Ho，1932

地理分布：安徽、福建、甘肃、广东、贵州、河北、河南、黑龙江、湖南、吉林、江西、辽宁、宁夏、山西、陕西、四川、西藏、云南、浙江。

114.5.12　天山亚麻蝇　*Parasarcophaga pleskei* Rohdendorf，1937

地理分布：新疆。

114.5.13　急钩亚麻蝇　*Parasarcophaga portschinskyi* Rohdendorf，1937

地理分布：甘肃、河北、河南、吉林、江苏、辽宁、内蒙古、宁夏、青海、山东、陕西、上海、四川、西藏、新疆、云南。

114.5.14　沙州亚麻蝇　*Parasarcophaga semenovi* Rohdendorf，1925

地理分布：甘肃、吉林、宁夏、新疆。

114.5.15　结节亚麻蝇　*Parasarcophaga tuberosa* Pandelle，1896

地理分布：山西、新疆。

114.6　拉蝇属　*Ravinia* Robineau-Desvoidy，1863

114.6.1　花纹拉蝇（蛆）　*Ravinia striata* Fabricius，1794

同物异名：红尾拉蝇。

宿主与寄生部位：家畜。肠道。

地理分布：甘肃、河南、黑龙江、宁夏、山西、新疆。

114.7　麻蝇属　*Sarcophaga* Meigen，1826

114.7.1　白头麻蝇（蛆）　*Sarcophaga albiceps* Meigen，1826

地理分布：安徽、福建、甘肃、广东、广西、贵州、海南、河北、河南、黑龙江、湖北、吉林、江苏、江西、辽宁、内蒙古、宁夏、山东、山西、陕西、四川、台湾、西藏、云南、浙江。

114.7.2　北陆麻蝇（蛆）　*Sarcophaga angarosinica* Rohdendorf，1937

地理分布：黑龙江。

114.7.3　肉食麻蝇（蛆）　*Sarcophaga carnaria* Linnaeus，1758

地理分布；甘肃、黑龙江、新疆。

114.7.4　肥须麻蝇（蛆）　*Sarcophaga crassipalpis* Macquart，1839

地理分布：甘肃、河北、河南、黑龙江、湖北、吉林、江苏、辽宁、内蒙古、宁夏、青海、山东、山西、陕西、四川、西藏、新疆、浙江。

114.7.5　纳氏麻蝇（蛆）　*Sarcophaga knabi* Parker，1917

同物异名：褐须亚麻蝇（*Parasarcophaga sericea* Walker，1852）。

地理分布：安徽、福建、甘肃、广东、广西、贵州、海南、河北、河南、湖北、湖南、吉林、江苏、江西、辽宁、内蒙古、宁夏、山东、山西、陕西、四川、台湾、西藏、云南。

114.7.6 黑尾麻蝇（蛆） *Sarcophaga melanura* Meigen，1826

地理分布：安徽、河南、黑龙江、山西。

114.7.7 酱麻蝇（蛆） *Sarcophaga misera* Walker，1849

地理分布：安徽、福建、甘肃、广东、广西、贵州、海南、河北、河南、黑龙江、湖北、湖南、吉林、江苏、江西、辽宁、山东、山西、陕西、四川、台湾、云南、浙江。

114.7.8 黄须麻蝇（蛆） *Sarcophaga orchidea* Bottcher，1913

地理分布：安徽、山西。

114.7.9 巴钦氏麻蝇（蛆） *Sarcophaga portschinskyi* Rohdendorf，1937

地理分布：黑龙江、山西。

114.7.10 野麻蝇（蛆） *Sarcophaga similis* Meade，1876

地理分布：福建、甘肃、广东、广西、贵州、海南、河北、河南、黑龙江、湖北、湖南、吉林、江苏、江西、辽宁、内蒙古、宁夏、山东、山西、陕西、四川、云南、浙江。

114.7.11 马氏麻蝇（蛆） *Sarcophaga ugamskii* Rohdendorf，1937

地理分布：黑龙江、山西。

114.8 污蝇属 *Wohlfahrtia* Brauer et Bergenstamm，1889

同物异名：野蝇属。

114.8.1 毛足污蝇（蛆） *Wohlfahrtia bella* Macquart，1839

地理分布：甘肃、宁夏。

114.8.2 戈壁污蝇（蛆） *Wohlfahrtia cheni* Rohdendorf，1956

地理分布：甘肃、宁夏。

114.8.3 阿拉善污蝇（蛆） *Wohlfahrtia fedtschenkoi* Rohdendorf，1956

宿主与寄生部位：马、牛、羊、骆驼。伤口。

地理分布：甘肃、内蒙古、宁夏、青海。

114.8.4 黑须污蝇（蛆） *Wohlfahrtia magnifica* Schiner，1862

同物异名：巨吴氏野蝇。

宿主与寄生部位：骆驼、马、驴、骡、黄牛、绵羊、山羊。伤口。

地理分布：甘肃、河北、黑龙江、吉林、内蒙古、宁夏、青海、天津、新疆。

114.8.5 西亚污蝇（蛆） *Wohlfahrtia meigeni* Schiner，1862

地理分布；宁夏。

115 蚋科 Simulidae Latreille，1802

本科各属虫种的宿主与寄生部位，均为家畜、家禽的体表。

115.1 真蚋属 *Eusimulium* Roubaud，1906

115.1.1 黄足真蚋 *Eusimulium aureohirtum* Brunetti，1911

地理分布：重庆、福建、广西、台湾、云南。

115.1.2 查头真蚋 *Eusimulium chitoense* Takaoka，1979

地理分布：台湾。

115.1.3　周氏真蚋　*Eusimulium chowi* Takaoka，1979

地理分布：台湾。

115.1.4　镰刀真蚋　*Eusimulium falcoe* Shiraki，1935

地理分布：台湾。

115.1.5　溪流真蚋　*Eusimulium fluviatile* Radz.，1948

地理分布：重庆。

115.1.6　海格亚真蚋　*Eusimulium gejgelense* Dzhafarov，1954

地理分布：重庆。

115.1.7　结合真蚋　*Eusimulium geniculare* Shiraki，1935

地理分布：台湾。

115.1.8　阿星札真蚋　*Eusimulium gviletense* Rubtsov，1956

地理分布：重庆。

115.1.9　三重真蚋　*Eusimulium mie* Ogata et Sasa，1954

地理分布：重庆、福建、云南、浙江。

115.1.10　四面山真蚋　*Eusimulium simianshanensis* Wang，Li et Sun，1996

地理分布：重庆。

115.1.11　台北真蚋　*Eusimulium taipei* Shiraki，1935

地理分布：台湾。

115.1.12　透林真蚋　*Eusimulium taulingense* Takaoka，1979

地理分布：台湾。

115.1.13　油丝真蚋　*Eusimulium yushangense* Takaoka，1979

地理分布：台湾。

115.2　吉蚋属　*Gnus* Rubzov，1940

115.2.1　黑角吉蚋　*Gnus cholodkovskii* Rubzov，1939

地理分布：黑龙江、吉林、新疆。

115.2.2　亮胸吉蚋　*Gnus jacuticum* Rubzov，1940

地理分布：黑龙江、内蒙古、陕西。

115.3　蝇蚋属　*Gomphostilbia* Enderlein，1921

115.3.1　重庆蝇蚋　*Gomphostilbia chongqingensis* Zhu et Wang，1995

地理分布：重庆、四川。

115.3.2　后宽蝇蚋　*Gomphostilbia metatarsale* Brunetti，1911

地理分布：福建、广东、广西、海南、江西、台湾、云南、浙江。

115.3.3　凭祥蝇蚋　*Gomphostilbia pingxiangense* An et Hao，1990

地理分布：广西、广东、海南。

115.3.4　图纳蝇蚋　*Gomphostilbia tuenense* Takaoka，1979

地理分布：台湾。

115.4　短蚋属　*Odagmia* Enderlein，1921

115.4.1　华丽短蚋　*Odagmia ornata* Meigen，1818

地理分布：吉林、辽宁、新疆、云南。

115.5　原蚋属　*Prosimulium* Roubaud，1906

115.5.1　毛足原蚋　*Prosimulium hirtipes* Fries，1824

地理分布：黑龙江、吉林、辽宁、内蒙古。

115.5.2　刺扰原蚋　*Prosimulium irritans* Rubtsov，1940

地理分布：黑龙江。

115.6　蚋属　*Simulium* Latreille，1802

115.6.1　含糊蚋　*Simulium anbiguum* Shiraki，1935

地理分布：台湾。

115.6.2　天南蚋　*Simulium arisanum* Shiraki，1935

地理分布：台湾。

115.6.3　重庆蚋　*Simulium chongqingense* Zhu et Wang，1995

地理分布：重庆。

115.6.4　地记蚋　*Simulium digitatum* Puri，1932

地理分布：广东、广西。

115.6.5　福州蚋　*Simulium fuzhouense* Zhang et Wang，1991

地理分布：福建。

115.6.6　粗毛蚋　*Simulium hirtipannus* Puri，1932

地理分布：福建、贵州、浙江。

115.6.7　卡任蚋　*Simulium karenkoensis* Shiraki，1935

地理分布：台湾。

115.6.8　卡头蚋　*Simulium katoi* Shiraki，1935

地理分布：台湾。

115.6.9　多叉蚋　*Simulium multifurcatum* Zhang，1991

地理分布：福建。

115.6.10　亮胸蚋　*Simulium nitidithorax* Puri，1932

地理分布：福建。

115.6.11　节蚋　*Simulium nodosum* Puri，1933

地理分布：福建、广西、广东、海南、云南。

115.6.12　王旱蚋　*Simulium puliense* Takaoka，1979

地理分布：台湾。

115.6.13　五条蚋　*Simulium quinquestriatum* Shiraki，1935

地理分布：重庆、福建、广东、广西、贵州、海南、湖南、江西、辽宁、四川、台湾、西藏、云南。

115.6.14　爬蚋　*Simulium reptans* Linnaeus，1758

地理分布：河北、黑龙江、辽宁、内蒙古、天津、新疆。

115.6.15　红足蚋　*Simulium rufibasis* Brunetti，1911

地理分布：重庆、福建、湖北、辽宁、台湾、西藏、云南。

115.6.16　崎岛蚋　*Simulium sakishimaense* Takaoka，1977

地理分布：福建、江西、台湾、云南、浙江。

115.6.17　素木蚋　*Simulium shirakii* Kono et Takahasi，1940

地理分布：台湾。

115.6.18　铃木蚋　*Simulium suzukii* Rubzov，1963

地理分布：重庆、江西、台湾、云南。

115.6.19　台湾蚋　*Simulium taiwanicum* Takaoka，1979

地理分布：重庆、江西、四川、台湾。

115.6.20　优汾蚋　*Simulium ufengense* Takaoka，1979

地理分布：广东、台湾。

115.7　特蚋属　*Tetisimulium* Rubzov，1963

115.7.1　巨特蚋　*Tetisimulium alajensis* Rubzov，1972

地理分布：辽宁、内蒙古。

115.8　梯蚋属　*Titanopteryx* Enderlein，1935

115.8.1　斑梯蚋　*Titanopteryx maculata* Meigen，1804

地理分布：黑龙江、内蒙古、新疆。

115.9　维蚋属　*Wilhelmia* Enderlein，1921

115.9.1　马维蚋　*Wilhelmia equina* Linnaeus，1746

地理分布：甘肃、河北、黑龙江、吉林、辽宁、宁夏、青海、山东、山西、陕西、台湾、天津、新疆。

115.9.2　褐足维蚋　*Wilhelmia turgaica* Rubzov，1940

地理分布：河北、内蒙古、天津、新疆。

116　螫蝇科　Stomoxyidae Meigen，1824

116.1　血蝇属　*Haematobia* Lepeletier et Serville，1828

116.1.1　刺扰血蝇　*Haematobia stimulans* Meigen，1824

同物异名：刺扰血喙蝇（*Haematobosca stimulans* Meigen，1824）。

地理分布：甘肃、新疆。

116.2　血喙蝇属　*Haematobosca* Bezzi，1907

同物异名：血刺蝇属（*Bdellolarynx* Austen，1909）。

116.2.1　刺血喙蝇　*Haematobosca sanguinolenta* Austen，1909

同物异名：血刺蝇（*Bdellolarynx sanguinolenta* Austen，1909）。

宿主与寄生部位：马、牛、羊、猪。体表。

地理分布：福建、甘肃、广东、广西、贵州、海南、河北、河南、湖北、湖南、吉林、江苏、江西、辽宁、内蒙古、宁夏、山东、山西、陕西、四川、台湾、天津、云南、浙江。

116.3　角蝇属　*Lyperosia* Róndani，1856

116.3.1　东方角蝇　*Lyperosia exigua* Meijere，1903

同物异名：东方血蝇（*Haematobia exigua* Meijere，1903）。

宿主与寄生部位：马、黄牛、水牛。体表。

地理分布：安徽、重庆、福建、甘肃、广东、广西、贵州、海南、河北、河南、黑龙

185

江、湖北、湖南、吉林、江苏、江西、辽宁、内蒙古、宁夏、山东、山西、陕西、上海、四川、台湾、天津、云南、浙江。

116.3.2 西方角蝇 *Lyperosia irritans*（Linnaeus，1758）Róndani，1856

同物异名：西方血蝇（*Haematobia irritans* Linnaeus，1758）。

宿主与寄生部位：牛。体表。

地理分布：福建、江苏、江西、新疆。

116.3.3 微小角蝇 *Lyperosia mimuta* Bezzi，1892

同物异名：微小血蝇（*Haematobia mimuta* Bezzi，1892）。

宿主与寄生部位：黄牛。体表。

地理分布：广东、海南。

116.3.4 截脉角蝇 *Lyperosia titillans* Bezzi，1907

同物异名：截脉血蝇（*Haematobia titillans* Bezzi，1907）。

宿主与寄生部位：马、牛。体表。

地理分布：福建、江西、江苏、内蒙古、青海、陕西、新疆。

116.4 螫蝇属 *Stomoxys* Geoffroy，1762

116.4.1 厩螫蝇 *Stomoxys calcitrans* Linnaeus，1758

宿主与寄生部位：马、黄牛、水牛、奶牛、羊、猪、犬。体表。

地理分布：安徽、重庆、福建、甘肃、广东、广西、贵州、海南、河北、河南、湖北、湖南、江苏、江西、辽宁、内蒙古、宁夏、山东、山西、陕西、上海、四川、台湾、天津、新疆、云南、浙江。

116.4.2 南螫蝇 *Stomoxys dubitalis* Malloch，1932

宿主与寄生部位：马、黄牛、水牛、羊。体表。

地理分布：福建、广东、广西、海南、江西、台湾、云南。

116.4.3 印度螫蝇 *Stomoxys indicus* Picard，1908

宿主与寄生部位：马、黄牛、水牛、羊。体表。

地理分布：重庆、福建、甘肃、广东、广西、贵州、海南、河北、河南、湖北、湖南、江苏、江西、宁夏、山东、山西、陕西、上海、四川、台湾、云南、浙江。

116.4.4 琉球螫蝇 *Stomoxys uruma* Shinonaga et Kano，1966

宿主与寄生部位：黄牛、水牛。体表。

地理分布：广东、海南、台湾。

117 虻科 Tabanidae Leach，1819

本科各属虫种的宿主与寄生部位，为家畜的体表，偶见于家禽的体表。

117.1 黄虻属 *Atylotus* Osten-Sacken，1876

117.1.1 双斑黄虻 *Atylotus bivittateinus* Takahasi，1962

地理分布：安徽、福建、甘肃、广西、河南、黑龙江、吉林、江苏、辽宁、内蒙古、宁夏、青海、山西、陕西、上海、四川、浙江。

117.1.2 楚图黄虻 *Atylotus chodukini* Olsufjev，1952

地理分布：新疆。

117.1.3 东趣黄虻 *Atylotus flavoguttatus* Szilady，1915

186

地理分布：新疆。

117.1.4　金黄黄虻　*Atylotus fulvus* Meigen，1804

地理分布：新疆。

117.1.5　黄绿黄虻　*Atylotus horvathi* Szilady，1926

同物异名：霍氏黄虻。

地理分布：安徽、福建、甘肃、广西、河北、河南、黑龙江、湖北、吉林、江苏、江西、辽宁、内蒙古、宁夏、山东、陕西、四川、浙江。

117.1.6　长斑黄虻　*Atylotus karybenthinus* Szilady，1915

同物异名：斜纹黄虻，斜斑黄虻。

地理分布：河北、辽宁、内蒙古、宁夏、陕西、天津、新疆。

117.1.7　骚扰黄虻　*Atylotus miser* Szilady，1915

同物异名：憎黄虻。

地理分布：安徽、北京、福建、甘肃、广东、广西、贵州、河北、河南、黑龙江、湖北、湖南、吉林、江苏、江西、辽宁、内蒙古、宁夏、青海、山东、山西、陕西、上海、四川、天津、新疆、云南、浙江。

117.1.8　否定黄虻　*Atylotus negativus* Ricardo，1911

地理分布：广东。

117.1.9　淡黄虻　*Atylotus pallitarsis* Olsufjev，1936

同物异名：白跗黄虻，浅跗黄虻。

地理分布：安徽、福建、甘肃、河北、河南、黑龙江、湖北、吉林、江西、辽宁、内蒙古、陕西、云南。

117.1.10　普通黄虻西伯利亚亚种　*Atylotus plebeius sibiricus* Olsufjev，1936

地理分布：黑龙江、辽宁。

117.1.11　短斜纹黄虻　*Atylotus pulchellus* Loew，1858

地理分布：河南、内蒙古、陕西、新疆。

117.1.12　四列黄虻　*Atylotus quadrifarius* Loew，1874

地理分布：安徽、广东、河北、黑龙江、湖北、吉林、江苏、江西、辽宁、内蒙古、青海、山东、陕西、新疆。

117.1.13　黑胫黄虻　*Atylotus rusticus* Linnaeus，1767

同物异名：村黄虻。

地理分布：安徽、甘肃、河北、黑龙江、吉林、辽宁、内蒙古、青海、山东、陕西、新疆。

117.1.14　中华黄虻　*Atylotus sinensis* Szilady，1926

地理分布：广东。

117.1.15　灰腹黄虻　*Atylotus sublunaticornis* Zetterstedt，1842

地理分布：黑龙江、辽宁。

117.2　斑虻属　*Chrysops* **Meigen，1800**

117.2.1　先斑虻　*Chrysops abavius* Philip，1961

地理分布：湖北、四川。

117.2.2　铜色斑虻　*Chrysops aeneus* Pechuman，1943
　　地理分布：四川。

117.2.3　鞍斑虻　*Chrysops angaricus* Olsufjev，1937
　　同物异名：联瘤斑虻。
　　地理分布：黑龙江、内蒙古、陕西。

117.2.4　煤色斑虻　*Chrysops anthrax* Olsufjev，1937
　　地理分布：黑龙江。

117.2.5　暗狭斑虻　*Chrysops atrinus* Wang，1986
　　地理分布：云南。

117.2.6　黑尾斑虻　*Chrysops caecutiens* Linnaeus，1758
　　地理分布：新疆。

117.2.7　察哈尔斑虻　*Chrysops chaharicus* Chen et Quo，1949
　　地理分布：甘肃、河北、辽宁、宁夏、山西、陕西。

117.2.8　舟山斑虻　*Chrysops chusanensis* Ouchi，1939
　　地理分布：安徽、福建、甘肃、广东、广西、贵州、河南、湖北、江西、辽宁、山东、陕西、四川、云南、浙江。

117.2.9　指定斑虻　*Chrysops designatus* Ricardo，1911
　　地理分布：云南。

117.2.10　叉纹斑虻　*Chrysops dispar* Fabricius，1798
　　同物异名：蹄斑斑虻。
　　宿主与寄生部位：马、骡、驴、黄牛、水牛。体表。
　　地理分布：福建、广东、广西、贵州、海南、台湾、云南。

117.2.11　分点斑虻　*Chrysops dissectus* Loew，1858
　　同物异名：割裂斑虻。
　　地理分布：黑龙江、吉林、辽宁、内蒙古、新疆。

117.2.12　尖腹斑虻　*Chrysops fascipennis* Krober，1922
　　地理分布：台湾。

117.2.13　黄色斑虻　*Chrysops flavescens* Szilady，1922
　　地理分布：浙江、台湾。

117.2.14　黄胸斑虻　*Chrysops flaviscutellus* Philip，1963
　　地理分布：安徽、福建、广东、广西、贵州、海南、江西、四川、云南。

117.2.15　黄瘤斑虻　*Chrysops flavocallus* Xu et Chen，1977
　　地理分布：河北、辽宁、陕西。

117.2.16　黄带斑虻　*Chrysops flavocinctus* Ricardo，1902
　　地理分布：广东、广西、海南、西藏、云南。

117.2.17　大形斑虻　*Chrysops grandis* Szilady，1922
　　地理分布：台湾。

117.2.18　日本斑虻　*Chrysops japonicus* Wiedemann，1828
　　地理分布：安徽、甘肃、河南、黑龙江、吉林、陕西、四川。

188

117.2.19　辽宁斑虻　*Chrysops liaoningensis* Xu et Chen, 1977
　　地理分布：辽宁。

117.2.20　暗缘斑虻　*Chrysops makerovi* Pleske, 1910
　　地理分布：甘肃、黑龙江、吉林、内蒙古。

117.2.21　莫氏斑虻　*Chrysops mlokosiewiczi* Bigot, 1880
　　同物异名：端小斑斑虻，尖尾斑虻（*Chrysops oxianus* Pleske, 1910）。
　　地理分布：安徽、北京、福建、甘肃、河北、河南、黑龙江、湖北、吉林、江西、辽宁、内蒙古、宁夏、山西、陕西、天津、新疆。

117.2.22　黑足斑虻　*Chrysops nigripes* Zetterstedt, 1838
　　同物异名：黑斑虻。
　　地理分布：黑龙江、吉林、内蒙古、台湾。

117.2.23　副指定斑虻　*Chrysops paradesignata* Liu et Wang, 1977
　　地理分布：西藏、云南。

117.2.24　毕氏斑虻 *Chrysops pettigrewi* Ricardo, 1913
　　地理分布：云南。

117.2.25　高原斑虻　*Chrysops plateauna* Wang, 1978
　　地理分布：甘肃、青海、四川。

117.2.26　帕氏斑虻　*Chrysops potanini* Pleske, 1910
　　地理分布：安徽、福建、甘肃、贵州、陕西、四川、云南、浙江。

117.2.27　黄缘斑虻　*Chrysops relictus* Meigen, 1820
　　地理分布：内蒙古、新疆。

117.2.28　娌斑虻　*Chrysops ricardoae* Pleske, 1910
　　同物异名：小点斑虻。
　　地理分布：甘肃、河北、黑龙江、内蒙古、宁夏、青海、陕西、新疆。

117.2.29　宽条斑虻　*Chrysops semiignitus* Krober, 1930
　　地理分布：甘肃、青海、四川。

117.2.30　林脸斑虻云南亚种　*Chrysops silvifacies yunnanensis* Liu et Wang, 1977
　　地理分布：云南。

117.2.31　中华斑虻　*Chrysops sinensis* Walker, 1856
　　宿主与寄生部位：马、驴、黄牛、水牛。体表。
　　地理分布：安徽、北京、福建、甘肃、广东、广西、贵州、河北、河南、湖北、湖南、吉林、江苏、江西、辽宁、内蒙古、宁夏、青海、山东、山西、陕西、四川、台湾、天津、云南、浙江。

117.2.32　无端斑斑虻　*Chrysops stackelbergiellus* Olsufjev, 1967
　　地理分布：河北、辽宁、山东。

117.2.33　条纹斑虻　*Chrysops striatula* Pechuman, 1943
　　同物异名：窄条斑虻。
　　地理分布：安徽、湖北、江西、陕西、四川、新疆、云南。

117.2.34　合瘤斑虻　*Chrysops suavis* Loew, 1858

同物异名：密斑虻。

地理分布：甘肃、河北、黑龙江、吉林、辽宁、内蒙古、宁夏、青海、陕西、四川、台湾、天津。

117.2.35　亚舟山斑虻　*Chrysops subchusanensis* Wang et Liu，1990

地理分布：四川。

117.2.36　四川斑虻　*Chrysops szechuanensis* Krober，1933

地理分布：陕西、四川。

117.2.37　塔里木斑虻　*Chrysops tarimi* Olsufjev，1979

地理分布：新疆。

117.2.38　真实斑虻　*Chrysops validus* Loew，1858

地理分布：黑龙江、吉林、内蒙古。

117.2.39　范氏斑虻　*Chrysops vanderwulpi* Krober，1929

同物异名：广斑虻，四列斑虻。

宿主与寄生部位：马、黄牛、水牛。体表。

地理分布：安徽、福建、甘肃、广东、广西、贵州、海南、河北、河南、黑龙江、湖北、湖南、吉林、江苏、江西、辽宁、内蒙古、宁夏、山东、陕西、陕西、四川、台湾、天津、云南、浙江。

117.3　尖腹虻属　*Gastroxides* Saunders，1841

117.3.1　二叉尖腹虻　*Gastroxides shirakii* Ouchi，1939

地理分布：福建。

117.4　步虻属　*Gressittia* Philip et Mackerras，1960

117.4.1　宝兴步虻　*Gressittia baoxingensis* Wang et Liu，1990

地理分布：四川。

117.4.2　二标步虻　*Gressittia birumis* Philip et Mackerras，1960

地理分布：湖北、四川。

117.4.3　峨眉山步虻　*Gressittia emeishanensis* Wang et Liu，1990

地理分布：四川。

117.5　麻虻属　*Haematopota* Meigen，1803

117.5.1　白线麻虻　*Haematopota albalinea* Xu et Liao，1985

地理分布：广西、云南。

117.5.2　长角麻虻　*Haematopota annandalei* Ricardo，1911

地理分布：广东。

117.5.3　触角麻虻　*Haematopota antennata* Shiraki，1932

地理分布：安徽、甘肃、河北、河南、湖北、吉林、江苏、辽宁、青海、山东、陕西、台湾、天津、浙江。

117.5.4　阿萨姆麻虻　*Haematopota assamensis* Ricardo，1911

地理分布：安徽、福建、广西、贵州、海南、四川、云南。

117.5.5　白条麻虻　*Haematopota atrata* Szilady，1926

地理分布：福建、广东、广西、海南。

117.5.6　棕角麻虻　*Haematopota brunnicornis* Wang，1988
地理分布：四川。

117.5.7　浙江麻虻　*Haematopota chekiangensis* Ouchi，1940
地理分布：湖北、陕西、云南、浙江。

117.5.8　中国麻虻　*Haematopota chinensis* Ouchi，1940
地理分布：福建、陕西、浙江。

117.5.9　缫腿麻虻　*Haematopota cilipes* Bigot，1890
地理分布：福建、云南。

117.5.10　脱粉麻虻　*Haematopota desertorum* Szilady，1923
同物异名：荒漠麻虻。
地理分布：安徽、甘肃、河北、黑龙江、吉林、辽宁、内蒙古、陕西。

117.5.11　二郎山麻虻　*Haematopota erlangshanensis* Xu，1980
地理分布：四川。

117.5.12　伤痕麻虻　*Haematopota famicis* Stone et Philip，1974
地理分布：广东。

117.5.13　台湾麻虻　*Haematopota formosana* Shiraki，1918
地理分布：安徽、福建、广东、广西、贵州、湖北、江苏、台湾、浙江。

117.5.14　福建麻虻　*Haematopota fukienensis* Stone et Philip，1974
地理分布：福建。

117.5.15　格里高麻虻　*Haematopota gregoryi* Stone et Philip，1974
地理分布：四川、云南。

117.5.16　括苍山麻虻　*Haematopota guacangshanensis* Xu，1980
地理分布：安徽、福建、江西、陕西、浙江。

117.5.17　海南麻虻　*Haematopota hainanensis* Stone et Philip，1974
地理分布：海南、广西。

117.5.18　汉中麻虻　*Haematopota hanzhongensis* Xu，Li et Yang，1989
地理分布：陕西。

117.5.19　等额麻虻　*Haematopota hedini* Krober，1933
地理分布：甘肃。

117.5.20　露斑麻虻圆胛亚种　*Haematopota irrorata sphaerocalla* Liu et Wang，1977
地理分布：福建、云南。

117.5.21　爪哇麻虻　*Haematopota javana* Wiedemann，1821
地理分布：福建、广东、广西、贵州、海南、云南。

117.5.22　甘肃麻虻　*Haematopota kansuensis* Krober，1933
地理分布：甘肃、内蒙古、宁夏、青海、陕西。

117.5.23　朝鲜麻虻　*Haematopota koryoensis* Shiraki，1932
地理分布：黑龙江、吉林、辽宁。

117.5.24　澜沧江麻虻　*Haematopota lancangjiangensis* Xu，1980
地理分布：云南。

117.5.25　扁角麻虻　*Haematopota lata* Ricardo，1906
　　地理分布：云南。
117.5.26　线麻虻　*Haematopota lineata* Philip，1963
　　地理分布：广西、云南。
117.5.27　线带麻虻　*Haematopota lineola* Philip，1960
　　地理分布：广西、云南。
117.5.28　怒江麻虻　*Haematopota lukiangensis* Wang et Liu，1977
　　地理分布：云南。
117.5.29　新月麻虻　*Haematopota lunulata* Macquart，1848
　　地理分布：江苏。
117.5.30　勐腊麻虻　*Haematopota menglaensis* Wu et Xu，1992
　　地理分布：四川、云南。
117.5.31　莫干山麻虻　*Haematopota mokanshanensis* Ouchi，1940
　　地理分布：福建、浙江。
117.5.32　沃氏麻虻　*Haematopota olsufjevi* Liu，1960
　　同物异名：小型麻虻。
　　地理分布：湖北、陕西。
117.5.33　峨眉山麻虻　*Haematopota omeishanensis* Xu，1980
　　地理分布：福建、陕西、四川。
117.5.34　土灰麻虻　*Haematopota pallens* Loew，1870
　　地理分布：新疆。
117.5.35　副截形麻虻　*Haematopota paratruncata* Wang et Liu，1977
　　地理分布：云南。
117.5.36　北京麻虻　*Haematopota pekingensis* Liu，1958
　　地理分布：河北、河南、江苏、山西、陕西。
117.5.37　假面麻虻　*Haematopota personata* Philip，1963
　　地理分布：云南。
117.5.38　沥青麻虻　*Haematopota picea* Stone et Philip，1974
　　地理分布：云南。
117.5.39　毛股麻虻　*Haematopota pilosifemura* Xu，1980
　　地理分布：海南。
117.5.40　雨麻虻　*Haematopota pluvialis* Linnaeus，1758
　　同物异名：高额麻虻。
　　地理分布：内蒙古、新疆。
117.5.41　粉角麻虻　*Haematopota pollinantenna* Xu et Liao，1985
　　地理分布：广西。
117.5.42　波斯麻虻　*Haematopota przewalskii* Olsufjev，1979
　　地理分布：新疆。
117.5.43　刺叮麻虻　*Haematopota pungens* Doleschall，1856

地理分布：广东。

117.5.44　邛海麻虻　*Haematopota qionghaiensis* Xu，1980

　　地理分布：四川、云南。

117.5.45　中华麻虻　*Haematopota sinensis* Ricardo，1911

　　地理分布：安徽、北京、福建、河北、河南、湖北、吉林、江苏、江西、辽宁、山东、山西、四川、天津、云南、浙江。

117.5.46　似中华麻虻　*Haematopota sineroides* Xu，1989

　　地理分布：安徽、湖北、江苏。

117.5.47　斯氏麻虻　*Haematopota stackelbergi* Olsufjev，1967

　　同物异名：类宽额麻虻。

　　地理分布：黑龙江、吉林、辽宁、内蒙古、宁夏。

117.5.48　亚圆筒麻虻　*Haematopota subcylindrica* Pandelle，1883

　　地理分布：新疆。

117.5.49　亚露麻虻　*Haematopota subirrorata* Xu，1980

　　地理分布：云南。

117.5.50　亚沥青麻虻　*Haematopota subpicea* Wang et Liu，1991

　　地理分布：云南。

117.5.51　亚土麻虻　*Haematopota subturkstanica* Wang，1985

　　地理分布：新疆。

117.5.52　塔氏麻虻　*Haematopota tamerlani* Szilady，1923

　　同物异名：宽额麻虻。

　　地理分布：甘肃、河北、黑龙江、吉林、辽宁、内蒙古、山西。

117.5.53　铁纳麻虻　*Haematopota tenasserimi* Szilady，1926

　　地理分布：云南。

117.5.54　土耳其麻虻　*Haematopota turkestanica* Krober，1922

　　地理分布：甘肃、河北、黑龙江、吉林、辽宁、内蒙古、宁夏、青海、山东、山西、陕西、天津、新疆。

117.5.55　低额麻虻　*Haematopota ustulata* Krober，1933

　　同物异名：赤褐麻虻。

　　地理分布：甘肃、青海、四川、西藏。

117.5.56　骚扰麻虻　*Haematopota vexativa* Xu，1989

　　地理分布：甘肃、陕西。

117.5.57　五指山麻虻　*Haematopota wuzhishanensis* Xu，1980

　　地理分布：海南。

117.5.58　永安麻虻　*Haematopota yungani* Stone et Philip，1974

　　地理分布：福建。

117.5.59　云南麻虻　*Haematopota yunnanensis* Stone et Philip，1974

　　地理分布：四川、云南。

117.5.60　拟云南麻虻　*Haematopota yunnanoides* Xu，1991

地理分布：四川、云南。

117.6 瘤虻属 *Hybomitra* Enderlein，1922

117.6.1 阿坝瘤虻 *Hybomitra abaensis* Xu et Song，1983
地理分布：四川。

117.6.2 尖腹瘤虻 *Hybomitra acuminata* Loew，1858
地理分布：内蒙古、青海、新疆。

117.6.3 黑条瘤虻 *Hybomitra adachii* Takagi，1941
地理分布：黑龙江、辽宁、内蒙古。

117.6.4 斧角瘤虻 *Hybomitra aequetincta* Becker，1900
地理分布：黑龙江、内蒙古。

117.6.5 无带瘤虻 *Hybomitra afasciata* Wang，1989
地理分布：青海。

117.6.6 阿克苏瘤虻 *Hybomitra aksuensis* Wang，1985
地理分布：新疆。

117.6.7 白毛瘤虻 *Hybomitra albicoma* Wang，1981
地理分布：陕西、四川。

117.6.8 阿里河瘤虻 *Hybomitra aliheensis* Sun，1984
地理分布：内蒙古。

117.6.9 高山瘤虻 *Hybomitra alticola* Wang，1981
地理分布：甘肃、四川、云南。

117.6.10 瓶胛瘤虻 *Hybomitra ampulla* Wang et Liu，1990
地理分布：四川。

117.6.11 红棕瘤虻 *Hybomitra arpadi* Szilady，1923
地理分布：黑龙江、内蒙古。

117.6.12 鹰瘤虻 *Hybomitra astur* Erichson，1851
同物异名：星光瘤虻。
地理分布：黑龙江、吉林、辽宁、内蒙古、陕西。

117.6.13 类星瘤虻 *Hybomitra asturoides* Liu et Wang，1977
地理分布：云南。

117.6.14 黑须瘤虻 *Hybomitra atripalpis* Wang，1992
地理分布：西藏。

117.6.15 黑腹瘤虻 *Hybomitra atrips* Krober，1934
地理分布：甘肃、陕西。

117.6.16 乌腹瘤虻 *Hybomitra atritergita* Wang，1981
地理分布：四川、西藏、云南。

117.6.17 釉黑瘤虻 *Hybomitra baphoscota* Xu et Liu，1985
地理分布：甘肃、陕西。

117.6.18 马尔康瘤虻 *Hybomitra barkamensis* Wang，1981
地理分布：四川。

194

117.6.19　二斑瘤虻　*Hybomitra bimaculata* Macquart，1826

同物异名：二斑虻（*Tabanus bimaculatus* Macquart，1826），近缘虻（*Tabanus confinis* Zellerstedt，1838），双标虻（*Tabanus bisignatus* Jaennicke，1866），近雀兽虻（*Therioplectes subguttatus* Enderlein，1925），曼春虻（*Tabanus manchuricus* Takagi，1941），柯氏瘤虻（*Hybomitra collini* Lyneborg，1959）。

地理分布：黑龙江、吉林、辽宁、内蒙古、新疆。

117.6.20　二斑瘤虻东北变种　*Hybomitra bimaculata* var. *bisignata* Jaennicke，1866

地理分布：黑龙江、内蒙古。

117.6.21　北方瘤虻　*Hybomitra borealis* Fabricius，1781

地理分布：黑龙江、吉林、内蒙古、新疆。

117.6.22　波拉瘤虻　*Hybomitra branta* Wang，1982

地理分布：四川、云南。

117.6.23　拟波拉瘤虻　*Hybomitra brantoides* Wang，1984

地理分布：四川、云南。

117.6.24　短小瘤虻　*Hybomitra brevis* Loew，1858

地理分布：黑龙江、吉林、辽宁、内蒙古。

117.6.25　短额瘤虻　*Hybomitra brevifrons* Krober，1934

地理分布：甘肃、青海。

117.6.26　杂毛瘤虻　*Hybomitra ciureai* Seguy，1937

地理分布：黑龙江、辽宁、新疆。

117.6.27　显著瘤虻　*Hybomitra distinguenda* Verrall，1909

同物异名：方胛瘤虻，显著虻（*Tabanus distinguendus* Verrall，1909），小型兽虻（*Therioplectes parvus* Goffe，1931），红色兽虻（*Therioplectes rufus* Goffe，1931），邻近瘤虻（*Hybomitra contigua* Olsufjev，1972）。

地理分布：黑龙江、吉林、内蒙古、新疆。

117.6.28　白条瘤虻　Hybomitra *erberi* Brauer，1880

同物异名：尔氏瘤虻。

地理分布：北京、甘肃、河北、河南、黑龙江、吉林、辽宁、内蒙古、宁夏、陕西、新疆。

117.6.29　膨条瘤虻　*Hybomitra expollicata* Pandelle，1883

地理分布：甘肃、河北、黑龙江、湖北、吉林、辽宁、内蒙古、宁夏、青海、陕西、四川、天津、西藏、新疆。

117.6.30　黄毛瘤虻　*Hybomitra flavicoma* Wang，1981

地理分布：陕西、四川。

117.6.31　福建瘤虻　*Hybomitra fujianensis* Wang，1987

地理分布：福建。

117.6.32　赭角瘤虻　*Hybomitra fulvicornis* Meigen，1820

地理分布：内蒙古。

117.6.33　棕斑瘤虻　*Hybomitra fuscomaculata* Wang，1985

地理分布：四川、西藏。

117.6.34　光滑瘤虻　*Hybomitra glaber* Bigot，1892
地理分布：新疆。

117.6.35　草生瘤虻　*Hybomitra gramina* Xu，1983
地理分布：青海、四川。

117.6.36　似草生瘤虻　*Hybomitra graminoida* Xu，1983
地理分布：四川。

117.6.37　海东瘤虻　*Hybomitra haidongensis* Xu et Jin，1990
地理分布：青海。

117.6.38　全黑瘤虻　*Hybomitra holonigera* Xu et Li，1982
地理分布：甘肃、青海、四川。

117.6.39　凶恶瘤虻　*Hybomitra hunnorum* Szilady，1923
地理分布：新疆。

117.6.40　康定瘤虻　*Hybomitra kangdingensis* Xu et Song，1983
地理分布：重庆、甘肃、四川。

117.6.41　甘肃瘤虻　*Hybomitra kansuensis* Olsufjev，1967
地理分布：甘肃、陕西、四川、云南。

117.6.42　哈什瘤虻　*Hybomitra kashgarica* Olsufjev，1970
地理分布：甘肃、新疆。

117.6.43　考氏瘤虻　*Hybomitra kaurii* Chvála et Lyneborg，1970
地理分布：吉林、内蒙古。

117.6.44　类黑角瘤虻　*Hybomitra koidzumii* Murdoch et Takahasi，1969
地理分布：黑龙江、内蒙古。

117.6.45　拉东瘤虻　*Hybomitra ladongensis* Liu et Yao，1981
同物异名：拟黑腹瘤虻（*Hybomitra atriperoides*）。
地理分布：青海。

117.6.46　驼瘤瘤虻　*Hybomitra lamades* Philip，1961
地理分布：重庆、四川。

117.6.47　拉普兰瘤虻　*Hybomitra lapponica* Wahlberg，1848
地理分布：黑龙江、吉林、内蒙古。

117.6.48　刘氏瘤虻　*Hybomitra liui* Yang et Xu，1993
地理分布：云南。

117.6.49　六盘山瘤虻　*Hybomitra liupanshanensis* Liu，Wang et Xu，1990
地理分布：甘肃、宁夏。

117.6.50　长角瘤虻　*Hybomitra longicorna* Wang，1984
地理分布：四川。

117.6.51　黄角瘤虻　*Hybomitra lundbecki* Lyneborg，1959
同物异名：西伯利亚瘤虻（*Hybomitra sibirica* Olsufjev，1970；*Hybomitra sibiriensis* Olsufjev，1972）。

196

地理分布：黑龙江、吉林、内蒙古、新疆。

117.6.52 黑棕瘤虻 *Hybomitra lurida* Fallen，1817

地理分布：黑龙江、吉林、辽宁、内蒙古。

117.6.53 泸水瘤虻 *Hybomitra lushuiensis* Wang，1988

地理分布：西藏、云南。

117.6.54 马氏瘤虻 *Hybomitra mai* Liu，1959

同物异名：高原瘤虻。

地理分布：甘肃、青海。

117.6.55 白缘瘤虻 *Hybomitra marginialla* Liu et Yao，1982

地理分布：青海。

117.6.56 蜂形瘤虻 *Hybomitra mimapis* Wang，1981

地理分布：重庆、甘肃、青海、陕西、四川。

117.6.57 岷山瘤虻 *Hybomitra minshanensis* Xu et Liu，1985

地理分布：甘肃。

117.6.58 突额瘤虻 *Hybomitra montana* Meigen，1820

同物异名：山瘤虻，高山瘤虻。

地理分布：甘肃、河北、河南、黑龙江、吉林、内蒙古、宁夏、青海、陕西、天津、新疆。

117.6.59 摩根氏瘤虻 *Hybomitra morgani* Surcouf，1912

同物异名：订正瘤虻，密瘤虻。

地理分布：甘肃、河北、黑龙江、内蒙古、宁夏、青海、陕西、新疆。

117.6.60 短板瘤虻 *Hybomitra muehlfeldi* Brauer，1880

地理分布：吉林、内蒙古、青海。

117.6.61 黑色瘤虻 *Hybomitra nigella* Szilady，1914

同物异名：黑色兽虻（*Therioplectes nigellus* Szilady，1914），黑尾虻（*Tabanus nigricauda* Olsufjev，1937）。

地理分布：黑龙江、吉林。

117.6.62 黑角瘤虻 *Hybomitra nigricornis* Zetterstedt，1842

地理分布：河北、黑龙江、吉林、辽宁、内蒙古、山西、天津。

117.6.63 黑带瘤虻 *Hybomitra nigrivitta* Pandelle，1883

地理分布：黑龙江、内蒙古、青海。

117.6.64 亮脸瘤虻 *Hybomitra nitelofaciata* Xu，1985

地理分布：陕西。

117.6.65 绿瘤虻 *Hybomitra nitidifrons* Szilady，1914

同物异名：光额瘤虻。

地理分布：黑龙江、吉林、辽宁、内蒙古。

117.6.66 小铃瘤虻 *Hybomitra nola* Philip，1961

地理分布：四川

117.6.67 新型瘤虻 *Hybomitra nura* Philip，1961

197

地理分布：四川。

117.6.68　赭尾瘤虻　*Hybomitra ochroterma* Xu et Liu，1985
地理分布：甘肃、陕西。

117.6.69　细须瘤虻　*Hybomitra olsoi* Takahasi，1962
同物异名：安古虻（*Tabanus angustipalpis* Olsufjev，1936）。
地理分布：黑龙江、吉林、辽宁、内蒙古。

117.6.70　峨眉山瘤虻　*Hybomitra omeishanensis* Xu et Li，1982
地理分布：福建、甘肃、贵州、陕西、四川。

117.6.71　金黄瘤虻　*Hybomitra pavlovskii* Olsufjev，1936
地理分布：黑龙江、吉林、辽宁、内蒙古、陕西。

117.6.72　断条瘤虻　*Hybomitra peculiaris* Szilady，1914
同物异名：特殊瘤虻。
地理分布：甘肃、内蒙古、宁夏、新疆。

117.6.73　帕氏瘤虻　*Hybomitra potanini* Olsufjev，1967
地理分布：宁夏。

117.6.74　祁连瘤虻　*Hybomitra qiliangensis* Liu et Yao，1981
地理分布：甘肃、青海。

117.6.75　青海瘤虻　*Hybomitra qinghaiensis* Liu et Yao，1981
地理分布：甘肃、青海。

117.6.76　累尼瘤虻　*Hybomitra reinigiana* Enderlein，1933
地理分布：新疆。

117.6.77　黄茸瘤虻　*Hybomitra robiginosa* Wang，1982
地理分布：重庆、四川、西藏。

117.6.78　圆腹瘤虻　*Hybomitra rotundabdominis* Wang，1982
地理分布：西藏。

117.6.79　若尔盖瘤虻　*Hybomitra ruoergaiensis* Xu et Song，1983
地理分布：四川。

117.6.80　侧带瘤虻　*Hybomitra sareptana* Szilady，1914
地理分布：黑龙江、吉林。

117.6.81　六脸瘤虻　*Hybomitra sexfasciata* Hine，1923
地理分布：黑龙江、内蒙古。

117.6.82　上海瘤虻　*Hybomitra shanghaiensis* Ouchi，1943
地理分布：江苏、辽宁、山东、上海、浙江。

117.6.83　浅斑瘤虻　*Hybomitra shnitnikovi* Olsufjev，1937
地理分布：新疆。

117.6.84　窄须瘤虻　*Hybomitra stenopselapha* Olsufjev，1937
地理分布：黑龙江、吉林、辽宁。

117.6.85　痣翅瘤虻　*Hybomitra stigmoptera* Olsufjev，1937
地理分布：黑龙江、吉林、辽宁、陕西。

117.6.86　亚峨眉山瘤虻　*Hybomitra subomeishanensis* Wang et Liu，1990
地理分布：四川。

117.6.87　似黄茸瘤虻　*Hybomitra subrobiginosa* Wang，1985
地理分布：四川。

117.6.88　细瘤瘤虻　*Hybomitra svenhedini* Krober，1933
地理分布：甘肃、青海。

117.6.89　四川瘤虻　*Hybomitra szechuanensis* Olsufjev，1967
地理分布：四川。

117.6.90　太白山瘤虻　*Hybomitra taibaishanensis* Xu，1985
地理分布：陕西。

117.6.91　鹿角瘤虻　*Hybomitra tarandina* Linnaeus，1758
地理分布：黑龙江、吉林、辽宁、内蒙古、青海。

117.6.92　拟鹿瘤虻 *Hybomitra tarandinoides* Olsufjev，1936
地理分布：黑龙江、吉林、辽宁、内蒙古。

117.6.93　懒行瘤虻　*Hybomitra tardigrada* Xu et Liu，1985
地理分布：甘肃。

117.6.94　鞑靼瘤虻　*Hybomitra tatarica* Portschinsky，1887
地理分布：新疆。

117.6.95　西藏瘤虻　*Hybomitra tibetana* Szilady，1926
地理分布：西藏。

117.6.96　对马瘤虻　*Hybomitra tsushimaensis* Hayakawa，Yoneyama et Inaoka，1980
地理分布：辽宁。

117.6.97　土耳其瘤虻　*Hybomitra turkestana* Szilady，1923
地理分布：甘肃、新疆。

117.6.98　乌苏里瘤虻　*Hybomitra ussuriensis* Olsufjev，1937
地理分布：黑龙江、吉林、内蒙古。

117.6.99　姚健瘤虻　*Hybomitra yaojiani* Sun et Xu，2007
地理分布：西藏。

117.6.100　药山瘤虻　*Hybomitra yaoshanensis* Yang et Xu，1996
地理分布：云南。

117.6.101　伊列克瘤虻　*Hybomitra yillikede* Sun，Qian，Wang，*et al.*，1985
地理分布：内蒙古。

117.6.102　玉树瘤虻　*Hybomitra yushuensis* Chen，1985
地理分布：青海。

117.6.103　灰股瘤虻　*Hybomitra zaitzevi* Olsufiev，1970
地理分布：甘肃、新疆。

117.6.104　有植瘤虻　*Hybomitra zayuensis* Sun et Xu，2007
地理分布：西藏。

117.6.105　昭苏瘤虻　*Hybomitra zhaosuensis* Wang，1985

地理分布：新疆。

117.7　指虻属　*Isshikia* Shiraki，1918

117.7.1　海南指虻　*Isshikia hainanensis* Wang，1992
地理分布：海南。

117.7.2　汶川指虻　*Isshikia wenchuanensis* Wang，1986
地理分布：四川、云南。

117.8　多节虻属　*Pangonius* Latreille，1802

同物异名：距虻属。

117.8.1　长喙多节虻　*Pangonius longirostris* Hardwicke，1823
地理分布：西藏。

117.8.2　中华多节虻　*Pangonius sinensis* Enderlein，1932
地理分布：上海。

117.9　林虻属　*Silvius* Meigen，1920

117.9.1　崇明林虻　*Silvius chongmingensis* Zhang et Xu，1990
地理分布：江苏、上海。

117.9.2　心瘤林虻　*Silvius cordicallus* Chen et Quo，1949
地理分布：浙江。

117.9.3　台湾林虻　*Silvius formosiensis* Ricardo，1913
地理分布：台湾。

117.9.4　峨嵋山林虻　*Silvius omeishanensis* Wang，1992
地理分布：四川。

117.9.5　素木林虻　*Silvius shirakii* Philip et Mackerras，1960
地理分布：台湾。

117.9.6　青黄林虻　*Silvius suifui* Philip et Mackerras，1960
地理分布：四川。

117.10　尖角虻属　*Styonemyia* Brennan，1935

117.10.1　短喙尖角虻　*Styonemyia bazini* Surcouf，1922
地理分布：江西、浙江。

117.11　虻属　*Tabanus* Linnaeus，1758

同物异名：原虻属。

117.11.1　白尖虻　*Tabanus albicuspis* Wang，1985
地理分布：云南。

117.11.2　土灰虻　*Tabanus amaenus* Walker，1848
同物异名：原野虻，*Tabanus clausacella*（Macquart，1855），*Bellardia sinica*（Bigot，1892），*Tabanus lateralis*（Shiraki，1918），*Tabanus brunnitibiatus*（Schuurmans Stekhoven，1926），*Tabanus fenestralis*（Szilady，1926），*Tabanus fenestratus*（Schuurmans Stekhoven，1926），*Tabanus pallidiventris*（Olsufjev，1937）。

地理分布：安徽、福建、甘肃、广东、广西、贵州、海南、河北、河南、黑龙江、湖北、湖南、吉林、江苏、江西、辽宁、内蒙古、宁夏、山东、陕西、上海、四川、台湾、

200

天津、云南、浙江。

117.11.3 乘客虻 *Tabanus anabates* Philip，1960

地理分布：云南。

117.11.4 银斑虻 *Tabanus argenteomaculatus* Krober，1928

地理分布：新疆。

117.11.5 丽毛虻 *Tabanus aurisetosus* Toumanoff，1950

地理分布：广西。

117.11.6 金条虻 *Tabanus aurotestaceus* Walker，1854

地理分布：福建、广东、广西、贵州、海南、江苏、江西、四川、台湾、云南、浙江。

117.11.7 秋季虻 *Tabanus autumnalis* Linnaeus，1761

地理分布：新疆。

117.11.8 宝鸡虻 *Tabanus baojiensis* Xu et Liu，1980

地理分布：甘肃、陕西、云南。

117.11.9 暗黑虻 *Tabanus beneficus* Wang，1982

地理分布：西藏。

117.11.10 双环虻 *Tabanus biannularis* Philip，1960

地理分布：台湾。

117.11.11 缅甸虻 *Tabanus birmanicus* Bigot，1892

地理分布：安徽、福建、甘肃、广东、广西、贵州、海南、湖北、湖南、四川、台湾、云南、浙江。

117.11.12 似缅甸虻 *Tabanus birmanioides* Xu，1979

地理分布：四川。

117.11.13 嗜牛虻 *Tabanus bovinus* Loew，1858

地理分布：新疆。

117.11.14 棕色虻 *Tabanus brannicolor* Philip，1960

地理分布：云南。

117.11.15 吵扰虻 *Tabanus bromius* Linnaeus，1758

地理分布：新疆。

117.11.16 棕胛虻 *Tabanus brunneocallosus* Olsufjev，1936

同物异名：褐瘤虻。

地理分布：甘肃、宁夏。

117.11.17 棕尾虻 *Tabanus brunnipennis* Ricardo，1911

同物异名：棕翼虻。

地理分布：广西、云南。

117.11.18 佛光虻 *Tabanus buddha* Portschinsky，1887

同物异名：布虻。

地理分布：甘肃、河北、河南、黑龙江、吉林、辽宁、宁夏、青海、山东、陕西、四川、天津、云南。

201

117.11.19　灰岩虻　*Tabanus calcarius* Xu et Liao，1984
　　地理分布：广西。

117.11.20　速辣虻　*Tabanus calidus* Walker，1850
　　地理分布：广东。

117.11.21　美腹虻　*Tabanus callogaster* Wang，1988
　　地理分布：四川、云南。

117.11.22　灰胸虻　*Tabanus candidus* Ricardo，1913
　　同物异名：纯黑虻。
　　地理分布：福建、广东、广西、台湾、浙江。

117.11.23　垩石虻　*Tabanus cementus* Xu et Liao，1984
　　地理分布：广西、海南。

117.11.24　锡兰虻　*Tabanus ceylonicus* Schiner，1868
　　地理分布：广西、云南。

117.11.25　浙江虻　*Tabanus chekiangensis* Ouchi，1943
　　地理分布：安徽、福建、甘肃、广东、广西、贵州、海南、湖北、江西、陕西、四川、云南、浙江。

117.11.26　中国虻　*Tabanus chinensis* Ouchi，1943
　　同物异名：中华六带虻。
　　地理分布：甘肃、湖北、陕西、四川、浙江。

117.11.27　崇安虻　*Tabanus chonganensis* Liu，1981
　　地理分布：福建、广西。

117.11.28　楚山虻　*Tabanus chosenensis* Murdoch et Takahasi，1969
　　地理分布：辽宁。

117.11.29　金色虻　*Tabanus chrysurus* Loew，1858
　　地理分布：黑龙江、吉林、辽宁、台湾。

117.11.30　舟山虻　*Tabanus chusanensis* Ouchi，1943
　　地理分布：福建、河南、浙江。

117.11.31　柯虻　*Tabanus cordiger* Meigen，1820
　　地理分布：陕西、新疆。

117.11.32　似类柯虻　*Tabanus cordigeroides* Chen et Xu，1992
　　地理分布：贵州。

117.11.33　朝鲜虻　*Tabanus coreanus* Shiraki，1932
　　地理分布：安徽、重庆、福建、甘肃、河南、湖北、江苏、辽宁、山东、陕西、四川、浙江。

117.11.34　粗壮虻　*Tabanus crassus* Walker，1850
　　地理分布：福建、广西。

117.11.35　柱胛虻　*Tabanus cylindrocallus* Wang，1988
　　地理分布：海南。

117.11.36　斐氏虻　*Tabanus filipjevi* Olsufjev，1936

同物异名：荒漠虻。

地理分布：甘肃、内蒙古、新疆。

117.11.37　黄头虻　*Tabanus flavicapitis* Wang et Liu，1977

地理分布：广东、海南。

117.11.38　黄边虻　*Tabanus flavimarginatus* Schuurmans Stekhoven，1926

地理分布：广东。

117.11.39　黄逢虻　*Tabanus flavohirtus* Philip，1960

地理分布：广东。

117.11.40　黄胸虻　*Tabanus flavothorax* Ricardo，1911

地理分布：广东。

117.11.41　台湾虻　*Tabanus formosiensis* Ricardo，1911

地理分布：福建、广东、广西、贵州、四川、台湾、云南。

117.11.42　福建虻　*Tabanus fujianensis* Xu et Xu，1991

地理分布：福建。

117.11.43　棕带虻　*Tabanus fulvicinctus* Ricardo，1914

地理分布：安徽、福建、广东、广西、贵州、海南、四川、台湾。

117.11.44　棕赤虻　*Tabanus fulvimedius* Walker，1848

地理分布：云南。

117.11.45　烟棕虻　*Tabanus fumifer* Walker，1856

地理分布：云南。

117.11.46　暗尾虻　*Tabanus furvicaudus* Xu，1981

地理分布：云南。

117.11.47　褐角虻　*Tabanus fuscicornis* Ricardo，1911

地理分布：云南。

117.11.48　褐斑虻　*Tabanus fuscomaculatus* Ricardo，1911

地理分布：云南。

117.11.49　褐腹虻　*Tabanus fuscoventris* Xu，1981

地理分布：云南。

117.11.50　双重虻　*Tabanus geminus* Szilady，1923

地理分布：黑龙江、吉林、辽宁、内蒙古、陕西、新疆。

117.11.51　银灰虻　*Tabanus glaucopis* Meigen，1820

地理分布：河南、黑龙江。

117.11.52　戈壁虻　*Tabanus golovi* Olsufjev，1936

地理分布：新疆。

117.11.53　戈壁虻中亚亚种　*Tabanus golovi mediaasiaticus* Olsufjev，1970

同物异名：中亚虻（*Tabanus mediaasiaticus* Olsufjev，1970）。

地理分布：新疆。

117.11.54　大尾虻　*Tabanus grandicaudus* Xu，1979

地理分布：四川。

117. 11. 55　浅灰虻　*Tabanus griseinus* Philip，1960

地理分布：内蒙古。

117. 11. 56　灰须虻　*Tabanus griseipalpis* Schuurmans Stekhoven，1926

地理分布：广东、陕西。

117. 11. 57　京密虻　*Tabanus grunini* Olsufjev，1967

地理分布：河北。

117. 11. 58　贵州虻　*Tabanus guizhouensis* Chen et Xu，1992

地理分布：贵州。

117. 11. 59　海南虻　*Tabanus hainanensis* Stone，1972

地理分布：海南。

117. 11. 60　海氏虻　*Tabanus haysi* Philip，1956

同物异名：水山原虻。

地理分布：甘肃、河北、河南、辽宁、陕西、四川。

117. 11. 61　杭州虻　*Tabanus hongchowensis* Liu，1962

地理分布：安徽、福建、甘肃、广东、广西、贵州、海南、河南、湖北、湖南、江西、陕西、四川、云南、浙江。

117. 11. 62　似杭州虻　*Tabanus hongchowoides* Chen et Xu，1992

地理分布：贵州。

117. 11. 63　黄山虻　*Tabanus huangshanensis* Xu et Wu，1985

地理分布：安徽。

117. 11. 64　呼伦贝尔虻　*Tabanus hulunberi* Sun，Wang，Qian，*et al.*，1985

地理分布：内蒙古。

117. 11. 65　似矮小虻　*Tabanus humiloides* Xu，1980

地理分布：贵州、四川、西藏、云南。

117. 11. 66　直带虻　*Tabanus hydridus* Wiedemann，1828

同物异名：混杂虻。

地理分布：广东、广西、海南、四川、云南。

117. 11. 67　稻田虻　*Tabanus ichiokai* Ouchi，1943

地理分布：福建、江苏、上海。

117. 11. 68　皮革虻　*Tabanus immanis* Wiedemann，1828

地理分布：云南。

117. 11. 69　印度虻　*Tabanus indianus* Ricardo，1911

地理分布：福建、广东、广西、贵州、海南、台湾。

117. 11. 70　伊豫虻　*Tabanus iyoensis* Shiraki，1918

地理分布：广西。

117. 11. 71　鸡公山虻　*Tabanus jigonshanensis* Xu，1982

地理分布：甘肃、河南、湖北、宁夏、陕西。

117. 11. 72　拟鸡公山虻　*Tabanus jigongshanoides* Xu et Yang，1990

地理分布：云南。

117.11.73　柏杰虻　*Tabanus johnburgeri* Xu et Xu，1991
地理分布：福建。

117.11.74　适中虻　*Tabanus jucundus* Walker，1848
地理分布：广东、广西。

117.11.75　九连山虻　*Tabanus julianshanensis* Wang，1985
地理分布：福建、广东、江西。

117.11.76　信带虻　*Tabanus kabuagii* Murdoch et Takahasi，1969
地理分布：黑龙江、辽宁。

117.11.77　花连港虻　*Tabanus karenkoensis* Shiraki，1932
地理分布：台湾。

117.11.78　江苏虻　*Tabanus kiangsuensis* Krober，1933
宿主与寄生部位：马、黄牛、水牛。体表。
地理分布：安徽、北京、重庆、福建、广东、广西、贵州、海南、河北、河南、湖北、湖南、吉林、江苏、江西、辽宁、山东、陕西、上海、四川、台湾、天津、云南、浙江。

117.11.79　红头屿虻　*Tabanus kotoshoensis* Shiraki，1918
地理分布：台湾。

117.11.80　昆明虻　*Tabanus kunmingensis* Wang，1985
地理分布：云南。

117.11.81　广西虻　*Tabanus kwangsinensis* Wang et Liu，1977
地理分布：安徽、福建、广西、贵州、江西、四川、云南、浙江。

117.11.82　隐带虻　*Tabanus laticinctus* Schuurmans Stekhoven，1926
地理分布：云南。

117.11.83　黎氏虻　*Tabanus leleani* Austen，1920
同物异名：黑虻，白须虻。
地理分布：甘肃、内蒙古、宁夏、青海、陕西、新疆。

117.11.84　白胫虻　*Tabanus leucocnematus* Bigot，1892
地理分布：云南。

117.11.85　凉山虻　*Tabanus liangshanensis* Xu，1979
地理分布；四川、云南。

117.11.86　丽江虻　*Tabanus lijiangensis* Yang et Xu，1993
地理分布：云南。

117.11.87　黎母山虻　*Tabanus limushanensis* Xu，1979
地理分布：广东、海南。

117.11.88　线带虻　*Tabanus lineataenia* Xu，1979
地理分布：安徽、福建、甘肃、广西、贵州、湖北、陕西、四川、浙江。

117.11.89　长芒虻　*Tabanus longistylus* Xu，Ni et Xu，1984
地理分布：湖北、四川。

117.11.90　路氏虻　*Tabanus loukashkini* Philip，1956

同物异名：类高额原虻，白点腹虻。

地理分布：甘肃、河北、河南、黑龙江、湖北、吉林、辽宁、宁夏、山东、陕西、四川。

117.11.91　庐山虻　*Tabanus lushanensis* Liu，1962

地理分布：甘肃、贵州、湖北、江西、陕西、四川。

117.11.92　黑胡虻　*Tabanus macfarlanei* Ricardo，1916

地理分布：福建、广东。

117.11.93　牧场虻　*Tabanus makimurae* Ouchi，1943

地理分布：江苏、辽宁、山东、上海。

117.11.94　中华虻　*Tabanus mandarinus* Schiner，1868

同物异名：三重虻（*Tabanus trigeminus* Coquillett，1898），山崎虻（*Tabanus yamasakii* Ouchi，1943）。

地理分布；安徽、北京、重庆、福建、甘肃、广西、贵州、河北、河南、黑龙江、湖北、江苏、江西、辽宁、山东、陕西、上海、四川、云南、浙江。

117.11.95　曼尼普虻　*Tabanus manipurensis* Ricardo，1911

地理分布：贵州、西藏、云南。

117.11.96　松本虻　*Tabanus matsumotoensis* Murdoch et Takahasi，1961

同物异名：木村原虻。

地理分布：安徽、福建、广西、湖北、江西、四川、云南。

117.11.97　晨螯虻　*Tabanus matutinimordicus* Xu，1989

地理分布：福建、广西、贵州、湖南、云南、浙江。

117.11.98　梅花山虻　*Tabanus meihuashanensis* Xu et Xu，1992

地理分布：福建。

117.11.99　干旱虻　*Tabanus miki* Brauer，1880

地理分布：新疆。

117.11.100　岷山虻　*Tabanus minshanensis* Xu et Liu，1981

地理分布：甘肃、陕西。

117.11.101　三宅虻　*Tabanus miyajima* Ricardo，1911

地理分布：四川、云南。

117.11.102　一带虻　*Tabanus monotaeniatus* Bigot，1892

地理分布：云南。

117.11.103　高亚虻　*Tabanus montiasiaticus* Olsufjev，1977

地理分布：新疆。

117.11.104　多带虻　*Tabanus multicinctus* Schuurmans Stekhoven，1926

地理分布：云南。

117.11.105　革新虻　*Tabanus mutatus* Wang et Liu，1992

地理分布：四川。

117.11.106　全黑虻　*Tabanus nigra* Liu et Wang，1977

地理分布：福建、广西、河南、浙江。

117.11.107 黑额虻 *Tabanus nigrefronti* Liu，1981
地理分布：福建、陕西。

117.11.108 黑螺虻 *Tabanus nigrhinus* Philip，1962
地理分布；广西、江西、云南。

117.11.109 黑尾虻 *Tabanus nigricaudus* Xu，1981
地理分布：云南。

117.11.110 黑斑虻 *Tabanus nigrimaculatus* Xu，1981
地理分布：云南。

117.11.111 暗嗜虻 *Tabanus nigrimordicus* Xu，1979
同物异名：昏螯虻。
地理分布：广东、海南、四川、云南。

117.11.112 日本虻 *Tabanus nipponicus* Murdoch et Takahasi，1969
地理分布：安徽、福建、甘肃、广西、河南、湖北、辽宁、陕西、四川、云南、浙江。

117.11.113 弱斑虻 *Tabanus obsoletimaculus* Xu，1983
地理分布：海南。

117.11.114 暗糊虻 *Tabanus obsurus* Xu，1983
地理分布：广东、广西、海南。

117.11.115 黄赭虻 *Tabanus ochros* Schuurmans Stekhoven，1926
地理分布：云南。

117.11.116 似冲绳虻 *Tabanus okinawanoides* Xu，1989
地理分布：海南。

117.11.117 冲绳虻 *Tabanus okinawanus* Shiraki，1918
地理分布：广东。

117.11.118 青腹虻 *Tabanus oliviventris* Xu，1979
地理分布：福建、广西、贵州、四川。

117.11.119 拟青腹虻 *Tabanus oliviventroides* Xu，1984
地理分布：广西。

117.11.120 峨眉山虻 *Tabanus omeishanensis* Xu，1979
地理分布：贵州、陕西、四川。

117.11.121 壮虻 *Tabanus omnirobustus* Wang，1988
地理分布：海南。

117.11.122 灰斑虻 *Tabanus onoi* Murdoch et Takahasi，1969
地理分布：甘肃、河北、河南、湖北、辽宁、内蒙古、陕西。

117.11.123 山生虻 *Tabanus oreophilus* Xu et Liao，1985
地理分布：广西。

117.11.124 窄带虻 *Tabanus oxyceratus* Bigot，1892
地理分布：云南。

117.11.125 乡村虻 *Tabanus paganus* Chen，1984

地理分布：辽宁。

117.11.126　浅胸虻　*Tabanus pallidepectoratus* Bigot，1892
地理分布：安徽、福建、广东、广西、海南、台湾。

117.11.127　副菌虻　*Tabanus parabactrianus* Liu，1960
地理分布：甘肃、河北、内蒙古、宁夏、青海、陕西、四川。

117.11.128　副佛光虻　*Tabanus parabuddha* Xu，1983
地理分布：四川、云南。

117.11.129　副青腹虻　*Tabanus paraoloviventris* Xu，1984
地理分布：广西。

117.11.130　副微赤虻　*Tabanus pararubidus* Yao et Liu，1983
地理分布：西藏、云南。

117.11.131　小型虻　*Tabanus parviformus* Wang，1985
地理分布：福建。

117.11.132　霹雳虻　*Tabanus perakiensis* Ricardo，1911
地理分布：台湾。

117.11.133　屏边虻　*Tabanus pingbianensis* Liu，1981
地理分布：福建、云南。

117.11.134　凭祥虻　*Tabanus pingxiangensis* Xu et Liao，1985
地理分布：广西。

117.11.135　雁虻　*Tabanus pleskei* Krober，1925
同物异名：寒带虻。
地理分布：河北、黑龙江、吉林、辽宁、内蒙古。

117.11.136　伪青腹虻　*Tabanus pseudoliviventris* Chen et Xu，1992
地理分布：贵州。

117.11.137　刺螯虻　*Tabanus puncturius* Xu et Liao，1985
地理分布：广西。

117.11.138　秦岭虻　*Tabanus qinlingensis* Wang，1985
地理分布：福建。

117.11.139　青山虻　*Tabanus qinshanensis* Sun，1984
地理分布：内蒙古。

117.11.140　邛海虻　*Tabanus qionghaiensis* Xu，1979
地理分布：四川、云南。

117.11.141　五带虻　*Tabanus quinquecinctus* Ricardo，1914
地理分布：福建、广东、广西、贵州、海南、河南、四川、台湾、云南。

117.11.142　板状虻　*Tabanus rhinargus* Philip，1962
地理分布：广西、云南。

117.11.143　暗红虻　*Tabanus rubicundulus* Austen，1922
地理分布：云南。

117.11.144　红色虻　*Tabanus rubidus* Wiedemann，1821

同物异名：微赤虻。

宿主与寄生部位：马、黄牛、水牛。体表。

地理分布：福建、广东、广西、贵州、海南、云南。

117.11.145　赤腹虻　*Tabanus rufiventris* Fabricius，1805

地理分布：福建、广东、广西、贵州、海南、台湾、云南。

117.11.146　若羌虻　*Tabanus ruoqiangensis* Xiang et Xu，1986

地理分布：新疆。

117.11.147　似多砂虻　*Tabanus sabuletoroides* Xu，1979

地理分布：新疆。

117.11.148　多砂虻　*Tabanus sabuletorum* Loew，1874

地理分布：甘肃、河北、河南、内蒙古、宁夏、陕西、新疆。

117.11.149　中黑虻　*Tabanus sauteri* Ricardo，1913

地理分布：台湾。

117.11.150　六带虻　*Tabanus sexcinctus* Ricardo，1911

地理分布：台湾、浙江。

117.11.151　山东虻　*Tabanus shantungensis* Ouchi，1943

地理分布：安徽、重庆、福建、甘肃、贵州、河南、湖北、山东、陕西、四川、云
南、浙江。

117.11.152　神龙架虻　*Tabanus shennongjiaensis* Xu，Ni et Xu，1984

地理分布：安徽、湖北。

117.11.153　华广虻　*Tabanus signatipennis* Portsch，1887

同物异名：标翅虻。

地理分布：安徽、福建、甘肃、广东、广西、河北、河南、湖北、湖南、江苏、江
西、辽宁、内蒙古、山东、陕西、四川、台湾、云南、浙江。

117.11.154　角斑虻　*Tabanus signifer* Walker，1856

地理分布：福建、广东、广西、陕西、四川、浙江。

117.11.155　莎氏虻　*Tabanus soubiroui* Surcouf，1922

地理分布：云南。

117.11.156　华丽虻　*Tabanus splendens* Xu et Liu，1982

地理分布：甘肃、云南。

117.11.157　盐碱虻　*Tabanus stackelbergiellus* Olsufjev，1967

地理分布：河北、吉林、辽宁、内蒙古。

117.11.158　纹带虻　*Tabanus striatus* Fabricius，1787

地理分布：福建、广东、广西、贵州、海南、四川、西藏、云南。

117.11.159　细条虻　*Tabanus striolatus* Xu，1979

地理分布：广西。

117.11.160　类柯虻　*Tabanus subcordiger* Liu，1960

地理分布：安徽、福建、甘肃、贵州、河北、河南、湖北、吉林、江苏、辽宁、内蒙
古、宁夏、青海、山东、陕西、四川、天津、云南、浙江。

117.11.161　亚暗尾虻　*Tabanus subfurvicaudus* Wu et Xu，1992
　　地理分布：福建。

117.11.162　亚黄山虻　*Tabanus subhuangshanensis* Wang，1987
　　地理分布：福建。

117.11.163　亚马来虻　*Tabanus submalayensis* Wang et Liu，1977
　　地理分布：福建、广东、广西。

117.11.164　亚岷山虻　*Tabanus subminshanensis* Chen et Xu，1992
　　地理分布：贵州。

117.11.165　亚青腹虻　*Tabanus suboliviventris* Xu，1984
　　地理分布：福建、广西。

117.11.166　亚多砂虻　*Tabanus subsabuletorum* Olsufjev，1936
　　地理分布：内蒙古、宁夏、新疆。

117.11.167　斯捷氏虻　*Tabanus sziladyi* Schuurmans Stekhoven，1932
　　地理分布：广东。

117.11.168　太平虻　*Tabanus taipingensis* Xu et Wu，1985
　　地理分布：安徽。

117.11.169　台湾虻　*Tabanus taiwanus* Hayakawa et Takahsi，1983
　　地理分布：台湾。

117.11.170　高砂虻　*Tabanus takasagoensis* Shiraki，1918
　　地理分布：安徽、福建、甘肃、广东、河北、河南、湖北、吉林、辽宁、山东、陕西、四川、台湾、浙江。

117.11.171　唐氏虻　*Tabanus tangi* Xu et Xu，1992
　　地理分布：福建。

117.11.172　天目虻　*Tabanus tianmuensis* Liu，1962
　　地理分布：安徽、福建、甘肃、广东、广西、贵州、河南、湖南、江西、陕西、四川、云南、浙江。

117.11.173　三色虻　*Tabanus tricolorus* Xu，1981
　　地理分布：云南。

117.11.174　异斑虻　*Tabanus varimaculatus* Xu，1981
　　地理分布：云南。

117.11.175　渭河虻　*Tabanus weiheensis* Xu et Liu，1980
　　地理分布：甘肃、湖北、陕西。

117.11.176　五指山虻　*Tabanus wuzhishanensis* Xu，1979
　　地理分布：广西、海南。

117.11.177　亚布力虻　*Tabanus yablonicus* Takagi，1941
　　地理分布：河南、湖北、黑龙江、辽宁、内蒙古、陕西、四川、云南、浙江。

117.11.178　姚氏虻　*Tabanus yao* Macquart，1855
　　地理分布；安徽、北京、福建、广东、广西、河南、江苏、江西、辽宁、山东、陕西、上海、四川、台湾、云南、浙江。

117.11.179　沂山虻　*Tabanus yishanensis* Xu，1979
地理分布：山东。

117.11.180　云南虻　*Tabanus yunnanensis* Liu et Wang，1977
地理分布：四川、云南。

117.11.181　察隅虻　*Tabanus zayuensis* Wang，1982
地理分布：西藏、云南。

117.11.182　基虻　*Tabanus zimini* Olsufjev，1937
同物异名：沙漠虻。
地理分布：甘肃、内蒙古、青海、新疆。

117.12　少节虻属　*Thaumastomyia* Philip et Mackerras，1960

117.12.1　海淀少节虻　*Thaumastomyia haitiensis* Stone，1953
地理分布：河北。

VIII-12-30　食毛目　Mallophaga Nitzsch，1818

118　短角羽虱科　Menoponidae Mjöberg，1910

118.1　胸首羽虱属　*Colpocephalum* Nitzsch，1818

118.1.1　黑水鸡胸首羽虱 *Colpocephalum gallinulae* Uchida，1926
宿主与寄生部位：鸭。体表。
地理分布：浙江。

118.2　体羽虱属　*Menacanthus* Neumann，1912

118.2.1　鹅小耳体羽虱　*Menacanthus angeris* Yan et Liao，1993
宿主与寄生部位：鸭、鹅。体表。
地理分布：浙江。

118.2.2　颊白体羽虱　*Menacanthus chrysophaeus* Kellogg，1896
宿主与寄生部位：鹅。外耳道、体表（颈、翅）。
地理分布：安徽、贵州、江苏。

118.2.3　矮脚鸭禽体羽虱　*Menacanthus microsceli* Uchida，1926
宿主与寄生部位：鸭、鹅。体表。
地理分布：江苏、浙江。

118.2.4　草黄鸡体羽虱　*Menacanthus stramineus* Nitzsch，1818
宿主与寄生部位：鸡。体表（胸、喉、肛门周围）。
地理分布：安徽、重庆、福建、甘肃、广东、贵州、黑龙江、吉林、江苏、江西、内蒙古、宁夏、陕西、上海、四川、新疆。

118.3　羽虱属　*Menopon* Nitzsch，1818

118.3.1　鸡羽虱　*Menopon gallinae* Linnaeus，1758
宿主与寄生部位：鸡、鸭、鹅。体表。
地理分布：安徽、北京、重庆、福建、甘肃、广东、广西、贵州、海南、河北、河南、黑龙江、湖北、吉林、江苏、江西、辽宁、宁夏、山东、山西、陕西、上海、四川、天津、新疆、云南、浙江。

118.3.2　鸭浣羽虱　*Menopon leucoxanthum* Burmeister，1838

宿主与寄生部位：鸭、鹅。体表。

地理分布：重庆、四川。

118.4 巨羽虱属 *Trinoton* Nitzsch，1818

同物异名：鸭羽虱属。

118.4.1 鹅巨羽虱 *Trinoton anserinum* Fabricius，1805

宿主与寄生部位：鸭、鹅。体表。

地理分布：安徽、重庆、福建、广东、贵州、河北、江苏、江西、四川、天津、浙江。

118.4.2 斑巨羽虱 *Trinoton lituratum* Burmeister，1838

同物异名：鹅鸭虱。

宿主与寄生部位：鸭、鹅。体表。

地理分布：河南、湖南、四川。

118.4.3 鸭巨羽虱 *Trinoton querquedulae* Linnaeus，1758

同物异名：白眉鸭巨羽虱。

宿主与寄生部位：鸭、鹅。体表。

地理分布：安徽、重庆、福建、广东、贵州、海南、河北、河南、湖北、湖南、江苏、江西、山东、上海、四川、台湾、天津。

119 长角羽虱科 **Philopteridae** Burmeister，1838

119.1 鹅鸭羽虱属 *Anatoecus* Cummings，1916

119.1.1 广口鹅鸭羽虱 *Anatoecus dentatus* Scopoli，1763

宿主与寄生部位：鸭、鹅。体表。

地理分布：重庆、上海、四川、浙江。

119.2 鸽虱属 *Columbicola* Ewing，1929

119.2.1 鸽羽虱 *Columbicola columbae* Linnaeus，1758

宿主与寄生部位：鸡。体表。

地理分布：重庆、福建、甘肃、广东、浙江。

119.3 柱虱属 *Docophorus* Nitzsch，1818

119.3.1 黄色柱虱 *Docophorus icterodes* Nitzsch，1818

同物异名：家鸭羽虱。

宿主与寄生部位：鸭、鹅。体表。

地理分布：安徽、贵州、江苏。

119.4 啮羽虱属 *Esthiopterum* Harrison，1916

同物异名：埃羽虱属。

119.4.1 鹅啮羽虱 *Esthiopterum anseris* Linnaeus，1758

宿主与寄生部位：鸭、鹅。体表（翅）。

地理分布：安徽、重庆、广东、贵州、黑龙江、湖南、江苏、江西、上海、四川、新疆、浙江。

119.4.2 圆鸭啮羽虱 *Esthiopterum crassicorne* Scopoli，1763

同物异名：粗角羽虱，细羽虱，圆鸭虱（*Anaticola crassicornis* Scopoli，1763）。

212

宿主与寄生部位：鸭。体表。

地理分布：重庆、福建、广东、湖南、上海、四川、新疆。

119.5　圆羽虱属　*Goniocotes* Burmeister，1838

119.5.1　鸡圆羽虱　*Goniocotes gallinae* De Geer，1778

宿主与寄生部位：鸡。体表（背部、臀部）。

地理分布：安徽、重庆、福建、甘肃、广东、贵州、河北、河南、黑龙江、湖北、江苏、江西、辽宁、宁夏、青海、山东、陕西、上海、四川、天津、新疆、浙江。

119.5.2　巨圆羽虱　*Goniocotes gigas* Taschenberg，1879

宿主与寄生部位：鸡。体表。

地理分布：安徽、重庆、福建、广东、广西、河南、宁夏、山西、上海。

119.6　角羽虱属　*Goniodes* Nitzsch，1818

119.6.1　鸡角羽虱　*Goniodes dissimilis* Denny，1842

同物异名：异形角羽虱。

宿主与寄生部位：鸡。体表。

地理分布：重庆、福建、广东、贵州、海南、湖北、湖南、江苏、辽宁、宁夏、陕西、上海、四川、浙江。

119.6.2　巨角羽虱　*Goniodes gigas* Taschenberg，1879

宿主与寄生部位：鸡。体表。

地理分布：安徽、重庆、福建、甘肃、广东、广西、江苏、四川、台湾、新疆。

119.7　长羽虱属　*Lipeurus* Nitzsch，1818

119.7.1　鸡翅长羽虱　*Lipeurus caponis* Linnaeus，1758

宿主与寄生部位：鸡、鸭。体表（翅）。

地理分布：安徽、重庆、福建、甘肃、广西、贵州、江苏、辽宁、宁夏、陕西、上海、四川、浙江。

119.7.2　细长羽虱　*Lipeurus gallipavonis* Geoffroy，1762

宿主与寄生部位：鸡。体表。

地理分布：广东、海南。

119.7.3　广幅长羽虱　*Lipeurus heterographus* Nitzsch，1866

宿主与寄生部位：鸡、鹅。体表（头、颈）。

地理分布：安徽、重庆、福建、甘肃、广东、贵州、海南、河北、黑龙江、湖南、江苏、辽宁、内蒙古、宁夏、青海、山西、陕西、上海、四川、天津、新疆。

119.7.4　鸭长羽虱　*Lipeurus squalidus* Nitzsch，1818

宿主与寄生部位：鸭。体表。

地理分布：安徽、湖北、湖南、江苏。

119.7.5　鸡长羽虱　*Lipeurus variabilis* Burmeister，1838

宿主与寄生部位：鸡。体表。

地理分布：安徽、重庆、广东、海南、河南、湖北、江苏、辽宁、四川、新疆。

120 毛虱科 Trichodectidae Kellogg，1896

120.1 毛虱属 *Bovicola* Ewing，1929.

120.1.1 牛毛虱 *Bovicola bovis* Linnaeus，1758

宿主与寄生部位：黄牛、水牛、奶牛、山羊。体表。

地理分布：安徽、重庆、福建、甘肃、广西、贵州、河北、河南、黑龙江、江苏、江西、内蒙古、宁夏、青海、山东、陕西、四川、天津、西藏、新疆、云南。

120.1.2 山羊毛虱 *Bovicola caprae* Gurlt，1843

宿主与寄生部位：山羊。体表。

地理分布：安徽、重庆、福建、甘肃、贵州、海南、河北、河南、黑龙江、江苏、江西、宁夏、青海、山东、陕西、四川、天津、西藏、新疆、云南、浙江。

120.1.3 绵羊毛虱 *Bovicola ovis* Schrank，1781

宿主与寄生部位：绵羊。体表。

地理分布：重庆、甘肃、河北、河南、黑龙江、江苏、江西、内蒙古、宁夏、青海、山东、山西、四川、天津、新疆、云南、浙江。

120.2 猫毛虱属 *Felicola* Ewing，1929

120.2.1 猫毛虱 *Felicola subrostratus* Nitzsch in Burmeister，1838

宿主与寄生部位：猫。体表。

地理分布：福建、吉林、江苏、江西、新疆。

120.3 啮毛虱属 *Trichodectes* Nitzsch，1818

120.3.1 犬啮毛虱 *Trichodectes canis* De Geer，1778

宿主与寄生部位：犬、猫。体表。

地理分布：安徽、福建、广东、贵州、河北、湖南、吉林、江苏、江西、陕西、四川、天津、云南、浙江。

120.3.2 马啮毛虱 *Trichodectes equi* Denny，1842

宿主与寄生部位：马、驴、骡。体表（颈、尾基部）

地理分布：安徽、福建、甘肃、贵州、河北、河南、黑龙江、江苏、江西、辽宁、内蒙古、青海、山东、陕西、四川、新疆、云南。

VIII-12-31 蚤目 Siphonaptera Latreille，1825

121 角叶蚤科 Ceratophyllidae Dampf，1908

121.1 单蚤属 *Monopsyllus* Kolenati，1857

121.1.1 不等单蚤 *Monopsyllus anisus* Rothschild，1907

宿主与寄生部位：犬、猫、兔。体表。

地理分布：甘肃、河南、宁夏。

121.2 副角蚤属 *Paraceras* Wagner，1916

121.2.1 扇形副角蚤 *Paraceras flabellum* Curtis，1832

宿主与寄生部位：犬。体表。

地理分布：甘肃、贵州、黑龙江、吉林、辽宁、青海、四川、新疆、云南。

122 多毛蚤科 Hystrichopsyllidae Tiraboschi，1904

122.1 无节蚤属 *Catallagia* Rothschild，1915

122.1.1 尖突无节蚤 *Catallagia ioffi* Scalon，1950

宿主与寄生部位：兔。体表。

地理分布：内蒙古。

123 蝠蚤科 Ischnopsyllidae Wahlgren，1907

123.1 蝠蚤属 *Ischnopsyllus* Westwood，1833

123.1.1 长鬃蝠蚤 *Ischnopsyllus comans* Jordan et Rothschild，1921

宿主与寄生部位：兔。体表。

地理分布：宁夏。

124 细蚤科 Leptopsyllidae Baker，1905

124.1 细蚤属 *Leptopsylla* Jordan et Rothschild，1911

124.1.1 缓慢细蚤 *Leptopsylla segnis* Schönherr，1811

同物异名：缓慢细蚤（*Ctenopsylla segnis*（Schönherr，1811）Wagner，1926）。

宿主与寄生部位：犬、猫、兔。体表。

地理分布：北京、河南、宁夏。

125 蚤科 Pulicidae Stephens，1829

125.1 栉首蚤属 *Ctenocephalides* Stiles et Collins，1930

125.1.1 犬栉首蚤 *Ctenocephalide canis* Curtis，1826

宿主与寄生部位：犬、猫。体表。

地理分布：安徽、重庆、福建、甘肃、广东、广西、海南、河北、黑龙江、湖南、吉林、江苏、江西、辽宁、内蒙古、宁夏、陕西、上海、四川、台湾、天津、新疆、云南、浙江。

125.1.2 猫栉首蚤 *Ctenocephalide felis* Bouche，1835

宿主与寄生部位：犬、猫、兔。体表。

地理分布：安徽、北京、重庆、福建、甘肃、广东、广西、贵州、海南、河北、河南、黑龙江、湖南、吉林、江苏、江西、辽宁、宁夏、山东、山西、陕西、上海、四川、台湾、天津、新疆、云南、浙江。

125.1.3 东方栉首蚤 *Ctenocephalide orientis* Jordan，1925

宿主与寄生部位：犬、山羊。体表。

地理分布：福建、广东、广西、云南。

125.2 角头蚤属 *Echidnophaga* Olliff，1886

同特异名：冠蚤属。

125.2.1 禽角头蚤 *Echidnophaga gallinacea* Westwood，1875

宿主与寄生部位：鸡、犬、猫、兔、马。体表。

地理分布：广东、新疆。

125.3 武蚤属 *Euchoplopsyllus* Baker，1906

125.3.1 水武蚤宽指亚种 *Euchoplopsyllus glacialis profugus* Jordan，1925

宿主与寄生部位：兔。体表。

地理分布：甘肃、新疆。

125.4　蚤属　*Pulex* Linnaeus，1758

125.4.1　致痒蚤　*Pulex irritans* Linnaeus，1758

同物异名：人蚤。

宿主与寄生部位：骆驼、马、牛、羊、猪、犬、猫、鸡。体表。

地理分布：安徽、重庆、北京、福建、甘肃、广西、贵州、河北、河南、江苏、江西、宁夏、山西、上海、四川、天津、新疆、云南。

125.5　客蚤属　*Xenopsylla* Glinkiewicz，1907

125.5.1　印鼠客蚤　*Xenopsylla cheopis* Rothschild，1903

宿主与寄生部位：猫、兔。体表。

地理分布：北京、甘肃、河南、山西。

126　蠕形蚤科　Vermipsyllidae Wagner，1889

126.1　鬃蚤属　*Chaetopsylla* Kohaut，1903

126.1.1　同鬃蚤　*Chaetopsylla homoea* Rothschild，1906

宿主与寄生部位：犬、猫。体表。

地理分布：新疆。

126.2　长喙蚤属　*Dorcadia* Ioff，1946

同物异名：羚蚤属。

126.2.1　狍长喙蚤　*Dorcadia dorcadia* Rothschild，1912

宿主与寄生部位：黄牛、山羊、绵羊。体表。

地理分布：甘肃、内蒙古、青海、陕西、西藏、新疆。

126.2.2　羊长喙蚤　*Dorcadia ioffi* Smit，1953

同物异名：尤氏长喙蚤。

宿主与寄生部位：马、驴、黄牛、牦牛、绵羊、山羊。体表。

地理分布：甘肃、内蒙古、青海、西藏、新疆。

126.2.3　青海长喙蚤　*Dorcadia qinghaiensis* Zhan，Wu et Cai，1991

宿主与寄生部位：绵羊。体表。

地理分布：青海。

126.2.4　西吉长喙蚤　*Dorcadia xijiensis* Zhang et Dang，1985

宿主与寄生部位：绵羊。体表。

地理分布：宁夏。

126.3　蠕形蚤属　*Vermipsylla* Schimkewitsch，1885

126.3.1　花蠕形蚤　*Vermipsylla alakurt* Schimkewitsch，1885

宿主与寄生部位：马、骡、黄牛、牦牛、绵羊、山羊。体表。

地理分布：重庆、甘肃、河北、江苏、宁夏、青海、天津、新疆。

126.3.2　瞪羚蠕形蚤　*Vermipsylla dorcadia* Rothschild，1912

宿主与寄生部位：牦牛、绵羊。体表。

地理分布：甘肃、宁夏、山西。

126.3.3　具膝蠕形蚤　*Vermipsylla geniculata* Li，1964

宿主与寄生部位：牦牛。体表。

地理分布：甘肃。

126.3.4 北山羊蠕形蚤 *Vermipsylla ibexa* Zhang et Yu，1981

宿主与寄生部位：北山羊。体表。

地理分布：新疆。

126.3.5 平行蠕形蚤 *Vermipsylla parallela* Liu，Wu et Wu，1965

宿主与寄生部位：黄牛、牦牛。体表。

地理分布：西藏。

126.3.6 似花蠕形蚤中亚亚种 *Vermipsylla perplexa centrolasia* Liu，Wu et Wu，1982

宿主与寄生部位：山羊。体表。

地理分布：甘肃、青海、西藏。

126.3.7 叶氏蠕形蚤 *Vermipsylla yeae* Yu et Li，1990

宿主与寄生部位：马、绵羊。体表。

地理分布：新疆。

VIII-13 五口虫纲 Pentastomida Heymons，1926

同物异名：蠕形纲。

VIII-13-32 舌形虫目 Linguatulida Shipley，1898

127 舌形虫科 Linguatulidae Shipley，1898

127.1 舌形属 *Linguatula* Fröhlich，1789

127.1.1 锯齿舌形虫 *Linguatula serrata* Fröhlich，1789

宿主与寄生部位：牛、绵羊、山羊、犬。鼻腔、额窦（幼虫寄生于马、牛、绵羊、山羊、兔的肺、肝等内脏及淋巴结）

地理分布：重庆、甘肃、贵州、黑龙江、内蒙古、宁夏、青海、山西、陕西、四川、新疆、云南。

第二部分
各种宿主寄生虫种名

Part II
Species of Parasites in
Different Hosts

本部分根据"第一部分　中国家畜家禽寄生虫名录"的记载，列出了寄生于各种家畜家禽的寄生虫种名，没有明确宿主的寄生虫种类未列入。每种寄生虫名称前的第一个编号为寄生于该类宿主的虫种顺序号，第二个编号为与第一部分对应的科属种编号。依序为骆驼寄生虫 100 种，马、驴、骡寄生虫 209 种，黄牛、水牛、奶牛、牦牛、犏牛寄生虫 423 种，绵羊、山羊寄生虫 416 种，猪寄生虫 156 种，犬寄生虫 223 种，猫寄生虫 112 种，兔寄生虫 103 种，鸡寄生虫 270 种，鸭寄生虫 387 种，鹅寄生虫 203 种。

骆驼寄生虫种名
Species of Parasites in Camel

原虫　Protozoon

[1] 3.2.2　伊氏锥虫　*Trypanosoma evansi*（Steel, 1885）Balbiani, 1888

[2] 7.2.12　双峰驼艾美耳球虫　*Eimeria bactriani* Levine et Ivens, 1970

[3] 7.2.22　驼艾美耳球虫　*Eimeria cameli*（Henry et Masson, 1932）Reichenow, 1952

[4] 7.2.26　哈萨克斯坦艾美耳球虫　*Eimeria casahstanica* Zigankoff, 1950

[5] 7.2.35　单峰驼艾美耳球虫　*Eimeria dromedarii* Yakimoff et Matschoulsky, 1939

[6] 7.2.55　吉兰泰艾美耳球虫　*Eimeria jilantaii* Wei et Wang, 1984

[7] 7.2.83　匹拉迪艾美耳球虫　*Eimeria pellerdyi* Prasad, 1960

[8] 7.2.92　拉贾斯坦艾美耳球虫　*Eimeria rajasthani* Dubey et Pande，1963

[9] 7.2.110　乌兰艾美耳球虫　*Eimeria wulanensis* Wei et Wang，1984

[10] 10.3.3　骆驼住肉孢子虫　*Sarcocystis cameli* Mason，1910

[11] 14.1.1　结肠小袋虫　*Balantidium coli*（Malmsten，1857）Stein，1862

绦虫　Cestode

[12] 15.2.1　中点无卵黄腺绦虫　*Avitellina centripunctata* Rivolta，1874

[13] 15.4.4　扩展莫尼茨绦虫　*Moniezia expansa*（Rudolphi，1810）Blanchard，1891

[14] 21.1.1.1　细粒棘球蚴　*Echinococcus cysticus* Huber，1891

[15] 21.3.2.1　脑多头蚴　*Coenurus cerebralis* Batsch，1786

[16] 21.4.1.1　细颈囊尾蚴　*Cysticercus tenuicollis* Rudolphi，1810

吸虫　Trematode

[17] 24.1.1　大片形吸虫　*Fasciola gigantica* Cobbold，1856

[18] 24.1.2　肝片形吸虫　*Fasciola hepatica* Linnaeus，1758

[19] 27.4.1　殖盘殖盘吸虫　*Cotylophoron cotylophorum*（Fischoeder，1901）Stiles et Goldberger，1910

[20] 32.2.2　腔阔盘吸虫　*Eurytrema coelomaticum*（Giard et Billet，1892）Looss，1907

[21] 32.2.7　胰阔盘吸虫　*Eurytrema pancreaticum*（Janson，1889）Looss，1907

[22] 45.2.2　土耳其斯坦东毕吸虫　*Orientobilharzia turkestanica*（Skrjabin，1913）Dutt et Srivastavaa，1955

线虫　Nematode

[23] 52.2.1　伊氏双瓣线虫　*Dipetalonema evansi* Lewis，1882

[24] 54.2.3　福丝蟠尾线虫　*Onchocerca fasciata* Railliet et Henry，1910

[25] 54.2.6　网状蟠尾线虫　*Onchocerca reticulata* Diesing，1841

[26] 60.1.3　乳突类圆线虫　*Strongyloides papillosus*（Wedl，1856）Ransom，1911

[27] 61.4.1　斯氏副柔线虫　*Parabronema skrjabini* Rassowska，1924

[28] 63.1.3　美丽筒线虫　*Gongylonema pulchrum* Molin，1857

[29] 72.3.2　叶氏夏柏特线虫　*Chabertia erschowi* Hsiung et K'ung，1956

[30] 72.3.3　羊夏柏特线虫　*Chabertia ovina*（Fabricius，1788）Raillet et Henry，1909

[31] 72.4.13　微管食道口线虫　*Oesophagostomum venulosum* Rudolphi，1809

[32] 74.1.2　骆驼网尾线虫　*Dictyocaulus cameli* Boev，1951

[33] 74.1.4　丝状网尾线虫　*Dictyocaulus filaria*（Rudolphi，1809）Railliet et Henry，1907

[34] 74.1.6　胎生网尾线虫　*Dictyocaulus viviparus*（Bloch，1782）Railliet et Henry，1907

[35] 82.2.1　野牛古柏线虫　*Cooperia bisonis* Cran，1925

[36] 82.2.5　和田古柏线虫　*Cooperia hetianensis* Wu，1966

[37] 82.2.7　甘肃古柏线虫　*Cooperia kansuensis* Zhu et Zhang，1962

[38] 82.2.8　兰州古柏线虫　*Cooperia lanchowensis* Shen，Tung et Chow，1964

[39] 82.2.10　麦氏古柏线虫　*Cooperia mcmasteri* Gordon，1932

[40] 82.2.12　栉状古柏线虫　*Cooperia pectinata* Ransom，1907

[41] 82.2.16　珠纳古柏线虫　*Cooperia zurnabada* Antipin，1931

[42] 82.3.2　捻转血矛线虫　*Haemonchus contortus*（Rudolphi，1803）Cobbold，1898

[43] 82.3.3　长柄血矛线虫　*Haemonchus longistipe* Railliet et Henry，1909

[44] 82.5.6　蒙古马歇尔线虫　*Marshallagia mongolica* Schumakovitch，1938

[45] 82.5.11　天山马歇尔线虫　*Marshallagia tianshanus* Ge，Sha，Ha，*et al.*，1983

[46] 82.7.1　骆驼似细颈线虫　*Nematodirella cameli*（Rajewskaja et Badanin，1933）Travassos，1937

[47] 82.7.2　单峰驼似细颈线虫　*Nematodirella dromedarii* May，1920

[48] 82.7.4　长刺似细颈线虫　*Nematodirella longispiculata* Hsu et Wei，1950

[49] 82.7.5　最长刺似细颈线虫　*Nematodirella longissimespiculata* Romanovitsch，1915

[50] 82.8.7　单峰驼细颈线虫　*Nematodirus dromedarii* May，1920

[51] 82.8.8　尖交合刺细颈线虫　*Nematodirus filicollis*（Rudolphi，1802）Ransom，1907

[52] 82.8.9　海尔维第细颈线虫　*Nematodirus helvetianus* May，1920

[53] 82.8.12　毛里塔尼亚细颈线虫　*Nematodirus mauritanicus* Maupas et Seurat，1912

[54] 82.8.13　奥利春细颈线虫　*Nematodirus oriatianus* Rajerskaja，1929

[55] 82.8.14　钝刺细颈线虫　*Nematodirus spathiger*（Railliet，1896）Railliet et Henry，1909

[56] 82.11.5　布里亚特奥斯特线虫　*Ostertagia buriatica* Konstantinova，1934

[57] 82.11.6　普通奥斯特线虫　*Ostertagia circumcincta*（Stadelmann，1894）Ransom，1907

[58] 82.11.7　达呼尔奥斯特线虫　*Ostertagia dahurica* Orloff，Belowa et Gnedina，1931

[59] 82.11.19　阿洛夫奥斯特线虫　*Ostertagia orloffi* Sankin，1930

[60] 82.11.20　奥氏奥斯特线虫　*Ostertagia ostertagi*（Stiles，1892）Ransom，1907

[61] 82.11.26　三叉奥斯特线虫　*Ostertagia trifurcata* Ransom，1907

[62] 82.14.1　达氏背板线虫　*Teladorsagia davtiani* Andreeva et Satubaldin，1954

[63] 82.15.5　蛇形毛圆线虫　*Trichostrongylus colubriformis*（Giles，1892）Looss，1905

[64] 82.15.9　东方毛圆线虫　*Trichostrongylus orientalis* Jimbo，1914

[65] 82.15.11　枪形毛圆线虫　*Trichostrongylus probolurus*（Railliet，1896）Looss，1905

[66] 85.1.3　瞪羚鞭虫　*Trichuris gazellae* Gebauer，1933

[67] 85.1.4　球鞘鞭虫　*Trichuris globulosa* Linstow，1901

[68] 85.1.6　兰氏鞭虫　*Trichuris lani* Artjuch，1948

[69] 85.1.10　羊鞭虫　*Trichuris ovis* Abilgaard，1795

[70] 85.1.11　斯氏鞭虫　*Trichuris skrjabini* Baskakov，1924

节肢动物　Arthropod

[71] 93.1.1.3　骆驼足螨　*Chorioptes bovis* var. *dromedarii*

[72] 95.3.1.6　骆驼疥螨　*Sarcoptes scabiei* var. *cameli*

[73] 97.1.1　波斯锐缘蜱　*Argas persicus* Oken，1818

[74] 97.2.1　拉合尔钝缘蜱　*Ornithodorus lahorensis* Neumann，1908

[75] 99.3.5　边缘革蜱　*Dermacentor marginatus* Sulzer，1776

[76] 99.3.6　银盾革蜱　*Dermacentor niveus* Neumann，1897

[77] 99.3.7　草原革蜱　*Dermacentor nuttalli* Olenev，1928

［78］99.3.9 网纹革蜱 *Dermacentor reticulatus* Fabricius，1794

［79］99.3.10 森林革蜱 *Dermacentor silvarum* Olenev，1931

［80］99.3.11 中华革蜱 *Dermacentor sinicus* Schulze，1932

［81］99.4.4 铃头血蜱 *Haemaphysalis campanulata* Warburton，1908

［82］99.4.20 刻点血蜱 *Haemaphysalis punctata* Canestrini et Fanzago，1877

［83］99.5.1 小亚璃眼蜱 *Hyalomma anatolicum* Koch，1844

［84］99.5.2 亚洲璃眼蜱 *Hyalomma asiaticum* Schulze et Schlottke，1929

［85］99.5.3 亚洲璃眼蜱卡氏亚种 *Hyalomma asiaticum kozlovi* Olenev，1931

［86］99.5.4 残缘璃眼蜱 *Hyalomma detritum* Schulze，1919

［87］99.5.5 嗜驼璃眼蜱 *Hyalomma dromedarii* Koch，1844

［88］99.5.9 灰色璃眼蜱 *Hyalomma plumbeum* （Panzer，1795）Vlasov，1940

［89］99.5.10 麻点璃眼蜱 *Hyalomma rufipes* Koch，1844

［90］99.5.11 盾糙璃眼蜱 *Hyalomma scupense* Schulze，1918

［91］99.6.8 全沟硬蜱 *Ixodes persulcatus* Schulze，1930

［92］99.7.3 短小扇头蜱 *Rhipicephalus pumilio* Schulze，1935

［93］99.7.5 血红扇头蜱 *Rhipicephalus sanguineus* Latreille，1806

［94］99.7.6 图兰扇头蜱 *Rhipicephalus turanicus* Pomerantzev，1940

［95］101.1.1 非洲颚虱 *Linognathus africanus* Kellogg et Paine，1911

［96］111.1.1 驼头狂蝇 *Cephalopina titillator* Clark，1816

［97］111.2.1 羊狂蝇（蛆） *Oestrus ovis* Linnaeus，1758

［98］114.8.3 阿拉善污蝇（蛆） *Wohlfahrtia fedtschenkoi* Rohdendorf，1956

［99］114.8.4 黑须污蝇（蛆） *Wohlfahrtia magnifica* Schiner，1862

［100］125.4.1 致痒蚤 *Pulex irritans* Linnaeus，1758

马、驴、骡寄生虫种名
Species of Parasites in Horse，Donkey and Mule

原虫 Protozoon

［1］2.1.1 蓝氏贾第鞭毛虫 *Giardia lamblia* Stiles，1915

［2］3.2.1 马媾疫锥虫 *Trypanosoma equiperdum* Doflein，1901

［3］3.2.2 伊氏锥虫 *Trypanosoma evansi* （Steel，1885）Balbiani，l888

［4］7.2.62 鲁氏艾美耳球虫 *Eimeria leuckarti* （Flesch，1883）Reichenow，1940

［5］10.3.2 马住肉孢子虫 *Sarcocystis bertrami* Dolflein，1901

［6］10.4.1　龚地弓形虫　*Toxoplasma gondii*（Nicolle et Manceaux，1908）Nicolle et Manceaux，1909

［7］11.1.3　驽巴贝斯虫　*Babesia caballi* Nuttall et Strickland，1910

［8］12.1.2　马泰勒虫　*Theileria equi* Mehlhorn et Schein，1998

绦虫　Cestode

［9］15.1.1　大裸头绦虫　*Anoplocephala magna*（Abildgaard，1789）Sprengel，1905

［10］15.1.2　叶状裸头绦虫　*Anoplocephala perfoliata*（Goeze，1782）Blanchard，1848

［11］15.6.1　侏儒副裸头绦虫　*Paranoplocephala mamillana*（Mehlis，1831）Baer，1927

［12］21.1.1.1　细粒棘球蚴　*Echinococcus cysticus* Huber，1891

［13］21.3.2.1　脑多头蚴　*Coenurus cerebralis* Batsch，1786

［14］21.4.1.1　细颈囊尾蚴　*Cysticercus tenuicollis* Rudolphi，1810

吸虫　Trematode

［15］24.1.1　大片形吸虫　*Fasciola gigantica* Cobbold，1856

［16］24.1.2　肝片形吸虫　*Fasciola hepatica* Linnaeus，1758

［17］27.6.1　埃及腹盘吸虫　*Gastrodiscus aegyptiacus*（Cobbold，1876）Railliet，1893

［18］27.6.2　偏腹盘吸虫　*Gastrodiscus secundus* Looss，1907

［19］27.12.1　柯氏假盘吸虫　*Pseudodiscus collinsi*（Cobbold，1875）Stiles et Goldberger，1910

［20］32.1.4　矛形双腔吸虫　*Dicrocoelium lanceatum* Stiles et Hassall，1896

［21］45.2.2　土耳其斯坦东毕吸虫　*Orientobilharzia turkestanica*（Skrjabin，1913）Dutt et Srivastavaa，1955

［22］45.3.2　日本分体吸虫　*Schistosoma japonicum* Katsurada，1904

线虫　Nematode

［23］48.3.1　马副蛔虫　*Parascaris equorum*（Goeze，1782）Yorke and Maplestone，1926

［24］51.1.1　肾膨结线虫　*Dioctophyma renale*（Goeze，1782）Stiles，1901

［25］52.3.1　犬恶丝虫　*Dirofilaria immitis*（Leidy，1856）Railliet et Henry，1911

［26］53.2.2　多乳突副丝虫　*Parafilaria mltipapillosa*（Condamine et Drouilly，1878）Yorke et Maplestone，1926

［27］54.2.2　颈蟠尾线虫　*Onchocerca cervicalis* Railliet et Henry，1910

［28］54.2.6　网状蟠尾线虫　*Onchocerca reticulata* Diesing，1841

［29］55.1.6　指形丝状线虫　*Setaria digitata* Linstow，1906

［30］55.1.7　马丝状线虫　*Setaria equina*（Abildgaard，1789）Viborg，1795

［31］55.1.9　唇乳突丝状线虫　*Setaria labiatopapillosa* Alessandrini，1838

［32］55.1.11　马歇尔丝状线虫　*Setaria marshalli* Boulenger，1921

［33］57.1.1　马尖尾线虫　*Oxyuris equi*（Schrank，1788）Rudolphi，1803

［34］57.3.1　胎生普氏线虫　*Probstmayria vivipara*（Probstmayr，1865）Ransom，1907

［35］58.2.1　麦地那龙线虫　*Dracunculus medinensis* Linmaeus，1758

［36］60.1.7　韦氏类圆线虫　*Strongyloides westeri* Ihle，1917

222

［37］63.1.3　美丽筒线虫　*Gongylonema pulchrum* Molin，1857

［38］64.1.1　大口德拉斯线虫　*Drascheia megastoma* Rudolphi，1819

［39］64.2.1　小口柔线虫　*Habronema microstoma* Schneider，1866

［40］64.2.2　蝇柔线虫　*Habronema muscae* Carter，1861

［41］67.1.2　圆形蛔状线虫　*Ascarops strongylina* Rudolphi，1819

［42］67.2.1　六翼泡首线虫　*Physocephalus sexalatus* Molin，1860

［43］67.3.1　奇异西蒙线虫　*Simondsia paradoxa* Cobbold，1864

［44］67.4.1　狼旋尾线虫　*Spirocerca lupi*（Rudolphi，1809）Railliet et Henry，1911

［45］69.2.2　丽幼吸吮线虫　*Thelazia callipaeda* Railliet et Henry，1910

［46］69.2.7　泪管吸吮线虫　*Thelazia lacrymalis* Gurlt，1831

［47］69.2.9　罗氏吸吮线虫　*Thelazia rhodesi* Desmarest，1827

［48］72.4.11　粗食道口线虫　*Oesophagostomum robustus* Popov，1927

［49］73.1.1　长囊马线虫　*Caballonema longicapsulata* Abuladze，1937

［50］73.2.1　冠状冠环线虫　*Coronocyclus coronatus*（Looss，1900）Hartwich，1986

［51］73.2.2　大唇片冠环线虫　*Coronocyclus labiatus*（Looss，1902）Hartwich，1986

［52］73.2.3　大唇片冠环线虫指形变种　*Coronocyclus labiatus* var. *digititatus*（Ihle，1921）Hartwich，1986

［53］73.2.4　小唇片冠环线虫　*Coronocyclus labratus*（Looss，1902）Hartwich，1986

［54］73.2.5　箭状冠环线虫　*Coronocyclus sagittatus*（Kotlán，1920）Hartwich，1986

［55］73.3.1　卡提盅口线虫　*Cyathostomum catinatum* Looss，1900

［56］73.3.2　卡提盅口线虫伪卡提变种　*Cyathostomum catinatum* var. *pseudocatinatum* Yorke et Macfie，1919

［57］73.3.3　华丽盅口线虫　*Cyathostomum ornatum* Kotlán，1919

［58］73.3.4　碟状盅口线虫　*Cyathostomum pateratum*（Yorke et Macfie，1919）K'ung，1964

［59］73.3.5　碟状盅口线虫熊氏变种　*Cyathostomum pateratum* var. *hsiungi* K'ung et Yang，1963

［60］73.3.6　亚冠盅口线虫　*Cyathostomum subcoronatum* Yamaguti，1943

［61］73.3.7　四刺盅口线虫　*Cyathostomum tetracanthum*（Mehlis，1831）Molin，1861（sensu Looss，1900）

［62］73.4.1　安地斯杯环线虫　*Cylicocyclus adersi*（Boulenger，1920）Erschow，1939

［63］73.4.2　阿氏杯环线虫　*Cylicocyclus ashworthi*（Le Roax，1924）McIntosh，1933

［64］73.4.3　耳状杯环线虫　*Cylicocyclus auriculatus*（Looss，1900）Erschow，1939

［65］73.4.4　短囊杯环线虫　*Cylicocyclus brevicapsulatus*（Ihle，1920）Erschow，1939

［66］73.4.5　长形杯环线虫　*Cylicocyclus elongatus*（Looss，1900）Chaves，1930

［67］73.4.6　似辐首杯环线虫　*Cylicocyclus gyalocephaloides*（Ortlepp，1938）Popova，1952

［68］73.4.7　显形杯环线虫　*Cylicocyclus insigne*（Boulenger，1917）Chaves，1930

［69］73.4.8　细口杯环线虫　*Cylicocyclus leptostomum*（Kotlán，1920）Chaves，1930

［70］73.4.9　南宁杯环线虫　*Cylicocyclus nanningensis* Zhang et Zhang，1991

［71］73.4.10　鼻状杯环线虫　*Cylicocyclus nassatus*（Looss，1900）Chaves，1930

［72］73.4.11 鼻状杯环线虫小型变种 *Cylicocyclus nassatus* var. *parvum*（Yorke et Macfie, 1918）Chaves, 1930

［73］73.4.12 锯状杯环线虫 *Cylicocyclus prionodes* Kotlán, 1921

［74］73.4.13 辐射杯环线虫 *Cylicocyclus radiatus*（Looss, 1900）Chaves, 1930

［75］73.4.14 天山杯环线虫 *Cylicocyclus tianshangensis* Qi, Cai et Li, 1984

［76］73.4.15 三枝杯环线虫 *Cylicocyclus triramosus*（Yorke et Macfie, 1920）Chaves, 1930

［77］73.4.16 外射杯环线虫 *Cylicocyclus ultrajectinus*（Ihle, 1920）Erschow, 1939

［78］73.4.17 乌鲁木齐杯环线虫 *Cylicocyclus urumuchiensis* Qi, Cai et Li, 1984

［79］73.4.18 志丹杯环线虫 *Cylicocyclus zhidanensis* Zhang et Li, 1981

［80］73.5.1 双冠环齿线虫 *Cylicodontophorus bicoronatus*（Looss, 1900）Cram, 1924

［81］73.6.1 偏位杯冠线虫 *Cylicostephanus asymmetricus*（Theiler, 1923）Cram, 1925

［82］73.6.2 双冠杯冠线虫 *Cylicostephanus bicoronatus* K'ung et Yang, 1977

［83］73.6.3 小杯杯冠线虫 *Cylicostephanus calicatus*（Looss, 1900）Cram, 1924

［84］73.6.4 高氏杯冠线虫 *Cylicostephanus goldi*（Boulenger, 1917）Lichtenfels, 1975

［85］73.6.5 杂种杯冠线虫 *Cylicostephanus hybridus*（Kotlán, 1920）Cram, 1924

［86］73.6.6 长伞杯冠线虫 *Cylicostephanus longibursatus*（Yorke et Macfie, 1918）Cram, 1924

［87］73.6.7 微小杯冠线虫 *Cylicostephanus minutus*（Yorke et Macfie, 1918）Cram, 1924

［88］73.6.8 曾氏杯冠线虫 *Cylicostephanus tsengi*（K'ung et Yang, 1963）Lichtenfels, 1975

［89］73.7.1 长尾柱咽线虫 *Cylindropharynx longicauda* Leiper, 1911

［90］73.8.1 头似辐首线虫 *Gyalocephalus capitatus* Looss, 1900

［91］73.9.1 北京熊氏线虫 *Hsiungia pekingensis*（K'ung et Yang, 1964）Dvojnos et Kharchenko, 1988

［92］73.10.1 真臂副杯口线虫 *Parapoteriostomum euproctus*（Boulenger, 1917）Hartwich, 1986

［93］73.10.2 麦氏副杯口线虫 *Parapoteriostomum mettami*（Leiper, 1913）Hartwich, 1986

［94］73.10.3 蒙古副杯口线虫 *Parapoteriostomum mongolica*（Tshoijo, 1958）Lichtenfels, Kharchenko et Krecek, 1998

［95］73.10.4 舒氏副杯口线虫 *Parapoteriostomum schuermanni*（Ortlepp, 1962）Hartwich, 1986

［96］73.10.5 中卫副杯口线虫 *Parapoteriostomum zhongweiensis*（Li et Li, 1993）Zhang et K'ung, 2002

［97］73.11.2 斯氏彼德洛夫线虫 *Petrovinema skrjabini*（Erschow, 1930）Erschow, 1943

［98］73.12.1 不等齿杯口线虫 *Poteriostomum imparidentatum* Quiel, 1919

［99］73.12.2 拉氏杯口线虫 *Poteriostomum ratzii*（Kotlán, 1919）Ihle, 1920

［100］73.12.3 斯氏杯口线虫 *Poteriostomum skrjabini* Erschow, 1939

［101］73.13.1 卡拉干斯齿线虫 *Skrjabinodentus caragandicus* Tshoijo, 1957

［102］73.13.2 陶氏斯齿线虫 *Skrjabinodentus tshoijoi* Dvojnos et Kharchenko, 1986

［139］99.4.13　日本血蜱　*Haemaphysalis japonica* Warburton，1908

［140］99.4.15　长角血蜱　*Haemaphysalis longicornis* Neumann，1901

［141］99.4.17　猛突血蜱　*Haemaphysalis montgomeryi* Nuttall，1912

［142］99.4.20　刻点血蜱　*Haemaphysalis punctata* Canestrini et Fanzago，1877

［143］99.4.21　青海血蜱　*Haemaphysalis qinghaiensis* Teng，1980

［144］99.4.28　汶川血蜱　*Haemaphysalis warburtoni* Nuttall，1912

［145］99.5.1　小亚璃眼蜱　*Hyalomma anatolicum* Koch，1844

［146］99.5.2　亚洲璃眼蜱　*Hyalomma asiaticum* Schulze et Schlottke，1929

［147］99.5.3　亚洲璃眼蜱卡氏亚种　*Hyalomma asiaticum kozlovi* Olenev，1931

［148］99.5.4　残缘璃眼蜱　*Hyalomma detritum* Schulze，1919

［149］99.5.5　嗜驼璃眼蜱　*Hyalomma dromedarii* Koch，1844

［150］99.5.9　灰色璃眼蜱　*Hyalomma plumbeum*（Panzer，1795）Vlasov，1940

［151］99.5.10　麻点璃眼蜱　*Hyalomma rufipes* Koch，1844

［152］99.5.11　盾糙璃眼蜱　*Hyalomma scupense* Schulze，1918

［153］99.6.1　锐跗硬蜱　*Ixodes acutitarsus* Karsch，1880

［154］99.6.3　草原硬蜱　*Ixodes crenulatus* Koch，1844

［155］99.6.6　拟蓖硬蜱　*Ixodes nuttallianus* Schulze，1930

［156］99.6.7　卵形硬蜱　*Ixodes ovatus* Neumann，1899

［157］99.6.8　全沟硬蜱　*Ixodes persulcatus* Schulze，1930

［158］99.7.1　囊形扇头蜱　*Rhipicephalus bursa* Canestrini et Fanzago，1877

［159］99.7.3　短小扇头蜱　*Rhipicephalus pumilio* Schulze，1935

［160］99.7.5　血红扇头蜱　*Rhipicephalus sanguineus* Latreille，1806

［161］99.7.6　图兰扇头蜱　*Rhipicephalus turanicus* Pomerantzev，1940

［162］100.1.1　驴血虱　*Haematopinus asini* Linnaeus，1758

［163］102.1.1　亚洲马虱　*Ratemia asiatica* Chin，1981

［164］105.2.52　原野库蠓　*Culicoides homotomus* Kieffer，1921

［165］105.2.96　尖喙库蠓　*Culicoides oxystoma* Kieffer，1910

［166］105.3.14　台湾蠛蠓　*Lasiohelea taiwana* Shiraki，1913

［167］106.1.1　埃及伊蚊　*Aedes aegypti* Linnaeus，1762

［168］106.1.4　白纹伊蚊　*Aedes albopictus* Skuse，1894

［169］106.1.12　背点伊蚊　*Aedes dorsalis* Meigen，1830

［170］106.1.37　东乡伊蚊　*Aedes togoi* Theobald，1907

［171］106.1.39　刺扰伊蚊　*Aedes vexans* Meigen，1830

［172］106.2.32　中华按蚊　*Anopheles sinensis* Wiedemann，1828

［173］106.4.1　麻翅库蚊　*Culex bitaeniorhynchus* Giles，1901

［174］106.4.3　致倦库蚊　*Culex fatigans* Wiedemann，1828

［175］106.4.24　尖音库蚊淡色亚种　*Culex pipiens pallens* Coquillett，1898

［176］106.4.30　纹腿库蚊　*Culex theileri* Theobald，1903

［177］106.4.31　三带喙库蚊　*Culex tritaeniorhynchus* Giles，1901

［178］107.1.1　红尾胃蝇（蛆）　*Gasterophilus haemorrhoidalis* Linnaeus，1758

［179］107.1.2　小胃蝇（蛆）　*Gasterophilus inermis* Brauer，1858

［180］107.1.3　肠胃蝇（蛆）　*Gasterophilus intestinalis* De Geer，1776

［181］107.1.4　黑角胃蝇（蛆）　*Gasterophilus nigricornis* Loew，1863

［182］107.1.5　黑腹胃蝇（蛆）　*Gasterophilus pecorum* Fabricius，1794

［183］107.1.6　烦扰胃蝇（蛆）　*Gasterophilus veterinus* Clark，1797

［184］108.1.2　马虱蝇　*Hippobosca equina* Linnaeus，1758

［185］109.1.1　牛皮蝇（蛆）　*Hypoderma bovis* De Geer，1776

［186］109.1.2　纹皮蝇（蛆）　*Hypoderma lineatum* De Villers，1789

［187］111.3.1　阔额鼻狂蝇（蛆）　*Rhinoestrus latifrons* Gan，1947

［188］111.3.2　紫鼻狂蝇（蛆）　*Rhinoestrus purpureus* Brauer，1858

［189］111.3.3　少刺鼻狂蝇（蛆）　*Rhinoestrus usbekistanicus* Gan，1947

［190］114.8.3　阿拉善污蝇（蛆）　*Wohlfahrtia fedtschenkoi* Rohdendorf，1956

［191］114.8.4　黑须污蝇（蛆）　*Wohlfahrtia magnifica* Schiner，1862

［192］116.2.1　刺血喙蝇　*Haematobosca sanguinolenta* Austen，1909

［193］116.3.1　东方角蝇　*Lyperosia exigua* Meijere，1903

［194］116.3.4　截脉角蝇　*Lyperosia titillans* Bezzi，1907

［195］116.4.1　厩螫蝇　*Stomoxys calcitrans* Linnaeus，1758

［196］116.4.2　南螫蝇　*Stomoxys dubitalis* Malloch，1932

［197］116.4.3　印度螫蝇　*Stomoxys indicus* Picard，1908

［198］117.2.10　叉纹斑虻　*Chrysops dispar* Fabricius，1798

［199］117.2.31　中华斑虻　*Chrysops sinensis* Walker，1856

［200］117.2.39　范氏斑虻　*Chrysops vanderwulpi* Krober，1929

［201］117.11.78　江苏虻　*Tabanus kiangsuensis* Krober，1933

［202］117.11.144　红色虻　*Tabanus rubidus* Wiedemann，1821

［203］120.3.2　马啮毛虱　*Trichodectes equi* Denny，1842

［204］125.2.1　禽角头蚤　*Echidnophaga gallinacea* Westwood，1875

［205］125.4.1　致痒蚤　*Pulex irritans* Linnaeus，1758

［206］126.2.2　羊长喙蚤　*Dorcadia ioffi* Smit，1953

［207］126.3.1　花蠕形蚤　*Vermipsylla alakurt* Schimkewitsch，1885

［208］126.3.7　叶氏蠕形蚤　*Vermipsylla yeae* Yu et Li，1990

［209］127.1.1　锯齿舌形虫　*Linguatula serrata* Fröhlich，1789

黄牛、水牛、奶牛、牦牛、犏牛寄生虫种名
Species of Parasites in Cattle, Buffalo, Cow, Yak, and Pien Niu

原虫 Protozoon

[1] 2.1.1 蓝氏贾第鞭毛虫 *Giardia lamblia* Stiles，1915

[2] 3.2.2 伊氏锥虫 *Trypanosoma evansi*（Steel，1885）Balbiani，l888

[3] 3.2.4 泰氏锥虫 *Trypanosoma theileri* Laveran，1902

[4] 5.3.1 胎儿三毛滴虫 *Tritrichomonas foetus*（Riedmüller，1928）Wenrich et Emmerson，1933

[5] 6.1.1 安氏隐孢子虫 *Cryptosporidium andersoni* Lindsay, Upton, Owens, *et al.*, 2000

[6] 6.1.3 牛隐孢子虫 *Cryptosporidium bovis* Fayer, Santín et Xiao, 2005

[7] 6.1.6 人隐孢子虫 *Cryptosporidium hominis* Morgan-Ryan, Fall, Ward, *et al.*, 2002

[8] 6.1.8 鼠隐孢子虫 *Cryptosporidium muris* Tyzzer, 1907

[9] 6.1.9 微小隐孢子虫 *Cryptosporidium parvum* Tyzzer, 1912

[10] 6.1.10 芮氏隐孢子虫 *Cryptosporidium ryanae* Fayer, Santín et Trout, 2008

[11] 7.1 环孢子虫 *Cyclospora* Schneider, 1881

[12] 7.2.4 阿拉巴马艾美耳球虫 *Eimeria alabamensis* Christensen, 1941

[13] 7.2.10 奥博艾美耳球虫 *Eimeria auburnensis* Christensen et Porter, 1939

[14] 7.2.14 巴雷氏艾美耳球虫 *Eimeria bareillyi* Gill, Chhabra et Lall, 1963

[15] 7.2.16 牛艾美耳球虫 *Eimeria bovis*（Züblin，1908）Fiebiger，1912

[16] 7.2.18 巴西利亚艾美耳球虫 *Eimeria brasiliensis* Torres et Ramos, 1939

[17] 7.2.21 布基农艾美耳球虫 *Eimeria bukidnonensis* Tubangui, 1931

[18] 7.2.23 加拿大艾美耳球虫 *Eimeria canadensis* Bruce, 1921

[19] 7.2.32 圆柱状艾美耳球虫 *Eimeria cylindrica* Wilson, 1931

[20] 7.2.36 椭圆艾美耳球虫 *Eimeria ellipsoidalis* Becker et Frye, 1929

[21] 7.2.51 伊利诺斯艾美耳球虫 *Eimeria illinoisensis* Levine et Ivens, 1967

[22] 7.2.60 广西艾美耳球虫 *Eimeria kwangsiensis* Liao, Xu, Hou, *et al.*, 1986

[23] 7.2.84 皮利他艾美耳球虫 *Eimeria pellita* Supperer, 1952

[24] 7.2.104 亚球形艾美耳球虫 *Eimeria subspherica* Christensen, 1941

[25] 7.2.111 怀俄明艾美耳球虫 *Eimeria wyomingensis* Huizinga et Winger, 1942

[26] 7.2.113 云南艾美耳球虫 *Eimeria yunnanensis* Zuo et Chen, 1984

绦虫　Cestode

［64］21.4.1.1　细颈囊尾蚴　*Cysticercus tenuicollis* Rudolphi，1810

［65］21.5.1　牛囊尾蚴　*Cysticercus bovis* Cobbold，1866

吸虫　Trematode

［66］24.1.1　大片形吸虫　*Fasciola gigantica* Cobbold，1856

［67］24.1.2　肝片形吸虫　*Fasciola hepatica* Linnaeus，1758

［68］25.1.1　水牛长妙吸虫　*Carmyerius bubalis* Innes，1912

［69］25.1.2　宽大长妙吸虫　*Carmyerius spatiosus*（Brandes，1898）Stiles et Goldberger，1910

［70］25.1.3　纤细长妙吸虫　*Carmyerius synethes* Fischoeder，1901

［71］25.2.1　水牛菲策吸虫　*Fischoederius bubalis* Yang，Pan，Zhang，*et al.*，1991

［72］25.2.2　锡兰菲策吸虫　*Fischoederius ceylonensis* Stiles et Goldborger，1910

［73］25.2.3　浙江菲策吸虫　*Fischoederius chekangensis* Zhang，Yang，Jin，*et al.*，1985

［74］25.2.4　柯氏菲策吸虫　*Fischoederius cobboldi* Poirier，1883

［75］25.2.5　狭窄菲策吸虫　*Fischoederius compressus* Wang，1979

［76］25.2.7　长菲策吸虫　*Fischoederius elongatus*（Poirier，1883）Stiles et Goldberger，1910

［77］25.2.8　扁宽菲策吸虫　*Fischoederius explanatus* Wang et Jiang，1982

［78］25.2.9　菲策菲策吸虫　*Fischoederius fischoederi* Stiles et Goldberger，1910

［79］25.2.10　日本菲策吸虫　*Fischoederius japonicus* Fukui，1922

［80］25.2.11　嘉兴菲策吸虫　*Fischoederius kahingensis* Zhang，Yang，Jin，*et al.*，1985

［81］25.2.12　巨睪菲策吸虫　*Fischoederius macrorchis* Zhang，Yang，Jin，*et al.*，1985

［82］25.2.13　圆睪菲策吸虫　*Fischoederius norclianus* Zhang，Yang，Jin，*et al.*，1985

［83］25.2.14　卵形菲策吸虫　*Fischoederius ovatus* Wang，1977

［84］25.2.16　波阳菲策吸虫　*Fischoederius poyangensis* Wang，1979

［85］25.2.17　泰国菲策吸虫　*Fischoederius siamensis* Stiles et Goldberger，1910

［86］25.2.18　四川菲策吸虫　*Fischoederius sichuanensis* Wang et Jiang，1982

［87］25.2.19　云南菲策吸虫　*Fischoederius yunnanensis* Huang，1979

［88］25.3.1　巴中腹袋吸虫　*Gastrothylax bazhongensis* Wang et Jiang，1982

［89］25.3.2　中华腹袋吸虫　*Gastrothylax chinensis* Wang，1979

［90］25.3.3　荷包腹袋吸虫　*Gastrothylax crumenifer*（Creplin，1847）Otto，1896

［91］25.3.4　腺状腹袋吸虫　*Gastrothylax glandiformis* Yamaguti，1939

［92］25.3.5　球状腹袋吸虫　*Gastrothylax globoformis* Wang，1977

［93］25.3.6　巨盘腹袋吸虫　*Gastrothylax magnadiscus* Wang，Zhou，Qian，*et al.*，1994

［94］26.3.1　印度列叶吸虫　*Ogmocotyle indica*（Bhalerao，1942）Ruiz，1946

［95］26.3.2　羚羊列叶吸虫　*Ogmocotyle pygargi* Skrjabin et Schulz，1933

［96］26.3.3　鹿列叶吸虫　*Ogmocotyle sikae* Yamaguti，1933

［97］27.1.1　杯殖杯殖吸虫　*Calicophoron calicophorum*（Fischoeder，1901）Nasmark，1937

［98］27.1.2　陈氏杯殖吸虫　*Calicophoron cheni* Wang，1964

［99］27.1.3　叶氏杯殖吸虫　*Calicophoron erschowi* Davydova，1959

［100］27.1.4　纺锤杯殖吸虫　*Calicophoron fusum* Wang et Xia，1977

［101］27.1.5　江岛杯殖吸虫　*Calicophoron ijimai* Nasmark，1937

［102］27.1.6 绵羊杯殖吸虫 *Calicophoron ovillum* Wang et Liu，1977

［103］27.1.7 斯氏杯殖吸虫 *Calicophoron skrjabini* Popowa，1937

［104］27.1.8 吴城杯殖吸虫 *Calicophoron wuchengensis* Wang，1979

［105］27.1.9 吴氏杯殖吸虫 *Calicophoron wukuangi* Wang，1964

［106］27.1.10 浙江杯殖吸虫 *Calicophoron zhejiangensis* Wang，1979

［107］27.2.1 短肠锡叶吸虫 *Ceylonocotyle brevicaeca* Wang，1966

［108］27.2.2 陈氏锡叶吸虫 *Ceylonocotyle cheni* Wang，1966

［109］27.2.3 双叉肠锡叶吸虫 *Ceylonocotyle dicranocoelium*（Fischoeder，1901）Nasmark，1937

［110］27.2.4 长肠锡叶吸虫 *Ceylonocotyle longicoelium* Wang，1977

［111］27.2.5 直肠锡叶吸虫 *Ceylonocotyle orthocoelium* Fischoeder，1901

［112］27.2.6 副链肠锡叶吸虫 *Ceylonocotyle parastreptocoelium* Wang，1959

［113］27.2.7 侧肠锡叶吸虫 *Ceylonocotyle scoliocoelium*（Fischoeder，1904）Nasmark，1937

［114］27.2.8 弯肠锡叶吸虫 *Ceylonocotyle sinuocoelium* Wang，1959

［115］27.2.9 链肠锡叶吸虫 *Ceylonocotyle streptocoelium*（Fischoeder，1901）Nasmark，1937

［116］27.3.1 江西盘腔吸虫 *Chenocoelium kiangxiensis* Wang，1966

［117］27.3.2 直肠盘腔吸虫 *Chenocoelium orthocoelium* Fischoeder，1901

［118］27.4.1 殖盘殖盘吸虫 *Cotylophoron cotylophorum*（Fischoeder，1901）Stiles et Goldberger，1910

［119］27.4.2 小殖盘吸虫 *Cotylophoron fulleborni* Nasmark，1937

［120］27.4.3 华云殖盘吸虫 *Cotylophoron huayuni* Wang，Li，Peng，*et al.*，1996

［121］27.4.4 印度殖盘吸虫 *Cotylophoron indicus* Stiles et Goldberger，1910

［122］27.4.5 广东殖盘吸虫 *Cotylophoron kwantungensis* Wang，1979

［123］27.4.6 直肠殖盘吸虫 *Cotylophoron orthocoelium* Fischoeder，1901

［124］27.4.7 湘江殖盘吸虫 *Cotylophoron shangkiangensis* Wang，1979

［125］27.4.8 弯肠殖盘吸虫 *Cotylophoron sinuointestinum* Wang et Qi，1977

［126］27.7.1 异叶巨盘吸虫 *Gigantocotyle anisocotyle* Fukui，1920

［127］27.7.2 深叶巨盘吸虫 *Gigantocotyle bathycotyle*（Fischoeder，1901）Nasmark，1937

［128］27.7.3 扩展巨盘吸虫 *Gigantocotyle explanatum*（Creplin，1847）Nasmark，1937

［129］27.7.4 台湾巨盘吸虫 *Gigantocotyle formosanum* Fukui，1929

［130］27.7.5 南湖巨盘吸虫 *Gigantocotyle nanhuense* Zhang，Yang，Jin，*et al.*，1985

［131］27.7.6 泰国巨盘吸虫 *Gigantocotyle siamense* Stiles et Goldberger，1910

［132］27.7.7 温州巨盘吸虫 *Gigantocotyle wenzhouense* Zhang，Pan，Chen，*et al.*，1988

［133］27.8.1 野牛平腹吸虫 *Homalogaster paloniae* Poirier，1883

［134］27.9.1 陇川长咽吸虫 *Longipharynx longchuansis* Huang，Xie，Li，*et al.*，1988

［135］27.10.1 中华巨咽吸虫 *Macropharynx chinensis* Wang，1959

［136］27.10.2 徐氏巨咽吸虫 *Macropharynx hsui* Wang，1966

［137］27.10.3 苏丹巨咽吸虫 *Macropharynx sudanensis* Nasmark，1937

［138］27.11.1 吸沟同盘吸虫 *Paramphistomum bothriophoron* Braun，1892

［139］27.11.2　鹿同盘吸虫　*Paramphistomum cervi* Zeder, 1790

［140］27.11.3　后藤同盘吸虫　*Paramphistomum gotoi* Fukui, 1922

［141］27.11.4　细同盘吸虫　*Paramphistomum gracile* Fischoeder, 1901

［142］27.11.5　市川同盘吸虫　*Paramphistomum ichikawai* Fukui, 1922

［143］27.11.6　雷氏同盘吸虫　*Paramphistomum leydeni* Nasmark, 1937

［144］27.11.7　平睾同盘吸虫　*Paramphistomum liorchis* Fischoeder, 1901

［145］27.11.8　似小盘同盘吸虫　*Paramphistomum microbothrioides* Price et MacIntosh, 1944

［146］27.11.9　小盘同盘吸虫　*Paramphistomum microbothrium* Fischoeder, 1901

［147］27.11.10　直肠同盘吸虫　*Paramphistomum orthocoelium* Fischoeder, 1901

［148］27.11.11　原羚同盘吸虫　*Paramphistomum procaprum* Wang, 1979

［149］27.11.13　斯氏同盘吸虫　*Paramphistomum skrjabini* Popowa, 1937

［150］32.1.1　中华双腔吸虫　*Dicrocoelium chinensis* Tang et Tang, 1978

［151］32.1.2　枝双腔吸虫　*Dicrocoelium dendriticum* (Rudolphi, 1819) Looss, 1899

［152］32.1.3　主人双腔吸虫　*Dicrocoelium hospes* Looss, 1907

［153］32.1.4　矛形双腔吸虫　*Dicrocoelium lanceatum* Stiles et Hassall, 1896

［154］32.1.5　东方双腔吸虫　*Dicrocoelium orientalis* Sudarikov et Ryjikov, 1951

［155］32.1.6　扁体双腔吸虫　*Dicrocoelium platynosomum* Tang, Tang, Qi, *et al.*, 1981

［156］32.2.1　枝睾阔盘吸虫　*Eurytrema cladorchis* Chin, Li et Wei, 1965

［157］32.2.2　腔阔盘吸虫　*Eurytrema coelomaticum* (Giard et Billet, 1892) Looss, 1907

［158］32.2.3　福建阔盘吸虫　*Eurytrema fukienensis* Tang et Tang, 1978

［159］32.2.4　河麂阔盘吸虫　*Eurytrema hydropotes* Tang et Tang, 1975

［160］32.2.7　胰阔盘吸虫　*Eurytrema pancreaticum* (Janson, 1889) Looss, 1907

［161］32.2.8　圆睾阔盘吸虫　*Eurytrema sphaeriorchis* Tang, Lin et Lin, 1978

［162］32.3.1　山羊扁体吸虫　*Platynosomum capranum* Ku, 1957

［163］40.3.1　羊斯孔吸虫　*Skrjabinotrema ovis* Orloff, Erschoff et Badanin, 1934

［164］45.2.1　彭氏东毕吸虫　*Orientobilharzia bomfordi* (Montgomery, 1906) Dutt et Srivastava, 1955

［165］45.2.2　土耳其斯坦东毕吸虫　*Orientobilharzia turkestanica* (Skrjabin, 1913) Dutt et Srivastavaa, 1955

［166］45.3.1　牛分体吸虫　*Schistosoma bovis* Sonsino, 1876

［167］45.3.2　日本分体吸虫　*Schistosoma japonicum* Katsurada, 1904

线虫　Nematode

［168］48.1.1　似蚓蛔虫　*Ascaris lumbricoides* Linnaeus, 1758

［169］48.2.1　犊新蛔虫　*Neoascaris vitulorum* (Goeze, 1782) Travassos, 1927

［170］51.1.1　肾膨结线虫　*Dioctophyma renale* (Goeze, 1782) Stiles, 1901

［171］53.2.1　牛副丝虫　*Parafilaria bovicola* Tubangui, 1934

［172］54.1.1　零陵油脂线虫　*Elaeophora linglingense* Cheng, 1982

［173］54.1.2　布氏油脂线虫　*Elaeophora poeli* Vryburg, 1897

［174］54.2.1　圈形蟠尾线虫　*Onchocerca armillata* Railliet et Henry, 1909

[175] 54.2.4　吉氏蟠尾线虫　*Onchocerca gibsoni* Cleland et Johnston，1910

[176] 54.2.5　喉瘤蟠尾线虫　*Onchocerca gutturosa* Neumann，1910

[177] 55.1.2　牛丝状线虫　*Setaria bovis* Klenin，1940

[178] 55.1.3　盲肠丝状线虫　*Setaria caelum* Linstow，1904

[179] 55.1.4　鹿丝状线虫　*Setaria cervi* Rudolphi，1819

[180] 55.1.6　指形丝状线虫　*Setaria digitata* Linstow，1906

[181] 55.1.8　叶氏丝状线虫　*Setaria erschovi* Wu，Yen et Shen，1959

[182] 55.1.9　唇乳突丝状线虫　*Setaria labiatopapillosa* Alessandrini，1838

[183] 55.1.10　黎氏丝状线虫　*Setaria leichungwingi* Chen，1937

[184] 55.1.11　马歇尔丝状线虫　*Setaria marshalli* Boulenger，1921

[185] 57.4.1　绵羊斯氏线虫　*Skrjabinema ovis*（Skrjabin，1915）Wereschtchagin，1926

[186] 58.2.1　麦地那龙线虫　*Dracunculus medinensis* Linmaeus，1758

[187] 60.1.3　乳突类圆线虫　*Strongyloides papillosus*（Wedl，1856）Ransom，1911

[188] 61.4.1　斯氏副柔线虫　*Parabronema skrjabini* Rassowska，1924

[189] 62.1.2　刚刺颚口线虫　*Gnathostoma hispidum* Fedtchenko，1872

[190] 63.1.3　美丽筒线虫　*Gongylonema pulchrum* Molin，1857

[191] 63.1.4　多瘤筒线虫　*Gongylonema verrucosum* Giles，1892

[192] 67.1.2　圆形蛔状线虫　*Ascarops strongylina* Rudolphi，1819

[193] 69.2.1　短刺吸吮线虫　*Thelazia brevispiculum* Yang et Wei，1957

[194] 69.2.3　棒状吸吮线虫　*Thelazia ferulata* Wu，Yen，Shen，*et al.*，1965

[195] 69.2.4　大口吸吮线虫　*Thelazia gulosa* Railliet et Henry，1910

[196] 69.2.5　许氏吸吮线虫　*Thelazia hsui* Yang et Wei，1957

[197] 69.2.6　甘肃吸吮线虫　*Thelazia kansuensis* Yang et Wei，1957

[198] 69.2.7　泪管吸吮线虫　*Thelazia lacrymalis* Gurlt，1831

[199] 69.2.8　乳突吸吮线虫　*Thelazia papillosa* Molin，1860

[200] 69.2.9　罗氏吸吮线虫　*Thelazia rhodesi* Desmarest，1827

[201] 69.2.10　斯氏吸吮线虫　*Thelazia skrjabini* Erschow，1928

[202] 71.2.1　牛仰口线虫　*Bunostomum phlebotomum*（Railliet，1900）Railliet，1902

[203] 71.2.2　羊仰口线虫　*Bunostomum trigonocephalum*（Rudolphi，1808）Railliet，1902

[204] 72.1.1　弗氏旷口线虫　*Agriostomum vryburgi* Railliet，1902

[205] 72.3.1　牛夏柏特线虫　*Chabertia bovis* Chen，1956

[206] 72.3.2　叶氏夏柏特线虫　*Chabertia erschowi* Hsiung et K'ung，1956

[207] 72.3.3　羊夏柏特线虫　*Chabertia ovina*（Fabricius，1788）Raillet et Henry，1909

[208] 72.3.4　陕西夏柏特线虫　*Chabertia shanxiensis* Zhang，1985

[209] 72.4.2　粗纹食道口线虫　*Oesophagostomum asperum* Railliet et Henry，1913

[210] 72.4.4　哥伦比亚食道口线虫　*Oesophagostomum columbianum*（Curtice，1890）Stossich，1899

[211] 72.4.8　甘肃食道口线虫　*Oesophagostomum kansuensis* Hsiung et K'ung，1955

[212] 72.4.10　辐射食道口线虫　*Oesophagostomum radiatum*（Rudolphi，1803）Railliet，1898

［213］72.4.13 微管食道口线虫 *Oesophagostomum venulosum* Rudolphi，1809

［214］74.1.1 安氏网尾线虫 *Dictyocaulus arnfieldi*（Cobbold，1884）Railliet et Henry，1907

［215］74.1.4 丝状网尾线虫 *Dictyocaulus filaria*（Rudolphi，1809）Railliet et Henry，1907

［216］74.1.5 卡氏网尾线虫 *Dictyocaulus khawi* Hsü，1935

［217］74.1.6 胎生网尾线虫 *Dictyocaulus viviparus*（Bloch，1782）Railliet et Henry，1907

［218］77.4.2 达氏原圆线虫 *Protostrongylus davtiani* Savina，1940

［219］77.4.3 霍氏原圆线虫 *Protostrongylus hobmaieri*（Schulz，Orloff et Kutass，1933）Cameron，1934

［220］77.6.1 肺变圆线虫 *Varestrongylus pneumonicus* Bhalerao，1932

［221］78.1.1 毛细缪勒线虫 *Muellerius minutissimus*（Megnin，1878）Dougherty et Goble，1946

［222］81.1.2 喉兽比翼线虫 *Mammomonogamus laryngeus* Railliet，1899

［223］82.2.1 野牛古柏线虫 *Cooperia bisonis* Cran，1925

［224］82.2.2 库氏古柏线虫 *Cooperia curticei*（Giles，1892）Ransom，1907

［225］82.2.3 叶氏古柏线虫 *Cooperia erschowi* Wu，1958

［226］82.2.4 凡尔丁西古柏线虫 *Cooperia fieldingi* Baylis，1929

［227］82.2.5 和田古柏线虫 *Cooperia hetianensis* Wu，1966

［228］82.2.6 黑山古柏线虫 *Cooperia hranktahensis* Wu，1965

［229］82.2.7 甘肃古柏线虫 *Cooperia kansuensis* Zhu et Zhang，1962

［230］82.2.8 兰州古柏线虫 *Cooperia lanchowensis* Shen，Tung et Chow，1964

［231］82.2.9 等侧古柏线虫 *Cooperia laterouniformis* Chen，1937

［232］82.2.10 麦氏古柏线虫 *Cooperia mcmasteri* Gordon，1932

［233］82.2.11 肿孔古柏线虫 *Cooperia oncophora*（Railliet，1898）Ransom，1907

［234］82.2.12 栉状古柏线虫 *Cooperia pectinata* Ransom，1907

［235］82.2.13 点状古柏线虫 *Cooperia punctata*（Linstow，1906）Ransom，1907

［236］82.2.14 匙形古柏线虫 *Cooperia spatulata* Baylis，1938

［237］82.2.15 天祝古柏线虫 *Cooperia tianzhuensis* Zhu，Zhao et Liu，1987

［238］82.2.16 珠纳古柏线虫 *Cooperia zurnabada* Antipin，1931

［239］82.3.1 贝氏血矛线虫 *Haemonchus bedfordi* Le Roux，1929

［240］82.3.2 捻转血矛线虫 *Haemonchus contortus*（Rudolphi，1803）Cobbold，1898

［241］82.3.3 长柄血矛线虫 *Haemonchus longistipe* Railliet et Henry，1909

［242］82.3.4 新月状血矛线虫 *Haemonchus lunatus* Travassos，1914

［243］82.3.6 似血矛线虫 *Haemonchus similis* Travassos，1914

［244］82.5.5 马氏马歇尔线虫 *Marshallagia marshalli* Ransom，1907

［245］82.5.6 蒙古马歇尔线虫 *Marshallagia mongolica* Schumakovitch，1938

［246］82.6.1 指形长刺线虫 *Mecistocirrus digitatus*（Linstow，1906）Railliet et Henry，1912

［247］82.7.4 长刺似细颈线虫 *Nematodirella longispiculata* Hsu et Wei，1950

［248］82.8.4 牛细颈线虫 *Nematodirus bovis* Wu，1980

［249］82.8.6 多吉细颈线虫 *Nematodirus dogieli* Sokolova，1948

234

［289］85.1.11　斯氏鞭虫　*Trichuris skrjabini* Baskakov，1924

［290］85.1.16　武威鞭虫　*Trichuris wuweiensis* Yang et Chen，1978

节肢动物　Arthropod

［291］90.1.1　牛蠕形螨　*Demodex bovis* Stiles，1892

［292］93.1.1　牛足螨　*Chorioptes bovis* Hering，1845

［293］93.3.1.1　牛痒螨　*Psoroptes equi* var. *bovis* Gerlach，1857

［294］93.3.1.4　水牛痒螨　*Psoroptes equi* var. *natalensis* Hirst，1919

［295］95.3.1.1　牛疥螨　*Sarcoptes scabiei* var. *bovis* Cameron，1924

［296］95.3.1.2　水牛疥螨　*Sarcoptes scabiei* var. *bubalis* Chakrabarti，Chatterjee，Chakrabarti，*et al.*，1981

［297］95.3.1.10　狐疥螨　*Sarcoptes scabiei* var. *vulpis*

［298］97.1.1　波斯锐缘蜱　*Argas persicus* Oken，1818

［299］97.2.1　拉合尔钝缘蜱　*Ornithodorus lahorensis* Neumann，1908

［300］99.1.1　爪哇花蜱　*Amblyomma javanense* Supino，1897

［301］99.1.2　龟形花蜱　*Amblyomma testudinarium* Koch，1844

［302］99.2.1　微小牛蜱　*Boophilus microplus* Canestrini，1887

［303］99.3.1　阿坝革蜱　*Dermacentor abaensis* Teng，1963

［304］99.3.2　金泽革蜱　*Dermacentor auratus* Supino，1897

［305］99.3.4　西藏革蜱　*Dermacentor everestianus* Hirst，1926

［306］99.3.5　边缘革蜱　*Dermacentor marginatus* Sulzer，1776

［307］99.3.6　银盾革蜱　*Dermacentor niveus* Neumann，1897

［308］99.3.7　草原革蜱　*Dermacentor nuttalli* Olenev，1928

［309］99.3.8　胫距革蜱　*Dermacentor pavlovskyi* Olenev，1927

［310］99.3.9　网纹革蜱　*Dermacentor reticulatus* Fabricius，1794

［311］99.3.10　森林革蜱　*Dermacentor silvarum* Olenev，1931

［312］99.3.11　中华革蜱　*Dermacentor sinicus* Schulze，1932

［313］99.4.1　长须血蜱　*Haemaphysalis aponommoides* Warburton，1913

［314］99.4.2　缅甸血蜱　*Haemaphysalis birmaniae* Supino，1897

［315］99.4.3　二棘血蜱　*Haemaphysalis bispinosa* Neumann，1897

［316］99.4.4　铃头血蜱　*Haemaphysalis campanulata* Warburton，1908

［317］99.4.6　嗜群血蜱　*Haemaphysalis concinna* Koch，1844

［318］99.4.7　具角血蜱　*Haemaphysalis cornigera* Neumann，1897

［319］99.4.8　短垫血蜱　*Haemaphysalis erinacei* Pavesi，1844

［320］99.4.9　褐黄血蜱　*Haemaphysalis flava* Neumann，1897

［321］99.4.10　台湾血蜱　*Haemaphysalis formosensis* Neumann，1913

［322］99.4.11　豪猪血蜱　*Haemaphysalis hystricis* Supino，1897

［323］99.4.12　缺角血蜱　*Haemaphysalis inermis* Birula，1895

［324］99.4.13　日本血蜱　*Haemaphysalis japonica* Warburton，1908

［325］99.4.14　日本血蜱岛氏亚种　*Haemaphysalis japonica douglasi* Nuttall et Warburton，1915

236

[326] 99.4.15　长角血蜱　*Haemaphysalis longicornis* Neumann，1901

[327] 99.4.16　日岛血蜱　*Haemaphysalis mageshimaensis* Saito et Hoogstraal，1973

[328] 99.4.17　猛突血蜱　*Haemaphysalis montgomeryi* Nuttall，1912

[329] 99.4.18　嗜麝血蜱　*Haemaphysalis moschisuga* Teng，1980

[330] 99.4.19　努米底亚血蜱　*Haemaphysalis numidiana* Neumann，1897

[331] 99.4.20　刻点血蜱　*Haemaphysalis punctata* Canestrini et Fanzago，1877

[332] 99.4.21　青海血蜱　*Haemaphysalis qinghaiensis* Teng，1980

[333] 99.4.22　中华血蜱　*Haemaphysalis sinensis* Zhang，1981

[334] 99.4.23　距刺血蜱　*Haemaphysalis spinigera* Neumann，1897

[335] 99.4.25　西藏血蜱　*Haemaphysalis tibetensis* Hoogstraal，1965

[336] 99.4.26　草原血蜱　*Haemaphysalis verticalis* Itagaki，Noda et Yamaguchi，1944

[337] 99.4.27　越南血蜱　*Haemaphysalis vietnamensis* Hoogstraal et Wilson，1966

[338] 99.4.28　汶川血蜱　*Haemaphysalis warburtoni* Nuttall，1912

[339] 99.4.29　微型血蜱　*Haemaphysalis wellingtoni* Nuttall et Warburton，1908

[340] 99.5.1　小亚璃眼蜱　*Hyalomma anatolicum* Koch，1844

[341] 99.5.2　亚洲璃眼蜱　*Hyalomma asiaticum* Schulze et Schlottke，1929

[342] 99.5.3　亚洲璃眼蜱卡氏亚种　*Hyalomma asiaticum kozlovi* Olenev，1931

[343] 99.5.4　残缘璃眼蜱　*Hyalomma detritum* Schulze，1919

[344] 99.5.5　嗜驼璃眼蜱　*Hyalomma dromedarii* Koch，1844

[345] 99.5.6　边缘璃眼蜱　*Hyalomma marginatum* Koch，1844

[346] 99.5.7　边缘璃眼蜱印度亚种　*Hyalomma marginatum indosinensis* Toumanoff，1944

[347] 99.5.8　边缘璃眼蜱伊氏亚种　*Hyalomma marginatum isaaci* Sharif，1928

[348] 99.5.9　灰色璃眼蜱　*Hyalomma plumbeum*（Panzer，1795）Vlasov，1940

[349] 99.5.10　麻点璃眼蜱　*Hyalomma rufipes* Koch，1844

[350] 99.5.11　盾糙璃眼蜱　*Hyalomma scupense* Schulze，1918

[351] 99.6.1　锐跗硬蜱　*Ixodes acutitarsus* Karsch，1880

[352] 99.6.4　粒形硬蜱　*Ixodes granulatus* Supino，1897

[353] 99.6.5　克什米尔硬蜱　*Ixodes kashmiricus* Pomerantzev，1948

[354] 99.6.6　拟蓖硬蜱　*Ixodes nuttallianus* Schulze，1930

[355] 99.6.7　卵形硬蜱　*Ixodes ovatus* Neumann，1899

[356] 99.6.8　全沟硬蜱　*Ixodes persulcatus* Schulze，1930

[357] 99.6.10　篦子硬蜱　*Ixodes ricinus* Linnaeus，1758

[358] 99.6.11　中华硬蜱　*Ixodes sinensis* Teng，1977

[359] 99.6.12　长蝠硬蜱　*Ixodes vespertilionis* Koch，1844

[360] 99.7.1　囊形扇头蜱　*Rhipicephalus bursa* Canestrini et Fanzago，1877

[361] 99.7.2　镰形扇头蜱　*Rhipicephalus haemaphysaloides* Supino，1897

[362] 99.7.3　短小扇头蜱　*Rhipicephalus pumilio* Schulze，1935

[363] 99.7.4　罗赛扇头蜱　*Rhipicephalus rossicus* Jakimov et Kohl-Jakimova，1911

[364] 99.7.5　血红扇头蜱　*Rhipicephalus sanguineus* Latreille，1806

［365］99.7.6 图兰扇头蜱 *Rhipicephalus turanicus* Pomerantzev，1940

［366］100.1.2 阔胸血虱 *Haematopinus eurysternus* Denny，1842

［367］100.1.4 四孔血虱 *Haematopinus quadripertusus* Fahrenholz，1916

［368］100.1.6 瘤突血虱 *Haematopinus tuberculatus* Burmeister，1839

［369］101.1.5 狭颚虱 *Linognathus stenopsis* Burmeister，1838

［370］101.1.6 牛颚虱 *Linognathus vituli* Linnaeus，1758

［371］101.2.1 侧管管虱 *Solenopotes capillatus* Enderlein，1904

［372］104.3.1 白氏金蝇（蛆） *Chrysomya bezziana* Villeneuve，1914

［373］105.2.31 端斑库蠓 *Culicoides erairai* Kono et Takahashi，1940

［374］105.2.52 原野库蠓 *Culicoides homotomus* Kieffer，1921

［375］105.2.81 多斑库蠓 *Culicoides maculatus* Shiraki，1913

［376］105.2.96 尖喙库蠓 *Culicoides oxystoma* Kieffer，1910

［377］105.3.14 台湾蠛蠓 *Lasiohelea taiwana* Shiraki，1913

［378］106.1.4 白纹伊蚊 *Aedes albopictus* Skuse，1894

［379］106.1.12 背点伊蚊 *Aedes dorsalis* Meigen，1830

［380］106.1.37 东乡伊蚊 *Aedes togoi* Theobald，1907

［381］106.1.39 刺扰伊蚊 *Aedes vexans* Meigen，1830

［382］106.2.4 嗜人按蚊 *Anopheles anthropophagus* Xu et Feng，1975

［383］106.2.16 杰普尔按蚊日月潭亚种 *Anopheles jeyporiensis candidiensis* Koidzumi，1924

［384］106.2.26 微小按蚊 *Anopheles minimus* Theobald，1901

［385］106.2.32 中华按蚊 *Anopheles sinensis* Wiedemann，1828

［386］106.3.4 骚扰阿蚊 *Armigeres subalbatus* Coquillett，1898

［387］106.4.1 麻翅库蚊 *Culex bitaeniorhynchus* Giles，1901

［388］106.4.3 致倦库蚊 *Culex fatigans* Wiedemann，1828

［389］106.4.24 尖音库蚊淡色亚种 *Culex pipiens pallens* Coquillett，1898

［390］106.4.30 纹腿库蚊 *Culex theileri* Theobald，1903

［391］106.4.31 三带喙库蚊 *Culex tritaeniorhynchus* Giles，1901

［392］107.1.5 黑腹胃蝇（蛆） *Gasterophilus pecorum* Fabricius，1794

［393］108.1.2 马虱蝇 *Hippobosca equina* Linnaeus，1758

［394］108.1.3 牛虱蝇 *Hippobosca rufipes* Olfers，1816

［395］109.1.1 牛皮蝇（蛆） *Hypoderma bovis* De Geer，1776

［396］109.1.2 纹皮蝇（蛆） *Hypoderma lineatum* De Villers，1789

［397］109.1.3 中华皮蝇（蛆） *Hypoderma sinense* Pleske，1926

［398］110.8.2 秋家蝇 *Musca autumnalis* De Geer，1776

［399］114.8.3 阿拉善污蝇（蛆） *Wohlfahrtia fedtschenkoi* Rohdendorf，1956

［400］114.8.4 黑须污蝇（蛆） *Wohlfahrtia magnifica* Schiner，1862

［401］116.2.1 刺血喙蝇 *Haematobosca sanguinolenta* Austen，1909

［402］116.3.1 东方角蝇 *Lyperosia exigua* Meijere，1903

［403］116.3.2 西方角蝇 *Lyperosia irritans*（Linnaeus，1758）Róndani，1856

238

[404] 116.3.3 微小角蝇 *Lyperosia mimuta* Bezzi，1892

[405] 116.3.4 截脉角蝇 *Lyperosia titillans* Bezzi，1907

[406] 116.4.1 厩螫蝇 *Stomoxys calcitrans* Linnaeus，1758

[407] 116.4.2 南螫蝇 *Stomoxys dubitalis* Malloch，1932

[408] 116.4.3 印度螫蝇 *Stomoxys indicus* Picard，1908

[409] 116.4.4 琉球螫蝇 *Stomoxys uruma* Shinonaga et Kano，1966

[410] 117.2.10 叉纹斑虻 *Chrysops dispar* Fabricius，1798

[411] 117.2.31 中华斑虻 *Chrysops sinensis* Walker，1856

[412] 117.2.39 范氏斑虻 *Chrysops vanderwulpi* Krober，1929

[413] 117.11.78 江苏虻 *Tabanus kiangsuensis* Krober，1933

[414] 117.11.144 红色虻 *Tabanus rubidus* Wiedemann，1821

[415] 120.1.1 牛毛虱 *Bovicola bovis* Linnaeus，1758

[416] 125.4.1 致痒蚤 *Pulex irritans* Linnaeus，1758

[417] 126.2.1 狍长喙蚤 *Dorcadia dorcadia* Rothschild，1912

[418] 126.2.2 羊长喙蚤 *Dorcadia ioffi* Smit，1953

[419] 126.3.1 花蠕形蚤 *Vermipsylla alakurt* Schimkewitsch，1885

[420] 126.3.2 瞪羚蠕形蚤 *Vermipsylla dorcadia* Rothschild，1912

[421] 126.3.3 具膝蠕形蚤 *Vermipsylla geniculata* Li，1964

[422] 126.3.5 平行蠕形蚤 *Vermipsylla parallela* Liu，Wu et Wu，1965

[423] 127.1.1 锯齿舌形虫 *Linguatula serrata* Fröhlich，1789

绵羊、山羊寄生虫种名
Species of Parasites in Sheep and Goat

原虫 Protozoon

[1] 3.2.2 伊氏锥虫 *Trypanosoma evansi*（Steel，1885）Balbiani，1888

[2] 6.1.1 安氏隐孢子虫 *Cryptosporidium andersoni* Lindsay，Upton，Owens，*et al.*，2000

[3] 6.1.3 牛隐孢子虫 *Cryptosporidium bovis* Fayer，Santín et Xiao，2005

[4] 6.1.9 微小隐孢子虫 *Cryptosporidium parvum* Tyzzer，1912

[5] 6.1.12 广泛隐孢子虫 *Cryptosporidium ubiquitum* Fayer，Santín，Macarisin，2010

[6] 6.1.13 肖氏隐孢子虫 *Cryptosporidium xiaoi* Fayer et Santín，2009

[7] 7.2.3 阿沙塔艾美耳球虫 *Eimeria ahsata* Honess，1942

[8] 7.2.5 艾丽艾美耳球虫 *Eimeria alijevi* Musaev，1970

[9] 7.2.8 阿普艾美耳球虫 *Eimeria apsheronica* Musaev，1970

[47] 12.1.4　吕氏泰勒虫　*Theileria lüwenshuni* Yin, 2002

[48] 12.1.6　绵羊泰勒虫　*Theileria ovis* Rodhain, 1916

[49] 12.1.7　瑟氏泰勒虫　*Theileria sergenti* Yakimoff et Dekhtereff, 1930

[50] 12.1.9　尤氏泰勒虫　*Theileria uilenbergi* Yin, 2002

绦虫　Cestode

[51] 15.2.1　中点无卵黄腺绦虫　*Avitellina centripunctata* Rivolta, 1874

[52] 15.2.2　巨囊无卵黄腺绦虫　*Avitellina magavesiculata* Yang, Qian, Chen, *et al.*, 1977

[53] 15.2.3　微小无卵黄腺绦虫　*Avitellina minuta* Yang, Qian, Chen, *et al.*, 1977

[54] 15.2.4　塔提无卵黄腺绦虫　*Avitellina tatia* Bhalerao, 1936

[55] 15.4.1　白色莫尼茨绦虫　*Moniezia alba* (Perroncito, 1879) Blanchard, 1891

[56] 15.4.2　贝氏莫尼茨绦虫　*Moniezia benedeni* (Moniez, 1879) Blanchard, 1891

[57] 15.4.3　双节间腺莫尼茨绦虫　*Moniezia biinterrogologlands* Huang et Xie, 1993

[58] 15.4.4　扩展莫尼茨绦虫　*Moniezia expansa* (Rudolphi, 1810) Blanchard, 1891

[59] 15.7.1　球状点斯泰勒绦虫　*Stilesia globipunctata* (Rivolta, 1874) Railliet, 1893

[60] 15.8.1　盖氏曲子宫绦虫　*Thysaniezia giardi* Moniez, 1879

[61] 15.8.2　羊曲子宫绦虫　*Thysaniezia ovilla* Rivolta, 1878

[62] 21.1.1.1　细粒棘球蚴　*Echinococcus cysticus* Huber, 1891

[63] 21.1.3　单房棘球蚴　*Echinococcus unilocularis* Rudolphi, 1801

[64] 21.3.2.1　脑多头蚴　*Coenurus cerebralis* Batsch, 1786

[65] 21.3.5.1　斯氏多头蚴　*Coenurus skrjabini* Popov, 1937

[66] 21.4.1.1　细颈囊尾蚴　*Cysticercus tenuicollis* Rudolphi, 1810

[67] 21.4.2.1　羊囊尾蚴　*Cysticercus ovis* Maddox, 1873

[68] 21.5.1　牛囊尾蚴　*Cysticercus bovis* Cobbold, 1866

吸虫　Trematode

[69] 23.3.15　宫川棘口吸虫　*Echinostoma miyagawai* Ishii, 1932

[70] 24.1.1　大片形吸虫　*Fasciola gigantica* Cobbold, 1856

[71] 24.1.2　肝片形吸虫　*Fasciola hepatica* Linnaeus, 1758

[72] 24.2.1　布氏姜片吸虫　*Fasciolopsis buski* (Lankester, 1857) Odhner, 1902

[73] 25.1.1　水牛长妙吸虫　*Carmyerius bubalis* Innes, 1912

[74] 25.1.2　宽大长妙吸虫　*Carmyerius spatiosus* (Brandes, 1898) Stiles et Goldberger, 1910

[75] 25.1.3　纤细长妙吸虫　*Carmyerius synethes* Fischoeder, 1901

[76] 25.2.2　锡兰菲策吸虫　*Fischoederius ceylonensis* Stiles et Goldborger, 1910

[77] 25.2.5　狭窄菲策吸虫　*Fischoederius compressus* Wang, 1979

[78] 25.2.7　长菲策吸虫　*Fischoederius elongatus* (Poirier, 1883) Stiles et Goldberger, 1910

[79] 25.2.9　菲策菲策吸虫　*Fischoederius fischoederi* Stiles et Goldberger, 1910

[80] 25.2.10　日本菲策吸虫　*Fischoederius japonicus* Fukui, 1922

[81] 25.2.11　嘉兴菲策吸虫　*Fischoederius kahingensis* Zhang, Yang, Jin, *et al.*, 1985

[82] 25.2.14　卵形菲策吸虫　*Fischoederius ovatus* Wang, 1977

［83］25.2.15　羊菲策吸虫　*Fischoederius ovis* Zhang et Yang，1986

［84］25.2.16　波阳菲策吸虫　*Fischoederius poyangensis* Wang，1979

［85］25.2.17　泰国菲策吸虫　*Fischoederius siamensis* Stiles et Goldberger，1910

［86］25.2.18　四川菲策吸虫　*Fischoederius sichuanensis* Wang et Jiang，1982

［87］25.3.2　中华腹袋吸虫　*Gastrothylax chinensis* Wang，1979

［88］25.3.3　荷包腹袋吸虫　*Gastrothylax crumenifer*（Creplin，1847）Otto，1896

［89］25.3.4　腺状腹袋吸虫　*Gastrothylax glandiformis* Yamaguti，1939

［90］25.3.5　球状腹袋吸虫　*Gastrothylax globoformis* Wang，1977

［91］26.3.1　印度列叶吸虫　*Ogmocotyle indica*（Bhalerao，1942）Ruiz，1946

［92］26.3.2　羚羊列叶吸虫　*Ogmocotyle pygargi* Skrjabin et Schulz，1933

［93］26.3.3　鹿列叶吸虫　*Ogmocotyle sikae* Yamaguti，1933

［94］27.1.1　杯殖杯殖吸虫　*Calicophoron calicophorum*（Fischoeder，1901）Nasmark，1937

［95］27.1.3　叶氏杯殖吸虫　*Calicophoron erschowi* Davydova，1959

［96］27.1.4　纺锤杯殖吸虫　*Calicophoron fusum* Wang et Xia，1977

［97］27.1.5　江岛杯殖吸虫　*Calicophoron ijimai* Nasmark，1937

［98］27.1.6　绵羊杯殖吸虫　*Calicophoron ovillum* Wang et Liu，1977

［99］27.1.7　斯氏杯殖吸虫　*Calicophoron skrjabini* Popowa，1937

［100］27.1.8　吴城杯殖吸虫　*Calicophoron wuchengensis* Wang，1979

［101］27.1.10　浙江杯殖吸虫　*Calicophoron zhejiangensis* Wang，1979

［102］27.2.2　陈氏锡叶吸虫　*Ceylonocotyle cheni* Wang，1966

［103］27.2.3　双叉肠锡叶吸虫　*Ceylonocotyle dicranocoelium*（Fischoeder，1901）Nasmark，1937

［104］27.2.4　长肠锡叶吸虫　*Ceylonocotyle longicoelium* Wang，1977

［105］27.2.5　直肠锡叶吸虫　*Ceylonocotyle orthocoelium* Fischoeder，1901

［106］27.2.6　副链肠锡叶吸虫　*Ceylonocotyle parastreptocoelium* Wang，1959

［107］27.2.7　侧肠锡叶吸虫　*Ceylonocotyle scoliocoelium*（Fischoeder，1904）Nasmark，1937

［108］27.2.8　弯肠锡叶吸虫　*Ceylonocotyle sinuocoelium* Wang，1959

［109］27.2.9　链肠锡叶吸虫　*Ceylonocotyle streptocoelium*（Fischoeder，1901）Nasmark，1937

［110］27.3.1　江西盘腔吸虫　*Chenocoelium kiangxiensis* Wang，1966

［111］27.3.2　直肠盘腔吸虫　*Chenocoelium orthocoelium* Fischoeder，1901

［112］27.4.1　殖盘殖盘吸虫　*Cotylophoron cotylophorum*（Fischoeder，1901）Stiles et Goldberger，1910

［113］27.4.2　小殖盘吸虫　*Cotylophoron fulleborni* Nasmark，1937

［114］27.4.4　印度殖盘吸虫　*Cotylophoron indicus* Stiles et Goldberger，1910

［115］27.4.5　广东殖盘吸虫　*Cotylophoron kwantungensis* Wang，1979

［116］27.4.6　直肠殖盘吸虫　*Cotylophoron orthocoelium* Fischoeder，1901

［117］27.4.7　湘江殖盘吸虫　*Cotylophoron shangkiangensis* Wang，1979

［118］27.4.8　弯肠殖盘吸虫　*Cotylophoron sinuointestinum* Wang et Qi，1977

［119］27.7.3　扩展巨盘吸虫　*Gigantocotyle explanatum*（Creplin，1847）Nasmark，1937

［156］55.1.6　指形丝状线虫　*Setaria digitata* Linstow，1906

［157］55.1.9　唇乳突丝状线虫　*Setaria labiatopapillosa* Alessandrini，1838

［158］55.1.11　马歇尔丝状线虫　*Setaria marshalli* Boulenger，1921

［159］57.4.1　绵羊斯氏线虫　*Skrjabinema ovis*（Skrjabin，1915）Wereschtchagin，1926

［160］60.1.3　乳突类圆线虫　*Strongyloides papillosus*（Wedl，1856）Ransom，1911

［161］60.1.7　韦氏类圆线虫　*Strongyloides westeri* Ihle，1917

［162］61.4.1　斯氏副柔线虫　*Parabronema skrjabini* Rassowska，1924

［163］63.1.3　美丽筒线虫　*Gongylonema pulchrum* Molin，1857

［164］63.1.4　多瘤筒线虫　*Gongylonema verrucosum* Giles，1892

［165］67.1.1　有齿蛔状线虫　*Ascarops dentata* Linstow，1904

［166］67.1.2　圆形蛔状线虫　*Ascarops strongylina* Rudolphi，1819

［167］67.4.1　狼旋尾线虫　*Spirocerca lupi*（Rudolphi，1809）Railliet et Henry，1911

［168］69.2.9　罗氏吸吮线虫　*Thelazia rhodesi* Desmarest，1827

［169］71.2.1　牛仰口线虫　*Bunostomum phlebotomum*（Railliet，1900）Railliet，1902

［170］71.2.2　羊仰口线虫　*Bunostomum trigonocephalum*（Rudolphi，1808）Railliet，1902

［171］71.3.1　厚瘤盖吉尔线虫　*Gaigeria pachyscelis* Railliet et Henry，1910

［172］72.1.1　弗氏旷口线虫　*Agriostomum vryburgi* Railliet，1902

［173］72.3.2　叶氏夏柏特线虫　*Chabertia erschowi* Hsiung et K'ung，1956

［174］72.3.3　羊夏柏特线虫　*Chabertia ovina*（Fabricius，1788）Raillet et Henry，1909

［175］72.4.1　尖尾食道口线虫　*Oesophagostomum aculeatum* Linstow，1879

［176］72.4.2　粗纹食道口线虫　*Oesophagostomum asperum* Railliet et Henry，1913

［177］72.4.4　哥伦比亚食道口线虫　*Oesophagostomum columbianum*（Curtice，1890）Stossich，1899

［178］72.4.7　湖北食道口线虫　*Oesophagostomum hupensis* Jiang，Zhang et K'ung，1979

［179］72.4.8　甘肃食道口线虫　*Oesophagostomum kansuensis* Hsiung et K'ung，1955

［180］72.4.10　辐射食道口线虫　*Oesophagostomum radiatum*（Rudolphi，1803）Railliet，1898

［181］72.4.12　新疆食道口线虫　*Oesophagostomum sinkiangensis* Hu，1990

［182］72.4.13　微管食道口线虫　*Oesophagostomum venulosum* Rudolphi，1809

［183］74.1.3　鹿网尾线虫　*Dictyocaulus eckerti* Skrjabin，1931

［184］74.1.4　丝状网尾线虫　*Dictyocaulus filaria*（Rudolphi，1809）Railliet et Henry，1907

［185］74.1.6　胎生网尾线虫　*Dictyocaulus viviparus*（Bloch，1782）Railliet et Henry，1907

［186］77.2.1　有鞘囊尾线虫　*Cystocaulus ocreatus* Railliet et Henry，1907

［187］77.4.1　凯氏原圆线虫　*Protostrongylus cameroni* Schulz et Boev，1940

［188］77.4.2　达氏原圆线虫　*Protostrongylus davtiani* Savina，1940

［189］77.4.3　霍氏原圆线虫　*Protostrongylus hobmaieri*（Schulz，Orloff et Kutass，1933）Cameron，1934

［190］77.4.4　赖氏原圆线虫　*Protostrongylus raillieti*（Schulz，Orloff et Kutass，1933）Cameron，1934

［191］77.4.5　淡红原圆线虫　*Protostrongylus rufescens*（Leuckart，1865）Kamensky，1905

［229］82.5.11　天山马歇尔线虫　*Marshallagia tianshanus* Ge，Sha，Ha，*et al.*，1983

［230］82.6.1　指形长刺线虫　*Mecistocirrus digitatus*（Linstow，1906）Railliet et Henry，1912

［231］82.7.1　骆驼似细颈线虫　*Nematodirella cameli*（Rajewskaja et Badanin，1933）
Travassos，1937

［232］82.7.3　瞪羚似细颈线虫　*Nematodirella gazelli*（Sokolova，1948）Ivaschkin，1954

［233］82.7.4　长刺似细颈线虫　*Nematodirella longispiculata* Hsu et Wei，1950

［234］82.7.5　最长刺似细颈线虫　*Nematodirella longissimespiculata* Romanovitsch，1915

［235］82.8.1　畸形细颈线虫　*Nematodirus abnormalis* May，1920

［236］82.8.2　阿尔卡细颈线虫　*Nematodirus archari* Sokolova，1948

［237］82.8.5　达氏细颈线虫　*Nematodirus davtiani* Grigorian，1949

［238］82.8.6　多吉细颈线虫　*Nematodirus dogieli* Sokolova，1948

［239］82.8.8　尖交合刺细颈线虫　*Nematodirus filicollis*（Rudolphi，1802）Ransom，1907

［240］82.8.9　海尔维第细颈线虫　*Nematodirus helvetianus* May，1920

［241］82.8.10　许氏细颈线虫　*Nematodirus hsui* Liang，Ma et Lin，1958

［242］82.8.11　长刺细颈线虫　*Nematodirus longispicularis* Hsu et Wei，1950

［243］82.8.13　奥利春细颈线虫　*Nematodirus oriatianus* Rajerskaja，1929

［244］82.8.14　钝刺细颈线虫　*Nematodirus spathiger*（Railliet，1896）Railliet et Henry，1909

［245］82.11.1　野山羊奥斯特线虫　*Ostertagia aegagri* Grigorian，1949

［246］82.11.2　安提平奥斯特线虫　*Ostertagia antipini* Matschulsky，1950

［247］82.11.3　北方奥斯特线虫　*Ostertagia arctica* Mitzkewitsch，1929

［248］82.11.4　绵羊奥斯特线虫　*Ostertagia argunica* Rudakov in Skrjabin et Orloff，1934

［249］82.11.5　布里亚特奥斯特线虫　*Ostertagia buriatica* Konstantinova，1934

［250］82.11.6　普通奥斯特线虫　*Ostertagia circumcincta*（Stadelmann，1894）Ransom，1907

［251］82.11.7　达呼尔奥斯特线虫　*Ostertagia dahurica* Orloff，Belowa et Gnedina，1931

［252］82.11.8　达氏奥斯特线虫　*Ostertagia davtiani* Grigoryan，1951

［253］82.11.9　叶氏奥斯特线虫　*Ostertagia erschowi* Hsu et Liang，1957

［254］82.11.10　甘肃奥斯特线虫　*Ostertagia gansuensis* Chen，1981

［255］82.11.11　格氏奥斯特线虫　*Ostertagia gruehneri* Skrjabin，1929

［256］82.11.12　钩状奥斯特线虫　*Ostertagia hamata* Monning，1932

［257］82.11.13　异刺奥斯特线虫　*Ostertagia heterospiculagia* Hsu，Hu et Huang，1958

［258］82.11.14　熊氏奥斯特线虫　*Ostertagia hsiungi* Hsu，Ling et Liang，1957

［259］82.11.16　琴形奥斯特线虫　*Ostertagia lyrata* Sjoberg，1926

［260］82.11.17　念青唐古拉奥斯特线虫　*Ostertagia niangingtangulaensis* K'ung et Li，1965

［261］82.11.18　西方奥斯特线虫　*Ostertagia occidentalis* Ransom，1907

［262］82.11.19　阿洛夫奥斯特线虫　*Ostertagia orloffi* Sankin，1930

［263］82.11.20　奥氏奥斯特线虫　*Ostertagia ostertagi*（Stiles，1892）Ransom，1907

［264］82.11.21　彼氏奥斯特线虫　*Ostertagia petrovi* Puschmenkov，1937

［265］82.11.22　短肋奥斯特线虫　*Ostertagia shortdorsalray* Huang et Xie，1990

［266］82.11.23　中华奥斯特线虫　*Ostertagia sinensis* K'ung et Xue，1966

[267] 82.11.24　斯氏奥斯特线虫　*Ostertagia skrjabini* Shen，Wu et Yen，1959

[268] 82.11.25　三歧奥斯特线虫　*Ostertagia trifida* Guille，Marotel et Panisset，1911

[269] 82.11.26　三叉奥斯特线虫　*Ostertagia trifurcata* Ransom，1907

[270] 82.11.27　伏尔加奥斯特线虫　*Ostertagia volgaensis* Tomskich，1938

[271] 82.11.28　吴兴奥斯特线虫　*Ostertagia wuxingensis* Ling，1958

[272] 82.11.29　西藏奥斯特线虫　*Ostertagia xizangensis* Xue et K'ung，1963

[273] 82.13.2　指刺斯纳线虫　*Skrjabinagia dactylospicula* Wu，Yin et Shen，1965

[274] 82.14.1　达氏背板线虫　*Teladorsagia davtiani* Andreeva et Satubaldin，1954

[275] 82.15.2　艾氏毛圆线虫　*Trichostrongylus axei*（Cobbold，1879）Railliet et Henry，1909

[276] 82.15.3　山羊毛圆线虫　*Trichostrongylus capricola* Ransom，1907

[277] 82.15.4　鹿毛圆线虫　*Trichostrongylus cervarius* Leiper et Clapham，1938

[278] 82.15.5　蛇形毛圆线虫　*Trichostrongylus colubriformis*（Giles，1892）Looss，1905

[279] 82.15.6　镰形毛圆线虫　*Trichostrongylus falculatus* Ransom，1911

[280] 82.15.7　钩状毛圆线虫　*Trichostrongylus hamatus* Daubney，1933

[281] 82.15.8　长刺毛圆线虫　*Trichostrongylus longispicularis* Gordon，1933

[282] 82.15.9　东方毛圆线虫　*Trichostrongylus orientalis* Jimbo，1914

[283] 82.15.10　彼得毛圆线虫　*Trichostrongylus pietersei* Le Roux，1932

[284] 82.15.11　枪形毛圆线虫　*Trichostrongylus probolurus*（Railliet，1896）Looss，1905

[285] 82.15.12　祁连毛圆线虫　*Trichostrongylus qilianensis* Luo et Wu，1990

[286] 82.15.13　青海毛圆线虫　*Trichostrongylus qinghaiensis* Liang，Lu，Han，*et al.*，1987

[287] 82.15.14　斯氏毛圆线虫　*Trichostrongylus skrjabini* Kalantarian，1928

[288] 82.15.16　透明毛圆线虫　*Trichostrongylus vitrinus* Looss，1905

[289] 83.1.4　双瓣毛细线虫　*Capillaria bilobata* Bhalerao，1933

[290] 83.1.5　牛毛细线虫　*Capillaria bovis* Schangder，1906

[291] 83.1.9　长柄毛细线虫　*Capillaria longipes* Ransen，1911

[292] 83.1.10　大叶毛细线虫　*Capillaria megrelica* Rodonaja，1947

[293] 84.1.2　旋毛形线虫　*Trichinella spiralis*（Owen，1835）Railliet，1895

[294] 85.1.1　同色鞭虫　*Trichuris concolor* Burdelev，1951

[295] 85.1.2　无色鞭虫　*Trichuris discolor* Linstow，1906

[296] 85.1.3　瞪羚鞭虫　*Trichuris gazellae* Gebauer，1933

[297] 85.1.4　球鞘鞭虫　*Trichuris globulosa* Linstow，1901

[298] 85.1.5　印度鞭虫　*Trichuris indicus* Sarwar，1946

[299] 85.1.6　兰氏鞭虫　*Trichuris lani* Artjuch，1948

[300] 85.1.8　长刺鞭虫　*Trichuris longispiculus* Artjuch，1948

[301] 85.1.9　绵羊鞭虫　*Trichuris ovina* Sarwar，1945

[302] 85.1.10　羊鞭虫　*Trichuris ovis* Abilgaard，1795

[303] 85.1.11　斯氏鞭虫　*Trichuris skrjabini* Baskakov，1924

[304] 85.1.16　武威鞭虫　*Trichuris wuweiensis* Yang et Chen，1978

棘头虫　**Acanthocephalan**

[305] 86.1.1　蛭形巨吻棘头虫　*Macracanthorhynchus hirudinaceus*（Pallas，1781）Travassos，1917

节肢动物　**Arthropod**

[306] 90.1.3　山羊蠕形螨　*Demodex caprae* Railliet，1895

[307] 90.1.4　绵羊蠕形螨　*Demodex ovis* Railliet，1895

[308] 93.1.1.1　山羊足螨　*Chorioptes bovis* var. *caprae* Gervais et van Beneden，1859

[309] 93.1.1.6　绵羊足螨　*Chorioptes bovis* var. *ovis*

[310] 93.3.1.2　山羊痒螨　*Psoroptes equi* var. *caprae* Hering，1838

[311] 93.3.1.5　绵羊痒螨　*Psoroptes equi* var. *ovis* Hering，1838

[312] 95.3.1.4　山羊疥螨　*Sarcoptes scabiei* var. *caprae*

[313] 95.3.1.8　绵羊疥螨　*Sarcoptes scabiei* var. *ovis* Mégnin，1880

[314] 97.1.1　波斯锐缘蜱　*Argas persicus* Oken，1818

[315] 97.2.1　拉合尔钝缘蜱　*Ornithodorus lahorensis* Neumann，1908

[316] 97.2.2　乳突钝缘蜱　*Ornithodorus papillipes* Birula，1895

[317] 97.2.3　特突钝缘蜱　*Ornithodorus tartakovskyi* Olenev，1931

[318] 99.1.2　龟形花蜱　*Amblyomma testudinarium* Koch，1844

[319] 99.2.1　微小牛蜱　*Boophilus microplus* Canestrini，1887

[320] 99.3.1　阿坝革蜱　*Dermacentor abaensis* Teng，1963

[321] 99.3.3　朝鲜革蜱　*Dermacentor coreus* Itagaki，Noda et Yamaguchi，1944

[322] 99.3.4　西藏革蜱　*Dermacentor everestianus* Hirst，1926

[323] 99.3.5　边缘革蜱　*Dermacentor marginatus* Sulzer，1776

[324] 99.3.6　银盾革蜱　*Dermacentor niveus* Neumann，1897

[325] 99.3.7　草原革蜱　*Dermacentor nuttalli* Olenev，1928

[326] 99.3.8　胫距革蜱　*Dermacentor pavlovskyi* Olenev，1927

[327] 99.3.9　网纹革蜱　*Dermacentor reticulatus* Fabricius，1794

[328] 99.3.10　森林革蜱　*Dermacentor silvarum* Olenev，1931

[329] 99.3.11　中华革蜱　*Dermacentor sinicus* Schulze，1932

[330] 99.4.1　长须血蜱　*Haemaphysalis aponommoides* Warburton，1913

[331] 99.4.3　二棘血蜱　*Haemaphysalis bispinosa* Neumann，1897

[332] 99.4.6　嗜群血蜱　*Haemaphysalis concinna* Koch，1844

[333] 99.4.8　短垫血蜱　*Haemaphysalis erinacei* Pavesi，1844

[334] 99.4.9　褐黄血蜱　*Haemaphysalis flava* Neumann，1897

[335] 99.4.11　豪猪血蜱　*Haemaphysalis hystricis* Supino，1897

[336] 99.4.12　缺角血蜱　*Haemaphysalis inermis* Birula，1895

[337] 99.4.13　日本血蜱　*Haemaphysalis japonica* Warburton，1908

[338] 99.4.14　日本血蜱岛氏亚种　*Haemaphysalis japonica douglasi* Nuttall et Warburton，1915

[339] 99.4.15　长角血蜱　*Haemaphysalis longicornis* Neumann，1901

249

［379］104.3.1　白氏金蝇（蛆）　*Chrysomya bezziana* Villeneuve，1914

［380］105.2.7　荒草库蠓　*Culicoides arakawae* Arakawa，1910

［381］105.2.31　端斑库蠓　*Culicoides erairai* Kono et Takahashi，1940

［382］105.2.52　原野库蠓　*Culicoides homotomus* Kieffer，1921

［383］105.2.81　多斑库蠓　*Culicoides maculatus* Shiraki，1913

［384］105.2.96　尖喙库蠓　*Culicoides oxystoma* Kieffer，1910

［385］105.3.14　台湾蠛蠓　*Lasiohelea taiwana* Shiraki，1913

［386］106.2.32　中华按蚊　*Anopheles sinensis* Wiedemann，1828

［387］106.4.1　麻翅库蚊　*Culex bitaeniorhynchus* Giles，1901

［388］106.4.3　致倦库蚊　*Culex fatigans* Wiedemann，1828

［389］106.4.24　尖音库蚊淡色亚种　*Culex pipiens pallens* Coquillett，1898

［390］106.4.31　三带喙库蚊　*Culex tritaeniorhynchus* Giles，1901

［391］108.2.1　羊蜱蝇　*Melophagus ovinus* Linnaeus，1758

［392］109.1.1　牛皮蝇（蛆）　*Hypoderma bovis* De Geer，1776

［393］109.1.2　纹皮蝇（蛆）　*Hypoderma lineatum* De Villers，1789

［394］111.2.1　羊狂蝇（蛆）　*Oestrus ovis* Linnaeus，1758

［395］114.2.1　红尾粪麻蝇（蛆）　*Bercaea haemorrhoidalis* Fallen，1816

［396］114.8.3　阿拉善污蝇（蛆）　*Wohlfahrtia fedtschenkoi* Rohdendorf，1956

［397］114.8.4　黑须污蝇（蛆）　*Wohlfahrtia magnifica* Schiner，1862

［398］116.2.1　刺血喙蝇　*Haematobosca sanguinolenta* Austen，1909

［399］116.4.1　厩螫蝇　*Stomoxys calcitrans* Linnaeus，1758

［400］116.4.2　南螫蝇　*Stomoxys dubitalis* Malloch，1932

［401］116.4.3　印度螫蝇　*Stomoxys indicus* Picard，1908

［402］120.1.1　牛毛虱　*Bovicola bovis* Linnaeus，1758

［403］120.1.2　山羊毛虱　*Bovicola caprae* Gurlt，1843

［404］120.1.3　绵羊毛虱　*Bovicola ovis* Schrank，1781

［405］125.1.3　东方栉首蚤　*Ctenocephalide orientis* Jordan，1925

［406］125.4.1　致痒蚤　*Pulex irritans* Linnaeus，1758

［407］126.2.1　狍长喙蚤　*Dorcadia dorcadia* Rothschild，1912

［408］126.2.2　羊长喙蚤　*Dorcadia ioffi* Smit，1953

［409］126.2.3　青海长喙蚤　*Dorcadia qinghaiensis* Zhan，Wu et Cai，1991

［410］126.2.4　西吉长喙蚤　*Dorcadia xijiensis* Zhang et Dang，1985

［411］126.3.1　花蠕形蚤　*Vermipsylla alakurt* Schimkewitsch，1885

［412］126.3.2　瞪羚蠕形蚤　*Vermipsylla dorcadia* Rothschild，1912

［413］126.3.4　北山羊蠕形蚤　*Vermipsylla ibexa* Zhang et Yu，1981

［414］126.3.6　似花蠕形蚤中亚亚种　*Vermipsylla perplexa centrolasia* Liu，Wu et Wu，1982

［415］126.3.7　叶氏蠕形蚤　*Vermipsylla yeae* Yu et Li，1990

［416］127.1.1　锯齿舌形虫　*Linguatula serrata* Fröhlich，1789

猪寄生虫种名
Species of Parasites in Swine

原虫　Protozoon

[1] 1.1.1　微小内蜒阿米巴虫　*Endolimax nana*（Wenyon et O'connor，1917）Brug，1918

[2] 1.2.1　结肠内阿米巴虫　*Entamoeba coli*（Grassi，1879）Casagrandi et Barbagallo，1895

[3] 1.2.2　溶组织内阿米巴虫　*Entamoeba histolytica* Schaudinn，1903

[4] 1.2.3　波氏内阿米巴虫　*Entamoeba polecki* Prowazek，1912

[5] 1.3.1　布氏嗜碘阿米巴虫　*Iodamoeba buetschlii*（von Prowazek，1912）Dobell，1919

[6] 3.2.2　伊氏锥虫　*Trypanosoma evansi*（Steel，1885）Balbiani，1888

[7] 5.3.2　猪三毛滴虫　*Tritrichomonas suis* Gruby et Delafond，1843

[8] 6.1.8　鼠隐孢子虫　*Cryptosporidium muris* Tyzzer，1907

[9] 6.1.9　微小隐孢子虫　*Cryptosporidium parvum* Tyzzer，1912

[10] 6.1.11　猪隐孢子虫　*Cryptosporidium suis* Ryan，Monis，Enemark，*et al.*，2004

[11] 7.2.27　蠕孢艾美耳球虫　*Eimeria cerdonis* Vetterling，1965

[12] 7.2.34　蒂氏艾美耳球虫　*Eimeria debliecki* Douwes，1921

[13] 7.2.46　盖氏艾美耳球虫　*Eimeria guevarai* Romero，Rodriguez et Lizcano Herrera，1971

[14] 7.2.73　新蒂氏艾美耳球虫　*Eimeria neodebliecki* Vetterling，1965

[15] 7.2.86　极细艾美耳球虫　*Eimeria perminuta* Henry，1931

[16] 7.2.88　光滑艾美耳球虫　*Eimeria polita* Pellérdy，1949

[17] 7.2.89　豚艾美耳球虫　*Eimeria porci* Vetterling，1965

[18] 7.2.93　罗马尼亚艾美耳球虫　*Eimeria romaniae* Donciu，1961

[19] 7.2.95　粗糙艾美耳球虫　*Eimeria scabra* Henry，1931

[20] 7.2.97　母猪艾美耳球虫　*Eimeria scrofae* Galli-Valerio，1935

[21] 7.2.101　有刺艾美耳球虫　*Eimeria spinosa* Henry，1931

[22] 7.2.105　猪艾美耳球虫　*Eimeria suis* Nöller，1921

[23] 7.2.106　四川艾美耳球虫　*Eimeria szechuanensis* Wu，Jiang et Hu，1980

[24] 7.2.112　杨陵艾美耳球虫　*Eimeria yanglingensis* Zhang，Yu，Feng，*et al.*，1994

[25] 7.3.2　阿拉木图等孢球虫　*Isospora almataensis* Paichuk，1951

[26] 7.3.9　拉氏等孢球虫　*Isospora lacazei* Labbe，1893

[27] 7.3.13　猪等孢球虫　*Isospora suis* Biester et Murray，1934

[28] 10.3.15　米氏住肉孢子虫　*Sarcocystis miescheriana*（Kühn，1865）Labbé，1899

[29] 10.3.20　猪人住肉孢子虫　*Sarcocystis suihominis* Tadros et Laarman，1976

[30] 10.4.1　龚地弓形虫　*Toxoplasma gondii*（Nicolle et Manceaux, 1908）Nicolle et Manceaux, 1909

[31] 11.1.11　柏氏巴贝斯虫　*Babesia perroncitoi* Cerruti, 1939

[32] 11.1.12　陶氏巴贝斯虫　*Babesia trautmanni* Knuth et du Toit, 1921

[33] 14.1.1　结肠小袋虫　*Balantidium coli*（Malmsten, 1857）Stein, 1862

[34] 14.1.2　猪小袋虫　*Balantidium suis* McDonald, 1922

绦虫　Cestode

[35] 15.4.2　贝氏莫尼茨绦虫　*Moniezia benedeni*（Moniez, 1879）Blanchard, 1891

[36] 19.18.1　柯氏伪裸头绦虫　*Pseudanoplocephala crawfordi* Baylis, 1927

[37] 21.1.1.1　细粒棘球蚴　*Echinococcus cysticus* Huber, 1891

[38] 21.1.2.1　多房棘球蚴　*Echinococcus multilocularis*（larva）

[39] 21.1.3　单房棘球蚴　*Echinococcus unilocularis* Rudolphi, 1801

[40] 21.3.2.1　脑多头蚴　*Coenurus cerebralis* Batsch, 1786

[41] 21.4.1.1　细颈囊尾蚴　*Cysticercus tenuicollis* Rudolphi, 1810

[42] 21.4.5　猪囊尾蚴　*Cysticercus cellulosae* Gmelin, 1790

[43] 21.5.1　牛囊尾蚴　*Cysticercus bovis* Cobbold, 1866

[44] 22.3.1　孟氏旋宫绦虫　*Spirometra mansoni* Joyeux et Houdemer, 1928

[45] 22.3.1.1　孟氏裂头蚴　*Sparganum mansoni* Joyeux, 1928

吸虫　Trematode

[46] 23.1.10　叶形棘隙吸虫　*Echinochasmus perfoliatus*（Ratz, 1908）Gedoelst, 1911

[47] 23.3.11　圆圃棘口吸虫　*Echinostoma hortense* Asada, 1926

[48] 23.3.14　罗棘口吸虫　*Echinostoma melis*（Schrank, 1788）Dietz, 1909

[49] 23.7.1　獾似颈吸虫　*Isthmiophora melis* Schrank, 1788

[50] 24.1.1　大片形吸虫　*Fasciola gigantica* Cobbold, 1856

[51] 24.1.2　肝片形吸虫　*Fasciola hepatica* Linnaeus, 1758

[52] 24.2.1　布氏姜片吸虫　*Fasciolopsis buski*（Lankester, 1857）Odhner, 1902

[53] 27.5.1　人拟腹盘吸虫　*Gastrodiscoides hominis*（Lewis et McConnell, 1876）Leiper, 1913

[54] 27.6.1　埃及腹盘吸虫　*Gastrodiscus aegyptiacus*（Cobbold, 1876）Railliet, 1893

[55] 30.6.2　异形异形吸虫　*Heterophyes heterophyes*（von Siebold, 1852）Stiles et Hassal, 1900

[56] 30.7.1　横川后殖吸虫　*Metagonimus yokogawai* Katsurada, 1912

[57] 31.3.1　中华枝睾吸虫　*Clonorchis sinensis*（Cobbolb, 1875）Looss, 1907

[58] 31.6.1　截形微口吸虫　*Microtrema truncatum* Kobayashi, 1915

[59] 32.1.4　矛形双腔吸虫　*Dicrocoelium lanceatum* Stiles et Hassall, 1896

[60] 32.2.7　胰阔盘吸虫　*Eurytrema pancreaticum*（Janson, 1889）Looss, 1907

[61] 37.3.6　怡乐村并殖吸虫　*Paragonimus iloktsuenensis* Chen, 1940

[62] 37.3.11　大平并殖吸虫　*Paragonimus ohirai* Miyazaki, 1939

[63] 37.3.14　卫氏并殖吸虫　*Paragonimus westermani*（Kerbert, 1878）Braun, 1899

252

［64］37.3.16　云南并殖吸虫　*Paragonimus yunnanensis* Ho, Chung, Zhen, *et al.*, 1959

［65］45.3.2　日本分体吸虫　*Schistosoma japonicum* Katsurada, 1904

线虫　**Nematode**

［66］48.1.1　似蚓蛔虫　*Ascaris lumbricoides* Linnaeus, 1758

［67］48.1.2　羊蛔虫　*Ascaris ovis* Rudolphi, 1819

［68］48.1.3　圆形蛔虫　*Ascaris strongylina*（Rudolphi, 1819）Alicata et McIntosh, 1933

［69］48.1.4　猪蛔虫　*Ascaris suum* Goeze, 1782

［70］51.1.1　肾膨结线虫　*Dioctophyma renale*（Goeze, 1782）Stiles, 1901

［71］52.5.1　猪浆膜丝虫　*Serofilaria suis* Wu et Yun, 1979

［72］55.1.1　贝氏丝状线虫　*Setaria bernardi* Railliet et Henry, 1911

［73］55.1.5　刚果丝状线虫　*Setaria congolensis* Railliet et Henry, 1911

［74］60.1.3　乳突类圆线虫　*Strongyloides papillosus*（Wedl, 1856）Ransom, 1911

［75］60.1.4　兰氏类圆线虫　*Strongyloides ransomi* Schwartz et Alicata, 1930

［76］60.1.5　粪类圆线虫　*Strongyloides stercoralis*（Bavay, 1876）Stiles et Hassall, 1902

［77］60.1.6　猪类圆线虫　*Strongyloides suis*（Lutz, 1894）Linstow, 1905

［78］62.1.1　陶氏颚口线虫　*Gnathostoma doloresi* Tubangui, 1925

［79］62.1.2　刚刺颚口线虫　*Gnathostoma hispidum* Fedtchenko, 1872

［80］62.1.3　棘颚口线虫　*Gnathostoma spinigerum* Owen, 1836

［81］63.1.3　美丽筒线虫　*Gongylonema pulchrum* Molin, 1857

［82］67.1.1　有齿蛔状线虫　*Ascarops dentata* Linstow, 1904

［83］67.1.2　圆形蛔状线虫　*Ascarops strongylina* Rudolphi, 1819

［84］67.2.1　六翼泡首线虫　*Physocephalus sexalatus* Molin, 1860

［85］67.3.1　奇异西蒙线虫　*Simondsia paradoxa* Cobbold, 1864

［86］67.4.1　狼旋尾线虫　*Spirocerca lupi*（Rudolphi, 1809）Railliet et Henry, 1911

［87］71.1.2　犬钩口线虫　*Ancylostoma caninum*（Ercolani, 1859）Hall, 1913

［88］71.1.4　十二指肠钩口线虫　*Ancylostoma duodenale*（Dubini, 1843）Creplin, 1845

［89］71.4.1　康氏球首线虫　*Globocephalus connorfilii* Alessandrini, 1909

［90］71.4.2　长钩球首线虫　*Globocephalus longemucronatus* Molin, 1861

［91］71.4.3　沙姆球首线虫　*Globocephalus samoensis* Lane, 1922

［92］71.4.4　四川球首线虫　*Globocephalus sichuanensis* Wu et Ma, 1984

［93］71.4.5　锥尾球首线虫　*Globocephalus urosubulatus* Alessandrini, 1909

［94］71.5.2　猪板口线虫　*Necator suillus* Ackert et Payne, 1922

［95］71.6.1　沙蒙钩刺线虫　*Uncinaria samoensis* Lane, 1922

［96］71.6.2　狭头钩刺线虫　*Uncinaria stenocphala*（Railliet, 1884）Railliet, 1885

［97］72.2.1　双管鲍吉线虫　*Bourgelatia diducta* Railliet, Henry et Bauche, 1919

［98］72.4.3　短尾食道口线虫　*Oesophagostomum brevicaudum* Schwartz et Alicata, 1930

［99］72.4.5　有齿食道口线虫　*Oesophagostomum dentatum*（Rudolphi, 1803）Molin, 1861

［100］72.4.6　佐治亚食道口线虫　*Oesophagostomum georgianum* Schwarty et Alicata, 1930

［101］72.4.9　长尾食道口线虫　*Oesophagostomum longicaudum* Goodey, 1925

［102］72.4.14　华氏食道口线虫　*Oesophagostomum watanabei* Yamaguti，1961

［103］75.1.1　猪后圆线虫　*Metastrongylus M. apri*（Gmelin，1790）Vostokov，1905

［104］75.1.2　复阴后圆线虫　*Metastrongylus pudendotectus* Wostokow，1905

［105］75.1.3　萨氏后圆线虫　*Metastrongylus salmi* Gedoelst，1923

［106］76.1.1　三尖盘头线虫　*Ollulanus tricuspis* Leuckart，1865

［107］77.4.5　淡红原圆线虫　*Protostrongylus rufescens*（Leuckart，1865）Kamensky，1905

［108］79.1.1　有齿冠尾线虫　*Stephanurus dentatus* Diesing，1839

［109］79.1.2　猪冠尾线虫　*Stephanurus suis* Xu，1980

［110］82.3.2　捻转血矛线虫　*Haemonchus contortus*（Rudolphi，1803）Cobbold，1898

［111］82.4.1　红色猪圆线虫　*Hyostrongylus rebidus*（Hassall et Stiles，1892）Hall，1921

［112］82.6.1　指形长刺线虫　*Mecistocirrus digitatus*（Linstow，1906）Railliet et Henry，1912

［113］82.15.5　蛇形毛圆线虫　*Trichostrongylus colubriformis*（Giles，1892）Looss，1905

［114］84.1.2　旋毛形线虫　*Trichinella spiralis*（Owen，1835）Railliet，1895

［115］85.1.4　球鞘鞭虫　*Trichuris globulosa* Linstow，1901

［116］85.1.6　兰氏鞭虫　*Trichuris lani* Artjuch，1948

［117］85.1.10　羊鞭虫　*Trichuris ovis* Abilgaard，1795

［118］85.1.12　猪鞭虫　*Trichuris suis* Schrank，1788

［119］85.1.14　鞭形鞭虫　*Trichuris trichura* Linnaeus，1771

棘头虫　**Acanthocephalan**

［120］86.1.1　蛭形巨吻棘头虫　*Macracanthorhynchus hirudinaceus*（Pallas，1781）Travassos，1917

节肢动物　**Arthropod**

［121］90.1.5　猪蠕形螨　*Demodex phylloides* Czokor，1858

［122］95.3.1.9　猪疥螨　*Sarcoptes scabiei* var. *suis* Gerlach，1857

［123］97.1.1　波斯锐缘蜱　*Argas persicus* Oken，1818

［124］99.1.2　龟形花蜱　*Amblyomma testudinarium* Koch，1844

［125］99.2.1　微小牛蜱　*Boophilus microplus* Canestrini，1887

［126］99.3.2　金泽革蜱　*Dermacentor auratus* Supino，1897

［127］99.3.9　网纹革蜱　*Dermacentor reticulatus* Fabricius，1794

［128］99.3.10　森林革蜱　*Dermacentor silvarum* Olenev，1931

［129］99.4.3　二棘血蜱　*Haemaphysalis bispinosa* Neumann，1897

［130］99.4.9　褐黄血蜱　*Haemaphysalis flava* Neumann，1897

［131］99.4.15　长角血蜱　*Haemaphysalis longicornis* Neumann，1901

［132］99.5.2　亚洲璃眼蜱　*Hyalomma asiaticum* Schulze et Schlottke，1929

［133］99.5.3　亚洲璃眼蜱卡氏亚种　*Hyalomma asiaticum kozlovi* Olenev，1931

［134］99.5.4　残缘璃眼蜱　*Hyalomma detritum* Schulze，1919

［135］99.6.6　拟蓖硬蜱　*Ixodes nuttallianus* Schulze，1930

［136］99.6.7　卵形硬蜱　*Ixodes ovatus* Neumann，1899

［137］99.6.8　全沟硬蜱　*Ixodes persulcatus* Schulze，1930

［138］99.7.1　囊形扇头蜱　*Rhipicephalus bursa* Canestrini et Fanzago，1877

［139］99.7.2　镰形扇头蜱　*Rhipicephalus haemaphysaloides* Supino，1897

［140］99.7.3　短小扇头蜱　*Rhipicephalus pumilio* Schulze，1935

［141］99.7.5　血红扇头蜱　*Rhipicephalus sanguineus* Latreille，1806

［142］99.7.6　图兰扇头蜱　*Rhipicephalus turanicus* Pomerantzev，1940

［143］100.1.5　猪血虱　*Haematopinus suis* Linnaeus，1758

［144］104.3.1　白氏金蝇（蛆）　*Chrysomya bezziana* Villeneuve，1914

［145］104.5.3　三色依蝇（蛆）*Idiella tripartita* Bigot，1874

［146］106.1.4　白纹伊蚊　*Aedes albopictus* Skuse，1894

［147］106.2.32　中华按蚊　*Anopheles sinensis* Wiedemann，1828

［148］106.4.1　麻翅库蚊　*Culex bitaeniorhynchus* Giles，1901

［149］106.4.3　致倦库蚊　*Culex fatigans* Wiedemann，1828

［150］106.4.24　尖音库蚊淡色亚种　*Culex pipiens pallens* Coquillett，1898

［151］106.4.31　三带喙库蚊　*Culex tritaeniorhynchus* Giles，1901

［152］110.14.1　异色鼻蝇（蛆）　*Rhinia discolor* Fabricius，1794

［153］112.1.1　乳酪蝇　*Piophila casei* Linnaeus，1758

［154］116.2.1　刺血喙蝇　*Haematobosca sanguinolenta* Austen，1909

［155］116.4.1　厩螫蝇　*Stomoxys calcitrans* Linnaeus，1758

［156］125.4.1　致痒蚤　*Pulex irritans* Linnaeus，1758

犬寄生虫种名
Species of Parasites in Dog

原虫　Protozoon

［1］1.2.2　溶组织内阿米巴虫　*Entamoeba histolytica* Schaudinn，1903

［2］2.1.1　蓝氏贾第鞭毛虫　*Giardia lamblia* Stiles，1915

［3］3.1.1　杜氏利什曼原虫　*Leishmania donovani*（Laveran et Mesnil，1903）Ross，1903

［4］3.2.2　伊氏锥虫　*Trypanosoma evansi*（Steel，1885）Balbiani，1888

［5］5.2.1　猫毛滴虫　*Trichomonas felis* da Cunha et Muniz，1922

［6］6.1.4　犬隐孢子虫　*Cryptosporidium canis* Fayer，Trout，Xiao，*et al.*，2001

［7］6.1.8　鼠隐孢子虫　*Cryptosporidium muris* Tyzzer，1907

［8］6.1.9　微小隐孢子虫　*Cryptosporidium parvum* Tyzzer，1912

［9］7.1　环孢子虫　*Cyclospora* Schneider，1881

［10］7.3.4 伯氏等孢球虫 *Isospora burrowsi* Trayser et Todd，1978

［11］7.3.5 犬等孢球虫 *Isospora canis* Nemeseri，1959

［12］7.3.11 俄亥俄等孢球虫 *Isospora ohioensis* Dubey，1975

［13］7.3.14 狐等孢球虫 *Isospora vulipina* Nieschulz et Bos，1933

［14］10.2.1 犬新孢子虫 *Neospora caninum* Dubey，Carpenter，Speer，*et al.*，1988

［15］10.3.4 山羊犬住肉孢子虫 *Sarcocystis capracanis* Fischer，1979

［16］10.3.5 枯氏住肉孢子虫 *Sarcocystis cruzi*（Hasselmann，1923）Wenyon，1926

［17］10.3.10 家山羊犬住肉孢子虫 *Sarcocystis hircicanis* Heydorn et Unterholzner，1983

［18］10.3.13 莱氏住肉孢子虫 *Sarcocystis levinei* Dissanaike et Kan，1978

［19］10.3.15 米氏住肉孢子虫 *Sarcocystis miescheriana*（Kühn，1865）Labbé，1899

［20］10.4.1 龚地弓形虫 *Toxoplasma gondii*（Nicolle et Manceaux，1908）Nicolle et Manceaux，1909

［21］11.1.4 犬巴贝斯虫 *Babesia canis* Piana et Galli-Valerio，1895

［22］11.1.5 吉氏巴贝斯虫 *Babesia gibson* Patton，1910

［23］13.1.1 兔脑原虫 *Encephalitozoon cuniculi* Levaditi，Nicolau et Schoen，1923

绦虫　Cestode

［24］16.3.1 西里伯瑞利绦虫 *Raillietina celebensis*（Janicki，1902）Fuhrmann，1920

［25］17.3.1 诺氏双殖孔绦虫 *Diplopylidium nolleri*（Skrjabin，1924）Meggitt，1927

［26］17.4.1 犬复孔绦虫 *Dipylidium caninum*（Linnaeus，1758）Leuckart，1863

［27］19.12.9 长膜壳绦虫 *Hymenolepis diminuta* Rudolphi，1819

［28］19.20.1 矮小啮壳绦虫 *Rodentolepis nana*（Siebold，1852）Spasskii，1954

［29］20.1.1 线形中殖孔绦虫 *Mesocestoides lineatus*（Goeze，1782）Railliet，1893

［30］21.1.1 细粒棘球绦虫 *Echinococcus granulosus*（Batsch，1786）Rudolphi，1805

［31］21.1.2 多房棘球绦虫 *Echinococcus multilocularis* Leuckart，1863

［32］21.2.2 宽颈泡尾绦虫 *Hydatigera laticollis* Rudolphi，1801

［33］21.2.3 带状泡尾绦虫 *Hydatigera taeniaeformis*（Batsch，1786）Lamarck，1816

［34］21.3.1 格氏多头绦虫 *Multiceps gaigeri* Hall，1916

［35］21.3.2 多头多头绦虫 *Multiceps multiceps*（Leske，1780）Hall，1910

［36］21.3.3 塞状多头绦虫 *Multiceps packi* Chistenson，1929

［37］21.3.4 链状多头绦虫 *Multiceps serialis*（Gervals，1847）Stiles et Stevenson，1905

［38］21.3.5 斯氏多头绦虫 *Multiceps skrjabini* Popov，1937

［39］21.4.1 泡状带绦虫 *Taenia hydatigena* Pallas，1766

［40］21.4.2 羊带绦虫 *Taenia ovis* Cobbold，1869

［41］21.4.3 豆状带绦虫 *Taenia pisiformis* Bloch，1780

［42］21.4.5 猪囊尾蚴 *Cysticercus cellulosae* Gmelin，1790

［43］22.1.1 心形双槽头绦虫 *Dibothriocephalus cordatus* Leuckart，1863

［44］22.1.2 狄西双槽头绦虫 *Dibothriocephalus decipiens*（Diesing，1850）Gedoelst，1911

［45］22.1.3 伏氏双槽头绦虫 *Dibothriocephalus houghtoni* Faust，Camphell et Kellogg，1929

［46］22.1.4 阔节双槽头绦虫 *Dibothriocephalus latus* Linnaeus，1758

[47] 22.1.5 蛙双槽头绦虫 *Dibothriocephalus ranarum* （Gastaldi，1854）Meggitt，1925

[48] 22.3.1 孟氏旋宫绦虫 *Spirometra mansoni* Joyeux et Houdemer，1928

吸虫 Trematode

[49] 23.1.1 枪头棘隙吸虫 *Echinochasmus beleocephalus* Dietz，1909

[50] 23.1.2 长形棘隙吸虫 *Echinochasmus elongatus* Miki，1923

[51] 23.1.3 异形棘隙吸虫 *Echinochasmus herteroidcus* Zhou et Wang，1987

[52] 23.1.4 日本棘隙吸虫 *Echinochasmus japonicus* Tanabe，1926

[53] 23.1.5 藐小棘隙吸虫 *Echinochasmus liliputanus* Looss，1896

[54] 23.1.6 巨棘隙吸虫 *Echinochasmus megacanthus* Wang，1959

[55] 23.1.7 微盘棘隙吸虫 *Echinochasmus microdisus* Zhou et Wang，1987

[56] 23.1.8 小腺棘隙吸虫 *Echinochasmus minivitellus* Zhou et Wang，1987

[57] 23.1.9 变棘隙吸虫 *Echinochasmus mirabilis* Wang，1959

[58] 23.1.10 叶形棘隙吸虫 *Echinochasmus perfoliatus* （Ratz，1908）Gedoelst，1911

[59] 23.1.11 裂睾棘隙吸虫 *Echinochasmus schizorchis* Zhou et Wang，1987

[60] 23.1.12 球睾棘隙吸虫 *Echinochasmus sphaerochis* Zhou et Wang，1987

[61] 23.1.13 截形棘隙吸虫 *Echinochasmus truncatum* Wang，1976

[62] 23.2.15 曲领棘缘吸虫 *Echinoparyphium recurvatum* （Linstow，1873）Lühe，1909

[63] 23.3.2 狭睾棘口吸虫 *Echinostoma angustitestis* Wang，1977

[64] 23.3.5 坎比棘口吸虫 *Echinostoma campi* Ono，1930

[65] 23.3.7 移睾棘口吸虫 *Echinostoma cinetorchis* Ando et Ozaki，1923

[66] 23.3.11 圆圃棘口吸虫 *Echinostoma hortense* Asada，1926

[67] 23.3.13 巨睾棘口吸虫 *Echinostoma macrorchis* Ando et Ozaki，1923

[68] 23.3.15 宫川棘口吸虫 *Echinostoma miyagawai* Ishii，1932

[69] 23.3.16 鼠棘口吸虫 *Echinostoma murinum* Tubangui，1931

[70] 23.3.21 草地棘口吸虫 *Echinostoma pratense* Ono，1933

[71] 23.4.1 犬外隙吸虫 *Episthmium canium* （Verma，1935）Yamaguti，1958

[72] 23.5.1 伊族真缘吸虫 *Euparyphium ilocanum* （Garrison，1908）Tubangu et Pasco，1933

[73] 23.5.3 獾真缘吸虫 *Euparyphium melis* （Schrank，1788）Dietz，1909

[74] 23.5.4 鼠真缘吸虫 *Euparyphium murinum* Tubangui，1931

[75] 23.8.1 舌形新棘缘吸虫 *Neoacanthoparyphium linguiformis* Kogame，1935

[76] 24.2.1 布氏姜片吸虫 *Fasciolopsis buski* （Lankester，1857）Odhner，1902

[77] 27.11.12 拟犬同盘吸虫 *Paramphistomum pseudocuonum* Wang，1979

[78] 30.1.1 顿河离茎吸虫 *Apophallus donicus* （Skrjabin et Lindtrop，1919）Price，1931

[79] 30.2.1 尖刺棘带吸虫 *Centrocestus cuspidatus* （Looss，1896）Looss，1899

[80] 30.2.2 台湾棘带吸虫 *Centrocestus formosanus* （Nishigori，1924）Price，1932

[81] 30.4.1 西里右殖吸虫 *Dexiogonimus ciureanus* Witenberg，1929

[82] 30.5.1 钩棘单睾吸虫 *Haplorchis pumilio* Looss，1896

[83] 30.5.2 扇棘单睾吸虫 *Haplorchis taichui* （Nishigori，1924）Chen，1936

[84] 30.5.3 横川单睾吸虫 *Haplorchis yokogawai* （Katsuta，1932）Chen，1936

［85］30.6.1　植圆异形吸虫　*Heterophyes elliptica* Yokogawa，1913

［86］30.6.2　异形异形吸虫　*Heterophyes heterophyes*（von Siebold，1852）Stiles et Hassal，1900

［87］30.6.3　桂田异形吸虫　*Heterophyes katsuradai* Ozaki et Asada，1926

［88］30.6.4　有害异形吸虫　*Heterophyes nocens* Onji et Nishio，1915

［89］30.7.1　横川后殖吸虫　*Metagonimus yokogawai* Katsurada，1912

［90］30.9.1　根塔臀形吸虫　*Pygidiopsis genata* Looss，1907

［91］30.9.2　茎突臀形吸虫　*Pygidiopsis phalacrocoracis* Yamaguti，1939

［92］30.9.3　前肠臀形吸虫　*Pygidiopsis summa* Onji et Nishio，1916

［93］30.10.1　台湾星隙吸虫　*Stellantchasmus formosanus* Katsuta，1931

［94］30.10.2　假囊星隙吸虫　*Stellantchasmus pseudocirratus*（Witenberg，1929）Yamaguti，1958

［95］30.11.1　马尼拉斑皮吸虫　*Stictodora manilensis* Africa et Garcia，1935

［96］31.3.1　中华枝睾吸虫　*Clonorchis sinensis*（Cobbolb，1875）Looss，1907

［97］31.5.2　猫次睾吸虫　*Metorchis felis* Hsu，1934

［98］31.5.3　东方次睾吸虫　*Metorchis orientalis* Tanabe，1921

［99］31.6.1　截形微口吸虫　*Microtrema truncatum* Kobayashi，1915

［100］31.7.6　细颈后睾吸虫　*Opisthorchis tenuicollis* Rudolphi，1819

［101］35.1.1　犬中肠吸虫　*Mesocoelium canis* Wang et Zhou，1992

［102］37.2.3　斯氏狸殖吸虫　*Pagumogonimus skrjabini*（Chen，1959）Chen，1963

［103］37.3.1　扁囊并殖吸虫　*Paragonimus asymmetricus* Chen，1977

［104］37.3.2　歧囊并殖吸虫　*Paragonimus divergens* Liu，Luo，Gu，*et al.*，1980

［105］37.3.4　异盘并殖吸虫　*Paragonimus heterotremus* Chen et Hsia，1964

［106］37.3.5　会同并殖吸虫　*Paragonimus hueitungensis* Chung，Ho，Tsao，*et al.*，1975

［107］37.3.6　怡乐村并殖吸虫　*Paragonimus iloktsuenensis* Chen，1940

［108］37.3.8　勐腊并殖吸虫　*Paragonimus menglaensis* Chung，Ho，Cheng，*et al.*，1964

［109］37.3.9　小睾并殖吸虫　*Paragonimus microrchis* Hsia，Chou et Chung，1978

［110］37.3.11　大平并殖吸虫　*Paragonimus ohirai* Miyazaki，1939

［111］37.3.12　沈氏并殖吸虫　*Paragonimus sheni* Shan，Lin，Li，*et al.*，2009

［112］37.3.13　团山并殖吸虫　*Paragonimus tuanshanensis* Chung，Ho，Cheng，*et al.*，1964

［113］37.3.14　卫氏并殖吸虫　*Paragonimus westermani*（Kerbert，1878）Braun，1899

［114］37.3.15　伊春卫氏并殖吸虫　*Paragonimus westermani ichunensis* Chung，Hsu et Kao，1978

［115］38.1.1　马氏斜睾吸虫　*Plagiorchis massino* Petrov et Tikhonov，1927

［116］38.1.2　鼠斜睾吸虫　*Plagiorchis muris* Tanabe，1922

［117］41.3.1　英德前冠吸虫　*Prosostephanus industrius*（Tubangui，1922）Lutz，1935

［118］43.1.1　有翼翼状吸虫　*Alaria alata* Goeze，1782

［119］43.2.1　心形咽口吸虫　*Pharyngostomum cordatum*（Diesing，1850）Ciurea，1922

［120］45.3.2　日本分体吸虫　*Schistosoma japonicum* Katsurada，1904

线虫　Nematode

[121] 48.1.1　似蚓蛔虫　*Ascaris lumbricoides* Linnaeus，1758

[122] 48.4.1　狮弓蛔虫　*Toxascaris leonina*（Linstow，1902）Leiper，1907

[123] 50.1.1　犬弓首蛔虫　*Toxocara canis*（Werner，1782）Stiles，1905

[124] 51.1.1　肾膨结线虫　*Dioctophyma renale*（Goeze，1782）Stiles，1901

[125] 52.1.1　马来布鲁氏线虫　*Brugia malayi*（Brug，1927）Buckley，1960

[126] 52.3.1　犬恶丝虫　*Dirofilaria immitis*（Leidy，1856）Railliet et Henry，1911

[127] 52.3.2　匍形恶丝虫　*Dirofilaria repens* Railliet et Henry，1911

[128] 58.2.1　麦地那龙线虫　*Dracunculus medinensis* Linmaeus，1758

[129] 60.1.2　福氏类圆线虫　*Strongyloides fuelleborni* von Linstow，1905

[130] 60.1.5　粪类圆线虫　*Strongyloides stercoralis*（Bavay，1876）Stiles et Hassall，1902

[131] 60.1.6　猪类圆线虫　*Strongyloides suis*（Lutz，1894）Linstow，1905

[132] 62.1.3　棘颚口线虫　*Gnathostoma spinigerum* Owen，1836

[133] 63.1.3　美丽筒线虫　*Gongylonema pulchrum* Molin，1857

[134] 65.1.1　普拉泡翼线虫　*Physaloptera praeputialis* Linstow，1889

[135] 67.4.1　狼旋尾线虫　*Spirocerca lupi*（Rudolphi，1809）Railliet et Henry，1911

[136] 69.2.2　丽幼吸吮线虫　*Thelazia callipaeda* Railliet et Henry，1910

[137] 71.1.1　巴西钩口线虫　*Ancylostoma braziliense* Gómez de Faria，1910

[138] 71.1.2　犬钩口线虫　*Ancylostoma caninum*（Ercolani，1859）Hall，1913

[139] 71.1.3　锡兰钩口线虫　*Ancylostoma ceylanicum* Looss，1911

[140] 71.1.4　十二指肠钩口线虫　*Ancylostoma duodenale*（Dubini，1843）Creplin，1845

[141] 71.5.1　美洲板口线虫　*Necator americanus*（Stiles，1902）Stiles，1903

[142] 71.6.2　狭头钩刺线虫　*Uncinaria stenocphala*（Railliet，1884）Railliet，1885

[143] 77.1.1　狐齿体线虫　*Crenosoma vulpis* Dujardin，1845

[144] 83.1.1　嗜气管毛细线虫　*Capillaria aerophila* Creplin，1839

[145] 83.1.8　肝毛细线虫　*Capillaria hepatica*（Bancroft，1893）Travassos，1915

[146] 83.3.1　肝脏肝居线虫　*Hepaticola hepatica*（Bancroft，1893）Hall，1916

[147] 84.1.1　本地毛形线虫　*Trichinella native* Britov et Boev，1972

[148] 85.1.10　羊鞭虫　*Trichuris ovis* Abilgaard，1795

[149] 85.1.15　狐鞭虫　*Trichuris vulpis* Froelich，1789

棘头虫　Acanthocephalan

[150] 86.2.1　犬钩吻棘头虫　*Oncicola canis*（Kaupp，1909）Hall et Wigdor，1918

[151] 86.2.2　新疆钩吻棘头虫　*Oncicola sinkienensis* Feng et Ding，1987

[152] 86.3.1　中华前睾棘头虫　*Prosthenorchis sinicus* Hu，1990

节肢动物　Arthropod

[153] 90.1.2　犬蠕形螨　*Demodex canis* Leydig，1859

[154] 93.2.1　犬耳痒螨　*Otodectes cynotis* Hering，1838

[155] 93.2.1.1　犬耳痒螨犬变种　*Otodectes cynotis* var. *canis*

[156] 95.3.1.3　犬疥螨　*Sarcoptes scabiei* var. *canis* Gerlach，1857

［157］96.4.1　红恙螨　*Trombicula akamushi* Brumpt，1910

［158］97.2.1　拉合尔钝缘蜱　*Ornithodorus lahorensis* Neumann，1908

［159］97.2.2　乳突钝缘蜱　*Ornithodorus papillipes* Birula，1895

［160］99.1.2　龟形花蜱　*Amblyomma testudinarium* Koch，1844

［161］99.2.1　微小牛蜱　*Boophilus microplus* Canestrini，1887

［162］99.3.2　金泽革蜱　*Dermacentor auratus* Supino，1897

［163］99.3.3　朝鲜革蜱　*Dermacentor coreus* Itagaki，Noda et Yamaguchi，1944

［164］99.3.4　西藏革蜱　*Dermacentor everestianus* Hirst，1926

［165］99.3.7　草原革蜱　*Dermacentor nuttalli* Olenev，1928

［166］99.3.9　网纹革蜱　*Dermacentor reticulatus* Fabricius，1794

［167］99.3.10　森林革蜱　*Dermacentor silvarum* Olenev，1931

［168］99.3.11　中华革蜱　*Dermacentor sinicus* Schulze，1932

［169］99.4.1　长须血蜱　*Haemaphysalis aponommoides* Warburton，1913

［170］99.4.3　二棘血蜱　*Haemaphysalis bispinosa* Neumann，1897

［171］99.4.4　铃头血蜱　*Haemaphysalis campanulata* Warburton，1908

［172］99.4.5　侧刺血蜱　*Haemaphysalis canestrinii* Supino，1897

［173］99.4.6　嗜群血蜱　*Haemaphysalis concinna* Koch，1844

［174］99.4.7　具角血蜱　*Haemaphysalis cornigera* Neumann，1897

［175］99.4.9　褐黄血蜱　*Haemaphysalis flava* Neumann，1897

［176］99.4.10　台湾血蜱　*Haemaphysalis formosensis* Neumann，1913

［177］99.4.11　豪猪血蜱　*Haemaphysalis hystricis* Supino，1897

［178］99.4.15　长角血蜱　*Haemaphysalis longicornis* Neumann，1901

［179］99.4.25　西藏血蜱　*Haemaphysalis tibetensis* Hoogstraal，1965

［180］99.4.26　草原血蜱　*Haemaphysalis verticalis* Itagaki，Noda et Yamaguchi，1944

［181］99.4.29　微型血蜱　*Haemaphysalis wellingtoni* Nuttall et Warburton，1908

［182］99.4.31　越原血蜱　*Haemaphysalis yeni* Toumanoff，1944

［183］99.5.2　亚洲璃眼蜱　*Hyalomma asiaticum* Schulze et Schlottke，1929

［184］99.5.4　残缘璃眼蜱　*Hyalomma detritum* Schulze，1919

［185］99.6.1　锐跗硬蜱　*Ixodes acutitarsus* Karsch，1880

［186］99.6.3　草原硬蜱　*Ixodes crenulatus* Koch，1844

［187］99.6.6　拟蓖硬蜱　*Ixodes nuttallianus* Schulze，1930

［188］99.6.7　卵形硬蜱　*Ixodes ovatus* Neumann，1899

［189］99.6.8　全沟硬蜱　*Ixodes persulcatus* Schulze，1930

［190］99.6.10　篦子硬蜱　*Ixodes ricinus* Linnaeus，1758

［191］99.7.1　囊形扇头蜱　*Rhipicephalus bursa* Canestrini et Fanzago，1877

［192］99.7.2　镰形扇头蜱　*Rhipicephalus haemaphysaloides* Supino，1897

［193］99.7.3　短小扇头蜱　*Rhipicephalus pumilio* Schulze，1935

［194］99.7.4　罗赛扇头蜱　*Rhipicephalus rossicus* Jakimov et Kohl-Jakimova，1911

［195］99.7.5　血红扇头蜱　*Rhipicephalus sanguineus* Latreille，1806

［196］99.7.6　图兰扇头蜱　*Rhipicephalus turanicus* Pomerantzev，1940

［197］101.1.4　棘颚虱　*Linognathus setosus* von Olfers，1816

［198］106.1.1　埃及伊蚊　*Aedes aegypti* Linnaeus，1762

［199］106.1.4　白纹伊蚊　*Aedes albopictus* Skuse，1894

［200］106.1.12　背点伊蚊　*Aedes dorsalis* Meigen，1830

［201］106.1.37　东乡伊蚊　*Aedes togoi* Theobald，1907

［202］106.2.32　中华按蚊　*Anopheles sinensis* Wiedemann，1828

［203］106.4.1　麻翅库蚊　*Culex bitaeniorhynchus* Giles，1901

［204］106.4.3　致倦库蚊　*Culex fatigans* Wiedemann，1828

［205］106.4.24　尖音库蚊淡色亚种　*Culex pipiens pallens* Coquillett，1898

［206］106.4.32　迷走库蚊　*Culex vagans* Wiedemann，1828

［207］107.1.3　肠胃蝇（蛆）　*Gasterophilus intestinalis* De Geer，1776

［208］108.1.1　犬虱蝇　*Hippobosca capensis* Olfers，1816

［209］108.1.2　马虱蝇　*Hippobosca equina* Linnaeus，1758

［210］108.2.1　羊蜱蝇　*Melophagus ovinus* Linnaeus，1758

［211］113.4.3　中华白蛉　*Phlebotomus chinensis* Newstead，1916

［212］116.4.1　厩螫蝇　*Stomoxys calcitrans* Linnaeus，1758

［213］120.3.1　犬啮毛虱　*Trichodectes canis* De Geer，1778

［214］121.1.1　不等单蚤　*Monopsyllus anisus* Rothschild，1907

［215］121.2.1　扇形副角蚤　*Paraceras flabellum* Curtis 1832

［216］124.1.1　缓慢细蚤　*Leptopsylla segnis* Schönherr，1811

［217］125.1.1　犬栉首蚤　*Ctenocephalide canis* Curtis，1826

［218］125.1.2　猫栉首蚤　*Ctenocephalide felis* Bouche，1835

［219］125.1.3　东方栉首蚤　*Ctenocephalide orientis* Jordan，1925

［220］125.2.1　禽角头蚤　*Echidnophaga gallinacea* Westwood，1875

［221］125.4.1　致痒蚤　*Pulex irritans* Linnaeus，1758

［222］126.1.1　同鬃蚤　*Chaetopsylla homoea* Rothschild，1906

［223］127.1.1　锯齿舌形虫　*Linguatula serrata* Fröhlich，1789

猫寄生虫种名
Species of Parasites in Cat

原虫　Protozoon

［1］2.1.1　蓝氏贾第鞭毛虫　*Giardia lamblia* Stiles，1915

［2］6.1.9　微小隐孢子虫　*Cryptosporidium parvum* Tyzzer，1912

[3] 7.3.6　猫等孢球虫　*Isospora felis* Wenyon，1923

[4] 7.3.12　芮氏等孢球虫　*Isospora rivolta*（Grassi，1879）Wenyon，1923

[5] 10.3.8　梭形住肉孢子虫　*Sarcocystis fusiformis*（Railliet，1897）Bernard et Bauche，1912

[6] 10.3.11　多毛住肉孢子虫　*Sarcocystis hirsuta* Moulé，1888

[7] 10.4.1　龚地弓形虫　*Toxoplasma gondii*（Nicolle et Manceaux，1908）Nicolle et Manceaux，1909

绦虫　Cestode

[8] 17.3.1　诺氏双殖孔绦虫　*Diplopylidium nolleri*（Skrjabin，1924）Meggitt，1927

[9] 17.4.1　犬复孔绦虫　*Dipylidium caninum*（Linnaeus，1758）Leuckart，1863

[10] 20.1.1　线形中殖孔绦虫　*Mesocestoides lineatus*（Goeze，1782）Railliet，1893

[11] 21.1.1　细粒棘球绦虫　*Echinococcus granulosus*（Batsch，1786）Rudolphi，1805

[12] 21.1.2　多房棘球绦虫　*Echinococcus multilocularis* Leuckart，1863

[13] 21.2.1　肥头泡尾绦虫　*Hydatigera faciaefomis* Batsch，1786

[14] 21.2.3　带状泡尾绦虫　*Hydatigera taeniaeformis*（Batsch，1786）Lamarck，1816

[15] 21.3.2　多头多头绦虫　*Multiceps multiceps*（Leske，1780）Hall，1910

[16] 21.4.1　泡状带绦虫　*Taenia hydatigena* Pallas，1766

[17] 21.4.2　羊带绦虫　*Taenia ovis* Cobbold，1869

[18] 21.4.3　豆状带绦虫　*Taenia pisiformis* Bloch，1780

[19] 22.1.2　狄西双槽头绦虫　*Dibothriocephalus decipiens*（Diesing，1850）Gedoelst，1911

[20] 22.1.3　伏氏双槽头绦虫　*Dibothriocephalus houghtoni* Faust，Camphell et Kellogg，1929

[21] 22.1.4　阔节双槽头绦虫　*Dibothriocephalus latus* Linnaeus，1758

[22] 22.1.5　蛙双槽头绦虫　*Dibothriocephalus ranarum*（Gastaldi，1854）Meggitt，1925

[23] 22.3.1　孟氏旋宫绦虫　*Spirometra mansoni* Joyeux et Houdemer，1928

吸虫　Trematode

[24] 23.1.1　枪头棘隙吸虫　*Echinochasmus beleocephalus* Dietz，1909

[25] 23.1.2　长形棘隙吸虫　*Echinochasmus elongatus* Miki，1923

[26] 23.1.4　日本棘隙吸虫　*Echinochasmus japonicus* Tanabe，1926

[27] 23.1.5　藐小棘隙吸虫　*Echinochasmus liliputanus* Looss，1896

[28] 23.1.10　叶形棘隙吸虫　*Echinochasmus perfoliatus*（Ratz，1908）Gedoelst，1911

[29] 23.5.3　獾真缘吸虫　*Euparyphium melis*（Schrank，1788）Dietz，1909

[30] 24.1.2　肝片形吸虫　*Fasciola hepatica* Linnaeus，1758

[31] 30.2.2　台湾棘带吸虫　*Centrocestus formosanus*（Nishigori，1924）Price，1932

[32] 30.4.1　西里右殖吸虫　*Dexiogonimus ciureanus* Witenberg，1929

[33] 30.5.1　钩棘单睾吸虫　*Haplorchis pumilio* Looss，1896

[34] 30.5.2　扇棘单睾吸虫　*Haplorchis taichui*（Nishigori，1924）Chen，1936

[35] 30.5.3　横川单睾吸虫　*Haplorchis yokogawai*（Katsuta，1932）Chen，1936

[36] 30.6.2　异形异形吸虫　*Heterophyes heterophyes*（von Siebold，1852）Stiles et Hassal，1900

262

［37］30.7.1　横川后殖吸虫　*Metagonimus yokogawai* Katsurada，1912

［38］30.10.1　台湾星隙吸虫　*Stellantchasmus formosanus* Katsuta，1931

［39］30.10.2　假囊星隙吸虫　*Stellantchasmus pseudocirratus*（Witenberg，1929）Yamaguti，1958

［40］31.3.1　中华枝睾吸虫　*Clonorchis sinensis*（Cobbolb，1875）Looss，1907

［41］31.5.2　猫次睾吸虫　*Metorchis felis* Hsu，1934

［42］31.5.3　东方次睾吸虫　*Metorchis orientalis* Tanabe，1921

［43］31.6.1　截形微口吸虫　*Microtrema truncatum* Kobayashi，1915

［44］31.7.3　猫后睾吸虫　*Opisthorchis felineus* Blanchard，1895

［45］31.7.6　细颈后睾吸虫　*Opisthorchis tenuicollis* Rudolphi，1819

［46］34.1.1　阿氏刺囊吸虫　*Acanthatrium alicatai* Macy，1940

［47］34.2.1　卢氏前腺吸虫　*Prosthodendrium lucifugi* Macy，1937

［48］36.4.2　微小微茎吸虫　*Microphallus minus* Ochi，1928

［49］37.1.1　三平正并殖吸虫　*Euparagonimus cenocopiosus* Chen，1962

［50］37.2.1　陈氏狸殖吸虫　*Pagumogonimus cheni*（Hu，1963）Chen，1964

［51］37.2.2　丰宫狸殖吸虫　*Pagumogonimus proliferus*（Hsia et Chen，1964）Chen，1965

［52］37.2.3　斯氏狸殖吸虫　*Pagumogonimus skrjabini*（Chen，1959）Chen，1963

［53］37.3.5　会同并殖吸虫　*Paragonimus hueitungensis* Chung，Ho，Tsao，*et al.*，1975

［54］37.3.7　巨睾并殖吸虫　*Paragonimus macrorchis* Chen，1962

［55］37.3.8　勐腊并殖吸虫　*Paragonimus menglaensis* Chung，Ho，Cheng，*et al.*，1964

［56］37.3.9　小睾并殖吸虫　*Paragonimus microrchis* Hsia，Chou et Chung，1978

［57］37.3.10　闽清并殖吸虫　*Paragonimus mingingensis* Li et Cheng，1983

［58］37.3.11　大平并殖吸虫　*Paragonimus ohirai* Miyazaki，1939

［59］37.3.14　卫氏并殖吸虫　*Paragonimus westermani*（Kerbert，1878）Braun，1899

［60］37.3.15　伊春卫氏并殖吸虫　*Paragonimus westermani ichunensis* Chung，Hsu et Kao，1978

［61］43.1.1　有翼翼状吸虫　*Alaria alata* Goeze，1782

［62］43.2.1　心形咽口吸虫　*Pharyngostomum cordatum*（Diesing，1850）Ciurea，1922

［63］45.2.2　土耳其斯坦东毕吸虫　*Orientobilharzia turkestanica*（Skrjabin，1913）Dutt et

［64］45.3.2　日本分体吸虫　*Schistosoma japonicum* Katsurada，1904

线虫　Nematode

［65］48.4.1　狮弓蛔虫　*Toxascaris leonina*（Linstow，1902）Leiper，1907

［66］50.1.1　犬弓首蛔虫　*Toxocara canis*（Werner，1782）Stiles，1905

［67］50.1.2　猫弓首蛔虫　*Toxocara cati* Schrank，1788

［68］51.1.1　肾膨结线虫　*Dioctophyma renale*（Goeze，1782）Stiles，1901

［69］52.1.1　马来布鲁氏线虫　*Brugia malayi*（Brug，1927）Buckley，1960

［70］52.3.1　犬恶丝虫　*Dirofilaria immitis*（Leidy，1856）Railliet et Henry，1911

［71］57.5.1　隐匿管状线虫　*Syphacia obvelata*（Rudolphi，1802）Seurat，1916

［72］58.2.1　麦地那龙线虫　*Dracunculus medinensis* Linmaeus，1758

［73］60.1.5 　粪类圆线虫　 *Strongyloides stercoralis* （Bavay，1876）Stiles et Hassall，1902

［74］62.1.3 　棘颚口线虫　 *Gnathostoma spinigerum* Owen，1836

［75］65.1.1 　普拉泡翼线虫　 *Physaloptera praeputialis* Linstow，1889

［76］66.1.1 　长沙奇口线虫　 *Rictularia changshaensis* Cheng，1990

［77］67.1.1 　有齿蛔状线虫　 *Ascarops dentata* Linstow，1904

［78］69.2.2 　丽幼吸吮线虫　 *Thelazia callipaeda* Railliet et Henry，1910

［79］71.1.1 　巴西钩口线虫　 *Ancylostoma braziliense* Gómez de Faria，1910

［80］71.1.2 　犬钩口线虫　 *Ancylostoma caninum* （Ercolani，1859）Hall，1913

［81］71.1.3 　锡兰钩口线虫　 *Ancylostoma ceylanicum* Looss，1911

［82］71.1.5 　管形钩口线虫　 *Ancylostoma tubaeforme* （Zeder，1800）Creplin，1845

［83］71.6.2 　狭头钩刺线虫　 *Uncinaria stenocphala* （Railliet，1884）Railliet，1885

［84］76.1.1 　三尖盘头线虫　 *Ollulanus tricuspis* Leuckart，1865

［85］81.1.1 　耳兽比翼线虫　 *Mammomonogamus auris* （Faust et Tang，1934）Ryzhikov，1948

［86］83.1.7 　猫毛细线虫　 *Capillaria felis* Diesing，1851

［87］84.1.1 　本地毛形线虫　 *Trichinella native* Britov et Boev，1972

节肢动物　Arthropod

［88］93.2.1 　犬耳痒螨　 *Otodectes cynotis* Hering，1838

［89］93.2.1.2 　犬耳痒螨猫变种　 *Otodectes cynotis* var. *cati*

［90］95.2.1 　猫背肛螨　 *Notoedres cati* Hering，1838

［91］96.3.1 　巨螯齿螨　 *Odontacarus majesticus* Chen et Hsu，1945

［92］99.2.1 　微小牛蜱　 *Boophilus microplus* Canestrini，1887

［93］99.4.3 　二棘血蜱　 *Haemaphysalis bispinosa* Neumann，1897

［94］99.4.4 　铃头血蜱　 *Haemaphysalis campanulata* Warburton，1908

［95］99.5.2 　亚洲璃眼蜱　 *Hyalomma asiaticum* Schulze et Schlottke，1929

［96］99.6.11 　中华硬蜱　 *Ixodes sinensis* Teng，1977

［97］99.7.5 　血红扇头蜱　 *Rhipicephalus sanguineus* Latreille，1806

［98］99.7.6 　图兰扇头蜱　 *Rhipicephalus turanicus* Pomerantzev，1940

［99］106.1.4 　白纹伊蚊　 *Aedes albopictus* Skuse，1894

［100］106.4.24 　尖音库蚊淡色亚种　 *Culex pipiens pallens* Coquillett，1898

［101］108.1.1 　犬虱蝇　 *Hippobosca capensis* Olfers，1816

［102］108.1.2 　马虱蝇　 *Hippobosca equina* Linnaeus，1758

［103］120.2.1 　猫毛虱　 *Felicola subrostratus* Nitzsch in Burmeister，1838

［104］120.3.1 　犬啮毛虱　 *Trichodectes canis* De Geer，1778

［105］121.1.1 　不等单蚤　 *Monopsyllus anisus* Rothschild，1907

［106］124.1.1 　缓慢细蚤　 *Leptopsylla segnis* Schönherr，1811

［107］125.1.1 　犬栉首蚤　 *Ctenocephalide canis* Curtis，1826

［108］125.1.2 　猫栉首蚤　 *Ctenocephalide felis* Bouche，1835

［109］125.2.1 　禽角头蚤　 *Echidnophaga gallinacea* Westwood，1875

［110］125.4.1 　致痒蚤　 *Pulex irritans* Linnaeus，1758

[111] 125.5.1　印鼠客蚤　*Xenopsylla cheopis* Rothschild，1903

[112] 126.1.1　同鬃蚤　*Chaetopsylla homoea* Rothschild，1906

兔寄生虫种名
Species of Parasites in Rabbit

原虫　Protozoon

[1] 2.1.1　蓝氏贾第鞭毛虫　*Giardia lamblia* Stiles，1915

[2] 6.1.3　牛隐孢子虫　*Cryptosporidium bovis* Fayer，Santín et Xiao，2005

[3] 6.1.5　兔隐孢子虫　*Cryptosporidium cuniculus* Inman et Takeuchi，1979

[4] 6.1.9　微小隐孢子虫　*Cryptosporidium parvum* Tyzzer，1912

[5] 7.2.30　盲肠艾美耳球虫　*Eimeria coecicola* Cheissin，1947

[6] 7.2.37　长形艾美耳球虫　*Eimeria elongata* Marotel et Guilhon，1941

[7] 7.2.38　微小艾美耳球虫　*Eimeria exigua* Yakimoff，1934

[8] 7.2.41　黄色艾美耳球虫　*Eimeria flavescens* Marotel et Guilhon，1941

[9] 7.2.52　肠艾美耳球虫　*Eimeria intestinalis* Cheissin，1948

[10] 7.2.54　无残艾美耳球虫　*Eimeria irresidua* Kessel et Jankiewicz，1931

[11] 7.2.61　兔艾美耳球虫　*Eimeria leporis* Nieschulz，1923

[12] 7.2.63　大型艾美耳球虫　*Eimeria magna* Pérard，1925

[13] 7.2.66　马氏艾美耳球虫　*Eimeria matsubayashii* Tsunoda，1952

[14] 7.2.68　中型艾美耳球虫　*Eimeria media* Kessel，1929

[15] 7.2.71　纳格浦尔艾美耳球虫　*Eimeria nagpurensis* Gill et Ray，1960

[16] 7.2.74　新兔艾美耳球虫　*Eimeria neoleporis* Carvalho，1942

[17] 7.2.79　穴兔艾美耳球虫　*Eimeria oryctolagi* Ray et Banik，1965

[18] 7.2.85　穿孔艾美耳球虫　*Eimeria perforans*（Leuckart，1879）Sluiter et Swellen-grebel，1912

[19] 7.2.87　梨形艾美耳球虫　*Eimeria piriformis* Kotlán et Pospesch，1934

[20] 7.2.98　雕斑艾美耳球虫　*Eimeria sculpta* Madsen，1938

[21] 7.2.102　斯氏艾美耳球虫　*Eimeria stiedai*（Lindemann，1865）Kisskalt et Hartmann，1907

[22] 7.3.8　大孔等孢球虫　*Isospora gigantmicropyle* Lin，Wang，Yu，*et al.*，1983

[23] 10.3.6　兔住肉孢子虫　*Sarcocystis cuniculi* Brumpt，1913

[24] 10.4.1　龚地弓形虫　*Toxoplasma gondii*（Nicolle et Manceaux，1908）Nicolle et Manceaux，1909

［25］13.1.1　兔脑原虫　*Encephalitozoon cuniculi* Levaditi，Nicolau et Schoen，1923

绦虫　Cestode

［26］15.3.1　齿状彩带绦虫　*Cittotaenia denticulata* Rudolphi，1804

［27］15.3.2　梳形彩带绦虫　*Cittotaenia pectinata* Goeze，1782

［28］15.5.1　梳栉状莫斯绦虫　*Mosgovoyia pectinata*（Goeze，1782）Spassky，1951

［29］21.2.3.1　带状链尾蚴　*Strobilocercus fasciolaris* Rudolphi，1808

［30］21.3.2.1　脑多头蚴　*Coenurus cerebralis* Batsch，1786

［31］21.3.4.1　链状多头蚴　*Coenurus serialis* Gervals，1847

［32］21.3.5.1　斯氏多头蚴　*Coenurus skrjabini* Popov，1937

［33］21.4.1.1　细颈囊尾蚴　*Cysticercus tenuicollis* Rudolphi，1810

［34］21.4.3.1　豆状囊尾蚴　*Cysticercus pisiformis* Bloch，1780

［35］21.4.4　齿形囊尾蚴　*Cysticercus serratus* Koe-bevle，1861

吸虫　Trematode

［36］23.2.15　曲领棘缘吸虫　*Echinoparyphium recurvatum*（Linstow，1873）Lühe，1909

［37］23.3.15　宫川棘口吸虫　*Echinostoma miyagawai* Ishii，1932

［38］24.1.1　大片形吸虫　*Fasciola gigantica* Cobbold，1856

［39］24.1.2　肝片形吸虫　*Fasciola hepatica* Linnaeus，1758

［40］24.2.1　布氏姜片吸虫　*Fasciolopsis buski*（Lankester，1857）Odhner，1902

［41］25.2.6　兔菲策吸虫　*Fischoederius cuniculi* Zhang，Yang，Pan，*et al.*，1986

［42］26.2.14　马米背孔吸虫　*Notocotylus mamii* Hsu，1954

［43］30.5.1　钩棘单睾吸虫　*Haplorchis pumilio* Looss，1896

［44］31.3.1　中华枝睾吸虫　*Clonorchis sinensis*（Cobbolb，1875）Looss，1907

［45］32.1.1　中华双腔吸虫　*Dicrocoelium chinensis* Tang et Tang，1978

［46］32.1.4　矛形双腔吸虫　*Dicrocoelium lanceatum* Stiles et Hassall，1896

［47］32.1.5　东方双腔吸虫　*Dicrocoelium orientalis* Sudarikov et Ryjikov，1951

［48］32.2.7　胰阔盘吸虫　*Eurytrema pancreaticum*（Janson，1889）Looss，1907

［49］37.3.3　福建并殖吸虫　*Paragonimus fukienensis* Tang et Tang，1962

［50］45.2.2　土耳其斯坦东毕吸虫　*Orientobilharzia turkestanica*（Skrjabin，1913）Dutt et Srivastavaa，1955

［51］45.3.2　日本分体吸虫　*Schistosoma japonicum* Katsurada，1904

线虫　Nematode

［52］52.4.1　努米小筛线虫　*Micipsella numidica*（Seurat，1917）Seurat，1921

［53］57.2.1　疑似栓尾线虫　*Passalurus ambiguus* Rudolphi，1819

［54］57.2.2　不等刺栓尾线虫　*Passalurus assimilis* Wu，1933

［55］57.2.3　无环栓尾线虫　*Passalurus nonannulatus* Skinker，1931

［56］59.1.1　艾氏杆形线虫　*Rhabditella axei*（Cobbold，1884）Chitwood，1933

［57］60.1.3　乳突类圆线虫　*Strongyloides papillosus*（Wedl，1856）Ransom，1911

［58］63.1.2　新成筒线虫　*Gongylonema neoplasticum* Fibiger et Ditlevsen，1914

［59］63.1.3　美丽筒线虫　*Gongylonema pulchrum* Molin，1857

［60］67.1.2　圆形蛔状线虫　*Ascarops strongylina* Rudolphi，1819

［61］72.2.1　双管鲍吉线虫　*Bourgelatia diducta* Railliet，Henry et Bauche，1919

［62］77.3.1　久治不等刺线虫　*Imparispiculus jiuzhiensis* Luo，Duo et Chen，1988

［63］82.1.1　兔莉线虫　*Ashworthius leporis* Yen，1961

［64］82.8.3　亚利桑那细颈线虫　*Nematodirus arizonensis* Dikmans，1937

［65］82.9.1　穴兔剑形线虫　*Obeliscoides cuniculi*（Graybill，1923）Graybill，1924

［66］82.9.2　特氏剑形线虫　*Obeliscoides travassosi* Liu et Wu，1941

［67］82.15.5　蛇形毛圆线虫　*Trichostrongylus colubriformis*（Giles，1892）Looss，1905

［68］83.1.8　肝毛细线虫　*Capillaria hepatica*（Bancroft，1893）Travassos，1915

［69］83.3.1　肝脏肝居线虫　*Hepaticola hepatica*（Bancroft，1893）Hall，1916

［70］84.1.2　旋毛形线虫　*Trichinella spiralis*（Owen，1835）Railliet，1895

［71］85.1.7　兔鞭虫　*Trichuris leporis* Froelich，1789

［72］85.1.13　棉尾兔鞭虫　*Trichuris sylvilagi* Tiner，1950

节肢动物　**Arthropod**

［73］88.1.1　兔皮姬螯螨　*Cheyletiella parasitivorax* Megnin，1878

［74］92.1.1　囊凸牦螨　*Listrophorus gibbus* Pagenstecher，1861

［75］93.1.1.2　兔足螨　*Chorioptes bovis* var. *cuniculi*

［76］93.3.1.3　兔痒螨　*Psoroptes equi* var. *cuniculi* Delafond，1859

［77］95.2.1.1　兔背肛螨　*Notoedres cati* var. *cuniculi* Gerlach，1857

［78］95.3.1.5　兔疥螨　*Sarcoptes scabiei* var. *cuniculi*

［79］97.2.2　乳突钝缘蜱　*Ornithodorus papillipes* Birula，1895

［80］98.2.1　柏氏禽刺螨　*Ornithonyssus bacoti* Hirst，1913

［81］99.3.3　朝鲜革蜱　*Dermacentor coreus* Itagaki，Noda et Yamaguchi，1944

［82］99.3.7　草原革蜱　*Dermacentor nuttalli* Olenev，1928

［83］99.3.10　森林革蜱　*Dermacentor silvarum* Olenev，1931

［84］99.3.11　中华革蜱　*Dermacentor sinicus* Schulze，1932

［85］99.4.4　铃头血蜱　*Haemaphysalis campanulata* Warburton，1908

［86］99.4.21　青海血蜱　*Haemaphysalis qinghaiensis* Teng，1980

［87］99.4.26　草原血蜱　*Haemaphysalis verticalis* Itagaki，Noda et Yamaguchi，1944

［88］99.5.2　亚洲璃眼蜱　*Hyalomma asiaticum* Schulze et Schlottke，1929

［89］99.6.3　草原硬蜱　*Ixodes crenulatus* Koch，1844

［90］99.6.8　全沟硬蜱　*Ixodes persulcatus* Schulze，1930

［91］99.7.3　短小扇头蜱　*Rhipicephalus pumilio* Schulze，1935

［92］99.7.5　血红扇头蜱　*Rhipicephalus sanguineus* Latreille，1806

［93］100.2.1　兔嗜血虱　*Haemodipsus ventricosus* Denny，1842

［94］107.1.5　黑腹胃蝇（蛆）　*Gasterophilus pecorum* Fabricius，1794

［95］121.1.1　不等单蚤　*Monopsyllus anisus* Rothschild，1907

［96］122.1.1　尖突无节蚤　*Catallagia ioffi* Scalon，1950

267

[97] 123.1.1　长鬃蝠蚤　*Ischnopsyllus comans* Jordan et Rothschild，1921

[98] 124.1.1　缓慢细蚤　*Leptopsylla segnis* Schönherr，1811

[99] 125.1.2　猫栉首蚤　*Ctenocephalide felis* Bouche，1835

[100] 125.2.1　禽角头蚤　*Echidnophaga gallinacea* Westwood，1875

[101] 125.3.1　水武蚤宽指亚种　*Euchoplopsyllus glacialis profugus* Jordan，1925

[102] 125.5.1　印鼠客蚤　*Xenopsylla cheopis* Rothschild，1903

[103] 127.1.1　锯齿舌形虫　*Linguatula serrata* Fröhlich，1789

鸡寄生虫种名
Species of Parasites in Chicken

原虫　Protozoon

[1] 3.2.3　鸡锥虫　*Trypanosoma gallinarum* Bruce，Hammerton，Bateman，*et al*，1911

[2] 4.1.1　火鸡组织滴虫　*Histomonas meleagridis* Tyzzer，1920

[3] 5.2.2　鸡毛滴虫　*Trichomonas gallinae*（Rivolta，1878）Stabler，1938

[4] 6.1.2　贝氏隐孢子虫　*Cryptosporidium baileyi* Current，Upton et Haynes，1986

[5] 6.1.7　火鸡隐孢子虫　*Cryptosporidium meleagridis* Slavin，1955

[6] 7.2.2　堆型艾美耳球虫　*Eimeria acervulina* Tyzzer，1929

[7] 7.2.19　布氏艾美耳球虫　*Eimeria brunetti* Levine，1942

[8] 7.2.48　哈氏艾美耳球虫　*Eimeria hagani* Levine，1938

[9] 7.2.67　巨型艾美耳球虫　*Eimeria maxima* Tyzzer，1929

[10] 7.2.69　和缓艾美耳球虫　*Eimeria mitis* Tyzzer，1929

[11] 7.2.70　变位艾美耳球虫　*Eimeria mivati* Edgar et Siebold，l964

[12] 7.2.72　毒害艾美耳球虫　*Eimeria necatrix* Johnson，1930

[13] 7.2.90　早熟艾美耳球虫　*Eimeria praecox* Johnson，1930

[14] 7.2.107　柔嫩艾美耳球虫　*Eimeria tenella*（Railliet et Lucet，1891）Fantham，1909

[15] 7.3.7　鸡等孢球虫　*Isospora gallinae* Scholtyseck，1954

[16] 7.3.9　拉氏等孢球虫　*Isospora lacazei* Labbe，1893

[17] 8.1.1　卡氏住白细胞虫　*Leucocytozoon caulleryii* Mathis et Léger，1909

[18] 8.1.2　沙氏住白细胞虫　*Leucocytozoon sabrazesi* Mathis et Léger，1910

[19] 9.1.1　鸡疟原虫　*Plasmodium gallinaceum* Brumpt，1935

[20] 10.4.1　龚地弓形虫　*Toxoplasma gondii*（Nicolle et Manceaux，1908）Nicolle et Manceaux，1909

绦虫　Cestode

[21] 16.1.1　双性孔卡杜绦虫　*Cotugnia digonopora* Pasquale, 1890

[22] 16.1.2　台湾卡杜绦虫　*Cotugnia taiwanensis* Yamaguti, 1935

[23] 16.2.1　安德烈戴维绦虫　*Davainea andrei* Fuhrmann, 1933

[24] 16.2.2　火鸡戴维绦虫　*Davainea meleagridis* Jones, 1936

[25] 16.2.3　原节戴维绦虫　*Davainea proglottina* (Davaine, 1860) Blanchard, 1891

[26] 16.3.2　椎体瑞利绦虫　*Raillietina centuri* Rigney, 1943

[27] 16.3.3　有轮瑞利绦虫　*Raillietina cesticillus* Molin, 1858

[28] 16.3.4　棘盘瑞利绦虫　*Raillietina echinobothrida* Megnin, 1881

[29] 16.3.5　乔治瑞利绦虫　*Raillietina georgiensis* Reid et Nugara, 1961

[30] 16.3.6　大珠鸡瑞利绦虫　*Raillietina magninumida* Jones, 1930

[31] 16.3.8　穿孔瑞利绦虫　*Raillietina penetrans* Baczynska, 1914

[32] 16.3.9　多沟瑞利绦虫　*Raillietina pluriuneinata* Baer, 1925

[33] 16.3.10　兰氏瑞利绦虫　*Raillietina ransomi* William, 1931

[34] 16.3.11　山东瑞利绦虫　*Raillietina shantungensis* Winfield et Chang, 1936

[35] 16.3.12　四角瑞利绦虫　*Raillietina tetragona* Molin, 1858

[36] 16.3.13　似四角瑞利绦虫　*Raillietina tetragonoides* Baer, 1925

[37] 16.3.14　尿胆瑞利绦虫　*Raillietina urogalli* Modeer, 1790

[38] 16.3.15　威廉瑞利绦虫　*Raillietina williamsi* Fuhrmann, 1932

[39] 17.1.1　楔形变带绦虫　*Amoebotaenia cuneata* von Linstow, 1872

[40] 17.1.2　福氏变带绦虫　*Amoebotaenia fuhrmanni* Tseng, 1932

[41] 17.1.3　少睾变带绦虫　*Amoebotaenia oligorchis* Yamaguti, 1935

[42] 17.1.4　北京变带绦虫　*Amoebotaenia pekinensis* Tseng, 1932

[43] 17.1.5　有刺变带绦虫　*Amoebotaenia spinosa* Yamaguti, 1956

[44] 17.1.6　热带变带绦虫　*Amoebotaenia tropica* Hüsi, 1956

[45] 17.2.1　带状漏带绦虫　*Choanotaenia cingulifera* Krabbe, 1869

[46] 17.2.2　漏斗漏带绦虫　*Choanotaenia infundibulum* Bloch, 1779

[47] 17.2.3　小型漏带绦虫　*Choanotaenia parvus* Lu, Li et Liao, 1989

[48] 17.5.1　贝氏不等缘绦虫　*Imparmargo baileyi* Davidson, Doster et Prestwood, 1974

[49] 17.6.1　纤毛菱吻绦虫　*Unciunia ciliata* (Fuhrmann, 1913) Metevosyan, 1963

[50] 19.2.2　福建单睾绦虫　*Aploparaksis fukinensis* Lin, 1959

[51] 19.2.3　叉棘单睾绦虫　*Aploparaksis furcigera* Rudolphi, 1819

[52] 19.2.4　秧鸡单睾绦虫　*Aploparaksis porzana* Dubinina, 1953

[53] 19.3.1　大头腔带绦虫　*Cloacotaenia megalops* Nitzsch in Creplin, 1829

[54] 19.4.2　冠状双盔带绦虫　*Dicranotaenia coronula* (Dujardin, 1845) Railliet, 1892

[55] 19.5.1　包氏类双壳绦虫　*Dilepidoides bauchei* Joyeux, 1924

[56] 19.6.1　美洲双睾绦虫　*Diorchis americanus* Ransom, 1909

[57] 19.6.7　秋沙鸭双睾绦虫　*Diorchis nyrocae* Yamaguti, 1935

[58] 19.7.1　矛形剑带绦虫　*Drepanidotaenia lanceolata* Bloch, 1782

269

［59］19.7.2　普氏剑带绦虫　*Drepanidotaenia przewalskii* Skrjabin，1914

［60］19.8.1　罗斯棘叶绦虫　*Echinocotyle rosseteri* Blanchard，1891

［61］19.9.1　致疡棘壳绦虫　*Echinolepis carioca*（Magalhaes，1898）Spasskii et Spasskaya，1954

［62］19.10.2　片形缝缘绦虫　*Fimbriaria fasciolaris* Pallas，1781

［63］19.11.1　西顺西壳绦虫　*Hispaniolepis tetracis* Cholodkowsky，1906

［64］19.12.2　鸭膜壳绦虫　*Hymenolepis anatina* Krabbe，1869

［65］19.12.5　包成膜壳绦虫　*Hymenolepis bauchei* Joyeux，1924

［66］19.12.6　分枝膜壳绦虫　*Hymenolepis cantaniana* Polonio，1860

［67］19.12.7　鸡膜壳绦虫　*Hymenolepis carioca* Magalhaes，1898

［68］19.12.12　纤细膜壳绦虫　*Hymenolepis gracilis*（Zeder，1803）Cohn，1901

［69］19.12.16　三睾膜壳绦虫　*Hymenolepis tristesticulata* Fuhrmann，1907

［70］19.12.17　美丽膜壳绦虫　*Hymenolepis venusta*（Rosseter，1897）López-Neyra，1942

［71］19.13.1　纤小膜钩绦虫　*Hymenosphenacanthus exiguus* Yoshida，1910

［72］19.15.2　线样微吻绦虫　*Microsomacanthus carioca* Magalhaes，1898

［73］19.15.3　领襟微吻绦虫　*Microsomacanthus collaris* Batsch，1788

［74］19.15.9　微小微吻绦虫　*Microsomacanthus microps* Diesing，1850

［75］19.15.12　副小体微吻绦虫　*Microsomacanthus paramicrosoma* Gasowska，1931

［76］19.15.13　蛇形微吻绦虫　*Microsomacanthus serpentulus* Schrank，1788

［77］19.19.1　弱小网宫绦虫　*Retinometra exiguus*（Yashida，1910）Spassky，1955

［78］19.19.4　美彩网宫绦虫　*Retinometra venusta*（Rosseter，1897）Spassky，1955

［79］19.20.1　矮小啮壳绦虫　*Rodentolepis nana*（Siebold，1852）Spasskii，1954

［80］19.21.4　纤细幼钩绦虫　*Sobolevicanthus gracilis* Zeder，1803

［81］19.21.6　八幼钩绦虫　*Sobolevicanthus octacantha* Krabbe，1869

［82］19.22.1　坎塔尼亚隐壳绦虫　*Staphylepis cantaniana* Polonio，1860

［83］19.22.3　朴实隐壳绦虫　*Staphylepis rustica* Meggitt，1926

［84］19.23.1　刚刺柴壳绦虫　*Tschertkovilepis setigera* Froelich，1789

［85］19.24.1　变异变壳绦虫　*Variolepis variabilis* Mayhew，1925

［86］21.4.1.1　细颈囊尾蚴　*Cysticercus tenuicollis* Rudolphi，1810

［87］22.3.1.1　孟氏裂头蚴　*Sparganum mansoni* Joyeux，1928

吸虫　Trematode

［88］23.1.1　枪头棘隙吸虫　*Echinochasmus beleocephalus* Dietz，1909

［89］23.1.4　日本棘隙吸虫　*Echinochasmus japonicus* Tanabe，1926

［90］23.1.5　藐小棘隙吸虫　*Echinochasmus liliputanus* Looss，1896

［91］23.2.2　刀形棘缘吸虫　*Echinoparyphium bioccalerouxi* Dollfus，1953

［92］23.2.4　带状棘缘吸虫　*Echinoparyphium cinctum* Rudolphi，1802

［93］23.2.6　鸡棘缘吸虫　*Echinoparyphium gallinarum* Wang，1976

［94］23.2.12　微小棘缘吸虫　*Echinoparyphium minor*（Hsu，1936）Skrjabin et Baschkirova，1956

［134］29.1.3　尖尾光隙吸虫　*Psilochasmus oxyurus*（Creplin，1825）Lühe，1909

［135］29.3.3　福建光孔吸虫　*Psilotrema fukienensis* Lin et Chen，1978

［136］29.3.4　似光孔吸虫　*Psilotrema simillimum*（Mühling，1898）Odhner，1913

［137］29.4.1　球形球孔吸虫　*Sphaeridiotrema globulus*（Rudolphi，1814）Odhner，1913

［138］29.4.2　单睾球孔吸虫　*Sphaeridiotrema monorchis* Lin et Chen，1983

［139］30.3.1　凹形隐叶吸虫　*Cryptocotyle concavum*（Creplin，1825）Fischoeder，1903

［140］30.3.2　东方隐叶吸虫　*Cryptocotyle orientalis* Lühe，1899

［141］30.8.1　陈氏原角囊吸虫　*Procerovum cheni* Hsu，1950

［142］31.1.1　鸭对体吸虫　*Amphimerus anatis* Yamaguti，1933

［143］31.1.2　长对体吸虫　*Amphimerus elongatus* Gower，1938

［144］31.4.1　天鹅真对体吸虫　*Euamphimerus cygnoides* Ogata，1942

［145］31.5.3　东方次睾吸虫　*Metorchis orientalis* Tanabe，1921

［146］31.5.6　台湾次睾吸虫　*Metorchis taiwanensis* Morishita et Tsuchimochi，1925

［147］31.5.7　黄体次睾吸虫　*Metorchis xanthosomus*（Creplin，1841）Braun，1902

［148］31.7.1　鸭后睾吸虫　*Opisthorchis anatinus* Wang，1975

［149］31.7.5　似后睾吸虫　*Opisthorchis simulans* Looss，1896

［150］31.7.6　细颈后睾吸虫　*Opisthorchis tenuicollis* Rudolphi，1819

［151］33.2.1　勃氏顿水吸虫　*Tanaisia bragai* Santos，1934

［152］39.1.1　鸭前殖吸虫　*Prosthogonimus anatinus* Markow，1903

［153］39.1.2　布氏前殖吸虫　*Prosthogonimus brauni* Skrjabin，1919

［154］39.1.4　楔形前殖吸虫　*Prosthogonimus cuneatus* Braun，1901

［155］39.1.5　窦氏前殖吸虫　*Prosthogonimus dogieli* Skrjabin，1916

［156］39.1.6　鸡前殖吸虫　*Prosthogonimus gracilis* Skrjabin et Baskakov，1941

［157］39.1.7　霍鲁前殖吸虫　*Prosthogonimus horiuchii* Morishita et Tsuchimochi，1925

［158］39.1.9　日本前殖吸虫　*Prosthogonimus japonicus* Braun，1901

［159］39.1.12　巨腹盘前殖吸虫　*Prosthogonimus macroacetabulus* Chauhan，1940

［160］39.1.13　巨睾前殖吸虫　*Prosthogonimus macrorchis* Macy，1934

［161］39.1.16　卵圆前殖吸虫　*Prosthogonimus ovatus* Lühe，1899

［162］39.1.17　透明前殖吸虫　*Prosthogonimus pellucidus* Braun，1901

［163］39.1.18　鲁氏前殖吸虫　*Prosthogonimus rudolphii* Skrjabin，1919

［164］39.1.19　中华前殖吸虫　*Prosthogonimus sinensis* Ku，1941

［165］39.1.20　斯氏前殖吸虫　*Prosthogonimus skrjabini* Zakharov，1920

［166］39.1.22　卵黄前殖吸虫　*Prosthogonimus vitellatus* Nicoll，1915

［167］40.1.1　普通短咽吸虫　*Brachylaima commutatum* Diesing，1858

［168］40.1.2　叶睾短咽吸虫　*Brachylaima horizawai* Osaki，1925

［169］40.2.1　越南后口吸虫　*Postharmostomum annamense* Railliet，1924

［170］40.2.2　鸡后口吸虫　*Postharmostomum gallinum* Witenberg，1923

［171］40.2.3　夏威夷后口吸虫　*Postharmostomum hawaiiensis* Guberlet，1928

［172］41.1.3　纺锤杯叶吸虫　*Cyathocotyle fusa* Ishii et Matsuoka，1935

［173］41.1.5　鲁氏杯叶吸虫　*Cyathocotyle lutzi*（Faust et Tang，1938）Tschertkova，1959

［174］41.1.6　东方杯叶吸虫　*Cyathocotyle orientalis* Faust，1922

［175］41.2.2　柳氏全冠吸虫　*Holostephanus lutzi* Faust et Tung，1936

［176］46.1.1　圆头异幻吸虫　*Apatemon globiceps* Dubois，1937

［177］46.1.2　优美异幻吸虫　*Apatemon gracilis*（Rudolphi，1819）Szidat，1928

［178］46.1.4　小异幻吸虫　*Apatemon minor* Yamaguti，1933

［179］46.3.1　角杯尾吸虫　*Cotylurus cornutus*（Rudolphi，1808）Szidat，1928

［180］46.3.3　日本杯尾吸虫　*Cotylurus japonicus* Ishii，1932

［181］47.1.1　舟形嗜气管吸虫　*Tracheophilus cymbius*（Diesing，1850）Skrjabin，1913

［182］47.1.3　西氏嗜气管吸虫　*Tracheophilus sisowi* Skrjabin，1913

线虫　Nematode

［183］49.1.3　鸽禽蛔虫　*Ascaridia columbae*（Gmelin，1790）Travassos，1913

［184］49.1.4　鸡禽蛔虫　*Ascaridia galli*（Schrank，l788）Freeborn，1923

［185］51.2.1　切形胃瘤线虫　*Eustrongylides excisus* Jagerskiold，1909

［186］51.3.1　三色棘首线虫　*Hystrichis tricolor* Dujardin，1845

［187］52.6.1　海氏辛格丝虫　*Singhfilaria hayesi* Anderson et Prestwood，1969

［188］52.6.2　云南辛格丝虫　*Singhfilaria yinnansis* Xei，Huang，Li，*et al.*，1993

［189］53.1.1　谢氏丝虫　*Filaria seguini*（Mathis et Leger，1909）Neveu-Lemaire，1912

［190］56.1.1　短刺同刺线虫　*Ganguleterakis brevispiculum* Gendre，1911

［191］56.1.2　异形同刺线虫　*Ganguleterakis dispar*（Schrank，1790）Dujardin，1845

［192］56.2.1　贝拉异刺线虫　*Heterakis beramporia* Lane，1914

［193］56.2.2　鸟异刺线虫　*Heterakis bonasae* Cram，1927

［194］56.2.3　短尾异刺线虫　*Heterakis caudebrevis* Popova，1949

［195］56.2.4　鸡异刺线虫　*Heterakis gallinarum*（Schrank，1788）Freeborn，1923

［196］56.2.5　合肥异刺线虫　*Heterakis hefeiensis* Lu，Li et Liao，1989

［197］56.2.6　印度异刺线虫　*Heterakis indica* Maplestone，1932

［198］56.2.7　岭南异刺线虫　*Heterakis lingnanensis* Li，1933

［199］56.2.8　火鸡异刺线虫　*Heterakis meleagris* Hsü，1957

［200］56.2.9　巴氏异刺线虫　*Heterakis parisi* Blanc，1913

［201］56.2.10　小异刺线虫　*Heterakis parva* Maplestone，1931

［202］56.2.11　满陀异刺线虫　*Heterakis putaustralis* Lane，1914

［203］56.2.12　颜氏异刺线虫　*Heterakis yani* Hsu，1960

［204］58.1.1　四川鸟龙线虫　*Avioserpens sichuanensis* Li *et al*，1964

［205］60.1.1　鸡类圆线虫 *Strongyloides avium* Cram，1929

［206］61.1.1　鸡锐形线虫　*Acuaria gallinae* Hsu，1959

［207］61.1.2　钩状锐形线虫　*Acuaria hamulosa* Diesing，1851

［208］61.1.3　旋锐形线虫　*Acuaria spiralis*（Molin，1858）Railliet，Henry et Sisott，1912

［209］61.2.1　长鼻咽饰带线虫　*Dispharynx nasuta*（Rudolphi，1819）Railliet，Henry et Sisoff，1912

[210] 61.3.1　钩状棘结线虫　*Echinuria uncinata*（Rudolphi，1819）Soboview，1912

[211] 61.7.1　厚尾束首线虫　*Streptocara crassicauda* Creplin，1829

[212] 61.7.2　梯状束首线虫　*Streptocara pectinifera* Neumann，1900

[213] 63.1.1　嗉囊筒线虫　*Gongylonema ingluvicola* Ransom，1904

[214] 68.1.1　美洲四棱线虫　*Tetrameres americana* Cram，1927

[215] 68.1.2　克氏四棱线虫　*Tetrameres crami* Swales，1933

[216] 68.1.3　分棘四棱线虫　*Tetrameres fissispina* Diesing，1861

[217] 68.1.4　黑根四棱线虫　*Tetrameres hagenbecki* Travassos et Vogelsang，1930

[218] 68.1.5　莱氏四棱线虫　*Tetrameres ryjikovi* Chuan，1961

[219] 69.1.1　孟氏尖旋线虫　*Oxyspirura mansoni*（Cobbold，1879）Ransom，1904

[220] 70.1.3　鹅裂口线虫　*Amidostomum anseris* Zeder，1800

[221] 70.2.1　鸭瓣口线虫　*Epomidiostomum anatinum* Skrjabin，1915

[222] 81.2.1　斯氏比翼线虫　*Syngamus skrjabinomorpha* Ryzhikov，1949

[223] 81.2.2　气管比翼线虫　*Syngamus trachea* von Siebold，1836

[224] 82.10.1　四射鸟圆线虫　*Ornithostrongylus quadriradiatus*（Stevenson，1904）Travassos，1914

[225] 83.1.6　膨尾毛细线虫　*Capillaria caudinflata*（Molin，1858）Travassos，1915

[226] 83.1.11　封闭毛细线虫　*Capillaria obsignata* Madsen，1945

[227] 83.2.1　环纹优鞘线虫　*Eucoleus annulatum*（Molin，1858）López-Neyra，1946

[228] 83.4.1　鸭纤形线虫　*Thominx anatis* Schrank，1790

[229] 83.4.2　领襟纤形线虫　*Thominx collaris* Linstow，1873

[230] 83.4.3　捻转纤形线虫　*Thominx contorta*（Creplin，1839）Travassos，1915

[231] 83.4.4　鸡纤形线虫　*Thominx gallinae* Cheng，1982

[232] 83.4.5　雉纤形线虫　*Thominx phasianina* Kotlan，1940

棘头虫　Acanthocephalan

[233] 87.2.5　大多形棘头虫　*Polymorphus magnus* Skrjabin，1913

节肢动物　Arthropod

[234] 88.2.1　双梳羽管螨　*Syringophilus bipectinatus* Heller，1880

[235] 89.1.1　气囊胞螨　*Cytodites nudus* Vizioli，1870

[236] 91.1.1　禽皮膜螨　*Laminosioptes cysticola* Vizioli，1870

[237] 93.1.1.5　鸡足螨　*Chorioptes bovis* var. *gallinae*

[238] 95.1.1　鸡膝螨　*Cnemidocoptes gallinae* Railliet，1887

[239] 95.1.2　突变膝螨　*Cnemidocoptes mutans* Robin，1860

[240] 96.1.1　地理纤恙螨　*Leptotrombidium deliense* Walch，1922

[241] 96.2.1　鸡新棒螨　*Neoschoengastia gallinarum* Hatori，1920

[242] 97.1.1　波斯锐缘蜱　*Argas persicus* Oken，1818

[243] 97.1.2　翘缘锐缘蜱　*Argas reflexus* Fabricius，1794

[244] 97.1.3　普通锐缘蜱　*Argas vulgaris* Filippova，1961

[245] 97.2.1　拉合尔钝缘蜱　*Ornithodorus lahorensis* Neumann，1908

[246] 98.1.1　鸡皮刺螨　*Dermanyssus gallinae* De Geer，1778

[247] 98.2.2　囊禽刺螨　*Ornithonyssus bursa* Berlese，1888

[248] 98.2.3　林禽刺螨　*Ornithonyssus sylviarum* Canestrini et Fanzago，1877

[249] 99.4.3　二棘血蜱　*Haemaphysalis bispinosa* Neumann，1897

[250] 99.4.29　微型血蜱　*Haemaphysalis wellingtoni* Nuttall et Warburton，1908

[251] 99.6.2　嗜鸟硬蜱　*Ixodes arboricola* Schulze et Schlottke，1929

[252] 105.2.7　荒草库蠓　*Culicoides arakawae* Arakawa，1910

[253] 106.1.4　白纹伊蚊　*Aedes albopictus* Skuse，1894

[254] 106.3.4　骚扰阿蚊　*Armigeres subalbatus* Coquillett，1898

[255] 106.4.3　致倦库蚊　*Culex fatigans* Wiedemann，1828

[256] 106.4.24　尖音库蚊淡色亚种　*Culex pipiens pallens* Coquillett，1898

[257] 106.4.32　迷走库蚊　*Culex vagans* Wiedemann，1828

[258] 118.2.4　草黄鸡体羽虱　*Menacanthus stramineus* Nitzsch，1818

[259] 118.3.1　鸡羽虱　*Menopon gallinae* Linnaeus，1758

[260] 119.2.1　鸽羽虱　*Columbicola columbae* Linnaeus，1758

[261] 119.5.1　鸡圆羽虱　*Goniocotes gallinae* De Geer，1778

[262] 119.5.2　巨圆羽虱　*Goniocotes gigas* Taschenberg，1879

[263] 119.6.1　鸡角羽虱　*Goniodes dissimilis* Denny，1842

[264] 119.6.2　巨角羽虱　*Goniodes gigas* Taschenberg，1879

[265] 119.7.1　鸡翅长羽虱　*Lipeurus caponis* Linnaeus，1758

[266] 119.7.2　细长羽虱　*Lipeurus gallipavonis* Geoffroy，1762

[267] 119.7.3　广幅长羽虱　*Lipeurus heterographus* Nitzsch，1866

[268] 119.7.5　鸡长羽虱　*Lipeurus variabilis* Burmeister，1838

[269] 125.2.1　禽角头蚤　*Echidnophaga gallinacea* Westwood，1875

[270] 125.4.1　致痒蚤　*Pulex irritans* Linnaeus，1758

鸭寄生虫种名
Species of Parasites in Duck

原虫　Protozoon

[1] 5.1.1　鸭四毛滴虫　*Tetratrichomonas anatis* Kotlán，1923

[2] 6.1.2　贝氏隐孢子虫　*Cryptosporidium baileyi* Current，Upton et Haynes，1986

[3] 7.1　环孢子虫　*Cyclospora* Schneider，1881

[4] 7.2.1　阿布氏艾美耳球虫　*Eimeria abramovi* Svanbaev et Rakhmatullina，1967

[5] 7.2.6　鸭艾美耳球虫　*Eimeria anatis* Scholtyseck，1955

[6] 7.2.11　潜鸭艾美耳球虫　*Eimeria aythyae* Farr，1965

[7] 7.2.15　巴塔氏艾美耳球虫　*Eimeria battakhi* Dubey et Pande，1963

[8] 7.2.17　黑雁艾美耳球虫　*Eimeria brantae* Levine，1953

[9] 7.2.20　鹊鸭艾美耳球虫　*Eimeria bucephalae* Christiansen et Madsen，1948

[10] 7.2.33　丹氏艾美耳球虫　*Eimeria danailovi* Gräfner，Graubmann et Betke，1965

[11] 7.2.59　克氏艾美耳球虫　*Eimeria krylovi* Svanbaev et Rakhmatullina，1967

[12] 7.2.77　秋沙鸭艾美耳球虫　*Eimeria nyroca* Svanbaev et Rakhmatullina，1967

[13] 7.2.94　萨塔姆艾美耳球虫　*Eimeria saitamae* Inoue，1967

[14] 7.2.96　沙赫达艾美耳球虫　*Eimeria schachdagica* Musaev，Surkova，Jelchiev，*et al.*，1966

[15] 7.2.100　绒鸭艾美耳球虫　*Eimeria somateriae* Christiansen，1952

[16] 7.3.9　拉氏等孢球虫　*Isospora lacazei* Labbe，1893

[17] 7.3.10　鸳鸯等孢球虫　*Isospora mandari* Bhatia，Chauhan，Arora，*et al.*，1971

[18] 7.4.1　艾氏泰泽球虫　*Tyzzeria alleni* Chakravarty et Basu，1947

[19] 7.4.3　棉凫泰泽球虫　*Tyzzeria chenicusae* Ray et Sarkar，1967

[20] 7.4.5　佩氏泰泽球虫　*Tyzzeria pellerdyi* Bhatia et Pande，1966

[21] 7.4.6　毁灭泰泽球虫　*Tyzzeria perniciosa* Allen，1936

[22] 7.5.1　鸭温扬球虫　*Wenyonella anatis* Pande，Bhatia et Srivastava，1965

[23] 7.5.2　盖氏温扬球虫　*Wenyonella gagari* Sarkar et Ray，1968

[24] 7.5.3　佩氏温扬球虫　*Wenyonella pellerdyi* Bhatia et Pande，1966

[25] 7.5.4　菲莱氏温扬球虫　*Wenyonella philiplevinei* Leibovitz，1968

[26] 8.1.2　沙氏住白细胞虫　*Leucocytozoon sabrazesi* Mathis et Léger，1910

[27] 10.4.1　龚地弓形虫　*Toxoplasma gondii*（Nicolle et Manceaux，1908）Nicolle et Manceaux，1909

绦虫　Cestode

[28] 16.1.1　双性孔卡杜绦虫　*Cotugnia digonopora* Pasquale，1890

[29] 16.1.2　台湾卡杜绦虫　*Cotugnia taiwanensis* Yamaguti，1935

[30] 16.2.1　安德烈戴维绦虫　*Davainea andrei* Fuhrmann，1933

[31] 16.2.3　原节戴维绦虫　*Davainea proglottina*（Davaine，1860）Blanchard，1891

[32] 16.3.2　椎体瑞利绦虫　*Raillietina centuri* Rigney，1943

[33] 16.3.3　有轮瑞利绦虫　*Raillietina cesticillus* Molin，1858

[34] 16.3.4　棘盘瑞利绦虫　*Raillietina echinobothrida* Megnin，1881

[35] 16.3.7　小钩瑞利绦虫　*Raillietina parviuncinata* Meggitt et Saw，1924

[36] 16.3.10　兰氏瑞利绦虫　*Raillietina ransomi* William，1931

[37] 16.3.12　四角瑞利绦虫　*Raillietina tetragona* Molin，1858

[38] 17.1.1　楔形变带绦虫　*Amoebotaenia cuneata* von Linstow，1872

[39] 17.2.2　漏斗漏带绦虫　*Choanotaenia infundibulum* Bloch，1779

[40] 17.6.1　纤毛萎吻绦虫　*Unciunia ciliata*（Fuhrmann，1913）Metevosyan，1963

276

［79］19.12.15　刺毛膜壳绦虫　*Hymenolepis setigera* Foelich，1789

［80］19.12.17　美丽膜壳绦虫　*Hymenolepis venusta*（Rosseter，1897）López-Neyra，1942

［81］19.13.1　纤小膜钩绦虫　*Hymenosphenacanthus exiguus* Yoshida，1910

［82］19.14.1　乌鸦梅休绦虫　*Mayhewia coroi*（Mayhew，1925）Yamaguti，1956

［83］19.14.2　蛇形梅休绦虫　*Mayhewia serpentulus*（Schrank，1788）Yamaguti，1956

［84］19.15.1　幼体微吻绦虫　*Microsomacanthus abortiva*（von Linstow，1904）López-Neyra，1942

［85］19.15.2　线样微吻绦虫　*Microsomacanthus carioca* Magalhaes，1898

［86］19.15.3　领襟微吻绦虫　*Microsomacanthus collaris* Batsch，1788

［87］19.15.4　狭窄微吻绦虫　*Microsomacanthus compressa*（Linton，1892）López-Neyra，1942

［88］19.15.5　鸭微吻绦虫　*Microsomacanthus corvi* Mayhew，1925

［89］19.15.6　福氏微吻绦虫　*Microsomacanthus fausti* Tseng-Sheng，1932

［90］19.15.7　彩鹬微吻绦虫　*Microsomacanthus fola* Meggitt，1933

［91］19.15.8　台湾微吻绦虫　*Microsomacanthus formosa*（Dubinina，1953）Yamaguti，1959

［92］19.15.10　小体微吻绦虫　*Microsomacanthus microsoma* Creplin，1829

［93］19.15.11　副狭窄微吻绦虫　*Microsomacanthus paracompressa*（Czaplinski，1956）Spasskaja et Spassky，1961

［94］19.15.12　副小体微吻绦虫　*Microsomacanthus paramicrosoma* Gasowska，1931

［95］19.16.1　领襟粘壳绦虫　*Myxolepis collaris*（Batsch，1786）Spassky，1959

［96］19.17.1　狭那壳绦虫　*Nadejdolepis compressa* Linton，1892

［97］19.17.2　长囊那壳绦虫　*Nadejdolepis longicirrosa* Fuhrmann，1906

［98］19.19.2　格兰网宫绦虫　*Retinometra giranensis*（Sugimoto，1934）Spassky，1963

［99］19.19.3　长茎网宫绦虫　*Retinometra longicirrosa*（Fuhrmann，1906）Spassky，1963

［100］19.19.4　美彩网宫绦虫　*Retinometra venusta*（Rosseter，1897）Spassky，1955

［101］19.21.1　杜撰幼钩绦虫　*Sobolevicanthus dafilae* Polk，1942

［102］19.21.2　丝形幼钩绦虫　*Sobolevicanthus filumferens*（Brock，1942）Yamaguti，1959

［103］19.21.3　采幼钩绦虫　*Sobolevicanthus fragilis* Krabbe，1869

［104］19.21.4　纤细幼钩绦虫　*Sobolevicanthus gracilis* Zeder，1803

［105］19.21.5　鞭毛形幼钩绦虫　*Sobolevicanthus mastigopraedita* Polk，1942

［106］19.21.6　八幼钩绦虫　*Sobolevicanthus octacantha* Krabbe，1869

［107］19.22.1　坎塔尼亚隐壳绦虫　*Staphylepis cantaniana* Polonio，1860

［108］19.22.2　达菲隐壳绦虫　*Staphylepis dafilae* Polk，1924

［109］19.22.3　朴实隐壳绦虫　*Staphylepis rustica* Meggitt，1926

［110］19.23.1　刚刺柴壳绦虫　*Tschertkovilepis setigera* Froelich，1789

［111］19.24.1　变异变壳绦虫　*Variolepis variabilis* Mayhew，1925

［112］21.4.1.1　细颈囊尾蚴　*Cysticercus tenuicollis* Rudolphi，1810

［113］22.2.1　肠舌状绦虫　*Ligula intestinalis* Linnaeus，1758

［114］22.3.1.1　孟氏裂头蚴　*Sparganum mansoni* Joyeux，1928

278

吸虫　**Trematode**

[115] 23.1.1　枪头棘隙吸虫　*Echinochasmus beleocephalus* Dietz，1909

[116] 23.1.4　日本棘隙吸虫　*Echinochasmus japonicus* Tanabe，1926

[117] 23.1.5　藐小棘隙吸虫　*Echinochasmus liliputanus* Looss，1896

[118] 23.1.10　叶形棘隙吸虫　*Echinochasmus perfoliatus*（Ratz，1908）Gedoelst，1911

[119] 23.2.1　棒状棘缘吸虫　*Echinoparyphium baculus*（Diesing，1850）Lühe，1909

[120] 23.2.3　中国棘缘吸虫　*Echinoparyphium chinensis* Ku，Li et Zhu，1964

[121] 23.2.4　带状棘缘吸虫　*Echinoparyphium cinctum* Rudolphi，1802

[122] 23.2.5　美丽棘缘吸虫　*Echinoparyphium elegans* Looss，1899

[123] 23.2.7　赣江棘缘吸虫　*Echinoparyphium ganjiangensis* Wang，1985

[124] 23.2.9　柯氏棘缘吸虫　*Echinoparyphium koidzumii* Tsuchimochi，1924

[125] 23.2.10　隆回棘缘吸虫　*Echinoparyphium longhuiense* Ye et Cheng，1994

[126] 23.2.11　小睾棘缘吸虫　*Echinoparyphium microrchis* Ku，Pan，Chiu，*et al.*，1973

[127] 23.2.12　微小棘缘吸虫　*Echinoparyphium minor*（Hsu，1936）Skrjabin et Baschki-
　　　　　　　　rova，1956

[128] 23.2.14　圆睾棘缘吸虫　*Echinoparyphium nordiana* Baschirova，1941

[129] 23.2.15　曲颈棘缘吸虫　*Echinoparyphium recurvatum*（Linstow，1873）Lühe，1909

[130] 23.2.18　西西伯利亚棘缘吸虫　*Echinoparyphium westsibiricum* Issaitschikoff，1924

[131] 23.2.19　湘中棘缘吸虫　*Echinoparyphium xiangzhongense* Ye et Cheng，1994

[132] 23.3.3　豆雁棘口吸虫　*Echinostoma anseris* Yamaguti，1939

[133] 23.3.4　班氏棘口吸虫　*Echinostoma bancrofti* Johntson，1928

[134] 23.3.6　裂隙棘口吸虫　*Echinostoma chasma* Lal，1939

[135] 23.3.8　连合棘口吸虫　*Echinostoma coalitum* Barher et Beaver，1915

[136] 23.3.9　大带棘口吸虫　*Echinostoma discinctum* Dietz，1909

[137] 23.3.10　杭州棘口吸虫　*Echinostoma hangzhouensis* Zhang，Pan et Chen，1986

[138] 23.3.12　林杜棘口吸虫　*Echinostoma lindoensis* Sandground et Bonne，1940

[139] 23.3.15　宫川棘口吸虫　*Echinostoma miyagawai* Ishii，1932

[140] 23.3.16　鼠棘口吸虫　*Echinostoma murinum* Tubangui，1931

[141] 23.3.17　圆睾棘口吸虫　*Echinostoma nordiana* Baschirova，1941

[142] 23.3.19　接睾棘口吸虫　*Echinostoma paraulum* Dietz，1909

[143] 23.3.20　北京棘口吸虫　*Echinostoma pekinensis* Ku，1937

[144] 23.3.22　卷棘口吸虫　*Echinostoma revolutum*（Fröhlich，1802）Looss，1899

[145] 23.3.23　强壮棘口吸虫　*Echinostoma robustum* Yamaguti，1935

[146] 23.3.24　小鸭棘口吸虫　*Echinostoma rufinae* Kurova，1927

[147] 23.3.25　史氏棘口吸虫　*Echinostoma stromi* Baschkirova，1946

[148] 23.3.26　特氏棘口吸虫　*Echinostoma travassosi* Skrjabin，1924

[149] 23.3.27　肥胖棘口吸虫　*Echinostoma uitalica* Gagarin，1954

[150] 23.6.1　似锥低颈吸虫　*Hypoderaeum conoideum*（Bloch，1782）Dietz，1909

[151] 23.6.2　格氏低颈吸虫　*Hypoderaeum gnedini* Baschkirova，1941

［152］23.6.3　滨鹬低颈吸虫　*Hypoderaeum vigi* Baschkirova，1941

［153］23.9.2　辐射缘口吸虫　*Paryphostomum radiatum* Dujardin，1845

［154］23.10.1　二叶冠缝吸虫　*Patagifer bilobus*（Rudolphi，1819）Dietz，1909

［155］23.10.2　少棘冠缝吸虫　*Patagifer parvispinosus* Yamaguti，1933

［156］23.11.1　彼氏钉形吸虫　*Pegosomum petrovi* Kurashvili，1949

［157］23.11.2　有棘钉形吸虫　*Pegosomum spiniferum* Ratz，1903

［158］23.12.1　长茎锥棘吸虫　*Petasiger longicirratus* Ku，1938

［159］23.12.2　光洁锥棘吸虫　*Petasiger nitidus* Linton，1928

［160］23.13.1　伪棘冠孔吸虫　*Stephanoprora pseudoechinatus*（Olsson，1876）Dietz，1909

［161］26.1.1　中华下殖吸虫　*Catatropis chinensis* Lai，Sha，Zhang，*et al*，1984

［162］26.1.2　印度下殖吸虫　*Catatropis indica* Srivastava，1935

［163］26.1.3　多疣下殖吸虫　*Catatropis verrucosa*（Frolich，1789）Odhner，1905

［164］26.2.2　纤细背孔吸虫　*Notocotylus attenuatus*（Rudolphi，1809）Kossack，1911

［165］26.2.3　巴氏背孔吸虫　*Notocotylus babai* Bhalerao，1935

［166］26.2.4　雪白背孔吸虫　*Notocotylus chions* Baylis，1928

［167］26.2.5　塞纳背孔吸虫　*Notocotylus ephemera*（Nitzsch，1807）Harwood，1939

［168］26.2.7　徐氏背孔吸虫　*Notocotylus hsui* Shen et Lung，1965

［169］26.2.8　鳞叠背孔吸虫　*Notocotylus imbricatus* Looss，1893

［170］26.2.9　肠背孔吸虫　*Notocotylus intestinalis* Tubangui，1932

［171］26.2.11　线样背孔吸虫　*Notocotylus linearis* Szidat，1936

［172］26.2.12　勒克瑙背孔吸虫　*Notocotylus lucknowenensis*（Lai，1935）Ruiz，1946

［173］26.2.13　大卵圆背孔吸虫　*Notocotylus magniovatus* Yamaguti，1934

［174］26.2.15　舟形背孔吸虫　*Notocotylus naviformis* Tubangui，1932

［175］26.2.18　波氏背孔吸虫　*Notocotylus porzanae* Harwood，1939

［176］26.2.20　西纳背孔吸虫　*Notocotylus seineti* Fuhrmann，1919

［177］26.2.21　斯氏背孔吸虫　*Notocotylus skrjabini* Ablasov，1953

［178］26.2.22　锥实螺背孔吸虫　*Notocotylus stagnicolae* Herber，1942

［179］26.2.24　乌尔斑背孔吸虫　*Notocotylus urbanensis*（Cort，1914）Harrah，1922

［180］26.4.1　鹊鸭同口吸虫　*Paramonostomum bucephalae* Yamaguti，1935

［181］26.4.2　卵形同口吸虫　*Paramonostomum ovatum* Hsu，1935

［182］27.13.1　新月形合叶吸虫　*Zygocotyle lunata* Diesing，1836

［183］28.1.1　安徽嗜眼吸虫　*Philophthalmus anhweiensis* Li，1965

［184］28.1.2　鹅嗜眼吸虫　*Philophthalmus anseri* Hsu，1982

［185］28.1.3　涉禽嗜眼吸虫　*Philophthalmus gralli* Mathis et Léger，1910

［186］28.1.4　广东嗜眼吸虫　*Philophthalmus guangdongnensis* Hsu，1982

［187］28.1.5　翡翠嗜眼吸虫　*Philophthalmus halcyoni* Baugh，1962

［188］28.1.6　赫根嗜眼吸虫　*Philophthalmus hegeneri* Penner et Fried，1963

［189］28.1.7　霍夫嗜眼吸虫　*Philophthalmus hovorkai* Busa，1956

［190］28.1.8　华南嗜眼吸虫　*Philophthalmus hwananensis* Hsu，1982

[268] 41.1.3 纺锤杯叶吸虫 *Cyathocotyle fusa* Ishii et Matsuoka，1935

[269] 41.1.4 印度杯叶吸虫 *Cyathocotyle indica* Mehra，1943

[270] 41.1.6 东方杯叶吸虫 *Cyathocotyle orientalis* Faust，1922

[271] 41.1.7 普鲁氏杯叶吸虫 *Cyathocotyle prussica* Muhling，1896

[272] 41.1.8 塞氏杯叶吸虫 *Cyathocotyle szidatiana* Faust et Tang，1938

[273] 41.2.1 库宁全冠吸虫 *Holostephanus curonensis* Szidat，1933

[274] 41.2.3 日本全冠吸虫 *Holostephanus nipponicus* Yamaguti，1939

[275] 42.1.1 巨睾环腔吸虫 *Cyclocoelum macrorchis* Harrah，1922

[276] 42.1.2 小口环腔吸虫 *Cyclocoelum microstomum*（Creplin，1829）Kossack，1911

[277] 42.1.3 多变环腔吸虫 *Cyclocoelum mutabile* Zeder，1800

[278] 42.1.4 伪小口环腔吸虫 *Cyclocoelum pseudomicrostomum* Harrah，1922

[279] 42.2.1 成都平体吸虫 *Hyptiasmus chenduensis* Zhang，Chen，Yang，*et al.*，1985

[280] 42.2.2 光滑平体吸虫 *Hyptiasmus laevigatus* Kossack，1911

[281] 42.2.3 四川平体吸虫 *Hyptiasmus sichuanensis* Zhang，Chen，Yang，*et al.*，1985

[282] 42.2.4 谢氏平体吸虫 *Hyptiasmus theodori* Witenberg，1928

[283] 42.3.1 马氏噬眼吸虫 *Ophthalmophagus magalhaesi* Travassos，1921

[284] 42.3.2 鼻噬眼吸虫 *Ophthalmophagus nasicola* Witenberg，1923

[285] 42.4.1 强壮前平体吸虫 *Prohyptiasmus robustus*（Stossich，1902）Witenberg，1923

[286] 42.6.1 伪连腺吸虫 *Uvitellina pseudocotylea* Witenberg，1923

[287] 44.1.1 鸟彩蚴吸虫 *Leucochloridium muscularae* Wu，1938

[288] 45.1.1 鸭枝毕吸虫 *Dendritobilharzia anatinarum* Cheatum，1941

[289] 45.4.1 集安毛毕吸虫 *Trichobilharzia jianensis* Liu，Chen，Jin，*et al.*，1977

[290] 45.4.2 眼点毛毕吸虫 *Trichobilharzia ocellata*（La Valette，1855）Brumpt，1931

[291] 45.4.3 包氏毛毕吸虫 *Trichobilharzia paoi*（K'ung，Wang et Chen，1960）Tang et Tang，1962

[292] 45.4.4 白眉鸭毛毕吸虫 *Trichobilharzia physellae*（Talbot，1936）Momullen et Beaver，1945

[293] 45.4.5 平南毛毕吸虫 *Trichobilharzia pingnana* Cai，Mo et Cai，1985

[294] 45.4.6 横川毛毕吸虫 *Trichobilharzia yokogawai* Oiso，1927

[295] 46.1.1 圆头异幻吸虫 *Apatemon globiceps* Dubois，1937

[296] 46.1.2 优美异幻吸虫 *Apatemon gracilis*（Rudolphi，1819）Szidat，1928

[297] 46.1.3 日本异幻吸虫 *Apatemon japonicus* Ishii，1934

[298] 46.1.4 小异幻吸虫 *Apatemon minor* Yamaguti，1933

[299] 46.1.5 透明异幻吸虫 *Apatemon pellucidus* Yamaguti，1933

[300] 46.2.1 角状缺咽吸虫 *Apharyngostrigea cornu*（Zeder，1800）Ciurea，1927

[301] 46.3.1 角杯尾吸虫 *Cotylurus cornutus*（Rudolphi，1808）Szidat，1928

[302] 46.3.2 扇形杯尾吸虫 *Cotylurus flabelliformis*（Faust，1917）Van Haitsma，1931

[303] 46.3.3 日本杯尾吸虫 *Cotylurus japonicus* Ishii，1932

[304] 46.3.4 平头杯尾吸虫 *Cotylurus platycephalus* Creplin，1825

［305］46. 4. 1　家鸭拟枭形吸虫　*Pseudostrigea anatis* Ku，Wu，Yen，*et al.*，1964

［306］46. 4. 2　隼拟枭形吸虫　*Pseudostrigea buteonis* Yamaguti，1933

［307］46. 4. 3　波阳拟枭形吸虫　*Pseudostrigea poyangensis* Wang et Zhou，1986

［308］46. 5. 1　枭形枭形吸虫　*Strigea strigis*（Schrank，1788）Abildgaard，1790

［309］47. 1. 1　舟形嗜气管吸虫　*Tracheophilus cymbius*（Diesing，1850）Skrjabin，1913

［310］47. 1. 2　肝嗜气管吸虫　*Tracheophilus hepaticus* Sugimoto，1919

［311］47. 1. 3　西氏嗜气管吸虫　*Tracheophilus sisowi* Skrjabin，1913

［312］47. 2. 1　胡瓜形盲腔吸虫　*Typhlocoelum cucumerinum*（Rudolphi，1809）Stossich，1902

线虫　Nematode

［313］49. 1. 1　鸭禽禽蛔虫　*Ascaridia anatis* Chen，1990

［314］49. 1. 4　鸡禽蛔虫　*Ascaridia galli*（Schrank，l788）Freeborn，1923

［315］51. 2. 1　切形胃瘤线虫　*Eustrongylides excisus* Jagerskiold，1909

［316］51. 2. 2　切形胃瘤线虫厦门变种　*Eustrongylides excisus* var. *amoyensis* Hoeppli，Hsu et Wu，1929

［317］51. 2. 3　秋沙胃瘤线虫　*Eustrongylides mergorum* Rudolphi，1809

［318］51. 3. 1　三色棘首线虫　*Hystrichis tricolor* Dujardin，1845

［319］56. 1. 1　短刺同刺线虫　*Ganguleterakis brevispiculum* Gendre，1911

［320］56. 1. 2　异形同刺线虫　*Ganguleterakis dispar*（Schrank，1790）Dujardin，1845

［321］56. 2. 1　贝拉异刺线虫　*Heterakis beramporia* Lane，1914

［322］56. 2. 4　鸡异刺线虫　*Heterakis gallinarum*（Schrank，1788）Freeborn，1923

［323］56. 2. 6　印度异刺线虫　*Heterakis indica* Maplestone，1932

［324］56. 2. 12　颜氏异刺线虫　*Heterakis yani* Hsu，1960

［325］58. 1. 1　四川鸟龙线虫　*Avioserpens sichuanensis* Li *et al*，1964

［326］58. 1. 2　台湾鸟龙线虫　*Avioserpens taiwana* Sugimoto，1934

［327］61. 1. 2　钩状锐形线虫　*Acuaria hamulosa* Diesing，1851

［328］61. 3. 1　钩状棘结线虫　*Echinuria uncinata*（Rudolphi，1819）Soboview，1912

［329］61. 5. 1　台湾副锐形线虫　*Paracuria formosensis* Sugimoto，1930

［330］61. 6. 1　寡乳突裂弧饰线虫　*Schistogendra oligopapillata* Zhang et An，2002

［331］61. 7. 1　厚尾束首线虫　*Streptocara crassicauda* Creplin，1829

［332］61. 7. 2　梯状束首线虫　*Streptocara pectinifera* Neumann，1900

［333］63. 1. 1　嗉囊筒线虫　*Gongylonema ingluvicola* Ransom，1904

［334］68. 1. 1　美洲四棱线虫　*Tetrameres americana* Cram，1927

［335］68. 1. 2　克氏四棱线虫　*Tetrameres crami* Swales，1933

［336］68. 1. 3　分棘四棱线虫　*Tetrameres fissispina* Diesing，1861

［337］68. 1. 4　黑根四棱线虫　*Tetrameres hagenbecki* Travassos et Vogelsang，1930

［338］68. 1. 5　莱氏四棱线虫　*Tetrameres ryjikovi* Chuan，1961

［339］69. 1. 1　孟氏尖旋线虫　*Oxyspirura mansoni*（Cobbold，1879）Ransom，1904

［340］70. 1. 1　锐形裂口线虫　*Amidostomum acutum*（Lundahl，1848）Seurat，1918

［341］70. 1. 2　小鸭裂口线虫　*Amidostomum anatinum* Sugimoto，1928

［342］70.1.3　鹅裂口线虫　*Amidostomum anseris* Zeder，1800

［343］70.1.4　鸭裂口线虫　*Amidostomum boschadis* Petrow et Fedjuschin，1949

［344］70.1.5　斯氏裂口线虫　*Amidostomum skrjabini* Boulenger，1926

［345］70.2.1　鸭瓣口线虫　*Epomidiostomum anatinum* Skrjabin，1915

［346］70.2.2　砂囊瓣口线虫　*Epomidiostomum petalum* Yen et Wu，1959

［347］70.2.3　斯氏瓣口线虫　*Epomidiostomum skrjabini* Petrow，1926

［348］70.2.4　钩刺瓣口线虫　*Epomidiostomum uncinatum*（Lundahl，1848）Seurat，1918

［349］70.2.5　中卫瓣口线虫　*Epomidiostomum zhongweiense* Li，Zhou et Li，1987

［350］81.2.1　斯氏比翼线虫　*Syngamus skrjabinomorpha* Ryzhikov，1949

［351］81.2.2　气管比翼线虫　*Syngamus trachea* von Siebold，1836

［352］83.1.2　环形毛细线虫　*Capillaria annulata*（Molin，1858）López-Neyra，1946

［353］83.1.6　膨尾毛细线虫　*Capillaria caudinflata*（Molin，1858）Travassos，1915

［354］83.1.11　封闭毛细线虫　*Capillaria obsignata* Madsen，1945

［355］83.2.1　环纹优鞘线虫　*Eucoleus annulatum*（Molin，1858）López-Neyra，1946

［356］83.2.2　捻转优鞘线虫　*Eucoleus contorta* Creplin，1839

［357］83.4.1　鸭纤形线虫　*Thominx anatis* Schrank，1790

［358］83.4.3　捻转纤形线虫　*Thominx contorta*（Creplin，1839）Travassos，1915

棘头虫　**Acanthocephalan**

［359］87.1.1　鸭细颈棘头虫　*Filicollis anatis* Schrank，1788

［360］87.2.1　腊肠状多形棘头虫　*Polymorphus botulus* Van Cleave，1916

［361］87.2.2　重庆多形棘头虫　*Polymorphus chongqingensis* Liu，Zhang et Zhang，1990

［362］87.2.3　双扩多形棘头虫　*Polymorphus diploinflatus* Lundström，1942

［363］87.2.4　台湾多形棘头虫　*Polymorphus formosus* Schmidt et Kuntz，1967

［364］87.2.5　大多形棘头虫　*Polymorphus magnus* Skrjabin，1913

［365］87.2.6　小多形棘头虫　*Polymorphus minutus* Zeder，1800

［366］87.2.7　四川多形棘头虫　*Polymorphus sichuanensis* Wang et Zhang，1987

节肢动物　**Arthropod**

［367］88.2.1　双梳羽管螨　*Syringophilus bipectinatus* Heller，1880

［368］91.1.1　禽皮膜螨　*Laminosioptes cysticola* Vizioli，1870

［369］96.2.1　鸡新棒螨　*Neoschoengastia gallinarum* Hatori，1920

［370］105.2.7　荒草库蠓　*Culicoides arakawae* Arakawa，1910

［371］106.4.1　麻翅库蚊　*Culex bitaeniorhynchus* Giles，1901

［372］106.4.3　致倦库蚊　*Culex fatigans* Wiedemann，1828

［373］106.4.32　迷走库蚊　*Culex vagans* Wiedemann，1828

［374］118.1.1　黑水鸡胸首羽虱　*Colpocephalum gallinulae* Uchida，1926

［375］118.2.1　鹅小耳体羽虱　*Menacanthus angeris* Yan et Liao，1993

［376］118.2.3　矮脚鸭禽体羽虱　*Menacanthus microsceli* Uchida，1926

［377］118.3.1　鸡羽虱　*Menopon gallinae* Linnaeus，1758

［378］118.3.2　鸭浣羽虱　*Menopon leucoxanthum* Burmeister，1838

［379］118.4.1　鹅巨羽虱　*Trinoton anserinum* Fabricius，1805

［380］118.4.2　斑巨羽虱　*Trinoton lituratum* Burmeister，1838

［381］118.4.3　鸭巨羽虱　*Trinoton querquedulae* Linnaeus，1758

［382］119.1.1　广口鹅鸭羽虱　*Anatoecus dentatus* Scopoli，1763

［383］119.3.1　黄色柱虱　*Docophorus icterodes* Nitzsch，1818

［384］119.4.1　鹅啮羽虱　*Esthiopterum anseris* Linnaeus，1758

［385］119.4.2　圆鸭啮羽虱　*Esthiopterum crassicorne* Scopoli，1763

［386］119.7.1　鸡翅长羽虱　*Lipeurus caponis* Linnaeus，1758

［387］119.7.4　鸭长羽虱　*Lipeurus squalidus* Nitzsch，1818

鹅寄生虫种名
Species of Parasites in Goose

原虫　Protozoon

［1］6.1.2　贝氏隐孢子虫　*Cryptosporidium baileyi* Current，Upton et Haynes，1986

［2］7.2.7　鹅艾美耳球虫　*Eimeria anseris* Kotlán，1932

［3］7.2.29　克拉氏艾美耳球虫　*Eimeria clarkei* Hanson，Levine et Ivens，1957

［4］7.2.39　法氏艾美耳球虫　*Eimeria farrae* Hanson，Levine et Ivens，1957

［5］7.2.42　棕黄艾美耳球虫　*Eimeria fulva* Farr，1953

［6］7.2.49　赫氏艾美耳球虫　*Eimeria hermani* Farr，1953

［7］7.2.58　柯特兰氏艾美耳球虫　*Eimeria kotlani* Gräfner et Graubmann，1964

［8］7.2.64　大唇艾美耳球虫　*Eimeria magnalabia* Levine，1951

［9］7.2.76　有害艾美耳球虫　*Eimeria nocens* Kotlán，1933

［10］7.2.103　多斑艾美耳球虫　*Eimeria stigmosa* Klimes，1963

［11］7.2.108　截形艾美耳球虫 *Eimeria truncata*（Railliet et Lucet，1891）Wasielewski，1904

［12］7.3.3　鹅等孢球虫　*Isospora anseris* Skene，Remmler et Fernando，1981

［13］7.4.2　鹅泰泽球虫　*Tyzzeria anseris* Nieschulz，1947

［14］7.4.4　稍小泰泽球虫　*Tyzzeria parvula*（Kotlán，1933）Klimes，1963

［15］8.1.3　西氏住白细胞虫　*Leucocytozoon simondi* Mathis et Léger，1910

［16］10.4.1　龚地弓形虫　*Toxoplasma gondii*（Nicolle et Manceaux，1908）Nicolle et Manceaux，1909

绦虫　Cestode

［17］16.3.3　有轮瑞利绦虫　*Raillietina cesticillus* Molin，1858

286

287

［56］19. 21. 4　纤细幼钩绦虫　*Sobolevicanthus gracilis* Zeder，1803

［57］19. 23. 1　刚刺柴壳绦虫　*Tschertkovilepis setigera* Froelich，1789

［58］19. 24. 1　变异变壳绦虫　*Variolepis variabilis* Mayhew，1925

吸虫　Trematode

［59］23. 1. 4　日本棘隙吸虫　*Echinochasmus japonicus* Tanabe，1926

［60］23. 2. 8　洪都棘缘吸虫　*Echinoparyphium hongduensis* Wang，1985

［61］23. 2. 13　南昌棘缘吸虫　*Echinoparyphium nanchangensis* Wang，1985

［62］23. 2. 14　圆睾棘缘吸虫　*Echinoparyphium nordiana* Baschirova，1941

［63］23. 2. 15　曲领棘缘吸虫　*Echinoparyphium recurvatum*（Linstow，1873）Lühe，1909

［64］23. 3. 1　黑龙江棘口吸虫　*Echinostoma amurzetica* Petrochenko et Egorova，1961

［65］23. 3. 3　豆雁棘口吸虫　*Echinostoma anseris* Yamaguti，1939

［66］23. 3. 7　移睾棘口吸虫　*Echinostoma cinetorchis* Ando et Ozaki，1923

［67］23. 3. 12　林杜棘口吸虫　*Echinostoma lindoensis* Sandground et Bonne，1940

［68］23. 3. 15　宫川棘口吸虫　*Echinostoma miyagawai* Ishii，1932

［69］23. 3. 17　圆睾棘口吸虫　*Echinostoma nordiana* Baschirova，1941

［70］23. 3. 18　红口棘口吸虫　*Echinostoma operosum* Dietz，1909

［71］23. 3. 19　接睾棘口吸虫　*Echinostoma paraulum* Dietz，1909

［72］23. 3. 20　北京棘口吸虫　*Echinostoma pekinensis* Ku，1937

［73］23. 3. 22　卷棘口吸虫　*Echinostoma revolutum*（Fröhlich，1802）Looss，1899

［74］23. 3. 23　强壮棘口吸虫　*Echinostoma robustum* Yamaguti，1935

［75］23. 3. 24　小鸭棘口吸虫　*Echinostoma rufinae* Kurova，1927

［76］23. 3. 25　史氏棘口吸虫　*Echinostoma stromi* Baschkirova，1946

［77］23. 3. 26　特氏棘口吸虫　*Echinostoma travassosi* Skrjabin，1924

［78］23. 5. 2　隐真缘吸虫　*Euparyphium inerme* Fuhrmann，1904

［79］23. 5. 4　鼠真缘吸虫　*Euparyphium murinum* Tubangui，1931

［80］23. 6. 1　似锥低颈吸虫　*Hypoderaeum conoideum*（Bloch，1782）Dietz，1909

［81］23. 6. 2　格氏低颈吸虫　*Hypoderaeum gnedini* Baschkirova，1941

［82］23. 9. 1　白洋淀缘口吸虫　*Paryphostomum baiyangdienensis* Ku，Pan，Chiu，*et al.*，1973

［83］23. 9. 2　辐射缘口吸虫　*Paryphostomum radiatum* Dujardin，1845

［84］23. 10. 1　二叶冠缝吸虫　*Patagifer bilobus*（Rudolphi，1819）Dietz，1909

［85］23. 11. 1　彼氏钉形吸虫　*Pegosomum petrovi* Kurashvili，1949

［86］23. 11. 2　有棘钉形吸虫　*Pegosomum spiniferum* Ratz，1903

［87］26. 1. 2　印度下殖吸虫　*Catatropis indica* Srivastava，1935

［88］26. 1. 3　多疣下殖吸虫　*Catatropis verrucosa*（Frolich，1789）Odhner，1905

［89］26. 2. 1　埃及背孔吸虫　*Notocotylus aegyptiacus* Odhner，1905

［90］26. 2. 2　纤细背孔吸虫　*Notocotylus attenuatus*（Rudolphi，1809）Kossack，1911

［91］26. 2. 4　雪白背孔吸虫　*Notocotylus chions* Baylis，1928

［92］26. 2. 5　塞纳背孔吸虫　*Notocotylus ephemera*（Nitzsch，1807）Harwood，1939

［93］26. 2. 6　囊凸背孔吸虫　*Notocotylus gibbus*（Mehlis，1846）Kossack，1911

[133] 39. 1. 10　卡氏前殖吸虫　*Prosthogonimus karausiaki* Layman，1926

[134] 39. 1. 16　卵圆前殖吸虫　*Prosthogonimus ovatus* Lühe，1899

[135] 39. 1. 17　透明前殖吸虫　*Prosthogonimus pellucidus* Braun，1901

[136] 40. 2. 2　鸡后口吸虫　*Postharmostomum gallinum* Witenberg，1923

[137] 41. 1. 7　普鲁氏杯叶吸虫　*Cyathocotyle prussica* Muhling，1896

[138] 42. 1. 1　巨睾环腔吸虫　*Cyclocoelum macrorchis* Harrah，1922

[139] 42. 1. 2　小口环腔吸虫　*Cyclocoelum microstomum*（Creplin，1829）Kossack，1911

[140] 42. 2. 1　成都平体吸虫　*Hyptiasmus chenduensis* Zhang，Chen，Yang，*et al.*，1985

[141] 42. 2. 2　光滑平体吸虫　*Hyptiasmus laevigatus* Kossack，1911

[142] 42. 2. 3　四川平体吸虫　*Hyptiasmus sichuanensis* Zhang，Chen，Yang，*et al.*，1985

[143] 42. 2. 4　谢氏平体吸虫　*Hyptiasmus theodori* Witenberg，1928

[144] 42. 3. 1　马氏噬眼吸虫　*Ophthalmophagus magalhaesi* Travassos，1921

[145] 42. 3. 2　鼻噬眼吸虫　*Ophthalmophagus nasicola* Witenberg，1923

[146] 42. 4. 1　强壮前平体吸虫　*Prohyptiasmus robustus*（Stossich，1902）Witenberg，1923

[147] 42. 5. 1　中国斯兹达吸虫　*Szidatitrema sinica* Zhang，Yang et Li，1987

[148] 42. 6. 1　伪连腺吸虫　*Uvitellina pseudocotylea* Witenberg，1923

[149] 44. 1. 1　鸟彩蚴吸虫　*Leucochloridium muscularae* Wu，1938

[150] 45. 4. 3　包氏毛毕吸虫　*Trichobilharzia paoi*（K'ung，Wang et Chen，1960）Tang et Tang，1962

[151] 46. 1. 2　优美异幻吸虫　*Apatemon gracilis*（Rudolphi，1819）Szidat，1928

[152] 46. 1. 4　小异幻吸虫　*Apatemon minor* Yamaguti，1933

[153] 46. 3. 1　角杯尾吸虫　*Cotylurus cornutus*（Rudolphi，1808）Szidat，1928

[154] 46. 3. 3　日本杯尾吸虫　*Cotylurus japonicus* Ishii，1932

[155] 47. 1. 1　舟形嗜气管吸虫　*Tracheophilus cymbius*（Diesing，1850）Skrjabin，1913

[156] 47. 1. 3　西氏嗜气管吸虫　*Tracheophilus sisowi* Skrjabin，1913

线虫　Nematode

[157] 49. 1. 2　鹅禽蛔虫　*Ascaridia anseris* Schwartz，1925

[158] 49. 1. 4　鸡禽蛔虫　*Ascaridia galli*（Schrank，1788）Freeborn，1923

[159] 56. 1. 2　异形同刺线虫　*Ganguleterakis dispar*（Schrank，1790）Dujardin，1845

[160] 56. 2. 1　贝拉异刺线虫　*Heterakis beramporia* Lane，1914

[161] 56. 2. 4　鸡异刺线虫　*Heterakis gallinarum*（Schrank，1788）Freeborn，1923

[162] 56. 2. 9　巴氏异刺线虫　*Heterakis parisi* Blanc，1913

[163] 56. 2. 11　满陀异刺线虫　*Heterakis putaustralis* Lane，1914

[164] 61. 3. 1　钩状棘结线虫　*Echinuria uncinata*（Rudolphi，1819）Soboview，1912

[165] 68. 1. 3　分棘四棱线虫　*Tetrameres fissispina* Diesing，1861

[166] 68. 1. 5　莱氏四棱线虫　*Tetrameres ryjikovi* Chuan，1961

[167] 70. 1. 3　鹅裂口线虫　*Amidostomum anseris* Zeder，1800

[168] 70. 1. 4　鸭裂口线虫　*Amidostomum boschadis* Petrow et Fedjuschin，1949

[169] 70. 2. 1　鸭瓣口线虫　*Epomidiostomum anatinum* Skrjabin，1915

［170］70. 2. 4　钩刺瓣口线虫　*Epomidiostomum uncinatum*（Lundahl，1848）Seurat，1918

［171］81. 2. 2　气管比翼线虫　*Syngamus trachea* von Siebold，1836

［172］82. 15. 1　鹅毛圆线虫　*Trichostrongylus anseris* Wang，1979

［173］82. 15. 15　纤细毛圆线虫　*Trichostrongylus tenuis*（Mehlis，1846）Railliet et Henry，1909

［174］83. 1. 3　鹅毛细线虫　*Capillaria anseris* Madsen，1945

［175］83. 1. 6　膨尾毛细线虫　*Capillaria caudinflata*（Molin，1858）Travassos，1915

［176］83. 1. 11　封闭毛细线虫　*Capillaria obsignata* Madsen，1945

［177］83. 4. 1　鸭纤形线虫　*Thominx anatis* Schrank，1790

［178］83. 4. 3　捻转纤形线虫　*Thominx contorta*（Creplin，1839）Travassos，1915

棘头虫　Acanthocephalan

［179］87. 1. 1　鸭细颈棘头虫　*Filicollis anatis* Schrank，1788

［180］87. 2. 5　大多形棘头虫　*Polymorphus magnus* Skrjabin，1913

［181］87. 2. 6　小多形棘头虫　*Polymorphus minutus* Zeder，1800

节肢动物　Arthropod

［182］88. 2. 1　双梳羽管螨　*Syringophilus bipectinatus* Heller，1880

［183］91. 1. 1　禽皮膜螨　*Laminosioptes cysticola* Vizioli，1870

［184］94. 1. 1　鼻鼻刺螨　*Rhinonyssus rhinolethrum* Trouessart，1895

［185］96. 2. 1　鸡新棒螨　*Neoschoengastia gallinarum* Hatori，1920

［186］97. 1. 1　波斯锐缘蜱　*Argas persicus* Oken，1818

［187］98. 1. 1　鸡皮刺螨　*Dermanyssus gallinae* De Geer，1778

［188］99. 4. 3　二棘血蜱　*Haemaphysalis bispinosa* Neumann，1897

［189］105. 2. 7　荒草库蠓　*Culicoides arakawae* Arakawa，1910

［190］106. 4. 3　致倦库蚊　*Culex fatigans* Wiedemann，1828

［191］106. 4. 32　迷走库蚊　*Culex vagans* Wiedemann，1828

［192］118. 2. 1　鹅小耳体羽虱　*Menacanthus angeris* Yan et Liao，1993

［193］118. 2. 2　颊白体羽虱　*Menacanthus chrysophaeus* Kellogg，1896

［194］118. 2. 3　矮脚鹅禽体羽虱　*Menacanthus microsceli* Uchida，1926

［195］118. 3. 1　鸡羽虱　*Menopon gallinae* Linnaeus，1758

［196］118. 3. 2　鸭浣羽虱　*Menopon leucoxanthum* Burmeister，1838

［197］118. 4. 1　鹅巨羽虱　*Trinoton anserinum* Fabricius，1805

［198］118. 4. 2　斑巨羽虱　*Trinoton lituratum* Burmeister，1838

［199］118. 4. 3　鸭巨羽虱　*Trinoton querquedulae* Linnaeus，1758

［200］119. 1. 1　广口鹅鸭羽虱　*Anatoecus dentatus* Scopoli，1763

［201］119. 3. 1　黄色柱虱　*Docophorus icterodes* Nitzsch，1818

［202］119. 4. 1　鹅啮羽虱　*Esthiopterum anseris* Linnaeus，1758

［203］119. 7. 3　广幅长羽虱　*Lipeurus heterographus* Nitzsch，1866

第三部分
各省市区寄生虫种名

Part III

Species of Parasites in Different Provinces

　　本部分根据"第一部分　中国家畜家禽寄生虫名录"的记载,以省市区名称的汉语拼音为序,列出了分布于各省市区的寄生虫种名。每种寄生虫名称前的第一个编号为寄生虫种名顺序号,第二个编号为与第一部分对应的科属种编号。依序为安徽省寄生虫 690 种,北京市寄生虫 284 种,重庆市寄生虫 545 种,福建省寄生虫 712 种,甘肃省寄生虫 697 种,广东省寄生虫 663 种,广西壮族自治区寄生虫 656 种,贵州省寄生虫 662 种,海南省寄生虫 349 种,河北省寄生虫 437 种,河南省寄生虫 544 种,黑龙江省寄生虫 478 种,湖北省寄生虫 396 种,湖南省寄生虫 454 种,吉林省寄生虫 440 种,江苏省寄生虫 674 种,江西省寄生虫 527 种,辽宁省寄生虫 426 种,内蒙古自治区寄生虫 511 种,宁夏回族自治区寄生虫 567 种,青海省寄生虫 403 种,山东省寄生虫 347 种,山西省寄生虫 327 种,陕西省寄生虫 594 种,上海市寄生虫 284 种,四川省寄生虫 898 种,台湾省寄生虫 451 种,天津市寄生虫 298 种,西藏自治区寄生虫 341 种,新疆维吾尔自治区寄生虫 651 种,云南省寄生虫 868 种,浙江省寄生虫 588 种。

安徽省寄生虫种名
Species of Parasites in Anhui Province

原虫　Protozoon

[1] 1.3.1　布氏嗜碘阿米巴虫　*Iodamoeba buetschlii* (von Prowazek, 1912) Dobell, 1919

[2] 3.1.1 杜氏利什曼原虫 *Leishmania donovani* (Laveran et Mesnil, 1903) Ross, 1903

[3] 3.2.1 马媾疫锥虫 *Trypanosoma equiperdum* Doflein, 1901

[4] 3.2.2 伊氏锥虫 *Trypanosoma evansi* (Steel, 1885) Balbiani, l888

[5] 3.2.4 泰氏锥虫 *Trypanosoma theileri Laveran*, 1902

[6] 4.1.1 火鸡组织滴虫 *Histomonas meleagridis* Tyzzer, 1920

[7] 5.3.1 胎儿三毛滴虫 *Tritrichomonas foetus* (Riedmüller, 1928) Wenrich et Emmerson, 1933

[8] 6.1.1 安氏隐孢子虫 *Cryptosporidium andersoni* Lindsay, Upton, Owens, *et al.*, 2000

[9] 6.1.2 贝氏隐孢子虫 *Cryptosporidium baileyi* Current, Upton et Haynes, 1986

[10] 6.1.7 火鸡隐孢子虫 *Cryptosporidium meleagridis* Slavin, 1955

[11] 6.1.8 鼠隐孢子虫 *Cryptosporidium muris* Tyzzer, 1907

[12] 6.1.9 微小隐孢子虫 *Cryptosporidium parvum* Tyzzer, 1912

[13] 7.2.1 阿布氏艾美耳球虫 *Eimeria abramovi* Svanbaev et Rakhmatullina, 1967

[14] 7.2.2 堆型艾美耳球虫 *Eimeria acervulina* Tyzzer, 1929

[15] 7.2.3 阿沙塔艾美耳球虫 *Eimeria ahsata* Honess, 1942

[16] 7.2.4 阿拉巴马艾美耳球虫 *Eimeria alabamensis* Christensen, 1941

[17] 7.2.5 艾丽艾美耳球虫 *Eimeria alijevi* Musaev, 1970

[18] 7.2.7 鹅艾美耳球虫 *Eimeria anseris* Kotlán, 1932

[19] 7.2.8 阿普艾美耳球虫 *Eimeria apsheronica* Musaev, 1970

[20] 7.2.9 阿洛艾美耳球虫 *Eimeria arloingi* (Marotel, 1905) Martin, 1909

[21] 7.2.10 奥博艾美耳球虫 *Eimeria auburnensis* Christensen et Porter, 1939

[22] 7.2.13 巴库艾美耳球虫 *Eimeria bakuensis* Musaev, 1970

[23] 7.2.14 巴雷氏艾美耳球虫 *Eimeria bareillyi* Gill, Chhabra et Lall, 1963

[24] 7.2.15 巴塔氏艾美耳球虫 *Eimeria battakhi* Dubey et Pande, 1963

[25] 7.2.16 牛艾美耳球虫 *Eimeria bovis* (Züblin, 1908) Fiebiger, 1912

[26] 7.2.17 黑雁艾美耳球虫 *Eimeria brantae* Levine, 1953

[27] 7.2.18 巴西利亚艾美耳球虫 *Eimeria brasiliensis* Torres et Ramos, 1939

[28] 7.2.19 布氏艾美耳球虫 *Eimeria brunetti* Levine, 1942

[29] 7.2.20 鹊鸭艾美耳球虫 *Eimeria bucephalae* Christiansen et Madsen, 1948

[30] 7.2.21 布基农艾美耳球虫 *Eimeria bukidnonensis* Tubangui, 1931

[31] 7.2.23 加拿大艾美耳球虫 Eimeria *canadensis* Bruce, 1921

[32] 7.2.24 山羊艾美耳球虫 *Eimeria caprina* Lima, 1979

[33] 7.2.25 羊艾美耳球虫 *Eimeria caprovina* Lima, 1980

[34] 7.2.28 克里氏艾美耳球虫 *Eimeria christenseni* Levine, Ivens et Fritz, 1962

[35] 7.2.30 盲肠艾美耳球虫 *Eimeria coecicola* Cheissin, 1947

[36] 7.2.31 槌状艾美耳球虫 *Eimeria crandallis* Honess, 1942

[37] 7.2.32 圆柱状艾美耳球虫 *Eimeria cylindrica* Wilson, 1931

[38] 7.2.34 蒂氏艾美耳球虫 *Eimeria debliecki* Douwes, 1921

[39] 7.2.36 椭圆艾美耳球虫 Eimeria ellipsoidalis Becker et Frye, 1929

［40］7. 2. 37　长形艾美耳球虫　*Eimeria elongata* Marotel et Guilhon，1941

［41］7. 2. 38　微小艾美耳球虫　*Eimeria exigua* Yakimoff，1934

［42］7. 2. 39　法氏艾美耳球虫　*Eimeria farrae* Hanson，Levine et Ivens，1957

［43］7. 2. 40　福氏艾美耳球虫　*Eimeria faurei*（Moussu et Marotel，1902）Martin，1909

［44］7. 2. 41　黄色艾美耳球虫　*Eimeria flavescens* Marotel et Guilhon，1941

［45］7. 2. 42　棕黄艾美耳球虫　*Eimeria fulva* Farr，1953

［46］7. 2. 45　颗粒艾美耳球虫　*Eimeria granulosa* Christensen，1938

［47］7. 2. 48　哈氏艾美耳球虫　*Eimeria hagani* Levine，1938

［48］7. 2. 49　赫氏艾美耳球虫　*Eimeria hermani* Farr，1953

［49］7. 2. 50　家山羊艾美耳球虫　*Eimeria hirci* Chevalier，1966

［50］7. 2. 52　肠艾美耳球虫　*Eimeria intestinalis* Cheissin，1948

［51］7. 2. 53　错乱艾美耳球虫　*Eimeria intricata* Spiegl，1925

［52］7. 2. 54　无残艾美耳球虫　*Eimeria irresidua* Kessel et Jankiewicz，1931

［53］7. 2. 56　约奇艾美耳球虫　*Eimeria jolchijevi* Musaev，1970

［54］7. 2. 58　柯特兰氏艾美耳球虫　*Eimeria kotlani* Gräfner et Graubmann，1964

［55］7. 2. 59　克氏艾美耳球虫　*Eimeria krylovi* Svanbaev et Rakhmatullina，1967

［56］7. 2. 60　广西艾美耳球虫　*Eimeria kwangsiensis* Liao，Xu，Hou，*et al.*，1986

［57］7. 2. 63　大型艾美耳球虫　*Eimeria magna* Pérard，1925

［58］7. 2. 64　大唇艾美耳球虫　*Eimeria magnalabia* Levine，1951

［59］7. 2. 65　马尔西卡艾美耳球虫　*Eimeria marsica* Restani，1971

［60］7. 2. 66　马氏艾美耳球虫　*Eimeria matsubayashii* Tsunoda，1952

［61］7. 2. 67　巨型艾美耳球虫　*Eimeria maxima* Tyzzer，1929

［62］7. 2. 68　中型艾美耳球虫　*Eimeria media* Kessel，1929

［63］7. 2. 69　和缓艾美耳球虫　*Eimeria mitis* Tyzzer，1929

［64］7. 2. 70　变位艾美耳球虫　*Eimeria mivati* Edgar et Siebold，l964

［65］7. 2. 71　纳格浦尔艾美耳球虫　*Eimeria nagpurensis* Gill et Ray，1960

［66］7. 2. 72　毒害艾美耳球虫　*Eimeria necatrix* Johnson，1930

［67］7. 2. 73　新蒂氏艾美耳球虫　*Eimeria neodebliecki* Vetterling，1965

［68］7. 2. 74　新兔艾美耳球虫　*Eimeria neoleporis* Carvalho，1942

［69］7. 2. 75　尼氏艾美耳球虫　*Eimeria ninakohlyakimovae* Yakimoff et Rastegaieff，1930

［70］7. 2. 76　有害艾美耳球虫　*Eimeria nocens* kotlán，1933

［71］7. 2. 77　秋沙鸭艾美耳球虫　*Eimeria nyroca* Svanbaev et Rakhmatullina，1967

［72］7. 2. 80　类绵羊艾美耳球虫　*Eimeria ovinoidalis* McDougald，1979

［73］7. 2. 82　小型艾美耳球虫　*Eimeria parva* Kotlán，Mócsy et Vajda，1929

［74］7. 2. 84　皮利他艾美耳球虫　*Eimeria pellita* Supperer，1952

［75］7. 2. 85　穿孔艾美耳球虫　*Eimeria perforans*（Leuckart，1879）Sluiter et Swellengrebel，1912

［76］7. 2. 86　极细艾美耳球虫　*Eimeria perminuta* Henry，1931

［77］7. 2. 87　梨形艾美耳球虫　*Eimeria piriformis* Kotlán et Pospesch，1934

［78］7.2.88 光滑艾美耳球虫 *Eimeria polita* Pellérdy，1949

［79］7.2.89 豚艾美耳球虫 *Eimeria porci* Vetterling，1965

［80］7.2.90 早熟艾美耳球虫 *Eimeria praecox* Johnson，1930

［81］7.2.91 斑点艾美耳球虫 *Eimeria punctata* Landers，1955

［82］7.2.94 萨塔姆艾美耳球虫 *Eimeria saitamae* Inoue，1967

［83］7.2.95 粗糙艾美耳球虫 *Eimeria scabra* Henry，1931

［84］7.2.96 沙赫达艾美耳球虫 *Eimeria schachdagica* Musaev，Surkova，Jelchiev，*et al.*，1966

［85］7.2.100 绒鸭艾美耳球虫 *Eimeria somateriae* Christiansen，1952

［86］7.2.101 有刺艾美耳球虫 *Eimeria spinosa* Henry，1931

［87］7.2.102 斯氏艾美耳球虫 *Eimeria stiedai* （Lindemann，1865）Kisskalt et Hartmann，1907

［88］7.2.103 多斑艾美耳球虫 *Eimeria stigmosa* Klimes，1963

［89］7.2.104 亚球形艾美耳球虫 *Eimeria subspherica* Christensen，1941

［90］7.2.105 猪艾美耳球虫 *Eimeria suis* Nöller，1921

［91］7.2.107 柔嫩艾美耳球虫 *Eimeria tenella* （Railliet et Lucet，1891）Fantham，1909

［92］7.2.108 截形艾美耳球虫 *Eimeria truncata* （Railliet et Lucet，1891）Wasielewski，1904

［93］7.2.111 怀俄明艾美耳球虫 *Eimeria wyomingensis* Huizinga et Winger，1942

［94］7.2.114 邱氏艾美耳球虫 *Eimeria züernii* （Rivolta，1878）Martin，1909

［95］7.3.9 拉氏等孢球虫 *Isospora lacazei* Labbe，1893

［96］7.3.10 鸳鸯等孢球虫 *Isospora mandari* Bhatia，Chauhan，Arora，et al.，1971

［97］7.3.12 芮氏等孢球虫 *Isospora rivolta* （Grassi，1879）Wenyon，1923

［98］7.3.13 猪等孢球虫 *Isospora suis* Biester et Murray，1934

［99］7.4.1 艾氏泰泽球虫 *Tyzzeria alleni* Chakravarty et Basu，1947

［100］7.4.2 鹅泰泽球虫 *Tyzzeria anseris* Nieschulz，1947

［101］7.4.4 稍小泰泽球虫 *Tyzzeria parvula* （Kotlan，1933）Klimes，1963

［102］7.4.5 佩氏泰泽球虫 *Tyzzeria pellerdyi* Bhatia et Pande，1966

［103］7.4.6 毁灭泰泽球虫 *Tyzzeria perniciosa* Allen，1936

［104］7.5.3 佩氏温扬球虫 *Wenyonella pellerdyi* Bhatia et Pande，1966

［105］7.5.4 菲莱氏温扬球虫 *Wenyonella philiplevinei* Leibovitz，1968

［106］8.1.2 沙氏住白细胞虫 *Leucocytozoon sabrazesi* Mathis et Léger，1910

［107］8.1.3 西氏住白细胞虫 *Leucocytozoon simondi* Mathis et Léger，1910

［108］10.3.8 梭形住肉孢子虫 *Sarcocystis fusiformis* （Railliet，1897）Bernard et Bauche，1912

［109］10.3.15 米氏住肉孢子虫 *Sarcocystis miescheriana* （Kühn，1865）Labbé，1899

［110］10.4.1 龚地弓形虫 *Toxoplasma gondii* （Nicolle et Manceaux，1908）Nicolle et Manceaux，1909

［111］11.1.1 双芽巴贝斯虫 *Babesia bigemina* Smith et Kiborne，1893

［112］11.1.2 牛巴贝斯虫 *Babesia bovis* （Babes，1888）Starcovici，1893

［113］11.1.4　犬巴贝斯虫　*Babesia canis* Piana et Galli-Valerio，1895

［114］11.1.8　东方巴贝斯虫　*Babesia orientalis* Liu et Zhao，1997

［115］12.1.2　马泰勒虫　*Theileria equi* Mehlhorn et Schein，1998

［116］14.1.1　结肠小袋虫　*Balantidium coli*（Malmsten，1857）Stein，1862

绦虫　Cestode

［117］15.1.1　大裸头绦虫　*Anoplocephala magna*（Abildgaard，1789）Sprengel，1905

［118］15.1.2　叶状裸头绦虫　*Anoplocephala perfoliata*（Goeze，1782）Blanchard，1848

［119］15.2.1　中点无卵黄腺绦虫　*Avitellina centripunctata* Rivolta，1874

［120］15.4.2　贝氏莫尼茨绦虫　*Moniezia benedeni*（Moniez，1879）Blanchard，1891

［121］15.4.4　扩展莫尼茨绦虫　*Moniezia expansa*（Rudolphi，1810）Blanchard，1891

［122］15.5.1　梳栉状莫斯绦虫　*Mosgovoyia pectinata*（Goeze，1782）Spassky，1951

［123］15.7.2　条状斯泰勒绦虫　*Stilesia vittata* Railliet，1896

［124］15.8.1　盖氏曲子宫绦虫　*Thysaniezia giardi* Moniez，1879

［125］15.8.2　羊曲子宫绦虫　*Thysaniezia ovilla* Rivolta，1878

［126］16.2.1　安德烈戴维绦虫　*Davainea andrei* Fuhrmann，1933

［127］16.2.3　原节戴维绦虫　*Davainea proglottina*（Davaine，1860）Blanchard，1891

［128］16.3.3　有轮瑞利绦虫　*Raillietina cesticillus* Molin，1858

［129］16.3.4　棘盘瑞利绦虫　*Raillietina echinobothrida* Megnin，1881

［130］16.3.12　四角瑞利绦虫　*Raillietina tetragona* Molin，1858

［131］17.1.1　楔形变带绦虫　*Amoebotaenia cuneata* von Linstow，1872

［132］17.1.3　少睾变带绦虫　*Amoebotaenia oligorchis* Yamaguti，1935

［133］17.1.6　热带变带绦虫　*Amoebotaenia tropica* Hüsi，1956

［134］17.2.2　漏斗漏带绦虫　*Choanotaenia infundibulum* Bloch，1779

［135］17.2.3　小型漏带绦虫　*Choanotaenia parvus* Lu，Li et Liao，1989

［136］17.4.1　犬复孔绦虫　*Dipylidium caninum*（Linnaeus，1758）Leuckart，1863

［137］17.6.1　纤毛菱吻绦虫　*Unciunia ciliata*（Fuhrmann，1913）Metevosyan，1963

［138］19.2.1　有蔓单睾绦虫　*Aploparaksis cirrosa* Krabbe，1869

［139］19.2.2　福建单睾绦虫　*Aploparaksis fukinensis* Lin，1959

［140］19.2.3　叉棘单睾绦虫　*Aploparaksis furcigera* Rudolphi，1819

［141］19.2.4　秧鸡单睾绦虫　*Aploparaksis porzana* Dubinina，1953

［142］19.3.1　大头腔带绦虫　*Cloacotaenia megalops* Nitzsch in Creplin，1829

［143］19.4.2　冠状双盔带绦虫　*Dicranotaenia coronula*（Dujardin，1845）Railliet，1892

［144］19.6.2　鸭双睾绦虫　*Diorchis anatina* Ling，1959

［145］19.6.7　秋沙鸭双睾绦虫　*Diorchis nyrocae* Yamaguti，1935

［146］19.6.11　斯梯氏双睾绦虫　*Diorchis stefanskii* Czaplinski，1956

［147］19.7.1　矛形剑带绦虫　*Drepanidotaenia lanceolata* Bloch，1782

［148］19.7.2　普氏剑带绦虫　*Drepanidotaenia przewalskii* Skrjabin，1914

［149］19.9.1　致疡棘壳绦虫　*Echinolepis carioca*（Magalhaes，1898）Spasskii et Spasskaya，1954

［187］22.3.1　孟氏旋宫绦虫　*Spirometra mansoni* Joyeux et Houdemer，1928

［188］22.3.1.1　孟氏裂头蚴　*Sparganum mansoni* Joyeux，1928

吸虫　Trematode

［189］23.1.1　枪头棘隙吸虫　*Echinochasmus beleocephalus* Dietz，1909

［190］23.1.4　日本棘隙吸虫　*Echinochasmus japonicus* Tanabe，1926

［191］23.1.5　藐小棘隙吸虫　*Echinochasmus liliputanus* Looss，1896

［192］23.1.10　叶形棘隙吸虫　*Echinochasmus perfoliatus*（Ratz，1908）Gedoelst，1911

［193］23.2.1　棒状棘缘吸虫　*Echinoparyphium baculus*（Diesing，1850）Lühe，1909

［194］23.2.4　带状棘缘吸虫　*Echinoparyphium cinctum* Rudolphi，1802

［195］23.2.6　鸡棘缘吸虫　*Echinoparyphium gallinarum* Wang，1976

［196］23.2.15　曲领棘缘吸虫　Echinoparyphium recurvatum（Linstow，1873）Lühe，1909

［197］23.2.18　西西伯利亚棘缘吸虫　*Echinoparyphium westsibiricum* Issaitschikoff，1924

［198］23.3.14　罗棘口吸虫　*Echinostoma melis*（Schrank，1788）Dietz，1909

［199］23.3.15　宫川棘口吸虫　*Echinostoma miyagawai* Ishii，1932

［200］23.3.18　红口棘口吸虫　*Echinostoma operosum* Dietz，1909

［201］23.3.19　接睾棘口吸虫　*Echinostoma paraulum* Dietz，1909

［202］23.3.20　北京棘口吸虫　*Echinostoma pekinensis* Ku，1937

［203］23.3.22　卷棘口吸虫　*Echinostoma revolutum*（Fröhlich，1802）Looss，1899

［204］23.3.23　强壮棘口吸虫　*Echinostoma robustum* Yamaguti，1935

［205］23.3.24　小鸭棘口吸虫　*Echinostoma rufinae* Kurova，1927

［206］23.3.25　史氏棘口吸虫　*Echinostoma stromi* Baschkirova，1946

［207］23.6.1　似锥低颈吸虫　*Hypoderaeum conoideum*（Bloch，1782）Dietz，1909

［208］23.9.1　白洋淀缘口吸虫　*Paryphostomum baiyangdienensis* Ku，Pan，Chiu，*et al.*，1973

［209］23.12.1　长茎锥棘吸虫　*Petasiger longicirratus* Ku，1938

［210］23.12.2　光洁锥棘吸虫　*Petasiger nitidus* Linton，1928

［211］24.1.1　大片形吸虫　*Fasciola gigantica* Cobbold，1856

［212］24.1.2　肝片形吸虫　*Fasciola hepatica* Linnaeus，1758

［213］24.2.1　布氏姜片吸虫　*Fasciolopsis buski*（Lankester，1857）Odhner，1902

［214］25.1.1　水牛长妙吸虫　*Carmyerius bubalis* Innes，1912

［215］25.1.3　纤细长妙吸虫　*Carmyerius synethes* Fischoeder，1901

［216］25.2.1　水牛菲策吸虫　*Fischoederius bubalis* Yang，Pan，Zhang，*et al.*，1991

［217］25.2.2　锡兰菲策吸虫　*Fischoederius ceylonensis* Stiles et Goldborger，1910

［218］25.2.5　狭窄菲策吸虫　*Fischoederius compressus* Wang，1979

［219］25.2.7　长菲策吸虫　*Fischoederius elongatus*（Poirier，1883）Stiles et Goldberger，1910

［220］25.2.14　卵形菲策吸虫　*Fischoederius ovatus* Wang，1977

［221］25.2.16　波阳菲策吸虫　*Fischoederius poyangensis* Wang，1979

［222］25.2.17　泰国菲策吸虫　*Fischoederius siamensis* Stiles et Goldberger，1910

［223］25.3.2　中华腹袋吸虫　*Gastrothylax chinensis* Wang，1979

300

［299］46.2.1　角状缺咽吸虫　*Apharyngostrigea cornu*（Zeder，1800）Ciurea，1927

［300］46.3.1　角杯尾吸虫　*Cotylurus cornutus*（Rudolphi，1808）Szidat，1928

［301］46.4.1　家鸭拟枭形吸虫　*Pseudostrigea anatis* Ku，Wu，Yen，*et al.*，1964

［302］46.5.1　枭形枭形吸虫　*Strigea strigis*（Schrank，1788）Abildgaard，1790

［303］47.1.1　舟形嗜气管吸虫　*Tracheophilus cymbius*（Diesing，1850）Skrjabin，1913

［304］47.1.3　西氏嗜气管吸虫　*Tracheophilus sisowi* Skrjabin，1913

线虫　**Nematode**

［305］48.1.4　猪蛔虫　*Ascaris suum* Goeze，1782

［306］48.2.1　犊新蛔虫　*Neoascaris vitulorum*（Goeze，1782）Travassos，1927

［307］48.3.1　马副蛔虫　*Parascaris equorum*（Goeze，1782）Yorke et Maplestone，1926

［308］48.4.1　狮弓蛔虫　*Toxascaris leonina*（Linstow，1902）Leiper，1907

［309］49.1.2　鹅禽蛔虫　*Ascaridia anseris* Schwartz，1925

［310］49.1.3　鸽禽蛔虫　*Ascaridia columbae*（Gmelin，1790）Travassos，1913

［311］49.1.4　鸡禽蛔虫　*Ascaridia galli*（Schrank，l788）Freeborn，1923

［312］50.1.1　犬弓首蛔虫　*Toxocara canis*（Werner，1782）Stiles，1905

［313］50.1.2　猫弓首蛔虫　*Toxocara cati* Schrank，1788

［314］51.3.1　三色棘首线虫　*Hystrichis tricolor* Dujardin，1845

［315］52.3.1　犬恶丝虫　*Dirofilaria immitis*（Leidy，1856）Railliet et Henry，1911

［316］52.5.1　猪浆膜丝虫　*Serofilaria suis* Wu et Yun，1979

［317］53.2.1　牛副丝虫　*Parafilaria bovicola* Tubangui，1934

［318］53.2.2　多乳突副丝虫　*Parafilaria mltipapillosa*（Condamine et Drouilly，1878）
Yorke et Maplestone，1926

［319］55.1.1　贝氏丝状线虫　*Setaria bernardi* Railliet et Henry，1911

［320］55.1.6　指形丝状线虫　*Setaria digitata* Linstow，1906

［321］55.1.7　马丝状线虫　*Setaria equina*（Abildgaard，1789）Viborg，1795

［322］55.1.9　唇乳突丝状线虫　*Setaria labiatopapillosa* Alessandrini，1838

［323］56.1.2　异形同刺线虫　*Ganguleterakis dispar*（Schrank，1790）Dujardin，1845

［324］56.2.4　鸡异刺线虫　*Heterakis gallinarum*（Schrank，1788）Freeborn，1923

［325］56.2.5　合肥异刺线虫　*Heterakis hefeiensis* Lu，Li et Liao，1989

［326］56.2.6　印度异刺线虫　*Heterakis indica* Maplestone，1932

［327］56.2.8　火鸡异刺线虫　*Heterakis meleagris* Hsü，1957

［328］57.1.1　马尖尾线虫　*Oxyuris equi*（Schrank，1788）Rudolphi，1803

［329］57.4.1　绵羊斯氏线虫　*Skrjabinema ovis*（Skrjabin，1915）Wereschtchagin，1926

［330］58.1.2　台湾鸟龙线虫　*Avioserpens taiwana* Sugimoto，1934

［331］58.2.1　麦地那龙线虫　*Dracunculus medinensis* Linmaeus，1758

［332］60.1.3　乳突类圆线虫　*Strongyloides papillosus*（Wedl，1856）Ransom，1911

［333］60.1.4　兰氏类圆线虫　*Strongyloides ransomi* Schwartz et Alicata，1930

［334］60.1.5　粪类圆线虫　*Strongyloides stercoralis*（Bavay，1876）Stiles et Hassall，1902

［335］61.1.2　钩状锐形线虫　*Acuaria hamulosa* Diesing，1851

［336］61.2.1　长鼻咽饰带线虫　*Dispharynx nasuta*（Rudolphi，1819）Railliet，Henry et Sisoff，1912

［337］61.3.1　钩状棘结线虫　*Echinuria uncinata*（Rudolphi，1819）Soboview，1912

［338］61.7.1　厚尾束首线虫　*Streptocara crassicauda* Creplin，1829

［339］61.7.2　梯状束首线虫　*Streptocara pectinifera* Neumann，1900

［340］62.1.2　刚刺颚口线虫　*Gnathostoma hispidum* Fedtchenko，1872

［341］63.1.1　嗉囊筒线虫　*Gongylonema ingluvicola* Ransom，1904

［342］64.1.1　大口德拉斯线虫　*Drascheia megastoma* Rudolphi，1819

［343］64.2.1　小口柔线虫　*Habronema microstoma* Schneider，1866

［344］64.2.2　蝇柔线虫　*Habronema muscae* Carter，1861

［345］65.1.1　普拉泡翼线虫　*Physaloptera praeputialis* Linstow，1889

［346］67.1.1　有齿蛔状线虫　*Ascarops dentata* Linstow，1904

［347］67.1.2　圆形蛔状线虫　*Ascarops strongylina* Rudolphi，1819

［348］67.2.1　六翼泡首线虫　*Physocephalus sexalatus* Molin，1860

［349］68.1.3　分棘四棱线虫　*Tetrameres fissispina* Diesing，1861

［350］69.2.2　丽幼吸吮线虫　*Thelazia callipaeda* Railliet et Henry，1910

［351］69.2.3　棒状吸吮线虫　*Thelazia ferulata* Wu，Yen，Shen，et al.，1965

［352］69.2.6　甘肃吸吮线虫　*Thelazia kansuensis* Yang et Wei，1957

［353］69.2.9　罗氏吸吮线虫　*Thelazia rhodesi* Desmarest，1827

［354］70.1.1　锐形裂口线虫　*Amidostomum acutum*（Lundahl，1848）Seurat，1918

［355］70.1.3　鹅裂口线虫　*Amidostomum anseris* Zeder，1800

［356］70.2.1　鸭瓣口线虫　*Epomidiostomum anatinum* Skrjabin，1915

［357］70.2.2　砂囊瓣口线虫　*Epomidiostomum petalum* Yen et Wu，1959

［358］71.1.1　巴西钩口线虫　*Ancylostoma braziliense* Gómez de Faria，1910

［359］71.1.2　犬钩口线虫　*Ancylostoma caninum*（Ercolani，1859）Hall，1913

［360］71.1.4　十二指肠钩口线虫　*Ancylostoma duodenale*（Dubini，1843）Creplin，1845

［361］71.2.1　牛仰口线虫　*Bunostomum phlebotomum*（Railliet，1900）Railliet，1902

［362］71.2.2　羊仰口线虫　*Bunostomum trigonocephalum*（Rudolphi，1808）Railliet，1902

［363］71.4.5　锥尾球首线虫　*Globocephalus urosubulatus* Alessandrini，1909

［364］71.5.1　美洲板口线虫　*Necator americanus*（Stiles，1902）Stiles，1903

［365］71.6.2　狭头钩刺线虫　*Uncinaria stenocphala*（Railliet，1884）Railliet，1885

［366］72.2.1　双管鲍吉线虫　*Bourgelatia diducta Railliet*，Henry et Bauche，1919

［367］72.3.3　羊夏柏特线虫　*Chabertia ovina*（Fabricius，1788）Raillet et Henry，1909

［368］72.4.2　粗纹食道口线虫　*Oesophagostomum asperum* Railliet et Henry，1913

［369］72.4.4　哥伦比亚食道口线虫　*Oesophagostomum columbianum*（Curtice，1890）Stossich，1899

［370］72.4.5　有齿食道口线虫　*Oesophagostomum dentatum*（Rudolphi，1803）Molin，1861

［371］72.4.8　甘肃食道口线虫　*Oesophagostomum kansuensis* Hsiung et K'ung，1955

［372］72.4.9　长尾食道口线虫　*Oesophagostomum longicaudum* Goodey，1925

[373] 72.4.10　辐射食道口线虫　*Oesophagostomum radiatum*（Rudolphi, 1803）Railliet, 1898

[374] 72.4.14　华氏食道口线虫　*Oesophagostomum watanabei* Yamaguti, 1961

[375] 73.1.1　长囊马线虫　*Caballonema longicapsulata* Abuladze, 1937

[376] 73.2.1　冠状冠环线虫　*Coronocyclus coronatus*（Looss, 1900）Hartwich, 1986

[377] 73.2.2　大唇片冠环线虫　*Coronocyclus labiatus*（Looss, 1902）Hartwich, 1986

[378] 73.2.4　小唇片冠环线虫　*Coronocyclus labratus*（Looss, 1902）Hartwich, 1986

[379] 73.3.1　卡提盅口线虫　*Cyathostomum catinatum* Looss, 1900

[380] 73.3.4　碟状盅口线虫　*Cyathostomum pateratum*（Yorke et Macfie, 1919）K'ung, 1964

[381] 73.3.7　四刺盅口线虫　*Cyathostomum tetracanthum*（Mehlis, 1831）Molin, 1861（sensu Looss, 1900）

[382] 73.4.13　辐射杯环线虫　*Cylicocyclus radiatus*（Looss, 1900）Chaves, 1930

[383] 73.6.3　小杯杯冠线虫　*Cylicostephanus calicatus*（Looss, 1900）Cram, 1924

[384] 73.6.4　高氏杯冠线虫　*Cylicostephanus goldi*（Boulenger, 1917）Lichtenfels, 1975

[385] 73.6.8　曾氏杯冠线虫　*Cylicostephanus tsengi*（K'ung et Yang, 1963）Lichtenfels, 1975

[386] 73.11.1　杯状彼德洛夫线虫　*Petrovinema poculatum*（Looss, 1900）Erschow, 1943

[387] 73.11.2　斯氏彼德洛夫线虫　*Petrovinema skrjabini*（Erschow, 1930）Erschow, 1943

[388] 74.1.1　安氏网尾线虫　*Dictyocaulus arnfieldi*（Cobbold, 1884）Railliet et Henry, 1907

[389] 74.1.2　骆驼网尾线虫　*Dictyocaulus cameli* Boev, 1951

[390] 74.1.3　鹿网尾线虫　*Dictyocaulus eckerti* Skrjabin, 1931

[391] 74.1.4　丝状网尾线虫　*Dictyocaulus filaria*（Rudolphi, 1809）Railliet et Henry, 1907

[392] 74.1.6　胎生网尾线虫　*Dictyocaulus viviparus*（Bloch, 1782）Railliet et Henry, 1907

[393] 75.1.1　猪后圆线虫　*Metastrongylus apri*（Gmelin, 1790）Vostokov, 1905

[394] 75.1.2　复阴后圆线虫　*Metastrongylus pudendotectus* Wostokow, 1905

[395] 75.1.3　萨氏后圆线虫　*Metastrongylus salmi* Gedoelst, 1923

[396] 77.4.3　霍氏原圆线虫　*Protostrongylus hobmaieri*（Schulz, Orloff et Kutass, 1933）Cameron, 1934

[397] 77.4.4　赖氏原圆线虫　*Protostrongylus raillieti*（Schulz, Orloff et Kutass, 1933）Cameron, 1934

[398] 77.4.5　淡红原圆线虫　*Protostrongylus rufescens*（Leuckart, 1865）Kamensky, 1905

[399] 77.4.6　斯氏原圆线虫　*Protostrongylus skrjabini*（Boev, 1936）Dikmans, 1945

[400] 77.5.1　邝氏刺尾线虫　*Spiculocaulus kwongi*（Wu et Liu, 1943）Dougherty et Goble, 1946

[401] 77.6.3　舒氏变圆线虫　*Varestrongylus schulzi* Boev et Wolf, 1938

[402] 79.1.1　有齿冠尾线虫　*Stephanurus dentatus* Diesing, 1839

[403] 80.1.1　无齿阿尔夫线虫　*Alfortia edentatus*（Looss, 1900）Skrjabin, 1933

[404] 80.4.1　普通戴拉风线虫　*Delafondia vulgaris*（Looss, 1900）Skrjabin, 1933

[405] 80.6.1　马圆形线虫　*Strongylus equinus* Mueller, 1780

[406] 80. 7. 1　短尾三齿线虫　*Triodontophorus brevicauda* Boulenger，1916

[407] 80. 7. 5　锯齿三齿线虫　*Triodontophorus serratus*（Looss，1900）Looss，1902

[408] 80. 7. 6　细颈三齿线虫　*Triodontophorus tenuicollis* Boulenger，1916

[409] 81. 2. 2　气管比翼线虫　*Syngamus trachea von* Siebold，1836

[410] 82. 3. 2　捻转血矛线虫　*Haemonchus contortus*（Rudolphi，1803）Cobbold，1898

[411] 82. 3. 6　似血矛线虫　*Haemonchus similis* Travassos，1914

[412] 82. 5. 6　蒙古马歇尔线虫　*Marshallagia mongolica* Schumakovitch，1938

[413] 82. 6. 1　指形长刺线虫　*Mecistocirrus digitatus*（Linstow，1906）Railliet et Henry，1912

[414] 82. 8. 10　许氏细颈线虫　*Nematodirus hsui Liang*，Ma et Lin，1958

[415] 82. 8. 13　奥利春细颈线虫　*Nematodirus oriatianus* Rajerskaja，1929

[416] 82. 8. 14　钝刺细颈线虫　*Nematodirus spathiger*（Railliet，1896）Railliet et Henry，1909

[417] 82. 9. 2　特氏剑形线虫　*Obeliscoides travassosi* Liu et Wu，1941

[418] 82. 11. 6　普通奥斯特线虫　*Ostertagia circumcincta*（Stadelmann，1894）Ransom，1907

[419] 82. 11. 28　吴兴奥斯特线虫　*Ostertagia wuxingensis* Ling，1958

[420] 82. 15. 1　鹅毛圆线虫　*Trichostrongylus anseris* Wang，1979

[421] 82. 15. 5　蛇形毛圆线虫　*Trichostrongylus colubriformis*（Giles，1892）Looss，1905

[422] 82. 15. 11　枪形毛圆线虫　*Trichostrongylus probolurus*（Railliet，1896）Looss，1905

[423] 82. 15. 15　纤细毛圆线虫　*Trichostrongylus tenuis*（Mehlis，1846）Railliet et Henry，1909

[424] 83. 1. 3　鹅毛细线虫　*Capillaria anseris Madsen*，1945

[425] 83. 1. 6　膨尾毛细线虫　*Capillaria caudinflata*（Molin，1858）Travassos，1915

[426] 83. 1. 11　封闭毛细线虫　*Capillaria obsignata* Madsen，1945

[427] 83. 2. 1　环纹优鞘线虫　*Eucoleus annulatum*（Molin，1858）López-Neyra，1946

[428] 83. 2. 2　捻转优鞘线虫　*Eucoleus contorta* Creplin，1839

[429] 83. 4. 3　捻转纤形线虫　*Thominx contorta*（Creplin，1839）Travassos，1915

[430] 84. 1. 2　旋毛形线虫　*Trichinella spiralis*（Owen，1835）Railliet，1895

[431] 85. 1. 4　球鞘鞭虫　*Trichuris globulosa* Linstow，1901

[432] 85. 1. 10　羊鞭虫　*Trichuris ovis* Abilgaard，1795

[433] 85. 1. 12　猪鞭虫　*Trichuris suis* Schrank，1788

棘头虫　Acanthocephalan

[434] 86. 1. 1　蛭形巨吻棘头虫　*Macracanthorhynchus hirudinaceus*（Pallas，1781）Travassos，1917

[435] 87. 2. 6　小多形棘头虫　*Polymorphus minutus* Zeder，1800

节肢动物　Arthropod

[436] 90. 1. 2　犬蠕形螨　*Demodex canis* Leydig，1859

[437] 90. 1. 3　山羊蠕形螨　*Demodex caprae Railliet*，1895

[438] 90. 1. 5　猪蠕形螨　*Demodex phylloides* Czokor，1858

[439] 93. 1. 1　牛足螨　*Chorioptes bovis* Hering，1845

304

［478］101.1.6　牛颚虱　*Linognathus vituli* Linnaeus，1758

［479］103.1.1　粪种蝇　*Adia cinerella* Fallen，1825

［480］103.2.1　横带花蝇　*Anthomyia illocata* Walker，1856

［481］104.1.1　绯颜裸金蝇　*Achoetandrus rufifacies* Macquart，1843

［482］104.2.1　叉尾丽蝇（蛆）　*Calliphora calliphoroides* Rohdendorf，1931

［483］104.2.3　巨尾丽蝇（蛆）　*Calliphora grahami* Aldrich，1930

［484］104.2.10　反吐丽蝇（蛆）　*Calliphora vomitoria* Linnaeus，1758

［485］104.3.4　大头金蝇（蛆）　*Chrysomya megacephala* Fabricius，1794

［486］104.3.6　肥躯金蝇　*Chrysomya pinguis* Walker，1858

［487］104.5.3　三色依蝇（蛆）　*Idiella tripartita* Bigot，1874

［488］104.6.6　铜绿蝇（蛆）　*Lucilia cuprina* Wiedemann，1830

［489］104.6.8　亮绿蝇（蛆）　*Lucilia illustris* Meigen，1826

［490］104.6.9　巴浦绿蝇（蛆）　*Lucilia papuensis* Macquart，1842

［491］104.6.13　丝光绿蝇（蛆）　*Lucilia sericata* Meigen，1826

［492］104.10.1　叉丽蝇　*Triceratopyga calliphoroides* Rohdendorf，1931

［493］105.2.1　琉球库蠓　*Culicoides actoni* Smith，1929

［494］105.2.7　荒草库蠓　*Culicoides arakawae* Arakawa，1910

［495］105.2.52　原野库蠓　*Culicoides homotomus* Kieffer，1921

［496］105.2.81　多斑库蠓　*Culicoides maculatus* Shiraki，1913

［497］105.2.85　端白库蠓　*Culicoides matsuzawai* Tokunaga，1950

［498］105.2.86　三保库蠓　*Culicoides mihensis* Arnaud，1956

［499］105.2.89　日本库蠓　*Culicoides nipponensis* Tokunaga，1955

［500］105.2.93　大熊库蠓　*Culicoides okumensis* Arnaud，1956

［501］105.2.96　尖喙库蠓　*Culicoides oxystoma* Kieffer，1910

［502］105.2.105　灰黑库蠓　*Culicoides pulicaris* Linnaeus，1758

［503］105.2.113　志贺库蠓　*Culicoides sigaensis* Tokunaga，1937

［504］105.3.3　儋县蠛蠓　*Lasiohelea danxianensis* Yu et Liu，1982

［505］105.3.8　低飞蠛蠓　*Lasiohelea humilavolita* Yu et Liu，1982

［506］105.3.11　南方蠛蠓　*Lasiohelea notialis* Yu et Liu，1982

［507］105.3.14　台湾蠛蠓　*Lasiohelea taiwana* Shiraki，1913

［508］106.1.2　侧白伊蚊　*Aedes albolateralis* Theobald，1908

［509］106.1.4　白纹伊蚊　*Aedes albopictus* Skuse，1894

［510］106.1.5　圆斑伊蚊　*Aedes annandalei* Theobald，1910

［511］106.1.6　刺管伊蚊　*Aedes caecus* Theobald，1901

［512］106.1.8　仁川伊蚊　*Aedes chemulpoensis* Yamada，1921

［513］106.1.12　背点伊蚊　*Aedes dorsalis* Meigen，1830

［514］106.1.13　棘刺伊蚊　*Aedes elsiae* Barraud，1923

［515］106.1.15　冯氏伊蚊　*Aedes fengi* Edwards，1935

［516］106.1.18　台湾伊蚊　*Aedes formosensis* Yamada，1921

306

［555］106.4.8　贪食库蚊　*Culex halifaxia* Theobald，1903

［556］106.4.9　林氏库蚊　*Culex hayashii* Yamada，1917

［557］106.4.12　幼小库蚊　*Culex infantulus* Edwards，1922

［558］106.4.13　吉氏库蚊　*Culex jacksoni* Edwards，1934

［559］106.4.14　马来库蚊　*Culex malayi* Leicester，1908

［560］106.4.15　拟态库蚊　*Culex mimeticus* Noe，1899

［561］106.4.16　小斑翅库蚊　*Culex mimulus* Edwards，1915

［562］106.4.17　最小库蚊　*Culex minutissimus* Theobald，1907

［563］106.4.18　凶小库蚊　*Culex modestus* Ficalbi，1889

［564］106.4.19　黑点库蚊　*Culex nigropunctatus* Edwards，1926

［565］106.4.21　东方库蚊　*Culex orientalis* Edwards，1921

［566］106.4.22　白胸库蚊　*Culex pallidothorax* Theobald，1905

［567］106.4.23　尖音库蚊　*Culex pipiens* Linnaeus，1758

［568］106.4.24　尖音库蚊淡色亚种　*Culex pipiens pallens* Coquillett，1898

［569］106.4.25　伪杂鳞库蚊　*Culex pseudovishnui* Colless，1957

［570］106.4.26　白顶库蚊　*Culex shebbearei* Barraud，1924

［571］106.4.27　中华库蚊　*Culex sinensis* Theobald，1903

［572］106.4.28　海滨库蚊　*Culex sitiens* Wiedemann，1828

［573］106.4.30　纹腿库蚊　*Culex theileri* Theobald，1903

［574］106.4.31　三带喙库蚊　*Culex tritaeniorhynchus* Giles，1901

［575］106.4.32　迷走库蚊　*Culex vagans* Wiedemann，1828

［576］106.4.34　惠氏库蚊　*Culex whitmorei* Giles，1904

［577］106.7.2　常型曼蚊　*Manssonia uniformis* Theobald，1901

［578］106.8.1　类按直脚蚊　*Orthopodomyia anopheloides* Giles，1903

［579］106.9.1　竹生杆蚊　*Tripteriodes bambusa* Yamada，1917

［580］106.10.1　安氏蓝带蚊　*Uranotaenia annandalei* Barraud，1926

［581］106.10.2　巨型蓝带蚊　*Uranotaenia maxima* Leicester，1908

［582］106.10.3　新湖蓝带蚊　*Uranotaenia novobscura* Barraud，1934

［583］107.1.1　红尾胃蝇（蛆）　*Gasterophilus haemorrhoidalis* Linnaeus，1758

［584］107.1.3　肠胃蝇（蛆）　*Gasterophilus intestinalis* De Geer，1776

［585］107.1.5　黑腹胃蝇（蛆）　*Gasterophilus pecorum* Fabricius，1794

［586］107.1.6　烦扰胃蝇（蛆）　*Gasterophilus veterinus* Clark，1797

［587］109.1.1　牛皮蝇（蛆）　*Hypoderma bovis* De Geer，1776

［588］110.2.9　元厕蝇　*Fannia prisca* Stein，1918

［589］110.5.3　长条溜蝇　*Lispe longicollis* Meigen，1826

［590］110.5.4　东方溜蝇　*Lispe orientalis* Wiedemann，1824

［591］110.8.3　北栖家蝇　*Musca bezzii* Patton et Cragg，1913

［592］110.8.4　逐畜家蝇　*Musca conducens* Walker，1859

［593］110.8.7　家蝇　*Musca domestica* Linnaeus，1758

［594］110.8.8　黑边家蝇　*Musca hervei* Villeneuve，1922

［595］110.8.14　市家蝇　*Musca sorbens* Wiedemann，1830

［596］110.8.17　舍家蝇　*Musca vicina* Macquart，1851

［597］110.8.18　透翅家蝇　*Musca vitripennis* Meigen，1826

［598］110.9.3　厩腐蝇　*Muscina stabulans* Fallen，1817

［599］110.10.2　斑遮黑蝇　*Ophyra chalcogaster* Wiedemann，1824

［600］110.10.3　银眉黑蝇　*Ophyra leucostoma* Wiedemann，1817

［601］110.11.2　紫翠蝇　*Orthellia chalybea* Wiedemann，1830

［602］110.11.3　蓝翠蝇　*Orthellia coerulea* Wiedemann，1819

［603］111.2.1　羊狂蝇（蛆）　*Oestrus ovis* Linnaeus，1758

［604］113.2.1　印地格蛉　*Grassomyia indica* Theodor，1931

［605］113.4.3　中华白蛉　*Phlebotomus chinensis* Newstead，1916

［606］113.4.5　江苏白蛉　*Phlebotomus kiangsuensis* Yao et Wu，1938

［607］113.4.8　蒙古白蛉　*Phlebotomus mongolensis* Sinton，1928

［608］113.5.1　安徽司蛉　*Sergentomyia anhuiensis* Ge et Leng，1990

［609］113.5.3　鲍氏司蛉　*Sergentomyia barraudi* Sinton，1929

［610］113.5.12　马来司蛉　*Sergentomyia malayensis* Theodor，1938

［611］113.5.14　南京司蛉　*Sergentomyia nankingensis* Ho，Tan et Wu，1954

［612］113.5.17　鳞胸司蛉　*Sergentomyia squamipleuris* Newstead，1912

［613］113.5.18　鳞喙司蛉　*Sergentomyia squamirostris* Newstead，1923

［614］114.1.2　尾黑麻蝇（蛆）　*Bellieria melanura* Meigen，1826

［615］114.3.1　赭尾别麻蝇（蛆）　*Boettcherisca peregrina* Robineau-Desvoidy，1830

［616］114.5.2　锚形亚麻蝇　*Parasarcophaga anchoriformis* Fan，1964

［617］114.5.6　巨亚麻蝇　*Parasarcophaga gigas* Thomas，1949

［618］114.5.8　黄山亚麻蝇　*Parasarcophaga huangshanensis* Fan，1964

［619］114.5.11　巨耳亚麻蝇　*Parasarcophaga macroauriculata* Ho，1932

［620］114.7.1　白头麻蝇（蛆）　*Sarcophaga albiceps* Meigen，1826

［621］114.7.5　纳氏麻蝇（蛆）　*Sarcophaga knabi* Parker，1917

［622］114.7.6　黑尾麻蝇（蛆）　*Sarcophaga melanura* Meigen，1826

［623］114.7.7　酱麻蝇（蛆）　*Sarcophaga misera* Walker，1849

［624］114.7.8　黄须麻蝇（蛆）　*Sarcophaga orchidea* Bottcher，1913

［625］116.3.1　东方角蝇　*Lyperosia exigua* Meijere，1903

［626］116.4.1　厩螯蝇　*Stomoxys calcitrans* Linnaeus，1758

［627］117.1.1　双斑黄虻　*Atylotus bivittateinus* Takahasi，1962

［628］117.1.5　黄绿黄虻　*Atylotus horvathi* Szilady，1926

［629］117.1.7　骚扰黄虻　*Atylotus miser* Szilady，1915

［630］117.1.9　淡黄虻　*Atylotus pallitarsis* Olsufjev，1936

［631］117.1.12　四列黄虻　*Atylotus quadrifarius* Loew，1874

［632］117.1.13　黑胫黄虻　*Atylotus rusticus* Linnaeus，1767

［633］117.2.8　舟山斑虻　*Chrysops chusanensis* Ouchi，1939

［634］117.2.14　黄胸斑虻　*Chrysops flaviscutellus* Philip，1963

［635］117.2.18　日本斑虻　*Chrysops japonicus* Wiedemann，1828

［636］117.2.21　莫氏斑虻　*Chrysops mlokosiewiczi* Bigot，1880

［637］117.2.26　帕氏斑虻　*Chrysops potanini* Pleske，1910

［638］117.2.31　中华斑虻　*Chrysops sinensis* Walker，1856

［639］117.2.33　条纹斑虻　*Chrysops striatula* Pechuman，1943

［640］117.2.39　范氏斑虻　*Chrysops vanderwulpi* Krober，1929

［641］117.5.3　触角麻虻　*Haematopota antennata* Shiraki，1932

［642］117.5.4　阿萨姆麻虻　*Haematopota assamensis* Ricardo，1911

［643］117.5.10　脱粉麻虻　*Haematopota desertorum* Szilady，1923

［644］117.5.13　台湾麻虻　*Haematopota formosana* Shiraki，1918

［645］117.5.16　括苍山麻虻　*Haematopota guacangshanensis* Xu，1980

［646］117.5.45　中华麻虻　*Haematopota sinensis* Ricardo，1911

［647］117.5.46　似中华麻虻　*Haematopota sineroides* Xu，1989

［648］117.11.2　土灰虻　*Tabanus amaenus* Walker，1848

［649］117.11.11　缅甸虻　*Tabanus birmanicus* Bigot，1892

［650］117.11.25　浙江虻　*Tabanus chekiangensis* Ouchi，1943

［651］117.11.33　朝鲜虻　*Tabanus coreanus* Shiraki，1932

［652］117.11.43　棕带虻　*Tabanus fulvicinctus* Ricardo，1914

［653］117.11.61　杭州虻　*Tabanus hongchowensis* Liu，1962

［654］117.11.63　黄山虻　*Tabanus huangshanensis* Xu et Wu，1985

［655］117.11.78　江苏虻　*Tabanus kiangsuensis* Krober，1933

［656］117.11.81　广西虻　*Tabanus kwangsinensis* Wang et Liu，1977

［657］117.11.88　线带虻　*Tabanus lineataenia* Xu，1979

［658］117.11.94　中华虻　*Tabanus mandarinus* Schiner，1868

［659］117.11.96　松本虻　*Tabanus matsumotoensis* Murdoch et Takahasi，1961

［660］117.11.112　日本虻　*Tabanus nipponicus* Murdoch et Takahasi，1969

［661］117.11.126　浅胸虻　*Tabanus pallidepectoratus* Bigot，1892

［662］117.11.151　山东虻　*Tabanus shantungensis* Ouchi，1943

［663］117.11.152　神龙架虻　*Tabanus shennongjiaensis* Xu，Ni et Xu，1984

［664］117.11.153　华广虻　*Tabanus signatipennis* Portsch，1887

［665］117.11.160　类柯虻　*Tabanus subcordiger* Liu，1960

［666］117.11.168　太平虻　*Tabanus taipingensis* Xu et Wu，1985

［667］117.11.170　高砂虻　*Tabanus takasagoensis* Shiraki，1918

［668］117.11.172　天目虻　*Tabanus tianmuensis* Liu，1962

［669］117.11.178　姚氏虻　*Tabanus yao* Macquart，1855

［670］118.2.2　颊白体羽虱　*Menacanthus chrysophaeus* Kellogg，1896

［671］118.2.4　草黄鸡体羽虱　*Menacanthus stramineus* Nitzsch，1818

［672］118.3.1　鸡羽虱　*Menopon gallinae* Linnaeus，1758

［673］118.4.1　鹅巨羽虱　*Trinoton anserinum* Fabricius，1805

［674］118.4.3　鸭巨羽虱　*Trinoton querquedulae* Linnaeus，1758

［675］119.3.1　黄色柱虱　*Docophorus icterodes* Nitzsch，1818

［676］119.4.1　鹅啮羽虱　*Esthiopterum anseris* Linnaeus，1758

［677］119.5.1　鸡圆羽虱　*Goniocotes gallinae* De Geer，1778

［678］119.5.2　巨圆羽虱　*Goniocotes gigas* Taschenberg，1879

［679］119.6.2　巨角羽虱　*Goniodes gigas* Taschenberg，1879

［680］119.7.1　鸡翅长羽虱　*Lipeurus caponis* Linnaeus，1758

［681］119.7.3　广幅长羽虱　*Lipeurus heterographus* Nitzsch，1866

［682］119.7.4　鸭长羽虱　*Lipeurus squalidus* Nitzsch，1818

［683］119.7.5　鸡长羽虱　*Lipeurus variabilis* Burmeister，1838

［684］120.1.1　牛毛虱　*Bovicola bovis* Linnaeus，1758

［685］120.1.2　山羊毛虱　*Bovicola caprae* Gurlt，1843

［686］120.3.1　犬啮毛虱　*Trichodectes canis* De Geer，1778

［687］120.3.2　马啮毛虱　*Trichodectes equi* Denny，1842

［688］125.1.1　犬栉首蚤　*Ctenocephalide canis* Curtis，1826

［689］125.1.2　猫栉首蚤　*Ctenocephalide felis* Bouche，1835

［690］125.4.1　致痒蚤　*Pulex irritans* Linnaeus，1758

北京市寄生虫种名
Species of Parasites in Beijing Municipality

原虫　Protozoon

［1］1.1.1　微小内蜒阿米巴虫　*Endolimax nana*（Wenyon et O'connor，1917）Brug，1918

［2］1.2.1　结肠内阿米巴虫　*Entamoeba coli*（Grassi，1879）Casagrandi et Barbagallo，1895

［3］1.2.3　波氏内阿米巴虫　*Entamoeba polecki* Prowazek，1912

［4］1.3.1　布氏嗜碘阿米巴虫　*Iodamoeba buetschlii*（von Prowazek，1912）Dobell，1919

［5］2.1.1　蓝氏贾第鞭毛虫　*Giardia lamblia* Stiles，1915

［6］3.1.1　杜氏利什曼原虫　*Leishmania donovani*（Laveran et Mesnil，1903）Ross，1903

［7］3.2.1　马媾疫锥虫　*Trypanosoma equiperdum* Doflein，1901

［8］6.1.2　贝氏隐孢子虫　*Cryptosporidium baileyi* Current，Upton et Haynes，1986

［9］6.1.8　鼠隐孢子虫　*Cryptosporidium muris* Tyzzer，1907

［10］6.1.9　微小隐孢子虫　*Cryptosporidium parvum* Tyzzer，1912

［11］7.2.2　堆型艾美耳球虫　*Eimeria acervulina* Tyzzer，1929

［12］7.2.3　阿沙塔艾美耳球虫　*Eimeria ahsata* Honess，1942

［13］7.2.5　艾丽艾美耳球虫　*Eimeria alijevi* Musaev，1970

［14］7.2.8　阿普艾美耳球虫　*Eimeria apsheronica* Musaev，1970

［15］7.2.9　阿洛艾美耳球虫　*Eimeria arloingi*（Marotel，1905）Martin，1909

［16］7.2.13　巴库艾美耳球虫　*Eimeria bakuensis* Musaev，1970

［17］7.2.16　牛艾美耳球虫　*Eimeria bovis*（Züblin，1908）Fiebiger，1912

［18］7.2.24　山羊艾美耳球虫　*Eimeria caprina* Lima，1979

［19］7.2.27　蠕孢艾美耳球虫　*Eimeria cerdonis* Vetterling，1965

［20］7.2.28　克里氏艾美耳球虫　*Eimeria christenseni* Levine，Ivens et Fritz，1962

［21］7.2.30　盲肠艾美耳球虫　*Eimeria coecicola* Cheissin，1947

［22］7.2.31　槌状艾美耳球虫　*Eimeria crandallis* Honess，1942

［23］7.2.34　蒂氏艾美耳球虫　*Eimeria debliecki* Douwes，1921

［24］7.2.36　椭圆艾美耳球虫　*Eimeria ellipsoidalis* Becker et Frye，1929

［25］7.2.38　微小艾美耳球虫　*Eimeria exigua* Yakimoff，1934

［26］7.2.40　福氏艾美耳球虫　*Eimeria faurei*（Moussu et Marotel，1902）Martin，1909

［27］7.2.41　黄色艾美耳球虫　*Eimeria flavescens* Marotel et Guilhon，1941

［28］7.2.45　颗粒艾美耳球虫　*Eimeria granulosa* Christensen，1938

［29］7.2.48　哈氏艾美耳球虫　*Eimeria hagani* Levine，1938

［30］7.2.50　家山羊艾美耳球虫　*Eimeria hirci* Chevalier，1966

［31］7.2.52　肠艾美耳球虫　*Eimeria intestinalis* Cheissin，1948

［32］7.2.53　错乱艾美耳球虫　*Eimeria intricata* Spiegl，1925

［33］7.2.54　无残艾美耳球虫　*Eimeria irresidua* Kessel et Jankiewicz，1931

［34］7.2.56　约奇艾美耳球虫　*Eimeria jolchijevi* Musaev，1970

［35］7.2.61　兔艾美耳球虫　*Eimeria leporis* Nieschulz，1923

［36］7.2.63　大型艾美耳球虫　*Eimeria magna* Pérard，1925

［37］7.2.66　马氏艾美耳球虫　*Eimeria matsubayashii* Tsunoda，1952

［38］7.2.67　巨型艾美耳球虫　*Eimeria maxima* Tyzzer，1929

［39］7.2.68　中型艾美耳球虫　*Eimeria media* Kessel，1929

［40］7.2.69　和缓艾美耳球虫　*Eimeria mitis* Tyzzer，1929

［41］7.2.72　毒害艾美耳球虫　*Eimeria necatrix* Johnson，1930

［42］7.2.74　新兔艾美耳球虫　*Eimeria neoleporis* Carvalho，1942

［43］7.2.75　尼氏艾美耳球虫　*Eimeria ninakohlyakimovae* Yakimoff et Rastegaieff，1930

［44］7.2.80　类绵羊艾美耳球虫　*Eimeria ovinoidalis* McDougald，1979

［45］7.2.82　小型艾美耳球虫　*Eimeria parva* Kotlán，Mócsy et Vajda，1929

［46］7.2.85　穿孔艾美耳球虫　*Eimeria perforans*（Leuckart，1879）Sluiter et Swellengrebel，1912

［47］7.2.86　极细艾美耳球虫　*Eimeria perminuta* Henry，1931

［48］7.2.87　梨形艾美耳球虫　*Eimeria piriformis* Kotlán et Pospesch，1934

［49］7.2.89　豚艾美耳球虫　*Eimeria porci* Vetterling，1965

［50］7.2.90　早熟艾美耳球虫　*Eimeria praecox* Johnson，1930

［51］7.2.95　粗糙艾美耳球虫　*Eimeria scabra* Henry，1931

［52］7.2.99　顺义艾美耳球虫　*Eimeria shunyiensis* Wang，Shu et Ling，1990

［53］7.2.101　有刺艾美耳球虫　*Eimeria spinosa* Henry，1931

［54］7.2.102　斯氏艾美耳球虫　*Eimeria stiedai*（Lindemann，1865）Kisskalt et Hartmann，1907

［55］7.2.105　猪艾美耳球虫　*Eimeria suis* Nöller，1921

［56］7.2.107　柔嫩艾美耳球虫　*Eimeria tenella*（Railliet et Lucet，1891）Fantham，1909

［57］7.2.109　威布里吉艾美耳球虫　*Eimeria weybridgensis* Norton，Joyner et Catchpole，1974

［58］7.2.114　邱氏艾美耳球虫　*Eimeria züernii*（Rivolta，1878）Martin，1909

［59］7.3.5　犬等孢球虫　*Isospora canis* Nemeseri，1959

［60］7.3.11　俄亥俄等孢球虫　*Isospora ohioensis* Dubey，1975

［61］7.4.6　毁灭泰泽球虫　*Tyzzeria perniciosa* Allen，1936

［62］7.5.4　菲莱氏温扬球虫　*Wenyonella philiplevinei* Leibovitz，1968

［63］8.1.1　卡氏住白细胞虫　*Leucocytozoon caulleryi* Mathis et Léger，1909

［64］10.1.1　贝氏贝诺孢子虫　*Besnoitia besnoiti*（Marotel，1912）Henry，1913

［65］10.2.1　犬新孢子虫　*Neospora caninum* Dubey，Carpenter，Speer，*et al.*，1988

［66］10.3.1　公羊犬住肉孢子虫　*Sarcocystis arieticanis* Heydorn，1985

［67］10.3.4　山羊犬住肉孢子虫　*Sarcocystis capracanis* Fischer，1979

［68］10.3.5　枯氏住肉孢子虫　*Sarcocystis cruzi*（Hasselmann，1923）Wenyon，1926

［69］10.3.9　巨型住肉孢子虫　*Sarcocystis gigantea*（Railliet，1886）Ashford，1977

［70］10.3.11　多毛住肉孢子虫　*Sarcocystis hirsuta* Moulé，1888

［71］10.3.15　米氏住肉孢子虫　*Sarcocystis miescheriana*（Kühn，1865）Labbé，1899

［72］10.3.16　绵羊犬住肉孢子虫　*Sarcocystis ovicanis* Heydorn，Gestrich，Melhorn，*et al.*，1975

［73］10.3.20　猪人住肉孢子虫　*Sarcocystis suihominis* Tadros et Laarman，1976

［74］10.4.1　龚地弓形虫　*Toxoplasma gondii*（Nicolle et Manceaux，1908）Nicolle et Manceaux，1909

［75］14.1.1　结肠小袋虫　*Balantidium coli*（Malmsten，1857）Stein，1862

绦虫　Cestode

［76］15.4.2　贝氏莫尼茨绦虫　*Moniezia benedeni*（Moniez，1879）Blanchard，1891

［77］15.4.4　扩展莫尼茨绦虫　*Moniezia expansa*（Rudolphi，1810）Blanchard，1891

［78］16.3.3　有轮瑞利绦虫　*Raillietina cesticillus* Molin，1858

［79］16.3.4　棘盘瑞利绦虫　*Raillietina echinobothrida* Megnin，1881

［80］17.1.2　福氏变带绦虫　*Amoebotaenia fuhrmanni* Tseng，1932

［81］17.2.2　漏斗漏带绦虫　*Choanotaenia infundibulum* Bloch，1779

［82］17.4.1　犬复孔绦虫　*Dipylidium caninum*（Linnaeus，1758）Leuckart，1863

［83］18.1.1　光滑双阴绦虫　*Diploposthe laevis*（Bloch，1782）Jacobi，1897

［84］19.3.1　大头腔带绦虫　*Cloacotaenia megalops* Nitzsch in Creplin，1829

［85］20.1.1　线形中殖孔绦虫　*Mesocestoides lineatus*（Goeze，1782）Railliet，1893

［86］21.1.1　细粒棘球绦虫　*Echinococcus granulosus*（Batsch，1786）Rudolphi，1805

［87］21.2.3　带状泡尾绦虫　*Hydatigera taeniaeformis*（Batsch，1786）Lamarck，1816

［88］21.3.2　多头多头绦虫　*Multiceps multiceps*（Leske，1780）Hall，1910

［89］21.3.2.1　脑多头蚴　*Coenurus cerebralis* Batsch，1786

［90］21.4.1　泡状带绦虫　*Taenia hydatigena* Pallas，1766

［91］21.4.1.1　细颈囊尾蚴　*Cysticercus tenuicollis* Rudolphi，1810

［92］21.4.3　豆状带绦虫　*Taenia pisiformis* Bloch，1780

［93］21.4.5　猪囊尾蚴　*Cysticercus cellulosae* Gmelin，1790

［94］22.1.5　蛙双槽头绦虫　*Dibothriocephalus ranarum*（Gastaldi，1854）Meggitt，1925

［95］22.3.1　孟氏旋宫绦虫　*Spirometra mansoni* Joyeux et Houdemer，1928

吸虫　Trematode

［96］23.1.1　枪头棘隙吸虫　*Echinochasmus beleocephalus* Dietz，1909

［97］23.1.4　日本棘隙吸虫　*Echinochasmus japonicus* Tanabe，1926

［98］23.1.10　叶形棘隙吸虫　*Echinochasmus perfoliatus*（Ratz，1908）Gedoelst，1911

［99］23.2.18　西西伯利亚棘缘吸虫　*Echinoparyphium westsibiricum* Issaitschikoff，1924

［100］23.3.19　接睾棘口吸虫　*Echinostoma paraulum* Dietz，1909

［101］23.6.1　似锥低颈吸虫　*Hypoderaeum conoideum*（Bloch，1782）Dietz，1909

［102］23.7.1　獾似颈吸虫　*Isthmiophora melis* Schrank，1788

［103］23.13.1　伪棘冠孔吸虫　*Stephanoprora pseudoechinatus*（Olsson，1876）Dietz，1909

［104］24.2.1　布氏姜片吸虫　*Fasciolopsis buski*（Lankester，1857）Odhner，1902

［105］26.2.2　纤细背孔吸虫　*Notocotylus attenuatus*（Rudolphi，1809）Kossack，1911

［106］26.2.8　鳞叠背孔吸虫　*Notocotylus imbricatus* Looss，1893

［107］26.2.16　小卵圆背孔吸虫　*Notocotylus parviovatus* Yamaguti，1934

［108］29.1.2　长刺光隙吸虫　*Psilochasmus longicirratus* Skrjabin，1913

［109］29.1.3　尖尾光隙吸虫　*Psilochasmus oxyurus*（Creplin，1825）Lühe，1909

［110］30.6.2　异形异形吸虫　*Heterophyes heterophyes*（von Siebold，1852）Stiles et Hassal，1900

［111］30.6.4　有害异形吸虫　*Heterophyes nocens* Onji et Nishio，1915

［112］30.7.1　横川后殖吸虫　*Metagonimus yokogawai* Katsurada，1912

［113］30.9.3　前肠臀形吸虫　*Pygidiopsis summa* Onji et Nishio，1916

［114］31.3.1　中华枝睾吸虫　*Clonorchis sinensis*（Cobbolb，1875）Looss，1907

［115］31.5.3　东方次睾吸虫　*Metorchis orientalis* Tanabe，1921

［116］31.5.7　黄体次睾吸虫　*Metorchis xanthosomus*（Creplin，1841）Braun，1902

［117］31.7.3　猫后睾吸虫　*Opisthorchis felineus* Blanchard，1895

［118］39.1.9　日本前殖吸虫　*Prosthogonimus japonicus* Braun，1901

［119］40.2.2　鸡后口吸虫　*Postharmostomum gallinum* Witenberg，1923

［120］40.2.3　夏威夷后口吸虫　*Postharmostomum hawaiiensis* Guberlet，1928

〔121〕43.1.1　有翼翼状吸虫　*Alaria alata* Goeze，1782

线虫　**Nematode**

〔122〕48.1.4　猪蛔虫　*Ascaris suum* Goeze，1782

〔123〕48.3.1　马副蛔虫　*Parascaris equorum* （Goeze，1782）Yorke and Maplestone，1926

〔124〕48.4.1　狮弓蛔虫　*Toxascaris leonina* （Linstow，1902）Leiper，1907

〔125〕49.1.4　鸡禽蛔虫　*Ascaridia galli* （Schrank，1788）Freeborn，1923

〔126〕50.1.1　犬弓首蛔虫　*Toxocara canis* （Werner，1782）Stiles，1905

〔127〕50.1.2　猫弓首蛔虫　*Toxocara cati* Schrank，1788

〔128〕52.3.1　犬恶丝虫　*Dirofilaria immitis* （Leidy，1856）Railliet et Henry，1911

〔129〕52.5.1　猪浆膜丝虫　*Serofilaria suis* Wu et Yun，1979

〔130〕56.2.4　鸡异刺线虫　*Heterakis gallinarum* （Schrank，1788）Freeborn，1923

〔131〕57.5.1　隐匿管状线虫　*Syphacia obvelata* （Rudolphi，1802）Seurat，1916

〔132〕58.2.1　麦地那龙线虫　*Dracunculus medinensis* Linmaeus，1758

〔133〕60.1.3　乳突类圆线虫　*Strongyloides papillosus* （Wedl，1856）Ransom，1911

〔134〕60.1.4　兰氏类圆线虫　*Strongyloides ransomi* Schwartz et Alicata，1930

〔135〕60.1.7　韦氏类圆线虫　*Strongyloides westeri* Ihle，1917

〔136〕61.1.2　钩状锐形线虫　*Acuaria hamulosa* Diesing，1851

〔137〕61.2.1　长鼻咽饰带线虫　*Dispharynx nasuta* （Rudolphi，1819）Railliet，Henry et Sisoff，1912

〔138〕61.4.1　斯氏副柔线虫　*Parabronema skrjabini* Rassowska，1924

〔139〕62.1.3　棘颚口线虫　*Gnathostoma spinigerum* Owen，1836

〔140〕63.1.3　美丽筒线虫　*Gongylonema pulchrum* Molin，1857

〔141〕64.1.1　大口德拉斯线虫　*Drascheia megastoma* Rudolphi，1819

〔142〕64.2.1　小口柔线虫　*Habronema microstoma* Schneider，1866

〔143〕64.2.2　蝇柔线虫　*Habronema muscae* Carter，1861

〔144〕67.4.1　狼旋尾线虫　*Spirocerca lupi* （Rudolphi，1809）Railliet et Henry，1911

〔145〕68.1.4　黑根四棱线虫　*Tetrameres hagenbecki* Travassos et Vogelsang，1930

〔146〕69.2.2　丽幼吸吮线虫　*Thelazia callipaeda* Railliet et Henry，1910

〔147〕71.1.1　巴西钩口线虫　*Ancylostoma braziliense* Gómez de Faria，1910

〔148〕71.1.2　犬钩口线虫　*Ancylostoma caninum* （Ercolani，1859）Hall，1913

〔149〕71.1.4　十二指肠钩口线虫　*Ancylostoma duodenale* （Dubini，1843）Creplin，1845

〔150〕71.2.1　牛仰口线虫　*Bunostomum phlebotomum* （Railliet，1900）Railliet，1902

〔151〕71.2.2　羊仰口线虫　*Bunostomum trigonocephalum* （Rudolphi，1808）Railliet，1902

〔152〕72.4.2　粗纹食道口线虫　*Oesophagostomum asperum* Railliet et Henry，1913

〔153〕72.4.4　哥伦比亚食道口线虫　*Oesophagostomum columbianum* （Curtice，1890）Stossich，1899

〔154〕72.4.5　有齿食道口线虫　*Oesophagostomum dentatum* （Rudolphi，1803）Molin，1861

〔155〕72.4.9　长尾食道口线虫　*Oesophagostomum longicaudum* Goodey，1925

〔156〕72.4.10　辐射食道口线虫　*Oesophagostomum radiatum* （Rudolphi，1803）

Railliet，1898

［157］73.2.1　冠状冠环线虫　*Coronocyclus coronatus*（Looss，1900）Hartwich，1986

［158］73.2.2　大唇片冠环线虫　*Coronocyclus labiatus*（Looss，1902）Hartwich，1986

［159］73.2.3　大唇片冠环线虫指形变种　*Coronocyclus labiatus* var. *digititatus*（Ihle，1921）Hartwich，1986

［160］73.2.4　小唇片冠环线虫　*Coronocyclus labratus*（Looss，1902）Hartwich，1986

［161］73.3.2　卡提盅口线虫伪卡提变种　*Cyathostomum catinatum* var. *pseudocatinatum* Yorke et Macfie，1919

［162］73.3.4　碟状盅口线虫　*Cyathostomum pateratum*（Yorke et Macfie，1919）K'ung，1964

［163］73.3.7　四刺盅口线虫　*Cyathostomum tetracanthum*（Mehlis，1831）Molin，1861（sensu Looss，1900）

［164］73.4.3　耳状杯环线虫　*Cylicocyclus auriculatus*（Looss，1900）Erschow，1939

［165］73.4.4　短囊杯环线虫　*Cylicocyclus brevicapsulatus*（Ihle，1920）Erschow，1939

［166］73.4.7　显形杯环线虫　*Cylicocyclus insigne*（Boulenger，1917）Chaves，1930

［167］73.4.8　细口杯环线虫　*Cylicocyclus leptostomum*（Kotlán，1920）Chaves，1930

［168］73.4.13　辐射杯环线虫　*Cylicocyclus radiatus*（Looss，1900）Chaves，1930

［169］73.4.16　外射杯环线虫　*Cylicocyclus ultrajectinus*（Ihle，1920）Erschow，1939

［170］73.5.1　双冠冠齿线虫　*Cylicodontophorus bicoronatus*（Looss，1900）Cram，1924

［171］73.6.4　高氏杯冠线虫　*Cylicostephanus goldi*（Boulenger，1917）Lichtenfels，1975

［172］73.6.6　长伞杯冠线虫　*Cylicostephanus longibursatus*（Yorke et Macfie，1918）Cram，1924

［173］73.6.7　微小杯冠线虫　*Cylicostephanus minutus*（Yorke et Macfie，1918）Cram，1924

［174］73.6.8　曾氏杯冠线虫　*Cylicostephanus tsengi*（K'ung et Yang，1963）Lichtenfels，1975

［175］73.9.1　北京熊氏线虫　*Hsiungia pekingensis*（K'ung et Yang，1964）Dvojnos et Kharchenko，1988

［176］73.10.1　真臂副杯口线虫　*Parapoteriostomum euproctus*（Boulenger，1917）Hartwich，1986

［177］73.11.1　杯状彼德洛夫线虫　*Petrovinema poculatum*（Looss，1900）Erschow，1943

［178］73.12.1　不等齿杯口线虫　*Poteriostomum imparidentatum* Quiel，1919

［179］73.12.2　拉氏杯口线虫　*Poteriostomum ratzii*（Kotlán，1919）Ihle，1920

［180］74.1.1　安氏网尾线虫　*Dictyocaulus arnfieldi*（Cobbold，1884）Railliet et Henry，1907

［181］74.1.4　丝状网尾线虫　*Dictyocaulus filaria*（Rudolphi，1809）Railliet et Henry，1907

［182］74.1.6　胎生网尾线虫　*Dictyocaulus viviparus*（Bloch，1782）Railliet et Henry，1907

［183］77.4.3　霍氏原圆线虫　*Protostrongylus hobmaieri*（Schulz，Orloff et Kutass，1933）Cameron，1934

［184］77.4.4　赖氏原圆线虫　*Protostrongylus raillieti*（Schulz，Orloff et Kutass，1933）Cameron，1934

［185］77.4.5　淡红原圆线虫　*Protostrongylus rufescens*（Leuckart，1865）Kamensky，1905

［186］77.4.6　斯氏原圆线虫　*Protostrongylus skrjabini*（Boev，1936）Dikmans，1945

棘头虫　**Acanthocephalan**

节肢动物　**Arthropod**

［222］90.1.2　犬蠕形螨　*Demodex canis* Leydig，1859

［223］90.1.5　猪蠕形螨　*Demodex phylloides* Czokor，1858

［224］92.1.1　囊凸牦螨　*Listrophorus gibbus* Pagenstecher，1861

［225］93.3.1.3　兔痒螨　*Psoroptes equi* var. *cuniculi* Delafond，1859

［226］93.3.1.5　绵羊痒螨　*Psoroptes equi* var. *ovis* Hering，1838

［227］95.2.1　猫背肛螨　*Notoedres cati* Hering，1838

［228］95.3.1.3　犬疥螨　*Sarcoptes scabiei* var. *canis* Gerlach，1857

［229］95.3.1.5　兔疥螨　*Sarcoptes scabiei* var. *cuniculi*

［230］95.3.1.9　猪疥螨　*Sarcoptes scabiei* var. *suis* Gerlach，1857

［231］97.1.1　波斯锐缘蜱　*Argas persicus* Oken，1818

［232］97.1.2　翘缘锐缘蜱　*Argas reflexus* Fabricius，1794

［233］99.3.7　草原革蜱　*Dermacentor nuttalli* Olenev，1928

［234］99.3.10　森林革蜱　*Dermacentor silvarum* Olenev，1931

［235］99.3.11　中华革蜱　*Dermacentor sinicus* Schulze，1932

［236］99.4.3　二棘血蜱　*Haemaphysalis bispinosa* Neumann，1897

［237］99.4.4　铃头血蜱　*Haemaphysalis campanulata* Warburton，1908

［238］99.4.15　长角血蜱　*Haemaphysalis longicornis* Neumann，1901

［239］99.5.4　残缘璃眼蜱　*Hyalomma detritum* Schulze，1919

［240］99.6.8　全沟硬蜱　*Ixodes persulcatus* Schulze，1930

［241］99.7.5　血红扇头蜱　*Rhipicephalus sanguineus* Latreille，1806

［242］100.1.5　猪血虱　*Haematopinus suis* Linnaeus，1758

［243］103.1.1　粪种蝇　*Adia cinerella* Fallen，1825

［244］103.2.1　横带花蝇　*Anthomyia illocata* Walker，1856

［245］104.3.6　肥躯金蝇　*Chrysomya pinguis* Walker，1858

［246］104.6.8　亮绿蝇（蛆）　*Lucilia illustris* Meigen，1826

［247］104.6.15　沈阳绿蝇　*Lucilia shenyangensis* Fan，1965

［248］104.9.1　新陆原伏蝇（蛆）　*Protophormia terraenovae* Robineau-Desvoidy，1830

［249］104.10.1　叉丽蝇　*Triceratopyga calliphoroides* Rohdendorf，1931

［250］106.1.4　白纹伊蚊　*Aedes albopictus* Skuse，1894

［251］106.1.8　仁川伊蚊　*Aedes chemulpoensis* Yamada，1921

［252］106.1.22　朝鲜伊蚊　*Aedes koreicus* Edwards，1917

［253］106.1.35　汉城伊蚊　*Aedes seoulensis* Yamada，1921

［254］106.1.37　东乡伊蚊　*Aedes togoi* Theobald，1907

［255］106.2.28　帕氏按蚊　*Anopheles pattoni* Christophers，1926

［256］106.2.32　中华按蚊　*Anopheles sinensis* Wiedemann，1828

［257］106.2.40　八代按蚊　*Anopheles yatsushiroensis* Miyazaki，1951

［258］106.4.1　麻翅库蚊　*Culex bitaeniorhynchus* Giles，1901

［259］106.4.9　林氏库蚊　*Culex hayashii* Yamada，1917

［260］106.4.31　三带喙库蚊　*Culex tritaeniorhynchus* Giles，1901

［261］106.4.32　迷走库蚊　*Culex vagans* Wiedemann，1828

［262］110.2.10　瘤胫厕蝇　*Fannia scalaris* Fabricius，1794

［263］110.8.3　北栖家蝇　*Musca bezzii* Patton et Cragg，1913

［264］110.8.16　黄腹家蝇　*Musca ventrosa* Wiedemann，1830

［265］110.9.3　厩腐蝇　*Muscina stabulans* Fallen，1817

［266］111.2.1　羊狂蝇（蛆）　*Oestrus ovis* Linnaeus，1758

［267］113.4.3　中华白蛉　*Phlebotomus chinensis* Newstead，1916

［268］113.4.8　蒙古白蛉　*Phlebotomus mongolensis* Sinton，1928

［269］113.5.9　许氏司蛉　*Sergentomyia khawi* Raynal，1936

［270］113.5.18　鳞喙司蛉　*Sergentomyia squamirostris* Newstead，1923

［271］117.1.7　骚扰黄虻　*Atylotus miser* Szilady，1915

［272］117.2.21　莫氏斑虻　*Chrysops mlokosiewiczi* Bigot，1880

［273］117.2.31　中华斑虻　*Chrysops sinensis* Walker，1856

［274］117.5.36　北京麻虻　*Haematopota pekingensis* Liu，1958

［275］117.5.45　中华麻虻　*Haematopota sinensis* Ricardo，1911

［276］117.6.28　白条瘤虻　Hybomitra *erberi* Brauer，1880

［277］117.11.78　江苏虻　*Tabanus kiangsuensis* Krober，1933

［278］117.11.94　中华虻　*Tabanus mandarinus* Schiner，1868

［279］117.11.178　姚氏虻　*Tabanus yao* Macquart，1855

［280］118.3.1　鸡羽虱　*Menopon gallinae* Linnaeus，1758

［281］124.1.1　缓慢细蚤　*Leptopsylla segnis* Schönherr，1811

［282］125.1.2　猫栉首蚤　*Ctenocephalide felis* Bouche，1835

［283］125.4.1　致痒蚤　*Pulex irritans* Linnaeus，1758

［284］125.5.1　印鼠客蚤　*Xenopsylla cheopis* Rothschild，1903

重庆市寄生虫种名
Species of Parasites in Chongqing Municipality

原虫　Protozoon

［1］2.1.1　蓝氏贾第鞭毛虫　*Giardia lamblia* Stiles，1915

［2］3.1.1　杜氏利什曼原虫　*Leishmania donovani*（Laveran et Mesnil，1903）Ross，1903

［3］3.2.2　伊氏锥虫　*Trypanosoma evansi*（Steel，1885）Balbiani，l888

[42] 7.2.88　光滑艾美耳球虫　*Eimeria polita* Pellérdy，1949

[43] 7.2.89　豚艾美耳球虫　*Eimeria porci* Vetterling，1965

[44] 7.2.90　早熟艾美耳球虫　*Eimeria praecox* Johnson，1930

[45] 7.2.95　粗糙艾美耳球虫　*Eimeria scabra* Henry，1931

[46] 7.2.96　沙赫达艾美耳球虫　*Eimeria schachdagica* Musaev，Surkova，Jelchiev，*et al.*，1966

[47] 7.2.101　有刺艾美耳球虫　*Eimeria spinosa* Henry，1931

[48] 7.2.102　斯氏艾美耳球虫　*Eimeria stiedai*（Lindemann，1865）Kisskalt et Hartmann，1907

[49] 7.2.104　亚球形艾美耳球虫　*Eimeria subspherica* Christensen，1941

[50] 7.2.105　猪艾美耳球虫　*Eimeria suis* Nöller，1921

[51] 7.2.106　四川艾美耳球虫　*Eimeria szechuanensis* Wu，Jiang et Hu，1980

[52] 7.2.107　柔嫩艾美耳球虫　*Eimeria tenella*（Railliet et Lucet，1891）Fantham，1909

[53] 7.3.2　阿拉木图等孢球虫　*Isospora almataensis* Paichuk，1951

[54] 7.3.13　猪等孢球虫　*Isospora suis* Biester et Murray，1934

[55] 7.4.6　毁灭泰泽球虫　*Tyzzeria perniciosa* Allen，1936

[56] 7.5.1　鸭温扬球虫　*Wenyonella anatis* Pande，Bhatia et Srivastava，1965

[57] 7.5.4　菲莱氏温扬球虫　*Wenyonella philiplevinei* Leibovitz，1968

[58] 8.1.1　卡氏住白细胞虫　*Leucocytozoon caulleryii* Mathis et Léger，1909

[59] 10.3.8　梭形住肉孢子虫　*Sarcocystis fusiformis*（Railliet，1897）Bernard et Bauche，1912

[60] 10.3.15　米氏住肉孢子虫　*Sarcocystis miescheriana*（Kühn，1865）Labbé，1899

[61] 10.4.1　龚地弓形虫　*Toxoplasma gondii*（Nicolle et Manceaux，1908）Nicolle et Manceaux，1909

[62] 11.1.1　双芽巴贝斯虫　*Babesia bigemina* Smith et Kiborne，1893

[63] 12.1.1　环形泰勒虫　*Theileria annulata*（Dschunkowsky et Luhs，1904）Wenyon，1926

[64] 14.1.1　结肠小袋虫　*Balantidium coli*（Malmsten，1857）Stein，1862

绦虫　**Cestode**

[65] 15.1.1　大裸头绦虫　*Anoplocephala magna*（Abildgaard，1789）Sprengel，1905

[66] 15.1.2　叶状裸头绦虫　*Anoplocephala perfoliata*（Goeze，1782）Blanchard，1848

[67] 15.2.1　中点无卵黄腺绦虫　*Avitellina centripunctata* Rivolta，1874

[68] 15.4.2　贝氏莫尼茨绦虫　*Moniezia benedeni*（Moniez，1879）Blanchard，1891

[69] 15.4.4　扩展莫尼茨绦虫　*Moniezia expansa*（Rudolphi，1810）Blanchard，1891

[70] 15.6.1　侏儒副裸头绦虫　*Paranoplocephala mamillana*（Mehlis，1831）Baer，1927

[71] 15.7.1　球状点斯泰勒绦虫　*Stilesia globipunctata*（Rivolta，1874）Railliet，1893

[72] 15.8.1　盖氏曲子宫绦虫　*Thysaniezia giardi* Moniez，1879

[73] 16.2.3　原节戴维绦虫　*Davainea proglottina*（Davaine，1860）Blanchard，1891

[74] 16.3.3　有轮瑞利绦虫　*Raillietina cesticillus* Molin，1858

[75] 16.3.4　棘盘瑞利绦虫　*Raillietina echinobothrida* Megnin，1881

[76] 16.3.12　四角瑞利绦虫　*Raillietina tetragona* Molin，1858

323

[153] 25.2.5 狭窄菲策吸虫 *Fischoederius compressus* Wang, 1979

[154] 25.2.7 长菲策吸虫 *Fischoederius elongatus* (Poirier, 1883) Stiles et Goldberger, 1910

[155] 25.2.8 扁宽菲策吸虫 *Fischoederius explanatus* Wang et Jiang, 1982

[156] 25.2.9 菲策菲策吸虫 *Fischoederius fischoederi* Stiles et Goldberger, 1910

[157] 25.2.10 日本菲策吸虫 *Fischoederius japonicus* Fukui, 1922

[158] 25.2.14 卵形菲策吸虫 *Fischoederius ovatus* Wang, 1977

[159] 25.2.17 泰国菲策吸虫 *Fischoederius siamensis* Stiles et Goldberger, 1910

[160] 25.2.18 四川菲策吸虫 *Fischoederius sichuanensis* Wang et Jiang, 1982

[161] 25.3.1 巴中腹袋吸虫 *Gastrothylax bazhongensis* Wang et Jiang, 1982

[162] 25.3.3 荷包腹袋吸虫 *Gastrothylax crumenifer* (Creplin, 1847) Otto, 1896

[163] 25.3.4 腺状腹袋吸虫 *Gastrothylax glandiformis* Yamaguti, 1939

[164] 25.3.5 球状腹袋吸虫 *Gastrothylax globoformis* Wang, 1977

[165] 26.1.1 中华下殖吸虫 *Catatropis chinensis* Lai, Sha, Zhang, *et al.*, 1984

[166] 26.1.2 印度下殖吸虫 *Catatropis indica* Srivastava, 1935

[167] 26.1.3 多疣下殖吸虫 *Catatropis verrucosa* (Frolich, 1789) Odhner, 1905

[168] 26.2.2 纤细背孔吸虫 *Notocotylus attenuatus* (Rudolphi, 1809) Kossack, 1911

[169] 26.2.3 巴氏背孔吸虫 *Notocotylus babai* Bhalerao, 1935

[170] 26.2.8 鳞叠背孔吸虫 *Notocotylus imbricatus* Looss, 1893

[171] 26.2.15 舟形背孔吸虫 *Notocotylus naviformis* Tubangui, 1932

[172] 26.3.1 印度列叶吸虫 *Ogmocotyle indica* (Bhalerao, 1942) Ruiz, 1946

[173] 26.3.2 羚羊列叶吸虫 *Ogmocotyle pygargi* Skrjabin et Schulz, 1933

[174] 27.1.1 杯殖杯殖吸虫 *Calicophoron calicophorum* (Fischoeder, 1901) Nasmark, 1937

[175] 27.1.10 浙江杯殖吸虫 *Calicophoron zhejiangensis* Wang, 1979

[176] 27.2.1 短肠锡叶吸虫 *Ceylonocotyle brevicaeca* Wang, 1966

[177] 27.2.2 陈氏锡叶吸虫 *Ceylonocotyle cheni* Wang, 1966

[178] 27.2.3 双叉肠锡叶吸虫 *Ceylonocotyle dicranocoelium* (Fischoeder, 1901) Nasmark, 1937

[179] 27.2.4 长肠锡叶吸虫 *Ceylonocotyle longicoelium* Wang, 1977

[180] 27.2.5 直肠锡叶吸虫 *Ceylonocotyle orthocoelium* Fischoeder, 1901

[181] 27.2.6 副链肠锡叶吸虫 *Ceylonocotyle parastreptocoelium* Wang, 1959

[182] 27.2.7 侧肠锡叶吸虫 *Ceylonocotyle scoliocoelium* (Fischoeder, 1904) Nasmark, 1937

[183] 27.2.8 弯肠锡叶吸虫 *Ceylonocotyle sinuocoelium* Wang, 1959

[184] 27.2.9 链肠锡叶吸虫 *Ceylonocotyle streptocoelium* (Fischoeder, 1901) Nasmark, 1937

[185] 27.4.1 殖盘殖盘吸虫 *Cotylophoron cotylophorum* (Fischoeder, 1901) Stiles et Goldberger, 1910

[186] 27.4.2 小殖盘吸虫 *Cotylophoron fulleborni* Nasmark, 1937

[187] 27.4.4 印度殖盘吸虫 *Cotylophoron indicus* Stiles et Goldberger, 1910

[188] 27.4.7 湘江殖盘吸虫 *Cotylophoron shangkiangensis* Wang, 1979

[189] 27.4.8 弯肠殖盘吸虫 *Cotylophoron sinuointestinum* Wang et Qi, 1977

[190] 27.7.4 台湾巨盘吸虫 *Gigantocotyle formosanum* Fukui，1929

[191] 27.8.1 野牛平腹吸虫 *Homalogaster paloniae* Poirier，1883

[192] 27.11.1 吸沟同盘吸虫 *Paramphistomum bothriophoron* Braun，1892

[193] 27.11.2 鹿同盘吸虫 *Paramphistomum cervi* Zeder，1790

[194] 27.11.3 后藤同盘吸虫 *Paramphistomum gotoi* Fukui，1922

[195] 27.11.4 细同盘吸虫 *Paramphistomum gracile* Fischoeder，1901

[196] 27.11.5 市川同盘吸虫 *Paramphistomum ichikawai* Fukui，1922

[197] 27.11.9 小盘同盘吸虫 *Paramphistomum microbothrium* Fischoeder，1901

[198] 27.11.12 拟犬同盘吸虫 *Paramphistomum pseudocuonum* Wang，1979

[199] 29.1.2 长刺光隙吸虫 *Psilochasmus longicirratus* Skrjabin，1913

[200] 29.1.3 尖尾光隙吸虫 *Psilochasmus oxyurus*（Creplin，1825）Lühe，1909

[201] 29.2.3 大囊光睾吸虫 *Psilorchis saccovoluminosus* Bai，Liu et Chen，1980

[202] 29.2.5 斑嘴鸭光睾吸虫 *Psilorchis zonorhynchae* Bai，Liu et Chen，1980

[203] 29.4.1 球形球孔吸虫 *Sphaeridiotrema globulus*（Rudolphi，1814）Odhner，1913

[204] 30.3.1 凹形隐叶吸虫 *Cryptocotyle concavum*（Creplin，1825）Fischoeder，1903

[205] 31.1.1 鸭对体吸虫 *Amphimerus anatis* Yamaguti，1933

[206] 31.1.2 长对体吸虫 *Amphimerus elongatus* Gower，1938

[207] 31.3.1 中华枝睾吸虫 *Clonorchis sinensis*（Cobbolb，1875）Looss，1907

[208] 31.5.3 东方次睾吸虫 *Metorchis orientalis* Tanabe，1921

[209] 31.5.6 台湾次睾吸虫 *Metorchis taiwanensis* Morishita et Tsuchimochi，1925

[210] 31.6.1 截形微口吸虫 *Microtrema truncatum* Kobayashi，1915

[211] 32.1.1 中华双腔吸虫 *Dicrocoelium chinensis* Tang et Tang，1978

[212] 32.1.4 矛形双腔吸虫 *Dicrocoelium lanceatum* Stiles et Hassall，1896

[213] 32.1.5 东方双腔吸虫 *Dicrocoelium orientalis* Sudarikov et Ryjikov，1951

[214] 32.2.1 枝睾阔盘吸虫 *Eurytrema cladorchis* Chin，Li et Wei，1965

[215] 32.2.2 腔阔盘吸虫 *Eurytrema coelomaticum*（Giard et Billet，1892）Looss，1907

[216] 32.2.7 胰阔盘吸虫 *Eurytrema pancreaticum*（Janson，1889）Looss，1907

[217] 32.3.1 山羊扁体吸虫 *Platynosomum capranum* Ku，1957

[218] 37.2.3 斯氏狸殖吸虫 *Pagumogonimus skrjabini*（Chen，1959）Chen，1963

[219] 37.3.14 卫氏并殖吸虫 *Paragonimus westermani*（Kerbert，1878）Braun，1899

[220] 39.1.1 鸭前殖吸虫 *Prosthogonimus anatinus* Markow，1903

[221] 39.1.4 楔形前殖吸虫 *Prosthogonimus cuneatus* Braun，1901

[222] 39.1.9 日本前殖吸虫 *Prosthogonimus japonicus* Braun，1901

[223] 39.1.16 卵圆前殖吸虫 *Prosthogonimus ovatus* Lühe，1899

[224] 39.1.17 透明前殖吸虫 *Prosthogonimus pellucidus* Braun，1901

[225] 39.1.18 鲁氏前殖吸虫 *Prosthogonimus rudolphii* Skrjabin，1919

[226] 40.2.2 鸡后口吸虫 *Postharmostomum gallinum* Witenberg，1923

[227] 40.3.1 羊斯孔吸虫 *Skrjabinotrema ovis* Orloff，Erschoff et Badanin，1934

[228] 41.1.6 东方杯叶吸虫 *Cyathocotyle orientalis* Faust，1922

［229］42. 2. 1　成都平体吸虫　*Hyptiasmus chenduensis* Zhang，Chen，Yang，*et al.*，1985

［230］42. 2. 3　四川平体吸虫　*Hyptiasmus sichuanensis* Zhang，Chen，Yang，*et al.*，1985

［231］42. 2. 4　谢氏平体吸虫　*Hyptiasmus theodori* Witenberg，1928

［232］42. 3. 1　马氏噬眼吸虫　*Ophthalmophagus magalhaesi* Travassos，1921

［233］42. 3. 2　鼻噬眼吸虫　*Ophthalmophagus nasicola* Witenberg，1923

［234］43. 2. 1　心形咽口吸虫　*Pharyngostomum cordatum*（Diesing，1850）Ciurea，1922

［235］45. 2. 1　彭氏东毕吸虫　*Orientobilharzia bomfordi*（Montgomery，1906）Dutt et Srivastava，1955

［236］45. 2. 2　土耳其斯坦东毕吸虫　*Orientobilharzia turkestanica*（Skrjabin，1913）Dutt et Srivastavaa，1955

［237］45. 3. 2　日本分体吸虫　*Schistosoma japonicum* Katsurada，1904

［238］45. 4. 3　包氏毛毕吸虫　*Trichobilharzia paoi*（K'ung，Wang et Chen，1960）Tang et Tang，1962

［239］46. 1. 1　圆头异幻吸虫　*Apatemon globiceps* Dubois，1937

［240］46. 1. 2　优美异幻吸虫　*Apatemon gracilis*（Rudolphi，1819）Szidat，1928

［241］46. 1. 4　小异幻吸虫　*Apatemon minor* Yamaguti，1933

［242］46. 3. 1　角杯尾吸虫　*Cotylurus cornutus*（Rudolphi，1808）Szidat，1928

［243］46. 3. 3　日本杯尾吸虫　*Cotylurus japonicus* Ishii，1932

［244］47. 1. 1　舟形嗜气管吸虫　*Tracheophilus cymbius*（Diesing，1850）Skrjabin，1913

线虫　Nematode

［245］48. 1. 4　猪蛔虫　*Ascaris suum* Goeze，1782

［246］48. 2. 1　犊新蛔虫　*Neoascaris vitulorum*（Goeze，1782）Travassos，1927

［247］48. 3. 1　马副蛔虫　*Parascaris equorum*（Goeze，1782）Yorke and Maplestone，1926

［248］48. 4. 1　狮弓蛔虫　*Toxascaris leonina*（Linstow，1902）Leiper，1907

［249］49. 1. 4　鸡禽蛔虫　*Ascaridia galli*（Schrank，1788）Freeborn，1923

［250］50. 1. 1　犬弓首蛔虫　*Toxocara canis*（Werner，1782）Stiles，1905

［251］50. 1. 2　猫弓首蛔虫　*Toxocara cati* Schrank，1788

［252］52. 3. 1　犬恶丝虫　*Dirofilaria immitis*（Leidy，1856）Railliet et Henry，1911

［253］52. 5. 1　猪浆膜丝虫　*Serofilaria suis* Wu et Yun，1979

［254］52. 6. 1　海氏辛格丝虫　*Singhfilaria hayesi* Anderson et Prestwood，1969

［255］54. 2. 1　圈形蟠尾线虫　*Onchocerca armillata* Railliet et Henry，1909

［256］55. 1. 3　盲肠丝状线虫　*Setaria caelum* Linstow，1904

［257］55. 1. 6　指形丝状线虫　*Setaria digitata* Linstow，1906

［258］55. 1. 7　马丝状线虫　*Setaria equina*（Abildgaard，1789）Viborg，1795

［259］55. 1. 9　唇乳突丝状线虫　*Setaria labiatopapillosa* Alessandrini，1838

［260］56. 1. 2　异形同刺线虫　*Ganguleterakis dispar*（Schrank，1790）Dujardin，1845

［261］56. 2. 1　贝拉异刺线虫　*Heterakis beramporia* Lane，1914

［262］56. 2. 4　鸡异刺线虫　*Heterakis gallinarum*（Schrank，1788）Freeborn，1923

［263］56. 2. 6　印度异刺线虫　*Heterakis indica* Maplestone，1932

[302] 71.5.1　美洲板口线虫　*Necator americanus*（Stiles, 1902）Stiles, 1903

[303] 71.6.2　狭头钩刺线虫　*Uncinaria stenocphala*（Railliet, 1884）Railliet, 1885

[304] 72.1.1　弗氏旷口线虫　*Agriostomum vryburgi* Railliet, 1902

[305] 72.2.1　双管鲍吉线虫　*Bourgelatia diducta* Railliet, Henry et Bauche, 1919

[306] 72.3.2　叶氏夏柏特线虫　*Chabertia erschowi* Hsiung et K'ung, 1956

[307] 72.3.3　羊夏柏特线虫　*Chabertia ovina*（Fabricius, 1788）Raillet et Henry, 1909

[308] 72.4.2　粗纹食道口线虫　*Oesophagostomum asperum* Railliet et Henry, 1913

[309] 72.4.3　短尾食道口线虫　*Oesophagostomum brevicaudum* Schwartz et Alicata, 1930

[310] 72.4.4　哥伦比亚食道口线虫　*Oesophagostomum columbianum*（Curtice, 1890）Stossich, 1899

[311] 72.4.5　有齿食道口线虫　*Oesophagostomum dentatum*（Rudolphi, 1803）Molin, 1861

[312] 72.4.7　湖北食道口线虫　*Oesophagostomum hupensis* Jiang, Zhang et K'ung, 1979

[313] 72.4.8　甘肃食道口线虫　*Oesophagostomum kansuensis* Hsiung et K'ung, 1955

[314] 72.4.9　长尾食道口线虫　*Oesophagostomum longicaudum* Goodey, 1925

[315] 72.4.10　辐射食道口线虫　*Oesophagostomum radiatum*（Rudolphi, 1803）Railliet, 1898

[316] 72.4.11　粗食道口线虫　*Oesophagostomum robustus* Popov, 1927

[317] 72.4.13　微管食道口线虫　*Oesophagostomum venulosum* Rudolphi, 1809

[318] 72.4.14　华氏食道口线虫　*Oesophagostomum watanabei* Yamaguti, 1961

[319] 73.1.1　长囊马线虫　*Caballonema longicapsulata* Abuladze, 1937

[320] 73.2.1　冠状冠环线虫　*Coronocyclus coronatus*（Looss, 1900）Hartwich, 1986

[321] 73.2.2　大唇片冠环线虫　*Coronocyclus labiatus*（Looss, 1902）Hartwich, 1986

[322] 73.2.4　小唇片冠环线虫　*Coronocyclus labratus*（Looss, 1902）Hartwich, 1986

[323] 73.2.5　箭状冠环线虫　*Coronocyclus sagittatus*（Kotlán, 1920）Hartwich, 1986

[324] 73.3.4　碟状盅口线虫　*Cyathostomum pateratum*（Yorke et Macfie, 1919）K'ung, 1964

[325] 73.3.5　碟状盅口线虫熊氏变种　*Cyathostomum pateratum* var. *hsiungi* K'ung et Yang, 1963

[326] 73.3.7　四刺盅口线虫　*Cyathostomum tetracanthum*（Mehlis, 1831）Molin, 1861（sensu Looss, 1900）

[327] 73.4.1　安地斯杯环线虫　*Cylicocyclus adersi*（Boulenger, 1920）Erschow, 1939

[328] 73.4.3　耳状杯环线虫　*Cylicocyclus auriculatus*（Looss, 1900）Erschow, 1939

[329] 73.4.4　短囊杯环线虫　*Cylicocyclus brevicapsulatus*（Ihle, 1920）Erschow, 1939

[330] 73.4.5　长形杯环线虫　*Cylicocyclus elongatus*（Looss, 1900）Chaves, 1930

[331] 73.4.7　显形杯环线虫　*Cylicocyclus insigne*（Boulenger, 1917）Chaves, 1930

[332] 73.4.14　天山杯环线虫　*Cylicocyclus tianshangensis* Qi, Cai et Li, 1984

[333] 73.5.1　双冠环齿线虫　*Cylicodontophorus bicoronatus*（Looss, 1900）Cram, 1924

[334] 73.6.3　小杯杯冠线虫　*Cylicostephanus calicatus*（Looss, 1900）Cram, 1924

[335] 73.6.6　长伞杯冠线虫　*Cylicostephanus longibursatus*（Yorke et Macfie, 1918）Cram, 1924

[336] 73.8.1　头似辐首线虫　*Gyalocephalus capitatus* Looss, 1900

329

［374］82.15.2　艾氏毛圆线虫　*Trichostrongylus axei*（Cobbold，1879）Railliet et Henry，1909

［375］82.15.5　蛇形毛圆线虫　*Trichostrongylus colubriformis*（Giles，1892）Looss，1905

［376］82.15.11　枪形毛圆线虫　*Trichostrongylus probolurus*（Railliet，1896）Looss，1905

［377］82.15.15　纤细毛圆线虫　*Trichostrongylus tenuis*（Mehlis，1846）Railliet et Henry，1909

［378］83.1.2　环形毛细线虫　*Capillaria annulata*（Molin，1858）López-Neyra，1946

［379］83.1.3　鹅毛细线虫　*Capillaria anseris* Madsen，1945

［380］83.1.4　双瓣毛细线虫　*Capillaria bilobata* Bhalerao，1933

［381］83.1.5　牛毛细线虫　*Capillaria bovis* Schangder，1906

［382］83.1.6　膨尾毛细线虫　*Capillaria caudinflata*（Molin，1858）Travassos，1915

［383］83.1.11　封闭毛细线虫　*Capillaria obsignata* Madsen，1945

［384］83.2.1　环纹优鞘线虫　*Eucoleus annulatum*（Molin，1858）López-Neyra，1946

［385］83.3.1　肝脏肝居线虫　*Hepaticola hepatica*（Bancroft，1893）Hall，1916

［386］83.4.1　鸭纤形线虫　*Thominx anatis* Schrank，1790

［387］83.4.3　捻转纤形线虫　*Thominx contorta*（Creplin，1839）Travassos，1915

［388］84.1.2　旋毛形线虫　*Trichinella spiralis*（Owen，1835）Railliet，1895

［389］85.1.1　同色鞭虫　*Trichuris concolor* Burdelev，1951

［390］85.1.4　球鞘鞭虫　*Trichuris globulosa* Linstow，1901

［391］85.1.6　兰氏鞭虫　*Trichuris lani* Artjuch，1948

［392］85.1.8　长刺鞭虫　*Trichuris longispiculus* Artjuch，1948

［393］85.1.10　羊鞭虫　*Trichuris ovis* Abilgaard，1795

［394］85.1.12　猪鞭虫　*Trichuris suis* Schrank，1788

棘头虫　Acanthocephalan

［395］86.1.1　蛭形巨吻棘头虫　*Macracanthorhynchus hirudinaceus*（Pallas，1781）Travassos，1917

［396］87.1.1　鸭细颈棘头虫　*Filicollis anatis* Schrank，1788

［397］87.2.2　重庆多形棘头虫　*Polymorphus chongqingensis* Liu，Zhang et Zhang，1990

［398］87.2.4　台湾多形棘头虫　*Polymorphus formosus* Schmidt et Kuntz，1967

［399］87.2.5　大多形棘头虫　*Polymorphus magnus* Skrjabin，1913

［400］87.2.6　小多形棘头虫　*Polymorphus minutus* Zeder，1800

节肢动物　Arthropod

［401］88.1.1　兔皮姬螯螨　*Cheyletiella parasitivorax* Megnin，1878

［402］88.2.1　双梳羽管螨　*Syringophilus bipectinatus* Heller，1880

［403］90.1.1　牛蠕形螨　*Demodex bovis* Stiles，1892

［404］90.1.2　犬蠕形螨　*Demodex canis* Leydig，1859

［405］90.1.3　山羊蠕形螨　*Demodex caprae* Railliet，1895

［406］90.1.5　猪蠕形螨　*Demodex phylloides* Czokor，1858

［407］93.3.1　马痒螨　*Psoroptes equi* Hering，1838

［408］93.3.1.2　山羊痒螨　*Psoroptes equi* var. *caprae* Hering, 1838

［409］93.3.1.3　兔痒螨　*Psoroptes equi* var. *cuniculi* Delafond, 1859

［410］93.3.1.4　水牛痒螨　*Psoroptes equi* var. *natalensis* Hirst, 1919

［411］93.3.1.5　绵羊痒螨　*Psoroptes equi* var. *ovis* Hering, 1838

［412］95.1.1　鸡膝螨　*Cnemidocoptes gallinae* Railliet, 1887

［413］95.1.2　突变膝螨　*Cnemidocoptes mutans* Robin, 1860

［414］95.2.1.1　兔背肛螨　*Notoedres cati* var. *cuniculi* Gerlach, 1857

［415］95.3.1.1　牛疥螨　*Sarcoptes scabiei* var. *bovis* Cameron, 1924

［416］95.3.1.3　犬疥螨　*Sarcoptes scabiei* var. *canis* Gerlach, 1857

［417］95.3.1.4　山羊疥螨　*Sarcoptes scabiei* var. *caprae*

［418］95.3.1.5　兔疥螨　*Sarcoptes scabiei* var. *cuniculi*

［419］95.3.1.7　马疥螨　*Sarcoptes scabiei* var. *equi*

［420］95.3.1.8　绵羊疥螨　*Sarcoptes scabiei* var. *ovis* Mégnin, 1880

［421］95.3.1.9　猪疥螨　*Sarcoptes scabiei* var. *suis* Gerlach, 1857

［422］96.2.1　鸡新棒螨　*Neoschoengastia gallinarum* Hatori, 1920

［423］98.1.1　鸡皮刺螨　*Dermanyssus gallinae* De Geer, 1778

［424］99.2.1　微小牛蜱　*Boophilus microplus* Canestrini, 1887

［425］99.4.3　二棘血蜱　*Haemaphysalis bispinosa* Neumann, 1897

［426］99.4.4　铃头血蜱　*Haemaphysalis campanulata* Warburton, 1908

［427］99.4.28　汶川血蜱　*Haemaphysalis warburtoni* Nuttall, 1912

［428］99.5.6　边缘璃眼蜱　*Hyalomma marginatum* Koch, 1844

［429］100.1.1　驴血虱　*Haematopinus asini* Linnaeus, 1758

［430］100.1.2　阔胸血虱　*Haematopinus eurysternus* Denny, 1842

［431］100.1.5　猪血虱　*Haematopinus suis* Linnaeus, 1758

［432］100.1.6　瘤突血虱　*Haematopinus tuberculatus* Burmeister, 1839

［433］101.1.2　绵羊颚虱　*Linognathus ovillus* Neumann, 1907

［434］101.1.5　狭颚虱　*Linognathus stenopsis* Burmeister, 1838

［435］101.1.6　牛颚虱　*Linognathus vituli* Linnaeus, 1758

［436］101.2.1　侧管管虱　*Solenopotes capillatus* Enderlein, 1904

［437］104.3.4　大头金蝇（蛆）　*Chrysomya megacephala* Fabricius, 1794

［438］104.3.5　广额金蝇　*Chrysomya phaonis* Seguy, 1928

［439］104.5.3　三色依蝇（蛆）　*Idiella tripartita* Bigot, 1874

［440］104.6.11　紫绿蝇（蛆）　*Lucilia porphyrina* Walker, 1856

［441］104.6.13　丝光绿蝇（蛆）　*Lucilia sericata* Meigen, 1826

［442］105.2.7　荒草库蠓　*Culicoides arakawae* Arakawa, 1910

［443］105.2.17　环斑库蠓　*Culicoides circumscriptus* Kieffer, 1918

［444］105.2.18　棒须库蠓　*Culicoides clavipalpis* Mukerji, 1931

［445］105.2.53　华荧库蠓　*Culicoides huayingensis* Zhou et Lee, 1984

［446］105.2.91　不显库蠓　*Culicoides obsoletus* Meigen, 1818

［447］105.2.111 迟缓库蠓 *Culicoides segnis* Campbell et Pelham-Clinton，1960

［448］105.3.8 低飞蠛蠓 *Lasiohelea humilavolita* Yu et Liu，1982

［449］106.1.4 白纹伊蚊 *Aedes albopictus* Skuse，1894

［450］106.1.32 刺螯伊蚊 *Aedes punctor* Kirby，1837

［451］106.1.39 刺扰伊蚊 *Aedes vexans* Meigen，1830

［452］106.2.3 环纹按蚊 *Anopheles annularis* van der Wulp，1884

［453］106.2.4 嗜人按蚊 *Anopheles anthropophagus* Xu et Feng，1975

［454］106.2.5 须喙按蚊 *Anopheles barbirostris* van der Wulp，1884

［455］106.2.10 溪流按蚊 *Anopheles fluviatilis* James，1902

［456］106.2.16 杰普尔按蚊日月潭亚种 *Anopheles jeyporiensis candidiensis* Koidzumi，1924

［457］106.2.19 朝鲜按蚊 *Anopheles koreicus* Yamada et Watanabe，1918

［458］106.2.20 贵阳按蚊 *Anopheles kweiyangensis* Yao et Wu，1944

［459］106.2.21 雷氏按蚊嗜人亚种 *Anopheles lesteri anthropophagus* Xu et Feng，1975

［460］106.2.22 凉山按蚊 *Anopheles liangshanensis* Kang，Tan et Cao，1984

［461］106.2.23 林氏按蚊 *Anopheles lindesayi* Giles，1900

［462］106.2.24 多斑按蚊 *Anopheles maculatus* Theobald，1901

［463］106.2.26 微小按蚊 *Anopheles minimus* Theobald，1901

［464］106.2.28 帕氏按蚊 *Anopheles pattoni* Christophers，1926

［465］106.2.32 中华按蚊 *Anopheles sinensis* Wiedemann，1828

［466］106.2.36 浅色按蚊 *Anopheles subpictus* Grassi，1899

［467］106.2.40 八代按蚊 *Anopheles yatsushiroensis* Miyazaki，1951

［468］106.3.4 骚扰阿蚊 *Armigeres subalbatus* Coquillett，1898

［469］106.4.1 麻翅库蚊 *Culex bitaeniorhynchus* Giles，1901

［470］106.4.3 致倦库蚊 *Culex fatigans* Wiedemann，1828

［471］106.4.5 褐尾库蚊 *Culex fuscanus* Wiedemann，1820

［472］106.4.6 棕头库蚊 *Culex fuscocephalus* Theobald，1907

［473］106.4.7 白雪库蚊 *Culex gelidus* Theobald，1901

［474］106.4.8 贪食库蚊 *Culex halifaxia* Theobald，1903

［475］106.4.11 黄氏库蚊 *Culex huangae* Meng，1958

［476］106.4.12 幼小库蚊 *Culex infantulus* Edwards，1922

［477］106.4.14 马来库蚊 *Culex malayi* Leicester，1908

［478］106.4.15 拟态库蚊 *Culex mimeticus* Noe，1899

［479］106.4.22 白胸库蚊 *Culex pallidothorax* Theobald，1905

［480］106.4.25 伪杂鳞库蚊 *Culex pseudovishnui* Colless，1957

［481］106.4.27 中华库蚊 *Culex sinensis* Theobald，1903

［482］106.4.31 三带喙库蚊 *Culex tritaeniorhynchus* Giles，1901

［483］106.4.32 迷走库蚊 *Culex vagans* Wiedemann，1828

［484］106.4.34 惠氏库蚊 *Culex whitmorei* Giles，1904

［485］106.7.2 常型曼蚊 *Manssonia uniformis* Theobald，1901

332

［486］107.1.1　红尾胃蝇（蛆）　*Gasterophilus haemorrhoidalis* Linnaeus，1758

［487］107.1.3　肠胃蝇（蛆）　*Gasterophilus intestinalis* De Geer，1776

［488］107.1.5　黑腹胃蝇（蛆）　*Gasterophilus pecorum* Fabricius，1794

［489］107.1.6　烦扰胃蝇（蛆）　*Gasterophilus veterinus* Clark，1797

［490］108.2.1　羊蜱蝇　*Melophagus ovinus* Linnaeus，1758

［491］110.8.4　逐畜家蝇　*Musca conducens* Walker，1859

［492］111.2.1　羊狂蝇（蛆）　*Oestrus ovis* Linnaeus，1758

［493］113.4.3　中华白蛉　*Phlebotomus chinensis* Newstead，1916

［494］113.4.5　江苏白蛉　*Phlebotomus kiangsuensis* Yao et Wu，1938

［495］113.4.9　四川白蛉　*Phlebotomus sichuanensis* Leng et Yin，1983

［496］113.5.3　鲍氏司蛉　*Sergentomyia barraudi* Sinton，1929

［497］113.5.10　歌乐山司蛉　*Sergentomyia koloshanensis* Yao et Wu，1946

［498］113.5.21　伊氏司蛉　*Sergentomyia yini* Leng et Lin，1991

［499］115.1.1　黄足真蚋　*Eusimulium aureohirtum* Brunetti，1911

［500］115.1.5　溪流真蚋　*Eusimulium fluviatile* Radz.，1948

［501］115.1.6　海格亚真蚋　*Eusimulium gejgelense* Dzhafarov，1954

［502］115.1.8　阿星札真蚋　*Eusimulium gviletense* Rubtsov，1956

［503］115.1.9　三重真蚋　*Eusimulium mie* Ogata et Sasa，1954

［504］115.1.10　四面山真蚋　*Eusimulium simianshanensis* Wang，Li et Sun，1996

［505］115.3.1　重庆蝇蚋　*Gomphostilbia chongqingensis* Zhu et Wang，1995

［506］115.6.3　重庆蚋　*Simulium chongqingense* Zhu et Wang，1995

［507］115.6.13　五条蚋　*Simulium quinquestriatum* Shiraki，1935

［508］115.6.15　红足蚋　*Simulium rufibasis* Brunetti，1911

［509］115.6.18　铃木蚋　*Simulium suzukii* Rubzov，1963

［510］115.6.19　台湾蚋　*Simulium taiwanicum* Takaoka，1979

［511］116.3.1　东方角蝇　*Lyperosia exigua* Meijere，1903

［512］116.4.1　厩螫蝇　*Stomoxys calcitrans* Linnaeus，1758

［513］116.4.3　印度螫蝇　*Stomoxys indicus* Picard，1908

［514］117.6.40　康定瘤虻　*Hybomitra kangdingensis* Xu et Song，1983

［515］117.6.46　驼瘤瘤虻　*Hybomitra lamades* Philip，1961

［516］117.6.56　蜂形瘤虻　*Hybomitra mimapis* Wang，1981

［517］117.6.77　黄茸瘤虻　*Hybomitra robiginosa* Wang，1982

［518］117.11.33　朝鲜虻　*Tabanus coreanus* Shiraki，1932

［519］117.11.78　江苏虻　*Tabanus kiangsuensis* Krober，1933

［520］117.11.94　中华虻　*Tabanus mandarinus* Schiner，1868

［521］117.11.151　山东虻　*Tabanus shantungensis* Ouchi，1943

［522］118.2.4　草黄鸡体羽虱　*Menacanthus stramineus* Nitzsch，1818

［523］118.3.1　鸡羽虱　*Menopon gallinae* Linnaeus，1758

［524］118.3.2　鸭浣羽虱　*Menopon leucoxanthum* Burmeister，1838

［525］118.4.1　鹅巨羽虱　*Trinoton anserinum* Fabricius，1805

［526］118.4.3　鸭巨羽虱　*Trinoton querquedulae* Linnaeus，1758

［527］119.1.1　广口鹅鸭羽虱　*Anatoecus dentatus* Scopoli，1763

［528］119.2.1　鸽羽虱　*Columbicola columbae* Linnaeus，1758

［529］119.4.1　鹅啮羽虱　*Esthiopterum anseris* Linnaeus，1758

［530］119.4.2　圆鸭啮羽虱　*Esthiopterum crassicorne* Scopoli，1763

［531］119.5.1　鸡圆羽虱　*Goniocotes gallinae* De Geer，1778

［532］119.5.2　巨圆羽虱　*Goniocotes gigas* Taschenberg，1879

［533］119.6.1　鸡角羽虱　*Goniodes dissimilis* Denny，1842

［534］119.6.2　巨角羽虱　*Goniodes gigas* Taschenberg，1879

［535］119.7.1　鸡翅长羽虱　*Lipeurus caponis* Linnaeus，1758

［536］119.7.3　广幅长羽虱　*Lipeurus heterographus* Nitzsch，1866

［537］119.7.5　鸡长羽虱　*Lipeurus variabilis* Burmeister，1838

［538］120.1.1　牛毛虱　*Bovicola bovis* Linnaeus，1758

［539］120.1.2　山羊毛虱　*Bovicola caprae* Gurlt，1843

［540］120.1.3　绵羊毛虱　*Bovicola ovis* Schrank，1781

［541］125.1.1　犬栉首蚤　*Ctenocephalide canis* Curtis，1826

［542］125.1.2　猫栉首蚤　*Ctenocephalide felis* Bouche，1835

［543］125.4.1　致痒蚤　*Pulex irritans* Linnaeus，1758

［544］126.3.1　花蠕形蚤　*Vermipsylla alakurt* Schimkewitsch，1885

［545］127.1.1　锯齿舌形虫　*Linguatula serrata* Fröhlich，1789

福建省寄生虫种名
Species of Parasites in Fujian Province

原虫　Protozoon

［1］6.1.2　贝氏隐孢子虫　*Cryptosporidium baileyi* Current，Upton et Haynes，1986

［2］7.2.2　堆型艾美耳球虫　*Eimeria acervulina* Tyzzer，1929

［3］7.2.3　阿沙塔艾美耳球虫　*Eimeria ahsata* Honess，1942

［4］7.2.9　阿洛艾美耳球虫　*Eimeria arloingi*（Marotel，1905）Martin，1909

［5］7.2.15　巴塔氏艾美耳球虫　*Eimeria battakhi* Dubey et Pande，1963

［6］7.2.16　牛艾美耳球虫　*Eimeria bovis*（Züblin，1908）Fiebiger，1912

［7］7.2.19　布氏艾美耳球虫　*Eimeria brunetti* Levine，1942

［8］7.2.24　山羊艾美耳球虫　*Eimeria caprina* Lima，1979

［9］7.2.28　克里氏艾美耳球虫　*Eimeria christenseni* Levine, Ivens et Fritz, 1962

［10］7.2.30　盲肠艾美耳球虫　*Eimeria coecicola* Cheissin, 1947

［11］7.2.31　槌状艾美耳球虫　*Eimeria crandallis* Honess, 1942

［12］7.2.34　蒂氏艾美耳球虫　*Eimeria debliecki* Douwes, 1921

［13］7.2.38　微小艾美耳球虫　*Eimeria exigua* Yakimoff, 1934

［14］7.2.40　福氏艾美耳球虫　*Eimeria faurei*（Moussu et Marotel, 1902）Martin, 1909

［15］7.2.41　黄色艾美耳球虫　*Eimeria flavescens* Marotel et Guilhon, 1941

［16］7.2.45　颗粒艾美耳球虫　*Eimeria granulosa* Christensen, 1938

［17］7.2.48　哈氏艾美耳球虫　*Eimeria hagani* Levine, 1938

［18］7.2.52　肠艾美耳球虫　*Eimeria intestinalis* Cheissin, 1948

［19］7.2.53　错乱艾美耳球虫　*Eimeria intricata* Spiegl, 1925

［20］7.2.54　无残艾美耳球虫　*Eimeria irresidua* Kessel et Jankiewicz, 1931

［21］7.2.63　大型艾美耳球虫　*Eimeria magna* Pérard, 1925

［22］7.2.66　马氏艾美耳球虫　*Eimeria matsubayashii* Tsunoda, 1952

［23］7.2.67　巨型艾美耳球虫　*Eimeria maxima* Tyzzer, 1929

［24］7.2.68　中型艾美耳球虫　*Eimeria media* Kessel, 1929

［25］7.2.69　和缓艾美耳球虫　*Eimeria mitis* Tyzzer, 1929

［26］7.2.70　变位艾美耳球虫　*Eimeria mivati* Edgar et Siebold, 1964

［27］7.2.72　毒害艾美耳球虫　*Eimeria necatrix* Johnson, 1930

［28］7.2.74　新兔艾美耳球虫　*Eimeria neoleporis* Carvalho, 1942

［29］7.2.75　尼氏艾美耳球虫　*Eimeria ninakohlyakimovae* Yakimoff et Rastegaieff, 1930

［30］7.2.82　小型艾美耳球虫　*Eimeria parva* Kotlán, Mócsy et Vajda, 1929

［31］7.2.85　穿孔艾美耳球虫　*Eimeria perforans*（Leuckart, 1879）Sluiter et Swellen-grebel, 1912

［32］7.2.87　梨形艾美耳球虫　*Eimeria piriformis* Kotlán et Pospesch, 1934

［33］7.2.90　早熟艾美耳球虫　*Eimeria praecox* Johnson, 1930

［34］7.2.97　母猪艾美耳球虫　*Eimeria scrofae* Galli-Valerio, 1935

［35］7.2.101　有刺艾美耳球虫　*Eimeria spinosa* Henry, 1931

［36］7.2.102　斯氏艾美耳球虫　*Eimeria stiedai*（Lindemann, 1865）Kisskalt et Hartmann, 1907

［37］7.2.105　猪艾美耳球虫　*Eimeria suis* Nöller, 1921

［38］7.2.107　柔嫩艾美耳球虫　*Eimeria tenella*（Railliet et Lucet, 1891）Fantham, 1909

［39］7.3.7　鸡等孢球虫　*Isospora gallinae* Scholtyseck, 1954

［40］7.3.10　鸳鸯等孢球虫　*Isospora mandari* Bhatia, Chauhan, Arora, *et al.*, 1971

［41］7.3.13　猪等孢球虫　*Isospora suis* Biester et Murray, 1934

［42］7.4.6　毁灭泰泽球虫　*Tyzzeria perniciosa* Allen, 1936

［43］7.5.3　佩氏温扬球虫　*Wenyonella pellerdyi* Bhatia et Pande, 1966

［44］7.5.4　菲莱氏温扬球虫　*Wenyonella philiplevinei* Leibovitz, 1968

［45］8.1.1　卡氏住白细胞虫　*Leucocytozoon caulleryii* Mathis et Léger, 1909

［82］19.12.5　包成膜壳绦虫　*Hymenolepis bauchei* Joyeux，1924

［83］19.12.17　美丽膜壳绦虫　*Hymenolepis venusta*（Rosseter，1897）López-Neyra，1942

［84］19.13.1　纤小膜钩绦虫　*Hymenosphenacanthus exiguus* Yoshida，1910

［85］19.13.2　片形膜钩绦虫　*Hymenosphenacanthus fasciculata* Ransom，1909

［86］19.15.3　领襟微吻绦虫　*Microsomacanthus collaris* Batsch，1788

［87］19.15.4　狭窄微吻绦虫　*Microsomacanthus compressa*（Linton，1892）López-Neyra，1942

［88］19.15.11　副狭窄微吻绦虫　*Microsomacanthus paracompressa*（Czaplinski，1956）Spasskaja et Spassky，1961

［89］19.15.12　副小体微吻绦虫　*Microsomacanthus paramicrosoma* Gasowska，1931

［90］19.17.1　狭那壳绦虫　*Nadejdolepis compressa* Linton，1892

［91］19.18.1　柯氏伪裸头绦虫　*Pseudanoplocephala crawfordi* Baylis，1927

［92］19.19.1　弱小网宫绦虫　*Retinometra exiguus*（Yashida，1910）Spassky，1955

［93］19.19.3　长茎网宫绦虫　*Retinometra longicirrosa*（Fuhrmann，1906）Spassky，1963

［94］19.19.4　美彩网宫绦虫　*Retinometra venusta*（Rosseter，1897）Spassky，1955

［95］19.21.3　采幼钩绦虫　*Sobolevicanthus fragilis* Krabbe，1869

［96］19.21.4　纤细幼钩绦虫　*Sobolevicanthus gracilis* Zeder，1803

［97］19.21.6　八幼钩绦虫　*Sobolevicanthus octacantha* Krabbe，1869

［98］19.22.1　坎塔尼亚隐壳绦虫　*Staphylepis cantaniana* Polonio，1860

［99］19.23.1　刚刺柴壳绦虫　*Tschertkovilepis setigera* Froelich，1789

［100］20.1.1　线形中殖孔绦虫　*Mesocestoides lineatus*（Goeze，1782）Railliet，1893

［101］21.1.1　细粒棘球绦虫　*Echinococcus granulosus*（Batsch，1786）Rudolphi，1805

［102］21.1.1.1　细粒棘球蚴　*Echinococcus cysticus* Huber，1891

［103］21.2.3　带状泡尾绦虫　*Hydatigera taeniaeformis*（Batsch，1786）Lamarck，1816

［104］21.3.2　多头多头绦虫　*Multiceps multiceps*（Leske，1780）Hall，1910

［105］21.3.2.1　脑多头蚴　*Coenurus cerebralis* Batsch，1786

［106］21.3.4.1　链状多头蚴　*Coenurus serialis* Gervals，1847

［107］21.3.5.1　斯氏多头蚴　*Coenurus skrjabini* Popov，1937

［108］21.4.1　泡状带绦虫　*Taenia hydatigena* Pallas，1766

［109］21.4.1.1　细颈囊尾蚴　*Cysticercus tenuicollis* Rudolphi，1810

［110］21.4.3　豆状带绦虫　*Taenia pisiformis* Bloch，1780

［111］21.4.3.1　豆状囊尾蚴　*Cysticercus pisiformis* Bloch，1780

［112］21.4.4　齿形囊尾蚴　*Cysticercus serratus* Koe-bevle，1861

［113］21.4.5　猪囊尾蚴　*Cysticercus cellulosae* Gmelin，1790

［114］21.5.1　牛囊尾蚴　*Cysticercus bovis* Cobbold，1866

［115］22.1.2　狄西双槽头绦虫　*Dibothriocephalus decipiens*（Diesing，1850）Gedoelst，1911

［116］22.1.3　伏氏双槽头绦虫　*Dibothriocephalus houghtoni* Faust，Camphell et Kellogg，1929

［117］22.1.4　阔节双槽头绦虫　*Dibothriocephalus latus* Linnaeus，1758

［118］22.1.5　蛙双槽头绦虫　*Dibothriocephalus ranarum*（Gastaldi，1854）Meggitt，1925

［119］22.3.1　孟氏旋宫绦虫　*Spirometra mansoni* Joyeux et Houdemer，1928

吸虫 Trematode

［120］23.1.1　枪头棘隙吸虫　*Echinochasmus beleocephalus* Dietz，1909

［121］23.1.2　长形棘隙吸虫　*Echinochasmus elongatus* Miki，1923

［122］23.1.4　日本棘隙吸虫　*Echinochasmus japonicus* Tanabe，1926

［123］23.1.5　藐小棘隙吸虫　*Echinochasmus liliputanus* Looss，1896

［124］23.1.10　叶形棘隙吸虫　*Echinochasmus perfoliatus*（Ratz，1908）Gedoelst，1911

［125］23.1.13　截形棘隙吸虫　*Echinochasmus truncatum* Wang，1976

［126］23.2.1　棒状棘缘吸虫　*Echinoparyphium baculus*（Diesing，1850）Lühe，1909

［127］23.2.4　带状棘缘吸虫　*Echinoparyphium cinctum* Rudolphi，1802

［128］23.2.6　鸡棘缘吸虫　*Echinoparyphium gallinarum* Wang，1976

［129］23.2.14　圆睾棘缘吸虫　*Echinoparyphium nordiana* Baschirova，1941

［130］23.2.15　曲颈棘缘吸虫　*Echinoparyphium recurvatum*（Linstow，1873）Lühe，1909

［131］23.2.18　西西伯利亚棘缘吸虫　*Echinoparyphium westsibiricum* Issaitschikoff，1924

［132］23.3.2　狭睾棘口吸虫　*Echinostoma angustitestis* Wang，1977

［133］23.3.7　移睾棘口吸虫　*Echinostoma cinetorchis* Ando et Ozaki，1923

［134］23.3.8　连合棘口吸虫　*Echinostoma coalitum* Barher et Beaver，1915

［135］23.3.9　大带棘口吸虫　*Echinostoma discinctum* Dietz，1909

［136］23.3.11　圆圃棘口吸虫　*Echinostoma hortense* Asada，1926

［137］23.3.15　宫川棘口吸虫　*Echinostoma miyagawai* Ishii，1932

［138］23.3.16　鼠棘口吸虫　*Echinostoma murinum* Tubangui，1931

［139］23.3.17　圆睾棘口吸虫　*Echinostoma nordiana* Baschirova，1941

［140］23.3.19　接睾棘口吸虫　*Echinostoma paraulum* Dietz，1909

［141］23.3.22　卷棘口吸虫　*Echinostoma revolutum*（Fröhlich，1802）Looss，1899

［142］23.3.23　强壮棘口吸虫　*Echinostoma robustum* Yamaguti，1935

［143］23.3.24　小鸭棘口吸虫　*Echinostoma rufinae* Kurova，1927

［144］23.5.4　鼠真缘吸虫　*Euparyphium murinum* Tubangui，1931

［145］23.6.1　似锥低颈吸虫　*Hypoderaeum conoideum*（Bloch，1782）Dietz，1909

［146］23.6.3　滨鹬低颈吸虫　*Hypoderaeum vigi* Baschkirova，1941

［147］23.10.2　少棘冠缝吸虫　*Patagifer parvispinosus* Yamaguti，1933

［148］23.12.2　光洁锥棘吸虫　*Petasiger nitidus* Linton，1928

［149］23.13.1　伪棘冠孔吸虫　*Stephanoprora pseudoechinatus*（Olsson，1876）Dietz，1909

［150］24.1.1　大片形吸虫　*Fasciola gigantica* Cobbold，1856

［151］24.1.2　肝片形吸虫　*Fasciola hepatica* Linnaeus，1758

［152］24.2.1　布氏姜片吸虫　*Fasciolopsis buski*（Lankester，1857）Odhner，1902

［153］25.1.1　水牛长妙吸虫　*Carmyerius bubalis* Innes，1912

［154］25.1.2　宽大长妙吸虫　*Carmyerius spatiosus*（Brandes，1898）Stiles et Goldberger，1910

［155］25.1.3　纤细长妙吸虫　*Carmyerius synethes* Fischoeder，1901

［156］25.2.2　锡兰菲策吸虫　*Fischoederius ceylonensis* Stiles et Goldborger，1910

［157］25.2.4　柯氏菲策吸虫　*Fischoederius cobboldi* Poirier，1883

［195］29.1.1 印度光隙吸虫 *Psilochasmus indicus* Gupta，1958

［196］29.1.2 长刺光隙吸虫 *Psilochasmus longicirratus* Skrjabin，1913

［197］29.1.3 尖尾光隙吸虫 *Psilochasmus oxyurus*（Creplin，1825）Lühe，1909

［198］29.1.4 括约肌咽光隙吸虫 *Psilochasmus sphincteropharynx* Oshmarin，1971

［199］29.2.3 大囊光睾吸虫 *Psilorchis saccovoluminosus* Bai，Liu et Chen，1980

［200］29.2.5 斑嘴鸭光睾吸虫 *Psilorchis zonorhynchae* Bai，Liu et Chen，1980

［201］29.3.2 短光孔吸虫 *Psilotrema brevis* Oschmarin，1963

［202］29.3.3 福建光孔吸虫 *Psilotrema fukienensis* Lin et Chen，1978

［203］29.3.4 似光孔吸虫 *Psilotrema simillimum*（Mühling，1898）Odhner，1913

［204］29.4.1 球形球孔吸虫 *Sphaeridiotrema globulus*（Rudolphi，1814）Odhner，1913

［205］29.4.2 单睾球孔吸虫 *Sphaeridiotrema monorchis* Lin et Chen，1983

［206］30.2.2 台湾棘带吸虫 *Centrocestus formosanus*（Nishigori，1924）Price，1932

［207］30.3.1 凹形隐叶吸虫 *Cryptocotyle concavum*（Creplin，1825）Fischoeder，1903

［208］30.5.1 钩棘单睾吸虫 *Haplorchis pumilio* Looss，1896

［209］30.6.2 异形异形吸虫 *Heterophyes heterophyes*（von Siebold，1852）Stiles et Hassal，1900

［210］30.7.1 横川后殖吸虫 *Metagonimus yokogawai* Katsurada，1912

［211］31.1.1 鸭对体吸虫 *Amphimerus anatis* Yamaguti，1933

［212］31.3.1 中华枝睾吸虫 *Clonorchis sinensis*（Cobbolb，1875）Looss，1907

［213］31.5.3 东方次睾吸虫 *Metorchis orientalis* Tanabe，1921

［214］31.5.6 台湾次睾吸虫 *Metorchis taiwanensis* Morishita et Tsuchimochi，1925

［215］31.5.7 黄体次睾吸虫 *Metorchis xanthosomus*（Creplin，1841）Braun，1902

［216］31.7.1 鸭后睾吸虫 *Opisthorchis anatinus* Wang，1975

［217］31.7.6 细颈后睾吸虫 *Opisthorchis tenuicollis* Rudolphi，1819

［218］32.1.1 中华双腔吸虫 *Dicrocoelium chinensis* Tang et Tang，1978

［219］32.1.4 矛形双腔吸虫 *Dicrocoelium lanceatum* Stiles et Hassall，1896

［220］32.2.1 枝睾阔盘吸虫 *Eurytrema cladorchis* Chin，Li et Wei，1965

［221］32.2.2 腔阔盘吸虫 *Eurytrema coelomaticum*（Giard et Billet，1892）Looss，1907

［222］32.2.3 福建阔盘吸虫 *Eurytrema fukienensis* Tang et Tang，1978

［223］32.2.6 羊阔盘吸虫 *Eurytrema ovis* Tubangui，1925

［224］32.2.7 胰阔盘吸虫 *Eurytrema pancreaticum*（Janson，1889）Looss，1907

［225］32.2.8 圆睾阔盘吸虫 *Eurytrema sphaeriorchis* Tang，Lin et Lin，1978

［226］37.1.1 三平正并殖吸虫 *Euparagonimus cenocopiosus* Chen，1962

［227］37.2.1 陈氏狸殖吸虫 *Pagumogonimus cheni*（Hu，1963）Chen，1964

［228］37.2.3 斯氏狸殖吸虫 *Pagumogonimus skrjabini*（Chen，1959）Chen，1963

［229］37.3.1 扁囊并殖吸虫 *Paragonimus asymmetricus* Chen，1977

［230］37.3.3 福建并殖吸虫 *Paragonimus fukienensis* Tang et Tang，1962

［231］37.3.7 巨睾并殖吸虫 *Paragonimus macrorchis* Chen，1962

［232］37.3.10 闽清并殖吸虫 *Paragonimus mingingensis* Li et Cheng，1983

340

［233］37.3.12　沈氏并殖吸虫　*Paragonimus sheni* Shan，Lin，Li，*et al.*，2009

［234］37.3.14　卫氏并殖吸虫　*Paragonimus westermani*（Kerbert，1878）Braun，1899

［235］39.1.1　鸭前殖吸虫　*Prosthogonimus anatinus* Markow，1903

［236］39.1.4　楔形前殖吸虫　*Prosthogonimus cuneatus* Braun，1901

［237］39.1.16　卵圆前殖吸虫　*Prosthogonimus ovatus* Lühe，1899

［238］39.1.17　透明前殖吸虫　*Prosthogonimus pellucidus* Braun，1901

［239］39.1.18　鲁氏前殖吸虫　*Prosthogonimus rudolphii* Skrjabin，1919

［240］40.1.1　普通短咽吸虫　*Brachylaima commutatum* Diesing，1858

［241］40.2.2　鸡后口吸虫　*Postharmostomum gallinum* Witenberg，1923

［242］41.1.1　盲肠杯叶吸虫　*Cyathocotyle caecumalis* Lin，Jiang，Wu，*et al.*，2011

［243］41.1.2　崇夔杯叶吸虫　*Cyathocotyle chungkee* Tang，1941

［244］41.1.5　鲁氏杯叶吸虫　*Cyathocotyle lutzi*（Faust et Tang，1938）Tschertkova，1959

［245］41.1.6　东方杯叶吸虫　*Cyathocotyle orientalis* Faust，1922

［246］41.2.2　柳氏全冠吸虫　*Holostephanus lutzi* Faust et Tung，1936

［247］42.1.2　小口环腔吸虫　*Cyclocoelum microstomum*（Creplin，1829）Kossack，1911

［248］42.1.3　多变环腔吸虫　*Cyclocoelum mutabile* Zeder，1800

［249］42.1.4　伪小口环腔吸虫　*Cyclocoelum pseudomicrostomum* Harrah，1922

［250］42.3.1　马氏噬眼吸虫　*Ophthalmophagus magalhaesi* Travassos，1921

［251］43.2.1　心形咽口吸虫　*Pharyngostomum cordatum*（Diesing，1850）Ciurea，1922

［252］45.2.2　土耳其斯坦东毕吸虫　*Orientobilharzia turkestanica*（Skrjabin，1913）Dutt et Srivastavaa，1955

［253］45.3.2　日本分体吸虫　*Schistosoma japonicum* Katsurada，1904

［254］45.4.2　眼点毛毕吸虫　*Trichobilharzia ocellata*（La Valette，1855）Brumpt，1931

［255］45.4.3　包氏毛毕吸虫　*Trichobilharzia paoi*（K'ung，Wang et Chen，1960）Tang et Tang，1962

［256］45.4.4　白眉鸭毛毕吸虫　*Trichobilharzia physellae*（Talbot，1936）Momullen et Beaver，1945

［257］46.1.2　优美异幻吸虫　*Apatemon gracilis*（Rudolphi，1819）Szidat，1928

［258］46.3.1　角杯尾吸虫　*Cotylurus cornutus*（Rudolphi，1808）Szidat，1928

［259］47.1.1　舟形嗜气管吸虫　*Tracheophilus cymbius*（Diesing，1850）Skrjabin，1913

线虫　**Nematode**

［260］48.1.1　似蚓蛔虫　*Ascaris lumbricoides* Linnaeus，1758

［261］48.1.2　羊蛔虫　*Ascaris ovis* Rudolphi，1819

［262］48.1.4　猪蛔虫　*Ascaris suum* Goeze，1782

［263］48.2.1　犊新蛔虫　*Neoascaris vitulorum*（Goeze，1782）Travassos，1927

［264］48.3.1　马副蛔虫　*Parascaris equorum*（Goeze，1782）Yorke and Maplestone，1926

［265］48.4.1　狮弓蛔虫　*Toxascaris leonina*（Linstow，1902）Leiper，1907

［266］49.1.3　鸽禽蛔虫　*Ascaridia columbae*（Gmelin，1790）Travassos，1913

［267］49.1.4　鸡禽蛔虫　*Ascaridia galli*（Schrank，l788）Freeborn，1923

［268］50. 1. 1　犬弓首蛔虫　*Toxocara canis*（Werner，1782）Stiles，1905

［269］50. 1. 2　猫弓首蛔虫　*Toxocara cati* Schrank，1788

［270］51. 2. 2　切形胃瘤线虫厦门变种　*Eustrongylides excisus* var. *amoyensis* Hoeppli，Hsu et Wu，1929

［271］52. 3. 1　犬恶丝虫　*Dirofilaria immitis*（Leidy，1856）Railliet et Henry，1911

［272］52. 5. 1　猪浆膜丝虫　*Serofilaria suis* Wu et Yun，1979

［273］53. 2. 1　牛副丝虫　*Parafilaria bovicola* Tubangui，1934

［274］53. 2. 2　多乳突副丝虫　*Parafilaria mltipapillosa*（Condamine et Drouilly，1878）Yorke et Maplestone，1926

［275］55. 1. 1　贝氏丝状线虫　*Setaria bernardi* Railliet et Henry，1911

［276］55. 1. 4　鹿丝状线虫　*Setaria cervi* Rudolphi，1819

［277］55. 1. 6　指形丝状线虫　*Setaria digitata* Linstow，1906

［278］55. 1. 7　马丝状线虫　*Setaria equina*（Abildgaard，1789）Viborg，1795

［279］56. 1. 2　异形同刺线虫　*Ganguleterakis dispar*（Schrank，1790）Dujardin，1845

［280］56. 2. 1　贝拉异刺线虫　*Heterakis beramporia* Lane，1914

［281］56. 2. 4　鸡异刺线虫　*Heterakis gallinarum*（Schrank，1788）Freeborn，1923

［282］57. 1. 1　马尖尾线虫　*Oxyuris equi*（Schrank，1788）Rudolphi，1803

［283］57. 2. 1　疑似栓尾线虫　*Passalurus ambiguus* Rudolphi，1819

［284］57. 3. 1　胎生普氏线虫　*Probstmayria vivipara*（Probstmayr，1865）Ransom，1907

［285］57. 4. 1　绵羊斯氏线虫　*Skrjabinema ovis*（Skrjabin，1915）Wereschtchagin，1926

［286］58. 1. 2　台湾鸟龙线虫　*Avioserpens taiwana* Sugimoto，1934

［287］60. 1. 3　乳突类圆线虫　*Strongyloides papillosus*（Wedl，1856）Ransom，1911

［288］60. 1. 4　兰氏类圆线虫　*Strongyloides ransomi* Schwartz et Alicata，1930

［289］60. 1. 5　粪类圆线虫　*Strongyloides stercoralis*（Bavay，1876）Stiles et Hassall，1902

［290］60. 1. 6　猪类圆线虫　*Strongyloides suis*（Lutz，1894）Linstow，1905

［291］60. 1. 7　韦氏类圆线虫　*Strongyloides westeri* Ihle，1917

［292］61. 1. 2　钩状锐形线虫　*Acuaria hamulosa* Diesing，1851

［293］61. 1. 3　旋锐形线虫　*Acuaria spiralis*（Molin，1858）Railliet，Henry et Sisott，1912

［294］61. 2. 1　长鼻咽饰带线虫　*Dispharynx nasuta*（Rudolphi，1819）Railliet，Henry et Sisoff，1912

［295］61. 3. 1　钩状棘结线虫　*Echinuria uncinata*（Rudolphi，1819）Soboview，1912

［296］61. 5. 1　台湾副锐形线虫　*Paracuria formosensis* Sugimoto，1930

［297］61. 7. 1　厚尾束首线虫　*Streptocara crassicauda* Creplin，1829

［298］61. 7. 2　梯状束首线虫　*Streptocara pectinifera* Neumann，1900

［299］62. 1. 1　陶氏颚口线虫　*Gnathostoma doloresi* Tubangui，1925

［300］62. 1. 2　刚刺颚口线虫　*Gnathostoma hispidum* Fedtchenko，1872

［301］62. 1. 3　棘颚口线虫　*Gnathostoma spinigerum* Owen，1836

［302］63. 1. 1　嗉囊筒线虫　*Gongylonema ingluvicola* Ransom，1904

［303］63. 1. 2　新成筒线虫　*Gongylonema neoplasticum* Fibiger et Ditlevsen，1914

[304] 64.1.1　大口德拉斯线虫　*Drascheia megastoma* Rudolphi，1819

[305] 64.2.1　小口柔线虫　*Habronema microstoma* Schneider，1866

[306] 64.2.2　蝇柔线虫　*Habronema muscae* Carter，1861

[307] 65.1.1　普拉泡翼线虫　*Physaloptera praeputialis* Linstow，1889

[308] 67.1.1　有齿蛔状线虫　*Ascarops dentata* Linstow，1904

[309] 67.1.2　圆形蛔状线虫　*Ascarops strongylina* Rudolphi，1819

[310] 67.2.1　六翼泡首线虫　*Physocephalus sexalatus* Molin，1860

[311] 67.4.1　狼旋尾线虫　*Spirocerca lupi*（Rudolphi，1809）Railliet et Henry，1911

[312] 68.1.3　分棘四棱线虫　*Tetrameres fissispina* Diesing，1861

[313] 69.1.1　孟氏尖旋线虫　*Oxyspirura mansoni*（Cobbold，1879）Ransom，1904

[314] 69.2.2　丽幼吸吮线虫　*Thelazia callipaeda* Railliet et Henry，1910

[315] 69.2.7　泪管吸吮线虫　*Thelazia lacrymalis* Gurlt，1831

[316] 69.2.9　罗氏吸吮线虫　*Thelazia rhodesi* Desmarest，1827

[317] 70.1.1　锐形裂口线虫　*Amidostomum acutum*（Lundahl，1848）Seurat，1918

[318] 70.1.3　鹅裂口线虫　*Amidostomum anseris* Zeder，1800

[319] 70.1.4　鸭裂口线虫　*Amidostomum boschadis* Petrow et Fedjuschin，1949

[320] 70.2.1　鸭瓣口线虫　*Epomidiostomum anatinum* Skrjabin，1915

[321] 70.2.2　砂囊瓣口线虫　*Epomidiostomum petalum* Yen et Wu，1959

[322] 70.2.4　钩刺瓣口线虫　*Epomidiostomum uncinatum*（Lundahl，1848）Seurat，1918

[323] 71.1.1　巴西钩口线虫　*Ancylostoma braziliense* Gómez de Faria，1910

[324] 71.1.2　犬钩口线虫　*Ancylostoma caninum*（Ercolani，1859）Hall，1913

[325] 71.1.3　锡兰钩口线虫　*Ancylostoma ceylanicum* Looss，1911

[326] 71.1.4　十二指肠钩口线虫　*Ancylostoma duodenale*（Dubini，1843）Creplin，1845

[327] 71.2.1　牛仰口线虫　*Bunostomum phlebotomum*（Railliet，1900）Railliet，1902

[328] 71.2.2　羊仰口线虫　*Bunostomum trigonocephalum*（Rudolphi，1808）Railliet，1902

[329] 71.4.3　沙姆球首线虫　*Globocephalus samoensis* Lane，1922

[330] 71.4.5　锥尾球首线虫　*Globocephalus urosubulatus* Alessandrini，1909

[331] 71.6.1　沙蒙钩刺线虫　*Uncinaria samoensis* Lane，1922

[332] 71.6.2　狭头钩刺线虫　*Uncinaria stenocphala*（Railliet，1884）Railliet，1885

[333] 72.1.1　弗氏旷口线虫　*Agriostomum vryburgi* Railliet，1902

[334] 72.2.1　双管鲍吉线虫　*Bourgelatia diducta* Railliet，Henry et Bauche，1919

[335] 72.3.3　羊夏柏特线虫　*Chabertia ovina*（Fabricius，1788）Raillet et Henry，1909

[336] 72.4.2　粗纹食道口线虫　*Oesophagostomum asperum* Railliet et Henry，1913

[337] 72.4.4　哥伦比亚食道口线虫　*Oesophagostomum columbianum*（Curtice，1890）Stossich，1899

[338] 72.4.5　有齿食道口线虫　*Oesophagostomum dentatum*（Rudolphi，1803）Molin，1861

[339] 72.4.6　佐治亚食道口线虫　*Oesophagostomum georgianum* Schwarty et Alicata，1930

[340] 72.4.9　长尾食道口线虫　*Oesophagostomum longicaudum* Goodey，1925

[341] 72.4.10　辐射食道口线虫　*Oesophagostomum radiatum*（Rudolphi，1803）Railliet，1898

［342］72.4.13　微管食道口线虫　*Oesophagostomum venulosum* Rudolphi，1809

［343］72.4.14　华氏食道口线虫　*Oesophagostomum watanabei* Yamaguti，1961

［344］73.2.1　冠状冠环线虫　*Coronocyclus coronatus*（Looss，1900）Hartwich，1986

［345］73.3.1　卡提盅口线虫　*Cyathostomum catinatum* Looss，1900

［346］73.4.7　显形杯环线虫　*Cylicocyclus insigne*（Boulenger，1917）Chaves，1930

［347］73.4.10　鼻状杯环线虫　*Cylicocyclus nassatus*（Looss，1900）Chaves，1930

［348］73.4.16　外射杯环线虫　*Cylicocyclus ultrajectinus*（Ihle，1920）Erschow，1939

［349］73.5.1　双冠环齿线虫　*Cylicodontophorus bicoronatus*（Looss，1900）Cram，1924

［350］73.12.1　不等齿杯口线虫　*Poteriostomum imparidentatum* Quiel，1919

［351］73.12.2　拉氏杯口线虫　*Poteriostomum ratzii*（Kotlán，1919）Ihle，1920

［352］74.1.6　胎生网尾线虫　*Dictyocaulus viviparus*（Bloch，1782）Railliet et Henry，1907

［353］75.1.1　猪后圆线虫　*Metastrongylus apri*（Gmelin，1790）Vostokov，1905

［354］77.1.1　狐齿体线虫　*Crenosoma vulpis* Dujardin，1845

［355］79.1.1　有齿冠尾线虫　*Stephanurus dentatus* Diesing，1839

［356］80.1.1　无齿阿尔夫线虫　*Alfortia edentatus*（Looss，1900）Skrjabin，1933

［357］80.4.1　普通戴拉风线虫　*Delafondia vulgaris*（Looss，1900）Skrjabin，1933

［358］80.5.1　粗食道齿线虫　*Oesophagodontus robustus*（Giles，1892）Railliet et Henry，1902

［359］80.6.1　马圆形线虫　*Strongylus equinus* Mueller，1780

［360］80.7.1　短尾三齿线虫　*Triodontophorus brevicauda* Boulenger，1916

［361］80.7.3　日本三齿线虫　*Triodontophorus nipponicus* Yamaguti，1943

［362］80.7.5　锯齿三齿线虫　*Triodontophorus serratus*（Looss，1900）Looss，1902

［363］81.1.1　耳兽比翼线虫　*Mammomonogamus auris*（Faust et Tang，1934）Ryzhikov，1948

［364］81.2.2　气管比翼线虫　*Syngamus trachea* von Siebold，1836

［365］82.2.9　等侧古柏线虫　*Cooperia laterouniformis* Chen，1937

［366］82.2.12　栉状古柏线虫　*Cooperia pectinata* Ransom，1907

［367］82.2.13　点状古柏线虫　*Cooperia punctata*（Linstow，1906）Ransom，1907

［368］82.3.2　捻转血矛线虫　*Haemonchus contortus*（Rudolphi，1803）Cobbold，1898

［369］82.3.6　似血矛线虫　*Haemonchus similis* Travassos，1914

［370］82.4.1　红色猪圆线虫　*Hyostrongylus rebidus*（Hassall et Stiles，1892）Hall，1921

［371］82.6.1　指形长刺线虫　*Mecistocirrus digitatus*（Linstow，1906）Railliet et Henry，1912

［372］82.10.1　四射鸟圆线虫　*Ornithostrongylus quadriradiatus*（Stevenson，1904）Travassos，1914

［373］82.11.20　奥氏奥斯特线虫　*Ostertagia ostertagi*（Stiles，1892）Ransom，1907

［374］82.11.28　吴兴奥斯特线虫　*Ostertagia wuxingensis* Ling，1958

［375］82.15.1　鹅毛圆线虫　*Trichostrongylus anseris* Wang，1979

［376］82.15.2　艾氏毛圆线虫　*Trichostrongylus axei*（Cobbold，1879）Railliet et Henry，1909

［377］82.15.5　蛇形毛圆线虫　*Trichostrongylus colubriformis*（Giles，1892）Looss，1905

［378］82.15.6　镰形毛圆线虫　*Trichostrongylus falculatus* Ransom，1911

［379］82.15.9　东方毛圆线虫　*Trichostrongylus orientalis* Jimbo，1914

[380] 83.1.3　鹅毛细线虫　*Capillaria anseris* Madsen，1945

[381] 83.1.4　双瓣毛细线虫　*Capillaria bilobata* Bhalerao，1933

[382] 83.1.5　牛毛细线虫　*Capillaria bovis* Schangder，1906

[383] 83.1.6　膨尾毛细线虫　*Capillaria caudinflata*（Molin，1858）Travassos，1915

[384] 83.1.7　猫毛细线虫　*Capillaria felis* Diesing，1851

[385] 83.1.11　封闭毛细线虫　*Capillaria obsignata* Madsen，1945

[386] 83.2.1　环纹优鞘线虫　*Eucoleus annulatum*（Molin，1858）López-Neyra，1946

[387] 83.4.3　捻转纤形线虫　*Thominx contorta*（Creplin，1839）Travassos，1915

[388] 84.1.2　旋毛形线虫　*Trichinella spiralis*（Owen，1835）Railliet，1895

[389] 85.1.10　羊鞭虫　*Trichuris ovis* Abilgaard，1795

[390] 85.1.12　猪鞭虫　*Trichuris suis* Schrank，1788

[391] 85.1.15　狐鞭虫　*Trichuris vulpis* Froelich，1789

棘头虫　Acanthocephalan

[392] 86.1.1　蛭形巨吻棘头虫　*Macracanthorhynchus hirudinaceus*（Pallas，1781）Travassos，1917

[393] 87.2.1　腊肠状多形棘头虫　*Polymorphus botulus* Van Cleave，1916

[394] 87.2.5　大多形棘头虫　*Polymorphus magnus* Skrjabin，1913

节肢动物　Arthropod

[395] 88.2.1　双梳羽管螨　*Syringophilus bipectinatus* Heller，1880

[396] 90.1.3　山羊蠕形螨　*Demodex caprae* Railliet，1895

[397] 93.3.1.1　牛痒螨　*Psoroptes equi* var. *bovis* Gerlach，1857

[398] 93.3.1.5　绵羊痒螨　*Psoroptes equi* var. *ovis* Hering，1838

[399] 95.1.1　鸡膝螨　*Cnemidocoptes gallinae* Railliet，1887

[400] 95.1.2　突变膝螨　*Cnemidocoptes mutans* Robin，1860

[401] 95.3.1.1　牛疥螨　*Sarcoptes scabiei* var. *bovis* Cameron，1924

[402] 95.3.1.3　犬疥螨　*Sarcoptes scabiei* var. *canis* Gerlach，1857

[403] 95.3.1.4　山羊疥螨　*Sarcoptes scabiei* var. *caprae*

[404] 95.3.1.5　兔疥螨　*Sarcoptes scabiei* var. *cuniculi*

[405] 95.3.1.7　马疥螨　*Sarcoptes scabiei* var. *equi*

[406] 95.3.1.9　猪疥螨　*Sarcoptes scabiei* var. *suis* Gerlach，1857

[407] 96.1.1　地理纤恙螨　*Leptotrombidium deliense* Walch，1922

[408] 96.2.1　鸡新棒螨　*Neoschoengastia gallinarum* Hatori，1920

[409] 96.3.1　巨螯齿螨　*Odontacarus majesticus* Chen et Hsu，1945

[410] 97.1.1　波斯锐缘蜱　*Argas persicus* Oken，1818

[411] 98.1.1　鸡皮刺螨　*Dermanyssus gallinae* De Geer，1778

[412] 99.1.1　爪哇花蜱　*Amblyomma javanense* Supino，1897

[413] 99.1.2　龟形花蜱　*Amblyomma testudinarium* Koch，1844

[414] 99.2.1　微小牛蜱　*Boophilus microplus* Canestrini，1887

［415］99.3.2　金泽革蜱　*Dermacentor auratus* Supino，1897

［416］99.4.1　长须血蜱　*Haemaphysalis aponommoides* Warburton，1913

［417］99.4.3　二棘血蜱　*Haemaphysalis bispinosa* Neumann，1897

［418］99.4.7　具角血蜱　*Haemaphysalis cornigera* Neumann，1897

［419］99.4.10　台湾血蜱　*Haemaphysalis formosensis* Neumann，1913

［420］99.4.11　豪猪血蜱　*Haemaphysalis hystricis* Supino，1897

［421］99.4.15　长角血蜱　*Haemaphysalis longicornis* Neumann，1901

［422］99.4.16　日岛血蜱　*Haemaphysalis mageshimaensis* Saito et Hoogstraal，1973

［423］99.4.27　越南血蜱　*Haemaphysalis vietnamensis* Hoogstraal et Wilson，1966

［424］99.4.31　越原血蜱　*Haemaphysalis yeni* Toumanoff，1944

［425］99.6.4　粒形硬蜱　*Ixodes granulatus* Supino，1897

［426］99.6.7　卵形硬蜱　*Ixodes ovatus* Neumann，1899

［427］99.6.11　中华硬蜱　*Ixodes sinensis* Teng，1977

［428］99.6.12　长蝠硬蜱　*Ixodes vespertilionis* Koch，1844

［429］99.7.2　镰形扇头蜱　*Rhipicephalus haemaphysaloides* Supino，1897

［430］99.7.5　血红扇头蜱　*Rhipicephalus sanguineus* Latreille，1806

［431］100.1.1　驴血虱　*Haematopinus asini* Linnaeus，1758

［432］100.1.2　阔胸血虱　*Haematopinus eurysternus* Denny，1842

［433］100.1.5　猪血虱　*Haematopinus suis* Linnaeus，1758

［434］101.1.4　棘颚虱　*Linognathus setosus* von Olfers，1816

［435］101.1.5　狭颚虱　*Linognathus stenopsis* Burmeister，1838

［436］101.1.6　牛颚虱　*Linognathus vituli* Linnaeus，1758

［437］103.1.1　粪种蝇　*Adia cinerella* Fallen，1825

［438］103.2.1　横带花蝇　*Anthomyia illocata* Walker，1856

［439］104.1.1　绯颜裸金蝇　*Achoetandrus rufifacies* Macquart，1843

［440］104.2.3　巨尾丽蝇（蛆）　*Calliphora grahami* Aldrich，1930

［441］104.2.9　红头丽蝇（蛆）　*Calliphora vicina* Robineau-Desvoidy，1830

［442］104.2.10　反吐丽蝇（蛆）　*Calliphora vomitoria* Linnaeus，1758

［443］104.3.1　白氏金蝇（蛆）　*Chrysomya bezziana* Villeneuve，1914

［444］104.3.4　大头金蝇（蛆）　*Chrysomya megacephala* Fabricius，1794

［445］104.3.6　肥躯金蝇　*Chrysomya pinguis* Walker，1858

［446］104.5.3　三色依蝇（蛆）　*Idiella tripartita* Bigot，1874

［447］104.6.2　南岭绿蝇（蛆）　*Lucilia bazini* Seguy，1934

［448］104.6.6　铜绿蝇（蛆）　*Lucilia cuprina* Wiedemann，1830

［449］104.6.9　巴浦绿蝇（蛆）　*Lucilia papuensis* Macquart，1842

［450］104.6.11　紫绿蝇（蛆）　*Lucilia porphyrina* Walker，1856

［451］104.6.13　丝光绿蝇（蛆）　*Lucilia sericata* Meigen，1826

［452］105.2.1　琉球库蠓　*Culicoides actoni* Smith，1929

［453］105.2.5　奄美库蠓　*Culicoides amamiensis* Tokunaga，1937

［493］105. 3. 15　钩茎蠛蠓　*Lasiohelea uncusipenis* Yu et Zhang，1982

［494］105. 3. 16　带茎蠛蠓　*Lasiohelea zonaphalla* Yu et Liu，1982

［495］105. 4. 5　中华细蠓　*Leptoconops chinensis* Sun，1968

［496］106. 1. 1　埃及伊蚊　*Aedes aegypti* Linnaeus，1762

［497］106. 1. 2　侧白伊蚊　*Aedes albolateralis* Theobald，1908

［498］106. 1. 3　白线伊蚊　*Aedes albolineatus* Theobald，1904

［499］106. 1. 4　白纹伊蚊　*Aedes albopictus* Skuse，1894

［500］106. 1. 5　圆斑伊蚊　*Aedes annandalei* Theobald，1910

［501］106. 1. 13　棘刺伊蚊　*Aedes elsiae* Barraud，1923

［502］106. 1. 15　冯氏伊蚊　*Aedes fengi* Edwards，1935

［503］106. 1. 18　台湾伊蚊　*Aedes formosensis* Yamada，1921

［504］106. 1. 19　哈维伊蚊　*Aedes harveyi* Barraud，1923

［505］106. 1. 20　双棘伊蚊　*Aedes hatorii* Yamada，1921

［506］106. 1. 21　日本伊蚊　*Aedes japonicus* Theobald，1901

［507］106. 1. 25　窄翅伊蚊　*Aedes lineatopennis* Ludlow，1905

［508］106. 1. 26　乳点伊蚊　*Aedes macfarlanei* Edwards，1914

［509］106. 1. 29　白雪伊蚊　*Aedes niveus* Eichwald，1837

［510］106. 1. 30　伪白纹伊蚊　*Aedes pseudalbopictus* Borel，1928

［511］106. 1. 37　东乡伊蚊　*Aedes togoi* Theobald，1907

［512］106. 1. 39　刺扰伊蚊　*Aedes vexans* Meigen，1830

［513］106. 2. 2　艾氏按蚊　*Anopheles aitkenii* James，1903

［514］106. 2. 3　环纹按蚊　*Anopheles annularis* van der Wulp，1884

［515］106. 2. 4　嗜人按蚊　*Anopheles anthropophagus* Xu et Feng，1975

［516］106. 2. 6　孟加拉按蚊　*Anopheles bengalensis* Puri，1930

［517］106. 2. 10　溪流按蚊　*Anopheles fluviatilis* James，1902

［518］106. 2. 16　杰普尔按蚊日月潭亚种　*Anopheles jeyporiensis candidiensis* Koidzumi，1924

［519］106. 2. 20　贵阳按蚊　*Anopheles kweiyangensis* Yao et Wu，1944

［520］106. 2. 21　雷氏按蚊嗜人亚种　*Anopheles lesteri anthropophagus* Xu et Feng，1975

［521］106. 2. 23　林氏按蚊　*Anopheles lindesayi* Giles，1900

［522］106. 2. 24　多斑按蚊　*Anopheles maculatus* Theobald，1901

［523］106. 2. 26　微小按蚊　*Anopheles minimus* Theobald，1901

［524］106. 2. 27　最黑按蚊　*Anopheles nigerrimus* Giles，1900

［525］106. 2. 32　中华按蚊　*Anopheles sinensis* Wiedemann，1828

［526］106. 2. 34　美彩按蚊　*Anopheles splendidus* Koidzumi，1920

［527］106. 2. 35　斯氏按蚊　*Anopheles stephensi* Liston，1901

［528］106. 2. 36　浅色按蚊　*Anopheles subpictus* Grassi，1899

［529］106. 2. 37　棋斑按蚊　*Anopheles tessellatus* Theobald，1901

［530］106. 2. 39　瓦容按蚊　*Anopheles varuna* Iyengar，1924

［531］106. 3. 2　达勒姆阿蚊　*Armigeres durhami* Edwards，1917

［532］106.3.4　骚扰阿蚊　*Armigeres subalbatus* Coquillett，1898

［533］106.4.1　麻翅库蚊　*Culex bitaeniorhynchus* Giles，1901

［534］106.4.2　短须库蚊　*Culex brevipalpis* Giles，1902

［535］106.4.3　致倦库蚊　*Culex fatigans* Wiedemann，1828

［536］106.4.4　叶片库蚊　*Culex foliatus* Brug，1932

［537］106.4.5　褐尾库蚊　*Culex fuscanus* Wiedemann，1820

［538］106.4.6　棕头库蚊　*Culex fuscocephalus* Theobald，1907

［539］106.4.7　白雪库蚊　*Culex gelidus* Theobald，1901

［540］106.4.8　贪食库蚊　*Culex halifaxia* Theobald，1903

［541］106.4.9　林氏库蚊　*Culex hayashii* Yamada，1917

［542］106.4.12　幼小库蚊　*Culex infantulus* Edwards，1922

［543］106.4.13　吉氏库蚊　*Culex jacksoni* Edwards，1934

［544］106.4.14　马来库蚊　*Culex malayi* Leicester，1908

［545］106.4.15　拟态库蚊　*Culex mimeticus* Noe，1899

［546］106.4.16　小斑翅库蚊　*Culex mimulus* Edwards，1915

［547］106.4.17　最小库蚊　*Culex minutissimus* Theobald，1907

［548］106.4.22　白胸库蚊　*Culex pallidothorax* Theobald，1905

［549］106.4.24　尖音库蚊淡色亚种　*Culex pipiens pallens* Coquillett，1898

［550］106.4.25　伪杂鳞库蚊　*Culex pseudovishnui* Colless，1957

［551］106.4.26　白顶库蚊　*Culex shebbearei* Barraud，1924

［552］106.4.27　中华库蚊　*Culex sinensis* Theobald，1903

［553］106.4.28　海滨库蚊　*Culex sitiens* Wiedemann，1828

［554］106.4.30　纹腿库蚊　*Culex theileri* Theobald，1903

［555］106.4.31　三带喙库蚊　*Culex tritaeniorhynchus* Giles，1901

［556］106.4.32　迷走库蚊　*Culex vagans* Wiedemann，1828

［557］106.4.34　惠氏库蚊　*Culex whitmorei* Giles，1904

［558］106.6.1　肘喙钩蚊　*Malaya genurostris* Leicester，1908

［559］106.7.2　常型曼蚊　*Manssonia uniformis* Theobald，1901

［560］106.8.1　类按直脚蚊　*Orthopodomyia anopheloides* Giles，1903

［561］106.9.1　竹生杆蚊　*Tripteriodes bambusa* Yamada，1917

［562］106.10.1　安氏蓝带蚊　*Uranotaenia annandalei* Barraud，1926

［563］106.10.2　巨型蓝带蚊　*Uranotaenia maxima* Leicester，1908

［564］106.10.3　新湖蓝带蚊　*Uranotaenia novobscura* Barraud，1934

［565］107.1.1　红尾胃蝇（蛆）　*Gasterophilus haemorrhoidalis* Linnaeus，1758

［566］107.1.3　肠胃蝇（蛆）　*Gasterophilus intestinalis* De Geer，1776

［567］107.1.5　黑腹胃蝇（蛆）　*Gasterophilus pecorum* Fabricius，1794

［568］107.1.6　烦扰胃蝇（蛆）　*Gasterophilus veterinus* Clark，1797

［569］108.1.1　犬虱蝇　*Hippobosca capensis* Olfers，1816

［570］108.1.3　牛虱蝇　*Hippobosca rufipes* Olfers，1816

［571］110.2.9　元厕蝇　*Fannia prisca* Stein，1918

［572］110.2.10　瘤胫厕蝇　*Fannia scalaris* Fabricius，1794

［573］110.8.4　逐畜家蝇　*Musca conducens* Walker，1859

［574］110.8.5　突额家蝇　*Musca convexifrons* Thomson，1868

［575］110.8.6　肥喙家蝇　*Musca crassirostris* Stein，1903

［576］110.8.7　家蝇　*Musca domestica* Linnaeus，1758

［577］110.8.8　黑边家蝇　*Musca hervei* Villeneuve，1922

［578］110.8.14　市家蝇　*Musca sorbens* Wiedemann，1830

［579］110.8.16　黄腹家蝇　*Musca ventrosa* Wiedemann，1830

［580］110.9.3　厩腐蝇　*Muscina stabulans* Fallen，1817

［581］110.10.2　斑遮黑蝇　*Ophyra chalcogaster* Wiedemann，1824

［582］110.10.3　银眉黑蝇　*Ophyra leucostoma* Wiedemann，1817

［583］110.10.5　暗额黑蝇　*Ophyra obscurifrons* Sabrosky，1949

［584］110.11.2　紫翠蝇　*Orthellia chalybea* Wiedemann，1830

［585］110.11.4　印度翠蝇　*Orthellia indica* Robineau-Desvoidy，1830

［586］113.4.4　何氏白蛉　*Phlebotomus hoepplii* Tang et Maa，1945

［587］113.4.10　施氏白蛉　*Phlebotomus stantoni* Newstead，1914

［588］113.5.3　鲍氏司蛉　*Sergentomyia barraudi* Sinton，1929

［589］113.5.16　泉州司蛉　*Sergentomyia quanzhouensis* Leng et Zhang，1985

［590］113.5.20　武夷山司蛉　*Sergentomyia wuyishanensis* Leng et Zhang，1985

［591］113.5.21　伊氏司蛉　*Sergentomyia yini* Leng et Lin，1991

［592］114.3.1　赭尾别麻蝇（蛆）　　*Boettcherisca peregrina* Robineau-Desvoidy，1830

［593］114.5.11　巨耳亚麻蝇　*Parasarcophaga macroauriculata* Ho，1932

［594］114.7.1　白头麻蝇（蛆）　　*Sarcophaga albiceps* Meigen，1826

［595］114.7.5　纳氏麻蝇（蛆）　　*Sarcophaga knabi* Parker，1917

［596］114.7.7　酱麻蝇（蛆）　　*Sarcophaga misera* Walker，1849

［597］114.7.10　野麻蝇（蛆）　　*Sarcophaga similis* Meade，1876

［598］115.1.1　黄足真蚋　*Eusimulium aureohirtum* Brunetti，1911

［599］115.1.9　三重真蚋　*Eusimulium mie* Ogata et Sasa，1954

［600］115.3.2　后宽蝇蚋　*Gomphostilbia metatarsale* Brunetti，1911

［601］115.6.5　福州蚋　*Simulium fuzhouense* Zhang et Wang，1991

［602］115.6.6　粗毛蚋　*Simulium hirtipannus* Puri，1932

［603］115.6.9　多叉蚋　*Simulium multifurcatum* Zhang，1991

［604］115.6.10　亮胸蚋　*Simulium nitidithorax* Puri，1932

［605］115.6.11　节蚋　*Simulium nodosum* Puri，1933

［606］115.6.13　五条蚋　*Simulium quinquestriatum* Shiraki，1935

［607］115.6.15　红足蚋　*Simulium rufibasis* Brunetti，1911

［608］115.6.16　崎岛蚋　*Simulium sakishimaense* Takaoka，1977

［609］116.2.1　刺血喙蝇　*Haematobosca sanguinolenta* Austen，1909

［610］116.3.1　东方角蝇　*Lyperosia exigua* Meijere，1903

［611］116.3.2　西方角蝇　*Lyperosia irritans*（Linnaeus，1758）Róndani，1856

［612］116.3.4　截脉角蝇　*Lyperosia titillans* Bezzi，1907

［613］116.4.1　厩螫蝇　*Stomoxys calcitrans* Linnaeus，1758

［614］116.4.2　南螫蝇　*Stomoxys dubitalis* Malloch，1932

［615］116.4.3　印度螫蝇　*Stomoxys indicus* Picard，1908

［616］117.1.1　双斑黄虻　*Atylotus bivittateinus* Takahasi，1962

［617］117.1.5　黄绿黄虻　*Atylotus horvathi* Szilady，1926

［618］117.1.7　骚扰黄虻　*Atylotus miser* Szilady，1915

［619］117.1.9　淡黄虻　*Atylotus pallitarsis* Olsufjev，1936

［620］117.2.8　舟山斑虻　*Chrysops chusanensis* Ouchi，1939

［621］117.2.10　叉纹虻　*Chrysops dispar* Fabricius，1798

［622］117.2.14　黄胸斑虻　*Chrysops flaviscutellus* Philip，1963

［623］117.2.21　莫氏斑虻　*Chrysops mlokosiewiczi* Bigot，1880

［624］117.2.26　帕氏斑虻　*Chrysops potanini* Pleske，1910

［625］117.2.31　中华斑虻　*Chrysops sinensis* Walker，1856

［626］117.2.39　范氏斑虻　*Chrysops vanderwulpi* Krober，1929

［627］117.3.1　二叉尖腹虻　*Gastroxides shirakii* Ouchi，1939

［628］117.5.4　阿萨姆麻虻　*Haematopota assamensis* Ricardo，1911

［629］117.5.5　白条麻虻　*Haematopota atrata* Szilady，1926

［630］117.5.8　中国麻虻　*Haematopota chinensis* Ouchi，1940

［631］117.5.9　缝腿麻虻　*Haematopota cilipes* Bigot，1890

［632］117.5.13　台湾麻虻　*Haematopota formosana* Shiraki，1918

［633］117.5.14　福建麻虻　*Haematopota fukienensis* Stone et Philip，1974

［634］117.5.16　括苍山麻虻　*Haematopota guacangshanensis* Xu，1980

［635］117.5.20　露斑麻虻圆胛亚种　*Haematopota irrorata sphaerocalla* Liu et Wang，1977

［636］117.5.21　爪哇麻虻　*Haematopota javana* Wiedemann，1821

［637］117.5.31　莫干山麻虻　*Haematopota mokanshanensis* Ouchi，1940

［638］117.5.33　峨眉山麻虻　*Haematopota omeishanensis* Xu，1980

［639］117.5.45　中华麻虻　*Haematopota sinensis* Ricardo，1911

［640］117.5.58　永安麻虻　*Haematopota yungani* Stone et Philip，1974

［641］117.6.31　福建瘤虻　*Hybomitra fujianensis* Wang，1987

［642］117.6.70　峨眉山瘤虻　*Hybomitra omeishanensis* Xu et Li，1982

［643］117.11.2　土灰虻　*Tabanus amaenus* Walker，1848

［644］117.11.6　金条虻　*Tabanus aurotestaceus* Walker，1854

［645］117.11.11　缅甸虻　*Tabanus birmanicus* Bigot，1892

［646］117.11.22　灰胸虻　*Tabanus candidus* Ricardo，1913

［647］117.11.25　浙江虻　*Tabanus chekiangensis* Ouchi，1943

［648］117.11.27　崇安虻　*Tabanus chonganensis* Liu，1981

［649］117.11.30　舟山虻　*Tabanus chusanensis* Ouchi，1943

［650］117.11.33　朝鲜虻　*Tabanus coreanus* Shiraki，1932

［651］117.11.34　粗壮虻　*Tabanus crassus* Walker，1850

［652］117.11.41　台湾虻　*Tabanus formosiensis* Ricardo，1911

［653］117.11.42　福建虻　*Tabanus fujianensis* Xu et Xu，1991

［654］117.11.43　棕带虻　*Tabanus fulvicinctus* Ricardo，1914

［655］117.11.61　杭州虻　*Tabanus hongchowensis* Liu，1962

［656］117.11.67　稻田虻　*Tabanus ichiokai* Ouchi，1943

［657］117.11.69　印度虻　*Tabanus indianus* Ricardo，1911

［658］117.11.73　柏杰虻　*Tabanus johnburgeri* Xu et Xu，1991

［659］117.11.75　九连山虻　*Tabanus julianshanensis* Wang，1985

［660］117.11.78　江苏虻　*Tabanus kiangsuensis* Krober，1933

［661］117.11.81　广西虻　*Tabanus kwangsinensis* Wang et Liu，1977

［662］117.11.88　线带虻　*Tabanus lineataenia* Xu，1979

［663］117.11.92　黑胡虻　*Tabanus macfarlanei* Ricardo，1916

［664］117.11.94　中华虻　*Tabanus mandarinus* Schiner，1868

［665］117.11.96　松本虻　*Tabanus matsumotoensis* Murdoch et Takahasi，1961

［666］117.11.97　晨螫虻　*Tabanus matutinimordicus* Xu，1989

［667］117.11.98　梅花山虻　*Tabanus meihuashanensis* Xu et Xu，1992

［668］117.11.106　全黑虻　*Tabanus nigra* Liu et Wang，1977

［669］117.11.107　黑额虻　*Tabanus nigrefronti* Liu，1981

［670］117.11.112　日本虻　*Tabanus nipponicus* Murdoch et Takahasi，1969

［671］117.11.118　青腹虻　*Tabanus oliviventris* Xu，1979

［672］117.11.126　浅胸虻　*Tabanus pallidepectoratus* Bigot，1892

［673］117.11.131　小型虻　*Tabanus parviformus* Wang，1985

［674］117.11.133　屏边虻　*Tabanus pingbianensis* Liu，1981

［675］117.11.138　秦岭虻　*Tabanus qinlingensis* Wang，1985

［676］117.11.141　五带虻　*Tabanus quinquecinctus* Ricardo，1914

［677］117.11.144　红色虻　*Tabanus rubidus* Wiedemann，1821

［678］117.11.145　赤腹虻　*Tabanus rufiventris* Fabricius，1805

［679］117.11.151　山东虻　*Tabanus shantungensis* Ouchi，1943

［680］117.11.153　华广虻　*Tabanus signatipennis* Portsch，1887

［681］117.11.154　角斑虻　*Tabanus signifer* Walker，1856

［682］117.11.158　纹带虻　*Tabanus striatus* Fabricius，1787

［683］117.11.160　类柯虻　*Tabanus subcordiger* Liu，1960

［684］117.11.161　亚暗尾虻　*Tabanus subfurvicaudus* Wu et Xu，1992

［685］117.11.162　亚黄山虻　*Tabanus subhuangshanensis* Wang，1987

［686］117.11.163　亚马来虻　*Tabanus submalayensis* Wang et Liu，1977

［687］117.11.165　亚青腹虻　*Tabanus suboliviventris* Xu，1984

[688] 117.11.170　高砂虻　*Tabanus takasagoensis* Shiraki，1918

[689] 117.11.171　唐氏虻　*Tabanus tangi* Xu et Xu，1992

[690] 117.11.172　天目虻　*Tabanus tianmuensis* Liu，1962

[691] 117.11.178　姚氏虻　*Tabanus yao* Macquart，1855

[692] 118.2.4　草黄鸡体羽虱　*Menacanthus stramineus* Nitzsch，1818

[693] 118.3.1　鸡羽虱　*Menopon gallinae* Linnaeus，1758

[694] 118.4.1　鹅巨羽虱　*Trinoton anserinum* Fabricius，1805

[695] 118.4.3　鸭巨羽虱　*Trinoton querquedulae* Linnaeus，1758

[696] 119.2.1　鸽羽虱　*Columbicola columbae* Linnaeus，1758

[697] 119.4.2　圆鸭啮羽虱　*Esthiopterum crassicorne* Scopoli，1763

[698] 119.5.1　鸡圆羽虱　*Goniocotes gallinae* De Geer，1778

[699] 119.5.2　巨圆羽虱　*Goniocotes gigas* Taschenberg，1879

[700] 119.6.1　鸡角羽虱　*Goniodes dissimilis* Denny，1842

[701] 119.6.2　巨角羽虱　*Goniodes gigas* Taschenberg，1879

[702] 119.7.1　鸡翅长羽虱　*Lipeurus caponis* Linnaeus，1758

[703] 119.7.3　广幅长羽虱　*Lipeurus heterographus* Nitzsch，1866

[704] 120.1.1　牛毛虱　*Bovicola bovis* Linnaeus，1758

[705] 120.1.2　山羊毛虱　*Bovicola caprae* Gurlt，1843

[706] 120.2.1　猫毛虱　*Felicola subrostratus* Nitzsch in Burmeister，1838

[707] 120.3.1　犬啮毛虱　*Trichodectes canis* De Geer，1778

[708] 120.3.2　马啮毛虱　*Trichodectes equi* Denny，1842

[709] 125.1.1　犬栉首蚤　*Ctenocephalide canis* Curtis，1826

[710] 125.1.2　猫栉首蚤　*Ctenocephalide felis* Bouche，1835

[711] 125.1.3　东方栉首蚤　*Ctenocephalide orientis* Jordan，1925

[712] 125.4.1　致痒蚤　*Pulex irritans* Linnaeus，1758

甘肃省寄生虫种名
Species of Parasites in Gansu Province

原虫　Protozoon

[1] 2.1.1　蓝氏贾第鞭毛虫　*Giardia lamblia* Stiles，1915

[2] 3.1.1　杜氏利什曼原虫　*Leishmania donovani*（Laveran et Mesnil，1903）Ross，1903

[3] 3.2.1　马媾疫锥虫　*Trypanosoma equiperdum* Doflein，1901

[4] 3.2.4　泰氏锥虫　*Trypanosoma theileri* Laveran，1902

［5］4.1.1　火鸡组织滴虫　*Histomonas meleagridis* Tyzzer，1920

［6］7.2.2　堆型艾美耳球虫　*Eimeria acervulina* Tyzzer，1929

［7］7.2.3　阿沙塔艾美耳球虫　*Eimeria ahsata* Honess，1942

［8］7.2.9　阿洛艾美耳球虫　*Eimeria arloingi*（Marotel，1905）Martin，1909

［9］7.2.10　奥博艾美耳球虫　*Eimeria auburnensis* Christensen et Porter，1939

［10］7.2.13　巴库艾美耳球虫　*Eimeria bakuensis* Musaev，1970

［11］7.2.16　牛艾美耳球虫　*Eimeria bovis*（Züblin，1908）Fiebiger，1912

［12］7.2.18　巴西利亚艾美耳球虫　*Eimeria brasiliensis* Torres et Ramos，1939

［13］7.2.19　布氏艾美耳球虫　*Eimeria brunetti* Levine，1942

［14］7.2.21　布基农艾美耳球虫　*Eimeria bukidnonensis* Tubangui，1931

［15］7.2.23　加拿大艾美耳球虫　*Eimeria canadensis* Bruce，1921

［16］7.2.30　盲肠艾美耳球虫　*Eimeria coecicola* Cheissin，1947

［17］7.2.34　蒂氏艾美耳球虫　*Eimeria debliecki* Douwes，1921

［18］7.2.38　微小艾美耳球虫　*Eimeria exigua* Yakimoff，1934

［19］7.2.40　福氏艾美耳球虫　*Eimeria faurei*（Moussu et Marotel，1902）Martin，1909

［20］7.2.41　黄色艾美耳球虫　*Eimeria flavescens* Marotel et Guilhon，1941

［21］7.2.43　格氏艾美耳球虫　*Eimeria gilruthi*（Chatton，1910）Reichenow et Carini，1937

［22］7.2.48　哈氏艾美耳球虫　*Eimeria hagani* Levine，1938

［23］7.2.52　肠艾美耳球虫　*Eimeria intestinalis* Cheissin，1948

［24］7.2.53　错乱艾美耳球虫　*Eimeria intricata* Spiegl，1925

［25］7.2.54　无残艾美耳球虫　*Eimeria irresidua* Kessel et Jankiewicz，1931

［26］7.2.61　兔艾美耳球虫　*Eimeria leporis* Nieschulz，1923

［27］7.2.63　大型艾美耳球虫　*Eimeria magna* Pérard，1925

［28］7.2.66　马氏艾美耳球虫　*Eimeria matsubayashii* Tsunoda，1952

［29］7.2.67　巨型艾美耳球虫　*Eimeria maxima* Tyzzer，1929

［30］7.2.68　中型艾美耳球虫　*Eimeria media* Kessel，1929

［31］7.2.69　和缓艾美耳球虫　*Eimeria mitis* Tyzzer，1929

［32］7.2.70　变位艾美耳球虫　*Eimeria mivati* Edgar et Siebold，1964

［33］7.2.71　纳格浦尔艾美耳球虫　*Eimeria nagpurensis* Gill et Ray，1960

［34］7.2.72　毒害艾美耳球虫　*Eimeria necatrix* Johnson，1930

［35］7.2.74　新兔艾美耳球虫　*Eimeria neoleporis* Carvalho，1942

［36］7.2.75　尼氏艾美耳球虫　*Eimeria ninakohlyakimovae* Yakimoff et Rastegaieff，1930

［37］7.2.82　小型艾美耳球虫　*Eimeria parva* Kotlán，Mócsy et Vajda，1929

［38］7.2.85　穿孔艾美耳球虫　*Eimeria perforans*（Leuckart，1879）Sluiter et Swellen-
grebel，1912

［39］7.2.87　梨形艾美耳球虫　*Eimeria piriformis* Kotlán et Pospesch，1934

［40］7.2.90　早熟艾美耳球虫　*Eimeria praecox* Johnson，1930

［41］7.2.98　雕斑艾美耳球虫　*Eimeria sculpta* Madsen，1938

［42］7.2.102　斯氏艾美耳球虫　*Eimeria stiedai*（Lindemann，1865）Kisskalt et Hartmann，

　　　　　1907

［43］7.2.107　柔嫩艾美耳球虫　*Eimeria tenella*（Railliet et Lucet, 1891）Fantham, 1909

［44］7.2.114　邱氏艾美耳球虫　*Eimeria züernii*（Rivolta, 1878）Martin, 1909

［45］7.3.9　拉氏等孢球虫　*Isospora lacazei* Labbe, 1893

［46］10.3.15　米氏住肉孢子虫　*Sarcocystis miescheriana*（Kühn, 1865）Labbé, 1899

［47］10.3.16　绵羊犬住肉孢子虫　*Sarcocystis ovicanis* Heydorn, Gestrich, Melhorn, *et al.*, 1975

［48］10.3.17　牦牛住肉孢子虫　*Sarcocystis poephagi* Wei, Zhang, Dong, *et al.*, 1985

［49］10.3.18　牦牛犬住肉孢子虫　*Sarcocystis poephagicanis* Wei, Zhang, Dong, *et al.*, 1985

［50］10.4.1　龚地弓形虫　*Toxoplasma gondii*（Nicolle et Manceaux, 1908）Nicolle et Manceaux, 1909

［51］11.1.1　双芽巴贝斯虫　*Babesia bigemina* Smith et Kiborne, 1893

［52］11.1.3　驽巴贝斯虫　*Babesia caballi* Nuttall et Strickland, 1910

［53］11.1.7　莫氏巴贝斯虫　*Babesia motasi* Wenyon, 1926

［54］11.1.9　卵形巴贝斯虫　*Babesia ovata* Minami et Ishihara, 1980

［55］11.1.10　羊巴贝斯虫　*Babesia ovis*（Babes, 1892）Starcovici, 1893

［56］12.1.1　环形泰勒虫　*Theileria annulata*（Dschunkowsky et Luhs, 1904）Wenyon, 1926

［57］12.1.2　马泰勒虫　*Theileria equi* Mehlhorn et Schein, 1998

［58］12.1.3　山羊泰勒虫　*Theileria hirci* Dschunkowsky et Urodschevich, 1924

［59］12.1.4　吕氏泰勒虫　*Theileria lüwenshuni* Yin, 2002

［60］12.1.6　绵羊泰勒虫　*Theileria ovis* Rodhain, 1916

［61］12.1.7　瑟氏泰勒虫　*Theileria sergenti* Yakimoff et Dekhtereff, 1930

［62］12.1.8　中华泰勒虫　*Theileria sinensis* Bai, Liu, Yin, *et al.*, 2002

［63］12.1.9　尤氏泰勒虫　*Theileria uilenbergi* Yin, 2002

［64］14.1.1　结肠小袋虫　*Balantidium coli*（Malmsten, 1857）Stein, 1862

绦虫　Cestode

［65］15.1.1　大裸头绦虫　*Anoplocephala magna*（Abildgaard, 1789）Sprengel, 1905

［66］15.1.2　叶状裸头绦虫　*Anoplocephala perfoliata*（Goeze, 1782）Blanchard, 1848

［67］15.2.1　中点无卵黄腺绦虫　*Avitellina centripunctata* Rivolta, 1874

［68］15.2.2　巨囊无卵黄腺绦虫　*Avitellina magavesiculata* Yang, Qian, Chen, *et al.*, 1977

［69］15.2.3　微小无卵黄腺绦虫　*Avitellina minuta* Yang, Qian, Chen, *et al.*, 1977

［70］15.2.4　塔提无卵黄腺绦虫　*Avitellina tatia* Bhalerao, 1936

［71］15.3.2　梳形彩带绦虫　*Cittotaenia pectinata* Goeze, 1782

［72］15.4.2　贝氏莫尼茨绦虫　*Moniezia benedeni*（Moniez, 1879）Blanchard, 1891

［73］15.4.4　扩展莫尼茨绦虫　*Moniezia expansa*（Rudolphi, 1810）Blanchard, 1891

［74］15.5.1　梳栉状莫斯绦虫　*Mosgovoyia pectinata*（Goeze, 1782）Spassky, 1951

［75］15.6.1　侏儒副裸头绦虫　*Paranoplocephala mamillana*（Mehlis, 1831）Baer, 1927

［76］15.8.1　盖氏曲子宫绦虫　*Thysaniezia giardi* Moniez，1879

［77］16.2.3　原节戴维绦虫　*Davainea proglottina*（Davaine，1860）Blanchard，1891

［78］16.3.3　有轮瑞利绦虫　*Raillietina cesticillus* Molin，1858

［79］16.3.4　棘盘瑞利绦虫　*Raillietina echinobothrida* Megnin，1881

［80］16.3.12　四角瑞利绦虫　*Raillietina tetragona* Molin，1858

［81］17.1.1　楔形变带绦虫　*Amoebotaenia cuneata* von Linstow，1872

［82］17.2.2　漏斗漏带绦虫　*Choanotaenia infundibulum* Bloch，1779

［83］17.4.1　犬复孔绦虫　*Dipylidium caninum*（Linnaeus，1758）Leuckart，1863

［84］19.9.1　致疡棘壳绦虫　*Echinolepis carioca*（Magalhaes，1898）Spasskii et Spasskaya，1954

［85］19.18.1　柯氏伪裸头绦虫　*Pseudanoplocephala crawfordi* Baylis，1927

［86］20.1.1　线形中殖孔绦虫　*Mesocestoides lineatus*（Goeze，1782）Railliet，1893

［87］21.1.1　细粒棘球绦虫　*Echinococcus granulosus*（Batsch，1786）Rudolphi，1805

［88］21.1.1.1　细粒棘球蚴　*Echinococcus cysticus* Huber，1891

［89］21.1.2　多房棘球绦虫　*Echinococcus multilocularis* Leuckart，1863

［90］21.3.2　多头多头绦虫　*Multiceps multiceps*（Leske，1780）Hall，1910

［91］21.3.2.1　脑多头蚴　*Coenurus cerebralis* Batsch，1786

［92］21.4.1　泡状带绦虫　*Taenia hydatigena* Pallas，1766

［93］21.4.1.1　细颈囊尾蚴　*Cysticercus tenuicollis* Rudolphi，1810

［94］21.4.2　羊带绦虫　*Taenia ovis* Cobbold，1869

［95］21.4.2.1　羊囊尾蚴　*Cysticercus ovis* Maddox，1873

［96］21.4.3　豆状带绦虫　*Taenia pisiformis* Bloch，1780

［97］21.4.3.1　豆状囊尾蚴　*Cysticercus pisiformis* Bloch，1780

［98］21.4.5　猪囊尾蚴　*Cysticercus cellulosae* Gmelin，1790

［99］21.5.1　牛囊尾蚴　*Cysticercus bovis* Cobbold，1866

吸虫　Trematode

［100］23.3.22　卷棘口吸虫　*Echinostoma revolutum*（Fröhlich，1802）Looss，1899

［101］24.1.1　大片形吸虫　*Fasciola gigantica* Cobbold，1856

［102］24.1.2　肝片形吸虫　*Fasciola hepatica* Linnaeus，1758

［103］24.2.1　布氏姜片吸虫　*Fasciolopsis buski*（Lankester，1857）Odhner，1902

［104］26.3.1　印度列叶吸虫　*Ogmocotyle indica*（Bhalerao，1942）Ruiz，1946

［105］26.3.2　羚羊列叶吸虫　*Ogmocotyle pygargi* Skrjabin et Schulz，1933

［106］26.3.3　鹿列叶吸虫　*Ogmocotyle sikae* Yamaguti，1933

［107］27.4.1　殖盘殖盘吸虫　*Cotylophoron cotylophorum*（Fischoeder，1901）Stiles et Goldberger，1910

［108］27.8.1　野牛平腹吸虫　*Homalogaster paloniae* Poirier，1883

［109］27.11.2　鹿同盘吸虫　*Paramphistomum cervi* Zeder，1790

［110］31.3.1　中华枝睾吸虫　*Clonorchis sinensis*（Cobbolb，1875）Looss，1907

［111］32.1.1　中华双腔吸虫　*Dicrocoelium chinensis* Tang et Tang，1978

［112］32.1.4　矛形双腔吸虫　*Dicrocoelium lanceatum* Stiles et Hassall，1896

［113］32.1.5　东方双腔吸虫　*Dicrocoelium orientalis* Sudarikov et Ryjikov，1951

［114］32.2.1　枝睾阔盘吸虫　*Eurytrema cladorchis* Chin，Li et Wei，1965

［115］32.2.2　腔阔盘吸虫　*Eurytrema coelomaticum*（Giard et Billet，1892）Looss，1907

［116］32.2.7　胰阔盘吸虫　*Eurytrema pancreaticum*（Janson，1889）Looss，1907

［117］39.1.4　楔形前殖吸虫　*Prosthogonimus cuneatus* Braun，1901

［118］40.3.1　羊斯孔吸虫　*Skrjabinotrema ovis* Orloff，Erschoff et Badanin，1934

［119］45.2.1　彭氏东毕吸虫　*Orientobilharzia bomfordi*（Montgomery，1906）Dutt et Srivastava，1955

［120］45.2.2　土耳其斯坦东毕吸虫　*Orientobilharzia turkestanica*（Skrjabin，1913）Dutt et Srivastavaa，1955

线虫　Nematode

［121］48.1.2　羊蛔虫　*Ascaris ovis* Rudolphi，1819

［122］48.1.4　猪蛔虫　*Ascaris suum* Goeze，1782

［123］48.3.1　马副蛔虫　*Parascaris equorum*（Goeze，1782）Yorke and Maplestone，1926

［124］48.4.1　狮弓蛔虫　*Toxascaris leonina*（Linstow，1902）Leiper，1907

［125］49.1.3　鸽禽蛔虫　*Ascaridia columbae*（Gmelin，1790）Travassos，1913

［126］49.1.4　鸡禽蛔虫　*Ascaridia galli*（Schrank，l788）Freeborn，1923

［127］50.1.1　犬弓首蛔虫　*Toxocara canis*（Werner，1782）Stiles，1905

［128］50.1.2　猫弓首蛔虫　*Toxocara cati* Schrank，1788

［129］52.3.1　犬恶丝虫　*Dirofilaria immitis*（Leidy，1856）Railliet et Henry，1911

［130］53.2.1　牛副丝虫　*Parafilaria bovicola* Tubangui，1934

［131］53.2.2　多乳突副丝虫　*Parafilaria mltipapillosa*（Condamine et Drouilly，1878）Yorke et Maplestone，1926

［132］54.2.3　福丝蟠尾线虫　*Onchocerca fasciata* Railliet et Henry，1910

［133］55.1.6　指形丝状线虫　*Setaria digitata* Linstow，1906

［134］55.1.7　马丝状线虫　*Setaria equina*（Abildgaard，1789）Viborg，1795

［135］55.1.9　唇乳突丝状线虫　*Setaria labiatopapillosa* Alessandrini，1838

［136］56.2.1　贝拉异刺线虫　*Heterakis beramporia* Lane，1914

［137］56.2.4　鸡异刺线虫　*Heterakis gallinarum*（Schrank，1788）Freeborn，1923

［138］57.1.1　马尖尾线虫　*Oxyuris equi*（Schrank，1788）Rudolphi，1803

［139］57.2.1　疑似栓尾线虫　*Passalurus ambiguus* Rudolphi，1819

［140］57.4.1　绵羊斯氏线虫　*Skrjabinema ovis*（Skrjabin，1915）Wereschtchagin，1926

［141］60.1.3　乳突类圆线虫　*Strongyloides papillosus*（Wedl，1856）Ransom，1911

［142］60.1.5　粪类圆线虫　*Strongyloides stercoralis*（Bavay，1876）Stiles et Hassall，1902

［143］60.1.6　猪类圆线虫　*Strongyloides suis*（Lutz，1894）Linstow，1905

［144］61.1.2　钩状锐形线虫　*Acuaria hamulosa* Diesing，1851

［145］61.2.1　长鼻咽饰带线虫　*Dispharynx nasuta*（Rudolphi，1819）Railliet，Henry et Sisoff，1912

［146］61.3.1　钩状棘结线虫　*Echinuria uncinata*（Rudolphi，1819）Soboview，1912

［147］61.4.1　斯氏副柔线虫　*Parabronema skrjabini* Rassowska，1924

［148］63.1.3　美丽筒线虫　*Gongylonema pulchrum* Molin，1857

［149］63.1.4　多瘤筒线虫　*Gongylonema verrucosum* Giles，1892

［150］64.1.1　大口德拉斯线虫　*Drascheia megastoma* Rudolphi，1819

［151］64.2.1　小口柔线虫　*Habronema microstoma* Schneider，1866

［152］64.2.2　蝇柔线虫　*Habronema muscae* Carter，1861

［153］67.1.2　圆形蛔状线虫　*Ascarops strongylina* Rudolphi，1819

［154］67.2.1　六翼泡首线虫　*Physocephalus sexalatus* Molin，1860

［155］67.3.1　奇异西蒙线虫　*Simondsia paradoxa* Cobbold，1864

［156］67.4.1　狼旋尾线虫　*Spirocerca lupi*（Rudolphi，1809）Railliet et Henry，1911

［157］68.1.3　分棘四棱线虫　*Tetrameres fissispina* Diesing，1861

［158］69.2.1　短刺吸吮线虫　*Thelazia brevispiculum* Yang et Wei，1957

［159］69.2.4　大口吸吮线虫　*Thelazia gulosa* Railliet et Henry，1910

［160］69.2.5　许氏吸吮线虫　*Thelazia hsui* Yang et Wei，1957

［161］69.2.6　甘肃吸吮线虫　*Thelazia kansuensis* Yang et Wei，1957

［162］69.2.7　泪管吸吮线虫　*Thelazia lacrymalis* Gurlt，1831

［163］69.2.9　罗氏吸吮线虫　*Thelazia rhodesi* Desmarest，1827

［164］70.1.3　鹅裂口线虫　*Amidostomum anseris* Zeder，1800

［165］70.2.2　砂囊瓣口线虫　*Epomidiostomum petalum* Yen et Wu，1959

［166］71.1.1　巴西钩口线虫　*Ancylostoma braziliense* Gómez de Faria，1910

［167］71.1.2　犬钩口线虫　*Ancylostoma caninum*（Ercolani，1859）Hall，1913

［168］71.1.4　十二指肠钩口线虫　*Ancylostoma duodenale*（Dubini，1843）Creplin，1845

［169］71.2.1　牛仰口线虫　*Bunostomum phlebotomum*（Railliet，1900）Railliet，1902

［170］71.2.2　羊仰口线虫　*Bunostomum trigonocephalum*（Rudolphi，1808）Railliet，1902

［171］71.3.1　厚瘤盖吉尔线虫　*Gaigeria pachyscelis* Railliet et Henry，1910

［172］71.5.1　美洲板口线虫　*Necator americanus*（Stiles，1902）Stiles，1903

［173］71.5.2　猪板口线虫　*Necator suillus* Ackert et Payne，1922

［174］71.6.2　狭头钩刺线虫　*Uncinaria stenocphala*（Railliet，1884）Railliet，1885

［175］72.1.1　弗氏旷口线虫　*Agriostomum vryburgi* Railliet，1902

［176］72.3.1　牛夏柏特线虫　*Chabertia bovis* Chen，1956

［177］72.3.2　叶氏夏柏特线虫　*Chabertia erschowi* Hsiung et K'ung，1956

［178］72.3.3　羊夏柏特线虫　*Chabertia ovina*（Fabricius，1788）Raillet et Henry，1909

［179］72.4.2　粗纹食道口线虫　*Oesophagostomum asperum* Railliet et Henry，1913

［180］72.4.3　短尾食道口线虫　*Oesophagostomum brevicaudum* Schwartz et Alicata，1930

［181］72.4.4　哥伦比亚食道口线虫　*Oesophagostomum columbianum*（Curtice，1890）Stossich，1899

［182］72.4.5　有齿食道口线虫　*Oesophagostomum dentatum*（Rudolphi，1803）Molin，1861

［183］72.4.6　佐治亚食道口线虫　*Oesophagostomum georgianum* Schwarty et Alicata，1930

[184] 72.4.8　甘肃食道口线虫　*Oesophagostomum kansuensis* Hsiung et K'ung，1955

[185] 72.4.9　长尾食道口线虫　*Oesophagostomum longicaudum* Goodey，1925

[186] 72.4.10　辐射食道口线虫　*Oesophagostomum radiatum*（Rudolphi，1803）Railliet，1898

[187] 72.4.13　微管食道口线虫　*Oesophagostomum venulosum* Rudolphi，1809

[188] 73.2.1　冠状冠环线虫　*Coronocyclus coronatus*（Looss，1900）Hartwich，1986

[189] 73.2.2　大唇片冠环线虫　*Coronocyclus labiatus*（Looss，1902）Hartwich，1986

[190] 73.2.4　小唇片冠环线虫　*Coronocyclus labratus*（Looss，1902）Hartwich，1986

[191] 73.3.1　卡提盅口线虫　*Cyathostomum catinatum* Looss，1900

[192] 73.3.3　华丽盅口线虫　*Cyathostomum ornatum* Kotlán，1919

[193] 73.3.4　碟状盅口线虫　*Cyathostomum pateratum*（Yorke et Macfie，1919）K'ung，1964

[194] 73.2.5　箭状冠环线虫　*Coronocyclus sagittatus*（Kotlán，1920）Hartwich，1986

[195] 73.3.6　亚冠盅口线虫　*Cyathostomum subcoronatum* Yamaguti，1943

[196] 73.3.7　四刺盅口线虫　*Cyathostomum tetracanthum*（Mehlis，1831）Molin，1861（sensu Looss，1900）

[197] 73.4.1　安地斯杯环线虫　*Cylicocyclus adersi*（Boulenger，1920）Erschow，1939

[198] 73.4.3　耳状杯环线虫　*Cylicocyclus auriculatus*（Looss，1900）Erschow，1939

[199] 73.4.4　短囊杯环线虫　*Cylicocyclus brevicapsulatus*（Ihle，1920）Erschow，1939

[200] 73.4.5　长形杯环线虫　*Cylicocyclus elongatus*（Looss，1900）Chaves，1930

[201] 73.4.7　显形杯环线虫　*Cylicocyclus insigne*（Boulenger，1917）Chaves，1930

[202] 73.4.8　细口杯环线虫　*Cylicocyclus leptostomum*（Kotlán，1920）Chaves，1930

[203] 73.4.10　鼻状杯环线虫　*Cylicocyclus nassatus*（Looss，1900）Chaves，1930

[204] 73.4.13　辐射杯环线虫　*Cylicocyclus radiatus*（Looss，1900）Chaves，1930

[205] 73.4.16　外射杯环线虫　*Cylicocyclus ultrajectinus*（Ihle，1920）Erschow，1939

[206] 73.5.1　双冠环齿线虫　*Cylicodontophorus bicoronatus*（Looss，1900）Cram，1924

[207] 73.6.1　偏位杯冠线虫　*Cylicostephanus asymmetricus*（Theiler，1923）Cram，1925

[208] 73.6.3　小杯杯冠线虫　*Cylicostephanus calicatus*（Looss，1900）Cram，1924

[209] 73.6.4　高氏杯冠线虫　*Cylicostephanus goldi*（Boulenger，1917）Lichtenfels，1975

[210] 73.6.5　杂种杯冠线虫　*Cylicostephanus hybridus*（Kotlán，1920）Cram，1924

[211] 73.6.6　长伞杯冠线虫　*Cylicostephanus longibursatus*（Yorke et Macfie，1918）Cram，1924

[212] 73.6.7　微小杯冠线虫　*Cylicostephanus minutus*（Yorke et Macfie，1918）Cram，1924

[213] 73.6.8　曾氏杯冠线虫　*Cylicostephanus tsengi*（K'ung et Yang，1963）Lichtenfels，1975

[214] 73.8.1　头似辐首线虫　*Gyalocephalus capitatus* Looss，1900

[215] 73.10.1　真臂副杯口线虫　*Parapoteriostomum euproctus*（Boulenger，1917）Hartwich，1986

[216] 73.10.2　麦氏副杯口线虫　*Parapoteriostomum mettami*（Leiper，1913）Hartwich，1986

[217] 73.11.1　杯状彼德洛夫线虫　*Petrovinema poculatum*（Looss，1900）Erschow，1943

[218] 73.11.2　斯氏彼德洛夫线虫　*Petrovinema skrjabini*（Erschow，1930）Erschow，1943

[219] 73.12.2　拉氏杯口线虫　*Poteriostomum ratzii*（Kotlán，1919）Ihle，1920

360

［255］82.2.15　天祝古柏线虫　*Cooperia tianzhuensis* Zhu，Zhao et Liu，1987

［256］82.2.16　珠纳古柏线虫　*Cooperia zurnabada* Antipin，1931

［257］82.3.1　贝氏血矛线虫　*Haemonchus bedfordi* Le Roux，1929

［258］82.3.2　捻转血矛线虫　*Haemonchus contortus*（Rudolphi，1803）Cobbold，1898

［259］82.3.3　长柄血矛线虫　*Haemonchus longistipe* Railliet et Henry，1909

［260］82.3.6　似血矛线虫　*Haemonchus similis* Travassos，1914

［261］82.4.1　红色猪圆线虫　*Hyostrongylus rebidus*（Hassall et Stiles，1892）Hall，1921

［262］82.5.2　粗刺马歇尔线虫　*Marshallagia grossospiculum* Li，Yin et K'ung，1987

［263］82.5.3　许氏马歇尔线虫　*Marshallagia hsui* Qi et Li，1963

［264］82.5.5　马氏马歇尔线虫　*Marshallagia marshalli* Ransom，1907

［265］82.5.6　蒙古马歇尔线虫　*Marshallagia mongolica* Schumakovitch，1938

［266］82.5.7　东方马歇尔线虫　*Marshallagia orientalis* Bhalerao，1932

［267］82.5.8　希氏马歇尔线虫　*Marshallagia schikhobalovi* Altaev，1953

［268］82.6.1　指形长刺线虫　*Mecistocirrus digitatus*（Linstow，1906）Railliet et Henry，1912

［269］82.7.1　骆驼似细颈线虫　*Nematodirella cameli*（Rajewskaja et Badanin，1933）Travassos，1937

［270］82.7.2　单峰驼似细颈线虫　*Nematodirella dromedarii* May，1920

［271］82.7.5　最长刺似细颈线虫　*Nematodirella longissimespiculata* Romanovitsch，1915

［272］82.8.5　达氏细颈线虫　*Nematodirus davtiani* Grigorian，1949

［273］82.8.6　多吉细颈线虫　*Nematodirus dogieli* Sokolova，1948

［274］82.8.7　单峰驼细颈线虫　*Nematodirus dromedarii* May，1920

［275］82.8.8　尖交合刺细颈线虫　*Nematodirus filicollis*（Rudolphi，1802）Ransom，1907

［276］82.8.10　许氏细颈线虫　*Nematodirus hsui* Liang，Ma et Lin，1958

［277］82.8.12　毛里塔尼亚细颈线虫　*Nematodirus mauritanicus* Maupas et Seurat，1912

［278］82.8.13　奥利春细颈线虫　*Nematodirus oriatianus* Rajerskaja，1929

［279］82.8.14　钝刺细颈线虫　*Nematodirus spathiger*（Railliet，1896）Railliet et Henry，1909

［280］82.9.1　穴兔剑形线虫　*Obeliscoides cuniculi*（Graybill，1923）Graybill，1924

［281］82.11.5　布里亚特奥斯特线虫　*Ostertagia buriatica* Konstantinova，1934

［282］82.11.6　普通奥斯特线虫　*Ostertagia circumcincta*（Stadelmann，1894）Ransom，1907

［283］82.11.7　达呼尔奥斯特线虫　*Ostertagia dahurica* Orloff，Belowa et Gnedina，1931

［284］82.11.9　叶氏奥斯特线虫　*Ostertagia erschowi* Hsu et Liang，1957

［285］82.11.10　甘肃奥斯特线虫　*Ostertagia gansuensis* Chen，1981

［286］82.11.13　异刺奥斯特线虫　*Ostertagia heterospiculagia* Hsu，Hu et Huang，1958

［287］82.11.14　熊氏奥斯特线虫　*Ostertagia hsiungi* Hsu，Ling et Liang，1957

［288］82.11.16　琴形奥斯特线虫　*Ostertagia lyrata* Sjoberg，1926

［289］82.11.18　西方奥斯特线虫　*Ostertagia occidentalis* Ransom，1907

［290］82.11.19　阿洛夫奥斯特线虫　*Ostertagia orloffi* Sankin，1930

［291］82.11.20　奥氏奥斯特线虫　*Ostertagia ostertagi*（Stiles，1892）Ransom，1907

［292］82.11.24　斯氏奥斯特线虫　*Ostertagia skrjabini* Shen，Wu et Yen，1959

［293］82.11.25 三歧奥斯特线虫 *Ostertagia trifida* Guille，Marotel et Panisset，1911

［294］82.11.26 三叉奥斯特线虫 *Ostertagia trifurcata* Ransom，1907

［295］82.11.28 吴兴奥斯特线虫 *Ostertagia wuxingensis* Ling，1958

［296］82.14.1 达氏背板线虫 *Teladorsagia davtiani* Andreeva et Satubaldin，1954

［297］82.15.2 艾氏毛圆线虫 *Trichostrongylus axei*（Cobbold，1879）Railliet et Henry，1909

［298］82.15.4 鹿毛圆线虫 *Trichostrongylus cervarius* Leiper et Clapham，1938

［299］82.15.5 蛇形毛圆线虫 *Trichostrongylus colubriformis*（Giles，1892）Looss，1905

［300］82.15.9 东方毛圆线虫 *Trichostrongylus orientalis* Jimbo，1914

［301］82.15.11 枪形毛圆线虫 *Trichostrongylus probolurus*（Railliet，1896）Looss，1905

［302］83.1.5 牛毛细线虫 *Capillaria bovis* Schangder，1906

［303］83.1.6 膨尾毛细线虫 *Capillaria caudinflata*（Molin，1858）Travassos，1915

［304］83.1.11 封闭毛细线虫 *Capillaria obsignata* Madsen，1945

［305］83.2.1 环纹优鞘线虫 *Eucoleus annulatum*（Molin，1858）López-Neyra，1946

［306］84.1.1 本地毛形线虫 *Trichinella native* Britov et Boev，1972

［307］84.1.2 旋毛形线虫 *Trichinella spiralis*（Owen，1835）Railliet，1895

［308］85.1.3 瞪羚鞭虫 *Trichuris gazellae* Gebauer，1933

［309］85.1.4 球鞘鞭虫 *Trichuris globulosa* Linstow，1901

［310］85.1.5 印度鞭虫 *Trichuris indicus* Sarwar，1946

［311］85.1.6 兰氏鞭虫 *Trichuris lani* Artjuch，1948

［312］85.1.7 兔鞭虫 *Trichuris leporis* Froelich，1789

［313］85.1.8 长刺鞭虫 *Trichuris longispiculus* Artjuch，1948

［314］85.1.10 羊鞭虫 *Trichuris ovis* Abilgaard，1795

［315］85.1.11 斯氏鞭虫 *Trichuris skrjabini* Baskakov，1924

［316］85.1.12 猪鞭虫 *Trichuris suis* Schrank，1788

［317］85.1.16 武威鞭虫 *Trichuris wuweiensis* Yang et Chen，1978

棘头虫　Acanthocephalan

［318］86.1.1 蛭形巨吻棘头虫 *Macracanthorhynchus hirudinaceus*（Pallas，1781）Travassos，1917

节肢动物　Arthropod

［319］88.2.1 双梳羽管螨 *Syringophilus bipectinatus* Heller，1880

［320］90.1.1 牛蠕形螨 *Demodex bovis* Stiles，1892

［321］90.1.2 犬蠕形螨 *Demodex canis* Leydig，1859

［322］90.1.3 山羊蠕形螨 *Demodex caprae* Railliet，1895

［323］90.1.5 猪蠕形螨 *Demodex phylloides* Czokor，1858

［324］93.3.1 马痒螨 *Psoroptes equi* Hering，1838

［325］93.3.1.1 牛痒螨 *Psoroptes equi* var. *bovis* Gerlach，1857

［326］93.3.1.3 兔痒螨 *Psoroptes equi* var. *cuniculi* Delafond，1859

［327］93.3.1.5 绵羊痒螨 *Psoroptes equi* var. *ovis* Hering，1838

［367］99.5.2　亚洲璃眼蜱　*Hyalomma asiaticum* Schulze et Schlottke，1929

［368］99.5.3　亚洲璃眼蜱卡氏亚种　*Hyalomma asiaticum kozlovi* Olenev，1931

［369］99.5.4　残缘璃眼蜱　*Hyalomma detritum* Schulze，1919

［370］99.5.5　嗜驼璃眼蜱　*Hyalomma dromedarii* Koch，1844

［371］99.5.10　麻点璃眼蜱　*Hyalomma rufipes* Koch，1844

［372］99.5.11　盾糙璃眼蜱　*Hyalomma scupense* Schulze，1918

［373］99.6.1　锐跗硬蜱　*Ixodes acutitarsus* Karsch，1880

［374］99.6.2　嗜鸟硬蜱　*Ixodes arboricola* Schulze et Schlottke，1929

［375］99.6.3　草原硬蜱　*Ixodes crenulatus* Koch，1844

［376］99.6.4　粒形硬蜱　*Ixodes granulatus* Supino，1897

［377］99.6.6　拟蓖硬蜱　*Ixodes nuttallianus* Schulze，1930

［378］99.6.7　卵形硬蜱　*Ixodes ovatus* Neumann，1899

［379］99.6.8　全沟硬蜱　*Ixodes persulcatus* Schulze，1930

［380］99.6.9　钝跗硬蜱　*Ixodes pomerantzevi* Serdyukova，1941

［381］99.6.11　中华硬蜱　*Ixodes sinensis* Teng，1977

［382］99.7.1　囊形扇头蜱　*Rhipicephalus bursa* Canestrini et Fanzago，1877

［383］99.7.3　短小扇头蜱　*Rhipicephalus pumilio* Schulze，1935

［384］99.7.5　血红扇头蜱　*Rhipicephalus sanguineus* Latreille，1806

［385］99.7.6　图兰扇头蜱　*Rhipicephalus turanicus* Pomerantzev，1940

［386］100.1.1　驴血虱　*Haematopinus asini* Linnaeus，1758

［387］100.1.2　阔胸血虱　*Haematopinus eurysternus* Denny，1842

［388］100.1.5　猪血虱　*Haematopinus suis* Linnaeus，1758

［389］101.1.1　非洲颚虱　*Linognathus africanus* Kellogg et Paine，1911

［390］101.1.2　绵羊颚虱　*Linognathus ovillus* Neumann，1907

［391］101.1.3　足颚虱　*Linognathus pedalis* Osborn，1896

［392］101.1.5　狭颚虱　*Linognathus stenopsis* Burmeister，1838

［393］101.1.6　牛颚虱　*Linognathus vituli* Linnaeus，1758

［394］101.2.1　侧管管虱　*Solenopotes capillatus* Enderlein，1904

［395］103.1.1　粪种蝇　*Adia cinerella* Fallen，1825

［396］103.2.1　横带花蝇　*Anthomyia illocata* Walker，1856

［397］104.2.3　巨尾丽蝇（蛆）　*Calliphora grahami* Aldrich，1930

［398］104.2.4　宽丽蝇（蛆）　*Calliphora lata* Coquillett，1898

［399］104.2.5　新月阿丽蝇（蛆）　*Calliphora menechma* Séguy，1934

［400］104.2.6　祁连丽蝇　*Calliphora rohdendorfi* Grunin，1970

［401］104.2.8　乌拉尔丽蝇（蛆）　*Calliphora uralensis* Villeneuve，1922

［402］104.2.9　红头丽蝇（蛆）　*Calliphora vicina* Robineau-Desvoidy，1830

［403］104.2.10　反吐丽蝇（蛆）　*Calliphora vomitoria* Linnaeus，1758

［404］104.3.1　白氏金蝇（蛆）　*Chrysomya bezziana* Villeneuve，1914

［405］104.3.4　大头金蝇（蛆）　*Chrysomya megacephala* Fabricius，1794

［406］104.3.5　广额金蝇　*Chrysomya phaonis* Seguy，1928

［407］104.3.6　肥躯金蝇　*Chrysomya pinguis* Walker，1858

［408］104.4.1　尸蓝蝇（蛆）　*Cynomya mortuorum* Linnaeus，1758

［409］104.5.3　三色依蝇（蛆）　*Idiella tripartita* Bigot，1874

［410］104.6.1　壶绿蝇（蛆）　*Lucilia ampullacea* Villeneuve，1922

［411］104.6.2　南岭绿蝇（蛆）　*Lucilia bazini* Seguy，1934

［412］104.6.3　蟾蜍绿蝇　*Lucilia bufonivora* Moniez，1876

［413］104.6.4　叉叶绿蝇（蛆）　*Lucilia caesar* Linnaeus，1758

［414］104.6.5　秦氏绿蝇　*Lucilia chini* Fan，1965

［415］104.6.6　铜绿蝇（蛆）　*Lucilia cuprina* Wiedemann，1830

［416］104.6.8　亮绿蝇（蛆）　*Lucilia illustris* Meigen，1826

［417］104.6.9　巴浦绿蝇（蛆）　*Lucilia papuensis* Macquart，1842

［418］104.6.10　毛腹绿蝇（蛆）　*Lucilia pilosiventris* Kramer，1910

［419］104.6.11　紫绿蝇（蛆）　*Lucilia porphyrina* Walker，1856

［420］104.6.12　长叶绿蝇　*Lucilia regalis* Meigen，1826

［421］104.6.13　丝光绿蝇（蛆）　*Lucilia sericata* Meigen，1826

［422］104.6.14　山西绿蝇　*Lucilia shansiensis* Fan，1965

［423］104.6.15　沈阳绿蝇　*Lucilia shenyangensis* Fan，1965

［424］104.6.16　林绿蝇　*Lucilia silvarum* Meigen，1826

［425］104.7.1　花伏蝇（蛆）　*Phormia regina* Meigen，1826

［426］104.8.1　天蓝原丽蝇（蛆）　*Protocalliphora azurea* Fallen，1816

［427］104.9.1　新陆原伏蝇（蛆）　*Protophormia terraenovae* Robineau-Desvoidy，1830

［428］104.10.1　叉丽蝇　*Triceratopyga calliphoroides* Rohdendorf，1931

［429］105.1.1　多刺裸蠓　*Atrichopogon snetus* Yu et Qi，1990

［430］105.2.17　环斑库蠓　*Culicoides circumscriptus* Kieffer，1918

［431］105.2.24　沙生库蠓　*Culicoides desertorum* Gutsevich，1959

［432］105.2.52　原野库蠓　*Culicoides homotomus* Kieffer，1921

［433］105.2.83　东北库蠓　*Culicoides manchuriensis* Tokunaga，1941

［434］105.2.86　三保库蠓　*Culicoides mihensis* Arnaud，1956

［435］105.2.88　蒙古库蠓　*Culicoides mongolensis* Yao，1964

［436］105.2.91　不显库蠓　*Culicoides obsoletus* Meigen，1818

［437］105.2.92　恶敌库蠓　*Culicoides odibilis* Austen，1921

［438］105.2.104　边缘库蠓　*Culicoides pictimargo* Tokunaga et Shogaki，1959

［439］105.2.105　灰黑库蠓　*Culicoides pulicaris* Linnaeus，1758

［440］105.2.106　刺螫库蠓　*Culicoides punctatus* Meigen，1804

［441］105.2.107　曲囊库蠓　*Culicoides puncticollis* Becker，1903

［442］105.2.109　里氏库蠓　*Culicoides riethi* Kieffer，1914

［443］105.2.110　盐库蠓　*Culicoides salinarius* Kieffer，1914

［444］105.3.5　扩散蠛蠓　*Lasiohelea divergena* Yu et Wen，1982

365

［445］105.3.8　低飞蠛蠓　*Lasiohelea humilavolita* Yu et Liu，1982

［446］105.3.11　南方蠛蠓　*Lasiohelea notialis* Yu et Liu，1982

［447］105.3.14　台湾蠛蠓　*Lasiohelea taiwana* Shiraki，1913

［448］105.3.16　带茎蠛蠓　*Lasiohelea zonaphalla* Yu et Liu，1982

［449］105.4.2　二齿细蠓　*Leptoconops bidentatus* Gutsevich，1960

［450］105.4.3　双镰细蠓　*Leptoconops binisicula* Yu et Liu，1988

［451］105.4.4　北方细蠓　*Leptoconops borealis* Gutsevich，1945

［452］105.4.8　明背细蠓　*Leptoconops lucidus* Gutsevich，1964

［453］105.4.9　溪岸细蠓　*Leptoconops riparius* Yu et Liu，1990

［454］106.1.7　里海伊蚊　*Aedes caspius* Pallas，1771

［455］106.1.8　仁川伊蚊　*Aedes chemulpoensis* Yamada，1921

［456］106.1.12　背点伊蚊　*Aedes dorsalis* Meigen，1830

［457］106.1.17　黄背伊蚊　*Aedes flavidorsalis* Luh et Lee，1975

［458］106.1.20　双棘伊蚊　*Aedes hatorii* Yamada，1921

［459］106.1.22　朝鲜伊蚊　*Aedes koreicus* Edwards，1917

［460］106.1.25　窄翅伊蚊　*Aedes lineatopennis* Ludlow，1905

［461］106.1.26　乳点伊蚊　*Aedes macfarlanei* Edwards，1914

［462］106.1.31　黑头伊蚊　*Aedes pullatus* Coquillett，1904

［463］106.1.36　短板伊蚊　*Aedes stimulans* Walker，1848

［464］106.1.37　东乡伊蚊　*Aedes togoi* Theobald，1907

［465］106.1.39　刺扰伊蚊　*Aedes vexans* Meigen，1830

［466］106.2.13　赫坎按蚊　*Anopheles hyrcanus* Pallas，1771

［467］106.2.23　林氏按蚊　*Anopheles lindesayi* Giles，1900

［468］106.2.28　帕氏按蚊　*Anopheles pattoni* Christophers，1926

［469］106.2.32　中华按蚊　*Anopheles sinensis* Wiedemann，1828

［470］106.3.4　骚扰阿蚊　*Armigeres subalbatus* Coquillett，1898

［471］106.4.1　麻翅库蚊　*Culex bitaeniorhynchus* Giles，1901

［472］106.4.2　短须库蚊　*Culex brevipalpis* Giles，1902

［473］106.4.3　致倦库蚊　*Culex fatigans* Wiedemann，1828

［474］106.4.5　褐尾库蚊　*Culex fuscanus* Wiedemann，1820

［475］106.4.6　棕头库蚊　*Culex fuscocephalus* Theobald，1907

［476］106.4.7　白雪库蚊　*Culex gelidus* Theobald，1901

［477］106.4.8　贪食库蚊　*Culex halifaxia* Theobald，1903

［478］106.4.9　林氏库蚊　*Culex hayashii* Yamada，1917

［479］106.4.12　幼小库蚊　*Culex infantulus* Edwards，1922

［480］106.4.13　吉氏库蚊　*Culex jacksoni* Edwards，1934

［481］106.4.14　马来库蚊　*Culex malayi* Leicester，1908

［482］106.4.15　拟态库蚊　*Culex mimeticus* Noe，1899

［483］106.4.16　小斑翅库蚊　*Culex mimulus* Edwards，1915

［523］110.6.3　南墨蝇　*Mesembrina meridiana* Linnaeus，1758

［524］110.7.1　曲胫莫蝇　*Morellia aenescens* Robineau-Desvoidy，1830

［525］110.7.3　林莫蝇　*Morellia hortorum* Fallen，1817

［526］110.8.2　秋家蝇　*Musca autumnalis* De Geer，1776

［527］110.8.3　北栖家蝇　*Musca bezzii* Patton et Cragg，1913

［528］110.8.4　逐畜家蝇　*Musca conducens* Walker，1859

［529］110.8.6　肥喙家蝇　*Musca crassirostris* Stein，1903

［530］110.8.7　家蝇　*Musca domestica* Linnaeus，1758

［531］110.8.8　黑边家蝇　*Musca hervei* Villeneuve，1922

［532］110.8.10　孕幼家蝇　*Musca larvipara* Portschinsky，1910

［533］110.8.13　毛提家蝇　*Musca pilifacies* Emden，1965

［534］110.8.14　市家蝇　*Musca sorbens* Wiedemann，1830

［535］110.8.15　骚扰家蝇　*Musca tempestiva* Fallen，1817

［536］110.8.16　黄腹家蝇　*Musca ventrosa* Wiedemann，1830

［537］110.8.17　舍家蝇　*Musca vicina* Macquart，1851

［538］110.8.18　透翅家蝇　*Musca vitripennis* Meigen，1826

［539］110.9.1　肖腐蝇　*Muscina assimilis* Fallen，1823

［540］110.9.3　厩腐蝇　*Muscina stabulans* Fallen，1817

［541］110.10.2　斑遮黑蝇　*Ophyra chalcogaster* Wiedemann，1824

［542］110.10.3　银眉黑蝇　*Ophyra leucostoma* Wiedemann，1817

［543］110.10.4　暗黑黑蝇　*Ophyra nigra* Wiedemann，1830

［544］110.11.1　绿翠蝇　*Orthellia caesarion* Meigen，1826

［545］110.11.2　紫翠蝇　*Orthellia chalybea* Wiedemann，1830

［546］110.11.3　蓝翠蝇　*Orthellia coerulea* Wiedemann，1819

［547］110.11.5　大洋翠蝇　*Orthellia pacifica* Zimin，1951

［548］110.12.2　四条直脉蝇　*Polietes lardaria* Fabricius，1781

［549］110.13.2　马粪碧蝇　*Pyrellia cadaverina* Linnaeus，1758

［550］110.14.1　异色鼻蝇（蛆）　*Rhinia discolor* Fabricius，1794

［551］111.1.1　驼头狂蝇　*Cephalopina titillator* Clark，1816

［552］111.2.1　羊狂蝇（蛆）　*Oestrus ovis* Linnaeus，1758

［553］111.3.1　阔额鼻狂蝇（蛆）　*Rhinoestrus latifrons* Gan，1947

［554］111.3.2　紫鼻狂蝇（蛆）　*Rhinoestrus purpureus* Brauer，1858

［555］112.1.1　乳酪蝇　*Piophila casei* Linnaeus，1758

［556］113.4.1　亚历山大白蛉　*Phlebotomus alexandri* Sinton，1928

［557］113.4.2　安氏白蛉　*Phlebotomus andrejevi* Shakirzyanova，1953

［558］113.4.3　中华白蛉　*Phlebotomus chinensis* Newstead，1916

［559］113.4.6　歌乐山白蛉　*Phlebotomus koloshanensis* Yao et Wu，1946

［560］113.4.7　硕大白蛉　*Phlebotomus major* Annadale，1910

［561］113.4.8　蒙古白蛉　*Phlebotomus mongolensis* Sinton，1928

368

［562］113. 5. 9　许氏司蛉　*Sergentomyia khawi* Raynal，1936

［563］113. 5. 10　歌乐山司蛉　*Sergentomyia koloshanensis* Yao et Wu，1946

［564］113. 5. 13　微小司蛉新疆亚种　*Sergentomyia minutus sinkiangensis* Ting et Ho，1962

［565］113. 5. 18　鳞喙司蛉　*Sergentomyia squamirostris* Newstead，1923

［566］114. 1. 2　尾黑麻蝇（蛆）　*Bellieria melanura* Meigen，1826

［567］114. 2. 1　红尾粪麻蝇（蛆）　*Bercaea haemorrhoidalis* Fallen，1816

［568］114. 3. 1　赭尾别麻蝇（蛆）　*Boettcherisca peregrina* Robineau-Desvoidy，1830

［569］114. 5. 1　埃及亚麻蝇　*Parasarcophaga aegyptica* Salem，1935

［570］114. 5. 3　华北亚麻蝇　*Parasarcophaga angarosinica* Rohdendorf，1937

［571］114. 5. 7　贪食亚麻蝇　*Parasarcophaga harpax* Pandelle，1896

［572］114. 5. 9　蝗尸亚麻蝇　*Parasarcophaga jacobsoni* Rohdendorf，1937

［573］114. 5. 11　巨耳亚麻蝇　*Parasarcophaga macroauriculata* Ho，1932

［574］114. 5. 13　急钓亚麻蝇　*Parasarcophaga portschinskyi* Rohdendorf，1937

［575］114. 5. 14　沙州亚麻蝇　*Parasarcophaga semenovi* Rohdendorf，1925

［576］114. 6. 1　花纹拉蝇（蛆）　*Ravinia striata* Fabricius，1794

［577］114. 7. 1　白头麻蝇（蛆）　*Sarcophaga albiceps* Meigen，1826

［578］114. 7. 3　肉食麻蝇（蛆）　*Sarcophaga carnaria* Linnaeus，1758

［579］114. 7. 4　肥须麻蝇（蛆）　*Sarcophaga crassipalpis* Macquart，1839

［580］114. 7. 5　纳氏麻蝇（蛆）　*Sarcophaga knabi* Parker，1917

［581］114. 7. 7　酱麻蝇（蛆）　*Sarcophaga misera* Walker，1849

［582］114. 7. 10　野麻蝇（蛆）　*Sarcophaga similis* Meade，1876

［583］114. 8. 1　毛足污蝇（蛆）　*Wohlfahrtia bella* Macquart，1839

［584］114. 8. 2　戈壁污蝇（蛆）　*Wohlfahrtia cheni* Rohdendorf，1956

［585］114. 8. 3　阿拉善污蝇（蛆）　*Wohlfahrtia fedtschenkoi* Rohdendorf，1956

［586］114. 8. 4　黑须污蝇（蛆）　*Wohlfahrtia magnifica* Schiner，1862

［587］115. 9. 1　马维蚋　*Wilhelmia equina* Linnaeus，1746

［588］116. 1. 1　刺扰血蝇　*Haematobia stimulans* Meigen，1824

［589］116. 2. 1　刺血喙蝇　*Haematobosca sanguinolenta* Austen，1909

［590］116. 3. 1　东方角蝇　*Lyperosia exigua* Meijere，1903

［591］116. 4. 1　厩螫蝇　*Stomoxys calcitrans* Linnaeus，1758

［592］116. 4. 3　印度螫蝇　*Stomoxys indicus* Picard，1908

［593］117. 1. 1　双斑黄虻　*Atylotus bivittateinus* Takahasi，1962

［594］117. 1. 5　黄绿黄虻　*Atylotus horvathi* Szilady，1926

［595］117. 1. 7　骚扰黄虻　*Atylotus miser* Szilady，1915

［596］117. 1. 9　淡黄虻　*Atylotus pallitarsis* Olsufjev，1936

［597］117. 1. 13　黑胫黄虻　*Atylotus rusticus* Linnaeus，1767

［598］117. 2. 7　察哈尔斑虻　*Chrysops chaharicus* Chen et Quo，1949

［599］117. 2. 8　舟山斑虻　*Chrysops chusanensis* Ouchi，1939

［600］117. 2. 18　日本斑虻　*Chrysops japonicus* Wiedemann，1828

［601］117.2.20　暗缘斑虻　*Chrysops makerovi* Pleske，1910

［602］117.2.21　莫氏斑虻　*Chrysops mlokosiewiczi* Bigot，1880

［603］117.2.25　高原斑虻　*Chrysops plateauna* Wang，1978

［604］117.2.26　帕氏斑虻　*Chrysops potanini* Pleske，1910

［605］117.2.28　娌斑虻　*Chrysops ricardoae* Pleske，1910

［606］117.2.29　宽条斑虻　*Chrysops semiignitus* Krober，1930

［607］117.2.31　中华斑虻　*Chrysops sinensis* Walker，1856

［608］117.2.34　合瘤斑虻　*Chrysops suavis* Loew，1858

［609］117.2.39　范氏斑虻　*Chrysops vanderwulpi* Krober，1929

［610］117.5.3　触角麻虻　*Haematopota antennata* Shiraki，1932

［611］117.5.10　脱粉麻虻　*Haematopota desertorum* Szilady，1923

［612］117.5.19　等额麻虻　*Haematopota hedini* Krober，1933

［613］117.5.22　甘肃麻虻　*Haematopota kansuensis* Krober，1933

［614］117.5.52　塔氏麻虻　*Haematopota tamerlani* Szilady，1923

［615］117.5.54　土耳其麻虻　*Haematopota turkestanica* Krober，1922

［616］117.5.55　低额麻虻　*Haematopota ustulata* Krober，1933

［617］117.5.56　骚扰麻虻　*Haematopota vexativa* Xu，1989

［618］117.6.9　高山瘤虻　*Hybomitra alticola* Wang，1981

［619］117.6.15　黑腹瘤虻　*Hybomitra atrips* Krober，1934

［620］117.6.17　釉黑瘤虻　*Hybomitra baphoscota* Xu et Liu，1985

［621］117.6.25　短额瘤虻　*Hybomitra brevifrons* Krober，1934

［622］117.6.28　白条瘤虻　Hybomitra *erberi* Brauer，1880

［623］117.6.29　膨条瘤虻　*Hybomitra expollicata* Pandelle，1883

［624］117.6.38　全黑瘤虻　*Hybomitra holonigera* Xu et Li，1982

［625］117.6.40　康定瘤虻　*Hybomitra kangdingensis* Xu et Song，1983

［626］117.6.41　甘肃瘤虻　*Hybomitra kansuensis* Olsufjev，1967

［627］117.6.42　哈什瘤虻　*Hybomitra kashgarica* Olsufjev，1970

［628］117.6.49　六盘山瘤虻　*Hybomitra liupanshanensis* Liu，Wang et Xu，1990

［629］117.6.54　马氏瘤虻　*Hybomitra mai* Liu，1959

［630］117.6.56　蜂形瘤虻　*Hybomitra mimapis* Wang，1981

［631］117.6.57　岷山瘤虻　*Hybomitra minshanensis* Xu et Liu，1985

［632］117.6.58　突额瘤虻　*Hybomitra montana* Meigen，1820

［633］117.6.59　摩根氏瘤虻　*Hybomitra morgani* Surcouf，1912

［634］117.6.68　赭尾瘤虻　*Hybomitra ochroterma* Xu et Liu，1985

［635］117.6.70　峨眉山瘤虻　*Hybomitra omeishanensis* Xu et Li，1982

［636］117.6.72　断条瘤虻　*Hybomitra peculiaris* Szilady，1914

［637］117.6.74　祁连瘤虻　*Hybomitra qiliangensis* Liu et Yao，1981

［638］117.6.75　青海瘤虻　*Hybomitra qinghaiensis* Liu et Yao，1981

［639］117.6.88　细瘤瘤虻　*Hybomitra svenhedini* Krober，1933

［640］117.6.93　懒行瘤虻　*Hybomitra tardigrada* Xu et Liu，1985

［641］117.6.97　土耳其瘤虻　*Hybomitra turkestana* Szilady，1923

［642］117.6.103　灰股瘤虻　*Hybomitra zaitzevi* Olsufiev，1970

［643］117.11.2　土灰虻　*Tabanus amaenus* Walker，1848

［644］117.11.8　宝鸡虻　*Tabanus baojiensis* Xu et Liu，1980

［645］117.11.11　缅甸虻　*Tabanus birmanicus* Bigot，1892

［646］117.11.16　棕胛虻　*Tabanus brunneocallosus* Olsufjev，1936

［647］117.11.18　佛光虻　*Tabanus buddha* Portschinsky，1887

［648］117.11.25　浙江虻　*Tabanus chekiangensis* Ouchi，1943

［649］117.11.26　中国虻　*Tabanus chinensis* Ouchi，1943

［650］117.11.33　朝鲜虻　*Tabanus coreanus* Shiraki，1932

［651］117.11.36　斐氏虻　*Tabanus filipjevi* Olsufjev，1936

［652］117.11.60　海氏虻　*Tabanus haysi* Philip，1956

［653］117.11.61　杭州虻　*Tabanus hongchowensis* Liu，1962

［654］117.11.71　鸡公山虻　*Tabanus jigonshanensis* Xu，1982

［655］117.11.83　黎氏虻　*Tabanus leleani* Austen，1920

［656］117.11.88　线带虻　*Tabanus lineataenia* Xu，1979

［657］117.11.90　路氏虻　*Tabanus loukashkini* Philip，1956

［658］117.11.91　庐山虻　*Tabanus lushanensis* Liu，1962

［659］117.11.94　中华虻　*Tabanus mandarinus* Schiner，1868

［660］117.11.100　岷山虻　*Tabanus minshanensis* Xu et Liu，1981

［661］117.11.112　日本虻　*Tabanus nipponicus* Murdoch et Takahasi，1969

［662］117.11.122　灰斑虻　*Tabanus onoi* Murdoch et Takahasi，1969

［663］117.11.127　副菌虻　*Tabanus parabactrianus* Liu，1960

［664］117.11.148　多砂虻　*Tabanus sabuletorum* Loew，1874

［665］117.11.151　山东虻　*Tabanus shantungensis* Ouchi，1943

［666］117.11.153　华广虻　*Tabanus signatipennis* Portsch，1887

［667］117.11.156　华丽虻　*Tabanus splendens* Xu et Liu，1982

［668］117.11.160　类柯虻　*Tabanus subcordiger* Liu，1960

［669］117.11.170　高砂虻　*Tabanus takasagoensis* Shiraki，1918

［670］117.11.172　天目虻　*Tabanus tianmuensis* Liu，1962

［671］117.11.175　渭河虻　*Tabanus weiheensis* Xu et Liu，1980

［672］117.11.182　基虻　*Tabanus zimini* Olsufjev，1937

［673］118.2.4　草黄鸡体羽虱　*Menacanthus stramineus* Nitzsch，1818

［674］118.3.1　鸡羽虱　*Menopon gallinae* Linnaeus，1758

［675］119.2.1　鸽羽虱　*Columbicola columbae* Linnaeus，1758

［676］119.5.1　鸡圆羽虱　*Goniocotes gallinae* De Geer，1778

［677］119.6.2　巨角羽虱　*Goniodes gigas* Taschenberg，1879

［678］119.7.1　鸡翅长羽虱　*Lipeurus caponis* Linnaeus，1758

[679] 119.7.3　广幅长羽虱　*Lipeurus heterographus* Nitzsch，1866

[680] 120.1.1　牛毛虱　*Bovicola bovis* Linnaeus，1758

[681] 120.1.2　山羊毛虱　*Bovicola caprae* Gurlt，1843

[682] 120.1.3　绵羊毛虱　*Bovicola ovis* Schrank，1781

[683] 120.3.2　马啮毛虱　*Trichodectes equi* Denny，1842

[684] 121.1.1　不等单蚤　*Monopsyllus anisus* Rothschild，1907

[685] 121.2.1　扇形副角蚤　*Paraceras flabellum* Curtis，1832

[686] 125.1.1　犬栉首蚤　*Ctenocephalide canis* Curtis，1826

[687] 125.1.2　猫栉首蚤　*Ctenocephalide felis* Bouche，1835

[688] 125.3.1　水武蚤宽指亚种　*Euchoplopsyllus glacialis profugus* Jordan，1925

[689] 125.4.1　致痒蚤　*Pulex irritans* Linnaeus，1758

[690] 125.5.1　印鼠客蚤　*Xenopsylla cheopis* Rothschild，1903

[691] 126.2.1　狍长喙蚤　*Dorcadia dorcadia* Rothschild，1912

[692] 126.2.2　羊长喙蚤　*Dorcadia ioffi* Smit，1953

[693] 126.3.1　花蠕形蚤　*Vermipsylla alakurt* Schimkewitsch，1885

[694] 126.3.2　瞪羚蠕形蚤　*Vermipsylla dorcadia* Rothschild，1912

[695] 126.3.3　具膝蠕形蚤　*Vermipsylla geniculata* Li，1964

[696] 126.3.6　似花蠕形蚤中亚亚种　*Vermipsylla perplexa centrolasia* Liu，Wu et Wu，1982

[697] 127.1.1　锯齿舌形虫　*Linguatula serrata* Fröhlich，1789

广东省寄生虫种名
Species of Parasites in Guangdong Province

原虫　Protozoon

[1] 2.1.1　蓝氏贾第鞭毛虫　*Giardia lamblia* Stiles，1915

[2] 3.2.2　伊氏锥虫　*Trypanosoma evansi*（Steel，1885）Balbiani，l888

[3] 4.1.1　火鸡组织滴虫　*Histomonas meleagridis* Tyzzer，1920

[4] 5.2.2　鸡毛滴虫　*Trichomonas gallinae*（Rivolta，1878）Stabler，1938

[5] 6.1.2　贝氏隐孢子虫　*Cryptosporidium baileyi* Current，Upton et Haynes，1986

[6] 6.1.8　鼠隐孢子虫　*Cryptosporidium muris* Tyzzer，1907

[7] 7.1　环孢子虫　*Cyclospora* Schneider，1881

[8] 7.2.1　阿布氏艾美耳球虫　*Eimeria abramovi* Svanbaev et Rakhmatullina，1967

[9] 7.2.2　堆型艾美耳球虫　*Eimeria acervulina* Tyzzer，1929

[10] 7.2.4　阿拉巴马艾美耳球虫　*Eimeria alabamensis* Christensen，1941

[48] 10.2.1　犬新孢子虫　*Neospora caninum* Dubey, Carpenter, Speer, *et al.*, 1988

[49] 10.3.8　梭形住肉孢子虫　*Sarcocystis fusiformis*（Railliet, 1897）Bernard et Bauche, 1912

[50] 10.3.15　米氏住肉孢子虫　*Sarcocystis miescheriana*（Kühn, 1865）Labbé, 1899

[51] 10.4.1　龚地弓形虫　*Toxoplasma gondii*（Nicolle et Manceaux, 1908）Nicolle et Manceaux, 1909

[52] 11.1.1　双芽巴贝斯虫　*Babesia bigemina* Smith et Kiborne, 1893

[53] 12.1.1　环形泰勒虫　*Theileria annulata*（Dschunkowsky et Luhs, 1904）Wenyon, 1926

[54] 12.1.2　马泰勒虫　*Theileria equi* Mehlhorn et Schein, 1998

[55] 14.1.1　结肠小袋虫　*Balantidium coli*（Malmsten, 1857）Stein, 1862

绦虫　Cestode

[56] 15.4.2　贝氏莫尼茨绦虫　*Moniezia benedeni*（Moniez, 1879）Blanchard, 1891

[57] 15.4.4　扩展莫尼茨绦虫　*Moniezia expansa*（Rudolphi, 1810）Blanchard, 1891

[58] 16.1.1　双性孔卡杜绦虫　*Cotugnia digonopora* Pasquale, 1890

[59] 16.2.3　原节戴维绦虫　*Davainea proglottina*（Davaine, 1860）Blanchard, 1891

[60] 16.3.3　有轮瑞利绦虫　*Raillietina cesticillus* Molin, 1858

[61] 16.3.4　棘盘瑞利绦虫　*Raillietina echinobothrida* Megnin, 1881

[62] 16.3.5　乔治瑞利绦虫　*Raillietina georgiensis* Reid et Nugara, 1961

[63] 16.3.6　大珠鸡瑞利绦虫　*Raillietina magninumida* Jones, 1930

[64] 16.3.10　兰氏瑞利绦虫　*Raillietina ransomi* William, 1931

[65] 16.3.12　四角瑞利绦虫　*Raillietina tetragona* Molin, 1858

[66] 16.3.15　威廉瑞利绦虫　*Raillietina williamsi* Fuhrmann, 1932

[67] 17.1.1　楔形变带绦虫　*Amoebotaenia cuneata* von Linstow, 1872

[68] 17.1.3　少睾变带绦虫　*Amoebotaenia oligorchis* Yamaguti, 1935

[69] 17.2.2　漏斗漏带绦虫　*Choanotaenia infundibulum* Bloch, 1779

[70] 17.3.1　诺氏双殖孔绦虫　*Diplopylidium nolleri*（Skrjabin, 1924）Meggitt, 1927

[71] 17.4.1　犬复孔绦虫　*Dipylidium caninum*（Linnaeus, 1758）Leuckart, 1863

[72] 19.2.2　福建单睾绦虫　*Aploparaksis fukinensis* Lin, 1959

[73] 19.2.3　叉棘单睾绦虫　*Aploparaksis furcigera* Rudolphi, 1819

[74] 19.2.4　秧鸡单睾绦虫　*Aploparaksis porzana* Dubinina, 1953

[75] 19.3.1　大头腔带绦虫　*Cloacotaenia megalops* Nitzsch in Creplin, 1829

[76] 19.4.2　冠状双盔带绦虫　*Dicranotaenia coronula*（Dujardin, 1845）Railliet, 1892

[77] 19.6.2　鸭双睾绦虫　*Diorchis anatina* Ling, 1959

[78] 19.6.3　球双睾绦虫　*Diorchis bulbodes* Mayhew, 1929

[79] 19.6.7　秋沙鸭双睾绦虫　*Diorchis nyrocae* Yamaguti, 1935

[80] 19.7.1　矛形剑带绦虫　*Drepanidotaenia lanceolata* Bloch, 1782

[81] 19.7.2　普氏剑带绦虫　*Drepanidotaenia przewalskii* Skrjabin, 1914

[82] 19.7.3　瓦氏剑带绦虫　*Drepanidotaenia watsoni* Prestwood et Reid, 1966

[83] 19.8.1　罗斯棘叶绦虫　*Echinocotyle rosseteri* Blanchard, 1891

[84] 19.9.1　致疡棘壳绦虫　*Echinolepis carioca*（Magalhaes, 1898）Spasskii et Spasskaya,

374

1954

[85] 19.10.2　片形縩缘绦虫　*Fimbriaria fasciolaris* Pallas，1781

[86] 19.12.9　长膜壳绦虫　*Hymenolepis diminuta* Rudolphi，1819

[87] 19.12.13　小膜壳绦虫　*Hymenolepis parvula* Kowalewski，1904

[88] 19.13.1　纤小膜钩绦虫　*Hymenosphenacanthus exiguus* Yoshida，1910

[89] 19.15.4　狭窄微吻绦虫　*Microsomacanthus compressa*（Linton，1892）López-Neyra，1942

[90] 19.16.1　领襟粘壳绦虫　*Myxolepis collaris*（Batsch，1786）Spassky，1959

[91] 19.18.1　柯氏伪裸头绦虫　*Pseudanoplocephala crawfordi* Baylis，1927

[92] 19.19.3　长茎网宫绦虫　*Retinometra longicirrosa*（Fuhrmann，1906）Spassky，1963

[93] 19.19.4　美彩网宫绦虫　*Retinometra venusta*（Rosseter，1897）Spassky，1955

[94] 19.21.4　纤细幼钩绦虫　*Sobolevicanthus gracilis* Zeder，1803

[95] 19.22.1　坎塔尼亚隐壳绦虫　*Staphylepis cantaniana* Polonio，1860

[96] 19.23.1　刚刺柴壳绦虫　*Tschertkovilepis setigera* Froelich，1789

[97] 21.1.1　细粒棘球绦虫　*Echinococcus granulosus*（Batsch，1786）Rudolphi，1805

[98] 21.1.1.1　细粒棘球蚴　*Echinococcus cysticus* Huber，1891

[99] 21.2.1　肥头泡尾绦虫　*Hydatigera faciaefomis* Batsch，1786

[100] 21.2.3　带状泡尾绦虫　*Hydatigera taeniaeformis*（Batsch，1786）Lamarck，1816

[101] 21.4.1　泡状带绦虫　*Taenia hydatigena* Pallas，1766

[102] 21.4.1.1　细颈囊尾蚴　*Cysticercus tenuicollis* Rudolphi，1810

[103] 21.4.3　豆状带绦虫　*Taenia pisiformis* Bloch，1780

[104] 21.4.3.1　豆状囊尾蚴　*Cysticercus pisiformis* Bloch，1780

[105] 21.4.5　猪囊尾蚴　*Cysticercus cellulosae* Gmelin，1790

[106] 22.1.4　阔节双槽头绦虫　*Dibothriocephalus latus* Linnaeus，1758

[107] 22.1.5　蛙双槽头绦虫　*Dibothriocephalus ranarum*（Gastaldi，1854）Meggitt，1925

[108] 22.3.1　孟氏旋宫绦虫　*Spirometra mansoni* Joyeux et Houdemer，1928

[109] 22.3.1.1　孟氏裂头蚴　*Sparganum mansoni* Joyeux，1928

吸虫　Trematode

[110] 23.1.2　长形棘隙吸虫　*Echinochasmus elongatus* Miki，1923

[111] 23.1.4　日本棘隙吸虫　*Echinochasmus japonicus* Tanabe，1926

[112] 23.1.6　巨棘隙吸虫　*Echinochasmus megacanthus* Wang，1959

[113] 23.1.9　变棘隙吸虫　*Echinochasmus mirabilis* Wang，1959

[114] 23.1.10　叶形棘隙吸虫　*Echinochasmus perfoliatus*（Ratz，1908）Gedoelst，1911

[115] 23.1.13　截形棘隙吸虫　*Echinochasmus truncatum* Wang，1976

[116] 23.2.2　刀形棘缘吸虫　*Echinoparyphium bioccalerouxi* Dollfus，1953

[117] 23.2.3　中国棘缘吸虫　*Echinoparyphium chinensis* Ku，Li et Zhu，1964

[118] 23.2.4　带状棘缘吸虫　*Echinoparyphium cinctum* Rudolphi，1802

[119] 23.2.5　美丽棘缘吸虫　*Echinoparyphium elegans* Looss，1899

[120] 23.2.6　鸡棘缘吸虫　*Echinoparyphium gallinarum* Wang，1976

[121] 23.2.14　圆睾棘缘吸虫　*Echinoparyphium nordiana* Baschirova，1941

［272］46.1.2　优美异幻吸虫　*Apatemon gracilis*（Rudolphi，1819）Szidat，1928

［273］46.1.4　小异幻吸虫　*Apatemon minor* Yamaguti，1933

［274］46.3.1　角杯尾吸虫　*Cotylurus cornutus*（Rudolphi，1808）Szidat，1928

［275］47.1.1　舟形嗜气管吸虫　*Tracheophilus cymbius*（Diesing，1850）Skrjabin，1913

［276］47.2.1　胡瓜形盲腔吸虫　*Typhlocoelum cucumerinum*（Rudolphi，1809）Stossich，1902

线虫　Nematode

［277］48.1.1　似蚓蛔虫　*Ascaris lumbricoides* Linnaeus，1758

［278］48.1.4　猪蛔虫　*Ascaris suum* Goeze，1782

［279］48.2.1　犊新蛔虫　*Neoascaris vitulorum*（Goeze，1782）Travassos，1927

［280］48.4.1　狮弓蛔虫　*Toxascaris leonina*（Linstow，1902）Leiper，1907

［281］49.1.1　鸭禽蛔虫　*Ascaridia anatis* Chen，1990

［282］49.1.2　鹅禽蛔虫　*Ascaridia anseris* Schwartz，1925

［283］49.1.3　鸽禽蛔虫　*Ascaridia columbae*（Gmelin，1790）Travassos，1913

［284］49.1.4　鸡禽蛔虫　*Ascaridia galli*（Schrank，l788）Freeborn，1923

［285］50.1.1　犬弓首蛔虫　*Toxocara canis*（Werner，1782）Stiles，1905

［286］50.1.2　猫弓首蛔虫　*Toxocara cati* Schrank，1788

［287］52.3.1　犬恶丝虫　*Dirofilaria immitis*（Leidy，1856）Railliet et Henry，1911

［288］52.6.1　海氏辛格丝虫　*Singhfilaria hayesi* Anderson et Prestwood，1969

［289］54.1.1　零陵油脂线虫　*Elaeophora linglingense* Cheng，1982

［290］54.1.2　布氏油脂线虫　*Elaeophora poeli* Vryburg，1897

［291］55.1.6　指形丝状线虫　*Setaria digitata* Linstow，1906

［292］55.1.9　唇乳突丝状线虫　*Setaria labiatopapillosa* Alessandrini，1838

［293］55.1.10　黎氏丝状线虫　*Setaria leichungwingi* Chen，1937

［294］56.1.2　异形同刺线虫　*Ganguleterakis dispar*（Schrank，1790）Dujardin，1845

［295］56.2.1　贝拉异刺线虫　*Heterakis beramporia* Lane，1914

［296］56.2.4　鸡异刺线虫　*Heterakis gallinarum*（Schrank，1788）Freeborn，1923

［297］56.2.8　火鸡异刺线虫　*Heterakis meleagris* Hsü，1957

［298］56.2.9　巴氏异刺线虫　*Heterakis parisi* Blanc，1913

［299］58.1.2　台湾鸟龙线虫　*Avioserpens taiwana* Sugimoto，1934

［300］58.2.1　麦地那龙线虫　*Dracunculus medinensis* Linmaeus，1758

［301］60.1.1　鸡类圆线虫 *Strongyloides avium* Cram，1929

［302］60.1.3　乳突类圆线虫　*Strongyloides papillosus*（Wedl，1856）Ransom，1911

［303］60.1.5　粪类圆线虫　*Strongyloides stercoralis*（Bavay，1876）Stiles et Hassall，1902

［304］61.1.2　钩状锐形线虫　*Acuaria hamulosa* Diesing，1851

［305］61.2.1　长鼻咽饰带线虫　*Dispharynx nasuta*（Rudolphi，1819）Railliet，Henry et Sisoff，1912

［306］61.3.1　钩状棘结线虫　*Echinuria uncinata*（Rudolphi，1819）Soboview，1912

［307］61.7.1　厚尾束首线虫　*Streptocara crassicauda* Creplin，1829

［308］62.1.1　陶氏颚口线虫　*Gnathostoma doloresi* Tubangui，1925

［309］62.1.2　刚刺颚口线虫　*Gnathostoma hispidum* Fedtchenko，1872

［310］62.1.3　棘颚口线虫　*Gnathostoma spinigerum* Owen，1836

［311］63.1.1　嗉囊筒线虫　*Gongylonema ingluvicola* Ransom，1904

［312］67.1.1　有齿蛔状线虫　*Ascarops dentata* Linstow，1904

［313］67.1.2　圆形蛔状线虫　*Ascarops strongylina* Rudolphi，1819

［314］67.2.1　六翼泡首线虫　*Physocephalus sexalatus* Molin，1860

［315］67.4.1　狼旋尾线虫　*Spirocerca lupi*（Rudolphi，1809）Railliet et Henry，1911

［316］68.1.1　美洲四棱线虫　*Tetrameres americana* Cram，1927

［317］68.1.3　分棘四棱线虫　*Tetrameres fissispina* Diesing，1861

［318］69.1.1　孟氏尖旋线虫　*Oxyspirura mansoni*（Cobbold，1879）Ransom，1904

［319］69.2.4　大口吸吮线虫　*Thelazia gulosa* Railliet et Henry，1910

［320］69.2.9　罗氏吸吮线虫　*Thelazia rhodesi* Desmarest，1827

［321］69.2.10　斯氏吸吮线虫　*Thelazia skrjabini* Erschow，1928

［322］70.1.1　锐形裂口线虫　*Amidostomum acutum*（Lundahl，1848）Seurat，1918

［323］70.1.3　鹅裂口线虫　*Amidostomum anseris* Zeder，1800

［324］70.2.1　鸭瓣口线虫　*Epomidiostomum anatinum* Skrjabin，1915

［325］71.1.1　巴西钩口线虫　*Ancylostoma braziliense* Gómez de Faria，1910

［326］71.1.2　犬钩口线虫　*Ancylostoma caninum*（Ercolani，1859）Hall，1913

［327］71.1.4　十二指肠钩口线虫　*Ancylostoma duodenale*（Dubini，1843）Creplin，1845

［328］71.2.1　牛仰口线虫　*Bunostomum phlebotomum*（Railliet，1900）Railliet，1902

［329］71.2.2　羊仰口线虫　*Bunostomum trigonocephalum*（Rudolphi，1808）Railliet，1902

［330］71.4.2　长钩球首线虫　*Globocephalus longemucronatus* Molin，1861

［331］71.4.5　锥尾球首线虫　*Globocephalus urosubulatus* Alessandrini，1909

［332］71.6.1　沙蒙钩刺线虫　*Uncinaria samoensis* Lane，1922

［333］71.6.2　狭头钩刺线虫　*Uncinaria stenocphala*（Railliet，1884）Railliet，1885

［334］72.2.1　双管鲍吉线虫　*Bourgelatia diducta* Railliet，Henry et Bauche，1919

［335］72.4.2　粗纹食道口线虫　*Oesophagostomum asperum* Railliet et Henry，1913

［336］72.4.3　短尾食道口线虫　*Oesophagostomum brevicaudum* Schwartz et Alicata，1930

［337］72.4.4　哥伦比亚食道口线虫　*Oesophagostomum columbianum*（Curtice，1890）Stossich，1899

［338］72.4.5　有齿食道口线虫　*Oesophagostomum dentatum*（Rudolphi，1803）Molin，1861

［339］72.4.9　长尾食道口线虫　*Oesophagostomum longicaudum* Goodey，1925

［340］72.4.10　辐射食道口线虫　*Oesophagostomum radiatum*（Rudolphi，1803）Railliet，1898

［341］72.4.13　微管食道口线虫　*Oesophagostomum venulosum* Rudolphi，1809

［342］72.4.14　华氏食道口线虫　*Oesophagostomum watanabei* Yamaguti，1961

［343］74.1.4　丝状网尾线虫　*Dictyocaulus filaria*（Rudolphi，1809）Railliet et Henry，1907

［344］74.1.6　胎生网尾线虫　*Dictyocaulus viviparus*（Bloch，1782）Railliet et Henry，1907

［345］75.1.1　猪后圆线虫　*Metastrongylus apri*（Gmelin，1790）Vostokov，1905

［346］75.1.2　复阴后圆线虫　*Metastrongylus pudendotectus* Wostokow，1905

棘头虫　Acanthocephalan

［383］86.1.1　蛭形巨吻棘头虫　*Macracanthorhynchus hirudinaceus*（Pallas，1781）Travassos，1917

［384］87.2.1　腊肠状多形棘头虫　*Polymorphus botulus* Van Cleave，1916

［385］87.2.5　大多形棘头虫　*Polymorphus magnus* Skrjabin，1913

节肢动物　Arthropod

［386］88.2.1　双梳羽管螨　*Syringophilus bipectinatus* Heller，1880

［387］90.1.2　犬蠕形螨　*Demodex canis* Leydig，1859

［388］90.1.5　猪蠕形螨　*Demodex phylloides* Czokor，1858

［389］93.3.1.1　牛痒螨　*Psoroptes equi* var. *bovis* Gerlach，1857

［390］95.1.2　突变膝螨　*Cnemidocoptes mutans* Robin，1860

［391］95.3.1.1　牛疥螨　*Sarcoptes scabiei* var. *bovis* Cameron，1924

［392］95.3.1.4　山羊疥螨　*Sarcoptes scabiei* var. *caprae*

［393］95.3.1.5　兔疥螨　*Sarcoptes scabiei* var. *cuniculi*

［394］95.3.1.9　猪疥螨　*Sarcoptes scabiei* var. *suis* Gerlach，1857

［395］96.1.1　地理纤恙螨　*Leptotrombidium deliense* Walch，1922

［396］96.2.1　鸡新棒螨　*Neoschoengastia gallinarum* Hatori，1920

［397］98.1.1　鸡皮刺螨　*Dermanyssus gallinae* De Geer，1778

［398］99.1.1　爪哇花蜱　*Amblyomma javanense* Supino，1897

［399］99.1.2　龟形花蜱　*Amblyomma testudinarium* Koch，1844

［400］99.2.1　微小牛蜱　*Boophilus microplus* Canestrini，1887

［401］99.3.2　金泽革蜱　*Dermacentor auratus* Supino，1897

［402］99.4.7　具角血蜱　*Haemaphysalis cornigera* Neumann，1897

［403］99.4.10　台湾血蜱　*Haemaphysalis formosensis* Neumann，1913

［404］99.4.11　豪猪血蜱　*Haemaphysalis hystricis* Supino，1897

［405］99.4.16　日岛血蜱　*Haemaphysalis mageshimaensis* Saito et Hoogstraal，1973

［406］99.4.29　微型血蜱　*Haemaphysalis wellingtoni* Nuttall et Warburton，1908

［407］99.5.6　边缘璃眼蜱　*Hyalomma marginatum* Koch，1844

［408］99.6.4　粒形硬蜱　*Ixodes granulatus* Supino，1897

［409］99.7.1　囊形扇头蜱　*Rhipicephalus bursa* Canestrini et Fanzago，1877

［410］99.7.2　镰形扇头蜱　*Rhipicephalus haemaphysaloides* Supino，1897

［411］99.7.5　血红扇头蜱　*Rhipicephalus sanguineus* Latreille，1806

［412］100.1.2　阔胸血虱　*Haematopinus eurysternus* Denny，1842

［413］100.1.5　猪血虱　*Haematopinus suis* Linnaeus，1758

［414］100.1.6　瘤突血虱　*Haematopinus tuberculatus* Burmeister，1839

［415］101.1.6　牛颚虱　*Linognathus vituli* Linnaeus，1758

［416］103.1.1　粪种蝇　*Adia cinerella* Fallen，1825

［417］103.2.1　横带花蝇　*Anthomyia illocata* Walker，1856

［418］104.1.1　绯颜裸金蝇　*Achoetandrus rufifacies* Macquart，1843

［419］104.2.3　巨尾丽蝇（蛆）　*Calliphora grahami* Aldrich，1930

［420］104.2.10　反吐丽蝇（蛆）　*Calliphora vomitoria* Linnaeus，1758

［421］104.3.1　白氏金蝇（蛆）　*Chrysomya bezziana* Villeneuve，1914

［422］104.3.4　大头金蝇（蛆）　*Chrysomya megacephala* Fabricius，1794

［423］104.3.6　肥躯金蝇　*Chrysomya pinguis* Walker，1858

［424］104.5.3　三色依蝇（蛆）　*Idiella tripartita* Bigot，1874

［425］104.6.2　南岭绿蝇（蛆）　*Lucilia bazini* Seguy，1934

［426］104.6.6　铜绿蝇（蛆）　*Lucilia cuprina* Wiedemann，1830

［427］104.6.7　海南绿蝇（蛆）　*Lucilia hainanensis* Fan，1965

［428］104.6.9　巴浦绿蝇（蛆）　*Lucilia papuensis* Macquart，1842

［429］104.6.11　紫绿蝇（蛆）　*Lucilia porphyrina* Walker，1856

［430］104.6.13　丝光绿蝇（蛆）　*Lucilia sericata* Meigen，1826

［431］105.2.1　琉球库蠓　*Culicoides actoni* Smith，1929

［432］105.2.5　奄美库蠓　*Culicoides amamiensis* Tokunaga，1937

［433］105.2.6　嗜蚊库蠓　*Culicoides anophelis* Edwards，1922

［434］105.2.7　荒草库蠓　*Culicoides arakawae* Arakawa，1910

［435］105.2.9　黑脉库蠓　*Culicoides aterinervis* Tokunaga，1937

［436］105.2.17　环斑库蠓　*Culicoides circumscriptus* Kieffer，1918

［437］105.2.27　指突库蠓　*Culicoides duodenarius* Kieffer，1921

［438］105.2.31　端斑库蠓　*Culicoides erairai* Kono et Takahashi，1940

［439］105.2.33　黄胸库蠓　*Culicoides flavescens* Macfie，1937

［440］105.2.41　大室库蠓　*Culicoides gemellus* Macfie，1934

［441］105.2.46　滴斑库蠓　*Culicoides guttifer* de Meijere，1907

［442］105.2.52　原野库蠓　*Culicoides homotomus* Kieffer，1921

［443］105.2.54　霍飞库蠓　*Culicoides huffi* Causey，1938

［444］105.2.56　肩宏库蠓　*Culicoides humeralis* Okada，1941

［445］105.2.58　印度库蠓　*Culicoides indianus* Macfie，1932

［446］105.2.62　加库蠓　*Culicoides jacobsoni* Macfie，1934

［447］105.2.80　棕胸库蠓　*Culicoides macfiei* Cansey，1938

［448］105.2.81　多斑库蠓　*Culicoides maculatus* Shiraki，1913

［449］105.2.85　端白库蠓　*Culicoides matsuzawai* Tokunaga，1950

［450］105.2.86　三保库蠓　*Culicoides mihensis* Arnaud，1956

［451］105.2.89　日本库蠓　*Culicoides nipponensis* Tokunaga，1955

［452］105.2.93　大熊库蠓　*Culicoides okumensis* Arnaud，1956

［453］105.2.96　尖喙库蠓　*Culicoides oxystoma* Kieffer，1910

［454］105.2.98　细须库蠓　*Culicoides palpifer* Das Gupta et Ghosh，1956

［455］105.2.99　趋黄库蠓　*Culicoides paraflavescens* Wirth et Hubert，1959

［456］105.2.103　异域库蠓　*Culicoides peregrinus* Kieffer，1910

［457］105.2.105　灰黑库蠓　*Culicoides pulicaris* Linnaeus，1758

［458］105.2.113　志贺库蠓　*Culicoides sigaensis* Tokunaga，1937

［459］105.3.8　低飞蠛蠓　*Lasiohelea humilavolita* Yu et Liu，1982

［460］105.3.10　混杂蠛蠓　*Lasiohelea mixta* Yu et Liu，1982

［461］105.3.11　南方蠛蠓　*Lasiohelea notialis* Yu et Liu，1982

［462］105.3.13　趋光蠛蠓　*Lasiohelea phototropia* Yu et Zhang，1982

［463］105.3.14　台湾蠛蠓　*Lasiohelea taiwana* Shiraki，1913

［464］105.3.15　钩茎蠛蠓　*Lasiohelea uncusipenis* Yu et Zhang，1982

［465］105.4.6　海峡细蠓　*Leptoconops fretus* Yu et Zhan，1990

［466］106.1.1　埃及伊蚊　*Aedes aegypti* Linnaeus，1762

［467］106.1.2　侧白伊蚊　*Aedes albolateralis* Theobald，1908

［468］106.1.3　白线伊蚊　*Aedes albolineatus* Theobald，1904

［469］106.1.4　白纹伊蚊　*Aedes albopictus* Skuse，1894

［470］106.1.6　刺管伊蚊　*Aedes caecus* Theobald，1901

［471］106.1.18　台湾伊蚊　*Aedes formosensis* Yamada，1921

［472］106.1.19　哈维伊蚊　*Aedes harveyi* Barraud，1923

［473］106.1.21　日本伊蚊　*Aedes japonicus* Theobald，1901

［474］106.1.22　朝鲜伊蚊　*Aedes koreicus* Edwards，1917

［475］106.1.25　窄翅伊蚊　*Aedes lineatopennis* Ludlow，1905

［476］106.1.26　乳点伊蚊　*Aedes macfarlanei* Edwards，1914

［477］106.1.27　中线伊蚊　*Aedes mediolineatus* Theobald，1901

［478］106.1.30　伪白纹伊蚊　*Aedes pseudalbopictus* Borel，1928

［479］106.1.37　东乡伊蚊　*Aedes togoi* Theobald，1907

［480］106.1.39　刺扰伊蚊　*Aedes vexans* Meigen，1830

［481］106.1.40　警觉伊蚊　*Aedes vigilax* Skuse，1889

［482］106.2.1　乌头按蚊　*Anopheles aconitus* Doenitz，1912

［483］106.2.2　艾氏按蚊　*Anopheles aitkenii* James，1903

［484］106.2.3　环纹按蚊　*Anopheles annularis* van der Wulp，1884

［485］106.2.4　嗜人按蚊　*Anopheles anthropophagus* Xu et Feng，1975

［486］106.2.5　须喙按蚊　*Anopheles barbirostris* van der Wulp，1884

［487］106.2.6　孟加拉按蚊　*Anopheles bengalensis* Puri，1930

［488］106.2.8　库态按蚊　*Anopheles culicifacies* Giles，1901

［489］106.2.10　溪流按蚊　*Anopheles fluviatilis* James，1902

［490］106.2.14　无定按蚊　*Anopheles indefinitus* Ludlow，1904

［491］106.2.15　花岛按蚊　*Anopheles insulaeflorum* Swellengrebel et Swellengrebel de Graaf，1920

［492］106.2.16　杰普尔按蚊日月潭亚种　*Anopheles jeyporiensis candidiensis* Koidzumi，1924

［493］106.2.18　寇氏按蚊　*Anopheles kochi* Donitz，1901

［494］106.2.21　雷氏按蚊嗜人亚种　*Anopheles lesteri anthropophagus* Xu et Feng，1975

［495］106.2.24　多斑按蚊　*Anopheles maculatus* Theobald，1901

［496］106.2.26　微小按蚊　*Anopheles minimus* Theobald，1901

［497］106.2.29　菲律宾按蚊　*Anopheles philippinensis* Ludlow，1902

［498］106.2.31　类须喙按蚊　*Anopheles sarbumbrosus* Strickland et Chowdhury，1927

［499］106.2.32　中华按蚊　*Anopheles sinensis* Wiedemann，1828

［500］106.2.34　美彩按蚊　*Anopheles splendidus* Koidzumi，1920

［501］106.2.36　浅色按蚊　*Anopheles subpictus* Grassi，1899

［502］106.2.37　棋斑按蚊　*Anopheles tessellatus* Theobald，1901

［503］106.2.38　迷走按蚊　*Anopheles vagus* Donitz，1902

［504］106.2.39　瓦容按蚊　*Anopheles varuna* Iyengar，1924

［505］106.3.1　金线阿蚊　*Armigeres aureolineatus* Leicester，1908

［506］106.3.3　马来阿蚊　*Armigeres malayi* Theobald，1901

［507］106.3.4　骚扰阿蚊　*Armigeres subalbatus* Coquillett，1898

［508］106.4.1　麻翅库蚊　*Culex bitaeniorhynchus* Giles，1901

［509］106.4.2　短须库蚊　*Culex brevipalpis* Giles，1902

［510］106.4.3　致倦库蚊　*Culex fatigans* Wiedemann，1828

［511］106.4.4　叶片库蚊　*Culex foliatus* Brug，1932

［512］106.4.5　褐尾库蚊　*Culex fuscanus* Wiedemann，1820

［513］106.4.6　棕头库蚊　*Culex fuscocephalus* Theobald，1907

［514］106.4.7　白雪库蚊　*Culex gelidus* Theobald，1901

［515］106.4.8　贪食库蚊　*Culex halifaxia* Theobald，1903

［516］106.4.10　兴隆库蚊　*Culex hinglungensis* Chu，1957

［517］106.4.12　幼小库蚊　*Culex infantulus* Edwards，1922

［518］106.4.13　吉氏库蚊　*Culex jacksoni* Edwards，1934

［519］106.4.14　马来库蚊　*Culex malayi* Leicester，1908

［520］106.4.15　拟态库蚊　*Culex mimeticus* Noe，1899

［521］106.4.16　小斑翅库蚊　*Culex mimulus* Edwards，1915

［522］106.4.17　最小库蚊　*Culex minutissimus* Theobald，1907

［523］106.4.18　凶小库蚊　*Culex modestus* Ficalbi，1889

［524］106.4.19　黑点库蚊　*Culex nigropunctatus* Edwards，1926

［525］106.4.22　白胸库蚊　*Culex pallidothorax* Theobald，1905

［526］106.4.25　伪杂鳞库蚊　*Culex pseudovishnui* Colless，1957

［527］106.4.26　白顶库蚊　*Culex shebbearei* Barraud，1924

［528］106.4.27　中华库蚊　*Culex sinensis* Theobald，1903

［529］106.4.28　海滨库蚊　*Culex sitiens* Wiedemann，1828

［530］106.4.31　三带喙库蚊　*Culex tritaeniorhynchus* Giles，1901

［531］106.4.32　迷走库蚊　*Culex vagans* Wiedemann，1828

［532］106.4.34　惠氏库蚊　*Culex whitmorei* Giles，1904

［533］106.6.1　肘喙钩蚊　*Malaya genurostris* Leicester，1908

［573］113.5.17　鳞胸司蛉　*Sergentomyia squamipleuris* Newstead，1912

［574］114.3.1　赭尾别麻蝇（蛆）　*Boettcherisca peregrina* Robineau-Desvoidy，1830

［575］114.5.11　巨耳亚麻蝇　*Parasarcophaga macroauriculata* Ho，1932

［576］114.7.1　白头麻蝇（蛆）　*Sarcophaga albiceps* Meigen，1826

［577］114.7.5　纳氏麻蝇（蛆）　*Sarcophaga knabi* Parker，1917

［578］114.7.7　酱麻蝇（蛆）　*Sarcophaga misera* Walker，1849

［579］114.7.10　野麻蝇（蛆）　*Sarcophaga similis* Meade，1876

［580］115.3.2　后宽蝇蚋　*Gomphostilbia metatarsale* Brunetti，1911

［581］115.3.3　凭祥蝇蚋　*Gomphostilbia pingxiangense* An et Hao，1990

［582］115.6.4　地记蚋　*Simulium digitatum* Puri，1932

［583］115.6.11　节蚋　*Simulium nodosum* Puri，1933

［584］115.6.13　五条蚋　*Simulium quinquestriatum* Shiraki，1935

［585］115.6.20　优汾蚋　*Simulium ufengense* Takaoka，1979

［586］116.2.1　刺血喙蝇　*Haematobosca sanguinolenta* Austen，1909

［587］116.3.1　东方角蝇　*Lyperosia exigua* Meijere，1903

［588］116.3.3　微小角蝇　*Lyperosia mimuta* Bezzi，1892

［589］116.4.1　厩螯蝇　*Stomoxys calcitrans* Linnaeus，1758

［590］116.4.2　南螯蝇　*Stomoxys dubitalis* Malloch，1932

［591］116.4.3　印度螯蝇　*Stomoxys indicus* Picard，1908

［592］116.4.4　琉球螯蝇 *Stomoxys uruma* Shinonaga et Kano，1966

［593］117.1.7　骚扰黄虻　*Atylotus miser* Szilady，1915

［594］117.1.8　否定黄虻　*Atylotus negativus* Ricardo，1911

［595］117.1.12　四列黄虻　*Atylotus quadrifarius* Loew，1874

［596］117.1.14　中华黄虻　*Atylotus sinensis* Szilady，1926

［597］117.2.8　舟山斑虻　*Chrysops chusanensis* Ouchi，1939

［598］117.2.10　叉纹虻　*Chrysops dispar* Fabricius，1798

［599］117.2.14　黄胸斑虻　*Chrysops flaviscutellus* Philip，1963

［600］117.2.16　黄带斑虻　*Chrysops flavocinctus* Ricardo，1902

［601］117.2.31　中华斑虻　*Chrysops sinensis* Walker，1856

［602］117.2.39　范氏斑虻　*Chrysops vanderwulpi* Krober，1929

［603］117.5.2　长角麻虻　*Haematopota annandalei* Ricardo，1911

［604］117.5.5　白条麻虻　*Haematopota atrata* Szilady，1926

［605］117.5.12　伤痕麻虻　*Haematopota famicis* Stone et Philip，1974

［606］117.5.13　台湾麻虻　*Haematopota formosana* Shiraki，1918

［607］117.5.21　爪哇麻虻　*Haematopota javana* Wiedemann，1821

［608］117.5.43　刺可麻虻　*Haematopota pungens* Doleschall，1856

［609］117.11.2　土灰虻　*Tabanus amaenus* Walker，1848

［610］117.11.6　金条虻　*Tabanus aurotestaceus* Walker，1854

［611］117.11.11　缅甸虻　*Tabanus birmanicus* Bigot，1892

［612］117.11.20　速辣虻　*Tabanus calidus* Walker，1850

［613］117.11.22　灰胸虻　*Tabanus candidus* Ricardo，1913

［614］117.11.25　浙江虻　*Tabanus chekiangensis* Ouchi，1943

［615］117.11.37　黄头虻　*Tabanus flavicapitis* Wang et Liu，1977

［616］117.11.38　黄边虻　*Tabanus flavimarginatus* Schuurmans Stekhoven，1926

［617］117.11.39　黄逢虻　*Tabanus flavohirtus* Philip，1960

［618］117.11.40　黄胸虻　*Tabanus flavothorax* Ricardo，1911

［619］117.11.41　台湾虻　*Tabanus formosiensis* Ricardo，1911

［620］117.11.43　棕带虻　*Tabanus fulvicinctus* Ricardo，1914

［621］117.11.56　灰须虻　*Tabanus griseipalpis* Schuurmans Stekhoven，1926

［622］117.11.61　杭州虻　*Tabanus hongchowensis* Liu，1962

［623］117.11.66　直带虻　*Tabanus hydridus* Wiedemann，1828

［624］117.11.69　印度虻　*Tabanus indianus* Ricardo，1911

［625］117.11.74　适中虻　*Tabanus jucundus* Walker，1848

［626］117.11.75　九连山虻　*Tabanus julianshanensis* Wang，1985

［627］117.11.78　江苏虻　*Tabanus kiangsuensis* Krober，1933

［628］117.11.87　黎母山虻　*Tabanus limushanensis* Xu，1979

［629］117.11.92　黑胡虻　*Tabanus macfarlanei* Ricardo，1916

［630］117.11.111　暗嗜虻　*Tabanus nigrimordicus* Xu，1979

［631］117.11.114　暗糊虻　*Tabanus obsurus* Xu，1983

［632］117.11.117　冲绳虻　*Tabanus okinawanus* Shiraki，1918

［633］117.11.126　浅胸虻　*Tabanus pallidepectoratus* Bigot，1892

［634］117.11.141　五带虻　*Tabanus quinquecinctus* Ricardo，1914

［635］117.11.144　红色虻　*Tabanus rubidus* Wiedemann，1821

［636］117.11.145　赤腹虻　*Tabanus rufiventris* Fabricius，1805

［637］117.11.153　华广虻　*Tabanus signatipennis* Portsch，1887

［638］117.11.154　角斑虻　*Tabanus signifer* Walker，1856

［639］117.11.158　纹带虻　*Tabanus striatus* Fabricius，1787

［640］117.11.163　亚马来虻　*Tabanus submalayensis* Wang et Liu，1977

［641］117.11.167　斯捷氏虻　*Tabanus sziladyi* Schuurmans Stekhoven，1932

［642］117.11.170　高砂虻　*Tabanus takasagoensis* Shiraki，1918

［643］117.11.172　天目虻　*Tabanus tianmuensis* Liu，1962

［644］117.11.178　姚氏虻　*Tabanus yao* Macquart，1855

［645］118.2.4　草黄鸡体羽虱　*Menacanthus stramineus* Nitzsch，1818

［646］118.3.1　鸡羽虱　*Menopon gallinae* Linnaeus，1758

［647］118.4.1　鹅巨羽虱　*Trinoton anserinum* Fabricius，1805

［648］118.4.3　鸭巨羽虱　*Trinoton querquedulae* Linnaeus，1758

［649］119.2.1　鸽羽虱　*Columbicola columbae* Linnaeus，1758

［650］119.4.1　鹅啮羽虱　*Esthiopterum anseris* Linnaeus，1758

［651］119.4.2　圆鸭啮羽虱　*Esthiopterum crassicorne* Scopoli，1763

［652］119.5.1　鸡圆羽虱　*Goniocotes gallinae* De Geer，1778

［653］119.5.2　巨圆羽虱　*Goniocotes gigas* Taschenberg，1879

［654］119.6.1　鸡角羽虱　*Goniodes dissimilis* Denny，1842

［655］119.6.2　巨角羽虱　*Goniodes gigas* Taschenberg，1879

［656］119.7.2　细长羽虱　*Lipeurus gallipavonis* Geoffroy，1762

［657］119.7.3　广幅长羽虱　*Lipeurus heterographus* Nitzsch，1866

［658］119.7.5　鸡长羽虱　*Lipeurus variabilis* Burmeister，1838

［659］120.3.1　犬啮毛虱　*Trichodectes canis* De Geer，1778

［660］125.1.1　犬栉首蚤　*Ctenocephalide canis* Curtis，1826

［661］125.1.2　猫栉首蚤　*Ctenocephalide felis* Bouche，1835

［662］125.1.3　东方栉首蚤　*Ctenocephalide orientis* Jordan，1925

［663］125.2.1　禽角头蚤　*Echidnophaga gallinacea* Westwood，1875

广西壮族自治区寄生虫种名
Species of Parasites in Guangxi Zhuang Autonomous Region

原虫　Protozoon

［1］3.2.2　伊氏锥虫　*Trypanosoma evansi*（Steel，1885）Balbiani，l888

［2］4.1.1　火鸡组织滴虫　*Histomonas meleagridis* Tyzzer，1920

［3］6.1.1　安氏隐孢子虫　*Cryptosporidium andersoni* Lindsay，Upton，Owens，*et al.*，2000

［4］7.2.2　堆型艾美耳球虫　*Eimeria acervulina* Tyzzer，1929

［5］7.2.4　阿拉巴马艾美耳球虫　*Eimeria alabamensis* Christensen，1941

［6］7.2.5　艾丽艾美耳球虫　*Eimeria alijevi* Musaev，1970

［7］7.2.8　阿普艾美耳球虫　*Eimeria apsheronica* Musaev，1970

［8］7.2.9　阿洛艾美耳球虫　*Eimeria arloingi*（Marotel，1905）Martin，1909

［9］7.2.10　奥博艾美耳球虫　*Eimeria auburnensis* Christensen et Porter，1939

［10］7.2.14　巴雷氏艾美耳球虫　*Eimeria bareillyi* Gill，Chhabra et Lall，1963

［11］7.2.16　牛艾美耳球虫　*Eimeria bovis*（Züblin，1908）Fiebiger，1912

［12］7.2.18　巴西利亚艾美耳球虫　*Eimeria brasiliensis* Torres et Ramos，1939

［13］7.2.19　布氏艾美耳球虫　*Eimeria brunetti* Levine，1942

［14］7.2.21　布基农艾美耳球虫　*Eimeria bukidnonensis* Tubangui，1931

［15］7.2.23　加拿大艾美耳球虫　*Eimeria canadensis* Bruce，1921

［16］7.2.24　山羊艾美耳球虫　*Eimeria caprina* Lima，1979

［17］7.2.25　羊艾美耳球虫　*Eimeria caprovina* Lima，1980

［18］7.2.28　克里氏艾美耳球虫　*Eimeria christenseni* Levine，Ivens et Fritz，1962

［19］7.2.30　盲肠艾美耳球虫　*Eimeria coecicola* Cheissin，1947

［20］7.2.32　圆柱状艾美耳球虫　*Eimeria cylindrica* Wilson，1931

［21］7.2.34　蒂氏艾美耳球虫　*Eimeria debliecki* Douwes，1921

［22］7.2.36　椭圆艾美耳球虫　*Eimeria ellipsoidalis* Becker et Frye，1929

［23］7.2.38　微小艾美耳球虫　*Eimeria exigua* Yakimoff，1934

［24］7.2.48　哈氏艾美耳球虫　*Eimeria hagani* Levine，1938

［25］7.2.50　家山羊艾美耳球虫　*Eimeria hirci* Chevalier，1966

［26］7.2.52　肠艾美耳球虫　*Eimeria intestinalis* Cheissin，1948

［27］7.2.54　无残艾美耳球虫　*Eimeria irresidua* Kessel et Jankiewicz，1931

［28］7.2.56　约奇艾美耳球虫　*Eimeria jolchijevi* Musaev，1970

［29］7.2.60　广西艾美耳球虫　*Eimeria kwangsiensis* Liao，Xu，Hou，*et al.*，1986

［30］7.2.63　大型艾美耳球虫　*Eimeria magna* Pérard，1925

［31］7.2.67　巨型艾美耳球虫　*Eimeria maxima* Tyzzer，1929

［32］7.2.68　中型艾美耳球虫　*Eimeria media* Kessel，1929

［33］7.2.69　和缓艾美耳球虫　*Eimeria mitis* Tyzzer，1929

［34］7.2.70　变位艾美耳球虫　*Eimeria mivati* Edgar et Siebold，1964

［35］7.2.72　毒害艾美耳球虫　*Eimeria necatrix* Johnson，1930

［36］7.2.75　尼氏艾美耳球虫　*Eimeria ninakohlyakimovae* Yakimoff et Rastegaieff，1930

［37］7.2.82　小型艾美耳球虫　*Eimeria parva* Kotlán，Mócsy et Vajda，1929

［38］7.2.84　皮利他艾美耳球虫　*Eimeria pellita* Supperer，1952

［39］7.2.85　穿孔艾美耳球虫　*Eimeria perforans*（Leuckart，1879）Sluiter et Swellen-grebel，1912

［40］7.2.86　极细艾美耳球虫　*Eimeria perminuta* Henry，1931

［41］7.2.87　梨形艾美耳球虫　*Eimeria piriformis* Kotlán et Pospesch，1934

［42］7.2.88　光滑艾美耳球虫　*Eimeria polita* Pellérdy，1949

［43］7.2.89　豚艾美耳球虫　*Eimeria porci* Vetterling，1965

［44］7.2.90　早熟艾美耳球虫　*Eimeria praecox* Johnson，1930

［45］7.2.95　粗糙艾美耳球虫　*Eimeria scabra* Henry，1931

［46］7.2.102　斯氏艾美耳球虫　*Eimeria stiedai*（Lindemann，1865）Kisskalt et Hartmann，1907

［47］7.2.104　亚球形艾美耳球虫　*Eimeria subspherica* Christensen，1941

［48］7.2.105　猪艾美耳球虫　*Eimeria suis* Nöller，1921

［49］7.2.107　柔嫩艾美耳球虫　*Eimeria tenella*（Railliet et Lucet，1891）Fantham，1909

［50］7.2.111　怀俄明艾美耳球虫　*Eimeria wyomingensis* Huizinga et Winger，1942

［51］7.2.114　邱氏艾美耳球虫　*Eimeria züernii*（Rivolta，1878）Martin，1909

［52］7.3.5　犬等孢球虫　*Isospora canis* Nemeseri，1959

［53］7.3.13　猪等孢球虫　*Isospora suis* Biester et Murray，1934

［54］8.1.1　卡氏住白细胞虫　*Leucocytozoon caulleryii* Mathis et Léger，1909

［55］8.1.2　沙氏住白细胞虫　*Leucocytozoon sabrazesi* Mathis et Léger，1910

［56］10.2.1　犬新孢子虫　*Neospora caninum* Dubey，Carpenter，Speer，*et al.*，1988

［57］10.3.4　山羊犬住肉孢子虫　*Sarcocystis capracanis* Fischer，1979

［58］10.3.5　枯氏住肉孢子虫　*Sarcocystis cruzi*（Hasselmann，1923）Wenyon，1926

［59］10.3.8　梭形住肉孢子虫　*Sarcocystis fusiformis*（Railliet，1897）Bernard et Bauche，1912

［60］10.3.11　多毛住肉孢子虫　*Sarcocystis hirsuta* Moulé，1888

［61］10.3.12　人住肉孢子虫　*Sarcocystis hominis*（Railliet et Lucet，1891）Dubey，1976

［62］10.3.15　米氏住肉孢子虫　*Sarcocystis miescheriana*（Kühn，1865）Labbé，1899

［63］10.3.16　绵羊犬住肉孢子虫　*Sarcocystis ovicanis* Heydorn，Gestrich，Melhorn，*et al.*，1975

［64］10.4.1　龚地弓形虫　*Toxoplasma gondii*（Nicolle et Manceaux，1908）Nicolle et Manceaux，1909

［65］11.1.1　双芽巴贝斯虫　*Babesia bigemina* Smith et Kiborne，1893

［66］14.1.1　结肠小袋虫　*Balantidium coli*（Malmsten，1857）Stein，1862

绦虫　Cestode

［67］15.1.1　大裸头绦虫　*Anoplocephala magna*（Abildgaard，1789）Sprengel，1905

［68］15.1.2　叶状裸头绦虫　*Anoplocephala perfoliata*（Goeze，1782）Blanchard，1848

［69］15.2.1　中点无卵黄腺绦虫　*Avitellina centripunctata* Rivolta，1874

［70］15.4.2　贝氏莫尼茨绦虫　*Moniezia benedeni*（Moniez，1879）Blanchard，1891

［71］15.4.4　扩展莫尼茨绦虫　*Moniezia expansa*（Rudolphi，1810）Blanchard，1891

［72］16.3.2　椎体瑞利绦虫　*Raillietina centuri* Rigney，1943

［73］16.3.3　有轮瑞利绦虫　*Raillietina cesticillus* Molin，1858

［74］16.3.4　棘盘瑞利绦虫　*Raillietina echinobothrida* Megnin，1881

［75］16.3.9　多沟瑞利绦虫　*Raillietina pluriuneinata* Baer，1925

［76］16.3.12　四角瑞利绦虫　*Raillietina tetragona* Molin，1858

［77］16.3.14　尿胆瑞利绦虫　*Raillietina urogalli* Modeer，1790

［78］17.2.2　漏斗漏带绦虫　*Choanotaenia infundibulum* Bloch，1779

［79］17.4.1　犬复孔绦虫　*Dipylidium caninum*（Linnaeus，1758）Leuckart，1863

［80］19.2.2　福建单睾绦虫　*Aploparaksis fukinensis* Lin，1959

［81］19.2.3　叉棘单睾绦虫　*Aploparaksis furcigera* Rudolphi，1819

［82］19.2.4　秧鸡单睾绦虫　*Aploparaksis porzana* Dubinina，1953

［83］19.4.2　冠状双盔带绦虫　*Dicranotaenia coronula*（Dujardin，1845）Railliet，1892

［84］19.6.1　美洲双睾绦虫　*Diorchis americanus* Ransom，1909

［85］19.6.2　鸭双睾绦虫　*Diorchis anatina* Ling，1959

［86］19.7.1　矛形剑带绦虫　*Drepanidotaenia lanceolata* Bloch，1782

［87］19.7.2　普氏剑带绦虫　*Drepanidotaenia przewalskii* Skrjabin，1914

［88］19.10.2　片形缝缘绦虫　*Fimbriaria fasciolaris* Pallas，1781

392

［124］23. 3. 23　强壮棘口吸虫　*Echinostoma robustum* Yamaguti，1935

［125］23. 3. 25　史氏棘口吸虫　*Echinostoma stromi* Baschkirova，1946

［126］23. 6. 1　似锥低颈吸虫　*Hypoderaeum conoideum*（Bloch，1782）Dietz，1909

［127］24. 1. 1　大片形吸虫　*Fasciola gigantica* Cobbold，1856

［128］24. 1. 2　肝片形吸虫　*Fasciola hepatica* Linnaeus，1758

［129］24. 2. 1　布氏姜片吸虫　*Fasciolopsis buski*（Lankester，1857）Odhner，1902

［130］25. 1. 1　水牛长妙吸虫　*Carmyerius bubalis* Innes，1912

［131］25. 1. 2　宽大长妙吸虫　*Carmyerius spatiosus*（Brandes，1898）Stiles et Goldberger，1910

［132］25. 2. 2　锡兰菲策吸虫　*Fischoederius ceylonensis* Stiles et Goldborger，1910

［133］25. 2. 4　柯氏菲策吸虫　*Fischoederius cobboldi* Poirier，1883

［134］25. 2. 5　狭窄菲策吸虫　*Fischoederius compressus* Wang，1979

［135］25. 2. 7　长菲策吸虫　*Fischoederius elongatus*（Poirier，1883）Stiles et Goldberger，1910

［136］25. 2. 10　日本菲策吸虫　*Fischoederius japonicus* Fukui，1922

［137］25. 2. 14　卵形菲策吸虫　*Fischoederius ovatus* Wang，1977

［138］25. 2. 16　波阳菲策吸虫　*Fischoederius poyangensis* Wang，1979

［139］25. 2. 17　泰国菲策吸虫　*Fischoederius siamensis* Stiles et Goldberger，1910

［140］25. 3. 2　中华腹袋吸虫　*Gastrothylax chinensis* Wang，1979

［141］25. 3. 3　荷包腹袋吸虫　*Gastrothylax crumenifer*（Creplin，1847）Otto，1896

［142］25. 3. 4　腺状腹袋吸虫　*Gastrothylax glandiformis* Yamaguti，1939

［143］25. 3. 5　球状腹袋吸虫　*Gastrothylax globoformis* Wang，1977

［144］26. 2. 2　纤细背孔吸虫　*Notocotylus attenuatus*（Rudolphi，1809）Kossack，1911

［145］26. 2. 8　鳞叠背孔吸虫　*Notocotylus imbricatus* Looss，1893

［146］26. 3. 1　印度列叶吸虫　*Ogmocotyle indica*（Bhalerao，1942）Ruiz，1946

［147］26. 4. 2　卵形同口吸虫　*Paramonostomum ovatum* Hsu，1935

［148］27. 1. 1　杯殖杯殖吸虫　*Calicophoron calicophorum*（Fischoeder，1901）Nasmark，1937

［149］27. 1. 2　陈氏杯殖吸虫　*Calicophoron cheni* Wang，1964

［150］27. 1. 4　纺锤杯殖吸虫　*Calicophoron fusum* Wang et Xia，1977

［151］27. 1. 5　江岛杯殖吸虫　*Calicophoron ijimai* Nasmark，1937

［152］27. 1. 6　绵羊杯殖吸虫　*Calicophoron ovillum* Wang et Liu，1977

［153］27. 1. 7　斯氏杯殖吸虫　*Calicophoron skrjabini* Popowa，1937

［154］27. 1. 8　吴城杯殖吸虫　*Calicophoron wuchengensis* Wang，1979

［155］27. 1. 10　浙江杯殖吸虫　*Calicophoron zhejiangensis* Wang，1979

［156］27. 2. 1　短肠锡叶吸虫　*Ceylonocotyle brevicaeca* Wang，1966

［157］27. 2. 2　陈氏锡叶吸虫　*Ceylonocotyle cheni* Wang，1966

［158］27. 2. 3　双叉肠锡叶吸虫　*Ceylonocotyle dicranocoelium*（Fischoeder，1901）Nasmark，1937

［159］27. 2. 6　副链肠锡叶吸虫　*Ceylonocotyle parastreptocoelium* Wang，1959

［160］27. 2. 7　侧肠锡叶吸虫　*Ceylonocotyle scoliocoelium*（Fischoeder，1904）Nasmark，1937

［161］27. 2. 8　弯肠锡叶吸虫　*Ceylonocotyle sinuocoelium* Wang，1959

［200］39.1.17　透明前殖吸虫　*Prosthogonimus pellucidus* Braun，1901

［201］39.1.18　鲁氏前殖吸虫　*Prosthogonimus rudolphii* Skrjabin，1919

［202］40.1.2　叶睾短咽吸虫　*Brachylaima horizawai* Osaki，1925

［203］40.2.2　鸡后口吸虫　*Postharmostomum gallinum* Witenberg，1923

［204］42.4.1　强壮前平体吸虫　*Prohyptiasmus robustus*（Stossich，1902）Witenberg，1923

［205］45.2.2　土耳其斯坦东毕吸虫　*Orientobilharzia turkestanica*（Skrjabin，1913）Dutt et Srivastavaa，1955

［206］45.3.2　日本分体吸虫　*Schistosoma japonicum* Katsurada，1904

［207］45.4.3　包氏毛毕吸虫　*Trichobilharzia paoi*（K'ung，Wang et Chen，1960）Tang et Tang，1962

［208］45.4.5　平南毛毕吸虫　*Trichobilharzia pingnana* Cai，Mo et Cai，1985

［209］46.1.1　圆头异幻吸虫　*Apatemon globiceps* Dubois，1937

［210］46.1.2　优美异幻吸虫　*Apatemon gracilis*（Rudolphi，1819）Szidat，1928

［211］46.1.4　小异幻吸虫　*Apatemon minor* Yamaguti，1933

［212］46.3.1　角杯尾吸虫　*Cotylurus cornutus*（Rudolphi，1808）Szidat，1928

［213］47.1.1　舟形嗜气管吸虫　*Tracheophilus cymbius*（Diesing，1850）Skrjabin，1913

线虫　Nematode

［214］48.1.4　猪蛔虫　*Ascaris suum* Goeze，1782

［215］48.2.1　犊新蛔虫　*Neoascaris vitulorum*（Goeze，1782）Travassos，1927

［216］48.3.1　马副蛔虫　*Parascaris equorum*（Goeze，1782）Yorke and Maplestone，1926

［217］48.4.1　狮弓蛔虫　*Toxascaris leonina*（Linstow，1902）Leiper，1907

［218］49.1.3　鸽禽蛔虫　*Ascaridia columbae*（Gmelin，1790）Travassos，1913

［219］49.1.4　鸡禽蛔虫　*Ascaridia galli*（Schrank，l788）Freeborn，1923

［220］50.1.1　犬弓首蛔虫　*Toxocara canis*（Werner，1782）Stiles，1905

［221］50.1.2　猫弓首蛔虫　*Toxocara cati* Schrank，1788

［222］52.3.1　犬恶丝虫　*Dirofilaria immitis*（Leidy，1856）Railliet et Henry，1911

［223］52.5.1　猪浆膜丝虫　*Serofilaria suis* Wu et Yun，1979

［224］53.2.1　牛副丝虫　*Parafilaria bovicola* Tubangui，1934

［225］54.1.1　零陵油脂线虫　*Elaeophora linglingense* Cheng，1982

［226］54.2.1　圈形蟠尾线虫　*Onchocerca armillata* Railliet et Henry，1909

［227］55.1.1　贝氏丝状线虫　*Setaria bernardi* Railliet et Henry，1911

［228］55.1.6　指形丝状线虫　*Setaria digitata* Linstow，1906

［229］55.1.7　马丝状线虫　*Setaria equina*（Abildgaard，1789）Viborg，1795

［230］55.1.9　唇乳突丝状线虫　*Setaria labiatopapillosa* Alessandrini，1838

［231］55.1.10　黎氏丝状线虫　*Setaria leichungwingi* Chen，1937

［232］55.1.11　马歇尔丝状线虫　*Setaria marshalli* Boulenger，1921

［233］56.2.1　贝拉异刺线虫　*Heterakis beramporia* Lane，1914

［234］56.2.4　鸡异刺线虫　*Heterakis gallinarum*（Schrank，1788）Freeborn，1923

［235］56.2.6　印度异刺线虫　*Heterakis indica* Maplestone，1932

［274］71.4.2 长钩球首线虫 *Globocephalus longemucronatus* Molin，1861

［275］71.4.5 锥尾球首线虫 *Globocephalus urosubulatus* Alessandrini，1909

［276］71.6.1 沙蒙钩刺线虫 *Uncinaria samoensis* Lane，1922

［277］72.2.1 双管鲍吉线虫 *Bourgelatia diducta* Railliet，Henry et Bauche，1919

［278］72.3.2 叶氏夏柏特线虫 *Chabertia erschowi* Hsiung et K'ung，1956

［279］72.4.2 粗纹食道口线虫 *Oesophagostomum asperum* Railliet et Henry，1913

［280］72.4.4 哥伦比亚食道口线虫 *Oesophagostomum columbianum*（Curtice，1890）Stossich，1899

［281］72.4.5 有齿食道口线虫 *Oesophagostomum dentatum*（Rudolphi，1803）Molin，1861

［282］72.4.7 湖北食道口线虫 *Oesophagostomum hupensis* Jiang，Zhang et K'ung，1979

［283］72.4.9 长尾食道口线虫 *Oesophagostomum longicaudum* Goodey，1925

［284］72.4.10 辐射食道口线虫 *Oesophagostomum radiatum*（Rudolphi，1803）Railliet，1898

［285］72.4.13 微管食道口线虫 *Oesophagostomum venulosum* Rudolphi，1809

［286］72.4.14 华氏食道口线虫 *Oesophagostomum watanabei* Yamaguti，1961

［287］73.1.1 长囊马线虫 *Caballonema longicapsulata* Abuladze，1937

［288］73.2.1 冠状冠环线虫 *Coronocyclus coronatus*（Looss，1900）Hartwich，1986

［289］73.2.2 大唇片冠环线虫 *Coronocyclus labiatus*（Looss，1902）Hartwich，1986

［290］73.2.4 小唇片冠环线虫 *Coronocyclus labratus*（Looss，1902）Hartwich，1986

［291］73.3.1 卡提盅口线虫 *Cyathostomum catinatum* Looss，1900

［292］73.3.4 碟状盅口线虫 *Cyathostomum pateratum*（Yorke et Macfie，1919）K'ung，1964

［293］73.4.5 长形杯环线虫 *Cylicocyclus elongatus*（Looss，1900）Chaves，1930

［294］73.4.7 显形杯环线虫 *Cylicocyclus insigne*（Boulenger，1917）Chaves，1930

［295］73.4.8 细口杯环线虫 *Cylicocyclus leptostomum*（Kotlán，1920）Chaves，1930

［296］73.4.9 南宁杯环线虫 *Cylicocyclus nanningensis* Zhang et Zhang，1991

［297］73.4.10 鼻状杯环线虫 *Cylicocyclus nassatus*（Looss，1900）Chaves，1930

［298］73.4.13 辐射杯环线虫 *Cylicocyclus radiatus*（Looss，1900）Chaves，1930

［299］73.4.16 外射杯环线虫 *Cylicocyclus ultrajectinus*（Ihle，1920）Erschow，1939

［300］73.5.1 双冠环齿线虫 *Cylicodontophorus bicoronatus*（Looss，1900）Cram，1924

［301］73.6.1 偏位杯冠线虫 *Cylicostephanus asymmetricus*（Theiler，1923）Cram，1925

［302］73.6.3 小杯杯冠线虫 *Cylicostephanus calicatus*（Looss，1900）Cram，1924

［303］73.6.4 高氏杯冠线虫 *Cylicostephanus goldi*（Boulenger，1917）Lichtenfels，1975

［304］73.6.6 长伞杯冠线虫 *Cylicostephanus longibursatus*（Yorke et Macfie，1918）Cram，1924

［305］73.6.7 微小杯冠线虫 *Cylicostephanus minutus*（Yorke et Macfie，1918）Cram，1924

［306］73.6.8 曾氏杯冠线虫 *Cylicostephanus tsengi*（K'ung et Yang，1963）Lichtenfels，1975

［307］73.8.1 头似辐首线虫 *Gyalocephalus capitatus* Looss，1900

［308］73.10.1 真臂副杯口线虫 *Parapoteriostomum euproctus*（Boulenger，1917）Hartwich，1986

［309］73.11.1 杯状彼德洛夫线虫 *Petrovinema poculatum*（Looss，1900）Erschow，1943

［310］73.12.1　不等齿杯口线虫　*Poteriostomum imparidentatum* Quiel，l919

［311］73.12.2　拉氏杯口线虫　*Poteriostomum ratzii*（Kotlán，1919）Ihle，1920

［312］74.1.4　丝状网尾线虫　*Dictyocaulus filaria*（Rudolphi，1809）Railliet et Henry，1907

［313］74.1.6　胎生网尾线虫　*Dictyocaulus viviparus*（Bloch，1782）Railliet et Henry，1907

［314］75.1.1　猪后圆线虫　*Metastrongylus apri*（Gmelin，1790）Vostokov，1905

［315］79.1.1　有齿冠尾线虫　*Stephanurus dentatus* Diesing，1839

［316］80.1.1　无齿阿尔夫线虫　*Alfortia edentatus*（Looss，1900）Skrjabin，1933

［317］80.4.1　普通戴拉风线虫　*Delafondia vulgaris*（Looss，1900）Skrjabin，1933

［318］80.5.1　粗食道齿线虫　*Oesophagodontus robustus*（Giles，1892）Railliet et Henry，1902

［319］80.6.1　马圆形线虫　*Strongylus equinus* Mueller，1780

［320］80.7.1　短尾三齿线虫　*Triodontophorus brevicauda* Boulenger，1916

［321］80.7.2　小三齿线虫　*Triodontophorus minor* Looss，1900

［322］80.7.3　日本三齿线虫　*Triodontophorus nipponicus* Yamaguti，1943

［323］80.7.5　锯齿三齿线虫　*Triodontophorus serratus*（Looss，1900）Looss，1902

［324］80.7.6　细颈三齿线虫　*Triodontophorus tenuicollis* Boulenger，1916

［325］82.2.3　叶氏古柏线虫　*Cooperia erschowi* Wu，1958

［326］82.2.9　等侧古柏线虫　*Cooperia laterouniformis* Chen，1937

［327］82.2.12　栉状古柏线虫　*Cooperia pectinata* Ransom，1907

［328］82.2.13　点状古柏线虫　*Cooperia punctata*（Linstow，1906）Ransom，1907

［329］82.2.14　匙形古柏线虫　*Cooperia spatulata* Baylis，1938

［330］82.3.2　捻转血矛线虫　*Haemonchus contortus*（Rudolphi，1803）Cobbold，1898

［331］82.3.3　长柄血矛线虫　*Haemonchus longistipe* Railliet et Henry，1909

［332］82.3.6　似血矛线虫　*Haemonchus similis* Travassos，1914

［333］82.4.1　红色猪圆线虫　*Hyostrongylus rebidus*（Hassall et Stiles，1892）Hall，1921

［334］82.5.6　蒙古马歇尔线虫　*Marshallagia mongolica* Schumakovitch，1938

［335］82.6.1　指形长刺线虫　*Mecistocirrus digitatus*（Linstow，1906）Railliet et Henry，1912

［336］82.11.6　普通奥斯特线虫　*Ostertagia circumcincta*（Stadelmann，1894）Ransom，1907

［337］82.11.18　西方奥斯特线虫　*Ostertagia occidentalis* Ransom，1907

［338］82.11.24　斯氏奥斯特线虫　*Ostertagia skrjabini* Shen，Wu et Yen，1959

［339］82.11.26　三叉奥斯特线虫　*Ostertagia trifurcata* Ransom，1907

［340］82.11.28　吴兴奥斯特线虫　*Ostertagia wuxingensis* Ling，1958

［341］82.12.1　结节副古柏线虫　*Paracooperia nodulosa* Schwartz，1929

［342］82.15.2　艾氏毛圆线虫　*Trichostrongylus axei*（Cobbold，1879）Railliet et Henry，1909

［343］82.15.5　蛇形毛圆线虫　*Trichostrongylus colubriformis*（Giles，1892）Looss，1905

［344］83.1.4　双瓣毛细线虫　*Capillaria bilobata* Bhalerao，1933

［345］83.1.5　牛毛细线虫　*Capillaria bovis* Schangder，1906

［346］83.1.6　膨尾毛细线虫　*Capillaria caudinflata*（Molin，1858）Travassos，1915

［347］83.1.11　封闭毛细线虫　*Capillaria obsignata* Madsen，1945

［348］83.2.1　环纹优鞘线虫　*Eucoleus annulatum*（Molin，1858）López-Neyra，1946

［349］83.4.1　鸭纤形线虫　*Thominx anatis* Schrank，1790

［350］83.4.3　捻转纤形线虫　*Thominx contorta*（Creplin，1839）Travassos，1915

［351］84.1.2　旋毛形线虫　*Trichinella spiralis*（Owen，1835）Railliet，1895

［352］85.1.1　同色鞭虫　*Trichuris concolor* Burdelev，1951

［353］85.1.4　球鞘鞭虫　*Trichuris globulosa* Linstow，1901

［354］85.1.6　兰氏鞭虫　*Trichuris lani* Artjuch，1948

［355］85.1.10　羊鞭虫　*Trichuris ovis* Abilgaard，1795

［356］85.1.12　猪鞭虫　*Trichuris suis* Schrank，1788

［357］85.1.15　狐鞭虫　*Trichuris vulpis* Froelich，1789

棘头虫　Acanthocephalan

［358］86.1.1　蛭形巨吻棘头虫　*Macracanthorhynchus hirudinaceus*（Pallas，1781）Travassos，1917

［359］87.1.1　鸭细颈棘头虫　*Filicollis anatis* Schrank，1788

［360］87.2.3　双扩多形棘头虫　*Polymorphus diploinflatus* Lundström，1942

［361］87.2.5　大多形棘头虫　*Polymorphus magnus* Skrjabin，1913

［362］87.2.6　小多形棘头虫　*Polymorphus minutus* Zeder，1800

节肢动物　Arthropod

［363］88.2.1　双梳羽管螨　*Syringophilus bipectinatus* Heller，1880

［364］90.1.1　牛蠕形螨　*Demodex bovis* Stiles，1892

［365］90.1.2　犬蠕形螨　*Demodex canis* Leydig，1859

［366］90.1.3　山羊蠕形螨　*Demodex caprae* Railliet，1895

［367］90.1.5　猪蠕形螨　*Demodex phylloides* Czokor，1858

［368］93.3.1.1　牛痒螨　*Psoroptes equi* var. *bovis* Gerlach，1857

［369］93.3.1.3　兔痒螨　*Psoroptes equi* var. *cuniculi* Delafond，1859

［370］93.3.1.4　水牛痒螨　*Psoroptes equi* var. *natalensis* Hirst，1919

［371］95.1.1　鸡膝螨　*Cnemidocoptes gallinae* Railliet，1887

［372］95.1.2　突变膝螨　*Cnemidocoptes mutans* Robin，1860

［373］95.2.1.1　兔背肛螨　*Notoedres cati* var. *cuniculi* Gerlach，1857

［374］95.3.1.1　牛疥螨　*Sarcoptes scabiei* var. *bovis* Cameron，1924

［375］95.3.1.3　犬疥螨　*Sarcoptes scabiei* var. *canis* Gerlach，1857

［376］95.3.1.4　山羊疥螨　*Sarcoptes scabiei* var. *caprae*

［377］95.3.1.5　兔疥螨　*Sarcoptes scabiei* var. *cuniculi*

［378］95.3.1.7　马疥螨　*Sarcoptes scabiei* var. *equi*

［379］95.3.1.9　猪疥螨　*Sarcoptes scabiei* var. *suis* Gerlach，1857

［380］96.1.1　地理纤恙螨　*Leptotrombidium deliense* Walch，1922

［381］96.2.1　鸡新棒螨　*Neoschoengastia gallinarum* Hatori，1920

［382］96.3.1　巨螯齿螨　*Odontacarus majesticus* Chen et Hsu，1945

［383］98.1.1　鸡皮刺螨　*Dermanyssus gallinae* De Geer，1778

［384］99.2.1　微小牛蜱　*Boophilus microplus* Canestrini，1887

［385］99.4.2　缅甸血蜱　*Haemaphysalis birmaniae* Supino，1897

［386］99.4.7　具角血蜱　*Haemaphysalis cornigera* Neumann，1897

［387］99.6.7　卵形硬蜱　*Ixodes ovatus* Neumann，1899

［388］99.7.2　镰形扇头蜱　*Rhipicephalus haemaphysaloides* Supino，1897

［389］99.7.5　血红扇头蜱　*Rhipicephalus sanguineus* Latreille，1806

［390］100.1.1　驴血虱　*Haematopinus asini* Linnaeus，1758

［391］100.1.2　阔胸血虱　*Haematopinus eurysternus* Denny，1842

［392］100.1.5　猪血虱　*Haematopinus suis* Linnaeus，1758

［393］100.1.6　瘤突血虱　*Haematopinus tuberculatus* Burmeister，1839

［394］101.1.5　狭颚虱　*Linognathus stenopsis* Burmeister，1838

［395］101.1.6　牛颚虱　*Linognathus vituli* Linnaeus，1758

［396］103.2.1　横带花蝇　*Anthomyia illocata* Walker，1856

［397］104.1.1　绯颜裸金蝇　*Achoetandrus rufifacies* Macquart，1843

［398］104.2.3　巨尾丽蝇（蛆）　*Calliphora grahami* Aldrich，1930

［399］104.2.9　红头丽蝇（蛆）　*Calliphora vicina* Robineau-Desvoidy，1830

［400］104.2.10　反吐丽蝇（蛆）　*Calliphora vomitoria* Linnaeus，1758

［401］104.3.1　白氏金蝇（蛆）　*Chrysomya bezziana* Villeneuve，1914

［402］104.3.2　星岛金蝇　*Chrysomya chani* Kurahashi，1979

［403］104.3.3　安定金蝇　*Chrysomya defixa* Walker，1856

［404］104.3.4　大头金蝇（蛆）　*Chrysomya megacephala* Fabricius，1794

［405］104.3.5　广额金蝇　*Chrysomya phaonis* Seguy，1928

［406］104.3.6　肥躯金蝇　*Chrysomya pinguis* Walker，1858

［407］104.5.2　华依蝇（蛆）　*Idiella mandarina* Wiedemann，1830

［408］104.5.3　三色依蝇（蛆）　*Idiella tripartita* Bigot，1874

［409］104.6.2　南岭绿蝇（蛆）　*Lucilia bazini* Seguy，1934

［410］104.6.6　铜绿蝇（蛆）　*Lucilia cuprina* Wiedemann，1830

［411］104.6.7　海南绿蝇（蛆）　*Lucilia hainanensis* Fan，1965

［412］104.6.8　亮绿蝇（蛆）　*Lucilia illustris* Meigen，1826

［413］104.6.9　巴浦绿蝇（蛆）　*Lucilia papuensis* Macquart，1842

［414］104.6.10　毛腹绿蝇（蛆）　*Lucilia pilosiventris* Kramer，1910

［415］104.6.11　紫绿蝇（蛆）　*Lucilia porphyrina* Walker，1856

［416］104.6.13　丝光绿蝇（蛆）　*Lucilia sericata* Meigen，1826

［417］105.2.1　琉球库蠓　*Culicoides actoni* Smith，1929

［418］105.2.5　奄美库蠓　*Culicoides amamiensis* Tokunaga，1937

［419］105.2.6　嗜蚊库蠓　*Culicoides anophelis* Edwards，1922

［420］105.2.7　荒草库蠓　*Culicoides arakawae* Arakawa，1910

［421］105.2.17　环斑库蠓　*Culicoides circumscriptus* Kieffer，1918

［422］105.2.27　指突库蠓　*Culicoides duodenarius* Kieffer，1921

［423］105.2.31 端斑库蠓 *Culicoides erairai* Kono et Takahashi，1940

［424］105.2.33 黄胸库蠓 *Culicoides flavescens* Macfie，1937

［425］105.2.52 原野库蠓 *Culicoides homotomus* Kieffer，1921

［426］105.2.54 霍飞库蠓 *Culicoides huffi* Causey，1938

［427］105.2.56 肩宏库蠓 *Culicoides humeralis* Okada，1941

［428］105.2.62 加库蠓 *Culicoides jacobsoni* Macfie，1934

［429］105.2.77 隆林库蠓 *Culicoides longlinensis* Yu，1982

［430］105.2.81 多斑库蠓 *Culicoides maculatus* Shiraki，1913

［431］105.2.82 马来库蠓 *Culicoides malayae* Macfie，1937

［432］105.2.85 端白库蠓 *Culicoides matsuzawai* Tokunaga，1950

［433］105.2.89 日本库蠓 *Culicoides nipponensis* Tokunaga，1955

［434］105.2.93 大熊库蠓 *Culicoides okumensis* Arnaud，1956

［435］105.2.96 尖喙库蠓 *Culicoides oxystoma* Kieffer，1910

［436］105.2.98 细须库蠓 *Culicoides palpifer* Das Gupta et Ghosh，1956

［437］105.2.99 趋黄库蠓 *Culicoides paraflavescens* Wirth et Hubert，1959

［438］105.2.103 异域库蠓 *Culicoides peregrinus* Kieffer，1910

［439］105.2.105 灰黑库蠓 *Culicoides pulicaris* Linnaeus，1758

［440］105.2.108 犍为库蠓 *Culicoides qianweiensis* Yu，1982

［441］105.2.113 志贺库蠓 *Culicoides sigaensis* Tokunaga，1937

［442］105.3.2 卡罗林蠛蠓 *Lasiohelea carolinensis* Tokunaga，1940

［443］105.3.3 儋县蠛蠓 *Lasiohelea danxianensis* Yu et Liu，1982

［444］105.3.5 扩散蠛蠓 *Lasiohelea divergena* Yu et Wen，1982

［445］105.3.7 广西蠛蠓 *Lasiohelea guangxiensis* Lee，1975

［446］105.3.8 低飞蠛蠓 *Lasiohelea humilavolita* Yu et Liu，1982

［447］105.3.10 混杂蠛蠓 *Lasiohelea mixta* Yu et Liu，1982

［448］105.3.11 南方蠛蠓 *Lasiohelea notialis* Yu et Liu，1982

［449］105.3.13 趋光蠛蠓 *Lasiohelea phototropia* Yu et Zhang，1982

［450］105.3.14 台湾蠛蠓 *Lasiohelea taiwana* Shiraki，1913

［451］105.4.6 海峡细蠓 *Leptoconops fretus* Yu et Zhan，1990

［452］106.1.1 埃及伊蚊 *Aedes aegypti* Linnaeus，1762

［453］106.1.2 侧白伊蚊 *Aedes albolateralis* Theobald，1908

［454］106.1.4 白纹伊蚊 *Aedes albopictus* Skuse，1894

［455］106.1.5 圆斑伊蚊 *Aedes annandalei* Theobald，1910

［456］106.1.6 刺管伊蚊 *Aedes caecus* Theobald，1901

［457］106.1.13 棘刺伊蚊 *Aedes elsiae* Barraud，1923

［458］106.1.15 冯氏伊蚊 *Aedes fengi* Edwards，1935

［459］106.1.18 台湾伊蚊 *Aedes formosensis* Yamada，1921

［460］106.1.19 哈维伊蚊 *Aedes harveyi* Barraud，1923

［461］106.1.20 双棘伊蚊 *Aedes hatorii* Yamada，1921

［501］106.3.3　马来阿蚊　*Armigeres malayi* Theobald，1901

［502］106.3.4　骚扰阿蚊　*Armigeres subalbatus* Coquillett，1898

［503］106.4.1　麻翅库蚊　*Culex bitaeniorhynchus* Giles，1901

［504］106.4.2　短须库蚊　*Culex brevipalpis* Giles，1902

［505］106.4.3　致倦库蚊　*Culex fatigans* Wiedemann，1828

［506］106.4.4　叶片库蚊　*Culex foliatus* Brug，1932

［507］106.4.5　褐尾库蚊　*Culex fuscanus* Wiedemann，1820

［508］106.4.6　棕头库蚊　*Culex fuscocephalus* Theobald，1907

［509］106.4.7　白雪库蚊　*Culex gelidus* Theobald，1901

［510］106.4.8　贪食库蚊　*Culex halifaxia* Theobald，1903

［511］106.4.9　林氏库蚊　*Culex hayashii* Yamada，1917

［512］106.4.12　幼小库蚊　*Culex infantulus* Edwards，1922

［513］106.4.14　马来库蚊　*Culex malayi* Leicester，1908

［514］106.4.15　拟态库蚊　*Culex mimeticus* Noe，1899

［515］106.4.16　小斑翅库蚊　*Culex mimulus* Edwards，1915

［516］106.4.17　最小库蚊　*Culex minutissimus* Theobald，1907

［517］106.4.19　黑点库蚊　*Culex nigropunctatus* Edwards，1926

［518］106.4.22　白胸库蚊　*Culex pallidothorax* Theobald，1905

［519］106.4.25　伪杂鳞库蚊　*Culex pseudovishnui* Colless，1957

［520］106.4.26　白顶库蚊　*Culex shebbearei* Barraud，1924

［521］106.4.27　中华库蚊　*Culex sinensis* Theobald，1903

［522］106.4.28　海滨库蚊　*Culex sitiens* Wiedemann，1828

［523］106.4.30　纹腿库蚊　*Culex theileri* Theobald，1903

［524］106.4.31　三带喙库蚊　*Culex tritaeniorhynchus* Giles，1901

［525］106.4.32　迷走库蚊　*Culex vagans* Wiedemann，1828

［526］106.4.34　惠氏库蚊　*Culex whitmorei* Giles，1904

［527］106.6.1　肘喙钩蚊　*Malaya genurostris* Leicester，1908

［528］106.7.2　常型曼蚊　*Manssonia uniformis* Theobald，1901

［529］106.8.1　类按直脚蚊　*Orthopodomyia anopheloides* Giles，1903

［530］106.9.1　竹生杵蚊　*Tripteriodes bambusa* Yamada，1917

［531］106.10.3　新湖蓝带蚊　*Uranotaenia novobscura* Barraud，1934

［532］107.1.1　红尾胃蝇（蛆）　*Gasterophilus haemorrhoidalis* Linnaeus，1758

［533］107.1.3　肠胃蝇（蛆）　*Gasterophilus intestinalis* De Geer，1776

［534］107.1.5　黑腹胃蝇（蛆）　*Gasterophilus pecorum* Fabricius，1794

［535］107.1.6　烦扰胃蝇（蛆）　*Gasterophilus veterinus* Clark，1797

［536］108.1.1　犬虱蝇　*Hippobosca capensis* Olfers，1816

［537］109.1.1　牛皮蝇（蛆）　*Hypoderma bovis* De Geer，1776

［538］110.2.9　元厕蝇　*Fannia prisca* Stein，1918

［539］110.2.10　瘤胫厕蝇　*Fannia scalaris* Fabricius，1794

404

［540］110.8.4　逐畜家蝇　*Musca conducens* Walker，1859

［541］110.8.5　突额家蝇　*Musca convexifrons* Thomson，1868

［542］110.8.6　肥喙家蝇　*Musca crassirostris* Stein，1903

［543］110.8.7　家蝇　*Musca domestica* Linnaeus，1758

［544］110.8.8　黑边家蝇　*Musca hervei* Villeneuve，1922

［545］110.8.9　毛瓣家蝇　*Musca inferior* Stein，1909

［546］110.8.16　黄腹家蝇　*Musca ventrosa* Wiedemann，1830

［547］110.8.17　舍家蝇　*Musca vicina* Macquart，1851

［548］110.10.2　斑遮黑蝇　*Ophyra chalcogaster* Wiedemann，1824

［549］110.10.4　暗黑黑蝇　*Ophyra nigra* Wiedemann，1830

［550］110.11.2　紫翠蝇　*Orthellia chalybea* Wiedemann，1830

［551］110.11.4　印度翠蝇　*Orthellia indica* Robineau-Desvoidy，1830

［552］111.2.1　羊狂蝇（蛆）　*Oestrus ovis* Linnaeus，1758

［553］113.1.1　筠连秦蛉　*Chinius junlianensis* Leng，1987

［554］113.3.1　长铗异蛉　*Idiophlebotomus longiforceps* Wang，Ku et Yuan，1974

［555］113.4.5　江苏白蛉　*Phlebotomus kiangsuensis* Yao et Wu，1938

［556］113.4.10　施氏白蛉　*Phlebotomus stantoni* Newstead，1914

［557］113.4.11　土门白蛉　*Phlebotomus tumenensis* Wang et Chang，1963

［558］113.4.12　云胜白蛉　*Phlebotomus yunshengensis* Leng et Lewis，1987

［559］113.5.1　安徽司蛉　*Sergentomyia anhuiensis* Ge et Leng，1990

［560］113.5.3　鲍氏司蛉　*Sergentomyia barraudi* Sinton，1929

［561］113.5.10　歌乐山司蛉　*Sergentomyia koloshanensis* Yao et Wu，1946

［562］113.5.11　广西司蛉　*Sergentomyia kwangsiensis* Yao et Wu，1941

［563］113.5.15　蒲氏司蛉　*Sergentomyia pooi* Yao et Wu，1941

［564］114.2.1　红尾粪麻蝇（蛆）　*Bercaea haemorrhoidalis* Fallen，1816

［565］114.3.1　赭尾别麻蝇（蛆）　*Boettcherisca peregrina* Robineau-Desvoidy，1830

［566］114.7.1　白头麻蝇（蛆）　*Sarcophaga albiceps* Meigen，1826

［567］114.7.5　纳氏麻蝇（蛆）　*Sarcophaga knabi* Parker，1917

［568］114.7.7　酱麻蝇（蛆）　*Sarcophaga misera* Walker，1849

［569］114.7.10　野麻蝇（蛆）　*Sarcophaga similis* Meade，1876

［570］115.1.1　黄足真蚋　*Eusimulium aureohirtum* Brunetti，1911

［571］115.3.2　后宽蚋蚋　*Gomphostilbia metatarsale* Brunetti，1911

［572］115.3.3　凭祥蚋蚋　*Gomphostilbia pingxiangense* An et Hao，1990

［573］115.6.4　地记蚋　*Simulium digitatum* Puri，1932

［574］115.6.11　节蚋　*Simulium nodosum* Puri，1933

［575］115.6.13　五条蚋　*Simulium quinquestriatum* Shiraki，1935

［576］116.2.1　刺血喙蝇　*Haematobosca sanguinolenta* Austen，1909

［577］116.3.1　东方角蝇　*Lyperosia exigua* Meijere，1903

［578］116.4.1　厩螫蝇　*Stomoxys calcitrans* Linnaeus，1758

［579］116.4.2　南螫蝇　*Stomoxys dubitalis* Malloch，1932

［580］116.4.3　印度螫蝇　*Stomoxys indicus* Picard，1908

［581］117.1.1　双斑黄虻　*Atylotus bivittateinus* Takahasi，1962

［582］117.1.5　黄绿黄虻　*Atylotus horvathi* Szilady，1926

［583］117.1.7　骚扰黄虻　*Atylotus miser* Szilady，1915

［584］117.2.8　舟山斑虻　*Chrysops chusanensis* Ouchi，1939

［585］117.2.10　叉纹虻　*Chrysops dispar* Fabricius，1798

［586］117.2.14　黄胸斑虻　*Chrysops flaviscutellus* Philip，1963

［587］117.2.16　黄带斑虻　*Chrysops flavocinctus* Ricardo，1902

［588］117.2.31　中华斑虻　*Chrysops sinensis* Walker，1856

［589］117.2.39　范氏斑虻　*Chrysops vanderwulpi* Krober，1929

［590］117.5.1　白线麻虻　*Haematopota albalinea* Xu et Liao，1985

［591］117.5.4　阿萨姆麻虻　*Haematopota assamensis* Ricardo，1911

［592］117.5.5　白条麻虻　*Haematopota atrata* Szilady，1926

［593］117.5.13　台湾麻虻　*Haematopota formosana* Shiraki，1918

［594］117.5.17　海南麻虻　*Haematopota hainanensis* Stone et Philip，1974

［595］117.5.21　爪哇麻虻　*Haematopota javana* Wiedemann，1821

［596］117.5.26　线麻虻　*Haematopota lineata* Philip，1963

［597］117.5.27　线带麻虻　*Haematopota lineola* Philip，1960

［598］117.5.41　粉角麻虻　*Haematopota pollinantenna* Xu et Liao，1985

［599］117.11.2　土灰虻　*Tabanus amaenus* Walker，1848

［600］117.11.5　丽毛虻　*Tabanus aurisetosus* Toumanoff，1950

［601］117.11.6　金条虻　*Tabanus aurotestaceus* Walker，1854

［602］117.11.11　缅甸虻　*Tabanus birmanicus* Bigot，1892

［603］117.11.17　棕尾虻　*Tabanus brunnipennis* Ricardo，1911

［604］117.11.19　灰岩虻　*Tabanus calcarius* Xu et Liao，1984

［605］117.11.22　灰胸虻　*Tabanus candidus* Ricardo，1913

［606］117.11.23　垩石虻　*Tabanus cementus* Xu et Liao，1984

［607］117.11.24　锡兰虻　*Tabanus ceylonicus* Schiner，1868

［608］117.11.25　浙江虻　*Tabanus chekiangensis* Ouchi，1943

［609］117.11.27　崇安虻　*Tabanus chonganensis* Liu，1981

［610］117.11.34　粗壮虻　*Tabanus crassus* Walker，1850

［611］117.11.41　台湾虻　*Tabanus formosiensis* Ricardo，1911

［612］117.11.43　棕带虻　*Tabanus fulvicinctus* Ricardo，1914

［613］117.11.61　杭州虻　*Tabanus hongchowensis* Liu，1962

［614］117.11.66　直带虻　*Tabanus hydridus* Wiedemann，1828

［615］117.11.69　印度虻　*Tabanus indianus* Ricardo，1911

［616］117.11.70　伊豫虻　*Tabanus iyoensis* Shiraki，1918

［617］117.11.74　适中虻　*Tabanus jucundus* Walker，1848

贵州省寄生虫种名
Species of Parasites in Guizhou Province

原虫　Protozoon

[1] 2.1.1　蓝氏贾第鞭毛虫　*Giardia lamblia* Stiles，1915

[2] 3.2.1　马媾疫锥虫　*Trypanosoma equiperdum* Doflein，1901

[3] 3.2.2　伊氏锥虫　*Trypanosoma evansi*（Steel，1885）Balbiani，1888

[4] 4.1.1　火鸡组织滴虫　*Histomonas meleagridis* Tyzzer，1920

[5] 7.2.2　堆型艾美耳球虫　*Eimeria acervulina* Tyzzer，1929

[6] 7.2.4　阿拉巴马艾美耳球虫　*Eimeria alabamensis* Christensen，1941

[7] 7.2.5　艾丽艾美耳球虫　*Eimeria alijevi* Musaev，1970

[8] 7.2.8　阿普艾美耳球虫　*Eimeria apsheronica* Musaev，1970

[9] 7.2.9　阿洛艾美耳球虫　*Eimeria arloingi*（Marotel，1905）Martin，1909

[10] 7.2.10　奥博艾美耳球虫　*Eimeria auburnensis* Christensen et Porter，1939

[11] 7.2.16　牛艾美耳球虫　*Eimeria bovis*（Züblin，1908）Fiebiger，1912

[12] 7.2.18　巴西利亚艾美耳球虫　*Eimeria brasiliensis* Torres et Ramos，1939

[13] 7.2.19　布氏艾美耳球虫　*Eimeria brunetti* Levine，1942

[14] 7.2.23　加拿大艾美耳球虫　*Eimeria canadensis* Bruce，1921

[15] 7.2.24　山羊艾美耳球虫　*Eimeria caprina* Lima，1979

[16] 7.2.25　羊艾美耳球虫　*Eimeria caprovina* Lima，1980

[17] 7.2.28　克里氏艾美耳球虫　*Eimeria christenseni* Levine，Ivens et Fritz，1962

[18] 7.2.32　圆柱状艾美耳球虫　*Eimeria cylindrica* Wilson，1931

[19] 7.2.34　蒂氏艾美耳球虫　*Eimeria debliecki* Douwes，1921

[20] 7.2.36　椭圆艾美耳球虫　*Eimeria ellipsoidalis* Becker et Frye，1929

[21] 7.2.50　家山羊艾美耳球虫　*Eimeria hirci* Chevalier，1966

[22] 7.2.56　约奇艾美耳球虫　*Eimeria jolchijevi* Musaev，1970

[23] 7.2.67　巨型艾美耳球虫　*Eimeria maxima* Tyzzer，1929

[24] 7.2.70　变位艾美耳球虫　*Eimeria mivati* Edgar et Siebold，1964

[25] 7.2.72　毒害艾美耳球虫　*Eimeria necatrix* Johnson，1930

[26] 7.2.75　尼氏艾美耳球虫　*Eimeria ninakohlyakimovae* Yakimoff et Rastegaieff，1930

[27] 7.2.84　皮利他艾美耳球虫　*Eimeria pellita* Supperer，1952

[28] 7.2.95　粗糙艾美耳球虫　*Eimeria scabra* Henry，1931

[29] 7.2.104　亚球形艾美耳球虫　*Eimeria subspherica* Christensen，1941

［30］7.2.105　猪艾美耳球虫　*Eimeria suis* Nöller，1921

［31］7.2.107　柔嫩艾美耳球虫　*Eimeria tenella*（Railliet et Lucet，1891）Fantham，1909

［32］7.2.111　怀俄明艾美耳球虫　*Eimeria wyomingensis* Huizinga et Winger，1942

［33］7.2.114　邱氏艾美耳球虫　*Eimeria züernii*（Rivolta，1878）Martin，1909

［34］7.3.13　猪等孢球虫　*Isospora suis* Biester et Murray，1934

［35］8.1.1　卡氏住白细胞虫　*Leucocytozoon caulleryii* Mathis et Léger，1909

［36］8.1.2　沙氏住白细胞虫　*Leucocytozoon sabrazesi* Mathis et Léger，1910

［37］10.3.5　枯氏住肉孢子虫　*Sarcocystis cruzi*（Hasselmann，1923）Wenyon，1926

［38］10.3.8　梭形住肉孢子虫　*Sarcocystis fusiformis*（Railliet，1897）Bernard et Bauche，1912

［39］10.3.11　多毛住肉孢子虫　*Sarcocystis hirsuta* Moulé，1888

［40］10.3.16　绵羊犬住肉孢子虫　*Sarcocystis ovicanis* Heydorn，Gestrich，Melhorn，*et al.*，1975

［41］10.4.1　龚地弓形虫　*Toxoplasma gondii*（Nicolle et Manceaux，1908）Nicolle et Manceaux，1909

［42］11.1.1　双芽巴贝斯虫　*Babesia bigemina* Smith et Kiborne，1893

［43］11.1.2　牛巴贝斯虫　*Babesia bovis*（Babes，1888）Starcovici，1893

［44］12.1.2　马泰勒虫　*Theileria equi* Mehlhorn et Schein，1998

［45］12.1.5　突变泰勒虫　*Theileria mutans*（Theiler，1906）Franca，1909

［46］12.1.7　瑟氏泰勒虫　*Theileria sergenti* Yakimoff et Dekhtereff，1930

［47］14.1.1　结肠小袋虫　*Balantidium coli*（Malmsten，1857）Stein，1862

［48］14.1.2　猪小袋虫　*Balantidium suis* McDonald，1922

绦虫　Cestode

［49］15.1.1　大裸头绦虫　*Anoplocephala magna*（Abildgaard，1789）Sprengel，1905

［50］15.1.2　叶状裸头绦虫　*Anoplocephala perfoliata*（Goeze，1782）Blanchard，1848

［51］15.2.1　中点无卵黄腺绦虫　*Avitellina centripunctata* Rivolta，1874

［52］15.2.3　微小无卵黄腺绦虫　*Avitellina minuta* Yang，Qian，Chen，*et al.*，1977

［53］15.3.1　齿状彩带绦虫　*Cittotaenia denticulata* Rudolphi，1804

［54］15.4.1　白色莫尼茨绦虫　*Moniezia alba*（Perroncito，1879）Blanchard，1891

［55］15.4.2　贝氏莫尼茨绦虫　*Moniezia benedeni*（Moniez，1879）Blanchard，1891

［56］15.4.4　扩展莫尼茨绦虫　*Moniezia expansa*（Rudolphi，1810）Blanchard，1891

［57］15.6.1　侏儒副裸头绦虫　*Paranoplocephala mamillana*（Mehlis，1831）Baer，1927

［58］15.8.1　盖氏曲子宫绦虫　*Thysaniezia giardi* Moniez，1879

［59］15.8.2　羊曲子宫绦虫　*Thysaniezia ovilla* Rivolta，1878

［60］16.1.2　台湾卡杜绦虫　*Cotugnia taiwanensis* Yamaguti，1935

［61］16.2.1　安德烈戴维绦虫　*Davainea andrei* Fuhrmann，1933

［62］16.2.3　原节戴维绦虫　*Davainea proglottina*（Davaine，1860）Blanchard，1891

［63］16.3.1　西里伯瑞利绦虫　*Raillietina celebensis*（Janicki，1902）Fuhrmann，1920

［64］16.3.2　椎体瑞利绦虫　*Raillietina centuri* Rigney，1943

［65］16.3.3　有轮瑞利绦虫　*Raillietina cesticillus* Molin，1858

［66］16.3.4　棘盘瑞利绦虫　*Raillietina echinobothrida* Megnin，1881

［67］16.3.5　乔治瑞利绦虫　*Raillietina georgiensis* Reid et Nugara，1961

［68］16.3.10　兰氏瑞利绦虫　*Raillietina ransomi* William，1931

［69］16.3.12　四角瑞利绦虫　*Raillietina tetragona* Molin，1858

［70］16.3.15　威廉瑞利绦虫　*Raillietina williamsi* Fuhrmann，1932

［71］17.1.1　楔形变带绦虫　*Amoebotaenia cuneata* von Linstow，1872

［72］17.2.1　带状漏带绦虫　*Choanotaenia cingulifera* Krabbe，1869

［73］17.3.1　诺氏双殖孔绦虫　*Diplopylidium nolleri*（Skrjabin，1924）Meggitt，1927

［74］17.4.1　犬复孔绦虫　*Dipylidium caninum*（Linnaeus，1758）Leuckart，1863

［75］19.2.2　福建单睾绦虫　*Aploparaksis fukinensis* Lin，1959

［76］19.2.3　叉棘单睾绦虫　*Aploparaksis furcigera* Rudolphi，1819

［77］19.3.1　大头腔带绦虫　*Cloacotaenia megalops* Nitzsch in Creplin，1829

［78］19.4.1　相似双盔带绦虫　*Dicranotaenia aequabilis*（Rudolphi，1810）López-Neyra，1942

［79］19.4.2　冠状双盔带绦虫　*Dicranotaenia coronula*（Dujardin，1845）Railliet，1892

［80］19.6.2　鸭双睾绦虫　*Diorchis anatina* Ling，1959

［81］19.7.1　矛形剑带绦虫　*Drepanidotaenia lanceolata* Bloch，1782

［82］19.7.2　普氏剑带绦虫　*Drepanidotaenia przewalskii* Skrjabin，1914

［83］19.10.2　片形縫缘绦虫　*Fimbriaria fasciolaris* Pallas，1781

［84］19.12.3　角额膜壳绦虫　*Hymenolepis angularostris* Sugimoto，1934

［85］19.12.6　分枝膜壳绦虫　*Hymenolepis cantaniana* Polonio，1860

［86］19.12.8　窄膜壳绦虫　*Hymenolepis compressa*（Linton，1892）Fuhrmann，1906

［87］19.12.11　格兰膜壳绦虫　*Hymenolepis giranensis* Sugimoto，1934

［88］19.12.12　纤细膜壳绦虫　*Hymenolepis gracilis*（Zeder，1803）Cohn，1901

［89］19.12.13　小膜壳绦虫　*Hymenolepis parvula* Kowalewski，1904

［90］19.12.17　美丽膜壳绦虫　*Hymenolepis venusta*（Rosseter，1897）López-Neyra，1942

［91］19.15.4　狭窄微吻绦虫　*Microsomacanthus compressa*（Linton，1892）López-Neyra，1942

［92］19.15.11　副狭窄微吻绦虫　*Microsomacanthus paracompressa*（Czaplinski，1956）
　　　　　　Spasskaja et Spassky，1961

［93］19.15.12　副小体微吻绦虫　*Microsomacanthus paramicrosoma* Gasowska，1931

［94］19.18.1　柯氏伪裸头绦虫　*Pseudanoplocephala crawfordi* Baylis，1927

［95］19.19.2　格兰网宫绦虫　*Retinometra giranensis*（Sugimoto，1934）Spassky，1963

［96］19.19.4　美彩网宫绦虫　*Retinometra venusta*（Rosseter，1897）Spassky，1955

［97］19.21.2　丝形幼钩绦虫　*Sobolevicanthus filumferens*（Brock，1942）Yamaguti，1959

［98］19.21.4　纤细幼钩绦虫　*Sobolevicanthus gracilis* Zeder，1803

［99］20.1.1　线形中殖孔绦虫　*Mesocestoides lineatus*（Goeze，1782）Railliet，1893

［100］21.1.1　细粒棘球绦虫　*Echinococcus granulosus*（Batsch，1786）Rudolphi，1805

［101］21.1.1.1　细粒棘球蚴　*Echinococcus cysticus* Huber，1891

［102］21.2.3　带状泡尾绦虫　*Hydatigera taeniaeformis*（Batsch，1786）Lamarck，1816

［103］21.3.2　多头多头绦虫　*Multiceps multiceps*（Leske，1780）Hall，1910

410

413

［217］39.1.17 透明前殖吸虫 *Prosthogonimus pellucidus* Braun，1901

［218］40.2.2 鸡后口吸虫 *Postharmostomum gallinum* Witenberg，1923

［219］42.4.1 强壮前平体吸虫 *Prohyptiasmus robustus*（Stossich，1902）Witenberg，1923

［220］43.2.1 心形咽口吸虫 *Pharyngostomum cordatum*（Diesing，1850）Ciurea，1922

［221］45.2.1 彭氏东毕吸虫 *Orientobilharzia bomfordi*（Montgomery，1906）Dutt et Srivastava，1955

［222］45.2.2 土耳其斯坦东毕吸虫 *Orientobilharzia turkestanica*（Skrjabin，1913）Dutt et Srivastavaa，1955

［223］46.1.2 优美异幻吸虫 *Apatemon gracilis*（Rudolphi，1819）Szidat，1928

［224］46.3.1 角杯尾吸虫 *Cotylurus cornutus*（Rudolphi，1808）Szidat，1928

［225］47.1.1 舟形嗜气管吸虫 *Tracheophilus cymbius*（Diesing，1850）Skrjabin，1913

［226］47.1.3 西氏嗜气管吸虫 *Tracheophilus sisowi* Skrjabin，1913

线虫 Nematode

［227］48.1.3 圆形蛔虫 *Ascaris strongylina*（Rudolphi，1819）Alicata et McIntosh，1933

［228］48.1.4 猪蛔虫 *Ascaris suum* Goeze，1782

［229］48.2.1 犊新蛔虫 *Neoascaris vitulorum*（Goeze，1782）Travassos，1927

［230］48.3.1 马副蛔虫 *Parascaris equorum*（Goeze，1782）Yorke and Maplestone，1926

［231］48.4.1 狮弓蛔虫 *Toxascaris leonina*（Linstow，1902）Leiper，1907

［232］49.1.4 鸡禽蛔虫 *Ascaridia galli*（Schrank，l788）Freeborn，1923

［233］50.1.1 犬弓首蛔虫 *Toxocara canis*（Werner，1782）Stiles，1905

［234］50.1.2 猫弓首蛔虫 *Toxocara cati* Schrank，1788

［235］51.1.1 肾膨结线虫 *Dioctophyma renale*（Goeze，1782）Stiles，1901

［236］51.2.3 秋沙胃瘤线虫 *Eustrongylides mergorum* Rudolphi，1809

［237］52.3.1 犬恶丝虫 *Dirofilaria immitis*（Leidy，1856）Railliet et Henry，1911

［238］53.2.2 多乳突副丝虫 *Parafilaria mltipapillosa*（Condamine et Drouilly，1878）Yorke et Maplestone，1926

［239］55.1.1 贝氏丝状线虫 *Setaria bernardi* Railliet et Henry，1911

［240］55.1.2 牛丝状线虫 *Setaria bovis* Klenin，1940

［241］55.1.6 指形丝状线虫 *Setaria digitata* Linstow，1906

［242］55.1.7 马丝状线虫 *Setaria equina*（Abildgaard，1789）Viborg，1795

［243］55.1.9 唇乳突丝状线虫 *Setaria labiatopapillosa* Alessandrini，1838

［244］56.1.2 异形同刺线虫 *Ganguleterakis dispar*（Schrank，1790）Dujardin，1845

［245］56.2.1 贝拉异刺线虫 *Heterakis beramporia* Lane，1914

［246］56.2.4 鸡异刺线虫 *Heterakis gallinarum*（Schrank，1788）Freeborn，1923

［247］56.2.6 印度异刺线虫 *Heterakis indica* Maplestone，1932

［248］56.2.11 满陀异刺线虫 *Heterakis putaustralis* Lane，1914

［249］57.1.1 马尖尾线虫 *Oxyuris equi*（Schrank，1788）Rudolphi，1803

［250］57.2.1 疑似栓尾线虫 *Passalurus ambiguus* Rudolphi，1819

［251］57.3.1 胎生普氏线虫 *Probstmayria vivipara*（Probstmayr，1865）Ransom，1907

[290] 72.4.2 粗纹食道口线虫 *Oesophagostomum asperum* Railliet et Henry，1913

[291] 72.4.3 短尾食道口线虫 *Oesophagostomum brevicaudum* Schwartz et Alicata，1930

[292] 72.4.4 哥伦比亚食道口线虫 *Oesophagostomum columbianum*（Curtice，1890）Stossich，1899

[293] 72.4.5 有齿食道口线虫 *Oesophagostomum dentatum*（Rudolphi，1803）Molin，1861

[294] 72.4.6 佐治亚食道口线虫 *Oesophagostomum georgianum* Schwarty et Alicata，1930

[295] 72.4.8 甘肃食道口线虫 *Oesophagostomum kansuensis* Hsiung et K'ung，1955

[296] 72.4.9 长尾食道口线虫 *Oesophagostomum longicaudum* Goodey，1925

[297] 72.4.10 辐射食道口线虫 *Oesophagostomum radiatum*（Rudolphi，1803）Railliet，1898

[298] 72.4.11 粗食道口线虫 *Oesophagostomum robustus* Popov，1927

[299] 72.4.13 微管食道口线虫 *Oesophagostomum venulosum* Rudolphi，1809

[300] 73.2.1 冠状冠环线虫 *Coronocyclus coronatus*（Looss，1900）Hartwich，1986

[301] 73.2.2 大唇片冠环线虫 *Coronocyclus labiatus*（Looss，1902）Hartwich，1986

[302] 73.2.4 小唇片冠环线虫 *Coronocyclus labratus*（Looss，1902）Hartwich，1986

[303] 73.2.5 箭状冠环线虫 *Coronocyclus sagittatus*（Kotlán，1920）Hartwich，1986

[304] 73.3.1 卡提盅口线虫 *Cyathostomum catinatum* Looss，1900

[305] 73.3.4 碟状盅口线虫 *Cyathostomum pateratum*（Yorke et Macfie，1919）K'ung，1964

[306] 73.3.6 亚冠盅口线虫 *Cyathostomum subcoronatum* Yamaguti，1943

[307] 73.4.4 短囊杯环线虫 *Cylicocyclus brevicapsulatus*（Ihle，1920）Erschow，1939

[308] 73.4.5 长形杯环线虫 *Cylicocyclus elongatus*（Looss，1900）Chaves，1930

[309] 73.4.7 显形杯环线虫 *Cylicocyclus insigne*（Boulenger，1917）Chaves，1930

[310] 73.4.8 细口杯环线虫 *Cylicocyclus leptostomum*（Kotlán，1920）Chaves，1930

[311] 73.4.10 鼻状杯环线虫 *Cylicocyclus nassatus*（Looss，1900）Chaves，1930

[312] 73.4.11 鼻状杯环线虫小型变种 *Cylicocyclus nassatus* var. *parvum*（Yorke et Macfie，1918）Chaves，1930

[313] 73.4.13 辐射杯环线虫 *Cylicocyclus radiatus*（Looss，1900）Chaves，1930

[314] 73.4.16 外射杯环线虫 *Cylicocyclus ultrajectinus*（Ihle，1920）Erschow，1939

[315] 73.5.1 双冠齿环线虫 *Cylicodontophorus bicoronatus*（Looss，1900）Cram，1924

[316] 73.6.3 小杯杯冠线虫 *Cylicostephanus calicatus*（Looss，1900）Cram，1924

[317] 73.6.4 高氏杯冠线虫 *Cylicostephanus goldi*（Boulenger，1917）Lichtenfels，1975

[318] 73.6.5 杂种杯冠线虫 *Cylicostephanus hybridus*（Kotlán，1920）Cram，1924

[319] 73.6.6 长伞杯冠线虫 *Cylicostephanus longibursatus*（Yorke et Macfie，1918）Cram，1924

[320] 73.6.7 微小杯冠线虫 *Cylicostephanus minutus*（Yorke et Macfie，1918）Cram，1924

[321] 73.6.8 曾氏杯冠线虫 *Cylicostephanus tsengi*（K'ung et Yang，1963）Lichtenfels，1975

[322] 73.8.1 头似辐首线虫 *Gyalocephalus capitatus* Looss，1900

[323] 73.10.1 真臂副杯口线虫 *Parapoteriostomum euproctus*（Boulenger，1917）Hartwich，1986

[324] 73.10.2 麦氏副杯口线虫 *Parapoteriostomum mettami*（Leiper，1913）Hartwich，1986

416

［325］73.11.1　杯状彼德洛夫线虫　*Petrovinema poculatum*（Looss，1900）Erschow，1943

［326］73.12.1　不等齿杯口线虫　*Poteriostomum imparidentatum* Quiel，1919

［327］73.12.2　拉氏杯口线虫　*Poteriostomum ratzii*（Kotlán，1919）Ihle，1920

［328］74.1.1　安氏网尾线虫　*Dictyocaulus arnfieldi*（Cobbold，1884）Railliet et Henry，1907

［329］74.1.4　丝状网尾线虫　*Dictyocaulus filaria*（Rudolphi，1809）Railliet et Henry，1907

［330］74.1.6　胎生网尾线虫　*Dictyocaulus viviparus*（Bloch，1782）Railliet et Henry，1907

［331］75.1.1　猪后圆线虫　*Metastrongylus apri*（Gmelin，1790）Vostokov，1905

［332］75.1.2　复阴后圆线虫　*Metastrongylus pudendotectus* Wostokow，1905

［333］77.4.2　达氏原圆线虫　*Protostrongylus davtiani* Savina，1940

［334］77.4.3　霍氏原圆线虫　*Protostrongylus hobmaieri*（Schulz，Orloff et Kutass，1933）Cameron，1934

［335］77.4.4　赖氏原圆线虫　*Protostrongylus raillieti*（Schulz，Orloff et Kutass，1933）Cameron，1934

［336］77.4.5　淡红原圆线虫　*Protostrongylus rufescens*（Leuckart，1865）Kamensky，1905

［337］77.5.1　邝氏刺尾线虫　*Spiculocaulus kwongi*（Wu et Liu，1943）Dougherty et Goble，1946

［338］77.5.2　劳氏刺尾线虫　*Spiculocaulus leuckarti* Schulz，Orloff et Kutass，1933

［339］77.6.3　舒氏变圆线虫　*Varestrongylus schulzi* Boev et Wolf，1938

［340］77.6.4　西南变圆线虫　*Varestrongylus xinanensis* Wu et Yan，1961

［341］78.1.1　毛细缪勒线虫　*Muellerius minutissimus*（Megnin，1878）Dougherty et Goble，1946

［342］79.1.1　有齿冠尾线虫　*Stephanurus dentatus* Diesing，1839

［343］80.1.1　无齿阿尔夫线虫　*Alfortia edentatus*（Looss，1900）Skrjabin，1933

［344］80.2.1　伊氏双齿线虫　*Bidentostomum ivaschkini* Tshoijo，1957

［345］80.3.1　尖尾盆口线虫　*Craterostomum acuticaudatum*（Kotlán，1919）Boulenger，1920

［346］80.4.1　普通戴拉风线虫　*Delafondia vulgaris*（Looss，1900）Skrjabin，1933

［347］80.5.1　粗食道齿线虫　*Oesophagodontus robustus*（Giles，1892）Railliet et Henry，1902

［348］80.6.1　马圆形线虫　*Strongylus equinus* Mueller，1780

［349］80.7.1　短尾三齿线虫　*Triodontophorus brevicauda* Boulenger，1916

［350］80.7.2　小三齿线虫　*Triodontophorus minor* Looss，1900

［351］80.7.3　日本三齿线虫　*Triodontophorus nipponicus* Yamaguti，1943

［352］80.7.5　锯齿三齿线虫　*Triodontophorus serratus*（Looss，1900）Looss，1902

［353］80.7.6　细颈三齿线虫　*Triodontophorus tenuicollis* Boulenger，1916

［354］81.1.2　喉兽比翼线虫　*Mammomonogamus laryngeus* Railliet，1899

［355］81.2.1　斯氏比翼线虫　*Syngamus skrjabinomorpha* Ryzhikov，1949

［356］81.2.2　气管比翼线虫　*Syngamus trachea* von Siebold，1836

［357］82.1.1　兔苇线虫　*Ashworthius leporis* Yen，1961

［358］82.2.2　库氏古柏线虫　*Cooperia curticei*（Giles，1892）Ransom，1907

［359］82.2.3　叶氏古柏线虫　*Cooperia erschowi* Wu，1958

［360］82.2.9　等侧古柏线虫　*Cooperia laterouniformis* Chen，1937

［361］82.2.12　栉状古柏线虫　*Cooperia pectinata* Ransom，1907

［362］82.2.13　点状古柏线虫　*Cooperia punctata*（Linstow，1906）Ransom，1907

［363］82.3.2　捻转血矛线虫　*Haemonchus contortus*（Rudolphi，1803）Cobbold，1898

［364］82.3.3　长柄血矛线虫　*Haemonchus longistipe* Railliet et Henry，1909

［365］82.3.4　新月状血矛线虫　*Haemonchus lunatus* Travassos，1914

［366］82.3.6　似血矛线虫　*Haemonchus similis* Travassos，1914

［367］82.4.1　红色猪圆线虫　*Hyostrongylus rebidus*（Hassall et Stiles，1892）Hall，1921

［368］82.6.1　指形长刺线虫　*Mecistocirrus digitatus*（Linstow，1906）Railliet et Henry，1912

［369］82.8.14　钝刺细颈线虫　*Nematodirus spathiger*（Railliet，1896）Railliet et Henry，1909

［370］82.11.4　绵羊奥斯特线虫　*Ostertagia argunica* Rudakov in Skrjabin et Orloff，1934

［371］82.11.5　布里亚特奥斯特线虫　*Ostertagia buriatica* Konstantinova，1934

［372］82.11.6　普通奥斯特线虫　*Ostertagia circumcincta*（Stadelmann，1894）Ransom，1907

［373］82.11.11　格氏奥斯特线虫　*Ostertagia gruehneri* Skrjabin，1929

［374］82.11.12　钩状奥斯特线虫　*Ostertagia hamata* Monning，1932

［375］82.11.15　科尔奇奥斯特线虫　*Ostertagia kolchida* Popova，1937

［376］82.11.16　琴形奥斯特线虫　*Ostertagia lyrata* Sjoberg，1926

［377］82.11.18　西方奥斯特线虫　*Ostertagia occidentalis* Ransom，1907

［378］82.11.19　阿洛夫奥斯特线虫　*Ostertagia orloffi* Sankin，1930

［379］82.11.20　奥氏奥斯特线虫　*Ostertagia ostertagi*（Stiles，1892）Ransom，1907

［380］82.11.24　斯氏奥斯特线虫　*Ostertagia skrjabini* Shen，Wu et Yen，1959

［381］82.11.26　三叉奥斯特线虫　*Ostertagia trifurcata* Ransom，1907

［382］82.11.27　伏尔加奥斯特线虫　*Ostertagia volgaensis* Tomskich，1938

［383］82.11.28　吴兴奥斯特线虫　*Ostertagia wuxingensis* Ling，1958

［384］82.13.2　指刺斯纳线虫　*Skrjabinagia dactylospicula* Wu，Yin et Shen，1965

［385］82.15.2　艾氏毛圆线虫　*Trichostrongylus axei*（Cobbold，1879）Railliet et Henry，1909

［386］82.15.3　山羊毛圆线虫　*Trichostrongylus capricola* Ransom，1907

［387］82.15.4　鹿毛圆线虫　*Trichostrongylus cervarius* Leiper et Clapham，1938

［388］82.15.5　蛇形毛圆线虫　*Trichostrongylus colubriformis*（Giles，1892）Looss，1905

［389］82.15.8　长刺毛圆线虫　*Trichostrongylus longispicularis* Gordon，1933

［390］82.15.9　东方毛圆线虫　*Trichostrongylus orientalis* Jimbo，1914

［391］82.15.10　彼得毛圆线虫　*Trichostrongylus pietersei* Le Roux，1932

［392］82.15.11　枪形毛圆线虫　*Trichostrongylus probolurus*（Railliet，1896）Looss，1905

［393］82.15.14　斯氏毛圆线虫　*Trichostrongylus skrjabini* Kalantarian，1928

［394］82.15.16　透明毛圆线虫　*Trichostrongylus vitrinus* Looss，1905

［395］83.1.2　环形毛细线虫　*Capillaria annulata*（Molin，1858）López-Neyra，1946

［396］83.1.4　双瓣毛细线虫　*Capillaria bilobata* Bhalerao，1933

［397］83.1.6　膨尾毛细线虫　*Capillaria caudinflata*（Molin，1858）Travassos，1915

［398］83.2.1　环纹优鞘线虫　*Eucoleus annulatum*（Molin，1858）López-Neyra，1946

［434］95.3.1.5　兔疥螨　*Sarcoptes scabiei* var. *cuniculi*

［435］95.3.1.7　马疥螨　*Sarcoptes scabiei* var. *equi*

［436］95.3.1.8　绵羊疥螨　*Sarcoptes scabiei* var. *ovis* Mégnin，1880

［437］95.3.1.9　猪疥螨　*Sarcoptes scabiei* var. *suis* Gerlach，1857

［438］96.1.1　地理纤恙螨　*Leptotrombidium deliense* Walch，1922

［439］98.1.1　鸡皮刺螨　*Dermanyssus gallinae* De Geer，1778

［440］99.2.1　微小牛蜱　*Boophilus microplus* Canestrini，1887

［441］99.3.11　中华革蜱　*Dermacentor sinicus* Schulze，1932

［442］99.4.3　二棘血蜱　*Haemaphysalis bispinosa* Neumann，1897

［443］99.4.4　铃头血蜱　*Haemaphysalis campanulata* Warburton，1908

［444］99.4.9　褐黄血蜱　*Haemaphysalis flava* Neumann，1897

［445］99.4.11　豪猪血蜱　*Haemaphysalis hystricis* Supino，1897

［446］99.4.12　缺角血蜱　*Haemaphysalis inermis* Birula，1895

［447］99.4.15　长角血蜱　*Haemaphysalis longicornis* Neumann，1901

［448］99.4.17　猛突血蜱　*Haemaphysalis montgomeryi* Nuttall，1912

［449］99.4.27　越南血蜱　*Haemaphysalis vietnamensis* Hoogstraal et Wilson，1966

［450］99.5.3　亚洲璃眼蜱卡氏亚种　*Hyalomma asiaticum kozlovi* Olenev，1931

［451］99.5.4　残缘璃眼蜱　*Hyalomma detritum* Schulze，1919

［452］99.6.4　粒形硬蜱　*Ixodes granulatus* Supino，1897

［453］99.6.7　卵形硬蜱　*Ixodes ovatus* Neumann，1899

［454］99.6.11　中华硬蜱　*Ixodes sinensis* Teng，1977

［455］99.6.12　长蝠硬蜱　*Ixodes vespertilionis* Koch，1844

［456］99.7.2　镰形扇头蜱　*Rhipicephalus haemaphysaloides* Supino，1897

［457］99.7.5　血红扇头蜱　*Rhipicephalus sanguineus* Latreille，1806

［458］100.1.1　驴血虱　*Haematopinus asini* Linnaeus，1758

［459］100.1.2　阔胸血虱　*Haematopinus eurysternus* Denny，1842

［460］100.1.4　四孔血虱　*Haematopinus quadripertusus* Fahrenholz，1916

［461］100.1.5　猪血虱　*Haematopinus suis* Linnaeus，1758

［462］100.1.6　瘤突血虱　*Haematopinus tuberculatus* Burmeister，1839

［463］101.1.2　绵羊颚虱　*Linognathus ovillus* Neumann，1907

［464］101.1.3　足颚虱　*Linognathus pedalis* Osborn，1896

［465］101.1.4　棘颚虱　*Linognathus setosus* von Olfers，1816

［466］101.1.5　狭颚虱　*Linognathus stenopsis* Burmeister，1838

［467］101.1.6　牛颚虱　*Linognathus vituli* Linnaeus，1758

［468］101.2.1　侧管管虱　*Solenopotes capillatus* Enderlein，1904

［469］103.1.1　粪种蝇　*Adia cinerella* Fallen，1825

［470］104.2.3　巨尾丽蝇（蛆）　*Calliphora grahami* Aldrich，1930

［471］104.2.9　红头丽蝇（蛆）　*Calliphora vicina* Robineau-Desvoidy，1830

［472］104.2.10　反吐丽蝇（蛆）　*Calliphora vomitoria* Linnaeus，1758

［473］104.3.1　白氏金蝇（蛆）　*Chrysomya bezziana* Villeneuve，1914

［474］104.3.4　大头金蝇（蛆）　*Chrysomya megacephala* Fabricius，1794

［475］104.3.5　广额金蝇　*Chrysomya phaonis* Seguy，1928

［476］104.3.6　肥躯金蝇　*Chrysomya pinguis* Walker，1858

［477］104.5.3　三色依蝇（蛆）　*Idiella tripartita* Bigot，1874

［478］104.6.2　南岭绿蝇（蛆）　*Lucilia bazini* Seguy，1934

［479］104.6.6　铜绿蝇（蛆）　*Lucilia cuprina* Wiedemann，1830

［480］104.6.7　海南绿蝇（蛆）　*Lucilia hainanensis* Fan，1965

［481］104.6.8　亮绿蝇（蛆）　*Lucilia illustris* Meigen，1826

［482］104.6.9　巴浦绿蝇（蛆）　*Lucilia papuensis* Macquart，1842

［483］104.6.11　紫绿蝇（蛆）　*Lucilia porphyrina* Walker，1856

［484］104.6.13　丝光绿蝇（蛆）　*Lucilia sericata* Meigen，1826

［485］105.2.7　荒草库蠓　*Culicoides arakawae* Arakawa，1910

［486］105.2.39　金胸库蠓　*Culicoides fulvithorax* Austen，1912

［487］105.2.52　原野库蠓　*Culicoides homotomus* Kieffer，1921

［488］105.2.69　婪库蠓　*Culicoides laimargus* Zhou et Lee，1984

［489］105.2.96　尖喙库蠓　*Culicoides oxystoma* Kieffer，1910

［490］105.2.105　灰黑库蠓　*Culicoides pulicaris* Linnaeus，1758

［491］105.3.8　低飞蠛蠓　*Lasiohelea humilavolita* Yu et Liu，1982

［492］105.3.11　南方蠛蠓　*Lasiohelea notialis* Yu et Liu，1982

［493］105.3.13　趋光蠛蠓　*Lasiohelea phototropia* Yu et Zhang，1982

［494］105.3.14　台湾蠛蠓　*Lasiohelea taiwana* Shiraki，1913

［495］106.1.2　侧白伊蚊　*Aedes albolateralis* Theobald，1908

［496］106.1.4　白纹伊蚊　*Aedes albopictus* Skuse，1894

［497］106.1.5　圆斑伊蚊　*Aedes annandalei* Theobald，1910

［498］106.1.6　刺管伊蚊　*Aedes caecus* Theobald，1901

［499］106.1.13　棘刺伊蚊　*Aedes elsiae* Barraud，1923

［500］106.1.15　冯氏伊蚊　*Aedes fengi* Edwards，1935

［501］106.1.18　台湾伊蚊　*Aedes formosensis* Yamada，1921

［502］106.1.20　双棘伊蚊　*Aedes hatorii* Yamada，1921

［503］106.1.21　日本伊蚊　*Aedes japonicus* Theobald，1901

［504］106.1.22　朝鲜伊蚊　*Aedes koreicus* Edwards，1917

［505］106.1.30　伪白纹伊蚊　*Aedes pseudalbopictus* Borel，1928

［506］106.1.39　刺扰伊蚊　*Aedes vexans* Meigen，1830

［507］106.1.41　白点伊蚊　*Aedes vittatus* Bigot，1861

［508］106.2.1　乌头按蚊　*Anopheles aconitus* Doenitz，1912

［509］106.2.2　艾氏按蚊　*Anopheles aitkenii* James，1903

［510］106.2.3　环纹按蚊　*Anopheles annularis* van der Wulp，1884

［511］106.2.4　嗜人按蚊　*Anopheles anthropophagus* Xu et Feng，1975

［551］106.4.17　最小库蚊　*Culex minutissimus* Theobald，1907

［552］106.4.19　黑点库蚊　*Culex nigropunctatus* Edwards，1926

［553］106.4.22　白胸库蚊　*Culex pallidothorax* Theobald，1905

［554］106.4.25　伪杂鳞库蚊　*Culex pseudovishnui* Colless，1957

［555］106.4.26　白顶库蚊　*Culex shebbearei* Barraud，1924

［556］106.4.27　中华库蚊　*Culex sinensis* Theobald，1903

［557］106.4.30　纹腿库蚊　*Culex theileri* Theobald，1903

［558］106.4.31　三带喙库蚊　*Culex tritaeniorhynchus* Giles，1901

［559］106.4.32　迷走库蚊　*Culex vagans* Wiedemann，1828

［560］106.4.34　惠氏库蚊　*Culex whitmorei* Giles，1904

［561］106.5.5　银带脉毛蚊　*Culiseta niveitaeniata* Theobald，1907

［562］106.7.2　常型曼蚊　*Manssonia uniformis* Theobald，1901

［563］106.8.1　类按直脚蚊　*Orthopodomyia anopheloides* Giles，1903

［564］106.9.1　竹生杆蚊　*Tripteriodes bambusa* Yamada，1917

［565］106.10.1　安氏蓝带蚊　*Uranotaenia annandalei* Barraud，1926

［566］106.10.2　巨型蓝带蚊　*Uranotaenia maxima* Leicester，1908

［567］106.10.3　新湖蓝带蚊　*Uranotaenia novobscura* Barraud，1934

［568］107.1.1　红尾胃蝇（蛆）　*Gasterophilus haemorrhoidalis* Linnaeus，1758

［569］107.1.3　肠胃蝇（蛆）　*Gasterophilus intestinalis* De Geer，1776

［570］107.1.5　黑腹胃蝇（蛆）　*Gasterophilus pecorum* Fabricius，1794

［571］109.1.1　牛皮蝇（蛆）　*Hypoderma bovis* De Geer，1776

［572］109.1.2　纹皮蝇（蛆）　*Hypoderma lineatum* De Villers，1789

［573］110.2.9　元厕蝇　*Fannia prisca* Stein，1918

［574］110.2.10　瘤胫厕蝇　*Fannia scalaris* Fabricius，1794

［575］110.8.3　北栖家蝇　*Musca bezzii* Patton et Cragg，1913

［576］110.8.4　逐畜家蝇　*Musca conducens* Walker，1859

［577］110.8.8　黑边家蝇　*Musca hervei* Villeneuve，1922

［578］110.8.16　黄腹家蝇　*Musca ventrosa* Wiedemann，1830

［579］110.11.2　紫翠蝇　*Orthellia chalybea* Wiedemann，1830

［580］110.11.4　印度翠蝇　*Orthellia indica* Robineau-Desvoidy，1830

［581］111.2.1　羊狂蝇（蛆）　*Oestrus ovis* Linnaeus，1758

［582］113.1.1　筠连秦蛉　*Chinius junlianensis* Leng，1987

［583］113.3.1　长铗异蛉　*Idiophlebotomus longiforceps* Wang，Ku et Yuan，1974

［584］113.4.3　中华白蛉　*Phlebotomus chinensis* Newstead，1916

［585］113.4.5　江苏白蛉　*Phlebotomus kiangsuensis* Yao et Wu，1938

［586］113.4.11　土门白蛉　*Phlebotomus tumenensis* Wang et Chang，1963

［587］113.4.12　云胜白蛉　*Phlebotomus yunshengensis* Leng et Lewis，1987

［588］113.5.3　鲍氏司蛉　*Sergentomyia barraudi* Sinton，1929

［589］113.5.9　许氏司蛉　*Sergentomyia khawi* Raynal，1936

［590］113.5.10　歌乐山司蛉　*Sergentomyia koloshanensis* Yao et Wu，1946

［591］114.3.1　赭尾别麻蝇（蛆）　*Boettcherisca peregrina* Robineau-Desvoidy，1830

［592］114.5.11　巨耳亚麻蝇　*Parasarcophaga macroauriculata* Ho，1932

［593］114.7.1　白头麻蝇（蛆）　*Sarcophaga albiceps* Meigen，1826

［594］114.7.5　纳氏麻蝇（蛆）　*Sarcophaga knabi* Parker，1917

［595］114.7.7　酱麻蝇（蛆）　*Sarcophaga misera* Walker，1849

［596］114.7.10　野麻蝇（蛆）　*Sarcophaga similis* Meade，1876

［597］115.6.6　粗毛蚋　*Simulium hirtipannus* Puri，1932

［598］115.6.13　五条蚋　*Simulium quinquestriatum* Shiraki，1935

［599］116.2.1　刺血喙蝇　*Haematobosca sanguinolenta* Austen，1909

［600］116.3.1　东方角蝇　*Lyperosia exigua* Meijere，1903

［601］116.4.1　厩螫蝇　*Stomoxys calcitrans* Linnaeus，1758

［602］116.4.3　印度螫蝇　*Stomoxys indicus* Picard，1908

［603］117.1.7　骚扰黄虻　*Atylotus miser* Szilady，1915

［604］117.2.8　舟山斑虻　*Chrysops chusanensis* Ouchi，1939

［605］117.2.10　叉纹虻　*Chrysops dispar* Fabricius，1798

［606］117.2.14　黄胸斑虻　*Chrysops flaviscutellus* Philip，1963

［607］117.2.26　帕氏斑虻　*Chrysops potanini* Pleske，1910

［608］117.2.31　中华斑虻　*Chrysops sinensis* Walker，1856

［609］117.2.39　范氏斑虻　*Chrysops vanderwulpi* Krober，1929

［610］117.5.4　阿萨姆麻虻　*Haematopota assamensis* Ricardo，1911

［611］117.5.13　台湾麻虻　*Haematopota formosana* Shiraki，1918

［612］117.5.21　爪哇麻虻　*Haematopota javana* Wiedemann，1821

［613］117.6.70　峨眉山瘤虻　*Hybomitra omeishanensis* Xu et Li，1982

［614］117.11.2　土灰虻　*Tabanus amaenus* Walker，1848

［615］117.11.6　金条虻　*Tabanus aurotestaceus* Walker，1854

［616］117.11.11　缅甸虻　*Tabanus birmanicus* Bigot，1892

［617］117.11.25　浙江虻　*Tabanus chekiangensis* Ouchi，1943

［618］117.11.32　似类柯虻　*Tabanus cordigeroides* Chen et Xu，1992

［619］117.11.41　台湾虻　*Tabanus formosiensis* Ricardo，1911

［620］117.11.43　棕带虻　*Tabanus fulvicinctus* Ricardo，1914

［621］117.11.58　贵州虻　*Tabanus guizhouensis* Chen et Xu，1992

［622］117.11.61　杭州虻　*Tabanus hongchowensis* Liu，1962

［623］117.11.62　似杭州虻　*Tabanus hongchowoides* Chen et Xu，1992

［624］117.11.65　似矮小虻　*Tabanus humiloides* Xu，1980

［625］117.11.69　印度虻　*Tabanus indianus* Ricardo，1911

［626］117.11.78　江苏虻　*Tabanus kiangsuensis* Krober，1933

［627］117.11.81　广西虻　*Tabanus kwangsinensis* Wang et Liu，1977

［628］117.11.88　线带虻　*Tabanus lineataenia* Xu，1979

海南省寄生虫种名
Species of Parasites in Hainan Province

原虫　Protozoon

[1] 3.2.2　伊氏锥虫　*Trypanosoma evansi*（Steel，1885）Balbiani，1888

[2] 7.2.2　堆型艾美耳球虫　Eimeria acervulina Tyzzer，1929

[3] 7.2.48　哈氏艾美耳球虫　*Eimeria hagani* Levine，1938

[4] 7.2.67　巨型艾美耳球虫　*Eimeria maxima* Tyzzer，1929

[5] 7.2.69　和缓艾美耳球虫　*Eimeria mitis* Tyzzer，1929

[6] 7.2.72　毒害艾美耳球虫　*Eimeria necatrix* Johnson，1930

[7] 7.2.90　早熟艾美耳球虫　*Eimeria praecox* Johnson，1930

[8] 7.2.107　柔嫩艾美耳球虫　*Eimeria tenella*（Railliet et Lucet，1891）Fantham，1909

[9] 8.1.1　卡氏住白细胞虫　*Leucocytozoon caulleryii* Mathis et Léger，1909

[10] 8.1.2　沙氏住白细胞虫　*Leucocytozoon sabrazesi* Mathis et Léger，1910

[11] 10.3.8　梭形住肉孢子虫　*Sarcocystis fusiformis*（Railliet，1897）Bernard et Bauche，1912

[12] 10.4.1　龚地弓形虫　*Toxoplasma gondii*（Nicolle et Manceaux，1908）Nicolle et Manceaux，1909

[13] 12.1.3　山羊泰勒虫　*Theileria hirci* Dschunkowsky et Urodschevich，1924

[14] 14.1.1　结肠小袋虫　*Balantidium coli*（Malmsten，1857）Stein，1862

绦虫　Cestode

[15] 15.4.2　贝氏莫尼茨绦虫　*Moniezia benedeni*（Moniez，1879）Blanchard，1891

[16] 15.4.4　扩展莫尼茨绦虫　*Moniezia expansa*（Rudolphi，1810）Blanchard，1891

[17] 16.1.1　双性孔卡杜绦虫　*Cotugnia digonopora* Pasquale，1890

[18] 16.2.3　原节戴维绦虫　*Davainea proglottina*（Davaine，1860）Blanchard，1891

[19] 16.3.4　棘盘瑞利绦虫　*Raillietina echinobothrida* Megnin，1881

[20] 16.3.6　大珠鸡瑞利绦虫　*Raillietina magninumida* Jones，1930

[21] 16.3.12　四角瑞利绦虫　*Raillietina tetragona* Molin，1858

[22] 17.1.1　楔形变带绦虫　*Amoebotaenia cuneata* von Linstow，1872

[23] 17.2.2　漏斗漏带绦虫　*Choanotaenia infundibulum* Bloch，1779

[24] 17.4.1　犬复孔绦虫　*Dipylidium caninum*（Linnaeus，1758）Leuckart，1863

[25] 17.6.1　纤毛萎吻绦虫　*Unciunia ciliata*（Fuhrmann，1913）Metevosyan，1963

[26] 19.2.2　福建单睾绦虫　*Aploparaksis fukinensis* Lin，1959

［27］19.2.3 　叉棘单睾绦虫　*Aploparaksis furcigera* Rudolphi，1819

［28］19.3.1 　大头腔带绦虫　*Cloacotaenia megalops* Nitzsch in Creplin，1829

［29］19.7.1 　矛形剑带绦虫　*Drepanidotaenia lanceolata* Bloch，1782

［30］19.9.1 　致疡棘壳绦虫　*Echinolepis carioca*（Magalhaes，1898）Spasskii et Spasskaya，
　　　　　1954

［31］19.10.2 　片形縧缘绦虫　*Fimbriaria fasciolaris* Pallas，1781

［32］19.12.13 　小膜壳绦虫　*Hymenolepis parvula* Kowalewski，1904

［33］19.19.3 　长茎网宫绦虫　*Retinometra longicirrosa*（Fuhrmann，1906）Spassky，1963

［34］19.22.1 　坎塔尼亚隐壳绦虫　*Staphylepis cantaniana* Polonio，1860

［35］21.3.2.1 　脑多头蚴　*Coenurus cerebralis* Batsch，1786

［36］21.4.1 　泡状带绦虫　*Taenia hydatigena* Pallas，1766

［37］21.4.1.1 　细颈囊尾蚴　*Cysticercus tenuicollis* Rudolphi，1810

［38］21.4.3.1 　豆状囊尾蚴　*Cysticercus pisiformis* Bloch，1780

［39］21.4.5 　猪囊尾蚴　*Cysticercus cellulosae* Gmelin，1790

吸虫　Trematode

［40］23.1.9 　变棘隙吸虫　*Echinochasmus mirabilis* Wang，1959

［41］23.3.15 　宫川棘口吸虫　*Echinostoma miyagawai* Ishii，1932

［42］23.3.19 　接睾棘口吸虫　*Echinostoma paraulum* Dietz，1909

［43］23.3.22 　卷棘口吸虫　*Echinostoma revolutum*（Fröhlich，1802）Looss，1899

［44］23.3.23 　强壮棘口吸虫　*Echinostoma robustum* Yamaguti，1935

［45］23.4.1 　犬外隙吸虫　*Episthmium canium*（Verma，1935）Yamaguti，1958

［46］24.1.1 　大片形吸虫　*Fasciola gigantica* Cobbold，1856

［47］24.1.2 　肝片形吸虫　*Fasciola hepatica* Linnaeus，1758

［48］24.2.1 　布氏姜片吸虫　*Fasciolopsis buski*（Lankester，1857）Odhner，1902

［49］25.2.7 　长菲策吸虫　*Fischoederius elongatus*（Poirier，1883）Stiles et Goldberger，1910

［50］25.3.3 　荷包腹袋吸虫　*Gastrothylax crumenifer*（Creplin，1847）Otto，1896

［51］27.8.1 　野牛平腹吸虫　*Homalogaster paloniae* Poirier，1883

［52］27.11.2 　鹿同盘吸虫　*Paramphistomum cervi* Zeder，1790

［53］30.11.1 　马尼拉斑皮吸虫　*Stictodora manilensis* Africa et Garcia，1935

［54］31.3.1 　中华枝睾吸虫　*Clonorchis sinensis*（Cobbolb，1875）Looss，1907

［55］32.2.2 　腔阔盘吸虫　*Eurytrema coelomaticum*（Giard et Billet，1892）Looss，1907

［56］32.2.7 　胰阔盘吸虫　*Eurytrema pancreaticum*（Janson，1889）Looss，1907

［57］39.1.1 　鸭前殖吸虫　*Prosthogonimus anatinus* Markow，1903

［58］39.1.4 　楔形前殖吸虫　*Prosthogonimus cuneatus* Braun，1901

［59］39.1.20 　斯氏前殖吸虫　*Prosthogonimus skrjabini* Zakharov，1920

线虫　Nematode

［60］48.1.4 　猪蛔虫　*Ascaris suum* Goeze，1782

［61］49.1.4 　鸡禽蛔虫　*Ascaridia galli*（Schrank，l788）Freeborn，1923

［62］50.1.1　犬弓首蛔虫　*Toxocara canis*（Werner，1782）Stiles，1905

［63］52.6.1　海氏辛格丝虫　*Singhfilaria hayesi* Anderson et Prestwood，1969

［64］54.1.1　零陵油脂线虫　*Elaeophora linglingense* Cheng，1982

［65］55.1.9　唇乳突丝状线虫　*Setaria labiatopapillosa* Alessandrini，1838

［66］60.1.5　粪类圆线虫　*Strongyloides stercoralis*（Bavay，1876）Stiles et Hassall，1902

［67］61.2.1　长鼻咽饰带线虫　*Dispharynx nasuta*（Rudolphi，1819）Railliet，Henry et Sisoff，1912

［68］61.3.1　钩状棘结线虫　*Echinuria uncinata*（Rudolphi，1819）Soboview，1912

［69］61.7.1　厚尾束首线虫　*Streptocara crassicauda* Creplin，1829

［70］63.1.1　嗉囊筒线虫　*Gongylonema ingluvicola* Ransom，1904

［71］63.1.3　美丽筒线虫　*Gongylonema pulchrum* Molin，1857

［72］67.1.1　有齿蛔状线虫　*Ascarops dentata* Linstow，1904

［73］67.1.2　圆形蛔状线虫　*Ascarops strongylina* Rudolphi，1819

［74］67.2.1　六翼泡首线虫　*Physocephalus sexalatus* Molin，1860

［75］68.1.1　美洲四棱线虫　*Tetrameres americana* Cram，1927

［76］68.1.3　分棘四棱线虫　*Tetrameres fissispina* Diesing，1861

［77］69.1.1　孟氏尖旋线虫　*Oxyspirura mansoni*（Cobbold，1879）Ransom，1904

［78］70.1.3　鹅裂口线虫　*Amidostomum anseris* Zeder，1800

［79］71.1.2　犬钩口线虫　*Ancylostoma caninum*（Ercolani，1859）Hall，1913

［80］71.1.4　十二指肠钩口线虫　*Ancylostoma duodenale*（Dubini，1843）Creplin，1845

［81］71.2.2　羊仰口线虫　*Bunostomum trigonocephalum*（Rudolphi，1808）Railliet，1902

［82］71.4.2　长钩球首线虫　*Globocephalus longemucronatus* Molin，1861

［83］71.4.5　锥尾球首线虫　*Globocephalus urosubulatus* Alessandrini，1909

［84］72.2.1　双管鲍吉线虫　*Bourgelatia diducta* Railliet，Henry et Bauche，1919

［85］72.4.2　粗纹食道口线虫　*Oesophagostomum asperum* Railliet et Henry，1913

［86］72.4.3　短尾食道口线虫　*Oesophagostomum brevicaudum* Schwartz et Alicata，1930

［87］72.4.4　哥伦比亚食道口线虫　*Oesophagostomum columbianum*（Curtice，1890）Stossich，1899

［88］72.4.8　甘肃食道口线虫　*Oesophagostomum kansuensis* Hsiung et K'ung，1955

［89］72.4.14　华氏食道口线虫　*Oesophagostomum watanabei* Yamaguti，1961

［90］74.1.4　丝状网尾线虫　*Dictyocaulus filaria*（Rudolphi，1809）Railliet et Henry，1907

［91］74.1.6　胎生网尾线虫　*Dictyocaulus viviparus*（Bloch，1782）Railliet et Henry，1907

［92］75.1.2　复阴后圆线虫　*Metastrongylus pudendotectus* Wostokow，1905

［93］75.1.3　萨氏后圆线虫　*Metastrongylus salmi* Gedoelst，1923

［94］77.4.3　霍氏原圆线虫　*Protostrongylus hobmaieri*（Schulz，Orloff et Kutass，1933）Cameron，1934

［95］79.1.1　有齿冠尾线虫　*Stephanurus dentatus* Diesing，1839

［96］81.2.2　气管比翼线虫　*Syngamus trachea* von Siebold，1836

［97］82.2.12　栉状古柏线虫　*Cooperia pectinata* Ransom，1907

428

[98] 82.3.2　捻转血矛线虫　*Haemonchus contortus*（Rudolphi，1803）Cobbold，1898

[99] 82.3.3　长柄血矛线虫　*Haemonchus longistipe* Railliet et Henry，1909

[100] 82.4.1　红色猪圆线虫　*Hyostrongylus rebidus*（Hassall et Stiles，1892）Hall，1921

[101] 82.5.5　马氏马歇尔线虫　*Marshallagia marshalli* Ransom，1907

[102] 82.5.6　蒙古马歇尔线虫　*Marshallagia mongolica* Schumakovitch，1938

[103] 82.6.1　指形长刺线虫　*Mecistocirrus digitatus*（Linstow，1906）Railliet et Henry，1912

[104] 82.11.20　奥氏奥斯特线虫　*Ostertagia ostertagi*（Stiles，1892）Ransom，1907

[105] 82.15.2　艾氏毛圆线虫　*Trichostrongylus axei*（Cobbold，1879）Railliet et Henry，1909

[106] 82.15.5　蛇形毛圆线虫　*Trichostrongylus colubriformis*（Giles，1892）Looss，1905

[107] 83.1.3　鹅毛细线虫　*Capillaria anseris* Madsen，1945

[108] 83.1.9　长柄毛细线虫　*Capillaria longipes* Ransen，1911

[109] 83.4.1　鸭纤形线虫　*Thominx anatis* Schrank，1790

[110] 85.1.6　兰氏鞭虫　*Trichuris lani* Artjuch，1948

[111] 85.1.12　猪鞭虫　*Trichuris suis* Schrank，1788

棘头虫　Acanthocephalan

[112] 86.1.1　蛭形巨吻棘头虫　*Macracanthorhynchus hirudinaceus*（Pallas，1781）Travassos，1917

节肢动物　Arthropod

[113] 88.2.1　双梳羽管螨　*Syringophilus bipectinatus* Heller，1880

[114] 95.3.1.9　猪疥螨　*Sarcoptes scabiei* var. *suis* Gerlach，1857

[115] 99.1.1　爪哇花蜱　*Amblyomma javanense* Supino，1897

[116] 99.1.2　龟形花蜱　*Amblyomma testudinarium* Koch，1844

[117] 99.2.1　微小牛蜱　*Boophilus microplus* Canestrini，1887

[118] 99.3.2　金泽革蜱　*Dermacentor auratus* Supino，1897

[119] 99.4.7　具角血蜱　*Haemaphysalis cornigera* Neumann，1897

[120] 99.4.10　台湾血蜱　*Haemaphysalis formosensis* Neumann，1913

[121] 99.4.11　豪猪血蜱　*Haemaphysalis hystricis* Supino，1897

[122] 99.4.29　微型血蜱　*Haemaphysalis wellingtoni* Nuttall et Warburton，1908

[123] 99.4.31　越原血蜱　*Haemaphysalis yeni* Toumanoff，1944

[124] 99.5.7　边缘璃眼蜱印度亚种　*Hyalomma marginatum indosinensis* Toumanoff，1944

[125] 99.6.4　粒形硬蜱　*Ixodes granulatus* Supino，1897

[126] 99.7.1　囊形扇头蜱　*Rhipicephalus bursa* Canestrini et Fanzago，1877

[127] 99.7.2　镰形扇头蜱　*Rhipicephalus haemaphysaloides* Supino，1897

[128] 99.7.5　血红扇头蜱　*Rhipicephalus sanguineus* Latreille，1806

[129] 100.1.2　阔胸血虱　*Haematopinus eurysternus* Denny，1842

[130] 100.1.5　猪血虱　*Haematopinus suis* Linnaeus，1758

[131] 100.1.6　瘤突血虱　*Haematopinus tuberculatus* Burmeister，1839

[132] 104.1.1　绯颜裸金蝇　*Achoetandrus rufifacies* Macquart，1843

[133] 104.2.3　巨尾丽蝇（蛆）　*Calliphora grahami* Aldrich，1930

[134] 104.3.1　白氏金蝇（蛆）　*Chrysomya bezziana* Villeneuve，1914

[135] 104.3.2　星岛金蝇　*Chrysomya chani* Kurahashi，1979

[136] 104.3.4　大头金蝇（蛆）　*Chrysomya megacephala* Fabricius，1794

[137] 104.3.6　肥躯金蝇　*Chrysomya pinguis* Walker，1858

[138] 104.6.2　南岭绿蝇（蛆）　*Lucilia bazini* Seguy，1934

[139] 104.6.6　铜绿蝇（蛆）　*Lucilia cuprina* Wiedemann，1830

[140] 104.6.7　海南绿蝇（蛆）　*Lucilia hainanensis* Fan，1965

[141] 104.6.13　丝光绿蝇（蛆）　*Lucilia sericata* Meigen，1826

[142] 105.2.1　琉球库蠓　*Culicoides actoni* Smith，1929

[143] 105.2.6　嗜蚊库蠓　*Culicoides anophelis* Edwards，1922

[144] 105.2.7　荒草库蠓　*Culicoides arakawae* Arakawa，1910

[145] 105.2.10　巴沙库蠓　*Culicoides baisasi* Wirth et Hubert，1959

[146] 105.2.11　短须库蠓　*Culicoides brevipalpis* Delfinado，1961

[147] 105.2.12　短跗库蠓　*Culicoides brevitarsis* Kieffer，1917

[148] 105.2.17　环斑库蠓　*Culicoides circumscriptus* Kieffer，1918

[149] 105.2.18　棒须库蠓　*Culicoides clavipalpis* Mukerji，1931

[150] 105.2.19　开裂库蠓　*Culicoides cleaves* Liu，1995

[151] 105.2.27　指突库蠓　*Culicoides duodenarius* Kieffer，1921

[152] 105.2.33　黄胸库蠓　*Culicoides flavescens* Macfie，1937

[153] 105.2.34　黄肩库蠓　*Culicoides flaviscutatus* Wirth et Hubert，1959

[154] 105.2.37　海栖库蠓　*Culicoides fretensis* Wang et Yu，1990

[155] 105.2.38　福建库蠓　*Culicoides fukienensis* Chen et Tsai，1962

[156] 105.2.40　林岛库蠓　*Culicoides gaponus* Yu，1982

[157] 105.2.41　大室库蠓　*Culicoides gemellus* Macfie，1934

[158] 105.2.44　吉氏库蠓　*Culicoides gewertzi* Causey，1938

[159] 105.2.47　海南库蠓　*Culicoides hainanensis* Lee，1975

[160] 105.2.48　赫氏库蠓　*Culicoides hegneri* Causey，1938

[161] 105.2.52　原野库蠓　*Culicoides homotomus* Kieffer，1921

[162] 105.2.54　霍飞库蠓　*Culicoides huffi* Causey，1938

[163] 105.2.56　肩宏库蠓　*Culicoides humeralis* Okada，1941

[164] 105.2.57　残肢库蠓　*Culicoides imicola* Kieffer，1913

[165] 105.2.58　印度库蠓　*Culicoides indianus* Macfie，1932

[166] 105.2.59　无害库蠓　*Culicoides innoxius* Sen et Das Gupta，1959

[167] 105.2.62　加库蠓　*Culicoides jacobsoni* Macfie，1934

[168] 105.2.64　尖峰库蠓　*Culicoides jianfenglingensis* Liu，1995

[169] 105.2.67　洋岛库蠓　Culicoides kinabaluensis Wirth et Hubert，1989

[170] 105.2.68　沽山库蠓　*Culicoides kusaiensis* Tokunaga，1940

[171] 105.2.72　陵水库蠓　*Culicoides lingshuiensis* Lee，1975

［172］105.2.81　多斑库蠓　*Culicoides maculatus* Shiraki，1913

［173］105.2.82　马来库蠓　*Culicoides malayae* Macfie，1937

［174］105.2.86　三保库蠓　*Culicoides mihensis* Arnaud，1956

［175］105.2.89　日本库蠓　*Culicoides nipponensis* Tokunaga，1955

［176］105.2.90　裸须库蠓　*Culicoides nudipalpis* Delfinado，1961

［177］105.2.93　大熊库蠓　*Culicoides okumensis* Arnaud，1956

［178］105.2.94　山栖库蠓　*Culicoides orestes* Wirth et Hubert，1989

［179］105.2.95　东方库蠓　*Culicoides orientalis* Macfie，1932

［180］105.2.96　尖喙库蠓　*Culicoides oxystoma* Kieffer，1910

［181］105.2.97　巴涝库蠓　*Culicoides palauensis* Tokunaga，1959

［182］105.2.98　细须库蠓　*Culicoides palpifer* Das Gupta et Ghosh，1956

［183］105.2.99　趋黄库蠓　*Culicoides paraflavescens* Wirth et Hubert，1959

［184］105.2.100　褐肩库蠓　*Culicoides parahumeralis* Wirth et Hubert，1989

［185］105.2.102　帛琉库蠓　*Culicoides peliliouensis* Tokunaga，1936

［186］105.2.103　异域库蠓　*Culicoides peregrinus* Kieffer，1910

［187］105.2.112　肖特库蠓　*Culicoides shortti* Smith et Swaminath，1932

［188］105.2.114　苏岛库蠓　*Culicoides sumatrae* Macfie，1934

［189］105.2.116　石岛库蠓　*Culicoides toshiokai* Kitaoka，1975

［190］105.2.117　三黑库蠓　*Culicoides tritenuifasciatus* Tokunaga，1959

［191］105.2.119　多毛库蠓　*Culicoides verbosus* Tokunaga，1937

［192］105.3.1　刻斑蠛蠓　*Lasiohelea caelomacula* Liu，Ge et Liu，1996

［193］105.3.3　儋县蠛蠓　*Lasiohelea danxianensis* Yu et Liu，1982

［194］105.3.4　吊罗蠛蠓　*Lasiohelea diaoluoensis* Yu et Liu，1982

［195］105.3.6　峨嵋蠛蠓　*Lasiohelea emeishana* Yu et Liu，1982

［196］105.3.8　低飞蠛蠓　*Lasiohelea humilavolita* Yu et Liu，1982

［197］105.3.9　长角蠛蠓　*Lasiohelea longicornis* Tokunaga，1940

［198］105.3.10　混杂蠛蠓　*Lasiohelea mixta* Yu et Liu，1982

［199］105.3.12　贫齿蠛蠓　*Lasiohelea paucidentis* Lien，1991

［200］105.3.13　趋光蠛蠓　*Lasiohelea phototropia* Yu et Zhang，1982

［201］105.3.14　台湾蠛蠓　*Lasiohelea taiwana* Shiraki，1913

［202］105.3.15　钩茎蠛蠓　*Lasiohelea uncusipenis* Yu et Zhang，1982

［203］105.4.6　海峡细蠓　*Leptoconops fretus* Yu et Zhan，1990

［204］105.4.11　牙龙细蠓　*Leptoconops yalongensis* Yu et Wang，1988

［205］106.1.1　埃及伊蚊　*Aedes aegypti* Linnaeus，1762

［206］106.1.2　侧白伊蚊　*Aedes albolateralis* Theobald，1908

［207］106.1.3　白线伊蚊　*Aedes albolineatus* Theobald，1904

［208］106.1.4　白纹伊蚊　*Aedes albopictus* Skuse，1894

［209］106.1.6　刺管伊蚊　*Aedes caecus* Theobald，1901

［210］106.1.13　棘刺伊蚊　*Aedes elsiae* Barraud，1923

［211］106.1.18　台湾伊蚊　*Aedes formosensis* Yamada，1921

［212］106.1.21　日本伊蚊　*Aedes japonicus* Theobald，1901

［213］106.1.25　窄翅伊蚊　*Aedes lineatopennis* Ludlow，1905

［214］106.1.27　中线伊蚊　*Aedes mediolineatus* Theobald，1901

［215］106.1.30　伪白纹伊蚊　*Aedes pseudalbopictus* Borel，1928

［216］106.1.37　东乡伊蚊　*Aedes togoi* Theobald，1907

［217］106.1.39　刺扰伊蚊　*Aedes vexans* Meigen，1830

［218］106.1.40　警觉伊蚊　*Aedes vigilax* Skuse，1889

［219］106.1.41　白点伊蚊　*Aedes vittatus* Bigot，1861

［220］106.2.1　乌头按蚊　*Anopheles aconitus* Doenitz，1912

［221］106.2.2　艾氏按蚊　*Anopheles aitkenii* James，1903

［222］106.2.3　环纹按蚊　*Anopheles annularis* van der Wulp，1884

［223］106.2.4　嗜人按蚊　*Anopheles anthropophagus* Xu et Feng，1975

［224］106.2.5　须喙按蚊　*Anopheles barbirostris* van der Wulp，1884

［225］106.2.8　库态按蚊　*Anopheles culicifacies* Giles，1901

［226］106.2.9　大劣按蚊　*Anopheles dirus* Peyton et Harrison，1979

［227］106.2.10　溪流按蚊　*Anopheles fluviatilis* James，1902

［228］106.2.16　杰普尔按蚊日月潭亚种　*Anopheles jeyporiensis candidiensis* Koidzumi，1924

［229］106.2.18　寇氏按蚊　*Anopheles kochi* Donitz，1901

［230］106.2.24　多斑按蚊　*Anopheles maculatus* Theobald，1901

［231］106.2.26　微小按蚊　*Anopheles minimus* Theobald，1901

［232］106.2.29　菲律宾按蚊　*Anopheles philippinensis* Ludlow，1902

［233］106.2.32　中华按蚊　*Anopheles sinensis* Wiedemann，1828

［234］106.2.34　美彩按蚊　*Anopheles splendidus* Koidzumi，1920

［235］106.2.35　斯氏按蚊　*Anopheles stephensi* Liston，1901

［236］106.2.36　浅色按蚊　*Anopheles subpictus* Grassi，1899

［237］106.2.37　棋斑按蚊　*Anopheles tessellatus* Theobald，1901

［238］106.2.38　迷走按蚊　*Anopheles vagus* Donitz，1902

［239］106.2.39　瓦容按蚊　*Anopheles varuna* Iyengar，1924

［240］106.3.2　达勒姆阿蚊　*Armigeres durhami* Edwards，1917

［241］106.3.4　骚扰阿蚊　*Armigeres subalbatus* Coquillett，1898

［242］106.4.1　麻翅库蚊　*Culex bitaeniorhynchus* Giles，1901

［243］106.4.2　短须库蚊　*Culex brevipalpis* Giles，1902

［244］106.4.3　致倦库蚊　*Culex fatigans* Wiedemann，1828

［245］106.4.4　叶片库蚊　*Culex foliatus* Brug，1932

［246］106.4.5　褐尾库蚊　*Culex fuscanus* Wiedemann，1820

［247］106.4.6　棕头库蚊　*Culex fuscocephalus* Theobald，1907

［248］106.4.7　白雪库蚊　*Culex gelidus* Theobald，1901

［249］106.4.8　贪食库蚊　*Culex halifaxia* Theobald，1903

432

［289］114.3.1　赭尾别麻蝇（蛆）　*Boettcherisca peregrina* Robineau-Desvoidy，1830

［290］114.7.1　白头麻蝇（蛆）　*Sarcophaga albiceps* Meigen，1826

［291］114.7.5　纳氏麻蝇（蛆）　*Sarcophaga knabi* Parker，1917

［292］114.7.7　酱麻蝇（蛆）　*Sarcophaga misera* Walker，1849

［293］114.7.10　野麻蝇（蛆）　*Sarcophaga similis* Meade，1876

［294］115.3.2　后宽蝇蚋　*Gomphostilbia metatarsale* Brunetti，1911

［295］115.3.3　凭祥蝇蚋　*Gomphostilbia pingxiangense* An et Hao，1990

［296］115.6.11　节蚋　*Simulium nodosum* Puri，1933

［297］115.6.13　五条蚋　*Simulium quinquestriatum* Shiraki，1935

［298］116.2.1　刺血喙蝇　*Haematobosca sanguinolenta* Austen，1909

［299］116.3.1　东方角蝇　*Lyperosia exigua* Meijere，1903

［300］116.3.3　微小角蝇　*Lyperosia mimuta* Bezzi，1892

［301］116.4.1　厩螯蝇　*Stomoxys calcitrans* Linnaeus，1758

［302］116.4.2　南螯蝇　*Stomoxys dubitalis* Malloch，1932

［303］116.4.3　印度螯蝇　*Stomoxys indicus* Picard，1908

［304］116.4.4　琉球螯蝇　*Stomoxys uruma* Shinonaga et Kano，1966

［305］117.2.10　叉纹虻　*Chrysops dispar* Fabricius，1798

［306］117.2.14　黄胸斑虻　*Chrysops flaviscutellus* Philip，1963

［307］117.2.16　黄带斑虻　*Chrysops flavocinctus* Ricardo，1902

［308］117.2.39　范氏斑虻　*Chrysops vanderwulpi* Krober，1929

［309］117.5.4　阿萨姆麻虻　*Haematopota assamensis* Ricardo，1911

［310］117.5.5　白条麻虻　*Haematopota atrata* Szilady，1926

［311］117.5.17　海南麻虻　*Haematopota hainanensis* Stone et Philip，1974

［312］117.5.21　爪哇麻虻　*Haematopota javana* Wiedemann，1821

［313］117.5.39　毛股麻虻　*Haematopota pilosifemura* Xu，1980

［314］117.5.57　五指山麻虻　*Haematopota wuzhishanensis* Xu，1980

［315］117.7.1　海南指虻　*Isshikia hainanensis* Wang，1992

［316］117.11.2　土灰虻　*Tabanus amaenus* Walker，1848

［317］117.11.6　金条虻　*Tabanus aurotestaceus* Walker，1854

［318］117.11.11　缅甸虻　*Tabanus birmanicus* Bigot，1892

［319］117.11.23　垩石虻　*Tabanus cementus* Xu et Liao，1984

［320］117.11.25　浙江虻　*Tabanus chekiangensis* Ouchi，1943

［321］117.11.35　柱胛虻　*Tabanus cylindrocallus* Wang，1988

［322］117.11.37　黄头虻　*Tabanus flavicapitis* Wang et Liu，1977

［323］117.11.43　棕带虻　*Tabanus fulvicinctus* Ricardo，1914

［324］117.11.59　海南虻　*Tabanus hainanensis* Stone，1972

［325］117.11.61　杭州虻　*Tabanus hongchowensis* Liu，1962

［326］117.11.66　直带虻　*Tabanus hydridus* Wiedemann，1828

［327］117.11.69　印度虻　*Tabanus indianus* Ricardo，1911

[328] 117.11.78　江苏虻　*Tabanus kiangsuensis* Krober，1933

[329] 117.11.87　黎母山虻　*Tabanus limushanensis* Xu，1979

[330] 117.11.111　暗嗜虻　*Tabanus nigrimordicus* Xu，1979

[331] 117.11.114　暗糊虻　*Tabanus obsurus* Xu，1983

[332] 117.11.113　弱斑虻　*Tabanus obsoletimaculus* Xu，1983

[333] 117.11.116　似冲绳虻　*Tabanus okinawanoides* Xu，1989

[334] 117.11.121　壮虻　*Tabanus omnirobustus* Wang，1988

[335] 117.11.126　浅胸虻　*Tabanus pallidepectoratus* Bigot，1892

[336] 117.11.141　五带虻　*Tabanus quinquecinctus* Ricardo，1914

[337] 117.11.144　红色虻　*Tabanus rubidus* Wiedemann，1821

[338] 117.11.145　赤腹虻　*Tabanus rufiventris* Fabricius，1805

[339] 117.11.158　纹带虻　*Tabanus striatus* Fabricius，1787

[340] 117.11.176　五指山虻　*Tabanus wuzhishanensis* Xu，1979

[341] 118.3.1　鸡羽虱　*Menopon gallinae* Linnaeus，1758

[342] 118.4.3　鸭巨羽虱　*Trinoton querquedulae* Linnaeus，1758

[343] 119.6.1　鸡角羽虱　*Goniodes dissimilis* Denny，1842

[344] 119.7.2　细长羽虱　*Lipeurus gallipavonis* Geoffroy，1762

[345] 119.7.3　广幅长羽虱　*Lipeurus heterographus* Nitzsch，1866

[346] 119.7.5　鸡长羽虱　*Lipeurus variabilis* Burmeister，1838

[347] 120.1.2　山羊毛虱　*Bovicola caprae* Gurlt，1843

[348] 125.1.1　犬栉首蚤　*Ctenocephalide canis* Curtis，1826

[349] 125.1.2　猫栉首蚤　*Ctenocephalide felis* Bouche，1835

河北省寄生虫种名
Species of Parasites in Hebei Province

原虫　Protozoon

[1] 2.1.1　蓝氏贾第鞭毛虫　*Giardia lamblia* Stiles，1915

[2] 3.1.1　杜氏利什曼原虫　*Leishmania donovani*（Laveran et Mesnil，1903）Ross，1903

[3] 3.2.1　马媾疫锥虫　*Trypanosoma equiperdum* Doflein，1901

[4] 3.2.2　伊氏锥虫　*Trypanosoma evansi*（Steel，1885）Balbiani，l888

[5] 4.1.1　火鸡组织滴虫　*Histomonas meleagridis* Tyzzer，1920

[6] 5.3.1　胎儿三毛滴虫　*Tritrichomonas foetus*（Riedmüller，1928）Wenrich et Emmerson，1933

［7］6.1.2 贝氏隐孢子虫 *Cryptosporidium baileyi* Current，Upton et Haynes，1986

［8］6.1.8 鼠隐孢子虫 *Cryptosporidium muris* Tyzzer，1907

［9］6.1.9 微小隐孢子虫 *Cryptosporidium parvum* Tyzzer，1912

［10］7.2.2 堆型艾美耳球虫 *Eimeria acervulina* Tyzzer，1929

［11］7.2.3 阿沙塔艾美耳球虫 *Eimeria ahsata* Honess，1942

［12］7.2.5 艾丽艾美耳球虫 *Eimeria alijevi* Musaev，1970

［13］7.2.8 阿普艾美耳球虫 *Eimeria apsheronica* Musaev，1970

［14］7.2.9 阿洛艾美耳球虫 *Eimeria arloingi*（Marotel，1905）Martin，1909

［15］7.2.10 奥博艾美耳球虫 *Eimeria auburnensis* Christensen et Porter，1939

［16］7.2.13 巴库艾美耳球虫 *Eimeria bakuensis* Musaev，1970

［17］7.2.16 牛艾美耳球虫 *Eimeria bovis*（Züblin，1908）Fiebiger，1912

［18］7.2.18 巴西利亚艾美耳球虫 *Eimeria brasiliensis* Torres et Ramos，1939

［19］7.2.24 山羊艾美耳球虫 *Eimeria caprina* Lima，1979

［20］7.2.27 蠕孢艾美耳球虫 *Eimeria cerdonis* Vetterling，1965

［21］7.2.28 克里氏艾美耳球虫 *Eimeria christenseni* Levine，Ivens et Fritz，1962

［22］7.2.30 盲肠艾美耳球虫 *Eimeria coecicola* Cheissin，1947

［23］7.2.31 槌状艾美耳球虫 *Eimeria crandallis* Honess，1942

［24］7.2.34 蒂氏艾美耳球虫 *Eimeria debliecki* Douwes，1921

［25］7.2.36 椭圆艾美耳球虫 *Eimeria ellipsoidalis* Becker et Frye，1929

［26］7.2.37 长形艾美耳球虫 *Eimeria elongata* Marotel et Guilhon，1941

［27］7.2.38 微小艾美耳球虫 *Eimeria exigua* Yakimoff，1934

［28］7.2.40 福氏艾美耳球虫 *Eimeria faurei*（Moussu et Marotel，1902）Martin，1909

［29］7.2.41 黄色艾美耳球虫 *Eimeria flavescens* Marotel et Guilhon，1941

［30］7.2.45 颗粒艾美耳球虫 *Eimeria granulosa* Christensen，1938

［31］7.2.50 家山羊艾美耳球虫 *Eimeria hirci* Chevalier，1966

［32］7.2.52 肠艾美耳球虫 *Eimeria intestinalis* Cheissin，1948

［33］7.2.53 错乱艾美耳球虫 *Eimeria intricata* Spiegl，1925

［34］7.2.54 无残艾美耳球虫 *Eimeria irresidua* Kessel et Jankiewicz，1931

［35］7.2.56 约奇艾美耳球虫 *Eimeria jolchijevi* Musaev，1970

［36］7.2.61 兔艾美耳球虫 *Eimeria leporis* Nieschulz，1923

［37］7.2.63 大型艾美耳球虫 *Eimeria magna* Pérard，1925

［38］7.2.66 马氏艾美耳球虫 *Eimeria matsubayashii* Tsunoda，1952

［39］7.2.67 巨型艾美耳球虫 *Eimeria maxima* Tyzzer，1929

［40］7.2.68 中型艾美耳球虫 *Eimeria media* Kessel，1929

［41］7.2.69 和缓艾美耳球虫 *Eimeria mitis* Tyzzer，1929

［42］7.2.70 变位艾美耳球虫 *Eimeria mivati* Edgar et Siebold，1964

［43］7.2.71 纳格浦尔艾美耳球虫 *Eimeria nagpurensis* Gill et Ray，1960

［44］7.2.72 毒害艾美耳球虫 *Eimeria necatrix* Johnson，1930

［45］7.2.74 新兔艾美耳球虫 *Eimeria neoleporis* Carvalho，1942

［46］7.2.75　尼氏艾美耳球虫　*Eimeria ninakohlyakimovae* Yakimoff et Rastegaieff，1930

［47］7.2.79　穴兔艾美耳球虫　*Eimeria oryctolagi* Ray et Banik，1965

［48］7.2.80　类绵羊艾美耳球虫　*Eimeria ovinoidalis* McDougald，1979

［49］7.2.82　小型艾美耳球虫　*Eimeria parva* Kotlán，Mócsy et Vajda，1929

［50］7.2.84　皮利他艾美耳球虫　*Eimeria pellita* Supperer，1952

［51］7.2.85　穿孔艾美耳球虫　*Eimeria perforans*（Leuckart，1879）Sluiter et Swellengrebel，1912

［52］7.2.86　极细艾美耳球虫　*Eimeria perminuta* Henry，1931

［53］7.2.87　梨形艾美耳球虫　*Eimeria piriformis* Kotlán et Pospesch，1934

［54］7.2.89　豚艾美耳球虫　*Eimeria porci* Vetterling，1965

［55］7.2.90　早熟艾美耳球虫　*Eimeria praecox* Johnson，1930

［56］7.2.95　粗糙艾美耳球虫　*Eimeria scabra* Henry，1931

［57］7.2.101　有刺艾美耳球虫　*Eimeria spinosa* Henry，1931

［58］7.2.102　斯氏艾美耳球虫　*Eimeria stiedai*（Lindemann，1865）Kisskalt et Hartmann，1907

［59］7.2.104　亚球形艾美耳球虫　*Eimeria subspherica* Christensen，1941

［60］7.2.105　猪艾美耳球虫　*Eimeria suis* Nöller，1921

［61］7.2.107　柔嫩艾美耳球虫　*Eimeria tenella*（Railliet et Lucet，1891）Fantham，1909

［62］7.2.109　威布里吉艾美耳球虫　*Eimeria weybridgensis* Norton，Joyner et Catchpole，1974

［63］7.2.114　邱氏艾美耳球虫　*Eimeria züernii*（Rivolta，1878）Martin，1909

［64］7.3.5　犬等孢球虫　*Isospora canis* Nemeseri，1959

［65］7.3.6　猫等孢球虫　*Isospora felis* Wenyon，1923

［66］7.3.11　俄亥俄等孢球虫　*Isospora ohioensis* Dubey，1975

［67］7.3.12　芮氏等孢球虫　*Isospora rivolta*（Grassi，1879）Wenyon，1923

［68］7.3.13　猪等孢球虫　*Isospora suis* Biester et Murray，1934

［69］7.4.6　毁灭泰泽球虫　*Tyzzeria perniciosa* Allen，1936

［70］7.5.4　菲莱氏温扬球虫　*Wenyonella philiplevinei* Leibovitz，1968

［71］8.1.1　卡氏住白细胞虫　*Leucocytozoon caulleryii* Mathis et Léger，1909

［72］10.1.1　贝氏贝诺孢子虫　*Besnoitia besnoiti*（Marotel，1912）Henry，1913

［73］10.2.1　犬新孢子虫　*Neospora caninum* Dubey，Carpenter，Speer，*et al.*，1988

［74］10.3.6　兔住肉孢子虫　*Sarcocystis cuniculi* Brumpt，1913

［75］10.3.8　梭形住肉孢子虫　*Sarcocystis fusiformis*（Railliet，1897）Bernard et Bauche，1912

［76］10.3.15　米氏住肉孢子虫　*Sarcocystis miescheriana*（Kühn，1865）Labbé，1899

［77］10.3.16　绵羊犬住肉孢子虫　*Sarcocystis ovicanis* Heydorn，Gestrich，Melhorn，*et al.*，1975

［78］10.4.1　龚地弓形虫　*Toxoplasma gondii*（Nicolle et Manceaux，1908）Nicolle et Manceaux，1909

［79］11.1.1　双芽巴贝斯虫　*Babesia bigemina* Smith et Kiborne，1893

［80］11.1.2　牛巴贝斯虫　*Babesia bovis*（Babes，1888）Starcovici，1893

［81］11.1.3　驽巴贝斯虫　*Babesia caballi* Nuttall et Strickland，1910

［82］12.1.1　环形泰勒虫　*Theileria annulata*（Dschunkowsky et Luhs，1904）Wenyon，1926

［83］12.1.2　马泰勒虫　*Theileria equi* Mehlhorn et Schein，1998

［84］12.1.7　瑟氏泰勒虫　*Theileria sergenti* Yakimoff et Dekhtereff，1930

［85］14.1.1　结肠小袋虫　*Balantidium coli*（Malmsten，1857）Stein，1862

绦虫　Cestode

［86］15.1.1　大裸头绦虫　*Anoplocephala magna*（Abildgaard，1789）Sprengel，1905

［87］15.1.2　叶状裸头绦虫　*Anoplocephala perfoliata*（Goeze，1782）Blanchard，1848

［88］15.2.1　中点无卵黄腺绦虫　*Avitellina centripunctata* Rivolta，1874

［89］15.4.2　贝氏莫尼茨绦虫　*Moniezia benedeni*（Moniez，1879）Blanchard，1891

［90］15.4.4　扩展莫尼茨绦虫　*Moniezia expansa*（Rudolphi，1810）Blanchard，1891

［91］15.6.1　侏儒副裸头绦虫　*Paranoplocephala mamillana*（Mehlis，1831）Baer，1927

［92］15.8.1　盖氏曲子宫绦虫　*Thysaniezia giardi* Moniez，1879

［93］16.2.3　原节戴维绦虫　*Davainea proglottina*（Davaine，1860）Blanchard，1891

［94］16.3.3　有轮瑞利绦虫　*Raillietina cesticillus* Molin，1858

［95］16.3.4　棘盘瑞利绦虫　*Raillietina echinobothrida* Megnin，1881

［96］16.3.12　四角瑞利绦虫　*Raillietina tetragona* Molin，1858

［97］17.2.2　漏斗漏带绦虫　*Choanotaenia infundibulum* Bloch，1779

［98］17.4.1　犬复孔绦虫　*Dipylidium caninum*（Linnaeus，1758）Leuckart，1863

［99］18.1.1　光滑双阴绦虫　*Diploposthe laevis*（Bloch，1782）Jacobi，1897

［100］19.7.1　矛形剑带绦虫　*Drepanidotaenia lanceolata* Bloch，1782

［101］19.12.12　纤细膜壳绦虫　*Hymenolepis gracilis*（Zeder，1803）Cohn，1901

［102］19.12.15　刺毛膜壳绦虫　*Hymenolepis setigera* Foelich，1789

［103］21.1.1.1　细粒棘球蚴　*Echinococcus cysticus* Huber，1891

［104］21.2.2　宽颈泡尾绦虫　*Hydatigera laticollis* Rudolphi，1801

［105］21.2.3　带状泡尾绦虫　*Hydatigera taeniaeformis*（Batsch，1786）Lamarck，1816

［106］21.4.1　泡状带绦虫　*Taenia hydatigena* Pallas，1766

［107］21.4.1.1　细颈囊尾蚴　*Cysticercus tenuicollis* Rudolphi，1810

［108］21.4.3　豆状带绦虫　*Taenia pisiformis* Bloch，1780

［109］21.4.5　猪囊尾蚴　*Cysticercus cellulosae* Gmelin，1790

［110］21.5.1　牛囊尾蚴　*Cysticercus bovis* Cobbold，1866

［111］22.3.1　孟氏旋宫绦虫　*Spirometra mansoni* Joyeux et Houdemer，1928

吸虫　Trematode

［112］23.1.10　叶形棘隙吸虫　*Echinochasmus perfoliatus*（Ratz，1908）Gedoelst，1911

［113］23.3.15　宫川棘口吸虫　*Echinostoma miyagawai* Ishii，1932

［114］23.3.22　卷棘口吸虫　*Echinostoma revolutum*（Fröhlich，1802）Looss，1899

［115］23.13.1　伪棘冠孔吸虫　*Stephanoprora pseudoechinatus*（Olsson，1876）Dietz，1909

［116］24.1.1　大片形吸虫　*Fasciola gigantica* Cobbold，1856

［153］55.1.4　鹿丝状线虫　*Setaria cervi* Rudolphi，1819

［154］55.1.6　指形丝状线虫　*Setaria digitata* Linstow，1906

［155］55.1.7　马丝状线虫　*Setaria equina*（Abildgaard，1789）Viborg，1795

［156］55.1.9　唇乳突丝状线虫　*Setaria labiatopapillosa* Alessandrini，1838

［157］56.2.4　鸡异刺线虫　*Heterakis gallinarum*（Schrank，1788）Freeborn，1923

［158］57.1.1　马尖尾线虫　*Oxyuris equi*（Schrank，1788）Rudolphi，1803

［159］57.2.1　疑似栓尾线虫　*Passalurus ambiguus* Rudolphi，1819

［160］60.1.3　乳突类圆线虫　*Strongyloides papillosus*（Wedl，1856）Ransom，1911

［161］60.1.4　兰氏类圆线虫　*Strongyloides ransomi* Schwartz et Alicata，1930

［162］60.1.5　粪类圆线虫　*Strongyloides stercoralis*（Bavay，1876）Stiles et Hassall，1902

［163］60.1.7　韦氏类圆线虫　*Strongyloides westeri* Ihle，1917

［164］61.1.2　钩状锐形线虫　*Acuaria hamulosa* Diesing，1851

［165］61.1.3　旋锐形线虫　*Acuaria spiralis*（Molin，1858）Railliet，Henry et Sisott，1912

［166］62.1.2　刚刺颚口线虫　*Gnathostoma hispidum* Fedtchenko，1872

［167］62.1.3　棘颚口线虫　*Gnathostoma spinigerum* Owen，1836

［168］63.1.3　美丽筒线虫　*Gongylonema pulchrum* Molin，1857

［169］65.1.1　普拉泡翼线虫　*Physaloptera praeputialis* Linstow，1889

［170］67.1.1　有齿蛔状线虫　*Ascarops dentata* Linstow，1904

［171］67.1.2　圆形蛔状线虫　*Ascarops strongylina* Rudolphi，1819

［172］67.2.1　六翼泡首线虫　*Physocephalus sexalatus* Molin，1860

［173］67.4.1　狼旋尾线虫　*Spirocerca lupi*（Rudolphi，1809）Railliet et Henry，1911

［174］69.2.2　丽幼吸吮线虫　*Thelazia callipaeda* Railliet et Henry，1910

［175］69.2.6　甘肃吸吮线虫　*Thelazia kansuensis* Yang et Wei，1957

［176］69.2.9　罗氏吸吮线虫　*Thelazia rhodesi* Desmarest，1827

［177］70.1.5　斯氏裂口线虫　*Amidostomum skrjabini* Boulenger，1926

［178］70.2.3　斯氏瓣口线虫　*Epomidiostomum skrjabini* Petrow，1926

［179］71.1.2　犬钩口线虫　*Ancylostoma caninum*（Ercolani，1859）Hall，1913

［180］71.1.4　十二指肠钩口线虫　*Ancylostoma duodenale*（Dubini，1843）Creplin，1845

［181］71.2.1　牛仰口线虫　*Bunostomum phlebotomum*（Railliet，1900）Railliet，1902

［182］71.2.2　羊仰口线虫　*Bunostomum trigonocephalum*（Rudolphi，1808）Railliet，1902

［183］72.3.2　叶氏夏柏特线虫　*Chabertia erschowi* Hsiung et K'ung，1956

［184］72.3.3　羊夏柏特线虫　*Chabertia ovina*（Fabricius，1788）Raillet et Henry，1909

［185］72.4.1　尖尾食道口线虫　*Oesophagostomum aculeatum* Linstow，1879

［186］72.4.2　粗纹食道口线虫　*Oesophagostomum asperum* Railliet et Henry，1913

［187］72.4.4　哥伦比亚食道口线虫　*Oesophagostomum columbianum*（Curtice，1890）Stossich，1899

［188］72.4.5　有齿食道口线虫　*Oesophagostomum dentatum*（Rudolphi，1803）Molin，1861

［189］72.4.10　辐射食道口线虫　*Oesophagostomum radiatum*（Rudolphi，1803）Railliet，1898

［190］72.4.13　微管食道口线虫　*Oesophagostomum venulosum* Rudolphi，1809

棘头虫　Acanthocephalan

节肢动物　**Arthropod**

［225］88. 2. 1　双梳羽管螨　*Syringophilus bipectinatus* Heller，1880

［226］89. 1. 1　气囊胞螨　*Cytodites nudus* Vizioli，1870

［227］90. 1. 2　犬蠕形螨　*Demodex canis* Leydig，1859

［228］90. 1. 5　猪蠕形螨　*Demodex phylloides* Czokor，1858

［229］91. 1. 1　禽皮膜螨　*Laminosioptes cysticola* Vizioli，1870

［230］93. 1. 1　牛足螨　*Chorioptes bovis* Hering，1845

［231］93. 3. 1　马痒螨　*Psoroptes equi* Hering，1838

［232］93. 3. 1. 3　兔痒螨　*Psoroptes equi* var. *cuniculi* Delafond，1859

［233］95. 1. 2　突变膝螨　*Cnemidocoptes mutans* Robin，1860

［234］95. 2. 1. 1　兔背肛螨　*Notoedres cati* var. *cuniculi* Gerlach，1857

［235］95. 3. 1. 1　牛疥螨　*Sarcoptes scabiei* var. *bovis* Cameron，1924

［236］95. 3. 1. 9　猪疥螨　*Sarcoptes scabiei* var. *suis* Gerlach，1857

［237］96. 2. 1　鸡新棒螨　*Neoschoengastia gallinarum* Hatori，1920

［238］97. 1. 1　波斯锐缘蜱　*Argas persicus* Oken，1818

［239］97. 1. 2　翘缘锐缘蜱　*Argas reflexus* Fabricius，1794

［240］98. 1. 1　鸡皮刺螨　*Dermanyssus gallinae* De Geer，1778

［241］99. 2. 1　微小牛蜱　*Boophilus microplus* Canestrini，1887

［242］99. 3. 7　草原革蜱　*Dermacentor nuttalli* Olenev，1928

［243］99. 3. 10　森林革蜱　*Dermacentor silvarum* Olenev，1931

［244］99. 3. 11　中华革蜱　*Dermacentor sinicus* Schulze，1932

［245］99. 4. 4　铃头血蜱　*Haemaphysalis campanulata* Warburton，1908

［246］99. 4. 13　日本血蜱　*Haemaphysalis japonica* Warburton，1908

［247］99. 4. 15　长角血蜱　*Haemaphysalis longicornis* Neumann，1901

［248］99. 4. 26　草原血蜱　*Haemaphysalis verticalis* Itagaki，Noda et Yamaguchi，1944

［249］99. 5. 2　亚洲璃眼蜱　*Hyalomma asiaticum* Schulze et Schlottke，1929

［250］99. 5. 3　亚洲璃眼蜱卡氏亚种　*Hyalomma asiaticum kozlovi* Olenev，1931

［251］99. 5. 4　残缘璃眼蜱　*Hyalomma detritum* Schulze，1919

［252］99. 6. 8　全沟硬蜱　*Ixodes persulcatus* Schulze，1930

［253］99. 7. 5　血红扇头蜱　*Rhipicephalus sanguineus* Latreille，1806

［254］100. 1. 1　驴血虱　*Haematopinus asini* Linnaeus，1758

［255］100. 1. 2　阔胸血虱　*Haematopinus eurysternus* Denny，1842

［256］100. 1. 5　猪血虱　*Haematopinus suis* Linnaeus，1758

［257］101. 1. 2　绵羊颚虱　*Linognathus ovillus* Neumann，1907

［258］101. 1. 5　狭颚虱　*Linognathus stenopsis* Burmeister，1838

［259］101. 1. 6　牛颚虱　*Linognathus vituli* Linnaeus，1758

［260］103. 1. 1　粪种蝇　*Adia cinerella* Fallen，1825

［261］103. 2. 1　横带花蝇　*Anthomyia illocata* Walker，1856

［262］104. 2. 3　巨尾丽蝇（蛆）　*Calliphora grahami* Aldrich，1930

［302］106.4.1　麻翅库蚊　*Culex bitaeniorhynchus* Giles，1901

［303］106.4.3　致倦库蚊　*Culex fatigans* Wiedemann，1828

［304］106.4.5　褐尾库蚊　*Culex fuscanus* Wiedemann，1820

［305］106.4.8　贪食库蚊　*Culex halifaxia* Theobald，1903

［306］106.4.9　林氏库蚊　*Culex hayashii* Yamada，1917

［307］106.4.13　吉氏库蚊　*Culex jacksoni* Edwards，1934

［308］106.4.15　拟态库蚊　*Culex mimeticus* Noe，1899

［309］106.4.18　凶小库蚊　*Culex modestus* Ficalbi，1889

［310］106.4.24　尖音库蚊淡色亚种　*Culex pipiens pallens* Coquillett，1898

［311］106.4.25　伪杂鳞库蚊　*Culex pseudovishnui* Colless，1957

［312］106.4.27　中华库蚊　*Culex sinensis* Theobald，1903

［313］106.4.29　惊骇库蚊　*Culex territans* Walker，1856

［314］106.4.31　三带喙库蚊　*Culex tritaeniorhynchus* Giles，1901

［315］106.4.32　迷走库蚊　*Culex vagans* Wiedemann，1828

［316］106.5.1　阿拉斯加脉毛蚊　*Culiseta alaskaensis* Ludlow，1906

［317］106.5.5　银带脉毛蚊　*Culiseta niveitaeniata* Theobald，1907

［318］106.7.2　常型曼蚊　*Manssonia uniformis* Theobald，1901

［319］107.1.1　红尾胃蝇（蛆）　*Gasterophilus haemorrhoidalis* Linnaeus，1758

［320］107.1.3　肠胃蝇（蛆）　*Gasterophilus intestinalis* De Geer，1776

［321］107.1.5　黑腹胃蝇（蛆）　*Gasterophilus pecorum* Fabricius，1794

［322］107.1.6　烦扰胃蝇（蛆）　*Gasterophilus veterinus* Clark，1797

［323］108.1.1　犬虱蝇　*Hippobosca capensis* Olfers，1816

［324］108.1.2　马虱蝇　*Hippobosca equina* Linnaeus，1758

［325］108.2.1　羊蜱蝇　*Melophagus ovinus* Linnaeus，1758

［326］109.1.1　牛皮蝇（蛆）　*Hypoderma bovis* De Geer，1776

［327］109.1.2　纹皮蝇（蛆）　*Hypoderma lineatum* De Villers，1789

［328］110.1.2　亚洲毛蝇　*Dasyphora asiatica* Zimin，1947

［329］110.2.1　夏厕蝇　*Fannia canicularis* Linnaeus，1761

［330］110.2.3　截尾厕蝇　*Fannia incisurata* Zetterstedt，1838

［331］110.2.6　白纹厕蝇　*Fannia leucosticta* Meigen，1826

［332］110.2.9　元厕蝇　*Fannia prisca* Stein，1918

［333］110.2.10　瘤胫厕蝇　*Fannia scalaris* Fabricius，1794

［334］110.4.3　常齿股蝇　*Hydrotaea dentipes* Fabricius，1805

［335］110.4.5　隐齿股蝇　*Hydrotaea occulta* Meigen，1826

［336］110.4.7　曲胫齿股蝇　*Hydrotaea scambus* Zetterstedt，1838

［337］110.7.3　林莫蝇　*Morellia hortorum* Fallen，1817

［338］110.8.1　肖秋家蝇　*Musca amita* Hennig，1964

［339］110.8.2　秋家蝇　*Musca autumnalis* De Geer，1776

［340］110.8.3　北栖家蝇　*Musca bezzii* Patton et Cragg，1913

［380］116.3.1 东方角蝇 *Lyperosia exigua* Meijere，1903

［381］116.4.1 厩螫蝇 *Stomoxys calcitrans* Linnaeus，1758

［382］116.4.3 印度螫蝇 *Stomoxys indicus* Picard，1908

［383］117.1.5 黄绿黄虻 *Atylotus horvathi* Szilady，1926

［384］117.1.6 长斑黄虻 *Atylotus karybenthinus* Szilady，1915

［385］117.1.7 骚扰黄虻 *Atylotus miser* Szilady，1915

［386］117.1.9 淡黄虻 *Atylotus pallitarsis* Olsufjev，1936

［387］117.1.12 四列黄虻 *Atylotus quadrifarius* Loew，1874

［388］117.1.13 黑胫黄虻 *Atylotus rusticus* Linnaeus，1767

［389］117.2.7 察哈尔斑虻 *Chrysops chaharicus* Chen et Quo，1949

［390］117.2.15 黄瘤斑虻 *Chrysops flavocallus* Xu et Chen，1977

［391］117.2.21 莫氏斑虻 *Chrysops mlokosiewiczi* Bigot，1880

［392］117.2.28 娌斑虻 *Chrysops ricardoae* Pleske，1910

［393］117.2.31 中华斑虻 *Chrysops sinensis* Walker，1856

［394］117.2.32 无端斑虻虻 *Chrysops stackelbergiellus* Olsufjev，1967

［395］117.2.34 合瘤斑虻 *Chrysops suavis* Loew，1858

［396］117.2.39 范氏斑虻 *Chrysops vanderwulpi* Krober，1929

［397］117.5.3 触角麻虻 *Haematopota antennata* Shiraki，1932

［398］117.5.10 脱粉麻虻 *Haematopota desertorum* Szilady，1923

［399］117.5.36 北京麻虻 *Haematopota pekingensis* Liu，1958

［400］117.5.45 中华麻虻 *Haematopota sinensis* Ricardo，1911

［401］117.5.52 塔氏麻虻 *Haematopota tamerlani* Szilady，1923

［402］117.5.54 土耳其麻虻 *Haematopota turkestanica* Krober，1922

［403］117.6.28 白条瘤虻 Hybomitra *erberi* Brauer，1880

［404］117.6.29 膨条瘤虻 *Hybomitra expollicata* Pandelle，1883

［405］117.6.58 突额瘤虻 *Hybomitra montana* Meigen，1820

［406］117.6.59 摩根氏瘤虻 *Hybomitra morgani* Surcouf，1912

［407］117.6.62 黑角瘤虻 *Hybomitra nigricornis* Zetterstedt，1842

［408］117.11.2 土灰虻 *Tabanus amaenus* Walker，1848

［409］117.11.18 佛光虻 *Tabanus buddha* Portschinsky，1887

［410］117.11.57 京密虻 *Tabanus grunini* Olsufjev，1967

［411］117.11.60 海氏虻 *Tabanus haysi* Philip，1956

［412］117.11.78 江苏虻 *Tabanus kiangsuensis* Krober，1933

［413］117.11.90 路氏虻 *Tabanus loukashkini* Philip，1956

［414］117.11.94 中华虻 *Tabanus mandarinus* Schiner，1868

［415］117.11.122 灰斑虻 *Tabanus onoi* Murdoch et Takahasi，1969

［416］117.11.127 副菌虻 *Tabanus parabactrianus* Liu，1960

［417］117.11.135 雁虻 *Tabanus pleskei* Krober，1925

［418］117.11.148 多砂虻 *Tabanus sabuletorum* Loew，1874

446

［419］117. 11. 153　华广虻　*Tabanus signatipennis* Portsch，1887

［420］117. 11. 157　盐碱虻　*Tabanus stackelbergiellus* Olsufjev，1967

［421］117. 11. 160　类柯虻　*Tabanus subcordiger* Liu，1960

［422］117. 11. 170　高砂虻　*Tabanus takasagoensis* Shiraki，1918

［423］117. 12. 1　海淀少节虻　*Thaumastomyia haitiensis* Stone，1953

［424］118. 3. 1　鸡羽虱　*Menopon gallinae* Linnaeus，1758

［425］118. 4. 1　鹅巨羽虱　*Trinoton anserinum* Fabricius，1805

［426］118. 4. 3　鸭巨羽虱　*Trinoton querquedulae* Linnaeus，1758

［427］119. 5. 1　鸡圆羽虱　*Goniocotes gallinae* De Geer，1778

［428］119. 7. 3　广幅长羽虱　*Lipeurus heterographus* Nitzsch，1866

［429］120. 1. 1　牛毛虱　*Bovicola bovis* Linnaeus，1758

［430］120. 1. 2　山羊毛虱　*Bovicola caprae* Gurlt，1843

［431］120. 1. 3　绵羊毛虱　*Bovicola ovis* Schrank，1781

［432］120. 3. 1　犬啮毛虱　*Trichodectes canis* De Geer，1778

［433］120. 3. 2　马啮毛虱　*Trichodectes equi* Denny，1842

［434］125. 1. 1　犬栉首蚤　*Ctenocephalide canis* Curtis，1826

［435］125. 1. 2　猫栉首蚤　*Ctenocephalide felis* Bouche，1835

［436］125. 4. 1　致痒蚤　*Pulex irritans* Linnaeus，1758

［437］126. 3. 1　花蠕形蚤　*Vermipsylla alakurt* Schimkewitsch，1885

河南省寄生虫种名
Species of Parasites in Henan Province

原虫　Protozoon

［1］2. 1. 1　蓝氏贾第鞭毛虫　*Giardia lamblia* Stiles，1915

［2］3. 1. 1　杜氏利什曼原虫　*Leishmania donovani*（Laveran et Mesnil，1903）Ross，1903

［3］3. 2. 1　马媾疫锥虫　*Trypanosoma equiperdum* Doflein，1901

［4］3. 2. 2　伊氏锥虫　*Trypanosoma evansi*（Steel，1885）Balbiani，l888

［5］4. 1. 1　火鸡组织滴虫　*Histomonas meleagridis* Tyzzer，1920

［6］6. 1. 1　安氏隐孢子虫　*Cryptosporidium andersoni* Lindsay，Upton，Owens，*et al.*，2000

［7］6. 1. 2　贝氏隐孢子虫　*Cryptosporidium baileyi* Current，Upton et Haynes，1986

［8］6. 1. 3　牛隐孢子虫　*Cryptosporidium bovis* Fayer，Santín et Xiao，2005

［9］6. 1. 4　犬隐孢子虫　*Cryptosporidium canis* Fayer，Trout，Xiao，*et al.*，2001

［10］6. 1. 5　兔隐孢子虫　*Cryptosporidium cuniculus* Inman et Takeuchi，1979

［85］11.1.1 双芽巴贝斯虫 *Babesia bigemina* Smith et Kiborne，1893

［86］11.1.2 牛巴贝斯虫 *Babesia bovis*（Babes，1888）Starcovici，1893

［87］11.1.3 驽巴贝斯虫 *Babesia caballi* Nuttall et Strickland，1910

［88］11.1.5 吉氏巴贝斯虫 *Babesia gibson* Patton，1910

［89］11.1.7 莫氏巴贝斯虫 *Babesia motasi* Wenyon，1926

［90］11.1.9 卵形巴贝斯虫 *Babesia ovata* Minami et Ishihara，1980

［91］11.1.10 羊巴贝斯虫 *Babesia ovis*（Babes，1892）Starcovici，1893

［92］12.1.1 环形泰勒虫 *Theileria annulata*（Dschunkowsky et Luhs，1904）Wenyon，1926

［93］12.1.2 马泰勒虫 *Theileria equi* Mehlhorn et Schein，1998

［94］12.1.3 山羊泰勒虫 *Theileria hirci* Dschunkowsky et Urodschevich，1924

［95］12.1.7 瑟氏泰勒虫 *Theileria sergenti* Yakimoff et Dekhtereff，1930

［96］14.1.1 结肠小袋虫 *Balantidium coli*（Malmsten，1857）Stein，1862

绦虫 Cestode

［97］15.1.1 大裸头绦虫 *Anoplocephala magna*（Abildgaard，1789）Sprengel，1905

［98］15.1.2 叶状裸头绦虫 *Anoplocephala perfoliata*（Goeze，1782）Blanchard，1848

［99］15.4.2 贝氏莫尼茨绦虫 *Moniezia benedeni*（Moniez，1879）Blanchard，1891

［100］15.4.4 扩展莫尼茨绦虫 *Moniezia expansa*（Rudolphi，1810）Blanchard，1891

［101］15.5.1 梳栉状莫斯绦虫 *Mosgovoyia pectinata*（Goeze，1782）Spassky，1951

［102］15.8.1 盖氏曲子宫绦虫 *Thysaniezia giardi* Moniez，1879

［103］15.8.2 羊曲子宫绦虫 *Thysaniezia ovilla* Rivolta，1878

［104］16.2.3 原节戴维绦虫 *Davainea proglottina*（Davaine，1860）Blanchard，1891

［105］16.3.3 有轮瑞利绦虫 *Raillietina cesticillus* Molin，1858

［106］16.3.4 棘盘瑞利绦虫 *Raillietina echinobothrida* Megnin，1881

［107］16.3.12 四角瑞利绦虫 *Raillietina tetragona* Molin，1858

［108］17.1.1 楔形变带绦虫 *Amoebotaenia cuneata* von Linstow，1872

［109］17.4.1 犬复孔绦虫 *Dipylidium caninum*（Linnaeus，1758）Leuckart，1863

［110］19.2.2 福建单睾绦虫 *Aploparaksis fukinensis* Lin，1959

［111］19.2.4 秧鸡单睾绦虫 *Aploparaksis porzana* Dubinina，1953

［112］19.4.2 冠状双盔带绦虫 *Dicranotaenia coronula*（Dujardin，1845）Railliet，1892

［113］19.6.2 鸭双睾绦虫 *Diorchis anatina* Ling，1959

［114］19.6.7 秋沙鸭双睾绦虫 *Diorchis nyrocae* Yamaguti，1935

［115］19.7.1 矛形剑带绦虫 *Drepanidotaenia lanceolata* Bloch，1782

［116］19.10.2 片形縫缘绦虫 *Fimbriaria fasciolaris* Pallas，1781

［117］19.12.2 鸭膜壳绦虫 *Hymenolepis anatina* Krabbe，1869

［118］19.12.7 鸡膜壳绦虫 *Hymenolepis carioca* Magalhaes，1898

［119］19.12.8 窄膜壳绦虫 *Hymenolepis compressa*（Linton，1892）Fuhrmann，1906

［120］19.15.4 狭窄微吻绦虫 *Microsomacanthus compressa*（Linton，1892）López-Neyra，1942

［121］19.15.11 副狭窄微吻绦虫 *Microsomacanthus paracompressa*（Czaplinski，1956）

Spasskaja et Spassky，1961

[122] 19.17.1　狭那壳绦虫　*Nadejdolepis compressa* Linton，1892

[123] 19.18.1　柯氏伪裸头绦虫　*Pseudanoplocephala crawfordi* Baylis，1927

[124] 20.1.1　线形中殖孔绦虫　*Mesocestoides lineatus*（Goeze，1782）Railliet，1893

[125] 21.1.1.1　细粒棘球蚴　*Echinococcus cysticus* Huber，1891

[126] 21.2.3　带状泡尾绦虫　*Hydatigera taeniaeformis*（Batsch，1786）Lamarck，1816

[127] 21.3.2.1　脑多头蚴　*Coenurus cerebralis* Batsch，1786

[128] 21.3.5.1　斯氏多头蚴　*Coenurus skrjabini* Popov，1937

[129] 21.4.1　泡状带绦虫　*Taenia hydatigena* Pallas，1766

[130] 21.4.1.1　细颈囊尾蚴　*Cysticercus tenuicollis* Rudolphi，1810

[131] 21.4.3.1　豆状囊尾蚴　*Cysticercus pisiformis* Bloch，1780

[132] 21.4.4　齿形囊尾蚴　*Cysticercus serratus* Koe-bevle，1861

[133] 21.4.5　猪囊尾蚴　*Cysticercus cellulosae* Gmelin，1790

[134] 22.3.1　孟氏旋宫绦虫　*Spirometra mansoni* Joyeux et Houdemer，1928

[135] 22.3.1.1　孟氏裂头蚴　*Sparganum mansoni* Joyeux，1928

吸虫　Trematode

[136] 23.1.10　叶形棘隙吸虫　*Echinochasmus perfoliatus*（Ratz，1908）Gedoelst，1911

[137] 23.2.15　曲领棘缘吸虫　*Echinoparyphium recurvatum*（Linstow，1873）Lühe，1909

[138] 23.3.15　宫川棘口吸虫　*Echinostoma miyagawai* Ishii，1932

[139] 23.3.19　接睾棘口吸虫　*Echinostoma paraulum* Dietz，1909

[140] 23.3.22　卷棘口吸虫　*Echinostoma revolutum*（Fröhlich，1802）Looss，1899

[141] 23.5.4　鼠真缘吸虫　*Euparyphium murinum* Tubangui，1931

[142] 23.6.1　似锥低颈吸虫　*Hypoderaeum conoideum*（Bloch，1782）Dietz，1909

[143] 24.1.1　大片形吸虫　*Fasciola gigantica* Cobbold，1856

[144] 24.1.2　肝片形吸虫　*Fasciola hepatica* Linnaeus，1758

[145] 24.2.1　布氏姜片吸虫　*Fasciolopsis buski*（Lankester，1857）Odhner，1902

[146] 25.1.1　水牛长妙吸虫　*Carmyerius bubalis* Innes，1912

[147] 25.2.2　锡兰菲策吸虫　*Fischoederius ceylonensis* Stiles et Goldborger，1910

[148] 25.2.4　柯氏菲策吸虫　*Fischoederius cobboldi* Poirier，1883

[149] 25.2.7　长菲策吸虫　*Fischoederius elongatus*（Poirier，1883）Stiles et Goldberger，1910

[150] 25.2.10　日本菲策吸虫　*Fischoederius japonicus* Fukui，1922

[151] 25.2.14　卵形菲策吸虫　*Fischoederius ovatus* Wang，1977

[152] 25.3.3　荷包腹袋吸虫　*Gastrothylax crumenifer*（Creplin，1847）Otto，1896

[153] 25.3.4　腺状腹袋吸虫　*Gastrothylax glandiformis* Yamaguti，1939

[154] 26.2.2　纤细背孔吸虫　*Notocotylus attenuatus*（Rudolphi，1809）Kossack，1911

[155] 27.1.3　叶氏杯殖吸虫　*Calicophoron erschowi* Davydova，1959

[156] 27.1.5　江岛杯殖吸虫　*Calicophoron ijimai* Nasmark，1937

[157] 27.2.3　双叉肠锡叶吸虫　*Ceylonocotyle dicranocoelium*（Fischoeder，1901）Nasmark，1937

线虫 Nematode

［232］69.2.5　许氏吸吮线虫　*Thelazia hsui* Yang et Wei，1957

［233］69.2.6　甘肃吸吮线虫　*Thelazia kansuensis* Yang et Wei，1957

［234］69.2.7　泪管吸吮线虫　*Thelazia lacrymalis* Gurlt，1831

［235］69.2.9　罗氏吸吮线虫　*Thelazia rhodesi* Desmarest，1827

［236］70.1.3　鹅裂口线虫　*Amidostomum anseris* Zeder，1800

［237］71.1.2　犬钩口线虫　*Ancylostoma caninum*（Ercolani，1859）Hall，1913

［238］71.1.4　十二指肠钩口线虫　*Ancylostoma duodenale*（Dubini，1843）Creplin，1845

［239］71.2.1　牛仰口线虫　*Bunostomum phlebotomum*（Railliet，1900）Railliet，1902

［240］71.2.2　羊仰口线虫　*Bunostomum trigonocephalum*（Rudolphi，1808）Railliet，1902

［241］71.4.5　锥尾球首线虫　*Globocephalus urosubulatus* Alessandrini，1909

［242］72.2.1　双管鲍吉线虫　*Bourgelatia diducta* Railliet，Henry et Bauche，1919

［243］72.3.2　叶氏夏柏特线虫　*Chabertia erschowi* Hsiung et K'ung，1956

［244］72.3.3　羊夏柏特线虫　*Chabertia ovina*（Fabricius，1788）Raillet et Henry，1909

［245］72.4.2　粗纹食道口线虫　*Oesophagostomum asperum* Railliet et Henry，1913

［246］72.4.3　短尾食道口线虫　*Oesophagostomum brevicaudum* Schwartz et Alicata，1930

［247］72.4.4　哥伦比亚食道口线虫　*Oesophagostomum columbianum*（Curtice，1890）
　　　　　　Stossich，1899

［248］72.4.5　有齿食道口线虫　*Oesophagostomum dentatum*（Rudolphi，1803）Molin，1861

［249］72.4.8　甘肃食道口线虫　*Oesophagostomum kansuensis* Hsiung et K'ung，1955

［250］72.4.9　长尾食道口线虫　*Oesophagostomum longicaudum* Goodey，1925

［251］72.4.10　辐射食道口线虫　*Oesophagostomum radiatum*（Rudolphi，1803）Railliet，1898

［252］72.4.13　微管食道口线虫　*Oesophagostomum venulosum* Rudolphi，1809

［253］72.4.14　华氏食道口线虫　*Oesophagostomum watanabei* Yamaguti，1961

［254］73.2.1　冠状冠环线虫　*Coronocyclus coronatus*（Looss，1900）Hartwich，1986

［255］73.2.2　大唇片冠环线虫　*Coronocyclus labiatus*（Looss，1902）Hartwich，1986

［256］73.2.4　小唇片冠环线虫　*Coronocyclus labratus*（Looss，1902）Hartwich，1986

［257］73.3.1　卡提盅口线虫　*Cyathostomum catinatum* Looss，1900

［258］73.3.7　四刺盅口线虫　*Cyathostomum tetracanthum*（Mehlis，1831）Molin，1861
　　　　　　（sensu Looss，1900）

［259］73.4.1　安地斯杯环线虫　*Cylicocyclus adersi*（Boulenger，1920）Erschow，1939

［260］73.4.3　耳状杯环线虫　*Cylicocyclus auriculatus*（Looss，1900）Erschow，1939

［261］73.4.5　长形杯环线虫　*Cylicocyclus elongatus*（Looss，1900）Chaves，1930

［262］73.4.7　显形杯环线虫　*Cylicocyclus insigne*（Boulenger，1917）Chaves，1930

［263］73.4.8　细口杯环线虫　*Cylicocyclus leptostomum*（Kotlán，1920）Chaves，1930

［264］73.4.10　鼻状杯环线虫　*Cylicocyclus nassatus*（Looss，1900）Chaves，1930

［265］73.4.13　辐射杯环线虫　*Cylicocyclus radiatus*（Looss，1900）Chaves，1930

［266］73.4.16　外射杯环线虫　*Cylicocyclus ultrajectinus*（Ihle，1920）Erschow，1939

［267］73.5.1　双冠环齿线虫　*Cylicodontophorus bicoronatus*（Looss，1900）Cram，1924

［268］73.6.4　高氏杯冠线虫　*Cylicostephanus goldi*（Boulenger，1917）Lichtenfels，1975

[269] 73.6.6　长伞杯冠线虫　*Cylicostephanus longibursatus*（Yorke et Macfie，1918）Cram，1924

[270] 73.6.7　微小杯冠线虫　*Cylicostephanus minutus*（Yorke et Macfie，1918）Cram，1924

[271] 73.6.8　曾氏杯冠线虫　*Cylicostephanus tsengi*（K'ung et Yang，1963）Lichtenfels，1975

[272] 73.8.1　头似辐首线虫　*Gyalocephalus capitatus* Looss，1900

[273] 73.11.1　杯状彼德洛夫线虫　*Petrovinema poculatum*（Looss，1900）Erschow，1943

[274] 73.11.2　斯氏彼德洛夫线虫　*Petrovinema skrjabini*（Erschow，1930）Erschow，1943

[275] 73.12.1　不等齿杯口线虫　*Poteriostomum imparidentatum* Quiel，1919

[276] 73.12.3　斯氏杯口线虫　*Poteriostomum skrjabini* Erschow，1939

[277] 74.1.1　安氏网尾线虫　*Dictyocaulus arnfieldi*（Cobbold，1884）Railliet et Henry，1907

[278] 74.1.3　鹿网尾线虫　*Dictyocaulus eckerti* Skrjabin，1931

[279] 74.1.4　丝状网尾线虫　*Dictyocaulus filaria*（Rudolphi，1809）Railliet et Henry，1907

[280] 74.1.6　胎生网尾线虫　*Dictyocaulus viviparus*（Bloch，1782）Railliet et Henry，1907

[281] 75.1.1　猪后圆线虫　*Metastrongylus apri*（Gmelin，1790）Vostokov，1905

[282] 75.1.2　复阴后圆线虫　*Metastrongylus pudendotectus* Wostokow，1905

[283] 77.4.3　霍氏原圆线虫　*Protostrongylus hobmaieri*（Schulz，Orloff et Kutass，1933）Cameron，1934

[284] 78.1.1　毛细缪勒线虫　*Muellerius minutissimus*（Megnin，1878）Dougherty et Goble，1946

[285] 79.1.1　有齿冠尾线虫　*Stephanurus dentatus* Diesing，1839

[286] 80.1.1　无齿阿尔夫线虫　*Alfortia edentatus*（Looss，1900）Skrjabin，1933

[287] 80.4.1　普通戴拉风线虫　*Delafondia vulgaris*（Looss，1900）Skrjabin，1933

[288] 80.5.1　粗食道齿线虫　*Oesophagodontus robustus*（Giles，1892）Railliet et Henry，1902

[289] 80.6.1　马圆形线虫　*Strongylus equinus* Mueller，1780

[290] 80.7.1　短尾三齿线虫　*Triodontophorus brevicauda* Boulenger，1916

[291] 80.7.3　日本三齿线虫　*Triodontophorus nipponicus* Yamaguti，1943

[292] 80.7.5　锯齿三齿线虫　*Triodontophorus serratus*（Looss，1900）Looss，1902

[293] 80.7.6　细颈三齿线虫　*Triodontophorus tenuicollis* Boulenger，1916

[294] 81.2.2　气管比翼线虫　*Syngamus trachea* von Siebold，1836

[295] 82.2.3　叶氏古柏线虫　*Cooperia erschowi* Wu，1958

[296] 82.2.8　兰州古柏线虫　*Cooperia lanchowensis* Shen，Tung et Chow，1964

[297] 82.2.9　等侧古柏线虫　*Cooperia laterouniformis* Chen，1937

[298] 82.2.12　栉状古柏线虫　*Cooperia pectinata* Ransom，1907

[299] 82.2.13　点状古柏线虫　*Cooperia punctata*（Linstow，1906）Ransom，1907

[300] 82.3.2　捻转血矛线虫　*Haemonchus contortus*（Rudolphi，1803）Cobbold，1898

[301] 82.3.5　柏氏血矛线虫　*Haemonchus placei* Place，1893

[302] 82.3.6　似血矛线虫　*Haemonchus similis* Travassos，1914

[303] 82.5.5　马氏马歇尔线虫　*Marshallagia marshalli* Ransom，1907

［304］82.5.6　蒙古马歇尔线虫　*Marshallagia mongolica* Schumakovitch，1938

［305］82.6.1　指形长刺线虫　*Mecistocirrus digitatus*（Linstow，1906）Railliet et Henry，1912

［306］82.8.1　畸形细颈线虫　*Nematodirus abnormalis* May，1920

［307］82.8.8　尖交合刺细颈线虫　*Nematodirus filicollis*（Rudolphi，1802）Ransom，1907

［308］82.8.11　长刺细颈线虫　*Nematodirus longispicularis* Hsu et Wei，1950

［309］82.8.13　奥利春细颈线虫　*Nematodirus oriatianus* Rajerskaja，1929

［310］82.8.14　钝刺细颈线虫　*Nematodirus spathiger*（Railliet，1896）Railliet et Henry，1909

［311］82.11.5　布里亚特奥斯特线虫　*Ostertagia buriatica* Konstantinova，1934

［312］82.11.6　普通奥斯特线虫　*Ostertagia circumcincta*（Stadelmann，1894）Ransom，1907

［313］82.11.9　叶氏奥斯特线虫　*Ostertagia erschowi* Hsu et Liang，1957

［314］82.11.13　异刺奥斯特线虫　*Ostertagia heterospiculagia* Hsu，Hu et Huang，1958

［315］82.11.20　奥氏奥斯特线虫　*Ostertagia ostertagi*（Stiles，1892）Ransom，1907

［316］82.11.26　三叉奥斯特线虫　*Ostertagia trifurcata* Ransom，1907

［317］82.11.28　吴兴奥斯特线虫　*Ostertagia wuxingensis* Ling，1958

［318］82.15.2　艾氏毛圆线虫　*Trichostrongylus axei*（Cobbold，1879）Railliet et Henry，1909

［319］82.15.5　蛇形毛圆线虫　*Trichostrongylus colubriformis*（Giles，1892）Looss，1905

［320］83.2.1　环纹优鞘线虫　*Eucoleus annulatum*（Molin，1858）López-Neyra，1946

［321］83.4.3　捻转纤形线虫　*Thominx contorta*（Creplin，1839）Travassos，1915

［322］84.1.1　本地毛形线虫　*Trichinella native* Britov et Boev，1972

［323］84.1.2　旋毛形线虫　*Trichinella spiralis*（Owen，1835）Railliet，1895

［324］85.1.1　同色鞭虫　*Trichuris concolor* Burdelev，1951

［325］85.1.3　瞪羚鞭虫　*Trichuris gazellae* Gebauer，1933

［326］85.1.4　球鞘鞭虫　*Trichuris globulosa* Linstow，1901

［327］85.1.6　兰氏鞭虫　*Trichuris lani* Artjuch，1948

［328］85.1.7　兔鞭虫　*Trichuris leporis* Froelich，1789

［329］85.1.8　长刺鞭虫　*Trichuris longispiculus* Artjuch，1948

［330］85.1.10　羊鞭虫　*Trichuris ovis* Abilgaard，1795

［331］85.1.12　猪鞭虫　*Trichuris suis* Schrank，1788

［332］85.1.15　狐鞭虫　*Trichuris vulpis* Froelich，1789

棘头虫　Acanthocephalan

［333］86.1.1　蛭形巨吻棘头虫　*Macracanthorhynchus hirudinaceus*（Pallas，1781）Travassos，1917

［334］86.2.1　犬钩吻棘头虫　*Oncicola canis*（Kaupp，1909）Hall et Wigdor，1918

［335］87.2.5　大多形棘头虫　*Polymorphus magnus* Skrjabin，1913

节肢动物　Arthropod

［336］90.1.3　山羊蠕形螨　*Demodex caprae* Railliet，1895

［337］93.1.1.5　鸡足螨　*Chorioptes bovis* var. *gallinae*

［338］93.2.1　犬耳痒螨　*Otodectes cynotis* Hering，1838

456

［378］104.3.5　广额金蝇　*Chrysomya phaonis* Seguy，1928

［379］104.3.6　肥躯金蝇　*Chrysomya pinguis* Walker，1858

［380］104.6.2　南岭绿蝇（蛆）　*Lucilia bazini* Seguy，1934

［381］104.6.6　铜绿蝇（蛆）　*Lucilia cuprina* Wiedemann，1830

［382］104.6.8　亮绿蝇（蛆）　*Lucilia illustris* Meigen，1826

［383］104.6.9　巴浦绿蝇（蛆）　*Lucilia papuensis* Macquart，1842

［384］104.6.11　紫绿蝇（蛆）　*Lucilia porphyrina* Walker，1856

［385］104.6.13　丝光绿蝇（蛆）　*Lucilia sericata* Meigen，1826

［386］104.6.15　沈阳绿蝇　*Lucilia shenyangensis* Fan，1965

［387］104.7.1　花伏蝇（蛆）　*Phormia regina* Meigen，1826

［388］104.9.1　新陆原伏蝇（蛆）　*Protophormia terraenovae* Robineau-Desvoidy，1830

［389］104.10.1　叉丽蝇　*Triceratopyga calliphoroides* Rohdendorf，1931

［390］105.2.7　荒草库蠓　*Culicoides arakawae* Arakawa，1910

［391］105.2.17　环斑库蠓　*Culicoides circumscriptus* Kieffer，1918

［392］105.2.31　端斑库蠓　*Culicoides erairai* Kono et Takahashi，1940

［393］105.2.52　原野库蠓　*Culicoides homotomus* Kieffer，1921

［394］105.2.86　三保库蠓　*Culicoides mihensis* Arnaud，1956

［395］105.2.89　日本库蠓　*Culicoides nipponensis* Tokunaga，1955

［396］105.2.96　尖喙库蠓　*Culicoides oxystoma* Kieffer，1910

［397］105.2.103　异域库蠓　*Culicoides peregrinus* Kieffer，1910

［398］105.2.105　灰黑库蠓　*Culicoides pulicaris* Linnaeus，1758

［399］105.3.8　低飞蠛蠓　*Lasiohelea humilavolita* Yu et Liu，1982

［400］105.3.13　趋光蠛蠓　*Lasiohelea phototropia* Yu et Zhang，1982

［401］105.3.14　台湾蠛蠓　*Lasiohelea taiwana* Shiraki，1913

［402］106.1.4　白纹伊蚊　*Aedes albopictus* Skuse，1894

［403］106.1.8　仁川伊蚊　*Aedes chemulpoensis* Yamada，1921

［404］106.1.12　背点伊蚊　*Aedes dorsalis* Meigen，1830

［405］106.1.13　棘刺伊蚊　*Aedes elsiae* Barraud，1923

［406］106.1.20　双棘伊蚊　*Aedes hatorii* Yamada，1921

［407］106.1.21　日本伊蚊　*Aedes japonicus* Theobald，1901

［408］106.1.22　朝鲜伊蚊　*Aedes koreicus* Edwards，1917

［409］106.1.26　乳点伊蚊　*Aedes macfarlanei* Edwards，1914

［410］106.1.29　白雪伊蚊　*Aedes niveus* Eichwald，1837

［411］106.1.39　刺扰伊蚊　*Aedes vexans* Meigen，1830

［412］106.2.12　巨型按蚊贝氏亚种　*Anopheles gigas baileyi* Edwards，1929

［413］106.2.19　朝鲜按蚊　*Anopheles koreicus* Yamada et Watanabe，1918

［414］106.2.20　贵阳按蚊　*Anopheles kweiyangensis* Yao et Wu，1944

［415］106.2.24　多斑按蚊　*Anopheles maculatus* Theobald，1901

［416］106.2.26　微小按蚊　*Anopheles minimus* Theobald，1901

［417］106.2.28　帕氏按蚊　*Anopheles pattoni* Christophers，1926

［418］106.2.32　中华按蚊　*Anopheles sinensis* Wiedemann，1828

［419］106.2.40　八代按蚊　*Anopheles yatsushiroensis* Miyazaki，1951

［420］106.3.4　骚扰阿蚊　*Armigeres subalbatus* Coquillett，1898

［421］106.4.1　麻翅库蚊　*Culex bitaeniorhynchus* Giles，1901

［422］106.4.5　褐尾库蚊　*Culex fuscanus* Wiedemann，1820

［423］106.4.8　贪食库蚊　*Culex halifaxia* Theobald，1903

［424］106.4.9　林氏库蚊　*Culex hayashii* Yamada，1917

［425］106.4.12　幼小库蚊　*Culex infantulus* Edwards，1922

［426］106.4.13　吉氏库蚊　*Culex jacksoni* Edwards，1934

［427］106.4.14　马来库蚊　*Culex malayi* Leicester，1908

［428］106.4.15　拟态库蚊　*Culex mimeticus* Noe，1899

［429］106.4.16　小斑翅库蚊　*Culex mimulus* Edwards，1915

［430］106.4.18　凶小库蚊　*Culex modestus* Ficalbi，1889

［431］106.4.19　黑点库蚊　*Culex nigropunctatus* Edwards，1926

［432］106.4.22　白胸库蚊　*Culex pallidothorax* Theobald，1905

［433］106.4.24　尖音库蚊淡色亚种　*Culex pipiens pallens* Coquillett，1898

［434］106.4.25　伪杂鳞库蚊　*Culex pseudovishnui* Colless，1957

［435］106.4.27　中华库蚊　*Culex sinensis* Theobald，1903

［436］106.4.31　三带喙库蚊　*Culex tritaeniorhynchus* Giles，1901

［437］106.4.32　迷走库蚊　*Culex vagans* Wiedemann，1828

［438］106.4.34　惠氏库蚊　*Culex whitmorei* Giles，1904

［439］106.7.2　常型曼蚊　*Manssonia uniformis* Theobald，1901

［440］106.8.1　类按直脚蚊　*Orthopodomyia anopheloides* Giles，1903

［441］106.9.1　竹生杆蚊　*Tripteriodes bambusa* Yamada，1917

［442］106.10.3　新湖蓝带蚊　*Uranotaenia novobscura* Barraud，1934

［443］107.1.3　肠胃蝇（蛆）　*Gasterophilus intestinalis* De Geer，1776

［444］107.1.5　黑腹胃蝇（蛆）　*Gasterophilus pecorum* Fabricius，1794

［445］109.1.1　牛皮蝇（蛆）　*Hypoderma bovis* De Geer，1776

［446］110.2.1　夏厕蝇　*Fannia canicularis* Linnaeus，1761

［447］110.2.6　白纹厕蝇　*Fannia leucosticta* Meigen，1826

［448］110.2.9　元厕蝇　*Fannia prisca* Stein，1918

［449］110.2.10　瘤胫厕蝇　*Fannia scalaris* Fabricius，1794

［450］110.4.5　隐齿股蝇　*Hydrotaea occulta* Meigen，1826

［451］110.8.3　北栖家蝇　*Musca bezzii* Patton et Cragg，1913

［452］110.8.4　逐畜家蝇　*Musca conducens* Walker，1859

［453］110.8.5　突额家蝇　*Musca convexifrons* Thomson，1868

［454］110.8.7　家蝇　*Musca domestica* Linnaeus，1758

［455］110.8.8　黑边家蝇　*Musca hervei* Villeneuve，1922

［456］110.8.14　市家蝇　*Musca sorbens* Wiedemann，1830

［457］110.8.15　骚扰家蝇　*Musca tempestiva* Fallen，1817

［458］110.8.16　黄腹家蝇　*Musca ventrosa* Wiedemann，1830

［459］110.8.17　舍家蝇　*Musca vicina* Macquart，1851

［460］110.9.2　日本腐蝇　*Muscina japonica* Shinonaga，1974

［461］110.9.3　厩腐蝇　*Muscina stabulans* Fallen，1817

［462］110.10.2　斑遮黑蝇　*Ophyra chalcogaster* Wiedemann，1824

［463］110.10.3　银眉黑蝇　*Ophyra leucostoma* Wiedemann，1817

［464］110.10.4　暗黑黑蝇　*Ophyra nigra* Wiedemann，1830

［465］110.10.5　暗额黑蝇　*Ophyra obscurifrons* Sabrosky，1949

［466］110.11.2　紫翠蝇　*Orthellia chalybea* Wiedemann，1830

［467］111.2.1　羊狂蝇（蛆）　*Oestrus ovis* Linnaeus，1758

［468］113.4.3　中华白蛉　*Phlebotomus chinensis* Newstead，1916

［469］113.4.5　江苏白蛉　*Phlebotomus kiangsuensis* Yao et Wu，1938

［470］113.4.8　蒙古白蛉　*Phlebotomus mongolensis* Sinton，1928

［471］113.5.9　许氏司蛉　*Sergentomyia khawi* Raynal，1936

［472］113.5.17　鳞胸司蛉　*Sergentomyia squamipleuris* Newstead，1912

［473］113.5.18　鳞喙司蛉　*Sergentomyia squamirostris* Newstead，1923

［474］114.1.2　尾黑麻蝇（蛆）　*Bellieria melanura* Meigen，1826

［475］114.2.1　红尾粪麻蝇（蛆）　*Bercaea haemorrhoidalis* Fallen，1816

［476］114.3.1　赭尾别麻蝇（蛆）　*Boettcherisca peregrina* Robineau-Desvoidy，1830

［477］114.5.3　华北亚麻蝇　*Parasarcophaga angarosinica* Rohdendorf，1937

［478］114.5.6　巨亚麻蝇　*Parasarcophaga gigas* Thomas，1949

［479］114.5.11　巨耳亚麻蝇　*Parasarcophaga macroauriculata* Ho，1932

［480］114.5.13　急钓亚麻蝇　*Parasarcophaga portschinskyi* Rohdendorf，1937

［481］114.6.1　花纹拉蝇（蛆）　*Ravinia striata* Fabricius，1794

［482］114.7.1　白头麻蝇（蛆）　*Sarcophaga albiceps* Meigen，1826

［483］114.7.4　肥须麻蝇（蛆）　*Sarcophaga crassipalpis* Macquart，1839

［484］114.7.5　纳氏麻蝇（蛆）　*Sarcophaga knabi* Parker，1917

［485］114.7.6　黑尾麻蝇（蛆）　*Sarcophaga melanura* Meigen，1826

［486］114.7.7　酱麻蝇（蛆）　*Sarcophaga misera* Walker，1849

［487］114.7.10　野麻蝇（蛆）　*Sarcophaga similis* Meade，1876

［488］116.2.1　刺血喙蝇　*Haematobosca sanguinolenta* Austen，1909

［489］116.3.1　东方角蝇　*Lyperosia exigua* Meijere，1903

［490］116.4.1　厩螫蝇　*Stomoxys calcitrans* Linnaeus，1758

［491］116.4.3　印度螫蝇　*Stomoxys indicus* Picard，1908

［492］117.1.1　双斑黄虻　*Atylotus bivittateinus* Takahasi，1962

［493］117.1.5　黄绿黄虻　*Atylotus horvathi* Szilady，1926

［494］117.1.7　骚扰黄虻　*Atylotus miser* Szilady，1915

［495］117.1.9　淡黄虻　*Atylotus pallitarsis* Olsufjev，1936

［496］117.1.11　短斜纹黄虻　*Atylotus pulchellus* Loew，1858

［497］117.2.8　舟山斑虻　*Chrysops chusanensis* Ouchi，1939

［498］117.2.18　日本斑虻　*Chrysops japonicus* Wiedemann，1828

［499］117.2.21　莫氏斑虻　*Chrysops mlokosiewiczi* Bigot，1880

［500］117.2.31　中华斑虻　*Chrysops sinensis* Walker，1856

［501］117.2.39　范氏斑虻　*Chrysops vanderwulpi* Krober，1929

［502］117.5.3　触角麻虻　*Haematopota antennata* Shiraki，1932

［503］117.5.36　北京麻虻　*Haematopota pekingensis* Liu，1958

［504］117.5.45　中华麻虻　*Haematopota sinensis* Ricardo，1911

［505］117.6.28　白条瘤虻　*Hybomitra erberi* Brauer，1880

［506］117.6.58　突额瘤虻　*Hybomitra montana* Meigen，1820

［507］117.11.2　土灰虻　*Tabanus amaenus* Walker，1848

［508］117.11.18　佛光虻　*Tabanus buddha* Portschinsky，1887

［509］117.11.30　舟山虻　*Tabanus chusanensis* Ouchi，1943

［510］117.11.33　朝鲜虻　*Tabanus coreanus* Shiraki，1932

［511］117.11.51　银灰虻　*Tabanus glaucopis* Meigen，1820

［512］117.11.60　海氏虻　*Tabanus haysi* Philip，1956

［513］117.11.61　杭州虻　*Tabanus hongchowensis* Liu，1962

［514］117.11.71　鸡公山虻　*Tabanus jigonshanensis* Xu，1982

［515］117.11.78　江苏虻　*Tabanus kiangsuensis* Krober，1933

［516］117.11.90　路氏虻　*Tabanus loukashkini* Philip，1956

［517］117.11.94　中华虻　*Tabanus mandarinus* Schiner，1868

［518］117.11.106　全黑虻　*Tabanus nigra* Liu et Wang，1977

［519］117.11.112　日本虻　*Tabanus nipponicus* Murdoch et Takahasi，1969

［520］117.11.122　灰斑虻　*Tabanus onoi* Murdoch et Takahasi，1969

［521］117.11.141　五带虻　*Tabanus quinquecinctus* Ricardo，1914

［522］117.11.148　多砂虻　*Tabanus sabuletorum* Loew，1874

［523］117.11.151　山东虻　*Tabanus shantungensis* Ouchi，1943

［524］117.11.153　华广虻　*Tabanus signatipennis* Portsch，1887

［525］117.11.160　类柯虻　*Tabanus subcordiger* Liu，1960

［526］117.11.170　高砂虻　*Tabanus takasagoensis* Shiraki，1918

［527］117.11.172　天目虻　*Tabanus tianmuensis* Liu，1962

［528］117.11.177　亚布力虻　*Tabanus yablonicus* Takagi，1941

［529］117.11.178　姚氏虻　*Tabanus yao* Macquart，1855

［530］118.3.1　鸡羽虱　*Menopon gallinae* Linnaeus，1758

［531］118.4.2　斑巨羽虱　*Trinoton lituratum* Burmeister，1838

［532］118.4.3　鸭巨羽虱　*Trinoton querquedulae* Linnaeus，1758

［533］119.5.1　鸡圆羽虱　*Goniocotes gallinae* De Geer，1778

［534］119.5.2　巨圆羽虱　*Goniocotes gigas* Taschenberg，1879

［535］119.7.5　鸡长羽虱　*Lipeurus variabilis* Burmeister，1838

［536］120.1.1　牛毛虱　*Bovicola bovis* Linnaeus，1758

［537］120.1.2　山羊毛虱　*Bovicola caprae* Gurlt，1843

［538］120.1.3　绵羊毛虱　*Bovicola ovis* Schrank，1781

［539］120.3.2　马啮毛虱　*Trichodectes equi* Denny，1842

［540］121.1.1　不等单蚤　*Monopsyllus anisus* Rothschild，1907

［541］124.1.1　缓慢细蚤　*Leptopsylla segnis* Schönherr，1811

［542］125.1.2　猫栉首蚤　*Ctenocephalide felis* Bouche，1835

［543］125.4.1　致痒蚤　*Pulex irritans* Linnaeus，1758

［544］125.5.1　印鼠客蚤　*Xenopsylla cheopis* Rothschild，1903

黑龙江省寄生虫种名
Species of Parasites in Heilongjiang Province

原虫　Protozoon

［1］2.1.1　蓝氏贾第鞭毛虫　*Giardia lamblia* Stiles，1915

［2］3.2.1　马媾疫锥虫　*Trypanosoma equiperdum* Doflein，1901

［3］4.1.1　火鸡组织滴虫　*Histomonas meleagridis* Tyzzer，1920

［4］5.3.1　胎儿三毛滴虫　*Tritrichomonas foetus*（Riedmüller，1928）Wenrich et Emmerson，1933

［5］6.1.1　安氏隐孢子虫　*Cryptosporidium andersoni* Lindsay，Upton，Owens，*et al.*，2000

［6］6.1.3　牛隐孢子虫　*Cryptosporidium bovis* Fayer，Santín et Xiao，2005

［7］6.1.9　微小隐孢子虫　*Cryptosporidium parvum* Tyzzer，1912

［8］6.1.10　芮氏隐孢子虫　*Cryptosporidium ryanae* Fayer，Santín et Trout，2008

［9］7.2.2　堆型艾美耳球虫　*Eimeria acervulina* Tyzzer，1929

［10］7.2.3　阿沙塔艾美耳球虫　*Eimeria ahsata* Honess，1942

［11］7.2.5　艾丽艾美耳球虫　*Eimeria alijevi* Musaev，1970

［12］7.2.9　阿洛艾美耳球虫　*Eimeria arloingi*（Marotel，1905）Martin，1909

［13］7.2.13　巴库艾美耳球虫　*Eimeria bakuensis* Musaev，1970

［14］7.2.16　牛艾美耳球虫　*Eimeria bovis*（Züblin，1908）Fiebiger，1912

［15］7.2.19　布氏艾美耳球虫　*Eimeria brunetti* Levine，1942

［16］7.2.24　山羊艾美耳球虫　*Eimeria caprina* Lima，1979

［17］7.2.34　蒂氏艾美耳球虫　*Eimeria debliecki* Douwes，1921

462

[18] 7. 2. 40　福氏艾美耳球虫　*Eimeria faurei*（Moussu et Marotel，1902）Martin，1909

[19] 7. 2. 45　颗粒艾美耳球虫　*Eimeria granulosa* Christensen，1938

[20] 7. 2. 63　大型艾美耳球虫　*Eimeria magna* Pérard，1925

[21] 7. 2. 67　巨型艾美耳球虫　*Eimeria maxima* Tyzzer，1929

[22] 7. 2. 68　中型艾美耳球虫　*Eimeria media* Kessel，1929

[23] 7. 2. 69　和缓艾美耳球虫　*Eimeria mitis* Tyzzer，1929

[24] 7. 2. 72　毒害艾美耳球虫　*Eimeria necatrix* Johnson，1930

[25] 7. 2. 82　小型艾美耳球虫　*Eimeria parva* Kotlán，Mócsy et Vajda，1929

[26] 7. 2. 85　穿孔艾美耳球虫　*Eimeria perforans*（Leuckart，1879）Sluiter et Swellengrebel，1912

[27] 7. 2. 90　早熟艾美耳球虫　*Eimeria praecox* Johnson，1930

[28] 7. 2. 102　斯氏艾美耳球虫　*Eimeria stiedai*（Lindemann，1865）Kisskalt et Hartmann，1907

[29] 7. 2. 107　柔嫩艾美耳球虫　*Eimeria tenella*（Railliet et Lucet，1891）Fantham，1909

[30] 7. 2. 114　邱氏艾美耳球虫　*Eimeria züernii*（Rivolta，1878）Martin，1909

[31] 7. 3. 13　猪等孢球虫　*Isospora suis* Biester et Murray，1934

[32] 10. 1. 1　贝氏贝诺孢子虫　*Besnoitia besnoiti*（Marotel，1912）Henry，1913

[33] 10. 2. 1　犬新孢子虫　*Neospora caninum* Dubey，Carpenter，Speer，*et al.*，1988

[34] 10. 3. 8　梭形住肉孢子虫　*Sarcocystis fusiformis*（Railliet，1897）Bernard et Bauche，1912

[35] 10. 3. 15　米氏住肉孢子虫　*Sarcocystis miescheriana*（Kühn，1865）Labbé，1899

[36] 10. 3. 16　绵羊犬住肉孢子虫　*Sarcocystis ovicanis* Heydorn，Gestrich，Melhorn，et al.，1975

[37] 10. 4. 1　龚地弓形虫　*Toxoplasma gondii*（Nicolle et Manceaux，1908）Nicolle et Manceaux，1909

[38] 11. 1. 3　驽巴贝斯虫　*Babesia caballi* Nuttall et Strickland，1910

[39] 12. 1. 1　环形泰勒虫　*Theileria annulata*（Dschunkowsky et Luhs，1904）Wenyon，1926

[40] 12. 1. 2　马泰勒虫　*Theileria equi* Mehlhorn et Schein，1998

[41] 14. 1. 1　结肠小袋虫　*Balantidium coli*（Malmsten，1857）Stein，1862

绦虫　Cestode

[42] 15. 1. 1　大裸头绦虫　*Anoplocephala magna*（Abildgaard，1789）Sprengel，1905

[43] 15. 1. 2　叶状裸头绦虫　*Anoplocephala perfoliata*（Goeze，1782）Blanchard，1848

[44] 15. 4. 2　贝氏莫尼茨绦虫　*Moniezia benedeni*（Moniez，1879）Blanchard，1891

[45] 15. 4. 4　扩展莫尼茨绦虫　*Moniezia expansa*（Rudolphi，1810）Blanchard，1891

[46] 15. 6. 1　侏儒副裸头绦虫　*Paranoplocephala mamillana*（Mehlis，1831）Baer，1927

[47] 15. 8. 1　盖氏曲子宫绦虫　*Thysaniezia giardi* Moniez，1879

[48] 16. 3. 3　有轮瑞利绦虫　*Raillietina cesticillus* Molin，1858

[49] 16. 3. 4　棘盘瑞利绦虫　*Raillietina echinobothrida* Megnin，1881

[50] 16. 3. 12　四角瑞利绦虫　*Raillietina tetragona* Molin，1858

[51] 17. 1. 1　楔形变带绦虫　*Amoebotaenia cuneata* von Linstow，1872

［52］17.4.1　犬复孔绦虫　*Dipylidium caninum*（Linnaeus，1758）Leuckart，1863

［53］19.1.1　败育幼壳绦虫　*Abortilepis abortiva*（von Linstow，1904）Yamaguti，1959

［54］19.4.2　冠状双盔带绦虫　*Dicranotaenia coronula*（Dujardin，1845）Railliet，1892

［55］19.4.3　内翻双盔带绦虫　*Dicranotaenia introversa* Mayhew，1925

［56］19.6.7　秋沙鸭双睾绦虫　*Diorchis nyrocae* Yamaguti，1935

［57］19.6.11　斯梯氏双睾绦虫　*Diorchis stefanskii* Czaplinski，1956

［58］19.7.1　矛形剑带绦虫　*Drepanidotaenia lanceolata* Bloch，1782

［59］19.7.2　普氏剑带绦虫　*Drepanidotaenia przewalskii* Skrjabin，1914

［60］19.9.1　致疡棘壳绦虫　*Echinolepis carioca*（Magalhaes，1898）Spasskii et Spasskaya，1954

［61］19.10.1　黑龙江縢缘绦虫　*Fimbriaria amurensis* Kotellnikou，1960

［62］19.12.1　八钩膜壳绦虫　*Hymenolepis actoversa* Spassky et Spasskaja，1954

［63］19.12.7　鸡膜壳绦虫　*Hymenolepis carioca* Magalhaes，1898

［64］19.12.12　纤细膜壳绦虫　*Hymenolepis gracilis*（Zeder，1803）Cohn，1901

［65］19.15.1　幼体微吻绦虫　*Microsomacanthus abortiva*（von Linstow，1904）López-Neyra，1942

［66］19.15.10　小体微吻绦虫　*Microsomacanthus microsoma* Creplin，1829

［67］19.20.1　矮小啮壳绦虫　*Rodentolepis nana*（Siebold，1852）Spasskii，1954

［68］20.1.1　线形中殖孔绦虫　*Mesocestoides lineatus*（Goeze，1782）Railliet，1893

［69］21.1.1　细粒棘球绦虫　*Echinococcus granulosus*（Batsch，1786）Rudolphi，1805

［70］21.1.1.1　细粒棘球蚴　*Echinococcus cysticus* Huber，1891

［71］21.2.3　带状泡尾绦虫　*Hydatigera taeniaeformis*（Batsch，1786）Lamarck，1816

［72］21.3.2　多头多头绦虫　*Multiceps multiceps*（Leske，1780）Hall，1910

［73］21.3.2.1　脑多头蚴　*Coenurus cerebralis* Batsch，1786

［74］21.4.1　泡状带绦虫　*Taenia hydatigena* Pallas，1766

［75］21.4.1.1　细颈囊尾蚴　*Cysticercus tenuicollis* Rudolphi，1810

［76］21.4.2.1　羊囊尾蚴　*Cysticercus ovis* Maddox，1873

［77］21.4.3　豆状带绦虫　*Taenia pisiformis* Bloch，1780

［78］21.4.3.1　豆状囊尾蚴　*Cysticercus pisiformis* Bloch，1780

［79］21.4.5　猪囊尾蚴　*Cysticercus cellulosae* Gmelin，1790

［80］21.5.1　牛囊尾蚴　*Cysticercus bovis* Cobbold，1866

［81］22.1.4　阔节双槽头绦虫　*Dibothriocephalus latus* Linnaeus，1758

［82］22.3.1　孟氏旋宫绦虫　*Spirometra mansoni* Joyeux et Houdemer，1928

［83］22.3.1.1　孟氏裂头蚴　*Sparganum mansoni* Joyeux，1928

吸虫　Trematode

［84］23.1.1　枪头棘隙吸虫　*Echinochasmus beleocephalus* Dietz，1909

［85］23.1.4　日本棘隙吸虫　*Echinochasmus japonicus* Tanabe，1926

［86］23.1.10　叶形棘隙吸虫　*Echinochasmus perfoliatus*（Ratz，1908）Gedoelst，1911

［87］23.2.14　圆睾棘缘吸虫　*Echinoparyphium nordiana* Baschirova，1941

［125］45.2.2　土耳其斯坦东毕吸虫　*Orientobilharzia turkestanica*（Skrjabin，1913）Dutt et Srivastavaa，1955

［126］45.4.2　眼点毛毕吸虫　*Trichobilharzia ocellata*（La Valette，1855）Brumpt，1931

［127］45.4.3　包氏毛毕吸虫　*Trichobilharzia paoi*（K'ung，Wang et Chen，1960）Tang et Tang，1962

［128］45.4.4　白眉鸭毛毕吸虫　*Trichobilharzia physellae*（Talbot，1936）Momullen et Beaver，1945

线虫　Nematode

［129］48.1.4　猪蛔虫　*Ascaris suum* Goeze，1782

［130］48.2.1　犊新蛔虫　*Neoascaris vitulorum*（Goeze，1782）Travassos，1927

［131］48.3.1　马副蛔虫　*Parascaris equorum*（Goeze，1782）Yorke and Maplestone，1926

［132］48.4.1　狮弓蛔虫　*Toxascaris leonina*（Linstow，1902）Leiper，1907

［133］49.1.4　鸡禽蛔虫　*Ascaridia galli*（Schrank，l788）Freeborn，1923

［134］50.1.1　犬弓首蛔虫　*Toxocara canis*（Werner，1782）Stiles，1905

［135］50.1.2　猫弓首蛔虫　*Toxocara cati* Schrank，1788

［136］51.1.1　肾膨结线虫　*Dioctophyma renale*（Goeze，1782）Stiles，1901

［137］52.3.1　犬恶丝虫　*Dirofilaria immitis*（Leidy，1856）Railliet et Henry，1911

［138］52.3.2　匍形恶丝虫　*Dirofilaria repens* Railliet et Henry，1911

［139］53.2.2　多乳突副丝虫　*Parafilaria mltipapillosa*（Condamine et Drouilly，1878）Yorke et Maplestone，1926

［140］55.1.3　盲肠丝状线虫　*Setaria caelum* Linstow，1904

［141］55.1.6　指形丝状线虫　*Setaria digitata* Linstow，1906

［142］55.1.7　马丝状线虫　*Setaria equina*（Abildgaard，1789）Viborg，1795

［143］55.1.9　唇乳突丝状线虫　*Setaria labiatopapillosa* Alessandrini，1838

［144］55.1.11　马歇尔丝状线虫　*Setaria marshalli* Boulenger，1921

［145］56.1.1　短刺同刺线虫　*Ganguleterakis brevispiculum* Gendre，1911

［146］56.1.2　异形同刺线虫　*Ganguleterakis dispar*（Schrank，1790）Dujardin，1845

［147］56.2.4　鸡异刺线虫　*Heterakis gallinarum*（Schrank，1788）Freeborn，1923

［148］57.1.1　马尖尾线虫　*Oxyuris equi*（Schrank，1788）Rudolphi，1803

［149］57.2.1　疑似栓尾线虫　*Passalurus ambiguus* Rudolphi，1819

［150］57.4.1　绵羊斯氏线虫　*Skrjabinema ovis*（Skrjabin，1915）Wereschtchagin，1926

［151］60.1.3　乳突类圆线虫　*Strongyloides papillosus*（Wedl，1856）Ransom，1911

［152］60.1.4　兰氏类圆线虫　*Strongyloides ransomi* Schwartz et Alicata，1930

［153］60.1.7　韦氏类圆线虫　*Strongyloides westeri* Ihle，1917

［154］61.1.2　钩状锐形线虫　*Acuaria hamulosa* Diesing，1851

［155］61.2.1　长鼻咽饰带线虫　*Dispharynx nasuta*（Rudolphi，1819）Railliet，Henry et Sisoff，1912

［156］61.3.1　钩状棘结线虫　*Echinuria uncinata*（Rudolphi，1819）Soboview，1912

［157］64.1.1　大口德拉斯线虫　*Drascheia megastoma* Rudolphi，1819

［195］73.6.1　偏位杯冠线虫　*Cylicostephanus asymmetricus*（Theiler, 1923）Cram, 1925

［196］73.6.3　小杯杯冠线虫　*Cylicostephanus calicatus*（Looss, 1900）Cram, 1924

［197］73.6.4　高氏杯冠线虫　*Cylicostephanus goldi*（Boulenger, 1917）Lichtenfels, 1975

［198］73.6.5　杂种杯冠线虫　*Cylicostephanus hybridus*（Kotlán, 1920）Cram, 1924

［199］73.6.6　长伞杯冠线虫　*Cylicostephanus longibursatus*（Yorke et Macfie, 1918）
Cram, 1924

［200］73.6.7　微小杯冠线虫　*Cylicostephanus minutus*（Yorke et Macfie, 1918）Cram, 1924

［201］73.6.8　曾氏杯冠线虫　*Cylicostephanus tsengi*（K'ung et Yang, 1963）Lichtenfels, 1975

［202］73.7.1　长尾柱咽线虫　*Cylindropharynx longicauda* Leiper, 1911

［203］73.8.1　头似辐首线虫　*Gyalocephalus capitatus* Looss, 1900

［204］73.10.1　真臂副杯口线虫　*Parapoteriostomum euproctus*（Boulenger, 1917）
Hartwich, 1986

［205］73.10.2　麦氏副杯口线虫　*Parapoteriostomum mettami*（Leiper, 1913）Hartwich, 1986

［206］73.11.1　杯状彼德洛夫线虫　*Petrovinema poculatum*（Looss, 1900）Erschow, 1943

［207］73.11.2　斯氏彼德洛夫线虫　*Petrovinema skrjabini*（Erschow, 1930）Erschow, 1943

［208］73.12.1　不等齿杯口线虫　*Poteriostomum imparidentatum* Quiel, 1919

［209］73.12.2　拉氏杯口线虫　*Poteriostomum ratzii*（Kotlán, 1919）Ihle, 1920

［210］73.12.3　斯氏杯口线虫　*Poteriostomum skrjabini* Erschow, 1939

［211］74.1.1　安氏网尾线虫　*Dictyocaulus arnfieldi*（Cobbold, 1884）Railliet et Henry, 1907

［212］74.1.4　丝状网尾线虫　*Dictyocaulus filaria*（Rudolphi, 1809）Railliet et Henry, 1907

［213］74.1.6　胎生网尾线虫　*Dictyocaulus viviparus*（Bloch, 1782）Railliet et Henry, 1907

［214］75.1.1　猪后圆线虫　*Metastrongylus apri*（Gmelin, 1790）Vostokov, 1905

［215］75.1.2　复阴后圆线虫　*Metastrongylus pudendotectus* Wostokow, 1905

［216］77.4.3　霍氏原圆线虫　*Protostrongylus hobmaieri*（Schulz, Orloff et Kutass, 1933）
Cameron, 1934

［217］77.4.5　淡红原圆线虫　*Protostrongylus rufescens*（Leuckart, 1865）Kamensky, 1905

［218］79.1.1　有齿冠尾线虫　*Stephanurus dentatus* Diesing, 1839

［219］80.1.1　无齿阿尔夫线虫　*Alfortia edentatuss*（Looss, 1900）Skrjabin, 1933

［220］80.2.1　伊氏双齿线虫　*Bidentostomum ivaschkini* Tshoijo, 1957

［221］80.3.1　尖尾盆口线虫　*Craterostomum acuticaudatum*（Kotlán, 1919）Boulenger, 1920

［222］80.4.1　普通戴拉风线虫　*Delafondia vulgaris*（Looss, 1900）Skrjabin, 1933

［223］80.5.1　粗食道齿线虫　*Oesophagodontus robustus*（Giles, 1892）Railliet et Henry, 1902

［224］80.6.1　马圆形线虫　*Strongylus equinus* Mueller, 1780

［225］80.7.1　短尾三齿线虫　*Triodontophorus brevicauda* Boulenger, 1916

［226］80.7.2　小三齿线虫　*Triodontophorus minor* Looss, 1900

［227］80.7.3　日本三齿线虫　*Triodontophorus nipponicus* Yamaguti, 1943

［228］80.7.5　锯齿三齿线虫　*Triodontophorus serratus*（Looss, 1900）Looss, 1902

［229］80.7.6　细颈三齿线虫　*Triodontophorus tenuicollis* Boulenger, 1916

［230］82.2.9　等侧古柏线虫　*Cooperia laterouniformis* Chen, 1937

［231］82.2.12　栉状古柏线虫　*Cooperia pectinata* Ransom，1907

［232］82.2.13　点状古柏线虫　*Cooperia punctata*（Linstow，1906）Ransom，1907

［233］82.3.2　捻转血矛线虫　*Haemonchus contortus*（Rudolphi，1803）Cobbold，1898

［234］82.3.6　似血矛线虫　*Haemonchus similis* Travassos，1914

［235］82.6.1　指形长刺线虫　*Mecistocirrus digitatus*（Linstow，1906）Railliet et Henry，1912

［236］82.8.13　奥利春细颈线虫　*Nematodirus oriatianus* Rajerskaja，1929

［237］82.11.6　普通奥斯特线虫　*Ostertagia circumcincta*（Stadelmann，1894）Ransom，1907

［238］82.11.8　达氏奥斯特线虫　*Ostertagia davtiani* Grigoryan，1951

［239］82.11.20　奥氏奥斯特线虫　*Ostertagia ostertagi*（Stiles，1892）Ransom，1907

［240］82.15.2　艾氏毛圆线虫　*Trichostrongylus axei*（Cobbold，1879）Railliet et Henry，1909

［241］82.15.5　蛇形毛圆线虫　*Trichostrongylus colubriformis*（Giles，1892）Looss，1905

［242］82.15.11　枪形毛圆线虫　*Trichostrongylus probolurus*（Railliet，1896）Looss，1905

［243］84.1.1　本地毛形线虫　*Trichinella native* Britov et Boev，1972

［244］84.1.2　旋毛形线虫　*Trichinella spiralis*（Owen，1835）Railliet，1895

［245］85.1.6　兰氏鞭虫　*Trichuris lani* Artjuch，1948

［246］85.1.10　羊鞭虫　*Trichuris ovis* Abilgaard，1795

［247］85.1.12　猪鞭虫　*Trichuris suis* Schrank，1788

棘头虫　**Acanthocephalan**

［248］86.1.1　蛭形巨吻棘头虫　*Macracanthorhynchus hirudinaceus*（Pallas，1781）Travassos，1917

节肢动物　**Arthropod**

［249］90.1.1　牛蠕形螨　*Demodex bovis* Stiles，1892

［250］90.1.2　犬蠕形螨　*Demodex canis* Leydig，1859

［251］93.2.1　犬耳痒螨　*Otodectes cynotis* Hering，1838

［252］93.2.1.1　犬耳痒螨犬变种　*Otodectes cynotis* var. *canis*

［253］93.3.1　马痒螨　*Psoroptes equi* Hering，1838

［254］93.3.1.1　牛痒螨　*Psoroptes equi* var. *bovis* Gerlach，1857

［255］93.3.1.3　兔痒螨　*Psoroptes equi* var. *cuniculi* Delafond，1859

［256］93.3.1.5　绵羊痒螨　*Psoroptes equi* var. *ovis* Hering，1838

［257］95.1.2　突变膝螨　*Cnemidocoptes mutans* Robin，1860

［258］95.2.1.1　兔背肛螨　*Notoedres cati* var. *cuniculi* Gerlach，1857

［259］95.3.1.1　牛疥螨　*Sarcoptes scabiei* var. *bovis* Cameron，1924

［260］95.3.1.5　兔疥螨　*Sarcoptes scabiei* var. *cuniculi*

［261］95.3.1.8　绵羊疥螨　*Sarcoptes scabiei* var. *ovis* Mégnin，1880

［262］95.3.1.9　猪疥螨　*Sarcoptes scabiei* var. *suis* Gerlach，1857

［263］95.3.1.10　狐疥螨　*Sarcoptes scabiei* var. *vulpis*

［264］97.1.1　波斯锐缘蜱　*Argas persicus* Oken，1818

［265］98.1.1　鸡皮刺螨　*Dermanyssus gallinae* De Geer，1778

469

［266］99.3.3　朝鲜革蜱　*Dermacentor coreus* Itagaki, Noda et Yamaguchi, 1944

［267］99.3.7　草原革蜱　*Dermacentor nuttalli* Olenev, 1928

［268］99.3.10　森林革蜱　*Dermacentor silvarum* Olenev, 1931

［269］99.3.11　中华革蜱　*Dermacentor sinicus* Schulze, 1932

［270］99.4.4　铃头血蜱　*Haemaphysalis campanulata* Warburton, 1908

［271］99.4.6　嗜群血蜱　*Haemaphysalis concinna* Koch, 1844

［272］99.4.13　日本血蜱　*Haemaphysalis japonica* Warburton, 1908

［273］99.4.14　日本血蜱岛氏亚种　*Haemaphysalis japonica douglasi* Nuttall et Warburton, 1915

［274］99.4.15　长角血蜱　*Haemaphysalis longicornis* Neumann, 1901

［275］99.4.26　草原血蜱　*Haemaphysalis verticalis* Itagaki, Noda et Yamaguchi, 1944

［276］99.5.3　亚洲璃眼蜱卡氏亚种　*Hyalomma asiaticum kozlovi* Olenev, 1931

［277］99.5.4　残缘璃眼蜱　*Hyalomma detritum* Schulze, 1919

［278］99.6.3　草原硬蜱　*Ixodes crenulatus* Koch, 1844

［279］99.6.8　全沟硬蜱　*Ixodes persulcatus* Schulze, 1930

［280］100.1.1　驴血虱　*Haematopinus asini* Linnaeus, 1758

［281］100.1.5　猪血虱　*Haematopinus suis* Linnaeus, 1758

［282］101.1.4　棘颚虱　*Linognathus setosus* von Olfers, 1816

［283］101.1.5　狭颚虱　*Linognathus stenopsis* Burmeister, 1838

［284］101.1.6　牛颚虱　*Linognathus vituli* Linnaeus, 1758

［285］103.1.1　粪种蝇　*Adia cinerella* Fallen, 1825

［286］104.2.1　叉尾丽蝇（蛆）　*Calliphora calliphoroides* Rohdendorf, 1931

［287］104.2.3　巨尾丽蝇（蛆）　*Calliphora grahami* Aldrich, 1930

［288］104.2.4　宽丽蝇（蛆）　*Calliphora lata* Coquillett, 1898

［289］104.2.9　红头丽蝇（蛆）　*Calliphora vicina* Robineau-Desvoidy, 1830

［290］104.2.10　反吐丽蝇（蛆）　*Calliphora vomitoria* Linnaeus, 1758

［291］104.3.4　大头金蝇（蛆）　*Chrysomya megacephala* Fabricius, 1794

［292］104.4.1　尸蓝蝇（蛆）　*Cynomya mortuorum* Linnaeus, 1758

［293］104.6.1　壶绿蝇（蛆）　*Lucilia ampullacea* Villeneuve, 1922

［294］104.6.4　叉叶绿蝇（蛆）　*Lucilia caesar* Linnaeus, 1758

［295］104.6.6　铜绿蝇（蛆）　*Lucilia cuprina* Wiedemann, 1830

［296］104.6.8　亮绿蝇（蛆）　*Lucilia illustris* Meigen, 1826

［297］104.6.10　毛腹绿蝇（蛆）　*Lucilia pilosiventris* Kramer, 1910

［298］104.6.11　紫绿蝇（蛆）　*Lucilia porphyrina* Walker, 1856

［299］104.6.13　丝光绿蝇（蛆）　*Lucilia sericata* Meigen, 1826

［300］104.6.15　沈阳绿蝇　*Lucilia shenyangensis* Fan, 1965

［301］104.7.1　花伏蝇（蛆）　*Phormia regina* Meigen, 1826

［302］104.8.2　深蓝原丽蝇（蛆）　*Protocalliphora caerulea* Robineau-Desvoidy, 1830

［303］104.9.1　新陆原伏蝇（蛆）　*Protophormia terraenovae* Robineau-Desvoidy, 1830

［304］104.10.1　叉丽蝇　*Triceratopyga calliphoroides* Rohdendorf, 1931

［305］105.2.1　琉球库蠓　*Culicoides actoni* Smith，1929

［306］105.2.2　浅色库蠓　*Culicoides albicans* Winnertz，1852

［307］105.2.17　环斑库蠓　*Culicoides circumscriptus* Kieffer，1918

［308］105.2.31　端斑库蠓　*Culicoides erairai* Kono et Takahashi，1940

［309］105.2.45　渐灰库蠓　*Culicoides grisescens* Edwards，1939

［310］105.2.49　淡黄库蠓　*Culicoides helveticus* Callot，Kremer et Deduit，1962

［311］105.2.52　原野库蠓　*Culicoides homotomus* Kieffer，1921

［312］105.2.56　肩宏库蠓　*Culicoides humeralis* Okada，1941

［313］105.2.66　舟库蠓　*Culicoides kibunensis* Tokunaga，1937

［314］105.2.83　东北库蠓　*Culicoides manchuriensis* Tokunaga，1941

［315］105.2.89　日本库蠓　*Culicoides nipponensis* Tokunaga，1955

［316］105.2.91　不显库蠓　*Culicoides obsoletus* Meigen，1818

［317］105.2.92　恶敌库蠓　*Culicoides odibilis* Austen，1921

［318］105.2.96　尖喙库蠓　*Culicoides oxystoma* Kieffer，1910

［319］105.2.103　异域库蠓　*Culicoides peregrinus* Kieffer，1910

［320］105.2.105　灰黑库蠓　*Culicoides pulicaris* Linnaeus，1758

［321］105.2.106　刺螯库蠓　*Culicoides punctatus* Meigen，1804

［322］105.2.109　里氏库蠓　*Culicoides riethi* Kieffer，1914

［323］105.2.113　志贺库蠓　*Culicoides sigaensis* Tokunaga，1937

［324］106.1.9　普通伊蚊　*Aedes communis* De Geer，1776

［325］106.1.10　黑海伊蚊　*Aedes cyprius* Ludlow，1920

［326］106.1.12　背点伊蚊　*Aedes dorsalis* Meigen，1830

［327］106.1.14　刺痛伊蚊　*Aedes excrucians* Walker，1856

［328］106.1.16　黄色伊蚊　*Aedes flavescens* Müller，1764

［329］106.1.22　朝鲜伊蚊　*Aedes koreicus* Edwards，1917

［330］106.1.24　白黑伊蚊　*Aedes leucomelas* Meigen，1804

［331］106.1.28　长柄伊蚊　*Aedes mercurator* Dyar，1920

［332］106.1.31　黑头伊蚊　*Aedes pullatus* Coquillett，1904

［333］106.1.32　刺螯伊蚊　*Aedes punctor* Kirby，1837

［334］106.1.39　刺扰伊蚊　*Aedes vexans* Meigen，1830

［335］106.2.25　米赛按蚊　*Anopheles messeae* Falleroni，1926

［336］106.2.32　中华按蚊　*Anopheles sinensis* Wiedemann，1828

［337］106.2.40　八代按蚊　*Anopheles yatsushiroensis* Miyazaki，1951

［338］106.4.1　麻翅库蚊　*Culex bitaeniorhynchus* Giles，1901

［339］106.4.15　拟态库蚊　*Culex mimeticus* Noe，1899

［340］106.4.18　凶小库蚊　*Culex modestus* Ficalbi，1889

［341］106.4.24　尖音库蚊淡色亚种　*Culex pipiens pallens* Coquillett，1898

［342］106.4.31　三带喙库蚊　*Culex tritaeniorhynchus* Giles，1901

［343］106.4.32　迷走库蚊　*Culex vagans* Wiedemann，1828

［344］106.5.1　阿拉斯加脉毛蚊　*Culiseta alaskaensis* Ludlow，1906

［345］106.5.3　黑须脉毛蚊　*Culiseta bergrothi* Edwards，1921

［346］106.5.6　褐翅脉毛蚊　*Culiseta ochroptera* Peus，1935

［347］107.1.1　红尾胃蝇（蛆）　*Gasterophilus haemorrhoidalis* Linnaeus，1758

［348］107.1.2　小胃蝇（蛆）　*Gasterophilus inermis* Brauer，1858

［349］107.1.3　肠胃蝇（蛆）　*Gasterophilus intestinalis* De Geer，1776

［350］107.1.5　黑腹胃蝇（蛆）　*Gasterophilus pecorum* Fabricius，1794

［351］107.1.6　烦扰胃蝇（蛆）　*Gasterophilus veterinus* Clark，1797

［352］108.2.1　羊蜱蝇　*Melophagus ovinus* Linnaeus，1758

［353］109.1.1　牛皮蝇（蛆）　*Hypoderma bovis* De Geer，1776

［354］109.1.2　纹皮蝇（蛆）　*Hypoderma lineatum* De Villers，1789

［355］110.2.1　夏厕蝇　*Fannia canicularis* Linnaeus，1761

［356］110.2.2　巨尾厕蝇　*Fannia glaucescens* Zetterstedt，1845

［357］110.2.3　截尾厕蝇　*Fannia incisurata* Zetterstedt，1838

［358］110.2.6　白纹厕蝇　*Fannia leucosticta* Meigen，1826

［359］110.2.8　毛踝厕蝇　*Fannia manicata* Meigen，1826

［360］110.2.9　元厕蝇　*Fannia prisca* Stein，1918

［361］110.2.10　瘤胫厕蝇　*Fannia scalaris* Fabricius，1794

［362］110.4.3　常齿股蝇　*Hydrotaea dentipes* Fabricius，1805

［363］110.7.1　曲胫莫蝇　*Morellia aenescens* Robineau-Desvoidy，1830

［364］110.7.2　济洲莫蝇　*Morellia asetosa* Baranov，1925

［365］110.7.3　林莫蝇　*Morellia hortorum* Fallen，1817

［366］110.8.1　肖秋家蝇　*Musca amita* Hennig，1964

［367］110.8.3　北栖家蝇　*Musca bezzii* Patton et Cragg，1913

［368］110.8.15　骚扰家蝇　*Musca tempestiva* Fallen，1817

［369］110.9.1　肖腐蝇　*Muscina assimilis* Fallen，1823

［370］110.9.3　厩腐蝇　*Muscina stabulans* Fallen，1817

［371］110.10.3　银眉黑蝇　*Ophyra leucostoma* Wiedemann，1817

［372］110.10.4　暗黑黑蝇　*Ophyra nigra* Wiedemann，1830

［373］110.11.1　绿翠蝇　*Orthellia caesarion* Meigen，1826

［374］110.11.5　大洋翠蝇　*Orthellia pacifica* Zimin，1951

［375］110.13.2　马粪碧蝇　*Pyrellia cadaverina* Linnaeus，1758

［376］111.2.1　羊狂蝇（蛆）　*Oestrus ovis* Linnaeus，1758

［377］114.3.1　赭尾别麻蝇（蛆）　*Boettcherisca peregrina* Robineau-Desvoidy，1830

［378］114.5.3　华北亚麻蝇　*Parasarcophaga angarosinica* Rohdendorf，1937

［379］114.5.6　巨亚麻蝇　*Parasarcophaga gigas* Thomas，1949

［380］114.5.9　蝗尸亚麻蝇　*Parasarcophaga jacobsoni* Rohdendorf，1937

［381］114.5.11　巨耳亚麻蝇　*Parasarcophaga macroauriculata* Ho，1932

［382］114.6.1　花纹拉蝇（蛆）　*Ravinia striata* Fabricius，1794

［383］114.7.1　白头麻蝇（蛆）　*Sarcophaga albiceps* Meigen，1826

［384］114.7.2　北陆麻蝇（蛆）　*Sarcophaga angarosinica* Rohdendorf，1937

［385］114.7.3　肉食麻蝇（蛆）　*Sarcophaga carnaria* Linnaeus，1758

［386］114.7.4　肥须麻蝇（蛆）　*Sarcophaga crassipalpis* Macquart，1839

［387］114.7.6　黑尾麻蝇（蛆）　*Sarcophaga melanura* Meigen，1826

［388］114.7.7　酱麻蝇（蛆）　*Sarcophaga misera* Walker，1849

［389］114.7.9　巴钦氏麻蝇（蛆）　*Sarcophaga portschinskyi* Rohdendorf，1937

［390］114.7.10　野麻蝇（蛆）　*Sarcophaga similis* Meade，1876

［391］114.7.11　马氏麻蝇（蛆）　*Sarcophaga ugamskii* Rohdendorf，1937

［392］114.8.4　黑须污蝇（蛆）　*Wohlfahrtia magnifica* Schiner，1862

［393］115.2.1　黑角吉蚋　*Gnus cholodkovskii* Rubzov，1939

［394］115.2.2　亮胸吉蚋　*Gnus jacuticum* Rubzov，1940

［395］115.5.1　毛足原蚋　*Prosimulium hirtipes* Fries，1824

［396］115.5.2　刺扰原蚋　*Prosimulium irritans* Rubtsov，1940

［397］115.6.14　爬蚋　*Simulium reptans* Linnaeus，1758

［398］115.8.1　斑梯蚋　*Titanopteryx maculata* Meigen，1804

［399］115.9.1　马维蚋　*Wilhelmia equina* Linnaeus，1746

［400］116.3.1　东方角蝇　*Lyperosia exigua* Meijere，1903

［401］117.1.1　双斑黄虻　*Atylotus bivittateinus* Takahasi，1962

［402］117.1.5　黄绿黄虻　*Atylotus horvathi* Szilady，1926

［403］117.1.7　骚扰黄虻　*Atylotus miser* Szilady，1915

［404］117.1.9　淡黄虻　*Atylotus pallitarsis* Olsufjev，1936

［405］117.1.10　普通黄虻西伯利亚亚种　*Atylotus plebeius sibiricus* Olsufjev，1936

［406］117.1.12　四列黄虻　*Atylotus quadrifarius* Loew，1874

［407］117.1.13　黑胫黄虻　*Atylotus rusticus* Linnaeus，1767

［408］117.1.15　灰腹黄虻　*Atylotus sublunaticornis* Zetterstedt，1842

［409］117.2.3　鞍斑虻　*Chrysops angaricus* Olsufjev，1937

［410］117.2.4　煤色斑虻　*Chrysops anthrax* Olsufjev，1937

［411］117.2.11　分点斑虻　*Chrysops dissectus* Loew，1858

［412］117.2.18　日本斑虻　*Chrysops japonicus* Wiedemann，1828

［413］117.2.20　暗缘斑虻　*Chrysops makerovi* Pleske，1910

［414］117.2.21　莫氏斑虻　*Chrysops mlokosiewiczi* Bigot，1880

［415］117.2.22　黑足斑虻　*Chrysops nigripes* Zetterstedt，1838

［416］117.2.28　娌斑虻　*Chrysops ricardoae* Pleske，1910

［417］117.2.34　合瘤斑虻　*Chrysops suavis* Loew，1858

［418］117.2.38　真实斑虻　*Chrysops validus* Loew，1858

［419］117.2.39　范氏斑虻　*Chrysops vanderwulpi* Krober，1929

［420］117.5.10　脱粉麻虻　*Haematopota desertorum* Szilady，1923

［421］117.5.23　朝鲜麻虻　*Haematopota koryoensis* Shiraki，1932

［422］117.5.47　斯氏麻虻　*Haematopota stackelbergi* Olsufjev，1967

［423］117.5.52　塔氏麻虻　*Haematopota tamerlani* Szilady，1923

［424］117.5.54　土耳其麻虻　*Haematopota turkestanica* Krober，1922

［425］117.6.3　黑条瘤虻　*Hybomitra adachii* Takagi，1941

［426］117.6.4　斧角瘤虻　*Hybomitra aequetincta* Becker，1900

［427］117.6.11　红棕瘤虻　*Hybomitra arpadi* Szilady，1923

［428］117.6.12　鹰瘤虻　*Hybomitra astur* Erichson，1851

［429］117.6.19　二斑瘤虻　*Hybomitra bimaculata* Macquart，1826

［430］117.6.20　二斑瘤虻东北变种　*Hybomitra bimaculata* var. *bisignata* Jaennicke，1866

［431］117.6.21　北方瘤虻　*Hybomitra borealis* Fabricius，1781

［432］117.6.24　短小瘤虻　*Hybomitra brevis* Loew，1858

［433］117.6.26　杂毛瘤虻　*Hybomitra ciureai* Seguy，1937

［434］117.6.27　显著瘤虻　*Hybomitra distinguenda* Verrall，1909

［435］117.6.28　白条瘤虻　Hybomitra *erberi* Brauer，1880

［436］117.6.29　膨条瘤虻　*Hybomitra expollicata* Pandelle，1883

［437］117.6.44　类黑角瘤虻　*Hybomitra koidzumii* Murdoch et Takahasi，1969

［438］117.6.47　拉普兰瘤虻　*Hybomitra lapponica* Wahlberg，1848

［439］117.6.51　黄角瘤虻　*Hybomitra lundbecki* Lyneborg，1959

［440］117.6.52　黑棕瘤虻　*Hybomitra lurida* Fallen，1817

［441］117.6.58　突额瘤虻　*Hybomitra montana* Meigen，1820

［442］117.6.59　摩根氏瘤虻　*Hybomitra morgani* Surcouf，1912

［443］117.6.61　黑色瘤虻　*Hybomitra nigella* Szilady，1914

［444］117.6.62　黑角瘤虻　*Hybomitra nigricornis* Zetterstedt，1842

［445］117.6.63　黑带瘤虻　*Hybomitra nigrivitta* Pandelle，1883

［446］117.6.65　绿瘤虻　*Hybomitra nitidifrons* Szilady，1914

［447］117.6.69　细须瘤虻　*Hybomitra olsoi* Takahasi，1962

［448］117.6.71　金黄瘤虻　*Hybomitra pavlovskii* Olsufjev，1936

［449］117.6.80　侧带瘤虻　*Hybomitra sareptana* Szilady，1914

［450］117.6.81　六脸瘤虻　*Hybomitra sexfasciata* Hine，1923

［451］117.6.84　窄须瘤虻　*Hybomitra stenopselapha* Olsufjev，1937

［452］117.6.85　痣翅瘤虻　*Hybomitra stigmoptera* Olsufjev，1937

［453］117.6.91　鹿角瘤虻　*Hybomitra tarandina* Linnaeus，1758

［454］117.6.92　拟鹿瘤虻　*Hybomitra tarandinoides* Olsufjev，1936

［455］117.6.98　乌苏里瘤虻　*Hybomitra ussuriensis* Olsufjev，1937

［456］117.11.2　土灰虻　*Tabanus amaenus* Walker，1848

［457］117.11.18　佛光虻　*Tabanus buddha* Portschinsky，1887

［458］117.11.29　金色虻　*Tabanus chrysurus* Loew，1858

［459］117.11.50　双重虻　*Tabanus geminus* Szilady，1923

［460］117.11.51　银灰虻　*Tabanus glaucopis* Meigen，1820

[461] 117.11.76　信带虻　*Tabanus kabuagii* Murdoch et Takahasi，1969

[462] 117.11.90　路氏虻　*Tabanus loukashkini* Philip，1956

[463] 117.11.94　中华虻　*Tabanus mandarinus* Schiner，1868

[464] 117.11.135　雁虻　*Tabanus pleskei* Krober，1925

[465] 117.11.177　亚布力虻　*Tabanus yablonicus* Takagi，1941

[466] 118.2.4　草黄鸡体羽虱　*Menacanthus stramineus* Nitzsch，1818

[467] 118.3.1　鸡羽虱　*Menopon gallinae* Linnaeus，1758

[468] 119.4.1　鹅啮羽虱　*Esthiopterum anseris* Linnaeus，1758

[469] 119.5.1　鸡圆羽虱　*Goniocotes gallinae* De Geer，1778

[470] 119.7.3　广幅长羽虱　*Lipeurus heterographus* Nitzsch，1866

[471] 120.1.1　牛毛虱　*Bovicola bovis* Linnaeus，1758

[472] 120.1.2　山羊毛虱　*Bovicola caprae* Gurlt，1843

[473] 120.1.3　绵羊毛虱　*Bovicola ovis* Schrank，1781

[474] 120.3.2　马啮毛虱　*Trichodectes equi* Denny，1842

[475] 121.2.1　扇形副角蚤　*Paraceras flabellum* Curtis，1832

[476] 125.1.1　犬栉首蚤　*Ctenocephalide canis* Curtis，1826

[477] 125.1.2　猫栉首蚤　*Ctenocephalide felis* Bouche，1835

[478] 127.1.1　锯齿舌形虫　*Linguatula serrata* Fröhlich，1789

湖北省寄生虫种名
Species of Parasites in Hubei Province

原虫　Protozoon

[1] 2.1.1　蓝氏贾第鞭毛虫　*Giardia lamblia* Stiles，1915

[2] 3.1.1　杜氏利什曼原虫　*Leishmania donovani*（Laveran et Mesnil，1903）Ross，1903

[3] 3.2.2　伊氏锥虫　*Trypanosoma evansi*（Steel，1885）Balbiani，l888

[4] 7.2.2　堆型艾美耳球虫　*Eimeria acervulina* Tyzzer，1929

[5] 7.2.34　蒂氏艾美耳球虫　*Eimeria debliecki* Douwes，1921

[6] 7.2.48　哈氏艾美耳球虫　*Eimeria hagani* Levine，1938

[7] 7.2.54　无残艾美耳球虫　*Eimeria irresidua* Kessel et Jankiewicz，1931

[8] 7.2.63　大型艾美耳球虫　*Eimeria magna* Pérard，1925

[9] 7.2.68　中型艾美耳球虫　*Eimeria media* Kessel，1929

[10] 7.2.72　毒害艾美耳球虫　*Eimeria necatrix* Johnson，1930

[11] 7.2.85　穿孔艾美耳球虫　*Eimeria perforans*（Leuckart，1879）Sluiter et Swellen-

grebel，1912

[12] 7.2.87　梨形艾美耳球虫　*Eimeria piriformis* Kotlán et Pospesch，1934

[13] 7.2.95　粗糙艾美耳球虫　*Eimeria scabra* Henry，1931

[14] 7.2.101　有刺艾美耳球虫　*Eimeria spinosa* Henry，1931

[15] 7.2.102　斯氏艾美耳球虫　*Eimeria stiedai*（Lindemann，1865）Kisskalt et Hartmann，1907

[16] 7.2.107　柔嫩艾美耳球虫　*Eimeria tenella*（Railliet et Lucet，1891）Fantham，1909

[17] 8.1.1　卡氏住白细胞虫　*Leucocytozoon caulleryii* Mathis et Léger，1909

[18] 8.1.2　沙氏住白细胞虫　*Leucocytozoon sabrazesi* Mathis et Léger，1910

[19] 10.3.8　梭形住肉孢子虫　*Sarcocystis fusiformis*（Railliet，1897）Bernard et Bauche，1912

[20] 10.3.13　莱氏住肉孢子虫　*Sarcocystis levinei* Dissanaike et Kan，1978

[21] 10.3.15　米氏住肉孢子虫　*Sarcocystis miescheriana*（Kühn，1865）Labbé，1899

[22] 10.4.1　龚地弓形虫　*Toxoplasma gondii*（Nicolle et Manceaux，1908）Nicolle et Manceaux，1909

[23] 11.1.1　双芽巴贝斯虫　*Babesia bigemina* Smith et Kiborne，1893

[24] 11.1.2　牛巴贝斯虫　*Babesia bovis*（Babes，1888）Starcovici，1893

[25] 11.1.5　吉氏巴贝斯虫　*Babesia gibson* Patton，1910

[26] 11.1.8　东方巴贝斯虫　*Babesia orientalis* Liu et Zhao，1997

[27] 12.1.1　环形泰勒虫　*Theileria annulata*（Dschunkowsky et Luhs，1904）Wenyon，1926

[28] 14.1.1　结肠小袋虫　*Balantidium coli*（Malmsten，1857）Stein，1862

绦虫　Cestode

[29] 15.1.1　大裸头绦虫　*Anoplocephala magna*（Abildgaard，1789）Sprengel，1905

[30] 15.1.2　叶状裸头绦虫　*Anoplocephala perfoliata*（Goeze，1782）Blanchard，1848

[31] 15.2.1　中点无卵黄腺绦虫　*Avitellina centripunctata* Rivolta，1874

[32] 15.4.2　贝氏莫尼茨绦虫　*Moniezia benedeni*（Moniez，1879）Blanchard，1891

[33] 15.4.4　扩展莫尼茨绦虫　*Moniezia expansa*（Rudolphi，1810）Blanchard，1891

[34] 15.8.1　盖氏曲子宫绦虫　*Thysaniezia giardi* Moniez，1879

[35] 15.8.2　羊曲子宫绦虫　*Thysaniezia ovilla* Rivolta，1878

[36] 16.2.3　原节戴维绦虫　*Davainea proglottina*（Davaine，1860）Blanchard，1891

[37] 16.3.3　有轮瑞利绦虫　*Raillietina cesticillus* Molin，1858

[38] 16.3.4　棘盘瑞利绦虫　*Raillietina echinobothrida* Megnin，1881

[39] 16.3.12　四角瑞利绦虫　*Raillietina tetragona* Molin，1858

[40] 17.1.1　楔形变带绦虫　*Amoebotaenia cuneata* von Linstow，1872

[41] 17.2.2　漏斗漏带绦虫　*Choanotaenia infundibulum* Bloch，1779

[42] 17.4.1　犬复孔绦虫　*Dipylidium caninum*（Linnaeus，1758）Leuckart，1863

[43] 19.4.6　单双盔带绦虫　*Dicranotaenia simplex*（Fuhrmann，1906）López-Neyra，1942

[44] 19.7.1　矛形剑带绦虫　*Drepanidotaenia lanceolata* Bloch，1782

[45] 19.10.2　片形縩缘绦虫　*Fimbriaria fasciolaris* Pallas，1781

[46] 19.18.1　柯氏伪裸头绦虫　*Pseudanoplocephala crawfordi* Baylis，1927

［47］19.23.1 刚刺柴壳绦虫 *Tschertkovilepis setigera* Froelich，1789

［48］21.1.1.1 细粒棘球蚴 *Echinococcus cysticus* Huber，1891

［49］21.2.3 带状泡尾绦虫 *Hydatigera taeniaeformis*（Batsch，1786）Lamarck，1816

［50］21.3.2 多头多头绦虫 *Multiceps multiceps*（Leske，1780）Hall，1910

［51］21.3.2.1 脑多头蚴 *Coenurus cerebralis* Batsch，1786

［52］21.3.5.1 斯氏多头蚴 *Coenurus skrjabini* Popov，1937

［53］21.4.1 泡状带绦虫 *Taenia hydatigena* Pallas，1766

［54］21.4.1.1 细颈囊尾蚴 *Cysticercus tenuicollis* Rudolphi，1810

［55］21.4.3.1 豆状囊尾蚴 *Cysticercus pisiformis* Bloch，1780

［56］21.4.5 猪囊尾蚴 *Cysticercus cellulosae* Gmelin，1790

［57］22.1.3 伏氏双槽头绦虫 *Dibothriocephalus houghtoni* Faust，Camphell et Kellogg，1929

［58］22.1.4 阔节双槽头绦虫 *Dibothriocephalus latus* Linnaeus，1758

［59］22.3.1 孟氏旋宫绦虫 *Spirometra mansoni* Joyeux et Houdemer，1928

［60］22.3.1.1 孟氏裂头蚴 *Sparganum mansoni* Joyeux，1928

吸虫 **Trematode**

［61］23.1.10 叶形棘隙吸虫 *Echinochasmus perfoliatus*（Ratz，1908）Gedoelst，1911

［62］23.3.14 罗棘口吸虫 *Echinostoma melis*（Schrank，1788）Dietz，1909

［63］23.3.15 宫川棘口吸虫 *Echinostoma miyagawai* Ishii，1932

［64］23.3.19 接睾棘口吸虫 *Echinostoma paraulum* Dietz，1909

［65］23.3.22 卷棘口吸虫 *Echinostoma revolutum*（Fröhlich，1802）Looss，1899

［66］23.3.23 强壮棘口吸虫 *Echinostoma robustum* Yamaguti，1935

［67］23.6.1 似锥低颈吸虫 *Hypoderaeum conoideum*（Bloch，1782）Dietz，1909

［68］23.7.1 獾似颈吸虫 *Isthmiophora melis* Schrank，1788

［69］24.1.1 大片形吸虫 *Fasciola gigantica* Cobbold，1856

［70］24.1.2 肝片形吸虫 *Fasciola hepatica* Linnaeus，1758

［71］24.2.1 布氏姜片吸虫 *Fasciolopsis buski*（Lankester，1857）Odhner，1902

［72］25.2.7 长菲策吸虫 *Fischoederius elongatus*（Poirier，1883）Stiles et Goldberger，1910

［73］26.2.2 纤细背孔吸虫 *Notocotylus attenuatus*（Rudolphi，1809）Kossack，1911

［74］27.1.1 杯殖杯殖吸虫 *Calicophoron calicophorum*（Fischoeder，1901）Nasmark，1937

［75］27.1.6 绵羊杯殖吸虫 *Calicophoron ovillum* Wang et Liu，1977

［76］27.1.7 斯氏杯殖吸虫 *Calicophoron skrjabini* Popowa，1937

［77］27.4.1 殖盘殖盘吸虫 *Cotylophoron cotylophorum*（Fischoeder，1901）Stiles et Goldberger，1910

［78］27.4.4 印度殖盘吸虫 *Cotylophoron indicus* Stiles et Goldberger，1910

［79］27.8.1 野牛平腹吸虫 *Homalogaster paloniae* Poirier，1883

［80］27.11.2 鹿同盘吸虫 *Paramphistomum cervi* Zeder，1790

［81］31.1.1 鸭对体吸虫 *Amphimerus anatis* Yamaguti，1933

［82］31.3.1 中华枝睾吸虫 *Clonorchis sinensis*（Cobbolb，1875）Looss，1907

［83］31.5.3 东方次睾吸虫 *Metorchis orientalis* Tanabe，1921

［84］32.1.4　矛形双腔吸虫　*Dicrocoelium lanceatum* Stiles et Hassall，1896

［85］32.2.2　腔阔盘吸虫　*Eurytrema coelomaticum*（Giard et Billet，1892）Looss，1907

［86］32.2.7　胰阔盘吸虫　*Eurytrema pancreaticum*（Janson，1889）Looss，1907

［87］37.2.3　斯氏狸殖吸虫　*Pagumogonimus skrjabini*（Chen，1959）Chen，1963

［88］37.3.14　卫氏并殖吸虫　*Paragonimus westermani*（Kerbert，1878）Braun，1899

［89］39.1.4　楔形前殖吸虫　*Prosthogonimus cuneatus* Braun，1901

［90］39.1.16　卵圆前殖吸虫　*Prosthogonimus ovatus* Lühe，1899

［91］39.1.17　透明前殖吸虫　*Prosthogonimus pellucidus* Braun，1901

［92］40.2.2　鸡后口吸虫　*Postharmostomum gallinum* Witenberg，1923

［93］45.2.2　土耳其斯坦东毕吸虫　*Orientobilharzia turkestanica*（Skrjabin，1913）Dutt et Srivastavaa，1955

［94］45.3.2　日本分体吸虫　*Schistosoma japonicum* Katsurada，1904

［95］46.4.1　家鸭拟枭形吸虫　*Pseudostrigea anatis* Ku，Wu，Yen，*et al.*，1964

［96］47.1.1　舟形嗜气管吸虫　*Tracheophilus cymbius*（Diesing，1850）Skrjabin，1913

线虫　Nematode

［97］48.1.4　猪蛔虫　*Ascaris suum* Goeze，1782

［98］48.2.1　犊新蛔虫　*Neoascaris vitulorum*（Goeze，1782）Travassos，1927

［99］48.3.1　马副蛔虫　*Parascaris equorum*（Goeze，1782）Yorke and Maplestone，1926

［100］49.1.4　鸡禽蛔虫　*Ascaridia galli*（Schrank，l788）Freeborn，1923

［101］50.1.1　犬弓首蛔虫　*Toxocara canis*（Werner，1782）Stiles，1905

［102］52.3.1　犬恶丝虫　*Dirofilaria immitis*（Leidy，1856）Railliet et Henry，1911

［103］52.5.1　猪浆膜丝虫　*Serofilaria suis* Wu et Yun，1979

［104］53.2.1　牛副丝虫　*Parafilaria bovicola* Tubangui，1934

［105］53.2.2　多乳突副丝虫　*Parafilaria mltipapillosa*（Condamine et Drouilly，1878）Yorke et Maplestone，1926

［106］54.2.1　圈形蟠尾线虫　*Onchocerca armillata* Railliet et Henry，1909

［107］55.1.6　指形丝状线虫　*Setaria digitata* Linstow，1906

［108］55.1.7　马丝状线虫　*Setaria equina*（Abildgaard，1789）Viborg，1795

［109］55.1.9　唇乳突丝状线虫　*Setaria labiatopapillosa* Alessandrini，1838

［110］56.2.1　贝拉异刺线虫　*Heterakis beramporia* Lane，1914

［111］56.2.4　鸡异刺线虫　*Heterakis gallinarum*（Schrank，1788）Freeborn，1923

［112］56.2.11　满陀异刺线虫　*Heterakis putaustralis* Lane，1914

［113］57.1.1　马尖尾线虫　*Oxyuris equi*（Schrank，1788）Rudolphi，1803

［114］57.2.1　疑似栓尾线虫　*Passalurus ambiguus* Rudolphi，1819

［115］57.4.1　绵羊斯氏线虫　*Skrjabinema ovis*（Skrjabin，1915）Wereschtchagin，1926

［116］60.1.3　乳突类圆线虫　*Strongyloides papillosus*（Wedl，1856）Ransom，1911

［117］60.1.4　兰氏类圆线虫　*Strongyloides ransomi* Schwartz et Alicata，1930

［118］60.1.5　粪类圆线虫　*Strongyloides stercoralis*（Bavay，1876）Stiles et Hassall，1902

［119］61.1.2　钩状锐形线虫　*Acuaria hamulosa* Diesing，1851

478

［157］75.1.2　复阴后圆线虫　*Metastrongylus pudendotectus* Wostokow，1905

［158］77.4.3　霍氏原圆线虫　*Protostrongylus hobmaieri*（Schulz，Orloff et Kutass，1933）
Cameron，1934

［159］77.4.4　赖氏原圆线虫　*Protostrongylus raillieti*（Schulz，Orloff et Kutass，1933）
Cameron，1934

［160］77.4.5　淡红原圆线虫　*Protostrongylus rufescens*（Leuckart，1865）Kamensky，1905

［161］77.4.6　斯氏原圆线虫　*Protostrongylus skrjabini*（Boev，1936）Dikmans，1945

［162］77.5.1　邝氏刺尾线虫　*Spiculocaulus kwongi*（Wu et Liu，1943）Dougherty et Goble，1946

［163］77.6.3　舒氏变圆线虫　*Varestrongylus schulzi* Boev et Wolf，1938

［164］79.1.1　有齿冠尾线虫　*Stephanurus dentatus* Diesing，1839

［165］80.1.1　无齿阿尔夫线虫　*Alfortia edentatus*（Looss，1900）Skrjabin，1933

［166］80.4.1　普通戴拉风线虫　*Delafondia vulgaris*（Looss，1900）Skrjabin，1933

［167］80.6.1　马圆形线虫　*Strongylus equinus* Mueller，1780

［168］80.7.5　锯齿三齿线虫　*Triodontophorus serratus*（Looss，1900）Looss，1902

［169］80.7.6　细颈三齿线虫　*Triodontophorus tenuicollis* Boulenger，1916

［170］82.2.3　叶氏古柏线虫　*Cooperia erschowi* Wu，1958

［171］82.2.9　等侧古柏线虫　*Cooperia laterouniformis* Chen，1937

［172］82.2.12　栉状古柏线虫　*Cooperia pectinata* Ransom，1907

［173］82.3.2　捻转血矛线虫　*Haemonchus contortus*（Rudolphi，1803）Cobbold，1898

［174］82.3.6　似血矛线虫　*Haemonchus similis* Travassos，1914

［175］82.4.1　红色猪圆线虫　*Hyostrongylus rebidus*（Hassall et Stiles，1892）Hall，1921

［176］82.5.6　蒙古马歇尔线虫　*Marshallagia mongolica* Schumakovitch，1938

［177］82.6.1　指形长刺线虫　*Mecistocirrus digitatus*（Linstow，1906）Railliet et Henry，1912

［178］82.8.8　尖交合刺细颈线虫　*Nematodirus filicollis*（Rudolphi，1802）Ransom，1907

［179］82.9.2　特氏剑形线虫　*Obeliscoides travassosi* Liu et Wu，1941

［180］82.11.6　普通奥斯特线虫　*Ostertagia circumcincta*（Stadelmann，1894）Ransom，1907

［181］82.11.24　斯氏奥斯特线虫　*Ostertagia skrjabini* Shen，Wu et Yen，1959

［182］82.11.28　吴兴奥斯特线虫　*Ostertagia wuxingensis* Ling，1958

［183］82.15.2　艾氏毛圆线虫　*Trichostrongylus axei*（Cobbold，1879）Railliet et Henry，1909

［184］82.15.5　蛇形毛圆线虫　*Trichostrongylus colubriformis*（Giles，1892）Looss，1905

［185］82.15.9　东方毛圆线虫　*Trichostrongylus orientalis* Jimbo，1914

［186］83.2.1　环纹优鞘线虫　*Eucoleus annulatum*（Molin，1858）López-Neyra，1946

［187］83.4.3　捻转纤形线虫　*Thominx contorta*（Creplin，1839）Travassos，1915

［188］84.1.2　旋毛形线虫　*Trichinella spiralis*（Owen，1835）Railliet，1895

［189］85.1.4　球鞘鞭虫　*Trichuris globulosa* Linstow，1901

［190］85.1.10　羊鞭虫　*Trichuris ovis* Abilgaard，1795

［191］85.1.12　猪鞭虫　*Trichuris suis* Schrank，1788

棘头虫 Acanthocephalan

[192] 86.1.1 蛭形巨吻棘头虫 *Macracanthorhynchus hirudinaceus*（Pallas，1781）Travassos，1917

[193] 87.2.5 大多形棘头虫 *Polymorphus magnus* Skrjabin，1913

节肢动物 Arthropod

[194] 88.2.1 双梳羽管螨 *Syringophilus bipectinatus* Heller，1880

[195] 90.1.3 山羊蠕形螨 *Demodex caprae* Railliet，1895

[196] 93.3.1.1 牛痒螨 *Psoroptes equi* var. *bovis* Gerlach，1857

[197] 93.3.1.3 兔痒螨 *Psoroptes equi* var. *cuniculi* Delafond，1859

[198] 93.3.1.4 水牛痒螨 *Psoroptes equi* var. *natalensis* Hirst，1919

[199] 93.3.1.5 绵羊痒螨 *Psoroptes equi* var. *ovis* Hering，1838

[200] 95.1.1 鸡膝螨 *Cnemidocoptes gallinae* Railliet，1887

[201] 95.1.2 突变膝螨 *Cnemidocoptes mutans* Robin，1860

[202] 95.2.1.1 兔背肛螨 *Notoedres cati* var. *cuniculi* Gerlach，1857

[203] 95.3.1.1 牛疥螨 *Sarcoptes scabiei* var. *bovis* Cameron，1924

[204] 95.3.1.4 山羊疥螨 *Sarcoptes scabiei* var. *caprae*

[205] 95.3.1.9 猪疥螨 *Sarcoptes scabiei* var. *suis* Gerlach，1857

[206] 96.2.1 鸡新棒螨 *Neoschoengastia gallinarum* Hatori，1920

[207] 96.3.1 巨螯齿螨 *Odontacarus majesticus* Chen et Hsu，1945

[208] 98.1.1 鸡皮刺螨 *Dermanyssus gallinae* De Geer，1778

[209] 99.2.1 微小牛蜱 *Boophilus microplus* Canestrini，1887

[210] 99.4.3 二棘血蜱 *Haemaphysalis bispinosa* Neumann，1897

[211] 99.4.4 铃头血蜱 *Haemaphysalis campanulata* Warburton，1908

[212] 99.4.9 褐黄血蜱 *Haemaphysalis flava* Neumann，1897

[213] 99.4.11 豪猪血蜱 *Haemaphysalis hystricis* Supino，1897

[214] 99.4.15 长角血蜱 *Haemaphysalis longicornis* Neumann，1901

[215] 99.4.22 中华血蜱 *Haemaphysalis sinensis* Zhang，1981

[216] 99.5.4 残缘璃眼蜱 *Hyalomma detritum* Schulze，1919

[217] 99.6.1 锐跗硬蜱 *Ixodes acutitarsus* Karsch，1880

[218] 99.6.4 粒形硬蜱 *Ixodes granulatus* Supino，1897

[219] 99.6.7 卵形硬蜱 *Ixodes ovatus* Neumann，1899

[220] 99.7.2 镰形扇头蜱 *Rhipicephalus haemaphysaloides* Supino，1897

[221] 99.7.5 血红扇头蜱 *Rhipicephalus sanguineus* Latreille，1806

[222] 100.1.1 驴血虱 *Haematopinus asini* Linnaeus，1758

[223] 100.1.5 猪血虱 *Haematopinus suis* Linnaeus，1758

[224] 100.1.6 瘤突血虱 *Haematopinus tuberculatus* Burmeister，1839

[225] 101.1.2 绵羊颚虱 *Linognathus ovillus* Neumann，1907

[226] 101.1.6 牛颚虱 *Linognathus vituli* Linnaeus，1758

［227］103.1.1　粪种蝇　*Adia cinerella* Fallen，1825

［228］103.2.1　横带花蝇　*Anthomyia illocata* Walker，1856

［229］104.2.3　巨尾丽蝇（蛆）　*Calliphora grahami* Aldrich，1930

［230］104.2.9　红头丽蝇（蛆）　*Calliphora vicina* Robineau-Desvoidy，1830

［231］104.2.10　反吐丽蝇（蛆）　*Calliphora vomitoria* Linnaeus，1758

［232］104.3.4　大头金蝇（蛆）　*Chrysomya megacephala* Fabricius，1794

［233］104.3.5　广额金蝇　*Chrysomya phaonis* Seguy，1928

［234］104.3.6　肥躯金蝇　*Chrysomya pinguis* Walker，1858

［235］104.5.3　三色依蝇（蛆）　*Idiella tripartita* Bigot，1874

［236］104.6.2　南岭绿蝇（蛆）　*Lucilia bazini* Seguy，1934

［237］104.6.6　铜绿蝇（蛆）　*Lucilia cuprina* Wiedemann，1830

［238］104.6.8　亮绿蝇（蛆）　*Lucilia illustris* Meigen，1826

［239］104.6.9　巴浦绿蝇（蛆）　*Lucilia papuensis* Macquart，1842

［240］104.6.11　紫绿蝇（蛆）　*Lucilia porphyrina* Walker，1856

［241］104.6.13　丝光绿蝇（蛆）　*Lucilia sericata* Meigen，1826

［242］105.2.1　琉球库蠓　*Culicoides actoni* Smith，1929

［243］105.2.7　荒草库蠓　*Culicoides arakawae* Arakawa，1910

［244］105.2.17　环斑库蠓　*Culicoides circumscriptus* Kieffer，1918

［245］105.2.31　端斑库蠓　*Culicoides erairai* Kono et Takahashi，1940

［246］105.2.52　原野库蠓　*Culicoides homotomus* Kieffer，1921

［247］105.2.56　肩宏库蠓　*Culicoides humeralis* Okada，1941

［248］105.2.81　多斑库蠓　*Culicoides maculatus* Shiraki，1913

［249］105.2.86　三保库蠓　*Culicoides mihensis* Arnaud，1956

［250］105.2.89　日本库蠓　*Culicoides nipponensis* Tokunaga，1955

［251］105.2.96　尖喙库蠓　*Culicoides oxystoma* Kieffer，1910

［252］105.2.103　异域库蠓　*Culicoides peregrinus* Kieffer，1910

［253］105.2.105　灰黑库蠓　*Culicoides pulicaris* Linnaeus，1758

［254］105.2.106　刺螯库蠓　*Culicoides punctatus* Meigen，1804

［255］105.2.107　曲囊库蠓　*Culicoides puncticollis* Becker，1903

［256］105.2.109　里氏库蠓　*Culicoides riethi* Kieffer，1914

［257］105.2.113　志贺库蠓　*Culicoides sigaensis* Tokunaga，1937

［258］105.3.3　儋县蠛蠓　*Lasiohelea danxianensis* Yu et Liu，1982

［259］105.3.8　低飞蠛蠓　*Lasiohelea humilavolita* Yu et Liu，1982

［260］105.3.13　趋光蠛蠓　*Lasiohelea phototropia* Yu et Zhang，1982

［261］105.3.14　台湾蠛蠓　*Lasiohelea taiwana* Shiraki，1913

［262］105.4.12　郧县细蠓　*Leptoconops yunhsienensis* Yu，1963

［263］106.1.4　白纹伊蚊　*Aedes albopictus* Skuse，1894

［264］106.1.8　仁川伊蚊　*Aedes chemulpoensis* Yamada，1921

［265］106.1.18　台湾伊蚊　*Aedes formosensis* Yamada，1921

482

［266］106.1.20　双棘伊蚊　*Aedes hatorii* Yamada，1921

［267］106.1.21　日本伊蚊　*Aedes japonicus* Theobald，1901

［268］106.1.22　朝鲜伊蚊　*Aedes koreicus* Edwards，1917

［269］106.1.25　窄翅伊蚊　*Aedes lineatopennis* Ludlow，1905

［270］106.1.29　白雪伊蚊　*Aedes niveus* Eichwald，1837

［271］106.1.35　汉城伊蚊　*Aedes seoulensis* Yamada，1921

［272］106.1.39　刺扰伊蚊　*Aedes vexans* Meigen，1830

［273］106.2.4　嗜人按蚊　*Anopheles anthropophagus* Xu et Feng，1975

［274］106.2.10　溪流按蚊　*Anopheles fluviatilis* James，1902

［275］106.2.16　杰普尔按蚊日月潭亚种　*Anopheles jeyporiensis candidiensis* Koidzumi，1924

［276］106.2.20　贵阳按蚊　*Anopheles kweiyangensis* Yao et Wu，1944

［277］106.2.21　雷氏按蚊嗜人亚种　*Anopheles lesteri anthropophagus* Xu et Feng，1975

［278］106.2.23　林氏按蚊　*Anopheles lindesayi* Giles，1900

［279］106.2.24　多斑按蚊　*Anopheles maculatus* Theobald，1901

［280］106.2.26　微小按蚊　*Anopheles minimus* Theobald，1901

［281］106.2.28　帕氏按蚊　*Anopheles pattoni* Christophers，1926

［282］106.2.32　中华按蚊　*Anopheles sinensis* Wiedemann，1828

［283］106.2.40　八代按蚊　*Anopheles yatsushiroensis* Miyazaki，1951

［284］106.3.2　达勒姆阿蚊　*Armigeres durhami* Edwards，1917

［285］106.3.4　骚扰阿蚊　*Armigeres subalbatus* Coquillett，1898

［286］106.4.1　麻翅库蚊　*Culex bitaeniorhynchus* Giles，1901

［287］106.4.3　致倦库蚊　*Culex fatigans* Wiedemann，1828

［288］106.4.4　叶片库蚊　*Culex foliatus* Brug，1932

［289］106.4.5　褐尾库蚊　*Culex fuscanus* Wiedemann，1820

［290］106.4.6　棕头库蚊　*Culex fuscocephalus* Theobald，1907

［291］106.4.7　白雪库蚊　*Culex gelidus* Theobald，1901

［292］106.4.8　贪食库蚊　*Culex halifaxia* Theobald，1903

［293］106.4.12　幼小库蚊　*Culex infantulus* Edwards，1922

［294］106.4.13　吉氏库蚊　*Culex jacksoni* Edwards，1934

［295］106.4.14　马来库蚊　*Culex malayi* Leicester，1908

［296］106.4.15　拟态库蚊　*Culex mimeticus* Noe，1899

［297］106.4.16　小斑翅库蚊　*Culex mimulus* Edwards，1915

［298］106.4.22　白胸库蚊　*Culex pallidothorax* Theobald，1905

［299］106.4.24　尖音库蚊淡色亚种　*Culex pipiens pallens* Coquillett，1898

［300］106.4.25　伪杂鳞库蚊　*Culex pseudovishnui* Colless，1957

［301］106.4.26　白顶库蚊　*Culex shebbearei* Barraud，1924

［302］106.4.27　中华库蚊　*Culex sinensis* Theobald，1903

［303］106.4.30　纹腿库蚊　*Culex theileri* Theobald，1903

［304］106.4.31　三带喙库蚊　*Culex tritaeniorhynchus* Giles，1901

［305］106.4.32　迷走库蚊　*Culex vagans* Wiedemann，1828

［306］106.4.33　杂鳞库蚊　*Culex vishnui* Theobald，1901

［307］106.4.34　惠氏库蚊　*Culex whitmorei* Giles，1904

［308］106.7.2　常型曼蚊　*Manssonia uniformis* Theobald，1901

［309］106.8.1　类按直脚蚊　*Orthopodomyia anopheloides* Giles，1903

［310］106.9.1　竹生杵蚊　*Tripteriodes bambusa* Yamada，1917

［311］106.10.3　新湖蓝带蚊　*Uranotaenia novobscura* Barraud，1934

［312］107.1.1　红尾胃蝇（蛆）　*Gasterophilus haemorrhoidalis* Linnaeus，1758

［313］107.1.3　肠胃蝇（蛆）　*Gasterophilus intestinalis* De Geer，1776

［314］108.1.1　犬虱蝇　*Hippobosca capensis* Olfers，1816

［315］109.1.1　牛皮蝇（蛆）　*Hypoderma bovis* De Geer，1776

［316］109.1.2　纹皮蝇（蛆）　*Hypoderma lineatum* De Villers，1789

［317］110.8.3　北栖家蝇　*Musca bezzii* Patton et Cragg，1913

［318］110.8.4　逐畜家蝇　*Musca conducens* Walker，1859

［319］110.8.5　突额家蝇　*Musca convexifrons* Thomson，1868

［320］110.8.6　肥喙家蝇　*Musca crassirostris* Stein，1903

［321］110.8.7　家蝇　*Musca domestica* Linnaeus，1758

［322］110.8.8　黑边家蝇　*Musca hervei* Villeneuve，1922

［323］110.8.15　骚扰家蝇　*Musca tempestiva* Fallen，1817

［324］110.8.16　黄腹家蝇　*Musca ventrosa* Wiedemann，1830

［325］110.9.3　厕腐蝇　*Muscina stabulans* Fallen，1817

［326］110.10.2　斑遮黑蝇　*Ophyra chalcogaster* Wiedemann，1824

［327］110.10.4　暗黑黑蝇　*Ophyra nigra* Wiedemann，1830

［328］110.11.2　紫翠蝇　*Orthellia chalybea* Wiedemann，1830

［329］111.2.1　羊狂蝇（蛆）　*Oestrus ovis* Linnaeus，1758

［330］113.4.3　中华白蛉　*Phlebotomus chinensis* Newstead，1916

［331］113.4.5　江苏白蛉　*Phlebotomus kiangsuensis* Yao et Wu，1938

［332］113.4.8　蒙古白蛉　*Phlebotomus mongolensis* Sinton，1928

［333］113.5.1　安徽司蛉　*Sergentomyia anhuiensis* Ge et Leng，1990

［334］113.5.3　鲍氏司蛉　*Sergentomyia barraudi* Sinton，1929

［335］113.5.10　歌乐山司蛉　*Sergentomyia koloshanensis* Yao et Wu，1946

［336］113.5.14　南京司蛉　*Sergentomyia nankingensis* Ho，Tan et Wu，1954

［337］113.5.18　鳞喙司蛉　*Sergentomyia squamirostris* Newstead，1923

［338］114.3.1　赭尾别麻蝇（蛆）　*Boettcherisca peregrina* Robineau-Desvoidy，1830

［339］114.5.6　巨亚麻蝇　*Parasarcophaga gigas* Thomas，1949

［340］114.7.1　白头麻蝇（蛆）　*Sarcophaga albiceps* Meigen，1826

［341］114.7.4　肥须麻蝇（蛆）　*Sarcophaga crassipalpis* Macquart，1839

［342］114.7.5　纳氏麻蝇（蛆）　*Sarcophaga knabi* Parker，1917

［343］114.7.7　酱麻蝇（蛆）　*Sarcophaga misera* Walker，1849

［344］114.7.10　野麻蝇（蛆）　*Sarcophaga similis* Meade，1876

［345］115.6.15　红足蚋　*Simulium rufibasis* Brunetti，1911

［346］116.2.1　刺血喙蝇　*Haematobosca sanguinolenta* Austen，1909

［347］116.3.1　东方角蝇　*Lyperosia exigua* Meijere，1903

［348］116.4.1　厩螫蝇　*Stomoxys calcitrans* Linnaeus，1758

［349］116.4.3　印度螫蝇　*Stomoxys indicus* Picard，1908

［350］117.1.5　黄绿黄虻　*Atylotus horvathi* Szilady，1926

［351］117.1.7　骚扰黄虻　*Atylotus miser* Szilady，1915

［352］117.1.9　淡黄虻　*Atylotus pallitarsis* Olsufjev，1936

［353］117.1.12　四列黄虻　*Atylotus quadrifarius* Loew，1874

［354］117.2.1　先斑虻　*Chrysops abavius* Philip，1961

［355］117.2.8　舟山斑虻　*Chrysops chusanensis* Ouchi，1939

［356］117.2.21　莫氏斑虻　*Chrysops mlokosiewiczi* Bigot，1880

［357］117.2.31　中华斑虻　*Chrysops sinensis* Walker，1856

［358］117.2.33　条纹斑虻　*Chrysops striatula* Pechuman，1943

［359］117.2.39　范氏斑虻　*Chrysops vanderwulpi* Krober，1929

［360］117.4.2　二标步虻　*Gressittia birumis* Philip et Mackerras，1960

［361］117.5.3　触角麻虻　*Haematopota antennata* Shiraki，1932

［362］117.5.7　浙江麻虻　*Haematopota chekiangensis* Ouchi，1940

［363］117.5.13　台湾麻虻　*Haematopota formosana* Shiraki，1918

［364］117.5.32　沃氏麻虻　*Haematopota olsufjevi* Liu，1960

［365］117.5.45　中华麻虻　*Haematopota sinensis* Ricardo，1911

［366］117.5.46　似中华麻虻　*Haematopota sineroides* Xu，1989

［367］117.6.29　膨条瘤虻　*Hybomitra expollicata* Pandelle，1883

［368］117.11.2　土灰虻　*Tabanus amaenus* Walker，1848

［369］117.11.11　缅甸虻　*Tabanus birmanicus* Bigot，1892

［370］117.11.25　浙江虻　*Tabanus chekiangensis* Ouchi，1943

［371］117.11.26　中国虻　*Tabanus chinensis* Ouchi，1943

［372］117.11.33　朝鲜虻　*Tabanus coreanus* Shiraki，1932

［373］117.11.61　杭州虻　*Tabanus hongchowensis* Liu，1962

［374］117.11.71　鸡公山虻　*Tabanus jigonshanensis* Xu，1982

［375］117.11.78　江苏虻　*Tabanus kiangsuensis* Krober，1933

［376］117.11.88　线带虻　*Tabanus lineataenia* Xu，1979

［377］117.11.89　长芒虻　*Tabanus longistylus* Xu，Ni et Xu，1984

［378］117.11.90　路氏虻　*Tabanus loukashkini* Philip，1956

［379］117.11.91　庐山虻　*Tabanus lushanensis* Liu，1962

［380］117.11.94　中华虻　*Tabanus mandarinus* Schiner，1868

［381］117.11.96　松本虻　*Tabanus matsumotoensis* Murdoch et Takahasi，1961

［382］117.11.112　日本虻　*Tabanus nipponicus* Murdoch et Takahasi，1969

［383］117.11.122　灰斑虻　*Tabanus onoi* Murdoch et Takahasi，1969

［384］117.11.151　山东虻　*Tabanus shantungensis* Ouchi，1943

［385］117.11.152　神龙架虻　*Tabanus shennongjiaensis* Xu，Ni et Xu，1984

［386］117.11.153　华广虻　*Tabanus signatipennis* Portsch，1887

［387］117.11.160　类柯虻　*Tabanus subcordiger* Liu，1960

［388］117.11.170　高砂虻　*Tabanus takasagoensis* Shiraki，1918

［389］117.11.175　渭河虻　*Tabanus weiheensis* Xu et Liu，1980

［390］117.11.177　亚布力虻　*Tabanus yablonicus* Takagi，1941

［391］118.3.1　鸡羽虱　*Menopon gallinae* Linnaeus，1758

［392］118.4.3　鸭巨羽虱　*Trinoton querquedulae* Linnaeus，1758

［393］119.5.1　鸡圆羽虱　*Goniocotes gallinae* De Geer，1778

［394］119.6.1　鸡角羽虱　*Goniodes dissimilis* Denny，1842

［395］119.7.4　鸭长羽虱　*Lipeurus squalidus* Nitzsch，1818

［396］119.7.5　鸡长羽虱　*Lipeurus variabilis* Burmeister，1838

湖南省寄生虫种名
Species of Parasites in Hunan Province

原虫　Protozoon

［1］3.2.1　马媾疫锥虫　*Trypanosoma equiperdum* Doflein，1901

［2］3.2.2　伊氏锥虫　*Trypanosoma evansi*（Steel，1885）Balbiani，1888

［3］4.1.1　火鸡组织滴虫　*Histomonas meleagridis* Tyzzer，1920

［4］6.1.2　贝氏隐孢子虫　*Cryptosporidium baileyi* Current，Upton et Haynes，1986

［5］6.1.8　鼠隐孢子虫　*Cryptosporidium muris* Tyzzer，1907

［6］6.1.9　微小隐孢子虫　*Cryptosporidium parvum* Tyzzer，1912

［7］7.2.2　堆型艾美耳球虫　*Eimeria acervulina* Tyzzer，1929

［8］7.2.10　奥博艾美耳球虫　*Eimeria auburnensis* Christensen et Porter，1939

［9］7.2.16　牛艾美耳球虫　*Eimeria bovis*（Züblin，1908）Fiebiger，1912

［10］7.2.18　巴西利亚艾美耳球虫　*Eimeria brasiliensis* Torres et Ramos，1939

［11］7.2.23　加拿大艾美耳球虫　*Eimeria canadensis* Bruce，1921

［12］7.2.27　蠕孢艾美耳球虫　*Eimeria cerdonis* Vetterling，1965

［13］7.2.30　盲肠艾美耳球虫　*Eimeria coecicola* Cheissin，1947

［14］7.2.34　蒂氏艾美耳球虫　*Eimeria debliecki* Douwes，1921

［15］7.2.36　椭圆艾美耳球虫　*Eimeria ellipsoidalis* Becker et Frye，1929

［16］7.2.48　哈氏艾美耳球虫　*Eimeria hagani* Levine，1938

［17］7.2.54　无残艾美耳球虫　*Eimeria irresidua* Kessel et Jankiewicz，1931

［18］7.2.63　大型艾美耳球虫　*Eimeria magna* Pérard，1925

［19］7.2.67　巨型艾美耳球虫　*Eimeria maxima* Tyzzer，1929

［20］7.2.69　和缓艾美耳球虫　*Eimeria mitis* Tyzzer，1929

［21］7.2.70　变位艾美耳球虫　*Eimeria mivati* Edgar et Siebold，1964

［22］7.2.72　毒害艾美耳球虫　*Eimeria necatrix* Johnson，1930

［23］7.2.73　新蒂氏艾美耳球虫　*Eimeria neodebliecki* Vetterling，1965

［24］7.2.85　穿孔艾美耳球虫　*Eimeria perforans*（Leuckart，1879）Sluiter et Swellen-grebel，1912

［25］7.2.86　极细艾美耳球虫　*Eimeria perminuta* Henry，1931

［26］7.2.87　梨形艾美耳球虫　*Eimeria piriformis* Kotlán et Pospesch，1934

［27］7.2.89　豚艾美耳球虫　*Eimeria porci* Vetterling，1965

［28］7.2.90　早熟艾美耳球虫　*Eimeria praecox* Johnson，1930

［29］7.2.95　粗糙艾美耳球虫　*Eimeria scabra* Henry，1931

［30］7.2.101　有刺艾美耳球虫　*Eimeria spinosa* Henry，1931

［31］7.2.102　斯氏艾美耳球虫　*Eimeria stiedai*（Lindemann，1865）Kisskalt et Hartmann，1907

［32］7.2.105　猪艾美耳球虫　*Eimeria suis* Nöller，1921

［33］7.2.107　柔嫩艾美耳球虫　*Eimeria tenella*（Railliet et Lucet，1891）Fantham，1909

［34］7.2.114　邱氏艾美耳球虫　*Eimeria züernii*（Rivolta，1878）Martin，1909

［35］7.3.5　犬等孢球虫　*Isospora canis* Nemeseri，1959

［36］7.3.11　俄亥俄等孢球虫　*Isospora ohioensis* Dubey，1975

［37］7.3.13　猪等孢球虫　*Isospora suis* Biester et Murray，1934

［38］7.4.6　毁灭泰泽球虫　*Tyzzeria perniciosa* Allen，1936

［39］7.5.4　菲莱氏温扬球虫　*Wenyonella philiplevinei* Leibovitz，1968

［40］8.1.1　卡氏住白细胞虫　*Leucocytozoon caulleryii* Mathis et Léger，1909

［41］8.1.2　沙氏住白细胞虫　*Leucocytozoon sabrazesi* Mathis et Léger，1910

［42］10.3.5　枯氏住肉孢子虫　*Sarcocystis cruzi*（Hasselmann，1923）Wenyon，1926

［43］10.3.8　梭形住肉孢子虫　*Sarcocystis fusiformis*（Railliet，1897）Bernard et Bauche，1912

［44］10.3.13　莱氏住肉孢子虫　*Sarcocystis levinei* Dissanaike et Kan，1978

［45］10.3.16　绵羊犬住肉孢子虫　*Sarcocystis ovicanis* Heydorn，Gestrich，Melhorn，*et al.*，1975

［46］10.4.1　龚地弓形虫　*Toxoplasma gondii*（Nicolle et Manceaux，1908）Nicolle et Manceaux，1909

［47］11.1.1　双芽巴贝斯虫　*Babesia bigemina* Smith et Kiborne，1893

［48］11.1.2　牛巴贝斯虫　*Babesia bovis*（Babes，1888）Starcovici，1893

［49］11.1.8　东方巴贝斯虫　*Babesia orientalis* Liu et Zhao，1997

［50］12.1.1　环形泰勒虫　*Theileria annulata*（Dschunkowsky et Luhs，1904）

Wenyon，1926

［51］12.1.7　瑟氏泰勒虫　*Theileria sergenti* Yakimoff et Dekhtereff，1930

［52］13.1.1　兔脑原虫　*Encephalitozoon cuniculi* Levaditi，Nicolau et Schoen，1923

［53］14.1.1　结肠小袋虫　*Balantidium coli*（Malmsten，1857）Stein，1862

绦虫　Cestode

［54］15.1.1　大裸头绦虫　*Anoplocephala magna*（Abildgaard，1789）Sprengel，1905

［55］15.1.2　叶状裸头绦虫　*Anoplocephala perfoliata*（Goeze，1782）Blanchard，1848

［56］15.2.1　中点无卵黄腺绦虫　*Avitellina centripunctata* Rivolta，1874

［57］15.4.2　贝氏莫尼茨绦虫　*Moniezia benedeni*（Moniez，1879）Blanchard，1891

［58］15.4.4　扩展莫尼茨绦虫　*Moniezia expansa*（Rudolphi，1810）Blanchard，1891

［59］16.3.3　有轮瑞利绦虫　*Raillietina cesticillus* Molin，1858

［60］16.3.4　棘盘瑞利绦虫　*Raillietina echinobothrida* Megnin，1881

［61］16.3.12　四角瑞利绦虫　*Raillietina tetragona* Molin，1858

［62］17.1.1　楔形变带绦虫　*Amoebotaenia cuneata* von Linstow，1872

［63］17.1.3　少睾变带绦虫　*Amoebotaenia oligorchis* Yamaguti，1935

［64］17.1.4　北京变带绦虫　*Amoebotaenia pekinensis* Tseng，1932

［65］17.4.1　犬复孔绦虫　*Dipylidium caninum*（Linnaeus，1758）Leuckart，1863

［66］19.2.3　叉棘单睾绦虫　*Aploparaksis furcigera* Rudolphi，1819

［67］19.3.1　大头腔带绦虫　*Cloacotaenia megalops* Nitzsch in Creplin，1829

［68］19.4.2　冠状双盔带绦虫　*Dicranotaenia coronula*（Dujardin，1845）Railliet，1892

［69］19.4.3　内翻双盔带绦虫　*Dicranotaenia introversa* Mayhew，1925

［70］19.4.5　白眉鸭双盔带绦虫　*Dicranotaenia querquedula* Fuhrmann，1921

［71］19.4.6　单双盔带绦虫　*Dicranotaenia simplex*（Fuhrmann，1906）López-Neyra，1942

［72］19.6.2　鸭双睾绦虫　*Diorchis anatina* Ling，1959

［73］19.6.4　淡黄双睾绦虫　*Diorchis flavescens*（Kreff，1873）Johnston，1912

［74］19.6.5　台湾双睾绦虫　*Diorchis formosensis* Sugimoto，1934

［75］19.6.9　斯氏双睾绦虫　*Diorchis skarbilowitschi* Schachtachtinskaja，1960

［76］19.6.10　幼芽双睾绦虫　*Diorchis sobolevi* Spasskaya，1950

［77］19.7.1　矛形剑带绦虫　*Drepanidotaenia lanceolata* Bloch，1782

［78］19.10.2　片形縫缘绦虫　*Fimbriaria fasciolaris* Pallas，1781

［79］19.13.1　纤小膜钩绦虫　*Hymenosphenacanthus exiguus* Yoshida，1910

［80］19.15.4　狭窄微吻绦虫　*Microsomacanthus compressa*（Linton，1892）López-Neyra，1942

［81］19.15.6　福氏微吻绦虫　*Microsomacanthus fausti* Tseng-Sheng，1932

［82］19.15.10　小体微吻绦虫　*Microsomacanthus microsoma* Creplin，1829

［83］19.15.12　副小体微吻绦虫　*Microsomacanthus paramicrosoma* Gasowska，1931

［84］19.16.1　领襟粘壳绦虫　*Myxolepis collaris*（Batsch，1786）Spassky，1959

［85］19.18.1　柯氏伪裸头绦虫　*Pseudanoplocephala crawfordi* Baylis，1927

［86］19.19.1　弱小网宫绦虫　*Retinometra exiguus*（Yashida，1910）Spassky，1955

［87］19.19.2　格兰网宫绦虫　*Retinometra giranensis*（Sugimoto，1934）Spassky，1963

［126］26. 2. 16　小卵圆背孔吸虫　*Notocotylus parviovatus* Yamaguti，1934

［127］26. 3. 1　印度列叶吸虫　*Ogmocotyle indica*（Bhalerao，1942）Ruiz，1946

［128］26. 3. 2　羚羊列叶吸虫　*Ogmocotyle pygargi* Skrjabin et Schulz，1933

［129］27. 1. 1　杯殖杯殖吸虫　*Calicophoron calicophorum*（Fischoeder，1901）Nasmark，1937

［130］27. 1. 10　浙江杯殖吸虫　*Calicophoron zhejiangensis* Wang，1979

［131］27. 2. 3　双叉肠锡叶吸虫　*Ceylonocotyle dicranocoelium*（Fischoeder，1901）Nasmark，1937

［132］27. 4. 4　印度殖盘吸虫　*Cotylophoron indicus* Stiles et Goldberger，1910

［133］27. 4. 7　湘江殖盘吸虫　*Cotylophoron shangkiangensis* Wang，1979

［134］27. 7. 3　扩展巨盘吸虫　*Gigantocotyle explanatum*（Creplin，1847）Nasmark，1937

［135］27. 7. 4　台湾巨盘吸虫　*Gigantocotyle formosanum* Fukui，1929

［136］27. 8. 1　野牛平腹吸虫　*Homalogaster paloniae* Poirier，1883

［137］27. 11. 1　吸沟同盘吸虫　*Paramphistomum bothriophoron* Braun，1892

［138］27. 11. 2　鹿同盘吸虫　*Paramphistomum cervi* Zeder，1790

［139］27. 11. 3　后藤同盘吸虫　*Paramphistomum gotoi* Fukui，1922

［140］27. 12. 1　柯氏假盘吸虫　*Pseudodiscus collinsi*（Cobbold，1875）Stiles et Goldberger，1910

［141］28. 1. 3　涉禽嗜眼吸虫　*Philophthalmus gralli* Mathis et Léger，1910

［142］28. 1. 7　霍夫嗜眼吸虫　*Philophthalmus hovorkai* Busa，1956

［143］28. 1. 16　潜鸭嗜眼吸虫　*Philophthalmus nyrocae* Yamaguti，1934

［144］28. 1. 19　利萨嗜眼吸虫　*Philophthalmus rizalensis* Tubangui，1932

［145］29. 1. 2　长刺光隙吸虫　*Psilochasmus longicirratus* Skrjabin，1913

［146］29. 1. 3　尖尾光隙吸虫　*Psilochasmus oxyurus*（Creplin，1825）Lühe，1909

［147］29. 1. 4　括约肌咽光隙吸虫　*Psilochasmus sphincteropharynx* Oshmarin，1971

［148］29. 3. 4　似光孔吸虫　*Psilotrema simillimum*（Mühling，1898）Odhner，1913

［149］29. 3. 6　洞庭光孔吸虫　*Psilotrema tungtingensis* Ceng et Ye，1993

［150］30. 3. 1　凹形隐叶吸虫　*Cryptocotyle concavum*（Creplin，1825）Fischoeder，1903

［151］30. 7. 1　横川后殖吸虫　*Metagonimus yokogawai* Katsurada，1912

［152］31. 1. 1　鸭对体吸虫　*Amphimerus anatis* Yamaguti，1933

［153］31. 3. 1　中华枝睾吸虫　*Clonorchis sinensis*（Cobbolb，1875）Looss，1907

［154］31. 5. 3　东方次睾吸虫　*Metorchis orientalis* Tanabe，1921

［155］31. 5. 6　台湾次睾吸虫　*Metorchis taiwanensis* Morishita et Tsuchimochi，1925

［156］31. 6. 1　截形微口吸虫　*Microtrema truncatum* Kobayashi，1915

［157］32. 1. 4　矛形双腔吸虫　*Dicrocoelium lanceatum* Stiles et Hassall，1896

［158］32. 2. 1　枝睾阔盘吸虫　*Eurytrema cladorchis* Chin，Li et Wei，1965

［159］32. 2. 2　腔阔盘吸虫　*Eurytrema coelomaticum*（Giard et Billet，1892）Looss，1907

［160］32. 2. 7　胰阔盘吸虫　*Eurytrema pancreaticum*（Janson，1889）Looss，1907

［161］37. 2. 3　斯氏狸殖吸虫　*Pagumogonimus skrjabini*（Chen，1959）Chen，1963

［162］37. 3. 5　会同并殖吸虫　*Paragonimus hueitungensis* Chung，Ho，Tsao，*et al.*，1975

490

［163］37.3.14　卫氏并殖吸虫　*Paragonimus westermani*（Kerbert，1878）Braun，1899

［164］39.1.1　鸭前殖吸虫　*Prosthogonimus anatinus* Markow，1903

［165］39.1.4　楔形前殖吸虫　*Prosthogonimus cuneatus* Braun，1901

［166］39.1.9　日本前殖吸虫　*Prosthogonimus japonicus* Braun，1901

［167］39.1.16　卵圆前殖吸虫　*Prosthogonimus ovatus* Lühe，1899

［168］39.1.17　透明前殖吸虫　*Prosthogonimus pellucidus* Braun，1901

［169］40.2.1　越南后口吸虫　*Postharmostomum annamense* Railliet，1924

［170］40.2.2　鸡后口吸虫　*Postharmostomum gallinum* Witenberg，1923

［171］41.1.6　东方杯叶吸虫　*Cyathocotyle orientalis* Faust，1922

［172］43.1.1　有翼翼状吸虫　*Alaria alata* Goeze，1782

［173］45.2.2　土耳其斯坦东毕吸虫　*Orientobilharzia turkestanica*（Skrjabin，1913）Dutt et Srivastavaa，1955

［174］45.3.2　日本分体吸虫　*Schistosoma japonicum* Katsurada，1904

［175］45.4.3　包氏毛毕吸虫　*Trichobilharzia paoi*（K'ung，Wang et Chen，1960）Tang et Tang，1962

［176］46.1.2　优美异幻吸虫　*Apatemon gracilis*（Rudolphi，1819）Szidat，1928

［177］46.1.4　小异幻吸虫　*Apatemon minor* Yamaguti，1933

［178］46.1.5　透明异幻吸虫　*Apatemon pellucidus* Yamaguti，1933

［179］46.3.1　角杯尾吸虫　*Cotylurus cornutus*（Rudolphi，1808）Szidat，1928

［180］46.3.3　日本杯尾吸虫　*Cotylurus japonicus* Ishii，1932

［181］47.1.1　舟形嗜气管吸虫　*Tracheophilus cymbius*（Diesing，1850）Skrjabin，1913

线虫　Nematode

［182］48.1.1　似蚓蛔虫　*Ascaris lumbricoides* Linnaeus，1758

［183］48.1.4　猪蛔虫　*Ascaris suum* Goeze，1782

［184］48.2.1　犊新蛔虫　*Neoascaris vitulorum*（Goeze，1782）Travassos，1927

［185］48.3.1　马副蛔虫　*Parascaris equorum*（Goeze，1782）Yorke and Maplestone，1926

［186］49.1.4　鸡禽蛔虫　*Ascaridia galli*（Schrank，l788）Freeborn，1923

［187］50.1.1　犬弓首蛔虫　*Toxocara canis*（Werner，1782）Stiles，1905

［188］50.1.2　猫弓首蛔虫　*Toxocara cati* Schrank，1788

［189］51.2.1　切形胃瘤线虫　*Eustrongylides excisus* Jagerskiold，1909

［190］51.2.2　切形胃瘤线虫厦门变种　*Eustrongylides excisus* var. *amoyensis* Hoeppli，Hsu et Wu，1929

［191］52.1.1　马来布鲁氏线虫　*Brugia malayi*（Brug，1927）Buckley，1960

［192］52.3.1　犬恶丝虫　*Dirofilaria immitis*（Leidy，1856）Railliet et Henry，1911

［193］52.5.1　猪浆膜丝虫　*Serofilaria suis* Wu et Yun，1979

［194］53.2.1　牛副丝虫　*Parafilaria bovicola* Tubangui，1934

［195］53.2.2　多乳突副丝虫　*Parafilaria mltipapillosa*（Condamine et Drouilly，1878）Yorke et Maplestone，1926

［196］54.1.1　零陵油脂线虫　*Elaeophora linglingense* Cheng，1982

［197］54.2.1　圈形蟠尾线虫　*Onchocerca armillata* Railliet et Henry，1909

［198］54.2.5　喉瘤蟠尾线虫　*Onchocerca gutturosa* Neumann，1910

［199］55.1.2　牛丝状线虫　*Setaria bovis* Klenin，1940

［200］55.1.6　指形丝状线虫　*Setaria digitata* Linstow，1906

［201］55.1.7　马丝状线虫　*Setaria equina*（Abildgaard，1789）Viborg，1795

［202］55.1.9　唇乳突丝状线虫　*Setaria labiatopapillosa* Alessandrini，1838

［203］55.1.10　黎氏丝状线虫　*Setaria leichungwingi* Chen，1937

［204］55.1.11　马歇尔丝状线虫　*Setaria marshalli* Boulenger，1921

［205］56.1.1　短刺同刺线虫　*Ganguleterakis brevispiculum* Gendre，1911

［206］56.2.3　短尾异刺线虫　*Heterakis caudebrevis* Popova，1949

［207］56.2.4　鸡异刺线虫　*Heterakis gallinarum*（Schrank，1788）Freeborn，1923

［208］56.2.6　印度异刺线虫　*Heterakis indica* Maplestone，1932

［209］56.2.7　岭南异刺线虫　*Heterakis lingnanensis* Li，1933

［210］56.2.8　火鸡异刺线虫　*Heterakis meleagris* Hsü，1957

［211］57.1.1　马尖尾线虫　*Oxyuris equi*（Schrank，1788）Rudolphi，1803

［212］57.2.1　疑似栓尾线虫　*Passalurus ambiguus* Rudolphi，1819

［213］59.1.1　艾氏杆形线虫　*Rhabditella axei*（Cobbold，1884）Chitwood，1933

［214］60.1.3　乳突类圆线虫　*Strongyloides papillosus*（Wedl，1856）Ransom，1911

［215］60.1.4　兰氏类圆线虫　*Strongyloides ransomi* Schwartz et Alicata，1930

［216］60.1.5　粪类圆线虫　*Strongyloides stercoralis*（Bavay，1876）Stiles et Hassall，1902

［217］61.1.2　钩状锐形线虫　*Acuaria hamulosa* Diesing，1851

［218］61.2.1　长鼻咽饰带线虫　*Dispharynx nasuta*（Rudolphi，1819）Railliet，Henry et Sisoff，1912

［219］61.7.1　厚尾束首线虫　*Streptocara crassicauda* Creplin，1829

［220］62.1.1　陶氏颚口线虫　*Gnathostoma doloresi* Tubangui，1925

［221］62.1.2　刚刺颚口线虫　*Gnathostoma hispidum* Fedtchenko，1872

［222］62.1.3　棘颚口线虫　*Gnathostoma spinigerum* Owen，1836

［223］63.1.3　美丽筒线虫　*Gongylonema pulchrum* Molin，1857

［224］64.1.1　大口德拉斯线虫　*Drascheia megastoma* Rudolphi，1819

［225］64.2.1　小口柔线虫　*Habronema microstoma* Schneider，1866

［226］64.2.2　蝇柔线虫　*Habronema muscae* Carter，1861

［227］66.1.1　长沙奇口线虫　*Rictularia changshaensis* Cheng，1990

［228］67.1.1　有齿蛔状线虫　*Ascarops dentata* Linstow，1904

［229］67.1.2　圆形蛔状线虫　*Ascarops strongylina* Rudolphi，1819

［230］67.2.1　六翼泡首线虫　*Physocephalus sexalatus* Molin，1860

［231］67.4.1　狼旋尾线虫　*Spirocerca lupi*（Rudolphi，1809）Railliet et Henry，1911

［232］68.1.2　克氏四棱线虫　*Tetrameres crami* Swales，1933

［233］68.1.3　分棘四棱线虫　*Tetrameres fissispina* Diesing，1861

［234］69.2.2　丽幼吸吮线虫　*Thelazia callipaeda* Railliet et Henry，1910

[271] 80.1.1 无齿阿尔夫线虫 *Alfortia edentatus*（Looss，1900）Skrjabin，1933

[272] 80.4.1 普通戴拉风线虫 *Delafondia vulgaris*（Looss，1900）Skrjabin，1933

[273] 80.6.1 马圆形线虫 *Strongylus equinus* Mueller，1780

[274] 80.7.1 短尾三齿线虫 *Triodontophorus brevicauda* Boulenger，1916

[275] 80.7.5 锯齿三齿线虫 *Triodontophorus serratus*（Looss，1900）Looss，1902

[276] 82.2.3 叶氏古柏线虫 *Cooperia erschowi* Wu，1958

[277] 82.2.9 等侧古柏线虫 *Cooperia laterouniformis* Chen，1937

[278] 82.2.13 点状古柏线虫 *Cooperia punctata*（Linstow，1906）Ransom，1907

[279] 82.3.2 捻转血矛线虫 *Haemonchus contortus*（Rudolphi，1803）Cobbold，1898

[280] 82.3.6 似血矛线虫 *Haemonchus similis* Travassos，1914

[281] 82.6.1 指形长刺线虫 *Mecistocirrus digitatus*（Linstow，1906）Railliet et Henry，1912

[282] 82.8.8 尖交合刺细颈线虫 *Nematodirus filicollis*（Rudolphi，1802）Ransom，1907

[283] 82.11.6 普通奥斯特线虫 *Ostertagia circumcincta*（Stadelmann，1894）Ransom，1907

[284] 82.11.24 斯氏奥斯特线虫 *Ostertagia skrjabini* Shen，Wu et Yen，1959

[285] 82.11.26 三叉奥斯特线虫 *Ostertagia trifurcata* Ransom，1907

[286] 82.15.2 艾氏毛圆线虫 *Trichostrongylus axei*（Cobbold，1879）Railliet et Henry，1909

[287] 82.15.5 蛇形毛圆线虫 *Trichostrongylus colubriformis*（Giles，1892）Looss，1905

[288] 83.1.4 双瓣毛细线虫 *Capillaria bilobata* Bhalerao，1933

[289] 83.1.6 膨尾毛细线虫 *Capillaria caudinflata*（Molin，1858）Travassos，1915

[290] 83.2.1 环纹优鞘线虫 *Eucoleus annulatum*（Molin，1858）López-Neyra，1946

[291] 83.4.1 鸭纤形线虫 *Thominx anatis* Schrank，1790

[292] 83.4.4 鸡纤形线虫 *Thominx gallinae* Cheng，1982

[293] 85.1.1 同色鞭虫 *Trichuris concolor* Burdelev，1951

[294] 85.1.3 瞪羚鞭虫 *Trichuris gazellae* Gebauer，1933

[295] 85.1.4 球鞘鞭虫 *Trichuris globulosa* Linstow，1901

[296] 85.1.6 兰氏鞭虫 *Trichuris lani* Artjuch，1948

[297] 85.1.8 长刺鞭虫 *Trichuris longispiculus* Artjuch，1948

[298] 85.1.10 羊鞭虫 *Trichuris ovis* Abilgaard，1795

[299] 85.1.12 猪鞭虫 *Trichuris suis* Schrank，1788

[300] 85.1.16 武威鞭虫 *Trichuris wuweiensis* Yang et Chen，1978

棘头虫 Acanthocephalan

[301] 86.1.1 蛭形巨吻棘头虫 *Macracanthorhynchus hirudinaceus*（Pallas，1781）Travassos，1917

[302] 87.2.4 台湾多形棘头虫 *Polymorphus formosus* Schmidt et Kuntz，1967

[303] 87.2.5 大多形棘头虫 *Polymorphus magnus* Skrjabin，1913

节肢动物 Arthropod

[304] 88.2.1 双梳羽管螨 *Syringophilus bipectinatus* Heller，1880

[305] 90.1.3 山羊蠕形螨 *Demodex caprae* Railliet，1895

［306］90.1.5　猪蠕形螨　*Demodex phylloides* Czokor，1858

［307］93.1.1.2　兔足螨　*Chorioptes bovis* var. *cuniculi*

［308］93.3.1.1　牛痒螨　*Psoroptes equi* var. *bovis* Gerlach，1857

［309］93.3.1.3　兔痒螨　*Psoroptes equi* var. *cuniculi* Delafond，1859

［310］95.1.2　突变膝螨　*Cnemidocoptes mutans* Robin，1860

［311］95.2.1.1　兔背肛螨　*Notoedres cati* var. *cuniculi* Gerlach，1857

［312］95.3.1.4　山羊疥螨　*Sarcoptes scabiei* var. *caprae*

［313］95.3.1.5　兔疥螨　*Sarcoptes scabiei* var. *cuniculi*

［314］95.3.1.9　猪疥螨　*Sarcoptes scabiei* var. *suis* Gerlach，1857

［315］96.3.1　巨螯齿螨　*Odontacarus majesticus* Chen et Hsu，1945

［316］98.1.1　鸡皮刺螨　*Dermanyssus gallinae* De Geer，1778

［317］99.2.1　微小牛蜱　*Boophilus microplus* Canestrini，1887

［318］99.4.3　二棘血蜱　*Haemaphysalis bispinosa* Neumann，1897

［319］99.4.11　豪猪血蜱　*Haemaphysalis hystricis* Supino，1897

［320］99.4.15　长角血蜱　*Haemaphysalis longicornis* Neumann，1901

［321］99.4.27　越南血蜱　*Haemaphysalis vietnamensis* Hoogstraal et Wilson，1966

［322］99.4.31　越原血蜱　*Haemaphysalis yeni* Toumanoff，1944

［323］99.6.11　中华硬蜱　*Ixodes sinensis* Teng，1977

［324］99.7.2　镰形扇头蜱　*Rhipicephalus haemaphysaloides* Supino，1897

［325］100.1.2　阔胸血虱　*Haematopinus eurysternus* Denny，1842

［326］100.1.5　猪血虱　*Haematopinus suis* Linnaeus，1758

［327］100.1.6　瘤突血虱　*Haematopinus tuberculatus* Burmeister，1839

［328］101.2.1　侧管管虱　*Solenopotes capillatus* Enderlein，1904

［329］103.1.1　粪种蝇　*Adia cinerella* Fallen，1825

［330］104.2.3　巨尾丽蝇（蛆）　*Calliphora grahami* Aldrich，1930

［331］104.2.9　红头丽蝇（蛆）　*Calliphora vicina* Robineau-Desvoidy，1830

［332］104.2.10　反吐丽蝇（蛆）　*Calliphora vomitoria* Linnaeus，1758

［333］104.3.4　大头金蝇（蛆）　*Chrysomya megacephala* Fabricius，1794

［334］104.3.6　肥躯金蝇　*Chrysomya pinguis* Walker，1858

［335］104.5.3　三色依蝇（蛆）　*Idiella tripartita* Bigot，1874

［336］104.6.2　南岭绿蝇（蛆）　*Lucilia bazini* Seguy，1934

［337］104.6.6　铜绿蝇（蛆）　*Lucilia cuprina* Wiedemann，1830

［338］104.6.8　亮绿蝇（蛆）　*Lucilia illustris* Meigen，1826

［339］104.6.11　紫绿蝇（蛆）　*Lucilia porphyrina* Walker，1856

［340］104.6.13　丝光绿蝇（蛆）　*Lucilia sericata* Meigen，1826

［341］105.2.7　荒草库蠓　*Culicoides arakawae* Arakawa，1910

［342］105.2.52　原野库蠓　*Culicoides homotomus* Kieffer，1921

［343］105.2.89　日本库蠓　*Culicoides nipponensis* Tokunaga，1955

［344］105.2.96　尖喙库蠓　*Culicoides oxystoma* Kieffer，1910

［345］105.2.103　异域库蠓　*Culicoides peregrinus* Kieffer，1910

［346］105.2.105　灰黑库蠓　*Culicoides pulicaris* Linnaeus，1758

［347］105.3.9　长角蠛蠓　*Lasiohelea longicornis* Tokunaga，1940

［348］105.3.13　趋光蠛蠓　*Lasiohelea phototropia* Yu et Zhang，1982

［349］105.3.14　台湾蠛蠓　*Lasiohelea taiwana* Shiraki，1913

［350］106.1.4　白纹伊蚊　*Aedes albopictus* Skuse，1894

［351］106.1.8　仁川伊蚊　*Aedes chemulpoensis* Yamada，1921

［352］106.1.13　棘刺伊蚊　*Aedes elsiae* Barraud，1923

［353］106.1.15　冯氏伊蚊　*Aedes fengi* Edwards，1935

［354］106.1.21　日本伊蚊　*Aedes japonicus* Theobald，1901

［355］106.1.29　白雪伊蚊　*Aedes niveus* Eichwald，1837

［356］106.1.30　伪白纹伊蚊　*Aedes pseudalbopictus* Borel，1928

［357］106.1.39　刺扰伊蚊　*Aedes vexans* Meigen，1830

［358］106.2.2　艾氏按蚊　*Anopheles aitkenii* James，1903

［359］106.2.4　嗜人按蚊　*Anopheles anthropophagus* Xu et Feng，1975

［360］106.2.12　巨型按蚊贝氏亚种　*Anopheles gigas baileyi* Edwards，1929

［361］106.2.16　杰普尔按蚊日月潭亚种　*Anopheles jeyporiensis candidiensis* Koidzumi，1924

［362］106.2.20　贵阳按蚊　*Anopheles kweiyangensis* Yao et Wu，1944

［363］106.2.21　雷氏按蚊嗜人亚种　*Anopheles lesteri anthropophagus* Xu et Feng，1975

［364］106.2.24　多斑按蚊　*Anopheles maculatus* Theobald，1901

［365］106.2.26　微小按蚊　*Anopheles minimus* Theobald，1901

［366］106.2.28　帕氏按蚊　*Anopheles pattoni* Christophers，1926

［367］106.2.32　中华按蚊　*Anopheles sinensis* Wiedemann，1828

［368］106.2.37　棋斑按蚊　*Anopheles tessellatus* Theobald，1901

［369］106.3.2　达勒姆阿蚊　*Armigeres durhami* Edwards，1917

［370］106.3.3　马来阿蚊　*Armigeres malayi* Theobald，1901

［371］106.3.4　骚扰阿蚊　*Armigeres subalbatus* Coquillett，1898

［372］106.4.1　麻翅库蚊　*Culex bitaeniorhynchus* Giles，1901

［373］106.4.2　短须库蚊　*Culex brevipalpis* Giles，1902

［374］106.4.3　致倦库蚊　*Culex fatigans* Wiedemann，1828

［375］106.4.4　叶片库蚊　*Culex foliatus* Brug，1932

［376］106.4.5　褐尾库蚊　*Culex fuscanus* Wiedemann，1820

［377］106.4.6　棕头库蚊　*Culex fuscocephalus* Theobald，1907

［378］106.4.7　白雪库蚊　*Culex gelidus* Theobald，1901

［379］106.4.8　贪食库蚊　*Culex halifaxia* Theobald，1903

［380］106.4.9　林氏库蚊　*Culex hayashii* Yamada，1917

［381］106.4.12　幼小库蚊　*Culex infantulus* Edwards，1922

［382］106.4.13　吉氏库蚊　*Culex jacksoni* Edwards，1934

［383］106.4.14　马来库蚊　*Culex malayi* Leicester，1908

［423］113.5.3　鲍氏司蛉　*Sergentomyia barraudi* Sinton，1929

［424］114.2.1　红尾粪麻蝇（蛆）　*Bercaea haemorrhoidalis* Fallen，1816

［425］114.3.1　赭尾别麻蝇（蛆）　*Boettcherisca peregrina* Robineau-Desvoidy，1830

［426］114.5.11　巨耳亚麻蝇　*Parasarcophaga macroauriculata* Ho，1932

［427］114.7.5　纳氏麻蝇（蛆）　*Sarcophaga knabi* Parker，1917

［428］114.7.7　酱麻蝇（蛆）　*Sarcophaga misera* Walker，1849

［429］114.7.10　野麻蝇（蛆）　*Sarcophaga similis* Meade，1876

［430］115.6.13　五条蚋　*Simulium quinquestriatum* Shiraki，1935

［431］116.2.1　刺血喙蝇　*Haematobosca sanguinolenta* Austen，1909

［432］116.3.1　东方角蝇　*Lyperosia exigua* Meijere，1903

［433］116.4.1　厩螫蝇　*Stomoxys calcitrans* Linnaeus，1758

［434］116.4.3　印度螫蝇　*Stomoxys indicus* Picard，1908

［435］117.1.7　骚扰黄虻　*Atylotus miser* Szilady，1915

［436］117.2.31　中华斑虻　*Chrysops sinensis* Walker，1856

［437］117.2.39　范氏斑虻　*Chrysops vanderwulpi* Krober，1929

［438］117.11.2　土灰虻　*Tabanus amaenus* Walker，1848

［439］117.11.11　缅甸虻　*Tabanus birmanicus* Bigot，1892

［440］117.11.61　杭州虻　*Tabanus hongchowensis* Liu，1962

［441］117.11.78　江苏虻　*Tabanus kiangsuensis* Krober，1933

［442］117.11.97　晨螫虻　*Tabanus matutinimordicus* Xu，1989

［443］117.11.153　华广虻　*Tabanus signatipennis* Portsch，1887

［444］117.11.172　天目虻　*Tabanus tianmuensis* Liu，1962

［445］118.4.2　斑巨羽虱　*Trinoton lituratum* Burmeister，1838

［446］118.4.3　鸭巨羽虱　*Trinoton querquedulae* Linnaeus，1758

［447］119.4.1　鹅啮羽虱　*Esthiopterum anseris* Linnaeus，1758

［448］119.4.2　圆鸭啮羽虱　*Esthiopterum crassicorne* Scopoli，1763

［449］119.6.1　鸡角羽虱　*Goniodes dissimilis* Denny，1842

［450］119.7.3　广幅长羽虱　*Lipeurus heterographus* Nitzsch，1866

［451］119.7.4　鸭长羽虱　*Lipeurus squalidus* Nitzsch，1818

［452］120.3.1　犬啮毛虱　*Trichodectes canis* De Geer，1778

［453］125.1.1　犬栉首蚤　*Ctenocephalide canis* Curtis，1826

［454］125.1.2　猫栉首蚤　*Ctenocephalide felis* Bouche，1835

吉林省寄生虫种名
Species of Parasites in Jilin Province

原虫　Protozoon

[1] 3.2.1　马媾疫锥虫　*Trypanosoma equiperdum* Doflein，1901

[2] 3.2.4　泰氏锥虫　*Trypanosoma theileri* Laveran，1902

[3] 4.1.1　火鸡组织滴虫　*Histomonas meleagridis* Tyzzer，1920

[4] 6.1.1　安氏隐孢子虫　*Cryptosporidium andersoni* Lindsay，Upton，Owens，*et al.*，2000

[5] 6.1.3　牛隐孢子虫　*Cryptosporidium bovis* Fayer，Santín et Xiao，2005

[6] 6.1.7　火鸡隐孢子虫　*Cryptosporidium meleagridis* Slavin，1955

[7] 6.1.9　微小隐孢子虫　*Cryptosporidium parvum* Tyzzer，1912

[8] 6.1.10　芮氏隐孢子虫　*Cryptosporidium ryanae* Fayer，Santín et Trout，2008

[9] 7.2.2　堆型艾美耳球虫　*Eimeria acervulina* Tyzzer，1929

[10] 7.2.3　阿沙塔艾美耳球虫　*Eimeria ahsata* Honess，1942

[11] 7.2.9　阿洛艾美耳球虫　*Eimeria arloingi*（Marotel，1905）Martin，1909

[12] 7.2.13　巴库艾美耳球虫　*Eimeria bakuensis* Musaev，1970

[13] 7.2.16　牛艾美耳球虫　*Eimeria bovis*（Züblin，1908）Fiebiger，1912

[14] 7.2.19　布氏艾美耳球虫　*Eimeria brunetti* Levine，1942

[15] 7.2.30　盲肠艾美耳球虫　*Eimeria coecicola* Cheissin，1947

[16] 7.2.40　福氏艾美耳球虫　*Eimeria faurei*（Moussu et Marotel，1902）Martin，1909

[17] 7.2.44　贡氏艾美耳球虫　*Eimeria gonzalezi* Bazalar et Guerrero，1970

[18] 7.2.45　颗粒艾美耳球虫　*Eimeria granulosa* Christensen，1938

[19] 7.2.53　错乱艾美耳球虫　*Eimeria intricata* Spiegl，1925

[20] 7.2.54　无残艾美耳球虫　*Eimeria irresidua* Kessel et Jankiewicz，1931

[21] 7.2.61　兔艾美耳球虫　*Eimeria leporis* Nieschulz，1923

[22] 7.2.63　大型艾美耳球虫　*Eimeria magna* Pérard，1925

[23] 7.2.67　巨型艾美耳球虫　*Eimeria maxima* Tyzzer，1929

[24] 7.2.68　中型艾美耳球虫　*Eimeria media* Kessel，1929

[25] 7.2.69　和缓艾美耳球虫　*Eimeria mitis* Tyzzer，1929

[26] 7.2.72　毒害艾美耳球虫　*Eimeria necatrix* Johnson，1930

[27] 7.2.74　新兔艾美耳球虫　*Eimeria neoleporis* Carvalho，1942

[28] 7.2.82　小型艾美耳球虫　*Eimeria parva* Kotlán，Mócsy et Vajda，1929

[29] 7.2.85　穿孔艾美耳球虫　*Eimeria perforans*（Leuckart，1879）Sluiter et Swellen-

grebel，1912

［30］7. 2. 87　梨形艾美耳球虫　*Eimeria piriformis* Kotlán et Pospesch，1934

［31］7. 2. 90　早熟艾美耳球虫　*Eimeria praecox* Johnson，1930

［32］7. 2. 102　斯氏艾美耳球虫　*Eimeria stiedai*（Lindemann，1865）Kisskalt et Hartmann，1907

［33］7. 2. 107　柔嫩艾美耳球虫　*Eimeria tenella*（Railliet et Lucet，1891）Fantham，1909

［34］7. 2. 114　邱氏艾美耳球虫　*Eimeria züernii*（Rivolta，1878）Martin，1909

［35］8. 1. 1　卡氏住白细胞虫　*Leucocytozoon caulleryii* Mathis et Léger，1909

［36］10. 1. 1　贝氏贝诺孢子虫　*Besnoitia besnoiti*（Marotel，1912）Henry，1913

［37］10. 2. 1　犬新孢子虫　*Neospora caninum* Dubey，Carpenter，Speer，*et al.*，1988

［38］10. 3. 2　马住肉孢子虫　*Sarcocystis bertrami* Dolflein，1901

［39］10. 3. 8　梭形住肉孢子虫　*Sarcocystis fusiformis*（Railliet，1897）Bernard et Bauche，1912

［40］10. 3. 15　米氏住肉孢子虫　*Sarcocystis miescheriana*（Kühn，1865）Labbé，1899

［41］10. 4. 1　龚地弓形虫　*Toxoplasma gondii*（Nicolle et Manceaux，1908）Nicolle et Manceaux，1909

［42］11. 1. 3　驽巴贝斯虫　*Babesia caballi* Nuttall et Strickland，1910

［43］12. 1. 1　环形泰勒虫　*Theileria annulata*（Dschunkowsky et Luhs，1904）Wenyon，1926

［44］12. 1. 2　马泰勒虫　*Theileria equi* Mehlhorn et Schein，1998

［45］12. 1. 7　瑟氏泰勒虫　*Theileria sergenti* Yakimoff et Dekhtereff，1930

［46］14. 1. 1　结肠小袋虫　*Balantidium coli*（Malmsten，1857）Stein，1862

绦虫　Cestode

［47］15. 1. 1　大裸头绦虫　*Anoplocephala magna*（Abildgaard，1789）Sprengel，1905

［48］15. 1. 2　叶状裸头绦虫　*Anoplocephala perfoliata*（Goeze，1782）Blanchard，1848

［49］15. 2. 1　中点无卵黄腺绦虫　*Avitellina centripunctata* Rivolta，1874

［50］15. 4. 2　贝氏莫尼茨绦虫　*Moniezia benedeni*（Moniez，1879）Blanchard，1891

［51］15. 4. 4　扩展莫尼茨绦虫　*Moniezia expansa*（Rudolphi，1810）Blanchard，1891

［52］15. 6. 1　侏儒副裸头绦虫　*Paranoplocephala mamillana*（Mehlis，1831）Baer，1927

［53］15. 8. 1　盖氏曲子宫绦虫　*Thysaniezia giardi* Moniez，1879

［54］16. 2. 3　原节戴维绦虫　*Davainea proglottina*（Davaine，1860）Blanchard，1891

［55］16. 3. 3　有轮瑞利绦虫　*Raillietina cesticillus* Molin，1858

［56］16. 3. 4　棘盘瑞利绦虫　*Raillietina echinobothrida* Megnin，1881

［57］16. 3. 12　四角瑞利绦虫　*Raillietina tetragona* Molin，1858

［58］17. 4. 1　犬复孔绦虫　*Dipylidium caninum*（Linnaeus，1758）Leuckart，1863

［59］19. 7. 1　矛形剑带绦虫　*Drepanidotaenia lanceolata* Bloch，1782

［60］19. 19. 1　弱小网宫绦虫　*Retinometra exiguus*（Yashida，1910）Spassky，1955

［61］20. 1. 1　线形中殖孔绦虫　*Mesocestoides lineatus*（Goeze，1782）Railliet，1893

［62］21. 1. 1　细粒棘球绦虫　*Echinococcus granulosus*（Batsch，1786）Rudolphi，1805

［63］21. 1. 1. 1　细粒棘球蚴　*Echinococcus cysticus* Huber，1891

［64］21. 3. 2　多头多头绦虫　*Multiceps multiceps*（Leske，1780）Hall，1910

500

［65］21.3.2.1　脑多头蚴　*Coenurus cerebralis* Batsch，1786

［66］21.4.1　泡状带绦虫　*Taenia hydatigena* Pallas，1766

［67］21.4.1.1　细颈囊尾蚴　*Cysticercus tenuicollis* Rudolphi，1810

［68］21.4.3　豆状带绦虫　*Taenia pisiformis* Bloch，1780

［69］21.4.3.1　豆状囊尾蚴　*Cysticercus pisiformis* Bloch，1780

［70］21.4.5　猪囊尾蚴　*Cysticercus cellulosae* Gmelin，1790

［71］21.5.1　牛囊尾蚴　*Cysticercus bovis* Cobbold，1866

［72］22.1.4　阔节双槽头绦虫　*Dibothriocephalus latus* Linnaeus，1758

吸虫　**Trematode**

［73］23.1.4　日本棘隙吸虫　*Echinochasmus japonicus* Tanabe，1926

［74］23.1.10　叶形棘隙吸虫　*Echinochasmus perfoliatus*（Ratz，1908）Gedoelst，1911

［75］23.3.5　坎比棘口吸虫　*Echinostoma campi* Ono，1930

［76］23.3.7　移睾棘口吸虫　*Echinostoma cinetorchis* Ando et Ozaki，1923

［77］23.3.11　圆圃棘口吸虫　*Echinostoma hortense* Asada，1926

［78］23.3.13　巨睾棘口吸虫　*Echinostoma macrorchis* Ando et Ozaki，1923

［79］23.3.15　宫川棘口吸虫　*Echinostoma miyagawai* Ishii，1932

［80］23.3.22　卷棘口吸虫　*Echinostoma revolutum*（Fröhlich，1802）Looss，1899

［81］23.8.1　舌形新棘缘吸虫　*Neoacanthoparyphium linguiformis* Kogame，1935

［82］24.1.1　大片形吸虫　*Fasciola gigantica* Cobbold，1856

［83］24.1.2　肝片形吸虫　*Fasciola hepatica* Linnaeus，1758

［84］25.2.7　长菲策吸虫　*Fischoederius elongatus*（Poirier，1883）Stiles et Goldberger，1910

［85］26.2.2　纤细背孔吸虫　*Notocotylus attenuatus*（Rudolphi，1809）Kossack，1911

［86］27.1.6　绵羊杯殖吸虫　*Calicophoron ovillum* Wang et Liu，1977

［87］27.4.1　殖盘殖盘吸虫　*Cotylophoron cotylophorum*（Fischoeder，1901）Stiles et Goldberger，1910

［88］27.11.2　鹿同盘吸虫　*Paramphistomum cervi* Zeder，1790

［89］27.11.3　后藤同盘吸虫　*Paramphistomum gotoi* Fukui，1922

［90］27.11.5　市川同盘吸虫　*Paramphistomum ichikawai* Fukui，1922

［91］29.2.2　长食道光睾吸虫　*Psilorchis longoesophagus* Bai，Liu et Chen，1980

［92］29.2.3　大囊光睾吸虫　*Psilorchis saccovoluminosus* Bai，Liu et Chen，1980

［93］29.2.5　斑嘴鸭光睾吸虫　*Psilorchis zonorhynchae* Bai，Liu et Chen，1980

［94］30.6.2　异形异形吸虫　*Heterophyes heterophyes*（von Siebold，1852）Stiles et Hassal，1900

［95］30.6.4　有害异形吸虫　*Heterophyes nocens* Onji et Nishio，1915

［96］30.7.1　横川后殖吸虫　*Metagonimus yokogawai* Katsurada，1912

［97］30.9.3　前肠臀形吸虫　*Pygidiopsis summa* Onji et Nishio，1916

［98］31.1.1　鸭对体吸虫　*Amphimerus anatis* Yamaguti，1933

［99］31.3.1　中华枝睾吸虫　*Clonorchis sinensis*（Cobbolb，1875）Looss，1907

［100］31.5.3　东方次睾吸虫　*Metorchis orientalis* Tanabe，1921

［101］32.1.1　中华双腔吸虫　*Dicrocoelium chinensis* Tang et Tang，1978

［102］32.1.4　矛形双腔吸虫　*Dicrocoelium lanceatum* Stiles et Hassall，1896

［103］32.2.2　腔阔盘吸虫　*Eurytrema coelomaticum*（Giard et Billet，1892）Looss，1907

［104］32.2.7　胰阔盘吸虫　*Eurytrema pancreaticum*（Janson，1889）Looss，1907

［105］36.2.2　吉林马蹄吸虫　*Maritrema jilinensis* Liu，Li et Chen，1988

［106］37.3.14　卫氏并殖吸虫　*Paragonimus westermani*（Kerbert，1878）Braun，1899

［107］38.1.2　鼠斜睾吸虫　*Plagiorchis muris* Tanabe，1922

［108］43.1.1　有翼翼状吸虫　*Alaria alata* Goeze，1782

［109］45.2.1　彭氏东毕吸虫　*Orientobilharzia bomfordi*（Montgomery，1906）Dutt et Srivastava，1955

［110］45.2.2　土耳其斯坦东毕吸虫　*Orientobilharzia turkestanica*（Skrjabin，1913）Dutt et Srivastavaa，1955

［111］45.4.1　集安毛毕吸虫　*Trichobilharzia jianensis* Liu，Chen，Jin，*et al.*，1977

［112］45.4.3　包氏毛毕吸虫　*Trichobilharzia paoi*（K'ung，Wang et Chen，1960）Tang et Tang，1962

［113］47.1.1　舟形嗜气管吸虫　*Tracheophilus cymbius*（Diesing，1850）Skrjabin，1913

线虫　Nematode

［114］48.1.4　猪蛔虫　*Ascaris suum* Goeze，1782

［115］48.3.1　马副蛔虫　*Parascaris equorum*（Goeze，1782）Yorke and Maplestone，1926

［116］48.4.1　狮弓蛔虫　*Toxascaris leonina*（Linstow，1902）Leiper，1907

［117］49.1.4　鸡禽蛔虫　*Ascaridia galli*（Schrank，l788）Freeborn，1923

［118］50.1.1　犬弓首蛔虫　*Toxocara canis*（Werner，1782）Stiles，1905

［119］51.1.1　肾膨结线虫　*Dioctophyma renale*（Goeze，1782）Stiles，1901

［120］52.3.1　犬恶丝虫　*Dirofilaria immitis*（Leidy，1856）Railliet et Henry，1911

［121］53.2.2　多乳突副丝虫　*Parafilaria mltipapillosa*（Condamine et Drouilly，1878）Yorke et Maplestone，1926

［122］54.2.2　颈蟠尾线虫　*Onchocerca cervicalis* Railliet et Henry，1910

［123］55.1.3　盲肠丝状线虫　*Setaria caelum* Linstow，1904

［124］55.1.6　指形丝状线虫　*Setaria digitata* Linstow，1906

［125］55.1.7　马丝状线虫　*Setaria equina*（Abildgaard，1789）Viborg，1795

［126］55.1.9　唇乳突丝状线虫　*Setaria labiatopapillosa* Alessandrini，1838

［127］55.1.11　马歇尔丝状线虫　*Setaria marshalli* Boulenger，1921

［128］56.1.1　短刺同刺线虫　*Ganguleterakis brevispiculum* Gendre，1911

［129］56.2.4　鸡异刺线虫　*Heterakis gallinarum*（Schrank，1788）Freeborn，1923

［130］57.1.1　马尖尾线虫　*Oxyuris equi*（Schrank，1788）Rudolphi，1803

［131］57.3.1　胎生普氏线虫　*Probstmayria vivipara*（Probstmayr，1865）Ransom，1907

［132］57.4.1　绵羊斯氏线虫　*Skrjabinema ovis*（Skrjabin，1915）Wereschtchagin，1926

［133］60.1.4　兰氏类圆线虫　*Strongyloides ransomi* Schwartz et Alicata，1930

［134］61.1.2　钩状锐形线虫　*Acuaria hamulosa* Diesing，1851

［135］61.2.1　长鼻咽饰带线虫　*Dispharynx nasuta*（Rudolphi, 1819）Railliet, Henry et Sisoff, 1912

［136］61.3.1　钩状棘结线虫　*Echinuria uncinata*（Rudolphi, 1819）Soboview, 1912

［137］63.1.3　美丽筒线虫　*Gongylonema pulchrum* Molin, 1857

［138］64.1.1　大口德拉斯线虫　*Drascheia megastoma* Rudolphi, 1819

［139］64.2.1　小口柔线虫　*Habronema microstoma* Schneider, 1866

［140］64.2.2　蝇柔线虫　*Habronema muscae* Carter, 1861

［141］67.1.2　圆形蛔状线虫　*Ascarops strongylina* Rudolphi, 1819

［142］67.2.1　六翼泡首线虫　*Physocephalus sexalatus* Molin, 1860

［143］69.2.7　泪管吸吮线虫　*Thelazia lacrymalis* Gurlt, 1831

［144］69.2.9　罗氏吸吮线虫　*Thelazia rhodesi* Desmarest, 1827

［145］71.1.2　犬钩口线虫　*Ancylostoma caninum*（Ercolani, 1859）Hall, 1913

［146］71.1.4　十二指肠钩口线虫　*Ancylostoma duodenale*（Dubini, 1843）Creplin, 1845

［147］71.2.1　牛仰口线虫　*Bunostomum phlebotomum*（Railliet, 1900）Railliet, 1902

［148］71.2.2　羊仰口线虫　*Bunostomum trigonocephalum*（Rudolphi, 1808）Railliet, 1902

［149］71.4.1　康氏球首线虫　*Globocephalus connorfilii* Alessandrini, 1909

［150］71.6.2　狭头钩刺线虫　*Uncinaria stenocphala*（Railliet, 1884）Railliet, 1885

［151］72.3.3　羊夏柏特线虫　*Chabertia ovina*（Fabricius, 1788）Raillet et Henry, 1909

［152］72.4.2　粗纹食道口线虫　*Oesophagostomum asperum* Railliet et Henry, 1913

［153］72.4.4　哥伦比亚食道口线虫　*Oesophagostomum columbianum*（Curtice, 1890）Stossich, 1899

［154］72.4.5　有齿食道口线虫　*Oesophagostomum dentatum*（Rudolphi, 1803）Molin, 1861

［155］72.4.9　长尾食道口线虫　*Oesophagostomum longicaudum* Goodey, 1925

［156］72.4.10　辐射食道口线虫　*Oesophagostomum radiatum*（Rudolphi, 1803）Railliet, 1898

［157］72.4.13　微管食道口线虫　*Oesophagostomum venulosum* Rudolphi, 1809

［158］73.2.1　冠状冠环线虫　*Coronocyclus coronatus*（Looss, 1900）Hartwich, 1986

［159］73.2.2　大唇片冠环线虫　*Coronocyclus labiatus*（Looss, 1902）Hartwich, 1986

［160］73.2.4　小唇片冠环线虫　*Coronocyclus labratus*（Looss, 1902）Hartwich, 1986

［161］73.2.5　箭状冠环线虫　*Coronocyclus sagittatus*（Kotlán, 1920）Hartwich, 1986

［162］73.3.1　卡提盅口线虫　*Cyathostomum catinatum* Looss, 1900

［163］73.3.4　碟状盅口线虫　*Cyathostomum pateratum*（Yorke et Macfie, 1919）K'ung, 1964

［164］73.3.6　亚冠盅口线虫　*Cyathostomum subcoronatum* Yamaguti, 1943

［165］73.3.7　四刺盅口线虫　*Cyathostomum tetracanthum*（Mehlis, 1831）Molin, 1861（sensu Looss, 1900）

［166］73.4.4　短囊杯环线虫　*Cylicocyclus brevicapsulatus*（Ihle, 1920）Erschow, 1939

［167］73.4.5　长形杯环线虫　*Cylicocyclus elongatus*（Looss, 1900）Chaves, 1930

［168］73.4.7　显形杯环线虫　*Cylicocyclus insigne*（Boulenger, 1917）Chaves, 1930

［169］73.4.8　细口杯环线虫　*Cylicocyclus leptostomum*（Kotlán, 1920）Chaves, 1930

［170］73.4.10　鼻状杯环线虫　*Cylicocyclus nassatus*（Looss, 1900）Chaves, 1930

503

［171］73.4.13　辐射杯环线虫　*Cylicocyclus radiatus*（Looss，1900）Chaves，1930

［172］73.4.16　外射杯环线虫　*Cylicocyclus ultrajectinus*（Ihle，1920）Erschow，1939

［173］73.5.1　双冠环齿线虫　*Cylicodontophorus bicoronatus*（Looss，1900）Cram，1924

［174］73.6.1　偏位杯冠线虫　*Cylicostephanus asymmetricus*（Theiler，1923）Cram，1925

［175］73.6.2　双冠杯冠线虫　*Cylicostephanus bicoronatus* K'ung et Yang，1977

［176］73.6.3　小杯杯冠线虫　*Cylicostephanus calicatus*（Looss，1900）Cram，1924

［177］73.6.4　高氏杯冠线虫　*Cylicostephanus goldi*（Boulenger，1917）Lichtenfels，1975

［178］73.6.5　杂种杯冠线虫　*Cylicostephanus hybridus*（Kotlán，1920）Cram，1924

［179］73.6.6　长伞杯冠线虫　*Cylicostephanus longibursatus*（Yorke et Macfie，1918）Cram，1924

［180］73.6.7　微小杯冠线虫　*Cylicostephanus minutus*（Yorke et Macfie，1918）Cram，1924

［181］73.6.8　曾氏杯冠线虫　*Cylicostephanus tsengi*（K'ung et Yang，1963）Lichtenfels，1975

［182］73.8.1　头似辐首线虫　*Gyalocephalus capitatus* Looss，1900

［183］73.10.1　真臂副杯口线虫　*Parapoteriostomum euproctus*（Boulenger，1917）Hartwich，1986

［184］73.11.1　杯状彼德洛夫线虫　*Petrovinema poculatum*（Looss，1900）Erschow，1943

［185］73.11.2　斯氏彼德洛夫线虫　*Petrovinema skrjabini*（Erschow，1930）Erschow，1943

［186］73.12.1　不等齿杯口线虫　*Poteriostomum imparidentatum* Quiel，1919

［187］73.12.2　拉氏杯口线虫　*Poteriostomum ratzii*（Kotlán，1919）Ihle，1920

［188］73.12.3　斯氏杯口线虫　*Poteriostomum skrjabini* Erschow，1939

［189］74.1.1　安氏网尾线虫　*Dictyocaulus arnfieldi*（Cobbold，1884）Railliet et Henry，1907

［190］74.1.4　丝状网尾线虫　*Dictyocaulus filaria*（Rudolphi，1809）Railliet et Henry，1907

［191］74.1.6　胎生网尾线虫　*Dictyocaulus viviparus*（Bloch，1782）Railliet et Henry，1907

［192］75.1.1　猪后圆线虫　*Metastrongylus apri*（Gmelin，1790）Vostokov，1905

［193］75.1.2　复阴后圆线虫　*Metastrongylus pudendotectus* Wostokow，1905

［194］75.1.3　萨氏后圆线虫　*Metastrongylus salmi* Gedoelst，1923

［195］77.4.3　霍氏原圆线虫　*Protostrongylus hobmaieri*（Schulz，Orloff et Kutass，1933）Cameron，1934

［196］79.1.1　有齿冠尾线虫　*Stephanurus dentatus* Diesing，1839

［197］80.1.1　无齿阿尔夫线虫　*Alfortia edentatus*（Looss，1900）Skrjabin，1933

［198］80.2.1　伊氏双齿线虫　*Bidentostomum ivaschkini* Tshoijo，1957

［199］80.3.1　尖尾盆口线虫　*Craterostomum acuticaudatum*（Kotlán，1919）Boulenger，1920

［200］80.4.1　普通戴拉风线虫　*Delafondia vulgaris*（Looss，1900）Skrjabin，1933

［201］80.5.1　粗食道齿线虫　*Oesophagodontus robustus*（Giles，1892）Railliet et Henry，1902

［202］80.6.1　马圆形线虫　*Strongylus equinus* Mueller，1780

［203］80.7.1　短尾三齿线虫　*Triodontophorus brevicauda* Boulenger，1916

［204］80.7.2　小三齿线虫　*Triodontophorus minor* Looss，1900

［205］80.7.3　日本三齿线虫　*Triodontophorus nipponicus* Yamaguti，1943

［206］80.7.5　锯齿三齿线虫　*Triodontophorus serratus*（Looss，1900）Looss，1902

504

[207] 80.7.6　细颈三齿线虫　*Triodontophorus tenuicollis* Boulenger，1916

[208] 82.1.1　兔苇线虫　*Ashworthius leporis* Yen，1961

[209] 82.2.3　叶氏古柏线虫　*Cooperia erschowi* Wu，1958

[210] 82.2.13　点状古柏线虫　*Cooperia punctata*（Linstow，1906）Ransom，1907

[211] 82.3.2　捻转血矛线虫　*Haemonchus contortus*（Rudolphi，1803）Cobbold，1898

[212] 82.3.6　似血矛线虫　*Haemonchus similis* Travassos，1914

[213] 82.5.6　蒙古马歇尔线虫　*Marshallagia mongolica* Schumakovitch，1938

[214] 82.6.1　指形长刺线虫　*Mecistocirrus digitatus*（Linstow，1906）Railliet et Henry，1912

[215] 82.8.13　奥利春细颈线虫　*Nematodirus oriatianus* Rajerskaja，1929

[216] 82.8.14　钝刺细颈线虫　*Nematodirus spathiger*（Railliet，1896）Railliet et Henry，1909

[217] 82.11.6　普通奥斯特线虫　*Ostertagia circumcincta*（Stadelmann，1894）Ransom，1907

[218] 82.11.20　奥氏奥斯特线虫　*Ostertagia ostertagi*（Stiles，1892）Ransom，1907

[219] 82.11.24　斯氏奥斯特线虫　*Ostertagia skrjabini* Shen，Wu et Yen，1959

[220] 82.11.28　吴兴奥斯特线虫　*Ostertagia wuxingensis* Ling，1958

[221] 82.15.2　艾氏毛圆线虫　*Trichostrongylus axei*（Cobbold，1879）Railliet et Henry，1909

[222] 82.15.5　蛇形毛圆线虫　*Trichostrongylus colubriformis*（Giles，1892）Looss，1905

[223] 83.1.8　肝毛细线虫　*Capillaria hepatica*（Bancroft，1893）Travassos，1915

[224] 83.3.1　肝脏肝居线虫　*Hepaticola hepatica*（Bancroft，1893）Hall，1916

[225] 84.1.1　本地毛形线虫　*Trichinella native* Britov et Boev，1972

[226] 84.1.2　旋毛形线虫　*Trichinella spiralis*（Owen，1835）Railliet，1895

[227] 85.1.6　兰氏鞭虫　*Trichuris lani* Artjuch，1948

[228] 85.1.10　羊鞭虫　*Trichuris ovis* Abilgaard，1795

[229] 85.1.12　猪鞭虫　*Trichuris suis* Schrank，1788

[230] 85.1.15　狐鞭虫　*Trichuris vulpis* Froelich，1789

棘头虫　Acanthocephalan

[231] 86.1.1　蛭形巨吻棘头虫　*Macracanthorhynchus hirudinaceus*（Pallas，1781）Travassos，1917

节肢动物　Arthropod

[232] 90.1.2　犬蠕形螨　*Demodex canis* Leydig，1859

[233] 93.2.1　犬耳痒螨　*Otodectes cynotis* Hering，1838

[234] 93.3.1　马痒螨　*Psoroptes equi* Hering，1838

[235] 93.3.1.1　牛痒螨　*Psoroptes equi* var. *bovis* Gerlach，1857

[236] 93.3.1.3　兔痒螨　*Psoroptes equi* var. *cuniculi* Delafond，1859

[237] 93.3.1.5　绵羊痒螨　*Psoroptes equi* var. *ovis* Hering，1838

[238] 95.1.1　鸡膝螨　*Cnemidocoptes gallinae* Railliet，1887

[239] 95.3.1.1　牛疥螨　*Sarcoptes scabiei* var. *bovis* Cameron，1924

[240] 95.3.1.5　兔疥螨　*Sarcoptes scabiei* var. *cuniculi*

[241] 95.3.1.7　马疥螨　*Sarcoptes scabiei* var. *equi*

［242］95.3.1.8 绵羊疥螨 *Sarcoptes scabiei* var. *ovis* Mégnin，1880

［243］95.3.1.9 猪疥螨 *Sarcoptes scabiei* var. *suis* Gerlach，1857

［244］97.1.1 波斯锐缘蜱 *Argas persicus* Oken，1818

［245］98.1.1 鸡皮刺螨 *Dermanyssus gallinae* De Geer，1778

［246］99.3.3 朝鲜革蜱 *Dermacentor coreus* Itagaki，Noda et Yamaguchi，1944

［247］99.3.5 边缘革蜱 *Dermacentor marginatus* Sulzer，1776

［248］99.3.7 草原革蜱 *Dermacentor nuttalli* Olenev，1928

［249］99.3.10 森林革蜱 *Dermacentor silvarum* Olenev，1931

［250］99.3.11 中华革蜱 *Dermacentor sinicus* Schulze，1932

［251］99.4.6 嗜群血蜱 *Haemaphysalis concinna* Koch，1844

［252］99.4.13 日本血蜱 *Haemaphysalis japonica* Warburton，1908

［253］99.4.14 日本血蜱岛氏亚种 *Haemaphysalis japonica douglasi* Nuttall et Warburton，1915

［254］99.4.15 长角血蜱 *Haemaphysalis longicornis* Neumann，1901

［255］99.4.26 草原血蜱 *Haemaphysalis verticalis* Itagaki，Noda et Yamaguchi，1944

［256］99.5.2 亚洲璃眼蜱 *Hyalomma asiaticum* Schulze et Schlottke，1929

［257］99.5.3 亚洲璃眼蜱卡氏亚种 *Hyalomma asiaticum kozlovi* Olenev，1931

［258］99.5.4 残缘璃眼蜱 *Hyalomma detritum* Schulze，1919

［259］99.5.6 边缘璃眼蜱 *Hyalomma marginatum* Koch，1844

［260］99.6.3 草原硬蜱 *Ixodes crenulatus* Koch，1844

［261］99.6.8 全沟硬蜱 *Ixodes persulcatus* Schulze，1930

［262］99.6.10 篦子硬蜱 *Ixodes ricinus* Linnaeus，1758

［263］100.1.1 驴血虱 *Haematopinus asini* Linnaeus，1758

［264］100.1.2 阔胸血虱 *Haematopinus eurysternus* Denny，1842

［265］100.1.5 猪血虱 *Haematopinus suis* Linnaeus，1758

［266］101.1.4 棘颚虱 *Linognathus setosus* von Olfers，1816

［267］101.1.6 牛颚虱 *Linognathus vituli* Linnaeus，1758

［268］103.1.1 粪种蝇 *Adia cinerella* Fallen，1825

［269］103.2.1 横带花蝇 *Anthomyia illocata* Walker，1856

［270］104.2.3 巨尾丽蝇（蛆） *Calliphora grahami* Aldrich，1930

［271］104.2.4 宽丽蝇（蛆） *Calliphora lata* Coquillett，1898

［272］104.2.9 红头丽蝇（蛆） *Calliphora vicina* Robineau-Desvoidy，1830

［273］104.3.4 大头金蝇（蛆） *Chrysomya megacephala* Fabricius，1794

［274］104.6.4 叉叶绿蝇（蛆） *Lucilia caesar* Linnaeus，1758

［275］104.6.8 亮绿蝇（蛆） *Lucilia illustris* Meigen，1826

［276］104.6.13 丝光绿蝇（蛆） *Lucilia sericata* Meigen，1826

［277］104.7.1 花伏蝇（蛆） *Phormia regina* Meigen，1826

［278］104.9.1 新陆原伏蝇（蛆） *Protophormia terraenovae* Robineau-Desvoidy，1830

［279］104.10.1 叉丽蝇 *Triceratopyga calliphoroides* Rohdendorf，1931

［280］105.2.2 浅色库蠓 *Culicoides albicans* Winnertz，1852

[320] 106.4.24　尖音库蚊淡色亚种　*Culex pipiens pallens* Coquillett，1898

[321] 106.4.25　伪杂鳞库蚊　*Culex pseudovishnui* Colless，1957

[322] 106.4.27　中华库蚊　*Culex sinensis* Theobald，1903

[323] 106.4.31　三带喙库蚊　*Culex tritaeniorhynchus* Giles，1901

[324] 106.4.32　迷走库蚊　*Culex vagans* Wiedemann，1828

[325] 106.4.34　惠氏库蚊　*Culex whitmorei* Giles，1904

[326] 106.5.1　阿拉斯加脉毛蚊　*Culiseta alaskaensis* Ludlow，1906

[327] 106.5.3　黑须脉毛蚊　*Culiseta bergrothi* Edwards，1921

[328] 106.5.6　褐翅脉毛蚊　*Culiseta ochroptera* Peus，1935

[329] 106.9.1　竹生杵蚊　*Tripteriodes bambusa* Yamada，1917

[330] 107.1.1　红尾胃蝇（蛆）　*Gasterophilus haemorrhoidalis* Linnaeus，1758

[331] 107.1.3　肠胃蝇（蛆）　*Gasterophilus intestinalis* De Geer，1776

[332] 107.1.5　黑腹胃蝇（蛆）　*Gasterophilus pecorum* Fabricius，1794

[333] 107.1.6　烦扰胃蝇（蛆）　*Gasterophilus veterinus* Clark，1797

[334] 108.2.1　羊蜱蝇　*Melophagus ovinus* Linnaeus，1758

[335] 109.1.1　牛皮蝇（蛆）　*Hypoderma bovis* De Geer，1776

[336] 109.1.2　纹皮蝇（蛆）　*Hypoderma lineatum* De Villers，1789

[337] 110.2.1　夏厕蝇　*Fannia canicularis* Linnaeus，1761

[338] 110.2.3　截尾厕蝇　*Fannia incisurata* Zetterstedt，1838

[339] 110.2.9　元厕蝇　*Fannia prisca* Stein，1918

[340] 110.2.10　瘤胫厕蝇　*Fannia scalaris* Fabricius，1794

[341] 110.4.3　常齿股蝇　*Hydrotaea dentipes* Fabricius，1805

[342] 110.7.2　济洲莫蝇　*Morellia asetosa* Baranov，1925

[343] 110.8.1　肖秋家蝇　*Musca amita* Hennig，1964

[344] 110.8.3　北栖家蝇　*Musca bezzii* Patton et Cragg，1913

[345] 110.8.4　逐畜家蝇　*Musca conducens* Walker，1859

[346] 110.8.8　黑边家蝇　*Musca hervei* Villeneuve，1922

[347] 110.8.15　骚扰家蝇　*Musca tempestiva* Fallen，1817

[348] 110.9.1　肖腐蝇　*Muscina assimilis* Fallen，1823

[349] 110.9.2　日本腐蝇　*Muscina japonica* Shinonaga，1974

[350] 110.9.3　厩腐蝇　*Muscina stabulans* Fallen，1817

[351] 110.10.2　斑遮黑蝇　*Ophyra chalcogaster* Wiedemann，1824

[352] 110.10.3　银眉黑蝇　*Ophyra leucostoma* Wiedemann，1817

[353] 110.10.4　暗黑黑蝇　*Ophyra nigra* Wiedemann，1830

[354] 110.11.1　绿翠蝇　*Orthellia caesarion* Meigen，1826

[355] 110.11.5　大洋翠蝇　*Orthellia pacifica* Zimin，1951

[356] 110.13.2　马粪碧蝇　*Pyrellia cadaverina* Linnaeus，1758

[357] 111.2.1　羊狂蝇（蛆）　*Oestrus ovis* Linnaeus，1758

[358] 113.4.3　中华白蛉　*Phlebotomus chinensis* Newstead，1916

［359］114.3.1　赭尾别麻蝇（蛆）　*Boettcherisca peregrina* Robineau-Desvoidy，1830

［360］114.5.3　华北亚麻蝇　*Parasarcophaga angarosinica* Rohdendorf，1937

［361］114.5.5　达乌利亚麻蝇　*Parasarcophaga daurica* Grunin，1964

［362］114.5.9　蝗尸亚麻蝇　*Parasarcophaga jacobsoni* Rohdendorf，1937

［363］114.5.11　巨耳亚麻蝇　*Parasarcophaga macroauriculata* Ho，1932

［364］114.5.13　急钓亚麻蝇　*Parasarcophaga portschinskyi* Rohdendorf，1937

［365］114.5.14　沙州亚麻蝇　*Parasarcophaga semenovi* Rohdendorf，1925

［366］114.7.1　白头麻蝇（蛆）　*Sarcophaga albiceps* Meigen，1826

［367］114.7.4　肥须麻蝇（蛆）　*Sarcophaga crassipalpis* Macquart，1839

［368］114.7.5　纳氏麻蝇（蛆）　*Sarcophaga knabi* Parker，1917

［369］114.7.7　酱麻蝇（蛆）　*Sarcophaga misera* Walker，1849

［370］114.7.10　野麻蝇（蛆）　*Sarcophaga similis* Meade，1876

［371］114.8.4　黑须污蝇（蛆）　*Wohlfahrtia magnifica* Schiner，1862

［372］115.2.1　黑角吉蚋　*Gnus cholodkovskii* Rubzov，1939

［373］115.4.1　华丽短蚋　*Odagmia ornata* Meigen，1818

［374］115.5.1　毛足原蚋　*Prosimulium hirtipes* Fries，1824

［375］115.9.1　马维蚋　*Wilhelmia equina* Linnaeus，1746

［376］116.2.1　刺血喙蝇　*Haematobosca sanguinolenta* Austen，1909

［377］116.3.1　东方角蝇　*Lyperosia exigua* Meijere，1903

［378］117.1.1　双斑黄虻　*Atylotus bivittateinus* Takahasi，1962

［379］117.1.5　黄绿黄虻　*Atylotus horvathi* Szilady，1926

［380］117.1.7　骚扰黄虻　*Atylotus miser* Szilady，1915

［381］117.1.9　淡黄虻　*Atylotus pallitarsis* Olsufjev，1936

［382］117.1.12　四列黄虻　*Atylotus quadrifarius* Loew，1874

［383］117.1.13　黑胫黄虻　*Atylotus rusticus* Linnaeus，1767

［384］117.2.11　分点斑虻　*Chrysops dissectus* Loew，1858

［385］117.2.18　日本斑虻　*Chrysops japonicus* Wiedemann，1828

［386］117.2.20　暗缘斑虻　*Chrysops makerovi* Pleske，1910

［387］117.2.21　莫氏斑虻　*Chrysops mlokosiewiczi* Bigot，1880

［388］117.2.22　黑足斑虻　*Chrysops nigripes* Zetterstedt，1838

［389］117.2.31　中华斑虻　*Chrysops sinensis* Walker，1856

［390］117.2.34　合瘤斑虻　*Chrysops suavis* Loew，1858

［391］117.2.38　真实斑虻　*Chrysops validus* Loew，1858

［392］117.2.39　范氏斑虻　*Chrysops vanderwulpi* Krober，1929

［393］117.5.3　触角麻虻　*Haematopota antennata* Shiraki，1932

［394］117.5.10　脱粉麻虻　*Haematopota desertorum* Szilady，1923

［395］117.5.23　朝鲜麻虻　*Haematopota koryoensis* Shiraki，1932

［396］117.5.45　中华麻虻　*Haematopota sinensis* Ricardo，1911

［397］117.5.47　斯氏麻虻　*Haematopota stackelbergi* Olsufjev，1967

［398］117.5.52　塔氏麻虻　*Haematopota tamerlani* Szilady，1923

［399］117.5.54　土耳其麻虻　*Haematopota turkestanica* Krober，1922

［400］117.6.12　鹰瘤虻　*Hybomitra astur* Erichson，1851

［401］117.6.19　二斑瘤虻　*Hybomitra bimaculata* Macquart，1826

［402］117.6.21　北方瘤虻　*Hybomitra borealis* Fabricius，1781

［403］117.6.24　短小瘤虻　*Hybomitra brevis* Loew，1858

［404］117.6.27　显著瘤虻　*Hybomitra distinguenda* Verrall，1909

［405］117.6.28　白条瘤虻　Hybomitra *erberi* Brauer，1880

［406］117.6.29　膨条瘤虻　*Hybomitra expollicata* Pandelle，1883

［407］117.6.43　考氏瘤虻　*Hybomitra kaurii* Chvála et Lyneborg，1970

［408］117.6.47　拉普兰瘤虻　*Hybomitra lapponica* Wahlberg，1848

［409］117.6.51　黄角瘤虻　*Hybomitra lundbecki* Lyneborg，1959

［410］117.6.52　黑棕瘤虻　*Hybomitra lurida* Fallen，1817

［411］117.6.58　突额瘤虻　*Hybomitra montana* Meigen，1820

［412］117.6.60　短板瘤虻　*Hybomitra muehlfeldi* Brauer，1880

［413］117.6.61　黑色瘤虻　*Hybomitra nigella* Szilady，1914

［414］117.6.62　黑角瘤虻　*Hybomitra nigricornis* Zetterstedt，1842

［415］117.6.65　绿瘤虻　*Hybomitra nitidifrons* Szilady，1914

［416］117.6.69　细须瘤虻　*Hybomitra olsoi* Takahasi，1962

［417］117.6.71　金黄瘤虻　*Hybomitra pavlovskii* Olsufjev，1936

［418］117.6.80　侧带瘤虻　*Hybomitra sareptana* Szilady，1914

［419］117.6.84　窄须瘤虻　*Hybomitra stenopselapha* Olsufjev，1937

［420］117.6.85　痣翅瘤虻　*Hybomitra stigmoptera* Olsufjev，1937

［421］117.6.91　鹿角瘤虻　*Hybomitra tarandina* Linnaeus，1758

［422］117.6.92　拟鹿瘤虻　*Hybomitra tarandinoides* Olsufjev，1936

［423］117.6.98　乌苏里瘤虻　*Hybomitra ussuriensis* Olsufjev，1937

［424］117.11.2　土灰虻　*Tabanus amaenus* Walker，1848

［425］117.11.18　佛光虻　*Tabanus buddha* Portschinsky，1887

［426］117.11.29　金色虻　*Tabanus chrysurus* Loew，1858

［427］117.11.50　双重虻　*Tabanus geminus* Szilady，1923

［428］117.11.78　江苏虻　*Tabanus kiangsuensis* Krober，1933

［429］117.11.90　路氏虻　*Tabanus loukashkini* Philip，1956

［430］117.11.135　雁虻　*Tabanus pleskei* Krober，1925

［431］117.11.157　盐碱虻　*Tabanus stackelbergiellus* Olsufjev，1967

［432］117.11.160　类柯虻　*Tabanus subcordiger* Liu，1960

［433］117.11.170　高砂虻　*Tabanus takasagoensis* Shiraki，1918

［434］118.2.4　草黄鸡体羽虱　*Menacanthus stramineus* Nitzsch，1818

［435］118.3.1　鸡羽虱　*Menopon gallinae* Linnaeus，1758

［436］120.2.1　猫毛虱　*Felicola subrostratus* Nitzsch in Burmeister，1838

［437］120. 3. 1　犬啮毛虱　*Trichodectes canis* De Geer，1778

［438］121. 2. 1　扇形副角蚤　*Paraceras flabellum* Curtis，1832

［439］125. 1. 1　犬栉首蚤　*Ctenocephalide canis* Curtis，1826

［440］125. 1. 2　猫栉首蚤　*Ctenocephalide felis* Bouche，1835

江苏省寄生虫种名
Species of Parasites in Jiangsu Province

原虫　Protozoon

［1］1. 3. 1　布氏嗜碘阿米巴虫　*Iodamoeba buetschlii*（von Prowazek，1912）Dobell，1919

［2］2. 1. 1　蓝氏贾第鞭毛虫　*Giardia lamblia* Stiles，1915

［3］3. 1. 1　杜氏利什曼原虫　*Leishmania donovani*（Laveran et Mesnil，1903）Ross，1903

［4］3. 2. 1　马媾疫锥虫　*Trypanosoma equiperdum* Doflein，1901

［5］3. 2. 2　伊氏锥虫　*Trypanosoma evansi*（Steel，1885）Balbiani，l888

［6］3. 2. 4　泰氏锥虫　*Trypanosoma theileri* Laveran，1902

［7］4. 1. 1　火鸡组织滴虫　*Histomonas meleagridis* Tyzzer，1920

［8］5. 1. 1　鸭四毛滴虫　*Tetratrichomonas anatis* Kotlán，1923

［9］5. 3. 1　胎儿三毛滴虫　*Tritrichomonas foetus*（Riedmüller，1928）Wenrich et Emmerson，1933

［10］5. 3. 2　猪三毛滴虫　*Tritrichomonas suis* Gruby et Delafond，1843

［11］6. 1. 1　安氏隐孢子虫　*Cryptosporidium andersoni* Lindsay，Upton，Owens，*et al.*，2000

［12］6. 1. 2　贝氏隐孢子虫　*Cryptosporidium baileyi* Current，Upton et Haynes，1986

［13］6. 1. 8　鼠隐孢子虫　*Cryptosporidium muris* Tyzzer，1907

［14］6. 1. 9　微小隐孢子虫　*Cryptosporidium parvum* Tyzzer，1912

［15］7. 2. 2　堆型艾美耳球虫　*Eimeria acervulina* Tyzzer，1929

［16］7. 2. 3　阿沙塔艾美耳球虫　*Eimeria ahsata* Honess，1942

［17］7. 2. 4　阿拉巴马艾美耳球虫　*Eimeria alabamensis* Christensen，1941

［18］7. 2. 5　艾丽艾美耳球虫　*Eimeria alijevi* Musaev，1970

［19］7. 2. 7　鹅艾美耳球虫　*Eimeria anseris* Kotlán，1932

［20］7. 2. 8　阿普艾美耳球虫　*Eimeria apsheronica* Musaev，1970

［21］7. 2. 9　阿洛艾美耳球虫　*Eimeria arloingi*（Marotel，1905）Martin，1909

［22］7. 2. 10　奥博艾美耳球虫　*Eimeria auburnensis* Christensen et Porter，1939

［23］7. 2. 15　巴塔氏艾美耳球虫　*Eimeria battakhi* Dubey et Pande，1963

［24］7. 2. 16　牛艾美耳球虫　*Eimeria bovis*（Züblin，1908）Fiebiger，1912

511

［25］7. 2. 17　黑雁艾美耳球虫　*Eimeria brantae* Levine，1953

［26］7. 2. 18　巴西利亚艾美耳球虫　*Eimeria brasiliensis* Torres et Ramos，1939

［27］7. 2. 19　布氏艾美耳球虫　*Eimeria brunetti* Levine，1942

［28］7. 2. 20　鹊鸭艾美耳球虫　*Eimeria bucephalae* Christiansen et Madsen，1948

［29］7. 2. 21　布基农艾美耳球虫　*Eimeria bukidnonensis* Tubangui，1931

［30］7. 2. 23　加拿大艾美耳球虫　*Eimeria canadensis* Bruce，1921

［31］7. 2. 24　山羊艾美耳球虫　*Eimeria caprina* Lima，1979

［32］7. 2. 25　羊艾美耳球虫　*Eimeria caprovina* Lima，1980

［33］7. 2. 27　蠕孢艾美耳球虫　*Eimeria cerdonis* Vetterling，1965

［34］7. 2. 28　克里氏艾美耳球虫　*Eimeria christenseni* Levine，Ivens et Fritz，1962

［35］7. 2. 30　盲肠艾美耳球虫　*Eimeria coecicola* Cheissin，1947

［36］7. 2. 31　槌状艾美耳球虫　*Eimeria crandallis* Honess，1942

［37］7. 2. 32　圆柱状艾美耳球虫　*Eimeria cylindrica* Wilson，1931

［38］7. 2. 34　蒂氏艾美耳球虫　*Eimeria debliecki* Douwes，1921

［39］7. 2. 36　椭圆艾美耳球虫　*Eimeria ellipsoidalis* Becker et Frye，1929

［40］7. 2. 37　长形艾美耳球虫　*Eimeria elongata* Marotel et Guilhon，1941

［41］7. 2. 38　微小艾美耳球虫　*Eimeria exigua* Yakimoff，1934

［42］7. 2. 39　法氏艾美耳球虫　*Eimeria farrae* Hanson，Levine et Ivens，1957

［43］7. 2. 40　福氏艾美耳球虫　*Eimeria faurei*（Moussu et Marotel，1902）Martin，1909

［44］7. 2. 42　棕黄艾美耳球虫　*Eimeria fulva* Farr，1953

［45］7. 2. 45　颗粒艾美耳球虫　*Eimeria granulosa* Christensen，1938

［46］7. 2. 48　哈氏艾美耳球虫　*Eimeria hagani* Levine，1938

［47］7. 2. 49　赫氏艾美耳球虫　*Eimeria hermani* Farr，1953

［48］7. 2. 50　家山羊艾美耳球虫　*Eimeria hirci* Chevalier，1966

［49］7. 2. 52　肠艾美耳球虫　*Eimeria intestinalis* Cheissin，1948

［50］7. 2. 54　无残艾美耳球虫　*Eimeria irresidua* Kessel et Jankiewicz，1931

［51］7. 2. 56　约奇艾美耳球虫　*Eimeria jolchijevi* Musaev，1970

［52］7. 2. 57　柯恰尔氏艾美耳球虫　*Eimeria kocharli* Musaev，1970

［53］7. 2. 59　克氏艾美耳球虫　*Eimeria krylovi* Svanbaev et Rakhmatullina，1967

［54］7. 2. 63　大型艾美耳球虫　*Eimeria magna* Pérard，1925

［55］7. 2. 66　马氏艾美耳球虫　*Eimeria matsubayashii* Tsunoda，1952

［56］7. 2. 67　巨型艾美耳球虫　*Eimeria maxima* Tyzzer，1929

［57］7. 2. 68　中型艾美耳球虫　*Eimeria media* Kessel，1929

［58］7. 2. 69　和缓艾美耳球虫　*Eimeria mitis* Tyzzer，1929

［59］7. 2. 70　变位艾美耳球虫　*Eimeria mivati* Edgar et Siebold，l964

［60］7. 2. 71　纳格浦尔艾美耳球虫　*Eimeria nagpurensis* Gill et Ray，1960

［61］7. 2. 72　毒害艾美耳球虫　*Eimeria necatrix* Johnson，1930

［62］7. 2. 73　新蒂氏艾美耳球虫　*Eimeria neodebliecki* Vetterling，1965

［63］7. 2. 74　新兔艾美耳球虫　*Eimeria neoleporis* Carvalho，1942

［100］7. 4. 1 艾氏泰泽球虫 *Tyzzeria alleni* Chakravarty et Basu，1947

［101］7. 4. 3 棉凫泰泽球虫 *Tyzzeria chenicusae* Ray et Sarkar，1967

［102］7. 4. 4 稍小泰泽球虫 *Tyzzeria parvula*（Kotlan，1933）Klimes，1963

［103］7. 4. 5 佩氏泰泽球虫 *Tyzzeria pellerdyi* Bhatia et Pande，1966

［104］7. 4. 6 毁灭泰泽球虫 *Tyzzeria perniciosa* Allen，1936

［105］7. 5. 1 鸭温扬球虫 *Wenyonella anatis* Pande，Bhatia et Srivastava，1965

［106］7. 5. 2 盖氏温扬球虫 *Wenyonella gagari* Sarkar et Ray，1968

［107］7. 5. 3 佩氏温扬球虫 *Wenyonella pellerdyi* Bhatia et Pande，1966

［108］7. 5. 4 菲莱氏温扬球虫 *Wenyonella philiplevinei* Leibovitz，1968

［109］8. 1. 1 卡氏住白细胞虫 *Leucocytozoon caulleryi* Mathis et Léger，1909

［110］8. 1. 2 沙氏住白细胞虫 *Leucocytozoon sabrazesi* Mathis et Léger，1910

［111］9. 1. 1 鸡疟原虫 *Plasmodium gallinaceum* Brumpt，1935

［112］10. 3. 8 梭形住肉孢子虫 *Sarcocystis fusiformis*（Railliet，1897）Bernard et Bauche，1912

［113］10. 3. 13 莱氏住肉孢子虫 *Sarcocystis levinei* Dissanaike et Kan，1978

［114］10. 3. 15 米氏住肉孢子虫 *Sarcocystis miescheriana*（Kühn，1865）Labbé，1899

［115］10. 4. 1 龚地弓形虫 *Toxoplasma gondii*（Nicolle et Manceaux，1908）Nicolle et Manceaux，1909

［116］11. 1. 1 双芽巴贝斯虫 *Babesia bigemina* Smith et Kiborne，1893

［117］11. 1. 2 牛巴贝斯虫 *Babesia bovis*（Babes，1888）Starcovici，1893

［118］11. 1. 4 犬巴贝斯虫 *Babesia canis* Piana et Galli-Valerio，1895

［119］11. 1. 5 吉氏巴贝斯虫 *Babesia gibson* Patton，1910

［120］11. 1. 8 东方巴贝斯虫 *Babesia orientalis* Liu et Zhao，1997

［121］14. 1. 1 结肠小袋虫 *Balantidium coli*（Malmsten，1857）Stein，1862

绦虫　Cestode

［122］15. 1. 1 大裸头绦虫 *Anoplocephala magna*（Abildgaard，1789）Sprengel，1905

［123］15. 1. 2 叶状裸头绦虫 *Anoplocephala perfoliata*（Goeze，1782）Blanchard，1848

［124］15. 2. 1 中点无卵黄腺绦虫 *Avitellina centripunctata* Rivolta，1874

［125］15. 3. 1 齿状彩带绦虫 *Cittotaenia denticulata* Rudolphi，1804

［126］15. 3. 2 梳形彩带绦虫 *Cittotaenia pectinata* Goeze，1782

［127］15. 4. 2 贝氏莫尼茨绦虫 *Moniezia benedeni*（Moniez，1879）Blanchard，1891

［128］15. 4. 4 扩展莫尼茨绦虫 *Moniezia expansa*（Rudolphi，1810）Blanchard，1891

［129］15. 8. 1 盖氏曲子宫绦虫 *Thysaniezia giardi* Moniez，1879

［130］15. 8. 2 羊曲子宫绦虫 *Thysaniezia ovilla* Rivolta，1878

［131］16. 2. 3 原节戴维绦虫 *Davainea proglottina*（Davaine，1860）Blanchard，1891

［132］16. 3. 3 有轮瑞利绦虫 *Raillietina cesticillus* Molin，1858

［133］16. 3. 4 棘盘瑞利绦虫 *Raillietina echinobothrida* Megnin，1881

［134］16. 3. 7 小钩瑞利绦虫 *Raillietina parviuncinata* Meggitt et Saw，1924

［135］16. 3. 12 四角瑞利绦虫 *Raillietina tetragona* Molin，1858

515

［173］21.1.1.1　细粒棘球蚴　*Echinococcus cysticus* Huber，1891

［174］21.2.3　带状泡尾绦虫　*Hydatigera taeniaeformis*（Batsch，1786）Lamarck，1816

［175］21.3.2　多头多头绦虫　*Multiceps multiceps*（Leske，1780）Hall，1910

［176］21.3.2.1　脑多头蚴　*Coenurus cerebralis* Batsch，1786

［177］21.3.5.1　斯氏多头蚴　*Coenurus skrjabini* Popov，1937

［178］21.4.1　泡状带绦虫　*Taenia hydatigena* Pallas，1766

［179］21.4.1.1　细颈囊尾蚴　*Cysticercus tenuicollis* Rudolphi，1810

［180］21.4.3　豆状带绦虫　*Taenia pisiformis* Bloch，1780

［181］21.4.3.1　豆状囊尾蚴　*Cysticercus pisiformis* Bloch，1780

［182］21.4.5　猪囊尾蚴　*Cysticercus cellulosae* Gmelin，1790

［183］21.5.1　牛囊尾蚴　*Cysticercus bovis* Cobbold，1866

［184］22.1.4　阔节双槽头绦虫　*Dibothriocephalus latus* Linnaeus，1758

［185］22.3.1　孟氏旋宫绦虫　*Spirometra mansoni* Joyeux et Houdemer，1928

［186］22.3.1.1　孟氏裂头蚴　*Sparganum mansoni* Joyeux，1928

吸虫　**Trematode**

［187］23.1.4　日本棘隙吸虫　*Echinochasmus japonicus* Tanabe，1926

［188］23.1.10　叶形棘隙吸虫　*Echinochasmus perfoliatus*（Ratz，1908）Gedoelst，1911

［189］23.2.12　微小棘缘吸虫　*Echinoparyphium minor*（Hsu，1936）Skrjabin et Baschkir-ova，1956

［190］23.2.15　曲领棘缘吸虫　*Echinoparyphium recurvatum*（Linstow，1873）Lühe，1909

［191］23.3.3　豆雁棘口吸虫　*Echinostoma anseris* Yamaguti，1939

［192］23.3.6　裂隙棘口吸虫　*Echinostoma chasma* Lal，1939

［193］23.3.7　移睾棘口吸虫　*Echinostoma cinetorchis* Ando et Ozaki，1923

［194］23.3.11　圆圃棘口吸虫　*Echinostoma hortense* Asada，1926

［195］23.3.12　林杜棘口吸虫　*Echinostoma lindoensis* Sandground et Bonne，1940

［196］23.3.13　巨睾棘口吸虫　*Echinostoma macrorchis* Ando et Ozaki，1923

［197］23.3.15　宫川棘口吸虫　*Echinostoma miyagawai* Ishii，1932

［198］23.3.16　鼠棘口吸虫　*Echinostoma murinum* Tubangui，1931

［199］23.3.19　接睾棘口吸虫　*Echinostoma paraulum* Dietz，1909

［200］23.3.20　北京棘口吸虫　*Echinostoma pekinensis* Ku，1937

［201］23.3.22　卷棘口吸虫　*Echinostoma revolutum*（Fröhlich，1802）Looss，1899

［202］23.3.23　强壮棘口吸虫　*Echinostoma robustum* Yamaguti，1935

［203］23.5.1　伊族真缘吸虫　*Euparyphium ilocanum*（Garrison，1908）Tubangu et Pasco，1933

［204］23.5.2　隐真缘吸虫　*Euparyphium inerme* Fuhrmann，1904

［205］23.5.4　鼠真缘吸虫　*Euparyphium murinum* Tubangui，1931

［206］23.6.1　似锥低颈吸虫　*Hypoderaeum conoideum*（Bloch，1782）Dietz，1909

［207］23.12.2　光洁锥棘吸虫　*Petasiger nitidus* Linton，1928

［208］24.1.1　大片形吸虫　*Fasciola gigantica* Cobbold，1856

516

［246］32.1.4 矛形双腔吸虫 *Dicrocoelium lanceatum* Stiles et Hassall，1896

［247］32.2.2 腔阔盘吸虫 *Eurytrema coelomaticum*（Giard et Billet，1892）Looss，1907

［248］32.2.7 胰阔盘吸虫 *Eurytrema pancreaticum*（Janson，1889）Looss，1907

［249］37.3.14 卫氏并殖吸虫 *Paragonimus westermani*（Kerbert，1878）Braun，1899

［250］39.1.1 鸭前殖吸虫 *Prosthogonimus anatinus* Markow，1903

［251］39.1.4 楔形前殖吸虫 *Prosthogonimus cuneatus* Braun，1901

［252］39.1.9 日本前殖吸虫 *Prosthogonimus japonicus* Braun，1901

［253］39.1.13 巨睾前殖吸虫 *Prosthogonimus macrorchis* Macy，1934

［254］39.1.16 卵圆前殖吸虫 *Prosthogonimus ovatus* Lühe，1899

［255］39.1.17 透明前殖吸虫 *Prosthogonimus pellucidus* Braun，1901

［256］39.1.18 鲁氏前殖吸虫 *Prosthogonimus rudolphii* Skrjabin，1919

［257］40.1.1 普通短咽吸虫 *Brachylaima commutatum* Diesing，1858

［258］40.2.2 鸡后口吸虫 *Postharmostomum gallinum* Witenberg，1923

［259］41.1.3 纺锤杯叶吸虫 *Cyathocotyle fusa* Ishii et Matsuoka，1935

［260］41.1.6 东方杯叶吸虫 *Cyathocotyle orientalis* Faust，1922

［261］41.2.3 日本全冠吸虫 *Holostephanus nipponicus* Yamaguti，1939

［262］41.3.1 英德前冠吸虫 *Prosostephanus industrius*（Tubangui，1922）Lutz，1935

［263］43.2.1 心形咽口吸虫 *Pharyngostomum cordatum*（Diesing，1850）Ciurea，1922

［264］45.2.2 土耳其斯坦东毕吸虫 *Orientobilharzia turkestanica*（Skrjabin，1913）Dutt et Srivastavaa，1955

［265］45.3.2 日本分体吸虫 *Schistosoma japonicum* Katsurada，1904

［266］45.4.1 集安毛毕吸虫 *Trichobilharzia jianensis* Liu，Chen，Jin，*et al.*，1977

［267］45.4.3 包氏毛毕吸虫 *Trichobilharzia paoi*（K'ung，Wang et Chen，1960）Tang et Tang，1962

［268］46.1.2 优美异幻吸虫 *Apatemon gracilis*（Rudolphi，1819）Szidat，1928

［269］46.3.1 角杯尾吸虫 *Cotylurus cornutus*（Rudolphi，1808）Szidat，1928

［270］46.3.2 扇形杯尾吸虫 *Cotylurus flabelliformis*（Faust，1917）Van Haitsma，1931

［271］46.3.4 平头杯尾吸虫 *Cotylurus platycephalus* Creplin，1825

［272］46.4.1 家鸭拟枭形吸虫 *Pseudostrigea anatis* Ku，Wu，Yen，*et al.*，1964

［273］47.1.1 舟形嗜气管吸虫 *Tracheophilus cymbius*（Diesing，1850）Skrjabin，1913

［274］47.1.3 西氏嗜气管吸虫 *Tracheophilus sisowi* Skrjabin，1913

线虫 Nematode

［275］48.1.4 猪蛔虫 *Ascaris suum* Goeze，1782

［276］48.2.1 犊新蛔虫 *Neoascaris vitulorum*（Goeze，1782）Travassos，1927

［277］48.3.1 马副蛔虫 *Parascaris equorum*（Goeze，1782）Yorke and Maplestone，1926

［278］48.4.1 狮弓蛔虫 *Toxascaris leonina*（Linstow，1902）Leiper，1907

［279］49.1.3 鸽禽蛔虫 *Ascaridia columbae*（Gmelin，1790）Travassos，1913

［280］49.1.4 鸡禽蛔虫 *Ascaridia galli*（Schrank，1788）Freeborn，1923

［281］50.1.1 犬弓首蛔虫 *Toxocara canis*（Werner，1782）Stiles，1905

［320］61.1.2　钩状锐形线虫　*Acuaria hamulosa* Diesing，1851

［321］61.1.3　旋锐形线虫　*Acuaria spiralis*（Molin，1858）Railliet，Henry et Sisott，1912

［322］61.2.1　长鼻咽饰带线虫　*Dispharynx nasuta*（Rudolphi，1819）Railliet，Henry et Sisoff，1912

［323］61.3.1　钩状棘结线虫　*Echinuria uncinata*（Rudolphi，1819）Soboview，1912

［324］61.6.1　寡乳突裂弧饰线虫　*Schistogendra oligopapillata* Zhang et An，2002

［325］61.7.1　厚尾束首线虫　*Streptocara crassicauda* Creplin，1829

［326］61.7.2　梯状束首线虫　*Streptocara pectinifera* Neumann，1900

［327］62.1.2　刚刺颚口线虫　*Gnathostoma hispidum* Fedtchenko，1872

［328］62.1.3　棘颚口线虫　*Gnathostoma spinigerum* Owen，1836

［329］63.1.1　嗉囊筒线虫　*Gongylonema ingluvicola* Ransom，1904

［330］63.1.3　美丽筒线虫　*Gongylonema pulchrum* Molin，1857

［331］64.1.1　大口德拉斯线虫　*Drascheia megastoma* Rudolphi，1819

［332］64.2.1　小口柔线虫　*Habronema microstoma* Schneider，1866

［333］64.2.2　蝇柔线虫　*Habronema muscae* Carter，1861

［334］67.1.1　有齿蛔状线虫　*Ascarops dentata* Linstow，1904

［335］67.1.2　圆形蛔状线虫　*Ascarops strongylina* Rudolphi，1819

［336］67.2.1　六翼泡首线虫　*Physocephalus sexalatus* Molin，1860

［337］67.3.1　奇异西蒙线虫　*Simondsia paradoxa* Cobbold，1864

［338］67.4.1　狼旋尾线虫　*Spirocerca lupi*（Rudolphi，1809）Railliet et Henry，1911

［339］68.1.1　美洲四棱线虫　*Tetrameres americana* Cram，1927

［340］68.1.3　分棘四棱线虫　*Tetrameres fissispina* Diesing，1861

［341］68.1.4　黑根四棱线虫　*Tetrameres hagenbecki* Travassos et Vogelsang，1930

［342］69.2.2　丽幼吸吮线虫　*Thelazia callipaeda* Railliet et Henry，1910

［343］69.2.6　甘肃吸吮线虫　*Thelazia kansuensis* Yang et Wei，1957

［344］69.2.8　乳突吸吮线虫　*Thelazia papillosa* Molin，1860

［345］69.2.9　罗氏吸吮线虫　*Thelazia rhodesi* Desmarest，1827

［346］70.1.1　锐形裂口线虫　*Amidostomum acutum*（Lundahl，1848）Seurat，1918

［347］70.1.3　鹅裂口线虫　*Amidostomum anseris* Zeder，1800

［348］70.1.4　鸭裂口线虫　*Amidostomum boschadis* Petrow et Fedjuschin，1949

［349］70.1.5　斯氏裂口线虫　*Amidostomum skrjabini* Boulenger，1926

［350］70.2.1　鸭瓣口线虫　*Epomidiostomum anatinum* Skrjabin，1915

［351］71.1.2　犬钩口线虫　*Ancylostoma caninum*（Ercolani，1859）Hall，1913

［352］71.1.3　锡兰钩口线虫　*Ancylostoma ceylanicum* Looss，1911

［353］71.1.4　十二指肠钩口线虫　*Ancylostoma duodenale*（Dubini，1843）Creplin，1845

［354］71.2.1　牛仰口线虫　*Bunostomum phlebotomum*（Railliet，1900）Railliet，1902

［355］71.2.2　羊仰口线虫　*Bunostomum trigonocephalum*（Rudolphi，1808）Railliet，1902

［356］71.4.5　锥尾球首线虫　*Globocephalus urosubulatus* Alessandrini，1909

［357］72.1.1　弗氏旷口线虫　*Agriostomum vryburgi* Railliet，1902

［392］73.11.1　杯状彼德洛夫线虫　*Petrovinema poculatum*（Looss，1900）Erschow，1943

［393］73.11.2　斯氏彼德洛夫线虫　*Petrovinema skrjabini*（Erschow，1930）Erschow，1943

［394］74.1.1　安氏网尾线虫　*Dictyocaulus arnfieldi*（Cobbold，1884）Railliet et Henry，1907

［395］74.1.4　丝状网尾线虫　*Dictyocaulus filaria*（Rudolphi，1809）Railliet et Henry，1907

［396］74.1.6　胎生网尾线虫　*Dictyocaulus viviparus*（Bloch，1782）Railliet et Henry，1907

［397］75.1.1　猪后圆线虫　*Metastrongylus apri*（Gmelin，1790）Vostokov，1905

［398］75.1.2　复阴后圆线虫　*Metastrongylus pudendotectus* Wostokow，1905

［399］77.4.3　霍氏原圆线虫　*Protostrongylus hobmaieri*（Schulz，Orloff et Kutass，1933）Cameron，1934

［400］77.4.4　赖氏原圆线虫　*Protostrongylus raillieti*（Schulz，Orloff et Kutass，1933）Cameron，1934

［401］77.4.5　淡红原圆线虫　*Protostrongylus rufescens*（Leuckart，1865）Kamensky，1905

［402］77.4.6　斯氏原圆线虫　*Protostrongylus skrjabini*（Boev，1936）Dikmans，1945

［403］77.5.1　邝氏刺尾线虫　*Spiculocaulus kwongi*（Wu et Liu，1943）Dougherty et Goble，1946

［404］77.6.3　舒氏变圆线虫　*Varestrongylus schulzi* Boev et Wolf，1938

［405］79.1.1　有齿冠尾线虫　*Stephanurus dentatus* Diesing，1839

［406］80.1.1　无齿阿尔夫线虫　*Alfortia edentatus*（Looss，1900）Skrjabin，1933

［407］80.4.1　普通戴拉风线虫　*Delafondia vulgaris*（Looss，1900）Skrjabin，1933

［408］80.6.1　马圆形线虫　*Strongylus equinus* Mueller，1780

［409］80.7.1　短尾三齿线虫　*Triodontophorus brevicauda* Boulenger，1916

［410］80.7.2　小三齿线虫　*Triodontophorus minor* Looss，1900

［411］80.7.3　日本三齿线虫　*Triodontophorus nipponicus* Yamaguti，1943

［412］80.7.5　锯齿三齿线虫　*Triodontophorus serratus*（Looss，1900）Looss，1902

［413］82.3.2　捻转血矛线虫　*Haemonchus contortus*（Rudolphi，1803）Cobbold，1898

［414］82.4.1　红色猪圆线虫　*Hyostrongylus rebidus*（Hassall et Stiles，1892）Hall，1921

［415］82.6.1　指形长刺线虫　*Mecistocirrus digitatus*（Linstow，1906）Railliet et Henry，1912

［416］82.8.8　尖交合刺细颈线虫　*Nematodirus filicollis*（Rudolphi，1802）Ransom，1907

［417］82.8.13　奥利春细颈线虫　*Nematodirus oriatianus* Rajerskaja，1929

［418］82.9.2　特氏剑形线虫　*Obeliscoides travassosi* Liu et Wu，1941

［419］82.10.1　四射鸟圆线虫　*Ornithostrongylus quadriradiatus*（Stevenson，1904）Travassos，1914

［420］82.11.6　普通奥斯特线虫　*Ostertagia circumcincta*（Stadelmann，1894）Ransom，1907

［421］82.11.19　阿洛夫奥斯特线虫　*Ostertagia orloffi* Sankin，1930

［422］82.11.24　斯氏奥斯特线虫　*Ostertagia skrjabini* Shen，Wu et Yen，1959

［423］82.11.28　吴兴奥斯特线虫　*Ostertagia wuxingensis* Ling，1958

［424］82.15.2　艾氏毛圆线虫　*Trichostrongylus axei*（Cobbold，1879）Railliet et Henry，1909

［425］82.15.5　蛇形毛圆线虫　*Trichostrongylus colubriformis*（Giles，1892）Looss，1905

［426］83.1.1　嗜气管毛细线虫　*Capillaria aerophila* Creplin，1839

522

［427］83.1.5 牛毛细线虫 *Capillaria bovis* Schangder，1906

［428］83.1.6 膨尾毛细线虫 *Capillaria caudinflata*（Molin，1858）Travassos，1915

［429］83.1.8 肝毛细线虫 *Capillaria hepatica*（Bancroft，1893）Travassos，1915

［430］83.1.10 大叶毛细线虫 *Capillaria megrelica* Rodonaja，1947

［431］83.1.11 封闭毛细线虫 *Capillaria obsignata* Madsen，1945

［432］83.2.1 环纹优鞘线虫 *Eucoleus annulatum*（Molin，1858）López-Neyra，1946

［433］83.4.1 鸭纤形线虫 *Thominx anatis* Schrank，1790

［434］83.4.3 捻转纤形线虫 *Thominx contorta*（Creplin，1839）Travassos，1915

［435］84.1.2 旋毛形线虫 *Trichinella spiralis*（Owen，1835）Railliet，1895

［436］85.1.1 同色鞭虫 *Trichuris concolor* Burdelev，1951

［437］85.1.4 球鞘鞭虫 *Trichuris globulosa* Linstow，1901

［438］85.1.10 羊鞭虫 *Trichuris ovis* Abilgaard，1795

［439］85.1.12 猪鞭虫 *Trichuris suis* Schrank，1788

棘头虫 **Acanthocephalan**

［440］86.1.1 蛭形巨吻棘头虫 *Macracanthorhynchus hirudinaceus*（Pallas，1781）Travassos，1917

［441］87.1.1 鸭细颈棘头虫 *Filicollis anatis* Schrank，1788

［442］87.2.6 小多形棘头虫 *Polymorphus minutus* Zeder，1800

节肢动物 **Arthropod**

［443］88.1.1 兔皮姬螯螨 *Cheyletiella parasitivorax* Megnin，1878

［444］88.2.1 双梳羽管螨 *Syringophilus bipectinatus* Heller，1880

［445］90.1.2 犬蠕形螨 *Demodex canis* Leydig，1859

［446］90.1.3 山羊蠕形螨 *Demodex caprae* Railliet，1895

［447］90.1.5 猪蠕形螨 *Demodex phylloides* Czokor，1858

［448］91.1.1 禽皮膜螨 *Laminosioptes cysticola* Vizioli，1870

［449］92.1.1 囊凸牦螨 *Listrophorus gibbus* Pagenstecher，1861

［450］93.2.1 犬耳痒螨 *Otodectes cynotis* Hering，1838

［451］93.2.1.1 犬耳痒螨犬变种 *Otodectes cynotis* var. *canis*

［452］93.2.1.2 犬耳痒螨猫变种 *Otodectes cynotis* var. *cati*

［453］93.3.1 马痒螨 *Psoroptes equi* Hering，1838

［454］93.3.1.1 牛痒螨 *Psoroptes equi* var. *bovis* Gerlach，1857

［455］93.3.1.3 兔痒螨 *Psoroptes equi* var. *cuniculi* Delafond，1859

［456］93.3.1.4 水牛痒螨 *Psoroptes equi* var. *natalensis* Hirst，1919

［457］93.3.1.5 绵羊痒螨 *Psoroptes equi* var. *ovis* Hering，1838

［458］95.1.1 鸡膝螨 *Cnemidocoptes gallinae* Railliet，1887

［459］95.1.2 突变膝螨 *Cnemidocoptes mutans* Robin，1860

［460］95.2.1.1 兔背肛螨 *Notoedres cati* var. *cuniculi* Gerlach，1857

［461］95.3.1.1 牛疥螨 *Sarcoptes scabiei* var. *bovis* Cameron，1924

［462］95.3.1.3　犬疥螨　*Sarcoptes scabiei* var. *canis* Gerlach，1857

［463］95.3.1.4　山羊疥螨　*Sarcoptes scabiei* var. *caprae*

［464］95.3.1.5　兔疥螨　*Sarcoptes scabiei* var. *cuniculi*

［465］95.3.1.7　马疥螨　*Sarcoptes scabiei* var. *equi*

［466］95.3.1.9　猪疥螨　*Sarcoptes scabiei* var. *suis* Gerlach，1857

［467］96.1.1　地理纤恙螨　*Leptotrombidium deliense* Walch，1922

［468］96.2.1　鸡新棒螨　*Neoschoengastia gallinarum* Hatori，1920

［469］96.3.1　巨鳌齿螨　*Odontacarus majesticus* Chen et Hsu，1945

［470］97.1.1　波斯锐缘蜱　*Argas persicus* Oken，1818

［471］98.1.1　鸡皮刺螨　*Dermanyssus gallinae* De Geer，1778

［472］99.2.1　微小牛蜱　*Boophilus microplus* Canestrini，1887

［473］99.4.3　二棘血蜱　*Haemaphysalis bispinosa* Neumann，1897

［474］99.4.4　铃头血蜱　*Haemaphysalis campanulata* Warburton，1908

［475］99.4.9　褐黄血蜱　*Haemaphysalis flava* Neumann，1897

［476］99.4.11　豪猪血蜱　*Haemaphysalis hystricis* Supino，1897

［477］99.4.15　长角血蜱　*Haemaphysalis longicornis* Neumann，1901

［478］99.5.4　残缘璃眼蜱　*Hyalomma detritum* Schulze，1919

［479］99.6.8　全沟硬蜱　*Ixodes persulcatus* Schulze，1930

［480］99.6.12　长蝠硬蜱　*Ixodes vespertilionis* Koch，1844

［481］99.7.2　镰形扇头蜱　*Rhipicephalus haemaphysaloides* Supino，1897

［482］99.7.5　血红扇头蜱　*Rhipicephalus sanguineus* Latreille，1806

［483］100.1.1　驴血虱　*Haematopinus asini* Linnaeus，1758

［484］100.1.2　阔胸血虱　*Haematopinus eurysternus* Denny，1842

［485］100.1.5　猪血虱　*Haematopinus suis* Linnaeus，1758

［486］100.1.6　瘤突血虱　*Haematopinus tuberculatus* Burmeister，1839

［487］101.1.2　绵羊颚虱　*Linognathus ovillus* Neumann，1907

［488］101.1.4　棘颚虱　*Linognathus setosus* von Olfers，1816

［489］101.1.5　狭颚虱　*Linognathus stenopsis* Burmeister，1838

［490］101.1.6　牛颚虱　*Linognathus vituli* Linnaeus，1758

［491］103.1.1　粪种蝇　*Adia cinerella* Fallen，1825

［492］103.2.1　横带花蝇　*Anthomyia illocata* Walker，1856

［493］104.1.1　绯颜裸金蝇　*Achoetandrus rufifacies* Macquart，1843

［494］104.2.3　巨尾丽蝇（蛆）　*Calliphora grahami* Aldrich，1930

［495］104.2.9　红头丽蝇（蛆）　*Calliphora vicina* Robineau-Desvoidy，1830

［496］104.2.10　反吐丽蝇（蛆）　*Calliphora vomitoria* Linnaeus，1758

［497］104.3.4　大头金蝇（蛆）　*Chrysomya megacephala* Fabricius，1794

［498］104.3.5　广额金蝇　*Chrysomya phaonis* Seguy，1928

［499］104.3.6　肥躯金蝇　*Chrysomya pinguis* Walker，1858

［500］104.5.3　三色依蝇（蛆）　*Idiella tripartita* Bigot，1874

［501］104.6.2　南岭绿蝇（蛆）　*Lucilia bazini* Seguy，1934

［502］104.6.4　叉叶绿蝇（蛆）　*Lucilia caesar* Linnaeus，1758

［503］104.6.6　铜绿蝇（蛆）　*Lucilia cuprina* Wiedemann，1830

［504］104.6.8　亮绿蝇（蛆）　*Lucilia illustris* Meigen，1826

［505］104.6.9　巴浦绿蝇（蛆）　*Lucilia papuensis* Macquart，1842

［506］104.6.11　紫绿蝇（蛆）　*Lucilia porphyrina* Walker，1856

［507］104.6.13　丝光绿蝇（蛆）　*Lucilia sericata* Meigen，1826

［508］104.7.1　花伏蝇（蛆）　*Phormia regina* Meigen，1826

［509］104.9.1　新陆原伏蝇（蛆）　*Protophormia terraenovae* Robineau-Desvoidy，1830

［510］104.10.1　叉丽蝇　*Triceratopyga calliphoroides* Rohdendorf，1931

［511］105.2.1　琉球库蠓　*Culicoides actoni* Smith，1929

［512］105.2.7　荒草库蠓　*Culicoides arakawae* Arakawa，1910

［513］105.2.17　环斑库蠓　*Culicoides circumscriptus* Kieffer，1918

［514］105.2.52　原野库蠓　*Culicoides homotomus* Kieffer，1921

［515］105.2.54　霍飞库蠓　*Culicoides huffi* Causey，1938

［516］105.2.66　舟库蠓　*Culicoides kibunensis* Tokunaga，1937

［517］105.2.86　三保库蠓　*Culicoides mihensis* Arnaud，1956

［518］105.2.89　日本库蠓　*Culicoides nipponensis* Tokunaga，1955

［519］105.2.96　尖喙库蠓　*Culicoides oxystoma* Kieffer，1910

［520］105.2.103　异域库蠓　*Culicoides peregrinus* Kieffer，1910

［521］105.2.105　灰黑库蠓　*Culicoides pulicaris* Linnaeus，1758

［522］105.2.109　里氏库蠓　*Culicoides riethi* Kieffer，1914

［523］105.3.3　儋县蠛蠓　*Lasiohelea danxianensis* Yu et Liu，1982

［524］105.3.5　扩散蠛蠓　*Lasiohelea divergena* Yu et Wen，1982

［525］105.3.8　低飞蠛蠓　*Lasiohelea humilavolita* Yu et Liu，1982

［526］105.3.11　南方蠛蠓　*Lasiohelea notialis* Yu et Liu，1982

［527］105.3.13　趋光蠛蠓　*Lasiohelea phototropia* Yu et Zhang，1982

［528］105.3.14　台湾蠛蠓　*Lasiohelea taiwana* Shiraki，1913

［529］106.1.1　埃及伊蚊　*Aedes aegypti* Linnaeus，1762

［530］106.1.2　侧白伊蚊　*Aedes albolateralis* Theobald，1908

［531］106.1.4　白纹伊蚊　*Aedes albopictus* Skuse，1894

［532］106.1.8　仁川伊蚊　*Aedes chemulpoensis* Yamada，1921

［533］106.1.12　背点伊蚊　*Aedes dorsalis* Meigen，1830

［534］106.1.22　朝鲜伊蚊　*Aedes koreicus* Edwards，1917

［535］106.1.29　白雪伊蚊　*Aedes niveus* Eichwald，1837

［536］106.1.30　伪白纹伊蚊　*Aedes pseudalbopictus* Borel，1928

［537］106.1.37　东乡伊蚊　*Aedes togoi* Theobald，1907

［538］106.1.39　刺扰伊蚊　*Aedes vexans* Meigen，1830

［539］106.2.4　嗜人按蚊　*Anopheles anthropophagus* Xu et Feng，1975

［540］106.2.17　江苏按蚊　*Anopheles kiangsuensis* Xu et Feng，1975

［541］106.2.21　雷氏按蚊嗜人亚种　*Anopheles lesteri anthropophagus* Xu et Feng，1975

［542］106.2.23　林氏按蚊　*Anopheles lindesayi* Giles，1900

［543］106.2.26　微小按蚊　*Anopheles minimus* Theobald，1901

［544］106.2.28　帕氏按蚊　*Anopheles pattoni* Christophers，1926

［545］106.2.32　中华按蚊　*Anopheles sinensis* Wiedemann，1828

［546］106.2.40　八代按蚊　*Anopheles yatsushiroensis* Miyazaki，1951

［547］106.3.4　骚扰阿蚊　*Armigeres subalbatus* Coquillett，1898

［548］106.4.1　麻翅库蚊　*Culex bitaeniorhynchus* Giles，1901

［549］106.4.3　致倦库蚊　*Culex fatigans* Wiedemann，1828

［550］106.4.5　褐尾库蚊　*Culex fuscanus* Wiedemann，1820

［551］106.4.6　棕头库蚊　*Culex fuscocephalus* Theobald，1907

［552］106.4.8　贪食库蚊　*Culex halifaxia* Theobald，1903

［553］106.4.9　林氏库蚊　*Culex hayashii* Yamada，1917

［554］106.4.12　幼小库蚊　*Culex infantulus* Edwards，1922

［555］106.4.13　吉氏库蚊　*Culex jacksoni* Edwards，1934

［556］106.4.14　马来库蚊　*Culex malayi* Leicester，1908

［557］106.4.15　拟态库蚊　*Culex mimeticus* Noe，1899

［558］106.4.16　小斑翅库蚊　*Culex mimulus* Edwards，1915

［559］106.4.18　凶小库蚊　*Culex modestus* Ficalbi，1889

［560］106.4.22　白胸库蚊　*Culex pallidothorax* Theobald，1905

［561］106.4.24　尖音库蚊淡色亚种　*Culex pipiens pallens* Coquillett，1898

［562］106.4.25　伪杂鳞库蚊　*Culex pseudovishnui* Colless，1957

［563］106.4.26　白顶库蚊　*Culex shebbearei* Barraud，1924

［564］106.4.27　中华库蚊　*Culex sinensis* Theobald，1903

［565］106.4.28　海滨库蚊　*Culex sitiens* Wiedemann，1828

［566］106.4.31　三带喙库蚊　*Culex tritaeniorhynchus* Giles，1901

［567］106.4.32　迷走库蚊　*Culex vagans* Wiedemann，1828

［568］106.4.34　惠氏库蚊　*Culex whitmorei* Giles，1904

［569］106.7.2　常型曼蚊　*Manssonia uniformis* Theobald，1901

［570］106.8.1　类按直脚蚊　*Orthopodomyia anopheloides* Giles，1903

［571］107.1.1　红尾胃蝇（蛆）　*Gasterophilus haemorrhoidalis* Linnaeus，1758

［572］107.1.3　肠胃蝇（蛆）　*Gasterophilus intestinalis* De Geer，1776

［573］107.1.5　黑腹胃蝇（蛆）　*Gasterophilus pecorum* Fabricius，1794

［574］107.1.6　烦扰胃蝇（蛆）　*Gasterophilus veterinus* Clark，1797

［575］108.1.1　犬虱蝇　*Hippobosca capensis* Olfers，1816

［576］109.1.1　牛皮蝇（蛆）　*Hypoderma bovis* De Geer，1776

［577］109.1.2　纹皮蝇（蛆）　*Hypoderma lineatum* De Villers，1789

［578］110.2.1　夏厕蝇　*Fannia canicularis* Linnaeus，1761

527

［618］114.7.7　酱麻蝇（蛆）　*Sarcophaga misera* Walker，1849

［619］114.7.10　野麻蝇（蛆）　*Sarcophaga similis* Meade，1876

［620］116.2.1　刺血喙蝇　*Haematobosca sanguinolenta* Austen，1909

［621］116.3.1　东方角蝇　*Lyperosia exigua* Meijere，1903

［622］116.3.2　西方角蝇　*Lyperosia irritans*（Linnaeus，1758）Róndani，1856

［623］116.3.4　截脉角蝇　*Lyperosia titillans* Bezzi，1907

［624］116.4.1　厩螫蝇　*Stomoxys calcitrans* Linnaeus，1758

［625］116.4.3　印度螫蝇　*Stomoxys indicus* Picard，1908

［626］117.1.1　双斑黄虻　*Atylotus bivittateinus* Takahasi，1962

［627］117.1.5　黄绿黄虻　*Atylotus horvathi* Szilady，1926

［628］117.1.7　骚扰黄虻　*Atylotus miser* Szilady，1915

［629］117.1.12　四列黄虻　*Atylotus quadrifarius* Loew，1874

［630］117.2.31　中华斑虻　*Chrysops sinensis* Walker，1856

［631］117.2.39　范氏斑虻　*Chrysops vanderwulpi* Krober，1929

［632］117.5.3　触角麻虻　*Haematopota antennata* Shiraki，1932

［633］117.5.13　台湾麻虻　*Haematopota formosana* Shiraki，1918

［634］117.5.29　新月麻虻　*Haematopota lunulata* Macquart，1848

［635］117.5.36　北京麻虻　*Haematopota pekingensis* Liu，1958

［636］117.5.45　中华麻虻　*Haematopota sinensis* Ricardo，1911

［637］117.5.46　似中华麻虻　*Haematopota sineroides* Xu，1989

［638］117.6.82　上海瘤虻　*Hybomitra shanghaiensis* Ouchi，1943

［639］117.9.1　崇明林虻　*Silvius chongmingensis* Zhang et Xu，1990

［640］117.11.2　土灰虻　*Tabanus amaenus* Walker，1848

［641］117.11.6　金条虻　*Tabanus aurotestaceus* Walker，1854

［642］117.11.33　朝鲜虻　*Tabanus coreanus* Shiraki，1932

［643］117.11.67　稻田虻　*Tabanus ichiokai* Ouchi，1943

［644］117.11.78　江苏虻　*Tabanus kiangsuensis* Krober，1933

［645］117.11.93　牧场虻　*Tabanus makimurae* Ouchi，1943

［646］117.11.94　中华虻　*Tabanus mandarinus* Schiner，1868

［647］117.11.153　华广虻　*Tabanus signatipennis* Portsch，1887

［648］117.11.160　类柯虻　*Tabanus subcordiger* Liu，1960

［649］117.11.178　姚氏虻　*Tabanus yao* Macquart，1855

［650］118.2.2　颊白体羽虱　*Menacanthus chrysophaeus* Kellogg，1896

［651］118.2.3　矮脚鹈禽体羽虱　*Menacanthus microsceli* Uchida，1926

［652］118.2.4　草黄鸡体羽虱　*Menacanthus stramineus* Nitzsch，1818

［653］118.3.1　鸡羽虱　*Menopon gallinae* Linnaeus，1758

［654］118.4.1　鹅巨羽虱　*Trinoton anserinum* Fabricius，1805

［655］118.4.3　鸭巨羽虱　*Trinoton querquedulae* Linnaeus，1758

［656］119.3.1　黄色柱虱　*Docophorus icterodes* Nitzsch，1818

［657］119.4.1　鹅啮羽虱　*Esthiopterum anseris* Linnaeus，1758

［658］119.5.1　鸡圆羽虱　*Goniocotes gallinae* De Geer，1778

［659］119.6.1　鸡角羽虱　*Goniodes dissimilis* Denny，1842

［660］119.6.2　巨角羽虱　*Goniodes gigas* Taschenberg，1879

［661］119.7.1　鸡翅长羽虱　*Lipeurus caponis* Linnaeus，1758

［662］119.7.3　广幅长羽虱　*Lipeurus heterographus* Nitzsch，1866

［663］119.7.4　鸭长羽虱　*Lipeurus squalidus* Nitzsch，1818

［664］119.7.5　鸡长羽虱　*Lipeurus variabilis* Burmeister，1838

［665］120.1.1　牛毛虱　*Bovicola bovis* Linnaeus，1758

［666］120.1.2　山羊毛虱　*Bovicola caprae* Gurlt，1843

［667］120.1.3　绵羊毛虱　*Bovicola ovis* Schrank，1781

［668］120.2.1　猫毛虱　*Felicola subrostratus* Nitzsch in Burmeister，1838

［669］120.3.1　犬啮毛虱　*Trichodectes canis* De Geer，1778

［670］120.3.2　马啮毛虱　*Trichodectes equi* Denny，1842

［671］125.1.1　犬栉首蚤　*Ctenocephalide canis* Curtis，1826

［672］125.1.2　猫栉首蚤　*Ctenocephalide felis* Bouche，1835

［673］125.4.1　致痒蚤　*Pulex irritans* Linnaeus，1758

［674］126.3.1　花蠕形蚤　*Vermipsylla alakurt* Schimkewitsch，1885

江西省寄生虫种名
Species of Parasites in Jiangxi Province

原虫　Protozoon

［1］1.2.2　溶组织内阿米巴虫　*Entamoeba histolytica* Schaudinn，1903

［2］3.2.2　伊氏锥虫　*Trypanosoma evansi*（Steel，1885）Balbiani，1888

［3］4.1.1　火鸡组织滴虫　*Histomonas meleagridis* Tyzzer，1920

［4］5.3.1　胎儿三毛滴虫　*Tritrichomonas foetus*（Riedmüller，1928）Wenrich et Emmerson，1933

［5］5.3.2　猪三毛滴虫　*Tritrichomonas suis* Gruby et Delafond，1843

［6］7.2.2　堆型艾美耳球虫　*Eimeria acervulina* Tyzzer，1929

［7］7.2.9　阿洛艾美耳球虫　*Eimeria arloingi*（Marotel，1905）Martin，1909

［8］7.2.14　巴雷氏艾美耳球虫　*Eimeria bareillyi* Gill，Chhabra et Lall，1963

［9］7.2.16　牛艾美耳球虫　*Eimeria bovis*（Züblin，1908）Fiebiger，1912

［10］7.2.24　山羊艾美耳球虫　*Eimeria caprina* Lima，1979

［11］7.2.28　克里氏艾美耳球虫　*Eimeria christenseni* Levine，Ivens et Fritz，1962

［12］7.2.30　盲肠艾美耳球虫　*Eimeria coecicola* Cheissin，1947

［13］7.2.34　蒂氏艾美耳球虫　*Eimeria debliecki* Douwes，1921

［14］7.2.38　微小艾美耳球虫　*Eimeria exigua* Yakimoff，1934

［15］7.2.48　哈氏艾美耳球虫　*Eimeria hagani* Levine，1938

［16］7.2.52　肠艾美耳球虫　*Eimeria intestinalis* Cheissin，1948

［17］7.2.54　无残艾美耳球虫　*Eimeria irresidua* Kessel et Jankiewicz，1931

［18］7.2.61　兔艾美耳球虫　*Eimeria leporis* Nieschulz，1923

［19］7.2.63　大型艾美耳球虫　*Eimeria magna* Pérard，1925

［20］7.2.66　马氏艾美耳球虫　*Eimeria matsubayashii* Tsunoda，1952

［21］7.2.67　巨型艾美耳球虫　*Eimeria maxima* Tyzzer，1929

［22］7.2.68　中型艾美耳球虫　*Eimeria media* Kessel，1929

［23］7.2.69　和缓艾美耳球虫　*Eimeria mitis* Tyzzer，1929

［24］7.2.70　变位艾美耳球虫　*Eimeria mivati* Edgar et Siebold，1964

［25］7.2.72　毒害艾美耳球虫　*Eimeria necatrix* Johnson，1930

［26］7.2.73　新蒂氏艾美耳球虫　*Eimeria neodebliecki* Vetterling，1965

［27］7.2.74　新兔艾美耳球虫　*Eimeria neoleporis* Carvalho，1942

［28］7.2.85　穿孔艾美耳球虫　*Eimeria perforans*（Leuckart，1879）Sluiter et Swellen-grebel，1912

［29］7.2.86　极细艾美耳球虫　*Eimeria perminuta* Henry，1931

［30］7.2.87　梨形艾美耳球虫　*Eimeria piriformis* Kotlán et Pospesch，1934

［31］7.2.88　光滑艾美耳球虫　*Eimeria polita* Pellérdy，1949

［32］7.2.90　早熟艾美耳球虫　*Eimeria praecox* Johnson，1930

［33］7.2.95　粗糙艾美耳球虫　*Eimeria scabra* Henry，1931

［34］7.2.102　斯氏艾美耳球虫　*Eimeria stiedai*（Lindemann，1865）Kisskalt et Hartmann，1907

［35］7.2.105　猪艾美耳球虫　*Eimeria suis* Nöller，1921

［36］7.2.107　柔嫩艾美耳球虫　*Eimeria tenella*（Railliet et Lucet，1891）Fantham，1909

［37］7.2.112　杨陵艾美耳球虫　*Eimeria yanglingensis* Zhang，Yu，Feng，*et al.*，1994

［38］7.2.114　邱氏艾美耳球虫　*Eimeria züernii*（Rivolta，1878）Martin，1909

［39］7.3.12　芮氏等孢球虫　*Isospora rivolta*（Grassi，1879）Wenyon，1923

［40］7.3.13　猪等孢球虫　*Isospora suis* Biester et Murray，1934

［41］7.4.6　毁灭泰泽球虫　*Tyzzeria perniciosa* Allen，1936

［42］7.5.4　菲莱氏温扬球虫　*Wenyonella philiplevinei* Leibovitz，1968

［43］8.1.1　卡氏住白细胞虫　*Leucocytozoon caulleryii* Mathis et Léger，1909

［44］8.1.2　沙氏住白细胞虫　*Leucocytozoon sabrazesi* Mathis et Léger，1910

［45］10.3.5　枯氏住肉孢子虫　*Sarcocystis cruzi*（Hasselmann，1923）Wenyon，1926

［46］10.3.8　梭形住肉孢子虫　*Sarcocystis fusiformis*（Railliet，1897）Bernard et Bauche，1912

［47］10.3.20　猪人住肉孢子虫　*Sarcocystis suihominis* Tadros et Laarman，1976

［48］10.4.1 龚地弓形虫 *Toxoplasma gondii*（Nicolle et Manceaux，1908）Nicolle et Manceaux，1909

［49］11.1.1 双芽巴贝斯虫 *Babesia bigemina* Smith et Kiborne，1893

［50］11.1.2 牛巴贝斯虫 *Babesia bovis*（Babes，1888）Starcovici，1893

［51］11.1.8 东方巴贝斯虫 *Babesia orientalis* Liu et Zhao，1997

［52］12.1.1 环形泰勒虫 *Theileria annulata*（Dschunkowsky et Luhs，1904）Wenyon，1926

［53］14.1.1 结肠小袋虫 *Balantidium coli*（Malmsten，1857）Stein，1862

绦虫 Cestode

［54］15.2.1 中点无卵黄腺绦虫 *Avitellina centripunctata* Rivolta，1874

［55］15.4.2 贝氏莫尼茨绦虫 *Moniezia benedeni*（Moniez，1879）Blanchard，1891

［56］15.4.4 扩展莫尼茨绦虫 *Moniezia expansa*（Rudolphi，1810）Blanchard，1891

［57］15.8.1 盖氏曲子宫绦虫 *Thysaniezia giardi* Moniez，1879

［58］15.8.2 羊曲子宫绦虫 *Thysaniezia ovilla* Rivolta，1878

［59］16.2.3 原节戴维绦虫 *Davainea proglottina*（Davaine，1860）Blanchard，1891

［60］16.3.3 有轮瑞利绦虫 *Raillietina cesticillus* Molin，1858

［61］16.3.4 棘盘瑞利绦虫 *Raillietina echinobothrida* Megnin，1881

［62］16.3.12 四角瑞利绦虫 *Raillietina tetragona* Molin，1858

［63］17.1.1 楔形变带绦虫 *Amoebotaenia cuneata* von Linstow，1872

［64］17.4.1 犬复孔绦虫 *Dipylidium caninum*（Linnaeus，1758）Leuckart，1863

［65］19.2.3 叉棘单睾绦虫 *Aploparaksis furcigera* Rudolphi，1819

［66］19.4.2 冠状双盔带绦虫 *Dicranotaenia coronula*（Dujardin，1845）Railliet，1892

［67］19.6.11 斯梯氏双睾绦虫 *Diorchis stefanskii* Czaplinski，1956

［68］19.7.1 矛形剑带绦虫 *Drepanidotaenia lanceolata* Bloch，1782

［69］19.7.2 普氏剑带绦虫 *Drepanidotaenia przewalskii* Skrjabin，1914

［70］19.10.2 片形縫缘绦虫 *Fimbriaria fasciolaris* Pallas，1781

［71］19.12.2 鸭膜壳绦虫 *Hymenolepis anatina* Krabbe，1869

［72］19.12.8 窄膜壳绦虫 *Hymenolepis compressa*（Linton，1892）Fuhrmann，1906

［73］19.12.13 小膜壳绦虫 *Hymenolepis parvula* Kowalewski，1904

［74］19.12.17 美丽膜壳绦虫 *Hymenolepis venusta*（Rosseter，1897）López-Neyra，1942

［75］19.13.1 纤小膜钩绦虫 *Hymenosphenacanthus exiguus* Yoshida，1910

［76］19.15.4 狭窄微吻绦虫 *Microsomacanthus compressa*（Linton，1892）López-Neyra，1942

［77］19.15.11 副狭窄微吻绦虫 *Microsomacanthus paracompressa*（Czaplinski，1956）Spasskaja et Spassky，1961

［78］19.16.1 领襟粘壳绦虫 *Myxolepis collaris*（Batsch，1786）Spassky，1959

［79］19.19.4 美彩网宫绦虫 *Retinometra venusta*（Rosseter，1897）Spassky，1955

［80］19.21.4 纤细幼钩绦虫 *Sobolevicanthus gracilis* Zeder，1803

［81］19.21.6 八幼钩绦虫 *Sobolevicanthus octacantha* Krabbe，1869

［82］19.23.1 刚刺柴壳绦虫 *Tschertkovilepis setigera* Froelich，1789

［83］21.1.1 细粒棘球绦虫 *Echinococcus granulosus*（Batsch，1786）Rudolphi，1805

[84] 21.1.1.1 细粒棘球蚴 *Echinococcus cysticus* Huber，1891

[85] 21.2.3 带状泡尾绦虫 *Hydatigera taeniaeformis*（Batsch，1786）Lamarck，1816

[86] 21.3.2 多头多头绦虫 *Multiceps multiceps*（Leske，1780）Hall，1910

[87] 21.4.1 泡状带绦虫 *Taenia hydatigena* Pallas，1766

[88] 21.4.1.1 细颈囊尾蚴 *Cysticercus tenuicollis* Rudolphi，1810

[89] 21.4.3 豆状带绦虫 *Taenia pisiformis* Bloch，1780

[90] 21.4.3.1 豆状囊尾蚴 *Cysticercus pisiformis* Bloch，1780

[91] 21.4.5 猪囊尾蚴 *Cysticercus cellulosae* Gmelin，1790

[92] 21.5.1 牛囊尾蚴 *Cysticercus bovis* Cobbold，1866

[93] 22.3.1 孟氏旋宫绦虫 *Spirometra mansoni* Joyeux et Houdemer，1928

吸虫　Trematode

[94] 23.1.1 枪头棘隙吸虫 *Echinochasmus beleocephalus* Dietz，1909

[95] 23.1.3 异形棘隙吸虫 *Echinochasmus herteroidcus* Zhou et Wang，1987

[96] 23.1.4 日本棘隙吸虫 *Echinochasmus japonicus* Tanabe，1926

[97] 23.1.5 藐小棘隙吸虫 *Echinochasmus liliputanus* Looss，1896

[98] 23.1.7 微盘棘隙吸虫 *Echinochasmus microdisus* Zhou et Wang，1987

[99] 23.1.8 小腺棘隙吸虫 *Echinochasmus minivitellus* Zhou et Wang，1987

[100] 23.1.10 叶形棘隙吸虫 *Echinochasmus perfoliatus*（Ratz，1908）Gedoelst，1911

[101] 23.1.11 裂睾棘隙吸虫 *Echinochasmus schizorchis* Zhou et Wang，1987

[102] 23.1.12 球睾棘隙吸虫 *Echinochasmus sphaerochis* Zhou et Wang，1987

[103] 23.2.6 鸡棘缘吸虫 *Echinoparyphium gallinarum* Wang，1976

[104] 23.2.7 赣江棘缘吸虫 *Echinoparyphium ganjiangensis* Wang，1985

[105] 23.2.8 洪都棘缘吸虫 *Echinoparyphium hongduensis* Wang，1985

[106] 23.2.9 柯氏棘缘吸虫 *Echinoparyphium koidzumii* Tsuchimochi，1924

[107] 23.2.13 南昌棘缘吸虫 *Echinoparyphium nanchangensis* Wang，1985

[108] 23.2.14 圆睾棘缘吸虫 *Echinoparyphium nordiana* Baschirova，1941

[109] 23.2.15 曲领棘缘吸虫 *Echinoparyphium recurvatum*（Linstow，1873）Lühe，1909

[110] 23.2.16 凹睾棘缘吸虫 *Echinoparyphium syrdariense* Burdelev，1937

[111] 23.2.18 西西伯利亚棘缘吸虫 *Echinoparyphium westsibiricum* Issaitschikoff，1924

[112] 23.3.4 班氏棘口吸虫 *Echinostoma bancrofti* Johnston，1928

[113] 23.3.15 宫川棘口吸虫 *Echinostoma miyagawai* Ishii，1932

[114] 23.3.17 圆睾棘口吸虫 *Echinostoma nordiana* Baschirova，1941

[115] 23.3.19 接睾棘口吸虫 *Echinostoma paraulum* Dietz，1909

[116] 23.3.20 北京棘口吸虫 *Echinostoma pekinensis* Ku，1937

[117] 23.3.22 卷棘口吸虫 *Echinostoma revolutum*（Fröhlich，1802）Looss，1899

[118] 23.3.23 强壮棘口吸虫 *Echinostoma robustum* Yamaguti，1935

[119] 23.6.1 似锥低颈吸虫 *Hypoderaeum conoideum*（Bloch，1782）Dietz，1909

[120] 23.6.2 格氏低颈吸虫 *Hypoderaeum gnedini* Baschkirova，1941

[121] 23.6.3 滨鹬低颈吸虫 *Hypoderaeum vigi* Baschkirova，1941

［160］27.3.1　江西盘腔吸虫　*Chenocoelium kiangxiensis* Wang，1966

［161］27.4.1　殖盘殖盘吸虫　*Cotylophoron cotylophorum*（Fischoeder，1901）Stiles et Goldberger，1910

［162］27.4.4　印度殖盘吸虫　*Cotylophoron indicus* Stiles et Goldberger，1910

［163］27.7.4　台湾巨盘吸虫　*Gigantocotyle formosanum* Fukui，1929

［164］27.8.1　野牛平腹吸虫　*Homalogaster paloniae* Poirier，1883

［165］27.10.2　徐氏巨咽吸虫　*Macropharynx hsui* Wang，1966

［166］27.11.2　鹿同盘吸虫　*Paramphistomum cervi* Zeder，1790

［167］27.11.3　后藤同盘吸虫　*Paramphistomum gotoi* Fukui，1922

［168］28.1.3　涉禽嗜眼吸虫　*Philophthalmus gralli* Mathis et Léger，1910

［169］28.1.17　普罗比嗜眼吸虫　*Philophthalmus problematicus* Tubangui，1932

［170］29.1.2　长刺光隙吸虫　*Psilochasmus longicirratus* Skrjabin，1913

［171］29.1.3　尖尾光隙吸虫　*Psilochasmus oxyurus*（Creplin，1825）Lühe，1909

［172］29.2.3　大囊光睾吸虫　*Psilorchis saccovoluminosus* Bai，Liu et Chen，1980

［173］29.2.5　斑嘴鸭光睾吸虫　*Psilorchis zonorhynchae* Bai，Liu et Chen，1980

［174］29.3.1　尖吻光孔吸虫　*Psilotrema acutirostris* Oshmarin，1963

［175］29.3.2　短光孔吸虫　*Psilotrema brevis* Oschmarin，1963

［176］29.3.3　福建光孔吸虫　*Psilotrema fukienensis* Lin et Chen，1978

［177］29.3.4　似光孔吸虫　*Psilotrema simillimum*（Mühling，1898）Odhner，1913

［178］29.3.5　有刺光孔吸虫　*Psilotrema spiculigerum*（Mühling，1898）Odhner，1913

［179］29.4.1　球形球孔吸虫　*Sphaeridiotrema globulus*（Rudolphi，1814）Odhner，1913

［180］30.3.1　凹形隐叶吸虫　*Cryptocotyle concavum*（Creplin，1825）Fischoeder，1903

［181］30.4.1　西里右殖吸虫　*Dexiogonimus ciureanus* Witenberg，1929

［182］30.7.1　横川后殖吸虫　*Metagonimus yokogawai* Katsurada，1912

［183］31.1.1　鸭对体吸虫　*Amphimerus anatis* Yamaguti，1933

［184］31.3.1　中华枝睾吸虫　*Clonorchis sinensis*（Cobbolb，1875）Looss，1907

［185］31.4.1　天鹅真对体吸虫　*Euamphimerus cygnoides* Ogata，1942

［186］31.5.3　东方次睾吸虫　*Metorchis orientalis* Tanabe，1921

［187］31.5.4　企鹅次睾吸虫　*Metorchis pinguinicola* Skrjabin，1913

［188］31.5.6　台湾次睾吸虫　*Metorchis taiwanensis* Morishita et Tsuchimochi，1925

［189］31.5.7　黄体次睾吸虫　*Metorchis xanthosomus*（Creplin，1841）Braun，1902

［190］31.6.1　截形微口吸虫　*Microtrema truncatum* Kobayashi，1915

［191］31.7.5　似后睾吸虫　*Opisthorchis simulans* Looss，1896

［192］32.2.1　枝睾阔盘吸虫　*Eurytrema cladorchis* Chin，Li et Wei，1965

［193］32.2.2　腔阔盘吸虫　*Eurytrema coelomaticum*（Giard et Billet，1892）Looss，1907

［194］32.2.7　胰阔盘吸虫　*Eurytrema pancreaticum*（Janson，1889）Looss，1907

［195］34.1.1　阿氏刺囊吸虫　*Acanthatrium alicatai* Macy，1940

［196］34.2.1　卢氏前腺吸虫　*Prosthodendrium lucifugi* Macy，1937

［197］35.1.1　犬中肠吸虫　*Mesocoelium canis* Wang et Zhou，1992

535

537

［308］82.3.2　捻转血矛线虫　*Haemonchus contortus*（Rudolphi，1803）Cobbold，1898

［309］82.3.6　似血矛线虫　*Haemonchus similis* Travassos，1914

［310］82.4.1　红色猪圆线虫　*Hyostrongylus rebidus*（Hassall et Stiles，1892）Hall，1921

［311］82.5.5　马氏马歇尔线虫　*Marshallagia marshalli* Ransom，1907

［312］82.6.1　指形长刺线虫　*Mecistocirrus digitatus*（Linstow，1906）Railliet et Henry，1912

［313］82.8.8　尖交合刺细颈线虫　*Nematodirus filicollis*（Rudolphi，1802）Ransom，1907

［314］82.11.6　普通奥斯特线虫　*Ostertagia circumcincta*（Stadelmann，1894）Ransom，1907

［315］82.11.18　西方奥斯特线虫　*Ostertagia occidentalis* Ransom，1907

［316］82.11.20　奥氏奥斯特线虫　*Ostertagia ostertagi*（Stiles，1892）Ransom，1907

［317］82.11.24　斯氏奥斯特线虫　*Ostertagia skrjabini* Shen，Wu et Yen，1959

［318］82.11.26　三叉奥斯特线虫　*Ostertagia trifurcata* Ransom，1907

［319］82.15.2　艾氏毛圆线虫　*Trichostrongylus axei*（Cobbold，1879）Railliet et Henry，1909

［320］82.15.5　蛇形毛圆线虫　*Trichostrongylus colubriformis*（Giles，1892）Looss，1905

［321］83.1.3　鹅毛细线虫　*Capillaria anseris* Madsen，1945

［322］83.1.5　牛毛细线虫　*Capillaria bovis* Schangder，1906

［323］83.1.6　膨尾毛细线虫　*Capillaria caudinflata*（Molin，1858）Travassos，1915

［324］83.1.11　封闭毛细线虫　*Capillaria obsignata* Madsen，1945

［325］83.2.1　环纹优鞘线虫　*Eucoleus annulatum*（Molin，1858）López-Neyra，1946

［326］83.4.3　捻转纤形线虫　*Thominx contorta*（Creplin，1839）Travassos，1915

［327］84.1.2　旋毛形线虫　*Trichinella spiralis*（Owen，1835）Railliet，1895

［328］85.1.4　球鞘鞭虫　*Trichuris globulosa* Linstow，1901

［329］85.1.10　羊鞭虫　*Trichuris ovis* Abilgaard，1795

［330］85.1.12　猪鞭虫　*Trichuris suis* Schrank，1788

棘头虫　Acanthocephalan

［331］86.1.1　蛭形巨吻棘头虫　*Macracanthorhynchus hirudinaceus*（Pallas，1781）Travassos，1917

［332］87.1.1　鸭细颈棘头虫　*Filicollis anatis* Schrank，1788

［333］87.2.5　大多形棘头虫　*Polymorphus magnus* Skrjabin，1913

［334］87.2.6　小多形棘头虫　*Polymorphus minutus* Zeder，1800

节肢动物　Arthropod

［335］88.2.1　双梳羽管螨　*Syringophilus bipectinatus* Heller，1880

［336］90.1.2　犬蠕形螨　*Demodex canis* Leydig，1859

［337］93.1.1.2　兔足螨　*Chorioptes bovis* var. *cuniculi*

［338］93.3.1.1　牛痒螨　*Psoroptes equi* var. *bovis* Gerlach，1857

［339］93.3.1.2　山羊痒螨　*Psoroptes equi* var. *caprae* Hering，1838

［340］93.3.1.3　兔痒螨　*Psoroptes equi* var. *cuniculi* Delafond，1859

［341］93.3.1.4　水牛痒螨　*Psoroptes equi* var. *natalensis* Hirst，1919

［342］93.3.1.5　绵羊痒螨　*Psoroptes equi* var. *ovis* Hering，1838

［382］104.6.8　亮绿蝇（蛆）　*Lucilia illustris* Meigen，1826

［383］104.6.9　巴浦绿蝇（蛆）　*Lucilia papuensis* Macquart，1842

［384］104.6.11　紫绿蝇（蛆）　*Lucilia porphyrina* Walker，1856

［385］104.6.13　丝光绿蝇（蛆）　*Lucilia sericata* Meigen，1826

［386］105.2.1　琉球库蠓　*Culicoides actoni* Smith，1929

［387］105.2.7　荒草库蠓　*Culicoides arakawae* Arakawa，1910

［388］105.2.31　端斑库蠓　*Culicoides erairai* Kono et Takahashi，1940

［389］105.2.52　原野库蠓　*Culicoides homotomus* Kieffer，1921

［390］105.2.85　端白库蠓　*Culicoides matsuzawai* Tokunaga，1950

［391］105.2.89　日本库蠓　*Culicoides nipponensis* Tokunaga，1955

［392］105.2.96　尖喙库蠓　*Culicoides oxystoma* Kieffer，1910

［393］105.2.103　异域库蠓　*Culicoides peregrinus* Kieffer，1910

［394］105.2.105　灰黑库蠓　*Culicoides pulicaris* Linnaeus，1758

［395］105.2.113　志贺库蠓　*Culicoides sigaensis* Tokunaga，1937

［396］105.3.3　儋县蠛蠓　*Lasiohelea danxianensis* Yu et Liu，1982

［397］105.3.8　低飞蠛蠓　*Lasiohelea humilavolita* Yu et Liu，1982

［398］105.3.11　南方蠛蠓　*Lasiohelea notialis* Yu et Liu，1982

［399］105.3.13　趋光蠛蠓　*Lasiohelea phototropia* Yu et Zhang，1982

［400］105.3.14　台湾蠛蠓　*Lasiohelea taiwana* Shiraki，1913

［401］105.3.15　钩茎蠛蠓　*Lasiohelea uncusipenis* Yu et Zhang，1982

［402］106.1.2　侧白伊蚊　*Aedes albolateralis* Theobald，1908

［403］106.1.4　白纹伊蚊　*Aedes albopictus* Skuse，1894

［404］106.1.13　棘刺伊蚊　*Aedes elsiae* Barraud，1923

［405］106.1.15　冯氏伊蚊　*Aedes fengi* Edwards，1935

［406］106.1.20　双棘伊蚊　*Aedes hatorii* Yamada，1921

［407］106.1.21　日本伊蚊　*Aedes japonicus* Theobald，1901

［408］106.1.30　伪白纹伊蚊　*Aedes pseudalbopictus* Borel，1928

［409］106.1.39　刺扰伊蚊　*Aedes vexans* Meigen，1830

［410］106.2.2　艾氏按蚊　*Anopheles aitkenii* James，1903

［411］106.2.4　嗜人按蚊　*Anopheles anthropophagus* Xu et Feng，1975

［412］106.2.10　溪流按蚊　*Anopheles fluviatilis* James，1902

［413］106.2.16　杰普尔按蚊日月潭亚种　*Anopheles jeyporiensis candidiensis* Koidzumi，1924

［414］106.2.17　江苏按蚊　*Anopheles kiangsuensis* Xu et Feng，1975

［415］106.2.20　贵阳按蚊　*Anopheles kweiyangensis* Yao et Wu，1944

［416］106.2.21　雷氏按蚊嗜人亚种　*Anopheles lesteri anthropophagus* Xu et Feng，1975

［417］106.2.24　多斑按蚊　*Anopheles maculatus* Theobald，1901

［418］106.2.26　微小按蚊　*Anopheles minimus* Theobald，1901

［419］106.2.27　最黑按蚊　*Anopheles nigerrimus* Giles，1900

［420］106.2.32　中华按蚊　*Anopheles sinensis* Wiedemann，1828

［460］110.10.2　斑遮黑蝇　*Ophyra chalcogaster* Wiedemann，1824

［461］110.10.3　银眉黑蝇　*Ophyra leucostoma* Wiedemann，1817

［462］110.11.2　紫翠蝇　*Orthellia chalybea* Wiedemann，1830

［463］110.11.4　印度翠蝇　*Orthellia indica* Robineau-Desvoidy，1830

［464］111.2.1　羊狂蝇（蛆）　*Oestrus ovis* Linnaeus，1758

［465］113.5.1　安徽司蛉　*Sergentomyia anhuiensis* Ge et Leng，1990

［466］113.5.3　鲍氏司蛉　*Sergentomyia barraudi* Sinton，1929

［467］113.5.18　鳞喙司蛉　*Sergentomyia squamirostris* Newstead，1923

［468］114.3.1　赭尾别麻蝇（蛆）　*Boettcherisca peregrina* Robineau-Desvoidy，1830

［469］114.5.11　巨耳亚麻蝇　*Parasarcophaga macroauriculata* Ho，1932

［470］114.7.1　白头麻蝇（蛆）　*Sarcophaga albiceps* Meigen，1826

［471］114.7.5　纳氏麻蝇（蛆）　*Sarcophaga knabi* Parker，1917

［472］114.7.7　酱麻蝇（蛆）　*Sarcophaga misera* Walker，1849

［473］114.7.10　野麻蝇（蛆）　*Sarcophaga similis* Meade，1876

［474］115.3.2　后宽蝇蚋　*Gomphostilbia metatarsale* Brunetti，1911

［475］115.6.13　五条蚋　*Simulium quinquestriatum* Shiraki，1935

［476］115.6.16　崎岛蚋　*Simulium sakishimaense* Takaoka，1977

［477］115.6.18　铃木蚋　*Simulium suzukii* Rubzov，1963

［478］115.6.19　台湾蚋　*Simulium taiwanicum* Takaoka，1979

［479］116.2.1　刺血喙蝇　*Haematobosca sanguinolenta* Austen，1909

［480］116.3.1　东方角蝇　*Lyperosia exigua* Meijere，1903

［481］116.3.2　西方角蝇　*Lyperosia irritans*（Linnaeus，1758）Róndani，1856

［482］116.3.4　截脉角蝇　*Lyperosia titillans* Bezzi，1907

［483］116.4.1　厩螫蝇　*Stomoxys calcitrans* Linnaeus，1758

［484］116.4.2　南螫蝇　*Stomoxys dubitalis* Malloch，1932

［485］116.4.3　印度螫蝇　*Stomoxys indicus* Picard，1908

［486］117.1.5　黄绿黄虻　*Atylotus horvathi* Szilady，1926

［487］117.1.7　骚扰黄虻　*Atylotus miser* Szilady，1915

［488］117.1.9　淡黄虻　*Atylotus pallitarsis* Olsufjev，1936

［489］117.1.12　四列黄虻　*Atylotus quadrifarius* Loew，1874

［490］117.2.8　舟山斑虻　*Chrysops chusanensis* Ouchi，1939

［491］117.2.14　黄胸斑虻　*Chrysops flaviscutellus* Philip，1963

［492］117.2.21　莫氏斑虻　*Chrysops mlokosiewiczi* Bigot，1880

［493］117.2.31　中华斑虻　*Chrysops sinensis* Walker，1856

［494］117.2.33　条纹斑虻　*Chrysops striatula* Pechuman，1943

［495］117.2.39　范氏斑虻　*Chrysops vanderwulpi* Krober，1929

［496］117.5.16　括苍山麻虻　*Haematopota guacangshanensis* Xu，1980

［497］117.5.45　中华麻虻　*Haematopota sinensis* Ricardo，1911

［498］117.10.1　短喙尖角虻　*Styonemyia bazini* Surcouf，1922

辽宁省寄生虫种名
Species of Parasites in Liaoning Province

原虫　Protozoon

[1] 1.2.2　溶组织内阿米巴虫　*Entamoeba histolytica* Schaudinn, 1903

[2] 2.1.1　蓝氏贾第鞭毛虫　*Giardia lamblia* Stiles, 1915

[3] 3.1.1　杜氏利什曼原虫　*Leishmania donovani*（Laveran et Mesnil, 1903）Ross, 1903

[4] 3.2.1　马媾疫锥虫　*Trypanosoma equiperdum* Doflein, 1901

[5] 4.1.1　火鸡组织滴虫　*Histomonas meleagridis* Tyzzer, 1920

[6] 7.2.2　堆型艾美耳球虫　*Eimeria acervulina* Tyzzer, 1929

[7] 7.2.3　阿沙塔艾美耳球虫　*Eimeria ahsata* Honess, 1942

[8] 7.2.9　阿洛艾美耳球虫　*Eimeria arloingi*（Marotel, 1905）Martin, 1909

[9] 7.2.13　巴库艾美耳球虫　*Eimeria bakuensis* Musaev, 1970

[10] 7.2.30　盲肠艾美耳球虫　*Eimeria coecicola* Cheissin, 1947

[11] 7.2.31　槌状艾美耳球虫　*Eimeria crandallis* Honess, 1942

[12] 7.2.34　蒂氏艾美耳球虫　*Eimeria debliecki* Douwes, 1921

[13] 7.2.38　微小艾美耳球虫　*Eimeria exigua* Yakimoff, 1934

[14] 7.2.40　福氏艾美耳球虫　*Eimeria faurei*（Moussu et Marotel, 1902）Martin, 1909

[15] 7.2.44　贡氏艾美耳球虫　*Eimeria gonzalezi* Bazalar et Guerrero, 1970

[16] 7.2.48　哈氏艾美耳球虫　*Eimeria hagani* Levine, 1938

[17] 7.2.52　肠艾美耳球虫　*Eimeria intestinalis* Cheissin, 1948

[18] 7.2.54　无残艾美耳球虫　*Eimeria irresidua* Kessel et Jankiewicz, 1931

[19] 7.2.63　大型艾美耳球虫　*Eimeria magna* Pérard, 1925

[20] 7.2.65　马尔西卡艾美耳球虫　*Eimeria marsica* Restani, 1971

[21] 7.2.67　巨型艾美耳球虫　*Eimeria maxima* Tyzzer, 1929

[22] 7.2.68　中型艾美耳球虫　*Eimeria media* Kessel, 1929

[23] 7.2.69　和缓艾美耳球虫　*Eimeria mitis* Tyzzer, 1929

[24] 7.2.72　毒害艾美耳球虫　*Eimeria necatrix* Johnson, 1930

[25] 7.2.75　尼氏艾美耳球虫　*Eimeria ninakohlyakimovae* Yakimoff et Rastegaieff, 1930

[26] 7.2.80　类绵羊艾美耳球虫　*Eimeria ovinoidalis* McDougald, 1979

[27] 7.2.82　小型艾美耳球虫　*Eimeria parva* Kotlán, Mócsy et Vajda, 1929

[28] 7.2.85　穿孔艾美耳球虫　*Eimeria perforans*（Leuckart, 1879）Sluiter et Swellen-grebel, 1912

544

［29］7.2.87 梨形艾美耳球虫 *Eimeria piriformis* Kotlán et Pospesch，1934

［30］7.2.90 早熟艾美耳球虫 *Eimeria praecox* Johnson，1930

［31］7.2.95 粗糙艾美耳球虫 *Eimeria scabra* Henry，1931

［32］7.2.102 斯氏艾美耳球虫 *Eimeria stiedai*（Lindemann，1865）Kisskalt et Hart-
mann，1907

［33］7.2.107 柔嫩艾美耳球虫 *Eimeria tenella*（Railliet et Lucet，1891）Fantham，1909

［34］7.2.109 威布里吉艾美耳球虫 *Eimeria weybridgensis* Norton，Joyner et Catchpole，1974

［35］7.2.114 邱氏艾美耳球虫 *Eimeria züernii*（Rivolta，1878）Martin，1909

［36］7.3.5 犬等孢球虫 *Isospora canis* Nemeseri，1959

［37］7.3.13 猪等孢球虫 *Isospora suis* Biester et Murray，1934

［38］8.1.1 卡氏住白细胞虫 *Leucocytozoon caulleryii* Mathis et Léger，1909

［39］10.3.5 枯氏住肉孢子虫 *Sarcocystis cruzi*（Hasselmann，1923）Wenyon，1926

［40］10.3.15 米氏住肉孢子虫 *Sarcocystis miescheriana*（Kühn，1865）Labbé，1899

［41］10.4.1 龚地弓形虫 *Toxoplasma gondii*（Nicolle et Manceaux，1908）Nicolle et
Manceaux，1909

［42］11.1.1 双芽巴贝斯虫 *Babesia bigemina* Smith et Kiborne，1893

［43］11.1.2 牛巴贝斯虫 *Babesia bovis*（Babes，1888）Starcovici，1893

［44］11.1.3 驽巴贝斯虫 *Babesia caballi* Nuttall et Strickland，1910

［45］11.1.6 大巴贝斯虫 *Babesia major* Sergent，Donatien，Parrot，*et al.*，1926

［46］12.1.2 马泰勒虫 *Theileria equi* Mehlhorn et Schein，1998

［47］12.1.3 山羊泰勒虫 *Theileria hirci* Dschunkowsky et Urodschevich，1924

［48］12.1.7 瑟氏泰勒虫 *Theileria sergenti* Yakimoff et Dekhtereff，1930

［49］14.1.1 结肠小袋虫 *Balantidium coli*（Malmsten，1857）Stein，1862

绦虫 Cestode

［50］15.1.1 大裸头绦虫 *Anoplocephala magna*（Abildgaard，1789）Sprengel，1905

［51］15.1.2 叶状裸头绦虫 *Anoplocephala perfoliata*（Goeze，1782）Blanchard，1848

［52］15.2.1 中点无卵黄腺绦虫 *Avitellina centripunctata* Rivolta，1874

［53］15.4.2 贝氏莫尼茨绦虫 *Moniezia benedeni*（Moniez，1879）Blanchard，1891

［54］15.4.4 扩展莫尼茨绦虫 *Moniezia expansa*（Rudolphi，1810）Blanchard，1891

［55］15.8.1 盖氏曲子宫绦虫 *Thysaniezia giardi* Moniez，1879

［56］16.2.3 原节戴维绦虫 *Davainea proglottina*（Davaine，1860）Blanchard，1891

［57］16.3.3 有轮瑞利绦虫 *Raillietina cesticillus* Molin，1858

［58］16.3.4 棘盘瑞利绦虫 *Raillietina echinobothrida* Megnin，1881

［59］16.3.12 四角瑞利绦虫 *Raillietina tetragona* Molin，1858

［60］17.4.1 犬复孔绦虫 *Dipylidium caninum*（Linnaeus，1758）Leuckart，1863

［61］19.18.1 柯氏伪裸头绦虫 *Pseudanoplocephala crawfordi* Baylis，1927

［62］21.1.1 细粒棘球绦虫 *Echinococcus granulosus*（Batsch，1786）Rudolphi，1805

［63］21.1.1.1 细粒棘球蚴 *Echinococcus cysticus* Huber，1891

［64］21.2.3 带状泡尾绦虫 *Hydatigera taeniaeformis*（Batsch，1786）Lamarck，1816

［65］21.3.2　多头多头绦虫　*Multiceps multiceps*（Leske，1780）Hall，1910

［66］21.3.2.1　脑多头蚴　*Coenurus cerebralis* Batsch，1786

［67］21.3.5.1　斯氏多头蚴　*Coenurus skrjabini* Popov，1937

［68］21.4.1　泡状带绦虫　*Taenia hydatigena* Pallas，1766

［69］21.4.1.1　细颈囊尾蚴　*Cysticercus tenuicollis* Rudolphi，1810

［70］21.4.2　羊带绦虫　*Taenia ovis* Cobbold，1869

［71］21.4.2.1　羊囊尾蚴　*Cysticercus ovis* Maddox，1873

［72］21.4.3　豆状带绦虫　*Taenia pisiformis* Bloch，1780

［73］21.4.3.1　豆状囊尾蚴　*Cysticercus pisiformis* Bloch，1780

［74］21.4.5　猪囊尾蚴　*Cysticercus cellulosae* Gmelin，1790

［75］21.5.1　牛囊尾蚴　*Cysticercus bovis* Cobbold，1866

［76］22.1.4　阔节双槽头绦虫　*Dibothriocephalus latus* Linnaeus，1758

［77］22.3.1　孟氏旋宫绦虫　*Spirometra mansoni* Joyeux et Houdemer，1928

［78］22.3.1.1　孟氏裂头蚴　*Sparganum mansoni* Joyeux，1928

吸虫　Trematode

［79］23.3.5　坎比棘口吸虫　*Echinostoma campi* Ono，1930

［80］23.3.22　卷棘口吸虫　*Echinostoma revolutum*（Fröhlich，1802）Looss，1899

［81］23.8.1　舌形新棘缘吸虫　*Neoacanthoparyphium linguiformis* Kogame，1935

［82］24.1.1　大片形吸虫　*Fasciola gigantica* Cobbold，1856

［83］24.1.2　肝片形吸虫　*Fasciola hepatica* Linnaeus，1758

［84］24.2.1　布氏姜片吸虫　*Fasciolopsis buski*（Lankester，1857）Odhner，1902

［85］27.4.1　殖盘殖盘吸虫　*Cotylophoron cotylophorum*（Fischoeder，1901）Stiles et Goldberger，1910

［86］27.11.2　鹿同盘吸虫　*Paramphistomum cervi* Zeder，1790

［87］27.11.3　后藤同盘吸虫　*Paramphistomum gotoi* Fukui，1922

［88］30.7.1　横川后殖吸虫　*Metagonimus yokogawai* Katsurada，1912

［89］31.1.1　鸭对体吸虫　*Amphimerus anatis* Yamaguti，1933

［90］31.3.1　中华枝睾吸虫　*Clonorchis sinensis*（Cobbolb，1875）Looss，1907

［91］31.5.3　东方次睾吸虫　*Metorchis orientalis* Tanabe，1921

［92］31.7.3　猫后睾吸虫　*Opisthorchis felineus* Blanchard，1895

［93］32.1.1　中华双腔吸虫　*Dicrocoelium chinensis* Tang et Tang，1978

［94］32.1.4　矛形双腔吸虫　*Dicrocoelium lanceatum* Stiles et Hassall，1896

［95］37.3.6　怡乐村并殖吸虫　*Paragonimus iloktsuenensis* Chen，1940

［96］37.3.11　大平并殖吸虫　*Paragonimus ohirai* Miyazaki，1939

［97］37.3.14　卫氏并殖吸虫　*Paragonimus westermani*（Kerbert，1878）Braun，1899

［98］39.1.4　楔形前殖吸虫　*Prosthogonimus cuneatus* Braun，1901

［99］39.1.9　日本前殖吸虫　*Prosthogonimus japonicus* Braun，1901

［100］39.1.16　卵圆前殖吸虫　*Prosthogonimus ovatus* Lühe，1899

546

[101] 45.2.2 土耳其斯坦东毕吸虫 *Orientobilharzia turkestanica*（Skrjabin，1913）Dutt et Srivastavaa，1955

线虫 **Nematode**

[102] 48.1.4 猪蛔虫 *Ascaris suum* Goeze，1782
[103] 48.2.1 犊新蛔虫 *Neoascaris vitulorum*（Goeze，1782）Travassos，1927
[104] 48.3.1 马副蛔虫 *Parascaris equorum*（Goeze，1782）Yorke and Maplestone，1926
[105] 49.1.4 鸡禽蛔虫 *Ascaridia galli*（Schrank，l788）Freeborn，1923
[106] 50.1.1 犬弓首蛔虫 *Toxocara canis*（Werner，1782）Stiles，1905
[107] 52.3.1 犬恶丝虫 *Dirofilaria immitis*（Leidy，1856）Railliet et Henry，1911
[108] 53.2.2 多乳突副丝虫 *Parafilaria mltipapillosa*（Condamine et Drouilly，1878）Yorke et Maplestone，1926
[109] 55.1.6 指形丝状线虫 *Setaria digitata* Linstow，1906
[110] 55.1.7 马丝状线虫 *Setaria equina*（Abildgaard，1789）Viborg，1795
[111] 55.1.8 叶氏丝状线虫 *Setaria erschovi* Wu，Yen et Shen，1959
[112] 55.1.9 唇乳突丝状线虫 *Setaria labiatopapillosa* Alessandrini，1838
[113] 56.2.4 鸡异刺线虫 *Heterakis gallinarum*（Schrank，1788）Freeborn，1923
[114] 56.2.6 印度异刺线虫 *Heterakis indica* Maplestone，1932
[115] 57.1.1 马尖尾线虫 *Oxyuris equi*（Schrank，1788）Rudolphi，1803
[116] 57.2.1 疑似栓尾线虫 *Passalurus ambiguus* Rudolphi，1819
[117] 57.4.1 绵羊斯氏线虫 *Skrjabinema ovis*（Skrjabin，1915）Wereschtchagin，1926
[118] 60.1.4 兰氏类圆线虫 *Strongyloides ransomi* Schwartz et Alicata，1930
[119] 61.1.2 钩状锐形线虫 *Acuaria hamulosa* Diesing，1851
[120] 61.1.3 旋锐形线虫 *Acuaria spiralis*（Molin，1858）Railliet，Henry et Sisott，1912
[121] 61.2.1 长鼻咽饰带线虫 *Dispharynx nasuta*（Rudolphi，1819）Railliet，Henry et Sisoff，1912
[122] 63.1.3 美丽筒线虫 *Gongylonema pulchrum* Molin，1857
[123] 64.1.1 大口德拉斯线虫 *Drascheia megastoma* Rudolphi，1819
[124] 64.2.2 蝇柔线虫 *Habronema muscae* Carter，1861
[125] 67.1.2 圆形蛔状线虫 *Ascarops strongylina* Rudolphi，1819
[126] 67.2.1 六翼泡首线虫 *Physocephalus sexalatus* Molin，1860
[127] 67.4.1 狼旋尾线虫 *Spirocerca lupi*（Rudolphi，1809）Railliet et Henry，1911
[128] 69.2.2 丽幼吸吮线虫 *Thelazia callipaeda* Railliet et Henry，1910
[129] 69.2.4 大口吸吮线虫 *Thelazia gulosa* Railliet et Henry，1910
[130] 69.2.9 罗氏吸吮线虫 *Thelazia rhodesi* Desmarest，1827
[131] 71.1.2 犬钩口线虫 *Ancylostoma caninum*（Ercolani，1859）Hall，1913
[132] 71.1.4 十二指肠钩口线虫 *Ancylostoma duodenale*（Dubini，1843）Creplin，1845
[133] 71.2.2 羊仰口线虫 *Bunostomum trigonocephalum*（Rudolphi，1808）Railliet，1902
[134] 72.3.3 羊夏柏特线虫 *Chabertia ovina*（Fabricius，1788）Raillet et Henry，1909
[135] 72.4.2 粗纹食道口线虫 *Oesophagostomum asperum* Railliet et Henry，1913

[136] 72.4.3　短尾食道口线虫　*Oesophagostomum brevicaudum* Schwartz et Alicata, 1930

[137] 72.4.4　哥伦比亚食道口线虫　*Oesophagostomum columbianum*（Curtice, 1890）Stossich, 1899

[138] 72.4.5　有齿食道口线虫　*Oesophagostomum dentatum*（Rudolphi, 1803）Molin, 1861

[139] 72.4.9　长尾食道口线虫　*Oesophagostomum longicaudum* Goodey, 1925

[140] 72.4.10　辐射食道口线虫　*Oesophagostomum radiatum*（Rudolphi, 1803）Railliet, 1898

[141] 73.4.3　耳状杯环线虫　*Cylicocyclus auriculatus*（Looss, 1900）Erschow, 1939

[142] 73.6.6　长伞杯冠线虫　*Cylicostephanus longibursatus*（Yorke et Macfie, 1918）Cram, 1924

[143] 73.11.1　杯状彼德洛夫线虫　*Petrovinema poculatum*（Looss, 1900）Erschow, 1943

[144] 74.1.1　安氏网尾线虫　*Dictyocaulus arnfieldi*（Cobbold, 1884）Railliet et Henry, 1907

[145] 74.1.2　骆驼网尾线虫　*Dictyocaulus cameli* Boev, 1951

[146] 74.1.4　丝状网尾线虫　*Dictyocaulus filaria*（Rudolphi, 1809）Railliet et Henry, 1907

[147] 74.1.6　胎生网尾线虫　*Dictyocaulus viviparus*（Bloch, 1782）Railliet et Henry, 1907

[148] 75.1.1　猪后圆线虫　*Metastrongylus apri*（Gmelin, 1790）Vostokov, 1905

[149] 75.1.2　复阴后圆线虫　*Metastrongylus pudendotectus* Wostokow, 1905

[150] 75.1.3　萨氏后圆线虫　*Metastrongylus salmi* Gedoelst, 1923

[151] 79.1.1　有齿冠尾线虫　*Stephanurus dentatus* Diesing, 1839

[152] 80.1.1　无齿阿尔夫线虫　*Alfortia edentatus*（Looss, 1900）Skrjabin, 1933

[153] 80.4.1　普通戴拉风线虫　*Delafondia vulgaris*（Looss, 1900）Skrjabin, 1933

[154] 80.6.1　马圆形线虫　*Strongylus equinus* Mueller, 1780

[155] 80.7.5　锯齿三齿线虫　*Triodontophorus serratus*（Looss, 1900）Looss, 1902

[156] 81.2.2　气管比翼线虫　*Syngamus trachea* von Siebold, 1836

[157] 82.2.3　叶氏古柏线虫　*Cooperia erschowi* Wu, 1958

[158] 82.2.9　等侧古柏线虫　*Cooperia laterouniformis* Chen, 1937

[159] 82.2.12　栉状古柏线虫　*Cooperia pectinata* Ransom, 1907

[160] 82.2.13　点状古柏线虫　*Cooperia punctata*（Linstow, 1906）Ransom, 1907

[161] 82.3.2　捻转血矛线虫　*Haemonchus contortus*（Rudolphi, 1803）Cobbold, 1898

[162] 82.3.6　似血矛线虫　*Haemonchus similis* Travassos, 1914

[163] 82.5.6　蒙古马歇尔线虫　*Marshallagia mongolica* Schumakovitch, 1938

[164] 82.6.1　指形长刺线虫　*Mecistocirrus digitatus*（Linstow, 1906）Railliet et Henry, 1912

[165] 82.8.1　畸形细颈线虫　*Nematodirus abnormalis* May, 1920

[166] 82.8.8　尖交合刺细颈线虫　*Nematodirus filicollis*（Rudolphi, 1802）Ransom, 1907

[167] 82.11.6　普通奥斯特线虫　*Ostertagia circumcincta*（Stadelmann, 1894）Ransom, 1907

[168] 82.11.19　阿洛夫奥斯特线虫　*Ostertagia orloffi* Sankin, 1930

[169] 82.15.2　艾氏毛圆线虫　*Trichostrongylus axei*（Cobbold, 1879）Railliet et Henry, 1909

[170] 82.15.5　蛇形毛圆线虫　*Trichostrongylus colubriformis*（Giles, 1892）Looss, 1905

[171] 83.1.11　封闭毛细线虫　*Capillaria obsignata* Madsen, 1945

[172] 84.1.1　本地毛形线虫　*Trichinella native* Britov et Boev, 1972

548

[173] 84.1.2 旋毛形线虫 *Trichinella spiralis*（Owen，1835）Railliet，1895

[174] 85.1.6 兰氏鞭虫 *Trichuris lani* Artjuch，1948

[175] 85.1.10 羊鞭虫 *Trichuris ovis* Abilgaard，1795

[176] 85.1.11 斯氏鞭虫 *Trichuris skrjabini* Baskakov，1924

[177] 85.1.12 猪鞭虫 *Trichuris suis* Schrank，1788

[178] 85.1.16 武威鞭虫 *Trichuris wuweiensis* Yang et Chen，1978

棘头虫 Acanthocephalan

[179] 86.1.1 蛭形巨吻棘头虫 *Macracanthorhynchus hirudinaceus*（Pallas，1781）Travassos，1917

[180] 87.2.5 大多形棘头虫 *Polymorphus magnus* Skrjabin，1913

[181] 87.2.6 小多形棘头虫 *Polymorphus minutus* Zeder，1800

节肢动物 Arthropod

[182] 90.1.2 犬蠕形螨 *Demodex canis* Leydig，1859

[183] 93.2.1 犬耳痒螨 *Otodectes cynotis* Hering，1838

[184] 93.2.1.1 犬耳痒螨犬变种 *Otodectes cynotis* var. *canis*

[185] 93.3.1 马痒螨 *Psoroptes equi* Hering，1838

[186] 93.3.1.1 牛痒螨 *Psoroptes equi* var. *bovis* Gerlach，1857

[187] 93.3.1.3 兔痒螨 *Psoroptes equi* var. *cuniculi* Delafond，1859

[188] 93.3.1.5 绵羊痒螨 *Psoroptes equi* var. *ovis* Hering，1838

[189] 95.1.1 鸡膝螨 *Cnemidocoptes gallinae* Railliet，1887

[190] 95.2.1.1 兔背肛螨 *Notoedres cati* var. *cuniculi* Gerlach，1857

[191] 95.3.1.1 牛疥螨 *Sarcoptes scabiei* var. *bovis* Cameron，1924

[192] 95.3.1.3 犬疥螨 *Sarcoptes scabiei* var. *canis* Gerlach，1857

[193] 95.3.1.4 山羊疥螨 *Sarcoptes scabiei* var. *caprae*

[194] 95.3.1.7 马疥螨 *Sarcoptes scabiei* var. *equi*

[195] 95.3.1.8 绵羊疥螨 *Sarcoptes scabiei* var. *ovis* Mégnin，1880

[196] 95.3.1.9 猪疥螨 *Sarcoptes scabiei* var. *suis* Gerlach，1857

[197] 96.2.1 鸡新棒螨 *Neoschoengastia gallinarum* Hatori，1920

[198] 97.1.1 波斯锐缘蜱 *Argas persicus* Oken，1818

[199] 97.1.2 翘缘锐缘蜱 *Argas reflexus* Fabricius，1794

[200] 98.1.1 鸡皮刺螨 *Dermanyssus gallinae* De Geer，1778

[201] 99.2.1 微小牛蜱 *Boophilus microplus* Canestrini，1887

[202] 99.3.7 草原革蜱 *Dermacentor nuttalli* Olenev，1928

[203] 99.3.10 森林革蜱 *Dermacentor silvarum* Olenev，1931

[204] 99.3.11 中华革蜱 *Dermacentor sinicus* Schulze，1932

[205] 99.4.4 铃头血蜱 *Haemaphysalis campanulata* Warburton，1908

[206] 99.4.6 嗜群血蜱 *Haemaphysalis concinna* Koch，1844

[207] 99.4.13 日本血蜱 *Haemaphysalis japonica* Warburton，1908

［208］99.4.15　长角血蜱　*Haemaphysalis longicornis* Neumann，1901

［209］99.4.26　草原血蜱　*Haemaphysalis verticalis* Itagaki，Noda et Yamaguchi，1944

［210］99.5.3　亚洲璃眼蜱卡氏亚种　*Hyalomma asiaticum kozlovi* Olenev，1931

［211］99.5.4　残缘璃眼蜱　*Hyalomma detritum* Schulze，1919

［212］99.5.11　盾糙璃眼蜱　*Hyalomma scupense* Schulze，1918

［213］99.6.3　草原硬蜱　*Ixodes crenulatus* Koch，1844

［214］99.6.8　全沟硬蜱　*Ixodes persulcatus* Schulze，1930

［215］99.6.9　钝跗硬蜱　*Ixodes pomerantzevi* Serdyukova，1941

［216］99.6.12　长蝠硬蜱　*Ixodes vespertilionis* Koch，1844

［217］99.7.5　血红扇头蜱　*Rhipicephalus sanguineus* Latreille，1806

［218］100.1.2　阔胸血虱　*Haematopinus eurysternus* Denny，1842

［219］100.1.5　猪血虱　*Haematopinus suis* Linnaeus，1758

［220］100.2.1　兔嗜血虱　*Haemodipsus ventricosus* Denny，1842

［221］103.1.1　粪种蝇　*Adia cinerella* Fallen，1825

［222］103.2.1　横带花蝇　*Anthomyia illocata* Walker，1856

［223］104.2.3　巨尾丽蝇（蛆）　*Calliphora grahami* Aldrich，1930

［224］104.2.4　宽丽蝇（蛆）　*Calliphora lata* Coquillett，1898

［225］104.2.9　红头丽蝇（蛆）　*Calliphora vicina* Robineau-Desvoidy，1830

［226］104.3.4　大头金蝇（蛆）　*Chrysomya megacephala* Fabricius，1794

［227］104.3.6　肥躯金蝇　*Chrysomya pinguis* Walker，1858

［228］104.6.4　叉叶绿蝇（蛆）　*Lucilia caesar* Linnaeus，1758

［229］104.6.6　铜绿蝇（蛆）　*Lucilia cuprina* Wiedemann，1830

［230］104.6.8　亮绿蝇（蛆）　*Lucilia illustris* Meigen，1826

［231］104.6.13　丝光绿蝇（蛆）　*Lucilia sericata* Meigen，1826

［232］104.6.15　沈阳绿蝇　*Lucilia shenyangensis* Fan，1965

［233］104.7.1　花伏蝇（蛆）　*Phormia regina* Meigen，1826

［234］104.9.1　新陆原伏蝇（蛆）　*Protophormia terraenovae* Robineau-Desvoidy，1830

［235］104.10.1　叉丽蝇　*Triceratopyga calliphoroides* Rohdendorf，1931

［236］105.2.2　浅色库蠓　*Culicoides albicans* Winnertz，1852

［237］105.2.7　荒草库蠓　*Culicoides arakawae* Arakawa，1910

［238］105.2.17　环斑库蠓　*Culicoides circumscriptus* Kieffer，1918

［239］105.2.24　沙生库蠓　*Culicoides desertorum* Gutsevich，1959

［240］105.2.31　端斑库蠓　*Culicoides erairai* Kono et Takahashi，1940

［241］105.2.45　渐灰库蠓　*Culicoides griscens* Edwards，1939

［242］105.2.52　原野库蠓　*Culicoides homotomus* Kieffer，1921

［243］105.2.63　大和库蠓　*Culicoides japonicus* Arnaud，1956

［244］105.2.66　舟库蠓　*Culicoides kibunensis* Tokunaga，1937

［245］105.2.83　东北库蠓　*Culicoides manchuriensis* Tokunaga，1941

［246］105.2.86　三保库蠓　*Culicoides mihensis* Arnaud，1956

［247］105.2.89　日本库蠓　*Culicoides nipponensis* Tokunaga，1955

［248］105.2.91　不显库蠓　*Culicoides obsoletus* Meigen，1818

［249］105.2.92　恶敌库蠓　*Culicoides odibilis* Austen，1921

［250］105.2.96　尖喙库蠓　*Culicoides oxystoma* Kieffer，1910

［251］105.2.103　异域库蠓　*Culicoides peregrinus* Kieffer，1910

［252］105.2.105　灰黑库蠓　*Culicoides pulicaris* Linnaeus，1758

［253］105.2.106　刺螯库蠓　*Culicoides punctatus* Meigen，1804

［254］105.2.107　曲囊库蠓　*Culicoides puncticollis* Becker，1903

［255］105.2.109　里氏库蠓　*Culicoides riethi* Kieffer，1914

［256］105.2.113　志贺库蠓　*Culicoides sigaensis* Tokunaga，1937

［257］106.1.4　白纹伊蚊　*Aedes albopictus* Skuse，1894

［258］106.1.8　仁川伊蚊　*Aedes chemulpoensis* Yamada，1921

［259］106.1.9　普通伊蚊　*Aedes communis* De Geer，1776

［260］106.1.12　背点伊蚊　*Aedes dorsalis* Meigen，1830

［261］106.1.16　黄色伊蚊　*Aedes flavescens* Müller，1764

［262］106.1.20　双棘伊蚊　*Aedes hatorii* Yamada，1921

［263］106.1.22　朝鲜伊蚊　*Aedes koreicus* Edwards，1917

［264］106.1.25　窄翅伊蚊　*Aedes lineatopennis* Ludlow，1905

［265］106.1.28　长柄伊蚊　*Aedes mercurator* Dyar，1920

［266］106.1.29　白雪伊蚊　*Aedes niveus* Eichwald，1837

［267］106.1.31　黑头伊蚊　*Aedes pullatus* Coquillett，1904

［268］106.1.32　刺螯伊蚊　*Aedes punctor* Kirby，1837

［269］106.1.35　汉城伊蚊　*Aedes seoulensis* Yamada，1921

［270］106.1.37　东乡伊蚊　*Aedes togoi* Theobald，1907

［271］106.2.23　林氏按蚊　*Anopheles lindesayi* Giles，1900

［272］106.2.25　米赛按蚊　*Anopheles messeae* Falleroni，1926

［273］106.2.28　帕氏按蚊　*Anopheles pattoni* Christophers，1926

［274］106.2.32　中华按蚊　*Anopheles sinensis* Wiedemann，1828

［275］106.2.33　类中华按蚊　*Anopheles sineroides* Yamada，1924

［276］106.2.40　八代按蚊　*Anopheles yatsushiroensis* Miyazaki，1951

［277］106.4.1　麻翅库蚊　*Culex bitaeniorhynchus* Giles，1901

［278］106.4.9　林氏库蚊　*Culex hayashii* Yamada，1917

［279］106.4.13　吉氏库蚊　*Culex jacksoni* Edwards，1934

［280］106.4.15　拟态库蚊　*Culex mimeticus* Noe，1899

［281］106.4.16　小斑翅库蚊　*Culex mimulus* Edwards，1915

［282］106.4.18　凶小库蚊　*Culex modestus* Ficalbi，1889

［283］106.4.24　尖音库蚊淡色亚种　*Culex pipiens pallens* Coquillett，1898

［284］106.4.25　伪杂鳞库蚊　*Culex pseudovishnui* Colless，1957

［285］106.4.31　三带喙库蚊　*Culex tritaeniorhynchus* Giles，1901

［286］106.4.32 迷走库蚊 *Culex vagans* Wiedemann，1828

［287］106.4.34 惠氏库蚊 *Culex whitmorei* Giles，1904

［288］106.5.1 阿拉斯加脉毛蚊 *Culiseta alaskaensis* Ludlow，1906

［289］106.5.3 黑须脉毛蚊 *Culiseta bergrothi* Edwards，1921

［290］106.9.1 竹生杵蚊 *Tripteriodes bambusa* Yamada，1917

［291］107.1.1 红尾胃蝇（蛆） *Gasterophilus haemorrhoidalis* Linnaeus，1758

［292］107.1.3 肠胃蝇（蛆） *Gasterophilus intestinalis* De Geer，1776

［293］107.1.5 黑腹胃蝇（蛆） *Gasterophilus pecorum* Fabricius，1794

［294］108.1.1 犬虱蝇 *Hippobosca capensis* Olfers，1816

［295］109.1.1 牛皮蝇（蛆） *Hypoderma bovis* De Geer，1776

［296］109.1.2 纹皮蝇（蛆） *Hypoderma lineatum* De Villers，1789

［297］110.1.3 会理毛蝇 *Dasyphora huiliensis* Ni，1982

［298］110.2.1 夏厕蝇 *Fannia canicularis* Linnaeus，1761

［299］110.2.3 截尾厕蝇 *Fannia incisurata* Zetterstedt，1838

［300］110.2.6 白纹厕蝇 *Fannia leucosticta* Meigen，1826

［301］110.2.9 元厕蝇 *Fannia prisca* Stein，1918

［302］110.2.10 瘤胫厕蝇 *Fannia scalaris* Fabricius，1794

［303］110.4.3 常齿股蝇 *Hydrotaea dentipes* Fabricius，1805

［304］110.4.5 隐齿股蝇 *Hydrotaea occulta* Meigen，1826

［305］110.4.7 曲胫齿股蝇 *Hydrotaea scambus* Zetterstedt，1838

［306］110.7.2 济洲莫蝇 *Morellia asetosa* Baranov，1925

［307］110.8.1 肖秋家蝇 *Musca amita* Hennig，1964

［308］110.8.3 北栖家蝇 *Musca bezzii* Patton et Cragg，1913

［309］110.8.4 逐畜家蝇 *Musca conducens* Walker，1859

［310］110.8.8 黑边家蝇 *Musca hervei* Villeneuve，1922

［311］110.8.13 毛提家蝇 *Musca pilifacies* Emden，1965

［312］110.8.14 市家蝇 *Musca sorbens* Wiedemann，1830

［313］110.8.15 骚扰家蝇 *Musca tempestiva* Fallen，1817

［314］110.9.1 肖腐蝇 *Muscina assimilis* Fallen，1823

［315］110.9.2 日本腐蝇 *Muscina japonica* Shinonaga，1974

［316］110.9.3 厩腐蝇 *Muscina stabulans* Fallen，1817

［317］110.10.2 斑遮黑蝇 *Ophyra chalcogaster* Wiedemann，1824

［318］110.10.3 银眉黑蝇 *Ophyra leucostoma* Wiedemann，1817

［319］110.10.4 暗黑黑蝇 *Ophyra nigra* Wiedemann，1830

［320］110.10.5 暗额黑蝇 *Ophyra obscurifrons* Sabrosky，1949

［321］110.11.5 大洋翠蝇 *Orthellia pacifica* Zimin，1951

［322］110.13.2 马粪碧蝇 *Pyrellia cadaverina* Linnaeus，1758

［323］111.2.1 羊狂蝇（蛆） *Oestrus ovis* Linnaeus，1758

［324］113.4.3 中华白蛉 *Phlebotomus chinensis* Newstead，1916

552

［325］113.4.5　江苏白蛉　*Phlebotomus kiangsuensis* Yao et Wu，1938

［326］113.4.8　蒙古白蛉　*Phlebotomus mongolensis* Sinton，1928

［327］113.5.9　许氏司蛉　*Sergentomyia khawi* Raynal，1936

［328］113.5.18　鳞喙司蛉　*Sergentomyia squamirostris* Newstead，1923

［329］114.3.1　赭尾别麻蝇（蛆）　*Boettcherisca peregrina* Robineau-Desvoidy，1830

［330］114.5.3　华北亚麻蝇　*Parasarcophaga angarosinica* Rohdendorf，1937

［331］114.5.5　达乌利亚麻蝇　*Parasarcophaga daurica* Grunin，1964

［332］114.5.6　巨亚麻蝇　*Parasarcophaga gigas* Thomas，1949

［333］114.5.9　蝗尸亚麻蝇　*Parasarcophaga jacobsoni* Rohdendorf，1937

［334］114.5.11　巨耳亚麻蝇　*Parasarcophaga macroauriculata* Ho，1932

［335］114.5.13　急钓亚麻蝇　*Parasarcophaga portschinskyi* Rohdendorf，1937

［336］114.7.1　白头麻蝇（蛆）　*Sarcophaga albiceps* Meigen，1826

［337］114.7.4　肥须麻蝇（蛆）　*Sarcophaga crassipalpis* Macquart，1839

［338］114.7.5　纳氏麻蝇（蛆）　*Sarcophaga knabi* Parker，1917

［339］114.7.7　酱麻蝇（蛆）　*Sarcophaga misera* Walker，1849

［340］114.7.10　野麻蝇（蛆）　*Sarcophaga similis* Meade，1876

［341］115.4.1　华丽短蚋　*Odagmia ornata* Meigen，1818

［342］115.5.1　毛足原蚋　*Prosimulium hirtipes* Fries，1824

［343］115.6.13　五条蚋　*Simulium quinquestriatum* Shiraki，1935

［344］115.6.14　爬蚋　*Simulium reptans* Linnaeus，1758

［345］115.6.15　红足蚋　*Simulium rufibasis* Brunetti，1911

［346］115.7.1　巨特蚋　*Tetisimulium alajensis* Rubzov，1972

［347］115.9.1　马维蚋　*Wilhelmia equina* Linnaeus，1746

［348］116.2.1　刺血喙蝇　*Haematobosca sanguinolenta* Austen，1909

［349］116.3.1　东方角蝇　*Lyperosia exigua* Meijere，1903

［350］116.4.1　厩螫蝇　*Stomoxys calcitrans* Linnaeus，1758

［351］117.1.1　双斑黄虻　*Atylotus bivittateinus* Takahasi，1962

［352］117.1.5　黄绿黄虻　*Atylotus horvathi* Szilady，1926

［353］117.1.6　长斑黄虻　*Atylotus karybenthinus* Szilady，1915

［354］117.1.7　骚扰黄虻　*Atylotus miser* Szilady，1915

［355］117.1.9　淡黄虻　*Atylotus pallitarsis* Olsufjev，1936

［356］117.1.10　普通黄虻西伯利亚亚种　*Atylotus plebeius sibiricus* Olsufjev，1936

［357］117.1.12　四列黄虻　*Atylotus quadrifarius* Loew，1874

［358］117.1.13　黑胫黄虻　*Atylotus rusticus* Linnaeus，1767

［359］117.1.15　灰腹黄虻　*Atylotus sublunaticornis* Zetterstedt，1842

［360］117.2.7　察哈尔斑虻　*Chrysops chaharicus* Chen et Quo，1949

［361］117.2.8　舟山斑虻　*Chrysops chusanensis* Ouchi，1939

［362］117.2.11　分点斑虻　*Chrysops dissectus* Loew，1858

［363］117.2.15　黄瘤斑虻 *Chrysops flavocallus* Xu et Chen，1977

［364］117.2.19　辽宁斑虻　*Chrysops liaoningensis* Xu et Chen，1977

［365］117.2.21　莫氏斑虻　*Chrysops mlokosiewiczi* Bigot，1880

［366］117.2.31　中华斑虻　*Chrysops sinensis* Walker，1856

［367］117.2.32　无端斑斑虻　*Chrysops stackelbergiellus* Olsufjev，1967

［368］117.2.34　合瘤斑虻　*Chrysops suavis* Loew，1858

［369］117.2.39　范氏斑虻　*Chrysops vanderwulpi* Krober，1929

［370］117.5.3　触角麻虻　*Haematopota antennata* Shiraki，1932

［371］117.5.10　脱粉麻虻　*Haematopota desertorum* Szilady，1923

［372］117.5.23　朝鲜麻虻　*Haematopota koryoensis* Shiraki，1932

［373］117.5.45　中华麻虻　*Haematopota sinensis* Ricardo，1911

［374］117.5.47　斯氏麻虻　*Haematopota stackelbergi* Olsufjev，1967

［375］117.5.52　塔氏麻虻　*Haematopota tamerlani* Szilady，1923

［376］117.5.54　土耳其麻虻　*Haematopota turkestanica* Krober，1922

［377］117.6.3　黑条瘤虻　*Hybomitra adachii* Takagi，1941

［378］117.6.12　鹰瘤虻　*Hybomitra astur* Erichson，1851

［379］117.6.19　二斑瘤虻　*Hybomitra bimaculata* Macquart，1826

［380］117.6.24　短小瘤虻　*Hybomitra brevis* Loew，1858

［381］117.6.26　杂毛瘤虻　*Hybomitra ciureai* Seguy，1937

［382］117.6.28　白条瘤虻　Hybomitra *erberi* Brauer，1880

［383］117.6.29　膨条瘤虻　*Hybomitra expollicata* Pandelle，1883

［384］117.6.52　黑棕瘤虻　*Hybomitra lurida* Fallen，1817

［385］117.6.62　黑角瘤虻　*Hybomitra nigricornis* Zetterstedt，1842

［386］117.6.65　绿瘤虻　*Hybomitra nitidifrons* Szilady，1914

［387］117.6.69　细须瘤虻　*Hybomitra olsoi* Takahasi，1962

［388］117.6.71　金黄瘤虻　*Hybomitra pavlovskii* Olsufjev，1936

［389］117.6.82　上海瘤虻　*Hybomitra shanghaiensis* Ouchi，1943

［390］117.6.84　窄须瘤虻　*Hybomitra stenopselapha* Olsufjev，1937

［391］117.6.85　痣翅瘤虻　*Hybomitra stigmoptera* Olsufjev，1937

［392］117.6.91　鹿角瘤虻　*Hybomitra tarandina* Linnaeus，1758

［393］117.6.92　拟鹿瘤虻　*Hybomitra tarandinoides* Olsufjev，1936

［394］117.6.96　对马瘤虻　*Hybomitra tsushimaensis* Hayakawa，Yoneyama et Inaoka，1980

［395］117.11.2　土灰虻　*Tabanus amaenus* Walker，1848

［396］117.11.18　佛光虻　*Tabanus buddha* Portschinsky，1887

［397］117.11.28　楚山虻　*Tabanus chosenensis* Murdoch et Takahasi，1969

［398］117.11.29　金色虻　*Tabanus chrysurus* Loew，1858

［399］117.11.33　朝鲜虻　*Tabanus coreanus* Shiraki，1932

［400］117.11.50　双重虻　*Tabanus geminus* Szilady，1923

［401］117.11.60　海氏虻　*Tabanus haysi* Philip，1956

［402］117.11.76　信带虻　*Tabanus kabuagii* Murdoch et Takahasi，1969

554

［403］117.11.78　江苏虻　*Tabanus kiangsuensis* Krober，1933

［404］117.11.90　路氏虻　*Tabanus loukashkini* Philip，1956

［405］117.11.93　牧场虻　*Tabanus makimurae* Ouchi，1943

［406］117.11.94　中华虻　*Tabanus mandarinus* Schiner，1868

［407］117.11.112　日本虻　*Tabanus nipponicus* Murdoch et Takahasi，1969

［408］117.11.122　灰斑虻　*Tabanus onoi* Murdoch et Takahasi，1969

［409］117.11.125　乡村虻　*Tabanus paganus* Chen，1984

［410］117.11.135　雁虻　*Tabanus pleskei* Krober，1925

［411］117.11.153　华广虻　*Tabanus signatipennis* Portsch，1887

［412］117.11.157　盐碱虻　*Tabanus stackelbergiellus* Olsufjev，1967

［413］117.11.160　类柯虻　*Tabanus subcordiger* Liu，1960

［414］117.11.170　高砂虻　*Tabanus takasagoensis* Shiraki，1918

［415］117.11.177　亚布力虻　*Tabanus yablonicus* Takagi，1941

［416］117.11.178　姚氏虻　*Tabanus yao* Macquart，1855

［417］118.3.1　鸡羽虱　*Menopon gallinae* Linnaeus，1758

［418］119.5.1　鸡圆羽虱　*Goniocotes gallinae* De Geer，1778

［419］119.6.1　鸡角羽虱　*Goniodes dissimilis* Denny，1842

［420］119.7.1　鸡翅长羽虱　*Lipeurus caponis* Linnaeus，1758

［421］119.7.3　广幅长羽虱　*Lipeurus heterographus* Nitzsch，1866

［422］119.7.5　鸡长羽虱　*Lipeurus variabilis* Burmeister，1838

［423］120.3.2　马啮毛虱　*Trichodectes equi* Denny，1842

［424］121.2.1　扇形副角蚤　*Paraceras flabellum* Curtis，1832

［425］125.1.1　犬栉首蚤　*Ctenocephalide canis* Curtis，1826

［426］125.1.2　猫栉首蚤　*Ctenocephalide felis* Bouche，1835

内蒙古自治区寄生虫种名
Species of Parasites in Inner Mongolia
Autonomous Region

原虫　Protozoon

［1］3.1.1　杜氏利什曼原虫　*Leishmania donovani*（Laveran et Mesnil，1903）Ross，1903

［2］3.2.1　马媾疫锥虫　*Trypanosoma equiperdum* Doflein，1901

［3］3.2.2　伊氏锥虫　*Trypanosoma evansi*（Steel，1885）Balbiani，l888

［4］4.1.1　火鸡组织滴虫　*Histomonas meleagridis* Tyzzer，1920

［5］6.1.9 微小隐孢子虫 *Cryptosporidium parvum* Tyzzer，1912

［6］7.2.2 堆型艾美耳球虫 *Eimeria acervulina* Tyzzer，1929

［7］7.2.3 阿沙塔艾美耳球虫 *Eimeria ahsata* Honess，1942

［8］7.2.4 阿拉巴马艾美耳球虫 *Eimeria alabamensis* Christensen，1941

［9］7.2.9 阿洛艾美耳球虫 *Eimeria arloingi*（Marotel，1905）Martin，1909

［10］7.2.10 奥博艾美耳球虫 *Eimeria auburnensis* Christensen et Porter，1939

［11］7.2.11 双峰驼艾美耳球虫 *Eimeria bactriani* Levine et Ivens，1970

［12］7.2.16 牛艾美耳球虫 *Eimeria bovis*（Züblin，1908）Fiebiger，1912

［13］7.2.18 巴西利亚艾美耳球虫 *Eimeria brasiliensis* Torres et Ramos，1939

［14］7.2.19 布氏艾美耳球虫 *Eimeria brunetti* Levine，1942

［15］7.2.21 布基农艾美耳球虫 *Eimeria bukidnonensis* Tubangui，1931

［16］7.2.22 驼艾美耳球虫 *Eimeria cameli*（Henry et Masson，1932）Reichenow，1952

［17］7.2.23 加拿大艾美耳球虫 *Eimeria canadensis* Bruce，1921

［18］7.2.26 哈萨克斯坦艾美耳球虫 *Eimeria casahstanica* Zigankoff，1950

［19］7.2.30 盲肠艾美耳球虫 *Eimeria coecicola* Cheissin，1947

［20］7.2.32 圆柱状艾美耳球虫 *Eimeria cylindrica* Wilson，1931

［21］7.2.34 蒂氏艾美耳球虫 *Eimeria debliecki* Douwes，1921

［22］7.2.35 单峰驼艾美耳球虫 *Eimeria dromedarii* Yakimoff et Matschoulsky，1939

［23］7.2.36 椭圆艾美耳球虫 *Eimeria ellipsoidalis* Becker et Frye，1929

［24］7.2.38 微小艾美耳球虫 *Eimeria exigua* Yakimoff，1934

［25］7.2.40 福氏艾美耳球虫 *Eimeria faurei*（Moussu et Marotel，1902）Martin，1909

［26］7.2.45 颗粒艾美耳球虫 *Eimeria granulosa* Christensen，1938

［27］7.2.46 盖氏艾美耳球虫 *Eimeria guevarai* Romero，Rodriguez et Lizcano Herrera，1971

［28］7.2.48 哈氏艾美耳球虫 *Eimeria hagani* Levine，1938

［29］7.2.52 肠艾美耳球虫 *Eimeria intestinalis* Cheissin，1948

［30］7.2.53 错乱艾美耳球虫 *Eimeria intricata* Spiegl，1925

［31］7.2.54 无残艾美耳球虫 *Eimeria irresidua* Kessel et Jankiewicz，1931

［32］7.2.55 吉兰泰艾美耳球虫 *Eimeria jilantaii* Wei et Wang，1984

［33］7.2.62 鲁氏艾美耳球虫 *Eimeria leuckarti*（Flesch，1883）Reichenow，1940

［34］7.2.63 大型艾美耳球虫 *Eimeria magna* Pérard，1925

［35］7.2.66 马氏艾美耳球虫 *Eimeria matsubayashii* Tsunoda，1952

［36］7.2.67 巨型艾美耳球虫 *Eimeria maxima* Tyzzer，1929

［37］7.2.68 中型艾美耳球虫 *Eimeria media* Kessel，1929

［38］7.2.69 和缓艾美耳球虫 *Eimeria mitis* Tyzzer，1929

［39］7.2.70 变位艾美耳球虫 *Eimeria mivati* Edgar et Siebold，1964

［40］7.2.71 纳格浦尔艾美耳球虫 *Eimeria nagpurensis* Gill et Ray，1960

［41］7.2.72 毒害艾美耳球虫 *Eimeria necatrix* Johnson，1930

［42］7.2.73 新蒂氏艾美耳球虫 *Eimeria neodebliecki* Vetterling，1965

［43］7.2.74 新兔艾美耳球虫 *Eimeria neoleporis* Carvalho，1942

556

［44］7.2.75　尼氏艾美耳球虫　*Eimeria ninakohlyakimovae* Yakimoff et Rastegaieff，1930

［45］7.2.80　类绵羊艾美耳球虫　*Eimeria ovinoidalis* McDougald，1979

［46］7.2.82　小型艾美耳球虫　*Eimeria parva* Kotlán，Mócsy et Vajda，1929

［47］7.2.83　匹拉迪艾美耳球虫　*Eimeria pellerdyi* Prasad，1960

［48］7.2.84　皮利他艾美耳球虫　*Eimeria pellita* Supperer，1952

［49］7.2.85　穿孔艾美耳球虫　*Eimeria perforans*（Leuckart，1879）Sluiter et Swellen-grebel，1912

［50］7.2.86　极细艾美耳球虫　*Eimeria perminuta* Henry，1931

［51］7.2.87　梨形艾美耳球虫　*Eimeria piriformis* Kotlán et Pospesch，1934

［52］7.2.90　早熟艾美耳球虫　*Eimeria praecox* Johnson，1930

［53］7.2.92　拉贾斯坦艾美耳球虫　*Eimeria rajasthani* Dubey et Pande，1963

［54］7.2.93　罗马尼亚艾美耳球虫　*Eimeria romaniae* Donciu，1961

［55］7.2.95　粗糙艾美耳球虫　*Eimeria scabra* Henry，1931

［56］7.2.102　斯氏艾美耳球虫　*Eimeria stiedai*（Lindemann，1865）Kisskalt et Hartmann，1907

［57］7.2.104　亚球形艾美耳球虫　*Eimeria subspherica* Christensen，1941

［58］7.2.107　柔嫩艾美耳球虫　*Eimeria tenella*（Railliet et Lucet，1891）Fantham，1909

［59］7.2.110　乌兰艾美耳球虫　*Eimeria wulanensis* Wei et Wang，1984

［60］7.2.111　怀俄明艾美耳球虫　*Eimeria wyomingensis* Huizinga et Winger，1942

［61］7.2.114　邱氏艾美耳球虫　*Eimeria züernii*（Rivolta，1878）Martin，1909

［62］7.3.1　阿克赛等孢球虫　*Isospora aksaica* Bazanova，1952

［63］7.3.2　阿拉木图等孢球虫　*Isospora almataensis* Paichuk，1951

［64］7.3.7　鸡等孢球虫　*Isospora gallinae* Scholtyseck，1954

［65］7.3.13　猪等孢球虫　*Isospora suis* Biester et Murray，1934

［66］10.1.1　贝氏贝诺孢子虫　*Besnoitia besnoiti*（Marotel，1912）Henry，1913

［67］10.2.1　犬新孢子虫　*Neospora caninum* Dubey，Carpenter，Speer，*et al.*，1988

［68］10.3.2　马住肉孢子虫　*Sarcocystis bertrami* Dolflein，1901

［69］10.3.3　骆驼住肉孢子虫　*Sarcocystis cameli* Mason，1910

［70］10.3.8　梭形住肉孢子虫　*Sarcocystis fusiformis*（Railliet，1897）Bernard et Bauche，1912

［71］10.4.1　龚地弓形虫　*Toxoplasma gondii*（Nicolle et Manceaux，1908）Nicolle et Manceaux，1909

［72］11.1.3　驽巴贝斯虫　*Babesia caballi* Nuttall et Strickland，1910

［73］11.1.11　柏氏巴贝斯虫　*Babesia perroncitoi* Cerruti，1939

［74］12.1.1　环形泰勒虫　*Theileria annulata*（Dschunkowsky et Luhs，1904）Wenyon，1926

［75］12.1.2　马泰勒虫　*Theileria equi* Mehlhorn et Schein，1998

［76］12.1.3　山羊泰勒虫　*Theileria hirci* Dschunkowsky et Urodschevich，1924

［77］14.1.1　结肠小袋虫　*Balantidium coli*（Malmsten，1857）Stein，1862

绦虫　Cestode

［78］15.1.1　大裸头绦虫　*Anoplocephala magna*（Abildgaard，1789）Sprengel，1905

［79］15.1.2　叶状裸头绦虫　*Anoplocephala perfoliata*（Goeze，1782）Blanchard，1848

［80］15.2.1　中点无卵黄腺绦虫　*Avitellina centripunctata* Rivolta，1874

［81］15.4.2　贝氏莫尼茨绦虫　*Moniezia benedeni*（Moniez，1879）Blanchard，1891

［82］15.4.4　扩展莫尼茨绦虫　*Moniezia expansa*（Rudolphi，1810）Blanchard，1891

［83］15.8.1　盖氏曲子宫绦虫　*Thysaniezia giardi* Moniez，1879

［84］16.3.4　棘盘瑞利绦虫　*Raillietina echinobothrida* Megnin，1881

［85］16.3.12　四角瑞利绦虫　*Raillietina tetragona* Molin，1858

［86］17.2.2　漏斗漏带绦虫　*Choanotaenia infundibulum* Bloch，1779

［87］17.4.1　犬复孔绦虫　*Dipylidium caninum*（Linnaeus，1758）Leuckart，1863

［88］19.7.1　矛形剑带绦虫　*Drepanidotaenia lanceolata* Bloch，1782

［89］21.1.1　细粒棘球绦虫　*Echinococcus granulosus*（Batsch，1786）Rudolphi，1805

［90］21.1.1.1　细粒棘球蚴　*Echinococcus cysticus* Huber，1891

［91］21.1.2　多房棘球绦虫　*Echinococcus multilocularis* Leuckart，1863

［92］21.1.2.1　多房棘球蚴　*Echinococcus multilocularis*（larva）

［93］21.2.3　带状泡尾绦虫　*Hydatigera taeniaeformis*（Batsch，1786）Lamarck，1816

［94］21.3.2　多头多头绦虫　*Multiceps multiceps*（Leske，1780）Hall，1910

［95］21.3.2.1　脑多头蚴　*Coenurus cerebralis* Batsch，1786

［96］21.3.5.1　斯氏多头蚴　*Coenurus skrjabini* Popov，1937

［97］21.4.1　泡状带绦虫　*Taenia hydatigena* Pallas，1766

［98］21.4.1.1　细颈囊尾蚴　*Cysticercus tenuicollis* Rudolphi，1810

［99］21.4.5　猪囊尾蚴　*Cysticercus cellulosae* Gmelin，1790

［100］21.5.1　牛囊尾蚴　*Cysticercus bovis* Cobbold，1866

吸虫　Trematode

［101］23.3.22　卷棘口吸虫　*Echinostoma revolutum*（Fröhlich，1802）Looss，1899

［102］23.3.26　特氏棘口吸虫　*Echinostoma travassosi* Skrjabin，1924

［103］23.6.1　似锥低颈吸虫　*Hypoderaeum conoideum*（Bloch，1782）Dietz，1909

［104］23.9.2　辐射缘口吸虫　*Paryphostomum radiatum* Dujardin，1845

［105］23.10.1　二叶冠缝吸虫　*Patagifer bilobus*（Rudolphi，1819）Dietz，1909

［106］23.11.1　彼氏钉形吸虫　*Pegosomum petrovi* Kurashvili，1949

［107］23.11.2　有棘钉形吸虫　*Pegosomum spiniferum* Ratz，1903

［108］24.1.1　大片形吸虫　*Fasciola gigantica* Cobbold，1856

［109］24.1.2　肝片形吸虫　*Fasciola hepatica* Linnaeus，1758

［110］26.2.16　小卵圆背孔吸虫　*Notocotylus parviovatus* Yamaguti，1934

［111］27.11.2　鹿同盘吸虫　*Paramphistomum cervi* Zeder，1790

［112］31.7.4　长后睾吸虫　*Opisthorchis longissimum* Linstow，1883

［113］32.1.1　中华双腔吸虫　*Dicrocoelium chinensis* Tang et Tang，1978

［114］32.1.4　矛形双腔吸虫　*Dicrocoelium lanceatum* Stiles et Hassall，1896

［115］32.1.5　东方双腔吸虫　*Dicrocoelium orientalis* Sudarikov et Ryjikov，1951

［116］32.2.2　腔阔盘吸虫　*Eurytrema coelomaticum*（Giard et Billet，1892）Looss，1907

558

［117］32.2.7　胰阔盘吸虫　*Eurytrema pancreaticum*（Janson，1889）Looss，1907

［118］40.3.1　羊斯孔吸虫　*Skrjabinotrema ovis* Orloff，Erschoff et Badanin，1934

［119］42.1.1　巨睾环腔吸虫　*Cyclocoelum macrorchis* Harrah，1922

［120］42.6.1　伪连腺吸虫　*Uvitellina pseudocotylea* Witenberg，1923

［121］43.1.1　有翼翼状吸虫　*Alaria alata* Goeze，1782

［122］44.1.1　鸟彩蚴吸虫　*Leucochloridium muscularae* Wu，1938

［123］45.2.1　彭氏东毕吸虫　*Orientobilharzia bomfordi*（Montgomery，1906）Dutt et Srivastava，1955

［124］45.2.2　土耳其斯坦东毕吸虫　*Orientobilharzia turkestanica*（Skrjabin，1913）Dutt et Srivastavaa，1955

线虫　Nematode

［125］48.1.4　猪蛔虫　*Ascaris suum* Goeze，1782

［126］48.2.1　犊新蛔虫　*Neoascaris vitulorum*（Goeze，1782）Travassos，1927

［127］48.3.1　马副蛔虫　*Parascaris equorum*（Goeze，1782）Yorke and Maplestone，1926

［128］49.1.4　鸡禽蛔虫　*Ascaridia galli*（Schrank，l788）Freeborn，1923

［129］50.1.1　犬弓首蛔虫　*Toxocara canis*（Werner，1782）Stiles，1905

［130］52.2.1　伊氏双瓣线虫　*Dipetalonema evansi* Lewis，1882

［131］52.3.1　犬恶丝虫　*Dirofilaria immitis*（Leidy，1856）Railliet et Henry，1911

［132］53.2.2　多乳突副丝虫　*Parafilaria mltipapillosa*（Condamine et Drouilly，1878）Yorke et Maplestone，1926

［133］54.2.3　福丝蟠尾线虫　*Onchocerca fasciata* Railliet et Henry，1910

［134］54.2.6　网状蟠尾线虫　*Onchocerca reticulata* Diesing，1841

［135］55.1.7　马丝状线虫　*Setaria equina*（Abildgaard，1789）Viborg，1795

［136］55.1.9　唇乳突丝状线虫　*Setaria labiatopapillosa* Alessandrini，1838

［137］56.2.4　鸡异刺线虫　*Heterakis gallinarum*（Schrank，1788）Freeborn，1923

［138］57.1.1　马尖尾线虫　*Oxyuris equi*（Schrank，1788）Rudolphi，1803

［139］57.2.1　疑似栓尾线虫　*Passalurus ambiguus* Rudolphi，1819

［140］57.3.1　胎生普氏线虫　*Probstmayria vivipara*（Probstmayr，1865）Ransom，1907

［141］57.4.1　绵羊斯氏线虫　*Skrjabinema ovis*（Skrjabin，1915）Wereschtchagin，1926

［142］60.1.3　乳突类圆线虫　*Strongyloides papillosus*（Wedl，1856）Ransom，1911

［143］61.2.1　长鼻咽饰带线虫　*Dispharynx nasuta*（Rudolphi，1819）Railliet，Henry et Sisoff，1912

［144］61.4.1　斯氏副柔线虫　*Parabronema skrjabini* Rassowska，1924

［145］63.1.3　美丽筒线虫　*Gongylonema pulchrum* Molin，1857

［146］64.2.1　小口柔线虫　*Habronema microstoma* Schneider，1866

［147］64.2.2　蝇柔线虫　*Habronema muscae* Carter，1861

［148］67.1.2　圆形蛔状线虫　*Ascarops strongylina* Rudolphi，1819

［149］67.2.1　六翼泡首线虫　*Physocephalus sexalatus* Molin，1860

［150］69.2.4　大口吸吮线虫　*Thelazia gulosa* Railliet et Henry，1910

［151］69.2.9　罗氏吸吮线虫　*Thelazia rhodesi* Desmarest，1827

［152］70.1.3　鹅裂口线虫　*Amidostomum anseris* Zeder，1800

［153］70.1.4　鸭裂口线虫　*Amidostomum boschadis* Petrow et Fedjuschin，1949

［154］70.2.2　砂囊瓣口线虫　*Epomidiostomum petalum* Yen et Wu，1959

［155］71.2.1　牛仰口线虫　*Bunostomum phlebotomum*（Railliet，1900）Railliet，1902

［156］71.2.2　羊仰口线虫　*Bunostomum trigonocephalum*（Rudolphi，1808）Railliet，1902

［157］72.3.2　叶氏夏柏特线虫　*Chabertia erschowi* Hsiung et K'ung，1956

［158］72.3.3　羊夏柏特线虫　*Chabertia ovina*（Fabricius，1788）Raillet et Henry，1909

［159］72.4.2　粗纹食道口线虫　*Oesophagostomum asperum* Railliet et Henry，1913

［160］72.4.4　哥伦比亚食道口线虫　*Oesophagostomum columbianum*（Curtice，1890）
Stossich，1899

［161］72.4.5　有齿食道口线虫　*Oesophagostomum dentatum*（Rudolphi，1803）Molin，1861

［162］72.4.9　长尾食道口线虫　*Oesophagostomum longicaudum* Goodey，1925

［163］72.4.10　辐射食道口线虫　*Oesophagostomum radiatum*（Rudolphi，1803）Railliet，1898

［164］72.4.13　微管食道口线虫　*Oesophagostomum venulosum* Rudolphi，1809

［165］73.1.1　长囊马线虫　*Caballonema longicapsulata* Abuladze，1937

［166］73.2.1　冠状冠环线虫　*Coronocyclus coronatus*（Looss，1900）Hartwich，1986

［167］73.2.2　大唇片冠环线虫　*Coronocyclus labiatus*（Looss，1902）Hartwich，1986

［168］73.2.4　小唇片冠环线虫　*Coronocyclus labratus*（Looss，1902）Hartwich，1986

［169］73.2.5　箭状冠环线虫　*Coronocyclus sagittatus*（Kotlán，1920）Hartwich，1986

［170］73.3.1　卡提盅口线虫　*Cyathostomum catinatum* Looss，1900

［171］73.3.4　碟状盅口线虫　*Cyathostomum pateratum*（Yorke et Macfie，1919）K'ung，1964

［172］73.3.7　四刺盅口线虫　*Cyathostomum tetracanthum*（Mehlis，1831）Molin，1861
（sensu Looss，1900）

［173］73.4.1　安地斯杯环线虫　*Cylicocyclus adersi*（Boulenger，1920）Erschow，1939

［174］73.4.2　阿氏杯环线虫　*Cylicocyclus ashworthi*（Le Roax，1924）McIntosh，1933

［175］73.4.3　耳状杯环线虫　*Cylicocyclus auriculatus*（Looss，1900）Erschow，1939

［176］73.4.4　短囊杯环线虫　*Cylicocyclus brevicapsulatus*（Ihle，1920）Erschow，1939

［177］73.4.5　长形杯环线虫　*Cylicocyclus elongatus*（Looss，1900）Chaves，1930

［178］73.4.8　细口杯环线虫　*Cylicocyclus leptostomum*（Kotlán，1920）Chaves，1930

［179］73.4.10　鼻状杯环线虫　*Cylicocyclus nassatus*（Looss，1900）Chaves，1930

［180］73.4.13　辐射杯环线虫　*Cylicocyclus radiatus*（Looss，1900）Chaves，1930

［181］73.4.16　外射杯环线虫　*Cylicocyclus ultrajectinus*（Ihle，1920）Erschow，1939

［182］73.5.1　双冠环齿线虫　*Cylicodontophorus bicoronatus*（Looss，1900）Cram，1924

［183］73.6.1　偏位杯冠线虫　*Cylicostephanus asymmetricus*（Theiler，1923）Cram，1925

［184］73.6.3　小杯杯冠线虫　*Cylicostephanus calicatus*（Looss，1900）Cram，1924

［185］73.6.4　高氏杯冠线虫　*Cylicostephanus goldi*（Boulenger，1917）Lichtenfels，1975

［186］73.6.5　杂种杯冠线虫　*Cylicostephanus hybridus*（Kotlán，1920）Cram，1924

［187］73.6.6　长伞杯冠线虫　*Cylicostephanus longibursatus*（Yorke et Macfie，1918）

Cram，1924

[259] 85.1.3　瞪羚鞭虫　*Trichuris gazellae* Gebauer，1933

[260] 85.1.4　球鞘鞭虫　*Trichuris globulosa* Linstow，1901

[261] 85.1.6　兰氏鞭虫　*Trichuris lani* Artjuch，1948

[262] 85.1.12　猪鞭虫　*Trichuris suis* Schrank，1788

棘头虫　Acanthocephalan

[263] 86.1.1　蛭形巨吻棘头虫　*Macracanthorhynchus hirudinaceus*（Pallas，1781）Travassos，1917

节肢动物　Arthropod

[264] 93.3.1　马痒螨　*Psoroptes equi* Hering，1838

[265] 93.3.1.1　牛痒螨　*Psoroptes equi* var. *bovis* Gerlach，1857

[266] 93.3.1.5　绵羊痒螨　*Psoroptes equi* var. *ovis* Hering，1838

[267] 95.3.1.4　山羊疥螨　*Sarcoptes scabiei* var. *caprae*

[268] 95.3.1.5　兔疥螨　*Sarcoptes scabiei* var. *cuniculi*

[269] 95.3.1.6　骆驼疥螨　*Sarcoptes scabiei* var. *cameli*

[270] 95.3.1.7　马疥螨　*Sarcoptes scabiei* var. *equi*

[271] 95.3.1.9　猪疥螨　*Sarcoptes scabiei* var. *suis* Gerlach，1857

[272] 97.1.1　波斯锐缘蜱　*Argas persicus* Oken，1818

[273] 97.1.2　翘缘锐缘蜱　*Argas reflexus* Fabricius，1794

[274] 99.3.5　边缘革蜱　*Dermacentor marginatus* Sulzer，1776

[275] 99.3.6　银盾革蜱　*Dermacentor niveus* Neumann，1897

[276] 99.3.7　草原革蜱　*Dermacentor nuttalli* Olenev，1928

[277] 99.3.9　网纹革蜱　*Dermacentor reticulatus* Fabricius，1794

[278] 99.3.10　森林革蜱　*Dermacentor silvarum* Olenev，1931

[279] 99.3.11　中华革蜱　*Dermacentor sinicus* Schulze，1932

[280] 99.4.4　铃头血蜱　*Haemaphysalis campanulata* Warburton，1908

[281] 99.4.6　嗜群血蜱　*Haemaphysalis concinna* Koch，1844

[282] 99.4.13　日本血蜱　*Haemaphysalis japonica* Warburton，1908

[283] 99.4.14　日本血蜱岛氏亚种　*Haemaphysalis japonica douglasi* Nuttall et Warburton，1915

[284] 99.4.26　草原血蜱　*Haemaphysalis verticalis* Itagaki，Noda et Yamaguchi，1944

[285] 99.5.2　亚洲璃眼蜱　*Hyalomma asiaticum* Schulze et Schlottke，1929

[286] 99.5.3　亚洲璃眼蜱卡氏亚种　*Hyalomma asiaticum kozlovi* Olenev，1931

[287] 99.5.4　残缘璃眼蜱　*Hyalomma detritum* Schulze，1919

[288] 99.5.5　嗜驼璃眼蜱　*Hyalomma dromedarii* Koch，1844

[289] 99.5.10　麻点璃眼蜱　*Hyalomma rufipes* Koch，1844

[290] 99.5.11　盾糙璃眼蜱　*Hyalomma scupense* Schulze，1918

[291] 99.6.2　嗜鸟硬蜱　*Ixodes arboricola* Schulze et Schlottke，1929

[292] 99.6.3　草原硬蜱　*Ixodes crenulatus* Koch，1844

[293] 99.6.8　全沟硬蜱　*Ixodes persulcatus* Schulze，1930

［294］99.6.12　长蝠硬蜱　*Ixodes vespertilionis* Koch，1844

［295］99.7.3　短小扇头蜱　*Rhipicephalus pumilio* Schulze，1935

［296］100.1.1　驴血虱　*Haematopinus asini* Linnaeus，1758

［297］100.1.5　猪血虱　*Haematopinus suis* Linnaeus，1758

［298］101.1.1　非洲颚虱　*Linognathus africanus* Kellogg et Paine，1911

［299］101.1.2　绵羊颚虱　*Linognathus ovillus* Neumann，1907

［300］101.1.5　狭颚虱　*Linognathus stenopsis* Burmeister，1838

［301］101.1.6　牛颚虱　*Linognathus vituli* Linnaeus，1758

［302］101.2.1　侧管管虱　*Solenopotes capillatus* Enderlein，1904

［303］103.1.1　粪种蝇　*Adia cinerella* Fallen，1825

［304］103.2.1　横带花蝇　*Anthomyia illocata* Walker，1856

［305］104.2.3　巨尾丽蝇（蛆）　*Calliphora grahami* Aldrich，1930

［306］104.2.4　宽丽蝇（蛆）　*Calliphora lata* Coquillett，1898

［307］104.2.9　红头丽蝇（蛆）　*Calliphora vicina* Robineau-Desvoidy，1830

［308］104.3.4　大头金蝇（蛆）　*Chrysomya megacephala* Fabricius，1794

［309］104.3.5　广额金蝇　*Chrysomya phaonis* Seguy，1928

［310］104.3.6　肥躯金蝇　*Chrysomya pinguis* Walker，1858

［311］104.4.1　尸蓝蝇（蛆）　*Cynomya mortuorum* Linnaeus，1758

［312］104.6.4　叉叶绿蝇（蛆）　*Lucilia caesar* Linnaeus，1758

［313］104.6.6　铜绿蝇（蛆）　*Lucilia cuprina* Wiedemann，1830

［314］104.6.8　亮绿蝇（蛆）　*Lucilia illustris* Meigen，1826

［315］104.6.13　丝光绿蝇（蛆）　*Lucilia sericata* Meigen，1826

［316］104.7.1　花伏蝇（蛆）　*Phormia regina* Meigen，1826

［317］104.9.1　新陆原伏蝇（蛆）　*Protophormia terraenovae* Robineau-Desvoidy，1830

［318］104.10.1　叉丽蝇　*Triceratopyga calliphoroides* Rohdendorf，1931

［319］105.2.17　环斑库蠓　*Culicoides circumscriptus* Kieffer，1918

［320］105.2.24　沙生库蠓　*Culicoides desertorum* Gutsevich，1959

［321］105.2.31　端斑库蠓　*Culicoides erairai* Kono et Takahashi，1940

［322］105.2.45　渐灰库蠓　*Culicoides grisescens* Edwards，1939

［323］105.2.52　原野库蠓　*Culicoides homotomus* Kieffer，1921

［324］105.2.66　舟库蠓　*Culicoides kibunensis* Tokunaga，1937

［325］105.2.83　东北库蠓　*Culicoides manchuriensis* Tokunaga，1941

［326］105.2.86　三保库蠓　*Culicoides mihensis* Arnaud，1956

［327］105.2.88　蒙古库蠓　*Culicoides mongolensis* Yao，1964

［328］105.2.91　不显库蠓　*Culicoides obsoletus* Meigen，1818

［329］105.2.96　尖喙库蠓　*Culicoides oxystoma* Kieffer，1910

［330］105.2.103　异域库蠓　*Culicoides peregrinus* Kieffer，1910

［331］105.2.105　灰黑库蠓　*Culicoides pulicaris* Linnaeus，1758

［332］105.2.106　刺螯库蠓　*Culicoides punctatus* Meigen，1804

［372］110.2.2　巨尾厕蝇　*Fannia glaucescens* Zetterstedt，1845

［373］110.2.6　白纹厕蝇　*Fannia leucosticta* Meigen，1826

［374］110.2.8　毛踝厕蝇　*Fannia manicata* Meigen，1826

［375］110.2.10　瘤胫厕蝇　*Fannia scalaris* Fabricius，1794

［376］110.2.11　肖瘤胫厕蝇　*Fannia subscalaris* Zimin，1946

［377］110.3.1　斑纹蝇　*Graphomya maculata* Scopoli，1763

［378］110.4.3　常齿股蝇　*Hydrotaea dentipes* Fabricius，1805

［379］110.4.7　曲胫齿股蝇　*Hydrotaea scambus* Zetterstedt，1838

［380］110.7.1　曲胫莫蝇　*Morellia aenescens* Robineau-Desvoidy，1830

［381］110.7.2　济洲莫蝇　*Morellia asetosa* Baranov，1925

［382］110.7.3　林莫蝇　*Morellia hortorum* Fallen，1817

［383］110.8.1　肖秋家蝇　*Musca amita* Hennig，1964

［384］110.8.3　北栖家蝇　*Musca bezzii* Patton et Cragg，1913

［385］110.8.4　逐畜家蝇　*Musca conducens* Walker，1859

［386］110.8.7　家蝇　*Musca domestica* Linnaeus，1758

［387］110.8.8　黑边家蝇　*Musca hervei* Villeneuve，1922

［388］110.8.10　孕幼家蝇　*Musca larvipara* Portschinsky，1910

［389］110.8.14　市家蝇　*Musca sorbens* Wiedemann，1830

［390］110.8.15　骚扰家蝇　*Musca tempestiva* Fallen，1817

［391］110.9.1　肖腐蝇　*Muscina assimilis* Fallen，1823

［392］110.9.3　厩腐蝇　*Muscina stabulans* Fallen，1817

［393］110.10.3　银眉黑蝇　*Ophyra leucostoma* Wiedemann，1817

［394］110.11.1　绿翠蝇　*Orthellia caesarion* Meigen，1826

［395］110.11.5　大洋翠蝇　*Orthellia pacifica* Zimin，1951

［396］110.12.1　白线直脉蝇　*Polietes albolineata* Fallen，1823

［397］110.13.2　马粪碧蝇　*Pyrellia cadaverina* Linnaeus，1758

［398］111.1.1　驼头狂蝇　*Cephalopina titillator* Clark，1816

［399］111.2.1　羊狂蝇（蛆）　*Oestrus ovis* Linnaeus，1758

［400］111.3.1　阔额鼻狂蝇（蛆）　*Rhinoestrus latifrons* Gan，1947

［401］111.3.2　紫鼻狂蝇（蛆）　*Rhinoestrus purpureus* Brauer，1858

［402］111.3.3　少刺鼻狂蝇（蛆）　*Rhinoestrus usbekistanicus* Gan，1947

［403］113.4.1　亚历山大白蛉　*Phlebotomus alexandri* Sinton，1928

［404］113.4.2　安氏白蛉　*Phlebotomus andrejevi* Shakirzyanova，1953

［405］113.4.3　中华白蛉　*Phlebotomus chinensis* Newstead，1916

［406］113.4.8　蒙古白蛉　*Phlebotomus mongolensis* Sinton，1928

［407］114.2.1　红尾粪麻蝇（蛆）　*Bercaea haemorrhoidalis* Fallen，1816

［408］114.3.1　赭尾别麻蝇（蛆）　*Boettcherisca peregrina* Robineau-Desvoidy，1830

［409］114.5.9　蝗尸亚麻蝇　*Parasarcophaga jacobsoni* Rohdendorf，1937

［410］114.5.13　急钓亚麻蝇　*Parasarcophaga portschinskyi* Rohdendorf，1937

［411］114.7.1　白头麻蝇（蛆）　*Sarcophaga albiceps* Meigen，1826

［412］114.7.4　肥须麻蝇（蛆）　*Sarcophaga crassipalpis* Macquart，1839

［413］114.7.5　纳氏麻蝇（蛆）　*Sarcophaga knabi* Parker，1917

［414］114.7.10　野麻蝇（蛆）　*Sarcophaga similis* Meade，1876

［415］114.8.3　阿拉善污蝇（蛆）　*Wohlfahrtia fedtschenkoi* Rohdendorf，1956

［416］114.8.4　黑须污蝇（蛆）　*Wohlfahrtia magnifica* Schiner，1862

［417］115.2.2　亮胸吉蚋　*Gnus jacuticum* Rubzov，1940

［418］115.5.1　毛足原蚋　*Prosimulium hirtipes* Fries，1824

［419］115.6.14　爬蚋　*Simulium reptans* Linnaeus，1758

［420］115.7.1　巨特蚋　*Tetisimulium alajensis* Rubzov，1972

［421］115.8.1　斑梯蚋　*Titanopteryx maculata* Meigen，1804

［422］115.9.2　褐足维蚋　*Wilhelmia turgaica* Rubzov，1940

［423］116.2.1　刺血喙蝇　*Haematobosca sanguinolenta* Austen，1909

［424］116.3.1　东方角蝇　*Lyperosia exigua* Meijere，1903

［425］116.3.4　截脉角蝇　*Lyperosia titillans* Bezzi，1907

［426］116.4.1　厩螫蝇　*Stomoxys calcitrans* Linnaeus，1758

［427］117.1.1　双斑黄虻　*Atylotus bivittateinus* Takahasi，1962

［428］117.1.5　黄绿黄虻　*Atylotus horvathi* Szilady，1926

［429］117.1.6　长斑黄虻　*Atylotus karybenthinus* Szilady，1915

［430］117.1.7　骚扰黄虻　*Atylotus miser* Szilady，1915

［431］117.1.9　淡黄虻　*Atylotus pallitarsis* Olsufjev，1936

［432］117.1.11　短斜纹黄虻　*Atylotus pulchellus* Loew，1858

［433］117.1.12　四列黄虻　*Atylotus quadrifarius* Loew，1874

［434］117.1.13　黑胫黄虻　*Atylotus rusticus* Linnaeus，1767

［435］117.2.3　鞍斑虻　*Chrysops angaricus* Olsufjev，1937

［436］117.2.11　分点斑虻　*Chrysops dissectus* Loew，1858

［437］117.2.20　暗缘斑虻　*Chrysops makerovi* Pleske，1910

［438］117.2.21　莫氏斑虻　*Chrysops mlokosiewiczi* Bigot，1880

［439］117.2.22　黑足斑虻　*Chrysops nigripes* Zetterstedt，1838

［440］117.2.27　黄缘斑虻　*Chrysops relictus* Meigen，1820

［441］117.2.28　娌斑虻　*Chrysops ricardoae* Pleske，1910

［442］117.2.31　中华斑虻　*Chrysops sinensis* Walker，1856

［443］117.2.34　合瘤斑虻　*Chrysops suavis* Loew，1858

［444］117.2.38　真实斑虻　*Chrysops validus* Loew，1858

［445］117.2.39　范氏斑虻　*Chrysops vanderwulpi* Krober，1929

［446］117.5.10　脱粉麻虻　*Haematopota desertorum* Szilady，1923

［447］117.5.22　甘肃麻虻　*Haematopota kansuensis* Krober，1933

［448］117.5.40　雨麻虻　*Haematopota pluvialis* Linnaeus，1758

［449］117.5.47　斯氏麻虻　*Haematopota stackelbergi* Olsufjev，1967

［450］117.5.52　塔氏麻虻　*Haematopota tamerlani* Szilady，1923

［451］117.5.54　土耳其麻虻　*Haematopota turkestanica* Krober，1922

［452］117.6.2　尖腹瘤虻　*Hybomitra acuminata* Loew，1858

［453］117.6.3　黑条瘤虻　*Hybomitra adachii* Takagi，1941

［454］117.6.4　斧角瘤虻　*Hybomitra aequetincta* Becker，1900

［455］117.6.8　阿里河瘤虻　*Hybomitra aliheensis* Sun，1984

［456］117.6.11　红棕瘤虻　*Hybomitra arpadi* Szilady，1923

［457］117.6.12　鹰瘤虻　*Hybomitra astur* Erichson，1851

［458］117.6.19　二斑瘤虻　*Hybomitra bimaculata* Macquart，1826

［459］117.6.20　二斑瘤虻东北变种　*Hybomitra bimaculata* var. *bisignata* Jaennicke，1866

［460］117.6.21　北方瘤虻　*Hybomitra borealis* Fabricius，1781

［461］117.6.24　短小瘤虻　*Hybomitra brevis* Loew，1858

［462］117.6.27　显著瘤虻　*Hybomitra distinguenda* Verrall，1909

［463］117.6.28　白条瘤虻　Hybomitra *erberi* Brauer，1880

［464］117.6.29　膨条瘤虻　*Hybomitra expollicata* Pandelle，1883

［465］117.6.32　赭角瘤虻　*Hybomitra fulvicornis* Meigen，1820

［466］117.6.43　考氏瘤虻　*Hybomitra kaurii* Chvála et Lyneborg，1970

［467］117.6.44　类黑角瘤虻　*Hybomitra koidzumii* Murdoch et Takahasi，1969

［468］117.6.47　拉普兰瘤虻　*Hybomitra lapponica* Wahlberg，1848

［469］117.6.51　黄角瘤虻　*Hybomitra lundbecki* Lyneborg，1959

［470］117.6.52　黑棕瘤虻　*Hybomitra lurida* Fallen，1817

［471］117.6.58　突额瘤虻　*Hybomitra montana* Meigen，1820

［472］117.6.59　摩根氏瘤虻　*Hybomitra morgani* Surcouf，1912

［473］117.6.60　短板瘤虻　*Hybomitra muehlfeldi* Brauer，1880

［474］117.6.62　黑角瘤虻　*Hybomitra nigricornis* Zetterstedt，1842

［475］117.6.63　黑带瘤虻　*Hybomitra nigrivitta* Pandelle，1883

［476］117.6.65　绿瘤虻　*Hybomitra nitidifrons* Szilady，1914

［477］117.6.69　细须瘤虻　*Hybomitra olsoi* Takahasi，1962

［478］117.6.71　金黄瘤虻　*Hybomitra pavlovskii* Olsufjev，1936

［479］117.6.72　断条瘤虻　*Hybomitra peculiaris* Szilady，1914

［480］117.6.81　六脸瘤虻　*Hybomitra sexfasciata* Hine，1923

［481］117.6.91　鹿角瘤虻　*Hybomitra tarandina* Linnaeus，1758

［482］117.6.92　拟鹿瘤虻 *Hybomitra tarandinoides* Olsufjev，1936

［483］117.6.98　乌苏里瘤虻　*Hybomitra ussuriensis* Olsufjev，1937

［484］117.6.101　伊列克瘤虻　*Hybomitra yillikede* Sun，Qian，Wang，*et al.*，1985

［485］117.11.2　土灰虻　*Tabanus amaenus* Walker，1848

［486］117.11.36　斐氏虻　*Tabanus filipjevi* Olsufjev，1936

［487］117.11.50　双重虻　*Tabanus geminus* Szilady，1923

［488］117.11.55　浅灰虻　*Tabanus griseinus* Philip，1960

［489］117.11.64　呼伦贝尔虻　*Tabanus hulunberi* Sun，Wang，Qian，*et al.*，1985

［490］117.11.83　黎氏虻　*Tabanus leleani* Austen，1920

［491］117.11.122　灰斑虻　*Tabanus onoi* Murdoch et Takahasi，1969

［492］117.11.127　副菌虻　*Tabanus parabactrianus* Liu，1960

［493］117.11.135　雁虻　*Tabanus pleskei* Krober，1925

［494］117.11.139　青山虻　*Tabanus qinshanensis* Sun，1984

［495］117.11.148　多砂虻　*Tabanu sabuletorum* Loew，1874

［496］117.11.153　华广虻　*Tabanus signatipennis* Portsch，1887

［497］117.11.157　盐碱虻　*Tabanus stackelbergiellus* Olsufjev，1967

［498］117.11.160　类柯虻　*Tabanus subcordiger* Liu，1960

［499］117.11.166　亚多砂虻　*Tabanus subsabuletorum* Olsufjev，1936

［500］117.11.177　亚布力虻　*Tabanus yablonicus* Takagi，1941

［501］117.11.182　基虻　*Tabanus zimini* Olsufjev，1937

［502］118.2.4　草黄鸡体羽虱　*Menacanthus stramineus* Nitzsch，1818

［503］119.7.3　广幅长羽虱　*Lipeurus heterographus* Nitzsch，1866

［504］120.1.1　牛毛虱　*Bovicola bovis* Linnaeus，1758

［505］120.1.3　绵羊毛虱　*Bovicola ovis* Schrank，1781

［506］120.3.2　马啮毛虱　*Trichodectes equi* Denny，1842

［507］122.1.1　尖突无节蚤　*Catallagia ioffi* Scalon，1950

［508］125.1.1　犬栉首蚤　*Ctenocephalide canis* Curtis，1826

［509］126.2.1　狍长喙蚤　*Dorcadia dorcadia* Rothschild，1912

［510］126.2.2　羊长喙蚤　*Dorcadia ioffi* Smit，1953

［511］127.1.1　锯齿舌形虫　*Linguatula serrata* Fröhlich，1789

宁夏回族自治区寄生虫种名
Species of Parasites in Ningxia Hui Autonomous Region

原虫　Protozoon

［1］2.1.1　蓝氏贾第鞭毛虫　*Giardia lamblia* Stiles，1915

［2］3.1.1　杜氏利什曼原虫　*Leishmania donovani*（Laveran et Mesnil，1903）Ross，1903

［3］3.2.1　马媾疫锥虫　*Trypanosoma equiperdum* Doflein，1901

［4］3.2.2　伊氏锥虫　*Trypanosoma evansi*（Steel，1885）Balbiani，l888

［5］4.1.1　火鸡组织滴虫　*Histomonas meleagridis* Tyzzer，1920

［6］7.2.2　堆型艾美耳球虫　*Eimeria acervulina* Tyzzer，1929

［7］7.2.3　阿沙塔艾美耳球虫　*Eimeria ahsata* Honess，1942

［8］7.2.9　阿洛艾美耳球虫　*Eimeria arloingi*（Marotel，1905）Martin，1909

［9］7.2.16　牛艾美耳球虫　*Eimeria bovis*（Züblin，1908）Fiebiger，1912

［10］7.2.30　盲肠艾美耳球虫　*Eimeria coecicola* Cheissin，1947

［11］7.2.31　槌状艾美耳球虫　*Eimeria crandallis* Honess，1942

［12］7.2.37　长形艾美耳球虫　*Eimeria elongata* Marotel et Guilhon，1941

［13］7.2.38　微小艾美耳球虫　*Eimeria exigua* Yakimoff，1934

［14］7.2.40　福氏艾美耳球虫　*Eimeria faurei*（Moussu et Marotel，1902）Martin，1909

［15］7.2.41　黄色艾美耳球虫　*Eimeria flavescens* Marotel et Guilhon，1941

［16］7.2.45　颗粒艾美耳球虫　*Eimeria granulosa* Christensen，1938

［17］7.2.47　固原艾美耳球虫　*Eimeria guyuanensis* Xiao，1992

［18］7.2.52　肠艾美耳球虫　*Eimeria intestinalis* Cheissin，1948

［19］7.2.53　错乱艾美耳球虫　*Eimeria intricata* Spiegl，1925

［20］7.2.54　无残艾美耳球虫　*Eimeria irresidua* Kessel et Jankiewicz，1931

［21］7.2.61　兔艾美耳球虫　*Eimeria leporis* Nieschulz，1923

［22］7.2.63　大型艾美耳球虫　*Eimeria magna* Pérard，1925

［23］7.2.66　马氏艾美耳球虫　*Eimeria matsubayashii* Tsunoda，1952

［24］7.2.67　巨型艾美耳球虫　*Eimeria maxima* Tyzzer，1929

［25］7.2.69　和缓艾美耳球虫　*Eimeria mitis* Tyzzer，1929

［26］7.2.70　变位艾美耳球虫　*Eimeria mivati* Edgar et Siebold，1964

［27］7.2.71　纳格浦尔艾美耳球虫　*Eimeria nagpurensis* Gill et Ray，1960

［28］7.2.72　毒害艾美耳球虫　*Eimeria necatrix* Johnson，1930

［29］7.2.74　新兔艾美耳球虫　*Eimeria neoleporis* Carvalho，1942

［30］7.2.75　尼氏艾美耳球虫　*Eimeria ninakohlyakimovae* Yakimoff et Rastegaieff，1930

［31］7.2.82　小型艾美耳球虫　*Eimeria parva* Kotlán，Mócsy et Vajda，1929

［32］7.2.85　穿孔艾美耳球虫　*Eimeria perforans*（Leuckart，1879）Sluiter et Swellengrebel，1912

［33］7.2.87　梨形艾美耳球虫　*Eimeria piriformis* Kotlán et Pospesch，1934

［34］7.2.90　早熟艾美耳球虫　*Eimeria praecox* Johnson，1930

［35］7.2.102　斯氏艾美耳球虫　*Eimeria stiedai*（Lindemann，1865）Kisskalt et Hartmann，1907

［36］7.2.107　柔嫩艾美耳球虫　*Eimeria tenella*（Railliet et Lucet，1891）Fantham，1909

［37］7.2.109　威布里吉艾美耳球虫　*Eimeria weybridgensis* Norton，Joyner et Catchpole，1974

［38］7.2.114　邱氏艾美耳球虫　*Eimeria züernii*（Rivolta，1878）Martin，1909

［39］7.3.7　鸡等孢球虫　*Isospora gallinae* Scholtyseck，1954

［40］7.4.6　毁灭泰泽球虫　*Tyzzeria perniciosa* Allen，1936

［41］7.5.4　菲莱氏温扬球虫　*Wenyonella philiplevinei* Leibovitz，1968

［42］8.1.2　沙氏住白细胞虫　*Leucocytozoon sabrazesi* Mathis et Léger，1910

[78] 19.15.13　蛇形微吻绦虫　*Microsomacanthus serpentulus* Schrank，1788

[79] 19.17.1　狭那壳绦虫　*Nadejdolepis compressa* Linton，1892

[80] 19.17.2　长囊那壳绦虫　*Nadejdolepis longicirrosa* Fuhrmann，1906

[81] 19.18.1　柯氏伪裸头绦虫　*Pseudanoplocephala crawfordi* Baylis，1927

[82] 19.21.4　纤细幼钩绦虫　*Sobolevicanthus gracilis* Zeder，1803

[83] 19.21.6　八幼钩绦虫　*Sobolevicanthus octacantha* Krabbe，1869

[84] 19.23.1　刚刺柴壳绦虫　*Tschertkovilepis setigera* Froelich，1789

[85] 20.1.1　线形中殖孔绦虫　*Mesocestoides lineatus*（Goeze，1782）Railliet，1893

[86] 21.1.1　细粒棘球绦虫　*Echinococcus granulosus*（Batsch，1786）Rudolphi，1805

[87] 21.1.1.1　细粒棘球蚴　*Echinococcus cysticus* Huber，1891

[88] 21.1.2　多房棘球绦虫　*Echinococcus multilocularis* Leuckart，1863

[89] 21.1.3　单房棘球蚴　*Echinococcus unilocularis* Rudolphi，1801

[90] 21.2.3　带状泡尾绦虫　*Hydatigera taeniaeformis*（Batsch，1786）Lamarck，1816

[91] 21.2.3.1　带状链尾蚴　*Strobilocercus fasciolaris* Rudolphi，1808

[92] 21.3.2　多头多头绦虫　*Multiceps multiceps*（Leske，1780）Hall，1910

[93] 21.3.2.1　脑多头蚴　*Coenurus cerebralis* Batsch，1786

[94] 21.4.1　泡状带绦虫　*Taenia hydatigena* Pallas，1766

[95] 21.4.1.1　细颈囊尾蚴　*Cysticercus tenuicollis* Rudolphi，1810

[96] 21.4.3　豆状带绦虫　*Taenia pisiformis* Bloch，1780

[97] 21.4.3.1　豆状囊尾蚴　*Cysticercus pisiformis* Bloch，1780

[98] 21.4.5　猪囊尾蚴　*Cysticercus cellulosae* Gmelin，1790

[99] 21.5.1　牛囊尾蚴　*Cysticercus bovis* Cobbold，1866

吸虫　Trematode

[100] 23.2.15　曲领棘缘吸虫　*Echinoparyphium recurvatum*（Linstow，1873）Lühe，1909

[101] 23.3.15　宫川棘口吸虫　*Echinostoma miyagawai* Ishii，1932

[102] 23.3.19　接睾棘口吸虫　*Echinostoma paraulum* Dietz，1909

[103] 23.3.22　卷棘口吸虫　*Echinostoma revolutum*（Fröhlich，1802）Looss，1899

[104] 23.6.1　似锥低颈吸虫　*Hypoderaeum conoideum*（Bloch，1782）Dietz，1909

[105] 24.1.1　大片形吸虫　*Fasciola gigantica* Cobbold，1856

[106] 24.1.2　肝片形吸虫　*Fasciola hepatica* Linnaeus，1758

[107] 25.2.14　卵形菲策吸虫　*Fischoederius ovatus* Wang，1977

[108] 26.2.2　纤细背孔吸虫　*Notocotylus attenuatus*（Rudolphi，1809）Kossack，1911

[109] 27.4.1　殖盘殖盘吸虫　*Cotylophoron cotylophorum*（Fischoeder，1901）Stiles et Goldberger，1910

[110] 27.11.2　鹿同盘吸虫　*Paramphistomum cervi* Zeder，1790

[111] 29.1.3　尖尾光隙吸虫　*Psilochasmus oxyurus*（Creplin，1825）Lühe，1909

[112] 31.1.1　鸭对体吸虫　*Amphimerus anatis* Yamaguti，1933

[113] 31.5.3　东方次睾吸虫　*Metorchis orientalis* Tanabe，1921

[114] 31.5.6　台湾次睾吸虫　*Metorchis taiwanensis* Morishita et Tsuchimochi，1925

572

［115］31.7.3 猫后睾吸虫 *Opisthorchis felineus* Blanchard，1895

［116］32.1.1 中华双腔吸虫 *Dicrocoelium chinensis* Tang et Tang，1978

［117］32.1.4 矛形双腔吸虫 *Dicrocoelium lanceatum* Stiles et Hassall，1896

［118］32.1.5 东方双腔吸虫 *Dicrocoelium orientalis* Sudarikov et Ryjikov，1951

［119］32.1.6 扁体双腔吸虫 *Dicrocoelium platynosomum* Tang，Tang，Qi，*et al.*，1981

［120］32.2.7 胰阔盘吸虫 *Eurytrema pancreaticum*（Janson，1889）Looss，1907

［121］39.1.1 鸭前殖吸虫 *Prosthogonimus anatinus* Markow，1903

［122］42.2.4 谢氏平体吸虫 *Hyptiasmus theodori* Witenberg，1928

［123］42.3.1 马氏噬眼吸虫 *Ophthalmophagus magalhaesi* Travassos，1921

［124］45.2.1 彭氏东毕吸虫 *Orientobilharzia bomfordi*（Montgomery，1906）Dutt et Srivastava，1955

［125］45.2.2 土耳其斯坦东毕吸虫 *Orientobilharzia turkestanica*（Skrjabin，1913）Dutt et Srivastavaa，1955

［126］46.1.2 优美异幻吸虫 *Apatemon gracilis*（Rudolphi，1819）Szidat，1928

［127］46.1.4 小异幻吸虫 *Apatemon minor* Yamaguti，1933

［128］46.3.1 角杯尾吸虫 *Cotylurus cornutus*（Rudolphi，1808）Szidat，1928

［129］47.1.1 舟形嗜气管吸虫 *Tracheophilus cymbius*（Diesing，1850）Skrjabin，1913

线虫 Nematode

［130］48.1.4 猪蛔虫 *Ascaris suum* Goeze，1782

［131］48.3.1 马副蛔虫 *Parascaris equorum*（Goeze，1782）Yorke and Maplestone，1926

［132］48.4.1 狮弓蛔虫 *Toxascaris leonina*（Linstow，1902）Leiper，1907

［133］49.1.4 鸡禽蛔虫 *Ascaridia galli*（Schrank，l788）Freeborn，1923

［134］50.1.1 犬弓首蛔虫 *Toxocara canis*（Werner，1782）Stiles，1905

［135］52.2.1 伊氏双瓣线虫 *Dipetalonema evansi* Lewis，1882

［136］52.4.1 努米小筛线虫 *Micipsella numidica*（Seurat，1917）Seurat，1921

［137］54.2.1 圈形蟠尾线虫 *Onchocerca armillata* Railliet et Henry，1909

［138］55.1.7 马丝状线虫 *Setaria equina*（Abildgaard，1789）Viborg，1795

［139］55.1.9 唇乳突丝状线虫 *Setaria labiatopapillosa* Alessandrini，1838

［140］56.1.2 异形同刺线虫 *Ganguleterakis dispar*（Schrank，1790）Dujardin，1845

［141］56.2.1 贝拉异刺线虫 *Heterakis beramporia* Lane，1914

［142］56.2.3 短尾异刺线虫 *Heterakis caudebrevis* Popova，1949

［143］56.2.4 鸡异刺线虫 *Heterakis gallinarum*（Schrank，1788）Freeborn，1923

［144］56.2.11 满陀异刺线虫 *Heterakis putaustralis* Lane，1914

［145］56.2.12 颜氏异刺线虫 *Heterakis yani* Hsu，1960

［146］57.1.1 马尖尾线虫 *Oxyuris equi*（Schrank，1788）Rudolphi，1803

［147］57.2.1 疑似栓尾线虫 *Passalurus ambiguus* Rudolphi，1819

［148］57.2.2 不等刺栓尾线虫 *Passalurus assimilis* Wu，1933

［149］57.2.3 无环栓尾线虫 *Passalurus nonannulatus* Skinker，1931

［150］57.4.1 绵羊斯氏线虫 *Skrjabinema ovis*（Skrjabin，1915）Wereschtchagin，1926

［151］60.1.3　乳突类圆线虫　*Strongyloides papillosus*（Wedl，1856）Ransom，1911

［152］61.1.2　钩状锐形线虫　*Acuaria hamulosa* Diesing，1851

［153］61.1.3　旋锐形线虫　*Acuaria spiralis*（Molin，1858）Railliet，Henry et Sisott，1912

［154］61.2.1　长鼻咽饰带线虫　*Dispharynx nasuta*（Rudolphi，1819）Railliet，Henry et Sisoff，1912

［155］61.3.1　钩状棘结线虫　*Echinuria uncinata*（Rudolphi，1819）Soboview，1912

［156］61.4.1　斯氏副柔线虫　*Parabronema skrjabini* Rassowska，1924

［157］63.1.3　美丽筒线虫　*Gongylonema pulchrum* Molin，1857

［158］67.1.1　有齿蛔状线虫　*Ascarops dentata* Linstow，1904

［159］67.1.2　圆形蛔状线虫　*Ascarops strongylina* Rudolphi，1819

［160］68.1.2　克氏四棱线虫　*Tetrameres crami* Swales，1933

［161］68.1.3　分棘四棱线虫　*Tetrameres fissispina* Diesing，1861

［162］69.2.9　罗氏吸吮线虫　*Thelazia rhodesi* Desmarest，1827

［163］70.1.4　鸭裂口线虫　*Amidostomum boschadis* Petrow et Fedjuschin，1949

［164］70.2.5　中卫瓣口线虫　*Epomidiostomum zhongweiense* Li，Zhou et Li，1987

［165］71.1.2　犬钩口线虫　*Ancylostoma caninum*（Ercolani，1859）Hall，1913

［166］71.1.4　十二指肠钩口线虫　*Ancylostoma duodenale*（Dubini，1843）Creplin，1845

［167］71.2.1　牛仰口线虫　*Bunostomum phlebotomum*（Railliet，1900）Railliet，1902

［168］71.2.2　羊仰口线虫　*Bunostomum trigonocephalum*（Rudolphi，1808）Railliet，1902

［169］72.1.1　弗氏旷口线虫　*Agriostomum vryburgi* Railliet，1902

［170］72.3.2　叶氏夏柏特线虫　*Chabertia erschowi* Hsiung et K'ung，1956

［171］72.3.3　羊夏柏特线虫　*Chabertia ovina*（Fabricius，1788）Raillet et Henry，1909

［172］72.4.2　粗纹食道口线虫　*Oesophagostomum asperum* Railliet et Henry，1913

［173］72.4.4　哥伦比亚食道口线虫　*Oesophagostomum columbianum*（Curtice，1890）Stossich，1899

［174］72.4.5　有齿食道口线虫　*Oesophagostomum dentatum*（Rudolphi，1803）Molin，1861

［175］72.4.8　甘肃食道口线虫　*Oesophagostomum kansuensis* Hsiung et K'ung，1955

［176］72.4.9　长尾食道口线虫　*Oesophagostomum longicaudum* Goodey，1925

［177］72.4.10　辐射食道口线虫　*Oesophagostomum radiatum*（Rudolphi，1803）Railliet，1898

［178］72.4.13　微管食道口线虫　*Oesophagostomum venulosum* Rudolphi，1809

［179］73.2.1　冠状冠环线虫　*Coronocyclus coronatus*（Looss，1900）Hartwich，1986

［180］73.2.2　大唇片冠环线虫　*Coronocyclus labiatus*（Looss，1902）Hartwich，1986

［181］73.2.4　小唇片冠环线虫　*Coronocyclus labratus*（Looss，1902）Hartwich，1986

［182］73.2.5　箭状冠环线虫　*Coronocyclus sagittatus*（Kotlán，1920）Hartwich，1986

［183］73.3.1　卡提盅口线虫　*Cyathostomum catinatum* Looss，1900

［184］73.3.3　华丽盅口线虫　*Cyathostomum ornatum* Kotlán，1919

［185］73.3.4　碟状盅口线虫　*Cyathostomum paberatum*（Yorke et Macfie，1919）K'ung，1964

［186］73.3.7　四刺盅口线虫　*Cyathostomum tetracanthum*（Mehlis，1831）Molin，1861（sensu Looss，1900）

［221］74.1.6　胎生网尾线虫　*Dictyocaulus viviparus*（Bloch，1782）Railliet et Henry，1907

［222］75.1.1　猪后圆线虫　*Metastrongylus apri*（Gmelin，1790）Vostokov，1905

［223］75.1.2　复阴后圆线虫　*Metastrongylus pudendotectus* Wostokow，1905

［224］77.4.2　达氏原圆线虫　*Protostrongylus davtiani* Savina，1940

［225］77.4.3　霍氏原圆线虫　*Protostrongylus hobmaieri*（Schulz，Orloff et Kutass，1933）Cameron，1934

［226］77.4.4　赖氏原圆线虫　*Protostrongylus raillieti*（Schulz，Orloff et Kutass，1933）Cameron，1934

［227］77.4.5　淡红原圆线虫　*Protostrongylus rufescens*（Leuckart，1865）Kamensky，1905

［228］77.5.1　邝氏刺尾线虫　*Spiculocaulus kwongi*（Wu et Liu，1943）Dougherty et Goble，1946

［229］77.5.2　劳氏刺尾线虫　*Spiculocaulus leuckarti* Schulz，Orloff et Kutass，1933

［230］77.5.4　中卫刺尾线虫　*Spiculocaulus zhongweiensis* Li，Li et Zhou，1985

［231］78.1.1　毛细缪勒线虫　*Muellerius minutissimus*（Megnin，1878）Dougherty et Goble，1946

［232］79.1.1　有齿冠尾线虫　*Stephanurus dentatus* Diesing，1839

［233］80.1.1　无齿阿尔夫线虫　*Alfortia edentatus*（Looss，1900）Skrjabin，1933

［234］80.2.1　伊氏双齿线虫　*Bidentostomum ivaschkini* Tshoijo，1957

［235］80.3.1　尖尾盆口线虫　*Craterostomum acuticaudatum*（Kotlán，1919）Boulenger，1920

［236］80.4.1　普通戴拉风线虫　*Delafondia vulgaris*（Looss，1900）Skrjabin，1933

［237］80.5.1　粗食道齿线虫　*Oesophagodontus robustus*（Giles，1892）Railliet et Henry，1902

［238］80.6.1　马圆形线虫　*Strongylus equinus* Mueller，1780

［239］80.7.1　短尾三齿线虫　*Triodontophorus brevicauda* Boulenger，1916

［240］80.7.2　小三齿线虫　*Triodontophorus minor* Looss，1900

［241］80.7.3　日本三齿线虫　*Triodontophorus nipponicus* Yamaguti，1943

［242］80.7.5　锯齿三齿线虫　*Triodontophorus serratus*（Looss，1900）Looss，1902

［243］80.7.6　细颈三齿线虫　*Triodontophorus tenuicollis* Boulenger，1916

［244］82.1.1　兔苇线虫　*Ashworthius leporis* Yen，1961

［245］82.2.4　凡尔丁西古柏线虫　*Cooperia fieldingi* Baylis，1929

［246］82.2.7　甘肃古柏线虫　*Cooperia kansuensis* Zhu et Zhang，1962

［247］82.2.8　兰州古柏线虫　*Cooperia lanchowensis* Shen，Tung et Chow，1964

［248］82.2.9　等侧古柏线虫　*Cooperia laterouniformis* Chen，1937

［249］82.2.11　肿孔古柏线虫　*Cooperia oncophora*（Railliet，1898）Ransom，1907

［250］82.2.12　栉状古柏线虫　*Cooperia pectinata* Ransom，1907

［251］82.2.16　珠纳古柏线虫　*Cooperia zurnabada* Antipin，1931

［252］82.3.1　贝氏血矛线虫　*Haemonchus bedfordi* Le Roux，1929

［253］82.3.2　捻转血矛线虫　*Haemonchus contortus*（Rudolphi，1803）Cobbold，1898

［254］82.3.3　长柄血矛线虫　*Haemonchus longistipe* Railliet et Henry，1909

［255］82.3.6　似血矛线虫　*Haemonchus similis* Travassos，1914

［256］82.5.5　马氏马歇尔线虫　*Marshallagia marshalli* Ransom，1907

［257］82.5.6　蒙古马歇尔线虫　*Marshallagia mongolica* Schumakovitch，1938

［258］82.5.7　东方马歇尔线虫　*Marshallagia orientalis* Bhalerao，1932

［259］82.5.9　新疆马歇尔线虫　*Marshallagia sinkiangensis* Wu et Shen，1960

［260］82.5.10　塔里木马歇尔线虫　*Marshallagia tarimanus* Qi, Li et Li，1963

［261］82.6.1　指形长刺线虫　*Mecistocirrus digitatus* (Linstow, 1906) Railliet et Henry，1912

［262］82.7.4　长刺似细颈线虫　*Nematodirella longispiculata* Hsu et Wei，1950

［263］82.7.5　最长刺似细颈线虫　*Nematodirella longissimespiculata* Romanovitsch，1915

［264］82.8.1　畸形细颈线虫　*Nematodirus abnormalis* May，1920

［265］82.8.2　阿尔卡细颈线虫　*Nematodirus archari* Sokolova，1948

［266］82.8.3　亚利桑那细颈线虫　*Nematodirus arizonensis* Dikmans，1937

［267］82.8.5　达氏细颈线虫　*Nematodirus davtiani* Grigorian，1949

［268］82.8.6　多吉细颈线虫　*Nematodirus dogieli* Sokolova，1948

［269］82.8.8　尖交合刺细颈线虫　*Nematodirus filicollis* (Rudolphi, 1802) Ransom，1907

［270］82.8.9　海尔维第细颈线虫　*Nematodirus helvetianus* May，1920

［271］82.8.10　许氏细颈线虫　*Nematodirus hsui* Liang, Ma et Lin，1958

［272］82.8.13　奥利春细颈线虫　*Nematodirus oriatianus* Rajerskaja，1929

［273］82.8.14　钝刺细颈线虫　*Nematodirus spathiger* (Railliet, 1896) Railliet et Henry，1909

［274］82.11.5　布里亚特奥斯特线虫　*Ostertagia buriatica* Konstantinova，1934

［275］82.11.6　普通奥斯特线虫　*Ostertagia circumcincta* (Stadelmann, 1894) Ransom，1907

［276］82.11.7　达呼尔奥斯特线虫　*Ostertagia dahurica* Orloff, Belowa et Gnedina，1931

［277］82.11.8　达氏奥斯特线虫　*Ostertagia davtiani* Grigoryan，1951

［278］82.11.9　叶氏奥斯特线虫　*Ostertagia erschowi* Hsu et Liang，1957

［279］82.11.14　熊氏奥斯特线虫　*Ostertagia hsiungi* Hsu, Ling et Liang，1957

［280］82.11.18　西方奥斯特线虫　*Ostertagia occidentalis* Ransom，1907

［281］82.11.19　阿洛夫奥斯特线虫　*Ostertagia orloffi* Sankin，1930

［282］82.11.20　奥氏奥斯特线虫　*Ostertagia ostertagi* (Stiles, 1892) Ransom，1907

［283］82.11.24　斯氏奥斯特线虫　*Ostertagia skrjabini* Shen, Wu et Yen，1959

［284］82.11.26　三叉奥斯特线虫　*Ostertagia trifurcata* Ransom，1907

［285］82.11.28　吴兴奥斯特线虫　*Ostertagia wuxingensis* Ling，1958

［286］82.15.2　艾氏毛圆线虫　*Trichostrongylus axei* (Cobbold, 1879) Railliet et Henry，1909

［287］82.15.3　山羊毛圆线虫　*Trichostrongylus capricola* Ransom，1907

［288］82.15.5　蛇形毛圆线虫　*Trichostrongylus colubriformis* (Giles, 1892) Looss，1905

［289］82.15.11　枪形毛圆线虫　*Trichostrongylus probolurus* (Railliet, 1896) Looss，1905

［290］83.1.6　膨尾毛细线虫　*Capillaria caudinflata* (Molin, 1858) Travassos，1915

［291］83.1.8　肝毛细线虫　*Capillaria hepatica* (Bancroft, 1893) Travassos，1915

［292］84.1.2　旋毛形线虫　*Trichinella spiralis* (Owen, 1835) Railliet，1895

［293］85.1.3　瞪羚鞭虫　*Trichuris gazellae* Gebauer，1933

［294］85.1.4　球鞘鞭虫　*Trichuris globulosa* Linstow，1901

［295］85.1.5　印度鞭虫　*Trichuris indicus* Sarwar，1946

［296］85.1.6　兰氏鞭虫　*Trichuris lani* Artjuch，1948

［297］85.1.7　兔鞭虫　*Trichuris leporis* Froelich，1789

［298］85.1.10　羊鞭虫　*Trichuris ovis* Abilgaard，1795

［299］85.1.12　猪鞭虫　*Trichuris suis* Schrank，1788

［300］85.1.13　棉尾兔鞭虫　*Trichuris sylvilagi* Tiner，1950

［301］85.1.16　武威鞭虫　*Trichuris wuweiensis* Yang et Chen，1978

节肢动物　Arthropod

［302］90.1.1　牛蠕形螨　*Demodex bovis* Stiles，1892

［303］90.1.2　犬蠕形螨　*Demodex canis* Leydig，1859

［304］90.1.4　绵羊蠕形螨　*Demodex ovis* Railliet，1895

［305］90.1.5　猪蠕形螨　*Demodex phylloides* Czokor，1858

［306］93.1.1　牛足螨　*Chorioptes bovis* Hering，1845

［307］93.1.1.2　兔足螨　*Chorioptes bovis* var. *cuniculi*

［308］93.1.1.3　骆驼足螨　*Chorioptes bovis* var. *dromedarii*

［309］93.1.1.4　马足螨　*Chorioptes bovis* var. *equi*

［310］93.3.1　马痒螨　*Psoroptes equi* Hering，1838

［311］93.3.1.1　牛痒螨　*Psoroptes equi* var. *bovis* Gerlach，1857

［312］93.3.1.2　山羊痒螨　*Psoroptes equi* var. *caprae* Hering，1838

［313］93.3.1.3　兔痒螨　*Psoroptes equi* var. *cuniculi* Delafond，1859

［314］93.3.1.5　绵羊痒螨　*Psoroptes equi* var. *ovis* Hering，1838

［315］95.1.1　鸡膝螨　*Cnemidocoptes gallinae* Railliet，1887

［316］95.1.2　突变膝螨　*Cnemidocoptes mutans* Robin，1860

［317］95.2.1.1　兔背肛螨　*Notoedres cati* var. *cuniculi* Gerlach，1857

［318］95.3.1.4　山羊疥螨　*Sarcoptes scabiei* var. *caprae*

［319］95.3.1.5　兔疥螨　*Sarcoptes scabiei* var. *cuniculi*

［320］95.3.1.6　骆驼疥螨　*Sarcoptes scabiei* var. *cameli*

［321］95.3.1.7　马疥螨　*Sarcoptes scabiei* var. *equi*

［322］95.3.1.8　绵羊疥螨　*Sarcoptes scabiei* var. *ovis* Mégnin，1880

［323］95.3.1.9　猪疥螨　*Sarcoptes scabiei* var. *suis* Gerlach，1857

［324］97.1.1　波斯锐缘蜱　*Argas persicus* Oken，1818

［325］97.1.2　翘缘锐缘蜱　*Argas reflexus* Fabricius，1794

［326］98.1.1　鸡皮刺螨　*Dermanyssus gallinae* De Geer，1778

［327］98.2.1　柏氏禽刺螨　*Ornithonyssus bacoti* Hirst，1913

［328］99.3.7　草原革蜱　*Dermacentor nuttalli* Olenev，1928

［329］99.3.10　森林革蜱　*Dermacentor silvarum* Olenev，1931

［330］99.3.11　中华革蜱　*Dermacentor sinicus* Schulze，1932

［331］99.4.4　铃头血蜱　*Haemaphysalis campanulata* Warburton，1908

［332］99.4.6　嗜群血蜱　*Haemaphysalis concinna* Koch，1844

［372］104.6.5　秦氏绿蝇　*Lucilia chini* Fan，1965

［373］104.6.6　铜绿蝇（蛆）　*Lucilia cuprina* Wiedemann，1830

［374］104.6.7　海南绿蝇（蛆）　*Lucilia hainanensis* Fan，1965

［375］104.6.8　亮绿蝇（蛆）　*Lucilia illustris* Meigen，1826

［376］104.6.9　巴浦绿蝇（蛆）　*Lucilia papuensis* Macquart，1842

［377］104.6.10　毛腹绿蝇（蛆）　*Lucilia pilosiventris* Kramer，1910

［378］104.6.11　紫绿蝇（蛆）　*Lucilia porphyrina* Walker，1856

［379］104.6.12　长叶绿蝇　*Lucilia regalis* Meigen，1826

［380］104.6.13　丝光绿蝇（蛆）　*Lucilia sericata* Meigen，1826

［381］104.6.14　山西绿蝇　*Lucilia shansiensis* Fan，1965

［382］104.6.15　沈阳绿蝇　*Lucilia shenyangensis* Fan，1965

［383］104.6.16　林绿蝇　*Lucilia silvarum* Meigen，1826

［384］104.7.1　花伏蝇（蛆）　*Phormia regina* Meigen，1826

［385］104.8.1　天蓝原丽蝇（蛆）　*Protocalliphora azurea* Fallen，1816

［386］104.9.1　新陆原伏蝇（蛆）　*Protophormia terraenovae* Robineau-Desvoidy，1830

［387］104.10.1　叉丽蝇　*Triceratopyga calliphoroides* Rohdendorf，1931

［388］105.2.17　环斑库蠓　*Culicoides circumscriptus* Kieffer，1918

［389］105.2.24　沙生库蠓　*Culicoides desertorum* Gutsevich，1959

［390］105.2.31　端斑库蠓　*Culicoides erairai* Kono et Takahashi，1940

［391］105.2.45　渐灰库蠓　*Culicoides grisescens* Edwards，1939

［392］105.2.52　原野库蠓　*Culicoides homotomus* Kieffer，1921

［393］105.2.83　东北库蠓　*Culicoides manchuriensis* Tokunaga，1941

［394］105.2.86　三保库蠓　*Culicoides mihensis* Arnaud，1956

［395］105.2.96　尖喙库蠓　*Culicoides oxystoma* Kieffer，1910

［396］105.2.105　灰黑库蠓　*Culicoides pulicaris* Linnaeus，1758

［397］105.2.106　刺螫库蠓　*Culicoides punctatus* Meigen，1804

［398］105.2.107　曲囊库蠓　*Culicoides puncticollis* Becker，1903

［399］105.2.109　里氏库蠓　*Culicoides riethi* Kieffer，1914

［400］105.4.2　二齿细蠓　*Leptoconops bidentatus* Gutsevich，1960

［401］105.4.3　双镰细蠓　*Leptoconops binisicula* Yu et Liu，1988

［402］105.4.4　北方细蠓　*Leptoconops borealis* Gutsevich，1945

［403］105.4.8　明背细蠓　*Leptoconops lucidus* Gutsevich，1964

［404］106.1.7　里海伊蚊　*Aedes caspius* Pallas，1771

［405］106.1.12　背点伊蚊　*Aedes dorsalis* Meigen，1830

［406］106.1.14　刺痛伊蚊　*Aedes excrucians* Walker，1856

［407］106.1.16　黄色伊蚊　*Aedes flavescens* Müller，1764

［408］106.1.17　黄背伊蚊　*Aedes flavidorsalis* Luh et Lee，1975

［409］106.1.22　朝鲜伊蚊　*Aedes koreicus* Edwards，1917

［410］106.1.28　长柄伊蚊　*Aedes mercurator* Dyar，1920

［411］106.1.39　刺扰伊蚊　*Aedes vexans* Meigen，1830

［412］106.2.28　帕氏按蚊　*Anopheles pattoni* Christophers，1926

［413］106.2.32　中华按蚊　*Anopheles sinensis* Wiedemann，1828

［414］106.4.1　麻翅库蚊　*Culex bitaeniorhynchus* Giles，1901

［415］106.4.3　致倦库蚊　*Culex fatigans* Wiedemann，1828

［416］106.4.5　褐尾库蚊　*Culex fuscanus* Wiedemann，1820

［417］106.4.8　贪食库蚊　*Culex halifaxia* Theobald，1903

［418］106.4.15　拟态库蚊　*Culex mimeticus* Noe，1899

［419］106.4.18　凶小库蚊　*Culex modestus* Ficalbi，1889

［420］106.4.24　尖音库蚊淡色亚种　*Culex pipiens pallens* Coquillett，1898

［421］106.4.25　伪杂鳞库蚊　*Culex pseudovishnui* Colless，1957

［422］106.4.27　中华库蚊　*Culex sinensis* Theobald，1903

［423］106.4.28　海滨库蚊　*Culex sitiens* Wiedemann，1828

［424］106.4.31　三带喙库蚊　*Culex tritaeniorhynchus* Giles，1901

［425］106.4.32　迷走库蚊　*Culex vagans* Wiedemann，1828

［426］106.5.1　阿拉斯加脉毛蚊　*Culiseta alaskaensis* Ludlow，1906

［427］106.5.4　大叶脉毛蚊　*Culiseta megaloba* Luh，Chao et Xu，1974

［428］106.5.6　褐翅脉毛蚊　*Culiseta ochroptera* Peus，1935

［429］106.7.1　环跗曼蚊　*Manssonia richiardii* Ficalbi，1889

［430］106.7.2　常型曼蚊　*Manssonia uniformis* Theobald，1901

［431］107.1.1　红尾胃蝇（蛆）　*Gasterophilus haemorrhoidalis* Linnaeus，1758

［432］107.1.2　小胃蝇（蛆）　*Gasterophilus inermis* Brauer，1858

［433］107.1.3　肠胃蝇（蛆）　*Gasterophilus intestinalis* De Geer，1776

［434］107.1.5　黑腹胃蝇（蛆）　*Gasterophilus pecorum* Fabricius，1794

［435］107.1.6　烦扰胃蝇（蛆）　*Gasterophilus veterinus* Clark，1797

［436］108.1.1　犬虱蝇　*Hippobosca capensis* Olfers，1816

［437］108.2.1　羊蜱蝇　*Melophagus ovinus* Linnaeus，1758

［438］109.1.1　牛皮蝇（蛆）　*Hypoderma bovis* De Geer，1776

［439］109.1.2　纹皮蝇（蛆）　*Hypoderma lineatum* De Villers，1789

［440］110.1.2　亚洲毛蝇　*Dasyphora asiatica* Zimin，1947

［441］110.1.3　会理毛蝇　*Dasyphora huiliensis* Ni，1982

［442］110.1.4　拟变色毛蝇　*Dasyphora paraversicolor* Zimin，1951

［443］110.1.6　三齿毛蝇　*Dasyphora trichosterna* Zimin，1951

［444］110.2.1　夏厕蝇　*Fannia canicularis* Linnaeus，1761

［445］110.2.2　巨尾厕蝇　*Fannia glaucescens* Zetterstedt，1845

［446］110.2.7　六盘山厕蝇　*Fannia liupanshanensis* Zhao，Ma，Han，*et al.*，1985

［447］110.2.8　毛踝厕蝇　*Fannia manicata* Meigen，1826

［448］110.2.9　元厕蝇　*Fannia prisca* Stein，1918

［449］110.2.10　瘤胫厕蝇　*Fannia scalaris* Fabricius，1794

［450］110.4.3　常齿股蝇　*Hydrotaea dentipes* Fabricius，1805

［451］110.4.5　隐齿股蝇　*Hydrotaea occulta* Meigen，1826

［452］110.5.1　双条溜蝇　*Lispe bivittata* Stein，1909

［453］110.5.2　吸溜蝇　*Lispe consanguinea* Loew，1858

［454］110.5.3　长条溜蝇　*Lispe longicollis* Meigen，1826

［455］110.5.4　东方溜蝇　*Lispe orientalis* Wiedemann，1824

［456］110.5.5　天目溜蝇　*Lispe quaerens* Villeneuve，1936

［457］110.5.6　螫溜蝇　*Lispe tentaculata* Degeer，1776

［458］110.6.1　迷墨蝇　*Mesembrina decipiens* Loew，1873

［459］110.6.3　南墨蝇　*Mesembrina meridiana* Linnaeus，1758

［460］110.7.3　林莫蝇　*Morellia hortorum* Fallen，1817

［461］110.8.1　肖秋家蝇　*Musca amita* Hennig，1964

［462］110.8.2　秋家蝇　*Musca autumnalis* De Geer，1776

［463］110.8.4　逐畜家蝇　*Musca conducens* Walker，1859

［464］110.8.7　家蝇　*Musca domestica* Linnaeus，1758

［465］110.8.8　黑边家蝇　*Musca hervei* Villeneuve，1922

［466］110.8.10　孕幼家蝇　*Musca larvipara* Portschinsky，1910

［467］110.8.11　亮家蝇　*Musca lucens* Villeneuve，1922

［468］110.8.13　毛提家蝇　*Musca pilifacies* Emden，1965

［469］110.8.14　市家蝇　*Musca sorbens* Wiedemann，1830

［470］110.8.15　骚扰家蝇　*Musca tempestiva* Fallen，1817

［471］110.8.16　黄腹家蝇　*Musca ventrosa* Wiedemann，1830

［472］110.8.17　舍家蝇　*Musca vicina* Macquart，1851

［473］110.8.18　透翅家蝇　*Musca vitripennis* Meigen，1826

［474］110.9.1　肖腐蝇　*Muscina assimilis* Fallen，1823

［475］110.9.2　日本腐蝇　*Muscina japonica* Shinonaga，1974

［476］110.9.3　厩腐蝇　*Muscina stabulans* Fallen，1817

［477］110.10.2　斑遮黑蝇　*Ophyra chalcogaster* Wiedemann，1824

［478］110.10.3　银眉黑蝇　*Ophyra leucostoma* Wiedemann，1817

［479］110.10.5　暗额黑蝇　*Ophyra obscurifrons* Sabrosky，1949

［480］110.10.6　拟斑遮黑蝇　*Ophyra okazakii* Kano et Shinonaga，1971

［481］110.11.1　绿翠蝇　*Orthellia caesarion* Meigen，1826

［482］110.11.2　紫翠蝇　*Orthellia chalybea* Wiedemann，1830

［483］110.11.3　蓝翠蝇　*Orthellia coerulea* Wiedemann，1819

［484］110.11.4　印度翠蝇　*Orthellia indica* Robineau-Desvoidy，1830

［485］110.11.5　大洋翠蝇　*Orthellia pacifica* Zimin，1951

［486］110.11.6　翠额翠蝇　*Orthellia viridifrons* Macquart，1843

［487］110.12.2　四条直脉蝇　*Polietes lardaria* Fabricius，1781

［488］110.13.2　马粪碧蝇　*Pyrellia cadaverina* Linnaeus，1758

［528］117.5.22　甘肃麻虻　*Haematopota kansuensis* Krober，1933

［529］117.5.47　斯氏麻虻　*Haematopota stackelbergi* Olsufjev，1967

［530］117.5.54　土耳其麻虻　*Haematopota turkestanica* Krober，1922

［531］117.6.28　白条瘤虻　*Hybomitra erberi* Brauer，1880

［532］117.6.29　膨条瘤虻　*Hybomitra expollicata* Pandelle，1883

［533］117.6.49　六盘山瘤虻　*Hybomitra liupanshanensis* Liu，Wang et Xu，1990

［534］117.6.58　突额瘤虻　*Hybomitra montana* Meigen，1820

［535］117.6.59　摩根氏瘤虻　*Hybomitra morgani* Surcouf，1912

［536］117.6.72　断条瘤虻　*Hybomitra peculiaris* Szilady，1914

［537］117.6.73　帕氏瘤虻　*Hybomitra potanini* Olsufjev，1967

［538］117.11.2　土灰虻　*Tabanus amaenus* Walker，1848

［539］117.11.16　棕胛虻　*Tabanus brunneocallosus* Olsufjev，1936

［540］117.11.18　佛光虻　*Tabanus buddha* Portschinsky，1887

［541］117.11.71　鸡公山虻　*Tabanus jigonshanensis* Xu，1982

［542］117.11.83　黎氏虻　*Tabanus leleani* Austen，1920

［543］117.11.90　路氏虻　*Tabanus loukashkini* Philip，1956

［544］117.11.127　副菌虻　*Tabanus parabactrianus* Liu，1960

［545］117.11.148　多砂虻　*Tabanus sabuletorum* Loew，1874

［546］117.11.160　类柯虻　*Tabanus subcordiger* Liu，1960

［547］117.11.166　亚多砂虻　*Tabanus subsabuletorum* Olsufjev，1936

［548］118.2.4　草黄鸡体羽虱　*Menacanthus stramineus* Nitzsch，1818

［549］118.3.1　鸡羽虱　*Menopon gallinae* Linnaeus，1758

［550］119.5.1　鸡圆羽虱　*Goniocotes gallinae* De Geer，1778

［551］119.5.2　巨圆羽虱　*Goniocotes gigas* Taschenberg，1879

［552］119.6.1　鸡角羽虱　*Goniodes dissimilis* Denny，1842

［553］119.7.1　鸡翅长羽虱　*Lipeurus caponis* Linnaeus，1758

［554］119.7.3　广幅长羽虱　*Lipeurus heterographus* Nitzsch，1866

［555］120.1.1　牛毛虱　*Bovicola bovis* Linnaeus，1758

［556］120.1.2　山羊毛虱　*Bovicola caprae* Gurlt，1843

［557］120.1.3　绵羊毛虱　*Bovicola ovis* Schrank，1781

［558］121.1.1　不等单蚤　*Monopsyllus anisus* Rothschild，1907

［559］123.1.1　长鬃蝠蚤　*Ischnopsyllus comans* Jordan et Rothschild，1921

［560］124.1.1　缓慢细蚤　*Leptopsylla segnis* Schönherr，1811

［561］125.1.1　犬栉首蚤　*Ctenocephalide canis* Curtis，1826

［562］125.1.2　猫栉首蚤　*Ctenocephalide felis* Bouche，1835

［563］125.4.1　致痒蚤　*Pulex irritans* Linnaeus，1758

［564］126.2.4　西吉长喙蚤　*Dorcadia xijiensis* Zhang et Dang，1985

［565］126.3.1　花蠕形蚤　*Vermipsylla alakurt* Schimkewitsch，1885

［566］126.3.2　瞪羚蠕形蚤　*Vermipsylla dorcadia* Rothschild，1912

584

[567] 127.1.1 锯齿舌形虫 *Linguatula serrata* Fröhlich，1789

青海省寄生虫种名
Species of Parasites in Qinghai Province

原虫 Protozoon

[1] 2.1.1 蓝氏贾第鞭毛虫 *Giardia lamblia* Stiles，1915

[2] 3.1.1 杜氏利什曼原虫 *Leishmania donovani*（Laveran et Mesnil，1903）Ross，1903

[3] 3.2.1 马媾疫锥虫 *Trypanosoma equiperdum* Doflein，1901

[4] 4.1.1 火鸡组织滴虫 *Histomonas meleagridis* Tyzzer，1920

[5] 6.1.8 鼠隐孢子虫 *Cryptosporidium muris* Tyzzer，1907

[6] 6.1.9 微小隐孢子虫 *Cryptosporidium parvum* Tyzzer，1912

[7] 6.1.10 芮氏隐孢子虫 *Cryptosporidium ryanae* Fayer，Santín et Trout，2008

[8] 7.2.2 堆型艾美耳球虫 *Eimeria acervulina* Tyzzer，1929

[9] 7.2.3 阿沙塔艾美耳球虫 *Eimeria ahsata* Honess，1942

[10] 7.2.4 阿拉巴马艾美耳球虫 *Eimeria alabamensis* Christensen，1941

[11] 7.2.9 阿洛艾美耳球虫 *Eimeria arloingi*（Marotel，1905）Martin，1909

[12] 7.2.10 奥博艾美耳球虫 *Eimeria auburnensis* Christensen et Porter，1939

[13] 7.2.13 巴库艾美耳球虫 *Eimeria bakuensis* Musaev，1970

[14] 7.2.16 牛艾美耳球虫 *Eimeria bovis*（Züblin，1908）Fiebiger，1912

[15] 7.2.18 巴西利亚艾美耳球虫 *Eimeria brasiliensis* Torres et Ramos，1939

[16] 7.2.19 布氏艾美耳球虫 *Eimeria brunetti* Levine，1942

[17] 7.2.21 布基农艾美耳球虫 *Eimeria bukidnonensis* Tubangui，1931

[18] 7.2.23 加拿大艾美耳球虫 *Eimeria canadensis* Bruce，1921

[19] 7.2.24 山羊艾美耳球虫 *Eimeria caprina* Lima，1979

[20] 7.2.28 克里氏艾美耳球虫 *Eimeria christenseni* Levine，Ivens et Fritz，1962

[21] 7.2.31 槌状艾美耳球虫 *Eimeria crandallis* Honess，1942

[22] 7.2.32 圆柱状艾美耳球虫 *Eimeria cylindrica* Wilson，1931

[23] 7.2.34 蒂氏艾美耳球虫 *Eimeria debliecki* Douwes，1921

[24] 7.2.36 椭圆艾美耳球虫 *Eimeria ellipsoidalis* Becker et Frye，1929

[25] 7.2.38 微小艾美耳球虫 *Eimeria exigua* Yakimoff，1934

[26] 7.2.40 福氏艾美耳球虫 *Eimeria faurei*（Moussu et Marotel，1902）Martin，1909

[27] 7.2.45 颗粒艾美耳球虫 *Eimeria granulosa* Christensen，1938

[28] 7.2.48 哈氏艾美耳球虫 *Eimeria hagani* Levine，1938

585

［29］7. 2. 51　伊利诺斯艾美耳球虫　*Eimeria illinoisensis* Levine et Ivens，1967

［30］7. 2. 52　肠艾美耳球虫　*Eimeria intestinalis* Cheissin，1948

［31］7. 2. 53　错乱艾美耳球虫　*Eimeria intricata* Spiegl，1925

［32］7. 2. 54　无残艾美耳球虫　*Eimeria irresidua* Kessel et Jankiewicz，1931

［33］7. 2. 63　大型艾美耳球虫　*Eimeria magna* Pérard，1925

［34］7. 2. 67　巨型艾美耳球虫　*Eimeria maxima* Tyzzer，1929

［35］7. 2. 68　中型艾美耳球虫　*Eimeria media* Kessel，1929

［36］7. 2. 69　和缓艾美耳球虫　*Eimeria mitis* Tyzzer，1929

［37］7. 2. 73　新蒂氏艾美耳球虫　*Eimeria neodebliecki* Vetterling，1965

［38］7. 2. 75　尼氏艾美耳球虫　*Eimeria ninakohlyakimovae* Yakimoff et Rastegaieff，1930

［39］7. 2. 82　小型艾美耳球虫　*Eimeria parva* Kotlán，Mócsy et Vajda，1929

［40］7. 2. 84　皮利他艾美耳球虫　*Eimeria pellita* Supperer，1952

［41］7. 2. 85　穿孔艾美耳球虫　*Eimeria perforans*（Leuckart，1879）Sluiter et Swellengrebel，1912

［42］7. 2. 86　极细艾美耳球虫　*Eimeria perminuta* Henry，1931

［43］7. 2. 87　梨形艾美耳球虫　*Eimeria piriformis* Kotlán et Pospesch，1934

［44］7. 2. 89　豚艾美耳球虫　*Eimeria porci* Vetterling，1965

［45］7. 2. 90　早熟艾美耳球虫　*Eimeria praecox* Johnson，1930

［46］7. 2. 95　粗糙艾美耳球虫　*Eimeria scabra* Henry，1931

［47］7. 2. 102　斯氏艾美耳球虫　*Eimeria stiedai*（Lindemann，1865）Kisskalt et Hartmann，1907

［48］7. 2. 104　亚球形艾美耳球虫　*Eimeria subspherica* Christensen，1941

［49］7. 2. 107　柔嫩艾美耳球虫　*Eimeria tenella*（Railliet et Lucet，1891）Fantham，1909

［50］7. 2. 109　威布里吉艾美耳球虫　*Eimeria weybridgensis* Norton，Joyner et Catchpole，1974

［51］7. 2. 111　怀俄明艾美耳球虫　*Eimeria wyomingensis* Huizinga et Winger，1942

［52］7. 2. 114　邱氏艾美耳球虫　*Eimeria züernii*（Rivolta，1878）Martin，1909

［53］10. 2. 1　犬新孢子虫　*Neospora caninum* Dubey，Carpenter，Speer，*et al.*，1988

［54］10. 3. 1　公羊犬住肉孢子虫　*Sarcocystis arieticanis* Heydorn，1985

［55］10. 3. 7　囊状住肉孢子虫　*Sarcocystis cystiformis* Wang，Wei，Wang，*et al.*，1989

［56］10. 3. 9　巨型住肉孢子虫　*Sarcocystis gigantea*（Railliet，1886）Ashford，1977

［57］10. 3. 14　微小住肉孢子虫　*Sarcocystis microps* Wang，Wei，Wang，*et al.*，1988

［58］10. 3. 16　绵羊犬住肉孢子虫　*Sarcocystis ovicanis* Heydorn，Gestrich，Melhorn，*et al.*，1975

［59］10. 3. 17　牦牛住肉孢子虫　*Sarcocystis poephagi* Wei，Zhang，Dong，*et al.*，1985

［60］10. 3. 18　牦牛犬住肉孢子虫　*Sarcocystis poephagicanis* Wei，Zhang，Dong，*et al.*，1985

［61］10. 4. 1　龚地弓形虫　*Toxoplasma gondii*（Nicolle et Manceaux，1908）Nicolle et Manceaux，1909

［62］11. 1. 3　驽巴贝斯虫　*Babesia caballi* Nuttall et Strickland，1910

［63］12. 1. 2　马泰勒虫　*Theileria equi* Mehlhorn et Schein，1998

［98］27. 11. 2 鹿同盘吸虫 *Paramphistomum cervi* Zeder，1790

［99］27. 11. 3 后藤同盘吸虫 *Paramphistomum gotoi* Fukui，1922

［100］32. 1. 1 中华双腔吸虫 *Dicrocoelium chinensis* Tang et Tang，1978

［101］32. 1. 2 枝双腔吸虫 *Dicrocoelium dendriticum*（Rudolphi，1819）Looss，1899

［102］32. 1. 3 主人双腔吸虫 *Dicrocoelium hospes* Looss，1907

［103］32. 1. 4 矛形双腔吸虫 *Dicrocoelium lanceatum* Stiles et Hassall，1896

［104］32. 1. 6 扁体双腔吸虫 *Dicrocoelium platynosomum* Tang，Tang，Qi，*et al.*，1981

［105］32. 2. 7 胰阔盘吸虫 *Eurytrema pancreaticum*（Janson，1889）Looss，1907

［106］40. 3. 1 羊斯孔吸虫 *Skrjabinotrema ovis* Orloff，Erschoff et Badanin，1934

［107］45. 2. 1 彭氏东毕吸虫 *Orientobilharzia bomfordi*（Montgomery，1906）Dutt et Srivastava，1955

［108］45. 2. 2 土耳其斯坦东毕吸虫 *Orientobilharzia turkestanica*（Skrjabin，1913）Dutt et Srivastavaa，1955

线虫 Nematode

［109］48. 1. 4 猪蛔虫 *Ascaris suum* Goeze，1782

［110］48. 2. 1 犊新蛔虫 *Neoascaris vitulorum*（Goeze，1782）Travassos，1927

［111］48. 3. 1 马副蛔虫 *Parascaris equorum*（Goeze，1782）Yorke and Maplestone，1926

［112］49. 1. 4 鸡禽蛔虫 *Ascaridia galli*（Schrank，l788）Freeborn，1923

［113］53. 2. 2 多乳突副丝虫 *Parafilaria mltipapillosa*（Condamine et Drouilly，1878）Yorke et Maplestone，1926

［114］54. 2. 2 颈蟠尾线虫 *Onchocerca cervicalis* Railliet et Henry，1910

［115］55. 1. 7 马丝状线虫 *Setaria equina*（Abildgaard，1789）Viborg，1795

［116］56. 2. 4 鸡异刺线虫 *Heterakis gallinarum*（Schrank，1788）Freeborn，1923

［117］57. 1. 1 马尖尾线虫 *Oxyuris equi*（Schrank，1788）Rudolphi，1803

［118］57. 4. 1 绵羊斯氏线虫 *Skrjabinema ovis*（Skrjabin，1915）Wereschtchagin，1926

［119］60. 1. 3 乳突类圆线虫 *Strongyloides papillosus*（Wedl，1856）Ransom，1911

［120］61. 1. 2 钩状锐形线虫 *Acuaria hamulosa* Diesing，1851

［121］63. 1. 3 美丽筒线虫 *Gongylonema pulchrum* Molin，1857

［122］67. 1. 1 有齿蛔状线虫 *Ascarops dentata* Linstow，1904

［123］67. 1. 2 圆形蛔状线虫 *Ascarops strongylina* Rudolphi，1819

［124］67. 2. 1 六翼泡首线虫 *Physocephalus sexalatus* Molin，1860

［125］68. 1. 3 分棘四棱线虫 *Tetrameres fissispina* Diesing，1861

［126］71. 2. 1 牛仰口线虫 *Bunostomum phlebotomum*（Railliet，1900）Railliet，1902

［127］71. 2. 2 羊仰口线虫 *Bunostomum trigonocephalum*（Rudolphi，1808）Railliet，1902

［128］72. 3. 2 叶氏夏柏特线虫 *Chabertia erschowi* Hsiung et K'ung，1956

［129］72. 3. 3 羊夏柏特线虫 *Chabertia ovina*（Fabricius，1788）Raillet et Henry，1909

［130］72. 3. 4 陕西夏柏特线虫 *Chabertia shanxiensis* Zhang，1985

［131］72. 4. 2 粗纹食道口线虫 *Oesophagostomum asperum* Railliet et Henry，1913

［132］72. 4. 4 哥伦比亚食道口线虫 *Oesophagostomum columbianum*（Curtice，1890）

Stossich，1899

[133] 72.4.5　有齿食道口线虫　*Oesophagostomum dentatum*（Rudolphi，1803）Molin，1861

[134] 72.4.8　甘肃食道口线虫　*Oesophagostomum kansuensis* Hsiung et K'ung，1955

[135] 72.4.10　辐射食道口线虫　*Oesophagostomum radiatum*（Rudolphi，1803）Railliet，1898

[136] 73.2.1　冠状冠环线虫　*Coronocyclus coronatus*（Looss，1900）Hartwich，1986

[137] 73.2.2　大唇片冠环线虫　*Coronocyclus labiatus*（Looss，1902）Hartwich，1986

[138] 73.2.4　小唇片冠环线虫　*Coronocyclus labratus*（Looss，1902）Hartwich，1986

[139] 73.2.5　箭状冠环线虫　*Coronocyclus sagittatus*（Kotlán，1920）Hartwich，1986

[140] 73.3.1　卡提盅口线虫　*Cyathostomum catinatum* Looss，1900

[141] 73.3.4　碟状盅口线虫　*Cyathostomum pateratum*（Yorke et Macfie，1919）K'ung，1964

[142] 73.3.5　碟状盅口线虫熊氏变种　*Cyathostomum pateratum* var. *hsiungi* K'ung et Yang，1963

[143] 73.3.7　四刺盅口线虫　*Cyathostomum tetracanthum*（Mehlis，1831）Molin，1861（sensu Looss，1900）

[144] 73.4.1　安地斯杯环线虫　*Cylicocyclus adersi*（Boulenger，1920）Erschow，1939

[145] 73.4.2　阿氏杯环线虫　*Cylicocyclus ashworthi*（Le Roax，1924）McIntosh，1933

[146] 73.4.3　耳状杯环线虫　*Cylicocyclus auriculatus*（Looss，1900）Erschow，1939

[147] 73.4.4　短囊杯环线虫　*Cylicocyclus brevicapsulatus*（Ihle，1920）Erschow，1939

[148] 73.4.5　长形杯环线虫　*Cylicocyclus elongatus*（Looss，1900）Chaves，1930

[149] 73.4.7　显形杯环线虫　*Cylicocyclus insigne*（Boulenger，1917）Chaves，1930

[150] 73.4.8　细口杯环线虫　*Cylicocyclus leptostomum*（Kotlán，1920）Chaves，1930

[151] 73.4.10　鼻状杯环线虫　*Cylicocyclus nassatus*（Looss，1900）Chaves，1930

[152] 73.4.12　锯状杯环线虫　*Cylicocyclus prionodes* Kotlán，1921

[153] 73.4.13　辐射杯环线虫　*Cylicocyclus radiatus*（Looss，1900）Chaves，1930

[154] 73.4.16　外射杯环线虫　*Cylicocyclus ultrajectinus*（Ihle，1920）Erschow，1939

[155] 73.5.1　双冠环齿线虫　*Cylicodontophorus bicoronatus*（Looss，1900）Cram，1924

[156] 73.6.1　偏位杯冠线虫　*Cylicostephanus asymmetricus*（Theiler，1923）Cram，1925

[157] 73.6.3　小杯杯冠线虫　*Cylicostephanus calicatus*（Looss，1900）Cram，1924

[158] 73.6.4　高氏杯冠线虫　*Cylicostephanus goldi*（Boulenger，1917）Lichtenfels，1975

[159] 73.6.5　杂种杯冠线虫　*Cylicostephanus hybridus*（Kotlán，1920）Cram，1924

[160] 73.6.6　长伞杯冠线虫　*Cylicostephanus longibursatus*（Yorke et Macfie，1918）Cram，1924

[161] 73.6.7　微小杯冠线虫　*Cylicostephanus minutus*（Yorke et Macfie，1918）Cram，1924

[162] 73.6.8　曾氏杯冠线虫　*Cylicostephanus tsengi*（K'ung et Yang，1963）Lichtenfels，1975

[163] 73.7.1　长尾柱咽线虫　*Cylindropharynx longicauda* Leiper，1911

[164] 73.8.1　头似辐首线虫　*Gyalocephalus capitatus* Looss，1900

[165] 73.9.1　北京熊氏线虫　*Hsiungia pekingensis*（K'ung et Yang，1964）Dvojnos et Kharchenko，1988

[166] 73.10.1　真臂副杯口线虫　*Parapoteriostomum euproctus*（Boulenger，1917）

Hartwich，1986

［167］73.10.2　麦氏副杯口线虫　*Parapoteriostomum mettami*（Leiper，1913）Hartwich，1986

［168］73.10.4　舒氏副杯口线虫　*Parapoteriostomum schuermanni*（Ortlepp，1962）Hartwich，1986

［169］73.11.2　斯氏彼德洛夫线虫　*Petrovinema skrjabini*（Erschow，1930）Erschow，1943

［170］73.12.1　不等齿杯口线虫　*Poteriostomum imparidentatum* Quiel，1919

［171］73.12.2　拉氏杯口线虫　*Poteriostomum ratzii*（Kotlán，1919）Ihle，1920

［172］73.12.3　斯氏杯口线虫　*Poteriostomum skrjabini* Erschow，1939

［173］73.13.2　陶氏斯齿线虫　*Skrjabinodentus tshoijoi* Dvojnos et Kharchenko，1986

［174］74.1.1　安氏网尾线虫　*Dictyocaulus arnfieldi*（Cobbold，1884）Railliet et Henry，1907

［175］74.1.4　丝状网尾线虫　*Dictyocaulus filaria*（Rudolphi，1809）Railliet et Henry，1907

［176］74.1.5　卡氏网尾线虫　*Dictyocaulus khawi* Hsü，1935

［177］74.1.6　胎生网尾线虫　*Dictyocaulus viviparus*（Bloch，1782）Railliet et Henry，1907

［178］75.1.1　猪后圆线虫　*Metastrongylus apri*（Gmelin，1790）Vostokov，1905

［179］75.1.2　复阴后圆线虫　*Metastrongylus pudendotectus* Wostokow，1905

［180］77.3.1　久治不等刺线虫　*Imparispiculus jiuzhiensis* Luo，Duo et Chen，1988

［181］77.4.3　霍氏原圆线虫　*Protostrongylus hobmaieri*（Schulz，Orloff et Kutass，1933）Cameron，1934

［182］77.4.4　赖氏原圆线虫　*Protostrongylus raillieti*（Schulz，Orloff et Kutass，1933）Cameron，1934

［183］77.4.5　淡红原圆线虫　*Protostrongylus rufescens*（Leuckart，1865）Kamensky，1905

［184］77.5.1　邝氏刺尾线虫　*Spiculocaulus kwongi*（Wu et Liu，1943）Dougherty et Goble，1946

［185］77.6.1　肺变圆线虫　*Varestrongylus pneumonicus* Bhalerao，1932

［186］77.6.2　青海变圆线虫　*Varestrongylus qinghaiensis* Liu，1984

［187］77.6.3　舒氏变圆线虫　*Varestrongylus schulzi* Boev et Wolf，1938

［188］78.1.1　毛细缪勒线虫　*Muellerius minutissimus*（Megnin，1878）Dougherty et Goble，1946

［189］80.1.1　无齿阿尔夫线虫　*Alfortia edentatus*（Looss，1900）Skrjabin，1933

［190］80.2.1　伊氏双齿线虫　*Bidentostomum ivaschkini* Tshoijo，1957

［191］80.3.1　尖尾盆口线虫　*Craterostomum acuticaudatum*（Kotlán，1919）Boulenger，1920

［192］80.4.1　普通戴拉风线虫　*Delafondia vulgaris*（Looss，1900）Skrjabin，1933

［193］80.5.1　粗食道齿线虫　*Oesophagodontus robustus*（Giles，1892）Railliet et Henry，1902

［194］80.6.1　马圆形线虫　*Strongylus equinus* Mueller，1780

［195］80.7.1　短尾三齿线虫　*Triodontophorus brevicauda* Boulenger，1916

［196］80.7.2　小三齿线虫　*Triodontophorus minor* Looss，1900

［197］80.7.3　日本三齿线虫　*Triodontophorus nipponicus* Yamaguti，1943

［198］80.7.5　锯齿三齿线虫　*Triodontophorus serratus*（Looss，1900）Looss，1902

［199］80.7.6　细颈三齿线虫　*Triodontophorus tenuicollis* Boulenger，1916

［200］82.2.1　野牛古柏线虫　*Cooperia bisonis* Cran，1925

［201］82.2.5　和田古柏线虫　*Cooperia hetianensis* Wu，1966

［202］82.2.6　黑山古柏线虫　*Cooperia hranktahensis* Wu，1965

［203］82.2.7　甘肃古柏线虫　*Cooperia kansuensis* Zhu et Zhang，1962

［204］82.2.11　肿孔古柏线虫　*Cooperia oncophora*（Railliet，1898）Ransom，1907

［205］82.2.12　栉状古柏线虫　*Cooperia pectinata* Ransom，1907

［206］82.2.14　匙形古柏线虫　*Cooperia spatulata* Baylis，1938

［207］82.2.15　天祝古柏线虫　*Cooperia tianzhuensis* Zhu，Zhao et Liu，1987

［208］82.2.16　珠纳古柏线虫　*Cooperia zurnabada* Antipin，1931

［209］82.3.2　捻转血矛线虫　*Haemonchus contortus*（Rudolphi，1803）Cobbold，1898

［210］82.3.5　柏氏血矛线虫　*Haemonchus placei* Place，1893

［211］82.5.5　马氏马歇尔线虫　*Marshallagia marshalli* Ransom，1907

［212］82.5.6　蒙古马歇尔线虫　*Marshallagia mongolica* Schumakovitch，1938

［213］82.5.7　东方马歇尔线虫　*Marshallagia orientalis* Bhalerao，1932

［214］82.7.1　骆驼似细颈线虫　*Nematodirella cameli*（Rajewskaja et Badanin，1933）Travassos，1937

［215］82.7.4　长刺似细颈线虫　*Nematodirella longispiculata* Hsu et Wei，1950

［216］82.7.5　最长刺似细颈线虫　*Nematodirella longissimespiculata* Romanovitsch，1915

［217］82.8.1　畸形细颈线虫　*Nematodirus abnormalis* May，1920

［218］82.8.5　达氏细颈线虫　*Nematodirus davtiani* Grigorian，1949

［219］82.8.8　尖交合刺细颈线虫　*Nematodirus filicollis*（Rudolphi，1802）Ransom，1907

［220］82.8.9　海尔维第细颈线虫　*Nematodirus helvetianus* May，1920

［221］82.8.10　许氏细颈线虫　*Nematodirus hsui* Liang，Ma et Lin，1958

［222］82.8.13　奥利春细颈线虫　*Nematodirus oriatianus* Rajerskaja，1929

［223］82.8.14　钝刺细颈线虫　*Nematodirus spathiger*（Railliet，1896）Railliet et Henry，1909

［224］82.11.5　布里亚特奥斯特线虫　*Ostertagia buriatica* Konstantinova，1934

［225］82.11.6　普通奥斯特线虫　*Ostertagia circumcincta*（Stadelmann，1894）Ransom，1907

［226］82.11.7　达呼尔奥斯特线虫　*Ostertagia dahurica* Orloff，Belowa et Gnedina，1931

［227］82.11.8　达氏奥斯特线虫　*Ostertagia davtiani* Grigoryan，1951

［228］82.11.9　叶氏奥斯特线虫　*Ostertagia erschowi* Hsu et Liang，1957

［229］82.11.10　甘肃奥斯特线虫　*Ostertagia gansuensis* Chen，1981

［230］82.11.14　熊氏奥斯特线虫　*Ostertagia hsiungi* Hsu，Ling et Liang，1957

［231］82.11.17　念青唐古拉奥斯特线虫　*Ostertagia niangingtangulaensis* K'ung et Li，1965

［232］82.11.18　西方奥斯特线虫　*Ostertagia occidentalis* Ransom，1907

［233］82.11.19　阿洛夫奥斯特线虫　*Ostertagia orloffi* Sankin，1930

［234］82.11.20　奥氏奥斯特线虫　*Ostertagia ostertagi*（Stiles，1892）Ransom，1907

［235］82.11.24　斯氏奥斯特线虫　*Ostertagia skrjabini* Shen，Wu et Yen，1959

［236］82.11.25　三歧奥斯特线虫　*Ostertagia trifida* Guille，Marotel et Panisset，1911

［237］82.11.26　三叉奥斯特线虫　*Ostertagia trifurcata* Ransom，1907

［238］82.15.2　艾氏毛圆线虫　*Trichostrongylus axei*（Cobbold，1879）Railliet et Henry，1909

［239］82.15.5　蛇形毛圆线虫　*Trichostrongylus colubriformis*（Giles，1892）Looss，1905

［240］82.15.9　东方毛圆线虫　*Trichostrongylus orientalis* Jimbo，1914

［241］82.15.11　枪形毛圆线虫　*Trichostrongylus probolurus*（Railliet，1896）Looss，1905

［242］82.15.12　祁连毛圆线虫　*Trichostrongylus qilianensis* Luo et Wu，1990

［243］82.15.13　青海毛圆线虫　*Trichostrongylus qinghaiensis* Liang，Lu，Han，*et al.*，1987

［244］83.1.4　双瓣毛细线虫　*Capillaria bilobata* Bhalerao，1933

［245］83.1.5　牛毛细线虫　*Capillaria bovis* Schangder，1906

［246］83.1.11　封闭毛细线虫　*Capillaria obsignata* Madsen，1945

［247］84.1.2　旋毛形线虫　*Trichinella spiralis*（Owen，1835）Railliet，1895

［248］85.1.1　同色鞭虫　*Trichuris concolor* Burdelev，1951

［249］85.1.3　瞪羚鞭虫　*Trichuris gazellae* Gebauer，1933

［250］85.1.4　球鞘鞭虫　*Trichuris globulosa* Linstow，1901

［251］85.1.5　印度鞭虫　*Trichuris indicus* Sarwar，1946

［252］85.1.6　兰氏鞭虫　*Trichuris lani* Artjuch，1948

［253］85.1.8　长刺鞭虫　*Trichuris longispiculus* Artjuch，1948

［254］85.1.10　羊鞭虫　*Trichuris ovis* Abilgaard，1795

［255］85.1.11　斯氏鞭虫　*Trichuris skrjabini* Baskakov，1924

［256］85.1.12　猪鞭虫　*Trichuris suis* Schrank，1788

［257］85.1.16　武威鞭虫　*Trichuris wuweiensis* Yang et Chen，1978

节肢动物　Arthropod

［258］88.2.1　双梳羽管螨　*Syringophilus bipectinatus* Heller，1880

［259］90.1.5　猪蠕形螨　*Demodex phylloides* Czokor，1858

［260］93.3.1　马痒螨　*Psoroptes equi* Hering，1838

［261］93.3.1.1　牛痒螨　*Psoroptes equi* var. *bovis* Gerlach，1857

［262］93.3.1.2　山羊痒螨　*Psoroptes equi* var. *caprae* Hering，1838

［263］93.3.1.3　兔痒螨　*Psoroptes equi* var. *cuniculi* Delafond，1859

［264］93.3.1.5　绵羊痒螨　*Psoroptes equi* var. *ovis* Hering，1838

［265］95.3.1.1　牛疥螨　*Sarcoptes scabiei* var. *bovis* Cameron，1924

［266］95.3.1.4　山羊疥螨　*Sarcoptes scabiei* var. *caprae*

［267］95.3.1.7　马疥螨　*Sarcoptes scabiei* var. *equi*

［268］95.3.1.8　绵羊疥螨　*Sarcoptes scabiei* var. *ovis* Mégnin，1880

［269］95.3.1.9　猪疥螨　*Sarcoptes scabiei* var. *suis* Gerlach，1857

［270］97.1.1　波斯锐缘蜱　*Argas persicus* Oken，1818

［271］97.2.1　拉合尔钝缘蜱　*Ornithodorus lahorensis* Neumann，1908

［272］97.2.2　乳突钝缘蜱　*Ornithodorus papillipes* Birula，1895

［273］99.3.1　阿坝革蜱　*Dermacentor abaensis* Teng，1963

［274］99.3.7　草原革蜱　*Dermacentor nuttalli* Olenev，1928

［275］99.3.10　森林革蜱　*Dermacentor silvarum* Olenev，1931

592

［276］99. 4. 13　日本血蜱　*Haemaphysalis japonica* Warburton，1908

［277］99. 4. 18　嗜麝血蜱　*Haemaphysalis moschisuga* Teng，1980

［278］99. 4. 21　青海血蜱　*Haemaphysalis qinghaiensis* Teng，1980

［279］99. 4. 25　西藏血蜱　*Haemaphysalis tibetensis* Hoogstraal，1965

［280］99. 4. 30　新疆血蜱　*Haemaphysalis xinjiangensis* Teng，1980

［281］99. 5. 2　亚洲璃眼蜱　*Hyalomma asiaticum* Schulze et Schlottke，1929

［282］99. 5. 3　亚洲璃眼蜱卡氏亚种　*Hyalomma asiaticum kozlovi* Olenev，1931

［283］99. 6. 2　嗜鸟硬蜱　*Ixodes arboricola* Schulze et Schlottke，1929

［284］99. 6. 3　草原硬蜱　*Ixodes crenulatus* Koch，1844

［285］99. 6. 7　卵形硬蜱　*Ixodes ovatus* Neumann，1899

［286］100. 1. 1　驴血虱　*Haematopinus asini* Linnaeus，1758

［287］100. 1. 2　阔胸血虱　*Haematopinus eurysternus* Denny，1842

［288］100. 1. 5　猪血虱　*Haematopinus suis* Linnaeus，1758

［289］101. 1. 2　绵羊颚虱　*Linognathus ovillus* Neumann，1907

［290］101. 1. 3　足颚虱　*Linognathus pedalis* Osborn，1896

［291］101. 1. 5　狭颚虱　*Linognathus stenopsis* Burmeister，1838

［292］101. 1. 6　牛颚虱　*Linognathus vituli* Linnaeus，1758

［293］103. 1. 1　粪种蝇　*Adia cinerella* Fallen，1825

［294］104. 2. 2　青海丽蝇　*Calliphora chinghaiensis* Van et Ma，1978

［295］104. 2. 3　巨尾丽蝇（蛆）　*Calliphora grahami* Aldrich，1930

［296］104. 2. 6　祁连丽蝇　*Calliphora rohdendorfi* Grunin，1970

［297］104. 2. 9　红头丽蝇（蛆）　*Calliphora vicina* Robineau-Desvoidy，1830

［298］104. 2. 11　柴达木丽蝇（蛆）　*Calliphora zaidamensis* Fan，1965

［299］104. 3. 5　广额金蝇　*Chrysomya phaonis* Seguy，1928

［300］104. 6. 13　丝光绿蝇（蛆）　*Lucilia sericata* Meigen，1826

［301］104. 9. 1　新陆原伏蝇（蛆）　*Protophormia terraenovae* Robineau-Desvoidy，1830

［302］104. 10. 1　叉丽蝇　*Triceratopyga calliphoroides* Rohdendorf，1931

［303］105. 2. 17　环斑库蠓　*Culicoides circumscriptus* Kieffer，1918

［304］105. 2. 52　原野库蠓　*Culicoides homotomus* Kieffer，1921

［305］105. 2. 89　日本库蠓　*Culicoides nipponensis* Tokunaga，1955

［306］105. 2. 107　曲囊库蠓　*Culicoides puncticollis* Becker，1903

［307］105. 4. 2　二齿细蠓　*Leptoconops bidentatus* Gutsevich，1960

［308］105. 4. 4　北方细蠓　*Leptoconops borealis* Gutsevich，1945

［309］106. 1. 7　里海伊蚊　*Aedes caspius* Pallas，1771

［310］106. 1. 11　屑皮伊蚊　*Aedes detritus* Haliday，1833

［311］106. 1. 12　背点伊蚊　*Aedes dorsalis* Meigen，1830

［312］106. 1. 16　黄色伊蚊　*Aedes flavescens* Muller，1764

［313］106. 1. 17　黄背伊蚊　*Aedes flavidorsalis* Luh et Lee，1975

［314］106. 4. 18　凶小库蚊　*Culex modestus* Ficalbi，1889

［315］106.5.1　阿拉斯加脉毛蚊　*Culiseta alaskaensis* Ludlow，1906

［316］106.7.2　常型曼蚊　*Manssonia uniformis* Theobald，1901

［317］107.1.1　红尾胃蝇（蛆）　*Gasterophilus haemorrhoidalis* Linnaeus，1758

［318］107.1.3　肠胃蝇（蛆）　*Gasterophilus intestinalis* De Geer，1776

［319］107.1.5　黑腹胃蝇（蛆）　*Gasterophilus pecorum* Fabricius，1794

［320］107.1.6　烦扰胃蝇（蛆）　*Gasterophilus veterinus* Clark，1797

［321］108.2.1　羊蜱蝇　*Melophagus ovinus* Linnaeus，1758

［322］109.1.1　牛皮蝇（蛆）　*Hypoderma bovis* De Geer，1776

［323］109.1.2　纹皮蝇（蛆）　*Hypoderma lineatum* De Villers，1789

［324］109.1.3　中华皮蝇（蛆）　*Hypoderma sinense* Pleske，1926

［325］110.1.2　亚洲毛蝇　*Dasyphora asiatica* Zimin，1947

［326］110.1.4　拟变色毛蝇　*Dasyphora paraversicolor* Zimin，1951

［327］110.2.1　夏厕蝇　*Fannia canicularis* Linnaeus，1761

［328］110.2.2　巨尾厕蝇　*Fannia glaucescens* Zetterstedt，1845

［329］110.2.10　瘤胫厕蝇　*Fannia scalaris* Fabricius，1794

［330］110.4.3　常齿股蝇　*Hydrotaea dentipes* Fabricius，1805

［331］110.4.5　隐齿股蝇　*Hydrotaea occulta* Meigen，1826

［332］110.7.3　林莫蝇　*Morellia hortorum* Fallen，1817

［333］110.8.1　肖秋家蝇　*Musca amita* Hennig，1964

［334］110.8.2　秋家蝇　*Musca autumnalis* De Geer，1776

［335］110.8.15　骚扰家蝇　*Musca tempestiva* Fallen，1817

［336］110.9.3　厩腐蝇　*Muscina stabulans* Fallen，1817

［337］110.11.1　绿翠蝇　*Orthellia caesarion* Meigen，1826

［338］110.13.2　马粪碧蝇　*Pyrellia cadaverina* Linnaeus，1758

［339］111.2.1　羊狂蝇（蛆）　*Oestrus ovis* Linnaeus，1758

［340］113.4.3　中华白蛉　*Phlebotomus chinensis* Newstead，1916

［341］113.4.8　蒙古白蛉　*Phlebotomus mongolensis* Sinton，1928

［342］113.5.18　鳞喙司蛉　*Sergentomyia squamirostris* Newstead，1923

［343］114.2.1　红尾粪麻蝇（蛆）　*Bercaea haemorrhoidalis* Fallen，1816

［344］114.5.3　华北亚麻蝇　*Parasarcophaga angarosinica* Rohdendorf，1937

［345］114.5.9　蝗尸亚麻蝇　*Parasarcophaga jacobsoni* Rohdendorf，1937

［346］114.5.13　急钓亚麻蝇　*Parasarcophaga portschinskyi* Rohdendorf，1937

［347］114.7.4　肥须麻蝇（蛆）　*Sarcophaga crassipalpis* Macquart，1839

［348］114.8.3　阿拉善污蝇（蛆）　*Wohlfahrtia fedtschenkoi* Rohdendorf，1956

［349］114.8.4　黑须污蝇（蛆）　*Wohlfahrtia magnifica* Schiner，1862

［350］115.9.1　马维蚋　*Wilhelmia equina* Linnaeus，1746

［351］116.3.4　截脉角蝇　*Lyperosia titillans* Bezzi，1907

［352］117.1.1　双斑黄虻　*Atylotus bivittateinus* Takahasi，1962

［353］117.1.7　骚扰黄虻　*Atylotus miser* Szilady，1915

［354］117. 1. 12　四列黄虻　*Atylotus quadrifarius* Loew，1874

［355］117. 1. 13　黑胫黄虻　*Atylotus rusticus* Linnaeus，1767

［356］117. 2. 25　高原斑虻　*Chrysops plateauna* Wang，1978

［357］117. 2. 28　娌斑虻　*Chrysops ricardoae* Pleske，1910

［358］117. 2. 29　宽条斑虻　*Chrysops semiignitus* Krober，1930

［359］117. 2. 31　中华斑虻　*Chrysops sinensis* Walker，1856

［360］117. 2. 34　合瘤斑虻　*Chrysops suavis* Loew，1858

［361］117. 5. 3　触角麻虻　*Haematopota antennata* Shiraki，1932

［362］117. 5. 22　甘肃麻虻　*Haematopota kansuensis* Krober，1933

［363］117. 5. 54　土耳其麻虻　*Haematopota turkestanica* Krober，1922

［364］117. 5. 55　低额麻虻　*Haematopota ustulata* Krober，1933

［365］117. 6. 2　尖腹瘤虻　*Hybomitra acuminata* Loew，1858

［366］117. 6. 5　无带瘤虻　*Hybomitra afasciata* Wang，1989

［367］117. 6. 25　短额瘤虻　*Hybomitra brevifrons* Krober，1934

［368］117. 6. 29　膨条瘤虻　*Hybomitra expollicata* Pandelle，1883

［369］117. 6. 35　草生瘤虻　*Hybomitra gramina* Xu，1983

［370］117. 6. 37　海东瘤虻　*Hybomitra haidongensis* Xu et Jin，1990

［371］117. 6. 38　全黑瘤虻　*Hybomitra holonigera* Xu et Li，1982

［372］117. 6. 45　拉东瘤虻　*Hybomitra ladongensis* Liu et Yao，1981

［373］117. 6. 54　马氏瘤虻　*Hybomitra mai* Liu，1959

［374］117. 6. 55　白缘瘤虻　*Hybomitra marginialla* Liu et Yao，1982

［375］117. 6. 56　蜂形瘤虻　*Hybomitra mimapis* Wang，1981

［376］117. 6. 58　突额瘤虻　*Hybomitra montana* Meigen，1820

［377］117. 6. 59　摩根氏瘤虻　*Hybomitra morgani* Surcouf，1912

［378］117. 6. 60　短板瘤虻　*Hybomitra muehlfeldi* Brauer，1880

［379］117. 6. 63　黑带瘤虻　*Hybomitra nigrivitta* Pandelle，1883

［380］117. 6. 74　祁连瘤虻　*Hybomitra qiliangensis* Liu et Yao，1981

［381］117. 6. 75　青海瘤虻　*Hybomitra qinghaiensis* Liu et Yao，1981

［382］117. 6. 88　细瘤瘤虻　*Hybomitra svenhedini* Krober，1933

［383］117. 6. 91　鹿角瘤虻　*Hybomitra tarandina* Linnaeus，1758

［384］117. 6. 96　无带瘤虻　*Hybomitra tibetomyia* Wang，1989

［385］117. 6. 102　玉树瘤虻　*Hybomitra yushuensis* Chen，1985

［386］117. 11. 18　佛光虻　*Tabanus buddha* Portschinsky，1887

［387］117. 11. 83　黎氏虻　*Tabanus leleani* Austen，1920

［388］117. 11. 127　副菌虻　*Tabanus parabactrianus* Liu，1960

［389］117. 11. 160　类柯虻　*Tabanus subcordiger* Liu，1960

［390］117. 11. 182　基虻　*Tabanus zimini* Olsufjev，1937

［391］119. 5. 1　鸡圆羽虱　*Goniocotes gallinae* De Geer，1778

［392］119. 7. 3　广幅长羽虱　*Lipeurus heterographus* Nitzsch，1866

[393] 120.1.1　牛毛虱　*Bovicola bovis* Linnaeus，1758

[394] 120.1.2　山羊毛虱　*Bovicola caprae* Gurlt，1843

[395] 120.1.3　绵羊毛虱　*Bovicola ovis* Schrank，1781

[396] 120.3.2　马啮毛虱　*Trichodectes equi* Denny，1842

[397] 121.2.1　扇形副角蚤　*Paraceras flabellum* Curtis，1832

[398] 126.2.1　狍长喙蚤　*Dorcadia dorcadia* Rothschild，1912

[399] 126.2.2　羊长喙蚤　*Dorcadia ioffi* Smit，1953

[400] 126.2.3　青海长喙蚤　*Dorcadia qinghaiensis* Zhan，Wu et Cai，1991

[401] 126.3.1　花蠕形蚤　*Vermipsylla alakurt* Schimkewitsch，1885

[402] 126.3.6　似花蠕形蚤中亚亚种　*Vermipsylla perplexa centrolasia* Liu，Wu et Wu，1982

[403] 127.1.1　锯齿舌形虫　*Linguatula serrata* Fröhlich，1789

山东省寄生虫种名
Species of Parasites in Shandong Province

原虫　Protozoon

[1] 2.1.1　蓝氏贾第鞭毛虫　*Giardia lamblia* Stiles，1915

[2] 3.1.1　杜氏利什曼原虫　*Leishmania donovani*（Laveran et Mesnil，1903）Ross，1903

[3] 3.2.1　马媾疫锥虫　*Trypanosoma equiperdum* Doflein，1901

[4] 3.2.2　伊氏锥虫　*Trypanosoma evansi*（Steel，1885）Balbiani，l888

[5] 4.1.1　火鸡组织滴虫　*Histomonas meleagridis* Tyzzer，1920

[6] 5.2.1　猫毛滴虫　*Trichomonas felis* da Cunha et Muniz，1922

[7] 6.1.2　贝氏隐孢子虫　*Cryptosporidium baileyi* Current，Upton et Haynes，1986

[8] 6.1.8　鼠隐孢子虫　*Cryptosporidium muris* Tyzzer，1907

[9] 6.1.11　猪隐孢子虫　*Cryptosporidium suis* Ryan，Monis，Enemark，*et al.*，2004

[10] 7.2.2　堆型艾美耳球虫　*Eimeria acervulina* Tyzzer，1929

[11] 7.2.3　阿沙塔艾美耳球虫　*Eimeria ahsata* Honess，1942

[12] 7.2.9　阿洛艾美耳球虫　*Eimeria arloingi*（Marotel，1905）Martin，1909

[13] 7.2.13　巴库艾美耳球虫　*Eimeria bakuensis* Musaev，1970

[14] 7.2.30　盲肠艾美耳球虫　*Eimeria coecicola* Cheissin，1947

[15] 7.2.34　蒂氏艾美耳球虫　*Eimeria debliecki* Douwes，1921

[16] 7.2.37　长形艾美耳球虫　*Eimeria elongata* Marotel et Guilhon，1941

[17] 7.2.38　微小艾美耳球虫　*Eimeria exigua* Yakimoff，1934

[18] 7.2.44　贡氏艾美耳球虫　*Eimeria gonzalezi* Bazalar et Guerrero，1970

[19] 7.2.45　颗粒艾美耳球虫　*Eimeria granulosa* Christensen，1938

[20] 7.2.48　哈氏艾美耳球虫　*Eimeria hagani* Levine，1938

[21] 7.2.52　肠艾美耳球虫　*Eimeria intestinalis* Cheissin，1948

[22] 7.2.54　无残艾美耳球虫　*Eimeria irresidua* Kessel et Jankiewicz，1931

[23] 7.2.63　大型艾美耳球虫　*Eimeria magna* Pérard，1925

[24] 7.2.65　马尔西卡艾美耳球虫　*Eimeria marsica* Restani，1971

[25] 7.2.67　巨型艾美耳球虫　*Eimeria maxima* Tyzzer，1929

[26] 7.2.68　中型艾美耳球虫　*Eimeria media* Kessel，1929

[27] 7.2.69　和缓艾美耳球虫　*Eimeria mitis* Tyzzer，1929

[28] 7.2.71　纳格浦尔艾美耳球虫　*Eimeria nagpurensis* Gill et Ray，1960

[29] 7.2.72　毒害艾美耳球虫　*Eimeria necatrix* Johnson，1930

[30] 7.2.73　新蒂氏艾美耳球虫　*Eimeria neodebliecki* Vetterling，1965

[31] 7.2.80　类绵羊艾美耳球虫　*Eimeria ovinoidalis* McDougald，1979

[32] 7.2.82　小型艾美耳球虫　*Eimeria parva* Kotlán，Mócsy et Vajda，1929

[33] 7.2.85　穿孔艾美耳球虫　*Eimeria perforans*（Leuckart，1879）Sluiter et Swellengrebel，1912

[34] 7.2.87　梨形艾美耳球虫　*Eimeria piriformis* Kotlán et Pospesch，1934

[35] 7.2.95　粗糙艾美耳球虫　*Eimeria scabra* Henry，1931

[36] 7.2.102　斯氏艾美耳球虫　*Eimeria stiedai*（Lindemann，1865）Kisskalt et Hartmann，1907

[37] 7.2.107　柔嫩艾美耳球虫　*Eimeria tenella*（Railliet et Lucet，1891）Fantham，1909

[38] 7.2.109　威布里吉艾美耳球虫　*Eimeria weybridgensis* Norton，Joyner et Catchpole，1974

[39] 7.3.13　猪等孢球虫　*Isospora suis* Biester et Murray，1934

[40] 10.2.1　犬新孢子虫　*Neospora caninum* Dubey，Carpenter，Speer，*et al.*，1988

[41] 10.3.8　梭形住肉孢子虫　*Sarcocystis fusiformis*（Railliet，1897）Bernard et Bauche，1912

[42] 10.3.15　米氏住肉孢子虫　*Sarcocystis miescheriana*（Kühn，1865）Labbé，1899

[43] 10.4.1　龚地弓形虫　*Toxoplasma gondii*（Nicolle et Manceaux，1908）Nicolle et Manceaux，1909

[44] 11.1.1　双芽巴贝斯虫　*Babesia bigemina* Smith et Kiborne，1893

[45] 12.1.1　环形泰勒虫　*Theileria annulata*（Dschunkowsky et Luhs，1904）Wenyon，1926

[46] 12.1.2　马泰勒虫　*Theileria equi* Mehlhorn et Schein，1998

[47] 14.1.1　结肠小袋虫　*Balantidium coli*（Malmsten，1857）Stein，1862

绦虫　Cestode

[48] 15.1.1　大裸头绦虫　*Anoplocephala magna*（Abildgaard，1789）Sprengel，1905

[49] 15.1.2　叶状裸头绦虫　*Anoplocephala perfoliata*（Goeze，1782）Blanchard，1848

[50] 15.2.1　中点无卵黄腺绦虫　*Avitellina centripunctata* Rivolta，1874

[51] 15.4.2　贝氏莫尼茨绦虫　*Moniezia benedeni*（Moniez，1879）Blanchard，1891

[52] 15.4.4　扩展莫尼茨绦虫　*Moniezia expansa*（Rudolphi，1810）Blanchard，1891

［53］15.5.1　梳栉状莫斯绦虫　*Mosgovoyia pectinata*（Goeze，1782）Spassky，1951

［54］15.6.1　侏儒副裸头绦虫　*Paranoplocephala mamillana*（Mehlis，1831）Baer，1927

［55］15.8.1　盖氏曲子宫绦虫　*Thysaniezia giardi* Moniez，1879

［56］16.2.3　原节戴维绦虫　*Davainea proglottina*（Davaine，1860）Blanchard，1891

［57］16.3.3　有轮瑞利绦虫　*Raillietina cesticillus* Molin，1858

［58］16.3.4　棘盘瑞利绦虫　*Raillietina echinobothrida* Megnin，1881

［59］16.3.11　山东瑞利绦虫　*Raillietina shantungensis* Winfield et Chang，1936

［60］16.3.12　四角瑞利绦虫　*Raillietina tetragona* Molin，1858

［61］18.1.1　光滑双阴绦虫　*Diploposthe laevis*（Bloch，1782）Jacobi，1897

［62］19.7.1　矛形剑带绦虫　*Drepanidotaenia lanceolata* Bloch，1782

［63］19.18.1　柯氏伪裸头绦虫　*Pseudanoplocephala crawfordi* Baylis，1927

［64］19.19.1　弱小网宫绦虫　*Retinometra exiguus*（Yashida，1910）Spassky，1955

［65］21.1.1.1　细粒棘球蚴　*Echinococcus cysticus* Huber，1891

［66］21.3.2　多头多头绦虫　*Multiceps multiceps*（Leske，1780）Hall，1910

［67］21.3.2.1　脑多头蚴　*Coenurus cerebralis* Batsch，1786

［68］21.3.5.1　斯氏多头蚴　*Coenurus skrjabini* Popov，1937

［69］21.4.1.1　细颈囊尾蚴　*Cysticercus tenuicollis* Rudolphi，1810

［70］21.4.3　豆状带绦虫　*Taenia pisiformis* Bloch，1780

［71］21.4.3.1　豆状囊尾蚴　*Cysticercus pisiformis* Bloch，1780

［72］21.4.5　猪囊尾蚴　*Cysticercus cellulosae* Gmelin，1790

［73］21.5.1　牛囊尾蚴　*Cysticercus bovis* Cobbold，1866

［74］22.3.1　孟氏旋宫绦虫　*Spirometra mansoni* Joyeux et Houdemer，1928

吸虫　Trematode

［75］23.3.15　宫川棘口吸虫　*Echinostoma miyagawai* Ishii，1932

［76］23.3.19　接睾棘口吸虫　*Echinostoma paraulum* Dietz，1909

［77］23.3.22　卷棘口吸虫　*Echinostoma revolutum*（Fröhlich，1802）Looss，1899

［78］24.1.1　大片形吸虫　*Fasciola gigantica* Cobbold，1856

［79］24.1.2　肝片形吸虫　*Fasciola hepatica* Linnaeus，1758

［80］24.2.1　布氏姜片吸虫　*Fasciolopsis buski*（Lankester，1857）Odhner，1902

［81］25.2.7　长菲策吸虫　*Fischoederius elongatus*（Poirier，1883）Stiles et Goldberger，1910

［82］26.1.3　多疣下殖吸虫　*Catatropis verrucosa*（Frolich，1789）Odhner，1905

［83］26.2.2　纤细背孔吸虫　*Notocotylus attenuatus*（Rudolphi，1809）Kossack，1911

［84］27.1.1　杯殖杯殖吸虫　*Calicophoron calicophorum*（Fischoeder，1901）Nasmark，1937

［85］27.11.2　鹿同盘吸虫　*Paramphistomum cervi* Zeder，1790

［86］31.3.1　中华枝睾吸虫　*Clonorchis sinensis*（Cobbolb，1875）Looss，1907

［87］31.5.3　东方次睾吸虫　*Metorchis orientalis* Tanabe，1921

［88］32.1.4　矛形双腔吸虫　*Dicrocoelium lanceatum* Stiles et Hassall，1896

［89］32.2.7　胰阔盘吸虫　*Eurytrema pancreaticum*（Janson，1889）Looss，1907

［90］39.1.17　透明前殖吸虫　*Prosthogonimus pellucidus* Braun，1901

［127］67.2.1　六翼泡首线虫　*Physocephalus sexalatus* Molin，1860

［128］69.2.2　丽幼吸吮线虫　*Thelazia callipaeda* Railliet et Henry，1910

［129］69.2.3　棒状吸吮线虫　*Thelazia ferulata* Wu，Yen，Shen，*et al.*，1965

［130］69.2.5　许氏吸吮线虫　*Thelazia hsui* Yang et Wei，1957

［131］69.2.9　罗氏吸吮线虫　*Thelazia rhodesi* Desmarest，1827

［132］70.1.3　鹅裂口线虫　*Amidostomum anseris* Zeder，1800

［133］70.2.1　鸭瓣口线虫　*Epomidiostomum anatinum* Skrjabin，1915

［134］70.2.3　斯氏瓣口线虫　*Epomidiostomum skrjabini* Petrow，1926

［135］71.1.2　犬钩口线虫　*Ancylostoma caninum*（Ercolani，1859）Hall，1913

［136］71.1.4　十二指肠钩口线虫　*Ancylostoma duodenale*（Dubini，1843）Creplin，1845

［137］71.2.1　牛仰口线虫　*Bunostomum phlebotomum*（Railliet，1900）Railliet，1902

［138］71.2.2　羊仰口线虫　*Bunostomum trigonocephalum*（Rudolphi，1808）Railliet，1902

［139］73.1.1　长囊马线虫　*Caballonema longicapsulata* Abuladze，1937

［140］73.3.7　四刺盅口线虫　*Cyathostomum tetracanthum*（Mehlis，1831）Molin，1861
（sensu Looss，1900）

［141］73.4.4　短囊杯环线虫　*Cylicocyclus brevicapsulatus*（Ihle，1920）Erschow，1939

［142］73.4.13　辐射杯环线虫　*Cylicocyclus radiatus*（Looss，1900）Chaves，1930

［143］73.5.1　双冠环齿线虫　*Cylicodontophorus bicoronatus*（Looss，1900）Cram，1924

［144］74.1.1　安氏网尾线虫　*Dictyocaulus arnfieldi*（Cobbold，1884）Railliet et Henry，1907

［145］74.1.4　丝状网尾线虫　*Dictyocaulus filaria*（Rudolphi，1809）Railliet et Henry，1907

［146］75.1.2　复阴后圆线虫　*Metastrongylus pudendotectus* Wostokow，1905

［147］79.1.1　有齿冠尾线虫　*Stephanurus dentatus* Diesing，1839

［148］80.1.1　无齿阿尔夫线虫　*Alfortia edentatus*（Looss，1900）Skrjabin，1933

［149］80.4.1　普通戴拉风线虫　*Delafondia vulgaris*（Looss，1900）Skrjabin，1933

［150］80.6.1　马圆形线虫　*Strongylus equinus* Mueller，1780

［151］80.7.1　短尾三齿线虫　*Triodontophorus brevicauda* Boulenger，1916

［152］80.7.2　小三齿线虫　*Triodontophorus minor* Looss，1900

［153］80.7.5　锯齿三齿线虫　*Triodontophorus serratus*（Looss，1900）Looss，1902

［154］82.2.3　叶氏古柏线虫　*Cooperia erschowi* Wu，1958

［155］82.2.9　等侧古柏线虫　*Cooperia laterouniformis* Chen，1937

［156］82.6.1　指形长刺线虫　*Mecistocirrus digitatus*（Linstow，1906）Railliet et Henry，1912

［157］82.8.1　畸形细颈线虫　*Nematodirus abnormalis* May，1920

［158］82.8.8　尖交合刺细颈线虫　*Nematodirus filicollis*（Rudolphi，1802）Ransom，1907

［159］82.8.13　奥利春细颈线虫　*Nematodirus oriatianus* Rajerskaja，1929

［160］82.11.6　普通奥斯特线虫　*Ostertagia circumcincta*（Stadelmann，1894）Ransom，1907

［161］82.11.20　奥氏奥斯特线虫　*Ostertagia ostertagi*（Stiles，1892）Ransom，1907

［162］82.11.24　斯氏奥斯特线虫　*Ostertagia skrjabini* Shen，Wu et Yen，1959

［163］82.11.28　吴兴奥斯特线虫　*Ostertagia wuxingensis* Ling，1958

［164］82.15.2　艾氏毛圆线虫　*Trichostrongylus axei*（Cobbold，1879）Railliet et Henry，1909

[165] 82.15.5　蛇形毛圆线虫　*Trichostrongylus colubriformis*（Giles，1892）Looss，1905

[166] 83.1.6　膨尾毛细线虫　*Capillaria caudinflata*（Molin，1858）Travassos，1915

[167] 83.2.1　环纹优鞘线虫　*Eucoleus annulatum*（Molin，1858）López-Neyra，1946

[168] 83.4.1　鸭纤形线虫　*Thominx anatis* Schrank，1790

[169] 84.1.2　旋毛形线虫　*Trichinella spiralis*（Owen，1835）Railliet，1895

[170] 85.1.1　同色鞭虫　*Trichuris concolor* Burdelev，1951

[171] 85.1.2　无色鞭虫　*Trichuris discolor* Linstow，1906

[172] 85.1.3　瞪羚鞭虫　*Trichuris gazellae* Gebauer，1933

[173] 85.1.4　球鞘鞭虫　*Trichuris globulosa* Linstow，1901

[174] 85.1.6　兰氏鞭虫　*Trichuris lani* Artjuch，1948

[175] 85.1.8　长刺鞭虫　*Trichuris longispiculus* Artjuch，1948

[176] 85.1.10　羊鞭虫　*Trichuris ovis* Abilgaard，1795

[177] 85.1.12　猪鞭虫　*Trichuris suis* Schrank，1788

棘头虫　Acanthocephalan

[178] 86.1.1　蛭形巨吻棘头虫　*Macracanthorhynchus hirudinaceus*（Pallas，1781）Travassos，1917

节肢动物　Arthropod

[179] 93.1.1.2　兔足螨　*Chorioptes bovis* var. *cuniculi*

[180] 93.3.1.1　牛痒螨　*Psoroptes equi* var. *bovis* Gerlach，1857

[181] 93.3.1.3　兔痒螨　*Psoroptes equi* var. *cuniculi* Delafond，1859

[182] 93.3.1.4　水牛痒螨　*Psoroptes equi* var. *natalensis* Hirst，1919

[183] 93.3.1.5　绵羊痒螨　*Psoroptes equi* var. *ovis* Hering，1838

[184] 95.1.1　鸡膝螨　*Cnemidocoptes gallinae* Railliet，1887

[185] 95.2.1.1　兔背肛螨　*Notoedres cati* var. *cuniculi* Gerlach，1857

[186] 95.3.1.1　牛疥螨　*Sarcoptes scabiei* var. *bovis* Cameron，1924

[187] 95.3.1.9　猪疥螨　*Sarcoptes scabiei* var. *suis* Gerlach，1857

[188] 96.3.1　巨螯齿螨　*Odontacarus majesticus* Chen et Hsu，1945

[189] 97.1.1　波斯锐缘蜱　*Argas persicus* Oken，1818

[190] 97.1.2　翘缘锐缘蜱　*Argas reflexus* Fabricius，1794

[191] 98.1.1　鸡皮刺螨　*Dermanyssus gallinae* De Geer，1778

[192] 99.2.1　微小牛蜱　*Boophilus microplus* Canestrini，1887

[193] 99.3.11　中华革蜱　*Dermacentor sinicus* Schulze，1932

[194] 99.4.3　二棘血蜱　*Haemaphysalis bispinosa* Neumann，1897

[195] 99.4.4　铃头血蜱　*Haemaphysalis campanulata* Warburton，1908

[196] 99.4.11　豪猪血蜱　*Haemaphysalis hystricis* Supino，1897

[197] 99.4.15　长角血蜱　*Haemaphysalis longicornis* Neumann，1901

[198] 99.5.3　亚洲璃眼蜱卡氏亚种　*Hyalomma asiaticum kozlovi* Olenev，1931

[199] 99.5.4　残缘璃眼蜱　*Hyalomma detritum* Schulze，1919

［200］99. 6. 3　草原硬蜱　*Ixodes crenulatus* Koch，1844

［201］99. 7. 5　血红扇头蜱　*Rhipicephalus sanguineus* Latreille，1806

［202］100. 1. 2　阔胸血虱　*Haematopinus eurysternus* Denny，1842

［203］100. 1. 5　猪血虱　*Haematopinus suis* Linnaeus，1758

［204］101. 1. 5　狭颚虱　*Linognathus stenopsis* Burmeister，1838

［205］103. 1. 1　粪种蝇　*Adia cinerella* Fallen，1825

［206］103. 2. 1　横带花蝇　*Anthomyia illocata* Walker，1856

［207］104. 2. 3　巨尾丽蝇（蛆）　*Calliphora grahami* Aldrich，1930

［208］104. 2. 9　红头丽蝇（蛆）　*Calliphora vicina* Robineau-Desvoidy，1830

［209］104. 3. 4　大头金蝇（蛆）　*Chrysomya megacephala* Fabricius，1794

［210］104. 3. 6　肥躯金蝇　*Chrysomya pinguis* Walker，1858

［211］104. 5. 3　三色依蝇（蛆）　*Idiella tripartita* Bigot，1874

［212］104. 6. 6　铜绿蝇（蛆）　*Lucilia cuprina* Wiedemann，1830

［213］104. 6. 8　亮绿蝇（蛆）　*Lucilia illustris* Meigen，1826

［214］104. 6. 11　紫绿蝇（蛆）　*Lucilia porphyrina* Walker，1856

［215］104. 6. 13　丝光绿蝇（蛆）　*Lucilia sericata* Meigen，1826

［216］104. 6. 15　沈阳绿蝇　*Lucilia shenyangensis* Fan，1965

［217］104. 7. 1　花伏蝇（蛆）　*Phormia regina* Meigen，1826

［218］104. 10. 1　叉丽蝇　*Triceratopyga calliphoroides* Rohdendorf，1931

［219］105. 2. 1　琉球库蠓　*Culicoides actoni* Smith，1929

［220］105. 2. 7　荒草库蠓　*Culicoides arakawae* Arakawa，1910

［221］105. 2. 17　环斑库蠓　*Culicoides circumscriptus* Kieffer，1918

［222］105. 2. 45　渐灰库蠓　*Culicoides grisescens* Edwards，1939

［223］105. 2. 52　原野库蠓　*Culicoides homotomus* Kieffer，1921

［224］105. 2. 56　肩宏库蠓　*Culicoides humeralis* Okada，1941

［225］105. 2. 66　舟库蠓　*Culicoides kibunensis* Tokunaga，1937

［226］105. 2. 83　东北库蠓　*Culicoides manchuriensis* Tokunaga，1941

［227］105. 2. 86　三保库蠓　*Culicoides mihensis* Arnaud，1956

［228］105. 2. 89　日本库蠓　*Culicoides nipponensis* Tokunaga，1955

［229］105. 2. 91　不显库蠓　*Culicoides obsoletus* Meigen，1818

［230］105. 2. 92　恶敌库蠓　*Culicoides odibilis* Austen，1921

［231］105. 2. 96　尖喙库蠓　*Culicoides oxystoma* Kieffer，1910

［232］105. 2. 105　灰黑库蠓　*Culicoides pulicaris* Linnaeus，1758

［233］105. 2. 106　刺螯库蠓　*Culicoides punctatus* Meigen，1804

［234］105. 2. 107　曲囊库蠓　*Culicoides puncticollis* Becker，1903

［235］105. 2. 109　里氏库蠓　*Culicoides riethi* Kieffer，1914

［236］105. 3. 11　南方蠛蠓　*Lasiohelea notialis* Yu et Liu，1982

［237］105. 3. 14　台湾蠛蠓　*Lasiohelea taiwana* Shiraki，1913

［238］106. 1. 4　白纹伊蚊　*Aedes albopictus* Skuse，1894

［278］110.4.3　常齿股蝇　*Hydrotaea dentipes* Fabricius，1805

［279］110.7.2　济洲莫蝇　*Morellia asetosa* Baranov，1925

［280］110.8.1　肖秋家蝇　*Musca amita* Hennig，1964

［281］110.8.3　北栖家蝇　*Musca bezzii* Patton et Cragg，1913

［282］110.8.4　逐畜家蝇　*Musca conducens* Walker，1859

［283］110.8.5　突额家蝇　*Musca convexifrons* Thomson，1868

［284］110.8.8　黑边家蝇　*Musca hervei* Villeneuve，1922

［285］110.8.14　市家蝇　*Musca sorbens* Wiedemann，1830

［286］110.8.15　骚扰家蝇　*Musca tempestiva* Fallen，1817

［287］110.8.16　黄腹家蝇　*Musca ventrosa* Wiedemann，1830

［288］110.9.3　厩腐蝇　*Muscina stabulans* Fallen，1817

［289］110.10.2　斑遮黑蝇　*Ophyra chalcogaster* Wiedemann，1824

［290］110.10.3　银眉黑蝇　*Ophyra leucostoma* Wiedemann，1817

［291］110.10.4　暗黑黑蝇　*Ophyra nigra* Wiedemann，1830

［292］110.10.5　暗额黑蝇　*Ophyra obscurifrons* Sabrosky，1949

［293］110.11.2　紫翠蝇　*Orthellia chalybea* Wiedemann，1830

［294］111.2.1　羊狂蝇（蛆）　*Oestrus ovis* Linnaeus，1758

［295］113.4.3　中华白蛉　*Phlebotomus chinensis* Newstead，1916

［296］113.4.5　江苏白蛉　*Phlebotomus kiangsuensis* Yao et Wu，1938

［297］113.4.8　蒙古白蛉　*Phlebotomus mongolensis* Sinton，1928

［298］113.5.9　许氏司蛉　*Sergentomyia khawi* Raynal，1936

［299］113.5.18　鳞喙司蛉　*Sergentomyia squamirostris* Newstead，1923

［300］114.2.1　红尾粪麻蝇（蛆）　*Bercaea haemorrhoidalis* Fallen，1816

［301］114.3.1　赭尾别麻蝇（蛆）　*Boettcherisca peregrina* Robineau-Desvoidy，1830

［302］114.5.3　华北亚麻蝇　*Parasarcophaga angarosinica* Rohdendorf，1937

［303］114.5.9　蝗尸亚麻蝇　*Parasarcophaga jacobsoni* Rohdendorf，1937

［304］114.5.13　急钓亚麻蝇　*Parasarcophaga portschinskyi* Rohdendorf，1937

［305］114.7.1　白头麻蝇（蛆）　*Sarcophaga albiceps* Meigen，1826

［306］114.7.4　肥须麻蝇（蛆）　*Sarcophaga crassipalpis* Macquart，1839

［307］114.7.5　纳氏麻蝇（蛆）　*Sarcophaga knabi* Parker，1917

［308］114.7.7　酱麻蝇（蛆）　*Sarcophaga misera* Walker，1849

［309］114.7.10　野麻蝇（蛆）　*Sarcophaga similis* Meade，1876

［310］115.9.1　马维蚋　*Wilhelmia equina* Linnaeus，1746

［311］116.2.1　刺血喙蝇　*Haematobosca sanguinolenta* Austen，1909

［312］116.3.1　东方角蝇　*Lyperosia exigua* Meijere，1903

［313］116.4.1　厩螫蝇　*Stomoxys calcitrans* Linnaeus，1758

［314］116.4.3　印度螫蝇　*Stomoxys indicus* Picard，1908

［315］117.1.5　黄绿黄虻　*Atylotus horvathi* Szilady，1926

［316］117.1.7　骚扰黄虻　*Atylotus miser* Szilady，1915

山西省寄生虫种名
Species of Parasites in Shanxi Province

原虫　Protozoon

[1] 2.1.1　蓝氏贾第鞭毛虫　*Giardia lamblia* Stiles，1915

[2] 3.1.1　杜氏利什曼原虫　*Leishmania donovani*（Laveran et Mesnil，1903）Ross，1903

[3] 3.2.1　马媾疫锥虫　*Trypanosoma equiperdum* Doflein，1901

[4] 4.1.1　火鸡组织滴虫　*Histomonas meleagridis* Tyzzer，1920

[5] 7.2.2　堆型艾美耳球虫　*Eimeria acervulina* Tyzzer，1929

[6] 7.2.3　阿沙塔艾美耳球虫　*Eimeria ahsata* Honess，1942

[7] 7.2.9　阿洛艾美耳球虫　*Eimeria arloingi*（Marotel，1905）Martin，1909

[8] 7.2.24　山羊艾美耳球虫　*Eimeria caprina* Lima，1979

[9] 7.2.28　克里氏艾美耳球虫　*Eimeria christenseni* Levine，Ivens et Fritz，1962

[10] 7.2.30　盲肠艾美耳球虫　*Eimeria coecicola* Cheissin，1947

[11] 7.2.31　槌状艾美耳球虫　*Eimeria crandallis* Honess，1942

[12] 7.2.38　微小艾美耳球虫　*Eimeria exigua* Yakimoff，1934

[13] 7.2.40　福氏艾美耳球虫　*Eimeria faurei*（Moussu et Marotel，1902）Martin，1909

[14] 7.2.45　颗粒艾美耳球虫　*Eimeria granulosa* Christensen，1938

[15] 7.2.48　哈氏艾美耳球虫　*Eimeria hagani* Levine，1938

[16] 7.2.52　肠艾美耳球虫　*Eimeria intestinalis* Cheissin，1948

[17] 7.2.54　无残艾美耳球虫　*Eimeria irresidua* Kessel et Jankiewicz，1931

[18] 7.2.61　兔艾美耳球虫　*Eimeria leporis* Nieschulz，1923

[19] 7.2.63　大型艾美耳球虫　*Eimeria magna* Pérard，1925

[20] 7.2.66　马氏艾美耳球虫　*Eimeria matsubayashii* Tsunoda，1952

[21] 7.2.67　巨型艾美耳球虫　*Eimeria maxima* Tyzzer，1929

[22] 7.2.68　中型艾美耳球虫　*Eimeria media* Kessel，1929

[23] 7.2.69　和缓艾美耳球虫　*Eimeria mitis* Tyzzer，1929

[24] 7.2.72　毒害艾美耳球虫　*Eimeria necatrix* Johnson，1930

[25] 7.2.74　新兔艾美耳球虫　*Eimeria neoleporis* Carvalho，1942

[26] 7.2.75　尼氏艾美耳球虫　*Eimeria ninakohlyakimovae* Yakimoff et Rastegaieff，1930

[27] 7.2.82　小型艾美耳球虫　*Eimeria parva* Kotlán，Mócsy et Vajda，1929

[28] 7.2.85　穿孔艾美耳球虫　*Eimeria perforans*（Leuckart，1879）Sluiter et Swellen-grebel，1912

606

[29] 7.2.87　梨形艾美耳球虫　*Eimeria piriformis* Kotlán et Pospesch，1934

[30] 7.2.90　早熟艾美耳球虫　*Eimeria praecox* Johnson，1930

[31] 7.2.102　斯氏艾美耳球虫　*Eimeria stiedai*（Lindemann，1865）Kisskalt et Hartmann，1907

[32] 7.2.107　柔嫩艾美耳球虫　*Eimeria tenella*（Railliet et Lucet，1891）Fantham，1909

[33] 8.1.2　沙氏住白细胞虫　*Leucocytozoon sabrazesi* Mathis et Léger，1910

[34] 10.2.1　犬新孢子虫　*Neospora caninum* Dubey，Carpenter，Speer，*et al.*，1988

[35] 10.3.16　绵羊犬住肉孢子虫　*Sarcocystis ovicanis* Heydorn，Gestrich，Melhorn，*et al.*，1975

[36] 10.4.1　龚地弓形虫　*Toxoplasma gondii*（Nicolle et Manceaux，1908）Nicolle et Manceaux，1909

[37] 11.1.3　驽巴贝斯虫　*Babesia caballi* Nuttall et Strickland，1910

[38] 12.1.1　环形泰勒虫　*Theileria annulata*（Dschunkowsky et Luhs，1904）Wenyon，1926

[39] 12.1.6　绵羊泰勒虫　*Theileria ovis* Rodhain，1916

[40] 14.1.1　结肠小袋虫　*Balantidium coli*（Malmsten，1857）Stein，1862

绦虫　Cestode

[41] 15.1.1　大裸头绦虫　*Anoplocephala magna*（Abildgaard，1789）Sprengel，1905

[42] 15.1.2　叶状裸头绦虫　*Anoplocephala perfoliata*（Goeze，1782）Blanchard，1848

[43] 15.2.1　中点无卵黄腺绦虫　*Avitellina centripunctata* Rivolta，1874

[44] 15.4.2　贝氏莫尼茨绦虫　*Moniezia benedeni*（Moniez，1879）Blanchard，1891

[45] 15.4.4　扩展莫尼茨绦虫　*Moniezia expansa*（Rudolphi，1810）Blanchard，1891

[46] 15.8.1　盖氏曲子宫绦虫　*Thysaniezia giardi* Moniez，1879

[47] 16.3.3　有轮瑞利绦虫　*Raillietina cesticillus* Molin，1858

[48] 16.3.4　棘盘瑞利绦虫　*Raillietina echinobothrida* Megnin，1881

[49] 16.3.12　四角瑞利绦虫　*Raillietina tetragona* Molin，1858

[50] 19.18.1　柯氏伪裸头绦虫　*Pseudanoplocephala crawfordi* Baylis，1927

[51] 21.1.1　细粒棘球绦虫　*Echinococcus granulosus*（Batsch，1786）Rudolphi，1805

[52] 21.1.1.1　细粒棘球蚴　*Echinococcus cysticus* Huber，1891

[53] 21.3.2　多头多头绦虫　*Multiceps multiceps*（Leske，1780）Hall，1910

[54] 21.3.2.1　脑多头蚴　*Coenurus cerebralis* Batsch，1786

[55] 21.4.1　泡状带绦虫　*Taenia hydatigena* Pallas，1766

[56] 21.4.1.1　细颈囊尾蚴　*Cysticercus tenuicollis* Rudolphi，1810

[57] 21.4.2.1　羊囊尾蚴　*Cysticercus ovis* Maddox，1873

[58] 21.4.3　豆状带绦虫　*Taenia pisiformis* Bloch，1780

[59] 21.4.3.1　豆状囊尾蚴　*Cysticercus pisiformis* Bloch，1780

[60] 21.4.5　猪囊尾蚴　*Cysticercus cellulosae* Gmelin，1790

吸虫　Trematode

[61] 24.1.1　大片形吸虫　*Fasciola gigantica* Cobbold，1856

［62］24.1.2　肝片形吸虫　*Fasciola hepatica* Linnaeus，1758

［63］27.11.2　鹿同盘吸虫　*Paramphistomum cervi* Zeder，1790

［64］32.1.1　中华双腔吸虫　*Dicrocoelium chinensis* Tang et Tang，1978

［65］32.1.4　矛形双腔吸虫　*Dicrocoelium lanceatum* Stiles et Hassall，1896

［66］32.1.5　东方双腔吸虫　*Dicrocoelium orientalis* Sudarikov et Ryjikov，1951

［67］40.2.2　鸡后口吸虫　*Postharmostomum gallinum* Witenberg，1923

［68］45.2.2　土耳其斯坦东毕吸虫　*Orientobilharzia turkestanica*（Skrjabin，1913）Dutt et Srivastavaa，1955

线虫　Nematode

［69］48.1.4　猪蛔虫　*Ascaris suum* Goeze，1782

［70］48.3.1　马副蛔虫　*Parascaris equorum*（Goeze，1782）Yorke and Maplestone，1926

［71］49.1.4　鸡禽蛔虫　*Ascaridia galli*（Schrank，1788）Freeborn，1923

［72］52.3.1　犬恶丝虫　*Dirofilaria immitis*（Leidy，1856）Railliet et Henry，1911

［73］55.1.7　马丝状线虫　*Setaria equina*（Abildgaard，1789）Viborg，1795

［74］55.1.9　唇乳突丝状线虫　*Setaria labiatopapillosa* Alessandrini，1838

［75］56.2.4　鸡异刺线虫　*Heterakis gallinarum*（Schrank，1788）Freeborn，1923

［76］57.1.1　马尖尾线虫　*Oxyuris equi*（Schrank，1788）Rudolphi，1803

［77］57.4.1　绵羊斯氏线虫　*Skrjabinema ovis*（Skrjabin，1915）Wereschtchagin，1926

［78］60.1.3　乳突类圆线虫　*Strongyloides papillosus*（Wedl，1856）Ransom，1911

［79］61.1.2　钩状锐形线虫　*Acuaria hamulosa* Diesing，1851

［80］61.2.1　长鼻咽饰带线虫　*Dispharynx nasuta*（Rudolphi，1819）Railliet，Henry et Sisoff，1912

［81］61.4.1　斯氏副柔线虫　*Parabronema skrjabini* Rassowska，1924

［82］63.1.3　美丽筒线虫　*Gongylonema pulchrum* Molin，1857

［83］64.1.1　大口德拉斯线虫　*Drascheia megastoma* Rudolphi，1819

［84］64.2.1　小口柔线虫　*Habronema microstoma* Schneider，1866

［85］64.2.2　蝇柔线虫　*Habronema muscae* Carter，1861

［86］67.1.1　有齿蛔状线虫　*Ascarops dentata* Linstow，1904

［87］67.1.2　圆形蛔状线虫　*Ascarops strongylina* Rudolphi，1819

［88］67.2.1　六翼泡首线虫　*Physocephalus sexalatus* Molin，1860

［89］71.1.4　十二指肠钩口线虫　*Ancylostoma duodenale*（Dubini，1843）Creplin，1845

［90］71.2.1　牛仰口线虫　*Bunostomum phlebotomum*（Railliet，1900）Railliet，1902

［91］71.2.2　羊仰口线虫　*Bunostomum trigonocephalum*（Rudolphi，1808）Railliet，1902

［92］72.3.2　叶氏夏柏特线虫　*Chabertia erschowi* Hsiung et K'ung，1956

［93］72.3.3　羊夏柏特线虫　*Chabertia ovina*（Fabricius，1788）Raillet et Henry，1909

［94］72.4.2　粗纹食道口线虫　*Oesophagostomum asperum* Railliet et Henry，1913

［95］72.4.4　哥伦比亚食道口线虫　*Oesophagostomum columbianum*（Curtice，1890）Stossich，1899

［96］72.4.5　有齿食道口线虫　*Oesophagostomum dentatum*（Rudolphi，1803）Molin，1861

［130］82.3.2　捻转血矛线虫　*Haemonchus contortus*（Rudolphi，1803）Cobbold，1898

［131］82.5.6　蒙古马歇尔线虫　*Marshallagia mongolica* Schumakovitch，1938

［132］82.6.1　指形长刺线虫　*Mecistocirrus digitatus*（Linstow，1906）Railliet et Henry，1912

［133］82.7.4　长刺似细颈线虫　*Nematodirella longispiculata* Hsu et Wei，1950

［134］82.8.1　畸形细颈线虫　*Nematodirus abnormalis* May，1920

［135］82.8.13　奥利春细颈线虫　*Nematodirus oriatianus* Rajerskaja，1929

［136］82.8.14　钝刺细颈线虫　*Nematodirus spathiger*（Railliet，1896）Railliet et Henry，1909

［137］82.11.6　普通奥斯特线虫　*Ostertagia circumcincta*（Stadelmann，1894）Ransom，1907

［138］82.11.7　达呼尔奥斯特线虫　*Ostertagia dahurica* Orloff，Belowa et Gnedina，1931

［139］82.11.20　奥氏奥斯特线虫　*Ostertagia ostertagi*（Stiles，1892）Ransom，1907

［140］82.11.24　斯氏奥斯特线虫　*Ostertagia skrjabini* Shen，Wu et Yen，1959

［141］82.11.26　三叉奥斯特线虫　*Ostertagia trifurcata* Ransom，1907

［142］82.11.28　吴兴奥斯特线虫　*Ostertagia wuxingensis* Ling，1958

［143］82.15.5　蛇形毛圆线虫　*Trichostrongylus colubriformis*（Giles，1892）Looss，1905

［144］82.15.9　东方毛圆线虫　*Trichostrongylus orientalis* Jimbo，1914

［145］83.1.11　封闭毛细线虫　*Capillaria obsignata* Madsen，1945

［146］84.1.2　旋毛形线虫　*Trichinella spiralis*（Owen，1835）Railliet，1895

［147］85.1.3　瞪羚鞭虫　*Trichuris gazellae* Gebauer，1933

［148］85.1.4　球鞘鞭虫　*Trichuris globulosa* Linstow，1901

［149］85.1.6　兰氏鞭虫　*Trichuris lani* Artjuch，1948

［150］85.1.8　长刺鞭虫　*Trichuris longispiculus* Artjuch，1948

［151］85.1.10　羊鞭虫　*Trichuris ovis* Abilgaard，1795

［152］85.1.12　猪鞭虫　*Trichuris suis* Schrank，1788

棘头虫　Acanthocephalan

［153］86.1.1　蛭形巨吻棘头虫　*Macracanthorhynchus hirudinaceus*（Pallas，1781）Travassos，1917

节肢动物　Arthropod

［154］90.1.5　猪蠕形螨　*Demodex phylloides* Czokor，1858

［155］93.3.1.1　牛痒螨　*Psoroptes equi* var. *bovis* Gerlach，1857

［156］93.3.1.2　山羊痒螨　*Psoroptes equi* var. *caprae* Hering，1838

［157］93.3.1.3　兔痒螨　*Psoroptes equi* var. *cuniculi* Delafond，1859

［158］93.3.1.5　绵羊痒螨　*Psoroptes equi* var. *ovis* Hering，1838

［159］95.1.1　鸡膝螨　*Cnemidocoptes gallinae* Railliet，1887

［160］95.1.2　突变膝螨　*Cnemidocoptes mutans* Robin，1860

［161］95.3.1.4　山羊疥螨　*Sarcoptes scabiei* var. *caprae*

［162］95.3.1.5　兔疥螨　*Sarcoptes scabiei* var. *cuniculi*

［163］95.3.1.8　绵羊疥螨　*Sarcoptes scabiei* var. *ovis* Mégnin，1880

［164］95.3.1.9　猪疥螨　*Sarcoptes scabiei* var. *suis* Gerlach，1857

［204］105.2.17　环斑库蠓　*Culicoides circumscriptus* Kieffer，1918

［205］105.2.31　端斑库蠓　*Culicoides erairai* Kono et Takahashi，1940

［206］105.2.52　原野库蠓　*Culicoides homotomus* Kieffer，1921

［207］105.2.86　三保库蠓　*Culicoides mihensis* Arnaud，1956

［208］105.2.91　不显库蠓　*Culicoides obsoletus* Meigen，1818

［209］105.2.96　尖喙库蠓　*Culicoides oxystoma* Kieffer，1910

［210］105.3.14　台湾蠛蠓　*Lasiohelea taiwana* Shiraki，1913

［211］106.1.4　白纹伊蚊　*Aedes albopictus* Skuse，1894

［212］106.1.8　仁川伊蚊　*Aedes chemulpoensis* Yamada，1921

［213］106.1.12　背点伊蚊　*Aedes dorsalis* Meigen，1830

［214］106.1.13　棘刺伊蚊　*Aedes elsiae* Barraud，1923

［215］106.1.20　双棘伊蚊　*Aedes hatorii* Yamada，1921

［216］106.1.21　日本伊蚊　*Aedes japonicus* Theobald，1901

［217］106.1.22　朝鲜伊蚊　*Aedes koreicus* Edwards，1917

［218］106.1.29　白雪伊蚊　*Aedes niveus* Eichwald，1837

［219］106.1.35　汉城伊蚊　*Aedes seoulensis* Yamada，1921

［220］106.1.39　刺扰伊蚊　*Aedes vexans* Meigen，1830

［221］106.2.23　林氏按蚊　*Anopheles lindesayi* Giles，1900

［222］106.2.28　帕氏按蚊　*Anopheles pattoni* Christophers，1926

［223］106.2.32　中华按蚊　*Anopheles sinensis* Wiedemann，1828

［224］106.3.4　骚扰阿蚊　*Armigeres subalbatus* Coquillett，1898

［225］106.4.1　麻翅库蚊　*Culex bitaeniorhynchus* Giles，1901

［226］106.4.5　褐尾库蚊　*Culex fuscanus* Wiedemann，1820

［227］106.4.6　棕头库蚊　*Culex fuscocephalus* Theobald，1907

［228］106.4.8　贪食库蚊　*Culex halifaxia* Theobald，1903

［229］106.4.13　吉氏库蚊　*Culex jacksoni* Edwards，1934

［230］106.4.14　马来库蚊　*Culex malayi* Leicester，1908

［231］106.4.15　拟态库蚊　*Culex mimeticus* Noe，1899

［232］106.4.16　小斑翅库蚊　*Culex mimulus* Edwards，1915

［233］106.4.18　凶小库蚊　*Culex modestus* Ficalbi，1889

［234］106.4.22　白胸库蚊　*Culex pallidothorax* Theobald，1905

［235］106.4.24　尖音库蚊淡色亚种　*Culex pipiens pallens* Coquillett，1898

［236］106.4.25　伪杂鳞库蚊　*Culex pseudovishnui* Colless，1957

［237］106.4.27　中华库蚊　*Culex sinensis* Theobald，1903

［238］106.4.31　三带喙库蚊　*Culex tritaeniorhynchus* Giles，1901

［239］106.4.32　迷走库蚊　*Culex vagans* Wiedemann，1828

［240］106.4.33　杂鳞库蚊　*Culex vishnui* Theobald，1901

［241］106.4.34　惠氏库蚊　*Culex whitmorei* Giles，1904

［242］106.7.2　常型曼蚊　*Manssonia uniformis* Theobald，1901

［282］111.2.1　羊狂蝇（蛆）　*Oestrus ovis* Linnaeus，1758

［283］112.1.1　乳酪蝇　*Piophila casei* Linnaeus，1758

［284］113.4.3　中华白蛉　*Phlebotomus chinensis* Newstead，1916

［285］113.4.8　蒙古白蛉　*Phlebotomus mongolensis* Sinton，1928

［286］113.5.9　许氏司蛉　*Sergentomyia khawi* Raynal，1936

［287］113.5.18　鳞喙司蛉　*Sergentomyia squamirostris* Newstead，1923

［288］113.5.19　孙氏司蛉　*Sergentomyia suni* Wu，1954

［289］114.2.1　红尾粪麻蝇（蛆）　*Bercaea haemorrhoidalis* Fallen，1816

［290］114.3.1　赭尾别麻蝇（蛆）　*Boettcherisca peregrina* Robineau-Desvoidy，1830

［291］114.5.9　蝗尸亚麻蝇　*Parasarcophaga jacobsoni* Rohdendorf，1937

［292］114.5.11　巨耳亚麻蝇　*Parasarcophaga macroauriculata* Ho，1932

［293］114.5.15　结节亚麻蝇　*Parasarcophaga tuberosa* Pandelle，1896

［294］114.6.1　花纹拉蝇（蛆）　*Ravinia striata* Fabricius，1794

［295］114.7.1　白头麻蝇（蛆）　*Sarcophaga albiceps* Meigen，1826

［296］114.7.4　肥须麻蝇（蛆）　*Sarcophaga crassipalpis* Macquart，1839

［297］114.7.5　纳氏麻蝇（蛆）　*Sarcophaga knabi* Parker，1917

［298］114.7.6　黑尾麻蝇（蛆）　*Sarcophaga melanura* Meigen，1826

［299］114.7.7　酱麻蝇（蛆）　*Sarcophaga misera* Walker，1849

［300］114.7.8　黄须麻蝇（蛆）　*Sarcophaga orchidea* Bottcher，1913

［301］114.7.9　巴钦氏麻蝇（蛆）　*Sarcophaga portschinskyi* Rohdendorf，1937

［302］114.7.10　野麻蝇（蛆）　*Sarcophaga similis* Meade，1876

［303］114.7.11　马氏麻蝇（蛆）　*Sarcophaga ugamskii* Rohdendorf，1937

［304］115.9.1　马维蚋　*Wilhelmia equina* Linnaeus，1746

［305］116.2.1　刺血喙蝇　*Haematobosca sanguinolenta* Austen，1909

［306］116.3.1　东方角蝇　*Lyperosia exigua* Meijere，1903

［307］116.4.1　厩螫蝇　*Stomoxys calcitrans* Linnaeus，1758

［308］116.4.3　印度螫蝇　*Stomoxys indicus* Picard，1908

［309］117.1.1　双斑黄虻　*Atylotus bivittateinus* Takahasi，1962

［310］117.1.7　骚扰黄虻　*Atylotus miser* Szilady，1915

［311］117.2.7　察哈尔斑虻　*Chrysops chaharicus* Chen et Quo，1949

［312］117.2.21　莫氏斑虻　*Chrysops mlokosiewiczi* Bigot，1880

［313］117.2.31　中华斑虻　*Chrysops sinensis* Walker，1856

［314］117.5.36　北京麻虻　*Haematopota pekingensis* Liu，1958

［315］117.5.45　中华麻虻　*Haematopota sinensis* Ricardo，1911

［316］117.5.52　塔氏麻虻　*Haematopota tamerlani* Szilady，1923

［317］117.5.54　土耳其麻虻　*Haematopota turkestanica* Krober，1922

［318］117.6.62　黑角瘤虻　*Hybomitra nigricornis* Zetterstedt，1842

［319］118.3.1　鸡羽虱　*Menopon gallinae* Linnaeus，1758

［320］119.5.2　巨圆羽虱　*Goniocotes gigas* Taschenberg，1879

[321] 119.7.3　广幅长羽虱　*Lipeurus heterographus* Nitzsch，1866

[322] 120.1.3　绵羊毛虱　*Bovicola ovis* Schrank，1781

[323] 125.1.2　猫栉首蚤　*Ctenocephalide felis* Bouche，1835

[324] 125.4.1　致痒蚤　*Pulex irritans* Linnaeus，1758

[325] 125.5.1　印鼠客蚤　*Xenopsylla cheopis* Rothschild，1903

[326] 126.3.2　瞪羚蠕形蚤　*Vermipsylla dorcadia* Rothschild，1912

[327] 127.1.1　锯齿舌形虫　*Linguatula serrata* Fröhlich，1789

陕西省寄生虫种名
Species of Parasites in Shaanxi Province

原虫　Protozoon

[1] 2.1.1　蓝氏贾第鞭毛虫　*Giardia lamblia* Stiles，1915

[2] 3.1.1　杜氏利什曼原虫　*Leishmania donovani* (Laveran et Mesnil，1903) Ross，1903

[3] 3.2.1　马媾疫锥虫　*Trypanosoma equiperdum* Doflein，1901

[4] 3.2.4　泰氏锥虫　*Trypanosoma theileri* Laveran，1902

[5] 4.1.1　火鸡组织滴虫　*Histomonas meleagridis* Tyzzer，1920

[6] 6.1.1　安氏隐孢子虫　*Cryptosporidium andersoni* Lindsay，Upton，Owens，*et al.*，2000

[7] 6.1.8　鼠隐孢子虫　*Cryptosporidium muris* Tyzzer，1907

[8] 6.1.9　微小隐孢子虫　*Cryptosporidium parvum* Tyzzer，1912

[9] 7.2.2　堆型艾美耳球虫　*Eimeria acervulina* Tyzzer，1929

[10] 7.2.3　阿沙塔艾美耳球虫　*Eimeria ahsata* Honess，1942

[11] 7.2.4　阿拉巴马艾美耳球虫　*Eimeria alabamensis* Christensen，1941

[12] 7.2.9　阿洛艾美耳球虫　*Eimeria arloingi* (Marotel，1905) Martin，1909

[13] 7.2.10　奥博艾美耳球虫　*Eimeria auburnensis* Christensen et Porter，1939

[14] 7.2.13　巴库艾美耳球虫　*Eimeria bakuensis* Musaev，1970

[15] 7.2.16　牛艾美耳球虫　*Eimeria bovis* (Züblin，1908) Fiebiger，1912

[16] 7.2.23　加拿大艾美耳球虫　*Eimeria canadensis* Bruce，1921

[17] 7.2.24　山羊艾美耳球虫　*Eimeria caprina* Lima，1979

[18] 7.2.27　蠕孢艾美耳球虫　*Eimeria cerdonis* Vetterling，1965

[19] 7.2.28　克里氏艾美耳球虫　*Eimeria christenseni* Levine，Ivens et Fritz，1962

[20] 7.2.30　盲肠艾美耳球虫　*Eimeria coecicola* Cheissin，1947

[21] 7.2.32　圆柱状艾美耳球虫　*Eimeria cylindrica* Wilson，1931

[22] 7.2.34　蒂氏艾美耳球虫　*Eimeria debliecki* Douwes，1921

［23］7.2.36　椭圆艾美耳球虫　*Eimeria ellipsoidalis* Becker et Frye，1929

［24］7.2.38　微小艾美耳球虫　*Eimeria exigua* Yakimoff，1934

［25］7.2.40　福氏艾美耳球虫　*Eimeria faurei*（Moussu et Marotel，1902）Martin，1909

［26］7.2.41　黄色艾美耳球虫　*Eimeria flavescens* Marotel et Guilhon，1941

［27］7.2.45　颗粒艾美耳球虫　*Eimeria granulosa* Christensen，1938

［28］7.2.48　哈氏艾美耳球虫　*Eimeria hagani* Levine，1938

［29］7.2.52　肠艾美耳球虫　*Eimeria intestinalis* Cheissin，1948

［30］7.2.53　错乱艾美耳球虫　*Eimeria intricata* Spiegl，1925

［31］7.2.54　无残艾美耳球虫　*Eimeria irresidua* Kessel et Jankiewicz，1931

［32］7.2.60　广西艾美耳球虫　*Eimeria kwangsiensis* Liao，Xu，Hou，*et al.*，1986

［33］7.2.63　大型艾美耳球虫　*Eimeria magna* Pérard，1925

［34］7.2.65　马尔西卡艾美耳球虫　*Eimeria marsica* Restani，1971

［35］7.2.66　马氏艾美耳球虫　*Eimeria matsubayashii* Tsunoda，1952

［36］7.2.67　巨型艾美耳球虫　*Eimeria maxima* Tyzzer，1929

［37］7.2.68　中型艾美耳球虫　*Eimeria media* Kessel，1929

［38］7.2.69　和缓艾美耳球虫　*Eimeria mitis* Tyzzer，1929

［39］7.2.71　纳格浦尔艾美耳球虫　*Eimeria nagpurensis* Gill et Ray，1960

［40］7.2.72　毒害艾美耳球虫　*Eimeria necatrix* Johnson，1930

［41］7.2.73　新蒂氏艾美耳球虫　*Eimeria neodebliecki* Vetterling，1965

［42］7.2.75　尼氏艾美耳球虫　*Eimeria ninakohlyakimovae* Yakimoff et Rastegaieff，1930

［43］7.2.82　小型艾美耳球虫　*Eimeria parva* Kotlán，Mócsy et Vajda，1929

［44］7.2.84　皮利他艾美耳球虫　*Eimeria pellita* Supperer，1952

［45］7.2.85　穿孔艾美耳球虫　*Eimeria perforans*（Leuckart，1879）Sluiter et Swellengrebel，1912

［46］7.2.86　极细艾美耳球虫　*Eimeria perminuta* Henry，1931

［47］7.2.87　梨形艾美耳球虫　*Eimeria piriformis* Kotlán et Pospesch，1934

［48］7.2.89　豚艾美耳球虫　*Eimeria porci* Vetterling，1965

［49］7.2.90　早熟艾美耳球虫　*Eimeria praecox* Johnson，1930

［50］7.2.91　斑点艾美耳球虫　*Eimeria punctata* Landers，1955

［51］7.2.95　粗糙艾美耳球虫　*Eimeria scabra* Henry，1931

［52］7.2.102　斯氏艾美耳球虫　*Eimeria stiedai*（Lindemann，1865）Kisskalt et Hartmann，1907

［53］7.2.104　亚球形艾美耳球虫　*Eimeria subspherica* Christensen，1941

［54］7.2.105　猪艾美耳球虫　*Eimeria suis* Nöller，1921

［55］7.2.107　柔嫩艾美耳球虫　*Eimeria tenella*（Railliet et Lucet，1891）Fantham，1909

［56］7.2.109　威布里吉艾美耳球虫　*Eimeria weybridgensis* Norton，Joyner et Catchpole，1974

［57］7.2.112　杨陵艾美耳球虫　*Eimeria yanglingensis* Zhang，Yu，Feng，*et al.*，1994

［58］7.2.114　邱氏艾美耳球虫　*Eimeria züernii*（Rivolta，1878）Martin，1909

［59］7.3.13　猪等孢球虫　*Isospora suis* Biester et Murray，1934

［96］21.3.4.1　链状多头蚴　*Coenurus serialis* Gervals，1847

［97］21.3.5　斯氏多头绦虫　*Multiceps skrjabini* Popov，1937

［98］21.3.5.1　斯氏多头蚴　*Coenurus skrjabini* Popov，1937

［99］21.4.1　泡状带绦虫　*Taenia hydatigena* Pallas，1766

［100］21.4.1.1　细颈囊尾蚴　*Cysticercus tenuicollis* Rudolphi，1810

［101］21.4.3　豆状带绦虫　*Taenia pisiformis* Bloch，1780

［102］21.4.3.1　豆状囊尾蚴　*Cysticercus pisiformis* Bloch，1780

［103］21.4.5　猪囊尾蚴　*Cysticercus cellulosae* Gmelin，1790

［104］22.3.1　孟氏旋宫绦虫　*Spirometra mansoni* Joyeux et Houdemer，1928

吸虫　Trematode

［105］23.2.15　曲领棘缘吸虫　*Echinoparyphium recurvatum*（Linstow，1873）Lühe，1909

［106］23.3.15　宫川棘口吸虫　*Echinostoma miyagawai* Ishii，1932

［107］23.3.19　接睾棘口吸虫　*Echinostoma paraulum* Dietz，1909

［108］23.3.22　卷棘口吸虫　*Echinostoma revolutum*（Fröhlich，1802）Looss，1899

［109］23.6.1　似锥低颈吸虫　*Hypoderaeum conoideum*（Bloch，1782）Dietz，1909

［110］24.1.1　大片形吸虫　*Fasciola gigantica* Cobbold，1856

［111］24.1.2　肝片形吸虫　*Fasciola hepatica* Linnaeus，1758

［112］24.2.1　布氏姜片吸虫　*Fasciolopsis buski*（Lankester，1857）Odhner，1902

［113］25.2.7　长菲策吸虫　*Fischoederius elongatus*（Poirier，1883）Stiles et Goldberger，1910

［114］25.2.10　日本菲策吸虫　*Fischoederius japonicus* Fukui，1922

［115］25.2.14　卵形菲策吸虫　*Fischoederius ovatus* Wang，1977

［116］25.3.3　荷包腹袋吸虫　*Gastrothylax crumenifer*（Creplin，1847）Otto，1896

［117］25.3.4　腺状腹袋吸虫　*Gastrothylax glandiformis* Yamaguti，1939

［118］26.1.3　多疣下殖吸虫　*Catatropis verrucosa*（Frolich，1789）Odhner，1905

［119］26.2.2　纤细背孔吸虫　*Notocotylus attenuatus*（Rudolphi，1809）Kossack，1911

［120］26.3.1　印度列叶吸虫　*Ogmocotyle indica*（Bhalerao，1942）Ruiz，1946

［121］26.3.3　鹿列叶吸虫　*Ogmocotyle sikae* Yamaguti，1933

［122］27.1.3　叶氏杯殖吸虫　*Calicophoron erschowi* Davydova，1959

［123］27.2.3　双叉肠锡叶吸虫　*Ceylonocotyle dicranocoelium*（Fischoeder，1901）Nasmark，1937

［124］27.2.6　副链肠锡叶吸虫　*Ceylonocotyle parastreptocoelium* Wang，1959

［125］27.2.7　侧肠锡叶吸虫　*Ceylonocotyle scoliocoelium*（Fischoeder，1904）Nasmark，1937

［126］27.4.1　殖盘殖盘吸虫　*Cotylophoron cotylophorum*（Fischoeder，1901）Stiles et Goldberger，1910

［127］27.4.4　印度殖盘吸虫　*Cotylophoron indicus* Stiles et Goldberger，1910

［128］27.7.4　台湾巨盘吸虫　*Gigantocotyle formosanum* Fukui，1929

［129］27.8.1　野牛平腹吸虫　*Homalogaster paloniae* Poirier，1883

［130］27.11.2　鹿同盘吸虫　*Paramphistomum cervi* Zeder，1790

［131］27.11.3　后藤同盘吸虫　*Paramphistomum gotoi* Fukui，1922

［168］48.2.1　犊新蛔虫　*Neoascaris vitulorum*（Goeze，1782）Travassos，1927

［169］48.3.1　马副蛔虫　*Parascaris equorum*（Goeze，1782）Yorke and Maplestone，1926

［170］49.1.4　鸡禽蛔虫　*Ascaridia galli*（Schrank，l788）Freeborn，1923

［171］50.1.1　犬弓首蛔虫　*Toxocara canis*（Werner，1782）Stiles，1905

［172］50.1.2　猫弓首蛔虫　*Toxocara cati* Schrank，1788

［173］52.3.1　犬恶丝虫　*Dirofilaria immitis*（Leidy，1856）Railliet et Henry，1911

［174］52.5.1　猪浆膜丝虫　*Serofilaria suis* Wu et Yun，1979

［175］55.1.2　牛丝状线虫　*Setaria bovis* Klenin，1940

［176］55.1.3　盲肠丝状线虫　*Setaria caelum* Linstow，1904

［177］55.1.6　指形丝状线虫　*Setaria digitata* Linstow，1906

［178］55.1.7　马丝状线虫　*Setaria equina*（Abildgaard，1789）Viborg，1795

［179］55.1.9　唇乳突丝状线虫　*Setaria labiatopapillosa* Alessandrini，1838

［180］56.2.1　贝拉异刺线虫　*Heterakis beramporia* Lane，1914

［181］56.2.4　鸡异刺线虫　*Heterakis gallinarum*（Schrank，1788）Freeborn，1923

［182］56.2.6　印度异刺线虫　*Heterakis indica* Maplestone，1932

［183］56.2.10　小异刺线虫　*Heterakis parva* Maplestone，1931

［184］57.1.1　马尖尾线虫　*Oxyuris equi*（Schrank，1788）Rudolphi，1803

［185］57.2.1　疑似栓尾线虫　*Passalurus ambiguus* Rudolphi，1819

［186］57.3.1　胎生普氏线虫　*Probstmayria vivipara*（Probstmayr，1865）Ransom，1907

［187］57.4.1　绵羊斯氏线虫　*Skrjabinema ovis*（Skrjabin，1915）Wereschtchagin，1926

［188］60.1.3　乳突类圆线虫　*Strongyloides papillosus*（Wedl，1856）Ransom，1911

［189］61.1.2　钩状锐形线虫　*Acuaria hamulosa* Diesing，1851

［190］61.2.1　长鼻咽饰带线虫　*Dispharynx nasuta*（Rudolphi，1819）Railliet，Henry et Sisoff，1912

［191］61.4.1　斯氏副柔线虫　*Parabronema skrjabini* Rassowska，1924

［192］63.1.3　美丽筒线虫　*Gongylonema pulchrum* Molin，1857

［193］64.1.1　大口德拉斯线虫　*Drascheia megastoma* Rudolphi，1819

［194］64.2.1　小口柔线虫　*Habronema microstoma* Schneider，1866

［195］64.2.2　蝇柔线虫　*Habronema muscae* Carter，1861

［196］67.1.1　有齿蛔状线虫　*Ascarops dentata* Linstow，1904

［197］67.1.2　圆形蛔状线虫　*Ascarops strongylina* Rudolphi，1819

［198］67.2.1　六翼泡首线虫　*Physocephalus sexalatus* Molin，1860

［199］67.3.1　奇异西蒙线虫　*Simondsia paradoxa* Cobbold，1864

［200］67.4.1　狼旋尾线虫　*Spirocerca lupi*（Rudolphi，1809）Railliet et Henry，1911

［201］68.1.3　分棘四棱线虫　*Tetrameres fissispina* Diesing，1861

［202］69.2.1　短刺吸吮线虫　*Thelazia brevispiculum* Yang et Wei，1957

［203］69.2.3　棒状吸吮线虫　*Thelazia ferulata* Wu，Yen，Shen，*et al.*，1965

［204］69.2.4　大口吸吮线虫　*Thelazia gulosa* Railliet et Henry，1910

［205］69.2.5　许氏吸吮线虫　*Thelazia hsui* Yang et Wei，1957

620

［206］69.2.6　甘肃吸吮线虫　*Thelazia kansuensis* Yang et Wei，1957

［207］69.2.7　泪管吸吮线虫　*Thelazia lacrymalis* Gurlt，1831

［208］69.2.9　罗氏吸吮线虫　*Thelazia rhodesi* Desmarest，1827

［209］70.1.4　鸭裂口线虫　*Amidostomum boschadis* Petrow et Fedjuschin，1949

［210］70.2.1　鸭瓣口线虫　*Epomidiostomum anatinum* Skrjabin，1915

［211］70.2.2　砂囊瓣口线虫　*Epomidiostomum petalum* Yen et Wu，1959

［212］70.2.4　钩刺瓣口线虫　*Epomidiostomum uncinatum*（Lundahl，1848）Seurat，1918

［213］71.1.2　犬钩口线虫　*Ancylostoma caninum*（Ercolani，1859）Hall，1913

［214］71.1.4　十二指肠钩口线虫　*Ancylostoma duodenale*（Dubini，1843）Creplin，1845

［215］71.2.1　牛仰口线虫　*Bunostomum phlebotomum*（Railliet，1900）Railliet，1902

［216］71.2.2　羊仰口线虫　*Bunostomum trigonocephalum*（Rudolphi，1808）Railliet，1902

［217］72.1.1　弗氏旷口线虫　*Agriostomum vryburgi* Railliet，1902

［218］72.3.2　叶氏夏柏特线虫　*Chabertia erschowi* Hsiung et K'ung，1956

［219］72.3.3　羊夏柏特线虫　*Chabertia ovina*（Fabricius，1788）Raillet et Henry，1909

［220］72.3.4　陕西夏柏特线虫　*Chabertia shanxiensis* Zhang，1985

［221］72.4.2　粗纹食道口线虫　*Oesophagostomum asperum* Railliet et Henry，1913

［222］72.4.4　哥伦比亚食道口线虫　*Oesophagostomum columbianum*（Curtice，1890）Stossich，1899

［223］72.4.5　有齿食道口线虫　*Oesophagostomum dentatum*（Rudolphi，1803）Molin，1861

［224］72.4.9　长尾食道口线虫　*Oesophagostomum longicaudum* Goodey，1925

［225］72.4.10　辐射食道口线虫　*Oesophagostomum radiatum*（Rudolphi，1803）Railliet，1898

［226］72.4.13　微管食道口线虫　*Oesophagostomum venulosum* Rudolphi，1809

［227］73.1.1　长囊马线虫　*Caballonema longicapsulata* Abuladze，1937

［228］73.2.1　冠状冠环线虫　*Coronocyclus coronatus*（Looss，1900）Hartwich，1986

［229］73.2.2　大唇片冠环线虫　*Coronocyclus labiatus*（Looss，1902）Hartwich，1986

［230］73.2.4　小唇片冠环线虫　*Coronocyclus labratus*（Looss，1902）Hartwich，1986

［231］73.2.5　箭状冠环线虫　*Coronocyclus sagittatus*（Kotlán，1920）Hartwich，1986

［232］73.3.1　卡提盅口线虫　*Cyathostomum catinatum* Looss，1900

［233］73.3.4　碟状盅口线虫　*Cyathostomum pateratum*（Yorke et Macfie，1919）K'ung，1964

［234］73.3.7　四刺盅口线虫　*Cyathostomum tetracanthum*（Mehlis，1831）Molin，1861（sensu Looss，1900）

［235］73.4.1　安地斯杯环线虫　*Cylicocyclus adersi*（Boulenger，1920）Erschow，1939

［236］73.4.3　耳状杯环线虫　*Cylicocyclus auriculatus*（Looss，1900）Erschow，1939

［237］73.4.4　短囊杯环线虫　*Cylicocyclus brevicapsulatus*（Ihle，1920）Erschow，1939

［238］73.4.5　长形杯环线虫　*Cylicocyclus elongatus*（Looss，1900）Chaves，1930

［239］73.4.7　显形杯环线虫　*Cylicocyclus insigne*（Boulenger，1917）Chaves，1930

［240］73.4.8　细口杯环线虫　*Cylicocyclus leptostomum*（Kotlán，1920）Chaves，1930

［241］73.4.10　鼻状杯环线虫　*Cylicocyclus nassatus*（Looss，1900）Chaves，1930

［242］73.4.13　辐射杯环线虫　*Cylicocyclus radiatus*（Looss，1900）Chaves，1930

［243］73.4.15　三枝杯环线虫　*Cylicocyclus triramosus*（Yorke et Macfie, 1920）Chaves, 1930

［244］73.4.16　外射杯环线虫　*Cylicocyclus ultrajectinus*（Ihle, 1920）Erschow, 1939

［245］73.4.18　志丹杯环线虫　*Cylicocyclus zhidanensis* Zhang et Li, 1981

［246］73.5.1　双冠环齿线虫　*Cylicodontophorus bicoronatus*（Looss, 1900）Cram, 1924

［247］73.6.1　偏位杯冠线虫　*Cylicostephanus asymmetricus*（Theiler, 1923）Cram, 1925

［248］73.6.3　小杯杯冠线虫　*Cylicostephanus calicatus*（Looss, 1900）Cram, 1924

［249］73.6.4　高氏杯冠线虫　*Cylicostephanus goldi*（Boulenger, 1917）Lichtenfels, 1975

［250］73.6.6　长伞杯冠线虫　*Cylicostephanus longibursatus*（Yorke et Macfie, 1918）Cram, 1924

［251］73.6.7　微小杯冠线虫　*Cylicostephanus minutus*（Yorke et Macfie, 1918）Cram, 1924

［252］73.6.8　曾氏杯冠线虫　*Cylicostephanus tsengi*（K'ung et Yang, 1963）Lichtenfels, 1975

［253］73.8.1　头似辐首线虫　*Gyalocephalus capitatus* Looss, 1900

［254］73.10.1　真臂副杯口线虫　*Parapoteriostomum euproctus*（Boulenger, 1917）Hartwich, 1986

［255］73.10.3　蒙古副杯口线虫　*Parapoteriostomum mongolica*（Tshoijo, 1958）Lichtenfels, Kharchenko et Krecek, 1998

［256］73.11.1　杯状彼德洛夫线虫　*Petrovinema poculatum*（Looss, 1900）Erschow, 1943

［257］73.12.1　不等齿杯口线虫　*Poteriostomum imparidentatum* Quiel, 1919

［258］73.12.2　拉氏杯口线虫　*Poteriostomum ratzii*（Kotlán, 1919）Ihle, 1920

［259］73.13.1　卡拉干斯齿线虫　*Skrjabinodentus caragandicus* Tshoijo, 1957

［260］74.1.1　安氏网尾线虫　*Dictyocaulus arnfieldi*（Cobbold, 1884）Railliet et Henry, 1907

［261］74.1.3　鹿网尾线虫　*Dictyocaulus eckerti* Skrjabin, 1931

［262］74.1.4　丝状网尾线虫　*Dictyocaulus filaria*（Rudolphi, 1809）Railliet et Henry, 1907

［263］74.1.6　胎生网尾线虫　*Dictyocaulus viviparus*（Bloch, 1782）Railliet et Henry, 1907

［264］75.1.1　猪后圆线虫　*Metastrongylus apri*（Gmelin, 1790）Vostokov, 1905

［265］75.1.2　复阴后圆线虫　*Metastrongylus pudendotectus* Wostokow, 1905

［266］75.1.3　萨氏后圆线虫　*Metastrongylus salmi* Gedoelst, 1923

［267］77.4.3　霍氏原圆线虫　*Protostrongylus hobmaieri*（Schulz, Orloff et Kutass, 1933）Cameron, 1934

［268］77.6.3　舒氏变圆线虫　*Varestrongylus schulzi* Boev et Wolf, 1938

［269］79.1.1　有齿冠尾线虫　*Stephanurus dentatus* Diesing, 1839

［270］80.1.1　无齿阿尔夫线虫　*Alfortia edentatus*（Looss, 1900）Skrjabin, 1933

［271］80.2.1　伊氏双齿线虫　*Bidentostomum ivaschkini* Tshoijo, 1957

［272］80.3.1　尖尾盆口线虫　*Craterostomum acuticaudatum*（Kotlán, 1919）Boulenger, 1920

［273］80.4.1　普通戴拉风线虫　*Delafondia vulgaris*（Looss, 1900）Skrjabin, 1933

［274］80.5.1　粗食道齿线虫　*Oesophagodontus robustus*（Giles, 1892）Railliet et Henry, 1902

［275］80.6.1　马圆形线虫　*Strongylus equinus* Mueller, 1780

［276］80.7.1　短尾三齿线虫　*Triodontophorus brevicauda* Boulenger, 1916

［277］80.7.2　小三齿线虫　*Triodontophorus minor* Looss, 1900

［317］83.1.6　膨尾毛细线虫　*Capillaria caudinflata*（Molin，1858）Travassos，1915

［318］83.1.11　封闭毛细线虫　*Capillaria obsignata* Madsen，1945

［319］83.2.1　环纹优鞘线虫　*Eucoleus annulatum*（Molin，1858）López-Neyra，1946

［320］83.4.1　鸭纤形线虫　*Thominx anatis* Schrank，1790

［321］83.4.2　领襟纤形线虫　*Thominx collaris* Linstow，1873

［322］83.4.3　捻转纤形线虫　*Thominx contorta*（Creplin，1839）Travassos，1915

［323］83.4.5　雉纤形线虫　*Thominx phasianina* Kotlán，1940

［324］84.1.2　旋毛形线虫　*Trichinella spiralis*（Owen，1835）Railliet，1895

［325］85.1.2　无色鞭虫　*Trichuris discolor* Linstow，1906

［326］85.1.3　瞪羚鞭虫　*Trichuris gazellae* Gebauer，1933

［327］85.1.4　球鞘鞭虫　*Trichuris globulosa* Linstow，1901

［328］85.1.5　印度鞭虫　*Trichuris indicus* Sarwar，1946

［329］85.1.6　兰氏鞭虫　*Trichuris lani* Artjuch，1948

［330］85.1.10　羊鞭虫　*Trichuris ovis* Abilgaard，1795

［331］85.1.11　斯氏鞭虫　*Trichuris skrjabini* Baskakov，1924

［332］85.1.12　猪鞭虫　*Trichuris suis* Schrank，1788

棘头虫　Acanthocephalan

［333］86.1.1　蛭形巨吻棘头虫　*Macracanthorhynchus hirudinaceus*（Pallas，1781）Travassos，1917

［334］87.2.1　腊肠状多形棘头虫　*Polymorphus botulus* Van Cleave，1916

［335］87.2.6　小多形棘头虫　*Polymorphus minutus* Zeder，1800

节肢动物　Arthropod

［336］88.2.1　双梳羽管螨　*Syringophilus bipectinatus* Heller，1880

［337］90.1.2　犬蠕形螨　*Demodex canis* Leydig，1859

［338］90.1.3　山羊蠕形螨　*Demodex caprae* Railliet，1895

［339］93.1.1　牛足螨　*Chorioptes bovis* Hering，1845

［340］93.1.1.1　山羊足螨　*Chorioptes bovis* var. *caprae* Gervais et van Beneden，1859

［341］93.1.1.2　兔足螨　*Chorioptes bovis* var. *cuniculi*

［342］93.1.1.4　马足螨　*Chorioptes bovis* var. *equi*

［343］93.1.1.6　绵羊足螨　*Chorioptes bovis* var. *ovis*

［344］93.2.1　犬耳痒螨　*Otodectes cynotis* Hering，1838

［345］93.2.1.1　犬耳痒螨犬变种　*Otodectes cynotis* var. *canis*

［346］93.2.1.2　犬耳痒螨猫变种　*Otodectes cynotis* var. *cati*

［347］93.3.1　马痒螨　*Psoroptes equi* Hering，1838

［348］93.3.1.1　牛痒螨　*Psoroptes equi* var. *bovis* Gerlach，1857

［349］93.3.1.2　山羊痒螨　*Psoroptes equi* var. *caprae* Hering，1838

［350］93.3.1.3　兔痒螨　*Psoroptes equi* var. *cuniculi* Delafond，1859

［351］93.3.1.4　水牛痒螨　*Psoroptes equi* var. *natalensis* Hirst，1919

624

［352］93.3.1.5　绵羊痒螨　*Psoroptes equi* var. *ovis* Hering，1838

［353］95.2.1.1　兔背肛螨　*Notoedres cati* var. *cuniculi* Gerlach，1857

［354］95.3.1.1　牛疥螨　*Sarcoptes scabiei* var. *bovis* Cameron，1924

［355］95.3.1.3　犬疥螨　*Sarcoptes scabiei* var. *canis* Gerlach，1857

［356］95.3.1.4　山羊疥螨　*Sarcoptes scabiei* var. *caprae*

［357］95.3.1.5　兔疥螨　*Sarcoptes scabiei* var. *cuniculi*

［358］95.3.1.6　骆驼疥螨　*Sarcoptes scabiei* var. *cameli*

［359］95.3.1.7　马疥螨　*Sarcoptes scabiei* var. *equi*

［360］95.3.1.8　绵羊疥螨　*Sarcoptes scabiei* var. *ovis* Mégnin，1880

［361］95.3.1.9　猪疥螨　*Sarcoptes scabiei* var. *suis* Gerlach，1857

［362］97.1.1　波斯锐缘蜱　*Argas persicus* Oken，1818

［363］97.1.2　翘缘锐缘蜱　*Argas reflexus* Fabricius，1794

［364］98.1.1　鸡皮刺螨　*Dermanyssus gallinae* De Geer，1778

［365］99.2.1　微小牛蜱　*Boophilus microplus* Canestrini，1887

［366］99.3.5　边缘革蜱　*Dermacentor marginatus* Sulzer，1776

［367］99.3.7　草原革蜱　*Dermacentor nuttalli* Olenev，1928

［368］99.3.9　网纹革蜱　*Dermacentor reticulatus* Fabricius，1794

［369］99.3.10　森林革蜱　*Dermacentor silvarum* Olenev，1931

［370］99.4.13　日本血蜱　*Haemaphysalis japonica* Warburton，1908

［371］99.4.15　长角血蜱　*Haemaphysalis longicornis* Neumann，1901

［372］99.4.22　中华血蜱　*Haemaphysalis sinensis* Zhang，1981

［373］99.4.26　草原血蜱　*Haemaphysalis verticalis* Itagaki，Noda et Yamaguchi，1944

［374］99.5.2　亚洲璃眼蜱　*Hyalomma asiaticum* Schulze et Schlottke，1929

［375］99.5.3　亚洲璃眼蜱卡氏亚种　*Hyalomma asiaticum kozlovi* Olenev，1931

［376］99.5.4　残缘璃眼蜱　*Hyalomma detritum* Schulze，1919

［377］99.6.7　卵形硬蜱　*Ixodes ovatus* Neumann，1899

［378］99.6.8　全沟硬蜱　*Ixodes persulcatus* Schulze，1930

［379］99.6.11　中华硬蜱　*Ixodes sinensis* Teng，1977

［380］99.7.5　血红扇头蜱　*Rhipicephalus sanguineus* Latreille，1806

［381］99.7.6　图兰扇头蜱　*Rhipicephalus turanicus* Pomerantzev，1940

［382］100.1.1　驴血虱　*Haematopinus asini* Linnaeus，1758

［383］100.1.2　阔胸血虱　*Haematopinus eurysternus* Denny，1842

［384］100.1.5　猪血虱　*Haematopinus suis* Linnaeus，1758

［385］100.1.6　瘤突血虱　*Haematopinus tuberculatus* Burmeister，1839

［386］101.1.1　非洲颚虱　*Linognathus africanus* Kellogg et Paine，1911

［387］101.1.3　足颚虱　*Linognathus pedalis* Osborn，1896

［388］101.1.5　狭颚虱　*Linognathus stenopsis* Burmeister，1838

［389］101.1.6　牛颚虱　*Linognathus vituli* Linnaeus，1758

［390］101.2.1　侧管管虱　*Solenopotes capillatus* Enderlein，1904

［391］103.1.1　粪种蝇　*Adia cinerella* Fallen，1825

［392］103.2.1　横带花蝇　*Anthomyia illocata* Walker，1856

［393］104.2.3　巨尾丽蝇（蛆）　*Calliphora grahami* Aldrich，1930

［394］104.2.4　宽丽蝇（蛆）　*Calliphora lata* Coquillett，1898

［395］104.2.9　红头丽蝇（蛆）　*Calliphora vicina* Robineau-Desvoidy，1830

［396］104.3.4　大头金蝇（蛆）　*Chrysomya megacephala* Fabricius，1794

［397］104.3.5　广额金蝇　*Chrysomya phaonis* Seguy，1928

［398］104.3.6　肥躯金蝇　*Chrysomya pinguis* Walker，1858

［399］104.5.3　三色依蝇（蛆）　*Idiella tripartita* Bigot，1874

［400］104.6.2　南岭绿蝇（蛆）　*Lucilia bazini* Seguy，1934

［401］104.6.8　亮绿蝇（蛆）　*Lucilia illustris* Meigen，1826

［402］104.6.9　巴浦绿蝇（蛆）　*Lucilia papuensis* Macquart，1842

［403］104.6.11　紫绿蝇（蛆）　*Lucilia porphyrina* Walker，1856

［404］104.6.13　丝光绿蝇（蛆）　*Lucilia sericata* Meigen，1826

［405］104.6.15　沈阳绿蝇　*Lucilia shenyangensis* Fan，1965

［406］104.7.1　花伏蝇（蛆）　*Phormia regina* Meigen，1826

［407］104.10.1　叉丽蝇　*Triceratopyga calliphoroides* Rohdendorf，1931

［408］105.2.1　琉球库蠓　*Culicoides actoni* Smith，1929

［409］105.2.7　荒草库蠓　*Culicoides arakawae* Arakawa，1910

［410］105.2.17　环斑库蠓　*Culicoides circumscriptus* Kieffer，1918

［411］105.2.31　端斑库蠓　*Culicoides erairai* Kono et Takahashi，1940

［412］105.2.52　原野库蠓　*Culicoides homotomus* Kieffer，1921

［413］105.2.66　舟库蠓　*Culicoides kibunensis* Tokunaga，1937

［414］105.2.86　三保库蠓　*Culicoides mihensis* Arnaud，1956

［415］105.2.89　日本库蠓　*Culicoides nipponensis* Tokunaga，1955

［416］105.2.92　恶敌库蠓　*Culicoides odibilis* Austen，1921

［417］105.2.96　尖喙库蠓　*Culicoides oxystoma* Kieffer，1910

［418］105.2.105　灰黑库蠓　*Culicoides pulicaris* Linnaeus，1758

［419］105.2.106　刺螫库蠓　*Culicoides punctatus* Meigen，1804

［420］105.2.109　里氏库蠓　*Culicoides riethi* Kieffer，1914

［421］105.3.14　台湾蠛蠓　*Lasiohelea taiwana* Shiraki，1913

［422］105.4.4　北方细蠓　*Leptoconops borealis* Gutsevich，1945

［423］106.1.1　埃及伊蚊　*Aedes aegypti* Linnaeus，1762

［424］106.1.4　白纹伊蚊　*Aedes albopictus* Skuse，1894

［425］106.1.8　仁川伊蚊　*Aedes chemulpoensis* Yamada，1921

［426］106.1.12　背点伊蚊　*Aedes dorsalis* Meigen，1830

［427］106.1.13　棘刺伊蚊　*Aedes elsiae* Barraud，1923

［428］106.1.21　日本伊蚊　*Aedes japonicus* Theobald，1901

［429］106.1.22　朝鲜伊蚊　*Aedes koreicus* Edwards，1917

［469］112.1.1　乳酪蝇　*Piophila casei* Linnaeus，1758

［470］113.4.3　中华白蛉　*Phlebotomus chinensis* Newstead，1916

［471］113.4.5　江苏白蛉　*Phlebotomus kiangsuensis* Yao et Wu，1938

［472］113.4.8　蒙古白蛉　*Phlebotomus mongolensis* Sinton，1928

［473］113.4.10　施氏白蛉　*Phlebotomus stantoni* Newstead，1914

［474］113.5.3　鲍氏司蛉　*Sergentomyia barraudi* Sinton，1929

［475］113.5.6　富平司蛉　*Sergentomyia fupingensis* Wu，1954

［476］113.5.9　许氏司蛉　*Sergentomyia khawi* Raynal，1936

［477］113.5.14　南京司蛉　*Sergentomyia nankingensis* Ho，Tan et Wu，1954

［478］113.5.18　鳞喙司蛉　*Sergentomyia squamirostris* Newstead，1923

［479］113.5.19　孙氏司蛉　*Sergentomyia suni* Wu，1954

［480］114.2.1　红尾粪麻蝇（蛆）　*Bercaea haemorrhoidalis* Fallen，1816

［481］114.5.3　华北亚麻蝇　*Parasarcophaga angarosinica* Rohdendorf，1937

［482］114.5.9　蝗尸亚麻蝇　*Parasarcophaga jacobsoni* Rohdendorf，1937

［483］114.5.11　巨耳亚麻蝇　*Parasarcophaga macroauriculata* Ho，1932

［484］114.5.13　急钓亚麻蝇　*Parasarcophaga portschinskyi* Rohdendorf，1937

［485］114.7.1　白头麻蝇（蛆）　*Sarcophaga albiceps* Meigen，1826

［486］114.7.4　肥须麻蝇（蛆）　*Sarcophaga crassipalpis* Macquart，1839

［487］114.7.5　纳氏麻蝇（蛆）　*Sarcophaga knabi* Parker，1917

［488］114.7.7　酱麻蝇（蛆）　*Sarcophaga misera* Walker，1849

［489］114.7.10　野麻蝇（蛆）　*Sarcophaga similis* Meade，1876

［490］115.2.2　亮胸吉蚋　*Gnus jacuticum* Rubzov，1940

［491］115.9.1　马维蚋　*Wilhelmia equina* Linnaeus，1746

［492］116.2.1　刺血喙蝇　*Haematobosca sanguinolenta* Austen，1909

［493］116.3.1　东方角蝇　*Lyperosia exigua* Meijere，1903

［494］116.3.4　截脉角蝇　*Lyperosia titillans* Bezzi，1907

［495］116.4.1　厩螫蝇　*Stomoxys calcitrans* Linnaeus，1758

［496］116.4.3　印度螫蝇　*Stomoxys indicus* Picard，1908

［497］117.1.1　双斑黄虻　*Atylotus bivittateinus* Takahasi，1962

［498］117.1.5　黄绿黄虻　*Atylotus horvathi* Szilady，1926

［499］117.1.6　长斑黄虻　*Atylotus karybenthinus* Szilady，1915

［500］117.1.7　骚扰黄虻　*Atylotus miser* Szilady，1915

［501］117.1.9　淡黄虻　*Atylotus pallitarsis* Olsufjev，1936

［502］117.1.11　短斜纹黄虻　*Atylotus pulchellus* Loew，1858

［503］117.1.12　四列黄虻　*Atylotus quadrifarius* Loew，1874

［504］117.1.13　黑胫黄虻　*Atylotus rusticus* Linnaeus，1767

［505］117.2.3　鞍斑虻　*Chrysops angaricus* Olsufjev，1937

［506］117.2.7　察哈尔斑虻　*Chrysops chaharicus* Chen et Quo，1949

［507］117.2.8　舟山斑虻　*Chrysops chusanensis* Ouchi，1939

[508] 117.2.15 黄瘤斑虻 *Chrysops flavocallus* Xu et Chen，1977

[509] 117.2.18 日本斑虻 *Chrysops japonicus* Wiedemann，1828

[510] 117.2.21 莫氏斑虻 *Chrysops mlokosiewiczi* Bigot，1880

[511] 117.2.26 帕氏斑虻 *Chrysops potanini* Pleske，1910

[512] 117.2.28 娌斑虻 *Chrysops ricardoae* Pleske，1910

[513] 117.2.31 中华斑虻 *Chrysops sinensis* Walker，1856

[514] 117.2.33 条纹斑虻 *Chrysops striatula* Pechuman，1943

[515] 117.2.34 合瘤斑虻 *Chrysops suavis* Loew，1858

[516] 117.2.36 四川斑虻 *Chrysops szechuanensis* Krober，1933

[517] 117.2.39 范氏斑虻 *Chrysops vanderwulpi* Krober，1929

[518] 117.5.3 触角麻虻 *Haematopota antennata* Shiraki，1932

[519] 117.5.7 浙江麻虻 *Haematopota chekiangensis* Ouchi，1940

[520] 117.5.8 中国麻虻 *Haematopota chinensis* Ouchi，1940

[521] 117.5.10 脱粉麻虻 *Haematopota desertorum* Szilady，1923

[522] 117.5.16 括苍山麻虻 *Haematopota guacangshanensis* Xu，1980

[523] 117.5.18 汉中麻虻 *Haematopota hanzhongensis* Xu，Li et Yang，1989

[524] 117.5.22 甘肃麻虻 *Haematopota kansuensis* Krober，1933

[525] 117.5.32 沃氏麻虻 *Haematopota olsufjevi* Liu，1960

[526] 117.5.33 峨眉山麻虻 *Haematopota omeishanensis* Xu，1980

[527] 117.5.36 北京麻虻 *Haematopota pekingensis* Liu，1958

[528] 117.5.54 土耳其麻虻 *Haematopota turkestanica* Krober，1922

[529] 117.5.56 骚扰麻虻 *Haematopota vexativa* Xu，1989

[530] 117.6.7 白毛瘤虻 *Hybomitra albicoma* Wang，1981

[531] 117.6.12 鹰瘤虻 *Hybomitra astur* Erichson，1851

[532] 117.6.15 黑腹瘤虻 *Hybomitra atrips* Krober，1934

[533] 117.6.17 釉黑瘤虻 *Hybomitra baphoscota* Xu et Liu，1985

[534] 117.6.28 白条瘤虻 *Hybomitra erberi* Brauer，1880

[535] 117.6.29 膨条瘤虻 *Hybomitra expollicata* Pandelle，1883

[536] 117.6.30 黄毛瘤虻 *Hybomitra flavicoma* Wang，1981

[537] 117.6.41 甘肃瘤虻 *Hybomitra kansuensis* Olsufjev，1967

[538] 117.6.56 蜂形瘤虻 *Hybomitra mimapis* Wang，1981

[539] 117.6.58 突额瘤虻 *Hybomitra montana* Meigen，1820

[540] 117.6.59 摩根氏瘤虻 *Hybomitra morgani* Surcouf，1912

[541] 117.6.64 亮脸瘤虻 *Hybomitra nitelofaciata* Xu，1985

[542] 117.6.68 赭尾瘤虻 *Hybomitra ochroterma* Xu et Liu，1985

[543] 117.6.70 峨眉山瘤虻 *Hybomitra omeishanensis* Xu et Li，1982

[544] 117.6.71 金黄瘤虻 *Hybomitra pavlovskii* Olsufjev，1936

[545] 117.6.85 痣翅瘤虻 *Hybomitra stigmoptera* Olsufjev，1937

[546] 117.6.90 太白山瘤虻 *Hybomitra taibaishanensis* Xu，1985

［547］117.11.2　土灰虻　*Tabanus amaenus* Walker，1848

［548］117.11.8　宝鸡虻　*Tabanus baojiensis* Xu et Liu，1980

［549］117.11.18　佛光虻　*Tabanus buddha* Portschinsky，1887

［550］117.11.25　浙江虻　*Tabanus chekiangensis* Ouchi，1943

［551］117.11.26　中国虻　*Tabanus chinensis* Ouchi，1943

［552］117.11.31　柯虻　*Tabanus cordiger* Meigen，1820

［553］117.11.33　朝鲜虻　*Tabanus coreanus* Shiraki，1932

［554］117.11.50　双重虻　*Tabanus geminus* Szilady，1923

［555］117.11.56　灰须虻　*Tabanus griseipalpis* Schuurmans Stekhoven，1926

［556］117.11.60　海氏虻　*Tabanus haysi* Philip，1956

［557］117.11.61　杭州虻　*Tabanus hongchowensis* Liu，1962

［558］117.11.71　鸡公山虻　*Tabanus jigonshanensis* Xu，1982

［559］117.11.78　江苏虻　*Tabanus kiangsuensis* Krober，1933

［560］117.11.83　黎氏虻　*Tabanus leleani* Austen，1920

［561］117.11.88　线带虻　*Tabanus lineataenia* Xu，1979

［562］117.11.90　路氏虻　*Tabanus loukashkini* Philip，1956

［563］117.11.91　庐山虻　*Tabanus lushanensis* Liu，1962

［564］117.11.94　中华虻　*Tabanus mandarinus* Schiner，1868

［565］117.11.100　岷山虻　*Tabanus minshanensis* Xu et Liu，1981

［566］117.11.107　黑额虻　*Tabanus nigrefronti* Liu，1981

［567］117.11.112　日本虻　*Tabanus nipponicus* Murdoch et Takahasi，1969

［568］117.11.120　峨眉山虻　*Tabanus omeishanensis* Xu，1979

［569］117.11.122　灰斑虻　*Tabanus onoi* Murdoch et Takahasi，1969

［570］117.11.127　副菌虻　*Tabanus parabactrianus* Liu，1960

［571］117.11.148　多砂虻　*Tabanus sabuletorum* Loew，1874

［572］117.11.151　山东虻　*Tabanus shantungensis* Ouchi，1943

［573］117.11.153　华广虻　*Tabanus signatipennis* Portsch，1887

［574］117.11.154　角斑虻　*Tabanus signifer* Walker，1856

［575］117.11.160　类柯虻　*Tabanus subcordiger* Liu，1960

［576］117.11.170　高砂虻　*Tabanus takasagoensis* Shiraki，1918

［577］117.11.172　天目虻　*Tabanus tianmuensis* Liu，1962

［578］117.11.175　渭河虻　*Tabanus weiheensis* Xu et Liu，1980

［579］117.11.177　亚布力虻　*Tabanus yablonicus* Takagi，1941

［580］117.11.178　姚氏虻　*Tabanus yao* Macquart，1855

［581］118.2.4　草黄鸡体羽虱　*Menacanthus stramineus* Nitzsch，1818

［582］118.3.1　鸡羽虱　*Menopon gallinae* Linnaeus，1758

［583］119.5.1　鸡圆羽虱　*Goniocotes gallinae* De Geer，1778

［584］119.6.1　鸡角羽虱　*Goniodes dissimilis* Denny，1842

［585］119.7.1　鸡翅长羽虱　*Lipeurus caponis* Linnaeus，1758

［586］119.7.3　广幅长羽虱　*Lipeurus heterographus* Nitzsch，1866
［587］120.1.1　牛毛虱　*Bovicola bovis* Linnaeus，1758
［588］120.1.2　山羊毛虱　*Bovicola caprae* Gurlt，1843
［589］120.3.1　犬啮毛虱　*Trichodectes canis* De Geer，1778
［590］120.3.2　马啮毛虱　*Trichodectes equi* Denny，1842
［591］125.1.1　犬栉首蚤　*Ctenocephalide canis* Curtis，1826
［592］125.1.2　猫栉首蚤　*Ctenocephalide felis* Bouche，1835
［593］126.2.1　狍长喙蚤　*Dorcadia dorcadia* Rothschild，1912
［594］127.1.1　锯齿舌形虫　*Linguatula serrata* Fröhlich，1789

上海市寄生虫种名
Species of Parasites in Shanghai Municipality

原虫　Protozoon

［1］1.2.1　结肠内阿米巴虫　*Entamoeba coli*（Grassi，1879）Casagrandi et Barbagallo，1895
［2］1.2.2　溶组织内阿米巴虫　*Entamoeba histolytica* Schaudinn，1903
［3］1.2.3　波氏内阿米巴虫　*Entamoeba polecki* Prowazek，1912
［4］2.1.1　蓝氏贾第鞭毛虫　*Giardia lamblia* Stiles，1915
［5］3.2.2　伊氏锥虫　*Trypanosoma evansi*（Steel，1885）Balbiani，l888
［6］3.2.4　泰氏锥虫　*Trypanosoma theileri* Laveran，1902
［7］5.3.1　胎儿三毛滴虫　*Tritrichomonas foetus*（Riedmüller，1928）Wenrich et Emmerson，1933
［8］6.1.1　安氏隐孢子虫　*Cryptosporidium andersoni* Lindsay，Upton，Owens，*et al.*，2000
［9］6.1.2　贝氏隐孢子虫　*Cryptosporidium baileyi* Current，Upton et Haynes，1986
［10］6.1.3　牛隐孢子虫　*Cryptosporidium bovis* Fayer，Santín et Xiao，2005
［11］6.1.4　犬隐孢子虫　*Cryptosporidium canis* Fayer，Trout，Xiao，*et al.*，2001
［12］6.1.8　鼠隐孢子虫　*Cryptosporidium muris* Tyzzer，1907
［13］6.1.9　微小隐孢子虫　*Cryptosporidium parvum* Tyzzer，1912
［14］6.1.11　猪隐孢子虫　*Cryptosporidium suis* Ryan，Monis，Enemark，*et al.*，2004
［15］7.2.1　阿布氏艾美耳球虫　*Eimeria abramovi* Svanbaev et Rakhmatullina，1967
［16］7.2.2　堆型艾美耳球虫　*Eimeria acervulina* Tyzzer，1929
［17］7.2.4　阿拉巴马艾美耳球虫　*Eimeria alabamensis* Christensen，1941
［18］7.2.6　鸭艾美耳球虫　*Eimeria anatis* Scholtyseck，1955

［19］7.2.10　奥博艾美耳球虫　*Eimeria auburnensis* Christensen et Porter，1939

［20］7.2.15　巴塔氏艾美耳球虫　*Eimeria battakhi* Dubey et Pande，1963

［21］7.2.16　牛艾美耳球虫　*Eimeria bovis*（Züblin，1908）Fiebiger，1912

［22］7.2.18　巴西利亚艾美耳球虫　*Eimeria brasiliensis* Torres et Ramos，1939

［23］7.2.30　盲肠艾美耳球虫　*Eimeria coecicola* Cheissin，1947

［24］7.2.32　圆柱状艾美耳球虫　*Eimeria cylindrica* Wilson，1931

［25］7.2.33　丹氏艾美耳球虫　*Eimeria danailovi* Gräfner，Graubmann et Betke，1965

［26］7.2.36　椭圆艾美耳球虫　*Eimeria ellipsoidalis* Becker et Frye，1929

［27］7.2.38　微小艾美耳球虫　*Eimeria exigua* Yakimoff，1934

［28］7.2.52　肠艾美耳球虫　*Eimeria intestinalis* Cheissin，1948

［29］7.2.54　无残艾美耳球虫　*Eimeria irresidua* Kessel et Jankiewicz，1931

［30］7.2.63　大型艾美耳球虫　*Eimeria magna* Pérard，1925

［31］7.2.67　巨型艾美耳球虫　*Eimeria maxima* Tyzzer，1929

［32］7.2.68　中型艾美耳球虫　*Eimeria media* Kessel，1929

［33］7.2.70　变位艾美耳球虫　*Eimeria mivati* Edgar et Siebold，l964

［34］7.2.72　毒害艾美耳球虫　*Eimeria necatrix* Johnson，1930

［35］7.2.84　皮利他艾美耳球虫　*Eimeria pellita* Supperer，1952

［36］7.2.85　穿孔艾美耳球虫　*Eimeria perforans*（Leuckart，1879）Sluiter et Swellengrebel，1912

［37］7.2.87　梨形艾美耳球虫　*Eimeria piriformis* Kotlán et Pospesch，1934

［38］7.2.90　早熟艾美耳球虫　*Eimeria praecox* Johnson，1930

［39］7.2.94　萨塔姆艾美耳球虫　*Eimeria saitamae* Inoue，1967

［40］7.2.96　沙赫达艾美耳球虫　*Eimeria schachdagica* Musaev，Surkova，Jelchiev，*et al.*，1966

［41］7.2.102　斯氏艾美耳球虫　*Eimeria stiedai*（Lindemann，1865）Kisskalt et Hartmann，1907

［42］7.2.104　亚球形艾美耳球虫　*Eimeria subspherica* Christensen，1941

［43］7.2.107　柔嫩艾美耳球虫　*Eimeria tenella*（Railliet et Lucet，1891）Fantham，1909

［44］7.2.111　怀俄明艾美耳球虫　*Eimeria wyomingensis* Huizinga et Winger，1942

［45］7.2.114　邱氏艾美耳球虫　*Eimeria züernii*（Rivolta，1878）Martin，1909

［46］7.3.10　鸳鸯等孢球虫　*Isospora mandari* Bhatia，Chauhan，Arora，*et al.*，1971

［47］7.3.11　俄亥俄等孢球虫　*Isospora ohioensis* Dubey，1975

［48］7.5.1　鸭温扬球虫　*Wenyonella anatis* Pande，Bhatia et Srivastava，1965

［49］7.5.3　佩氏温扬球虫　*Wenyonella pellerdyi* Bhatia et Pande，1966

［50］7.5.4　菲莱氏温扬球虫　*Wenyonella philiplevinei* Leibovitz，1968

［51］8.1.1　卡氏住白细胞虫　*Leucocytozoon caulleryii* Mathis et Léger，1909

［52］8.1.2　沙氏住白细胞虫　*Leucocytozoon sabrazesi* Mathis et Léger，1910

［53］10.2.1　犬新孢子虫　*Neospora caninum* Dubey，Carpenter，Speer，*et al.*，1988

［54］10.3.15　米氏住肉孢子虫　*Sarcocystis miescheriana*（Kühn，1865）Labbé，1899

［55］10.4.1　龚地弓形虫　*Toxoplasma gondii*（Nicolle et Manceaux，1908）Nicolle et

Manceaux，1909

绦虫　Cestode

[56] 15.4.2　贝氏莫尼茨绦虫　*Moniezia benedeni*（Moniez，1879）Blanchard，1891

[57] 15.4.4　扩展莫尼茨绦虫　*Moniezia expansa*（Rudolphi，1810）Blanchard，1891

[58] 15.8.1　盖氏曲子宫绦虫　*Thysaniezia giardi* Moniez，1879

[59] 15.8.2　羊曲子宫绦虫　*Thysaniezia ovilla* Rivolta，1878

[60] 16.3.3　有轮瑞利绦虫　*Raillietina cesticillus* Molin，1858

[61] 16.3.4　棘盘瑞利绦虫　*Raillietina echinobothrida* Megnin，1881

[62] 16.3.12　四角瑞利绦虫　*Raillietina tetragona* Molin，1858

[63] 17.4.1　犬复孔绦虫　*Dipylidium caninum*（Linnaeus，1758）Leuckart，1863

[64] 19.7.1　矛形剑带绦虫　*Drepanidotaenia lanceolata* Bloch，1782

[65] 19.12.12　纤细膜壳绦虫　*Hymenolepis gracilis*（Zeder，1803）Cohn，1901

[66] 19.18.1　柯氏伪裸头绦虫　*Pseudanoplocephala crawfordi* Baylis，1927

[67] 19.23.1　刚刺柴壳绦虫　*Tschertkovilepis setigera* Froelich，1789

[68] 21.1.1　细粒棘球绦虫　*Echinococcus granulosus*（Batsch，1786）Rudolphi，1805

[69] 21.2.2　宽颈泡尾绦虫　*Hydatigera laticollis* Rudolphi，1801

[70] 21.2.3　带状泡尾绦虫　*Hydatigera taeniaeformis*（Batsch，1786）Lamarck，1816

[71] 21.4.1　泡状带绦虫　*Taenia hydatigena* Pallas，1766

[72] 21.4.1.1　细颈囊尾蚴　*Cysticercus tenuicollis* Rudolphi，1810

[73] 21.4.3　豆状带绦虫　*Taenia pisiformis* Bloch，1780

[74] 21.4.3.1　豆状囊尾蚴　*Cysticercus pisiformis* Bloch，1780

[75] 21.4.5　猪囊尾蚴　*Cysticercus cellulosae* Gmelin，1790

[76] 21.5.1　牛囊尾蚴　*Cysticercus bovis* Cobbold，1866

[77] 22.1.4　阔节双槽头绦虫　*Dibothriocephalus latus* Linnaeus，1758

[78] 22.3.1　孟氏旋宫绦虫　*Spirometra mansoni* Joyeux et Houdemer，1928

吸虫　Trematode

[79] 23.1.1　枪头棘隙吸虫　*Echinochasmus beleocephalus* Dietz，1909

[80] 23.1.4　日本棘隙吸虫　*Echinochasmus japonicus* Tanabe，1926

[81] 23.1.10　叶形棘隙吸虫　*Echinochasmus perfoliatus*（Ratz，1908）Gedoelst，1911

[82] 23.2.15　曲领棘缘吸虫　*Echinoparyphium recurvatum*（Linstow，1873）Lühe，1909

[83] 23.3.7　移睾棘口吸虫　*Echinostoma cinetorchis* Ando et Ozaki，1923

[84] 23.3.11　圆圃棘口吸虫　*Echinostoma hortense* Asada，1926

[85] 23.3.15　宫川棘口吸虫　*Echinostoma miyagawai* Ishii，1932

[86] 23.3.19　接睾棘口吸虫　*Echinostoma paraulum* Dietz，1909

[87] 23.3.22　卷棘口吸虫　*Echinostoma revolutum*（Fröhlich，1802）Looss，1899

[88] 23.5.1　伊族真缘吸虫　*Euparyphium ilocanum*（Garrison，1908）Tubangu et Pasco，1933

[89] 23.6.1　似锥低颈吸虫　*Hypoderaeum conoideum*（Bloch，1782）Dietz，1909

[90] 24.1.2　肝片形吸虫　*Fasciola hepatica* Linnaeus，1758

[91] 24.2.1　布氏姜片吸虫　*Fasciolopsis buski*（Lankester，1857）Odhner，1902

[92] 25.2.7　长菲策吸虫　*Fischoederius elongatus*（Poirier，1883）Stiles et Goldberger，1910

[93] 26.2.2　纤细背孔吸虫　*Notocotylus attenuatus*（Rudolphi，1809）Kossack，1911

[94] 27.2.5　直肠锡叶吸虫　*Ceylonocotyle orthocoelium* Fischoeder，1901

[95] 27.3.2　直肠盘腔吸虫　*Chenocoelium orthocoelium* Fischoeder，1901

[96] 27.4.2　小殖盘吸虫　*Cotylophoron fulleborni* Nasmark，1937

[97] 27.8.1　野牛平腹吸虫　*Homalogaster paloniae* Poirier，1883

[98] 27.11.2　鹿同盘吸虫　*Paramphistomum cervi* Zeder，1790

[99] 29.1.2　长刺光隙吸虫　*Psilochasmus longicirratus* Skrjabin，1913

[100] 29.1.3　尖尾光隙吸虫　*Psilochasmus oxyurus*（Creplin，1825）Lühe，1909

[101] 29.1.4　括约肌咽光隙吸虫　*Psilochasmus sphincteropharynx* Oshmarin，1971

[102] 29.2.1　家鸭光睾吸虫　*Psilorchis anatinus* Tang，1988

[103] 29.2.5　斑嘴鸭光睾吸虫　*Psilorchis zonorhynchae* Bai，Liu et Chen，1980

[104] 30.6.2　异形异形吸虫　*Heterophyes heterophyes*（von Siebold，1852）Stiles et Hassal，1900

[105] 30.7.1　横川后殖吸虫　*Metagonimus yokogawai* Katsurada，1912

[106] 31.1.1　鸭对体吸虫　*Amphimerus anatis* Yamaguti，1933

[107] 31.3.1　中华枝睾吸虫　*Clonorchis sinensis*（Cobbolb，1875）Looss，1907

[108] 31.5.2　猫次睾吸虫　*Metorchis felis* Hsu，1934

[109] 31.5.3　东方次睾吸虫　*Metorchis orientalis* Tanabe，1921

[110] 31.5.6　台湾次睾吸虫　*Metorchis taiwanensis* Morishita et Tsuchimochi，1925

[111] 31.6.1　截形微口吸虫　*Microtrema truncatum* Kobayashi，1915

[112] 32.2.7　胰阔盘吸虫　*Eurytrema pancreaticum*（Janson，1889）Looss，1907

[113] 36.4.2　微小微茎吸虫　*Microphallus minus* Ochi，1928

[114] 37.3.6　怡乐村并殖吸虫　*Paragonimus iloktsuenensis* Chen，1940

[115] 37.3.11　大平并殖吸虫　*Paragonimus ohirai* Miyazaki，1939

[116] 37.3.14　卫氏并殖吸虫　*Paragonimus westermani*（Kerbert，1878）Braun，1899

[117] 38.1.1　马氏斜睾吸虫　*Plagiorchis massino* Petrov et Tikhonov，1927

[118] 39.1.17　透明前殖吸虫　*Prosthogonimus pellucidus* Braun，1901

[119] 40.2.1　越南后口吸虫　*Postharmostomum annamense* Railliet，1924

[120] 40.2.2　鸡后口吸虫　*Postharmostomum gallinum* Witenberg，1923

[121] 41.1.6　东方杯叶吸虫　*Cyathocotyle orientalis* Faust，1922

[122] 41.3.1　英德前冠吸虫　*Prosostephanus industrius*（Tubangui，1922）Lutz，1935

[123] 43.2.1　心形咽口吸虫　*Pharyngostomum cordatum*（Diesing，1850）Ciurea，1922

[124] 45.3.2　日本分体吸虫　*Schistosoma japonicum* Katsurada，1904

线虫　Nematode

[125] 48.1.1　似蚓蛔虫　*Ascaris lumbricoides* Linnaeus，1758

[126] 48.1.4　猪蛔虫　*Ascaris suum* Goeze，1782

[127] 48.3.1　马副蛔虫　*Parascaris equorum*（Goeze，1782）Yorke and Maplestone，1926

［128］48.4.1 狮弓蛔虫 *Toxascaris leonina*（Linstow，1902）Leiper，1907

［129］49.1.4 鸡禽蛔虫 *Ascaridia galli*（Schrank，l788）Freeborn，1923

［130］50.1.1 犬弓首蛔虫 *Toxocara canis*（Werner，1782）Stiles，1905

［131］50.1.2 猫弓首蛔虫 *Toxocara cati* Schrank，1788

［132］52.3.1 犬恶丝虫 *Dirofilaria immitis*（Leidy，1856）Railliet et Henry，1911

［133］54.2.1 圈形蟠尾线虫 *Onchocerca armillata* Railliet et Henry，1909

［134］55.1.9 唇乳突丝状线虫 *Setaria labiatopapillosa* Alessandrini，1838

［135］56.2.4 鸡异刺线虫 *Heterakis gallinarum*（Schrank，1788）Freeborn，1923

［136］60.1.3 乳突类圆线虫 *Strongyloides papillosus*（Wedl，1856）Ransom，1911

［137］60.1.5 粪类圆线虫 *Strongyloides stercoralis*（Bavay，1876）Stiles et Hassall，1902

［138］61.1.2 钩状锐形线虫 *Acuaria hamulosa* Diesing，1851

［139］61.2.1 长鼻咽饰带线虫 *Dispharynx nasuta*（Rudolphi，1819）Railliet，Henry et Sisoff，1912

［140］62.1.2 刚刺颚口线虫 *Gnathostoma hispidum* Fedtchenko，1872

［141］62.1.3 棘颚口线虫 *Gnathostoma spinigerum* Owen，1836

［142］65.1.1 普拉泡翼线虫 *Physaloptera praeputialis* Linstow，1889

［143］67.1.1 有齿蛔状线虫 *Ascarops dentata* Linstow，1904

［144］67.3.1 奇异西蒙线虫 *Simondsia paradoxa* Cobbold，1864

［145］67.4.1 狼旋尾线虫 *Spirocerca lupi*（Rudolphi，1809）Railliet et Henry，1911

［146］68.1.3 分棘四棱线虫 *Tetrameres fissispina* Diesing，1861

［147］69.2.6 甘肃吸吮线虫 *Thelazia kansuensis* Yang et Wei，1957

［148］69.2.9 罗氏吸吮线虫 *Thelazia rhodesi* Desmarest，1827

［149］71.1.2 犬钩口线虫 *Ancylostoma caninum*（Ercolani，1859）Hall，1913

［150］71.1.4 十二指肠钩口线虫 *Ancylostoma duodenale*（Dubini，1843）Creplin，1845

［151］71.2.2 羊仰口线虫 *Bunostomum trigonocephalum*（Rudolphi，1808）Railliet，1902

［152］71.4.3 沙姆球首线虫 *Globocephalus samoensis* Lane，1922

［153］71.6.1 沙蒙钩刺线虫 *Uncinaria samoensis* Lane，1922

［154］72.3.2 叶氏夏柏特线虫 *Chabertia erschowi* Hsiung et K'ung，1956

［155］72.3.3 羊夏柏特线虫 *Chabertia ovina*（Fabricius，1788）Raillet et Henry，1909

［156］72.4.1 尖尾食道口线虫 *Oesophagostomum aculeatum* Linstow，1879

［157］72.4.2 粗纹食道口线虫 *Oesophagostomum asperum* Railliet et Henry，1913

［158］72.4.4 哥伦比亚食道口线虫 *Oesophagostomum columbianum*（Curtice，1890）Stossich，1899

［159］72.4.5 有齿食道口线虫 *Oesophagostomum dentatum*（Rudolphi，1803）Molin，1861

［160］72.4.10 辐射食道口线虫 *Oesophagostomum radiatum*（Rudolphi，1803）Railliet，1898

［161］72.4.13 微管食道口线虫 *Oesophagostomum venulosum* Rudolphi，1809

［162］74.1.1 安氏网尾线虫 *Dictyocaulus arnfieldi*（Cobbold，1884）Railliet et Henry，1907

［163］74.1.4 丝状网尾线虫 *Dictyocaulus filaria*（Rudolphi，1809）Railliet et Henry，1907

［164］75.1.1 猪后圆线虫 *Metastrongylus apri*（Gmelin，1790）Vostokov，1905

［165］75. 1. 2　复阴后圆线虫　*Metastrongylus pudendotectus* Wostokow，1905

［166］77. 4. 3　霍氏原圆线虫　*Protostrongylus hobmaieri*（Schulz，Orloff et Kutass，1933）Cameron，1934

［167］77. 4. 4　赖氏原圆线虫　*Protostrongylus raillieti*（Schulz，Orloff et Kutass，1933）Cameron，1934

［168］77. 4. 5　淡红原圆线虫　*Protostrongylus rufescens*（Leuckart，1865）Kamensky，1905

［169］77. 4. 6　斯氏原圆线虫　*Protostrongylus skrjabini*（Boev，1936）Dikmans，1945

［170］77. 5. 1　邝氏刺尾线虫　*Spiculocaulus kwongi*（Wu et Liu，1943）Dougherty et Goble，1946

［171］77. 6. 3　舒氏变圆线虫　*Varestrongylus schulzi* Boev et Wolf，1938

［172］81. 1. 1　耳兽比翼线虫　*Mammomonogamus auris*（Faust et Tang，1934）Ryzhikov，1948

［173］82. 2. 13　点状古柏线虫　*Cooperia punctata*（Linstow，1906）Ransom，1907

［174］82. 3. 2　捻转血矛线虫　*Haemonchus contortus*（Rudolphi，1803）Cobbold，1898

［175］82. 6. 1　指形长刺线虫　*Mecistocirrus digitatus*（Linstow，1906）Railliet et Henry，1912

［176］82. 8. 8　尖交合刺细颈线虫　*Nematodirus filicollis*（Rudolphi，1802）Ransom，1907

［177］82. 8. 13　奥利春细颈线虫　*Nematodirus oriatianus* Rajerskaja，1929

［178］82. 11. 19　阿洛夫奥斯特线虫　*Ostertagia orloffi* Sankin，1930

［179］82. 15. 2　艾氏毛圆线虫　*Trichostrongylus axei*（Cobbold，1879）Railliet et Henry，1909

［180］82. 15. 5　蛇形毛圆线虫　*Trichostrongylus colubriformis*（Giles，1892）Looss，1905

［181］83. 1. 11　封闭毛细线虫　*Capillaria obsignata* Madsen，1945

［182］84. 1. 2　旋毛形线虫　*Trichinella spiralis*（Owen，1835）Railliet，1895

［183］85. 1. 4　球鞘鞭虫　*Trichuris globulosa* Linstow，1901

［184］85. 1. 10　羊鞭虫　*Trichuris ovis* Abilgaard，1795

［185］85. 1. 12　猪鞭虫　*Trichuris suis* Schrank，1788

［186］85. 1. 14　鞭形鞭虫　*Trichuris trichura* Linnaeus，1771

［187］85. 1. 15　狐鞭虫　*Trichuris vulpis* Froelich，1789

棘头虫　Acanthocephalan

［188］86. 1. 1　蛭形巨吻棘头虫　*Macracanthorhynchus hirudinaceus*（Pallas，1781）Travassos，1917

节肢动物　Arthropod

［189］88. 2. 1　双梳羽管螨　*Syringophilus bipectinatus* Heller，1880

［190］90. 1. 2　犬蠕形螨　*Demodex canis* Leydig，1859

［191］90. 1. 3　山羊蠕形螨　*Demodex caprae* Railliet，1895

［192］93. 1. 1　牛足螨　*Chorioptes bovis* Hering，1845

［193］93. 3. 1. 3　兔痒螨　*Psoroptes equi* var. *cuniculi* Delafond，1859

［194］95. 3. 1. 1　牛疥螨　*Sarcoptes scabiei* var. *bovis* Cameron，1924

［195］95. 3. 1. 9　猪疥螨　*Sarcoptes scabiei* var. *suis* Gerlach，1857

［196］96. 1. 1　地理纤恙螨　*Leptotrombidium deliense* Walch，1922

636

［236］106.4.14　马来库蚊　*Culex malayi* Leicester，1908

［237］106.4.15　拟态库蚊　*Culex mimeticus* Noe，1899

［238］106.4.16　小斑翅库蚊　*Culex mimulus* Edwards，1915

［239］106.4.18　凶小库蚊　*Culex modestus* Ficalbi，1889

［240］106.4.21　东方库蚊　*Culex orientalis* Edwards，1921

［241］106.4.22　白胸库蚊　*Culex pallidothorax* Theobald，1905

［242］106.4.24　尖音库蚊淡色亚种　*Culex pipiens pallens* Coquillett，1898

［243］106.4.25　伪杂鳞库蚊　*Culex pseudovishnui* Colless，1957

［244］106.4.27　中华库蚊　*Culex sinensis* Theobald，1903

［245］106.4.31　三带喙库蚊　*Culex tritaeniorhynchus* Giles，1901

［246］106.4.32　迷走库蚊　*Culex vagans* Wiedemann，1828

［247］106.7.2　常型曼蚊　*Manssonia uniformis* Theobald，1901

［248］110.2.10　瘤胫厕蝇　*Fannia scalaris* Fabricius，1794

［249］110.4.3　常齿股蝇　*Hydrotaea dentipes* Fabricius，1805

［250］110.8.3　北栖家蝇　*Musca bezzii* Patton et Cragg，1913

［251］110.8.4　逐畜家蝇　*Musca conducens* Walker，1859

［252］110.9.3　厩腐蝇　*Muscina stabulans* Fallen，1817

［253］113.4.3　中华白蛉　*Phlebotomus chinensis* Newstead，1916

［254］113.5.18　鳞喙司蛉　*Sergentomyia squamirostris* Newstead，1923

［255］114.2.1　红尾粪麻蝇（蛆）　*Bercaea haemorrhoidalis* Fallen，1816

［256］114.5.13　急钓亚麻蝇　*Parasarcophaga portschinskyi* Rohdendorf，1937

［257］116.3.1　东方角蝇　*Lyperosia exigua* Meijere，1903

［258］116.4.1　厩螫蝇　*Stomoxys calcitrans* Linnaeus，1758

［259］116.4.3　印度螫蝇　*Stomoxys indicus* Picard，1908

［260］117.1.1　双斑黄虻　*Atylotus bivittateinus* Takahasi，1962

［261］117.1.7　骚扰黄虻　*Atylotus miser* Szilady，1915

［262］117.6.82　上海瘤虻　*Hybomitra shanghaiensis* Ouchi，1943

［263］117.8.2　中华多节虻　*Pangonius sinensis* Enderlein，1932

［264］117.9.1　崇明林虻　*Silvius chongmingensis* Zhang et Xu，1990

［265］117.11.2　土灰虻　*Tabanus amaenus* Walker，1848

［266］117.11.67　稻田虻　*Tabanus ichiokai* Ouchi，1943

［267］117.11.78　江苏虻　*Tabanus kiangsuensis* Krober，1933

［268］117.11.93　牧场虻　*Tabanus makimurae* Ouchi，1943

［269］117.11.94　中华虻　*Tabanus mandarinus* Schiner，1868

［270］117.11.178　姚氏虻　*Tabanus yao* Macquart，1855

［271］118.2.4　草黄鸡体羽虱　*Menacanthus stramineus* Nitzsch，1818

［272］118.3.1　鸡羽虱　*Menopon gallinae* Linnaeus，1758

［273］118.4.3　鸭巨羽虱　*Trinoton querquedulae* Linnaeus，1758

［274］119.1.1　广口鹅鸭羽虱　*Anatoecus dentatus* Scopoli，1763

［275］119.4.1　鹅啮羽虱　*Esthiopterum anseris* Linnaeus，1758

［276］119.4.2　圆鸭啮羽虱　*Esthiopterum crassicorne* Scopoli，1763

［277］119.5.1　鸡圆羽虱　*Goniocotes gallinae* De Geer，1778

［278］119.5.2　巨圆羽虱　*Goniocotes gigas* Taschenberg，1879

［279］119.6.1　鸡角羽虱　*Goniodes dissimilis* Denny，1842

［280］119.7.1　鸡翅长羽虱　*Lipeurus caponis* Linnaeus，1758

［281］119.7.3　广幅长羽虱　*Lipeurus heterographus* Nitzsch，1866

［282］125.1.1　犬栉首蚤　*Ctenocephalide canis* Curtis，1826

［283］125.1.2　猫栉首蚤　*Ctenocephalide felis* Bouche，1835

［284］125.4.1　致痒蚤　*Pulex irritans* Linnaeus，1758

四川省寄生虫种名
Species of Parasites in Sichuan Province

原虫　Protozoon

［1］2.1.1　蓝氏贾第鞭毛虫　*Giardia lamblia* Stiles，1915

［2］3.1.1　杜氏利什曼原虫　*Leishmania donovani*（Laveran et Mesnil，1903）Ross，1903

［3］3.2.2　伊氏锥虫　*Trypanosoma evansi*（Steel，1885）Balbiani，l888

［4］4.1.1　火鸡组织滴虫　*Histomonas meleagridis* Tyzzer，1920

［5］6.1.4　犬隐孢子虫　*Cryptosporidium canis* Fayer，Trout，Xiao，*et al.*，2001

［6］6.1.8　鼠隐孢子虫　*Cryptosporidium muris* Tyzzer，1907

［7］6.1.12　广泛隐孢子虫　*Cryptosporidium ubiquitum* Fayer，Santín，Macarisin，2010

［8］7.2.2　堆型艾美耳球虫　*Eimeria acervulina* Tyzzer，1929

［9］7.2.3　阿沙塔艾美耳球虫　*Eimeria ahsata* Honess，1942

［10］7.2.6　鸭艾美耳球虫　*Eimeria anatis* Scholtyseck，1955

［11］7.2.9　阿洛艾美耳球虫　*Eimeria arloingi*（Marotel，1905）Martin，1909

［12］7.2.10　奥博艾美耳球虫　*Eimeria auburnensis* Christensen et Porter，1939

［13］7.2.16　牛艾美耳球虫　*Eimeria bovis*（Züblin，1908）Fiebiger，1912

［14］7.2.18　巴西利亚艾美耳球虫　*Eimeria brasiliensis* Torres et Ramos，1939

［15］7.2.19　布氏艾美耳球虫　*Eimeria brunetti* Levine，1942

［16］7.2.23　加拿大艾美耳球虫　*Eimeria canadensis* Bruce，1921

［17］7.2.24　山羊艾美耳球虫　*Eimeria caprina* Lima，1979

［18］7.2.28　克里氏艾美耳球虫　*Eimeria christenseni* Levine，Ivens et Fritz，1962

［19］7.2.30　盲肠艾美耳球虫　*Eimeria coecicola* Cheissin，1947

［20］7.2.32　圆柱状艾美耳球虫　*Eimeria cylindrica* Wilson，1931

［21］7.2.34　蒂氏艾美耳球虫　*Eimeria debliecki* Douwes，1921

［22］7.2.36　椭圆艾美耳球虫　*Eimeria ellipsoidalis* Becker et Frye，1929

［23］7.2.38　微小艾美耳球虫　*Eimeria exigua* Yakimoff，1934

［24］7.2.40　福氏艾美耳球虫　*Eimeria faurei*（Moussu et Marotel，1902）Martin，1909

［25］7.2.45　颗粒艾美耳球虫　*Eimeria granulosa* Christensen，1938

［26］7.2.48　哈氏艾美耳球虫　*Eimeria hagani* Levine，1938

［27］7.2.52　肠艾美耳球虫　*Eimeria intestinalis* Cheissin，1948

［28］7.2.53　错乱艾美耳球虫　*Eimeria intricata* Spiegl，1925

［29］7.2.54　无残艾美耳球虫　*Eimeria irresidua* Kessel et Jankiewicz，1931

［30］7.2.63　大型艾美耳球虫　*Eimeria magna* Pérard，1925

［31］7.2.67　巨型艾美耳球虫　*Eimeria maxima* Tyzzer，1929

［32］7.2.68　中型艾美耳球虫　*Eimeria media* Kessel，1929

［33］7.2.69　和缓艾美耳球虫　*Eimeria mitis* Tyzzer，1929

［34］7.2.70　变位艾美耳球虫　*Eimeria mivati* Edgar et Siebold，l964

［35］7.2.72　毒害艾美耳球虫　*Eimeria necatrix* Johnson，1930

［36］7.2.73　新蒂氏艾美耳球虫　*Eimeria neodebliecki* Vetterling，1965

［37］7.2.75　尼氏艾美耳球虫　*Eimeria ninakohlyakimovae* Yakimoff et Rastegaieff，1930

［38］7.2.82　小型艾美耳球虫　*Eimeria parva* Kotlán，Mócsy et Vajda，1929

［39］7.2.84　皮利他艾美耳球虫　*Eimeria pellita* Supperer，1952

［40］7.2.85　穿孔艾美耳球虫　*Eimeria perforans*（Leuckart，1879）Sluiter et Swellengrebel，1912

［41］7.2.86　极细艾美耳球虫　*Eimeria perminuta* Henry，1931

［42］7.2.87　梨形艾美耳球虫　*Eimeria piriformis* Kotlán et Pospesch，1934

［43］7.2.88　光滑艾美耳球虫　*Eimeria polita* Pellérdy，1949

［44］7.2.89　豚艾美耳球虫　*Eimeria porci* Vetterling，1965

［45］7.2.90　早熟艾美耳球虫　*Eimeria praecox* Johnson，1930

［46］7.2.95　粗糙艾美耳球虫　*Eimeria scabra* Henry，1931

［47］7.2.97　母猪艾美耳球虫　*Eimeria scrofae* Galli-Valerio，1935

［48］7.2.102　斯氏艾美耳球虫　*Eimeria stiedai*（Lindemann，1865）Kisskalt et Hartmann，1907

［49］7.2.104　亚球形艾美耳球虫　*Eimeria subspherica* Christensen，1941

［50］7.2.105　猪艾美耳球虫　*Eimeria suis* Nöller，1921

［51］7.2.106　四川艾美耳球虫　*Eimeria szechuanensis* Wu，Jiang et Hu，1980

［52］7.2.107　柔嫩艾美耳球虫　*Eimeria tenella*（Railliet et Lucet，1891）Fantham，1909

［53］7.2.111　怀俄明艾美耳球虫　*Eimeria wyomingensis* Huizinga et Winger，1942

［54］7.2.114　邱氏艾美耳球虫　*Eimeria züernii*（Rivolta，1878）Martin，1909

［55］7.3.2　阿拉木图等孢球虫　*Isospora almataensis* Paichuk，1951

［56］7.3.13　猪等孢球虫　*Isospora suis* Biester et Murray，1934

〔93〕17.6.1　纤毛萎吻绦虫　*Unciunia ciliata*（Fuhrmann，1913）Metevosyan，1963

〔94〕19.2.2　福建单睾绦虫　*Aploparaksis fukinensis* Lin，1959

〔95〕19.4.2　冠状双盔带绦虫　*Dicranotaenia coronula*（Dujardin，1845）Railliet，1892

〔96〕19.6.2　鸭双睾绦虫　*Diorchis anatina* Ling，1959

〔97〕19.6.6　膨大双睾绦虫　*Diorchis inflata* Rudolphi，1819

〔98〕19.7.1　矛形剑带绦虫　*Drepanidotaenia lanceolata* Bloch，1782

〔99〕19.7.2　普氏剑带绦虫　*Drepanidotaenia przewalskii* Skrjabin，1914

〔100〕19.9.1　致疡棘壳绦虫　*Echinolepis carioca*（Magalhaes，1898）Spasskii et Spasskaya，1954

〔101〕19.10.2　片形缨缘绦虫　*Fimbriaria fasciolaris* Pallas，1781

〔102〕19.12.2　鸭膜壳绦虫　*Hymenolepis anatina* Krabbe，1869

〔103〕19.12.6　分枝膜壳绦虫　*Hymenolepis cantaniana* Polonio，1860

〔104〕19.12.7　鸡膜壳绦虫　*Hymenolepis carioca* Magalhaes，1898

〔105〕19.12.11　格兰膜壳绦虫　*Hymenolepis giranensis* Sugimoto，1934

〔106〕19.12.12　纤细膜壳绦虫　*Hymenolepis gracilis*（Zeder，1803）Cohn，1901

〔107〕19.12.13　小膜壳绦虫　*Hymenolepis parvula* Kowalewski，1904

〔108〕19.12.15　刺毛膜壳绦虫　*Hymenolepis setigera* Foelich，1789

〔109〕19.12.17　美丽膜壳绦虫　*Hymenolepis venusta*（Rosseter，1897）López-Neyra，1942

〔110〕19.13.2　片形膜钩绦虫　*Hymenosphenacanthus fasciculata* Ransom，1909

〔111〕19.15.2　线样微吻绦虫　*Microsomacanthus carioca* Magalhaes，1898

〔112〕19.15.3　领襟微吻绦虫　*Microsomacanthus collaris* Batsch，1788

〔113〕19.15.4　狭窄微吻绦虫　*Microsomacanthus compressa*（Linton，1892）López-Neyra，1942

〔114〕19.15.6　福氏微吻绦虫　*Microsomacanthus fausti* Tseng-Sheng，1932

〔115〕19.15.10　小体微吻绦虫　*Microsomacanthus microsoma* Creplin，1829

〔116〕19.15.12　副小体微吻绦虫　*Microsomacanthus paramicrosoma* Gasowska，1931

〔117〕19.18.1　柯氏伪裸头绦虫　*Pseudanoplocephala crawfordi* Baylis，1927

〔118〕19.19.2　格兰网宫绦虫　*Retinometra giranensis*（Sugimoto，1934）Spassky，1963

〔119〕19.19.4　美彩网宫绦虫　*Retinometra venusta*（Rosseter，1897）Spassky，1955

〔120〕19.21.4　纤细幼钩绦虫　*Sobolevicanthus gracilis* Zeder，1803

〔121〕19.22.1　坎塔尼亚隐壳绦虫　*Staphylepis cantaniana* Polonio，1860

〔122〕19.23.1　刚刺柴壳绦虫　*Tschertkovilepis setigera* Froelich，1789

〔123〕20.1.1　线形中殖孔绦虫　*Mesocestoides lineatus*（Goeze，1782）Railliet，1893

〔124〕21.1.1　细粒棘球绦虫　*Echinococcus granulosus*（Batsch，1786）Rudolphi，1805

〔125〕21.1.1.1　细粒棘球蚴　*Echinococcus cysticus* Huber，1891

〔126〕21.1.2　多房棘球绦虫　*Echinococcus multilocularis* Leuckart，1863

〔127〕21.2.3　带状泡尾绦虫　*Hydatigera taeniaeformis*（Batsch，1786）Lamarck，1816

〔128〕21.3.1　格氏多头绦虫　*Multiceps gaigeri* Hall，1916

〔129〕21.3.2　多头多头绦虫　*Multiceps multiceps*（Leske，1780）Hall，1910

642

［168］25.2.4　柯氏菲策吸虫　*Fischoederius cobboldi* Poirier，1883

［169］25.2.5　狭窄菲策吸虫　*Fischoederius compressus* Wang，1979

［170］25.2.7　长菲策吸虫　*Fischoederius elongatus*（Poirier，1883）Stiles et Goldberger，1910

［171］25.2.8　扁宽菲策吸虫　*Fischoederius explanatus* Wang et Jiang，1982

［172］25.2.9　菲策菲策吸虫　*Fischoederius fischoederi* Stiles et Goldberger，1910

［173］25.2.10　日本菲策吸虫　*Fischoederius japonicus* Fukui，1922

［174］25.2.14　卵形菲策吸虫　*Fischoederius ovatus* Wang，1977

［175］25.2.17　泰国菲策吸虫　*Fischoederius siamensis* Stiles et Goldberger，1910

［176］25.2.18　四川菲策吸虫　*Fischoederius sichuanensis* Wang et Jiang，1982

［177］25.3.1　巴中腹袋吸虫　*Gastrothylax bazhongensis* Wang et Jiang，1982

［178］25.3.2　中华腹袋吸虫　*Gastrothylax chinensis* Wang，1979

［179］25.3.3　荷包腹袋吸虫　*Gastrothylax crumenifer*（Creplin，1847）Otto，1896

［180］25.3.4　腺状腹袋吸虫　*Gastrothylax glandiformis* Yamaguti，1939

［181］25.3.5　球状腹袋吸虫　*Gastrothylax globoformis* Wang，1977

［182］26.1.1　中华下殖吸虫　*Catatropis chinensis* Lai，Sha，Zhang，*et al.*，1984

［183］26.1.2　印度下殖吸虫　*Catatropis indica* Srivastava，1935

［184］26.1.3　多疣下殖吸虫　*Catatropis verrucosa*（Frolich，1789）Odhner，1905

［185］26.2.2　纤细背孔吸虫　*Notocotylus attenuatus*（Rudolphi，1809）Kossack，1911

［186］26.2.3　巴氏背孔吸虫　*Notocotylus babai* Bhalerao，1935

［187］26.2.8　鳞叠背孔吸虫　*Notocotylus imbricatus* Looss，1893

［188］26.2.9　肠背孔吸虫　*Notocotylus intestinalis* Tubangui，1932

［189］26.2.15　舟形背孔吸虫　*Notocotylus naviformis* Tubangui，1932

［190］26.3.1　印度列叶吸虫　*Ogmocotyle indica*（Bhalerao，1942）Ruiz，1946

［191］26.3.2　羚羊列叶吸虫　*Ogmocotyle pygargi* Skrjabin et Schulz，1933

［192］26.3.3　鹿列叶吸虫　*Ogmocotyle sikae* Yamaguti，1933

［193］27.1.1　杯殖杯殖吸虫　*Calicophoron calicophorum*（Fischoeder，1901）Nasmark，1937

［194］27.1.4　纺锤杯殖吸虫　*Calicophoron fusum* Wang et Xia，1977

［195］27.1.6　绵羊杯殖吸虫　*Calicophoron ovillum* Wang et Liu，1977

［196］27.1.7　斯氏杯殖吸虫　*Calicophoron skrjabini* Popowa，1937

［197］27.1.10　浙江杯殖吸虫　*Calicophoron zhejiangensis* Wang，1979

［198］27.2.1　短肠锡叶吸虫　*Ceylonocotyle brevicaeca* Wang，1966

［199］27.2.2　陈氏锡叶吸虫　*Ceylonocotyle cheni* Wang，1966

［200］27.2.3　双叉肠锡叶吸虫　*Ceylonocotyle dicranocoelium*（Fischoeder，1901）Nasmark，1937

［201］27.2.4　长肠锡叶吸虫　*Ceylonocotyle longicoelium* Wang，1977

［202］27.2.5　直肠锡叶吸虫　*Ceylonocotyle orthocoelium* Fischoeder，1901

［203］27.2.6　副链肠锡叶吸虫　*Ceylonocotyle parastreptocoelium* Wang，1959

［204］27.2.7　侧肠锡叶吸虫　*Ceylonocotyle scoliocoelium*（Fischoeder，1904）Nasmark，1937

［205］27.2.8　弯肠锡叶吸虫　*Ceylonocotyle sinuocoelium* Wang，1959

[206] 27.2.9 链肠锡叶吸虫 *Ceylonocotyle streptocoelium*（Fischoeder, 1901）Nasmark, 1937

[207] 27.4.1 殖盘殖盘吸虫 *Cotylophoron cotylophorum*（Fischoeder, 1901）Stiles et Goldberger, 1910

[208] 27.4.2 小殖盘吸虫 *Cotylophoron fulleborni* Nasmark, 1937

[209] 27.4.4 印度殖盘吸虫 *Cotylophoron indicus* Stiles et Goldberger, 1910

[210] 27.4.7 湘江殖盘吸虫 *Cotylophoron shangkiangensis* Wang, 1979

[211] 27.4.8 弯肠殖盘吸虫 *Cotylophoron sinuointestinum* Wang et Qi, 1977

[212] 27.7.4 台湾巨盘吸虫 *Gigantocotyle formosanum* Fukui, 1929

[213] 27.8.1 野牛平腹吸虫 *Homalogaster paloniae* Poirier, 1883

[214] 27.11.1 吸沟同盘吸虫 *Paramphistomum bothriophoron* Braun, 1892

[215] 27.11.2 鹿同盘吸虫 *Paramphistomum cervi* Zeder, 1790

[216] 27.11.3 后藤同盘吸虫 *Paramphistomum gotoi* Fukui, 1922

[217] 27.11.4 细同盘吸虫 *Paramphistomum gracile* Fischoeder, 1901

[218] 27.11.5 市川同盘吸虫 *Paramphistomum ichikawai* Fukui, 1922

[219] 27.11.8 似小盘同盘吸虫 *Paramphistomum microbothrioides* Price et MacIntosh, 1944

[220] 27.11.9 小盘同盘吸虫 *Paramphistomum microbothrium* Fischoeder, 1901

[221] 27.11.12 拟犬同盘吸虫 *Paramphistomum pseudocuonum* Wang, 1979

[222] 29.1.2 长刺光隙吸虫 *Psilochasmus longicirratus* Skrjabin, 1913

[223] 29.1.3 尖尾光隙吸虫 *Psilochasmus oxyurus*（Creplin, 1825）Lühe, 1909

[224] 29.2.3 大囊光睾吸虫 *Psilorchis saccovoluminosus* Bai, Liu et Chen, 1980

[225] 29.4.1 球形球孔吸虫 *Sphaeridiotrema globulus*（Rudolphi, 1814）Odhner, 1913

[226] 30.3.1 凹形隐叶吸虫 *Cryptocotyle concavum*（Creplin, 1825）Fischoeder, 1903

[227] 30.3.2 东方隐叶吸虫 *Cryptocotyle orientalis* Lühe, 1899

[228] 30.7.1 横川后殖吸虫 *Metagonimus yokogawai* Katsurada, 1912

[229] 31.1.1 鸭对体吸虫 *Amphimerus anatis* Yamaguti, 1933

[230] 31.1.2 长对体吸虫 *Amphimerus elongatus* Gower, 1938

[231] 31.3.1 中华枝睾吸虫 *Clonorchis sinensis*（Cobbolb, 1875）Looss, 1907

[232] 31.5.3 东方次睾吸虫 *Metorchis orientalis* Tanabe, 1921

[233] 31.5.6 台湾次睾吸虫 *Metorchis taiwanensis* Morishita et Tsuchimochi, 1925

[234] 31.6.1 截形微口吸虫 *Microtrema truncatum* Kobayashi, 1915

[235] 31.7.1 鸭后睾吸虫 *Opisthorchis anatinus* Wang, 1975

[236] 31.7.6 细颈后睾吸虫 *Opisthorchis tenuicollis* Rudolphi, 1819

[237] 32.1.1 中华双腔吸虫 *Dicrocoelium chinensis* Tang et Tang, 1978

[238] 32.1.4 矛形双腔吸虫 *Dicrocoelium lanceatum* Stiles et Hassall, 1896

[239] 32.1.5 东方双腔吸虫 *Dicrocoelium orientalis* Sudarikov et Ryjikov, 1951

[240] 32.1.6 扁体双腔吸虫 *Dicrocoelium platynosomum* Tang, Tang, Qi, *et al.*, 1981

[241] 32.2.1 枝睾阔盘吸虫 *Eurytrema cladorchis* Chin, Li et Wei, 1965

[242] 32.2.2 腔阔盘吸虫 *Eurytrema coelomaticum*（Giard et Billet, 1892）Looss, 1907

[243] 32.2.7 胰阔盘吸虫 *Eurytrema pancreaticum*（Janson, 1889）Looss, 1907

［244］32.2.8　圆睾阔盘吸虫　*Eurytrema sphaeriorchis* Tang，Lin et Lin，1978

［245］32.3.1　山羊扁体吸虫　*Platynosomum capranum* Ku，1957

［246］37.2.1　陈氏狸殖吸虫　*Pagumogonimus cheni*（Hu，1963）Chen，1964

［247］37.2.3　斯氏狸殖吸虫　*Pagumogonimus skrjabini*（Chen，1959）Chen，1963

［248］37.3.2　歧囊并殖吸虫　*Paragonimus divergens* Liu，Luo，Gu，*et al.*，1980

［249］37.3.14　卫氏并殖吸虫　*Paragonimus westermani*（Kerbert，1878）Braun，1899

［250］39.1.1　鸭前殖吸虫　*Prosthogonimus anatinus* Markow，1903

［251］39.1.4　楔形前殖吸虫　*Prosthogonimus cuneatus* Braun，1901

［252］39.1.5　窦氏前殖吸虫　*Prosthogonimus dogieli* Skrjabin，1916

［253］39.1.9　日本前殖吸虫　*Prosthogonimus japonicus* Braun，1901

［254］39.1.12　巨腹盘前殖吸虫　*Prosthogonimus macroacetabulus* Chauhan，1940

［255］39.1.16　卵圆前殖吸虫　*Prosthogonimus ovatus* Lühe，1899

［256］39.1.17　透明前殖吸虫　*Prosthogonimus pellucidus* Braun，1901

［257］39.1.18　鲁氏前殖吸虫　*Prosthogonimus rudolphii* Skrjabin，1919

［258］39.1.22　卵黄前殖吸虫　*Prosthogonimus vitellatus* Nicoll，1915

［259］40.2.2　鸡后口吸虫　*Postharmostomum gallinum* Witenberg，1923

［260］40.3.1　羊斯孔吸虫　*Skrjabinotrema ovis* Orloff，Erschoff et Badanin，1934

［261］41.1.6　东方杯叶吸虫　*Cyathocotyle orientalis* Faust，1922

［262］42.2.1　成都平体吸虫　*Hyptiasmus chenduensis* Zhang，Chen，Yang，*et al.*，1985

［263］42.2.3　四川平体吸虫　*Hyptiasmus sichuanensis* Zhang，Chen，Yang，*et al.*，1985

［264］42.2.4　谢氏平体吸虫　*Hyptiasmus theodori* Witenberg，1928

［265］42.3.1　马氏噬眼吸虫　*Ophthalmophagus magalhaesi* Travassos，1921

［266］42.3.2　鼻噬眼吸虫　*Ophthalmophagus nasicola* Witenberg，1923

［267］42.4.1　强壮前平体吸虫　*Prohyptiasmus robustus*（Stossich，1902）Witenberg，1923

［268］42.5.1　中国斯兹达吸虫　*Szidatitrema sinica* Zhang，Yang et Li，1987

［269］43.2.1　心形咽口吸虫　*Pharyngostomum cordatum*（Diesing，1850）Ciurea，1922

［270］45.2.1　彭氏东毕吸虫　*Orientobilharzia bomfordi*（Montgomery，1906）Dutt et Srivastava，1955

［271］45.2.2　土耳其斯坦东毕吸虫　*Orientobilharzia turkestanica*（Skrjabin，1913）Dutt et Srivastavaa，1955

［272］45.3.2　日本分体吸虫　*Schistosoma japonicum* Katsurada，1904

［273］45.4.3　包氏毛毕吸虫　*Trichobilharzia paoi*（K'ung，Wang et Chen，1960）Tang et Tang，1962

［274］46.1.1　圆头异幻吸虫　*Apatemon globiceps* Dubois，1937

［275］46.1.2　优美异幻吸虫　*Apatemon gracilis*（Rudolphi，1819）Szidat，1928

［276］46.1.3　日本异幻吸虫　*Apatemon japonicus* Ishii，1934

［277］46.1.4　小异幻吸虫　*Apatemon minor* Yamaguti，1933

［278］46.3.1　角杯尾吸虫　*Cotylurus cornutus*（Rudolphi，1808）Szidat，1928

［279］46.3.2　扇形杯尾吸虫　*Cotylurus flabelliformis*（Faust，1917）Van Haitsma，1931

646

[318] 61.1.2 钩状锐形线虫 *Acuaria hamulosa* Diesing，1851

[319] 61.1.3 旋锐形线虫 *Acuaria spiralis*（Molin，1858）Railliet，Henry et Sisott，1912

[320] 61.2.1 长鼻咽饰带线虫 *Dispharynx nasuta*（Rudolphi，1819）Railliet，Henry et Sisoff，1912

[321] 61.7.1 厚尾束首线虫 *Streptocara crassicauda* Creplin，1829

[322] 62.1.1 陶氏颚口线虫 *Gnathostoma doloresi* Tubangui，1925

[323] 62.1.2 刚刺颚口线虫 *Gnathostoma hispidum* Fedtchenko，1872

[324] 62.1.3 棘颚口线虫 *Gnathostoma spinigerum* Owen，1836

[325] 63.1.1 嗉囊筒线虫 *Gongylonema ingluvicola* Ransom，1904

[326] 63.1.2 新成筒线虫 *Gongylonema neoplasticum* Fibiger et Ditlevsen，1914

[327] 63.1.3 美丽筒线虫 *Gongylonema pulchrum* Molin，1857

[328] 64.1.1 大口德拉斯线虫 *Drascheia megastoma* Rudolphi，1819

[329] 64.2.1 小口柔线虫 *Habronema microstoma* Schneider，1866

[330] 64.2.2 蝇柔线虫 *Habronema muscae* Carter，1861

[331] 65.1.1 普拉泡翼线虫 *Physaloptera praeputialis* Linstow，1889

[332] 67.1.1 有齿蛔状线虫 *Ascarops dentata* Linstow，1904

[333] 67.1.2 圆形蛔状线虫 *Ascarops strongylina* Rudolphi，1819

[334] 67.2.1 六翼泡首线虫 *Physocephalus sexalatus* Molin，1860

[335] 67.4.1 狼旋尾线虫 *Spirocerca lupi*（Rudolphi，1809）Railliet et Henry，1911

[336] 68.1.3 分棘四棱线虫 *Tetrameres fissispina* Diesing，1861

[337] 69.2.2 丽幼吸吮线虫 *Thelazia callipaeda* Railliet et Henry，1910

[338] 69.2.9 罗氏吸吮线虫 *Thelazia rhodesi* Desmarest，1827

[339] 70.1.1 锐形裂口线虫 *Amidostomum acutum*（Lundahl，1848）Seurat，1918

[340] 70.1.3 鹅裂口线虫 *Amidostomum anseris* Zeder，1800

[341] 70.1.4 鸭裂口线虫 *Amidostomum boschadis* Petrow et Fedjuschin，1949

[342] 70.2.1 鸭瓣口线虫 *Epomidiostomum anatinum* Skrjabin，1915

[343] 70.2.4 钩刺瓣口线虫 *Epomidiostomum uncinatum*（Lundahl，1848）Seurat，1918

[344] 71.1.1 巴西钩口线虫 *Ancylostoma braziliense* Gómez de Faria，1910

[345] 71.1.2 犬钩口线虫 *Ancylostoma caninum*（Ercolani，1859）Hall，1913

[346] 71.1.3 锡兰钩口线虫 *Ancylostoma ceylanicum* Looss，1911

[347] 71.1.4 十二指肠钩口线虫 *Ancylostoma duodenale*（Dubini，1843）Creplin，1845

[348] 71.2.1 牛仰口线虫 *Bunostomum phlebotomum*（Railliet，1900）Railliet，1902

[349] 71.2.2 羊仰口线虫 *Bunostomum trigonocephalum*（Rudolphi，1808）Railliet，1902

[350] 71.4.1 康氏球首线虫 *Globocephalus connorfilii* Alessandrini，1909

[351] 71.4.3 沙姆球首线虫 *Globocephalus samoensis* Lane，1922

[352] 71.4.4 四川球首线虫 *Globocephalus sichuanensis* Wu et Ma，1984

[353] 71.4.5 锥尾球首线虫 *Globocephalus urosubulatus* Alessandrini，1909

[354] 71.5.1 美洲板口线虫 *Necator americanus*（Stiles，1902）Stiles，1903

[355] 71.6.1 沙蒙钩刺线虫 *Uncinaria samoensis* Lane，1922

［391］73.5.1　双冠环齿线虫　*Cylicodontophorus bicoronatus*（Looss，1900）Cram，1924

［392］73.6.1　偏位杯冠线虫　*Cylicostephanus asymmetricus*（Theiler，1923）Cram，1925

［393］73.6.4　高氏杯冠线虫　*Cylicostephanus goldi*（Boulenger，1917）Lichtenfels，1975

［394］73.6.5　杂种杯冠线虫　*Cylicostephanus hybridus*（Kotlán，1920）Cram，1924

［395］73.6.6　长伞杯冠线虫　*Cylicostephanus longibursatus*（Yorke et Macfie，1918）Cram，1924

［396］73.6.7　微小杯冠线虫　*Cylicostephanus minutus*（Yorke et Macfie，1918）Cram，1924

［397］73.6.8　曾氏杯冠线虫　*Cylicostephanus tsengi*（K'ung et Yang，1963）Lichtenfels，1975

［398］73.8.1　头似辐首线虫　*Gyalocephalus capitatus* Looss，1900

［399］73.10.1　真臂副杯口线虫　*Parapoteriostomum euproctus*（Boulenger，1917）Hartwich，1986

［400］73.10.2　麦氏副杯口线虫　*Parapoteriostomum mettami*（Leiper，1913）Hartwich，1986

［401］73.11.1　杯状彼德洛夫线虫　*Petrovinema poculatum*（Looss，1900）Erschow，1943

［402］73.11.2　斯氏彼德洛夫线虫　*Petrovinema skrjabini*（Erschow，1930）Erschow，1943

［403］73.12.1　不等齿杯口线虫　*Poteriostomum imparidentatum* Quiel，1919

［404］73.12.2　拉氏杯口线虫　*Poteriostomum ratzii*（Kotlán，1919）Ihle，1920

［405］73.12.3　斯氏杯口线虫　*Poteriostomum skrjabini* Erschow，1939

［406］74.1.1　安氏网尾线虫　*Dictyocaulus arnfieldi*（Cobbold，1884）Railliet et Henry，1907

［407］74.1.3　鹿网尾线虫　*Dictyocaulus eckerti* Skrjabin，1931

［408］74.1.4　丝状网尾线虫　*Dictyocaulus filaria*（Rudolphi，1809）Railliet et Henry，1907

［409］74.1.6　胎生网尾线虫　*Dictyocaulus viviparus*（Bloch，1782）Railliet et Henry，1907

［410］75.1.1　猪后圆线虫　*Metastrongylus apri*（Gmelin，1790）Vostokov，1905

［411］75.1.2　复阴后圆线虫　*Metastrongylus pudendotectus* Wostokow，1905

［412］75.1.3　萨氏后圆线虫　*Metastrongylus salmi* Gedoelst，1923

［413］77.2.1　有鞘囊尾线虫　*Cystocaulus ocreatus* Railliet et Henry，1907

［414］77.4.2　达氏原圆线虫　*Protostrongylus davtiani* Savina，1940

［415］77.4.3　霍氏原圆线虫　*Protostrongylus hobmaieri*（Schulz，Orloff et Kutass，1933）Cameron，1934

［416］77.4.4　赖氏原圆线虫　*Protostrongylus raillieti*（Schulz，Orloff et Kutass，1933）Cameron，1934

［417］77.4.5　淡红原圆线虫　*Protostrongylus rufescens*（Leuckart，1865）Kamensky，1905

［418］77.4.6　斯氏原圆线虫　*Protostrongylus skrjabini*（Boev，1936）Dikmans，1945

［419］77.6.1　肺变圆线虫　*Varestrongylus pneumonicus* Bhalerao，1932

［420］77.6.3　舒氏变圆线虫　*Varestrongylus schulzi* Boev et Wolf，1938

［421］77.6.4　西南变圆线虫　*Varestrongylus xinanensis* Wu et Yan，1961

［422］79.1.1　有齿冠尾线虫　*Stephanurus dentatus* Diesing，1839

［423］80.1.1　无齿阿尔夫线虫　*Alfortia edentatus*（Looss，1900）Skrjabin，1933

［424］80.2.1　伊氏双齿线虫　*Bidentostomum ivaschkini* Tshoijo，1957

［425］80.3.1　尖尾盆口线虫　*Craterostomum acuticaudatum*（Kotlán，1919）Boulenger，1920

［426］80.4.1　普通戴拉风线虫　*Delafondia vulgaris*（Looss，1900）Skrjabin，1933

［427］80.5.1　粗食道齿线虫　*Oesophagodontus robustus*（Giles，1892）Railliet et Henry，1902

［428］80.6.1　马圆形线虫　*Strongylus equinus* Mueller，1780

［429］80.7.1　短尾三齿线虫　*Triodontophorus brevicauda* Boulenger，1916

［430］80.7.2　小三齿线虫　*Triodontophorus minor* Looss，1900

［431］80.7.3　日本三齿线虫　*Triodontophorus nipponicus* Yamaguti，1943

［432］80.7.5　锯齿三齿线虫　*Triodontophorus serratus*（Looss，1900）Looss，1902

［433］80.7.6　细颈三齿线虫　*Triodontophorus tenuicollis* Boulenger，1916

［434］81.1.1　耳兽比翼线虫　*Mammomonogamus auris*（Faust et Tang，1934）Ryzhikov，1948

［435］81.1.2　喉兽比翼线虫　*Mammomonogamus laryngeus* Railliet，1899

［436］81.2.1　斯氏比翼线虫　*Syngamus skrjabinomorpha* Ryzhikov，1949

［437］81.2.2　气管比翼线虫　*Syngamus trachea* von Siebold，1836

［438］82.1.1　兔莘线虫　*Ashworthius leporis* Yen，1961

［439］82.2.3　叶氏古柏线虫　*Cooperia erschowi* Wu，1958

［440］82.2.8　兰州古柏线虫　*Cooperia lanchowensis* Shen，Tung et Chow，1964

［441］82.2.9　等侧古柏线虫　*Cooperia laterouniformis* Chen，1937

［442］82.2.11　肿孔古柏线虫　*Cooperia oncophora*（Railliet，1898）Ransom，1907

［443］82.2.12　栉状古柏线虫　*Cooperia pectinata* Ransom，1907

［444］82.2.13　点状古柏线虫　*Cooperia punctata*（Linstow，1906）Ransom，1907

［445］82.2.16　珠纳古柏线虫　*Cooperia zurnabada* Antipin，1931

［446］82.3.2　捻转血矛线虫　*Haemonchus contortus*（Rudolphi，1803）Cobbold，1898

［447］82.3.6　似血矛线虫　*Haemonchus similis* Travassos，1914

［448］82.4.1　红色猪圆线虫　*Hyostrongylus rebidus*（Hassall et Stiles，1892）Hall，1921

［449］82.5.5　马氏马歇尔线虫　*Marshallagia marshalli* Ransom，1907

［450］82.5.6　蒙古马歇尔线虫　*Marshallagia mongolica* Schumakovitch，1938

［451］82.6.1　指形长刺线虫　*Mecistocirrus digitatus*（Linstow，1906）Railliet et Henry，1912

［452］82.7.4　长刺似细颈线虫　*Nematodirella longispiculata* Hsu et Wei，1950

［453］82.8.2　阿尔卡细颈线虫　*Nematodirus archari* Sokolova，1948

［454］82.8.8　尖交合刺细颈线虫　*Nematodirus filicollis*（Rudolphi，1802）Ransom，1907

［455］82.8.9　海尔维第细颈线虫　*Nematodirus helvetianus* May，1920

［456］82.8.13　奥利春细颈线虫　*Nematodirus oriatianus* Rajerskaja，1929

［457］82.9.2　特氏剑形线虫　*Obeliscoides travassosi* Liu et Wu，1941

［458］82.11.5　布里亚特奥斯特线虫　*Ostertagia buriatica* Konstantinova，1934

［459］82.11.6　普通奥斯特线虫　*Ostertagia circumcincta*（Stadelmann，1894）Ransom，1907

［460］82.11.19　阿洛夫奥斯特线虫　*Ostertagia orloffi* Sankin，1930

［461］82.11.20　奥氏奥斯特线虫　*Ostertagia ostertagi*（Stiles，1892）Ransom，1907

［462］82.11.24　斯氏奥斯特线虫　*Ostertagia skrjabini* Shen，Wu et Yen，1959

［463］82.11.26　三叉奥斯特线虫　*Ostertagia trifurcata* Ransom，1907

［464］82.11.28　吴兴奥斯特线虫　*Ostertagia wuxingensis* Ling，1958

［465］82. 12. 2　四川副古柏线虫　*Paracooperia sichuanensis* Jiang，Guan，Yan，*et al.*，1988

［466］82. 13. 1　水牛斯纳线虫　*Skrjabinagia bubalis* Jiang，Guan，Yan，*et al.*，1988

［467］82. 13. 2　指刺斯纳线虫　*Skrjabinagia dactylospicula* Wu，Yin et Shen，1965

［468］82. 13. 3　四川斯纳线虫　*Skrjabinagia sichuanensis* Jiang，Guan，Yan，*et al.*，1988

［469］82. 15. 2　艾氏毛圆线虫　*Trichostrongylus axei*（Cobbold，1879）Railliet et Henry，1909

［470］82. 15. 5　蛇形毛圆线虫　*Trichostrongylus colubriformis*（Giles，1892）Looss，1905

［471］82. 15. 9　东方毛圆线虫　*Trichostrongylus orientalis* Jimbo，1914

［472］82. 15. 11　枪形毛圆线虫　*Trichostrongylus probolurus*（Railliet，1896）Looss，1905

［473］82. 15. 15　纤细毛圆线虫　*Trichostrongylus tenuis*（Mehlis，1846）Railliet et Henry，1909

［474］83. 1. 2　环形毛细线虫　*Capillaria annulata*（Molin，1858）López-Neyra，1946

［475］83. 1. 3　鹅毛细线虫　*Capillaria anseris* Madsen，1945

［476］83. 1. 4　双瓣毛细线虫　*Capillaria bilobata* Bhalerao，1933

［477］83. 1. 5　牛毛细线虫　*Capillaria bovis* Schangder，1906

［478］83. 1. 6　膨尾毛细线虫　*Capillaria caudinflata*（Molin，1858）Travassos，1915

［479］83. 1. 11　封闭毛细线虫　*Capillaria obsignata* Madsen，1945

［480］83. 2. 1　环纹优鞘线虫　*Eucoleus annulatum*（Molin，1858）López-Neyra，1946

［481］83. 3. 1　肝脏肝居线虫　*Hepaticola hepatica*（Bancroft，1893）Hall，1916

［482］83. 4. 1　鸭纤形线虫　*Thominx anatis* Schrank，1790

［483］83. 4. 3　捻转纤形线虫　*Thominx contorta*（Creplin，1839）Travassos，1915

［484］84. 1. 2　旋毛形线虫　*Trichinella spiralis*（Owen，1835）Railliet，1895

［485］85. 1. 1　同色鞭虫　*Trichuris concolor* Burdelev，1951

［486］85. 1. 3　瞪羚鞭虫　*Trichuris gazellae* Gebauer，1933

［487］85. 1. 4　球鞘鞭虫　*Trichuris globulosa* Linstow，1901

［488］85. 1. 6　兰氏鞭虫　*Trichuris lani* Artjuch，1948

［489］85. 1. 8　长刺鞭虫　*Trichuris longispiculus* Artjuch，1948

［490］85. 1. 9　绵羊鞭虫　*Trichuris ovina* Sarwar，1945

［491］85. 1. 10　羊鞭虫　*Trichuris ovis* Abilgaard，1795

［492］85. 1. 11　斯氏鞭虫　*Trichuris skrjabini* Baskakov，1924

［493］85. 1. 12　猪鞭虫　*Trichuris suis* Schrank，1788

［494］85. 1. 14　鞭形鞭虫　*Trichuris trichura* Linnaeus，1771

棘头虫　Acanthocephalan

［495］86. 1. 1　蛭形巨吻棘头虫　*Macracanthorhynchus hirudinaceus*（Pallas，1781）Travassos，1917

［496］87. 1. 1　鸭细颈棘头虫　*Filicollis anatis* Schrank，1788

［497］87. 2. 6　小多形棘头虫　*Polymorphus minutus* Zeder，1800

［498］87. 2. 7　四川多形棘头虫　*Polymorphus sichuanensis* Wang et Zhang，1987

节肢动物　Arthropod

［499］88. 1. 1　兔皮姬螯螨　*Cheyletiella parasitivorax* Megnin，1878

［500］88.2.1　双梳羽管螨　*Syringophilus bipectinatus* Heller，1880

［501］90.1.1　牛蠕形螨　*Demodex bovis* Stiles，1892

［502］90.1.2　犬蠕形螨　*Demodex canis* Leydig，1859

［503］90.1.3　山羊蠕形螨　*Demodex caprae* Railliet，1895

［504］90.1.4　绵羊蠕形螨　*Demodex ovis* Railliet，1895

［505］90.1.5　猪蠕形螨　*Demodex phylloides* Czokor，1858

［506］93.2.1　犬耳痒螨　*Otodectes cynotis* Hering，1838

［507］93.2.1.1　犬耳痒螨犬变种　*Otodectes cynotis* var. *canis*

［508］93.3.1　马痒螨　*Psoroptes equi* Hering，1838

［509］93.3.1.1　牛痒螨　*Psoroptes equi* var. *bovis* Gerlach，1857

［510］93.3.1.2　山羊痒螨　*Psoroptes equi* var. *caprae* Hering，1838

［511］93.3.1.3　兔痒螨　*Psoroptes equi* var. *cuniculi* Delafond，1859

［512］93.3.1.4　水牛痒螨　*Psoroptes equi* var. *natalensis* Hirst，1919

［513］93.3.1.5　绵羊痒螨　*Psoroptes equi* var. *ovis* Hering，1838

［514］95.1.1　鸡膝螨　*Cnemidocoptes gallinae* Railliet，1887

［515］95.1.2　突变膝螨　*Cnemidocoptes mutans* Robin，1860

［516］95.2.1.1　兔背肛螨　*Notoedres cati* var. *cuniculi* Gerlach，1857

［517］95.3.1.1　牛疥螨　*Sarcoptes scabiei* var. *bovis* Cameron，1924

［518］95.3.1.3　犬疥螨　*Sarcoptes scabiei* var. *canis* Gerlach，1857

［519］95.3.1.4　山羊疥螨　*Sarcoptes scabiei* var. *caprae*

［520］95.3.1.5　兔疥螨　*Sarcoptes scabiei* var. *cuniculi*

［521］95.3.1.7　马疥螨　*Sarcoptes scabiei* var. *equi*

［522］95.3.1.8　绵羊疥螨　*Sarcoptes scabiei* var. *ovis* Mégnin，1880

［523］95.3.1.9　猪疥螨　*Sarcoptes scabiei* var. *suis* Gerlach，1857

［524］96.1.1　地理纤恙螨　*Leptotrombidium deliense* Walch，1922

［525］96.3.1　巨螯齿螨　*Odontacarus majesticus* Chen et Hsu，1945

［526］97.1.1　波斯锐缘蜱　*Argas persicus* Oken，1818

［527］98.1.1　鸡皮刺螨　*Dermanyssus gallinae* De Geer，1778

［528］99.2.1　微小牛蜱　*Boophilus microplus* Canestrini，1887

［529］99.3.1　阿坝革蜱　*Dermacentor abaensis* Teng，1963

［530］99.4.3　二棘血蜱　*Haemaphysalis bispinosa* Neumann，1897

［531］99.4.4　铃头血蜱　*Haemaphysalis campanulata* Warburton，1908

［532］99.4.9　褐黄血蜱　*Haemaphysalis flava* Neumann，1897

［533］99.4.12　缺角血蜱　*Haemaphysalis inermis* Birula，1895

［534］99.4.13　日本血蜱　*Haemaphysalis japonica* Warburton，1908

［535］99.4.15　长角血蜱　*Haemaphysalis longicornis* Neumann，1901

［536］99.4.17　猛突血蜱　*Haemaphysalis montgomeryi* Nuttall，1912

［537］99.4.18　嗜麝血蜱　*Haemaphysalis moschisuga* Teng，1980

［538］99.4.21　青海血蜱　*Haemaphysalis qinghaiensis* Teng，1980

［539］99. 4. 27　越南血蜱　*Haemaphysalis vietnamensis* Hoogstraal et Wilson，1966

［540］99. 4. 28　汶川血蜱　*Haemaphysalis warburtoni* Nuttall，1912

［541］99. 5. 4　残缘璃眼蜱　*Hyalomma detritum* Schulze，1919

［542］99. 5. 8　边缘璃眼蜱伊氏亚种　*Hyalomma marginatum isaaci* Sharif，1928

［543］99. 6. 3　草原硬蜱　*Ixodes crenulatus* Koch，1844

［544］99. 6. 4　粒形硬蜱　*Ixodes granulatus* Supino，1897

［545］99. 6. 6　拟蓖硬蜱　*Ixodes nuttallianus* Schulze，1930

［546］99. 6. 7　卵形硬蜱　*Ixodes ovatus* Neumann，1899

［547］99. 6. 12　长蝠硬蜱　*Ixodes vespertilionis* Koch，1844

［548］99. 7. 2　镰形扇头蜱　*Rhipicephalus haemaphysaloides* Supino，1897

［549］99. 7. 5　血红扇头蜱　*Rhipicephalus sanguineus* Latreille，1806

［550］100. 1. 1　驴血虱　*Haematopinus asini* Linnaeus，1758

［551］100. 1. 2　阔胸血虱　*Haematopinus eurysternus* Denny，1842

［552］100. 1. 5　猪血虱　*Haematopinus suis* Linnaeus，1758

［553］100. 1. 6　瘤突血虱　*Haematopinus tuberculatus* Burmeister，1839

［554］101. 1. 2　绵羊颚虱　*Linognathus ovillus* Neumann，1907

［555］101. 1. 4　棘颚虱　*Linognathus setosus* von Olfers，1816

［556］101. 1. 5　狭颚虱　*Linognathus stenopsis* Burmeister，1838

［557］101. 1. 6　牛颚虱　*Linognathus vituli* Linnaeus，1758

［558］103. 1. 1　粪种蝇　*Adia cinerella* Fallen，1825

［559］103. 2. 1　横带花蝇　*Anthomyia illocata* Walker，1856

［560］104. 2. 3　巨尾丽蝇（蛆）　*Calliphora grahami* Aldrich，1930

［561］104. 2. 4　宽丽蝇（蛆）　*Calliphora lata* Coquillett，1898

［562］104. 2. 9　红头丽蝇（蛆）　*Calliphora vicina* Robineau-Desvoidy，1830

［563］104. 2. 10　反吐丽蝇（蛆）　*Calliphora vomitoria* Linnaeus，1758

［564］104. 3. 4　大头金蝇（蛆）　*Chrysomya megacephala* Fabricius，1794

［565］104. 3. 5　广额金蝇　*Chrysomya phaonis* Seguy，1928

［566］104. 3. 6　肥躯金蝇　*Chrysomya pinguis* Walker，1858

［567］104. 5. 3　三色依蝇（蛆）　*Idiella tripartita* Bigot，1874

［568］104. 6. 2　南岭绿蝇（蛆）　*Lucilia bazini* Seguy，1934

［569］104. 6. 6　铜绿蝇（蛆）　*Lucilia cuprina* Wiedemann，1830

［570］104. 6. 7　海南绿蝇（蛆）　*Lucilia hainanensis* Fan，1965

［571］104. 6. 8　亮绿蝇（蛆）　*Lucilia illustris* Meigen，1826

［572］104. 6. 9　巴浦绿蝇（蛆）　*Lucilia papuensis* Macquart，1842

［573］104. 6. 11　紫绿蝇（蛆）　*Lucilia porphyrina* Walker，1856

［574］104. 6. 13　丝光绿蝇（蛆）　*Lucilia sericata* Meigen，1826

［575］104. 6. 15　沈阳绿蝇　*Lucilia shenyangensis* Fan，1965

［576］104. 10. 1　叉丽蝇　*Triceratopyga calliphoroides* Rohdendorf，1931

［577］105. 2. 1　琉球库蠓　*Culicoides actoni* Smith，1929

654

［617］105.3.6　峨眉蠛蠓　*Lasiohelea emeishana* Yu et Liu，1982

［618］105.3.8　低飞蠛蠓　*Lasiohelea humilavolita* Yu et Liu，1982

［619］105.3.9　长角蠛蠓　*Lasiohelea longicornis* Tokunaga，1940

［620］105.3.11　南方蠛蠓　*Lasiohelea notialis* Yu et Liu，1982

［621］105.3.13　趋光蠛蠓　*Lasiohelea phototropia* Yu et Zhang，1982

［622］105.3.14　台湾蠛蠓　*Lasiohelea taiwana* Shiraki，1913

［623］105.3.15　钩茎蠛蠓　*Lasiohelea uncusipenis* Yu et Zhang，1982

［624］105.4.12　郧县细蠓　*Leptoconops yunhsienensis* Yu，1963

［625］106.1.2　侧白伊蚊　*Aedes albolateralis* Theobald，1908

［626］106.1.3　白线伊蚊　*Aedes albolineatus* Theobald，1904

［627］106.1.4　白纹伊蚊　*Aedes albopictus* Skuse，1894

［628］106.1.6　刺管伊蚊　*Aedes caecus* Theobald，1901

［629］106.1.8　仁川伊蚊　*Aedes chemulpoensis* Yamada，1921

［630］106.1.9　普通伊蚊　*Aedes communis* De Geer，1776

［631］106.1.13　棘刺伊蚊　*Aedes elsiae* Barraud，1923

［632］106.1.15　冯氏伊蚊　*Aedes fengi* Edwards，1935

［633］106.1.18　台湾伊蚊　*Aedes formosensis* Yamada，1921

［634］106.1.20　双棘伊蚊　*Aedes hatorii* Yamada，1921

［635］106.1.21　日本伊蚊　*Aedes japonicus* Theobald，1901

［636］106.1.22　朝鲜伊蚊　*Aedes koreicus* Edwards，1917

［637］106.1.23　拉萨伊蚊　*Aedes lasaensis* Meng，1962

［638］106.1.25　窄翅伊蚊　*Aedes lineatopennis* Ludlow，1905

［639］106.1.26　乳点伊蚊　*Aedes macfarlanei* Edwards，1914

［640］106.1.30　伪白纹伊蚊　*Aedes pseudalbopictus* Borel，1928

［641］106.1.32　刺螯伊蚊　*Aedes punctor* Kirby，1837

［642］106.1.35　汉城伊蚊　*Aedes seoulensis* Yamada，1921

［643］106.1.39　刺扰伊蚊　*Aedes vexans* Meigen，1830

［644］106.1.40　警觉伊蚊　*Aedes vigilax* Skuse，1889

［645］106.1.41　白点伊蚊　*Aedes vittatus* Bigot，1861

［646］106.2.2　艾氏按蚊　*Anopheles aitkenii* James，1903

［647］106.2.3　环纹按蚊　*Anopheles annularis* van der Wulp，1884

［648］106.2.4　嗜人按蚊　*Anopheles anthropophagus* Xu et Feng，1975

［649］106.2.5　须喙按蚊　*Anopheles barbirostris* van der Wulp，1884

［650］106.2.8　库态按蚊　*Anopheles culicifacies* Giles，1901

［651］106.2.10　溪流按蚊　*Anopheles fluviatilis* James，1902

［652］106.2.11　傅氏按蚊　*Anopheles freyi* Meng，1957

［653］106.2.12　巨型按蚊贝氏亚种　*Anopheles gigas baileyi* Edwards，1929

［654］106.2.16　杰普尔按蚊日月潭亚种　*Anopheles jeyporiensis candidiensis* Koidzumi，1924

［655］106.2.18　寇氏按蚊　*Anopheles kochi* Donitz，1901

［656］106.2.19　朝鲜按蚊　*Anopheles koreicus* Yamada et Watanabe，1918

［657］106.2.20　贵阳按蚊　*Anopheles kweiyangensis* Yao et Wu，1944

［658］106.2.22　凉山按蚊　*Anopheles liangshanensis* Kang，Tan et Cao，1984

［659］106.2.23　林氏按蚊　*Anopheles lindesayi* Giles，1900

［660］106.2.24　多斑按蚊　*Anopheles maculatus* Theobald，1901

［661］106.2.26　微小按蚊　*Anopheles minimus* Theobald，1901

［662］106.2.28　帕氏按蚊　*Anopheles pattoni* Christophers，1926

［663］106.2.29　菲律宾按蚊　*Anopheles philippinensis* Ludlow，1902

［664］106.2.32　中华按蚊　*Anopheles sinensis* Wiedemann，1828

［665］106.2.34　美彩按蚊　*Anopheles splendidus* Koidzumi，1920

［666］106.2.35　斯氏按蚊　*Anopheles stephensi* Liston，1901

［667］106.2.37　棋斑按蚊　*Anopheles tessellatus* Theobald，1901

［668］106.2.40　八代按蚊　*Anopheles yatsushiroensis* Miyazaki，1951

［669］106.3.4　骚扰阿蚊　*Armigeres subalbatus* Coquillett，1898

［670］106.4.1　麻翅库蚊　*Culex bitaeniorhynchus* Giles，1901

［671］106.4.2　短须库蚊　*Culex brevipalpis* Giles，1902

［672］106.4.3　致倦库蚊　*Culex fatigans* Wiedemann，1828

［673］106.4.4　叶片库蚊　*Culex foliatus* Brug，1932

［674］106.4.5　褐尾库蚊　*Culex fuscanus* Wiedemann，1820

［675］106.4.6　棕头库蚊　*Culex fuscocephalus* Theobald，1907

［676］106.4.7　白雪库蚊　*Culex gelidus* Theobald，1901

［677］106.4.8　贪食库蚊　*Culex halifaxia* Theobald，1903

［678］106.4.9　林氏库蚊　*Culex hayashii* Yamada，1917

［679］106.4.11　黄氏库蚊　*Culex huangae* Meng，1958

［680］106.4.12　幼小库蚊　*Culex infantulus* Edwards，1922

［681］106.4.13　吉氏库蚊　*Culex jacksoni* Edwards，1934

［682］106.4.14　马来库蚊　*Culex malayi* Leicester，1908

［683］106.4.15　拟态库蚊　*Culex mimeticus* Noe，1899

［684］106.4.16　小斑翅库蚊　*Culex mimulus* Edwards，1915

［685］106.4.22　白胸库蚊　*Culex pallidothorax* Theobald，1905

［686］106.4.24　尖音库蚊淡色亚种　*Culex pipiens pallens* Coquillett，1898

［687］106.4.25　伪杂鳞库蚊　*Culex pseudovishnui* Colless，1957

［688］106.4.26　白顶库蚊　*Culex shebbearei* Barraud，1924

［689］106.4.27　中华库蚊　*Culex sinensis* Theobald，1903

［690］106.4.30　纹腿库蚊　*Culex theileri* Theobald，1903

［691］106.4.31　三带喙库蚊　*Culex tritaeniorhynchus* Giles，1901

［692］106.4.32　迷走库蚊　*Culex vagans* Wiedemann，1828

［693］106.4.34　惠氏库蚊　*Culex whitmorei* Giles，1904

［694］106.5.5　银带脉毛蚊　*Culiseta niveitaeniata* Theobald，1907

［695］106.7.2　常型曼蚊　*Manssonia uniformis* Theobald，1901

［696］106.8.1　类按直脚蚊　*Orthopodomyia anopheloides* Giles，1903

［697］106.9.1　竹生杵蚊　*Tripteriodes bambusa* Yamada，1917

［698］106.10.1　安氏蓝带蚊　*Uranotaenia annandalei* Barraud，1926

［699］106.10.3　新湖蓝带蚊　*Uranotaenia novobscura* Barraud，1934

［700］107.1.1　红尾胃蝇（蛆）　*Gasterophilus haemorrhoidalis* Linnaeus，1758

［701］107.1.3　肠胃蝇（蛆）　*Gasterophilus intestinalis* De Geer，1776

［702］107.1.5　黑腹胃蝇（蛆）　*Gasterophilus pecorum* Fabricius，1794

［703］107.1.6　烦扰胃蝇（蛆）　*Gasterophilus veterinus* Clark，1797

［704］108.1.2　马虱蝇　*Hippobosca equina* Linnaeus，1758

［705］108.2.1　羊蜱蝇　*Melophagus ovinus* Linnaeus，1758

［706］109.1.1　牛皮蝇（蛆）　*Hypoderma bovis* De Geer，1776

［707］109.1.2　纹皮蝇（蛆）　*Hypoderma lineatum* De Villers，1789

［708］109.1.3　中华皮蝇（蛆）　*Hypoderma sinense* Pleske，1926

［709］110.1.3　会理毛蝇　*Dasyphora huiliensis* Ni，1982

［710］110.2.1　夏厕蝇　*Fannia canicularis* Linnaeus，1761

［711］110.2.4　宜宾厕蝇　*Fannia ipinensis* Chillcott，1961

［712］110.2.9　元厕蝇　*Fannia prisca* Stein，1918

［713］110.2.10　瘤胫厕蝇　*Fannia scalaris* Fabricius，1794

［714］110.7.3　林莫蝇　*Morellia hortorum* Fallen，1817

［715］110.8.3　北栖家蝇　*Musca bezzii* Patton et Cragg，1913

［716］110.8.4　逐畜家蝇　*Musca conducens* Walker，1859

［717］110.8.5　突额家蝇　*Musca convexifrons* Thomson，1868

［718］110.8.6　肥喙家蝇　*Musca crassirostris* Stein，1903

［719］110.8.7　家蝇　*Musca domestica* Linnaeus，1758

［720］110.8.8　黑边家蝇　*Musca hervei* Villeneuve，1922

［721］110.8.11　亮家蝇　*Musca lucens* Villeneuve，1922

［722］110.8.13　毛提家蝇　*Musca pilifacies* Emden，1965

［723］110.8.14　市家蝇　*Musca sorbens* Wiedemann，1830

［724］110.8.15　骚扰家蝇　*Musca tempestiva* Fallen，1817

［725］110.8.16　黄腹家蝇　*Musca ventrosa* Wiedemann，1830

［726］110.9.3　厩腐蝇　*Muscina stabulans* Fallen，1817

［727］110.10.2　斑遮黑蝇　*Ophyra chalcogaster* Wiedemann，1824

［728］110.10.3　银眉黑蝇　*Ophyra leucostoma* Wiedemann，1817

［729］110.10.4　暗黑黑蝇　*Ophyra nigra* Wiedemann，1830

［730］110.10.5　暗额黑蝇　*Ophyra obscurifrons* Sabrosky，1949

［731］110.11.1　绿翠蝇　*Orthellia caesarion* Meigen，1826

［732］110.11.2　紫翠蝇　*Orthellia chalybea* Wiedemann，1830

［733］110.11.4　印度翠蝇　*Orthellia indica* Robineau-Desvoidy，1830

659

［773］117.2.14　黄胸斑虻　*Chrysops flaviscutellus* Philip，1963

［774］117.2.18　日本斑虻　*Chrysops japonicus* Wiedemann，1828

［775］117.2.25　高原斑虻　*Chrysops plateauna* Wang，1978

［776］117.2.26　帕氏斑虻　*Chrysops potanini* Pleske，1910

［777］117.2.29　宽条斑虻　*Chrysops semiignitus* Krober，1930

［778］117.2.31　中华斑虻　*Chrysops sinensis* Walker，1856

［779］117.2.33　条纹斑虻　*Chrysops striatula* Pechuman，1943

［780］117.2.34　合瘤斑虻　*Chrysops suavis* Loew，1858

［781］117.2.35　亚舟山斑虻　*Chrysops subchusanensis* Wang et Liu，1990

［782］117.2.36　四川斑虻　*Chrysops szechuanensis* Krober，1933

［783］117.2.39　范氏斑虻　*Chrysops vanderwulpi* Krober，1929

［784］117.4.1　宝兴步虻　*Gressittia baoxingensis* Wang et Liu，1990

［785］117.4.2　二标步虻　*Gressittia birumis* Philip et Mackerras，1960

［786］117.4.3　峨眉山步虻　*Gressittia emeishanensis* Wang et Liu，1990

［787］117.5.4　阿萨姆麻虻　*Haematopota assamensis* Ricardo，1911

［788］117.5.6　棕角麻虻　*Haematopota brunnicornis* Wang，1988

［789］117.5.11　二郎山麻虻　*Haematopota erlangshanensis* Xu，1980

［790］117.5.15　格里高麻虻　*Haematopota gregoryi* Stone et Philip，1974

［791］117.5.30　勐腊麻虻　*Haematopota menglaensis* Wu et Xu，1992

［792］117.5.33　峨眉山麻虻　*Haematopota omeishanensis* Xu，1980

［793］117.5.44　邛海麻虻　*Haematopota qionghaiensis* Xu，1980

［794］117.5.45　中华麻虻　*Haematopota sinensis* Ricardo，1911

［795］117.5.55　低额麻虻　*Haematopota ustulata* Krober，1933

［796］117.5.59　云南麻虻　*Haematopota yunnanensis* Stone et Philip，1974

［797］117.5.60　拟云南麻虻　*Haematopota yunnanoides* Xu，1991

［798］117.6.1　阿坝瘤虻　*Hybomitra abaensis* Xu et Song，1983

［799］117.6.7　白毛瘤虻　*Hybomitra albicoma* Wang，1981

［800］117.6.9　高山瘤虻　*Hybomitra alticola* Wang，1981

［801］117.6.10　瓶胛瘤虻　*Hybomitra ampulla* Wang et Liu，1990

［802］117.6.16　乌腹瘤虻　*Hybomitra atritergita* Wang，1981

［803］117.6.18　马尔康瘤虻　*Hybomitra barkamensis* Wang，1981

［804］117.6.22　波拉瘤虻　*Hybomitra branta* Wang，1982

［805］117.6.23　拟波拉瘤虻　*Hybomitra brantoides* Wang，1984

［806］117.6.29　膨条瘤虻　*Hybomitra expollicata* Pandelle，1883

［807］117.6.30　黄毛瘤虻　*Hybomitra flavicoma* Wang，1981

［808］117.6.33　棕斑瘤虻　*Hybomitra fuscomaculata* Wang，1985

［809］117.6.35　草生瘤虻　*Hybomitra gramina* Xu，1983

［810］117.6.36　似草生瘤虻　*Hybomitra graminoida* Xu，1983

［811］117.6.38　全黑瘤虻　*Hybomitra holonigera* Xu et Li，1982

［851］117.11.94　中华虻　*Tabanus mandarinus* Schiner，1868

［852］117.11.96　松本虻　*Tabanus matsumotoensis* Murdoch et Takahasi，1961

［853］117.11.101　三宅虻　*Tabanus miyajima* Ricardo，1911

［854］117.11.105　革新虻　*Tabanus mutatus* Wang et Liu，1992

［855］117.11.106　全黑虻　*Tabanus nigra* Liu et Wang，1977

［856］117.11.111　暗嗜虻　*Tabanus nigrimordicus* Xu，1979

［857］117.11.112　日本虻　*Tabanus nipponicus* Murdoch et Takahasi，1969

［858］117.11.118　青腹虻　*Tabanus oliviventris* Xu，1979

［859］117.11.120　峨眉山虻　*Tabanus omeishanensis* Xu，1979

［860］117.11.127　副菌虻　*Tabanus parabactrianus* Liu，1960

［861］117.11.128　副佛光虻　*Tabanus parabuddha* Xu，1983

［862］117.11.140　邛海虻　*Tabanus qionghaiensis* Xu，1979

［863］117.11.141　五带虻　*Tabanus quinquecinctus* Ricardo，1914

［864］117.11.151　山东虻　*Tabanus shantungensis* Ouchi，1943

［865］117.11.153　华广虻　*Tabanus signatipennis* Portsch，1887

［866］117.11.154　角斑虻　*Tabanus signifer* Walker，1856

［867］117.11.158　纹带虻　*Tabanus striatus* Fabricius，1787

［868］117.11.160　类柯虻　*Tabanus subcordiger* Liu，1960

［869］117.11.170　高砂虻　*Tabanus takasagoensis* Shiraki，1918

［870］117.11.172　天目虻　*Tabanus tianmuensis* Liu，1962

［871］117.11.177　亚布力虻　*Tabanus yablonicus* Takagi，1941

［872］117.11.178　姚氏虻　*Tabanus yao* Macquart，1855

［873］117.11.180　云南虻　*Tabanus yunnanensis* Liu et Wang，1977

［874］118.2.4　草黄鸡体羽虱　*Menacanthus stramineus* Nitzsch，1818

［875］118.3.1　鸡羽虱　*Menopon gallinae* Linnaeus，1758

［876］118.3.2　鸭浣羽虱　*Menopon leucoxanthum* Burmeister，1838

［877］118.4.1　鹅巨羽虱　*Trinoton anserinum* Fabricius，1805

［878］118.4.2　斑巨羽虱　*Trinoton lituratum* Burmeister，1838

［879］118.4.3　鸭巨羽虱　*Trinoton querquedulae* Linnaeus，1758

［880］119.1.1　广口鹅鸭羽虱　*Anatoecus dentatus* Scopoli，1763

［881］119.4.1　鹅啮羽虱　*Esthiopterum anseris* Linnaeus，1758

［882］119.4.2　圆鸭啮羽虱　*Esthiopterum crassicorne* Scopoli，1763

［883］119.5.1　鸡圆羽虱　*Goniocotes gallinae* De Geer，1778

［884］119.6.1　鸡角羽虱　*Goniodes dissimilis* Denny，1842

［885］119.6.2　巨角羽虱　*Goniodes gigas* Taschenberg，1879

［886］119.7.1　鸡翅长羽虱　*Lipeurus caponis* Linnaeus，1758

［887］119.7.3　广幅长羽虱　*Lipeurus heterographus* Nitzsch，1866

［888］119.7.5　鸡长羽虱　*Lipeurus variabilis* Burmeister，1838

［889］120.1.1　牛毛虱　*Bovicola bovis* Linnaeus，1758

［890］120.1.2　山羊毛虱　*Bovicola caprae* Gurlt，1843

［891］120.1.3　绵羊毛虱　*Bovicola ovis* Schrank，1781

［892］120.3.1　犬啮毛虱　*Trichodectes canis* De Geer，1778

［893］120.3.2　马啮毛虱　*Trichodectes equi* Denny，1842

［894］121.2.1　扇形副角蚤　*Paraceras flabellum* Curtis，1832

［895］125.1.1　犬栉首蚤　*Ctenocephalide canis* Curtis，1826

［896］125.1.2　猫栉首蚤　*Ctenocephalide felis* Bouche，1835

［897］125.4.1　致痒蚤　*Pulex irritans* Linnaeus，1758

［898］127.1.1　锯齿舌形虫　*Linguatula serrata* Fröhlich，1789

台湾省寄生虫种名
Species of Parasites in Taiwan Province

原虫　Protozoon

［1］2.1.1　蓝氏贾第鞭毛虫　*Giardia lamblia* Stiles，1915

［2］3.2.2　伊氏锥虫　*Trypanosoma evansi*（Steel，1885）Balbiani，l888

［3］7.2.2　堆型艾美耳球虫　*Eimeria acervulina* Tyzzer，1929

［4］7.2.19　布氏艾美耳球虫　*Eimeria brunetti* Levine，1942

［5］7.2.48　哈氏艾美耳球虫　*Eimeria hagani* Levine，1938

［6］7.2.67　巨型艾美耳球虫　*Eimeria maxima* Tyzzer，1929

［7］7.2.69　和缓艾美耳球虫　*Eimeria mitis* Tyzzer，1929

［8］7.2.70　变位艾美耳球虫　*Eimeria mivati* Edgar et Siebold，l964

［9］7.2.90　早熟艾美耳球虫　*Eimeria praecox* Johnson，1930

［10］7.2.107　柔嫩艾美耳球虫　*Eimeria tenella*（Railliet et Lucet，1891）Fantham，1909

［11］8.1.1　卡氏住白细胞虫　*Leucocytozoon caulleryii* Mathis et Léger，1909

［12］8.1.2　沙氏住白细胞虫　*Leucocytozoon sabrazesi* Mathis et Léger，1910

［13］10.4.1　龚地弓形虫　*Toxoplasma gondii*（Nicolle et Manceaux，1908）Nicolle et Manceaux，1909

［14］14.1.1　结肠小袋虫　*Balantidium coli*（Malmsten，1857）Stein，1862

绦虫　Cestode

［15］15.1.2　叶状裸头绦虫　*Anoplocephala perfoliata*（Goeze，1782）Blanchard，1848

［16］15.4.2　贝氏莫尼茨绦虫　*Moniezia benedeni*（Moniez，1879）Blanchard，1891

［17］15.6.1　侏儒副裸头绦虫　*Paranoplocephala mamillana*（Mehlis，1831）Baer，1927

［18］15.7.1　球状点斯泰勒绦虫　*Stilesia globipunctata*（Rivolta，1874）Railliet，1893

［19］16.1.1　双性孔卡杜绦虫　*Cotugnia digonopora* Pasquale，1890

［20］16.1.2　台湾卡杜绦虫　*Cotugnia taiwanensis* Yamaguti，1935

［21］16.3.12　四角瑞利绦虫　*Raillietina tetragona* Molin，1858

［22］17.1.1　楔形变带绦虫　*Amoebotaenia cuneata* von Linstow，1872

［23］17.4.1　犬复孔绦虫　*Dipylidium caninum*（Linnaeus，1758）Leuckart，1863

［24］19.3.1　大头腔带绦虫　*Cloacotaenia megalops* Nitzsch in Creplin，1829

［25］19.4.2　冠状双盔带绦虫　*Dicranotaenia coronula*（Dujardin，1845）Railliet，1892

［26］19.6.5　台湾双睾绦虫　*Diorchis formosensis* Sugimoto，1934

［27］19.7.1　矛形剑带绦虫　*Drepanidotaenia lanceolata* Bloch，1782

［28］19.10.2　片形缝缘绦虫　*Fimbriaria fasciolaris* Pallas，1781

［29］19.12.2　鸭膜壳绦虫　*Hymenolepis anatina* Krabbe，1869

［30］19.12.3　角额膜壳绦虫　*Hymenolepis angularostris* Sugimoto，1934

［31］19.12.11　格兰膜壳绦虫　*Hymenolepis giranensis* Sugimoto，1934

［32］19.13.1　纤小膜钩绦虫　*Hymenosphenacanthus exiguus* Yoshida，1910

［33］19.15.4　狭窄微吻绦虫　*Microsomacanthus compressa*（Linton，1892）López-Neyra，1942

［34］19.15.8　台湾微吻绦虫　*Microsomacanthus formosa*（Dubinina，1953）Yamaguti，1959

［35］19.16.1　领襟粘壳绦虫　*Myxolepis collaris*（Batsch，1786）Spassky，1959

［36］19.19.1　弱小网宫绦虫　*Retinometra exiguus*（Yashida，1910）Spassky，1955

［37］19.19.2　格兰网宫绦虫　*Retinometra giranensis*（Sugimoto，1934）Spassky，1963

［38］19.19.3　长茎网宫绦虫　*Retinometra longicirrosa*（Fuhrmann，1906）Spassky，1963

［39］19.21.4　纤细幼钩绦虫　*Sobolevicanthus gracilis* Zeder，1803

［40］21.2.3　带状泡尾绦虫　*Hydatigera taeniaeformis*（Batsch，1786）Lamarck，1816

［41］21.5.1　牛囊尾蚴　*Cysticercus bovis* Cobbold，1866

［42］22.1.1　心形双槽头绦虫　*Dibothriocephalus cordatus* Leuckart，1863

［43］22.1.4　阔节双槽头绦虫　*Dibothriocephalus latus* Linnaeus，1758

［44］22.2.1　肠舌状绦虫　*Ligula intestinalis* Linnaeus，1758

［45］22.3.1　孟氏旋宫绦虫　*Spirometra mansoni* Joyeux et Houdemer，1928

［46］22.3.1.1　孟氏裂头蚴　*Sparganum mansoni* Joyeux，1928

吸虫　Trematode

［47］23.1.4　日本棘隙吸虫　*Echinochasmus japonicus* Tanabe，1926

［48］23.2.1　棒状棘缘吸虫　*Echinoparyphium baculus*（Diesing，1850）Lühe，1909

［49］23.2.15　曲领棘缘吸虫　*Echinoparyphium recurvatum*（Linstow，1873）Lühe，1909

［50］23.2.17　台北棘缘吸虫　*Echinoparyphium taipeiense* Fischthal et Kuntz，1976

［51］23.3.7　移睾棘口吸虫　*Echinostoma cinetorchis* Ando et Ozaki，1923

［52］23.3.21　草地棘口吸虫　*Echinostoma pratense* Ono，1933

［53］23.3.22　卷棘口吸虫　*Echinostoma revolutum*（Fröhlich，1802）Looss，1899

［54］23.3.23　强壮棘口吸虫　*Echinostoma robustum* Yamaguti，1935

［55］23.6.1　似锥低颈吸虫　*Hypoderaeum conoideum*（Bloch，1782）Dietz，1909

[93] 39.1.5　窦氏前殖吸虫　*Prosthogonimus dogieli* Skrjabin，1916

[94] 39.1.9　日本前殖吸虫　*Prosthogonimus japonicus* Braun，1901

[95] 39.1.16　卵圆前殖吸虫　*Prosthogonimus ovatus* Lühe，1899

[96] 40.1.1　普通短咽吸虫　*Brachylaima commutatum* Diesing，1858

[97] 40.2.2　鸡后口吸虫　*Postharmostomum gallinum* Witenberg，1923

[98] 45.3.2　日本分体吸虫　*Schistosoma japonicum* Katsurada，1904

[99] 45.4.6　横川毛毕吸虫　*Trichobilharzia yokogawai* Oiso，1927

[100] 47.1.1　舟形嗜气管吸虫　*Tracheophilus cymbius*（Diesing，1850）Skrjabin，1913

[101] 47.1.2　肝嗜气管吸虫　*Tracheophilus hepaticus* Sugimoto，1919

[102] 47.2.1　胡瓜形盲腔吸虫 *Typhlocoelum cucumerinum*（Rudolphi，1809）Stossich，1902

线虫　Nematode

[103] 48.1.1　似蚓蛔虫　*Ascaris lumbricoides* Linnaeus，1758

[104] 48.1.2　羊蛔虫　*Ascaris ovis* Rudolphi，1819

[105] 48.1.4　猪蛔虫　*Ascaris suum* Goeze，1782

[106] 48.2.1　犊新蛔虫　*Neoascaris vitulorum*（Goeze，1782）Travassos，1927

[107] 48.3.1　马副蛔虫　*Parascaris equorum*（Goeze，1782）Yorke and Maplestone，1926

[108] 48.4.1　狮弓蛔虫　*Toxascaris leonina*（Linstow，1902）Leiper，1907

[109] 49.1.3　鸽禽蛔虫　*Ascaridia columbae*（Gmelin，1790）Travassos，1913

[110] 49.1.4　鸡禽蛔虫　*Ascaridia galli*（Schrank，1788）Freeborn，1923

[111] 50.1.1　犬弓首蛔虫　*Toxocara canis*（Werner，1782）Stiles，1905

[112] 50.1.2　猫弓首蛔虫　*Toxocara cati* Schrank，1788

[113] 51.3.1　三色棘首线虫　*Hystrichis tricolor* Dujardin，1845

[114] 52.3.1　犬恶丝虫　*Dirofilaria immitis*（Leidy，1856）Railliet et Henry，1911

[115] 53.1.1　谢氏丝虫　*Filaria seguini*（Mathis et Leger，1909）Neveu-Lemaire，1912

[116] 55.1.1　贝氏丝状线虫　*Setaria bernardi* Railliet et Henry，1911

[117] 55.1.6　指形丝状线虫　*Setaria digitata* Linstow，1906

[118] 55.1.7　马丝状线虫　*Setaria equina*（Abildgaard，1789）Viborg，1795

[119] 55.1.9　唇乳突丝状线虫　*Setaria labiatopapillosa* Alessandrini，1838

[120] 56.1.2　异形同刺线虫　*Ganguleterakis dispar*（Schrank，1790）Dujardin，1845

[121] 56.2.1　贝拉异刺线虫　*Heterakis beramporia* Lane，1914

[122] 56.2.4　鸡异刺线虫　*Heterakis gallinarum*（Schrank，1788）Freeborn，1923

[123] 57.1.1　马尖尾线虫　*Oxyuris equi*（Schrank，1788）Rudolphi，1803

[124] 58.1.2　台湾鸟龙线虫　*Avioserpens taiwana* Sugimoto，1934

[125] 60.1.2　福氏类圆线虫　*Strongyloides fuelleborni* von Linstow，1905

[126] 60.1.3　乳突类圆线虫　*Strongyloides papillosus*（Wedl，1856）Ransom，1911

[127] 60.1.5　粪类圆线虫　*Strongyloides stercoralis*（Bavay，1876）Stiles et Hassall，1902

[128] 60.1.6　猪类圆线虫　*Strongyloides suis*（Lutz，1894）Linstow，1905

[129] 61.1.2　钩状锐形线虫　*Acuaria hamulosa* Diesing，1851

[130] 61.2.1　长鼻咽饰带线虫　*Dispharynx nasuta*（Rudolphi，1819）Railliet，Henry et

Sisoff，1912

[131] 61.3.1 钩状棘结线虫 *Echinuria uncinata*（Rudolphi，1819）Soboview，1912

[132] 61.5.1 台湾副锐形线虫 *Paracuria formosensis* Sugimoto，1930

[133] 61.7.1 厚尾束首线虫 *Streptocara crassicauda* Creplin，1829

[134] 62.1.1 陶氏颚口线虫 *Gnathostoma doloresi* Tubangui，1925

[135] 62.1.2 刚刺颚口线虫 *Gnathostoma hispidum* Fedtchenko，1872

[136] 62.1.3 棘颚口线虫 *Gnathostoma spinigerum* Owen，1836

[137] 63.1.1 嗉囊筒线虫 *Gongylonema ingluvicola* Ransom，1904

[138] 63.1.2 新成筒线虫 *Gongylonema neoplasticum* Fibiger et Ditlevsen，1914

[139] 63.1.4 多瘤筒线虫 *Gongylonema verrucosum* Giles，1892

[140] 64.1.1 大口德拉斯线虫 *Drascheia megastoma* Rudolphi，1819

[141] 64.2.1 小口柔线虫 *Habronema microstoma* Schneider，1866

[142] 64.2.2 蝇柔线虫 *Habronema muscae* Carter，1861

[143] 67.1.2 圆形蛔状线虫 *Ascarops strongylina* Rudolphi，1819

[144] 67.2.1 六翼泡首线虫 *Physocephalus sexalatus* Molin，1860

[145] 67.3.1 奇异西蒙线虫 *Simondsia paradoxa* Cobbold，1864

[146] 67.4.1 狼旋尾线虫 *Spirocerca lupi*（Rudolphi，1809）Railliet et Henry，1911

[147] 68.1.3 分棘四棱线虫 *Tetrameres fissispina* Diesing，1861

[148] 69.1.1 孟氏尖旋线虫 *Oxyspirura mansoni*（Cobbold，1879）Ransom，1904

[149] 69.2.9 罗氏吸吮线虫 *Thelazia rhodesi* Desmarest，1827

[150] 70.1.1 锐形裂口线虫 *Amidostomum acutum*（Lundahl，1848）Seurat，1918

[151] 70.1.2 小鸭裂口线虫 *Amidostomum anatinum* Sugimoto，1928

[152] 70.1.5 斯氏裂口线虫 *Amidostomum skrjabini* Boulenger，1926

[153] 70.2.1 鸭瓣口线虫 *Epomidiostomum anatinum* Skrjabin，1915

[154] 70.2.4 钩刺瓣口线虫 *Epomidiostomum uncinatum*（Lundahl，1848）Seurat，1918

[155] 71.1.1 巴西钩口线虫 *Ancylostoma braziliense* Gómez de Faria，1910

[156] 71.1.2 犬钩口线虫 *Ancylostoma caninum*（Ercolani，1859）Hall，1913

[157] 71.1.3 锡兰钩口线虫 *Ancylostoma ceylanicum* Looss，1911

[158] 71.1.4 十二指肠钩口线虫 *Ancylostoma duodenale*（Dubini，1843）Creplin，1845

[159] 71.2.1 牛仰口线虫 *Bunostomum phlebotomum*（Railliet，1900）Railliet，1902

[160] 71.2.2 羊仰口线虫 *Bunostomum trigonocephalum*（Rudolphi，1808）Railliet，1902

[161] 72.3.3 羊夏柏特线虫 *Chabertia ovina*（Fabricius，1788）Raillet et Henry，1909

[162] 72.4.4 哥伦比亚食道口线虫 *Oesophagostomum columbianum*（Curtice，1890）Stossich，1899

[163] 72.4.10 辐射食道口线虫 *Oesophagostomum radiatum*（Rudolphi，1803）Railliet，1898

[164] 72.4.13 微管食道口线虫 *Oesophagostomum venulosum* Rudolphi，1809

[165] 73.3.7 四刺盅口线虫 *Cyathostomum tetracanthum*（Mehlis，1831）Molin，1861（sensu Looss，1900）

[166] 73.4.4 短囊杯环线虫 *Cylicocyclus brevicapsulatus*（Ihle，1920）Erschow，1939

［167］74.1.4　丝状网尾线虫　*Dictyocaulus filaria*（Rudolphi，1809）Railliet et Henry，1907

［168］74.1.6　胎生网尾线虫　*Dictyocaulus viviparus*（Bloch，1782）Railliet et Henry，1907

［169］76.1.1　三尖盘头线虫　*Ollulanus tricuspis* Leuckart，1865

［170］79.1.1　有齿冠尾线虫　*Stephanurus dentatus* Diesing，1839

［171］80.1.1　无齿阿尔夫线虫　*Alfortia edentatus*（Looss，1900）Skrjabin，1933

［172］80.4.1　普通戴拉风线虫　*Delafondia vulgaris*（Looss，1900）Skrjabin，1933

［173］80.6.1　马圆形线虫　*Strongylus equinus* Mueller，1780

［174］80.7.2　小三齿线虫　*Triodontophorus minor* Looss，1900

［175］80.7.5　锯齿三齿线虫　*Triodontophorus serratus*（Looss，1900）Looss，1902

［176］80.7.6　细颈三齿线虫　*Triodontophorus tenuicollis* Boulenger，1916

［177］82.2.2　库氏古柏线虫　*Cooperia curticei*（Giles，1892）Ransom，1907

［178］82.6.1　指形长刺线虫　*Mecistocirrus digitatus*（Linstow，1906）Railliet et Henry，1912

［179］82.8.8　尖交合刺细颈线虫　*Nematodirus filicollis*（Rudolphi，1802）Ransom，1907

［180］82.10.1　四射鸟圆线虫　*Ornithostrongylus quadriradiatus*（Stevenson，1904）Travassos，1914

［181］82.15.5　蛇形毛圆线虫　*Trichostrongylus colubriformis*（Giles，1892）Looss，1905

［182］82.15.9　东方毛圆线虫　*Trichostrongylus orientalis* Jimbo，1914

［183］83.1.6　膨尾毛细线虫　*Capillaria caudinflata*（Molin，1858）Travassos，1915

［184］83.1.11　封闭毛细线虫　*Capillaria obsignata* Madsen，1945

［185］83.2.1　环纹优鞘线虫　*Eucoleus annulatum*（Molin，1858）López-Neyra，1946

［186］83.3.1　肝脏肝居线虫　*Hepaticola hepatica*（Bancroft，1893）Hall，1916

［187］83.4.2　领襟纤形线虫　*Thominx collaris* Linstow，1873

［188］83.4.3　捻转纤形线虫　*Thominx contorta*（Creplin，1839）Travassos，1915

［189］85.1.10　羊鞭虫　*Trichuris ovis* Abilgaard，1795

［190］85.1.12　猪鞭虫　*Trichuris suis* Schrank，1788

［191］85.1.15　狐鞭虫　*Trichuris vulpis* Froelich，1789

棘头虫　Acanthocephalan

［192］86.1.1　蛭形巨吻棘头虫　*Macracanthorhynchus hirudinaceus*（Pallas，1781）Travassos，1917

［193］87.2.4　台湾多形棘头虫　*Polymorphus formosus* Schmidt et Kuntz，1967

［194］87.2.6　小多形棘头虫　*Polymorphus minutus* Zeder，1800

节肢动物　Arthropod

［195］95.3.1.9　猪疥螨　*Sarcoptes scabiei var. suis* Gerlach，1857

［196］96.1.1　地理纤恙螨　*Leptotrombidium deliense* Walch，1922

［197］96.2.1　鸡新棒螨　*Neoschoengastia gallinarum* Hatori，1920

［198］96.4.1　红恙螨　*Trombicula akamushi* Brumpt，1910

［199］97.1.1　波斯锐缘蜱　*Argas persicus* Oken，1818

［200］99.1.2　龟形花蜱　*Amblyomma testudinarium* Koch，1844

668

［201］99.2.1　微小牛蜱　*Boophilus microplus* Canestrini，1887

［202］99.3.2　金泽革蜱　*Dermacentor auratus* Supino，1897

［203］99.4.2　缅甸血蜱　*Haemaphysalis birmaniae* Supino，1897

［204］99.4.5　侧刺血蜱　*Haemaphysalis canestrinii* Supino，1897

［205］99.4.7　具角血蜱　*Haemaphysalis cornigera* Neumann，1897

［206］99.4.9　褐黄血蜱　*Haemaphysalis flava* Neumann，1897

［207］99.4.10　台湾血蜱　*Haemaphysalis formosensis* Neumann，1913

［208］99.4.11　豪猪血蜱　*Haemaphysalis hystricis* Supino，1897

［209］99.4.15　长角血蜱　*Haemaphysalis longicornis* Neumann，1901

［210］99.4.16　日岛血蜱　*Haemaphysalis mageshimaensis* Saito et Hoogstraal，1973

［211］99.6.1　锐跗硬蜱　*Ixodes acutitarsus* Karsch，1880

［212］99.6.4　粒形硬蜱　*Ixodes granulatus* Supino，1897

［213］99.6.7　卵形硬蜱　*Ixodes ovatus* Neumann，1899

［214］99.6.10　篦子硬蜱　*Ixodes ricinus* Linnaeus，1758

［215］99.6.12　长蝠硬蜱　*Ixodes vespertilionis* Koch，1844

［216］99.7.2　镰形扇头蜱　*Rhipicephalus haemaphysaloides* Supino，1897

［217］99.7.5　血红扇头蜱　*Rhipicephalus sanguineus* Latreille，1806

［218］100.1.4　四孔血虱　*Haematopinus quadripertusus* Fahrenholz，1916

［219］100.1.5　猪血虱　*Haematopinus suis* Linnaeus，1758

［220］103.1.1　粪种蝇　*Adia cinerella* Fallen，1825

［221］103.2.1　横带花蝇　*Anthomyia illocata* Walker，1856

［222］104.1.1　绯颜裸金蝇　*Achoetandrus rufifacies* Macquart，1843

［223］104.2.3　巨尾丽蝇（蛆）　*Calliphora grahami* Aldrich，1930

［224］104.2.4　宽丽蝇（蛆）　*Calliphora lata* Coquillett，1898

［225］104.2.10　反吐丽蝇（蛆）　*Calliphora vomitoria* Linnaeus，1758

［226］104.3.1　白氏金蝇（蛆）　*Chrysomya bezziana* Villeneuve，1914

［227］104.3.4　大头金蝇（蛆）　*Chrysomya megacephala* Fabricius，1794

［228］104.3.6　肥躯金蝇　*Chrysomya pinguis* Walker，1858

［229］104.6.2　南岭绿蝇（蛆）　*Lucilia bazini* Seguy，1934

［230］104.6.6　铜绿蝇（蛆）　*Lucilia cuprina* Wiedemann，1830

［231］104.6.7　海南绿蝇（蛆）　*Lucilia hainanensis* Fan，1965

［232］104.6.9　巴浦绿蝇（蛆）　*Lucilia papuensis* Macquart，1842

［233］104.6.11　紫绿蝇（蛆）　*Lucilia porphyrina* Walker，1856

［234］104.6.13　丝光绿蝇（蛆）　*Lucilia sericata* Meigen，1826

［235］105.2.1　琉球库蠓　*Culicoides actoni* Smith，1929

［236］105.2.3　白带库蠓　*Culicoides albifascia* Tokunaga，1937

［237］105.2.4　阿里山库蠓　*Culicoides alishanensis* Chen，1988

［238］105.2.5　奄美库蠓　*Culicoides amamiensis* Tokunaga，1937

［239］105.2.6　嗜蚊库蠓　*Culicoides anophelis* Edwards，1922

［240］105.2.7 荒草库蠓 *Culicoides arakawae* Arakawa，1910

［241］105.2.8 犹豫库蠓 *Culicoides arcuatus* Winnertz，1852

［242］105.2.9 黑脉库蠓 *Culicoides aterinervis* Tokunaga，1937

［243］105.2.11 短须库蠓 *Culicoides brevipalpis* Delfinado，1961

［244］105.2.12 短跗库蠓 *Culicoides brevitarsis* Kieffer，1917

［245］105.2.13 野牛库蠓 *Culicoides bubalus* Delfinado，1961

［246］105.2.14 沟栖库蠓 *Culicoides charadraeus* Arnaud，1956

［247］105.2.16 锦库蠓 *Culicoides cheni* Kitaoka et Tanaka，1985

［248］105.2.18 棒须库蠓 *Culicoides clavipalpis* Mukerji，1931

［249］105.2.22 多空库蠓 *Culicoides cylindratus* Kitaoka，1980

［250］105.2.23 齿形库蠓 *Culicoides dentiformis* McDonald et Lu，1972

［251］105.2.25 显著库蠓 *Culicoides distinctus* Sen et Das Gupta，1959

［252］105.2.26 变色库蠓 *Culicoides dubius* Arnaud，1956

［253］105.2.27 指突库蠓 *Culicoides duodenarius* Kieffer，1921

［254］105.2.28 粗大库蠓 *Culicoides effusus* Delfinodo，1961

［255］105.2.31 端斑库蠓 *Culicoides erairai* Kono et Takahashi，1940

［256］105.2.35 黄胫库蠓 *Culicoides flavitibialis* Kitaoka et Tanaka，1985

［257］105.2.36 涉库蠓 *Culicoides fordae* Wirth et Hubert，1989

［258］105.2.41 大室库蠓 *Culicoides gemellus* Macfie，1934

［259］105.2.43 宗库蠓 *Culicoides gentiloides* Kitaoka et Tanaka，1985

［260］105.2.47 海南库蠓 *Culicoides hainanensis* Lee，1975

［261］105.2.52 原野库蠓 *Culicoides homotomus* Kieffer，1921

［262］105.2.54 霍飞库蠓 *Culicoides huffi* Causey，1938

［263］105.2.55 屏东库蠓 *Culicoides hui* Wirth et Hubert，1961

［264］105.2.56 肩宏库蠓 *Culicoides humeralis* Okada，1941

［265］105.2.60 标库蠓 *Culicoides insignipennis* Macfie，1937

［266］105.2.62 加库蠓 *Culicoides jacobsoni* Macfie，1934

［267］105.2.65 克彭库蠓 *Culicoides kepongensis* Wirth et Hubert，1989

［268］105.2.68 沽山库蠓 *Culicoides kusaiensis* Tokunaga，1940

［269］105.2.70 兰屿库蠓 *Culicoides lanyuensis* Kitaoka et Tanaka，1985

［270］105.2.71 连库蠓 *Culicoides lieni* Chen，1979

［271］105.2.73 线库蠓 *Culicoides lini* Kitaoka et Tanaka，1985

［272］105.2.74 倦库蠓 *Culicoides liui* Wirth et Hubert，1961

［273］105.2.75 近缘库蠓 *Culicoides liukueiensis* Kitaoka et Tanaka，1985

［274］105.2.78 吕氏库蠓 *Culicoides lulianchengi* Chen，1983

［275］105.2.79 龙溪库蠓 *Culicoides lungchiensis* Chen et Tsai，1962

［276］105.2.81 多斑库蠓 *Culicoides maculatus* Shiraki，1913

［277］105.2.82 马来库蠓 *Culicoides malayae* Macfie，1937

［278］105.2.85 端白库蠓 *Culicoides matsuzawai* Tokunaga，1950

670

［279］105.2.86　三保库蠓　*Culicoides mihensis* Arnaud，1956

［280］105.2.89　日本库蠓　*Culicoides nipponensis* Tokunaga，1955

［281］105.2.93　大熊库蠓　*Culicoides okumensis* Arnaud，1956

［282］105.2.95　东方库蠓　*Culicoides orientalis* Macfie，1932

［283］105.2.96　尖喙库蠓　*Culicoides oxystoma* Kieffer，1910

［284］105.2.98　细须库蠓　*Culicoides palpifer* Das Gupta et Ghosh，1956

［285］105.2.99　趋黄库蠓　*Culicoides paraflavescens* Wirth et Hubert，1959

［286］105.2.102　帛琉库蠓　*Culicoides peliliouensis* Tokunaga，1936

［287］105.2.103　异域库蠓　*Culicoides peregrinus* Kieffer，1910

［288］105.2.105　灰黑库蠓　*Culicoides pulicaris* Linnaeus，1758

［289］105.2.116　石岛库蠓　*Culicoides toshiokai* Kitaoka，1975

［290］105.2.119　多毛库蠓　*Culicoides verbosus* Tokunaga，1937

［291］105.3.3　儋县蠛蠓　*Lasiohelea danxianensis* Yu et Liu，1982

［292］105.3.6　峨嵋蠛蠓　*Lasiohelea emeishana* Yu et Liu，1982

［293］105.3.8　低飞蠛蠓　*Lasiohelea humilavolita* Yu et Liu，1982

［294］105.3.11　南方蠛蠓　*Lasiohelea notialis* Yu et Liu，1982

［295］105.3.13　趋光蠛蠓　*Lasiohelea phototropia* Yu et Zhang，1982

［296］105.3.14　台湾蠛蠓　*Lasiohelea taiwana* Shiraki，1913

［297］105.3.16　带茎蠛蠓　*Lasiohelea zonaphalla* Yu et Liu，1982

［298］106.1.1　埃及伊蚊　*Aedes aegypti* Linnaeus，1762

［299］106.1.2　侧白伊蚊　*Aedes albolateralis* Theobald，1908

［300］106.1.3　白线伊蚊　*Aedes albolineatus* Theobald，1904

［301］106.1.4　白纹伊蚊　*Aedes albopictus* Skuse，1894

［302］106.1.5　圆斑伊蚊　*Aedes annandalei* Theobald，1910

［303］106.1.12　背点伊蚊　*Aedes dorsalis* Meigen，1830

［304］106.1.13　棘刺伊蚊　*Aedes elsiae* Barraud，1923

［305］106.1.15　冯氏伊蚊　*Aedes fengi* Edwards，1935

［306］106.1.18　台湾伊蚊　*Aedes formosensis* Yamada，1921

［307］106.1.19　哈维伊蚊　*Aedes harveyi* Barraud，1923

［308］106.1.20　双棘伊蚊　*Aedes hatorii* Yamada，1921

［309］106.1.21　日本伊蚊　*Aedes japonicus* Theobald，1901

［310］106.1.25　窄翅伊蚊　*Aedes lineatopennis* Ludlow，1905

［311］106.1.37　东乡伊蚊　*Aedes togoi* Theobald，1907

［312］106.1.39　刺扰伊蚊　*Aedes vexans* Meigen，1830

［313］106.1.40　警觉伊蚊　*Aedes vigilax* Skuse，1889

［314］106.2.2　艾氏按蚊　*Anopheles aitkenii* James，1903

［315］106.2.3　环纹按蚊　*Anopheles annularis* van der Wulp，1884

［316］106.2.4　嗜人按蚊　*Anopheles anthropophagus* Xu et Feng，1975

［317］106.2.6　孟加拉按蚊　*Anopheles bengalensis* Puri，1930

［318］106.2.10 溪流按蚊 *Anopheles fluviatilis* James，1902

［319］106.2.12 巨型按蚊贝氏亚种 *Anopheles gigas baileyi* Edwards，1929

［320］106.2.14 无定按蚊 *Anopheles indefinitus* Ludlow，1904

［321］106.2.15 花岛按蚊 *Anopheles insulaeflorum* Swellengrebel et Swellengrebel de Graaf，1920

［322］106.2.16 杰普尔按蚊日月潭亚种 *Anopheles jeyporiensis candidiensis* Koidzumi，1924

［323］106.2.18 寇氏按蚊 *Anopheles kochi* Donitz，1901

［324］106.2.24 多斑按蚊 *Anopheles maculatus* Theobald，1901

［325］106.2.26 微小按蚊 *Anopheles minimus* Theobald，1901

［326］106.2.31 类须喙按蚊 *Anopheles sarbumbrosus* Strickland et Chowdhury，1927

［327］106.2.32 中华按蚊 *Anopheles sinensis* Wiedemann，1828

［328］106.2.34 美彩按蚊 *Anopheles splendidus* Koidzumi，1920

［329］106.2.37 棋斑按蚊 *Anopheles tessellatus* Theobald，1901

［330］106.2.38 迷走按蚊 *Anopheles vagus* Donitz，1902

［331］106.3.4 骚扰阿蚊 *Armigeres subalbatus* Coquillett，1898

［332］106.4.1 麻翅库蚊 *Culex bitaeniorhynchus* Giles，1901

［333］106.4.2 短须库蚊 *Culex brevipalpis* Giles，1902

［334］106.4.3 致倦库蚊 *Culex fatigans* Wiedemann，1828

［335］106.4.5 褐尾库蚊 *Culex fuscanus* Wiedemann，1820

［336］106.4.6 棕头库蚊 *Culex fuscocephalus* Theobald，1907

［337］106.4.7 白雪库蚊 *Culex gelidus* Theobald，1901

［338］106.4.8 贪食库蚊 *Culex halifaxia* Theobald，1903

［339］106.4.9 林氏库蚊 *Culex hayashii* Yamada，1917

［340］106.4.12 幼小库蚊 *Culex infantulus* Edwards，1922

［341］106.4.14 马来库蚊 *Culex malayi* Leicester，1908

［342］106.4.15 拟态库蚊 *Culex mimeticus* Noe，1899

［343］106.4.16 小斑翅库蚊 *Culex mimulus* Edwards，1915

［344］106.4.20 冲绳库蚊 *Culex okinawae* Bohart，1953

［345］106.4.22 白胸库蚊 *Culex pallidothorax* Theobald，1905

［346］106.4.25 伪杂鳞库蚊 *Culex pseudovishnui* Colless，1957

［347］106.4.27 中华库蚊 *Culex sinensis* Theobald，1903

［348］106.4.28 海滨库蚊 *Culex sitiens* Wiedemann，1828

［349］106.4.31 三带喙库蚊 *Culex tritaeniorhynchus* Giles，1901

［350］106.4.32 迷走库蚊 *Culex vagans* Wiedemann，1828

［351］106.4.34 惠氏库蚊 *Culex whitmorei* Giles，1904

［352］106.5.5 银带脉毛蚊 *Culiseta niveitaeniata* Theobald，1907

［353］106.6.1 肘喙钩蚊 *Malaya genurostris* Leicester，1908

［354］106.7.2 常型曼蚊 *Manssonia uniformis* Theobald，1901

［355］106.8.1 类按直脚蚊 *Orthopodomyia anopheloides* Giles，1903

［395］115.6.1　含糊蚋　*Simulium anbiguum* Shiraki，1935

［396］115.6.2　天南蚋　*Simulium arisanum* Shiraki，1935

［397］115.6.7　卡任蚋　*Simulium karenkoensis* Shiraki，1935

［398］115.6.8　卡头蚋　*Simulium katoi* Shiraki，1935

［399］115.6.12　王旱蚋　*Simulium puliense* Takaoka，1979

［400］115.6.13　五条蚋　*Simulium quinquestriatum* Shiraki，1935

［401］115.6.15　红足蚋　*Simulium rufibasis* Brunetti，1911

［402］115.6.16　崎岛蚋　*Simulium sakishimaense* Takaoka，1977

［403］115.6.17　素木蚋　*Simulium shirakii* Kono et Takahasi，1940

［404］115.6.18　铃木蚋　*Simulium suzukii* Rubzov，1963

［405］115.6.19　台湾蚋　*Simulium taiwanicum* Takaoka，1979

［406］115.6.20　优汾蚋　*Simulium ufengense* Takaoka，1979

［407］115.9.1　马维蚋　*Wilhelmia equina* Linnaeus，1746

［408］116.2.1　刺血喙蝇　*Haematobosca sanguinolenta* Austen，1909

［409］116.3.1　东方角蝇　*Lyperosia exigua* Meijere，1903

［410］116.4.1　厩螫蝇　*Stomoxys calcitrans* Linnaeus，1758

［411］116.4.2　南螫蝇　*Stomoxys dubitalis* Malloch，1932

［412］116.4.3　印度螫蝇　*Stomoxys indicus* Picard，1908

［413］116.4.4　琉球螫蝇　*Stomoxys uruma* Shinonaga et Kano，1966

［414］117.2.10　叉纹虻　*Chrysops dispar* Fabricius，1798

［415］117.2.12　尖腹斑虻　*Chrysops fascipennis* Krober，1922

［416］117.2.13　黄色斑虻　*Chrysops flavescens* Szilady，1922

［417］117.2.17　大形斑虻　*Chrysops grandis* Szilady，1922

［418］117.2.22　黑足斑虻　*Chrysops nigripes* Zetterstedt，1838

［419］117.2.31　中华斑虻　*Chrysops sinensis* Walker，1856

［420］117.2.34　合瘤斑虻　*Chrysops suavis* Loew，1858

［421］117.2.39　范氏斑虻　*Chrysops vanderwulpi* Krober，1929

［422］117.5.3　触角麻虻　*Haematopota antennata* Shiraki，1932

［423］117.5.13　台湾麻虻　*Haematopota formosana* Shiraki，1918

［424］117.9.3　台湾林虻　*Silvius formosiensis* Ricardo，1913

［425］117.9.5　素木林虻　*Silvius shirakii* Philip et Mackerras，1960

［426］117.11.2　土灰虻　*Tabanus amaenus* Walker，1848

［427］117.11.6　金条虻　*Tabanus aurotestaceus* Walker，1854

［428］117.11.10　双环虻　*Tabanus biannularis* Philip，1960

［429］117.11.11　缅甸虻　*Tabanus birmanicus* Bigot，1892

［430］117.11.22　灰胸虻　*Tabanus candidus* Ricardo，1913

［431］117.11.29　金色虻　*Tabanus chrysurus* Loew，1858

［432］117.11.41　台湾虻　*Tabanus formosiensis* Ricardo，1911

［433］117.11.43　棕带虻　*Tabanus fulvicinctus* Ricardo，1914

[434] 117.11.69　印度虻　*Tabanus indianus* Ricardo，1911

[435] 117.11.77　花连港虻　*Tabanus karenkoensis* Shiraki，1932

[436] 117.11.78　江苏虻　*Tabanus kiangsuensis* Krober，1933

[437] 117.11.79　红头屿虻　*Tabanus kotoshoensis* Shiraki，1918

[438] 117.11.126　浅胸虻　*Tabanus pallidepectoratus* Bigot，1892

[439] 117.11.132　霹雳虻　*Tabanus perakiensis* Ricardo，1911

[440] 117.11.141　五带虻　*Tabanus quinquecinctus* Ricardo，1914

[441] 117.11.145　赤腹虻　*Tabanus rufiventris* Fabricius，1805

[442] 117.11.149　中黑虻　*Tabanus sauteri* Ricardo，1913

[443] 117.11.150　六带虻　*Tabanus sexcinctus* Ricardo，1911

[444] 117.11.153　华广虻　*Tabanus signatipennis* Portsch，1887

[445] 117.11.169　台湾虻　*Tabanus taiwanus* Hayakawa et Takahsi，1983

[446] 117.11.170　高砂虻　*Tabanus takasagoensis* Shiraki，1918

[447] 117.11.178　姚氏虻　*Tabanus yao* Macquart，1855

[448] 118.4.3　鸭巨羽虱　*Trinoton querquedulae* Linnaeus，1758

[449] 119.6.2　巨角羽虱　*Goniodes gigas* Taschenberg，1879

[450] 125.1.1　犬栉首蚤　*Ctenocephalide canis* Curtis，1826

[451] 125.1.2　猫栉首蚤　*Ctenocephalide felis* Bouche，1835

天津市寄生虫种名
Species of Parasites in Tianjin Municipality

原虫　Protozoon

[1] 2.1.1　蓝氏贾第鞭毛虫　*Giardia lamblia* Stiles，1915

[2] 3.2.1　马媾疫锥虫　*Trypanosoma equiperdum* Doflein，1901

[3] 3.2.2　伊氏锥虫　*Trypanosoma evansi*（Steel，1885）Balbiani，1888

[4] 4.1.1　火鸡组织滴虫　*Histomonas meleagridis* Tyzzer，1920

[5] 5.3.1　胎儿三毛滴虫　*Tritrichomonas foetus*（Riedmüller，1928）Wenrich et Emmerson，1933

[6] 6.1.2　贝氏隐孢子虫　*Cryptosporidium baileyi* Current，Upton et Haynes，1986

[7] 6.1.8　鼠隐孢子虫　*Cryptosporidium muris* Tyzzer，1907

[8] 6.1.9　微小隐孢子虫　*Cryptosporidium parvum* Tyzzer，1912

[9] 7.2.2　堆型艾美耳球虫　*Eimeria acervulina* Tyzzer，1929

[10] 7.2.3　阿沙塔艾美耳球虫　*Eimeria ahsata* Honess，1942

［11］7.2.5　艾丽艾美耳球虫　*Eimeria alijevi* Musaev，1970

［12］7.2.8　阿普艾美耳球虫　*Eimeria apsheronica* Musaev，1970

［13］7.2.9　阿洛艾美耳球虫　*Eimeria arloingi*（Marotel，1905）Martin，1909

［14］7.2.10　奥博艾美耳球虫　*Eimeria auburnensis* Christensen et Porter，1939

［15］7.2.13　巴库艾美耳球虫　*Eimeria bakuensis* Musaev，1970

［16］7.2.16　牛艾美耳球虫　*Eimeria bovis*（Züblin，1908）Fiebiger，1912

［17］7.2.18　巴西利亚艾美耳球虫　*Eimeria brasiliensis* Torres et Ramos，1939

［18］7.2.24　山羊艾美耳球虫　*Eimeria caprina* Lima，1979

［19］7.2.27　蠕孢艾美耳球虫　*Eimeria cerdonis* Vetterling，1965

［20］7.2.28　克里氏艾美耳球虫　*Eimeria christenseni* Levine，Ivens et Fritz，1962

［21］7.2.30　盲肠艾美耳球虫　*Eimeria coecicola* Cheissin，1947

［22］7.2.31　槌状艾美耳球虫　*Eimeria crandallis* Honess，1942

［23］7.2.34　蒂氏艾美耳球虫　*Eimeria debliecki* Douwes，1921

［24］7.2.36　椭圆艾美耳球虫　*Eimeria ellipsoidalis* Becker et Frye，1929

［25］7.2.37　长形艾美耳球虫　*Eimeria elongata* Marotel et Guilhon，1941

［26］7.2.40　福氏艾美耳球虫　*Eimeria faurei*（Moussu et Marotel，1902）Martin，1909

［27］7.2.45　颗粒艾美耳球虫　*Eimeria granulosa* Christensen，1938

［28］7.2.50　家山羊艾美耳球虫　*Eimeria hirci* Chevalier，1966

［29］7.2.52　肠艾美耳球虫　*Eimeria intestinalis* Cheissin，1948

［30］7.2.53　错乱艾美耳球虫　*Eimeria intricata* Spiegl，1925

［31］7.2.54　无残艾美耳球虫　*Eimeria irresidua* Kessel et Jankiewicz，1931

［32］7.2.56　约奇艾美耳球虫　*Eimeria jolchijevi* Musaev，1970

［33］7.2.63　大型艾美耳球虫　*Eimeria magna* Pérard，1925

［34］7.2.67　巨型艾美耳球虫　*Eimeria maxima* Tyzzer，1929

［35］7.2.68　中型艾美耳球虫　*Eimeria media* Kessel，1929

［36］7.2.69　和缓艾美耳球虫　*Eimeria mitis* Tyzzer，1929

［37］7.2.70　变位艾美耳球虫　*Eimeria mivati* Edgar et Siebold，1964

［38］7.2.72　毒害艾美耳球虫　*Eimeria necatrix* Johnson，1930

［39］7.2.75　尼氏艾美耳球虫　*Eimeria ninakohlyakimovae* Yakimoff et Rastegaieff，1930

［40］7.2.80　类绵羊艾美耳球虫　*Eimeria ovinoidalis* McDougald，1979

［41］7.2.82　小型艾美耳球虫　*Eimeria parva* Kotlán，Mócsy et Vajda，1929

［42］7.2.84　皮利他艾美耳球虫　*Eimeria pellita* Supperer，1952

［43］7.2.85　穿孔艾美耳球虫　*Eimeria perforans*（Leuckart，1879）Sluiter et Swellengrebel，1912

［44］7.2.86　极细艾美耳球虫　*Eimeria perminuta* Henry，1931

［45］7.2.87　梨形艾美耳球虫　*Eimeria piriformis* Kotlán et Pospesch，1934

［46］7.2.89　豚艾美耳球虫　*Eimeria porci* Vetterling，1965

［47］7.2.90　早熟艾美耳球虫　*Eimeria praecox* Johnson，1930

［48］7.2.95　粗糙艾美耳球虫　*Eimeria scabra* Henry，1931

［49］7.2.101　有刺艾美耳球虫　*Eimeria spinosa* Henry，1931

［50］7.2.102　斯氏艾美耳球虫　*Eimeria stiedai*（Lindemann，1865）Kisskalt et Hartmann，1907

［51］7.2.104　亚球形艾美耳球虫　*Eimeria subspherica* Christensen，1941

［52］7.2.105　猪艾美耳球虫　*Eimeria suis* Nöller，1921

［53］7.2.107　柔嫩艾美耳球虫　*Eimeria tenella*（Railliet et Lucet，1891）Fantham，1909

［54］7.2.109　威布里吉艾美耳球虫　*Eimeria weybridgensis* Norton，Joyner et Catchpole，1974

［55］7.2.114　邱氏艾美耳球虫　*Eimeria züernii*（Rivolta，1878）Martin，1909

［56］7.3.5　犬等孢球虫　*Isospora canis* Nemeseri，1959

［57］7.3.6　猫等孢球虫　*Isospora felis* Wenyon，1923

［58］7.3.11　俄亥俄等孢球虫　*Isospora ohioensis* Dubey，1975

［59］7.3.12　芮氏等孢球虫　*Isospora rivolta*（Grassi，1879）Wenyon，1923

［60］7.3.13　猪等孢球虫　*Isospora suis* Biester et Murray，1934

［61］7.4.6　毁灭泰泽球虫　*Tyzzeria perniciosa* Allen，1936

［62］7.5.4　菲莱氏温扬球虫　*Wenyonella philiplevinei* Leibovitz，1968

［63］8.1.1　卡氏住白细胞虫　*Leucocytozoon caulleryii* Mathis et Léger，1909

［64］10.2.1　犬新孢子虫　*Neospora caninum* Dubey，Carpenter，Speer，*et al.*，1988

［65］10.3.8　梭形住肉孢子虫　*Sarcocystis fusiformis*（Railliet，1897）Bernard et Bauche，1912

［66］10.3.15　米氏住肉孢子虫　*Sarcocystis miescheriana*（Kühn，1865）Labbé，1899

［67］10.3.16　绵羊犬住肉孢子虫　*Sarcocystis ovicanis* Heydorn，Gestrich，Melhorn，*et al.*，1975

［68］10.4.1　龚地弓形虫　*Toxoplasma gondii*（Nicolle et Manceaux，1908）Nicolle et Manceaux，1909

［69］11.1.1　双芽巴贝斯虫　*Babesia bigemina* Smith et Kiborne，1893

［70］11.1.2　牛巴贝斯虫　*Babesia bovis*（Babes，1888）Starcovici，1893

［71］11.1.3　驽巴贝斯虫　*Babesia caballi* Nuttall et Strickland，1910

［72］12.1.1　环形泰勒虫　*Theileria annulata*（Dschunkowsky et Luhs，1904）Wenyon，1926

［73］12.1.2　马泰勒虫　*Theileria equi* Mehlhorn et Schein，1998

［74］12.1.7　瑟氏泰勒虫　*Theileria sergenti* Yakimoff et Dekhtereff，1930

［75］14.1.1　结肠小袋虫　*Balantidium coli*（Malmsten，1857）Stein，1862

绦虫　Cestode

［76］15.1.1　大裸头绦虫　*Anoplocephala magna*（Abildgaard，1789）Sprengel，1905

［77］15.1.2　叶状裸头绦虫　*Anoplocephala perfoliata*（Goeze，1782）Blanchard，1848

［78］15.2.1　中点无卵黄腺绦虫　*Avitellina centripunctata* Rivolta，1874

［79］15.4.2　贝氏莫尼茨绦虫　*Moniezia benedeni*（Moniez，1879）Blanchard，1891

［80］15.4.4　扩展莫尼茨绦虫　*Moniezia expansa*（Rudolphi，1810）Blanchard，1891

［81］15.6.1　侏儒副裸头绦虫　*Paranoplocephala mamillana*（Mehlis，1831）Baer，1927

［82］15.8.1　盖氏曲子宫绦虫　*Thysaniezia giardi* Moniez，1879

［83］16.2.3　原节戴维绦虫　*Davainea proglottina*（Davaine，1860）Blanchard，1891

［84］16.3.3　有轮瑞利绦虫　*Raillietina cesticillus* Molin, 1858

［85］16.3.4　棘盘瑞利绦虫　*Raillietina echinobothrida* Megnin, 1881

［86］16.3.12　四角瑞利绦虫　*Raillietina tetragona* Molin, 1858

［87］17.2.2　漏斗漏带绦虫　*Choanotaenia infundibulum* Bloch, 1779

［88］17.4.1　犬复孔绦虫　*Dipylidium caninum*（Linnaeus, 1758）Leuckart, 1863

［89］19.7.1　矛形剑带绦虫　*Drepanidotaenia lanceolata* Bloch, 1782

［90］19.12.15　刺毛膜壳绦虫　*Hymenolepis setigera* Foelich, 1789

［91］21.1.1.1　细粒棘球蚴　*Echinococcus cysticus* Huber, 1891

［92］21.2.2　宽颈泡尾绦虫　*Hydatigera laticollis* Rudolphi, 1801

［93］21.2.3　带状泡尾绦虫　*Hydatigera taeniaeformis*（Batsch, 1786）Lamarck, 1816

［94］21.4.1　泡状带绦虫　*Taenia hydatigena* Pallas, 1766

［95］21.4.1.1　细颈囊尾蚴　*Cysticercus tenuicollis* Rudolphi, 1810

［96］21.4.3　豆状带绦虫　*Taenia pisiformis* Bloch, 1780

［97］21.5.1　牛囊尾蚴　*Cysticercus bovis* Cobbold, 1866

［98］21.4.5　猪囊尾蚴　*Cysticercus cellulosae* Gmelin, 1790

［99］22.3.1　孟氏旋宫绦虫　*Spirometra mansoni* Joyeux et Houdemer, 1928

吸虫　Trematode

［100］23.3.22　卷棘口吸虫　*Echinostoma revolutum*（Fröhlich, 1802）Looss, 1899

［101］24.1.1　大片形吸虫　*Fasciola gigantica* Cobbold, 1856

［102］24.1.2　肝片形吸虫　*Fasciola hepatica* Linnaeus, 1758

［103］24.2.1　布氏姜片吸虫　*Fasciolopsis buski*（Lankester, 1857）Odhner, 1902

［104］26.2.2　纤细背孔吸虫　*Notocotylus attenuatus*（Rudolphi, 1809）Kossack, 1911

［105］27.6.1　埃及腹盘吸虫　*Gastrodiscus aegyptiacus*（Cobbold, 1876）Railliet, 1893

［106］27.11.2　鹿同盘吸虫　*Paramphistomum cervi* Zeder, 1790

［107］31.3.1　中华枝睾吸虫　*Clonorchis sinensis*（Cobbolb, 1875）Looss, 1907

［108］31.5.3　东方次睾吸虫　*Metorchis orientalis* Tanabe, 1921

［109］32.1.1　中华双腔吸虫　*Dicrocoelium chinensis* Tang et Tang, 1978

［110］32.1.4　矛形双腔吸虫　*Dicrocoelium lanceatum* Stiles et Hassall, 1896

［111］32.2.1　枝睾阔盘吸虫　*Eurytrema cladorchis* Chin, Li et Wei, 1965

［112］32.2.2　腔阔盘吸虫　*Eurytrema coelomaticum*（Giard et Billet, 1892）Looss, 1907

［113］32.2.7　胰阔盘吸虫　*Eurytrema pancreaticum*（Janson, 1889）Looss, 1907

［114］33.1.1　白洋淀真杯吸虫　*Eucotyle baiyangdienensis* Li, Zhu et Gu, 1973

［115］37.3.6　怡乐村并殖吸虫　*Paragonimus iloktsuenensis* Chen, 1940

［116］37.3.11　大平并殖吸虫　*Paragonimus ohirai* Miyazaki, 1939

［117］37.3.14　卫氏并殖吸虫　*Paragonimus westermani*（Kerbert, 1878）Braun, 1899

［118］39.1.4　楔形前殖吸虫　*Prosthogonimus cuneatus* Braun, 1901

［119］39.1.17　透明前殖吸虫　*Prosthogonimus pellucidus* Braun, 1901

［120］47.1.1　舟形嗜气管吸虫　*Tracheophilus cymbius*（Diesing, 1850）Skrjabin, 1913

线虫　**Nematode**

［121］48.1.1　似蚓蛔虫　*Ascaris lumbricoides* Linnaeus，1758

［122］48.1.4　猪蛔虫　*Ascaris suum* Goeze，1782

［123］48.2.1　犊新蛔虫　*Neoascaris vitulorum*（Goeze，1782）Travassos，1927

［124］48.3.1　马副蛔虫　*Parascaris equorum*（Goeze，1782）Yorke and Maplestone，1926

［125］48.4.1　狮弓蛔虫　*Toxascaris leonina*（Linstow，1902）Leiper，1907

［126］49.1.4　鸡禽蛔虫　*Ascaridia galli*（Schrank，l788）Freeborn，1923

［127］50.1.1　犬弓首蛔虫　*Toxocara canis*（Werner，1782）Stiles，1905

［128］50.1.2　猫弓首蛔虫　*Toxocara cati* Schrank，1788

［129］52.3.1　犬恶丝虫　*Dirofilaria immitis*（Leidy，1856）Railliet et Henry，1911

［130］53.2.1　牛副丝虫　*Parafilaria bovicola* Tubangui，1934

［131］53.2.2　多乳突副丝虫　*Parafilaria mltipapillosa*（Condamine et Drouilly，1878）Yorke et Maplestone，1926

［132］55.1.4　鹿丝状线虫　*Setaria cervi* Rudolphi，1819

［133］55.1.6　指形丝状线虫　*Setaria digitata* Linstow，1906

［134］55.1.7　马丝状线虫　*Setaria equina*（Abildgaard，1789）Viborg，1795

［135］55.1.9　唇乳突丝状线虫　*Setaria labiatopapillosa* Alessandrini，1838

［136］56.2.4　鸡异刺线虫　*Heterakis gallinarum*（Schrank，1788）Freeborn，1923

［137］57.1.1　马尖尾线虫　*Oxyuris equi*（Schrank，1788）Rudolphi，1803

［138］57.2.1　疑似栓尾线虫　*Passalurus ambiguus* Rudolphi，1819

［139］60.1.3　乳突类圆线虫　*Strongyloides papillosus*（Wedl，1856）Ransom，1911

［140］60.1.4　兰氏类圆线虫　*Strongyloides ransomi* Schwartz et Alicata，1930

［141］60.1.5　粪类圆线虫　*Strongyloides stercoralis*（Bavay，1876）Stiles et Hassall，1902

［142］61.1.2　钩状锐形线虫　*Acuaria hamulosa* Diesing，1851

［143］61.1.3　旋锐形线虫　*Acuaria spiralis*（Molin，1858）Railliet，Henry et Sisott，1912

［144］61.2.1　长鼻咽饰带线虫　*Dispharynx nasuta*（Rudolphi，1819）Railliet，Henry et Sisoff，1912

［145］62.1.3　棘颚口线虫　*Gnathostoma spinigerum* Owen，1836

［146］63.1.3　美丽筒线虫　*Gongylonema pulchrum* Molin，1857

［147］67.1.1　有齿蛔状线虫　*Ascarops dentata* Linstow，1904

［148］67.1.2　圆形蛔状线虫　*Ascarops strongylina* Rudolphi，1819

［149］67.2.1　六翼泡首线虫　*Physocephalus sexalatus* Molin，1860

［150］67.4.1　狼旋尾线虫　*Spirocerca lupi*（Rudolphi，1809）Railliet et Henry，1911

［151］68.1.4　黑根四棱线虫　*Tetrameres hagenbecki* Travassos et Vogelsang，1930

［152］69.2.6　甘肃吸吮线虫　*Thelazia kansuensis* Yang et Wei，1957

［153］69.2.9　罗氏吸吮线虫　*Thelazia rhodesi* Desmarest，1827

［154］71.1.2　犬钩口线虫　*Ancylostoma caninum*（Ercolani，1859）Hall，1913

［155］71.1.4　十二指肠钩口线虫　*Ancylostoma duodenale*（Dubini，1843）Creplin，1845

［156］71.2.1　牛仰口线虫　*Bunostomum phlebotomum*（Railliet，1900）Railliet，1902

[157] 71.2.2　羊仰口线虫　*Bunostomum trigonocephalum*（Rudolphi，1808）Railliet，1902

[158] 72.3.2　叶氏夏柏特线虫　*Chabertia erschowi* Hsiung et K'ung，1956

[159] 72.3.3　羊夏柏特线虫　*Chabertia ovina*（Fabricius，1788）Raillet et Henry，1909

[160] 72.4.1　尖尾食道口线虫　*Oesophagostomum aculeatum* Linstow，1879

[161] 72.4.2　粗纹食道口线虫　*Oesophagostomum asperum* Railliet et Henry，1913

[162] 72.4.4　哥伦比亚食道口线虫　*Oesophagostomum columbianum*（Curtice，1890）Stossich，1899

[163] 72.4.5　有齿食道口线虫　*Oesophagostomum dentatum*（Rudolphi，1803）Molin，1861

[164] 72.4.10　辐射食道口线虫　*Oesophagostomum radiatum*（Rudolphi，1803）Railliet，1898

[165] 72.4.13　微管食道口线虫　*Oesophagostomum venulosum* Rudolphi，1809

[166] 73.4.3　耳状杯环线虫　*Cylicocyclus auriculatus*（Looss，1900）Erschow，1939

[167] 74.1.1　安氏网尾线虫　*Dictyocaulus arnfieldi*（Cobbold，1884）Railliet et Henry，1907

[168] 74.1.4　丝状网尾线虫　*Dictyocaulus filaria*（Rudolphi，1809）Railliet et Henry，1907

[169] 75.1.1　猪后圆线虫　*Metastrongylus apri*（Gmelin，1790）Vostokov，1905

[170] 77.4.3　霍氏原圆线虫　*Protostrongylus hobmaieri*（Schulz，Orloff et Kutass，1933）Cameron，1934

[171] 77.4.6　斯氏原圆线虫　*Protostrongylus skrjabini*（Boev，1936）Dikmans，1945

[172] 77.5.1　邝氏刺尾线虫　*Spiculocaulus kwongi*（Wu et Liu，1943）Dougherty et Goble，1946

[173] 77.6.3　舒氏变圆线虫　*Varestrongylus schulzi* Boev et Wolf，1938

[174] 78.1.1　毛细缪勒线虫　*Muellerius minutissimus*（Megnin，1878）Dougherty et Goble，1946

[175] 80.1.1　无齿阿尔夫线虫　*Alfortia edentatus*（Looss，1900）Skrjabin，1933

[176] 80.4.1　普通戴拉风线虫　*Delafondia vulgaris*（Looss，1900）Skrjabin，1933

[177] 80.6.1　马圆形线虫　*Strongylus equinus* Mueller，1780

[178] 80.7.5　锯齿三齿线虫　*Triodontophorus serratus*（Looss，1900）Looss，1902

[179] 80.7.6　细颈三齿线虫　*Triodontophorus tenuicollis* Boulenger，1916

[180] 82.2.3　叶氏古柏线虫　*Cooperia erschowi* Wu，1958

[181] 82.3.2　捻转血矛线虫　*Haemonchus contortus*（Rudolphi，1803）Cobbold，1898

[182] 82.6.1　指形长刺线虫　*Mecistocirrus digitatus*（Linstow，1906）Railliet et Henry，1912

[183] 82.8.8　尖交合刺细颈线虫　*Nematodirus filicollis*（Rudolphi，1802）Ransom，1907

[184] 82.11.6　普通奥斯特线虫　*Ostertagia circumcincta*（Stadelmann，1894）Ransom，1907

[185] 82.11.19　阿洛夫奥斯特线虫　*Ostertagia orloffi* Sankin，1930

[186] 83.1.11　封闭毛细线虫　*Capillaria obsignata* Madsen，1945

[187] 83.2.1　环纹优鞘线虫　*Eucoleus annulatum*（Molin，1858）López-Neyra，1946

[188] 84.1.1　本地毛形线虫　*Trichinella native* Britov et Boev，1972

[189] 85.1.4　球鞘鞭虫　*Trichuris globulosa* Linstow，1901

[190] 85.1.10　羊鞭虫　*Trichuris ovis* Abilgaard，1795

[191] 85.1.15　狐鞭虫　*Trichuris vulpis* Froelich，1789

棘头虫　Acanthocephalan

[192] 86.1.1　蛭形巨吻棘头虫　*Macracanthorhynchus hirudinaceus*（Pallas，1781）Travassos，1917

节肢动物　Arthropod

[193] 89.1.1　气囊胞螨　*Cytodites nudus* Vizioli，1870

[194] 90.1.2　犬蠕形螨　*Demodex canis* Leydig，1859

[195] 90.1.5　猪蠕形螨　*Demodex phylloides* Czokor，1858

[196] 93.1.1　牛足螨　*Chorioptes bovis* Hering，1845

[197] 93.3.1　马痒螨　*Psoroptes equi* Hering，1838

[198] 93.3.1.3　兔痒螨　*Psoroptes equi* var. *cuniculi* Delafond，1859

[199] 95.1.2　突变膝螨　*Cnemidocoptes mutans* Robin，1860

[200] 95.2.1.1　兔背肛螨　*Notoedres cati* var. *cuniculi* Gerlach，1857

[201] 95.3.1.1　牛疥螨　*Sarcoptes scabiei* var. *bovis* Cameron，1924

[202] 95.3.1.9　猪疥螨　*Sarcoptes scabiei* var. *suis* Gerlach，1857

[203] 96.2.1　鸡新棒螨　*Neoschoengastia gallinarum* Hatori，1920

[204] 97.1.1　波斯锐缘蜱　*Argas persicus* Oken，1818

[205] 98.1.1　鸡皮刺螨　*Dermanyssus gallinae* De Geer，1778

[206] 99.2.1　微小牛蜱　*Boophilus microplus* Canestrini，1887

[207] 99.3.7　草原革蜱　*Dermacentor nuttalli* Olenev，1928

[208] 99.3.10　森林革蜱　*Dermacentor silvarum* Olenev，1931

[209] 99.4.15　长角血蜱　*Haemaphysalis longicornis* Neumann，1901

[210] 99.5.2　亚洲璃眼蜱　*Hyalomma asiaticum* Schulze et Schlottke，1929

[211] 99.5.4　残缘璃眼蜱　*Hyalomma detritum* Schulze，1919

[212] 99.6.8　全沟硬蜱　*Ixodes persulcatus* Schulze，1930

[213] 99.7.5　血红扇头蜱　*Rhipicephalus sanguineus* Latreille，1806

[214] 100.1.1　驴血虱　*Haematopinus asini* Linnaeus，1758

[215] 100.1.2　阔胸血虱　*Haematopinus eurysternus* Denny，1842

[216] 100.1.5　猪血虱　*Haematopinus suis* Linnaeus，1758

[217] 101.1.2　绵羊颚虱　*Linognathus ovillus* Neumann，1907

[218] 101.1.5　狭颚虱　*Linognathus stenopsis* Burmeister，1838

[219] 101.1.6　牛颚虱　*Linognathus vituli* Linnaeus，1758

[220] 103.1.1　粪种蝇　*Adia cinerella* Fallen，1825

[221] 104.2.3　巨尾丽蝇（蛆）　*Calliphora grahami* Aldrich，1930

[222] 104.2.9　红头丽蝇（蛆）　*Calliphora vicina* Robineau-Desvoidy，1830

[223] 104.3.4　大头金蝇（蛆）　*Chrysomya megacephala* Fabricius，1794

[224] 104.5.3　三色依蝇（蛆）　*Idiella tripartita* Bigot，1874

[225] 104.6.6　铜绿蝇（蛆）　*Lucilia cuprina* Wiedemann，1830

[226] 104.6.13　丝光绿蝇（蛆）　*Lucilia sericata* Meigen，1826

［227］104.10.1　叉丽蝇　*Triceratopyga calliphoroides* Rohdendorf，1931

［228］105.2.7　荒草库蠓　*Culicoides arakawae* Arakawa，1910

［229］105.2.17　环斑库蠓　*Culicoides circumscriptus* Kieffer，1918

［230］105.2.31　端斑库蠓　*Culicoides erairai* Kono et Takahashi，1940

［231］105.2.52　原野库蠓　*Culicoides homotomus* Kieffer，1921

［232］105.2.86　三保库蠓　*Culicoides mihensis* Arnaud，1956

［233］105.2.89　日本库蠓　*Culicoides nipponensis* Tokunaga，1955

［234］105.2.96　尖喙库蠓　*Culicoides oxystoma* Kieffer，1910

［235］105.2.105　灰黑库蠓　*Culicoides pulicaris* Linnaeus，1758

［236］106.1.4　白纹伊蚊　*Aedes albopictus* Skuse，1894

［237］106.2.32　中华按蚊　*Anopheles sinensis* Wiedemann，1828

［238］106.3.4　骚扰阿蚊　*Armigeres subalbatus* Coquillett，1898

［239］106.4.3　致倦库蚊　*Culex fatigans* Wiedemann，1828

［240］106.4.24　尖音库蚊淡色亚种　*Culex pipiens pallens* Coquillett，1898

［241］106.4.27　中华库蚊　*Culex sinensis* Theobald，1903

［242］106.4.31　三带喙库蚊　*Culex tritaeniorhynchus* Giles，1901

［243］107.1.1　红尾胃蝇（蛆）　*Gasterophilus haemorrhoidalis* Linnaeus，1758

［244］107.1.3　肠胃蝇（蛆）　*Gasterophilus intestinalis* De Geer，1776

［245］107.1.5　黑腹胃蝇（蛆）　*Gasterophilus pecorum* Fabricius，1794

［246］107.1.6　烦扰胃蝇（蛆）　*Gasterophilus veterinus* Clark，1797

［247］108.1.1　犬虱蝇　*Hippobosca capensis* Olfers，1816

［248］108.1.2　马虱蝇　*Hippobosca equina* Linnaeus，1758

［249］108.2.1　羊蜱蝇　*Melophagus ovinus* Linnaeus，1758

［250］109.1.1　牛皮蝇（蛆）　*Hypoderma bovis* De Geer，1776

［251］109.1.2　纹皮蝇（蛆）　*Hypoderma lineatum* De Villers，1789

［252］110.1.2　亚洲毛蝇　*Dasyphora asiatica* Zimin，1947

［253］110.8.1　肖秋家蝇　*Musca amita* Hennig，1964

［254］110.8.5　突额家蝇　*Musca convexifrons* Thomson，1868

［255］110.8.16　黄腹家蝇　*Musca ventrosa* Wiedemann，1830

［256］110.8.17　舍家蝇　*Musca vicina* Macquart，1851

［257］110.9.3　厩腐蝇　*Muscina stabulans* Fallen，1817

［258］111.2.1　羊狂蝇（蛆）　*Oestrus ovis* Linnaeus，1758

［259］113.4.3　中华白蛉　*Phlebotomus chinensis* Newstead，1916

［260］113.4.8　蒙古白蛉　*Phlebotomus mongolensis* Sinton，1928

［261］113.5.9　许氏司蛉　*Sergentomyia khawi* Raynal，1936

［262］113.5.18　鳞喙司蛉　*Sergentomyia squamirostris* Newstead，1923

［263］114.8.4　黑须污蝇（蛆）　*Wohlfahrtia magnifica* Schiner，1862

［264］115.6.14　爬蚋　*Simulium reptans* Linnaeus，1758

［265］115.9.1　马维蚋　*Wilhelmia equina* Linnaeus，1746

[266] 115.9.2　褐足维蚋　*Wilhelmia turgaica* Rubzov，1940

[267] 116.2.1　刺血喙蝇　*Haematobosca sanguinolenta* Austen，1909

[268] 116.3.1　东方角蝇　*Lyperosia exigua* Meijere，1903

[269] 116.4.1　厩螫蝇　*Stomoxys calcitrans* Linnaeus，1758

[270] 117.1.6　长斑黄虻　*Atylotus karybenthinus* Szilady，1915

[271] 117.1.7　骚扰黄虻　*Atylotus miser* Szilady，1915

[272] 117.2.21　莫氏斑虻　*Chrysops mlokosiewiczi* Bigot，1880

[273] 117.2.31　中华斑虻　*Chrysops sinensis* Walker，1856

[274] 117.2.34　合瘤斑虻　*Chrysops suavis* Loew，1858

[275] 117.2.39　范氏斑虻　*Chrysops vanderwulpi* Krober，1929

[276] 117.5.3　触角麻虻　*Haematopota antennata* Shiraki，1932

[277] 117.5.45　中华麻虻　*Haematopota sinensis* Ricardo，1911

[278] 117.5.54　土耳其麻虻　*Haematopota turkestanica* Krober，1922

[279] 117.6.29　膨条瘤虻　*Hybomitra expollicata* Pandelle，1883

[280] 117.6.58　突额瘤虻　*Hybomitra montana* Meigen，1820

[281] 117.6.62　黑角瘤虻　*Hybomitra nigricornis* Zetterstedt，1842

[282] 117.11.2　土灰虻　*Tabanus amaenus* Walker，1848

[283] 117.11.18　佛光虻　*Tabanus buddha* Portschinsky，1887

[284] 117.11.78　江苏虻　*Tabanus kiangsuensis* Krober，1933

[285] 117.11.160　类柯虻　*Tabanus subcordiger* Liu，1960

[286] 118.3.1　鸡羽虱　*Menopon gallinae* Linnaeus，1758

[287] 118.4.1　鹅巨羽虱　*Trinoton anserinum* Fabricius，1805

[288] 118.4.3　鸭巨羽虱　*Trinoton querquedulae* Linnaeus，1758

[289] 119.5.1　鸡圆羽虱　*Goniocotes gallinae* De Geer，1778

[290] 119.7.3　广幅长羽虱　*Lipeurus heterographus* Nitzsch，1866

[291] 120.1.1　牛毛虱　*Bovicola bovis* Linnaeus，1758

[292] 120.1.2　山羊毛虱　*Bovicola caprae* Gurlt，1843

[293] 120.1.3　绵羊毛虱　*Bovicola ovis* Schrank，1781

[294] 120.3.1　犬啮毛虱　*Trichodectes canis* De Geer，1778

[295] 125.1.1　犬栉首蚤　*Ctenocephalide canis* Curtis，1826

[296] 125.1.2　猫栉首蚤　*Ctenocephalide felis* Bouche，1835

[297] 125.4.1　致痒蚤　*Pulex irritans* Linnaeus，1758

[298] 126.3.1　花蠕形蚤　*Vermipsylla alakurt* Schimkewitsch，1885

西藏自治区寄生虫种名
Species of Parasites in Tibet
Autonomous Region

原虫　Protozoon

[1] 7.2.30　盲肠艾美耳球虫　*Eimeria coecicola* Cheissin, 1947

[2] 7.2.41　黄色艾美耳球虫　*Eimeria flavescens* Marotel et Guilhon, 1941

[3] 7.2.52　肠艾美耳球虫　*Eimeria intestinalis* Cheissin, 1948

[4] 7.2.54　无残艾美耳球虫　*Eimeria irresidua* Kessel et Jankiewicz, 1931

[5] 7.2.63　大型艾美耳球虫　*Eimeria magna* Pérard, 1925

[6] 7.2.66　马氏艾美耳球虫　*Eimeria matsubayashii* Tsunoda, 1952

[7] 7.2.68　中型艾美耳球虫　*Eimeria media* Kessel, 1929

[8] 7.2.71　纳格浦尔艾美耳球虫　*Eimeria nagpurensis* Gill et Ray, 1960

[9] 7.2.74　新兔艾美耳球虫　*Eimeria neoleporis* Carvalho, 1942

[10] 7.2.85　穿孔艾美耳球虫　*Eimeria perforans*（Leuckart, 1879）Sluiter et Swellengrebel, 1912

[11] 7.2.87　梨形艾美耳球虫　*Eimeria piriformis* Kotlán et Pospesch, 1934

[12] 7.2.102　斯氏艾美耳球虫　*Eimeria stiedai*（Lindemann, 1865）Kisskalt et Hartmann, 1907

[13] 11.1.1　双芽巴贝斯虫　*Babesia bigemina* Smith et Kiborne, 1893

[14] 11.1.2　牛巴贝斯虫　*Babesia bovis*（Babes, 1888）Starcovici, 1893

[15] 11.1.7　莫氏巴贝斯虫　*Babesia motasi* Wenyon, 1926

绦虫　Cestode

[16] 15.2.1　中点无卵黄腺绦虫　*Avitellina centripunctata* Rivolta, 1874

[17] 15.2.4　塔提无卵黄腺绦虫　*Avitellina tatia* Bhalerao, 1936

[18] 15.4.1　白色莫尼茨绦虫　*Moniezia alba*（Perroncito, 1879）Blanchard, 1891

[19] 15.4.2　贝氏莫尼茨绦虫　*Moniezia benedeni*（Moniez, 1879）Blanchard, 1891

[20] 15.4.4　扩展莫尼茨绦虫　*Moniezia expansa*（Rudolphi, 1810）Blanchard, 1891

[21] 15.8.1　盖氏曲子宫绦虫　*Thysaniezia giardi* Moniez, 1879

[22] 16.3.3　有轮瑞利绦虫　*Raillietina cesticillus* Molin, 1858

[23] 16.3.4　棘盘瑞利绦虫　*Raillietina echinobothrida* Megnin, 1881

[24] 16.3.12　四角瑞利绦虫　*Raillietina tetragona* Molin, 1858

684

［25］17.4.1　犬复孔绦虫　*Dipylidium caninum*（Linnaeus，1758）Leuckart，1863

［26］20.1.1　线形中殖孔绦虫　*Mesocestoides lineatus*（Goeze，1782）Railliet，1893

［27］21.1.1　细粒棘球绦虫　*Echinococcus granulosus*（Batsch，1786）Rudolphi，1805

［28］21.1.1.1　细粒棘球蚴　*Echinococcus cysticus* Huber，1891

［29］21.1.2　多房棘球绦虫　*Echinococcus multilocularis* Leuckart，1863

［30］21.2.3　带状泡尾绦虫　*Hydatigera taeniaeformis*（Batsch，1786）Lamarck，1816

［31］21.3.2　多头多头绦虫　*Multiceps multiceps*（Leske，1780）Hall，1910

［32］21.3.2.1　脑多头蚴　*Coenurus cerebralis* Batsch，1786

［33］21.3.3　塞状多头绦虫　*Multiceps packi* Chistenson，1929

［34］21.3.5　斯氏多头绦虫　*Multiceps skrjabini* Popov，1937

［35］21.3.5.1　斯氏多头蚴　*Coenurus skrjabini* Popov，1937

［36］21.4.1　泡状带绦虫　*Taenia hydatigena* Pallas，1766

［37］21.4.1.1　细颈囊尾蚴　*Cysticercus tenuicollis* Rudolphi，1810

［38］21.4.3.1　豆状囊尾蚴　*Cysticercus pisiformis* Bloch，1780

［39］21.4.5　猪囊尾蚴　*Cysticercus cellulosae* Gmelin，1790

［40］21.5.1　牛囊尾蚴　*Cysticercus bovis* Cobbold，1866

吸虫　Trematode

［41］24.1.1　大片形吸虫　*Fasciola gigantica* Cobbold，1856

［42］24.1.2　肝片形吸虫　*Fasciola hepatica* Linnaeus，1758

［43］26.3.1　印度列叶吸虫　*Ogmocotyle indica*（Bhalerao，1942）Ruiz，1946

［44］27.11.2　鹿同盘吸虫　*Paramphistomum cervi* Zeder，1790

［45］27.11.11　原羚同盘吸虫　*Paramphistomum procaprum* Wang，1979

［46］27.11.13　斯氏同盘吸虫　*Paramphistomum skrjabini* Popowa，1937

［47］32.1.1　中华双腔吸虫　*Dicrocoelium chinensis* Tang et Tang，1978

［48］32.1.4　矛形双腔吸虫　*Dicrocoelium lanceatum* Stiles et Hassall，1896

［49］32.1.5　东方双腔吸虫　*Dicrocoelium orientalis* Sudarikov et Ryjikov，1951

［50］32.1.6　扁体双腔吸虫　*Dicrocoelium platynosomum* Tang，Tang，Qi，*et al.*，1981

［51］40.3.1　羊斯孔吸虫　*Skrjabinotrema ovis* Orloff，Erschoff et Badanin，1934

［52］45.2.1　彭氏东毕吸虫　*Orientobilharzia bomfordi*（Montgomery，1906）Dutt et Srivas-
tava，1955

［53］45.2.2　土耳其斯坦东毕吸虫　*Orientobilharzia turkestanica*（Skrjabin，1913）Dutt et
Srivastavaa，1955

线虫　Nematode

［54］48.1.4　猪蛔虫　*Ascaris suum* Goeze，1782

［55］49.1.4　鸡禽蛔虫　*Ascaridia galli*（Schrank，l788）Freeborn，1923

［56］50.1.1　犬弓首蛔虫　*Toxocara canis*（Werner，1782）Stiles，1905

［57］57.1.1　马尖尾线虫　*Oxyuris equi*（Schrank，1788）Rudolphi，1803

［58］57.4.1　绵羊斯氏线虫　*Skrjabinema ovis*（Skrjabin，1915）Wereschtchagin，1926

［59］61. 4. 1　斯氏副柔线虫　*Parabronema skrjabini* Rassowska，1924

［60］63. 1. 3　美丽筒线虫　*Gongylonema pulchrum* Molin，1857

［61］63. 1. 4　多瘤筒线虫　*Gongylonema verrucosum* Giles，1892

［62］64. 2. 2　蝇柔线虫　*Habronema muscae* Carter，1861

［63］67. 1. 2　圆形蛔状线虫　*Ascarops strongylina* Rudolphi，1819

［64］69. 2. 7　泪管吸吮线虫　*Thelazia lacrymalis* Gurlt，1831

［65］69. 2. 9　罗氏吸吮线虫　*Thelazia rhodesi* Desmarest，1827

［66］71. 1. 2　犬钩口线虫　*Ancylostoma caninum*（Ercolani，1859）Hall，1913

［67］71. 2. 1　牛仰口线虫　*Bunostomum phlebotomum*（Railliet，1900）Railliet，1902

［68］71. 2. 2　羊仰口线虫　*Bunostomum trigonocephalum*（Rudolphi，1808）Railliet，1902

［69］72. 3. 2　叶氏夏柏特线虫　*Chabertia erschowi* Hsiung et K'ung，1956

［70］72. 3. 3　羊夏柏特线虫　*Chabertia ovina*（Fabricius，1788）Raillet et Henry，1909

［71］72. 4. 2　粗纹食道口线虫　*Oesophagostomum asperum* Railliet et Henry，1913

［72］72. 4. 4　哥伦比亚食道口线虫　*Oesophagostomum columbianum*（Curtice，1890）Stossich，1899

［73］72. 4. 8　甘肃食道口线虫　*Oesophagostomum kansuensis* Hsiung et K'ung，1955

［74］72. 4. 10　辐射食道口线虫　*Oesophagostomum radiatum*（Rudolphi，1803）Railliet，1898

［75］72. 4. 13　微管食道口线虫　*Oesophagostomum venulosum* Rudolphi，1809

［76］73. 2. 1　冠状冠环线虫　*Coronocyclus coronatus*（Looss，1900）Hartwich，1986

［77］73. 2. 2　大唇片冠环线虫　*Coronocyclus labiatus*（Looss，1902）Hartwich，1986

［78］73. 2. 4　小唇片冠环线虫　*Coronocyclus labratus*（Looss，1902）Hartwich，1986

［79］73. 3. 1　卡提盅口线虫　*Cyathostomum catinatum* Looss，1900

［80］73. 3. 4　碟状盅口线虫　*Cyathostomum pateratum*（Yorke et Macfie，1919）K'ung，1964

［81］73. 3. 6　亚冠盅口线虫　*Cyathostomum subcoronatum* Yamaguti，1943

［82］73. 3. 7　四刺盅口线虫　*Cyathostomum tetracanthum*（Mehlis，1831）Molin，1861（sensu Looss，1900）

［83］73. 4. 3　耳状杯环线虫　*Cylicocyclus auriculatus*（Looss，1900）Erschow，1939

［84］73. 4. 4　短囊杯环线虫　*Cylicocyclus brevicapsulatus*（Ihle，1920）Erschow，1939

［85］73. 4. 5　长形杯环线虫　*Cylicocyclus elongatus*（Looss，1900）Chaves，1930

［86］73. 4. 7　显形杯环线虫　*Cylicocyclus insigne*（Boulenger，1917）Chaves，1930

［87］73. 4. 8　细口杯环线虫　*Cylicocyclus leptostomum*（Kotlán，1920）Chaves，1930

［88］73. 4. 10　鼻状杯环线虫　*Cylicocyclus nassatus*（Looss，1900）Chaves，1930

［89］73. 4. 13　辐射杯环线虫　*Cylicocyclus radiatus*（Looss，1900）Chaves，1930

［90］73. 4. 14　天山杯环线虫　*Cylicocyclus tianshangensis* Qi，Cai et Li，1984

［91］73. 4. 16　外射杯环线虫　*Cylicocyclus ultrajectinus*（Ihle，1920）Erschow，1939

［92］73. 5. 1　双冠环齿线虫　*Cylicodontophorus bicoronatus*（Looss，1900）Cram，1924

［93］73. 6. 1　偏位杯冠线虫　*Cylicostephanus asymmetricus*（Theiler，1923）Cram，1925

［94］73. 6. 3　小杯杯冠线虫　*Cylicostephanus calicatus*（Looss，1900）Cram，1924

［95］73. 6. 4　高氏杯冠线虫　*Cylicostephanus goldi*（Boulenger，1917）Lichtenfels，1975

686

［129］82.2.11　肿孔古柏线虫　*Cooperia oncophora*（Railliet，1898）Ransom，1907

［130］82.2.12　栉状古柏线虫　*Cooperia pectinata* Ransom，1907

［131］82.2.16　珠纳古柏线虫　*Cooperia zurnabada* Antipin，1931

［132］82.3.2　捻转血矛线虫　*Haemonchus contortus*（Rudolphi，1803）Cobbold，1898

［133］82.3.3　长柄血矛线虫　*Haemonchus longistipe* Railliet et Henry，1909

［134］82.3.6　似血矛线虫　*Haemonchus similis* Travassos，1914

［135］82.5.1　短尾马歇尔线虫　*Marshallagia brevicauda* Hu et Jiang，1984

［136］82.5.3　许氏马歇尔线虫　*Marshallagia hsui* Qi et Li，1963

［137］82.5.4　拉萨马歇尔线虫　*Marshallagia lasaensis* Li et K'ung，1965

［138］82.5.5　马氏马歇尔线虫　*Marshallagia marshalli* Ransom，1907

［139］82.5.6　蒙古马歇尔线虫　*Marshallagia mongolica* Schumakovitch，1938

［140］82.5.7　东方马歇尔线虫　*Marshallagia orientalis* Bhalerao，1932

［141］82.5.10　塔里木马歇尔线虫　*Marshallagia tarimanus* Qi，Li et Li，1963

［142］82.6.1　指形长刺线虫　*Mecistocirrus digitatus*（Linstow，1906）Railliet et Henry，1912

［143］82.7.3　瞪羚似细颈线虫　*Nematodirella gazelli*（Sokolova，1948）Ivaschkin，1954

［144］82.7.4　长刺似细颈线虫　*Nematodirella longispiculata* Hsu et Wei，1950

［145］82.8.1　畸形细颈线虫　*Nematodirus abnormalis* May，1920

［146］82.8.5　达氏细颈线虫　*Nematodirus davtiani* Grigorian，1949

［147］82.8.8　尖交合刺细颈线虫　*Nematodirus filicollis*（Rudolphi，1802）Ransom，1907

［148］82.8.9　海尔维第细颈线虫　*Nematodirus helvetianus* May，1920

［149］82.8.10　许氏细颈线虫　*Nematodirus hsui* Liang，Ma et Lin，1958

［150］82.8.11　长刺细颈线虫　*Nematodirus longispicularis* Hsu et Wei，1950

［151］82.8.13　奥利春细颈线虫　*Nematodirus oriatianus* Rajerskaja，1929

［152］82.8.14　钝刺细颈线虫　*Nematodirus spathiger*（Railliet，1896）Railliet et Henry，1909

［153］82.11.5　布里亚特奥斯特线虫　*Ostertagia buriatica* Konstantinova，1934

［154］82.11.6　普通奥斯特线虫　*Ostertagia circumcincta*（Stadelmann，1894）Ransom，1907

［155］82.11.7　达呼尔奥斯特线虫　*Ostertagia dahurica* Orloff，Belowa et Gnedina，1931

［156］82.11.13　异刺奥斯特线虫　*Ostertagia heterospiculagia* Hsu，Hu et Huang，1958

［157］82.11.17　念青唐古拉奥斯特线虫　*Ostertagia niangingtangulaensis* K'ung et Li，1965

［158］82.11.18　西方奥斯特线虫　*Ostertagia occidentalis* Ransom，1907

［159］82.11.19　阿洛夫奥斯特线虫　*Ostertagia orloffi* Sankin，1930

［160］82.11.20　奥氏奥斯特线虫　*Ostertagia ostertagi*（Stiles，1892）Ransom，1907

［161］82.11.23　中华奥斯特线虫　*Ostertagia sinensis* K'ung et Xue，1966

［162］82.11.24　斯氏奥斯特线虫　*Ostertagia skrjabini* Shen，Wu et Yen，1959

［163］82.11.26　三叉奥斯特线虫　*Ostertagia trifurcata* Ransom，1907

［164］82.11.27　伏尔加奥斯特线虫　*Ostertagia volgaensis* Tomskich，1938

［165］82.11.29　西藏奥斯特线虫　*Ostertagia xizangensis* Xue et K'ung，1963

［166］82.15.2　艾氏毛圆线虫　*Trichostrongylus axei*（Cobbold，1879）Railliet et Henry，1909

［167］82.15.4　鹿毛圆线虫　*Trichostrongylus cervarius* Leiper et Clapham，1938

[168] 82.15.5　蛇形毛圆线虫　*Trichostrongylus colubriformis*（Giles，1892）Looss，1905

[169] 82.15.11　枪形毛圆线虫　*Trichostrongylus probolurus*（Railliet，1896）Looss，1905

[170] 82.15.14　斯氏毛圆线虫　*Trichostrongylus skrjabini* Kalantarian，1928

[171] 82.15.16　透明毛圆线虫　*Trichostrongylus vitrinus* Looss，1905

[172] 84.1.2　旋毛形线虫　*Trichinella spiralis*（Owen，1835）Railliet，1895

[173] 85.1.1　同色鞭虫　*Trichuris concolor* Burdelev，1951

[174] 85.1.3　瞪羚鞭虫　*Trichuris gazellae* Gebauer，1933

[175] 85.1.4　球鞘鞭虫　*Trichuris globulosa* Linstow，1901

[176] 85.1.5　印度鞭虫　*Trichuris indicus* Sarwar，1946

[177] 85.1.6　兰氏鞭虫　*Trichuris lani* Artjuch，1948

[178] 85.1.8　长刺鞭虫　*Trichuris longispiculus* Artjuch，1948

[179] 85.1.10　羊鞭虫　*Trichuris ovis* Abilgaard，1795

[180] 85.1.11　斯氏鞭虫　*Trichuris skrjabini* Baskakov，1924

[181] 85.1.12　猪鞭虫　*Trichuris suis* Schrank，1788

棘头虫　Acanthocephalan

[182] 86.1.1　蛭形巨吻棘头虫　*Macracanthorhynchus hirudinaceus*（Pallas，1781）Travassos，1917

节肢动物　Arthropod

[183] 93.3.1.1　牛痒螨　*Psoroptes equi* var. *bovis* Gerlach，1857

[184] 93.3.1.4　水牛痒螨　*Psoroptes equi* var. *natalensis* Hirst，1919

[185] 93.3.1.5　绵羊痒螨　*Psoroptes equi* var. *ovis* Hering，1838

[186] 95.3.1.4　山羊疥螨　*Sarcoptes scabiei* var. *caprae*

[187] 95.3.1.8　绵羊疥螨　*Sarcoptes scabiei* var. *ovis* Mégnin，1880

[188] 95.3.1.9　猪疥螨　*Sarcoptes scabiei* var. *suis* Gerlach，1857

[189] 96.1.1　地理纤恙螨　*Leptotrombidium deliense* Walch，1922

[190] 97.2.1　拉合尔钝缘蜱　*Ornithodorus lahorensis* Neumann，1908

[191] 97.2.3　特突钝缘蜱　*Ornithodorus tartakovskyi* Olenev，1931

[192] 99.2.1　微小牛蜱　*Boophilus microplus* Canestrini，1887

[193] 99.3.1　阿坝革蜱　*Dermacentor abaensis* Teng，1963

[194] 99.3.4　西藏革蜱　*Dermacentor everestianus* Hirst，1926

[195] 99.3.5　边缘革蜱　*Dermacentor marginatus* Sulzer，1776

[196] 99.3.6　银盾革蜱　*Dermacentor niveus* Neumann，1897

[197] 99.3.7　草原革蜱　*Dermacentor nuttalli* Olenev，1928

[198] 99.4.17　猛突血蜱　*Haemaphysalis montgomeryi* Nuttall，1912

[199] 99.4.18　嗜麝血蜱　*Haemaphysalis moschisuga* Teng，1980

[200] 99.4.28　汶川血蜱　*Haemaphysalis warburtoni* Nuttall，1912

[201] 99.5.4　残缘璃眼蜱　*Hyalomma detritum* Schulze，1919

[202] 99.6.1　锐跗硬蜱　*Ixodes acutitarsus* Karsch，1880

［203］99.6.2　嗜鸟硬蜱　*Ixodes arboricola* Schulze et Schlottke，1929

［204］99.6.3　草原硬蜱　*Ixodes crenulatus* Koch，1844

［205］99.6.4　粒形硬蜱　*Ixodes granulatus* Supino，1897

［206］99.6.5　克什米尔硬蜱　*Ixodes kashmiricus* Pomerantzev，1948

［207］99.6.6　拟蓖硬蜱　*Ixodes nuttallianus* Schulze，1930

［208］99.6.7　卵形硬蜱　*Ixodes ovatus* Neumann，1899

［209］99.6.8　全沟硬蜱　*Ixodes persulcatus* Schulze，1930

［210］99.7.2　镰形扇头蜱　*Rhipicephalus haemaphysaloides* Supino，1897

［211］99.7.5　血红扇头蜱　*Rhipicephalus sanguineus* Latreille，1806

［212］100.1.2　阔胸血虱　*Haematopinus eurysternus* Denny，1842

［213］100.1.5　猪血虱　*Haematopinus suis* Linnaeus，1758

［214］101.1.2　绵羊颚虱　*Linognathus ovillus* Neumann，1907

［215］101.1.5　狭颚虱　*Linognathus stenopsis* Burmeister，1838

［216］101.1.6　牛颚虱　*Linognathus vituli* Linnaeus，1758

［217］104.2.3　巨尾丽蝇（蛆）　*Calliphora grahami* Aldrich，1930

［218］104.2.4　宽丽蝇（蛆）　*Calliphora lata* Coquillett，1898

［219］104.2.9　红头丽蝇（蛆）　*Calliphora vicina* Robineau-Desvoidy，1830

［220］104.3.1　白氏金蝇（蛆）　*Chrysomya bezziana* Villeneuve，1914

［221］104.3.4　大头金蝇（蛆）　*Chrysomya megacephala* Fabricius，1794

［222］104.3.5　广额金蝇　*Chrysomya phaonis* Seguy，1928

［223］104.3.6　肥躯金蝇　*Chrysomya pinguis* Walker，1858

［224］104.6.6　铜绿蝇（蛆）　*Lucilia cuprina* Wiedemann，1830

［225］104.6.13　丝光绿蝇（蛆）　*Lucilia sericata* Meigen，1826

［226］104.9.1　新陆原伏蝇（蛆）　*Protophormia terraenovae* Robineau-Desvoidy，1830

［227］105.2.1　琉球库蠓　*Culicoides actoni* Smith，1929

［228］105.2.3　白带库蠓　*Culicoides albifascia* Tokunaga，1937

［229］105.2.5　奄美库蠓　*Culicoides amamiensis* Tokunaga，1937

［230］105.2.9　黑脉库蠓　*Culicoides aterinervis* Tokunaga，1937

［231］105.2.10　巴沙库蠓　*Culicoides baisasi* Wirth et Hubert，1959

［232］105.2.17　环斑库蠓　*Culicoides circumscriptus* Kieffer，1918

［233］105.2.25　显著库蠓　*Culicoides distinctus* Sen et Das Gupta，1959

［234］105.2.33　黄胸库蠓　*Culicoides flavescens* Macfie，1937

［235］105.2.45　渐灰库蠓　*Culicoides grisescens* Edwards，1939

［236］105.2.52　原野库蠓　*Culicoides homotomus* Kieffer，1921

［237］105.2.54　霍飞库蠓　*Culicoides huffi* Causey，1938

［238］105.2.56　肩宏库蠓　*Culicoides humeralis* Okada，1941

［239］105.2.62　加库蠓　*Culicoides jacobsoni* Macfie，1934

［240］105.2.66　舟库蠓　*Culicoides kibunensis* Tokunaga，1937

［241］105.2.89　日本库蠓　*Culicoides nipponensis* Tokunaga，1955

691

［281］106.7.2　常型曼蚊　*Manssonia uniformis* Theobald，1901

［282］106.10.3　新湖蓝带蚊　*Uranotaenia novobscura* Barraud，1934

［283］107.1.1　红尾胃蝇（蛆）　*Gasterophilus haemorrhoidalis* Linnaeus，1758

［284］107.1.3　肠胃蝇（蛆）　*Gasterophilus intestinalis* De Geer，1776

［285］107.1.5　黑腹胃蝇（蛆）　*Gasterophilus pecorum* Fabricius，1794

［286］107.1.6　烦扰胃蝇（蛆）　*Gasterophilus veterinus* Clark，1797

［287］108.2.1　羊蜱蝇　*Melophagus ovinus* Linnaeus，1758

［288］109.1.1　牛皮蝇（蛆）　*Hypoderma bovis* De Geer，1776

［289］109.1.2　纹皮蝇（蛆）　*Hypoderma lineatum* De Villers，1789

［290］109.1.3　中华皮蝇（蛆）　*Hypoderma sinense* Pleske，1926

［291］110.1.3　会理毛蝇　*Dasyphora huiliensis* Ni，1982

［292］110.1.4　拟变色毛蝇　*Dasyphora paraversicolor* Zimin，1951

［293］110.2.1　夏厕蝇　*Fannia canicularis* Linnaeus，1761

［294］110.2.8　毛踝厕蝇　*Fannia manicata* Meigen，1826

［295］110.4.3　常齿股蝇　*Hydrotaea dentipes* Fabricius，1805

［296］110.8.3　北栖家蝇　*Musca bezzii* Patton et Cragg，1913

［297］110.8.4　逐畜家蝇　*Musca conducens* Walker，1859

［298］110.8.8　黑边家蝇　*Musca hervei* Villeneuve，1922

［299］110.8.13　毛提家蝇　*Musca pilifacies* Emden，1965

［300］110.9.3　厩腐蝇　*Muscina stabulans* Fallen，1817

［301］110.11.1　绿翠蝇　*Orthellia caesarion* Meigen，1826

［302］110.11.2　紫翠蝇　*Orthellia chalybea* Wiedemann，1830

［303］110.13.2　马粪碧蝇　*Pyrellia cadaverina* Linnaeus，1758

［304］111.2.1　羊狂蝇（蛆）　*Oestrus ovis* Linnaeus，1758

［305］113.4.9　四川白蛉　*Phlebotomus sichuanensis* Leng et Yin，1983

［306］114.2.1　红尾粪麻蝇（蛆）　*Bercaea haemorrhoidalis* Fallen，1816

［307］114.3.1　赭尾别麻蝇（蛆）　*Boettcherisca peregrina* Robineau-Desvoidy，1830

［308］114.5.9　蝗尸亚麻蝇　*Parasarcophaga jacobsoni* Rohdendorf，1937

［309］114.5.11　巨耳亚麻蝇　*Parasarcophaga macroauriculata* Ho，1932

［310］114.5.13　急钓亚麻蝇　*Parasarcophaga portschinskyi* Rohdendorf，1937

［311］114.7.1　白头麻蝇（蛆）　*Sarcophaga albiceps* Meigen，1826

［312］114.7.4　肥须麻蝇（蛆）　*Sarcophaga crassipalpis* Macquart，1839

［313］114.7.5　纳氏麻蝇（蛆）　*Sarcophaga knabi* Parker，1917

［314］115.6.13　五条蚋　*Simulium quinquestriatum* Shiraki，1935

［315］115.6.15　红足蚋　*Simulium rufibasis* Brunetti，1911

［316］117.2.16　黄带斑虻　*Chrysops flavocinctus* Ricardo，1902

［317］117.2.23　副指定斑虻　*Chrysops paradesignata* Liu et Wang，1977

［318］117.5.55　低额麻虻　*Haematopota ustulata* Krober，1933

［319］117.6.14　黑须瘤虻　*Hybomitra atripalpis* Wang，1992

[320] 117.6.16　乌腹瘤虻　*Hybomitra atritergita* Wang, 1981

[321] 117.6.29　膨条瘤虻　*Hybomitra expollicata* Pandelle, 1883

[322] 117.6.33　棕斑瘤虻　*Hybomitra fuscomaculata* Wang, 1985

[323] 117.6.53　泸水瘤虻　*Hybomitra lushuiensis* Wang, 1988

[324] 117.6.77　黄茸瘤虻　*Hybomitra robiginosa* Wang, 1982

[325] 117.6.78　圆腹瘤虻　*Hybomitra rotundabdominis* Wang, 1982

[326] 117.6.95　西藏瘤虻　*Hybomitra tibetana* Szilady, 1926

[327] 117.6.99　姚健瘤虻　*Hybomitra yaojiani* Sun et Xu, 2007

[328] 117.6.104　有植瘤虻　*Hybomitra zayuensis* Sun et Xu, 2007

[329] 117.8.1　长喙多节虻　*Pangonius longirostris* Hardwicke, 1823

[330] 117.11.9　暗黑虻　*Tabanus beneficus* Wang, 1982

[331] 117.11.65　似矮小虻　*Tabanus humiloides* Xu, 1980

[332] 117.11.95　曼尼普虻　*Tabanus manipurensis* Ricardo, 1911

[333] 117.11.130　副微赤虻　*Tabanus pararubidus* Yao et Liu, 1983

[334] 117.11.158　纹带虻　*Tabanus striatus* Fabricius, 1787

[335] 117.11.181　察隅虻　*Tabanus zayuensis* Wang, 1982

[336] 120.1.1　牛毛虱　*Bovicola bovis* Linnaeus, 1758

[337] 120.1.2　山羊毛虱　*Bovicola caprae* Gurlt, 1843

[338] 126.2.1　狍长喙蚤　*Dorcadia dorcadia* Rothschild, 1912

[339] 126.2.2　羊长喙蚤　*Dorcadia ioffi* Smit, 1953

[340] 126.3.5　平行蠕形蚤　*Vermipsylla parallela* Liu, Wu et Wu, 1965

[341] 126.3.6　似花蠕形蚤中亚亚种　*Vermipsylla perplexa centrolasia* Liu, Wu et Wu, 1982

新疆维吾尔自治区寄生虫种名
Species of Parasites in Xinjiang
Uygur Autonomous Region

原虫　Protozoon

[1] 3.1.1　杜氏利什曼原虫　*Leishmania donovani*（Laveran et Mesnil, 1903）Ross, 1903

[2] 3.2.1　马媾疫锥虫　*Trypanosoma equiperdum* Doflein, 1901

[3] 3.2.2　伊氏锥虫　*Trypanosoma evansi*（Steel, 1885）Balbiani, 1888

[4] 4.1.1　火鸡组织滴虫　*Histomonas meleagridis* Tyzzer, 1920

[5] 5.2.2　鸡毛滴虫　*Trichomonas gallinae*（Rivolta, 1878）Stabler, 1938

[6] 6.1.2　贝氏隐孢子虫　*Cryptosporidium baileyi* Current, Upton et Haynes, 1986

694

［44］10.1.1 贝氏贝诺孢子虫 *Besnoitia besnoiti*（Marotel，1912）Henry，1913

［45］10.2.1 犬新孢子虫 *Neospora caninum* Dubey，Carpenter，Speer，*et al.*，1988

［46］10.3.1 公羊犬住肉孢子虫 *Sarcocystis arieticanis* Heydorn，1985

［47］10.3.5 枯氏住肉孢子虫 *Sarcocystis cruzi*（Hasselmann，1923）Wenyon，1926

［48］10.3.9 巨型住肉孢子虫 *Sarcocystis gigantea*（Railliet，1886）Ashford，1977

［49］10.3.14 微小住肉孢子虫 *Sarcocystis microps* Wang，Wei，Wang，*et al.*，1988

［50］10.3.16 绵羊犬住肉孢子虫 *Sarcocystis ovicanis* Heydorn，Gestrich，Melhorn，*et al.*，1975

［51］10.4.1 龚地弓形虫 *Toxoplasma gondii*（Nicolle et Manceaux，1908）Nicolle et Manceaux，1909

［52］11.1.1 双芽巴贝斯虫 *Babesia bigemina* Smith et Kiborne，1893

［53］11.1.2 牛巴贝斯虫 *Babesia bovis*（Babes，1888）Starcovici，1893

［54］11.1.3 驽巴贝斯虫 *Babesia caballi* Nuttall et Strickland，1910

［55］11.1.10 羊巴贝斯虫 *Babesia ovis*（Babes，1892）Starcovici，1893

［56］12.1.1 环形泰勒虫 *Theileria annulata*（Dschunkowsky et Luhs，1904）Wenyon，1926

［57］12.1.2 马泰勒虫 *Theileria equi* Mehlhorn et Schein，1998

［58］14.1.1 结肠小袋虫 *Balantidium coli*（Malmsten，1857）Stein，1862

绦虫　Cestode

［59］15.1.1 大裸头绦虫 *Anoplocephala magna*（Abildgaard，1789）Sprengel，1905

［60］15.1.2 叶状裸头绦虫 *Anoplocephala perfoliata*（Goeze，1782）Blanchard，1848

［61］15.2.1 中点无卵黄腺绦虫 *Avitellina centripunctata* Rivolta，1874

［62］15.4.2 贝氏莫尼茨绦虫 *Moniezia benedeni*（Moniez，1879）Blanchard，1891

［63］15.4.4 扩展莫尼茨绦虫 *Moniezia expansa*（Rudolphi，1810）Blanchard，1891

［64］15.5.1 梳栉状莫斯绦虫 *Mosgovoyia pectinata*（Goeze，1782）Spassky，1951

［65］15.6.1 侏儒副裸头绦虫 *Paranoplocephala mamillana*（Mehlis，1831）Baer，1927

［66］15.8.1 盖氏曲子宫绦虫 *Thysaniezia giardi* Moniez，1879

［67］16.2.3 原节戴维绦虫 *Davainea proglottina*（Davaine，1860）Blanchard，1891

［68］16.3.3 有轮瑞利绦虫 *Raillietina cesticillus* Molin，1858

［69］16.3.4 棘盘瑞利绦虫 *Raillietina echinobothrida* Megnin，1881

［70］16.3.6 大珠鸡瑞利绦虫 *Raillietina magninumida* Jones，1930

［71］16.3.10 兰氏瑞利绦虫 *Raillietina ransomi* William，1931

［72］16.3.12 四角瑞利绦虫 *Raillietina tetragona* Molin，1858

［73］17.1.1 楔形变带绦虫 *Amoebotaenia cuneata* von Linstow，1872

［74］17.2.2 漏斗漏带绦虫 *Choanotaenia infundibulum* Bloch，1779

［75］17.4.1 犬复孔绦虫 *Dipylidium caninum*（Linnaeus，1758）Leuckart，1863

［76］19.2.3 叉棘单睾绦虫 *Aploparaksis furcigera* Rudolphi，1819

［77］19.4.2 冠状双盔带绦虫 *Dicranotaenia coronula*（Dujardin，1845）Railliet，1892

［78］19.7.1 矛形剑带绦虫 *Drepanidotaenia lanceolata* Bloch，1782

［79］19.10.2 片形縫缘绦虫 *Fimbriaria fasciolaris* Pallas，1781

［80］19.12.6　分枝膜壳绦虫　*Hymenolepis cantaniana* Polonio，1860

［81］19.12.13　小膜壳绦虫　*Hymenolepis parvula* Kowalewski，1904

［82］19.21.4　纤细幼钩绦虫　*Sobolevicanthus gracilis* Zeder，1803

［83］20.1.1　线形中殖孔绦虫　*Mesocestoides lineatus*（Goeze，1782）Railliet，1893

［84］21.1.1　细粒棘球绦虫　*Echinococcus granulosus*（Batsch，1786）Rudolphi，1805

［85］21.1.1.1　细粒棘球蚴　*Echinococcus cysticus* Huber，1891

［86］21.1.2　多房棘球绦虫　*Echinococcus multilocularis* Leuckart，1863

［87］21.1.2.1　多房棘球蚴　*Echinococcus multilocularis*（larva）

［88］21.2.3　带状泡尾绦虫　*Hydatigera taeniaeformis*（Batsch，1786）Lamarck，1816

［89］21.3.2　多头多头绦虫　*Multiceps multiceps*（Leske，1780）Hall，1910

［90］21.3.2.1　脑多头蚴　*Coenurus cerebralis* Batsch，1786

［91］21.3.5　斯氏多头绦虫　*Multiceps skrjabini* Popov，1937

［92］21.3.5.1　斯氏多头蚴　*Coenurus skrjabini* Popov，1937

［93］21.4.1　泡状带绦虫　*Taenia hydatigena* Pallas，1766

［94］21.4.1.1　细颈囊尾蚴　*Cysticercus tenuicollis* Rudolphi，1810

［95］21.4.2　羊带绦虫　*Taenia ovis* Cobbold，1869

［96］21.4.2.1　羊囊尾蚴　*Cysticercus ovis* Maddox，1873

［97］21.4.3　豆状带绦虫　*Taenia pisiformis* Bloch，1780

［98］21.4.3.1　豆状囊尾蚴　*Cysticercus pisiformis* Bloch，1780

［99］21.4.5　猪囊尾蚴　*Cysticercus cellulosae* Gmelin，1790

［100］21.5.1　牛囊尾蚴　*Cysticercus bovis* Cobbold，1866

［101］22.1.4　阔节双槽头绦虫　*Dibothriocephalus latus* Linnaeus，1758

［102］22.3.1　孟氏旋宫绦虫　*Spirometra mansoni* Joyeux et Houdemer，1928

吸虫　Trematode

［103］23.2.15　曲颈棘缘吸虫　*Echinoparyphium recurvatum*（Linstow，1873）Lühe，1909

［104］23.3.3　豆雁棘口吸虫　*Echinostoma anseris* Yamaguti，1939

［105］23.3.12　林杜棘口吸虫　*Echinostoma lindoensis* Sandground et Bonne，1940

［106］23.3.15　宫川棘口吸虫　*Echinostoma miyagawai* Ishii，1932

［107］23.3.19　接睾棘口吸虫　*Echinostoma paraulum* Dietz，1909

［108］23.3.22　卷棘口吸虫　*Echinostoma revolutum*（Fröhlich，1802）Looss，1899

［109］23.3.23　强壮棘口吸虫　*Echinostoma robustum* Yamaguti，1935

［110］23.6.1　似锥低颈吸虫　*Hypoderaeum conoideum*（Bloch，1782）Dietz，1909

［111］24.1.1　大片形吸虫　*Fasciola gigantica* Cobbold，1856

［112］24.1.2　肝片形吸虫　*Fasciola hepatica* Linnaeus，1758

［113］24.2.1　布氏姜片吸虫　*Fasciolopsis buski*（Lankester，1857）Odhner，1902

［114］26.2.2　纤细背孔吸虫　*Notocotylus attenuatus*（Rudolphi，1809）Kossack，1911

［115］26.2.8　鳞叠背孔吸虫　*Notocotylus imbricatus* Looss，1893

［116］27.1.1　杯殖杯殖吸虫　*Calicophoron calicophorum*（Fischoeder，1901）Nasmark，1937

［117］27.4.1　殖盘殖盘吸虫　*Cotylophoron cotylophorum*（Fischoeder，1901）Stiles et

Goldberger，1910

[118] 27.4.8　弯肠殖盘吸虫　*Cotylophoron sinuointestinum* Wang et Qi，1977

[119] 27.11.2　鹿同盘吸虫　*Paramphistomum cervi* Zeder，1790

[120] 31.1.1　鸭对体吸虫　*Amphimerus anatis* Yamaguti，1933

[121] 31.5.3　东方次睾吸虫　*Metorchis orientalis* Tanabe，1921

[122] 31.5.6　台湾次睾吸虫　*Metorchis taiwanensis* Morishita et Tsuchimochi，1925

[123] 32.1.1　中华双腔吸虫　*Dicrocoelium chinensis* Tang et Tang，1978

[124] 32.1.4　矛形双腔吸虫　*Dicrocoelium lanceatum* Stiles et Hassall，1896

[125] 32.1.5　东方双腔吸虫　*Dicrocoelium orientalis* Sudarikov et Ryjikov，1951

[126] 32.1.6　扁体双腔吸虫　*Dicrocoelium platynosomum* Tang，Tang，Qi，*et al*.，1981

[127] 32.2.7　胰阔盘吸虫　*Eurytrema pancreaticum*（Janson，1889）Looss，1907

[128] 37.3.14　卫氏并殖吸虫　*Paragonimus westermani*（Kerbert，1878）Braun，1899

[129] 39.1.1　鸭前殖吸虫　*Prosthogonimus anatinus* Markow，1903

[130] 39.1.4　楔形前殖吸虫　*Prosthogonimus cuneatus* Braun，1901

[131] 39.1.16　卵圆前殖吸虫　*Prosthogonimus ovatus* Lühe，1899

[132] 39.1.18　鲁氏前殖吸虫　*Prosthogonimus rudolphii* Skrjabin，1919

[133] 40.3.1　羊斯孔吸虫　*Skrjabinotrema ovis* Orloff，Erschoff et Badanin，1934

[134] 45.2.1　彭氏东毕吸虫　*Orientobilharzia bomfordi*（Montgomery，1906）Dutt et Srivastava，1955

[135] 45.2.2　土耳其斯坦东毕吸虫　*Orientobilharzia turkestanica*（Skrjabin，1913）Dutt et Srivastavaa，1955

[136] 45.4.3　包氏毛毕吸虫　*Trichobilharzia paoi*（K'ung，Wang et Chen，1960）Tang et Tang，1962

[137] 46.1.2　优美异幻吸虫　*Apatemon gracilis*（Rudolphi，1819）Szidat，1928

[138] 47.1.1　舟形嗜气管吸虫　*Tracheophilus cymbius*（Diesing，1850）Skrjabin，1913

线虫　Nematode

[139] 48.1.4　猪蛔虫　*Ascaris suum* Goeze，1782

[140] 48.2.1　犊新蛔虫　*Neoascaris vitulorum*（Goeze，1782）Travassos，1927

[141] 48.3.1　马副蛔虫　*Parascaris equorum*（Goeze，1782）Yorke and Maplestone，1926

[142] 48.4.1　狮弓蛔虫　*Toxascaris leonina*（Linstow，1902）Leiper，1907

[143] 49.1.4　鸡禽蛔虫　*Ascaridia galli*（Schrank，1788）Freeborn，1923

[144] 50.1.1　犬弓首蛔虫　*Toxocara canis*（Werner，1782）Stiles，1905

[145] 50.1.2　猫弓首蛔虫　*Toxocara cati* Schrank，1788

[146] 51.1.1　肾膨结线虫　*Dioctophyma renale*（Goeze，1782）Stiles，1901

[147] 52.3.1　犬恶丝虫　*Dirofilaria immitis*（Leidy，1856）Railliet et Henry，1911

[148] 53.2.2　多乳突副丝虫　*Parafilaria mltipapillosa*（Condamine et Drouilly，1878）Yorke et Maplestone，1926

[149] 54.2.2　颈蟠尾线虫　*Onchocerca cervicalis* Railliet et Henry，1910

[150] 54.2.6　网状蟠尾线虫　*Onchocerca reticulata* Diesing，1841

［151］55.1.4　鹿丝状线虫　*Setaria cervi* Rudolphi，1819

［152］55.1.6　指形丝状线虫　*Setaria digitata* Linstow，1906

［153］55.1.7　马丝状线虫　*Setaria equina*（Abildgaard，1789）Viborg，1795

［154］55.1.9　唇乳突丝状线虫　*Setaria labiatopapillosa* Alessandrini，1838

［155］56.1.2　异形同刺线虫　*Ganguleterakis dispar*（Schrank，1790）Dujardin，1845

［156］56.2.3　短尾异刺线虫　*Heterakis caudebrevis* Popova，1949

［157］56.2.4　鸡异刺线虫　*Heterakis gallinarum*（Schrank，1788）Freeborn，1923

［158］57.1.1　马尖尾线虫　*Oxyuris equi*（Schrank，1788）Rudolphi，1803

［159］57.3.1　胎生普氏线虫　*Probstmayria vivipara*（Probstmayr，1865）Ransom，1907

［160］57.4.1　绵羊斯氏线虫　*Skrjabinema ovis*（Skrjabin，1915）Wereschtchagin，1926

［161］60.1.3　乳突类圆线虫　*Strongyloides papillosus*（Wedl，1856）Ransom，1911

［162］60.1.7　韦氏类圆线虫　*Strongyloides westeri* Ihle，1917

［163］61.1.3　旋锐形线虫　*Acuaria spiralis*（Molin，1858）Railliet，Henry et Sisott，1912

［164］61.2.1　长鼻咽饰带线虫　*Dispharynx nasuta*（Rudolphi，1819）Railliet，Henry et Sisoff，1912

［165］61.4.1　斯氏副柔线虫　*Parabronema skrjabini* Rassowska，1924

［166］61.7.1　厚尾束首线虫　*Streptocara crassicauda* Creplin，1829

［167］62.1.2　刚刺颚口线虫　*Gnathostoma hispidum* Fedtchenko，1872

［168］62.1.3　棘颚口线虫　*Gnathostoma spinigerum* Owen，1836

［169］63.1.3　美丽筒线虫　*Gongylonema pulchrum* Molin，1857

［170］63.1.4　多瘤筒线虫　*Gongylonema verrucosum* Giles，1892

［171］64.1.1　大口德拉斯线虫　*Drascheia megastoma* Rudolphi，1819

［172］64.2.1　小口柔线虫　*Habronema microstoma* Schneider，1866

［173］64.2.2　蝇柔线虫　*Habronema muscae* Carter，1861

［174］67.1.2　圆形蛔状线虫　*Ascarops strongylina* Rudolphi，1819

［175］67.2.1　六翼泡首线虫　*Physocephalus sexalatus* Molin，1860

［176］67.4.1　狼旋尾线虫　*Spirocerca lupi*（Rudolphi，1809）Railliet et Henry，1911

［177］68.1.3　分棘四棱线虫　*Tetrameres fissispina* Diesing，1861

［178］69.2.7　泪管吸吮线虫　*Thelazia lacrymalis* Gurlt，1831

［179］69.2.9　罗氏吸吮线虫　*Thelazia rhodesi* Desmarest，1827

［180］70.1.3　鹅裂口线虫　*Amidostomum anseris* Zeder，1800

［181］71.1.2　犬钩口线虫　*Ancylostoma caninum*（Ercolani，1859）Hall，1913

［182］71.2.1　牛仰口线虫　*Bunostomum phlebotomum*（Railliet，1900）Railliet，1902

［183］71.2.2　羊仰口线虫　*Bunostomum trigonocephalum*（Rudolphi，1808）Railliet，1902

［184］71.3.1　厚瘤盖吉尔线虫　*Gaigeria pachyscelis* Railliet et Henry，1910

［185］71.6.2　狭头钩刺线虫　*Uncinaria stenocphala*（Railliet，1884）Railliet，1885

［186］72.3.2　叶氏夏柏特线虫　*Chabertia erschowi* Hsiung et K'ung，1956

［187］72.3.3　羊夏柏特线虫　*Chabertia ovina*（Fabricius，1788）Raillet et Henry，1909

［188］72.4.2　粗纹食道口线虫　*Oesophagostomum asperum* Railliet et Henry，1913

［189］72.4.4 哥伦比亚食道口线虫 *Oesophagostomum columbianum*（Curtice，1890）Stossich，1899

［190］72.4.8 甘肃食道口线虫 *Oesophagostomum kansuensis* Hsiung et K'ung，1955

［191］72.4.9 长尾食道口线虫 *Oesophagostomum longicaudum* Goodey，1925

［192］72.4.10 辐射食道口线虫 *Oesophagostomum radiatum*（Rudolphi，1803）Railliet，1898

［193］72.4.12 新疆食道口线虫 *Oesophagostomum sinkiangensis* Hu，1990

［194］73.1.1 长囊马线虫 *Caballonema longicapsulata* Abuladze，1937

［195］73.2.1 冠状冠环线虫 *Coronocyclus coronatus*（Looss，1900）Hartwich，1986

［196］73.2.2 大唇片冠环线虫 *Coronocyclus labiatus*（Looss，1902）Hartwich，1986

［197］73.2.4 小唇片冠环线虫 *Coronocyclus labratus*（Looss，1902）Hartwich，1986

［198］73.2.5 箭状冠环线虫 *Coronocyclus sagittatus*（Kotlán，1920）Hartwich，1986

［199］73.3.1 卡提盅口线虫 *Cyathostomum catinatum* Looss，1900

［200］73.3.3 华丽盅口线虫 *Cyathostomum ornatum* Kotlán，1919

［201］73.3.4 碟状盅口线虫 *Cyathostomum pateratum*（Yorke et Macfie，1919）K'ung，1964

［202］73.3.6 亚冠盅口线虫 *Cyathostomum subcoronatum* Yamaguti，1943

［203］73.3.7 四刺盅口线虫 *Cyathostomum tetracanthum*（Mehlis，1831）Molin，1861（sensu Looss，1900）

［204］73.4.1 安地斯杯环线虫 *Cylicocyclus adersi*（Boulenger，1920）Erschow，1939

［205］73.4.3 耳状杯环线虫 *Cylicocyclus auriculatus*（Looss，1900）Erschow，1939

［206］73.4.4 短囊杯环线虫 *Cylicocyclus brevicapsulatus*（Ihle，1920）Erschow，1939

［207］73.4.5 长形杯环线虫 *Cylicocyclus elongatus*（Looss，1900）Chaves，1930

［208］73.4.6 似辐首杯环线虫 *Cylicocyclus gyalocephaloides*（Ortlepp，1938）Popova，1952

［209］73.4.7 显形杯环线虫 *Cylicocyclus insigne*（Boulenger，1917）Chaves，1930

［210］73.4.8 细口杯环线虫 *Cylicocyclus leptostomum*（Kotlán，1920）Chaves，1930

［211］73.4.10 鼻状杯环线虫 *Cylicocyclus nassatus*（Looss，1900）Chaves，1930

［212］73.4.13 辐射杯环线虫 *Cylicocyclus radiatus*（Looss，1900）Chaves，1930

［213］73.4.14 天山杯环线虫 *Cylicocyclus tianshangensis* Qi，Cai et Li，1984

［214］73.4.15 三枝杯环线虫 *Cylicocyclus triramosus*（Yorke et Macfie，1920）Chaves，1930

［215］73.4.16 外射杯环线虫 *Cylicocyclus ultrajectinus*（Ihle，1920）Erschow，1939

［216］73.4.17 乌鲁木齐杯环线虫 *Cylicocyclus urumuchiensis* Qi，Cai et Li，1984

［217］73.5.1 双冠环齿线虫 *Cylicodontophorus bicoronatus*（Looss，1900）Cram，1924

［218］73.6.1 偏位杯冠线虫 *Cylicostephanus asymmetricus*（Theiler，1923）Cram，1925

［219］73.6.3 小杯杯冠线虫 *Cylicostephanus calicatus*（Looss，1900）Cram，1924

［220］73.6.4 高氏杯冠线虫 *Cylicostephanus goldi*（Boulenger，1917）Lichtenfels，1975

［221］73.6.5 杂种杯冠线虫 *Cylicostephanus hybridus*（Kotlán，1920）Cram，1924

［222］73.6.6 长伞杯冠线虫 *Cylicostephanus longibursatus*（Yorke et Macfie，1918）Cram，1924

［223］73.6.7 微小杯冠线虫 *Cylicostephanus minutus*（Yorke et Macfie，1918）Cram，1924

［224］73.6.8 曾氏杯冠线虫 *Cylicostephanus tsengi*（K'ung et Yang，1963）Lichtenfels，1975

［225］73.8.1　头似辐首线虫　*Gyalocephalus capitatus* Looss，1900

［226］73.9.1　北京熊氏线虫　*Hsiungia pekingensis*（K'ung et Yang，1964）Dvojnos et Kharchenko，1988

［227］73.10.1　真臂副杯口线虫　*Parapoteriostomum euproctus*（Boulenger，1917）Hartwich，1986

［228］73.11.2　斯氏彼德洛夫线虫　*Petrovinema skrjabini*（Erschow，1930）Erschow，1943

［229］73.12.1　不等齿杯口线虫　*Poteriostomum imparidentatum* Quiel，l919

［230］73.12.2　拉氏杯口线虫　*Poteriostomum ratzii*（Kotlán，1919）Ihle，1920

［231］73.12.3　斯氏杯口线虫　*Poteriostomum skrjabini* Erschow，1939

［232］73.13.1　卡拉干斯齿线虫　*Skrjabinodentus caragandicus* Tshoijo，1957

［233］74.1.1　安氏网尾线虫　*Dictyocaulus arnfieldi*（Cobbold，1884）Railliet et Henry，1907

［234］74.1.2　骆驼网尾线虫　*Dictyocaulus cameli* Boev，1951

［235］74.1.3　鹿网尾线虫　*Dictyocaulus eckerti* Skrjabin，1931

［236］74.1.4　丝状网尾线虫　*Dictyocaulus filaria*（Rudolphi，1809）Railliet et Henry，1907

［237］74.1.6　胎生网尾线虫　*Dictyocaulus viviparus*（Bloch，1782）Railliet et Henry，1907

［238］75.1.1　猪后圆线虫　*Metastrongylus apri*（Gmelin，1790）Vostokov，1905

［239］75.1.2　复阴后圆线虫　*Metastrongylus pudendotectus* Wostokow，1905

［240］75.1.3　萨氏后圆线虫　*Metastrongylus salmi* Gedoelst，1923

［241］77.2.1　有鞘囊尾线虫　*Cystocaulus ocreatus* Railliet et Henry，1907

［242］77.4.2　达氏原圆线虫　*Protostrongylus davtiani* Savina，1940

［243］77.4.3　霍氏原圆线虫　*Protostrongylus hobmaieri*（Schulz，Orloff et Kutass，1933）Cameron，1934

［244］77.4.4　赖氏原圆线虫　*Protostrongylus raillieti*（Schulz，Orloff et Kutass，1933）Cameron，1934

［245］77.4.5　淡红原圆线虫　*Protostrongylus rufescens*（Leuckart，1865）Kamensky，1905

［246］77.4.6　斯氏原圆线虫　*Protostrongylus skrjabini*（Boev，1936）Dikmans，1945

［247］77.5.1　邝氏刺尾线虫　*Spiculocaulus kwongi*（Wu et Liu，1943）Dougherty et Goble，1946

［248］77.5.2　劳氏刺尾线虫　*Spiculocaulus leuckarti* Schulz，Orloff et Kutass，1933

［249］77.5.3　奥氏刺尾线虫　*Spiculocaulus orloffi* Boev et Murzina，1948

［250］77.6.3　舒氏变圆线虫　*Varestrongylus schulzi* Boev et Wolf，1938

［251］78.1.1　毛细缪勒线虫　*Muellerius minutissimus*（Megnin，1878）Dougherty et Goble，1946

［252］80.1.1　无齿阿尔夫线虫　*Alfortia edentatus*（Looss，1900）Skrjabin，1933

［253］80.2.1　伊氏双齿线虫　*Bidentostomum ivaschkini* Tshoijo，1957

［254］80.3.1　尖尾盆口线虫　*Craterostomum acuticaudatum*（Kotlán，1919）Boulenger，1920

［255］80.4.1　普通戴拉风线虫　*Delafondia vulgaris*（Looss，1900）Skrjabin，1933

［256］80.5.1　粗食道齿线虫　*Oesophagodontus robustus*（Giles，1892）Railliet et Henry，1902

［257］80.6.1　马圆形线虫　*Strongylus equinus* Mueller，1780

700

［258］80.7.1　短尾三齿线虫　*Triodontophorus brevicauda* Boulenger，1916

［259］80.7.2　小三齿线虫　*Triodontophorus minor* Looss，1900

［260］80.7.3　日本三齿线虫　*Triodontophorus nipponicus* Yamaguti，1943

［261］80.7.4　波氏三齿线虫　*Triodontophorus popowi* Erschow，1931

［262］80.7.5　锯齿三齿线虫　*Triodontophorus serratus*（Looss，1900）Looss，1902

［263］80.7.6　细颈三齿线虫　*Triodontophorus tenuicollis* Boulenger，1916

［264］82.2.1　野牛古柏线虫　*Cooperia bisonis* Cran，1925

［265］82.2.3　叶氏古柏线虫　*Cooperia erschowi* Wu，1958

［266］82.2.5　和田古柏线虫　*Cooperia hetianensis* Wu，1966

［267］82.2.6　黑山古柏线虫　*Cooperia hranktahensis* Wu，1965

［268］82.2.7　甘肃古柏线虫　*Cooperia kansuensis* Zhu et Zhang，1962

［269］82.2.9　等侧古柏线虫　*Cooperia laterouniformis* Chen，1937

［270］82.2.11　肿孔古柏线虫　*Cooperia oncophora*（Railliet，1898）Ransom，1907

［271］82.2.12　栉状古柏线虫　*Cooperia pectinata* Ransom，1907

［272］82.2.13　点状古柏线虫　*Cooperia punctata*（Linstow，1906）Ransom，1907

［273］82.2.16　珠纳古柏线虫　*Cooperia zurnabada* Antipin，1931

［274］82.3.2　捻转血矛线虫　*Haemonchus contortus*（Rudolphi，1803）Cobbold，1898

［275］82.3.3　长柄血矛线虫　*Haemonchus longistipe* Railliet et Henry，1909

［276］82.3.6　似血矛线虫　*Haemonchus similis* Travassos，1914

［277］82.5.1　短尾马歇尔线虫　*Marshallagia brevicauda* Hu et Jiang，1984

［278］82.5.3　许氏马歇尔线虫　*Marshallagia hsui* Qi et Li，1963

［279］82.5.5　马氏马歇尔线虫　*Marshallagia marshalli* Ransom，1907

［280］82.5.6　蒙古马歇尔线虫　*Marshallagia mongolica* Schumakovitch，1938

［281］82.5.7　东方马歇尔线虫　*Marshallagia orientalis* Bhalerao，1932

［282］82.5.8　希氏马歇尔线虫　*Marshallagia schikhobalovi* Altaev，1953

［283］82.5.9　新疆马歇尔线虫　*Marshallagia sinkiangensis* Wu et Shen，1960

［284］82.5.10　塔里木马歇尔线虫　*Marshallagia tarimanus* Qi，Li et Li，1963

［285］82.5.11　天山马歇尔线虫　*Marshallagia tianshanus* Ge，Sha，Ha，*et al.*，1983

［286］82.6.1　指形长刺线虫　*Mecistocirrus digitatus*（Linstow，1906）Railliet et Henry，1912

［287］82.7.1　骆驼似细颈线虫　*Nematodirella cameli*（Rajewskaja et Badanin，1933）Travassos，1937

［288］82.7.3　瞪羚似细颈线虫　*Nematodirella gazelli*（Sokolova，1948）Ivaschkin，1954

［289］82.7.4　长刺似细颈线虫　*Nematodirella longispiculata* Hsu et Wei，1950

［290］82.7.5　最长刺似细颈线虫　*Nematodirella longissimespiculata* Romanovitsch，1915

［291］82.8.1　畸形细颈线虫　*Nematodirus abnormalis* May，1920

［292］82.8.2　阿尔卡细颈线虫　*Nematodirus archari* Sokolova，1948

［293］82.8.4　牛细颈线虫　*Nematodirus bovis* Wu，1980

［294］82.8.5　达氏细颈线虫　*Nematodirus davtiani* Grigorian，1949

［295］82.8.6　多吉细颈线虫　*Nematodirus dogieli* Sokolova，1948

［335］84.1.2　旋毛形线虫　*Trichinella spiralis*（Owen，1835）Railliet，1895

［336］85.1.4　球鞘鞭虫　*Trichuris globulosa* Linstow，1901

［337］85.1.6　兰氏鞭虫　*Trichuris lani* Artjuch，1948

［338］85.1.8　长刺鞭虫　*Trichuris longispiculus* Artjuch，1948

［339］85.1.10　羊鞭虫　*Trichuris ovis* Abilgaard，1795

［340］85.1.11　斯氏鞭虫　*Trichuris skrjabini* Baskakov，1924

［341］85.1.12　猪鞭虫　*Trichuris suis* Schrank，1788

［342］85.1.16　武威鞭虫　*Trichuris wuweiensis* Yang et Chen，1978

棘头虫　Acanthocephalan

［343］86.1.1　蛭形巨吻棘头虫　*Macracanthorhynchus hirudinaceus*（Pallas，1781）Travassos，1917

［344］86.2.2　新疆钩吻棘头虫　*Oncicola sinkienensis* Feng et Ding，1987

［345］86.3.1　中华前睾棘头虫　*Prosthenorchis sinicus* Hu，1990

［346］87.2.3　双扩多形棘头虫　*Polymorphus diploinflatus* Lundström，1942

［347］87.2.5　大多形棘头虫　*Polymorphus magnus* Skrjabin，1913

节肢动物　Arthropod

［348］88.2.1　双梳羽管螨　*Syringophilus bipectinatus* Heller，1880

［349］89.1.1　气囊胞螨　*Cytodites nudus* Vizioli，1870

［350］90.1.1　牛蠕形螨　*Demodex bovis* Stiles，1892

［351］90.1.2　犬蠕形螨　*Demodex canis* Leydig，1859

［352］90.1.4　绵羊蠕形螨　*Demodex ovis* Railliet，1895

［353］90.1.5　猪蠕形螨　*Demodex phylloides* Czokor，1858

［354］91.1.1　禽皮膜螨　*Laminosioptes cysticola* Vizioli，1870

［355］93.2.1　犬耳痒螨　*Otodectes cynotis* Hering，1838

［356］93.3.1　马痒螨　*Psoroptes equi* Hering，1838

［357］93.3.1.1　牛痒螨　*Psoroptes equi* var. *bovis* Gerlach，1857

［358］93.3.1.3　兔痒螨　*Psoroptes equi* var. *cuniculi* Delafond，1859

［359］93.3.1.5　绵羊痒螨　*Psoroptes equi* var. *ovis* Hering，1838

［360］95.1.1　鸡膝螨　*Cnemidocoptes gallinae* Railliet，1887

［361］95.1.2　突变膝螨　*Cnemidocoptes mutans* Robin，1860

［362］95.2.1　猫背肛螨　*Notoedres cati* Hering，1838

［363］95.2.1.1　兔背肛螨　*Notoedres cati* var. *cuniculi* Gerlach，1857

［364］95.3.1.1　牛疥螨　*Sarcoptes scabiei* var. *bovis* Cameron，1924

［365］95.3.1.3　犬疥螨　*Sarcoptes scabiei* var. *canis* Gerlach，1857

［366］95.3.1.4　山羊疥螨　*Sarcoptes scabiei* var. *caprae*

［367］95.3.1.5　兔疥螨　*Sarcoptes scabiei* var. *cuniculi*

［368］95.3.1.7　马疥螨　*Sarcoptes scabiei* var. *equi*

［369］95.3.1.8　绵羊疥螨　*Sarcoptes scabiei* var. *ovis* Mégnin，1880

［370］95.3.1.9　猪疥螨　*Sarcoptes scabiei* var. *suis* Gerlach，1857

［371］97.1.1　波斯锐缘蜱　*Argas persicus* Oken，1818

［372］97.1.2　翘缘锐缘蜱　*Argas reflexus* Fabricius，1794

［373］97.1.3　普通锐缘蜱　*Argas vulgaris* Filippova，1961

［374］97.2.1　拉合尔钝缘蜱　*Ornithodorus lahorensis* Neumann，1908

［375］97.2.2　乳突钝缘蜱　*Ornithodorus papillipes* Birula，1895

［376］97.2.3　特突钝缘蜱　*Ornithodorus tartakovskyi* Olenev，1931

［377］98.1.1　鸡皮刺螨　*Dermanyssus gallinae* De Geer，1778

［378］98.2.2　囊禽刺螨　*Ornithonyssus bursa* Berlese，1888

［379］98.2.3　林禽刺螨　*Ornithonyssus sylviarum* Canestrini et Fanzago，1877

［380］99.2.1　微小牛蜱　*Boophilus microplus* Canestrini，1887

［381］99.3.5　边缘革蜱　*Dermacentor marginatus* Sulzer，1776

［382］99.3.6　银盾革蜱　*Dermacentor niveus* Neumann，1897

［383］99.3.7　草原革蜱　*Dermacentor nuttalli* Olenev，1928

［384］99.3.8　胫距革蜱　*Dermacentor pavlovskyi* Olenev，1927

［385］99.3.9　网纹革蜱　*Dermacentor reticulatus* Fabricius，1794

［386］99.3.10　森林革蜱　*Dermacentor silvarum* Olenev，1931

［387］99.3.11　中华革蜱　*Dermacentor sinicus* Schulze，1932

［388］99.4.3　二棘血蜱　*Haemaphysalis bispinosa* Neumann，1897

［389］99.4.6　嗜群血蜱　*Haemaphysalis concinna* Koch，1844

［390］99.4.8　短垫血蜱　*Haemaphysalis erinacei* Pavesi，1844

［391］99.4.20　刻点血蜱　*Haemaphysalis punctata* Canestrini et Fanzago，1877

［392］99.4.24　有沟血蜱　*Haemaphysalis sulcata* Canestrini et Fanzago，1878

［393］99.4.28　汶川血蜱　*Haemaphysalis warburtoni* Nuttall，1912

［394］99.4.30　新疆血蜱　*Haemaphysalis xinjiangensis* Teng，1980

［395］99.5.1　小亚璃眼蜱　*Hyalomma anatolicum* Koch，1844

［396］99.5.2　亚洲璃眼蜱　*Hyalomma asiaticum* Schulze et Schlottke，1929

［397］99.5.3　亚洲璃眼蜱卡氏亚种　*Hyalomma asiaticum kozlovi* Olenev，1931

［398］99.5.4　残缘璃眼蜱　*Hyalomma detritum* Schulze，1919

［399］99.5.5　嗜驼璃眼蜱　*Hyalomma dromedarii* Koch，1844

［400］99.5.6　边缘璃眼蜱　*Hyalomma marginatum* Koch，1844

［401］99.5.9　灰色璃眼蜱　*Hyalomma plumbeum*（Panzer，1795）Vlasov，1940

［402］99.5.10　麻点璃眼蜱　*Hyalomma rufipes* Koch，1844

［403］99.5.11　盾糙璃眼蜱　*Hyalomma scupense* Schulze，1918

［404］99.6.2　嗜鸟硬蜱　*Ixodes arboricola* Schulze et Schlottke，1929

［405］99.6.3　草原硬蜱　*Ixodes crenulatus* Koch，1844

［406］99.6.6　拟蓖硬蜱　*Ixodes nuttallianus* Schulze，1930

［407］99.6.8　全沟硬蜱　*Ixodes persulcatus* Schulze，1930

［408］99.7.1　囊形扇头蜱　*Rhipicephalus bursa* Canestrini et Fanzago，1877

[409] 99.7.3　短小扇头蜱　*Rhipicephalus pumilio* Schulze，1935

[410] 99.7.4　罗赛扇头蜱　*Rhipicephalus rossicus* Jakimov et Kohl-Jakimova，1911

[411] 99.7.5　血红扇头蜱　*Rhipicephalus sanguineus* Latreille，1806

[412] 99.7.6　图兰扇头蜱　*Rhipicephalus turanicus* Pomerantzev，1940

[413] 100.1.1　驴血虱　*Haematopinus asini* Linnaeus，1758

[414] 100.1.2　阔胸血虱　*Haematopinus eurysternus* Denny，1842

[415] 100.1.4　四孔血虱　*Haematopinus quadripertusus* Fahrenholz，1916

[416] 100.1.5　猪血虱　*Haematopinus suis* Linnaeus，1758

[417] 101.1.1　非洲颚虱　*Linognathus africanus* Kellogg et Paine，1911

[418] 101.1.2　绵羊颚虱　*Linognathus ovillus* Neumann，1907

[419] 101.1.3　足颚虱　*Linognathus pedalis* Osborn，1896

[420] 101.1.5　狭颚虱　*Linognathus stenopsis* Burmeister，1838

[421] 101.1.6　牛颚虱　*Linognathus vituli* Linnaeus，1758

[422] 102.1.1　亚洲马虱　*Ratemia asiatica* Chin，1981

[423] 103.1.1　粪种蝇　*Adia cinerella* Fallen，1825

[424] 104.2.7　天山丽蝇（蛆）　*Calliphora tianshanica* Rohdendorf，1962

[425] 104.2.8　乌拉尔丽蝇（蛆）　*Calliphora uralensis* Villeneuve，1922

[426] 104.2.9　红头丽蝇（蛆）　*Calliphora vicina* Robineau-Desvoidy，1830

[427] 104.2.10　反吐丽蝇（蛆）　*Calliphora vomitoria* Linnaeus，1758

[428] 104.2.11　柴达木丽蝇（蛆）　*Calliphora zaidamensis* Fan，1965

[429] 104.4.1　尸蓝蝇（蛆）　*Cynomya mortuorum* Linnaeus，1758

[430] 104.6.3　蟾蜍绿蝇　*Lucilia bufonivora* Moniez，1876

[431] 104.6.4　叉叶绿蝇（蛆）　*Lucilia caesar* Linnaeus，1758

[432] 104.6.8　亮绿蝇（蛆）　*Lucilia illustris* Meigen，1826

[433] 104.6.10　毛腹绿蝇（蛆）　*Lucilia pilosiventris* Kramer，1910

[434] 104.6.13　丝光绿蝇（蛆）　*Lucilia sericata* Meigen，1826

[435] 104.6.16　林绿蝇　*Lucilia silvarum* Meigen，1826

[436] 104.7.1　花伏蝇（蛆）　*Phormia regina* Meigen，1826

[437] 104.8.1　天蓝原丽蝇（蛆）　*Protocalliphora azurea* Fallen，1816

[438] 104.9.1　新陆原伏蝇（蛆）　*Protophormia terraenovae* Robineau-Desvoidy，1830

[439] 105.2.17　环斑库蠓　*Culicoides circumscriptus* Kieffer，1918

[440] 105.2.24　沙生库蠓　*Culicoides desertorum* Gutsevich，1959

[441] 105.2.45　渐灰库蠓　*Culicoides grisescens* Edwards，1939

[442] 105.2.52　原野库蠓　*Culicoides homotomus* Kieffer，1921

[443] 105.2.66　舟库蠓　*Culicoides kibunensis* Tokunaga，1937

[444] 105.2.83　东北库蠓　*Culicoides manchuriensis* Tokunaga，1941

[445] 105.2.86　三保库蠓　*Culicoides mihensis* Arnaud，1956

[446] 105.2.91　不显库蠓　*Culicoides obsoletus* Meigen，1818

[447] 105.2.92　恶敌库蠓　*Culicoides odibilis* Austen，1921

［448］105.2.105　灰黑库蠓　*Culicoides pulicaris* Linnaeus，1758

［449］105.2.106　刺螯库蠓　*Culicoides punctatus* Meigen，1804

［450］105.2.107　曲囊库蠓　*Culicoides puncticollis* Becker，1903

［451］105.2.109　里氏库蠓　*Culicoides riethi* Kieffer，1914

［452］105.2.111　迟缓库蠓　*Culicoides segnis* Campbell et Pelham-Clinton，1960

［453］105.2.117　三黑库蠓　*Culicoides tritenuifasciatus* Tokunaga，1959

［454］105.2.118　卷曲库蠓　*Culicoides turanicus* Gutsevich et Smatov，1971

［455］105.3.8　低飞蠛蠓　*Lasiohelea humilavolita* Yu et Liu，1982

［456］105.3.11　南方蠛蠓　*Lasiohelea notialis* Yu et Liu，1982

［457］105.4.2　二齿细蠓　*Leptoconops bidentatus* Gutsevich，1960

［458］105.4.3　双镰细蠓　*Leptoconops binisicula* Yu et Liu，1988

［459］105.4.4　北方细蠓　*Leptoconops borealis* Gutsevich，1945

［460］105.4.8　明背细蠓　*Leptoconops lucidus* Gutsevich，1964

［461］106.1.7　里海伊蚊　*Aedes caspius* Pallas，1771

［462］106.1.9　普通伊蚊　*Aedes communis* De Geer，1776

［463］106.1.11　屑皮伊蚊　*Aedes detritus* Haliday，1833

［464］106.1.12　背点伊蚊　*Aedes dorsalis* Meigen，1830

［465］106.1.16　黄色伊蚊　*Aedes flavescens* Muller，1764

［466］106.1.17　黄背伊蚊　*Aedes flavidorsalis* Luh et Lee，1975

［467］106.1.24　白黑伊蚊　*Aedes leucomelas* Meigen，1804

［468］106.1.31　黑头伊蚊　*Aedes pullatus* Coquillett，1904

［469］106.1.33　露西伊蚊　*Aedes rossicus* Dolbeskin，Gorickaja et Mitrofanova，1930

［470］106.2.7　带棒按蚊　*Anopheles claviger* Meigen，1804

［471］106.2.13　赫坎按蚊　*Anopheles hyrcanus* Pallas，1771

［472］106.2.25　米赛按蚊　*Anopheles messeae* Falleroni，1926

［473］106.2.30　莎氏按蚊　*Anopheles sacharovi* Favre，1903

［474］106.4.1　麻翅库蚊　*Culex bitaeniorhynchus* Giles，1901

［475］106.4.6　棕头库蚊　*Culex fuscocephalus* Theobald，1907

［476］106.4.18　凶小库蚊　*Culex modestus* Ficalbi，1889

［477］106.4.23　尖音库蚊　*Culex pipiens* Linnaeus，1758

［478］106.4.29　惊骇库蚊　*Culex territans* Walker，1856

［479］106.5.1　阿拉斯加脉毛蚊　*Culiseta alaskaensis* Ludlow，1906

［480］106.5.2　环跗脉毛蚊　*Culiseta annulata* Schrank，1776

［481］106.7.1　环跗曼蚊　*Manssonia richiardii* Ficalbi，1889

［482］106.10.4　长爪蓝带蚊　*Uranotaenia unguiculata* Edwards，1913

［483］107.1.1　红尾胃蝇（蛆）　*Gasterophilus haemorrhoidalis* Linnaeus，1758

［484］107.1.2　小胃蝇（蛆）　*Gasterophilus inermis* Brauer，1858

［485］107.1.3　肠胃蝇（蛆）　*Gasterophilus intestinalis* De Geer，1776

［486］107.1.5　黑腹胃蝇（蛆）　*Gasterophilus pecorum* Fabricius，1794

［526］110.10.3　银眉黑蝇　*Ophyra leucostoma* Wiedemann，1817

［527］110.11.1　绿翠蝇　*Orthellia caesarion* Meigen，1826

［528］110.12.1　白线直脉蝇　*Polietes albolineata* Fallen，1823

［529］110.13.1　粉背碧蝇　*Pyrellia aenea* Zetterstedt，1845

［530］110.13.2　马粪碧蝇　*Pyrellia cadaverina* Linnaeus，1758

［531］111.1.1　驼头狂蝇　*Cephalopina titillator* Clark，1816

［532］111.2.1　羊狂蝇（蛆）　*Oestrus ovis* Linnaeus，1758

［533］111.3.1　阔额鼻狂蝇（蛆）　*Rhinoestrus latifrons* Gan，1947

［534］111.3.2　紫鼻狂蝇（蛆）　*Rhinoestrus purpureus* Brauer，1858

［535］113.4.1　亚历山大白蛉　*Phlebotomus alexandri* Sinton，1928

［536］113.4.2　安氏白蛉　*Phlebotomus andrejevi* Shakirzyanova，1953

［537］113.4.3　中华白蛉　*Phlebotomus chinensis* Newstead，1916

［538］113.4.7　硕大白蛉　*Phlebotomus major* Annadale，1910

［539］113.4.8　蒙古白蛉　*Phlebotomus mongolensis* Sinton，1928

［540］113.5.13　微小司蛉新疆亚种　*Sergentomyia minutus sinkiangensis* Ting et Ho，1962

［541］114.1.1　斑黑麻蝇（蛆）　*Bellieria maculata* Meigen，1835

［542］114.1.2　尾黑麻蝇（蛆）　*Bellieria melanura* Meigen，1826

［543］114.2.1　红尾粪麻蝇（蛆）　*Bercaea haemorrhoidalis* Fallen，1816

［544］114.4.2　细纽欧麻蝇　*Heteronychia shnitnikovi* Rohdendorf，1937

［545］114.5.1　埃及亚麻蝇　*Parasarcophaga aegyptica* Salem，1935

［546］114.5.7　贪食亚麻蝇　*Parasarcophaga harpax* Pandelle，1896

［547］114.5.9　蝗尸亚麻蝇　*Parasarcophaga jacobsoni* Rohdendorf，1937

［548］114.5.10　三鬃亚麻蝇　*Parasarcophaga kirgizica* Rohdendorf，1969

［549］114.5.12　天山亚麻蝇　*Parasarcophaga pleskei* Rohdendorf，1937

［550］114.5.13　急钓亚麻蝇　*Parasarcophaga portschinskyi* Rohdendorf，1937

［551］114.5.14　沙州亚麻蝇　*Parasarcophaga semenovi* Rohdendorf，1925

［552］114.5.15　结节亚麻蝇　*Parasarcophaga tuberosa* Pandelle，1896

［553］114.6.1　花纹拉蝇（蛆）　*Ravinia striata* Fabricius，1794

［554］114.7.3　肉食麻蝇（蛆）　*Sarcophaga carnaria* Linnaeus，1758

［555］114.7.4　肥须麻蝇（蛆）　*Sarcophaga crassipalpis* Macquart，1839

［556］114.8.4　黑须污蝇（蛆）　*Wohlfahrtia magnifica* Schiner，1862

［557］115.2.1　黑角吉蚋　*Gnus cholodkovskii* Rubzov，1939

［558］115.4.1　华丽短蚋　*Odagmia ornata* Meigen，1818

［559］115.6.14　爬蚋　*Simulium reptans* Linnaeus，1758

［560］115.8.1　斑梯蚋　*Titanopteryx maculata* Meigen，1804

［561］115.9.1　马维蚋　*Wilhelmia equina* Linnaeus，1746

［562］115.9.2　褐足维蚋　*Wilhelmia turgaica* Rubzov，1940

［563］116.1.1　刺扰血蝇　*Haematobia stimulans* Meigen，1824

［564］116.3.2　西方角蝇　*Lyperosia irritans* (Linnaeus，1758) Róndani，1856

［565］116.3.4　截脉角蝇　*Lyperosia titillans* Bezzi，1907

［566］116.4.1　厩螫蝇　*Stomoxys calcitrans* Linnaeus，1758

［567］117.1.2　楚图黄虻　*Atylotus chodukini* Olsufjev，1952

［568］117.1.3　东趣黄虻　*Atylotus flavoguttatus* Szilady，1915

［569］117.1.4　金黄黄虻　*Atylotus fulvus* Meigen，1804

［570］117.1.6　长斑黄虻　*Atylotus karybenthinus* Szilady，1915

［571］117.1.7　骚扰黄虻　*Atylotus miser* Szilady，1915

［572］117.1.11　短斜纹黄虻　*Atylotus pulchellus* Loew，1858

［573］117.1.12　四列黄虻　*Atylotus quadrifarius* Loew，1874

［574］117.1.13　黑胫黄虻　*Atylotus rusticus* Linnaeus，1767

［575］117.2.6　黑尾斑虻　*Chrysops caecutiens* Linnaeus，1758

［576］117.2.11　分点斑虻　*Chrysops dissectus* Loew，1858

［577］117.2.21　莫氏斑虻　*Chrysops mlokosiewiczi* Bigot，1880

［578］117.2.27　黄缘斑虻　*Chrysops relictus* Meigen，1820

［579］117.2.28　娌斑虻　*Chrysops ricardoae* Pleske，1910

［580］117.2.33　条纹斑虻　*Chrysops striatula* Pechuman，1943

［581］117.2.37　塔里木斑虻　*Chrysops tarimi* Olsufjev，1979

［582］117.5.34　土灰麻虻　*Haematopota pallens* Loew，1870

［583］117.5.40　雨麻虻　*Haematopota pluvialis* Linnaeus，1758

［584］117.5.42　波斯麻虻　*Haematopota przewalskii* Olsufjev，1979

［585］117.5.48　亚圆筒麻虻　*Haematopota subcylindrica* Pandelle，1883

［586］117.5.51　亚土麻虻　*Haematopota subturkstanica* Wang，1985

［587］117.5.54　土耳其麻虻　*Haematopota turkestanica* Krober，1922

［588］117.6.2　尖腹瘤虻　*Hybomitra acuminata* Loew，1858

［589］117.6.6　阿克苏瘤虻　*Hybomitra aksuensis* Wang，1985

［590］117.6.19　二斑瘤虻　*Hybomitra bimaculata* Macquart，1826

［591］117.6.21　北方瘤虻　*Hybomitra borealis* Fabricius，1781

［592］117.6.26　杂毛瘤虻　*Hybomitra ciureai* Seguy，1937

［593］117.6.27　显著瘤虻　*Hybomitra distinguenda* Verrall，1909

［594］117.6.28　白条瘤虻　Hybomitra *erberi* Brauer，1880

［595］117.6.29　膨条瘤虻　*Hybomitra expollicata* Pandelle，1883

［596］117.6.34　光滑瘤虻　*Hybomitra glaber* Bigot，1892

［597］117.6.39　凶恶瘤虻　*Hybomitra hunnorum* Szilady，1923

［598］117.6.42　哈什瘤虻　*Hybomitra kashgarica* Olsufjev，1970

［599］117.6.51　黄角瘤虻　*Hybomitra lundbecki* Lyneborg，1959

［600］117.6.58　突额瘤虻　*Hybomitra montana* Meigen，1820

［601］117.6.59　摩根氏瘤虻　*Hybomitra morgani* Surcouf，1912

［602］117.6.72　断条瘤虻　*Hybomitra peculiaris* Szilady，1914

［603］117.6.76　累尼瘤虻　*Hybomitra reinigiana* Enderlein，1933

［604］117.6.83　浅斑瘤虻　*Hybomitra shnitnikovi* Olsufjev，1937

［605］117.6.94　鞑靼瘤虻　*Hybomitra tatarica* Portschinsky，1887

［606］117.6.97　土耳其瘤虻　*Hybomitra turkestana* Szilady，1923

［607］117.6.103　灰股瘤虻　*Hybomitra zaitzevi* Olsufjev，1970

［608］117.6.105　昭苏瘤虻　*Hybomitra zhaosuensis* Wang，1985

［609］117.11.4　银斑虻　*Tabanus argenteomaculatus* Krober，1928

［610］117.11.7　秋季虻　*Tabanus autumnalis* Linnaeus，1761

［611］117.11.13　嗜牛虻　*Tabanus bovinus* Loew，1858

［612］117.11.15　吵扰虻　*Tabanus bromius* Linnaeus，1758

［613］117.11.31　柯虻　*Tabanus cordiger* Meigen，1820

［614］117.11.36　斐氏虻　*Tabanus filipjevi* Olsufjev，1936

［615］117.11.50　双重虻　*Tabanus geminus* Szilady，1923

［616］117.11.52　戈壁虻　*Tabanus golovi* Olsufjev，1936

［617］117.11.53　戈壁虻中亚亚种　*Tabanus golovi mediaasiaticus* Olsufjev，1970

［618］117.11.83　黎氏虻　*Tabanus leleani* Austen，1920

［619］117.11.99　干旱虻　*Tabanus miki* Brauer，1880

［620］117.11.103　高亚虻　*Tabanus montiasiaticus* Olsufjev，1977

［621］117.11.146　若羌虻　*Tabanus ruoqiangensis* Xiang et Xu，1986

［622］117.11.147　似多砂虻　*Tabanus sabuletoroides* Xu，1979

［623］117.11.148　多砂虻　*Tabanus sabuletorum* Loew，1874

［624］117.11.166　亚多砂虻　*Tabanus subsabuletorum* Olsufjev，1936

［625］117.11.182　基虻　*Tabanus zimini* Olsufjev，1937

［626］118.2.4　草黄鸡体羽虱　*Menacanthus stramineus* Nitzsch，1818

［627］118.3.1　鸡羽虱　*Menopon gallinae* Linnaeus，1758

［628］119.4.1　鹅啮羽虱　*Esthiopterum anseris* Linnaeus，1758

［629］119.4.2　圆鸭啮羽虱　*Esthiopterum crassicorne* Scopoli，1763

［630］119.5.1　鸡圆羽虱　*Goniocotes gallinae* De Geer，1778

［631］119.6.2　巨角羽虱　*Goniodes gigas* Taschenberg，1879

［632］119.7.3　广幅长羽虱　*Lipeurus heterographus* Nitzsch，1866

［633］119.7.5　鸡长羽虱　*Lipeurus variabilis* Burmeister，1838

［634］120.1.1　牛毛虱　*Bovicola bovis* Linnaeus，1758

［635］120.1.2　山羊毛虱　*Bovicola caprae* Gurlt，1843

［636］120.1.3　绵羊毛虱　*Bovicola ovis* Schrank，1781

［637］120.2.1　猫毛虱　*Felicola subrostratus* Nitzsch in Burmeister，1838

［638］120.3.2　马啮毛虱　*Trichodectes equi* Denny，1842

［639］121.2.1　扇形副角蚤　*Paraceras flabellum* Curtis，1832

［640］125.1.1　犬栉首蚤　*Ctenocephalide canis* Curtis，1826

［641］125.1.2　猫栉首蚤　*Ctenocephalide felis* Bouche，1835

［642］125.2.1　禽角头蚤　*Echidnophaga gallinacea* Westwood，1875

［643］125.3.1　水武蚤宽指亚种　*Euchoplopsyllus glacialis profugus* Jordan，1925
［644］125.4.1　致痒蚤　*Pulex irritans* Linnaeus，1758
［645］126.1.1　同鬃蚤　*Chaetopsylla homoea* Rothschild，1906
［646］126.2.1　狍长喙蚤　*Dorcadia dorcadia* Rothschild，1912
［647］126.2.2　羊长喙蚤　*Dorcadia ioffi* Smit，1953
［648］126.3.1　花蠕形蚤　*Vermipsylla alakurt* Schimkewitsch，1885
［649］126.3.4　北山羊蠕形蚤　*Vermipsylla ibexa* Zhang et Yu，1981
［650］126.3.7　叶氏蠕形蚤　*Vermipsylla yeae* Yu et Li，1990
［651］127.1.1　锯齿舌形虫　*Linguatula serrata* Fröhlich，1789

云南省寄生虫种名
Species of Parasites in Yunnan Province

原虫　Protozoon

［1］2.1.1　蓝氏贾第鞭毛虫　*Giardia lamblia* Stiles，1915
［2］3.2.1　马媾疫锥虫　*Trypanosoma equiperdum* Doflein，1901
［3］3.2.2　伊氏锥虫　*Trypanosoma evansi*（Steel，1885）Balbiani，1888
［4］3.2.3　鸡锥虫　*Trypanosoma gallinarum* Bruce，Hammerton，Bateman，*et al.*，1911
［5］5.3.1　胎儿三毛滴虫　*Tritrichomonas foetus*（Riedmüller，1928）Wenrich et Emmerson，1933
［6］6.1.8　鼠隐孢子虫　*Cryptosporidium muris* Tyzzer，1907
［7］6.1.9　微小隐孢子虫　*Cryptosporidium parvum* Tyzzer，1912
［8］7.2.1　阿布氏艾美耳球虫　*Eimeria abramovi* Svanbaev et Rakhmatullina，1967
［9］7.2.2　堆型艾美耳球虫　*Eimeria acervulina* Tyzzer，1929
［10］7.2.3　阿沙塔艾美耳球虫　*Eimeria ahsata* Honess，1942
［11］7.2.4　阿拉巴马艾美耳球虫　*Eimeria alabamensis* Christensen，1941
［12］7.2.5　艾丽艾美耳球虫　*Eimeria alijevi* Musaev，1970
［13］7.2.6　鸭艾美耳球虫　*Eimeria anatis* Scholtyseck，1955
［14］7.2.8　阿普艾美耳球虫　*Eimeria apsheronica* Musaev，1970
［15］7.2.9　阿洛艾美耳球虫　*Eimeria arloingi*（Marotel，1905）Martin，1909
［16］7.2.10　奥博艾美耳球虫　*Eimeria auburnensis* Christensen et Porter，1939
［17］7.2.11　潜鸭艾美耳球虫　*Eimeria aythyae* Farr，1965
［18］7.2.13　巴库艾美耳球虫　*Eimeria bakuensis* Musaev，1970
［19］7.2.15　巴塔氏艾美耳球虫　*Eimeria battakhi* Dubey et Pande，1963

[20] 7.2.16 牛艾美耳球虫 *Eimeria bovis*（Züblin，1908）Fiebiger，1912

[21] 7.2.18 巴西利亚艾美耳球虫 *Eimeria brasiliensis* Torres et Ramos，1939

[22] 7.2.19 布氏艾美耳球虫 *Eimeria brunetti* Levine，1942

[23] 7.2.23 加拿大艾美耳球虫 *Eimeria canadensis* Bruce，1921

[24] 7.2.24 山羊艾美耳球虫 *Eimeria caprina* Lima，1979

[25] 7.2.25 羊艾美耳球虫 *Eimeria caprovina* Lima，1980

[26] 7.2.28 克里氏艾美耳球虫 *Eimeria christenseni* Levine，Ivens et Fritz，1962

[27] 7.2.30 盲肠艾美耳球虫 *Eimeria coecicola* Cheissin，1947

[28] 7.2.31 槌状艾美耳球虫 *Eimeria crandallis* Honess，1942

[29] 7.2.32 圆柱状艾美耳球虫 *Eimeria cylindrica* Wilson，1931

[30] 7.2.34 蒂氏艾美耳球虫 *Eimeria debliecki* Douwes，1921

[31] 7.2.36 椭圆艾美耳球虫 *Eimeria ellipsoidalis* Becker et Frye，1929

[32] 7.2.37 长形艾美耳球虫 *Eimeria elongata* Marotel et Guilhon，1941

[33] 7.2.38 微小艾美耳球虫 *Eimeria exigua* Yakimoff，1934

[34] 7.2.40 福氏艾美耳球虫 *Eimeria faurei*（Moussu et Marotel，1902）Martin，1909

[35] 7.2.41 黄色艾美耳球虫 *Eimeria flavescens* Marotel et Guilhon，1941

[36] 7.2.44 贡氏艾美耳球虫 *Eimeria gonzalezi* Bazalar et Guerrero，1970

[37] 7.2.45 颗粒艾美耳球虫 *Eimeria granulosa* Christensen，1938

[38] 7.2.48 哈氏艾美耳球虫 *Eimeria hagani* Levine，1938

[39] 7.2.50 家山羊艾美耳球虫 *Eimeria hirci* Chevalier，1966

[40] 7.2.51 伊利诺斯艾美耳球虫 *Eimeria illinoisensis* Levine et Ivens，1967

[41] 7.2.52 肠艾美耳球虫 *Eimeria intestinalis* Cheissin，1948

[42] 7.2.53 错乱艾美耳球虫 *Eimeria intricata* Spiegl，1925

[43] 7.2.54 无残艾美耳球虫 *Eimeria irresidua* Kessel et Jankiewicz，1931

[44] 7.2.56 约奇艾美耳球虫 *Eimeria jolchijevi* Musaev，1970

[45] 7.2.63 大型艾美耳球虫 *Eimeria magna* Pérard，1925

[46] 7.2.67 巨型艾美耳球虫 *Eimeria maxima* Tyzzer，1929

[47] 7.2.68 中型艾美耳球虫 *Eimeria media* Kessel，1929

[48] 7.2.69 和缓艾美耳球虫 *Eimeria mitis* Tyzzer，1929

[49] 7.2.70 变位艾美耳球虫 *Eimeria mivati* Edgar et Siebold，l964

[50] 7.2.72 毒害艾美耳球虫 *Eimeria necatrix* Johnson，1930

[51] 7.2.73 新蒂氏艾美耳球虫 *Eimeria neodebliecki* Vetterling，1965

[52] 7.2.74 新兔艾美耳球虫 *Eimeria neoleporis* Carvalho，1942

[53] 7.2.75 尼氏艾美耳球虫 *Eimeria ninakohlyakimovae* Yakimoff et Rastegaieff，1930

[54] 7.2.80 类绵羊艾美耳球虫 *Eimeria ovinoidalis* McDougald，1979

[55] 7.2.82 小型艾美耳球虫 *Eimeria parva* Kotlán，Mócsy et Vajda，1929

[56] 7.2.85 穿孔艾美耳球虫 *Eimeria perforans*（Leuckart，1879）Sluiter et Swellengrebel，1912

[57] 7.2.86 极细艾美耳球虫 *Eimeria perminuta* Henry，1931

712

[58] 7.2.87　梨形艾美耳球虫　*Eimeria piriformis* Kotlán et Pospesch，1934

[59] 7.2.88　光滑艾美耳球虫　*Eimeria polita* Pellérdy，1949

[60] 7.2.89　豚艾美耳球虫　*Eimeria porci* Vetterling，1965

[61] 7.2.90　早熟艾美耳球虫　*Eimeria praecox* Johnson，1930

[62] 7.2.91　斑点艾美耳球虫　*Eimeria punctata* Landers，1955

[63] 7.2.95　粗糙艾美耳球虫　*Eimeria scabra* Henry，1931

[64] 7.2.101　有刺艾美耳球虫　*Eimeria spinosa* Henry，1931

[65] 7.2.102　斯氏艾美耳球虫　*Eimeria stiedai*（Lindemann，1865）Kisskalt et Hartmann，1907

[66] 7.2.104　亚球形艾美耳球虫　*Eimeria subspherica* Christensen，1941

[67] 7.2.105　猪艾美耳球虫　*Eimeria suis* Nöller，1921

[68] 7.2.107　柔嫩艾美耳球虫　*Eimeria tenella*（Railliet et Lucet，1891）Fantham，1909

[69] 7.2.109　威布里吉艾美耳球虫　*Eimeria weybridgensis* Norton，Joyner et Catchpole，1974

[70] 7.2.113　云南艾美耳球虫　*Eimeria yunnanensis* Zuo et Chen，1984

[71] 7.2.114　邱氏艾美耳球虫　*Eimeria züernii*（Rivolta，1878）Martin，1909

[72] 7.3.5　犬等孢球虫　*Isospora canis* Nemeseri，1959

[73] 7.3.6　猫等孢球虫　*Isospora felis* Wenyon，1923

[74] 7.3.7　鸡等孢球虫　*Isospora gallinae* Scholtyseck，1954

[75] 7.3.9　拉氏等孢球虫　*Isospora lacazei* Labbe，1893

[76] 7.3.11　俄亥俄等孢球虫　*Isospora ohioensis* Dubey，1975

[77] 7.3.12　芮氏等孢球虫　*Isospora rivolta*（Grassi，1879）Wenyon，1923

[78] 7.3.13　猪等孢球虫　*Isospora suis* Biester et Murray，1934

[79] 7.4.6　毁灭泰泽球虫　*Tyzzeria perniciosa* Allen，1936

[80] 7.5.1　鸭温扬球虫　*Wenyonella anatis* Pande，Bhatia et Srivastava，1965

[81] 7.5.4　菲莱氏温扬球虫　*Wenyonella philiplevinei* Leibovitz，1968

[82] 8.1.1　卡氏住白细胞虫　*Leucocytozoon caulleryii* Mathis et Léger，1909

[83] 8.1.2　沙氏住白细胞虫　*Leucocytozoon sabrazesi* Mathis et Léger，1910

[84] 10.3.4　山羊犬住肉孢子虫　*Sarcocystis capracanis* Fischer，1979

[85] 10.3.5　枯氏住肉孢子虫　*Sarcocystis cruzi*（Hasselmann，1923）Wenyon，1926

[86] 10.3.8　梭形住肉孢子虫　*Sarcocystis fusiformis*（Railliet，1897）Bernard et Bauche，1912

[87] 10.3.10　家山羊犬住肉孢子虫　*Sarcocystis hircicanis* Heydorn et Unterholzner，1983

[88] 10.3.11　多毛住肉孢子虫　*Sarcocystis hirsuta* Moulé，1888

[89] 10.3.12　人住肉孢子虫　*Sarcocystis hominis*（Railliet et Lucet，1891）Dubey，1976

[90] 10.3.13　莱氏住肉孢子虫　*Sarcocystis levinei* Dissanaike et Kan，1978

[91] 10.3.15　米氏住肉孢子虫　*Sarcocystis miescheriana*（Kühn，1865）Labbé，1899

[92] 10.3.16　绵羊犬住肉孢子虫　*Sarcocystis ovicanis* Heydorn，Gestrich，Melhorn，*et al.*，1975

[93] 10.3.19　中华住肉孢子虫　*Sarcocystis sinensis* Zuo，Zhang et Yie，1990

[94] 10.3.20　猪人住肉孢子虫　*Sarcocystis suihominis* Tadros et Laarman，1976

［95］10.4.1 龚地弓形虫 *Toxoplasma gondii*（Nicolle et Manceaux，1908）Nicolle et Manceaux，1909

［96］11.1.1 双芽巴贝斯虫 *Babesia bigemina* Smith et Kiborne，1893

［97］11.1.2 牛巴贝斯虫 *Babesia bovis*（Babes，1888）Starcovici，1893

［98］11.1.3 驽巴贝斯虫 *Babesia caballi* Nuttall et Strickland，1910

［99］11.1.4 犬巴贝斯虫 *Babesia canis* Piana et Galli-Valerio，1895

［100］11.1.10 羊巴贝斯虫 *Babesia ovis*（Babes，1892）Starcovici，1893

［101］11.1.12 陶氏巴贝斯虫 *Babesia trautmanni* Knuth et du Toit，1921

［102］12.1.1 环形泰勒虫 *Theileria annulata*（Dschunkowsky et Luhs，1904）Wenyon，1926

［103］12.1.2 马泰勒虫 *Theileria equi* Mehlhorn et Schein，1998

［104］12.1.7 瑟氏泰勒虫 *Theileria sergenti* Yakimoff et Dekhtereff，1930

［105］14.1.1 结肠小袋虫 *Balantidium coli*（Malmsten，1857）Stein，1862

绦虫 Cestode

［106］15.1.1 大裸头绦虫 *Anoplocephala magna*（Abildgaard，1789）Sprengel，1905

［107］15.1.2 叶状裸头绦虫 *Anoplocephala perfoliata*（Goeze，1782）Blanchard，1848

［108］15.2.1 中点无卵黄腺绦虫 *Avitellina centripunctata* Rivolta，1874

［109］15.2.3 微小无卵黄腺绦虫 *Avitellina minuta* Yang，Qian，Chen，*et al.*，1977

［110］15.4.1 白色莫尼茨绦虫 *Moniezia alba*（Perroncito，1879）Blanchard，1891

［111］15.4.2 贝氏莫尼茨绦虫 *Moniezia benedeni*（Moniez，1879）Blanchard，1891

［112］15.4.3 双节间腺莫尼茨绦虫 *Moniezia biinterrogologlands* Huang et Xie，1993

［113］15.4.4 扩展莫尼茨绦虫 *Moniezia expansa*（Rudolphi，1810）Blanchard，1891

［114］15.8.1 盖氏曲子宫绦虫 *Thysaniezia giardi* Moniez，1879

［115］15.8.2 羊曲子宫绦虫 *Thysaniezia ovilla* Rivolta，1878

［116］16.2.2 火鸡戴维绦虫 *Davainea meleagridis* Jones，1936

［117］16.2.3 原节戴维绦虫 *Davainea proglottina*（Davaine，1860）Blanchard，1891

［118］16.3.1 西里伯瑞利绦虫 *Raillietina celebensis*（Janicki，1902）Fuhrmann，1920

［119］16.3.3 有轮瑞利绦虫 *Raillietina cesticillus* Molin，1858

［120］16.3.4 棘盘瑞利绦虫 *Raillietina echinobothrida* Megnin，1881

［121］16.3.10 兰氏瑞利绦虫 *Raillietina ransomi* William，1931

［122］16.3.12 四角瑞利绦虫 *Raillietina tetragona* Molin，1858

［123］17.1.1 楔形变带绦虫 *Amoebotaenia cuneata* von Linstow，1872

［124］17.2.2 漏斗漏带绦虫 *Choanotaenia infundibulum* Bloch，1779

［125］17.4.1 犬复孔绦虫 *Dipylidium caninum*（Linnaeus，1758）Leuckart，1863

［126］17.5.1 贝氏不等缘绦虫 *Imparmargo baileyi* Davidson，Doster et Prestwood，1974

［127］19.2.2 福建单睾绦虫 *Aploparaksis fukinensis* Lin，1959

［128］19.2.4 秧鸡单睾绦虫 *Aploparaksis porzana* Dubinina，1953

［129］19.4.2 冠状双盔带绦虫 *Dicranotaenia coronula*（Dujardin，1845）Railliet，1892

［130］19.6.2 鸭双睾绦虫 *Diorchis anatina* Ling，1959

［131］19.6.7 秋沙鸭双睾绦虫 *Diorchis nyrocae* Yamaguti，1935

716

［242］27.7.4　台湾巨盘吸虫　*Gigantocotyle formosanum* Fukui，1929

［243］27.7.6　泰国巨盘吸虫　*Gigantocotyle siamense* Stiles et Goldberger，1910

［244］27.8.1　野牛平腹吸虫　*Homalogaster paloniae* Poirier，1883

［245］27.9.1　陇川长咽吸虫　*Longipharynx longchuansis* Huang，Xie，Li，*et al.*，1988

［246］27.10.1　中华巨咽吸虫　*Macropharynx chinensis* Wang，1959

［247］27.11.1　吸沟同盘吸虫　*Paramphistomum bothriophoron* Braun，1892

［248］27.11.2　鹿同盘吸虫　*Paramphistomum cervi* Zeder，1790

［249］27.11.3　后藤同盘吸虫　*Paramphistomum gotoi* Fukui，1922

［250］27.11.4　细同盘吸虫　*Paramphistomum gracile* Fischoeder，1901

［251］27.11.5　市川同盘吸虫　*Paramphistomum ichikawai* Fukui，1922

［252］27.11.6　雷氏同盘吸虫　*Paramphistomum leydeni* Nasmark，1937

［253］27.11.8　似小盘同盘吸虫　*Paramphistomum microbothrioides* Price et MacIntosh，1944

［254］27.11.9　小盘同盘吸虫　*Paramphistomum microbothrium* Fischoeder，1901

［255］27.12.1　柯氏假盘吸虫　*Pseudodiscus collinsi*（Cobbold，1875）Stiles et Goldberger，1910

［256］28.1.2　鹅嗜眼吸虫　*Philophthalmus anseri* Hsu，1982

［257］28.1.3　涉禽嗜眼吸虫　*Philophthalmus gralli* Mathis et Léger，1910

［258］29.1.2　长刺光隙吸虫　*Psilochasmus longicirratus* Skrjabin，1913

［259］29.2.3　大囊光睾吸虫　*Psilorchis saccovoluminosus* Bai，Liu et Chen，1980

［260］29.2.5　斑嘴鸭光睾吸虫　*Psilorchis zonorhynchae* Bai，Liu et Chen，1980

［261］31.1.1　鸭对体吸虫　*Amphimerus anatis* Yamaguti，1933

［262］31.3.1　中华枝睾吸虫　*Clonorchis sinensis*（Cobbolb，1875）Looss，1907

［263］31.5.7　黄体次睾吸虫　*Metorchis xanthosomus*（Creplin，1841）Braun，1902

［264］31.6.1　截形微口吸虫　*Microtrema truncatum* Kobayashi，1915

［265］31.7.1　鸭后睾吸虫　*Opisthorchis anatinus* Wang，1975

［266］32.1.1　中华双腔吸虫　*Dicrocoelium chinensis* Tang et Tang，1978

［267］32.1.4　矛形双腔吸虫　*Dicrocoelium lanceatum* Stiles et Hassall，1896

［268］32.1.5　东方双腔吸虫　*Dicrocoelium orientalis* Sudarikov et Ryjikov，1951

［269］32.2.1　枝睾阔盘吸虫　*Eurytrema cladorchis* Chin，Li et Wei，1965

［270］32.2.2　腔阔盘吸虫　*Eurytrema coelomaticum*（Giard et Billet，1892）Looss，1907

［271］32.2.7　胰阔盘吸虫　*Eurytrema pancreaticum*（Janson，1889）Looss，1907

［272］32.3.1　山羊扁体吸虫　*Platynosomum capranum* Ku，1957

［273］33.2.1　勃氏顿水吸虫　*Tanaisia bragai* Santos，1934

［274］37.2.1　陈氏狸殖吸虫　*Pagumogonimus cheni*（Hu，1963）Chen，1964

［275］37.2.2　丰宫狸殖吸虫　*Pagumogonimus proliferus*（Hsia et Chen，1964）Chen，1965

［276］37.2.3　斯氏狸殖吸虫　*Pagumogonimus skrjabini*（Chen，1959）Chen，1963

［277］37.3.4　异盘并殖吸虫　*Paragonimus heterotremus* Chen et Hsia，1964

［278］37.3.8　勐腊并殖吸虫　*Paragonimus menglaensis* Chung，Ho，Cheng，*et al.*，1964

［279］37.3.9　小睾并殖吸虫　*Paragonimus microrchis* Hsia，Chou et Chung，1978

［280］37.3.13　团山并殖吸虫　*Paragonimus tuanshanensis* Chung, Ho, Cheng, *et al.*, 1964

［281］37.3.14　卫氏并殖吸虫　*Paragonimus westermani*（Kerbert, 1878）Braun, 1899

［282］37.3.16　云南并殖吸虫　*Paragonimus yunnanensis* Ho, Chung, Zhen, *et al.*, 1959

［283］39.1.1　鸭前殖吸虫　*Prosthogonimus anatinus* Markow, 1903

［284］39.1.4　楔形前殖吸虫　*Prosthogonimus cuneatus* Braun, 1901

［285］39.1.17　透明前殖吸虫　*Prosthogonimus pellucidus* Braun, 1901

［286］39.1.18　鲁氏前殖吸虫　*Prosthogonimus rudolphii* Skrjabin, 1919

［287］42.2.2　光滑平体吸虫　*Hyptiasmus laevigatus* Kossack, 1911

［288］42.2.4　谢氏平体吸虫　*Hyptiasmus theodori* Witenberg, 1928

［289］42.3.1　马氏噬眼吸虫　*Ophthalmophagus magalhaesi* Travassos, 1921

［290］42.3.2　鼻噬眼吸虫　*Ophthalmophagus nasicola* Witenberg, 1923

［291］42.4.1　强壮前平体吸虫　*Prohyptiasmus robustus*（Stossich, 1902）Witenberg, 1923

［292］45.2.2　土耳其斯坦东毕吸虫　*Orientobilharzia turkestanica*（Skrjabin, 1913）Dutt et Srivastavaa, 1955

［293］45.3.1　牛分体吸虫　*Schistosoma bovis* Sonsino, 1876

［294］45.3.2　日本分体吸虫　*Schistosoma japonicum* Katsurada, 1904

［295］46.1.2　优美异幻吸虫　*Apatemon gracilis*（Rudolphi, 1819）Szidat, 1928

［296］46.1.4　小异幻吸虫　*Apatemon minor* Yamaguti, 1933

［297］46.3.1　角杯尾吸虫　*Cotylurus cornutus*（Rudolphi, 1808）Szidat, 1928

［298］47.1.1　舟形嗜气管吸虫　*Tracheophilus cymbius*（Diesing, 1850）Skrjabin, 1913

［299］47.1.3　西氏嗜气管吸虫　*Tracheophilus sisowi* Skrjabin, 1913

线虫　Nematode

［300］48.1.1　似蚓蛔虫　*Ascaris lumbricoides* Linnaeus, 1758

［301］48.1.2　羊蛔虫　*Ascaris ovis* Rudolphi, 1819

［302］48.1.4　猪蛔虫　*Ascaris suum* Goeze, 1782

［303］48.2.1　犊新蛔虫　*Neoascaris vitulorum*（Goeze, 1782）Travassos, 1927

［304］48.3.1　马副蛔虫　*Parascaris equorum*（Goeze, 1782）Yorke and Maplestone, 1926

［305］48.4.1　狮弓蛔虫　*Toxascaris leonina*（Linstow, 1902）Leiper, 1907

［306］49.1.3　鸽禽蛔虫　*Ascaridia columbae*（Gmelin, 1790）Travassos, 1913

［307］49.1.4　鸡禽蛔虫　*Ascaridia galli*（Schrank, l788）Freeborn, 1923

［308］50.1.1　犬弓首蛔虫　*Toxocara canis*（Werner, 1782）Stiles, 1905

［309］50.1.2　猫弓首蛔虫　*Toxocara cati* Schrank, 1788

［310］51.2.1　切形胃瘤线虫　*Eustrongylides excisus* Jagerskiold, 1909

［311］51.2.3　秋沙胃瘤线虫　*Eustrongylides mergorum* Rudolphi, 1809

［312］51.3.1　三色棘首线虫　*Hystrichis tricolor* Dujardin, 1845

［313］52.3.1　犬恶丝虫　*Dirofilaria immitis*（Leidy, 1856）Railliet et Henry, 1911

［314］52.6.1　海氏辛格丝虫　*Singhfilaria hayesi* Anderson et Prestwood, 1969

［315］52.6.2　云南辛格丝虫　*Singhfilaria yinnansis* Xei, Huang, Li, *et al.*, 1993

［316］53.2.2　多乳突副丝虫　*Parafilaria mltipapillosa*（Condamine et Drouilly，1878） Yorke et Maplestone，1926

［317］54.2.1　圈形蟠尾线虫　*Onchocerca armillata* Railliet et Henry，1909

［318］55.1.1　贝氏丝状线虫　*Setaria bernardi* Railliet et Henry，1911

［319］55.1.5　刚果丝状线虫　*Setaria congolensis* Railliet et Henry，1911

［320］55.1.6　指形丝状线虫　*Setaria digitata* Linstow，1906

［321］55.1.7　马丝状线虫　*Setaria equina*（Abildgaard，1789）Viborg，1795

［322］55.1.9　唇乳突丝状线虫　*Setaria labiatopapillosa* Alessandrini，1838

［323］56.2.1　贝拉异刺线虫　*Heterakis beramporia* Lane，1914

［324］56.2.4　鸡异刺线虫　*Heterakis gallinarum*（Schrank，1788）Freeborn，1923

［325］56.2.6　印度异刺线虫　*Heterakis indica* Maplestone，1932

［326］57.1.1　马尖尾线虫　*Oxyuris equi*（Schrank，1788）Rudolphi，1803

［327］57.2.1　疑似栓尾线虫　*Passalurus ambiguus* Rudolphi，1819

［328］57.3.1　胎生普氏线虫　*Probstmayria vivipara*（Probstmayr，1865）Ransom，1907

［329］57.4.1　绵羊斯氏线虫　*Skrjabinema ovis*（Skrjabin，1915）Wereschtchagin，1926

［330］58.1.2　台湾鸟龙线虫　*Avioserpens taiwana* Sugimoto，1934

［331］60.1.3　乳突类圆线虫　*Strongyloides papillosus*（Wedl，1856）Ransom，1911

［332］60.1.6　猪类圆线虫　*Strongyloides suis*（Lutz，1894）Linstow，1905

［333］61.1.2　钩状锐形线虫　*Acuaria hamulosa* Diesing，1851

［334］61.2.1　长鼻咽饰带线虫　*Dispharynx nasuta*（Rudolphi，1819）Railliet，Henry et Sisoff，1912

［335］61.3.1　钩状棘结线虫　*Echinuria uncinata*（Rudolphi，1819）Soboview，1912

［336］61.4.1　斯氏副柔线虫　*Parabronema skrjabini* Rassowska，1924

［337］61.7.2　梯状束首线虫　*Streptocara pectinifera* Neumann，1900

［338］62.1.1　陶氏颚口线虫　*Gnathostoma doloresi* Tubangui，1925

［339］62.1.2　刚刺颚口线虫　*Gnathostoma hispidum* Fedtchenko，1872

［340］63.1.1　嗉囊筒线虫　*Gongylonema ingluvicola* Ransom，1904

［341］63.1.3　美丽筒线虫　*Gongylonema pulchrum* Molin，1857

［342］64.1.1　大口德拉斯线虫　*Drascheia megastoma* Rudolphi，1819

［343］64.2.1　小口柔线虫　*Habronema microstoma* Schneider，1866

［344］64.2.2　蝇柔线虫　*Habronema muscae* Carter，1861

［345］67.1.1　有齿蛔状线虫　*Ascarops dentata* Linstow，1904

［346］67.1.2　圆形蛔状线虫　*Ascarops strongylina* Rudolphi，1819

［347］67.2.1　六翼泡首线虫　*Physocephalus sexalatus* Molin，1860

［348］67.3.1　奇异西蒙线虫　*Simondsia paradoxa* Cobbold，1864

［349］67.4.1　狼旋尾线虫　*Spirocerca lupi*（Rudolphi，1809）Railliet et Henry，1911

［350］68.1.3　分棘四棱线虫　*Tetrameres fissispina* Diesing，1861

［351］68.1.4　黑根四棱线虫　*Tetrameres hagenbecki* Travassos et Vogelsang，1930

［352］69.1.1　孟氏尖旋线虫　*Oxyspirura mansoni*（Cobbold，1879）Ransom，1904

［353］69.2.6　甘肃吸吮线虫　*Thelazia kansuensis* Yang et Wei，1957

［354］69.2.9　罗氏吸吮线虫　*Thelazia rhodesi* Desmarest，1827

［355］70.1.3　鹅裂口线虫　*Amidostomum anseris* Zeder，1800

［356］70.2.1　鸭瓣口线虫　*Epomidiostomum anatinum* Skrjabin，1915

［357］71.1.2　犬钩口线虫　*Ancylostoma caninum*（Ercolani，1859）Hall，1913

［358］71.1.3　锡兰钩口线虫　*Ancylostoma ceylanicum* Looss，1911

［359］71.1.4　十二指肠钩口线虫　*Ancylostoma duodenale*（Dubini，1843）Creplin，1845

［360］71.2.1　牛仰口线虫　*Bunostomum phlebotomum*（Railliet，1900）Railliet，1902

［361］71.2.2　羊仰口线虫　*Bunostomum trigonocephalum*（Rudolphi，1808）Railliet，1902

［362］71.4.1　康氏球首线虫　*Globocephalus connorfilii* Alessandrini，1909

［363］71.4.5　锥尾球首线虫　*Globocephalus urosubulatus* Alessandrini，1909

［364］71.6.1　沙蒙钩刺线虫　*Uncinaria samoensis* Lane，1922

［365］71.6.2　狭头钩刺线虫　*Uncinaria stenocphala*（Railliet，1884）Railliet，1885

［366］72.1.1　弗氏旷口线虫　*Agriostomum vryburgi* Railliet，1902

［367］72.2.1　双管鲍吉线虫　*Bourgelatia diducta* Railliet，Henry et Bauche，1919

［368］72.3.2　叶氏夏柏特线虫　*Chabertia erschowi* Hsiung et K'ung，1956

［369］72.3.3　羊夏柏特线虫　*Chabertia ovina*（Fabricius，1788）Raillet et Henry，1909

［370］72.4.2　粗纹食道口线虫　*Oesophagostomum asperum* Railliet et Henry，1913

［371］72.4.4　哥伦比亚食道口线虫　*Oesophagostomum columbianum*（Curtice，1890）
　　　　　　Stossich，1899

［372］72.4.5　有齿食道口线虫　*Oesophagostomum dentatum*（Rudolphi，1803）Molin，1861

［373］72.4.7　湖北食道口线虫　*Oesophagostomum hupensis* Jiang，Zhang et K'ung，1979

［374］72.4.8　甘肃食道口线虫　*Oesophagostomum kansuensis* Hsiung et K'ung，1955

［375］72.4.9　长尾食道口线虫　*Oesophagostomum longicaudum* Goodey，1925

［376］72.4.10　辐射食道口线虫　*Oesophagostomum radiatum*（Rudolphi，1803）Railliet，1898

［377］72.4.13　微管食道口线虫　*Oesophagostomum venulosum* Rudolphi，1809

［378］72.4.14　华氏食道口线虫　*Oesophagostomum watanabei* Yamaguti，1961

［379］73.2.1　冠状冠环线虫　*Coronocyclus coronatus*（Looss，1900）Hartwich，1986

［380］73.2.2　大唇片冠环线虫　*Coronocyclus labiatus*（Looss，1902）Hartwich，1986

［381］73.2.4　小唇片冠环线虫　*Coronocyclus labratus*（Looss，1902）Hartwich，1986

［382］73.3.1　卡提盅口线虫　*Cyathostomum catinatum* Looss，1900

［383］73.3.4　碟状盅口线虫　*Cyathostomum pateratum*（Yorke et Macfie，1919）K'ung，1964

［384］73.4.1　安地斯杯环线虫　*Cylicocyclus adersi*（Boulenger，1920）Erschow，1939

［385］73.4.3　耳状杯环线虫　*Cylicocyclus auriculatus*（Looss，1900）Erschow，1939

［386］73.4.4　短囊杯环线虫　*Cylicocyclus brevicapsulatus*（Ihle，1920）Erschow，1939

［387］73.4.5　长形杯环线虫　*Cylicocyclus elongatus*（Looss，1900）Chaves，1930

［388］73.4.7　显形杯环线虫　*Cylicocyclus insigne*（Boulenger，1917）Chaves，1930

［389］73.4.8　细口杯环线虫　*Cylicocyclus leptostomum*（Kotlán，1920）Chaves，1930

［390］73.4.13　辐射杯环线虫　*Cylicocyclus radiatus*（Looss，1900）Chaves，1930

［391］73.5.1　双冠环齿线虫　*Cylicodontophorus bicoronatus*（Looss，1900）Cram，1924

［392］73.6.3　小杯杯冠线虫　*Cylicostephanus calicatus*（Looss，1900）Cram，1924

［393］73.6.4　高氏杯冠线虫　*Cylicostephanus goldi*（Boulenger，1917）Lichtenfels，1975

［394］73.6.5　杂种杯冠线虫　*Cylicostephanus hybridus*（Kotlán，1920）Cram，1924

［395］73.6.6　长伞杯冠线虫　*Cylicostephanus longibursatus*（Yorke et Macfie，1918）Cram，1924

［396］73.6.8　曾氏杯冠线虫　*Cylicostephanus tsengi*（K'ung et Yang，1963）Lichtenfels，1975

［397］73.8.1　头似辐首线虫　*Gyalocephalus capitatus* Looss，1900

［398］73.10.1　真臂副杯口线虫　*Parapoteriostomum euproctus*（Boulenger，1917）Hartwich，1986

［399］73.11.1　杯状彼德洛夫线虫　*Petrovinema poculatum*（Looss，1900）Erschow，1943

［400］73.11.2　斯氏彼德洛夫线虫　*Petrovinema skrjabini*（Erschow，1930）Erschow，1943

［401］73.12.1　不等齿杯口线虫　*Poteriostomum imparidentatum* Quiel，l919

［402］73.12.2　拉氏杯口线虫　*Poteriostomum ratzii*（Kotlán，1919）Ihle，1920

［403］74.1.1　安氏网尾线虫　*Dictyocaulus arnfieldi*（Cobbold，1884）Railliet et Henry，1907

［404］74.1.3　鹿网尾线虫　*Dictyocaulus eckerti* Skrjabin，1931

［405］74.1.4　丝状网尾线虫　*Dictyocaulus filaria*（Rudolphi，1809）Railliet et Henry，1907

［406］74.1.6　胎生网尾线虫　*Dictyocaulus viviparus*（Bloch，1782）Railliet et Henry，1907

［407］75.1.1　猪后圆线虫　*Metastrongylus apri*（Gmelin，1790）Vostokov，1905

［408］75.1.2　复阴后圆线虫　*Metastrongylus pudendotectus* Wostokow，1905

［409］77.4.3　霍氏原圆线虫　*Protostrongylus hobmaieri*（Schulz，Orloff et Kutass，1933）Cameron，1934

［410］77.4.5　淡红原圆线虫　*Protostrongylus rufescens*（Leuckart，1865）Kamensky，1905

［411］77.6.3　舒氏变圆线虫　*Varestrongylus schulzi* Boev et Wolf，1938

［412］77.6.4　西南变圆线虫　*Varestrongylus xinanensis* Wu et Yan，1961

［413］78.1.1　毛细缪勒线虫　*Muellerius minutissimus*（Megnin，1878）Dougherty et Goble，1946

［414］79.1.1　有齿冠尾线虫　*Stephanurus dentatus* Diesing，1839

［415］80.1.1　无齿阿尔夫线虫　*Alfortia edentatus*（Looss，1900）Skrjabin，1933

［416］80.3.1　尖尾盆口线虫　*Craterostomum acuticaudatum*（Kotlán，1919）Boulenger，1920

［417］80.4.1　普通戴拉风线虫　*Delafondia vulgaris*（Looss，1900）Skrjabin，1933

［418］80.5.1　粗食道齿线虫　*Oesophagodontus robustus*（Giles，1892）Railliet et Henry，1902

［419］80.6.1　马圆形线虫　*Strongylus equinus* Mueller，1780

［420］80.7.1　短尾三齿线虫　*Triodontophorus brevicauda* Boulenger，1916

［421］80.7.2　小三齿线虫　*Triodontophorus minor* Looss，1900

［422］80.7.3　日本三齿线虫　*Triodontophorus nipponicus* Yamaguti，1943

［423］80.7.5　锯齿三齿线虫　*Triodontophorus serratus*（Looss，1900）Looss，1902

［424］80.7.6　细颈三齿线虫　*Triodontophorus tenuicollis* Boulenger，1916

［425］81.1.1　耳兽比翼线虫　*Mammomonogamus auris*（Faust et Tang，1934）Ryzhikov，1948

［426］81.1.2　喉兽比翼线虫　*Mammomonogamus laryngeus* Railliet，1899

［427］82.2.3　叶氏古柏线虫　*Cooperia erschowi* Wu，1958

［428］82.2.5　和田古柏线虫　*Cooperia hetianensis* Wu，1966

［429］82.2.9　等侧古柏线虫　*Cooperia laterouniformis* Chen，1937

［430］82.2.12　栉状古柏线虫　*Cooperia pectinata* Ransom，1907

［431］82.2.13　点状古柏线虫　*Cooperia punctata*（Linstow，1906）Ransom，1907

［432］82.3.2　捻转血矛线虫　*Haemonchus contortus*（Rudolphi，1803）Cobbold，1898

［433］82.3.6　似血矛线虫　*Haemonchus similis* Travassos，1914

［434］82.4.1　红色猪圆线虫　*Hyostrongylus rebidus*（Hassall et Stiles，1892）Hall，1921

［435］82.5.5　马氏马歇尔线虫　*Marshallagia marshalli* Ransom，1907

［436］82.5.6　蒙古马歇尔线虫　*Marshallagia mongolica* Schumakovitch，1938

［437］82.6.1　指形长刺线虫　*Mecistocirrus digitatus*（Linstow，1906）Railliet et Henry，1912

［438］82.8.8　尖交合刺细颈线虫　*Nematodirus filicollis*（Rudolphi，1802）Ransom，1907

［439］82.8.10　许氏细颈线虫　*Nematodirus hsui* Liang，Ma et Lin，1958

［440］82.8.13　奥利春细颈线虫　*Nematodirus oriatianus* Rajerskaja，1929

［441］82.11.6　普通奥斯特线虫　*Ostertagia circumcincta*（Stadelmann，1894）Ransom，1907

［442］82.11.20　奥氏奥斯特线虫　*Ostertagia ostertagi*（Stiles，1892）Ransom，1907

［443］82.11.22　短肋奥斯特线虫　*Ostertagia shortdorsalray* Huang et Xie，1990

［444］82.11.24　斯氏奥斯特线虫　*Ostertagia skrjabini* Shen，Wu et Yen，1959

［445］82.11.26　三叉奥斯特线虫　*Ostertagia trifurcata* Ransom，1907

［446］82.11.28　吴兴奥斯特线虫　*Ostertagia wuxingensis* Ling，1958

［447］82.11.29　西藏奥斯特线虫　*Ostertagia xizangensis* Xue et K'ung，1963

［448］82.15.2　艾氏毛圆线虫　*Trichostrongylus axei*（Cobbold，1879）Railliet et Henry，1909

［449］82.15.5　蛇形毛圆线虫　*Trichostrongylus colubriformis*（Giles，1892）Looss，1905

［450］82.15.11　枪形毛圆线虫　*Trichostrongylus probolurus*（Railliet，1896）Looss，1905

［451］83.1.2　环形毛细线虫　*Capillaria annulata*（Molin，1858）López-Neyra，1946

［452］83.1.6　膨尾毛细线虫　*Capillaria caudinflata*（Molin，1858）Travassos，1915

［453］83.1.11　封闭毛细线虫　*Capillaria obsignata* Madsen，1945

［454］83.2.1　环纹优鞘线虫　*Eucoleus annulatum*（Molin，1858）López-Neyra，1946

［455］83.4.3　捻转纤形线虫　*Thominx contorta*（Creplin，1839）Travassos，1915

［456］84.1.2　旋毛形线虫　*Trichinella spiralis*（Owen，1835）Railliet，1895

［457］85.1.1　同色鞭虫　*Trichuris concolor* Burdelev，1951

［458］85.1.3　瞪羚鞭虫　*Trichuris gazellae* Gebauer，1933

［459］85.1.4　球鞘鞭虫　*Trichuris globulosa* Linstow，1901

［460］85.1.6　兰氏鞭虫　*Trichuris lani* Artjuch，1948

［461］85.1.8　长刺鞭虫　*Trichuris longispiculus* Artjuch，1948

［462］85.1.10　羊鞭虫　*Trichuris ovis* Abilgaard，1795

［463］85.1.11　斯氏鞭虫　*Trichuris skrjabini* Baskakov，1924

［464］85.1.12　猪鞭虫　*Trichuris suis* Schrank，1788

棘头虫　Acanthocephalan

［465］86.1.1　蛭形巨吻棘头虫　*Macracanthorhynchus hirudinaceus*（Pallas，1781）Travassos，1917

［466］87.2.5　大多形棘头虫　*Polymorphus magnus* Skrjabin，1913

节肢动物　Arthropod

［467］90.1.2　犬蠕形螨　*Demodex canis* Leydig，1859

［468］90.1.3　山羊蠕形螨　*Demodex caprae* Railliet，1895

［469］93.2.1　犬耳痒螨　*Otodectes cynotis* Hering，1838

［470］93.3.1　马痒螨　*Psoroptes equi* Hering，1838

［471］93.3.1.1　牛痒螨　*Psoroptes equi* var. *bovis* Gerlach，1857

［472］93.3.1.4　水牛痒螨　*Psoroptes equi* var. *natalensis* Hirst，1919

［473］93.3.1.5　绵羊痒螨　*Psoroptes equi* var. *ovis* Hering，1838

［474］95.1.1　鸡膝螨　*Cnemidocoptes gallinae* Railliet，1887

［475］95.1.2　突变膝螨　*Cnemidocoptes mutans* Robin，1860

［476］95.3.1.1　牛疥螨　*Sarcoptes scabiei* var. *bovis* Cameron，1924

［477］95.3.1.4　山羊疥螨　*Sarcoptes scabiei* var. *caprae*

［478］95.3.1.5　兔疥螨　*Sarcoptes scabiei* var. *cuniculi*

［479］95.3.1.7　马疥螨　*Sarcoptes scabiei* var. *equi*

［480］95.3.1.8　绵羊疥螨　*Sarcoptes scabiei* var. *ovis* Mégnin，1880

［481］95.3.1.9　猪疥螨　*Sarcoptes scabiei* var. *suis* Gerlach，1857

［482］96.1.1　地理纤恙螨　*Leptotrombidium deliense* Walch，1922

［483］98.1.1　鸡皮刺螨　*Dermanyssus gallinae* De Geer，1778

［484］98.2.2　囊禽刺螨　*Ornithonyssus bursa* Berlese，1888

［485］99.1.1　爪哇花蜱　*Amblyomma javanense* Supino，1897

［486］99.1.2　龟形花蜱　*Amblyomma testudinarium* Koch，1844

［487］99.2.1　微小牛蜱　*Boophilus microplus* Canestrini，1887

［488］99.3.2　金泽革蜱　*Dermacentor auratus* Supino，1897

［489］99.4.1　长须血蜱　*Haemaphysalis aponommoides* Warburton，1913

［490］99.4.2　缅甸血蜱　*Haemaphysalis birmaniae* Supino，1897

［491］99.4.3　二棘血蜱　*Haemaphysalis bispinosa* Neumann，1897

［492］99.4.5　侧刺血蜱　*Haemaphysalis canestrinii* Supino，1897

［493］99.4.7　具角血蜱　*Haemaphysalis cornigera* Neumann，1897

［494］99.4.11　豪猪血蜱　*Haemaphysalis hystricis* Supino，1897

［495］99.4.15　长角血蜱　*Haemaphysalis longicornis* Neumann，1901

［496］99.4.17　猛突血蜱　*Haemaphysalis montgomeryi* Nuttall，1912

［497］99.4.18　嗜麝血蜱　*Haemaphysalis moschisuga* Teng，1980

［498］99.4.21　青海血蜱　*Haemaphysalis qinghaiensis* Teng，1980

［499］99.4.23　距刺血蜱　*Haemaphysalis spinigera* Neumann，1897

724

［500］99.4.27 越南血蜱 *Haemaphysalis vietnamensis* Hoogstraal et Wilson，1966

［501］99.4.29 微型血蜱 *Haemaphysalis wellingtoni* Nuttall et Warburton，1908

［502］99.5.4 残缘璃眼蜱 *Hyalomma detritum* Schulze，1919

［503］99.5.8 边缘璃眼蜱伊氏亚种 *Hyalomma marginatum isaaci* Sharif，1928

［504］99.6.1 锐跗硬蜱 *Ixodes acutitarsus* Karsch，1880

［505］99.6.4 粒形硬蜱 *Ixodes granulatus* Supino，1897

［506］99.6.7 卵形硬蜱 *Ixodes ovatus* Neumann，1899

［507］99.6.11 中华硬蜱 *Ixodes sinensis* Teng，1977

［508］99.6.12 长蝠硬蜱 *Ixodes vespertilionis* Koch，1844

［509］99.7.1 囊形扇头蜱 *Rhipicephalus bursa* Canestrini et Fanzago，1877

［510］99.7.2 镰形扇头蜱 *Rhipicephalus haemaphysaloides* Supino，1897

［511］99.7.5 血红扇头蜱 *Rhipicephalus sanguineus* Latreille，1806

［512］100.1.1 驴血虱 *Haematopinus asini* Linnaeus，1758

［513］100.1.2 阔胸血虱 *Haematopinus eurysternus* Denny，1842

［514］100.1.5 猪血虱 *Haematopinus suis* Linnaeus，1758

［515］100.1.6 瘤突血虱 *Haematopinus tuberculatus* Burmeister，1839

［516］101.1.1 非洲颚虱 *Linognathus africanus* Kellogg et Paine，1911

［517］101.1.2 绵羊颚虱 *Linognathus ovillus* Neumann，1907

［518］101.1.4 棘颚虱 *Linognathus setosus* von Olfers，1816

［519］101.1.5 狭颚虱 *Linognathus stenopsis* Burmeister，1838

［520］101.1.6 牛颚虱 *Linognathus vituli* Linnaeus，1758

［521］103.1.1 粪种蝇 *Adia cinerella* Fallen，1825

［522］104.1.1 绯颜裸金蝇 *Achoetandrus rufifacies* Macquart，1843

［523］104.2.3 巨尾丽蝇（蛆） *Calliphora grahami* Aldrich，1930

［524］104.2.9 红头丽蝇（蛆） *Calliphora vicina* Robineau-Desvoidy，1830

［525］104.2.10 反吐丽蝇（蛆） *Calliphora vomitoria* Linnaeus，1758

［526］104.3.1 白氏金蝇（蛆） *Chrysomya bezziana* Villeneuve，1914

［527］104.3.2 星岛金蝇 *Chrysomya chani* Kurahashi，1979

［528］104.3.4 大头金蝇（蛆） *Chrysomya megacephala* Fabricius，1794

［529］104.3.5 广额金蝇 *Chrysomya phaonis* Seguy，1928

［530］104.3.6 肥躯金蝇 *Chrysomya pinguis* Walker，1858

［531］104.5.3 三色依蝇（蛆） *Idiella tripartita* Bigot，1874

［532］104.6.2 南岭绿蝇（蛆） *Lucilia bazini* Seguy，1934

［533］104.6.6 铜绿蝇（蛆） *Lucilia cuprina* Wiedemann，1830

［534］104.6.9 巴浦绿蝇（蛆） *Lucilia papuensis* Macquart，1842

［535］104.6.11 紫绿蝇（蛆） *Lucilia porphyrina* Walker，1856

［536］104.6.13 丝光绿蝇（蛆） *Lucilia sericata* Meigen，1826

［537］104.10.1 叉丽蝇 *Triceratopyga calliphoroides* Rohdendorf，1931

［538］105.2.1 琉球库蠓 *Culicoides actoni* Smith，1929

［539］105.2.3　白带库蠓　*Culicoides albifascia* Tokunaga，1937

［540］105.2.5　奄美库蠓　*Culicoides amamiensis* Tokunaga，1937

［541］105.2.6　嗜蚊库蠓　*Culicoides anophelis* Edwards，1922

［542］105.2.7　荒草库蠓　*Culicoides arakawae* Arakawa，1910

［543］105.2.9　黑脉库蠓　*Culicoides aterinervis* Tokunaga，1937

［544］105.2.10　巴沙库蠓　*Culicoides baisasi* Wirth et Hubert，1959

［545］105.2.17　环斑库蠓　*Culicoides circumscriptus* Kieffer，1918

［546］105.2.20　连阳库蠓　*Culicoides continualis* Qu et Liu，1982

［547］105.2.21　角突库蠓　*Culicoides corniculus* Liu et Chu，1981

［548］105.2.27　指突库蠓　*Culicoides duodenarius* Kieffer，1921

［549］105.2.29　暗背库蠓　*Culicoides elbeli* Wirth et Hubert，1959

［550］105.2.30　长斑库蠓　*Culicoides elongatus* Chu et Lin，1978

［551］105.2.31　端斑库蠓　*Culicoides erairai* Kono et Takahashi，1940

［552］105.2.33　黄胸库蠓　*Culicoides flavescens* Macfie，1937

［553］105.2.35　黄胫库蠓　*Culicoides flavitibialis* Kitaoka et Tanaka，1985

［554］105.2.41　大室库蠓　*Culicoides gemellus* Macfie，1934

［555］105.2.42　孪库蠓　*Culicoides gentilis* Macfie，1934

［556］105.2.50　横断山库蠓　*Culicoides hengduanshanensis* Lee，1984

［557］105.2.51　凹库蠓　*Culicoides holcus* Lee，1980

［558］105.2.52　原野库蠓　*Culicoides homotomus* Kieffer，1921

［559］105.2.55　屏东库蠓　*Culicoides hui* Wirth et Hubert，1961

［560］105.2.56　肩宏库蠓　*Culicoides humeralis* Okada，1941

［561］105.2.58　印度库蠓　*Culicoides indianus* Macfie，1932

［562］105.2.60　标库蠓　*Culicoides insignipennis* Macfie，1937

［563］105.2.62　加库蠓　*Culicoides jacobsoni* Macfie，1934

［564］105.2.63　大和库蠓　*Culicoides japonicus* Arnaud，1956

［565］105.2.72　陵水库蠓　*Culicoides lingshuiensis* Lee，1975

［566］105.2.73　线库蠓　*Culicoides lini* Kitaoka et Tanaka，1985

［567］105.2.76　长囊库蠓　*Culicoides longiporus* Chu et Liu，1978

［568］105.2.79　龙溪库蠓　*Culicoides lungchiensis* Chen et Tsai，1962

［569］105.2.80　棕胸库蠓　*Culicoides macfiei* Cansey，1938

［570］105.2.81　多斑库蠓　*Culicoides maculatus* Shiraki，1913

［571］105.2.82　马来库蠓　*Culicoides malayae* Macfie，1937

［572］105.2.85　端白库蠓　*Culicoides matsuzawai* Tokunaga，1950

［573］105.2.86　三保库蠓　*Culicoides mihensis* Arnaud，1956

［574］105.2.89　日本库蠓　*Culicoides nipponensis* Tokunaga，1955

［575］105.2.91　不显库蠓　*Culicoides obsoletus* Meigen，1818

［576］105.2.93　大熊库蠓　*Culicoides okumensis* Arnaud，1956

［577］105.2.95　东方库蠓　*Culicoides orientalis* Macfie，1932

［578］105.2.96　尖喙库蠓　*Culicoides oxystoma* Kieffer，1910

［579］105.2.97　巴涝库蠓　*Culicoides palauensis* Tokunaga，1959

［580］105.2.98　细须库蠓　*Culicoides palpifer* Das Gupta et Ghosh，1956

［581］105.2.99　趋黄库蠓　*Culicoides paraflavescens* Wirth et Hubert，1959

［582］105.2.101　牧库蠓　*Culicoides pastus* Kitaoka，1980

［583］105.2.103　异域库蠓　*Culicoides peregrinus* Kieffer，1910

［584］105.2.105　灰黑库蠓　*Culicoides pulicaris* Linnaeus，1758

［585］105.2.106　刺螯库蠓　*Culicoides punctatus* Meigen，1804

［586］105.2.113　志贺库蠓　*Culicoides sigaensis* Tokunaga，1937

［587］105.2.115　疑库蠓　*Culicoides suspectus* Zhou et Lee，1984

［588］105.2.116　石岛库蠓　*Culicoides toshiokai* Kitaoka，1975

［589］105.2.120　武夷库蠓　*Culicoides wuyiensis* Chen，1981

［590］105.3.3　儋县蠛蠓　*Lasiohelea danxianensis* Yu et Liu，1982

［591］105.3.5　扩散蠛蠓　*Lasiohelea divergena* Yu et Wen，1982

［592］105.3.8　低飞蠛蠓　*Lasiohelea humilavolita* Yu et Liu，1982

［593］105.3.10　混杂蠛蠓　*Lasiohelea mixta* Yu et Liu，1982

［594］105.3.11　南方蠛蠓　*Lasiohelea notialis* Yu et Liu，1982

［595］105.3.13　趋光蠛蠓　*Lasiohelea phototropia* Yu et Zhang，1982

［596］105.3.14　台湾蠛蠓　*Lasiohelea taiwana* Shiraki，1913

［597］105.3.15　钩茎蠛蠓　*Lasiohelea uncusipenis* Yu et Zhang，1982

［598］105.4.12　郧县细蠓　*Leptoconops yunhsienensis* Yu，1963

［599］106.1.2　侧白伊蚊　*Aedes albolateralis* Theobald，1908

［600］106.1.4　白纹伊蚊　*Aedes albopictus* Skuse，1894

［601］106.1.5　圆斑伊蚊　*Aedes annandalei* Theobald，1910

［602］106.1.6　刺管伊蚊　*Aedes caecus* Theobald，1901

［603］106.1.8　仁川伊蚊　*Aedes chemulpoensis* Yamada，1921

［604］106.1.13　棘刺伊蚊　*Aedes elsiae* Barraud，1923

［605］106.1.18　台湾伊蚊　*Aedes formosensis* Yamada，1921

［606］106.1.19　哈维伊蚊　*Aedes harveyi* Barraud，1923

［607］106.1.21　日本伊蚊　*Aedes japonicus* Theobald，1901

［608］106.1.25　窄翅伊蚊　*Aedes lineatopennis* Ludlow，1905

［609］106.1.26　乳点伊蚊　*Aedes macfarlanei* Edwards，1914

［610］106.1.27　中线伊蚊　*Aedes mediolineatus* Theobald，1901

［611］106.1.30　伪白纹伊蚊　*Aedes pseudalbopictus* Borel，1928

［612］106.1.39　刺扰伊蚊　*Aedes vexans* Meigen，1830

［613］106.1.41　白点伊蚊　*Aedes vittatus* Bigot，1861

［614］106.2.1　乌头按蚊　*Anopheles aconitus* Doenitz，1912

［615］106.2.2　艾氏按蚊　*Anopheles aitkenii* James，1903

［616］106.2.3　环纹按蚊　*Anopheles annularis* van der Wulp，1884

［617］106.2.4　嗜人按蚊　*Anopheles anthropophagus* Xu et Feng, 1975

［618］106.2.5　须喙按蚊　*Anopheles barbirostris* van der Wulp, 1884

［619］106.2.6　孟加拉按蚊　*Anopheles bengalensis* Puri, 1930

［620］106.2.8　库态按蚊　*Anopheles culicifacies* Giles, 1901

［621］106.2.9　大劣按蚊　*Anopheles dirus* Peyton et Harrison, 1979

［622］106.2.10　溪流按蚊　*Anopheles fluviatilis* James, 1902

［623］106.2.12　巨型按蚊贝氏亚种　*Anopheles gigas baileyi* Edwards, 1929

［624］106.2.14　无定按蚊　*Anopheles indefinitus* Ludlow, 1904

［625］106.2.15　花岛按蚊　*Anopheles insulaeflorum* Swellengrebel et Swellengrebel de Graaf, 1920

［626］106.2.16　杰普尔按蚊日月潭亚种　*Anopheles jeyporiensis candidiensis* Koidzumi, 1924

［627］106.2.18　寇氏按蚊　*Anopheles kochi* Donitz, 1901

［628］106.2.20　贵阳按蚊　*Anopheles kweiyangensis* Yao et Wu, 1944

［629］106.2.21　雷氏按蚊嗜人亚种　*Anopheles lesteri anthropophagus* Xu et Feng, 1975

［630］106.2.23　林氏按蚊　*Anopheles lindesayi* Giles, 1900

［631］106.2.24　多斑按蚊　*Anopheles maculatus* Theobald, 1901

［632］106.2.26　微小按蚊　*Anopheles minimus* Theobald, 1901

［633］106.2.27　最黑按蚊　*Anopheles nigerrimus* Giles, 1900

［634］106.2.28　帕氏按蚊　*Anopheles pattoni* Christophers, 1926

［635］106.2.29　菲律宾按蚊　*Anopheles philippinensis* Ludlow, 1902

［636］106.2.32　中华按蚊　*Anopheles sinensis* Wiedemann, 1828

［637］106.2.34　美彩按蚊　*Anopheles splendidus* Koidzumi, 1920

［638］106.2.35　斯氏按蚊　*Anopheles stephensi* Liston, 1901

［639］106.2.36　浅色按蚊　*Anopheles subpictus* Grassi, 1899

［640］106.2.37　棋斑按蚊　*Anopheles tessellatus* Theobald, 1901

［641］106.2.38　迷走按蚊　*Anopheles vagus* Donitz, 1902

［642］106.2.39　瓦容按蚊　*Anopheles varuna* Iyengar, 1924

［643］106.2.40　八代按蚊　*Anopheles yatsushiroensis* Miyazaki, 1951

［644］106.3.1　金线阿蚊　*Armigeres aureolineatus* Leicester, 1908

［645］106.3.2　达勒姆阿蚊　*Armigeres durhami* Edwards, 1917

［646］106.3.3　马来阿蚊　*Armigeres malayi* Theobald, 1901

［647］106.3.4　骚扰阿蚊　*Armigeres subalbatus* Coquillett, 1898

［648］106.4.1　麻翅库蚊　*Culex bitaeniorhynchus* Giles, 1901

［649］106.4.2　短须库蚊　*Culex brevipalpis* Giles, 1902

［650］106.4.3　致倦库蚊　*Culex fatigans* Wiedemann, 1828

［651］106.4.4　叶片库蚊　*Culex foliatus* Brug, 1932

［652］106.4.5　褐尾库蚊　*Culex fuscanus* Wiedemann, 1820

［653］106.4.6　棕头库蚊　*Culex fuscocephalus* Theobald, 1907

［654］106.4.7　白雪库蚊　*Culex gelidus* Theobald, 1901

［655］106.4.8　贪食库蚊　*Culex halifaxia* Theobald，1903

［656］106.4.9　林氏库蚊　*Culex hayashii* Yamada，1917

［657］106.4.11　黄氏库蚊　*Culex huangae* Meng，1958

［658］106.4.12　幼小库蚊　*Culex infantulus* Edwards，1922

［659］106.4.13　吉氏库蚊　*Culex jacksoni* Edwards，1934

［660］106.4.14　马来库蚊　*Culex malayi* Leicester，1908

［661］106.4.15　拟态库蚊　*Culex mimeticus* Noe，1899

［662］106.4.16　小斑翅库蚊　*Culex mimulus* Edwards，1915

［663］106.4.17　最小库蚊　*Culex minutissimus* Theobald，1907

［664］106.4.19　黑点库蚊　*Culex nigropunctatus* Edwards，1926

［665］106.4.22　白胸库蚊　*Culex pallidothorax* Theobald，1905

［666］106.4.25　伪杂鳞库蚊　*Culex pseudovishnui* Colless，1957

［667］106.4.26　白顶库蚊　*Culex shebbearei* Barraud，1924

［668］106.4.27　中华库蚊　*Culex sinensis* Theobald，1903

［669］106.4.30　纹腿库蚊　*Culex theileri* Theobald，1903

［670］106.4.31　三带喙库蚊　*Culex tritaeniorhynchus* Giles，1901

［671］106.4.32　迷走库蚊　*Culex vagans* Wiedemann，1828

［672］106.4.34　惠氏库蚊　*Culex whitmorei* Giles，1904

［673］106.5.5　银带脉毛蚊　*Culiseta niveitaeniata* Theobald，1907

［674］106.6.1　肘喙钩蚊　*Malaya genurostris* Leicester，1908

［675］106.7.2　常型曼蚊　*Manssonia uniformis* Theobald，1901

［676］106.8.1　类按直脚蚊　*Orthopodomyia anopheloides* Giles，1903

［677］106.10.1　安氏蓝带蚊　*Uranotaenia annandalei* Barraud，1926

［678］106.10.3　新湖蓝带蚊　*Uranotaenia novobscura* Barraud，1934

［679］107.1.1　红尾胃蝇（蛆）　*Gasterophilus haemorrhoidalis* Linnaeus，1758

［680］107.1.3　肠胃蝇（蛆）　*Gasterophilus intestinalis* De Geer，1776

［681］109.1.1　牛皮蝇（蛆）　*Hypoderma bovis* De Geer，1776

［682］109.1.2　纹皮蝇（蛆）　*Hypoderma lineatum* De Villers，1789

［683］110.1.3　会理毛蝇　*Dasyphora huiliensis* Ni，1982

［684］110.2.9　元厕蝇　*Fannia prisca* Stein，1918

［685］110.2.10　瘤胫厕蝇　*Fannia scalaris* Fabricius，1794

［686］110.8.3　北栖家蝇　*Musca bezzii* Patton et Cragg，1913

［687］110.8.4　逐畜家蝇　*Musca conducens* Walker，1859

［688］110.8.5　突额家蝇　*Musca convexifrons* Thomson，1868

［689］110.8.6　肥喙家蝇　*Musca crassirostris* Stein，1903

［690］110.8.7　家蝇　*Musca domestica* Linnaeus，1758

［691］110.8.8　黑边家蝇　*Musca hervei* Villeneuve，1922

［692］110.8.9　毛瓣家蝇　*Musca inferior* Stein，1909

［693］110.8.13　毛提家蝇　*Musca pilifacies* Emden，1965

［694］110.8.14　市家蝇　*Musca sorbens* Wiedemann，1830

［695］110.8.15　骚扰家蝇　*Musca tempestiva* Fallen，1817

［696］110.8.16　黄腹家蝇　*Musca ventrosa* Wiedemann，1830

［697］110.9.3　厩腐蝇　*Muscina stabulans* Fallen，1817

［698］110.10.2　斑遮黑蝇　*Ophyra chalcogaster* Wiedemann，1824

［699］110.10.4　暗黑黑蝇　*Ophyra nigra* Wiedemann，1830

［700］110.10.5　暗额黑蝇　*Ophyra obscurifrons* Sabrosky，1949

［701］110.11.1　绿翠蝇　*Orthellia caesarion* Meigen，1826

［702］110.11.2　紫翠蝇　*Orthellia chalybea* Wiedemann，1830

［703］110.11.4　印度翠蝇　*Orthellia indica* Robineau-Desvoidy，1830

［704］111.2.1　羊狂蝇（蛆）　*Oestrus ovis* Linnaeus，1758

［705］113.3.1　长铗异蛉　*Idiophlebotomus longiforceps* Wang，Ku et Yuan，1974

［706］113.4.3　中华白蛉　*Phlebotomus chinensis* Newstead，1916

［707］113.4.5　江苏白蛉　*Phlebotomus kiangsuensis* Yao et Wu，1938

［708］113.4.9　四川白蛉　*Phlebotomus sichuanensis* Leng et Yin，1983

［709］113.4.10　施氏白蛉　*Phlebotomus stantoni* Newstead，1914

［710］113.4.11　土门白蛉　*Phlebotomus tumenensis* Wang et Chang，1963

［711］113.4.12　云胜白蛉　*Phlebotomus yunshengensis* Leng et Lewis，1987

［712］113.5.2　贝氏司蛉　*Sergentomyia bailyi* Sinton，1931

［713］113.5.3　鲍氏司蛉　*Sergentomyia barraudi* Sinton，1929

［714］113.5.4　平原司蛉　*Sergentomyia campester*（Sinton，1931）Leng，1980

［715］113.5.7　应氏司蛉　*Sergentomyia iyengari* Sinton，1933

［716］113.5.9　许氏司蛉　*Sergentomyia khawi* Raynal，1936

［717］113.5.10　歌乐山司蛉　*Sergentomyia koloshanensis* Yao et Wu，1946

［718］114.2.1　红尾粪麻蝇（蛆）　*Bercaea haemorrhoidalis* Fallen，1816

［719］114.3.1　赭尾别麻蝇（蛆）　*Boettcherisca peregrina* Robineau-Desvoidy，1830

［720］114.5.6　巨亚麻蝇　*Parasarcophaga gigas* Thomas，1949

［721］114.5.11　巨耳亚麻蝇　*Parasarcophaga macroauriculata* Ho，1932

［722］114.5.13　急钓亚麻蝇　*Parasarcophaga portschinskyi* Rohdendorf，1937

［723］114.7.1　白头麻蝇（蛆）　*Sarcophaga albiceps* Meigen，1826

［724］114.7.5　纳氏麻蝇（蛆）　*Sarcophaga knabi* Parker，1917

［725］114.7.7　酱麻蝇（蛆）　*Sarcophaga misera* Walker，1849

［726］114.7.10　野麻蝇（蛆）　*Sarcophaga similis* Meade，1876

［727］115.1.1　黄足真蚋　*Eusimulium aureohirtum* Brunetti，1911

［728］115.1.9　三重真蚋　*Eusimulium mie* Ogata et Sasa，1954

［729］115.3.2　后宽蝇蚋　*Gomphostilbia metatarsale* Brunetti，1911

［730］115.4.1　华丽短蚋　*Odagmia ornata* Meigen，1818

［731］115.6.11　节蚋　*Simulium nodosum* Puri，1933

［732］115.6.13　五条蚋　*Simulium quinquestriatum* Shiraki，1935

［733］115.6.15　红足蚋　*Simulium rufibasis* Brunetti，1911

［734］115.6.16　崎岛蚋　*Simulium sakishimaense* Takaoka，1977

［735］115.6.18　铃木蚋　*Simulium suzukii* Rubzov，1963

［736］116.2.1　刺血喙蝇　*Haematobosca sanguinolenta* Austen，1909

［737］116.3.1　东方角蝇　*Lyperosia exigua* Meijere，1903

［738］116.4.1　厩螫蝇　*Stomoxys calcitrans* Linnaeus，1758

［739］116.4.2　南螫蝇　*Stomoxys dubitalis* Malloch，1932

［740］116.4.3　印度螫蝇　*Stomoxys indicus* Picard，1908

［741］117.1.7　骚扰黄虻　*Atylotus miser* Szilady，1915

［742］117.1.9　淡黄虻　*Atylotus pallitarsis* Olsufjev，1936

［743］117.2.5　暗狭斑虻　*Chrysops atrinus* Wang，1986

［744］117.2.8　舟山斑虻　*Chrysops chusanensis* Ouchi，1939

［745］117.2.9　指定斑虻　*Chrysops designatus* Ricardo，1911

［746］117.2.10　叉纹虻　*Chrysops dispar* Fabricius，1798

［747］117.2.14　黄胸斑虻　*Chrysops flaviscutellus* Philip，1963

［748］117.2.16　黄带斑虻　*Chrysops flavocinctus* Ricardo，1902

［749］117.2.23　副指定斑虻　*Chrysops paradesignata* Liu et Wang，1977

［750］117.2.24　毕氏斑虻 *Chrysops pettigrewi* Ricardo，1913

［751］117.2.26　帕氏斑虻　*Chrysops potanini* Pleske，1910

［752］117.2.30　林脸斑虻云南亚种　*Chrysops silvifacies yunnanensis* Liu et Wang，1977

［753］117.2.31　中华斑虻　*Chrysops sinensis* Walker，1856

［754］117.2.33　条纹斑虻　*Chrysops striatula* Pechuman，1943

［755］117.2.39　范氏斑虻　*Chrysops vanderwulpi* Krober，1929

［756］117.5.1　白线麻虻　*Haematopota albalinea* Xu et Liao，1985

［757］117.5.4　阿萨姆麻虻　*Haematopota assamensis* Ricardo，1911

［758］117.5.7　浙江麻虻　*Haematopota chekiangensis* Ouchi，1940

［759］117.5.9　縘腿麻虻　*Haematopota cilipes* Bigot，1890

［760］117.5.15　格里高麻虻　*Haematopota gregoryi* Stone et Philip，1974

［761］117.5.20　露斑麻虻圆胛亚种　*Haematopota irrorata sphaerocalla* Liu et Wang，1977

［762］117.5.21　爪哇麻虻　*Haematopota javana* Wiedemann，1821

［763］117.5.24　澜沧江麻虻　*Haematopota lancangjiangensis* Xu，1980

［764］117.5.25　扁角麻虻　*Haematopota lata* Ricardo，1906

［765］117.5.26　线麻虻　*Haematopota lineata* Philip，1963

［766］117.5.27　线带麻虻　*Haematopota lineola* Philip，1960

［767］117.5.28　怒江麻虻　*Haematopota lukiangensis* Wang et Liu，1977

［768］117.5.29　新月麻虻　*Haematopota lunulata* Macquart，1848

［769］117.5.30　勐腊麻虻　*Haematopota menglaensis* Wu et Xu，1992

［770］117.5.35　副截形麻虻　*Haematopota paratruncata* Wang et Liu，1977

［771］117.5.37　假面麻虻　*Haematopota personata* Philip，1963

［772］117.5.38　沥青麻虻　*Haematopota picea* Stone et Philip，1974

［773］117.5.44　邛海麻虻　*Haematopota qionghaiensis* Xu，1980

［774］117.5.45　中华麻虻　*Haematopota sinensis* Ricardo，1911

［775］117.5.49　亚露麻虻　*Haematopota subirrorata* Xu，1980

［776］117.5.50　亚沥青麻虻　*Haematopota subpicea* Wang et Liu，1991

［777］117.5.53　铁纳麻虻　*Haematopota tenasserimi* Szilady，1926

［778］117.5.59　云南麻虻　*Haematopota yunnanensis* Stone et Philip，1974

［779］117.5.60　拟云南麻虻　*Haematopota yunnanoides* Xu，1991

［780］117.6.9　高山瘤虻　*Hybomitra alticola* Wang，1981

［781］117.6.13　类星瘤虻　*Hybomitra asturoides* Liu et Wang，1977

［782］117.6.16　乌腹瘤虻　*Hybomitra atritergita* Wang，1981

［783］117.6.22　波拉瘤虻　*Hybomitra branta* Wang，1982

［784］117.6.23　拟波拉瘤虻　*Hybomitra brantoides* Wang，1984

［785］117.6.41　甘肃瘤虻　*Hybomitra kansuensis* Olsufjev，1967

［786］117.6.48　刘氏瘤虻　*Hybomitra liui* Yang et Xu，1993

［787］117.6.53　泸水瘤虻　*Hybomitra lushuiensis* Wang，1988

［788］117.6.100　药山瘤虻　*Hybomitra yaoshanensis* Yang et Xu，1996

［789］117.7.2　汶川指虻　*Isshikia wenchuanensis* Wang，1986

［790］117.11.1　白尖虻　*Tabanus albicuspis* Wang，1985

［791］117.11.2　土灰虻　*Tabanus amaenus* Walker，1848

［792］117.11.3　乘客虻　*Tabanus anabates* Philip，1960

［793］117.11.6　金条虻　*Tabanus aurotestaceus* Walker，1854

［794］117.11.8　宝鸡虻　*Tabanus baojiensis* Xu et Liu，1980

［795］117.11.11　缅甸虻　*Tabanus birmanicus* Bigot，1892

［796］117.11.14　棕色虻　*Tabanus brannicolor* Philip，1960

［797］117.11.17　棕尾虻　*Tabanus brunnipennis* Ricardo，1911

［798］117.11.18　佛光虻　*Tabanus buddha* Portschinsky，1887

［799］117.11.21　美腹虻　*Tabanus callogaster* Wang，1988

［800］117.11.24　锡兰虻　*Tabanus ceylonicus* Schiner，1868

［801］117.11.25　浙江虻　*Tabanus chekiangensis* Ouchi，1943

［802］117.11.41　台湾虻　*Tabanus formosiensis* Ricardo，1911

［803］117.11.44　棕赤虻　*Tabanus fulvimedius* Walker，1848

［804］117.11.45　烟棕虻　*Tabanus fumifer* Walker，1856

［805］117.11.46　暗尾虻　*Tabanus furvicaudus* Xu，1981

［806］117.11.47　褐角虻　*Tabanus fuscicornis* Ricardo，1911

［807］117.11.48　褐斑虻　*Tabanus fuscomaculatus* Ricardo，1911

［808］117.11.49　褐腹虻　*Tabanus fuscoventris* Xu，1981

［809］117.11.61　杭州虻　*Tabanus hongchowensis* Liu，1962

［810］117.11.65　似矮小虻　*Tabanus humiloides* Xu，1980

[811] 117.11.66　直带虻　*Tabanus hydridus* Wiedemann，1828

[812] 117.11.68　皮革虻　*Tabanus immanis* Wiedemann，1828

[813] 117.11.72　拟鸡公山虻　*Tabanus jigongshanoides* Xu et Yang，1990

[814] 117.11.78　江苏虻　*Tabanus kiangsuensis* Krober，1933

[815] 117.11.80　昆明虻　*Tabanus kunmingensis* Wang，1985

[816] 117.11.81　广西虻　*Tabanus kwangsinensis* Wang et Liu，1977

[817] 117.11.82　隐带虻　*Tabanus laticinctus* Schuurmans Stekhoven，1926

[818] 117.11.84　白胫虻　*Tabanus leucocnematus* Bigot，1892

[819] 117.11.85　凉山虻　*Tabanus liangshanensis* Xu，1979

[820] 117.11.86　丽江虻　*Tabanus lijiangensis* Yang et Xu，1993

[821] 117.11.94　中华虻　*Tabanus mandarinus* Schiner，1868

[822] 117.11.95　曼尼普虻　*Tabanus manipurensis* Ricardo，1911

[823] 117.11.96　松本虻　*Tabanus matsumotoensis* Murdoch et Takahasi，1961

[824] 117.11.97　晨螯虻　*Tabanus matutinimordicus* Xu，1989

[825] 117.11.101　三宅虻　*Tabanus miyajima* Ricardo，1911

[826] 117.11.102　一带虻　*Tabanus monotaeniatus* Bigot，1892

[827] 117.11.104　多带虻　*Tabanus multicinctus* Schuurmans Stekhoven，1926

[828] 117.11.108　黑螺虻　*Tabanus nigrhinus* Philip，1962

[829] 117.11.109　黑尾虻　*Tabanus nigricaudus* Xu，1981

[830] 117.11.110　黑斑虻　*Tabanus nigrimaculatus* Xu，1981

[831] 117.11.111　暗嗜虻　*Tabanus nigrimordicus* Xu，1979

[832] 117.11.112　日本虻　*Tabanus nipponicus* Murdoch et Takahasi，1969

[833] 117.11.115　黄赭虻　*Tabanus ochros* Schuurmans Stekhoven，1926

[834] 117.11.124　窄带虻　*Tabanus oxyceratus* Bigot，1892

[835] 117.11.128　副佛光虻　*Tabanus parabuddha* Xu，1983

[836] 117.11.130　副微赤虻　*Tabanus pararubidus* Yao et Liu，1983

[837] 117.11.133　屏边虻　*Tabanus pingbianensis* Liu，1981

[838] 117.11.140　邛海虻　*Tabanus qionghaiensis* Xu，1979

[839] 117.11.141　五带虻　*Tabanus quinquecinctus* Ricardo，1914

[840] 117.11.142　板状虻　*Tabanus rhinargus* Philip，1962

[841] 117.11.143　暗红虻　*Tabanus rubicundulus* Austen，1922

[842] 117.11.144　红色虻　*Tabanus rubidus* Wiedemann，1821

[843] 117.11.145　赤腹虻　*Tabanus rufiventris* Fabricius，1805

[844] 117.11.151　山东虻　*Tabanus shantungensis* Ouchi，1943

[845] 117.11.153　华广虻　*Tabanus signatipennis* Portsch，1887

[846] 117.11.155　莎氏虻　*Tabanus soubiroui* Surcouf，1922

[847] 117.11.156　华丽虻　*Tabanus splendens* Xu et Liu，1982

[848] 117.11.158　纹带虻　*Tabanus striatus* Fabricius，1787

[849] 117.11.160　类柯虻　*Tabanus subcordiger* Liu，1960

[850] 117.11.172 天目虻 *Tabanus tianmuensis* Liu，1962

[851] 117.11.173 三色虻 *Tabanus tricolorus* Xu，1981

[852] 117.11.174 异斑虻 *Tabanus varimaculatus* Xu，1981

[853] 117.11.177 亚布力虻 *Tabanus yablonicus* Takagi，1941

[854] 117.11.178 姚氏虻 *Tabanus yao* Macquart，1855

[855] 117.11.180 云南虻 *Tabanus yunnanensis* Liu et Wang，1977

[856] 117.11.181 察隅虻 *Tabanus zayuensis* Wang，1982

[857] 118.3.1 鸡羽虱 *Menopon gallinae* Linnaeus，1758

[858] 120.1.1 牛毛虱 *Bovicola bovis* Linnaeus，1758

[859] 120.1.2 山羊毛虱 *Bovicola caprae* Gurlt，1843

[860] 120.1.3 绵羊毛虱 *Bovicola ovis* Schrank，1781

[861] 120.3.1 犬啮毛虱 *Trichodectes canis* De Geer，1778

[862] 120.3.2 马啮毛虱 *Trichodectes equi* Denny，1842

[863] 121.2.1 扇形副角蚤 *Paraceras flabellum* Curtis，1832

[864] 125.1.1 犬栉首蚤 *Ctenocephalide canis* Curtis，1826

[865] 125.1.2 猫栉首蚤 *Ctenocephalide felis* Bouche，1835

[866] 125.1.3 东方栉首蚤 *Ctenocephalide orientis* Jordan，1925

[867] 125.4.1 致痒蚤 *Pulex irritans* Linnaeus，1758

[868] 127.1.1 锯齿舌形虫 *Linguatula serrata* Fröhlich，1789

浙江省寄生虫种名
Species of Parasites in Zhejiang Province

原虫 Protozoon

[1] 2.1.1 蓝氏贾第鞭毛虫 *Giardia lamblia* Stiles，1915

[2] 3.2.2 伊氏锥虫 *Trypanosoma evansi*（Steel，1885）Balbiani，l888

[3] 4.1.1 火鸡组织滴虫 *Histomonas meleagridis* Tyzzer，1920

[4] 6.1.2 贝氏隐孢子虫 *Cryptosporidium baileyi* Current，Upton et Haynes，1986

[5] 6.1.8 鼠隐孢子虫 *Cryptosporidium muris* Tyzzer，1907

[6] 6.1.11 猪隐孢子虫 *Cryptosporidium suis* Ryan，Monis，Enemark，*et al.*，2004

[7] 7.2.2 堆型艾美耳球虫 *Eimeria acervulina* Tyzzer，1929

[8] 7.2.6 鸭艾美耳球虫 *Eimeria anatis* Scholtyseck，1955

[9] 7.2.9 阿洛艾美耳球虫 *Eimeria arloingi*（Marotel，1905）Martin，1909

[10] 7.2.10 奥博艾美耳球虫 *Eimeria auburnensis* Christensen et Porter，1939

［48］8.1.2　沙氏住白细胞虫　*Leucocytozoon sabrazesi* Mathis et Léger，1910

［49］10.3.8　梭形住肉孢子虫　*Sarcocystis fusiformis*（Railliet，1897）Bernard et Bauche，1912

［50］10.4.1　龚地弓形虫　*Toxoplasma gondii*（Nicolle et Manceaux，1908）Nicolle et Manceaux，1909

［51］11.1.1　双芽巴贝斯虫　*Babesia bigemina* Smith et Kiborne，1893

［52］11.1.2　牛巴贝斯虫　*Babesia bovis*（Babes，1888）Starcovici，1893

［53］12.1.1　环形泰勒虫　*Theileria annulata*（Dschunkowsky et Luhs，1904）Wenyon，1926

［54］14.1.1　结肠小袋虫　*Balantidium coli*（Malmsten，1857）Stein，1862

绦虫　Cestode

［55］15.2.1　中点无卵黄腺绦虫　*Avitellina centripunctata* Rivolta，1874

［56］15.4.2　贝氏莫尼茨绦虫　*Moniezia benedeni*（Moniez，1879）Blanchard，1891

［57］15.4.4　扩展莫尼茨绦虫　*Moniezia expansa*（Rudolphi，1810）Blanchard，1891

［58］15.8.1　盖氏曲子宫绦虫　*Thysaniezia giardi* Moniez，1879

［59］15.8.2　羊曲子宫绦虫　*Thysaniezia ovilla* Rivolta，1878

［60］16.2.3　原节戴维绦虫　*Davainea proglottina*（Davaine，1860）Blanchard，1891

［61］16.3.3　有轮瑞利绦虫　*Raillietina cesticillus* Molin，1858

［62］16.3.4　棘盘瑞利绦虫　*Raillietina echinobothrida* Megnin，1881

［63］16.3.6　大珠鸡瑞利绦虫　*Raillietina magninumida* Jones，1930

［64］16.3.12　四角瑞利绦虫　*Raillietina tetragona* Molin，1858

［65］17.1.1　楔形变带绦虫　*Amoebotaenia cuneata* von Linstow，1872

［66］17.2.2　漏斗漏带绦虫　*Choanotaenia infundibulum* Bloch，1779

［67］17.4.1　犬复孔绦虫　*Dipylidium caninum*（Linnaeus，1758）Leuckart，1863

［68］17.6.1　纤毛萎吻绦虫　*Unciunia ciliata*（Fuhrmann，1913）Metevosyan，1963

［69］19.2.2　福建单睾绦虫　*Aploparaksis fukinensis* Lin，1959

［70］19.2.3　叉棘单睾绦虫　*Aploparaksis furcigera* Rudolphi，1819

［71］19.2.4　秧鸡单睾绦虫　*Aploparaksis porzana* Dubinina，1953

［72］19.3.1　大头腔带绦虫　*Cloacotaenia megalops* Nitzsch in Creplin，1829

［73］19.4.2　冠状双盔带绦虫　*Dicranotaenia coronula*（Dujardin，1845）Railliet，1892

［74］19.6.2　鸭双睾绦虫　*Diorchis anatina* Ling，1959

［75］19.7.1　矛形剑带绦虫　*Drepanidotaenia lanceolata* Bloch，1782

［76］19.7.2　普氏剑带绦虫　*Drepanidotaenia przewalskii* Skrjabin，1914

［77］19.9.1　致疡棘壳绦虫　*Echinolepis carioca*（Magalhaes，1898）Spasskii et Spasskaya，1954

［78］19.10.2　片形繸缘绦虫　*Fimbriaria fasciolaris* Pallas，1781

［79］19.12.1　八钩膜壳绦虫　*Hymenolepis actoversa* Spassky et Spasskaja，1954

［80］19.12.6　分枝膜壳绦虫　*Hymenolepis cantaniana* Polonio，1860

［81］19.12.7　鸡膜壳绦虫　*Hymenolepis carioca* Magalhaes，1898

［82］19.12.8　窄膜壳绦虫　*Hymenolepis compressa*（Linton，1892）Fuhrmann，1906

［83］19.12.12　纤细膜壳绦虫　*Hymenolepis gracilis*（Zeder，1803）Cohn，1901

吸虫　Trematode

［121］23.3.11　圆圃棘口吸虫　*Echinostoma hortense* Asada，1926

［122］23.3.12　林杜棘口吸虫　*Echinostoma lindoensis* Sandground et Bonne，1940

［123］23.3.15　宫川棘口吸虫　*Echinostoma miyagawai* Ishii，1932

［124］23.3.19　接睾棘口吸虫　*Echinostoma paraulum* Dietz，1909

［125］23.3.20　北京棘口吸虫　*Echinostoma pekinensis* Ku，1937

［126］23.3.22　卷棘口吸虫　*Echinostoma revolutum*（Fröhlich，1802）Looss，1899

［127］23.3.23　强壮棘口吸虫　*Echinostoma robustum* Yamaguti，1935

［128］23.3.25　史氏棘口吸虫　*Echinostoma stromi* Baschkirova，1946

［129］23.6.1　似锥低颈吸虫　*Hypoderaeum conoideum*（Bloch，1782）Dietz，1909

［130］24.1.1　大片形吸虫　*Fasciola gigantica* Cobbold，1856

［131］24.1.2　肝片形吸虫　*Fasciola hepatica* Linnaeus，1758

［132］24.2.1　布氏姜片吸虫　*Fasciolopsis buski*（Lankester，1857）Odhner，1902

［133］25.1.1　水牛长妙吸虫　*Carmyerius bubalis* Innes，1912

［134］25.1.2　宽大长妙吸虫　*Carmyerius spatiosus*（Brandes，1898）Stiles et Goldberger，1910

［135］25.1.3　纤细长妙吸虫　*Carmyerius synethes* Fischoeder，1901

［136］25.2.1　水牛菲策吸虫　*Fischoederius bubalis* Yang，Pan，Zhang，*et al.*，1991

［137］25.2.2　锡兰菲策吸虫　*Fischoederius ceylonensis* Stiles et Goldborger，1910

［138］25.2.3　浙江菲策吸虫　*Fischoederius chekangensis* Zhang，Yang，Jin，*et al.*，1985

［139］25.2.4　柯氏菲策吸虫　*Fischoederius cobboldi* Poirier，1883

［140］25.2.5　狭窄菲策吸虫　*Fischoederius compressus* Wang，1979

［141］25.2.6　兔菲策吸虫　*Fischoederius cuniculi* Zhang，Yang，Pan，*et al.*，1986

［142］25.2.7　长菲策吸虫　*Fischoederius elongatus*（Poirier，1883）Stiles et Goldberger，1910

［143］25.2.10　日本菲策吸虫　*Fischoederius japonicus* Fukui，1922

［144］25.2.11　嘉兴菲策吸虫　*Fischoederius kahingensis* Zhang，Yang，Jin，*et al.*，1985

［145］25.2.12　巨睾菲策吸虫　*Fischoederius macrorchis* Zhang，Yang，Jin，*et al.*，1985

［146］25.2.13　圆睾菲策吸虫　*Fischoederius norclianus* Zhang，Yang，Jin，*et al.*，1985

［147］25.2.14　卵形菲策吸虫　*Fischoederius ovatus* Wang，1977

［148］25.2.15　羊菲策吸虫　*Fischoederius ovis* Zhang et Yang，1986

［149］25.2.16　波阳菲策吸虫　*Fischoederius poyangensis* Wang，1979

［150］25.2.17　泰国菲策吸虫　*Fischoederius siamensis* Stiles et Goldberger，1910

［151］25.3.2　中华腹袋吸虫　*Gastrothylax chinensis* Wang，1979

［152］25.3.3　荷包腹袋吸虫　*Gastrothylax crumenifer*（Creplin，1847）Otto，1896

［153］25.3.4　腺状腹袋吸虫　*Gastrothylax glandiformis* Yamaguti，1939

［154］25.3.5　球状腹袋吸虫　*Gastrothylax globoformis* Wang，1977

［155］26.1.3　多疣下殖吸虫　*Catatropis verrucosa*（Frolich，1789）Odhner，1905

［156］26.2.2　纤细背孔吸虫　*Notocotylus attenuatus*（Rudolphi，1809）Kossack，1911

［157］26.2.6　囊凸背孔吸虫　*Notocotylus gibbus*（Mehlis，1846）Kossack，1911

［158］26.2.8　鳞叠背孔吸虫　*Notocotylus imbricatus* Looss，1893

［159］26.2.9　肠背孔吸虫　*Notocotylus intestinalis* Tubangui，1932

[197] 28. 1. 3　涉禽嗜眼吸虫　*Philophthalmus gralli* Mathis et Léger，1910

[198] 28. 1. 4　广东嗜眼吸虫　*Philophthalmus guangdongnensis* Hsu，1982

[199] 29. 1. 2　长刺光隙吸虫　*Psilochasmus longicirratus* Skrjabin，1913

[200] 29. 2. 3　大囊光睾吸虫　*Psilorchis saccovoluminosus* Bai，Liu et Chen，1980

[201] 29. 2. 4　浙江光睾吸虫　*Psilorchis zhejiangensis* Pan et Zhang，1989

[202] 29. 2. 5　斑嘴鸭光睾吸虫　*Psilorchis zonorhynchae* Bai，Liu et Chen，1980

[203] 29. 4. 1　球形球孔吸虫　*Sphaeridiotrema globulus*（Rudolphi，1814）Odhner，1913

[204] 30. 3. 1　凹形隐叶吸虫　*Cryptocotyle concavum*（Creplin，1825）Fischoeder，1903

[205] 30. 7. 1　横川后殖吸虫　*Metagonimus yokogawai* Katsurada，1912

[206] 31. 1. 1　鸭对体吸虫　*Amphimerus anatis* Yamaguti，1933

[207] 31. 3. 1　中华枝睾吸虫　*Clonorchis sinensis*（Cobbolb，1875）Looss，1907

[208] 31. 5. 3　东方次睾吸虫　*Metorchis orientalis* Tanabe，1921

[209] 31. 5. 6　台湾次睾吸虫　*Metorchis taiwanensis* Morishita et Tsuchimochi，1925

[210] 31. 7. 6　细颈后睾吸虫　*Opisthorchis tenuicollis* Rudolphi，1819

[211] 32. 1. 1　中华双腔吸虫　*Dicrocoelium chinensis* Tang et Tang，1978

[212] 32. 1. 4　矛形双腔吸虫　*Dicrocoelium lanceatum* Stiles et Hassall，1896

[213] 32. 2. 1　枝睾阔盘吸虫　*Eurytrema cladorchis* Chin，Li et Wei，1965

[214] 32. 2. 2　腔阔盘吸虫　*Eurytrema coelomaticum*（Giard et Billet，1892）Looss，1907

[215] 32. 2. 7　胰阔盘吸虫　*Eurytrema pancreaticum*（Janson，1889）Looss，1907

[216] 33. 1. 1　白洋淀真杯吸虫　*Eucotyle baiyangdienensis* Li，Zhu et Gu，1973

[217] 33. 1. 3　扎氏真杯吸虫　*Eucotyle zakharovi* Skrjabin，1920

[218] 37. 2. 3　斯氏狸殖吸虫　*Pagumogonimus skrjabini*（Chen，1959）Chen，1963

[219] 37. 3. 14　卫氏并殖吸虫　*Paragonimus westermani*（Kerbert，1878）Braun，1899

[220] 39. 1. 1　鸭前殖吸虫　*Prosthogonimus anatinus* Markow，1903

[221] 39. 1. 2　布氏前殖吸虫　*Prosthogonimus brauni* Skrjabin，1919

[222] 39. 1. 4　楔形前殖吸虫　*Prosthogonimus cuneatus* Braun，1901

[223] 39. 1. 7　霍鲁前殖吸虫　*Prosthogonimus horiuchii* Morishita et Tsuchimochi，1925

[224] 39. 1. 9　日本前殖吸虫　*Prosthogonimus japonicus* Braun，1901

[225] 39. 1. 10　卡氏前殖吸虫　*Prosthogonimus karausiaki* Layman，1926

[226] 39. 1. 11　李氏前殖吸虫　*Prosthogonimus leei* Hsu，1935

[227] 39. 1. 14　宁波前殖吸虫　*Prosthogonimus ninboensis* Zhang，Pan，Yang，*et al.*，1988

[228] 39. 1. 17　透明前殖吸虫　*Prosthogonimus pellucidus* Braun，1901

[229] 39. 1. 18　鲁氏前殖吸虫　*Prosthogonimus rudolphii* Skrjabin，1919

[230] 39. 1. 19　中华前殖吸虫　*Prosthogonimus sinensis* Ku，1941

[231] 39. 1. 20　斯氏前殖吸虫　*Prosthogonimus skrjabini* Zakharov，1920

[232] 39. 1. 21　稀宫前殖吸虫　*Prosthogonimus spaniometraus* Zhang，Pan，Yang，*et al.*，1988

[233] 40. 2. 2　鸡后口吸虫　*Postharmostomum gallinum* Witenberg，1923

[234] 41. 1. 3　纺锤杯叶吸虫　*Cyathocotyle fusa* Ishii et Matsuoka，1935

[235] 41. 1. 6　东方杯叶吸虫　*Cyathocotyle orientalis* Faust，1922

［236］41.1.7 普鲁氏杯叶吸虫 *Cyathocotyle prussica* Muhling，1896

［237］41.2.3 日本全冠吸虫 *Holostephanus nipponicus* Yamaguti，1939

［238］41.3.1 英德前冠吸虫 *Prosostephanus industrius*（Tubangui，1922）Lutz，1935

［239］42.2.2 光滑平体吸虫 *Hyptiasmus laevigatus* Kossack，1911

［240］42.2.4 谢氏平体吸虫 *Hyptiasmus theodori* Witenberg，1928

［241］42.3.1 马氏噬眼吸虫 *Ophthalmophagus magalhaesi* Travassos，1921

［242］43.2.1 心形咽口吸虫 *Pharyngostomum cordatum*（Diesing，1850）Ciurea，1922

［243］45.2.2 土耳其斯坦东毕吸虫 *Orientobilharzia turkestanica*（Skrjabin，1913）Dutt et Srivastavaa，1955

［244］45.3.2 日本分体吸虫 *Schistosoma japonicum* Katsurada，1904

［245］45.4.1 集安毛毕吸虫 *Trichobilharzia jianensis* Liu，Chen，Jin，*et al.*，1977

［246］45.4.3 包氏毛毕吸虫 *Trichobilharzia paoi*（K'ung，Wang et Chen，1960）Tang et Tang，1962

［247］46.1.2 优美异幻吸虫 *Apatemon gracilis*（Rudolphi，1819）Szidat，1928

［248］46.3.1 角杯尾吸虫 *Cotylurus cornutus*（Rudolphi，1808）Szidat，1928

［249］46.4.1 家鸭拟枭形吸虫 *Pseudostrigea anatis* Ku，Wu，Yen，*et al.*，1964

［250］47.1.1 舟形嗜气管吸虫 *Tracheophilus cymbius*（Diesing，1850）Skrjabin，1913

线虫　Nematode

［251］48.1.1 似蚓蛔虫 *Ascaris lumbricoides* Linnaeus，1758

［252］48.1.4 猪蛔虫 *Ascaris suum* Goeze，1782

［253］48.2.1 犊新蛔虫 *Neoascaris vitulorum*（Goeze，1782）Travassos，1927

［254］49.1.4 鸡禽蛔虫 *Ascaridia galli*（Schrank，l788）Freeborn，1923

［255］50.1.1 犬弓首蛔虫 *Toxocara canis*（Werner，1782）Stiles，1905

［256］50.1.2 猫弓首蛔虫 *Toxocara cati* Schrank，1788

［257］51.1.1 肾膨结线虫 *Dioctophyma renale*（Goeze，1782）Stiles，1901

［258］51.2.1 切形胃瘤线虫 *Eustrongylides excisus* Jagerskiold，1909

［259］51.2.2 切形胃瘤线虫厦门变种 *Eustrongylides excisus* var. *amoyensis* Hoeppli，Hsu et Wu，1929

［260］52.3.1 犬恶丝虫 *Dirofilaria immitis*（Leidy，1856）Railliet et Henry，1911

［261］52.5.1 猪浆膜丝虫 *Serofilaria suis* Wu et Yun，1979

［262］54.2.1 圈形蟠尾线虫 *Onchocerca armillata* Railliet et Henry，1909

［263］54.2.4 吉氏蟠尾线虫 *Onchocerca gibsoni* Cleland et Johnston，1910

［264］55.1.6 指形丝状线虫 *Setaria digitata* Linstow，1906

［265］55.1.9 唇乳突丝状线虫 *Setaria labiatopapillosa* Alessandrini，1838

［266］56.1.2 异形同刺线虫 *Ganguleterakis dispar*（Schrank，1790）Dujardin，1845

［267］56.2.1 贝拉异刺线虫 *Heterakis beramporia* Lane，1914

［268］56.2.4 鸡异刺线虫 *Heterakis gallinarum*（Schrank，1788）Freeborn，1923

［269］56.2.6 印度异刺线虫 *Heterakis indica* Maplestone，1932

［270］56.2.9 巴氏异刺线虫 *Heterakis parisi* Blanc，1913

［271］57.2.1　疑似栓尾线虫　*Passalurus ambiguus* Rudolphi，1819

［272］57.2.2　不等刺栓尾线虫　*Passalurus assimilis* Wu，1933

［273］57.4.1　绵羊斯氏线虫　*Skrjabinema ovis*（Skrjabin，1915）Wereschtchagin，1926

［274］58.1.2　台湾鸟龙线虫　*Avioserpens taiwana* Sugimoto，1934

［275］60.1.1　鸡类圆线虫　*Strongyloides avium* Cram，1929

［276］60.1.3　乳突类圆线虫　*Strongyloides papillosus*（Wedl，1856）Ransom，1911

［277］60.1.4　兰氏类圆线虫　*Strongyloides ransomi* Schwartz et Alicata，1930

［278］60.1.5　粪类圆线虫　*Strongyloides stercoralis*（Bavay，1876）Stiles et Hassall，1902

［279］60.1.6　猪类圆线虫　*Strongyloides suis*（Lutz，1894）Linstow，1905

［280］61.1.2　钩状锐形线虫　*Acuaria hamulosa* Diesing，1851

［281］61.2.1　长鼻咽饰带线虫　*Dispharynx nasuta*（Rudolphi，1819）Railliet，Henry et Sisoff，1912

［282］61.7.1　厚尾束首线虫　*Streptocara crassicauda* Creplin，1829

［283］62.1.2　刚刺颚口线虫　*Gnathostoma hispidum* Fedtchenko，1872

［284］62.1.3　棘颚口线虫　*Gnathostoma spinigerum* Owen，1836

［285］63.1.3　美丽筒线虫　*Gongylonema pulchrum* Molin，1857

［286］65.1.1　普拉泡翼线虫　*Physaloptera praeputialis* Linstow，1889

［287］67.1.1　有齿蛔状线虫　*Ascarops dentata* Linstow，1904

［288］67.1.2　圆形蛔状线虫　*Ascarops strongylina* Rudolphi，1819

［289］67.2.1　六翼泡首线虫　*Physocephalus sexalatus* Molin，1860

［290］67.4.1　狼旋尾线虫　*Spirocerca lupi*（Rudolphi，1809）Railliet et Henry，1911

［291］68.1.3　分棘四棱线虫　*Tetrameres fissispina* Diesing，1861

［292］69.2.2　丽幼吸吮线虫　*Thelazia callipaeda* Railliet et Henry，1910

［293］69.2.4　大口吸吮线虫　*Thelazia gulosa* Railliet et Henry，1910

［294］69.2.6　甘肃吸吮线虫　*Thelazia kansuensis* Yang et Wei，1957

［295］69.2.9　罗氏吸吮线虫　*Thelazia rhodesi* Desmarest，1827

［296］70.1.1　锐形裂口线虫　*Amidostomum acutum*（Lundahl，1848）Seurat，1918

［297］70.1.3　鹅裂口线虫　*Amidostomum anseris* Zeder，1800

［298］70.1.4　鸭裂口线虫　*Amidostomum boschadis* Petrow et Fedjuschin，1949

［299］70.2.1　鸭瓣口线虫　*Epomidiostomum anatinum* Skrjabin，1915

［300］71.1.2　犬钩口线虫　*Ancylostoma caninum*（Ercolani，1859）Hall，1913

［301］71.1.3　锡兰钩口线虫　*Ancylostoma ceylanicum* Looss，1911

［302］71.1.4　十二指肠钩口线虫　*Ancylostoma duodenale*（Dubini，1843）Creplin，1845

［303］71.2.1　牛仰口线虫　*Bunostomum phlebotomum*（Railliet，1900）Railliet，1902

［304］71.2.2　羊仰口线虫　*Bunostomum trigonocephalum*（Rudolphi，1808）Railliet，1902

［305］71.4.5　锥尾球首线虫　*Globocephalus urosubulatus* Alessandrini，1909

［306］72.2.1　双管鲍吉线虫　*Bourgelatia diducta* Railliet，Henry et Bauche，1919

［307］72.3.3　羊夏柏特线虫　*Chabertia ovina*（Fabricius，1788）Raillet et Henry，1909

［308］72.4.2　粗纹食道口线虫　*Oesophagostomum asperum* Railliet et Henry，1913

[309] 72.4.3　短尾食道口线虫　*Oesophagostomum brevicaudum* Schwartz et Alicata, 1930

[310] 72.4.4　哥伦比亚食道口线虫　*Oesophagostomum columbianum*（Curtice, 1890）Stossich, 1899

[311] 72.4.5　有齿食道口线虫　*Oesophagostomum dentatum*（Rudolphi, 1803）Molin, 1861

[312] 72.4.8　甘肃食道口线虫　*Oesophagostomum kansuensis* Hsiung et K'ung, 1955

[313] 72.4.9　长尾食道口线虫　*Oesophagostomum longicaudum* Goodey, 1925

[314] 72.4.10　辐射食道口线虫　*Oesophagostomum radiatum*（Rudolphi, 1803）Railliet, 1898

[315] 72.4.13　微管食道口线虫　*Oesophagostomum venulosum* Rudolphi, 1809

[316] 72.4.14　华氏食道口线虫　*Oesophagostomum watanabei* Yamaguti, 1961

[317] 74.1.1　安氏网尾线虫　*Dictyocaulus arnfieldi*（Cobbold, 1884）Railliet et Henry, 1907

[318] 74.1.4　丝状网尾线虫　*Dictyocaulus filaria*（Rudolphi, 1809）Railliet et Henry, 1907

[319] 74.1.6　胎生网尾线虫　*Dictyocaulus viviparus*（Bloch, 1782）Railliet et Henry, 1907

[320] 75.1.1　猪后圆线虫　*Metastrongylus apri*（Gmelin, 1790）Vostokov, 1905

[321] 75.1.2　复阴后圆线虫　*Metastrongylus pudendotectus* Wostokow, 1905

[322] 77.4.5　淡红原圆线虫　*Protostrongylus rufescens*（Leuckart, 1865）Kamensky, 1905

[323] 77.4.6　斯氏原圆线虫　*Protostrongylus skrjabini*（Boev, 1936）Dikmans, 1945

[324] 77.5.1　邝氏刺尾线虫　*Spiculocaulus kwongi*（Wu et Liu, 1943）Dougherty et Goble, 1946

[325] 77.6.3　舒氏变圆线虫　*Varestrongylus schulzi* Boev et Wolf, 1938

[326] 79.1.1　有齿冠尾线虫　*Stephanurus dentatus* Diesing, 1839

[327] 82.1.1　兔苇线虫　*Ashworthius leporis* Yen, 1961

[328] 82.2.3　叶氏古柏线虫　*Cooperia erschowi* Wu, 1958

[329] 82.2.9　等侧古柏线虫　*Cooperia laterouniformis* Chen, 1937

[330] 82.2.12　栉状古柏线虫　*Cooperia pectinata* Ransom, 1907

[331] 82.2.13　点状古柏线虫　*Cooperia punctata*（Linstow, 1906）Ransom, 1907

[332] 82.3.2　捻转血矛线虫　*Haemonchus contortus*（Rudolphi, 1803）Cobbold, 1898

[333] 82.3.6　似血矛线虫　*Haemonchus similis* Travassos, 1914

[334] 82.4.1　红色猪圆线虫　*Hyostrongylus rebidus*（Hassall et Stiles, 1892）Hall, 1921

[335] 82.5.6　蒙古马歇尔线虫　*Marshallagia mongolica* Schumakovitch, 1938

[336] 82.6.1　指形长刺线虫　*Mecistocirrus digitatus*（Linstow, 1906）Railliet et Henry, 1912

[337] 82.11.6　普通奥斯特线虫　*Ostertagia circumcincta*（Stadelmann, 1894）Ransom, 1907

[338] 82.11.24　斯氏奥斯特线虫　*Ostertagia skrjabini* Shen, Wu et Yen, 1959

[339] 82.11.26　三叉奥斯特线虫　*Ostertagia trifurcata* Ransom, 1907

[340] 82.11.28　吴兴奥斯特线虫　*Ostertagia wuxingensis* Ling, 1958

[341] 82.15.2　艾氏毛圆线虫　*Trichostrongylus axei*（Cobbold, 1879）Railliet et Henry, 1909

[342] 82.15.5　蛇形毛圆线虫　*Trichostrongylus colubriformis*（Giles, 1892）Looss, 1905

[343] 82.15.11　枪形毛圆线虫　*Trichostrongylus probolurus*（Railliet, 1896）Looss, 1905

[344] 82.15.15　纤细毛圆线虫　*Trichostrongylus tenuis*（Mehlis, 1846）Railliet et Henry, 1909

［345］83.1.3　鹅毛细线虫　*Capillaria anseris* Madsen，1945

［346］83.1.4　双瓣毛细线虫　*Capillaria bilobata* Bhalerao，1933

［347］83.1.5　牛毛细线虫　*Capillaria bovis* Schangder，1906

［348］83.1.6　膨尾毛细线虫　*Capillaria caudinflata*（Molin，1858）Travassos，1915

［349］83.1.9　长柄毛细线虫　*Capillaria longipes* Ransen，1911

［350］83.1.11　封闭毛细线虫　*Capillaria obsignata* Madsen，1945

［351］83.2.1　环纹优鞘线虫　*Eucoleus annulatum*（Molin，1858）López-Neyra，1946

［352］83.4.1　鸭纤形线虫　*Thominx anatis* Schrank，1790

［353］83.4.2　领襟纤形线虫　*Thominx collaris* Linstow，1873

［354］83.4.3　捻转纤形线虫　*Thominx contorta*（Creplin，1839）Travassos，1915

［355］83.4.4　鸡纤形线虫　*Thominx gallinae* Cheng，1982

［356］84.1.2　旋毛形线虫　*Trichinella spiralis*（Owen，1835）Railliet，1895

［357］85.1.4　球鞘鞭虫　*Trichuris globulosa* Linstow，1901

［358］85.1.6　兰氏鞭虫　*Trichuris lani* Artjuch，1948

［359］85.1.8　长刺鞭虫　*Trichuris longispiculus* Artjuch，1948

［360］85.1.10　羊鞭虫　*Trichuris ovis* Abilgaard，1795

［361］85.1.12　猪鞭虫　*Trichuris suis* Schrank，1788

棘头虫　Acanthocephalan

［362］86.1.1　蛭形巨吻棘头虫　*Macracanthorhynchus hirudinaceus*（Pallas，1781）Travassos，1917

节肢动物　Arthropod

［363］90.1.1　牛蠕形螨　*Demodex bovis* Stiles，1892

［364］90.1.2　犬蠕形螨　*Demodex canis* Leydig，1859

［365］93.1.1　牛足螨　*Chorioptes bovis* Hering，1845

［366］93.1.1.2　兔足螨　*Chorioptes bovis* var. *cuniculi*

［367］93.3.1.3　兔痒螨　*Psoroptes equi* var. *cuniculi* Delafond，1859

［368］93.3.1.4　水牛痒螨　*Psoroptes equi* var. *natalensis* Hirst，1919

［369］95.1.1　鸡膝螨　*Cnemidocoptes gallinae* Railliet，1887

［370］95.1.2　突变膝螨　*Cnemidocoptes mutans* Robin，1860

［371］95.2.1.1　兔背肛螨　*Notoedres cati* var. *cuniculi* Gerlach，1857

［372］95.3.1.1　牛疥螨　*Sarcoptes scabiei* var. *bovis* Cameron，1924

［373］95.3.1.3　犬疥螨　*Sarcoptes scabiei* var. *canis* Gerlach，1857

［374］95.3.1.9　猪疥螨　*Sarcoptes scabiei* var. *suis* Gerlach，1857

［375］96.1.1　地理纤恙螨　*Leptotrombidium deliense* Walch，1922

［376］96.2.1　鸡新棒螨　*Neoschoengastia gallinarum* Hatori，1920

［377］96.3.1　巨螯齿螨　*Odontacarus majesticus* Chen et Hsu，1945

［378］98.1.1　鸡皮刺螨　*Dermanyssus gallinae* De Geer，1778

［379］99.1.1　爪哇花蜱　*Amblyomma javanense* Supino，1897

[380] 99.1.2　龟形花蜱　*Amblyomma testudinarium* Koch，1844

[381] 99.2.1　微小牛蜱　*Boophilus microplus* Canestrini，1887

[382] 99.3.2　金泽革蜱　*Dermacentor auratus* Supino，1897

[383] 99.4.3　二棘血蜱　*Haemaphysalis bispinosa* Neumann，1897

[384] 99.4.15　长角血蜱　*Haemaphysalis longicornis* Neumann，1901

[385] 99.6.4　粒形硬蜱　*Ixodes granulatus* Supino，1897

[386] 99.6.10　篦子硬蜱　*Ixodes ricinus* Linnaeus，1758

[387] 99.6.11　中华硬蜱　*Ixodes sinensis* Teng，1977

[388] 99.7.1　囊形扇头蜱　*Rhipicephalus bursa* Canestrini et Fanzago，1877

[389] 99.7.2　镰形扇头蜱　*Rhipicephalus haemaphysaloides* Supino，1897

[390] 99.7.5　血红扇头蜱　*Rhipicephalus sanguineus* Latreille，1806

[391] 100.1.2　阔胸血虱　*Haematopinus eurysternus* Denny，1842

[392] 100.1.5　猪血虱　*Haematopinus suis* Linnaeus，1758

[393] 100.1.6　瘤突血虱　*Haematopinus tuberculatus* Burmeister，1839

[394] 101.1.1　非洲颚虱　*Linognathus africanus* Kellogg et Paine，1911

[395] 101.1.5　狭颚虱　*Linognathus stenopsis* Burmeister，1838

[396] 101.1.6　牛颚虱　*Linognathus vituli* Linnaeus，1758

[397] 103.1.1　粪种蝇　*Adia cinerella* Fallen，1825

[398] 103.2.1　横带花蝇　*Anthomyia illocata* Walker，1856

[399] 104.1.1　绯颜裸金蝇　*Achoetandrus rufifacies* Macquart，1843

[400] 104.2.3　巨尾丽蝇（蛆）　*Calliphora grahami* Aldrich，1930

[401] 104.2.10　反吐丽蝇（蛆）　*Calliphora vomitoria* Linnaeus，1758

[402] 104.3.6　肥躯金蝇　*Chrysomya pinguis* Walker，1858

[403] 104.5.3　三色依蝇（蛆）　*Idiella tripartita* Bigot，1874

[404] 104.6.2　南岭绿蝇（蛆）　*Lucilia bazini* Seguy，1934

[405] 104.6.6　铜绿蝇（蛆）　*Lucilia cuprina* Wiedemann，1830

[406] 104.6.8　亮绿蝇（蛆）　*Lucilia illustris* Meigen，1826

[407] 104.6.9　巴浦绿蝇（蛆）　*Lucilia papuensis* Macquart，1842

[408] 104.6.11　紫绿蝇（蛆）　*Lucilia porphyrina* Walker，1856

[409] 104.6.13　丝光绿蝇（蛆）　*Lucilia sericata* Meigen，1826

[410] 104.10.1　叉丽蝇　*Triceratopyga calliphoroides* Rohdendorf，1931

[411] 105.2.7　荒草库蠓　*Culicoides arakawae* Arakawa，1910

[412] 105.2.17　环斑库蠓　*Culicoides circumscriptus* Kieffer，1918

[413] 105.2.31　端斑库蠓　*Culicoides erairai* Kono et Takahashi，1940

[414] 105.2.52　原野库蠓　*Culicoides homotomus* Kieffer，1921

[415] 105.2.86　三保库蠓　*Culicoides mihensis* Arnaud，1956

[416] 105.2.89　日本库蠓　*Culicoides nipponensis* Tokunaga，1955

[417] 105.2.92　恶敌库蠓　*Culicoides odibilis* Austen，1921

[418] 105.2.96　尖喙库蠓　*Culicoides oxystoma* Kieffer，1910

［419］105.2.105　灰黑库蠓　*Culicoides pulicaris* Linnaeus，1758

［420］105.2.106　刺螯库蠓　*Culicoides punctatus* Meigen，1804

［421］105.3.3　儋县蠛蠓　*Lasiohelea danxianensis* Yu et Liu，1982

［422］105.3.8　低飞蠛蠓　*Lasiohelea humilavolita* Yu et Liu，1982

［423］105.3.10　混杂蠛蠓　*Lasiohelea mixta* Yu et Liu，1982

［424］105.3.11　南方蠛蠓　*Lasiohelea notialis* Yu et Liu，1982

［425］105.3.13　趋光蠛蠓　*Lasiohelea phototropia* Yu et Zhang，1982

［426］105.3.14　台湾蠛蠓　*Lasiohelea taiwana* Shiraki，1913

［427］105.3.16　带茎蠛蠓　*Lasiohelea zonaphalla* Yu et Liu，1982

［428］106.1.4　白纹伊蚊　*Aedes albopictus* Skuse，1894

［429］106.1.5　圆斑伊蚊　*Aedes annandalei* Theobald，1910

［430］106.1.6　刺管伊蚊　*Aedes caecus* Theobald，1901

［431］106.1.8　仁川伊蚊　*Aedes chemulpoensis* Yamada，1921

［432］106.1.12　背点伊蚊　*Aedes dorsalis* Meigen，1830

［433］106.1.13　棘刺伊蚊　*Aedes elsiae* Barraud，1923

［434］106.1.15　冯氏伊蚊　*Aedes fengi* Edwards，1935

［435］106.1.20　双棘伊蚊　*Aedes hatorii* Yamada，1921

［436］106.1.21　日本伊蚊　*Aedes japonicus* Theobald，1901

［437］106.1.29　白雪伊蚊　*Aedes niveus* Eichwald，1837

［438］106.1.30　伪白纹伊蚊　*Aedes pseudalbopictus* Borel，1928

［439］106.1.37　东乡伊蚊　*Aedes togoi* Theobald，1907

［440］106.1.39　刺扰伊蚊　*Aedes vexans* Meigen，1830

［441］106.2.1　乌头按蚊　*Anopheles aconitus* Doenitz，1912

［442］106.2.2　艾氏按蚊　*Anopheles aitkenii* James，1903

［443］106.2.4　嗜人按蚊　*Anopheles anthropophagus* Xu et Feng，1975

［444］106.2.5　须喙按蚊　*Anopheles barbirostris* van der Wulp，1884

［445］106.2.10　溪流按蚊　*Anopheles fluviatilis* James，1902

［446］106.2.16　杰普尔按蚊日月潭亚种　*Anopheles jeyporiensis candidiensis* Koidzumi，1924

［447］106.2.19　朝鲜按蚊　*Anopheles koreicus* Yamada et Watanabe，1918

［448］106.2.20　贵阳按蚊　*Anopheles kweiyangensis* Yao et Wu，1944

［449］106.2.21　雷氏按蚊嗜人亚种　*Anopheles lesteri anthropophagus* Xu et Feng，1975

［450］106.2.24　多斑按蚊　*Anopheles maculatus* Theobald，1901

［451］106.2.26　微小按蚊　*Anopheles minimus* Theobald，1901

［452］106.2.32　中华按蚊　*Anopheles sinensis* Wiedemann，1828

［453］106.2.33　类中华按蚊　*Anopheles sineroides* Yamada，1924

［454］106.2.39　瓦容按蚊　*Anopheles varuna* Iyengar，1924

［455］106.2.40　八代按蚊　*Anopheles yatsushiroensis* Miyazaki，1951

［456］106.3.3　马来阿蚊　*Armigeres malayi* Theobald，1901

［457］106.3.4　骚扰阿蚊　*Armigeres subalbatus* Coquillett，1898

［497］110. 8. 7　家蝇　*Musca domestica* Linnaeus，1758

［498］110. 8. 8　黑边家蝇　*Musca hervei* Villeneuve，1922

［499］110. 8. 14　市家蝇　*Musca sorbens* Wiedemann，1830

［500］110. 8. 16　黄腹家蝇　*Musca ventrosa* Wiedemann，1830

［501］110. 9. 3　厩腐蝇　*Muscina stabulans* Fallen，1817

［502］110. 10. 2　斑遮黑蝇　*Ophyra chalcogaster* Wiedemann，1824

［503］110. 10. 3　银眉黑蝇　*Ophyra leucostoma* Wiedemann，1817

［504］110. 10. 4　暗黑黑蝇　*Ophyra nigra* Wiedemann，1830

［505］110. 10. 5　暗额黑蝇　*Ophyra obscurifrons* Sabrosky，1949

［506］110. 11. 2　紫翠蝇　*Orthellia chalybea* Wiedemann，1830

［507］110. 11. 4　印度翠蝇　*Orthellia indica* Robineau-Desvoidy，1830

［508］113. 4. 3　中华白蛉　*Phlebotomus chinensis* Newstead，1916

［509］113. 4. 5　江苏白蛉　*Phlebotomus kiangsuensis* Yao et Wu，1938

［510］113. 4. 8　蒙古白蛉　*Phlebotomus mongolensis* Sinton，1928

［511］113. 5. 1　安徽司蛉　*Sergentomyia anhuiensis* Ge et Leng，1990

［512］113. 5. 3　鲍氏司蛉　*Sergentomyia barraudi* Sinton，1929

［513］113. 5. 18　鳞喙司蛉　*Sergentomyia squamirostris* Newstead，1923

［514］114. 3. 1　赭尾别麻蝇（蛆）　*Boettcherisca peregrina* Robineau-Desvoidy，1830

［515］114. 5. 6　巨亚麻蝇　*Parasarcophaga gigas* Thomas，1949

［516］114. 5. 8　黄山亚麻蝇　*Parasarcophaga huangshanensis* Fan，1964

［517］114. 5. 11　巨耳亚麻蝇　*Parasarcophaga macroauriculata* Ho，1932

［518］114. 7. 1　白头麻蝇（蛆）　*Sarcophaga albiceps* Meigen，1826

［519］114. 7. 4　肥须麻蝇（蛆）　*Sarcophaga crassipalpis* Macquart，1839

［520］114. 7. 7　酱麻蝇（蛆）　*Sarcophaga misera* Walker，1849

［521］114. 7. 10　野麻蝇（蛆）　*Sarcophaga similis* Meade，1876

［522］115. 1. 9　三重真蚋　*Eusimulium mie* Ogata et Sasa，1954

［523］115. 3. 2　后宽蝇蚋　*Gomphostilbia metatarsale* Brunetti，1911

［524］115. 6. 6　粗毛蚋　*Simulium hirtipannus* Puri，1932

［525］115. 6. 16　崎岛蚋　*Simulium sakishimaense* Takaoka，1977

［526］116. 2. 1　刺血喙蝇　*Haematobosca sanguinolenta* Austen，1909

［527］116. 3. 1　东方角蝇　*Lyperosia exigua* Meijere，1903

［528］116. 4. 1　厩螫蝇　*Stomoxys calcitrans* Linnaeus，1758

［529］116. 4. 3　印度螫蝇　*Stomoxys indicus* Picard，1908

［530］117. 1. 1　双斑黄虻　*Atylotus bivittateinus* Takahasi，1962

［531］117. 1. 5　黄绿黄虻　*Atylotus horvathi* Szilady，1926

［532］117. 1. 7　骚扰黄虻　*Atylotus miser* Szilady，1915

［533］117. 2. 8　舟山斑虻　*Chrysops chusanensis* Ouchi，1939

［534］117. 2. 13　黄色斑虻　*Chrysops flavescens* Szilady，1922

［535］117. 2. 26　帕氏斑虻　*Chrysops potanini* Pleske，1910

[536] 117.2.31　中华斑虻　*Chrysops sinensis* Walker, 1856

[537] 117.2.39　范氏斑虻　*Chrysops vanderwulpi* Krober, 1929

[538] 117.5.3　触角麻虻　*Haematopota antennata* Shiraki, 1932

[539] 117.5.7　浙江麻虻　*Haematopota chekiangensis* Ouchi, 1940

[540] 117.5.8　中国麻虻　*Haematopota chinensis* Ouchi, 1940

[541] 117.5.13　台湾麻虻　*Haematopota formosana* Shiraki, 1918

[542] 117.5.16　括苍山麻虻　*Haematopota guacangshanensis* Xu, 1980

[543] 117.5.31　莫干山麻虻　*Haematopota mokanshanensis* Ouchi, 1940

[544] 117.5.45　中华麻虻　*Haematopota sinensis* Ricardo, 1911

[545] 117.6.82　上海瘤虻　*Hybomitra shanghaiensis* Ouchi, 1943

[546] 117.9.2　心瘤林虻　*Silvius cordicallus* Chen et Quo, 1949

[547] 117.10.1　短喙尖角虻　*Styonemyia bazini* Surcouf, 1922

[548] 117.11.2　土灰虻　*Tabanus amaenus* Walker, 1848

[549] 117.11.6　金条虻　*Tabanus aurotestaceus* Walker, 1854

[550] 117.11.11　缅甸虻　*Tabanus birmanicus* Bigot, 1892

[551] 117.11.22　灰胸虻　*Tabanus candidus* Ricardo, 1913

[552] 117.11.25　浙江虻　*Tabanus chekiangensis* Ouchi, 1943

[553] 117.11.26　中国虻　*Tabanus chinensis* Ouchi, 1943

[554] 117.11.30　舟山虻　*Tabanus chusanensis* Ouchi, 1943

[555] 117.11.33　朝鲜虻　*Tabanus coreanus* Shiraki, 1932

[556] 117.11.61　杭州虻　*Tabanus hongchowensis* Liu, 1962

[557] 117.11.78　江苏虻　*Tabanus kiangsuensis* Krober, 1933

[558] 117.11.81　广西虻　*Tabanus kwangsinensis* Wang et Liu, 1977

[559] 117.11.88　线带虻　*Tabanus lineataenia* Xu, 1979

[560] 117.11.94　中华虻　*Tabanus mandarinus* Schiner, 1868

[561] 117.11.97　晨螯虻　*Tabanus matutinimordicus* Xu, 1989

[562] 117.11.106　全黑虻　*Tabanus nigra* Liu et Wang, 1977

[563] 117.11.112　日本虻　*Tabanus nipponicus* Murdoch et Takahasi, 1969

[564] 117.11.150　六带虻　*Tabanus sexcinctus* Ricardo, 1911

[565] 117.11.151　山东虻　*Tabanus shantungensis* Ouchi, 1943

[566] 117.11.153　华广虻　*Tabanus signatipennis* Portsch, 1887

[567] 117.11.154　角斑虻　*Tabanus signifer* Walker, 1856

[568] 117.11.160　类柯虻　*Tabanus subcordiger* Liu, 1960

[569] 117.11.170　高砂虻　*Tabanus takasagoensis* Shiraki, 1918

[570] 117.11.172　天目虻　*Tabanus tianmuensis* Liu, 1962

[571] 117.11.177　亚布力虻　*Tabanus yablonicus* Takagi, 1941

[572] 117.11.178　姚氏虻　*Tabanus yao* Macquart, 1855

[573] 118.1.1　黑水鸡胸首羽虱　*Colpocephalum gallinulae* Uchida, 1926

[574] 118.2.1　鹅小耳体羽虱　*Menacanthus angeris* Yan et Liao, 1993

主要参考文献
Main References

[1] 阿布都许克尔江·萨塔尔, 陈亮, 杨帆, 等.乌鲁木齐市部分宠物犬犬新孢子虫病的流行病学调查 [J].新疆畜牧业, 2010 (11): 28-30.

[2] 安继尧.中国蚋科名录 (双翅目: 蚋科) [J].中国媒介生物学及控制杂志, 1996, 7 (6): 470-476.

[3] 安继尧, 郝宝善, 龙芝美, 等.粤桂琼蚋科昆虫的初步调查 [J].医学动物防制, 1996, 12 (3): 15-16.

[4] 白功懋, 刘兆铭, 陈敏生.吉林省鸟类光口科吸虫记述 [J].动物分类学报, 1980, 5 (3): 224-231.

[5] 白广星, 付少才, 王文启.中国实验小型猪寄生虫区系研究 [A].中国动物学会第三次学术讨论会论文摘要汇编 (下册) [C].中国动物学会, 1990: 401.

[6] 白启, 刘光远, 韩根凤, 等.甘肃张家川牛卵形巴贝斯虫的分离及补充传播试验 [J].中国兽医科技, 1994, 24 (9): 9-10.

[7] 白启, 刘光远, 韩根凤.在我国发现的一种牛的泰勒虫未定种 [J].中国兽医学报, 1995, 15 (1): 16-21.

[8] 白启, 刘光远, 殷宏, 等.牛中华泰勒虫 (*Theileria sinensis* sp. nov.) 新种 1.传统分类学研究 [J].畜牧兽医学报, 2002, 33 (1): 73-77.

[9] 白启, 刘光远, 张林, 等.牛血孢子虫单一种的分离技术及其保藏方法的研究: 卵形巴贝斯虫在我国的发现及分离 [J].中国兽医杂志, 1990, 16 (12): 2-4.

[10] 北京农业大学.家畜寄生虫学 [M].北京: 农业出版社, 1981.

[11] 毕殿谟, 陈寿昌, 权顺善, 等.汤旺河下游猫狗寄生虫的调查 [J].黑龙江畜牧兽医, 1990 (3): 33.

[12] 别格扎特汗, 陈亮, 闫双, 等.新疆博尔塔拉州温泉县部分流产奶牛新孢子虫病和布氏杆菌病血清学调查 [J].草食家畜, 2011 (3): 84-87.

[13] 蔡邦华.昆虫分类学 (下册) [M].北京: 科学出版社, 1983.

[14] 蔡光烈.牛新孢子虫病间接荧光抗体诊断方法的建立及流行病学调查 [D].延吉: 延边大学, 2006.

[15] 蔡光烈, 鲁承, 高春生, 等.吉林省牛新孢子虫病的流行病学调查 [J].延边大学农学学报, 2006, 28 (2): 110-114.

[16] 蔡锦顺, 鲁承, 王彦方, 等.牛新孢子虫病 PCR 检测方法的建立和应用 [J].中国预防兽医学报, 2007, 29 (4): 312-315.

［17］蔡葵蒸，李作民.无刺细颈线虫在国内的发现［J］.中国兽医寄生虫病，1993，1（3）：60－61.

［18］蔡茹.蚋科昆虫分类研究［D］.淮南：安徽理工大学，2005.

［19］蔡茹，安继尧，李朝品，等.山西省蚋属二新种（双翅目：蚋科）［J］.寄生虫与医学昆虫学报，2004，11（1）：31－35.

［20］蔡尚文，绕桂珍，陈自文，等.四种药物驱除山羊消化道寄生虫的对比试验［J］.中国兽医杂志，1986，12（5）：24－26.

［21］曾志明，阮正祥，杨阿莎，等.贵州省毕节地区畜禽寄生虫名录［J］.养殖与饲料，2008（2）：46－50.

［22］晁万鼎，马利青，李文昌，等.青海省格尔木市乳牛新孢子虫病的血清学调查［J］.中国兽医科技，2005，35（12）：1012－1014.

［23］陈聪明，孔小利.兔疥癣的防治［J］.山西畜牧兽医，2000（5）：14.

［24］陈德明.绵羊双芽焦虫病报告［J］.四川畜牧兽医，1982（1）：33－34.

［25］陈德明，甄康娜，曲珠，等.道孚县马胃蝇蛆调查［J］.四川畜牧兽医，1987（3）：19.

［26］陈德平，郑玉军.大水过后黄牛暴发肺丝虫病［J］.黑龙江畜牧兽医，1998（1）：40.

［27］陈汉彬，许荣满.贵州虻属五新种（双翅目：虻科）［J］.四川动物，1992，11（2）：7－12.

［28］陈汉中.小尾寒羊焦虫病的防治［J］.山西畜牧兽医，2001（5）：19.

［29］陈继寅.林虻属一新种记述（双翅目：虻科）［J］.动物分类学报，1982，7（2）：193－195.

［30］陈继寅.辽宁省虻属一新种记述（双翅目：虻科）［J］.动物分类学报，1984，9（4）：392－393.

［31］陈继寅.青海瘤虻属一新种（双翅目：虻科）［J］.动物分类学报，1985，10（2）：176－177.

［32］陈建熬，于厚国，黄国太，等.二九一农场牛丝状线虫调查报告［J］.黑龙江畜牧兽医，1995（12）：29.

［33］陈建熬，余丽芸，何传桂，等.黑龙江省完达山区虻科种类与分布的调查［J］.黑龙江畜牧兽医，1994（4）：17－18.

［34］陈克强，浦少明，黄建才.江苏吴江县家鸭寄生蠕虫的调查［J］.上海畜牧兽医通讯，1992（1）：18.

［35］陈寿昌，毕殿谟，权顺善，等.猫、狗肺吸虫病的调查［J］.黑龙江畜牧兽医，1990（4）：42－43.

［36］陈淑玉，林辉环，王浩，等.广东、海南两省畜禽寄生虫新种及国内、省内新记录［J］.广东农业科学，1992（1）：46－48.

［37］陈淑玉，林辉环，谢明权，等.广东省畜禽寄生虫名录［R］.广州：广东省畜牧局、华南农业大学、广东省农业科学院，1990.

［38］陈淑玉，汪溥钦.禽类寄生虫学［M］.广州：广东科技出版社，1994.

752

［39］陈天铎.实用兽医昆虫学［M］.北京：中国农业出版社，1996.

［40］陈心陶.中国动物图谱［M］.北京：科学出版社，1963.

［41］陈心陶.中国动物志·扁形动物门·吸虫纲·复殖目（一）［M］.北京：科学出版社，1985.

［42］陈永毅.自贡地区畜禽寄生虫名录［J］.西南民族学院学报（畜牧兽医版），1986（2）：29－37.

［43］陈裕祥.西藏部分县家畜家禽寄生虫名录［J］.西藏畜牧兽医，1990（4）：34－58.

［44］陈裕群，达瓦扎巴，刘建枝，等.西藏林周县畜禽寄生虫调查报告综述［J］.西藏畜牧兽医，1988（3）：31－49.

［45］陈兆国.上海地区动物隐孢子虫病分子流行病学调查及微小隐孢子虫 miRNA 的初步鉴定［D］.北京：中国农业科学院，2011.

［46］陈智义，杨志卿.一起罕见的鸡绦虫病例［J］.山西畜牧兽医，2001（1）：22.

［47］成源达，叶立云.湖南省脊椎动物寄生虫名录［J］.湖南畜牧兽医，2000（1）：29－31.

［48］成源达，叶立云.湖南省脊椎动物寄生虫名录［J］.湖南畜牧兽医，2000（2）：31－32.

［49］成源达，叶立云.湖南省脊椎动物寄生虫名录［J］.湖南畜牧兽医，2000（3）：31－32.

［50］成源达，叶立云.湖南省脊椎动物寄生虫名录［J］.湖南畜牧兽医，2000（4）：27－28.

［51］成源达，叶立云.湖南省脊椎动物寄生虫名录［J］.湖南畜牧兽医，2000（5）：25－27.

［52］成源达，叶立云.湖南省脊椎动物寄生虫名录［J］.湖南畜牧兽医，2000（6）：30－31.

［53］程家林，李国清，岳彩铃，等.鸭粪中环孢子虫 18S rDNA 部分基因和 ITS-1 基因的克隆与分析［J］.动物医学进展，2010，31（4）：6－10.

［54］崔平，方素芳，顾小龙，等.河北省部分地区兔球虫种类及感染率调查［J］.西北农业学报，2010，19（7）：21－24.

［55］崔平，顾小龙，郭兵，等.张家口部分兔场球虫感染情况调查及形态学观察［J］.湖北农业科学，2010，49（8）：1923－1925.

［56］大庆市鸡寄生蠕虫区系调查协作组.大庆市鸡寄生蠕虫区系调查［J］.黑龙江畜牧兽医，1990（7）：34－36.

［57］代卓建，杨明富，蒋学良，等.我国环肠科吸虫的一新记录：鼻居噬眼吸虫［J］.四川动物，1987，6（3）：22－23.

［58］邓国藩.中国经济昆虫志（第十五册，蜱螨目：蜱科）［M］.北京：科学出版社.1978.

［59］邓国藩，姜在阶.中国经济昆虫志（第三十九册，硬蜱科）［M］.北京：科学出版社，1991.

[60] 邓宇和，王建泽.成都市家兔球虫种类的调查 [J].四川动物，1984（2）：28-31.

[61] 丁德，贾立军，田万年，等.吉林株犬新孢子虫的分离与鉴定 [J].中国兽医学报，2009，29（4）：423-425.

[62] 丁德，于龙政，贾立军，等.吉林省部分地区黄牛新孢子虫病的流行病学调查 [J].畜牧与兽医，2006，38（11）：34-36.

[63] 丁嘉烽，徐春兰，秦鸽鸽，等.无环栓尾线虫（*Passalurus nonannulatus* Skinker，1931）在我国的首次发现（小尾目：尖尾科）[J].甘肃农业大学学报，2013，48（4）：28-30.

[64] 董和平.犬肠道寄生虫流行病学调查及隐孢子虫分子种系发育关系研究 [D].郑州：河南农业大学，2008.

[65] 董和平，张龙现，宁长申，等.郑州地区犬隐孢子虫病流行病学调查及动物感染试验 [J].中国兽医科学，2007，37（10）：854-858.

[66] 董和平，张龙现，宁长申，等.郑州市犬球虫病流行病学调查及药物治疗试验 [J].畜牧与兽医，2007，39（6）：42-44.

[67] 杜玉磐，钱德兴，毛银选，等.贵州省畜禽寄生虫区系调查：耕牛寄生虫区系调查 [J].中国兽医科技，1995，25（5）：12-17.

[68] 杜玉磐，钱德兴，毛银选，等.贵州省猪寄生虫区系调查 [J].中国兽医科技，1995，25（6）：13-14.

[69] 杜玉磐，钱德兴，毛银选，等.贵州省畜禽寄生虫区系调查 Ⅷ.贵州省鹅寄生虫区系调查 [J].中国兽医寄生虫病，1995，3（1）：34-35.

[70] 杜玉磐，钱德兴，毛银选，等.贵州省畜禽寄生虫区系调查 Ⅱ.贵州省山羊寄生虫区系调查 [J].中国兽医寄生虫病，1995，3（2）：53-58.

[71] 杜玉磐，钱德兴，毛银选，等.贵州省畜禽寄生虫区系调查 Ⅵ.贵州省鸡寄生虫区系调查 [J].中国兽医寄生虫病，1995，3（2）：59-62.

[72] 杜云良，米同国，刘书转.鸡住白细胞原虫病及其防制 [J].中国家禽，2001，23（1）：43-44.

[73] 范树奇，孙明芳.在我国首次发现线形中殖孔绦虫感染一例 [J].中国寄生虫学与寄生虫病杂志，1988，6（4）：310.

[74] 范泽明，丁连勇，罗永智.贵州省册亨县畜禽寄生虫区系调查 [J].中国兽医寄生虫病，1996，4（3）：36-42.

[75] 冯伟.河北省承德市畜禽寄生虫名录 [J].中国兽医寄生虫病，1999，7（1）：39-41.

[76] 冯新华，丁兆勋.新疆哺乳类及水禽体内的几种棘头虫 [J].新疆医学院学报，1987，10（1）：17-22.

[77] 冯运灵，马英，白学礼.纤恙螨属一新种（蜱螨亚纲，恙螨科）[J].动物分类学报，2008，33（4）：753-755.

[78] 符敖齐，吴启发.扬州市郊家鸭球虫种类的调查 [J].中国家禽，1989（1）：32-35.

[79] 付玉梅，张华贵，黄德.昭觉县家畜寄生虫区系调查及防治［J］.中国兽医寄生虫病，1998，6（3）：21-23.

[80] 甘肃省畜牧厅.甘肃畜禽疫病志［R］.兰州：甘肃省畜牧厅，1990：808-872.

[81] 甘永祥，王淑如，洪延范，等.河南省畜禽寄生虫名录［J］.河南畜牧兽医，1984（增刊）：20-61.

[82] 高继武.宾县马梨形虫病的调查［J］.黑龙江畜牧兽医，1981（6）：5-7.

[83] 高曼.关中地区牛球虫种类和安氏隐孢子虫基因分型研究［D］.杨陵：西北农林科技大学，2012.

[84] 高文斌，吴远祥，李国茹，等.四川北川县发现一严重感染内脏利什曼病的病犬［J］.四川动物，1996，15（4）：174.

[85] 葛平，沙衣拉，哈布肯，等.天山马歇尔线虫新种［J］.新疆农业科学，1983（3）：45-46.

[86] 关雁，田庆云.日本血蜱季节消长初步研究［J］.医学动物防制，1990，6（2）：35-37.

[87] 官国均，蒋学良.四川家鸭的寄生虫调查［J］.四川畜牧兽医，1988（2）：23-24.

[88] 广东省畜牧局.广东省畜禽疫病［M］.广州：广东科技出版社，1995，231-313.

[89] 郭庆勇，唐志玲，陈亮，等.奶牛流产病因探究及新孢子虫病 PCR 检测方法的建立［J］.新疆农业科学，2010，47（11）：2324-2328.

[90] 郭媛华.呼市地区鸡球虫种类的研究［J］.内蒙古兽医，1983（2）：18-21.

[91] 哈希巴特，刘进，陈亮，等.巴州部分山区牦牛新孢子虫病的 rELISA 检测［J］.新疆畜牧业，2010（12）：27-29.

[92] 郝怡.畜禽寄生虫病的防治［J］.山西农业科学，1980（5）：19-20.

[93] 何静.甘肃虻科（双翅目）研究［D］.兰州：甘肃农业大学，2008.

[94] 何绍江，李翠蓉，石涛，等.建昌鸭寄生虫调查及防治研究［J］.四川畜牧兽医，1989（4）：19-21.

[95] 何绍江，罗锦定，石涛，等.中国四川凉山州山羊寄生虫调查及防治研究［J］.四川畜牧兽医，1995（2）：36-39.

[96] 何绍江，西河，蒋进明，等.四川凉山州羊寄生虫调查［J］.四川畜牧兽医，1989（3）：23-24.

[97] 何晓杰，苏娃，王振宝，等.新疆伊犁部分地区奶牛新孢子虫病血清学调查［J］.中国动物检疫，2010，27（11）：44-46.

[98] 何志仁，张文学.犬肾膨结线虫病 9 例报告［J］.黑龙江畜牧兽医，1988（8）：25.

[99] 黑龙江省畜禽寄生虫区系调查协作组.黑龙江省畜禽寄生虫区系调查报告［J］.黑龙江畜牧兽医，1983（2）：1-27.

[100] 呼盟畜牧兽医研究所.呼盟家畜寄生虫名录［J］.呼盟畜牧兽医科技资料，1977（1）：4-5.

［101］胡建德.前睾属一新种（少棘吻目：少棘吻科）［J］.畜牧兽医学报，1990，21（1）：65－66.

［102］胡建德，侯光.双扩多形棘头虫在我国的发现［J］.畜牧兽医学报，1987，18（4）：279－280.

［103］胡俊杰，孟余，陈新文，等.人肉孢子虫病的研究进展［J］.中国寄生虫学与寄生虫病杂志，2010，28（6）：460－465.

［104］胡霖.四川省部分地区犬贾第虫和隐孢子虫分子遗传特征及其种系发育研究［D］.雅安：四川农业大学，2011.

［105］黄兵.我国鸡球虫名录［J］.上海畜牧兽医通讯，1990（6）：22.

［106］黄兵.我国家兔球虫名录［J］.上海畜牧兽医通讯，1992（1）：14.

［107］黄兵.中国牛球虫种类、分布及其危害［J］.上海畜牧兽医通讯，1992（1）：16－17.

［108］黄兵，董辉，沈杰，等.中国家畜家禽球虫种类概述［J］.中国预防兽医学报，2004，26（4）：313－316.

［109］黄兵，沈杰，赵其平，等.中国鸡球虫种类与地理分布［J］.上海师范大学学报（自然科学版），2001（增刊）：1－6.

［110］黄德生.云南部分地区家畜梨形虫病初步调查［J］.云南畜牧兽医，1997（1）：8－9.

［111］黄德生.云南省牛寄生虫与寄生虫病的防治［J］.云南畜牧兽医，1999（2）：10－14.

［112］黄德生.云南省牛羊同盘类（*Paramphistomata*）吸虫的研究Ⅰ：腹袋科吸虫及一新种［J］.云南农业科技，1979（3）：43－50.

［113］黄德生，解天珍.奥斯特属 *Ostertagia* 线虫一新种［J］.云南畜牧兽医，1989（2）：44.

［114］黄德生，解天珍.莫尼茨属 *Moniezia* 绦虫一新种［J］.云南畜牧兽医，1993（4）：44.

［115］黄德生，解天珍.云南山、绵羊体内寄生蠕虫调查［J］.云南畜牧兽医，1994（2）：11－14.

［116］黄德生，解天珍，郭正，等.云南省中越边境地区人兽共染寄生虫种类初探［J］.中国兽医寄生虫病，1994，2（2）：55－58.

［117］黄德生，解天珍，李松柏，等.同盘科吸虫一新属及一新种［J］.动物学研究，1988，9（增刊）：61－66.

［118］黄德生，解天珍，李松柏，等.云南省猪体内寄生蠕虫区系调查［J］.中国兽医科技，1988（8）：22－25.

［119］黄德生，解天珍，李松柏，等.云南省家禽寄生蠕虫区系调查［J］.中国兽医科技，1990（7）：11－15.

［120］黄德生，李绍珠.云南省家禽寄生虫名录（一）［J］.云南畜牧兽医，2001（1）：11－13.

［121］黄德生，李绍珠.云南省家禽寄生虫名录（二）［J］.云南畜牧兽医，2001

（3）：23 – 26.

［122］黄德生，李绍珠.云南省家禽寄生虫名录（三）［J］.云南畜牧兽医，2001（4）：13 – 14.

［123］黄德生，李绍珠.云南省家禽寄生虫名录（四）［J］.云南畜牧兽医，2002（2）：14 – 19.

［124］黄德生，李绍珠.云南省家禽寄生虫名录（五）［J］.云南畜牧兽医，2003（1）：9 – 13.

［125］黄德生，李松柏，解天珍，等.云南省家畜家禽寄生蠕虫区系调查［R］.昆明：云南省兽医防疫总站、云南省畜牧兽医研究所，1988.

［126］黄克俊.山西省蜱类初步调查［J］.山西医学院学报，1960（2）：53 – 58.

［127］黄伦堂，赖从龙.雅安市发现巴氏背孔吸虫［J］.动物学杂志，1989，24（5）：5 – 6.

［128］黄若洋，张春林，陈汉彬.吉林省蚋类（双翅目：蚋科）补点调查［J］.贵阳医学院学报，2008，33（6）：628 – 631.

［129］黄守云，马军武.四川白玉和九龙地区牛皮蝇的调查［J］.中国兽医科技，1985（8）：19 – 20.

［130］黄炎，刘振华，沈永林，等.江苏省水牛肉孢子虫感染情况的调查［J］.畜牧与兽医，1991，23（1）：22 – 23.

［131］惠禹，王国长.甘肃省张家川县黄牛寄生虫调查［J］.中国兽医寄生虫病，1997，5（4）：29 – 30转60.

［132］吉林兽医研究所.吉林省畜禽寄生虫名录［R］.长春：吉林兽医研究所，1991.

［133］加娜尔·阿布扎里汗，杨帆，巴音查汗.北疆部分地区流产奶牛新孢子虫病ELISA调查［J］.草食家畜，2010（1）：16 – 18.

［134］江苏省畜禽疫病杂志编辑委员会，江苏省畜禽疫病杂志.江苏省家畜寄生虫病科技资料汇编［G］.南京：江苏省农林畜牧局，1990.

［135］江苏省家畜寄生虫病研究会.江苏省家畜寄生虫病科技资料汇编［M］.南通：江苏省农林畜牧局，1983.

［136］江苏省家畜寄生虫病研究会.江苏省家畜寄生虫病科技资料汇编［M］.常州：江苏省农林畜牧局，1987.

［137］姜开家，刘英超.黑龙江省家畜寄生虫调查简报［J］.黑龙江畜牧兽医，1981（2）：1 – 4.

［138］姜鑫，范学伟.牡丹江地区鸡球虫病流行病学调查［J］.养殖与饲料，2012（5）：47 – 49.

［139］姜永庄，贺业忠，张春玲，等.尚志市犬寄生蠕虫区系调查［J］.黑龙江畜牧兽医，1998（6）：37 – 38.

［140］蒋金书.几种分咽线虫（*Disptarynx*）的独立性问题的讨论［J］.北京农业大学学报，1980（2）：71 – 75.

［141］蒋金书.动物原虫病学［M］.北京：中国农业大学出版社，2000.

［142］蒋金书，李朝君.北京地区家猪和野猪球虫种类的初步调查［J］.中国兽医杂

志，1986，12（9）：8 - 11.

［143］蒋金书，刘钟灵，陆信武，等译.球虫生物学［M］.南宁：广西科学技术出版社，1990.

［144］蒋金书，汪明，蔡尚文，等.灵特（Rintal）对鸡消化道线虫的驱虫效果［J］.中国兽医杂志，1990，16（11）：29.

［145］蒋锡仕，黄孝玢.牦牛寄生虫病［M］.成都：成都科技大学出版社，1996.

［146］蒋锡仕，刘文富，赵崇珍，等.库蠓危害商品猪的调查研究［J］.西南民族学院学报（畜牧兽医版），131987（4）：51 - 53.

［147］蒋锡仕，朱辉清.绵羊和山羊球虫的调查研究［J］.西南民族学院学报（畜牧兽医版），1987，13（3）：38 - 43.

［148］蒋锡仕，朱辉清.川西北草地牦牛隐孢子虫的调查研究［J］.西南民族学院学报（畜牧兽医版），1989，15（3）：18 - 20 转29.

［149］蒋学良.四川牦牛寄生虫的调查研究［J］.中国牦牛，1987（2）：30 - 38.

［150］蒋学良.四川省黄牛寄生虫调查研究［J］.四川畜牧兽医，1987（2）：16 - 18.

［151］蒋学良，代卓建.四川省猪寄生虫调查报告［J］.四川畜牧兽医，1987（4）：22 - 24.

［152］蒋学良，代卓建.四川省部分县市狗的寄生虫调查［J］.四川动物，1988，7（2）：9.

［153］蒋学良，官国钧，颜洁邦.在四川山羊体内发现球点状斯泰尔斯绦虫［J］.中国兽医科技，1986（1）：63 - 64.

［154］蒋学良，官国钧，颜洁邦，等.四川毛圆科线虫三新种记述［J］.畜牧兽医学报，1988，19（1）：57 - 62.

［155］解天珍，黄德生，李松柏，等.辛格属（Ssinghfilaria）线虫一新种记述［J］.中国兽医科技，1993，23（4）：47.

［156］金大雄.我国吸虱研究 I.血虱科（Haematopinidae）和颚虱科（Linognathidae）［J］.畜牧兽医学报，1980，11（1）：27 - 32.

［157］金大雄，张剑英.鳖的后睾科吸虫（Trematoda：Opisthorchiidae）两新种［J］.华南师院学报（自然科学版），1980（2）：72 - 75.

［158］金兰梅，伍清林，马高民，等.江苏部分地区奶牛球虫病流行情况调查［J］.家畜生态学报，2010，31（3）：69 - 75.

［159］金玉亮，马秉礼，孙光，等.哈尔滨地区鸡艾美尔球虫种类调查［J］.中国兽医科技，1998，28（7）：43.

［160］金玉亮，于秀菊，刘凤兰，等.绵羊胰阔盘吸虫病的调查与防治［J］.黑龙江畜牧兽医，1992（8）：31.

［161］句长瑞，程兴文，刘凤鸣.牛邱氏艾美耳球虫病的诊疗报告［J］.黑龙江畜牧兽医，1988（11）：25 - 26.

［162］康成贵.黑龙江省蜱类的调查［A］.黑龙江省昆虫学会论文集［C］.黑龙江省昆虫学会，1980：106 - 110.

［163］柯小麟，梁炽.微茎科一新种：旋圈圆盘吸虫及另两种微茎类吸虫的中间宿主

758

的补充报告 ［J］.动物分类学报，1983，8（4）：345 – 349.

［164］孔繁瑶.家畜寄生虫学 ［M］.北京：中国农业大学出版社，1997.

［165］孔繁瑶，杨年合.寄生于北京地区的驴的圆形线虫报告 II：包括一新种的叙述 ［J］.动物学报，1963，15（1）：61 – 67.

［166］孔繁瑶，杨年合.寄生于中国马属动物的圆形线虫包括一新变种叙述 ［J］.畜牧兽医学报，1963，6（1）：75 – 88.

［167］孔繁瑶，杨年合.寄生于中国马属动物的圆形线虫（续）［J］.畜牧兽医学报，1964，7（1）：33 – 42.

［168］孔繁瑶，杨年合.寄生于北京地区的驴圆形线虫报告 III：一新种的叙述 ［J］.动物学报，1964，16（3）：393 – 397.

［169］赖从龙，沙国润，张同富，等.东北兔莩线虫在四川的发现 ［J］.兽医科技杂志，1982（4）：28 – 31.

［170］赖从龙，沙国润，张同富，等.寄生猪胃内的都氏颚口线虫 ［J］.动物学杂志，1983（3）：37 – 39.

［171］赖从龙，沙国润，张同富，等.下弯属一新种：中华下弯吸虫 ［J］.畜牧兽医学报，1984，15（2）：121 – 124.

［172］兰思学.江达县清泥洞区牛羊寄生虫调查报告 ［J］.西藏畜牧兽医，1984（1）：73 – 76.

［173］兰思学.西藏昌都地区畜（禽）寄生虫名录 ［J］.西藏畜牧兽医，1992（3）：56 – 65.

［174］雷心田，杨昌文，尹治成，等.四川省蚊虫相调查 ［J］.四川动物，1982（3）：15 – 20.

［175］冷延家，张玲敏.中国西南高山地区的四川白蛉 ［J］.四川动物，1994，13（1）：9 – 13.

［176］黎学铭，杨益超，蓝春庚，等.广西发现扇棘单睾吸虫 ［J］.中国寄生虫学与寄生虫病杂志，2004，22（1）：61.

［177］李安兴，聂奎，张义琅，等.四川麻鸭球虫种类的初步调查 ［J］.四川畜牧兽医学院学报，1993（1 – 2）：7 – 11.

［178］李宝生.石屏县家畜人兽共患寄生虫调查 ［J］.云南畜牧兽医，1994（4）：14.

［179］李宝生，胡志强.石屏县鸡鸭寄生蠕虫调查 ［J］.云南畜牧兽医，1996（1）：19.

［180］李必富，徐崇荣，王茜飞，等.成都地区观赏犬寄生虫调查 ［J］.四川畜牧兽医，1997（1）：21 – 22.

［181］李长山.用1%敌百虫液注入法治疗马浑睛虫病 ［J］.黑龙江畜牧兽医，1989（7）：37 – 38.

［182］李朝品.医学节肢动物学 ［M］.北京：人民卫生出版社，2009：351 – 359；450 – 451；517 – 546；580 – 596；617 – 626；646 – 654；907 – 919；1060 – 1066.

［183］李德昌，胡力生.家畜寄生虫病学 ［M］.长春：中国人民解放军兽医大学，1985.

［184］李富育，赵家伟.通江县水牛寄生虫的调查 ［J］.四川畜牧兽医，1989（4）：

21 - 23.

［185］李国清，兰剑飞，韩桂祥，等.广州地区山羊寄生虫病的调查与防治试验［J］.广东畜牧兽医科技，1999，24（2）：29 - 32.

［186］李国清，林辉环，翁亚彪，等.广东、山东和福建三省鸡卡氏住白细胞虫病流行病学调查［J］.中国兽医科技，1998，28（8）：17 - 19.

［187］李国清，林辉环，樊志红，等.广州地区兔球虫种类的初步调查［J］.中国养兔杂志，1998（3）：19 - 21.

［188］李建群.河南省羊寄生虫感染情况调查及隐孢子虫分离株 PCR-RFLP 鉴定［D］.郑州：河南农业大学，2009.

［189］李建涛，关亚农.鸡白冠病的调查研究初报：鸡附红细胞体病［J］.内蒙古兽医，1988（2）：5 - 8.

［190］李明忠.成都牛的球虫病［J］.畜牧与兽医，1955（5）：203.

［191］李明忠.四川鸟蛇线虫（新种）形态学补充和修订［J］.中国兽医杂志，1983（6）：2 - 5.

［192］李明忠，程泽江，苟晓群.首次报告我国农村小鸡感染鸟蛇线虫（鸭丝虫）病简报［J］.四川农业大学学报，1988（3）：228.

［193］李明忠，李明伟，程泽江.四川鸟蛇线虫生活史和形态学研究［J］.四川农业大学学报，1988，6（3）：181 - 188.

［194］李明忠，张同富，杨明琅，等.裂头蚴在鸭体内发现［J］.中国兽医科技，1986（6）：61.

［195］李沐森，额敦塔娜.吉林市区宠物犬螨虫病感染情况调查与防治［J］.黑龙江畜牧兽医，2012（2）：89 - 90.

［196］李培英，陆凤琳，李槿年，等.安徽省黄牛隐孢子虫病流行病学调查［J］.畜牧与兽医，2003，35（3）：13 - 15.

［197］李培英，王菊花，周玉珍，等.合肥地区山羊球虫种类及感染情况调查［J］.畜牧与兽医，2006，38（12）：20 - 23.

［198］李培英，徐良玉，王猛.安徽淮北地区黄牛球虫种类及感染率调查［J］.中国兽医寄生虫病，1999，7（1）：32 - 35.

［199］李琼璋.背孔属一新种及两种国内新纪录［J］.畜牧兽医学报，1992，23（3）：262 - 266.

［200］李琼璋.莲花白鹅和家鸭体内吸虫类的研究：包括背孔科一新种和两个国内新发现种的叙述［J］.畜牧兽医学报，1988，19（2）：138 - 145.

［201］李淑声，刘延海，张德仁，等.萝北县家鸭寄生蠕虫区系调查［J］.黑龙江畜牧兽医，1996（3）：29.

［202］李淑声，王裕卿，徐守魁，等.抚远县犬寄生蠕虫区系调查报告［J］.黑龙江畜牧兽医，1996（4）：34 - 35.

［203］李淑声，王裕卿，徐守魁，等.同江市猫寄生蠕虫区系调查［J］.黑龙江畜牧兽医，1996（7）：43 - 44.

［204］李淑声，徐守魁，王裕卿，等.同江市犬寄生蠕虫的区系调查报告［J］.黑龙

江畜牧兽医，1996（2）：36.

［205］李淑声，张德仁，刘延海，等.萝北县鸡寄生蠕虫区系调查报告［J］.黑龙江畜牧兽医，1996（3）：14.

［206］李铁生.中国经济昆虫杂志（第十三册，双翅目·蠓科）［M］.北京：科学出版社，1978.

［207］李铁生.中国经济昆虫杂志（第三十三册，双翅目·蠓科二）［M］.北京：科学出版社，1988.

［208］李学文，李秀群.双冠属线虫一新种（圆形目：盅口科）［J］.动物分类学报，1993，18（1）：10－13.

［209］李杨，朱建国，潘维高，等.金湖县生猪暴发伊氏锥虫病的诊治报告［J］.畜牧与兽医，1990，22（6）：257.

［210］李晔，陶建平.江苏部分地区鹅球虫种类调查［J］.中国兽医寄生虫病，2008，16（3）：30－35.

［211］李永东，童泽恩，梁国才，等.讷河县首次发现鹅矛形剑状带绦虫病及鸭的小膜壳绦虫病［J］.黑龙江畜牧兽医，1986（8）：28－29.

［212］李友松，程由注.中国若干并殖吸虫虫种独立性的辨异［J］.武夷科学，1992，9：269－275.

［213］李志华，朱彦鹏，田广孚，等.我国南方几个大城市家禽寄生线虫和吸虫的区系调查［A］.全国家畜寄生虫病科研工作第二次会议论文摘要集［C］.1980：42－43.

［214］梁俊文，黄克和.南京地区犊牛隐孢子虫感染情况调查［J］.中国兽医科技，2000，30（12）：17－18.

［215］廖丽芳，许康德，候丽萍，等.广西牛球虫种类及流行病学调查［J］.中国兽医科技，1986（5）：19－22.

［216］廖圣法，陆凤琳，李培英.中国戴维属绦虫一新纪录［J］.动物分类学报，1991，16（4）：390.

［217］林辉环，王浩，陈玉淑.广东家禽前殖属吸虫调查及一新种述描［J］.华南农业大学学报，1988，9（4）：9－13.

［218］林洁，周荣琼，谭燕财，等.渝西地区奶牛隐孢子虫的分离和基因型鉴定［J］.畜牧兽医学报，2013，44（3）：495－500.

［219］林金祥，陈宝建，朱凯，等.钩棘单睾吸虫形态学观察［J］.中国寄生虫学与寄生虫病杂志，2003，21（6）：361－362.

［220］林昆华，熊大仕.北京地区鸡球虫种类的初步调查［J］.北京农业大学学报，1981（1）：1－11.

［221］林昆华，张伟薇，汪明.鸡细背孔吸虫病的诊疗报告［J］.当代畜牧，1988（4）：38－39.

［222］林琳，江斌，吴胜会，等.杯叶吸虫属一新种：盲肠杯叶吸虫（*Cyathocotyle caecumalis* sp. nov）研究初报［J］.福建农业学报，2011，26（2）：184－188.

［223］林明亮，姜淑珍，胡天阳，等.绥芬河流域狗和猫寄生蠕虫区系调查［J］.黑龙江畜牧兽医，1995（9）：40－42.

[224] 林青，张继亮，于三科.陕西省畜禽寄生蜘蛛昆虫名录［J］.动物医学进展，2002，23（4）：107－110.

[225] 林青，张继亮，张越男.陕西省畜禽寄生原虫名录［J］.畜牧兽医杂志，2002，21（3）：28－29.

[226] 林锐，李金虎，高俊峰，等.黑龙江省部分地区绵羊与山羊球虫种类调查与形态描述［J］.养殖技术顾问，2010（5）：209－210.

[227] 林秀敏，陈清泉.福建省家鸭光口科吸虫及其病害［J］.厦门大学学报（自然科学版），1988，27（3）：338－343.

[228] 林宇光，蒋学良，关家震，等.四川阿坝藏族自治州牧场裸头科绦虫及其自然传播媒介地螨的调查研究［J］.动物学报，1983，29（4）：323－332.

[229] 凌成渭，万鹏登.四川地区马骡弓形体抗体调查报告［J］.兽医科技杂志，1984（4）：32－34.

[230] 刘道远，张子琨，张路渝.棘头虫多形属一新种：重庆多形棘头虫［J］.四川动物，1987，9（1）：6－7.

[231] 刘凤鸣.宁安县马驽巴贝斯虫病流行病学调查及防治［J］.黑龙江畜牧兽医，1990（10）：25－26.

[232] 刘富余.羊脑脊髓丝虫病诊疗报告［J］.黑龙江畜牧兽医，1990（2）：22－23.

[233] 刘桂云，王世敏，杨威威.盲肠肝炎的诊断及防治［A］.中国禽病研究会第三次代表大会暨第五次学术讨论会论文摘要集［C］.中国禽病研究会，1990：192.

[234] 刘国平，郝宝善，虞以新.中国库蠓属的区系分布［J］.中国媒介生物学及控制杂志，2002，13（3）：196－199.

[235] 刘国平，全理华，徐政府，等.我国东北边境地区虻类调查［J］.中国媒介生物学及控制杂志，1998，9（6）：444－446.

[236] 刘国平，任清明，贺顺喜，等.我国东北三省蜱类的分布及医学重要性［J］.中华卫生杀虫药械，2008，14（1）：39－42.

[237] 刘纪伯，罗兴仁，顾国庆，等.并殖吸虫：新种歧囊并殖吸虫（*Paragonimus divergens* sp. nov.）的初步报告［J］.医学研究通讯，1980（2）：19－22.

[238] 刘家彦，顾贵波.辽宁省动物寄生虫名录［J］.中国兽医寄生虫病，1998，6（2）：55－63.

[239] 刘金华，严格，刘国平.海南岛的蠓类［M］.北京：军事医学科学出版社，1996.

[240] 刘林阁，赵兴存，肖梅春，等.黑龙江流域黄牛寄生虫区系调查［J］.黑龙江畜牧兽医，1993（8）：29.

[241] 刘明远，宋铭忻，杨瑞馥，等.用随意扩增的 DNA 多态性鉴定中国分离的部分旋毛虫虫株［J］.中国兽医科技，1997，27（2）：18－20.

[242] 刘世茂.四川省畜禽食毛目（Mallophaga）虱类的分类研究［J］.四川畜牧兽医，1985（2），7－10.

[243] 刘世修，陈兴汉.羚牛奥斯特属线虫一新种（圆形目：毛圆科）［J］.动物分类学报，1988，13（3）：226－228.

［244］刘树华，鹿松年，贾玉林，等.佳木斯市首次发现猪棘球蚴病［A］.黑龙江省动物学会寄生虫学术交流会论文集［C］.黑龙江省动物学会，1998：14－45.

［245］刘顺明.建昌鸭的寄生虫调查［J］.中国家禽，1987（3）：29－30.

［246］刘思勇，赵俊龙.巴贝斯虫病［M］.武汉：湖北人民出版社，2001：73－75.

［247］刘维德.华南虻科三新种（双翅目：虻科）［J］.昆虫学报，1981，24（2）：216－218.

［248］刘维德，王天齐.中国虻属种类检索表（双翅目：虻科）［J］.四川动物，1993，12（1）：20－34.

［249］刘小兰，张军，张玲，等.新疆地区牛新孢子虫病血清抗体检测及结果分析［J］.中国动物检疫，2011，28（9）：47－49.

［250］刘亦仁，杨振琼，王莉莉.湖北地区已知虻类及区系分析［J］.寄生虫与医学昆虫学报，2003，10（1）：48－51.

［251］刘玉清，满守义，吕淑荣.猪寄生虫病的调查与防治［J］.黑龙江畜牧兽医，1998（3）：44－45.

［252］刘增加，王建国，许荣满.我国瘤虻属一新种记述（双翅目：虻科）［J］.昆虫分类学报，1990，7（1）：57－59.

［253］刘增加.甘肃虫媒病与媒介昆虫名录集［M］.兰州：兰州军区后勤部军事医学研究所，1986.

［254］刘增加.甘肃瘤虻属种类分布与分类研究（双翅目：虻科）［J］.中国媒介生物学及控制杂志，1999，10（6）：434－438.

［255］刘忠，李可风，陈敏生.马蹄属一新种及其囊蚴在体外的培养（吸虫纲：微茎科）［J］.动物分类学报，1988，13（4）：317－323.

［256］刘钟美，马丽华，曾宪光，等.湖北省家畜家禽寄生虫名录［J］.华中农学院学报，1982（增刊3）：1－27.

［257］刘子权，陈西宁，陆继山，等.我区几种家禽吸虫的描述［J］.广西农业科学，1983（4）：40－42.

［258］柳春华，杨毅昌，于亚强，等.大庆地区发生奶牛贝诺孢子虫病的报告［J］.黑龙江畜牧兽医，1992（1）：30－33.

［259］柳支英，陆宝麟.医学昆虫学［M］.北京：科学出版社，1990.

［260］卢庆斌.河南省部分地区牛隐孢子虫流行病学调查及牛源隐孢子虫分子种系发育关系研究［D］.郑州：河南农业大学，2008.

［261］鲁承，蔡锦顺，王利国，等.牛新孢子虫病间接荧光抗体诊断方法的建立及流行病学调查［J］.黑龙江畜牧兽医，2007（2）：76－77.

［262］鲁西科，边扎，小达瓦.西藏亚东县羊寄生虫区系调查［J］.畜牧兽医杂志，1991（2）：20－23.

［263］陆宝麟.中国重要医学动物鉴定手册［M］.北京：人民卫生出版社，1982.

［264］陆凤琳，李培英，廖圣法，等.安徽省家鸡寄生螨虫两新种［J］.安徽农学院学报，1989（3）：165－168.

［265］马斌，李长锁.合江地区萝北、同江两县蚊种区系分布调查［A］.黑龙江省昆

虫学会论文集［C］.黑龙江省昆虫学会，1980：119－120.

［266］马俊华，钮荣祥.大理市家兔肠道球虫感染调查［J］.云南畜牧兽医，1996（2）：8.

［267］马利青.柴达木地区黄牛新孢子虫病的 ELISA 检测［J］.畜牧与兽医，2006，38（4）：46－47.

［268］马利青.小尾寒羊犬新孢子虫病血清学诊断［J］.青海畜牧兽医杂志，2006，36（1）：14－15.

［269］马利青，沈艳丽.青海牦牛新孢子虫病的血清学诊断［J］.中国兽医杂志，2006，42（9）：33－34.

［270］马利青，王戈平，李晓卉，等.青海省海西地区山羊和绵羊犬新孢子虫病的血清学调查［J］.家畜生态学报，2007，28（1）：79－81.

［271］毛光辉，翁家英，曹玉琼.四川省石渠县牦牛、藏羊的棘球蚴病调查［J］.兽医科技杂志，1984（1）：31－32.

［272］门静涛，张西臣，于师宇，等.长春地区绵羊和兔隐孢子虫分子流行病学调查［J］.吉林农业大学学报，2009，31（4）：447－451.

［273］孟庆玲，田广孚，闫鸿斌，等.新疆部分地区兔球虫种类调查研究［J］.动物医学进展，2007，28（8）：44－47.

［274］孟然，王欣，董明，等.天津地区奶牛感染隐孢子虫情况的调查［J］.中国病原生物学杂志，2007，2（3）：225－227.

［275］孟余，胡俊杰.昆明地区猫球虫种类及流行情况调查［J］.畜牧与兽医，2011，43（3）：71－73.

［276］米同国，孟志敏，黄占欣，等.邯郸地区家兔球虫种类调查［J］.中国兽医寄生虫病，1999，7（4）：29－30.

［277］内蒙古畜牧科学院.内蒙古自治区家畜寄生虫概志［M］.呼和浩特：内蒙古畜牧科学院，1961.

［278］内蒙古兽医研究所昆虫组.虻科鉴别［M］.呼和浩特：内蒙古畜牧科学院，1987：39－145.

［279］倪兆朝，柏坤桃，万晓星，等.高邮鸭寄生蠕虫的调查［J］.畜牧与兽医，1998，30（2）：61－62.

［280］聂振起.我场发生猪弓形虫病的情况报告［J］.黑龙江畜牧兽医，1985（12）：12－14.

［281］宁长申，张龙现，菅复春.河南省羊寄生虫名录［J］.河南农业科学，2011，40（9）：136－145.

［282］牛小迎，马利青.青海省乌兰县牧羊犬犬新孢子虫病的血清学调查［J］.中国畜牧兽医，2008，35（2）：124－125.

［283］农恒炳，杨年合，滕碧珠，等.广西猪球虫种类及流行病学调查［J］.广西农业科学，1992（5）：231－233.

［284］欧阳瑞孚，魏荫瑭.典型鸡头虱病例［J］.黑龙江畜牧兽医，1988（7）：24.

［285］潘新玉，张峰山.家鸭体内光睾属吸虫一新种［J］.中国兽医科技，1989

（8）：45.

　　［286］潘永全，何明忠，舒大群.重庆地区猫寄生蠕虫的调查及其对人畜的危害
［J］.四川畜牧兽医，1989（2）：23-24.

　　［287］彭德旺，杨庭桂，匡存林，等.江苏泰县山羊球虫种类调查［J］.畜牧与兽医
杂志，1993，25（4）：155.

　　［288］齐萌，吴国泉，李俊强，等.家兔隐孢子虫分离株的种类鉴定及卵囊收集
［J］.中国病原生物学杂志，2013，8（6）：520-522.

　　［289］齐普生，李靓茹，赵兵.中国家养畜禽寄生虫名录［M］.乌鲁木齐：新疆农科
院兽医研究所，1981.

　　［290］钱德兴，杜玉磐，毛银选，等.贵州省畜禽寄生虫区系调查 Ⅺ.贵州省家兔寄
生虫种类调查初报［J］.中国兽医寄生虫病，1995，3（1）：65-66.

　　［291］钱德兴，杜玉磐，毛银选，等.贵州省畜禽寄生虫区系调查 Ⅶ.贵州省鸭寄生
虫区系调查［J］.中国兽医寄生虫病，1995，3（2）：63-66.

　　［292］钱德兴，杜玉磐，毛银选，等.贵州省马寄生虫区系调查［J］.中国兽医科技，
1995，25（10）：13-15.

　　［293］钱德兴，杜玉磐，毛银选，等.贵州省部分地区绵羊寄生虫调查［J］.中国兽
医科技，1996，26（8）：12-14.

　　［294］钱德兴，杜玉磐，毛银选，等.贵州省家犬寄生虫区系调查［J］.中国兽医科
技，1996，26（12）：14-15.

　　［295］钱德兴，龙鳌，曾红，等.贵州省3地（市）牛寄生虫调查［J］.中国兽医科
技，2000，30（9）：14-16.

　　［296］钱德兴，苗西明，周静仪.贵州省腹袋属一新种记述（吸虫纲：同盘科）［J］.
动物分类学报，1997，22（1）：14-18.

　　［297］钱学智，陶建平，徐巧琴.泰州及其近邻地区鹅球虫种类调查［J］.畜牧与兽
医，2013，45（5）：78-81.

　　［298］秦建华，王宗仪，赵月兰，等.河北省张家口市畜禽寄生虫名录［J］.中国兽
医寄生虫病，2001，9（3）：30-33.

　　［299］秦泽云.火鸡组织滴虫病及其研究进展［J］.内蒙古农牧学院学报，1988，9
（1）：68-80.

　　［300］青海省畜牧厅.青海省畜禽疫病志［M］.兰州：甘肃民族出版社，1991，
488-528.

　　［301］仇建华，许腊梅，于万才，等.绵羊丝状网线虫病的流行与诊治［J］.黑龙江
畜牧兽医，1999（5）：29.

　　［302］仇书兴.河南省猪源隐孢子虫种类鉴定及其分子种系发育关系研究［D］.郑州：
河南农业大学，2008.

　　［303］邱汉辉，汪志楷，施宝坤，等.江苏省畜禽寄生虫名录［M］.南京：江苏省农
林厅畜牧局，1980.

　　［304］裴明华.中国狗寄生虫名录［J］.动物学报，1957，9（1）：1-24.

　　［305］瞿逢伊，王绪勇.西藏南部库蠓属三新种一新记录（双翅目：蠓科）［J］.昆虫

学报，1994，37（4）：486－493.

［306］曲祖德，华井林，周芙令，等.碘甘油治愈奶牛阴道毛滴虫病二例［J］.黑龙江畜牧兽医，1985（1）：27－28.

［307］全国栋.齐齐哈尔市畜禽寄生虫区系调查［J］.黑龙江畜牧兽医，1981（4）：10－15.

［308］全国栋.鸡球虫病的防治［J］.黑龙江畜牧兽医，1982（6）：33－34.

［309］全国栋，王景阳，王明山，等.齐齐哈尔地区猪寄生虫区系调查［J］.黑龙江畜牧兽医，1994（3）：25.

［310］全国栋，尉亚范，王淑兰，等.牛羊寄生虫感染调查及其防治［J］.中国兽医寄生虫病，1997，5（1）：35－36.

［311］任家琰.山西省畜禽弓形虫感染分布调查［J］.中国兽医寄生虫病，1993，1（1）：50－52.

［312］任家琰，郭建华，宁官宝，等.山西猪巨吻棘头虫传播媒介与猪的感染动态［J］.中国兽医寄生虫病，1994，2（2）：47－99.

［313］阮正祥，陈兴忠，何雪锋，等.山羊球虫种类调查与电脑技术应用于卵囊测量方法的探索［J］.中国动物传染病学报，2011，19（6）：44－48.

［314］阮正祥，吴道适，曾志明，等.贵州省毕节地区绵羊寄生虫区系调查［J］.中国兽医寄生虫病，1997，5（2）：30－32.

［315］山东省畜牧兽医工作站.山东省家畜寄生虫调查研究［J］.畜牧兽医科技资料，1983（9）：158－180.

［316］单宝君，于海泉，全国栋.黑龙江省拜泉县首次检出猪结肠小袋虫［A］.黑龙江省畜牧兽医学会学术讨论会论文集，［C］.黑龙江省畜牧兽医学会，1993.

［317］单小云，林陈鑫，李友松，等.沈氏并殖吸虫（*Paragonimus sheni* sp. nov.）新种报告：附中国并殖吸虫囊蚴和成虫分种检索表［J］.中国人兽共患病学报，2009，25（12）：1143－1148.

［318］沈杰.《中国家畜家禽寄生虫名录》增补（一）［J］.中国兽医寄生虫病，2005，13（3）：6－15.

［319］沈杰.《中国家畜家禽寄生虫名录》增补（二）［J］.中国兽医寄生虫病，2005，13（3）：16－19.

［320］沈杰.《中国家畜家禽寄生虫名录》增补（三）［J］.中国兽医寄生虫病，2005，13（4）：21－27.

［321］沈杰，常正山.上海市家畜家禽寄生虫名录［J］.中国兽医寄生虫病，1999，7（4）：16－23.

［322］沈杰，瞿逢伊，曹杰，等.上海市家畜家禽寄生虫名录补遗［J］.中国兽医寄生虫病，2001，9（3）：28－29.

［323］沈莉萍，刘佩红，徐锋，等.上海地区奶牛犬新孢子虫病血清学抗体检测［J］.中国兽医寄生虫病，2006（2）：14－16.

［324］沈守训，周彩琼，佟永永.中南区六个城市的家畜寄生蠕虫的初步调查［J］.寄生虫学学报，1965（1）：59－68.

［325］沈一平，史志明，李丽霞.南京地区雀体吸虫及一新种的描述［J］.动物分类学报，1981，6（1）：13－15.

［326］石冬梅，陈益，皇甫和平，等.河南省奶牛犬新孢子虫病流行病学调查［J］.中国兽医杂志，2011，47（4）：48－50.

［327］石冬梅，陈益，王军.河南省奶牛球虫病流行病学调查［J］.中国奶牛，2010（10）：51－53.

［328］史智勇，杨银书，李强，等.甘肃省媒介硬蜱的种类与地理分布［J］.中国兽医科技，2004，34（8）：48－49.

［329］舒光海，温新民，向邦成.川南吸血虻、蠓的调查［J］.四川畜牧兽医，1988（2）：24－25.

［330］宋建国，李万坤，吴志仓，等.麻点璃眼蜱的鉴定及部分生物学特性研究［J］.中国兽医科技，2001，31（5）：29－30.

［331］宋学林，林一玉，涂毅，等.云南省山绵羊球虫种类调查［J］.中国兽医科技，1991，21（4）：15－19.

［332］苏国定，泰善华，黄润槐.桂林市家禽体内寄生吸虫调查［J］.广西农业科学，1988（1）：50－52.

［333］苏兴武.我省东部地区发生马驽巴贝西虫病的调查报告［J］.黑龙江畜牧兽医，1985（7）：1－2.

［334］苏艳.东北地区部分儿童及奶牛中隐孢子虫和贾第虫感染的分子流行病学调查［D］.长春：吉林大学，2011.

［335］孙澄，窦洪举.内蒙古兽医昆虫调查报告［R］.呼和浩特：内蒙古畜牧科学院，1985.

［336］孙澄，窦洪举，钱玉春，等.内蒙古虻科调查报告［J］.内蒙古兽医，1988（2）：1－5.

［337］孙澄，魏景功，吴新民，等.1982年内蒙古自治区畜禽寄生虫调查报告汇编［M］.呼和浩特：内蒙古畜牧科学院，1983.

［338］孙荣贵，林永海，张树青，等.猪弓形虫病的调查［J］.黑龙江畜牧兽医，1980（2）：57－61.

［339］孙艳茹.犊牛与某些禽类肠道寄生虫感染情况调查及隐孢子虫遗传特征分析［D］.郑州：河南农业大学，2010.

［340］孙毅，许荣满.瘤虻属二新种（双翅目：虻科）［J］.寄生虫与医学昆虫学报，2007，14（3）：182－184.

［341］孙浴东，任熙宇，顾春娥.江苏家禽寄生螨虫的调查［R］.扬州：江苏省家禽科学研究所，1985.

［342］孙照学，陈正富，陈永惠，等.六枝特区畜禽寄生虫名录［J］.中国兽医寄生虫病，1997，5（1）：27－29.

［343］谭成志，杨长春，英若忠.大批奶牛眼虫病的临床诊疗报告［J］.黑龙江畜牧兽医，1998（3）：27－28.

［344］唐超，何昌浩，任辛.鄂东南后睾吸虫二新种记述（复殖目：后睾科）［J］.动

物分类学报，1990，15（2）：133－139.

［345］唐超，姜昌富.湖北省双腔吸虫三新种记述（复殖目：双腔科）［J］.动物分类学报，1986，11（4）：337－343.

［346］唐崇惕，唐仲璋，齐普生，等.新疆绵羊矛形双腔吸虫病病原生物学的研究［J］.厦门大学学报（自然科学版），1981，20（1）：115－124.

［347］唐礼全.家鸭光睾吸虫新种记述［J］.中国兽医科技，1988（4）：64.

［348］唐仲璋，唐崇杨，崔贵文，等.中华双腔吸虫的生活史［J］.厦门大学学报（自然科学版），1979（3）：105－121.

［349］陶立，陈泽祥，韦志锋，等.广西奶牛隐孢子虫病的流行病学调查［J］.中国兽医科学，2012，42（7）：742－746.

［350］陶立，韦志锋，兰美益，等.广西圈养山羊球虫种类和感染状况的调查［J］.畜牧与兽医，2011，43（4）：82－85.

［351］田广孚，贾万忠.甘肃省畜禽寄生虫名录［M］.兰州：甘肃科学技术出版社，2008.

［352］田楠，朱锦，刘崇辉，等.四川某种羊场羊泰勒焦虫病的诊断［J］.四川畜牧兽医，1991（3）：43－44.

［353］汪溥钦.福建家畜寄生蠕虫调查及鸭后睾吸虫（Opisthorchis anatinus）新种描述［J］.福建师大学报（自然科学版），1975（1）：68－73.

［354］汪溥钦，蒋学良.四川家畜同盘吸虫调查及新三种记述［J］.动物学研究，1982，3（增刊）：11－16.

［355］汪溥钦，张剑英.我国脊椎动物寄生棘头虫五新种［J］.福建师范大学学报（自然科学版），1987，3（1）：62－69.

［356］汪明，蒋金书，朱长光，等.北京河北绵羊球虫种类的调查［J］.中国兽医杂志，1990，16（8）：2－4转12.

［357］汪明，刘海虹，陈刚，等.绵羊住肉孢子虫的超微结构［J］.中国农业大学学报，1999，4（增刊）：88－92.

［358］汪世昌，栾树田，王云鹤，等.松花江流域牛只寄生虫性角膜结膜炎的防治［J］.东北农学院学报，1964（4）：37－41.

［359］汪世钟，邓成贵，何拉斯登，等.黑水县羊狂蝇蛆病流行病学调查［J］.中国兽医杂志，1984（10）：19－20.

［360］汪彦愔，汪溥钦.福建棘头虫三新种描述［J］.福建师范大学学报（自然科学版），1988，4（3）：80－86.

［361］王才金，洪猛，张燕志，等.铜仁地区鸡寄生虫区系调查［J］.贵州畜牧兽医，1999，23（5）：13－14.

［362］王春仁，刘文韬，仇建华，等.羊佳2号驱除绵羊体内外寄生虫的试验［J］.中国兽医寄生虫病，1998，6（4）：17－18.

［363］王春仁，皮宝安，宋卓，等.黑龙江省牛、羊东毕吸虫病流行情况与地理分布特征的调查研究［J］.动物医学进展，2002，23（5）：91－93.

［364］王道地，刘晓明，韩行赞.贵州省犬猫寄生蠕虫调查［J］，中国兽医科技，

1995，25（2）：13－15.

［365］王德权.仔猪类圆线虫病的诊治报告［J］.黑龙江畜牧兽医，1999（10）：33.

［366］王光雷，魏琎，王兴亚，等.微小住肉孢子虫新种的形态学及生活史的研究［J］.中国兽医科技，1988（6）：9－11.

［367］王光雷，魏琎，王兴亚，等.绵羊囊状住肉孢子虫的一个新种［J］.新疆农业科学，1989（1）：37－40.

［368］王进秀，武占银，杨春生，等.宁夏回族自治区动物寄生虫名录［J］.宁夏畜牧，2000（2）：48－80.

［369］王菊花，李培英，薛秀恒，等.合肥市犬隐孢子虫感染情况初步调查［J］.中国兽医寄生虫病，2008，16（5）：20－23.

［370］王军，石冬梅，陈益，等.郑州市奶牛场犬新孢子虫血清学调查［J］.中国兽医杂志，2012，48（9）：42－43.

［371］王明义.河北省虻类调查报告（双翅目：虻科）［J］.医学动物防制，1989，5（4）：34－35.

［372］王娜，闫双，王真，等.温泉县部分奶牛的新孢子虫病和布氏杆菌病血清学调查［J］.新疆畜牧业，2011（8）：18－20.

［373］王世钧.鸡球虫种类调查［R］.家畜寄生虫病科研成果选编［C］.黑龙江省兽医科学研究所，1980：18－19.

［374］王世钧，曲河.细背孔吸虫在黑龙江省的发现［J］.黑龙江畜牧兽医，1987（2）：30.

［375］王仕屏，李秀安，孙立萍.真蚋亚属一新种（双翅目：蚋科）［J］.四川动物，1996，15（3）：96－97.

［376］王硕珊.内蒙古自治区畜禽寄生绦虫调查报告［R］.呼和浩特：内蒙古兽医研究所，1986.

［377］王天齐，刘维德.川西虻科区系特征［J］.四川动物，1989，8（3）：6－7.

［378］王天齐，刘维德.中国麻虻属新种和新记录种（双翅目：虻科）［J］.动物分类学报，1991，16（1）：106－108.

［379］王彤斐，王晋.襄垣县山羊球虫种类及感染情况调查［J］.山西农业科学，2006，34（3）：83－84.

［380］王伟东，陈统明，吕润全，等.南京市山羊球虫种类调查［J］.中国兽医寄生虫病，2000，8（2）：26－27.

［381］王卫东，王才金，洪猛，等.铜仁地区鸭寄生虫区系调查［J］.贵州畜牧兽医，1999，23（6）：11－12.

［382］王文兰.北京地区猫体内人畜共患寄生蠕虫的调查［J］.中国寄生虫学与寄生虫病杂志，1987（4）：277.

［383］王文宗，张玉堂，刘茂生，等.富锦市狗寄生蠕虫区系调查［J］.黑龙江畜牧兽医，2000（2）：23.

［384］王溪云.我国对盘类吸虫的分类研究Ⅰ：同对盘亚科，锡兰叶族包括一新属四新处的描述［J］.寄生虫学报，1966，3（3）：205－220.

[385] 王溪云.我国对盘类吸虫的分类研究Ⅱ：同对盘亚科和腹袋亚科新种记述 [J].动物分类学报，1979，4（4）：327-338.

[386] 王溪云，李敏敏，彭吉生，等.昆明牛同盘科吸虫及一新种记述 [J].江西科学，1996，14（3）：161-166.

[387] 王溪云，滕春火.亚洲象的同盘吸虫（吸虫纲）包括一新种记述 [J].江西科学，1986，4（4）：36-39.

[388] 王溪云，周静仪.江西家鸭寄生吸虫的研究：包括一新种的描述 [J].江西科学，1986，4（1）：16-44.

[389] 王溪云，周静仪.江西动物志：人与动物吸虫志 [M].南昌：江西科学技术出版社，1993.

[390] 王永立，崔彬，菅复春，等.河南省绵羊隐孢子虫病的流行病学调查 [J].中国兽医科学，2008，38（2）：160-164.

[391] 王裕卿，姜开远，柴世国.黑龙江省鸡体内检出细背孔吸虫 [J].黑龙江畜牧兽医，1993（5）：27-28.

[392] 王裕卿，刘忠诚.东方次睾吸虫在黑龙江省鸡体的发现 [J].黑龙江畜牧兽医，1992（5）：28.

[393] 王裕卿，徐守魁，周源昌，等.漠河县猫寄生蠕虫区系调查报告 [J].黑龙江畜牧兽医，1994（8）：36.

[394] 王裕卿，徐守魁，周源昌，等.黑河市猫寄生蠕虫区系调查报告 [J].黑龙江畜牧兽医，1994（11）：38.

[395] 王裕卿，徐守魁，周源昌，等.萝北县猫寄生蠕虫区系调查报告 [J].黑龙江畜牧兽医，1997（3）：38-39.

[396] 王裕卿，于洪兴.宫川棘口吸虫在黑龙江省鹅体内的发现 [J].中国兽医科技，1993，23（11）：44.

[397] 王裕卿，周源昌.有翼翼状吸虫 *Alraia alata*（Goeze，1782）在黑龙江省犬体的发现 [J].东北农学院学报，1984（4）：26-30.

[398] 王元平.我省发现一种水牛肉孢子虫新种 [J].云南畜牧兽医，1988（2）：35.

[399] 王云川，朱天祥.克东县高寒地区牛羊蠕虫感染调查与防治 [J].中国兽医寄生虫病，1998，6（3）：30-31.

[400] 王振学.马发生媾疫的病例报告 [J].黑龙江畜牧兽医，1986（4）：28-29.

[401] 王忠福，翟宝库，刘微，等.大庆地区绵羊、山羊中首见土耳其斯坦东毕吸虫病 [J].黑龙江畜牧兽医，1999（12）：30.

[402] 王遵明.四川省瘤虻属新种（双翅目：虻科）[J].动物分类学报，1981，6（3）：315-319.

[403] 王遵明.中国经济昆虫志（第二十六册，双翅目：虻科）[M].北京：科学出版社，1983.

[404] 王遵明.四川省瘤虻属二新种（双翅目：虻科）[J].动物分类学报，1984，9（4）：394-396.

[405] 王遵明.四川横断山地区瘤虻属二新种（双翅目：虻科）[J].动物分类学报，

770

1985，10（4）：413－416.

［406］王遵明.海南岛虻属二新种（双翅目：虻科）［J］.昆虫学报，1988，31（3）：323－325.

［407］王遵明.四川省虻科二新种（双翅目）［J］.昆虫学报，1988，31（4）：429－432.

［408］王遵明.青海省虻科一新种及二种雄虻记述（双翅目：虻科）［J］.昆虫学报，1989，32（1）：101－104.

［409］王遵明.中国虻科（双翅目）二新种［J］.昆虫学报，1992，35（3）：358－360.

［410］王遵明.中国经济昆虫志（第四十五册，双翅目：虻科）［M］.北京：科学出版社，1994.

［411］魏景功，王忠.内蒙古兽医原虫调查报告［R］.呼和浩特：内蒙古畜牧科学院，1986.

［412］魏珽，张平成，董明显，等.牦牛住肉孢子虫两新种的描述［J］.中国农业科学，1985（4）：80－85.

［413］温桂芝，张文玉，陶富山，等.黑龙江省长毛兔华支睾吸虫病例报告［J］.中国人兽共患病杂志，1987，3（3）：62－63.

［414］邬捷.水牛痒螨病［J］.四川农业科技，1979（4）：34－37.

［415］邬捷.四川动物绦虫研究概况及防治措施［J］.四川农业科技，1981（5）：27－31.

［416］邬捷.四川肺线虫的分布与防治［J］.四川农业科技，1982（3）：19－21.

［417］邬捷.四川猪寄生虫的种类与分布［J］.四川畜牧兽医，1983（2）：3－8.

［418］邬捷，马福和.四川猪球首线虫一新种的研究［J］.动物学研究，1984，5（4）：299－303.

［419］邬捷，余家富，伍元杰，等.锯齿舌形虫成虫在绵羊颅腔内的发现［J］.兽医科技杂志，1984（6）：61－62.

［420］吴昌标，张如涯，林平，等.福建省鸡球虫病感染情况的调查［J］.经济动物学报，2011，15（2）：96－99.

［421］吴德华，金淮，李萍，等.犬贾弟虫病的诊疗报告［J］.畜牧与兽医，1991，23（6）：271.

［422］吴国光.钦州地区鸡寄生蠕虫调查［J］.广西农业科学，1983（4）：43－44.

［423］吴国光，蔡书彬.家鸭寄生线虫的两种区内新记录［J］.广西农业科学，1985（2）：17.

［424］吴国光，张绍志.广西鸭鹅寄生虫初步调查［J］.广西农业科学，1985（3）：50－51.

［425］吴慧，杨明，陈汉彬.黑龙江省蚋类（双翅目：蚋科）补点调查［J］.贵阳医学院学报，2009，34（3）：242－245.

［426］吴家斌.南昌地区猪球虫种类及感染情况调查［J］.中国兽医寄生虫病，2006，14（2）：19－21.

[427] 吴胜会, 江斌, 林琳, 等.福州地区家鸭球虫种类和感染情况调查 [J].福建畜牧兽医, 2011, 33 (6): 17-20.

[428] 吴新民, 李润科, 荣志仁.内蒙古自治区畜禽寄生线虫调查报告 [R].呼和浩特: 内蒙古畜牧科学院, 1986.

[429] 吴雪琴.苏州地区的鹅球虫病 [J].畜牧与兽医, 1999, 31 (4): 25.

[430] 吴元钦, 李树森, 刘永泰, 等.陕西省虻类及其地区分布 [J].第四军医大学学报, 1988, 9 (3): 197-200.

[431] 吴元钦, 许荣满.云南虻科二新种 (双翅目) [J].昆虫分类学报, 1992, 14 (1): 77-80.

[432] 伍慧兰.湖南省猪球虫种类及感染状况研究 [J].湘南学院学报, 2011, 32 (5): 69-72.

[433] 武林, 李培英, 刘歧山, 等.合肥市奶牛隐孢子虫病流行病学调查 [J].中国奶牛, 2006 (4): 40-41.

[434] 向飞宇, 李国清, 肖淑敏, 等.广东省乳牛隐孢子虫病的流行病学调查 [J].中国兽医科技, 2004, 34 (1): 32-36.

[435] 肖碧元, 张燕志, 王卫东, 等.铜仁地区犬、鹅、兔寄生虫区系调查 [J].贵州畜牧兽医, 1999, 23 (6): 13.

[436] 肖兵南, 汪明, 张长弓, 等.水牛体内一种新形状的住肉孢子虫 [J].中国人兽共患病杂志, 1992, 8 (6): 57.

[437] 肖明, 刘惠考.柴达木绒山羊球虫感染情况调查 [J].中国兽医杂志, 2006, 42 (7): 31-33.

[438] 肖淑敏, 李国清, 李韦华, 等.牛源环孢子虫的形态学特征观察 [J].中国兽医科学, 2006, 36 (8): 639-642.

[439] 肖淑敏, 李国清, 周荣琼, 等.牛源环孢子虫的发现与分子鉴定 [J].中国预防兽医学报, 2006, 28 (4): 380-383.

[440] 小达瓦, 贡觉, 在索朗, 等.阿里地区四县绵羊、山羊寄生虫病区系调查 [J].西藏畜牧兽医, 1990 (4): 22-31.

[441] 新疆自治区畜牧厅.新疆动物疾病调查与防治 [M].乌鲁木齐: 新疆科技卫生出版社, 1995.

[442] 熊大仕, 孔繁瑶.中国家畜结节虫的初步调查研究报告及一新种的叙述 [J].北京农业大学学报, 1955, 1 (1): 147-164.

[443] 徐保海, 许荣满.福建虻属一新种记述 (双翅目: 虻科) [J].昆虫学报, 1992, 35 (3): 362-364.

[444] 徐保海, 许荣满.福建省虻属姚氏虻组一新种记述 (双翅目: 虻科) [J].武夷科学, 1992, 9: 321-324.

[445] 徐守魁, 王裕卿, 周源昌, 等.逊克县猫寄生蠕虫区系调查报告 [J].黑龙江畜牧兽医, 1994 (10): 32-33.

[446] 徐守魁, 王裕卿, 周源昌, 等.孙吴县猫寄生蠕虫区系调查报告 [J].黑龙江畜牧兽医, 1994 (10): 37-38.

［447］徐守魁，周源昌.獾真缘吸虫 *Euparyphium melis*（Schrank，1788）Dietz，1909 在黑龙江猪体内首次发现 ［J］.东北农学院学报，1983（1）：22－25.

［448］徐水秋，张春岱，杨华，等.鸡弓形体病诊疗初报 ［J］.中国兽医杂志，1998，24（7）：28.

［449］徐学前，肖啸，李志敏，等.犬耳痒螨病的诊治及多拉菌素的疗效试验 ［J］.中国兽药杂志，2006，40（5）：55－57.

［450］徐雪平，连宏军，陈志蓉，等.石河子紫泥泉种羊场绵羊球虫种类调查 ［J］.中国兽医寄生虫病，2001，9（2）：21－23.

［451］徐之杰，金汉章，郑绪明，等.黑龙江省通河县清河公社华支睾吸虫病流行病学初步调查 ［J］.中国寄生虫学与寄生虫病杂志，1983（4）：42.

［452］许锦江，冯兰洲.我国赫坎按蚊类群的研究 ［J］.昆虫学报，1975，18（1）：77－98.

［453］许丽娟，单林，张忠武.奶牛环形泰勒虫病的诊疗报告 ［J］.黑龙江畜牧兽医，1999（4）：27－28.

［454］许荣满.四川虻科三新种（双翅目）［J］.动物学研究，1980，1（3）：397－399.

［455］许荣满.我国麻虻属的新种记述（双翅目：虻科）［J］.动物分类学报，1980，5（2）：185－191.

［456］许荣满.云南原虻属新种记述（双翅目：虻科）［J］.动物分类学报，1981，6（3）：308－314.

［457］许荣满.我国原虻属三新种记述（双翅目：虻科）［J］.动物分类学报，1983，8（1）：86－90.

［458］许荣满.四川西部高原虻科三新种（双翅目）［J］.动物分类学报，1983，8（2）：177－180.

［459］许荣满.陕西瘤虻属二新种（双翅目：虻科）［J］.昆虫分类学报，1985，7（1）：9－12.

［460］许荣满.中国虻属二新种（双翅目：虻科）［J］.动物分类学报，1989，14（2）：205－208.

［461］许荣满.中国的麻虻属（双翅目：虻科）［J］.动物分类学报，1989，14（3）：364－371.

［462］许荣满，陈继寅.斑虻属二新种的记述（双翅目：虻科）［J］.昆虫学报，1977，20（3）：337－338.

［463］许荣满，李忠诚.瘤虻属二新种记述（双翅目：虻科）［J］.动物学研究，1982，3（增刊）：93－95.

［464］许荣满，廖国厚.广西虻属二新种记述（双翅目：虻科）［J］.动物分类学报，1984，9（3）：290－292.

［465］许荣满，廖国厚.广西虻属三新种记述（双翅目：虻科）［J］.动物分类学报，1985，10（2）：165－168.

［466］许荣满，廖国厚.广西麻虻属二新种记述（双翅目：虻科）［J］.动物分类学

报，1985，10（3）：285-288.

[467] 许荣满，刘增加.陕西原虻属二新种记述（双翅目：虻科）[J].动物学研究，1980，1（4）：480-482.

[468] 许荣满，刘增加.甘肃原虻属二新种记述（双翅目：虻科）[J].动物学研究，1982，3（增刊）：97-100.

[469] 许荣满，刘增加.甘肃瘤虻属四新种记述（双翅目：虻科）[J].动物分类学报，1985，10（2）：169-175.

[470] 许荣满，倪涛，许先典.湖北虻属二新种记述（双翅目：虻科）[J].武汉医学院学报，1984（3）：164-166.

[471] 许荣满，宋锦章.我国瘤虻属三新种（双翅目：虻科）[J].四川动物，1983，2（4）：6-8.

[472] 许荣满，宋锦章，李忠诚.四川虻类调查报告（双翅目：虻科）[J].医学动物防治，1985（4）：33-37.

[473] 许志华，贾力子.猪细颈囊尾蚴病和棘球蚴病的调查报告[J].黑龙江畜牧兽医，1983（6）：23-24.

[474] 宣传中，毕殿谟，权顺善，等.猫狗华枝睾吸虫的调查报告[J].黑龙江畜牧兽医，1991（6）：35.

[475] 薛群力，宋锦章，彭玉芳.峨眉山麓流水沟蚋类初步调查[J].四川动物，1992，11（3）：24.

[476] 闫双，陈亮，巴音查汗.牛新孢子虫病在新疆地区流行情况调查[J].黑龙江畜兽医，2012（19）：98-100.

[477] 严宝兴，王生花，牛小迎，等.青海省湟中县后备奶牛群中犬新孢子虫病的血清学诊断[J].上海畜牧兽医通讯，2008（1）：32.

[478] 杨芷云，栾景辉.家畜附红细胞体病[J].河北农业大学学报，1986，9（2）：141-147.

[479] 杨德凤，王树民.黑龙江省北安市鸡体内首次发现曲颈棘缘吸虫[J].黑龙江畜牧兽医，1990（9）：20.

[480] 杨德全，达瓦扎巴，格桑白珍.西藏江孜县畜禽寄生虫区系调查研究报告[J].西藏畜牧兽医，1990（2）：1-24.

[481] 杨光友.雅安地区人兽共患寄生虫的调查[J].四川畜牧兽医，1994（1）：24-27.

[482] 杨光友，赖从龙.鸭体内发现红口棘口吸虫[J].中国兽医杂志，1991，17（6）：25.

[483] 杨光友，赖从龙，赖为民.雅安地区棘口科吸虫及其中间宿主的研究[J].动物学杂志，1992，27（6）：3-6.

[484] 杨光宇，安邦廉，虞塞明，等.黑龙江省犬旋毛虫感染状况及其兽医卫生检验问题[J].黑龙江畜牧兽医，1998（7）：32-33.

[485] 杨虹，杨絮，杨锡林.黑龙江省首次发现卷棘口吸虫[J].黑龙江畜牧兽医，1996（4）：14-15.

[486] 杨华玫, 魏图坤, 史宜坤, 等.新都县主要畜禽寄生蠕虫调查报告 [J].四川畜牧兽医, 1984（2）: 24-27.

[487] 杨继宗, 廖光佩.浙江省畜牧寄生原虫、蜘蛛昆虫志 [M].杭州：浙江省农科院畜牧兽医研究所, 1993.

[488] 杨继宗, 潘新玉, 张峰山, 等.水牛体内发现菲策属吸虫一新种 [J].畜牧兽医学报, 1991, 22（2）: 179-181.

[489] 杨建设, 许荣满.云南瘤虻属一新种（双翅目：虻科）[J].动物学研究, 1996, 17（2）: 125-127.

[490] 杨俊奎, 付尚杰, 李凤福, 等.肉用种牛寄生虫病调查 [J].黑龙江畜牧兽医, 1999（7）: 27-28.

[491] 杨立军, 向征, 左仰贤, 等.几种动物肉孢子虫虫种研究进展 [J].中国病原生物学杂志, 2009, 4（2）: 137-140.

[492] 杨明富.四川省绵羊寄生虫调查研究 [J].四川畜牧兽医, 1987（3）: 17-19.

[493] 杨明富.四川山羊寄生虫的调查 [J].四川畜牧兽医, 1988（1）: 15-17.

[494] 杨明富, 陈代荣, 陈笃生, 等.四川山羊蠕形螨病的初步调查 [J].兽医科技杂志, 1983（6）: 30-31.

[495] 杨明富, 陈代荣, 颜洁邦.四川黄牛东毕属血吸虫病调查研究报告 [J].中国兽医杂志, 1983（9）: 4-5.

[496] 杨娜, 郝攀, 刘群.（犬）新孢子虫牛源北京株的分离与鉴定 [A].中国畜牧兽医学会家畜寄生虫学分会第六次代表大会暨第十一次学术研讨会论文集, [C].中国畜牧兽医学会家畜寄生虫学分会, 2011: 230.

[497] 杨平, 钱稚骅, 陈宗祥, 等.绵羊无卵黄腺绦虫（*Avitellina*）之研究包括二新种的描述 [J].甘肃农大学报, 1977（3）: 50-60.

[498] 杨润德, 赵树英, 刘屹, 等.山西省羊寄生虫与寄生虫病调查资料汇集 [M].太原：山西省农牧厅兽医防疫检疫站, 1983.

[499] 杨万莲, 林昆华.北京地区家兔球虫种类的初步调查 [J].黑龙江畜牧兽医, 2003（8）: 33-34.

[500] 杨锡林, 毕胜, 高立勃, 等.绥化市家禽蠕虫区系调查补充报告 [J].黑龙江畜牧兽医, 1999（1）: 20.

[501] 杨锡林, 韩晓辉, 刘伟, 等.尚志市鸭、鹅寄生蠕虫区系调查 [J].黑龙江畜牧兽医, 1998（4）: 33.

[502] 杨锡林, 刘伟, 杨絮, 等.绥化市鸭、鹅寄生蠕虫区系调查 [J].黑龙江畜牧兽医, 1998（5）: 18-19.

[503] 杨锡林, 杨虹, 杨光宇, 等.黑龙江省双城市家禽鸡寄生虫蠕虫区系调查报告 [J].中国兽医寄生虫病, 1997, 5（2）: 23-24.

[504] 杨锡林, 杨虹, 杨絮, 等.楔形前殖吸虫在黑龙江省的首次发现 [J].中国兽医寄生虫病, 1997, 5（4）: 58-60.

[505] 杨锡林, 杨絮, 杨虹等.黑龙江省家禽寄生蠕虫名录 [J].肉品卫生, 1998（5）: 6-10.

［506］杨锡林，张宏伟，韩晓辉，等.鸭对体吸虫在双城市发现［J］.黑龙江畜牧兽医，1996（5）：22.

［507］杨锡林，张洪伟，韩晓辉，等.黑龙江省家禽寄生蠕虫区系调查［J］.中国兽医寄生虫病，1994，2（4）：25-27.

［508］杨锡林，邹洪波，刘伟，等.双城市鸭寄生蠕虫区系调查报告［J］.黑龙江畜牧兽医，1996（10）：28-29.

［509］杨晓野.非洲颚虱新宿主记录［J］.中国兽医科技，1987（11）：63-64.

［510］杨毓君.牦牛球虫病在木里藏族自治县发现［J］.中国兽医杂志，1985（1）：27-28.

［511］姚倩，韩红玉，黄兵，等.上海地区家鸭球虫种类初步调查［J］.中国动物传染病学报，2009，17（1）：58-60.

［512］姚文炳.阿拉善盟地区蜱类的调查［J］.内蒙古医学杂志，1984，4（Z1）：58-59.

［513］姚文炳.内蒙古地区蜱类的区系调查［J］.内蒙古医学杂志，1984，4（4）：220-221.

［514］姚文炳，陈国定.岛氏日本血蜱（*Haemaphysalis japonica douglasi* Null et Warb.）生活史的研究［J］.昆虫学报，1974，17（4）：500-502.

［515］姚允绂，李清河.猪误食甲虫发生棘头虫病例［J］.黑龙江畜牧兽医，1998（10）：32.

［516］殷宏，罗建勋，吕文顺，等.莫氏巴贝斯虫和羊巴贝斯虫在我国的分离及形态学观察［J］.中国兽医科技，1997，27（10）：7-9.

［517］殷佩云，蒋金书，林昆华，等.北京地区家鸭球虫种类的初步研究［J］.畜牧兽医学报［J］，1982，13（2）：119-124.

［518］尹建海.上海及周边部分地区隐孢子虫基因分型研究［D］.北京：中国疾病预防控制中心，2011.

［519］尤珩，郑锡思，徐斯良，等.福建省畜禽疾病志［M］.福州：福建科学技术出版社，1994：207-236.

［520］于德海，于贵金.黑河地区牛羊寄生虫情况调查［J］.中国兽医寄生虫病，1998，6（1）：36-37.

［521］于惠民，写桂荣.火鸡感染组织滴虫病的观察［J］.黑龙江畜牧兽医，1994（5）：28-29.

［522］于晋海，刘群，夏兆飞.牛新孢子虫病和弓形虫病的流行病学调查［J］.中国兽医科科学，2006，36（3）：247-251.

［523］于庶恩.中国弓形虫病［M］.香港：亚洲医药出版社，2000：153-158.

［524］于庶恩，徐秉锟.中国人兽共患病学［M］.福州：福建科学技术出版社，1988：847-896.

［525］于心，叶瑞玉，龚正达.新疆蜱类志［M］.乌鲁木齐：新疆科技卫生出版社，1997.

［526］于占祥，吴述平，于洪兴，等.牡丹江地区鸡羽管螨寄生情况调查［J］.黑龙

江畜牧兽医，1998（5）：26.

［527］于长江，吴敏.同江市发现鼻蝇病［J］.黑龙江畜牧兽医，1991（4）：39.

［528］余家富，王修康，汪世中，等.牦牛双芽巴贝斯焦虫病的调查研究［J］.中国牦牛，1989（1）：40－42.

［529］余家富，伍元杰，张永禄，等.阿坝州牛羊列叶吸虫的调查［J］.中国兽医杂志，1985（8）：33.

［530］余丽芸，马择程，冯乃洁.密山地区某肉鸡场球虫病的调查与防治［J］.黑龙江畜牧兽医，2000（11）：20－21.

［531］余自忠，杨光荣，龚正达.云南恙螨六新种［J］.动物学研究，1981，2（2）：175－190.

［532］虞以新.吸血双翅目昆虫调查研究集刊（第一集）［M］.上海：上海科学技术出版社，1989.

［533］虞以新.吸血双翅目昆虫调查研究集刊（第二集）［M］.上海：上海科学技术出版社，1990.

［534］虞以新.吸血双翅目昆虫调查研究集刊（第三集）［M］.上海：上海科学技术出版社，1991.

［535］虞以新，李忠诚，刘康南，等.四川地区主要吸血蠓的习性观察［J］.四川动物，1982（1）：17－26.

［536］虞以新，刘康南.中国蠛蠓的研究［M］.北京：科学出版社，1982.

［537］禹旺盛，殷翠琴，马永梅，等.呼和浩特市某养兔场球虫感染情况调查与种类鉴定［J］.动物医学进展，2007，28（增刊）：5－8.

［538］岳彩玲，李国清，程家林，等.犬源环孢子虫的 ITS-1 序列鉴定［J］.中国人兽共患病学报，2011，27（2）：141－143.

［539］岳彩玲，李国清，颜超，等.犬源环孢子虫的形态学与分子鉴定［J］.中国人兽共患病学报，2010，26（2）：124－127.

［540］岳韬.河北省部分地区奶牛流产病因分析和牛新孢子虫病 PCR 诊断方法的建立及应用［D］.保定：河北农业大学，2006.

［541］翟士勇，黄钢，董建臻，等.我国重要吸血双翅目昆虫区系的研究进展［J］.寄生虫与医学昆虫学报，2006，13（3）：178－184.

［542］詹扬桃.我国鸡羽管螨的流行概况及特点［J］.中国兽医科技，1990（12）：37－38.

［543］张宝详，郭海浚.陕西省绵、山羊球虫种类的调查［J］.中国兽医科技，1987（12）：18－21.

［544］张翠阁.四川省鸡的寄生虫调查简报［J］.四川动物，1989，8（4）：41.

［545］张翠阁，陈代荣，杨明富，等.环肠科吸虫两新种：四川平体吸虫和成都平体吸虫［J］.四川动物，1985（3）：1－5.

［546］张翠阁，杨维德，李直和.环肠科吸虫一新种：中国斯兹达吸虫（无盘类：环肠科）［J］.动物分类学报，1987，12（3）：244－247.

［547］张砀生.雏鸭暴发球形球孔吸虫病［J］.上海畜牧兽医通讯，1992（4）：42.

［548］张菲菲，王金鸿，齐萌，等.绵羊球虫感染情况和种类调查［J］.中国畜牧兽医，2013，40（5）：190-194.

［549］张峰山，陈永明，潘新玉，等.浙江家鸭体内新发现的两种光睾吸虫［J］.浙江畜牧兽医，1983（4）：20-21.

［550］张峰山，潘新玉，陈永明，等.浙江省牛羊体内五种巨盘吸虫包括两个新种记述［J］.畜牧兽医学报，1988，19（2）：134-137.

［551］张峰山，潘新玉，杨继宗，等.浙江家鸭体内的前殖吸虫及两个新种报道［J］.中国兽医科技，1988（3）：60-61.

［552］张峰山，杨继宗.浙江羊体内菲策属吸虫一新种（端盘目：同盘科、腹袋亚科）［J］.动物分类学报，1986，11（3）：250-252.

［553］张峰山，杨继宗，金美玲，等.浙江牛羊体内同盘类吸虫五个新种记述［J］.浙江农业科学，1985（2）：95-98.

［554］张峰山，杨继宗，潘新玉，等.浙江省家畜家禽寄生蠕虫志［M］.杭州：浙江省农业厅畜牧管理局，1986.

［555］张福，刘杰，吕长富，等.大庆市区集约化养猪寄生虫病感染情况的调查［J］.黑龙江畜牧兽医，1997（9）：26-27.

［556］张继亮.陕西省牛羊阔盘吸虫及一新种的记述［J］.西北农学院学报，1982（1）：9-17.

［557］张继亮.夏伯特线虫属（*Chabertia*）一新种的记述［J］.畜牧兽医学报，1985，16（2）：137-141.

［558］张继亮.扁体属吸虫一新种的记述［J］.中国兽医科技，1991，21（3）：47-48.

［559］张继亮，党亮基.长喙蚤属一新种的记述（蚤目：喙蚤科）［J］.昆虫分类学报，1985，7（2）：115-117.

［560］张继亮，郭斌.兽医院门诊病牛隐孢子虫感染情况调查［J］.中国兽医寄生虫病，1993，1（2）：49-50.

［561］张继亮，马清义.兽医院门诊病牛球虫种类的调查［J］.中国兽医寄生虫病，1993，1（1）：43-45.

［562］张继亮，王凯，杨战胜，等.西北农业大学畜牧站鸡群寄生虫的调查［J］.畜牧兽医杂志，1993（4）：14-16.

［563］张继亮，于三科.陕西省家畜虱类的调查［J］.中国兽医科技，1993，23（2）：14-16.

［564］张继亮，于三科，封岩，等.陕西杨陵区猪球虫病原种类调查及一新种记述［J］.中国兽医学报，1994，14（3）：271-274.

［565］张继亮，于三科，谢宏，等.西北农业大学畜牧站羊和猪球虫种类的调查研究［J］.畜牧兽医杂志，1993（2）：14-16.

［566］张建安.江西省畜禽寄生虫名录［J］.江西农业大学学报，1996（增刊）：1-19.

［567］张建民，王宏伟.乌鸡球虫病的诊治［J］.养禽与禽病防治，2001（4）：

40 – 41.

［568］张健骓，陈淑玉.广州地区家鸭体内蠕虫调查报告暨新种记述［J］.畜牧兽医科技，1985（1）：43 – 49.

［569］张俊勇，王洪霞，张瑾.盐城地区猪肉孢子虫病发病率［J］.上海畜牧兽医通讯，1991（1）：19.

［570］张玲，郑国清，郑娟.洛阳市宠物犬寄生虫感染情况调查［J］.贵州畜牧兽医，2006，30（4）：8 – 9.

［571］张路平，孔繁瑶.马属动物的寄生线虫［M］.北京：中国农业出版社，2002.

［572］张顺祥.血蜱属（*Haemaphysalis* Koch，1844）的一新种：中华血蜱 *Haemaphysalis sinensis* sp. nov［J］.畜牧兽医学报，1981，12（3）：169 – 173.

［573］张西臣，李建华.动物寄生虫病学（第三版）［M］.北京：科学出版社，2010.

［574］张轩，罗礼红，奚成龙，等.安徽部分地区鸡球虫种类及感染情况调查［J］.安徽农学通报，2012，18（9）：181 – 182.

［575］张学斌，郝怡，赵亚荣，等.山西省畜禽寄生虫名录［J］.山西农业科学，1991（11）：10 – 13.

［576］张学斌，张晋英，温振昌，等.Sebacil ® Pour-on 治疗猪疥螨的试验［J］.中国兽医杂志，1996，22（5）：24 – 25.

［577］张艳，刘海隆，林哲敏，等.海口市文昌鸡球虫病流行调查［J］.西北农业学报，2011，20（8）：30 – 34.

［578］张毅强.中国南方地区家畜家禽寄生虫名录［M］.香港：中国文化出版社，2003.

［579］张毅强，黄维义.《广西壮族自治区畜禽寄生虫名录》补遗与修订（I）［J］.广西农业生物科学，2001，20（1）：67 – 73.

［580］张毅强，黄维义.《广西壮族自治区畜禽寄生虫名录》补遗与修订（II）［J］.广西农业生物科学，2001，20（2）：144 – 153.

［581］张毅强，黄维义.《广西壮族自治区畜禽寄生虫名录》补遗与修订（III）［J］.广西农业生物科学，2001，20（3）：223 – 230.

［582］张永清，杨德全，陈裕祥，等.西藏申扎县家畜寄生虫区系调查报告［J］.中国兽医科技，1994，24（3）：18 – 21.

［583］张永生，苏龙.我国东北地区的虻类［J］.医学动物防制，1992，8（2）：103 – 106.

［584］张友三，赵献军，孟成文，等.牛隐孢子虫的研究：病原学鉴定［J］.中国兽医科技，1991，21（3）：11 – 13.

［585］张治富，邢国武，王泽，等.延寿县马驽巴贝西虫病流行和防治情况报告［J］.黑龙江畜牧兽医，1996（3）：23.

［586］赵爱云，井波，贾桂珍.喀什地区鸭球虫种类调查［J］.塔里木大学学报，2008，20（4）：30 – 31.

［587］赵干，马成骥，韩效琴，等.宁夏蝇类调查（摘要）：附三个新种［J］.宁夏医学院学报，1985（Z1）：120 – 121.

［588］赵桂省.山东地区猪隐孢子虫的流行病学调查及硒和 VE 对虫体感染的抑制效果［D］.泰安：山东农业大学，2009.

［589］赵洪明，倪富美，张素巧，等.家畜附红细胞体病的研究现状（综述）［J］.中国兽医杂志，1987，13（9）：43－46.

［590］赵辉元.人畜共患寄生虫病学［M］.长春：东北朝鲜民族教育出版社，1988.

［591］赵辉元.畜禽寄生虫与防制学［M］.长春：吉林科学技术出版社，1996.

［592］赵其平，韩红玉，王赞江，等.上海地区奶牛球虫种类的初步调查［J］.上海畜牧兽医通讯，2010（4）：26－27.

［593］赵树英，林昆华，孔繁瑶.氧化镉驱除猪蛔虫的试验［J］.中国兽医杂志，1966（2）：30－32.

［594］赵树英，杨润德.山西省羊寄生蠕虫种类调查［J］.北京农学院学报，1989，4（3）：11－17.

［595］赵树英，周于奋，俞海，等.晋东南地区兔球虫种类的初步调查［J］.山西农业大学学报，1985，5（1）：95－98.

［596］赵锁富，李锁真，范爱民.黄牛"焦虫病"防治的探讨［J］.山西畜牧兽医，1999（5）：25.

［597］赵锡荣，李翠茹，闵友贵，等.绵羊发生巴贝斯焦虫病的报告［J］.黑龙江畜牧兽医，1985（8）：26－28.

［598］赵义龙，黄金凤，孟小林，等.耳肤灵与伊维菌素合用对犬耳痒螨病的治疗效果［J］.黑龙江畜牧兽医，2012（24）：115－116.

［599］郑建咸.黑龙江省首次检出槽盘属吸虫［J］.东北农学院学报，1990，21（1）：90－93.

［600］郑星道，刘德惠，刘学龙，等.吉林省九台市兔球虫种类的初步调查［J］.中国兽医杂志，2008，44（2）：41.

［601］郑长友，李觉慧，刘莉，等.绥化市鸡寄生蠕虫区系调查报告［J］.黑龙江畜牧兽医，1998（6）：27.

［602］中国畜牧兽医学会寄生虫学研究会.兽医寄生虫学会成立大会暨第一次讨论会论文摘要集［C］.南宁，1986.

［603］中国畜牧兽医学会寄生虫学研究会.全国人畜共患寄生虫学术讨论会论文集［C］.西宁，1987.

［604］中国畜牧兽医学会寄生虫学研究会.兽医寄生虫学会第二次代表大会暨第二次学术讨论次序论文摘要集［C］.黄山，1990.

［605］中国畜牧兽医学会家畜寄生虫学分会.兽医寄生虫学会第三次学术讨论会论文集［C］.广州，1992.

［606］中国畜牧兽医学会家畜寄生虫学分会.兽医寄生虫学会三次代表大会暨第四次学术讨论会论文集［C］.北京，1995.

［607］中国畜牧兽医学会家畜寄生虫学分会.兽医寄生虫学第五次学术讨论会论文集［J］.中国农业大学学报，1998（增刊）.

［608］中国畜牧兽医学会家畜寄生虫学分会.兽医寄生虫学第四次代表大会暨第六次

学术讨论文论文集 [C].承德，2000.

[609] 中国动物学会.1963 年寄生虫学专业学术讨论会论文摘要汇编 [M].北京：科学出版社，1963.

[610] 钟惠澜.热带医学 [M].北京：人民卫生出版社，1986.

[611] 周春香.牦牛和食蟹猴隐孢子虫感染情况调查及分子生物学鉴定 [D].郑州：河南农业大学，2009.

[612] 周林，刘增加，贾蕾.西北地区蚋类调查研究（双翅目：蚋科）[J].医学动物防制，2010，26（9）：788 - 790.

[613] 周荣琼，黄汉成，魏光河，等.重庆市猪隐孢子虫病流行病学调查与虫种鉴定 [J].西南师范大学学报（自然科学版），2007，32（5）：82 - 85.

[614] 周荣琼，聂奎，胡世君，等.重庆市猪球虫病流行病学调查与虫种鉴定 [J].中国兽医寄生虫病，2007，15（3）：35 - 38.

[615] 周婉丽.四川省马、驴、骡寄生虫区系调查 [J].中国兽医科技，1990（5）：14 - 17.

[616] 周维静.安徽省寄生虫分布 [M].合肥：安徽科技出版社，1993.

[617] 周映海.兴文县发现猪三色伊蝇蛆 [J].四川畜牧兽医，1984（3）：29 - 30.

[618] 周源昌.在我国犬体内发现匐行恶丝虫 [J].中国人兽共患病杂志，1989，5（4）：62.

[619] 周源昌.黑龙江省畜禽寄生性蠕虫名录（上）[J].东北农学院学报，1990，21（4）：355 - 365.

[620] 周源昌.黑龙江省犬肾膨结线虫的调查 [J].黑龙江畜牧兽医，1999（2）：16 - 18.

[621] 周源昌，王裕卿，徐守魁，等.黑龙江省狗和猫寄生蠕虫的调查 [J].中国人兽共患病杂志，1990，6（5）：61 - 62.

[622] 朱纪章，王仕屏.中国蚋科三新纪录 [J].四川动物，1992，11（4）：25 - 26.

[623] 朱纪章，王仕屏.四川蚋科新纪录 [J].四川动物，1993，12（2）：28.

[624] 朱纪章，王仕屏.中国蚋属一新种（双翅目：蚋科）[J].四川动物，1995，14（1）：13 - 14.

[625] 朱纪章，王仕屏.中国蚋属一新种（双翅目：蚋科）[J].四川动物，1995，14（3）：95 - 97.

[626] 朱学敬，赵晋军，刘柏青.牦牛古柏属 Cooperia 一新种 [J].甘肃农大学报，1987（2）：15 - 19.

[627] 朱彦鹏，田广孚，郑遐龄，等.我国南方鸡寄生虫的调查 [J].中国兽医科技，1986（8）：20 - 22.

[628] 朱依柏，邱家闽，邱东川，等.多房棘球绦虫在我国的发现 [J].四川动物，1983，2（4）：44.

[629] 诸汉卿，赵福水，汪小茵，等.延寿县马焦虫病流行情况调查 [J].黑龙江畜牧兽医，1985（4）：28 - 29.

[630] 邹世颖，何倩妮，王小蕾，等.我国北方六省市牛新孢子虫病血清学调查

［J］. 中国兽医杂志，2012，48（2）：54 - 55.

［631］祖尼萨，童德文，于三科. 杨凌地区家兔球虫种类与感染情况调查［J］. 西北农业学报，2010，19（8）：12 - 15.

［632］左仰贤. 广州市家禽的十三种球虫卵囊记述［J］. 中山大学学报（自然科学版），1981（2）：85 - 90.

［633］左仰贤. 球虫学：畜禽和人体的球虫与球虫病［M］. 天津：天津科学技术出版社，1992：108 - 122.

［634］左仰贤，陈福强. 云南省黄牛球虫的种类包括艾美球虫一新种的描述［J］. 动物学报，1984，30（3）：261 - 269.

［635］左仰贤，陈福强，陈新文，等. 水牛肉孢子虫的种类及一种新发现的肉孢子虫包囊的研究［J］. 云南大学学报（自然科学版），1988，10（1）：91 - 92.

［636］左仰贤，陈福强，宋学林，等. 云南省猪球虫病原种类调查［J］. 中国兽医科技，1987（3）：20 - 24.

［637］左仰贤，宋学林，林一玉，等. 云南省家鸭球虫种类的调查［J］. 中国兽医科技，1990（9）：13 - 16.

［638］Chen X W, Zuo Y X, Rosenthal B M, et al. Sarcocystis sinensis is an ultrastructurally distinct parasite of water buffalo that can cause foodborne illness but cannot complete its lifecycle in human beings［J］. Veterinary Parasitology, 2011, 178（1）：35 - 39.

［639］Dong H, Li C H, Zhao Q P, et al. Prevalence of Eimeria infection in yaks on the Qinghai-Tibet plateau of China［J］. The Journal of Parasitology, 2012, 98（5）：958 - 962.

［640］Dong H, Zhao Q P, Han H Y, et al. Prevalence of coccidial infection in dairy cattle in Shanghai, China［J］. The Journal of Parasitology, 2012, 98（5）：963 - 966.

［641］Dubey J P. Recent advances in Neospora and neosporosis［J］. Veterinary Parasitology, 1999, 84（3 - 4）：349 - 367.

［642］Dubey J P. Toxoplasmosis of animals and humans［M］. Boca Raton：CRC Press Inc, 2010.

［643］ITIS. Acanthocephala［DB/OL］.［2013 - 05 - 08］. http：//www. itis. gov/servlet/SingleRpt/SingleRpt? Search_ topic = TSN&search_ value = 64238#.

［644］Kettle D S. Medical and veterinary entomology［M］. New York：John Wiley Sons, 1984.

［645］Krantz G W. A manual of acarology［M］. 2nd ed. Corvallis：Oregon State University Book Stores, 1978.

［646］Levine N D. Veterinary protozoology［M］. Ames：Iowa State University Press, 1985.

［647］Levine N D. The protozoan phylum apicomplexa Vol I［M］. Boca Raton：CRC Press Inc, 1988.

［648］Levine N D. The protozoan phylum apicomplexa Vol II［M］. Boca Raton：CRC Press Inc, 1988.

［649］Pellérdy L P. Coccidia and coccidiosis［M］. 2nd ed. Berlin：Paul Parey, 1974.

［650］Shen Y, Yin J, Yuan Z, et al. The identification of the Cryptosporidium ubiquitum in pre-weaned ovines from Aba Tibetan and Qiang autonomous prefecture in China [J]. Biomedical and Environmental Sciences, 2011, 24 (3): 315 – 320.

[651] Shi D Z. The first report of *Echinococcus multilocularis* in domestic dogs in Zhang county of Gansu province [J]. Chinese Medicinal Journal, 1995, 108 (8): 615 – 617.

[652] Wang Y L, Feng Y Y, Cui B, *et al.* Cervine genotype is the major *Cryptosporidium* genotype in sheep in China [J]. Parasitology Research, 2010, 106 (2): 341 – 347.

[653] Yamaguti S. Systema Hemiathum Vol I: The digenetie trematodes of vertebrates Part 1, Part 2 [M]. New York: Interscience Publ Inc, 1958.

[654] Yamaguti S. Systema Heminthumn Vol II: The cestodes of vertebratas [M]. New York: Interscience Publ Inc, 1959.

[655] Yamaguti S. Systerma Heminthum Vol III: The nematodes of vertebrates Part 1, Part 2 [M]. New York: Interscience Publ Inc, 1961.

[656] Yamaguti S. Systema Heminthum Vol V: Acanthocephala [M]. New York: Interscience Publ Inc, 1963.

中英文名词对照
A List of Chinese-English Nomenclature

1 同物异名 Syn. Synonym

2 宿主 Host

鹅 goose

黄牛 cattle

鸡 chicken

骡 mule

骆驼 camel

驴 donkey

马 horse

猫 cat

牦牛 yak

绵羊 sheep

奶牛 cow

犏牛 pien niu

犬 dog

山羊 goat

水牛 buffalo

兔 rabbit

鸭 duck

猪 swine

3 寄生部位 Site of infection

3.1 循环与免疫系统 Circulatory and immune system

白细胞 white cell

肠系膜静脉 mesenteric vein

法氏囊 bursa of Fabricius

肺动脉 pulmonary artery

红细胞（红血球）red cell

巨噬细胞 macrophage

淋巴管 lymph vessel

淋巴细胞 lymphocyte

门静脉 portal vein

网状内皮组织 reticuloendothelium

心脏 heart

心包膜 pericardium

血液 blood

主动脉弓 arch of aorta

3.2 消化系统 Digestive system

肠 intestine

大肠 large intestine

胆管 bile duct

胆囊 gallbladder

腭 palate

蜂巢胃（网胃）reticulum

肝 liver

后段 posterior part

浆膜 serous coat

结肠 colon

口腔 oral cavity

瘤胃 rumen

盲肠 caecum

前段 anterior part

前胃 rumen and reticulum

砂囊（肌胃）gizzad（muscular stomach）

舌 tongue

十二指肠 duodenum

食道 oesophagus

嗉囊　craw

胃　stomach

腺胃　glandular stomach

小肠　small intestine

咽　pharynx

胰管　pancreatic duct

黏膜　mucous coat

皱胃（真胃）abomasum

直肠　rectum

中段　middle part

3.3　呼吸系统　Respiratory system

鼻窦　paranasal sinus

鼻腔　nasal cavity

额窦　maxillary sinus

肺　lungs

肺泡　pulmonary alveoli

呼吸器官　respiratory organs

颅腔　cranial cavity

气管　trachea

气囊　air sac

细支气管　bronchioles

胸腔　thoracic cavity

支气管　bronchi

3.4　表皮系统　Skin system

角质膜下　under cornified membrane

毛根 root of hair

皮肤 skin

皮下 subcutaneous

体表 facies

黏膜 mucous membrane

黏膜下 submucous

3.5　泌尿生殖系统　Genitourinary system

蛋　egg

卵巢　ovaries

膀胱　urinary bladder

肾　kidney

生殖器官　genital organs

输卵管　uterine tubes

输尿管　ureter

泄殖腔　cloaca

子宫　uterus；

3.6　其他组织、器官、系统　Other systems，organs and tissues

背部　region of back

鼻泪管　nasolacrimal duct

肠系膜　mesentery

翅　wing

腹膜　peritonaeum

膈膜　diaphragm

各系统器官　all organs and systems

后肢　posterior limb

肌腱　muscle tendon

肌肉　muscles

脊髓　spinal marrow

结缔组织　connective tissue

颈　neck

肋　rib

脑　brain

韧带　ligament

伤口　wound

胎儿　foetus

胎盘　placenta

胎液　foetal fluid

头　head

臀部　buttock

外耳道　external acoustic meatus

网膜　omentum

眼　eye

眼结膜　conjunctiva

脏器　internal organs

4　地理分布　Geographical distribution

安徽　Anhui Province

北京　Beijing Municipality

重庆　Chongqing Municipality

福建　Fujian Province

甘肃 Gansu Province	内蒙古 Inner Mongolia Autonomous Region
广东 Guangdong Province	宁夏 Ningxia Hui Autonomous Region
广西 Guangxi Zhuang Autonomous Region	青海 Qinghai Province
贵州 Guizhou Province	山东 Shandong Province
海南 Hainan Province	山西 Shanxi Province
河北 Hebei Province	陕西 Shaanxi Province
河南 Henan Province	上海 Shanghai Municipality
黑龙江 Heilongjiang Province	四川 Sichuan Province
湖北 Hubei Province	台湾 Taiwan Province
湖南 Hunan Province	天津 Tianjin Municipality
吉林 Jilin Province	西藏 Tibet Autonomous Region
江苏 Jiangsu Province	新疆 Xinjiang Uygur Autonomous Region
江西 Jiangxi Province	云南 Yunnan Province
辽宁 Liaoning Province	浙江 Zhejiang Province

中文索引
Index of Chinese

以阿拉伯数字开始的数组（如117.6.1）为科、属、种编号，以罗马字母开始的数组（如Ⅰ-1-1）为门、纲、目编号，名称后面有括号的数组表示该名称为对应数组所示名称的同物异名或不同发育阶段。

A

阿坝革蜱　99.3.1

阿坝瘤虻　117.6.1

阿布氏艾美耳球虫　7.2.1

阿尔卡细颈线虫　82.8.2

阿克赛等孢球虫　7.3.1

阿克苏瘤虻　117.6.6

阿拉巴马艾美耳球虫　7.2.4

阿拉木图等孢球虫　7.3.2

阿拉善污蝇（蛆）　114.8.3

阿拉斯加脉毛蚊　106.5.1

阿里河瘤虻　117.6.8

阿里山库蠓　105.2.4

阿丽蝇属　（104.2）

阿洛夫奥斯特线虫　82.11.19

阿洛艾美耳球虫　7.2.9

阿米巴目　Ⅰ-1-1

阿普艾美耳球虫　7.2.8

阿萨姆麻虻　117.5.4

阿沙塔艾美耳球虫　7.2.3

阿氏杯环线虫　73.4.2

阿氏刺囊吸虫　34.1.1

阿蚊属　106.3

阿星札真蚋　115.1.8

埃及背孔吸虫　26.2.1

埃及腹盘吸虫　27.6.1

埃及亚麻蝇　114.5.1

埃及伊蚊　106.1.1

埃及盅口线虫　（73.3.7）

埃羽虱属　（119.4）

矮脚鹐禽体羽虱　118.2.3

矮小单睾吸虫　（30.5.1）

矮小啮壳绦虫　19.20.1

艾丽艾美耳球虫　7.2.5

艾美耳科　7

艾美耳属　7.2

艾氏按蚊　106.2.2

艾氏杆形线虫　59.1.1

艾氏毛圆线虫　82.15.2

艾氏泰泽球虫　7.4.1

爱缪拉艾美耳球虫　（7.2.40）

安德烈戴维绦虫　16.2.1

安地斯杯环线虫　73.4.1

安定金蝇　104.3.3

安古虻　（117.6.69）

安徽嗜眼吸虫　28.1.1

安徽司蛉　113.5.1

安氏白蛉　113.4.2

安氏蓝带蚊　106.10.1

安氏网尾线虫　74.1.1

安氏隐孢子虫　6.1.1

792

794

E

796

弗氏旷口线虫 72.1.1

伏尔加奥斯特线虫 82.11.27

伏氏迭宫绦虫 (22.1.3)

伏氏裂头绦虫 (22.1.3)

伏氏双槽头绦虫 22.1.3

伏蝇属 104.7

辐射杯环线虫 73.4.13

辐射食道口线虫 72.4.10

辐射缘口吸虫 23.9.2

辐首属 73.7

福建并殖吸虫 37.3.3

福建单睾绦虫 19.2.2

福建光孔吸虫 29.3.3

福建库蠓 105.2.38

福建阔盘吸虫 32.2.3

福建瘤虻 117.6.31

福建麻虻 117.5.14

福建虻 117.11.42

福氏艾美耳球虫 7.2.40

福氏变带绦虫 17.1.2

福氏类圆线虫 60.1.2

福氏微吻绦虫 19.15.6

福丝蟠尾线虫 54.2.3

福州蚋 115.6.5

蝠蚤科 123

蝠蚤属 123.1

斧角瘤虻 117.6.4

腐败膜壳绦虫 (19.12.7)

腐蝇属 110.9

复对殖绦虫 (16.1.1)

复膜艾美耳球虫 (7.2.84)

复阴后圆线虫 75.1.2

复殖孔属 17.4

副杯口属 73.10

副佛光虻 117.11.128

副古柏属 82.12

副蛔属 48.3

副角蚤属 121.2

副截形麻虻 117.5.35

副菌虻 117.11.127

副链肠锡叶吸虫 27.2.6

副裸头属 15.6

副青腹虻 117.11.129

副柔属 61.4

副锐形属 61.5

副丝属 53.2

副微赤虻 117.11.130

副狭窄微吻绦虫 19.15.11

副小体膜壳绦虫 (19.15.12)

副小体微吻绦虫 19.15.12

副指定斑虻 117.2.23

傅氏按蚊 106.2.11

富平司蛉 113.5.6

腹簇按蚊 (106.2.18)

腹袋科 25

腹袋属 25.3

腹盘属 27.6

G

嘎氏艾美耳球虫 (7.2.82)

盖吉尔属 71.3

盖氏艾美耳球虫 7.2.46

盖氏曲子宫绦虫 15.8.1

盖氏温扬球虫 7.5.2

盖头属 (52.2)

甘肃奥斯特线虫 82.11.10

甘肃古柏线虫 82.2.7

甘肃瘤虻 117.6.41

甘肃麻虻 117.5.22

甘肃食道口线虫 72.4.8

甘肃吸吮线虫 69.2.6

肝居属 83.3

肝毛细线虫 83.1.8

肝片形吸虫 24.1.2

肝嗜气管吸虫 47.1.2

肝脏肝居线虫 83.3.1

杆形科 59

杆形目 Ⅵ-8-20

799

L

拉东瘤虻　117.6.45

拉合尔钝缘蜱　97.2.1

拉贾斯坦艾美耳球虫　7.2.92

拉蠓属　（105.3）

拉那迭宫绦虫　(22.1.5)

拉那舌状绦虫　(22.1.5)

拉普兰瘤虻　117.6.47

拉萨马歇尔线虫　82.5.4

拉萨伊蚊　106.1.23

拉氏等孢球虫　7.3.9

拉氏杯口线虫　73.12.2

拉氏盆口线虫　(73.12.2)

拉蝇属　114.6

剌可麻虻　117.5.43

腊肠状多形棘头虫　87.2.1

莱氏四棱线虫　68.1.5

莱氏住肉孢子虫　10.3.13

赖氏原圆线虫　77.4.4

兰氏鞭虫　85.1.6

兰氏类圆线虫　60.1.4

兰氏瑞利绦虫　16.3.10

兰屿库蠓　105.2.70

兰州古柏线虫　82.2.8

婪库蠓　105.2.69

蓝翠蝇　110.11.3

蓝带蚊属　106.10

蓝氏贾第鞭毛虫　2.1.1

蓝蝇属　104.4

澜沧江麻虻　117.5.24

懒行瘤虻　117.6.93

狼旋尾线虫　67.4.1

劳氏刺尾线虫　77.5.2

酪蝇科　112

酪蝇属　112.1

勒克瑙背孔吸虫　26.2.12

勒克瑙嗜眼吸虫　28.1.11

勒蠓属　（105.4）

雷氏按蚊嗜人亚种　106.2.21

雷氏同盘吸虫　27.11.6

泪管吸吮线虫　69.2.7

类按直脚蚊　106.8.1

类高额原虻　(117.11.90)

类黑角瘤虻　117.6.44

类柯虻　117.11.160

类宽额麻虻　(117.5.47)

类绵羊艾美耳球虫　7.2.80

类双壳属　19.5

类星瘤虻　117.6.13

类须喙按蚊　106.2.31

类圆科　60

类圆属　60.1

类中华按蚊　106.2.33

累尼瘤虻　117.6.76

狸殖属　37.2

离茎属　30.1

梨形艾美耳球虫　7.2.87

梨形虫目　Ⅱ-3-6

梨形嗜眼吸虫　28.1.18

璃眼蜱属　99.5

犁螨科（92）

黎母山虻　117.11.87

黎氏虻　117.11.83

黎氏丝状线虫　55.1.10

李氏前殖吸虫　39.1.11

里海伊蚊　106.1.7

里氏库蠓　105.2.109

娌斑虻　117.2.28

丽江虻　117.11.86

丽毛虻　117.11.5

丽尾双冠线虫　(73.10.1)

丽蝇科　104

丽蝇属　104.2

丽幼吸吮线虫　69.2.2

利萨嗜眼吸虫　28.1.19

利什曼属　3.1

沥青麻虻　117.5.38

820

822

830

拉丁文索引
Index of Latin

　　以阿拉伯数字开始的数组（如117.6.1）为科、属、种编号，以罗马字母开始的数组（如Ⅰ-1-1）为门、纲、目编号，名称后面有括号的数组表示该名称为对应数组所示名称的同物异名或不同发育阶段。

A

Abortilepis 19.1

Abortilepis abortiva 19.1.1

Acanthatrium 34.1

Acanthatrium alicatai 34.1.1

Acanthocephala Ⅶ

Acanthocephales（Ⅶ）

Acariformes Ⅷ-11-26

Achoetandrus 104.1

Achoetandrus rufifacies 104.1.1

Acuaria 61.1

Acuaria gallinae 61.1.1

Acuaria hamulosa 61.1.2

Acuaria spiralis 61.1.3

Acuariidae 61

Adia 103.1

Adia cinerella 103.1.1

Aedes 106.1

Aedes aegypti 106.1.1

Aedes albolateralis 106.1.2

Aedes albolineatus 106.1.3

Aedes albopictus 106.1.4

Aedes annandalei 106.1.5

Aedes caecus 106.1.6

Aedes caspius 106.1.7

Aedes chemulpoensis 106.1.8

Aedes communis 106.1.9

Aedes cyprius 106.1.10

Aedes detritus 106.1.11

Aedes dorsalis 106.1.12

Aedes elsiae 106.1.13

Aedes excrucians 106.1.14

Aedes fengi 106.1.15

Aedes flavescens 106.1.16

Aedes flavidorsalis 106.1.17

Aedes formosensis 106.1.18

Aedes harveyi 106.1.19

Aedes hatorii 106.1.20

Aedes japonicus 106.1.21

Aedes koreicus 106.1.22

Aedes lasaensis 106.1.23

Aedes leucomelas 106.1.24

Aedes lineatopennis 106.1.25

Aedes macfarlanei 106.1.26

Aedes mediolineatus 106.1.27

Aedes mercurator 106.1.28

Aedes niveus 106.1.29

Aedes pseudalbopictus 106.1.30

Aedes pullatus 106.1.31

Aedes punctor 106.1.32

Aedes rossicus 106.1.33

Aedes scutellaris 106.1.34

Aedes seoulensis 106.1.35

Eimeria gilruthi   7. 2. 43

Eimeria gonzalezi   7. 2. 44

Eimeria granulosa   7. 2. 45

Eimeria guevarai   7. 2. 46

Eimeria guyuanensis   7. 2. 47

Eimeria hagani   7. 2. 48

Eimeria hermani   7. 2. 49

Eimeria hirci   7. 2. 50

Eimeria ildefonsoi   (7. 2. 10)

Eimeria illinoisensis   7. 2. 51

Eimeria intestinalis   7. 2. 52

Eimeria intricata   7. 2. 53

Eimeria irresidua   7. 2. 54

Eimeria jilantaii   7. 2. 55

Eimeria jolchijevi   7. 2. 56

Eimeria kocharli   7. 2. 57

Eimeria kotlani   7. 2. 58

Eimeria krylovi   7. 2. 59

Eimeria kwangsiensis   7. 2. 60

Eimeria leporis   7. 2. 61

Eimeria leuckarti   7. 2. 62

Eimeria magna   7. 2. 63

Eimeria magnalabia   7. 2. 64

Eimeria marsica   7. 2. 65

Eimeria matsubayashii   7. 2. 66

Eimeria maxima   7. 2. 67

Eimeria media   7. 2. 68

Eimeria mitis   7. 2. 69

Eimeria mivati   7. 2. 70

Eimeria nagpurensis   7. 2. 71

Eimeria nana   (7. 2. 82)

Eimeria necatrix   7. 2. 72

Eimeria neodebliecki   7. 2. 73

Eimeria neoleporis   7. 2. 74

Eimeria ninakohlyakimovae   7. 2. 75

Eimeria nocens   7. 2. 76

Eimeria nyroca   7. 2. 77

Eimeria oodeus   7. 2. 78

Eimeria orlovi   (7. 2. 18)

Eimeria oryctolagi   7. 2. 79

Eimeria ovina   (7. 2. 13)

Eimeria ovinoidalis   7. 2. 80

Eimeria pachmenia   7. 2. 81

Eimeria pallida   (7. 2. 82)

Eimeria parva   7. 2. 82

Eimeria pellerdyi   7. 2. 83

Eimeria pellita   7. 2. 84

Eimeria perforans   7. 2. 85

Eimeria perminuta   7. 2. 86

Eimeria piriformis   7. 2. 87

Eimeria polita   7. 2. 88

Eimeria porci   7. 2. 89

Eimeria praecox   7. 2. 90

Eimeria punctata   7. 2. 91

Eimeria rajasthani   7. 2. 92

Eimeria romaniae   7. 2. 93

Eimeria saitamae   7. 2. 94

Eimeria scabra   7. 2. 95

Eimeria schachdagica   7. 2. 96

Eimeria scrofae   7. 2. 97

Eimeria sculpta   7. 2. 98

Eimeria shunyiensis   7. 2. 99

Eimeria smithi   (7. 2. 16)

Eimeria somateriae   7. 2. 100

Eimeria spinosa   7. 2. 101

Eimeria stiedai   7. 2. 102

Eimeria stigmosa   7. 2. 103

Eimeria subspherica   7. 2. 104

Eimeria suis   7. 2. 105

Eimeria szechuanensis   7. 2. 106

Eimeria tenella   7. 2. 107

Eimeria truncata   7. 2. 108

Eimeria weybridgensis   7. 2. 109

Eimeria wulanensis   7. 2. 110

Eimeria wyomingensis   7. 2. 111

Eimeria yanglingensis   7. 2. 112

Eimeria yunnanensis   7. 2. 113

Eimeria züernii   7. 2. 114

851

866

Tabanus hongchowensis   117. 11. 61

Tabanus hongchowoides   117. 11. 62

Tabanus huangshanensis   117. 11. 63

Tabanus hulunberi   117. 11. 64

Tabanus humiloides   117. 11. 65

Tabanus hydridus   117. 11. 66

Tabanus ichiokai   117. 11. 67

Tabanus immanis   117. 11. 68

Tabanus indianus   117. 11. 69

Tabanus iyoensis   117. 11. 70

Tabanus jigongshanoides   117. 11. 72

Tabanus jigonshanensis   117. 11. 71

Tabanus johnburgeri   117. 11. 73

Tabanus jucundus   117. 11. 74

Tabanus julianshanensis   117. 11. 75

Tabanus kabuagii   117. 11. 76

Tabanus karenkoensis   117. 11. 77

Tabanus kiangsuensis   117. 11. 78

Tabanus kotoshoensis   117. 11. 79

Tabanus kunmingensis   117. 11. 80

Tabanus kwangsinensis   117. 11. 81

Tabanus lateralis (117. 11. 2)

Tabanus laticinctus   117. 11. 82

Tabanus leleani   117. 11. 83

Tabanus leucocnematus   117. 11. 84

Tabanus liangshanensis   117. 11. 85

Tabanus lijiangensis   117. 11. 86

Tabanus limushanensis   117. 11. 87

Tabanus lineataenia   117. 11. 88

Tabanus longistylus   117. 11. 89

Tabanus loukashkini   117. 11. 90

Tabanus lushanensis   117. 11. 91

Tabanus macfarlanei   117. 11. 92

Tabanus makimurae   117. 11. 93

Tabanus manchuricus (117. 6. 19)

Tabanus mandarinus   117. 11. 94

Tabanus manipurensis   117. 11. 95

Tabanus matsumotoensis   117. 11. 96

Tabanus matutinimordicus   117. 11. 97

Tabanus mediaasiaticus (117. 11. 53)

Tabanus meihuashanensis   117. 11. 98

Tabanus miki   117. 11. 99

Tabanus minshanensis   117. 11. 100

Tabanus miyajima   117. 11. 101

Tabanus monotaeniatus   117. 11. 102

Tabanus montiasiaticus   117. 11. 103

Tabanus multicinctus   117. 11. 104

Tabanus mutatus   117. 11. 105

Tabanus nigra   117. 11. 106

Tabanus nigrefronti   117. 11. 107

Tabanus nigrhinus   117. 11. 108

Tabanus nigricauda (117. 6. 61)

Tabanus nigricaudus   117. 11. 109

Tabanus nigrimaculatus   117. 11. 110

Tabanus nigrimordicus   117. 11. 111

Tabanus nipponicus   117. 11. 112

Tabanus obsoletimaculus   117. 11. 113

Tabanus obsurus   117. 11. 114

Tabanus ochros   117. 11. 115

Tabanus okinawanoides   117. 11. 116

Tabanus okinawanus   117. 11. 117

Tabanus oliviventris   117. 11. 118

Tabanus oliviventroides   117. 11. 119

Tabanus omeishanensis   117. 11. 120

Tabanus omnirobustus   117. 11. 121

Tabanus onoi   117. 11. 122

Tabanus oreophilus   117. 11. 123

Tabanus oxyceratus   117. 11. 124

Tabanus paganus   117. 11. 125

Tabanus pallidepectoratus   117. 11. 126

Tabanus pallidiventris (117. 11. 2)

Tabanus parabactrianus   117. 11. 127

Tabanus parabuddha   117. 11. 128

Tabanus paraoloviventris   117. 11. 129

Tabanus pararubidus   117. 11. 130

Tabanus parviformus   117. 11. 131

Tabanus perakiensis   117. 11. 132

Tabanus pingbianensis   117. 11. 133

874